PRÉSENTATION DU MANUEL

Les auteurs

Ce manuel a été réalisé par des professeurs possédant une grande expérience dans plusieurs domaines :

• **une pratique quotidienne de l'enseignement des mathématiques dans les sections STI et STL,** y compris les Premières d'adaptation, et les classes menant à un brevet de technicien, depuis de nombreuses années ;

• une participation active à des groupes de réflexion sur l'enseignement des mathématiques (groupes IREM et inter-IREM, **commissions nationales consultées lors de l'élaboration des programmes**) ;

• une bonne connaissance des programmes actuels des classes du collège et de Seconde ;

• une pratique de l'enseignement en sections de techniciens supérieurs, le principal débouché des sections **STI et STL ;**

• **une large écoute des attentes des professeurs de Premières et Terminales STI et STL** recueillies lors de nombreuses réunions académiques, interacadémiques ou nationales.

Le manuel

Le contenu des onze chapitres **respecte scrupuleusement l'esprit et la lettre du programme des classes de Terminales STI spécialités : génie mécanique, optique, électronique, électrotechnique, civil, énergétique, des matériaux, STL spécialités : physique de laboratoire et chimie de laboratoire, afin d'aider les élèves à construire progressivement leur savoir mathématique.**

• **Le cours :** les notions nouvelles sont dégagées à partir de quelques problèmes introductifs et placées dans une **perspective historique.** De nombreux exemples et contre-exemples sont étudiés dans un langage accessible aux élèves en privilégiant les approches et les interprétations graphiques et numériques. C'est en s'appuyant sur ce large éventail de situations qu'une brève synthèse permet de mettre en évidence les idées et les méthodes essentielles.
Un résumé regroupe les principaux résultats en fin de chapitre.

• **Les QCM (questionnaires à choix multiples) :** ils permettent aux élèves de faire un premier bilan sur leurs connaissances. Les réponses des QCM sont données à la fin de chaque chapitre.

• **Les travaux pratiques :** en classe, les élèves peuvent travailler sur les **travaux pratiques** correspondant à la liste figurant dans le programme et qui sont le **champ des exercices et problèmes du baccalauréat.** Les auteurs ont seulement donné les résultats de ces travaux pratiques (et non pas des solutions détaillées) afin de respecter la démarche pédagogique de chaque professeur.

• **Les exercices et problèmes :** ils sont **très nombreux, très variés** et leur résolution constitue l'essentiel des activités des élèves. Ceux qui sont à support concret, physique ou technologique ne nécessitent **aucune connaissance autre que mathématique** et touchent toutes les spécialités des Terminales STI et STL en tenant compte de l'importance croissante de l'électronique dans ces formations.
Ils sont conçus pour pouvoir être utilisés dans des contextes différents.
Ils sont **classés par thèmes et difficulté croissante :**
■ désigne des exercices d'application directe du cours ;
■■ désigne des exercices pour s'entraîner ;
■■■ désigne des exercices ou problèmes dont le niveau de difficulté et (ou) la longueur sont ceux de l'épreuve de mathématiques des baccalauréats STI et STL ;
■■■■ désigne des exercices pour « aller plus loin » ou des exercices comportant moins d'indications que dans les épreuves d'examen.
Les exercices et problèmes **proposés récemment au baccalauréat** sont repérés par une indication, par exemple : *(STI Génie mécanique, A et F, septembre 1996).*
Sur un même thème, les exercices et problèmes pour STL Chimie et STI Génie mécanique B, C, D, E sont, en général, de difficulté moindre que ceux pour STI Génie mécanique A et F, Génie civil, Génie énergétique,

lesquels sont souvent de difficulté moindre que ceux pour STI Génie électronique, STI Génie électrotechnique et STL Physique.
Des aides ou des indications accompagnent les énoncés ; elles sont repérées par un fond en couleur.
Les élèves peuvent **travailler seuls** grâce aux **exercices et problèmes corrigés, précédés d'une grille d'objectifs** pour faciliter leur choix et accompagnés d'une **correction détaillée** pour favoriser l'apprentissage de la rédaction d'une solution. Ces exercices et problèmes corrigés leur permettent tout au long de l'année, de **préparer efficacement les devoirs de contrôle et l'épreuve du baccalauréat.**

• **Les problèmes de révisions :** à la fin de l'ouvrage figurent des **énoncés** pour **s'entraîner à l'épreuve des baccalauréats STI et STL.** Ils recouvrent **la totalité du nouveau programme.** Pour certains d'entre eux, les réponses sont données.
Est-il nécessaire de préciser que, **dans ce manuel, tout exercice mentionné explicitement hors programme a été rejeté.**
Les auteurs seront particulièrement attentifs aux remarques suscitées par l'utilisation de ce manuel dans les classes.

Programme des Terminales STI (toutes spécialités) et STL (spécialités Physique et Chimie)

I. Objectifs et capacités valables pour l'ensemble du programme

Ces objectifs et capacités figurent dans l'ouvrage de Première STI-STL, même collection (page 4).

II. Algèbre, géométrie, probabilités

1. NOMBRES COMPLEXES

Les premiers éléments de l'étude des nombres complexes ont été mis en place en Première. L'objectif est de compléter cet acquis pour fournir des outils utilisés en algèbre, en trigonométrie et en sciences physiques. Les élèves doivent connaître les notations $a + bi$ et $a + bj$, cette derniere étant utilisée en électricité. Le temps consacré à cette partie du programme doit être plus important dans les sections STI spécialités : génie électronique et génie électrotechnique et STL spécialité : physique où une interprétation géométrique de quelques transformations complexes élémentaires est introduite en vue des applications en électronique.

Module, module d'une produit, inégalité triangulaire. Argument d'un nombre complexe non nul, notation $re^{i\theta}$.
Relation $e^{i\theta}e^{i\theta'} = e^{i(\theta+\theta')}$, lien avec les formules d'addition ; formule de Moivre. Formules d'Euler :

$$\cos\theta = \frac{1}{2}(e^{i\theta}+e^{-i\theta}), \qquad \sin\theta = \frac{1}{2i}(e^{i\theta}+e^{-i\theta}).$$

Les élèves doivent savoir interpréter géométriquement le module de $b - a$. Toute autre formulation de propriétés géométriques à l'aide des nombres complexes doit faire l'objet d'indications.

Interprétation géométrique de $z \mapsto z + a$ et de $z \mapsto e^{i\alpha}z$.

Ceci n'est au programme que des section STI : génie électronique et génie électrotechnique et STL : physique.

Travaux pratiques

Résolution des équations du second degré à coefficients réels.

La résolution d'équations à coefficients complexes et l'étude des racines $n^{\text{ièmes}}$ de l'unité sont hors programme.

Exemples de mise en œuvre des formules de Moivre et d'Euler (linéarisation de polynômes trigonométriques, ...).

On se bornera à des exposants peu élevés ; les formules trigonométriques ainsi obtenues n'ont pas à être mémorisées de même que les formules de conversion de sommes en produits et de produits en sommes.

2. GÉOMÉTRIE

Cette partie est au programme des seules sections STI spécialités : génie mécanique, optique, civil, énergétique, des matériaux.

Les activités géométriques répondent à deux objectifs principaux :
- Entretenir ***la pratique des objets géométriques usuels*** du plan et de l'espace.
- Exploiter des situations géométriques comme ***source de problèmes***, notamment en analyse, et, inversement, entretenir une ***vision géométrique*** grâce à la mise en œuvre systématique ***d'activités graphiques*** (tracés de courbes, schémas, ...) permettant de représenter les objets mathématiques étudiés dans les différentes parties du programme.

Le programme de géométrie ne comporte que des ***travaux pratiques*** mettant en œuvre les connaissances de géométrie du plan et de l'espace figurant aux programmes des classes antérieures.

Travaux pratiques

Exemples d'étude de problèmes portant sur les objets usuels du plan et de l'espace (calculs de distances, d'angles, d'aires, de volumes, ...).

On étudiera quelques exemples simples d'analyse de la forme d'un objet usuel (par projection cylindrique ou famille de sections planes) et de mode de génération de tels objets (surfaces de révolution, ...) ; aucune connaissance spécifique sur ces questions n'est exigible et toutes les indications utilisées devront être fournies.

3. PROBABILITÉS

Quelques notions de calcul des probabilités ont été introduites en Première ; en Terminale, on poursuit l'étude de ***phénomènes aléatoires.*** Le programme comporte une consolidation des acquis de Première et l'introduction, sur des exemples simples, du concept de ***variable aléatoire.*** On se limite à des ensembles ***finis ;*** toute théorie formalisée est exclue et les notions de probabilité conditionnelle, d'indépendance et de probabilité produit ne sont pas au programme.

Pour les variables aléatoires, ***le programme ne porte que sur l'étude d'exemples.***

Variable aléatoire (réelle) prenant un nombre fini de valeurs et loi de probabilité associée ; fonction de répartition, espérance mathématique, variance, écart type.

On prendra un point de vue très simple : certaines situations de probabilité s'expriment commodément par l'affectation de probabilités $p_1, p_2, \ldots, p_n$ aux valeurs $x_1, x_2, \ldots, x_n$ d'une grandeur numérique X associée à une expérience aléatoire ; on dit alors que X est une variable aléatoire. Les événements $(X = x_1)$, $(X = x_2)$, ..., $(X = x_n)$ sont les événements élémentaires de la loi de probabilité de X.

Pour la fonction de répartition, on emploiera la convention $F(x) = p(X \leqslant x)$.

Travaux pratiques

Exemples d'emploi de partitions et de représentations (arbres, tableaux, ...) pour organiser et dénombrer des données relatives à des situations aléatoires.

L'étude du dénombrement des permutations, arrangements et combinaisons est hors programme.

Exemples d'étude de situations de probabilités issues d'expériences aléatoires (modèles d'urnes, jeux, ...).

On conserve le même point de vue qu'en Première ; en particulier, on s'attachera à étudier des situations permettant de bien saisir la démarche du calcul des probabilités, et non des exemples comportant des difficultés techniques de dénombrement.

Exemples simples d'étude de situations menant à l'étude d'une variable aléatoire.

Des indications doivent être données sur la méthode à suivre.

III. Analyse

Le programme d'analyse porte essentiellement sur les ***fonctions,*** ce qui permet d'étudier des situations ***continues.*** Il comporte aussi quelques notions sur les suites, en vue d'étudier quelques situations discrètes simples.

– Pour les ***fonctions***, l'objectif principal est ***d'exploiter la pratique de la dérivation*** pour l'étude globale et locale de fonctions usuelles et de fonctions qui s'en déduisent de manière simple ainsi qu'une pratique élémentaire du ***calcul intégral. Quelques problèmes majeurs*** fournissent un terrain pour cette étude : variations, recherche d'extremums, équations et inéquations, comportements asymptotiques, approximation d'une fonction au moyen d'une fonction plus simple, calcul de grandeurs géométriques, physiques ou mécaniques.

– Pour les ***suites,*** l'objectif est de consolider les acquis de Première sur les suites arithmétiques et géométriques ; le programme ne comporte que des travaux pratiques, sauf dans les séries STI spécialités : génie électronique, génie électrotechnique, génie optique et STL spécialité : physique où figure aussi une brève étude de suites $u_n = f(n)$, mais il ne s'agit que d'un premier contact et les exemples choisis doivent être simples.

Les activités sur les suites et les fonctions ne sauraient se borner à des exercices portant sur des exemples donnés a priori ; il convient aussi d'étudier des ***situations*** issues de la géométrie, des sciences et techniques et de la vie économique et sociale. De même, on exploitera systématiquement les ***interprétations graphiques*** des notions et des résultats étudiés et les ***problèmes numériques*** qui sont liés à cette étude.

1. FONCTIONS NUMÉRIQUES : ÉTUDE LOCALE ET GLOBALE

Pour l'étude des fonctions, on s'appuiera conjointement sur les interprétations ***graphiques*** $y = f(x)$, ***cinématiques*** $x = f(t)$ et ***électriques*** (signaux relatifs à l'évolution d'une intensité, d'une différence de potentiel, ...).

Le programme se place dans le cadre des ***fonctions définies sur un intervalle*** et porte, pour l'essentiel, sur le cas des fonctions possédant dans cet intervalle des dérivées jusqu'à un ordre suffisant. Certaines situations (signaux, ...) mettent en jeu des fonctions définies par morceaux ; la mise en place d'un cadre théorique est exclue : l'étude sera menée intervalle par intervalle. L'intervalle de définition sera indiqué. ***Toute recherche a priori d'ensembles de définition est exclue.***

Quelques énoncés sur les ***limites*** figurent au programme. Ils ne constituent pas un objectif en soi, mais visent seulement à faciliter, le cas échéant, l'étude du comportement aux bornes de l'intervalle et notamment du comportement asymptotique au voisinage de $+\infty$; on évitera de multiplier les exemples posés a priori et toutes les indications nécessaires doivent être données. Pour la notion de limite le point de vue adopté reste le même qu'en Première ; les définitions par (ε, α), $(\varepsilon, \mathrm{A})$, ... sont hors programme. ***La continuité en un point et la continuité sur un intervalle sont hors programme.***

***a*) Langage des limites.**

Les fonctions étudiées dans ce paragraphe sont définies sur un intervalle I de $\mathbb{R}$.

Les notions et les énoncés de ce paragraphe sont introduits à l'aide d'une approche numérique et graphique ; ils ne feront l'objet d'aucun développement théorique.

***α*)** Introduction de la notation $\lim\limits_{x \to a} f(x)$.

Notion d'asymptote verticale.

Dire que $\lim\limits_{x \to a} f(x) = \mathrm{L}$ signifie aussi que $\lim\limits_{h \to 0} f(a+h) = \mathrm{L}$.

Lorsque a appartient à I, on s'appuiera sur le cas $\lim\limits_{h \to 0} g(h)$, abordé en Première. On convient que $\lim\limits_{x \to a} f(x) = f(a)$.

On soulignera le fait que, par translation, l'étude d'une fonction $x \mapsto f(x)$ au point a se ramène à l'étude de la fonction $h \mapsto f(a+h)$ au point 0.

***β*)** Limite en $+\infty$ des fonctions $x \mapsto x$, $x \mapsto x^2$, $x \mapsto x^3$, $x \mapsto \sqrt{x}$; limite en $+\infty$ des fonctions $x \mapsto \dfrac{1}{x}$, $x \mapsto \dfrac{1}{x^2}$, $x \mapsto \dfrac{1}{x^3}$, $x \mapsto \dfrac{1}{\sqrt{x}}$.

Introduction des notations $\lim\limits_{x \to +\infty} f(x)$ et $\lim\limits_{x \to -\infty} f(x)$.

Pour cette introduction, on s'appuiera sur des expérimentations numériques et graphiques portant notamment sur les fonctions de référence ci-contre. Pour donner une idée du cas général, on peut dire, par exemple, que $f(x)$ est supérieur à 10, 10^2, ... 10^9, ..., 10^p, ..., dès que x est assez grand.

Notion d'asymptote horizontale.

***γ*)** Dans le cas d'une limite finie L, dire que $\lim\limits_{x \to a} f(x) = \mathrm{L}$ signifie aussi que $\lim\limits_{x \to a} |f(x) - \mathrm{L}| = 0$ ou encore que $f(x) = \mathrm{L} + \varphi(x)$, où $\lim\limits_{x \to a} \varphi(x) = 0$.

On dispose d'un énoncé analogue pour les limites en $+\infty$ et en $-\infty$.

***b*) Énoncés usuels sur les limites (admis).**

Opérations algébriques

Limite de la somme de deux fonctions, du produit d'une fonction par une constante, du produit de deux fonctions, de l'inverse d'une fonction, du quotient de deux fonctions.

Ces énoncés doivent couvrir d'une part le cas des limites finies, d'autre part celui des limites infinies. Il n'y a pas lieu de s'attarder à leur étude et d'en donner une liste complète. Toute règle relative à des cas d'indétermination est hors programme.

Les énoncés de ce paragraphe sont introduits dans l'**unique but de faciliter l'étude des questions figurant au programme** (dérivées, comportements asymptotiques) et **non pour faire l'objet d'un entraînement systématique à la recherche de limites.** En particulier, en dehors du contexte de la dérivation, la recherche de limites en un point a de I **n'est pas un objectif du programme,** et, pour les comportements asymptotiques, les travaux ne doivent porter que sur **quelques** exemples **très simples.**

Comparaison

– Si, pour x assez grand, $f(x) \geqslant u(x)$ et si $\lim\limits_{x \to +\infty} u(x) = +\infty$, alors $\lim\limits_{x \to +\infty} f(x) = +\infty$; énoncé analogue lorsque $f(x) \leqslant v(x)$ et $\lim\limits_{x \to +\infty} v(x) = -\infty$.

– Si, pour x assez grand, $|f(x) - \mathrm{L}| \leqslant u(x)$ et si $\lim\limits_{x \to +\infty} u(x) = 0$, alors $\lim\limits_{x \to +\infty} f(x) = \mathrm{L}$.

– Si, pour x assez grand, $u(x) \leqslant f(x) \leqslant v(x)$ et si $\lim\limits_{x \to +\infty} u(x) = \lim\limits_{x \to +\infty} v(x) = \mathrm{L}$, alors $\lim\limits_{x \to +\infty} f(x) = \mathrm{L}$.

Compatibilité avec l'ordre

– Si, pour x assez grand, $f(x) \leqslant g(x)$ et si $\lim\limits_{x \to +\infty} f(x) = \mathrm{L}$ et $\lim\limits_{x \to +\infty} g(x) = \mathrm{L}'$, alors $\mathrm{L} \leqslant \mathrm{L}'$.

De manière générale, dans la plupart des situations de majorations et d'encadrements intervenant dans le programme d'analyse, les inégalités larges suffisent ; les inégalités strictes doivent être réservées au cas où elles sont indispensables.

a) Intégrale d'une fonction sur un segment
Étant donné une fonction f dérivable sur un intervalle I et un couple (a, b) de points de I, le nombre $F(b) - F(a)$, où F est une primitive de f, est indépendant du choix de F ; on l'appelle intégrale de a à b de f et on note $\int_a^b f(t)\, dt$.
Dans le cas d'une fonction positive, interprétation graphique de l'intégrale à l'aide d'une aire.

Aucune théorie de la notion d'aire n'est au programme : on admettra son existence et ses propriétés élémentaires. Les élèves doivent connaître l'aire des domaines usuels : rectangle, triangle, trapèze, secteur d'un disque.

b) Propriétés de l'intégrale

Relation de Chasles.

Linéarité : $\int_a^b (\alpha f + \beta g)(t)\, dt = \alpha \int_a^b f(t)\, dt + \beta \int_a^b g(t)\, dt.$

Positivité : si $a \leqslant b$ et $f \geqslant 0$ alors $\int_a^b f(t)\, dt \geqslant 0$; intégration d'une inégalité.

Inégalité de la moyenne
Si $m \leqslant f \leqslant M$ et $(a \leqslant b)$,
alors $m(b-a) \leqslant \int_a^b f(t)\, dt \leqslant M(b-a)$;
Valeur moyenne d'une fonction.

Il convient d'interpréter en termes d'aires certaines de ces propriétés (relation de Chasles, intégration d'inégalités, valeur moyenne d'une fonction...) afin d'éclairer leur signification.

La notion de valeur moyenne est à relier à l'enseignement de la physique.

c) Techniques de calcul
Lecture inverse de formules de dérivation : primitives des fonctions de la forme $t \mapsto f'(at+b)$, $(\exp u)u'$, $u^{\alpha}u'$, où $\alpha \in \mathbb{R}$, $\alpha \neq -1$, et $\frac{u'}{u}$ (u étant à valeurs strictement positives).

Les élèves doivent savoir reconnaître si un exemple donné de fonction est de l'une de ces formes. Ils doivent aussi savoir exploiter une périodicité ou une symétrie pour le calcul d'intégrales, mais toute formule de changement de variable est hors programme, de même que l'intégration par parties.

d) Équations différentielles
Résolution de l'équation différentielle $y' = ay$, où a est un nombre réel : existence et unicité de la solution vérifiant une condition initiale donnée.
Résolution de l'équation différentielle $y'' + \omega^2 y = 0$, où ω est une nombre réel : existence et unicité (admises) de la solution vérifiant des conditions initiales données.

Travaux pratiques

Exemples de calcul d'intégrales à l'aide d'une primitive.
Calcul d'aires planes à l'aide du calcul intégral.
Exemples de calcul de volumes de solides usuels (boules, prismes, cylindres, pyramides, cônes, volumes de révolution...).

Les élèves doivent connaître la formule $V = \int_a^b S(z)\, dz$.

En liaison avec l'enseignement des autres sciences et de la technologie, on pourra être amené à donner des applications au calcul d'autres grandeurs géométriques, mécaniques ou physiques (calcul de moments, détermination de centres de gravité). Aucune connaissance sur ces questions n'est exigible des élèves en mathématiques.

Exemples d'étude de situations menant au calcul de la valeur moyenne d'une fonction ou de son carré.

Ces situations seront choisies en liaison avec l'enseignement des sciences physiques (signaux...). Si elles mettent en jeu des fonctions définies par morceaux, les calculs seront effectués intervalle par intervalle.

Exemples d'encadrement d'une intégrale au moyen d'un encadrement de la fonction à intégrer.

On se limitera à des exemples très simples et des indications pour l'encadrement de la fonction à intégrer devront être fournies.

Exemples de calcul de valeurs approchées d'intégrales.

On pourra, sur des exemples simples, décrire et appliquer quelques méthodes usuelles (rectangles, point milieu, trapèzes) ; mais aucune connaissance n'est exigible des élèves sur ces questions et toutes les indications nécessaires devront être fournies.

Exemples simples d'étude de phénomènes continus satisfaisant à une loi d'évolution et à une condition initiale se ramenant à une équation du type $y' = ay$ ou $y'' + \omega^2 y = 0$.

Certaines de ces situations seront issues des sciences physiques (mécanique du point, circuits électriques...). Lorsqu'une telle étude mène à une équation avec second membre, la méthode à suivre pour se ramener à l'équation sans second membre doit être indiquée. D'autre part, dans certaines sections, en liaison avec l'enseignement d'autres disciplines, on pourra être amené à étudier d'autres types d'équations différentielles mais ceci est en dehors du programme de mathématiques.

1 Nombres complexes

- Introduction
- Rappels et compléments
- Produit de nombres complexes
- Formule de Moivre
- Formules d'Euler

Vous avez découvert les nombres complexes en Première ; en particulier vous avez appris à calculer avec un nombre, noté i en mathématiques, dont le carré est – 1 : un carré négatif !

Vous avez utilisé ces nombres en électricité et en électronique surtout si vous êtes en STI spécialité : génie électronique ou électrotechnique ou STL spécialité : physique ; souvenez-vous de $\mathrm{R} + j\mathrm{L}\omega$, une impédance complexe.

En Terminale nous allons poursuivre cette étude et les nombres complexes vont intervenir en algèbre pour la résolution d'équations et en trigonométrie.

Si vous êtes en STI spécialité : génie électronique, électrotechnique ou optique ou STL spécialité : physique, vous allez en plus développer une vision géométrique des nombres complexes très utile en électronique.

INTRODUCTION

1. Quelques mots d'histoire

Il y avait, au départ, la préoccupation d'obtenir des solutions pour toutes les équations du second degré. La **découverte** des nombres complexes est intervenue **lors de la résolution d'un problème.**

C'est le problème de la résolution d'équations du troisième et du quatrième degré et l'étude de leurs solutions qui est à l'origine de l'introduction des nombres complexes.

Au cours de la première moitié du XVIe siècle, les Italiens Scipione del Ferro, Tartaglia, Ferrari et Cardan établissent des formules donnant les solutions réelles de ces équations.

En 1572, Bombelli montre comment ces formules permettent d'obtenir rapidement des résultats vrais en introduisant des règles de calcul sur de nouveaux nombres *impossibles,* comme une racine carrée d'un nombre négatif.

En 1637, Descartes appelle pour la première fois **imaginaires** de tels nombres, sans préciser leur nature.

Jusqu'à Euler, qui introduit la notation i en 1777, les nombres imaginaires ne sont acceptés que comme outils de calcul devant disparaître dans l'énoncé du résultat obtenu. À la même époque, les nombres réels négatifs n'avaient pas, eux non plus, une existence reconnue comme celle des nombres positifs.

Carl Friedrich Gauss (1777-1855) est un mathématicien et physicien allemand.

C'est dans la première moitié du XIXe siècle que les nombres imaginaires sont définis clairement et appelés **nombres complexes ;** Cauchy et Gauss ont joué un grand rôle pour lier ces nouveaux nombres, d'une part à l'analyse avec l'étude des fonctions d'une variable complexe et, d'autre part, à la géométrie, contribuant ainsi à la construction du calcul vectoriel moderne.

2. Activités préparatoires

a Problème 1

A. 1° *a*) Résoudre dans $\mathbb{R}$ l'équation $x^2 + 1 = 0$.

b) Après avoir écrit $z^2 + 1$ sous la forme $z^2 - (-1)$, résoudre dans $\mathbb{C}$ l'équation $z^2 + 1 = 0$.

On rappelle que l'égalité $a^2 - b^2 = (a+b)(a-b)$ est vraie pour tous nombres réels ou complexes a et b.

2° *a*) Résoudre dans $\mathbb{R}$ l'équation $x^2 + 4 = 0$.

b) Résoudre dans $\mathbb{C}$ l'équation $z^2 + 4 = 0$.

3° Résoudre dans $\mathbb{C}$ l'équation $z^2 = -3$.

4° Plus généralement, démontrer que tout nombre réel k non nul est le carré de deux nombres opposés, réels ou complexes.

B. 1° Résoudre dans $\mathbb{R}$ l'équation $x^2 + x + 1 = 0$.

2° Démontrer qu'il existe deux nombres réels A et B tels que, pour tout nombre complexe z, on a :

$$z^2 + z + 1 = (z + \mathrm{A})^2 + \mathrm{B}^2.$$

3° Après avoir écrit B^2 sous la forme $-(i\mathrm{B})^2$, résoudre dans $\mathbb{C}$ l'équation $z^2 + z + 1 = 0$.

Le cas où *a*, *b*, *c* sont des nombres complexes n'est pas au programme de Terminale.

Dans ce chapitre nous allons apprendre à résoudre dans l'ensemble $\mathbb{C}$ des nombres complexes, les équations du second degré $az^2 + bz + c = 0$ dont les coefficients a, b et c sont des nombres réels, a n'étant pas nul.

b Problème 2

Nous avons vu en Première que, pour tous nombres réels a et b,

$$\cos(a+b) = \cos a \cos b - \sin a \sin b.$$

$2a = a + a$.

1° En déduire une expression de $\cos 2a$.

2° On rappelle que, pour tout nombre réel a,

$$\cos^2 a + \sin^2 a = 1.$$

En déduire $\cos 2a$ en fonction de $\cos a$ seul, puis en fonction de $\sin a$ seul.

3° Exprimer alors $\cos^2 a$ et $\sin^2 a$ en fonction de $\cos 2a$.

Remplacer ainsi le carré de $\cos a$ ou de $\sin a$ par une expression du premier degré (ici en $\cos 2a$) est très utile dans certains problèmes, en particulier pour la recherche de primitives. Est-ce encore possible avec $\cos^3 a$ et $\sin^3 a$?

Voir le chapitre 9 « Calcul intégral ».

n est un nombre entier supérieur à 2.

Existe-t-il une méthode générale pour transformer toute puissance $\cos^n a$ ou $\sin^n a$ d'une fonction circulaire en une somme de cosinus et de sinus du premier degré ?

Dans ce chapitre nous allons apprendre à mettre en œuvre une telle méthode.

c Problème 3

Ce problème ne concerne que les spécialités : génie électronique, électrotechnique ou optique et physique ; il est hors programme pour les autres spécialités.

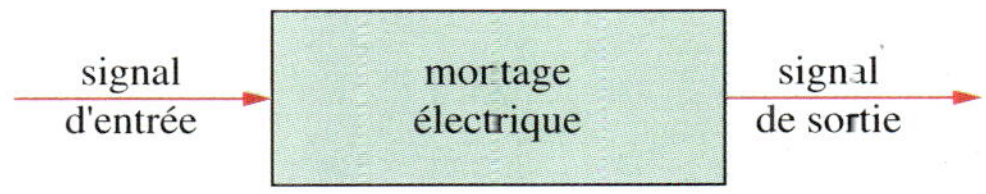

Fig. 1

De tels signaux sont habituellement des intensités $i(t)$ ou des tensions électriques $u(t)$.
En électronique, pour certains circuits électriques parcourus par un courant sinusoïdal, on est amené à s'intéresser au quotient de deux nombres complexes relatifs aux signaux respectifs de sortie et d'entrée : on obtient alors un nombre complexe, noté généralement $\underline{T}(\omega)$, qui dépend de la pulsation ω du courant et dont on représente usuellement dans le plan complexe l'ensemble des images lorsque ω varie ; par exemple $\underline{T}(\omega)$ peut être le quotient de l'impédance complexe de sortie par l'impédance complexe d'entrée.

La fonction $\omega \mapsto \underline{T}(\omega)$ est la **fonction de transfert.**
C'est le **diagramme de Nyquist,** à ne pas confondre avec le diagramme de Bode.
Cette étude sera poursuivie en mathématiques dans les sections de techniciens supérieurs où l'électronique joue un rôle important.

Il est alors utile de connaître le lien entre certaines applications $z \mapsto z'$ et les transformations géométriques associées $M \mapsto M'$, où M et M′ sont les images respectives de z et z'.

Dans ce chapitre nous allons interpréter géométriquement quelques transformations complexes simples $z \mapsto z'$.

I. RAPPELS ET COMPLÉMENTS

1. Forme algébrique - Représentation géométrique

a Ensemble des nombres complexes

En Première nous avons admis l'existence d'un nouvel ensemble, noté $\mathbb{C}$, de nombres appelés **nombres complexes.**

Les nombres complexes sont de la forme $a + bi$, où a et b sont des nombres réels quelconques et i un nombre nouveau.

i est la première lettre du mot *imaginaire*.

Égalité de nombres complexes

$$a + bi = a' + b'i \quad \text{si et seulement si} \quad a = a' \text{ et } b = b'.$$

REMARQUE
Les nombres complexes sont très utilisés en électronique ; afin d'éviter des confusions avec l'intensité i d'un courant électrique, un nombre complexe est alors noté $a + bj$ au lieu de $a + bi$ *qui demeure l'écriture utilisée habituellement en mathématiques.*

b Opérations sur les nombres complexes

En Première nous avons aussi admis le théorème suivant :

Toute construction de l'ensemble $\mathbb{C}$ muni de ces opérations est hors programme.

On peut définir dans $\mathbb{C}$ une addition et une multiplication pour lesquelles les règles de calcul sont les mêmes que dans $\mathbb{R}$, avec $i^2 = -1$.

$i^2 = -1$, donc i est une solution dans $\mathbb{C}$ de l'équation $x^2 + 1 = 0$.

REMARQUES

- i n'est pas un nombre réel puisque son carré est négatif.
- Tout nombre réel a peut s'écrire $a + 0i$; c'est donc un élément de $\mathbb{C}$.

Fig. 2

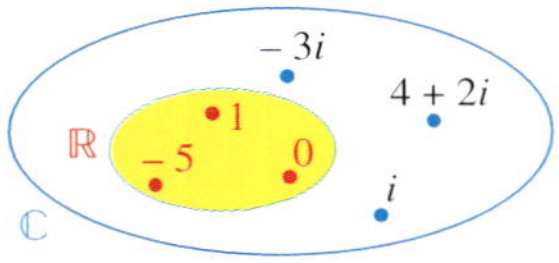

L'ensemble $\mathbb{R}$ des nombres réels est un sous-ensemble de l'ensemble $\mathbb{C}$ des nombres complexes.

Ce résultat se note $\mathbb{R} \subset \mathbb{C}$ qui se lit « $\mathbb{R}$ est inclus dans $\mathbb{C}$ ».

Voir ci-dessus, l'égalité de nombres complexes.

- Pour tout nombre complexe z, les nombres réels a et b tels que $z = a + bi$ sont *uniques*.

Par définition, $a + bi$ est la **forme algébrique** du nombre complexe z, a est la **partie réelle** de z et b est la **partie imaginaire** de z.

Notations : $a = \mathcal{R}e\,(z)$ et $b = \mathcal{I}m\,(z)$.

i est un imaginaire pur.

- Un nombre complexe dont la partie réelle est nulle s'écrit $z = bi$; il est dit **imaginaire pur.**

c Conjugué d'un nombre complexe

Rappelons la définition et les propriétés énoncées en Première à ce sujet, ainsi que les plans des démonstrations.

Définition
Le *nombre complexe conjugué de* $z = a + bi$ est le nombre complexe $a - bi$, noté $\bar{z}$.

$\bar{z}$ se lit « z barre ».

EXEMPLE

Le conjugué de $z = 3 + 2i$ est $\bar{z} = 3 - 2i$.

REMARQUE

Soit $z = a + bi$. En utilisant les règles de calcul dans $\mathbb{C}$, on obtient :

$$z + \bar{z} = 2a \quad \text{et} \quad z\bar{z} = a^2 + b^2.$$

Effectuez donc ces calculs ! Nous retrouverons $a^2 + b^2$ dans le paragraphe 2.

Donc, la somme est le produit d'un nombre complexe et de son conjugué sont des nombres réels.

Conjugué d'une somme

Le conjugué d'une somme est la somme des conjugués.

Pour tous nombres complexes z, z', on a $\overline{z + z'} = \bar{z} + \bar{z'}$.

Conjugué d'un produit

Le conjugué d'un produit est le produit des conjugués.

Pour tous nombres complexes z, z', on a $\overline{zz'} = \bar{z} \cdot \bar{z'}$.

Pour démontrer chacune de ces deux propriétés :
écrire deux nombres complexes quelconques z, z' sous forme algébrique.
Déterminer la forme algébrique de chaque membre de l'égalité.

Conjugué de l'inverse d'un nombre complexe non nul

Le conjugué de l'inverse est l'inverse du conjugué.

Pour tout nombre complexe z non nul, on a $\overline{\left(\frac{1}{z}\right)} = \frac{1}{\overline{z}}$.

Écrire la définition de l'inverse d'un nombre complexe z non nul :

$$z \times \frac{1}{z} = 1.$$

Utiliser le conjugué d'un produit pour $\overline{z \times \frac{1}{z}}$.

Déterminer le conjugué de chaque membre de cette égalité.

En déduire $\overline{\left(\frac{1}{z}\right)}$.

Conjugué d'un quotient

Le conjugué d'un quotient est le quotient des conjugués.

Pour tous nombres complexes z et z', z' n'étant pas nul,

on a $\overline{\left(\frac{z}{z'}\right)} = \frac{\overline{z}}{\overline{z'}}$.

Écrire la définition du quotient de z par z' : $\frac{z}{z'} = z \times \frac{1}{z'}$.

Déterminer le conjugué de $z \times \frac{1}{z'}$ à l'aide des résultats sur le produit et sur l'inverse.

d *Représentation géométrique d'un nombre complexe*

Pour ne pas créer de confusion avec le nombre complexe i, la base du repère n'est pas notée $(\vec{i}, \vec{j})$ mais $(\vec{u}, \vec{v})$.

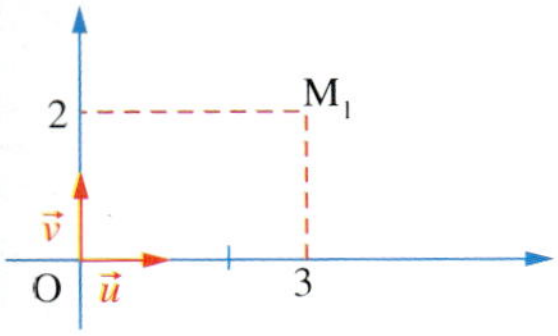

Fig. 3

M_1 est l'image de $z_1 = 3 + 2i$.
Le point M d'affixe z est souvent noté M(z).

On considère le plan P muni du repère orthonormal $(O ; \vec{u}, \vec{v})$.
À tout nombre complexe $z = a + bi$, on peut associer le point M de coordonnées (a, b).
Réciproquement, à tout point M de coordonnées (a, b), on peut associer le nombre complexe $z = a + bi$.

Définitions
L'*image* du nombre complexe $z = a + bi$ est le point M de coordonnées (a, b).
L'*affixe* du point M de coordonnées (a, b) est le nombre complexe $z = a + bi$.

En particulier le nombre complexe $0 = 0 + 0i$ est l'affixe de l'origine O du repère orthonormal $(O ; \vec{u}, \vec{v})$.

Le plan P muni d'un repère orthonormal permettant de représenter géométriquement les nombres complexes s'appelle le **plan complexe.**

La droite $(O, \vec{u})$ s'appelle la droite des réels. C'est l'ensemble des images des nombres réels $a + 0i = a$.

La droite $(O, \vec{v})$ s'appelle la droite des imaginaires purs. C'est l'ensemble des images des nombres imaginaires purs $0 + bi = bi$.

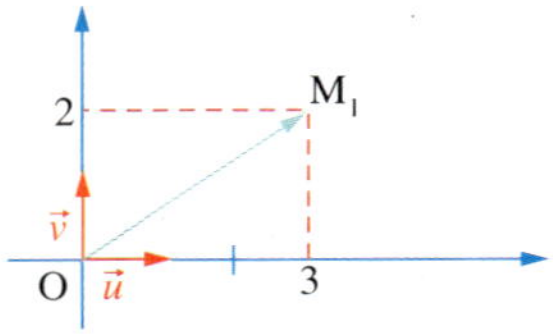

Fig. 4

$\overrightarrow{OM_1}$ est le vecteur image de $z_1 = 3 + 2i$.

> ***Définitions***
> **Le *vecteur image* du nombre complexe $z = a + bi$ est le vecteur $\overrightarrow{OM} = a\vec{u} + b\vec{v}$.**
> **L'*affixe* du vecteur $\overrightarrow{OM} = a\vec{u} + b\vec{v}$ est le nombre complexe $z = a + bi$.**

En particulier 1 est l'affixe du vecteur $\vec{u}$ et i est l'affixe du vecteur $\vec{v}$.

REMARQUE

Soit M l'image de $z = a + bi$.
L'image M′ du conjugué $\bar{z} = a - bi$ de z est le point M′ symétrique de M par rapport à la droite des réels.
En particulier, dans le cas où z est un nombre réel, c'est-à-dire où $b = 0$, on a $\bar{z} = z$ et M′ = M.

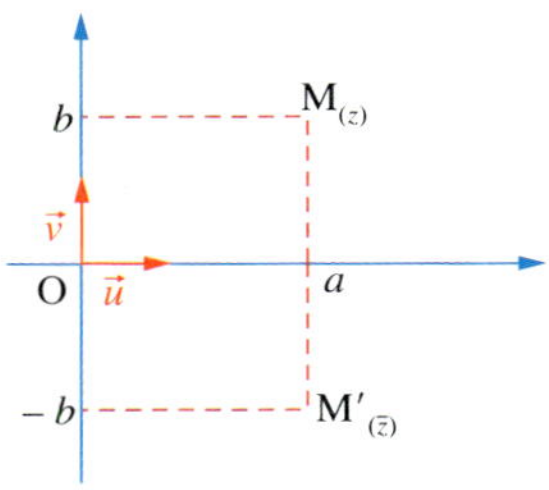

Fig. 5

> ***Addition***
> **Si $z_1 = a_1 + b_1 i$ et $z_2 = a_2 + b_2 i$ sont les affixes respectives de M_1 et de M_2, donc de $\overrightarrow{OM_1} = \vec{V}_1$ et de $\overrightarrow{OM_2} = \vec{V}_2$, alors $z_1 + z_2$ est l'affixe de $\vec{V}_1 + \vec{V}_2$.**

L'addition des nombres complexes « correspond » à l'addition des vecteurs.

EXEMPLE

La somme de $z_1 = 3 + 2i$ et $z_2 = -1 - 4i$ est $z_1 + z_2 = 2 - 2i$.

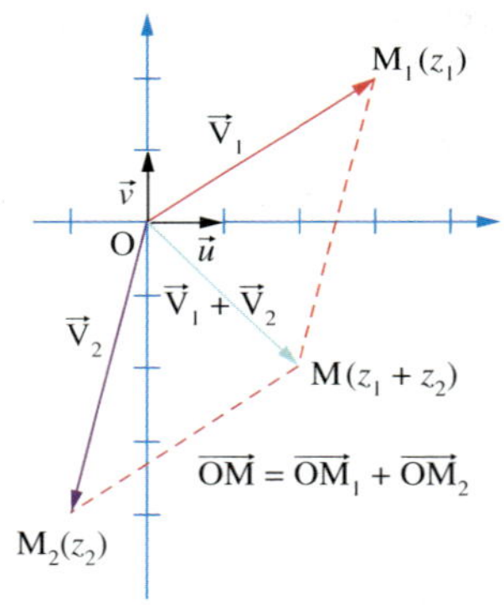

Fig. 6

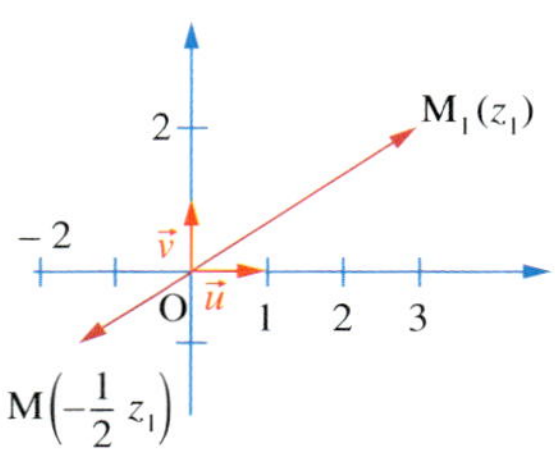

$\overrightarrow{OM} = -\frac{1}{2}\overrightarrow{OM_1}$.

Fig. 7

> ***Multiplication par un nombre réel***
> **Si $z_1 = a_1 + b_1 i$ est l'affixe de M_1, donc de $\overrightarrow{OM_1} = \vec{V}_1$, et si α est un nombre réel, alors αz_1 est l'affixe de $\alpha\vec{V}_1$.**

La multiplication d'un nombre complexe par un nombre réel « correspond » à la multiplication d'un vecteur par un nombre réel.

EXEMPLE

Pour $z_1 = 3 + 2i$ et $\alpha = -\dfrac{1}{2}$, on a $\alpha z_1 = -\dfrac{3}{2} - i$.

Conséquence :

α est la lettre grecque alpha.
β est la lettre grecque bêta.

> **Soit z_1 et z_2 définis comme pour l'addition et soit α et β deux nombres réels.**
> **$\alpha z_1 + \beta z_2$ est l'affixe de $\alpha\vec{V}_1 + \beta\vec{V}_2$.**

En particulier ($\alpha = -1, \beta = 1$) :

$-\vec{V}_1 + \vec{V}_2 = -\overrightarrow{OM_1} + \overrightarrow{OM_2}$,

$\vec{V}_2 - \vec{V}_1 = \overrightarrow{M_1O} + \overrightarrow{OM_2}$,

$\vec{V}_2 - \vec{V}_1 = \overrightarrow{M_1M_2}$.

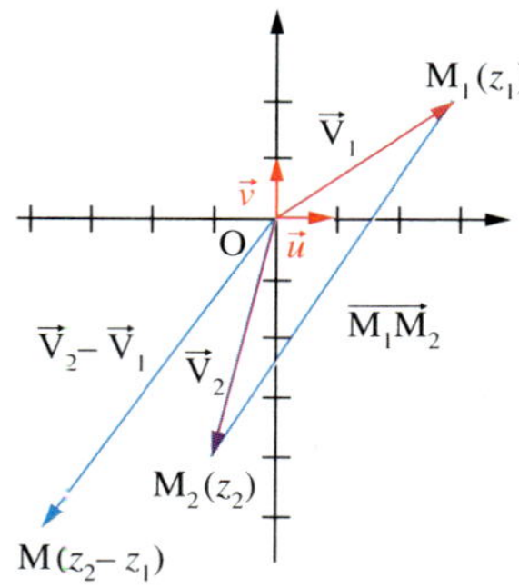

Fig. 8

$z_2 - z_1$ est l'affixe de $\vec{V}_2 - \vec{V}_1 = \overrightarrow{M_1M_2}$.

Cette propriété est utilisée en sciences physiques.

Sur la figure 8, on a représenté le vecteur $\overrightarrow{OM} = \overrightarrow{M_1M_2}$;
M a pour affixe $z_2 - z_1$.

e Interprétation géométrique de $z \mapsto z + z_0$

Ce paragraphe ne concerne que les spécialités : génie électronique, génie électrotechnique, génie optique et physique ; il est hors programme pour les autres spécialités.

Cas particulier

À tout nombre complexe z associons le nombre complexe $z + 2 + i$.
On définit ainsi une application de $\mathbb{C}$ dans $\mathbb{C}$

$$f : z \to f(z) = z + 2 + i.$$

Par exemple,

$f(0) = 2 + i, \quad f(1) = 3 + i, \quad f(i) = 2 + 2i, \quad f(1 - 2i) = 3 - i\ldots$

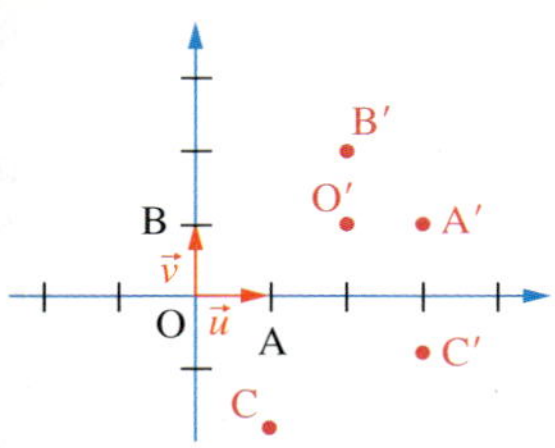

Fig. 9

Sur la figure 9 on a placé dans le plan complexe les images de ces nombres complexes avec les notations suivantes :

nombre complexe	0	$f(0)$	1	$f(1)$	i	$f(i)$	$1-2i$	$f(1-2i)$
image	O	O′	A	A′	B	B′	C	C′

Comment passer de O à O′, de A à A′, de B à B′ et, plus généralement, de M d'affixe z à M′ d'affixe $f(z)$?

On lit sur la figure 9 les égalités vectorielles

$$\overrightarrow{OO'} = \overrightarrow{AA'} = \overrightarrow{BB'}.$$

Tracer ces trois vecteurs.

Voir le paragraphe d.

Démontrons-les à l'aide du dernier résultat encadré ci-dessus.

Dans le cas particulier où $z_1 = 0$ et $z_2 = f(0) = 2 + i$, on obtient que $f(0) - 0$ c'est-à-dire $2 + i$ est l'affixe de $\overrightarrow{OO'}$.

On retrouve $2 + i$.

De même $f(1) - 1 = (3 + i) - 1 = 2 + i$ est l'affixe de $\overrightarrow{AA'}$.

Encore $2 + i$.

Et $f(i) - i = (2 + 2i) - i = 2 + i$ est l'affixe de $\overrightarrow{BB'}$.

Toujours $2 + i$.

D'une manière générale, $f(z) - z = z - 2 + i - z = 2 + i$ est l'affixe de $\overrightarrow{MM'}$, où z est l'affixe de M et $f(z)$ celle de M′.

Donc, pour tout point M(z) du plan complexe, le vecteur $\overrightarrow{MM'}$ est **fixe** puisque son affixe $2 + i$ ne dépend pas de z, et :

$$\overrightarrow{MM'} = 2\vec{u} + \vec{v}.$$

Le vecteur image de $2 + i$ est $2\vec{u} + \vec{v}$.

Ainsi M′ est le transformé de M par la **translation** de vecteur $2\vec{u} + \vec{v}$.

Conclusion :

L'application $f : z \mapsto z + z_0$, où $z_0 = 2 + i$, correspond pour les images M de z et M′ de $f(z)$ dans le plan complexe à la translation de vecteur directeur $\vec{w}$,

Remarquez que $\vec{w}$ est le vecteur image de z_0.

où
$$\vec{w} = 2\vec{u} + \vec{v},$$
$$t_{\vec{w}} : \mathrm{M} \mapsto \mathrm{M}' \quad \text{tel que} \quad \overrightarrow{\mathrm{MM}'} = \vec{w}.$$

On obtient dans ce cas particulier le schéma suivant :

Les flèches verticales signifient : prendre l'image dans le plan complexe.

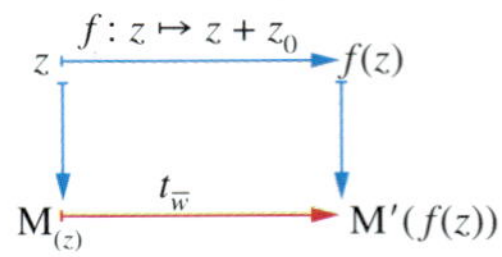

Fig. 10

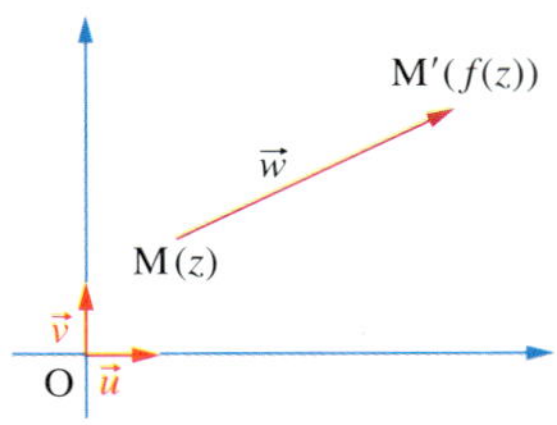

Fig. 11

Cas général

La démonstration ci-dessus, rédigée en remplaçant $2 + i$ par z_0 quelconque, permet de conclure :

> **Soit f l'application $z \mapsto f(z) = z + z_0$ où z_0 est un nombre complexe fixe.**
> **Soit M l'image de z et M′ l'image de $f(z)$ dans le plan complexe.**
> **L'application M $\mapsto$ M′ ainsi définie est la *translation* de vecteur $\vec{w}$ où $\vec{w}$ est le vecteur image de z_0.**

En Seconde vous avez mis en évidence certaines propriétés des translations :
Les longueurs et les angles orientés sont conservés.
La transformée d'une droite est une droite parallèle.
Le transformé d'un cercle de centre A est le cercle de centre le transformé de A et de même rayon.

Illustrez ces propriétés par des figures.

Vous allez pouvoir utiliser ces propriétés dans le plan complexe et passer ainsi du domaine algébrique des nombres complexes au domaine géométrique de leurs images, et inversement en prenant les affixes de points.

Voir les exercices corrigés 24 et 25.

2. Module d'un nombre complexe

a Définition - Interprétation géométrique

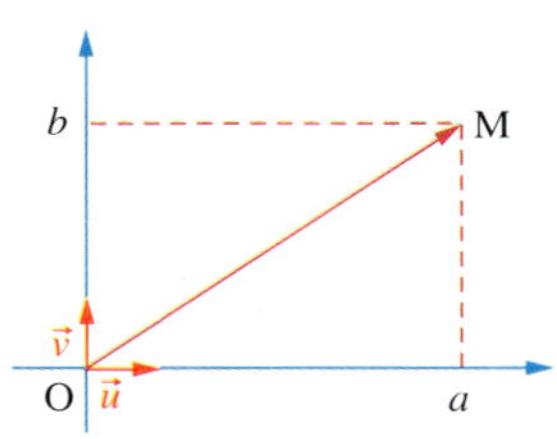

Fig. 12

Dans le plan complexe, soit M l'image de $z = a + bi$.
En utilisant le théorème de Pythagore dans un des deux triangles rectangles dessinés, on obtient :
$$\mathrm{OM}^2 = a^2 + b^2,$$
donc
$$\mathrm{OM} = \sqrt{a^2 + b^2}.$$

> *Définition*
> **Le module d'un nombre complexe $z = a + bi$ est le nombre réel $\sqrt{a^2 + b^2}$.**

EXEMPLES

Le module de $1 + 2i$ est $\sqrt{1^2 + 2^2} = \sqrt{5}$.

Le module de $-3 + j$ est $\sqrt{10}$.

Le module de $-3i$ est $\sqrt{0^2 + (-3)^2} = 3$.

Le module de $-\frac{1}{2}$ est $\frac{1}{2}$.

Plus généralement, le module d'un nombre réel a est :

$$\sqrt{a^2 + 0^2} = |a|.$$

C'est pourquoi on a choisi de noter le module d'un nombre complexe comme la valeur absolue d'un nombre réel.

Notations

Le module d'un nombre complexe z est noté $|z|$; pour alléger les écritures on utilise aussi les lettres r et ρ (ρ est la lettre grecque rhô).

REMARQUES

- Pour tout nombre complexe z, on a $|z| \geqslant 0$.
- 0 est le seul nombre complexe dont le module est 0.
- Pour tout nombre complexe z, on a $z\bar{z} = a^2 + b^2$.

Voir le paragraphe 1. c.

Donc pour tout nombre complexe z, $|z| = \sqrt{z\bar{z}}$.

- Pour tout nombre complexe z, on a $|\bar{z}| = |z|$.

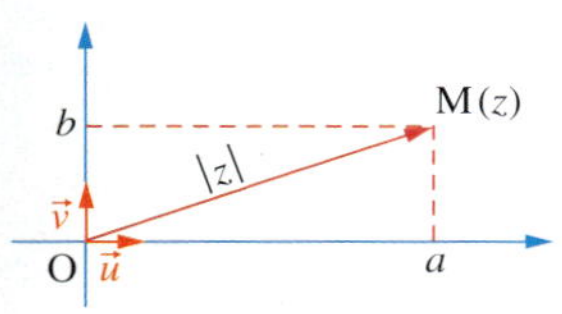

Fig. 13

Interprétation géométrique

Le module de z est la distance de O à M ; c'est aussi la norme du vecteur $\overrightarrow{OM}$:

$$|z| = OM = \|\overrightarrow{OM}\|.$$

EXEMPLE

Déterminer l'ensemble des images des nombres complexes z tels que $|z| = 2$.

$|z| = 2$ si et seulement si $OM = 2$.

Tracez la figure.

L'ensemble cherché est donc le cercle de centre O et de rayon 2.

Ce cercle coupe l'axe $(O ; \vec{u})$ aux points d'affixes les nombres réels 2 et -2, et l'axe $(O ; \vec{v})$ aux points d'affixes les nombres imaginaires purs $2i$ et $-2i$.

De même l'ensemble des images des nombres complexes de module 1 est le cercle de centre O et de rayon 1.

Ainsi des nombres complexes différents peuvent avoir le même module ; le module ne suffit pas à caractériser un nombre complexe non nul.

b Module d'une différence, distance de deux points

Fin du paragraphe 1. d.

Soit z_1 et z_2 des nombres complexes d'images respectives M_1 et M_2.

Nous avons vu que $z_2 - z_1$ est l'affixe de $\overrightarrow{OM_2} - \overrightarrow{OM_1} = \overrightarrow{M_1M_2}$.

$z_2 - z_1$ est aussi l'affixe du point M défini par $\overrightarrow{OM} = \overrightarrow{M_1M_2}$.

On en déduit : $OM = |z_2 - z_1|$.

Donc $M_1M_2 = |z_2 - z_1|$.

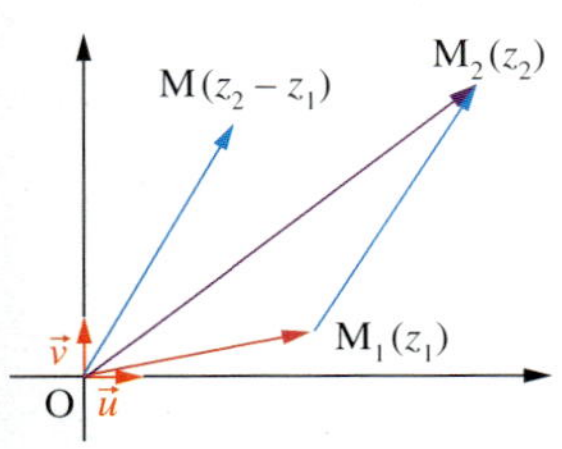

Fig. 14

$|z_2 - z_1| = M_1M_2$ où M_1 et M_2 sont les images respectives de z_1 et z_2.

Ce résultat permet d'utiliser les nombres complexes pour démontrer des propriétés relatives à des distances en géométrie plane. Il est également utilisé en sciences physiques.

Voir en particulier les exercices corrigés 11, 12 et 13.

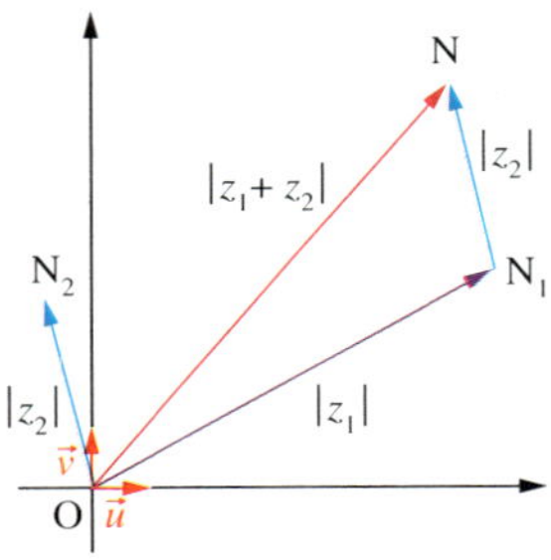

Fig. 15

c Module d'une somme : inégalité triangulaire

Soit z_1 et z_2 des nombres complexes d'images respectives N_1 et N_2, et soit N le point défini par $\overrightarrow{N_1N} = \overrightarrow{ON_2}$ (fig. 15).

On a $ON_1 = |z_1|$ et $N_1N = ON_2 = |z_2|$.

D'autre part $\overrightarrow{ON} = \overrightarrow{ON_1} + \overrightarrow{N_1N} = \overrightarrow{ON_1} + \overrightarrow{ON_2}$; donc N a pour affixe $z_1 + z_2$ et $ON = |z_1 + z_2|$.

Dans le triangle ON_1N nous avons l'inégalité

$$ON \leqslant ON_1 + N_1N,$$

donc

$$|z_1 + z_2| \leqslant |z_1| + |z_2|.$$

C'est une **inégalité ;** on aurait préféré une égalité !

Pour tous nombres complexes z_1 et z_2, $|z_1 + z_2| \leqslant |z_1| + |z_2|$.

Cette propriété montre que le module d'une *somme* ne s'exprime pas, sauf exception, de façon simple.
En est-il de même pour le module d'un produit ?

$|z| = \sqrt{z\bar{z}}$.
$\overline{zz'} = \bar{z}\bar{z}'$

Voir la remarque en marge de l'exercice résolu du paragraphe a.

Nous pouvons répondre, dès maintenant, à l'aide de la troisième remarque du paragraphe **a** et du résultat sur le conjugué d'un produit.

Nous attendrons cependant d'avoir caractérisé un nombre complexe non nul par son module et un second élément pour apporter une réponse plus globale à ce problème.

3. Argument d'un nombre complexe non nul

a Définition - Interprétation graphique

$z = 0$ est caractérisé par $|z| = 0$.

Dans le plan complexe, soit M l'image d'un nombre complexe non nul $z = a + bi$, le repère $(O ; \vec{u}, \vec{v})$ étant orienté dans le sens direct.

Nous avons vu en Première que M est caractérisé par la distance $OM = |z|$ et une mesure θ de l'angle orienté $(\vec{u}, \overrightarrow{OM})$ ou de l'angle orienté $(\vec{u}, \overrightarrow{ON})$, N étant le point commun à la demi-droite [OM) et au cercle trigonométrique.

Or, par définition des fonctions sinus et cosinus :

$$x_N = \cos\theta \quad \text{et} \quad y_N = \sin\theta.$$

Comme $\overrightarrow{OM} = OM\ \overrightarrow{ON}$ puisque $\overrightarrow{ON}$ est unitaire, on a

$$a = \sqrt{a^2 + b^2}\cos\theta \quad \text{et} \quad b = \sqrt{a^2 + b^2}\sin\theta.$$

On en déduit $\cos\theta$ et $\sin\theta$ en fonction de a et de b.

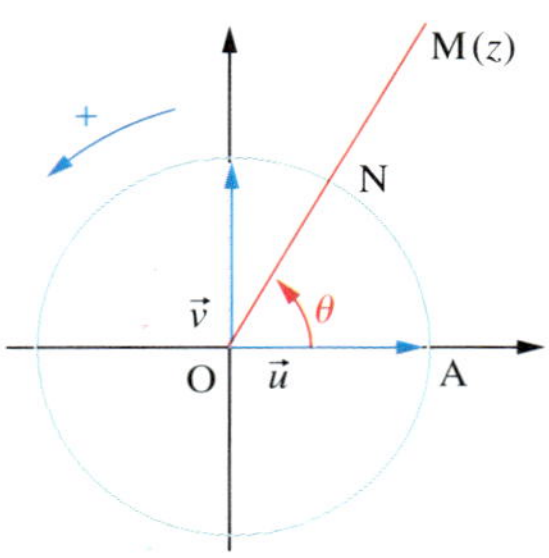

Fig. 16
Le cercle trigonométrique a un rayon égal à 1.

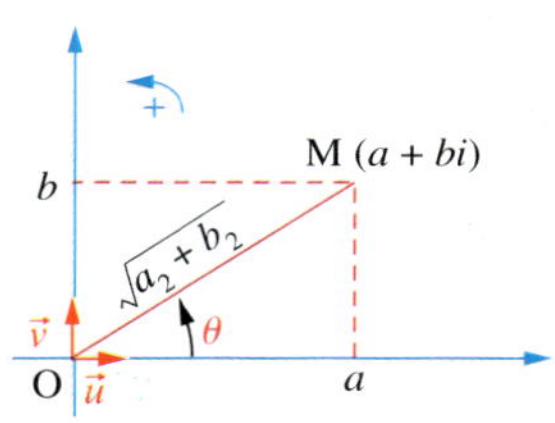

Fig. 17

Définition
Un argument d'un nombre complexe non nul $z = a + bi$ est un nombre réel θ tel que

$$\begin{cases} \cos\theta = \dfrac{a}{\sqrt{a^2+b^2}} \\ \sin\theta = \dfrac{b}{\sqrt{a^2+b^2}}. \end{cases}$$

Interprétation géométrique

k peut prendre pour valeurs 0, 1, 2, ... ou – 1, – 2, – 3, ...
θ est la lettre grecque thêta.

Un argument de z (non nul) est une mesure de l'angle orienté $(\vec{u}, \overrightarrow{OM})$.
Il est donc défini à un nombre entier de tours près (sur le cercle trigonométrique), c'est-à-dire à $k2\pi$ près, où k est un nombre entier relatif ($k \in \mathbb{Z}$), car un tour dans le sens positif mesure 2π radians.
Un argument de z est noté arg z ou plus simplement θ.

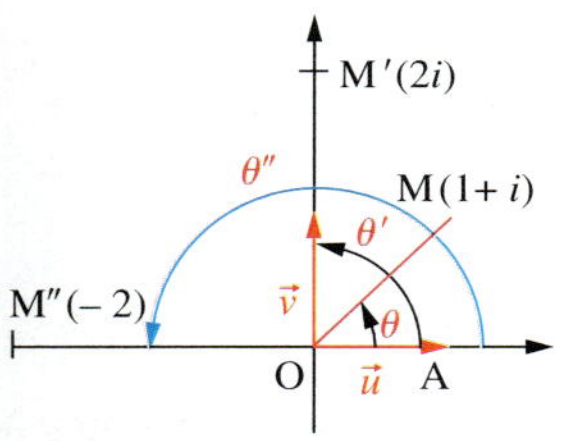

Fig. 18

EXEMPLES

- Le module de $1 + i$ est $\sqrt{1^2 + 1^2} = \sqrt{2}$. Un argument θ de $1 + i$ est tel que
$\cos\theta = \frac{1}{\sqrt{2}}$ et $\sin\theta = \frac{1}{\sqrt{2}}$; donc $\frac{\pi}{4}$ est un argument de $1 + i$.
- Le module de $2i$ est $\sqrt{0^2 + 2^2} = 2$. Un argument θ' de $2i$ est tel que
$\cos\theta' = \frac{0}{2}$ et $\sin\theta' = \frac{2}{2}$; donc $\frac{\pi}{2}$ est un argument de $2i$. (C'est évident sur la figure !)
- Le module de -2 est $\sqrt{(-2)^2 + 0^2} = 2$. Un argument θ'' de -2 est tel que
$\cos\theta'' = \frac{-2}{2}$ et $\sin\theta'' = \frac{0}{2}$; donc π est un argument de -2. (C'est évident sur la figure !)
-2 a aussi pour arguments $\pi + 2\pi$, $\pi + 4\pi$, ..., $\pi - 2\pi$, $\pi - 4\pi$, ...

Un argument est défini au nombre de tours près.

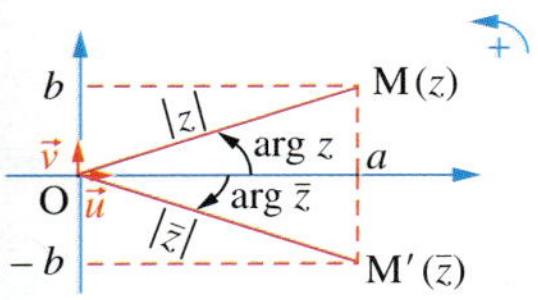

Fig. 19

Voir 2.b.

REMARQUES

- Pour tout nombre complexe non nul z, on a
$|\bar{z}| = |z|$ et $\arg\bar{z} = -\arg z + k2\pi$, où k est un nombre entier relatif.
$M'(\bar{z})$ est le symétrique de $M(z)$ par rapport à l'axe des abscisses, c'est-à-dire à la droite des nombres réels.
- En conservant les notations du paragraphe 2.b, nous avons vu que $z_2 - z_1$ est l'affixe de $\overrightarrow{M_1M_2} = \overrightarrow{OM}$. On en déduit :

On suppose $z_1 \neq z_2$.
Notez l'inversion de l'ordre des indices 1 et 2.

> $|z_2 - z_1| = \mathbf{M_1M_2}$
>
> **arg $(z_2 - z_1)$ est une mesure de l'angle orienté $(\vec{u}, \overrightarrow{M_1M_2})$.**

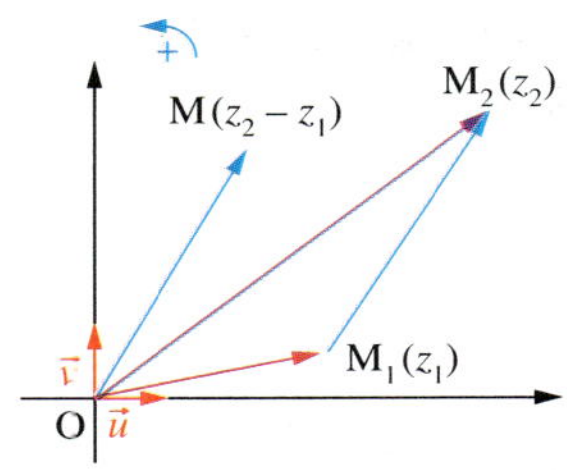

Fig. 20

Ces résultats sont utilisés en sciences physiques.

b Forme trigonométrique

Nous venons de voir qu'un nombre complexe z de **forme algébrique** $z = a + bi$ est aussi défini par son module r et, si z n'est pas nul, par un argument θ.
Comment s'écrit alors z ?
Comment passer de la forme algébrique à cette nouvelle écriture et inversement ?
Rappelons les réponses apportées en Première à ces deux questions :

En sciences physiques, on note parfois $z = [r, \theta]$; voir plus loin dans la partie *Complément*.

> $$z = r(\cos\theta + i\sin\theta).$$

Cette écriture s'appelle **forme trigonométrique** de z.

Voir les exercices corrigés 5 et 6.

Pour passer de la forme algébrique à la forme trigonométrique, on calcule

$$r = \sqrt{a^2+b^2}, \quad \text{puis on détermine } \theta \text{ tel que } \begin{cases} \cos\theta = \dfrac{a}{r} \\ \sin\theta = \dfrac{b}{r}. \end{cases}$$

Voir l'exercice corrigé 7.

Pour passer de la forme trigonométrique à la forme algébrique, on calcule

$$a = r\cos\theta \quad \text{et} \quad b = r\sin\theta.$$

Pensez à vous placer en « mode radian ».

REMARQUE

Les calculs permettant de passer de a et b à r et θ sont évidemment effectués à l'aide d'une calculatrice programmable.

La plupart des calculatrices scientifiques ont une touche permettant le passage des « coordonnées polaires » aux « coordonnées rectangulaires » et réciproquement. Cette touche permet donc aussi le passage de la forme trigonométrique à la forme algébrique et réciproquement.

Consultez la notice de votre calculatrice.

Si vous ne disposez pas d'une telle touche, programmez les calculs.

II. PRODUIT DE NOMBRES COMPLEXES

1. Théorème

Soit z et z' deux nombres complexes non nuls de modules respectifs r *et* r', d'arguments respectifs θ et θ' :

$$z = r(\cos\theta + i\sin\theta) \quad \text{et} \quad z' = r'(\cos\theta' + i\sin\theta').$$

Leur produit est $z \times z' = r(\cos\theta + i\sin\theta) \times r'(\cos\theta' + i\sin\theta')$.

Rappelons les « formules d'addition » établies en Première :

$\cos(a+b) = \cos a\cos b - \sin a\sin b$.

$\sin(a+b) = \sin a\cos b + \cos a\sin b$.

En développant le produit des deux parenthèses, on obtient

$z \times z' = rr'[(\cos\theta\cos\theta' - \sin\theta\sin\theta') + i\sin\theta\cos\theta' + \cos\theta\sin(\theta')]$.

Donc $z \times z' = rr'[\cos(\theta+\theta') + i\sin(\theta+\theta')]$.

On reconnaît la forme trigonométrique du produit $z \times z'$ qui a donc pour module rr' et pour argument $\theta + \theta'$.

Si z ou z' est nul, seule l'égalité sur les modules a un sens.

Théorème

Quels que soient les nombres complexes z et z' non nuls

$$|z \times z'| = |z| \times |z'|,$$

$$\arg(z \times z') = \arg z + \arg z' + k2\pi, \quad \text{où } k \text{ est un entier relatif.}$$

Le module d'un produit est le produit des modules.

Voir l'exercice corrigé 8.

Un argument d'un produit est la somme des arguments (à un nombre entier de tours près).

REMARQUE

n et m entiers relatifs.

Ce dernier résultat sur les arguments liant un produit à une somme ressemble à :

$$10^n \times 10^m = 10^{n+m},$$

et plus généralement à :

a nombre réel non nul.

$$a^n \times a^m = a^{n+m}.$$

$z = r(\cos\theta + i\sin\theta)$.

Aussi on adopte une nouvelle notation « de type puissance » pour la partie $\cos\theta + i\sin\theta$ de la forme trigonométrique ne faisant intervenir que l'argument.

2. Notation exponentielle

La fonction exponentielle de $\mathbb{R}$ dans $\mathbb{R}$ figure au programme d'analyse de Terminale STI ou STL ; notée e^x ou $\exp x$ elle apparaît sur le clavier des calculatrices. Elle sera étudiée au chapitre 8. Mais ici $i\theta$ est un nombre **complexe,** de même que $\cos\theta + i\sin\theta$. La fonction $\theta \mapsto e^{i\theta}$ sera étudiée en classe de technicien supérieur. Le nombre réel e a pour valeur approchée 2,718 ce qui est sans importance ici. Cette notation est due à Léonhard EULER, mathématicien suisse (1707-1783).

Pour tout nombre réel θ, on pose $\cos\theta + i\sin\theta = e^{i\theta}$.

REMARQUES

- $e^{i\theta}$ se lit « e puissance i thêta ».
- L'intérêt de cette notation largement répandue en sciences physiques, notamment en électricité, sera mis en évidence dans toute la suite de ce chapitre.

Avec cette notation, le nombre complexe z de module r et d'argument θ s'écrit : $z = re^{i\theta}$.

En effet $z = r(\cos\theta + i\sin\theta)$
$z = re^{i\theta}$.

EXEMPLES

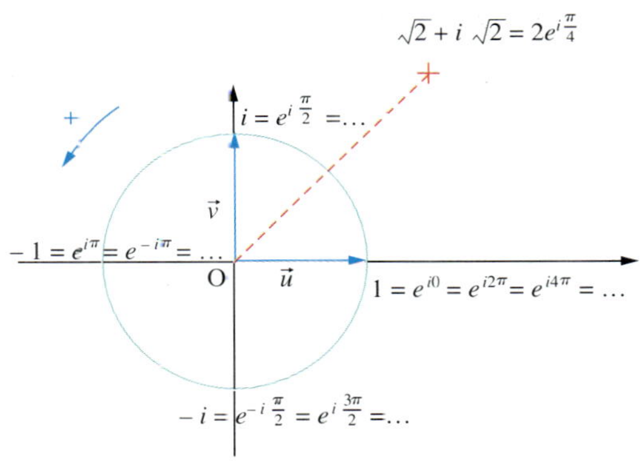

Fig. 21

Dans le cas particulier où $r = 1$, on a $z = e^{i\theta}$; son image est sur le cercle trigonométrique.

REMARQUES

- Avec la notation exponentielle des nombres complexes, les deux égalités du théorème ci-dessus s'écrivent :

Voir le paragraphe 1.

$$\boldsymbol{re^{i\theta} \times r'e^{i\theta} = rr'e^{i(\theta+\theta')}}.$$

• Dans le cas particulier où $r = r' = 1$ on obtient :

Pour tous nombres réels θ et θ', on a
$$e^{i\theta} \times e^{i\theta'} = e^{i(\theta+\theta')}.$$

Le théorème précédent se retrouve donc facilement avec la forme exponentielle.

On retrouve une égalité de la forme $a^n \times a^p = a^{n+p}$, établie au collège, lorsque n et p sont des nombres entiers relatifs et qui s'étend ainsi à des nombres complexes.

3. Conséquences

Voir le paragraphe 1.

Du théorème sur le produit nous allons déduire des résultats sur l'inverse et le quotient.

a Module et argument de l'inverse d'un nombre complexe non nul

Voir l'exercice corrigé 8.

Pour tout $z \neq 0$,
$$\left|\frac{1}{z}\right| = \frac{1}{|z|} \quad \text{et} \quad \arg \frac{1}{z} = -\arg z + k2\pi.$$

À un nombre entier de tours près.

Le module de l'inverse est l'inverse du module.
Un argument de l'inverse est l'opposé de l'argument.

Démonstration

z étant un nombre complexe non nul, soit $z' = \dfrac{1}{z}$.

On a $z \times z' = 1$.
Donc, d'après le théorème ci-dessus, comme 1 a pour module 1 et pour argument 0 :
$$|z| \times |z'| = 1 \quad \text{et} \quad \arg z + \arg z' = 0 + k2\pi.$$
Donc
$$|z'| = \frac{1}{|z|} \quad \text{et} \quad \arg z' = -\arg z + k2\pi,$$
d'où le résultat encadré.

b Module et argument du quotient de deux nombres complexes non nuls

Voir l'exercice corrigé 8.

Pour tous z et z' non nuls, on a
$$\left|\frac{z}{z'}\right| = \frac{|z|}{|z'|} \quad \text{et} \quad \arg\left(\frac{z}{z'}\right) = \arg z - \arg z' + k2\pi,$$
où k est un entier relatif.

À un nombre entier de tours près.

Le module d'un quotient est le quotient des modules.
Un argument d'un quotient est la différence des arguments.

Démonstration

Utiliser $\frac{z}{z'} = z \times \frac{1}{z'}$ et les résultats sur l'inverse et le produit.

REMARQUES

• Avec la notation exponentielle des nombres complexes, les égalités précédentes s'écrivent :

Ces résultats qui rappellent $\frac{1}{a^n} = a^{-n}$ et $\frac{a^n}{a^p} = a^{n-p}$ se retiennent facilement.

$$\frac{1}{re^{i\theta}} = \frac{1}{r}e^{-i\theta} \quad \text{et} \quad \frac{re^{i\theta}}{r'e^{i\theta'}} = \frac{r}{r'}e^{i(\theta-\theta')}.$$

• Dans le plan complexe muni d'un repère orthogonal direct $(O ; \vec{u}, \vec{v})$, soit M_1, M_2, M_3 les images respectives des nombres complexes z_1, z_2, z_3 tels que $z_1 \neq z_2$ et $z_1 \neq z_3$.

Voir une remarque du paragraphe I.3.a.

Attention à l'inversion de l'ordre des indices 1 et 2, ou 1 et 3.

Nous savons que $z_2 - z_1$ a pour argument une mesure de l'angle orienté $(\vec{u}, \overrightarrow{M_1M_2})$; de même pour $z_3 - z_1$ avec $(\vec{u}, \overrightarrow{M_1M_3})$.

Donc, d'après le résultat ci-dessus sur un quotient, un argument de $\frac{z_3 - z_1}{z_2 - z_1}$ est une mesure de l'angle

$$(\vec{u}, \overrightarrow{M_1M_3}) - (\vec{u}, \overrightarrow{M_1M_2}).$$

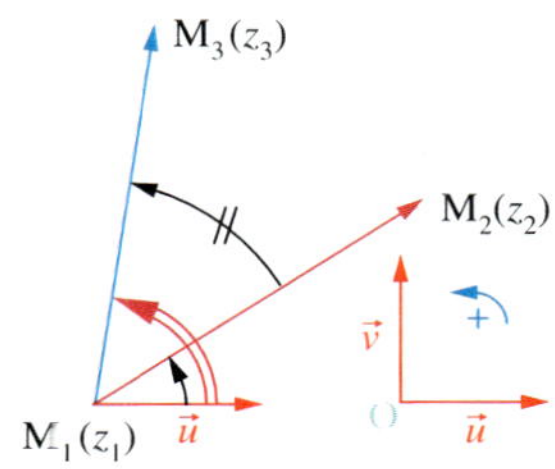

Fig. 22

Observez cette égalité d'angles sur la figure ; nous l'admettons ici.

Or cet angle est égal à l'angle $(\overrightarrow{M_1M_2}, \overrightarrow{M_1M_3})$.

Nous obtenons le résultat suivant, utile en sciences physiques :

► **Attention** à l'ordre des indices 1, 2, 3.

$\arg \frac{z_3 - z_1}{z_2 - z_1}$ est une mesure de l'angle orienté $(\overrightarrow{M_1M_2}, \overrightarrow{M_1M_3})$, où M_1, M_2, M_3 sont les images respectives de z_1, z_2, z_3.

4. Interprétation géométrique de $z \mapsto e^{i\alpha}z$

Ce paragraphe ne concerne que les spécialités : génie électronique, génie électrotechnique, génie optique et physique ; il est hors programme pour les autres spécialités.

Le plan complexe est muni d'un repère orthonormal direct $(O ; \vec{u}, \vec{v})$.

a Cas particulier

$\alpha = \frac{\pi}{4}$.

À tout nombre complexe z associons le nombre $e^{i\frac{\pi}{4}}z$.
On définit ainsi une application de $\mathbb{C}$ dans $\mathbb{C}$

$$f : z \mapsto f(z) = e^{i\frac{\pi}{4}}z.$$

0 est invariant par f.

Par exemple $f(0) = 0$ et $f(1) = e^{i\frac{\pi}{4}}$: son module est 1 et un argument est $\frac{\pi}{4}$.

i a pour module 1 et $\frac{\pi}{2}$ est un argument de i.

De même $f(i) = e^{i\frac{\pi}{4}}i$; or $i = e^{i\frac{\pi}{2}}$.

Donc $f(i) = e^{i\frac{\pi}{4}}e^{i\frac{\pi}{2}}$,

$f(i) = e^{i\left(\frac{\pi}{4}+\frac{\pi}{2}\right)}$ car $e^{i\theta}e^{i\theta'} = e^{i(\theta+\theta')}$

$f(i) = e^{i\frac{3\pi}{4}}$: son module est 1 et $\frac{3\pi}{4}$ est un argument.

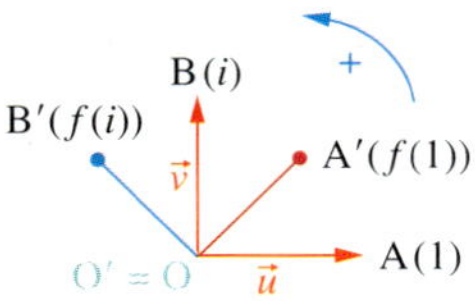

Fig. 23

Sur la figure 23 on a placé dans le plan complexe orienté les images de ces nombres complexes avec les notations suivantes :

nombre complexe	0	$f(0)$	1	$f(1)$	i	$f(i)$
image	O	O′	A	A′	B	B′

Comment passer de O à O′, de A à A′, de B à B′ et, plus généralement, de M d'affixe z à M′ d'affixe $f(z)$?

On sait que O′ = O et on lit sur la figure que

$$OA' = OA \text{ et } (\overrightarrow{OA}, \overrightarrow{OA'}) = \frac{\pi}{4}\ (+\ k2\pi)\ ;$$

de même $$OB' = OB \text{ et } (\overrightarrow{OB}, \overrightarrow{OB'}) = \frac{\pi}{4}\ (+\ k2\pi).$$

D'une manière générale soit z non nul de module r et d'argument θ :
on a $z = re^{i\theta}$.

Donc $f(z) = e^{i\frac{\pi}{4}}re^{i\theta}$

$f(z) = re^{i\left(\frac{\pi}{4}+\theta\right)}$.

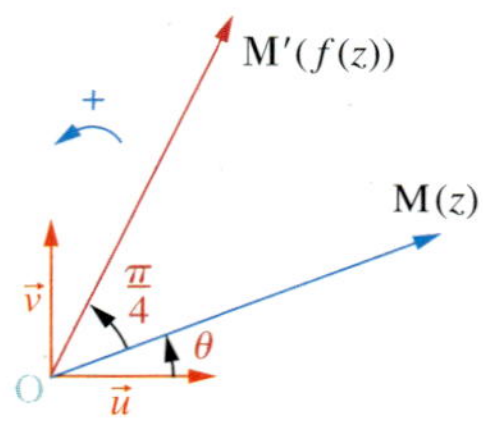

Fig. 24

$f(z)$ a pour module r et pour argument $\frac{\pi}{4} + \theta\ (+\ k2\pi)$.

Ainsi, d'une part $f(z)$ a le même module que z, donc OM′ = OM ;

d'autre part, on obtient arg $f(z)$ en ajoutant $\frac{\pi}{4}$ à arg z, donc

$$(\overrightarrow{OM}, \overrightarrow{OM'}) = \frac{\pi}{4}\ (+\ k2\pi).$$

Ces deux dernières égalités traduisent que M′ est le transformé de M par la **rotation** de centre O et d'angle $\frac{\pi}{4}$.

Conclusion

L'application $f : z \mapsto e^{i\alpha}z$, où $\alpha = \frac{\pi}{4}$, correspond pour les images M de z et M′ de $f(z)$ dans le plan complexe orienté à la rotation de centre O et d'angle $\alpha = \frac{\pi}{4}$.

O est l'origine de repère.

b Cas général

La démonstration ci-dessus, rédigée en remplaçant $\frac{\pi}{4}$ par α, permet de conclure :

Soit f l'application $z \mapsto f(z) = e^{i\alpha}z$ où α est un nombre réel fixé.
Soit M l'image de z et M′ l'image de $f(z)$ dans le plan complexe orienté.
L'application M $\mapsto$ M′ ainsi définie est la rotation de centre l'origine O du repère et d'angle α.

Voir l'exercice corrigé 27.

Vous allez pouvoir utiliser dans le plan complexe les propriétés des rotations mises en évidence en Seconde : par exemple, l'image d'une droite est une droite.

III. FORMULE DE MOIVRE

Soit $z = re^{i\theta}$ un nombre complexe non nul.

$$z^2 = z \times z, \quad \text{donc} \quad z^2 = r^2 e^{2i\theta}$$

Voir le paragraphe II.2.

d'après les résultats obtenus sur le produit de nombres complexes.

De même $z^3 = z^2 \times z$, donc $z^3 = r^3 e^{3i\theta}$, et ainsi de suite pour z^4, z^5, …

Nous avons également établi que $z^{-1} = \frac{1}{z}$ est égal à

$$\frac{1}{r} e^{-i\theta} = r^{-1} e^{-i\theta}.$$

On en déduit que $z^{-2} = z^{-1} \times z^{-1}$ est égal à $r^{-2} e^{-2i\theta}$, et ainsi de suite pour z^{-3}, z^{-4}, …

On peut démontrer que :

Pour tout nombre complexe non nul z et tout nombre entier relatif n :

$$|z^n| = |z|^n \quad \text{et} \quad \arg(z^n) = n \arg z + k2\pi$$

où k est un entier relatif.

REMARQUES

Ce résultat rappelle : $(a^p)^n = a^{pn}$ et se retient ainsi facilement.

- Avec la notation exponentielle des nombres complexes ces égalités s'écrivent :

$$(re^{i\theta})^n = r^n e^{in\theta}.$$

Abraham de MOIVRE (1667-1754) est un mathématicien britannique d'origine française.

- Dans le cas particulier où $r = 1$ on obtient, sous la forme trigonométrique, la **formule de Moivre :**

Pour tout entier relatif n :

$$(\cos \theta + i \sin \theta)^n = \cos n\theta + i \sin n\theta.$$

Cette formule s'utilise soit directement, par exemple $(\cos\theta + i\sin\theta)^3 = \cos 3\theta + i\sin 3\theta$, soit en remarquant que :
$\cos n\theta$ est la partie réelle de $(\cos\theta + i\sin\theta)^n$,
$\sin n\theta$ est la partie imaginaire de $(\cos\theta + i\sin\theta)^n$.
Ainsi $\cos 3\theta$ est la partie réelle de

$(a+b)^3 = a^3 + 3a^2b + 3ab^2 + b^3$ et $i^2 = -1$.

$$(\cos\theta + i\sin\theta)^3 = \cos^3\theta + 3i\cos^2\theta\sin\theta - 3\cos\theta\sin^2\theta - i\sin^3\theta.$$

Donc $\cos 3\theta = \cos^3\theta - 3\cos\theta\sin^2\theta$, que l'on peut encore transformer...

IV. FORMULES D'EULER

RAPPELS
$\cos(-\theta) = \cos\theta$
$\sin(-\theta) = -\sin\theta$: faites une figure !

Pour tout nombre réel θ on a :

$$e^{i\theta} = \cos\theta + i\sin\theta\ ;$$
$$e^{-i\theta} = \cos\theta - i\sin\theta.$$

Par addition et soustraction membre à membre on obtient :

Attention à i en dénominateur dans $\sin\theta$.

$$\boldsymbol{\cos\theta = \frac{1}{2}(e^{i\theta} + e^{-i\theta}) \quad \text{et} \quad \sin\theta = \frac{1}{2i}(e^{i\theta} - e^{-i\theta}).}$$

EXEMPLE

Déterminer des nombres réels A et B tels que pour tout x réel :
$$\boldsymbol{\sin^3 x = A\sin x + B\sin 3x.}$$

Pour tous nombres a et b de $\mathbb{C}$ (donc de $\mathbb{R}$)
$(a-b)^3 = a^3 - 3a^2b + 3ab^2 - b^3$.

$$\sin^3 x = \left(\frac{e^{ix} - e^{-ix}}{2i}\right) = \frac{e^{3ix} - 3e^{2ix}e^{-ix} + 3e^{ix}e^{-2ix} - e^{-3ix}}{-8i}$$

$$\sin^3 x = \frac{-e^{3ix} + 3e^{ix} - 3e^{-ix} + e^{-3ix}}{8i}$$

$$\sin^3 x = \frac{3e^{ix} - 3e^{-ix}}{8i} - \frac{e^{3ix} - e^{-3ix}}{8i}$$

$$\sin^3 x = \frac{3}{4} \times \frac{e^{ix} - e^{-ix}}{2i} - \frac{1}{4} \times \frac{e^{3ix} - e^{-3ix}}{2i},$$

On peut retrouver cette égalité en utilisant la formule de Moivre pour $n = 3$:
$(\cos x + i\sin x)^3 = \cos 3x + i\sin 3x$.

d'où : $$\sin^3 x = \frac{3}{4}\sin x - \frac{1}{4}\sin 3x.$$

COMPLÉMENT

Notamment pour STI spécialités : génie électronique, génie électrotechnique, génie optique et STL spécialité : physique.

EXEMPLES D'UTILISATION DES NOMBRES COMPLEXES EN ÉLECTRICITÉ ET EN ÉLECTRONIQUE

Aucune connaissance à ce sujet n'est exigible en mathématiques.

1. Représentation complexe d'une fonction sinusoïdale - vecteur de Fresnel

I est l'intensité efficace du courant sinusoïdal : c'est l'intensité d'un courant continu qui apporterait la même puissance P à la même résistance R. De même U est la valeur efficace de la tension.

Il en est de même pour chaque fonction $t \mapsto i(t)$ avec I et φ.
Cette notation est utilisée en sciences physiques.

En électricité, on utilise des fonctions sinusoïdales du temps t telles que

$$t \mapsto i(t) = \mathrm{I}\sqrt{2}\cos(\omega t + \varphi) \quad \text{pour l'intensité,}$$

ou

$$t \mapsto u(t) = \mathrm{U}\sqrt{2}\cos(\omega t + \varphi) \quad \text{pour la tension.}$$

Électricité de France distribue des tensions électriques sinusoïdales de fréquence constante $f = 50$ hertz.

La pulsation est $\omega = 2\pi f \approx 314$ rad s^{-1} : c'est la même constante pour toutes les fonctions i et u ainsi définies.

Il en résulte que chaque fonction $t \mapsto u(t)$ est caractérisée par la donnée du réel positif U et de la mesure φ (en radians) d'un angle.

Ainsi, à chaque fonction u, on peut associer le nombre complexe de forme trigonométrique $[\mathrm{U}, \varphi]$.

À toute tension sinusoïdale u on associe le nombre complexe, noté $\underline{\mathrm{U}}$
– de module U, la valeur efficace de u,
– d'argument φ, la « phase initiale » de u.

Pour éviter des confusions avec l'intensité électrique i, on note ici j le nombre complexe de module 1 et d'argument $\frac{\pi}{2}$.

$$u(t) = \mathrm{U}\sqrt{2}\cos(\omega t + \varphi) \quad \text{et} \quad \underline{\mathrm{U}} = \mathrm{U}(\cos\varphi + j\sin\varphi).$$

Dans le plan complexe si M est l'image de $\underline{\mathrm{U}} = [\mathrm{U}, \varphi]$
le *vecteur de Fresnel* de la fonction sinusoïdale u est le vecteur $\overrightarrow{\mathrm{OM}}$.

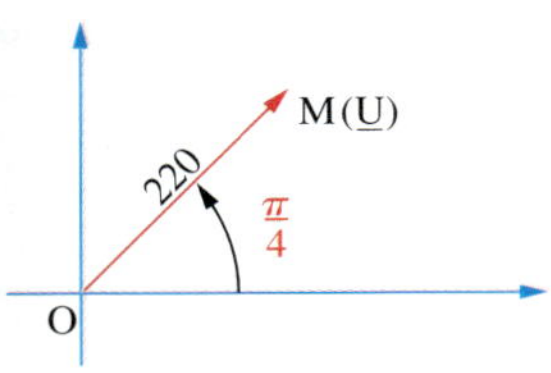

Fig. 25

EXEMPLE

Soit un dipôle soumis à la tension sinusoïdale $u(t) = 220\sqrt{2}\cos\left(\omega t + \frac{\pi}{4}\right)$.

On peut associer à u le nombre complexe $\underline{\mathrm{U}} = \left[220, \frac{\pi}{4}\right]$ et le vecteur de Fresnel $\overrightarrow{\mathrm{OM}}$ (fig. 25).

2. Impédance complexe

Lorsqu'on applique aux bornes d'un circuit une tension sinusoïdale u de pulsation ω, un courant d'intensité sinusoïdale i, de même pulsation ω, parcourt ce circuit.

Alors $u(t) = \mathrm{U}\sqrt{2} \cos \omega t$ et $i(t) = \mathrm{I}\sqrt{2} \cos (\omega t - \varphi)$.

Ces choix de phases sont habituellement utilisés en électricité. On rencontre aussi
$i = \mathrm{I}\sqrt{2} \cos \omega t$ et
$u = \mathrm{U}\sqrt{2} \cos (\omega t + \varphi)$.
On a alors $\underline{\mathrm{I}} = [\mathrm{I}, 0]$
et $\underline{\mathrm{U}} = [\mathrm{U}, \varphi]$.

Nous venons de voir qu'on associe alors à i et u deux nombres complexes $\underline{\mathrm{I}}$ et $\underline{\mathrm{U}}$:

$$\underline{\mathrm{I}} = [i, -\varphi] \quad \text{et} \quad \underline{\mathrm{U}} = [\mathrm{U}, 0].$$

L'impédance complexe du circuit est le nombre complexe $\underline{\mathbf{Z}} = \dfrac{\underline{\mathbf{U}}}{\underline{\mathbf{I}}}$.
L'impédance du circuit est le module $|\underline{\mathbf{Z}}|$ de l'impédance complexe.

EXEMPLES

Voici les impédances complexes $\underline{Z}$ de trois circuits simples :

Résistance pure	Bobine	Condensateur
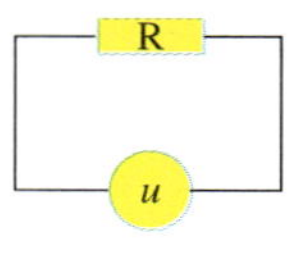	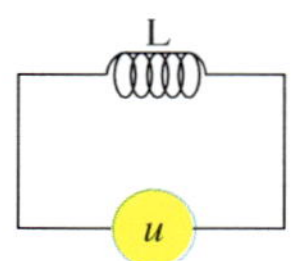	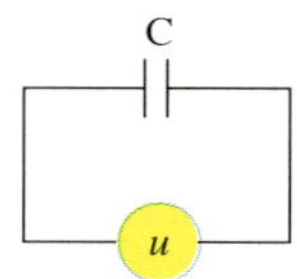
Fig. 26	*Fig. 27*	*Fig. 28*
$\underline{Z} = \mathrm{R}$	$\underline{Z} = j\mathrm{L}\omega$	$\underline{Z} = -\dfrac{1}{\mathrm{C}\omega}\, j.$
R est la *résistance* du circuit.	L est l'*inductance* de la bobine.	C est la *capacité du condensateur.*

En sciences physiques on établit le résultat suivant :

Ce résultat montre l'intérêt de la notion d'impédance complexe. La loi d'association des résistances en courant continu est rappelée ci-dessus.

En courant sinusoïdal, dans un circuit en série ou en parallèle, la loi d'association des impédances complexes est la même que celle des résistances, en courant continu, dans le même type de circuit.

En courant continu, à partir de deux résistors de résistances respectives R_1 *et* R_2*, on obtient une résistance équivalente* R *dans une association en série et une résistance équivalente* r *dans une association en parallèle.*

Association en série

Ces résultat figurent dans le programme de sciences physiques de Seconde

$$\mathbf{R = R_1 + R_2}$$

Fig. 29

Association en parallèle

$$\frac{1}{r} = \frac{1}{R_1} + \frac{1}{R_2}$$

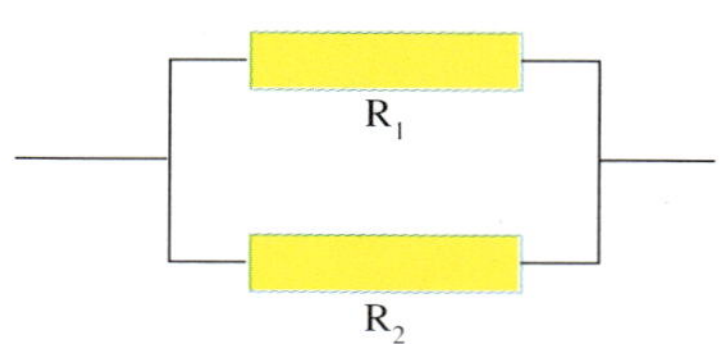

Fig. 30

TRAVAUX PRATIQUES

Les TP 1, 2, 3, 4, 5 concernent toutes les spécialités de STI-STL.

Résolution des équations du second degré à coefficients réels

T.P. 1 Exemple d'équation du second degré dans $\mathbb{C}$

L'équation $3x^2 + 6x + 4 = 0$ a-t-elle des solutions dans $\mathbb{R}$?

On se propose maintenant de déterminer s'il existe des nombres complexes z solutions de l'équation :

$$(E) \quad 3z^2 + 6z + 4 = 0.$$

1° Démontrer qu'il existe deux nombres réels A et B tels que, pour tout nombre complexe z, on a :

$$3z^2 + 6z + 4 = 3[(z + A)^2 + B^2].$$

2° Après avoir remarqué que, pour tout z, on a : $(z + A)^2 + B^2 = (z + A)^2 - (Bi)^2$, résoudre dans $\mathbb{C}$ l'équation (E).

Dans $\mathbb{C}$, comme dans $\mathbb{R}$, $a^2 - b^2 = \ldots$

T.P. 2 Cas général

On se propose de résoudre dans $\mathbb{C}$ l'équation du second degré d'inconnue le nombre **complexe** z **:** $\boldsymbol{az^2 + bz + c = 0}$**,** où a, b, c sont des nombres **réels,** avec $a \neq 0$.

On note Δ le **nombre réel** $\boldsymbol{b^2 - 4ac}$**.**

1° Vérifier que l'équation est équivalente à :

$$a\left[\left(z + \frac{b}{2a}\right)^2 - \frac{\Delta}{4a^2}\right] = 0.$$

Deux équations sont équivalentes lorsqu'elles ont les mêmes solutions.

2° Si $\Delta \geqslant 0$, démontrer que l'équation a deux solutions réelles (distinctes ou confondues). (Voir le cours de Première.)

Si $\Delta < 0$ vérifier que l'équation s'écrit :

$$\left(z + \frac{b}{2a}\right)^2 - \left(\frac{i\sqrt{-\Delta}}{2a}\right)^2 = 0.$$

En déduire les deux solutions complexes conjuguées de l'équation.

RÉSUMÉ

Une équation du second degré de la forme $\boldsymbol{az^2 + bz + c = 0}$, où $\boldsymbol{a, b, c}$ sont des coefficients réels avec $\boldsymbol{a \neq 0}$, admet dans $\mathbb{C}$:

- **si $\boldsymbol{\Delta \geqslant 0}$, une ou deux solutions réelles ;**
- **si $\boldsymbol{\Delta < 0}$, deux solutions complexes conjuguées :**

$$\boldsymbol{z' = \frac{-b - i\sqrt{-\Delta}}{2a}}$$

et $$\boldsymbol{z'' = \frac{-b + i\sqrt{-\Delta}}{2a}}.$$

Les deux solutions réelles sont celles données en Première : si $\Delta > 0$,

$$\boldsymbol{x' = \frac{-b - \sqrt{\Delta}}{2a}} \quad \textbf{et} \quad \boldsymbol{x'' = \frac{-b - \sqrt{\Delta}}{2a}}.$$

et si $\boldsymbol{\Delta = 0, \quad x' = x'' = -\frac{b}{2a}}$**.**

T.P. 3 Application des formules

Résoudre dans $\mathbb{C}$ les équations :

1° $z^2 - 4z + 5 = 0$;

2° $3z^2 + 4z + 1 = 0$;

3° $2z^2 + 8z + 125 = 0$.

T.P. 4 Équation du second degré Nombres complexes et géométrie

On désigne par i le nombre complexe de module 1 et d'argument $\frac{\pi}{2}$.

1° Résoudre dans l'ensemble $\mathbb{C}$ des nombres complexes les deux équations :

a) $z^2 - 8z + 52 = 0$;

b) $z^2 - 3z - 40 = 0$.

2° Dans le plan muni du repère orthonormal $(O ; \vec{u}, \vec{v})$ d'unité graphique 1 cm, on donne les points A, B, C, D, d'affixes respectives $4 + 6i$, $4 - 6i$, 8, -5.

a) Placer les points A, B, C, D.

b) Calculer l'affixe du milieu I de [CD].

c) Montrer que les quatre points A, B, C, D sont sur un même cercle dont on précisera le centre et le rayon. Quelle est la nature du triangle ACD ? (Justifier la réponse.)

d) Calculer l'affixe du centre de gravité G du triangle ACD (on pourra utiliser le vecteur $\overrightarrow{AI}$).

(Génie mécanique A et F, Génie civil, Génie énergétique, Métropole, septembre 1996)

T.P. 5 Équation se ramenant au second degré, nombres complexes et géométrie

On considère le polynôme défini par $P(z) = z^3 + 10z^2 + 48z + 64$ avec z appartenant à l'ensemble $\mathbb{C}$.

1° *a*) Vérifier que, pour tout nombre complexe z, $P(z) = (z + 2)(z^2 + 8z + 32)$.

b) Résoudre dans l'ensemble des nombres complexes l'équation $P(z) = 0$ (on donnera les formes algébriques et trigonométrique des solutions).

2° Le plan complexe est muni d'un repère orthonormal $(O ; \vec{u}, \vec{v})$, d'unité graphique 1 cm. Le point A ayant pour affixe -2, placer les points A, B, C, images des solutions de $P(z) = 0$ (l'ordonnée de B étant positive).

3° Déterminer le périmètre en cm et l'aire en cm^2 du quadrilatère OBAC.

4° Déterminer le volume en cm^3 du solide de révolution engendré par la rotation du triangle OBA autour de l'axe des abscisses. On pourra remarquer que ce volume s'obtient comme différence de deux volumes de cônes de révolution.

> Le volume d'un cône de révolution de hauteur h et dont la base a pour rayon R est $V = \dfrac{\pi R^2 h}{3}$.

(Génie mécanique, 1994)

T.P. 6 Équation du second degré dans $\mathbb{C}$ et interprétation géométrique de $z \mapsto e^{i\alpha}z$

Le T.P. 6 ne concernent que les séries STI Génie électronique, électrotechnique, optique et STL Physique de laboratoire.

Le nombre i est le nombre complexe de module 1 et d'argument $\dfrac{\pi}{2}$.

1° *a*) Résoudre dans l'ensemble $\mathbb{C}$ des nombres complexes l'équation $z^2 - 2\sqrt{2}z + 4 = 0$.

b) Déterminer pour chaque solution le module et un argument.

2° Le plan complexe est muni d'un repère orthonormal $(O ; \vec{u}, \vec{v})$ (d'unité graphique 2 cm).

a) Placer dans le plan les points A, B, C d'affixes respectives $z_0 = 2i$, $z_1 = \sqrt{2}(1 - i)$, $z_2 = \sqrt{2}(1 + i)$.

b) Soit R la transformation géométrique du plan qui au point M d'affixe z associe le point M′ d'affixe $z' = e^{\frac{i3\pi}{4}}z$.
Préciser la nature de cette transformation.

Montrer que $z_0 = e^{\frac{i3\pi}{4}}z_1$. Que peut-on en déduire pour les points A et B ?

c) Déterminer l'affixe du point D image du point A par R. Représenter ce point D dans le plan.

d) Quelle est l'image de la droite (AB) par la transformation R ?

(Génie électronique et électrotechnique, septembre 1994)

Exemples de mise en œuvre des formules de Moivre et d'Euler

T.P. 7 Utilisation de la formule de Moivre

1° Écrire la formule de Moivre pour $n = 2$.
En développant $(\cos\theta + i\sin\theta)^2$ retrouver les formules :

$$\cos 2\theta = \cos^2\theta - \sin^2\theta$$

et

$$\sin 2\theta = 2\sin\theta\cos\theta.$$

Rappel

$$A + iB = A' + iB'$$

équivaut à $A = A'$ **et** $B = B'$.

2° *a)* Écrire la formule de Moivre pour $n = 3$.

Dans $\mathbb{C}$, comme dans $\mathbb{R}$:

$$(a+b)^3 = (a+b)^2(a+b) \ ;$$

$$(a+b)^3 = a^3 + 3a^2b + 3ab^2 + b^3.$$

b) Établir des formules analogues à celles obtenues au 1° donnant $\cos 3\theta$ et $\sin 3\theta$ en fonction de $\cos \theta$ et $\sin \theta$.

En déduire que, pour tout nombre réel θ,

$$\sin^3 \theta = \frac{3}{4} \sin \theta - \frac{1}{4} \sin 3\theta,$$

et $$\cos^3 \theta = \frac{3}{4} \cos \theta + \frac{1}{4} \cos 3\theta.$$

• On dit que l'on a linéarisé $\sin^3 \theta$ et $\cos^3 \theta$ (linéariser une expression trigonométrique consiste à trouver une expression du premier degré qui lui soit égale).

• On linéarise des expressions trigonométriques pour calculer des primitives.

T.P. 8 Utilisation des formules d'Euler

1° Transformation de produit en somme

On donne la fonction définie pour tout nombre réel x par $f(x) = \cos 3x \sin 4x$.

Utiliser les formules d'Euler pour montrer que, pour tout nombre réel x,

$$f(x) = \frac{1}{2}(\sin 7x + \sin x).$$

Cette transformation est utile pour calculer des primitives de la fonction f.

2° Linéarisation de $\cos^2 x$ et $\sin^2 x$

Développer $(e^{ix} + e^{-ix})^2$.

En déduire la formule

$$\cos^2 x = \frac{1 + \cos 2x}{2}.$$

Développer $(e^{ix} - e^{-ix})^2$.

En déduire la formule

$$\sin^2 x = \frac{1 - \cos 2x}{2}.$$

3° Linéarisation de $\cos^3 x$

Développer $(e^{ix} + e^{-ix})^3$. Retrouver l'expression de $\cos^3 x$ en fonction de $\cos x$ et $\cos 3x$ figurant au T.P. 7.

EXERCICES ET PROBLÈMES

AVEC CORRIGÉS

OBJECTIFS	Numéros des exercices
Déterminer la forme algébrique d'un nombre complexe	1 et 2
Résoudre une équation ou un système d'équations	3 et 4
Déterminer le module et un argument d'un nombre complexe donné sous la forme algébrique $a + bi$	5 et 6
Passer de la forme trigonométrique à la forme algébrique	7
Déterminer le module et un argument d'un produit, d'un quotient, d'une puissance	8 et 9
Utiliser la représentation graphique d'un nombre complexe	10 à 12
Interpréter géométriquement le module de $z_2 - z_1$	13
Déterminer des ensembles de points	13 à 16
Déterminer la notation exponentielle d'un nombre complexe	17 et 18
Utiliser les formules d'Euler pour linéariser ou transformer un produit en somme	19 et 20
Résoudre dans $\mathbb{C}$ des équations du second degré à coefficients réels	21 à 23 28
Interpréter géométriquement $z \mapsto z + z_0$ et $z \mapsto e^{i\alpha}z$	24 à 27 28 et 29

Mise sous forme algébrique de nombres complexes

1 ■ ***Sommes et produits dans $\mathbb{C}$***

Soit les nombres complexes $z = 2 + 3i$ et $z' = -1 + i$; écrire les nombres complexes suivants sous la forme algébrique $a + bi$:

a) $z + z'$; *b*) $2z - 3z'$; *c*) $z \times z'$

d) z'^2 ; *e*) z^3 ; *f*) $(1 + z)(1 + z')$.

2 ■ ***Inverses et quotients dans $\mathbb{C}$***

Pour mettre un quotient de nombres complexes sous la forme $a + bi$ on peut multiplier le numérateur et le dénominateur par le nombre complexe conjugué du dénominateur.

Soit les nombres complexes $z = 2 - 3i$ et $z' = -4 - i$; mettre les nombres complexes suivants sous la forme algébrique $a + bi$:

a) $\frac{1}{z}$; *b*) $\frac{1}{z'}$; *c*) $\frac{z}{z'}$;

d) $\frac{1}{z^2}$; *e*) $\frac{1 + z}{1 - z}$.

3 ■■ ***Équation dans $\mathbb{C}$***

Déterminer la solution complexe z_0 de l'équation :

$$\frac{z + 1}{z - 1} = 1 + i.$$

On calcule dans $\mathbb{C}$ comme dans $\mathbb{R}$.

4 ■■ ***Système d'équations***

Déterminer les nombres complexes z_1 et z_2 tels que :

$$\begin{cases} 2z_1 + z_2 = 4 \\ -2iz_1 + z_2 = 0. \end{cases}$$

Module et argument d'un nombre complexe

La plupart des calculatrices permettent d'obtenir soit directement, soit à l'aide d'un petit programme, le module et un argument d'un nombre complexe à partir de sa forme algébrique. Consultez votre notice ! Cette compétence n'est pas exigible mais vous fournira un moyen rapide de vérification (par exemple pour les exercices 5, 6, 7).

5 ■ Déterminer le module et un argument des nombres complexes suivants :
(On demande des valeurs exactes.)
a) $z = 1 - i$; *b)* $z = 2 + 2i$;
c) $z = -1 + i\sqrt{3}$; *d)* $z = -2i$;
e) $z = -3$; *f)* $z = -\cos\frac{\pi}{6} - i\sin\frac{\pi}{6}$.
Contrôler sur une figure les résultats obtenus.

6 ■ Déterminer une valeur approchée à 10^{-2} près du module et une valeur approchée en radians à 10^{-2} près d'un argument des nombres complexes suivants :
a) $z = 3 + i$; *b)* $z = 4 - 2i$.
Contrôler sur une figure les résultats obtenus.

7 ■ ***Passage de la forme trigonométrique à la forme algébrique***

Soit z un nombre complexe de module ρ et d'argument θ. Écrire z sous la forme algébrique $a + bi$ dans les cas suivants :
a) $\rho = 3$ et $\theta = \frac{\pi}{3}$;
b) $\rho = 2$ et $\theta = -\frac{\pi}{6}$;
c) $\rho = 1$ et $\theta = \frac{7\pi}{3}$;
d) $\rho = 4$ et $\theta = \frac{3\pi}{4}$;
e) $\rho = 3$ et $\theta = 3{,}41$.
Dans ce cas, on donnera une valeur approchée à 10^{-3} près des nombres réels a et b.
Contrôler les résultats obtenus sur une figure.

8 ■■ ***Module et argument d'un produit, d'un inverse, d'un quotient***

On considère les deux nombres complexes suivants :
$$z_1 = 1 + i\sqrt{3} \quad \text{et} \quad z_2 = 1 - i.$$
1° Déterminer le module et un argument des nombres complexes z_1 et z_2.

2° En déduire le module et un argument des nombres complexes $\frac{1}{z_1}$, $(z_1 \times z_2)$, $\frac{z_1}{z_2}$.

(STL, Chimie de laboratoire, septembre 1994)

9 ■■■ ***Module et argument d'une puissance. Détermination de valeurs exactes de sinus et cosinus***

On désigne par i le nombre complexe de module 1 et d'argument $\frac{\pi}{2}$.
On pose $z_1 = 1 + i$, $z_2 = \sqrt{3} + 1$, et $Z = z_1{}^3 z_2$.
1° *a)* Mettre $z_1{}^3$ sous forme algébrique (on pourra utiliser une identité remarquable).
b) Mettre Z sous forme algébrique.
2° *a)* Déterminer le module et un argument du nombre complexe z_1, puis le module et un argument du nombre complexe $z_1{}^3$.
b) Déterminer le module et un argument du nombre complexe z_2.
c) Déduire des questions précédentes une écriture trigonométrique de Z.
3° En comparant les écritures algébrique et trigonométrique de Z, déterminer les valeurs exactes de
$$\cos\frac{11\pi}{12} \quad \text{et} \quad \sin\frac{11\pi}{12}.$$
Vérifier les résultats obtenus avec votre calculatrice.

(Génie mécanique A et F, Génie civil, Génie énergétique, Polynésie, 1996)

Nombres complexes et géométrie

Affixe d'un point, d'un vecteur ; interprétation géométrique du module $z_2 - z_1$.
Dans les exercices 10 à 12, le plan est muni du repère orthonormal $(O ; \vec{u}, \vec{v})$.

10 ■ Soit les points A et B d'affixes respectives $3 - 2i$ et $4 + 5i$.
Quelle est l'affixe du milieu I de [AB] ?

11 ■■ Les points A, B, C ont pour affixes respectives $2 + 3{,}5i$; $5 + 0{,}5i$; $4 + 5{,}5i$.
1° Faire une figure.
2° Calculer l'affixe des vecteurs $\overrightarrow{AB}$, $\overrightarrow{AC}$, $\overrightarrow{BC}$.
3° En déduire les distances AB, AC, BC.
4° Que peut-on dire du triangle ABC ?

12 ■■■ *Soit les nombres complexes :*
$$z_A = \sqrt{3} + i \;; \quad z_B = \sqrt{3} - i \;;$$
$$z_C = 2\sqrt{3} + 2i \quad \text{et} \quad z_D = 2i.$$
1° Déterminer le module et un argument de chacun de ces nombres.
2° *a)* Dans le plan rapporté à un repère orthonormal $(O ; \vec{u}, \vec{v})$ d'unité graphique 2 cm, placer les quatre points A, B, C et D dont les affixes sont respectivement z_A, z_B, z_C et z_D.
b) Montrer que les points O, B, C et D sont sur un même cercle de centre A dont on précisera le rayon.

(Génie mécanique, B, C, D, E, Antilles-Guyane, 1995)

Ensemble de points (exercices 13 à 16).

13 ■■ Le plan est rapporté à un repère orthonormal $(O ; \vec{u}, \vec{v})$, l'unité graphique étant égale à 2 cm.
On désigne par A, B, C les points d'affixes respectives :
$$z_A = 4 + \frac{5}{2}i, \quad z_B = 4 - \frac{5}{2}i, \quad z_C = 2 + \frac{3}{2}i.$$

1° Placer les points A, B, C dans le repère.
Calculer les longueurs des côtés du triangle ABC.
En déduire qu'il est rectangle.

2° E désigne l'ensemble des points M du plan dont l'affixe z vérifie la relation $|z-4| = \frac{5}{2}$.
a) Les points A, B, C sont-ils des points de E ?
b) En utilisant le point Ω d'affixe 4, déterminer la nature de l'ensemble E.
c) Déterminer les points de E dont l'affixe est réelle.

14 ▪▪ ***Où on utilise la notation j, au lieu de i***

Le plan complexe est muni du repère orthonormal $(O ; \vec{u}, \vec{v})$.
1° Soit $z = x + yj$ l'affixe d'un point M du plan complexe.
Déterminer en fonction de x et de y la partie réelle et la partie imaginaire du nombre complexe $Z = jz - 1 + j$.

2° En déduire l'ensemble des points M du plan tels que $|jz - 1 + j| = 1$.

15 ▪▪ Dans le plan complexe rapporté à un repère orthonormal $(O ; \vec{u}, \vec{v})$, on associe à tout point M d'affixe $z = x + yi$, $(z \neq 2)$, le point M′ d'affixe :

$$Z = \frac{z+2}{z-2}.$$

1° Déterminer la partie réelle et la partie imaginaire de Z.

2° Déterminer et construire l'ensemble des points M du plan complexe tels que :
a) Z soit un réel.
b) Z soit un imaginaire pur.

16 ▪▪▪ Dans cet exercice, pour tout nombre complexe z, on désigne par $\bar{z}$ le nombre conjugué de z.
1° On considère les nombres complexes

$$a = 1 + i, \quad b = (a+i)(\bar{a}+i)$$

et

$$c = (b+i)(\bar{b}+i).$$

a) Calculer b et c.
b) Dans le plan complexe rapporté à un repère orthonormal $(O ; \vec{u}, \vec{v})$, placer les images respectives A, B et C des nombres a, b et c, puis tracer le cercle de diamètre [AC].

On utilisera une feuille de papier millimétré et on prendra 2 cm pour unité graphique.

Montrer que le point B appartient à ce cercle.

2° Résoudre, dans l'ensemble des nombres complexes, l'équation d'inconnue z :

$$(z+i)(\bar{z}+i) = 0.$$

Placer sur la figure précédente les images S et T des solutions.

3° On pose

$$z = x + iy \quad \text{et} \quad (z+i)(\bar{z}+i) = X + iY,$$

où x, y, X et Y sont des nombres réels.

a) Exprimer X et Y en fonction de x et y.
b) Déterminer, puis tracer sur le graphique :
• l'ensemble E des points d'affixes z telles que $(z+i)(\bar{z}+i)$ soit un nombre réel.
• l'ensemble E′ des points d'affixes z telles que $(z+i)(\bar{z}+i)$ soit imaginaire pur.
c) En utilisant les deux ensembles E et E′, retrouver les résultats de la question 2.

(Génie électronique et électrotechnique, 1994, groupe 3)

Notation exponentielle des nombres complexes

17 ▪ Mettre sous forme algébrique les nombres complexes suivants :

$$z_1 = e^{i\frac{\pi}{4}} ; \quad z_2 = e^{2\frac{i\pi}{3}} ; \quad z_3 = e^{-i\frac{\pi}{6}} ;$$

$$z_4 = e^{-i\frac{\pi}{2}} ; \quad z_5 = e^{i\frac{\pi}{6}} + e^{-i\frac{\pi}{6}} ;$$

$$z_6 = 2e^{i\frac{\pi}{3}} + \sqrt{2}e^{-i\frac{\pi}{4}} ; \quad z_7 = e^{i\frac{\pi}{5}} ;$$

$$z_8 = 2e^{-i2{,}57}.$$

Pour z_7 et z_8 on donnera des valeurs approchées à 10^{-2} près des parties réelles et imaginaires.

18 ▪ Donner la forme exponentielle des nombres complexes suivants :

$$z_1 = 1 ; \quad z_2 = 2i ; \quad z_3 = -3i ; \quad z_4 = -2 ;$$

$$z_5 = 1 - i ; \quad z_6 = 1 + i\sqrt{3} ; \quad z_7 = 3 - 2i.$$

Pour z_7 on donnera des valeurs approchées à 10^{-2} près du module et d'un argument.

Exemples de mise en œuvre des formules d'Euler

19 ▪▪ ***Utilisation des formules d'Euler pour transformer un produit d'expressions trigonométriques en somme***

Soit f la fonction définie pour tout nombre réel x par :

$$f(x) = \sin x \sin 2x.$$

Utiliser les formules d'Euler pour transformer $f(x)$ en somme.
(Cette transformation est utile pour déterminer les primitives, sur $\mathbb{R}$, de la fonction f.)

20 ▪▪▪ ***Utilisation des formules d'Euler pour linéariser une expression trigonométrique***

1° À l'aide des formules d'Euler, linéariser $\cos^4 x$ (c'est-à-dire transformer $\cos^4 x$ en une expression du premier degré : voir T.P. 8).

2° Retrouver le résultat du 1° en utilisant deux fois de suite la formule :

$$\cos^2 a = \frac{1}{2}(1 + \cos 2a).$$

Remarquer que, pour tout nombre réel x,
$$\cos^4 x = (\cos^2 x)^2.$$

Résolution des équations du second degré à coefficients réels

21 ▪ Résoudre dans $\mathbb{C}$ les équations du second degré suivantes :

a) $z^2 = -4$; *b*) $z^2 = -2$; *c*) $z^2 = 3$.

N'oubliez pas que, dans $\mathbb{C}$, comme dans $\mathbb{R}$, pour tous nombres A et B,
$$A^2 - B^2 = (A - B)(A + B).$$

22 ▪ Résoudre dans $\mathbb{C}$ les équations suivantes :

a) $z^2 + z + 1 = 0$; *b*) $z^2 - 2z + 4 = 0$;

c) $z^2 + z + \frac{1}{2} = 0$; *d*) $\frac{1}{z} = 1 - z$.

23 ▪▪▪ 1° Résoudre, dans $\mathbb{C}$, l'équation
$$z^2 - 16z + 73 = 0.$$

2° Soit $P(z)$ le polynôme défini par
$$P(z) = z^3 - 20z^2 + 137z - 292.$$

où z désigne un nombre complexe.

a) Déterminer trois nombres réels a, b, c tels que pour tout nombre complexe z on ait :
$$P(z) = (z - 4)(az^2 + bz + c).$$

On admet que dans $\mathbb{C}$ comme dans $\mathbb{R}$, deux polynômes sont égaux si et seulement si les coefficients de leurs monômes de même degré sont égaux.

b) Résoudre dans l'ensemble des nombres complexes l'équation (E):
$$P(z) = 0.$$

3° Dans un repère orthonormal $(O ; \vec{u}, \vec{v})$, d'unité graphique 1 cm, on désigne par A le point d'affixe la racine réelle de (E) et par B et C les points d'affixe les racines complexes de cette équation.

a) Placer les points A, B et C dans le repère $(O ; \vec{u}, \vec{v})$.

b) Préciser la nature du triangle ABC.

c) Calculer la mesure, arrondie au millième de radian, de l'angle géométrique $\widehat{BAC}$.

(STL, Physique, septembre 1995)

Interprétation géométrique de $z \mapsto z + a$ et $z \mapsto e^{i\alpha}z$

Cette partie n'est au programme que des spécialités : électronique, électrotechnique, optique, physique.

On suppose dans les exercices suivants que le plan complexe est muni du repère orthonormal $(O ; \vec{u}, \vec{v})$.

24 ▪ ***Translation associée à $z \mapsto z + a$***

Quelle est la fonction f de $\mathbb{C}$ dans $\mathbb{C}$ associée à la translation T de vecteur $\vec{w} = \vec{u} - 3\vec{v}$?

25 ▪▪▪ ***Translation associée à $z \mapsto z + a$ (bis)***

1° Quelle est la transformation géométrique F correspondant à la fonction f de $\mathbb{C}$ dans $\mathbb{C}$ définie par
$$z \mapsto z + 2 - 4i \text{ ?}$$

2° Déterminer les coordonnées du point O′ image par F de O.

3° Quelle est l'image par F de la droite D d'équation $y = x$?
En déterminer une équation.

4° Quelle est l'image par F du cercle de centre O et de rayon 1 ? En déterminer une équation.

26 ▪▪ Les points A et B ont pour affixes respectives
$$a = \cos\frac{\pi}{12} + i\sin\frac{\pi}{12}$$
et
$$b = 3\left(\cos\frac{\pi}{4} + i\sin\frac{\pi}{4}\right).$$

Déterminer une mesure de l'angle $(\overrightarrow{OA}, \overrightarrow{OB})$.
Vérifier sur une figure.

27 ▪▪ ***Rotation associée à $z \mapsto e^{i\alpha}z$***

1° Quelle est la transformation géométrique F correspondant à la fonction f de $\mathbb{C}$ dans $\mathbb{C}$ définie par $z \mapsto -\frac{\sqrt{2}}{2}(1 + i)z$?

2° Construire l'image par F de l'axe des abscisses.

28 ▪▪▪ ***Équation du second degré dans $\mathbb{C}$ et rotation***

1° Résoudre dans $\mathbb{C}$ l'équation
$$z^2 - z + 1 = 0.$$

2° On considère dans le plan complexe, muni d'un repère orthonormal direct $(O ; \vec{u}, \vec{v})$ d'unité graphique 5 cm, les points A, B et C d'affixes respectives z_A, z_B et z_C définies par
$$z_A = \frac{1}{2} + i\frac{\sqrt{3}}{2}, \quad z_B = \frac{1}{2} - i\frac{\sqrt{3}}{2}, \quad z_C = \frac{1 + \sqrt{5}}{2}$$

où i désigne le nombre complexe de module 1 et d'argument $\frac{\pi}{2}$.

a) Placer les points A, B et C dans le plan, complexe.

b) On désigne par A′ l'image du point A par la rotation de centre O et d'angle de mesure $\frac{\pi}{2}$.

Placer le point A′ et démontrer que le triangle AA′C est isocèle en A.

3° On désigne par B′ l'image du point B par la rotation de centre O et d'angle de mesure $\frac{\pi}{4}$. Placer le point B′.
Exprimer l'affixe $z_{B'}$ du point B′ en fonction de celle du point B. En déduire la forme trigonométrique et la forme algébrique de $z_{B'}$.

4° Calculer les valeurs exactes de $\cos \frac{\pi}{12}$ et de $\sin \frac{\pi}{12}$.

(STL, Physique, juin 1995)

29 ▪▪▪ ***Image d'un polygone par une rotation***

Pour cet exercice, le plan P est muni du repère $(O ; \vec{u}, \vec{v})$ orthonormal direct d'unité graphique 2 cm.
On considère la fonction f définie par

$$f(z) = e^{i\frac{\pi}{3}}z$$

où z est un nombre complexe, et i le nombre complexe de module 1 et d'argument $\frac{\pi}{2}$.

1° On considère la transformation T du plan P, associée à la fonction f, qui au point M d'affixe z fait correspondre le point M′ d'affixe $f(z)$.
Quelle est la nature de la transformation T et quels sont les éléments qui la caractérisent ?

2° Pour chaque nombre entier naturel n, on note A_n le point du plan P d'affixe

$$z_n = 2 \cdot e^{i\frac{\pi}{3}n}.$$

a) Donner le module et un des arguments du nombre complexe z_n.
b) En déduire que tous les points A_n sont sur un cercle C à préciser.
c) Représenter dans le plan P les points A_n pour n tel que $0 \leqslant n \leqslant 5$.

3° Dans le plan P, quelles sont les images par la transformation T respectivement :
a) du triangle OA_nA_{n+1} où $0 \leqslant n \leqslant 4$?
b) du polygone $A_0A_1A_2A_3A_4A_5$?

(Génie électronique et électrotechnique, Antilles, septembre 1995)

Q.C.M.

Dans ces questionnaires à choix multiples (Q.C.M.), il suffit d'indiquer sur sa copie, pour chaque question posée, la (ou les) bonne(s) réponse(s), s'il y en a, parmi les propositions de l'énoncé ; aucune justification n'est demandée.

Ces Q.C.M., dont les réponses figurent à la fin du chapitre, permettent une auto-évaluation.

30 ▪ ***Opérations dans l'ensemble ℂ***

a) On considère les deux nombres complexes $z_1 = 2 - 3i$ et $z_2 = 1 - i$, alors :

1°	z_1z_2 est égal à :	-1	$5-5i$	$-1-5i$
2°	z_1^2 est égal à :	$-2i$	13	$-5-12i$
3°	z_1^3 est égal à :	$8-27i$	$-46-9i$	$26-9i$

b) Soit les nombres complexes $z_1 = 2 + 3i$ et $z_2 = -2 + i$, alors :

1°	$\frac{1}{z_1}$ est égal à :	$\frac{1}{2}+\frac{3}{2}i$	$\frac{2}{13}-\frac{3}{13}i$	$\frac{1}{2}+\frac{1}{3}i$
2°	$\frac{z_2}{z_1}$ est égal à :	$-1+3i$	$-\frac{7}{5}-\frac{8}{5}i$	$-\frac{1}{5}-\frac{8}{5}i$

31 ▪ ***Module et argument d'un nombre complexe***

On considère les deux nombres complexes $z_1 = -1 - i\sqrt{3}$ et $z_2 = \sqrt{3} - i$ alors :

1°	$\lvert z_1\rvert$ est égal à :	2	$\sqrt{2}$	$1+\sqrt{3}$
2°	$\lvert z_2\rvert$ est égal à :	$\sqrt{2}$	2	$\sqrt{3}$
3°	$\lvert z_1 \cdot z_2\rvert$ est égal à :	$2\sqrt{2}$	4	2
4°	$\left\lvert\frac{z_1}{z_2}\right\rvert$ est égal à :	$\frac{1}{\sqrt{2}}$	1	$\sqrt{2}$
5°	Un argument de z_1 est :	$\frac{4\pi}{3}$	$\frac{2\pi}{3}$	$-\frac{\pi}{3}$
6°	Un argument de z_2 est :	$\frac{5\pi}{6}$	$-\frac{\pi}{6}$	$\frac{\pi}{6}$
7°	Un argument de z_1z_2 est :	$-\frac{2\pi}{9}$	$\frac{7\pi}{6}$	$\frac{\pi}{2}$
8°	Un argument de $\frac{z_1}{z_2}$ est :	$\frac{7\pi}{6}$	$\frac{3\pi}{2}$	$-\frac{\pi}{2}$

32 ▪ Le point M est l'image du nombre complexe z.

1°

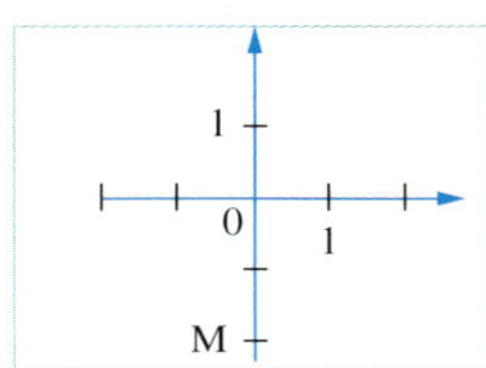

Alors

a)	$\lvert z \rvert$ est égal à :	2	-2	1
b)	Un argument de z est :	$-\frac{\pi}{2}$	$\frac{\pi}{2}$	$\frac{3\pi}{2}$

2°

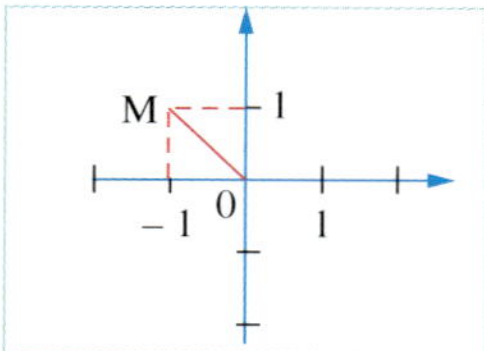

Alors

a)	$\lvert z \rvert$ est égal à :	1	2	$\sqrt{2}$
b)	Un argument de z est :	$\frac{3\pi}{4}$	$\frac{5\pi}{4}$	$-\frac{\pi}{4}$

33 ■ ***Forme algébrique, forme trigonométrique, forme exponentielle d'un nombre complexe***

z est un nombre complexe tel que sa forme algébrique soit $z = -\frac{1}{2} + i\frac{\sqrt{3}}{2}$, alors :

1°	La forme trigonométrique de z est :	$\cos\left(-\frac{\pi}{3}\right) + i\sin\left(-\frac{\pi}{3}\right)$	$\cos\frac{5\pi}{6} + i\sin\frac{5\pi}{6}$	$\cos\frac{2\pi}{3} + i\sin\frac{2\pi}{3}$
2°	La forme exponentielle de z est :	$e^{-\frac{ip}{3}}$	$e^{i\frac{p}{3}}$	$e^{\frac{2ip}{3}}$

34 ■ ***Équation du second degré à coefficients réels dans*** $\mathbb{C}$

L'équation du second degré $z^2 - 2z + 4 = 0$ a pour solutions :	$-1 - i\sqrt{3}$ et $-1 + i\sqrt{3}$	$1 - i \cdot \frac{\sqrt{12}}{2}$ et $1 + i \cdot \frac{\sqrt{12}}{2}$	$1 - i\sqrt{3}$ et $-1 + i\sqrt{3}$

35 ■ **Cet exercice ne concerne que les spécialités génie électronique, génie électrotechnique, génie optique, physique.**

Soit R la rotation de centre l'origine du repère et d'angle $\frac{\pi}{3}$, et A le point d'affixe $1 - i$.

L'image A' de A par R a pour coordonnées :	$\left(\frac{1}{2}, -\frac{1}{2}\right)$	$\left(\frac{1-\sqrt{3}}{2}, \frac{\sqrt{3}+1}{2}\right)$	$\left(\frac{1+\sqrt{3}}{2}, \frac{\sqrt{3}-1}{2}\right)$

SANS CORRIGÉS

Mise sous forme algébrique de nombres complexes

Sommes et produits dans $\mathbb{C}$

36 ■ Soit les nombres complexes $z = 4 - 2i$ et $z' = -2 - 5i$; mettre les nombres complexes suivants sous la forme algébrique $a + bi$:
a) $z + z'$; *b*) $2z - 4z'$; *c*) $z \times z'$;
d) z'^2 ; *e*) z^3 ; *f*) $(-2 - z)(3 - 4z')$.

37 ■ Développer et mettre sous la forme algébrique $a + bi$ les nombres complexes :
a) $(3 + i)^2$; *b*) $(-4 - i)^2$; *c*) $(4 - 2i)(4 + 2i)$.

Dans $\mathbb{C}$ on dispose des mêmes produits remarquables que dans $\mathbb{R}$.

38 ■ On considère le nombre complexe

$$z = \frac{1}{2} - i\frac{\sqrt{3}}{2}.$$

Mettre les nombres complexes suivants sous la forme algébrique $a + bi$.
a) z^2, z^3, z^4 ;
b) $S_1(z) = 1 + z + z^2$;
c) $S_2(z) = 1 + z + z^2 + z^3 + z^4 + z^5 + z^6$.

Inverses et quotients dans $\mathbb{C}$

39 ■ Soit les nombres complexes $z = 2 - 5i$ et $z' = -1 - 2i$; mettre les nombres complexes suivants sous la forme algébrique $a + bi$:
a) $\frac{1}{z}$; *b*) $\frac{-2}{z'}$; *c*) $\frac{z}{z'}$; *d*) $\frac{1+z}{1-z'}$.

40 ■ Mettre sous la forme algébrique $a + bi$ les nombres complexes suivants :
a) $\frac{1}{1-i}$; *b*) $-i + \frac{1}{2i}$; *c*) $\frac{1-3i}{2+i}$;
d) $\left(\frac{1-3i}{2+i}\right)^2$; *e*) $\frac{1-i\sqrt{3}}{\sqrt{3}-i}$.

Pour les spécialités : électronique, électrotechnique, optique et physique.

Utilisation des nombres complexes en électricité et en électronique.

41 ■ ***Dipôles associés en série***

Trois dipôles d'impédances respectives

$$\underline{Z}_1 = 75 - 50j, \quad \underline{Z}_2 = 50 + 50j$$

et $\underline{Z}_3 = 100 - 25j$ sont associés en série.
Quelle est l'impédance $\underline{Z}$ du dipôle équivalent ?

42 ▪ ***Dipôles associés en parallèle***

Quelle est l'impédance $\underline{Z}$ du dipôle équivalent aux trois dipôles d'impédances respectives $\underline{Z}_1$, $\underline{Z}_2$, $\underline{Z}_3$, données à l'exercice 41, associés en parallèle ?

> **Rappel :**
> En courant sinusoïdal :
> – dans un montage en série, les impédances s'ajoutent,
> – dans un montage en parallèle, les inverses des impédances complexes (les « admittances ») s'ajoutent.

43 ▪ On donne le nombre complexe

$$\underline{\alpha} = \frac{\underline{Z}_2}{\underline{Z}_1(\underline{Z}_2 + R) + \underline{Z}_2 R},$$

avec $R = 900$, $\underline{Z}_1 = 1\,100\ j$, $\underline{Z}_2 = -\,600\ j$.
Mettre le nombre complexe $\underline{\alpha}$ sous la forme algébrique $a + bj$.

44 ▪ L'impédance complexe $\underline{Z}$ d'un circuit est telle que

$$\underline{Z} = \frac{\underline{Z}_1 \times \underline{Z}_2}{\underline{Z}_1 + \underline{Z}_2 + \underline{Z}_3},$$

avec

$$\underline{Z}_1 = 1 + 2j, \quad \underline{Z}_2 = -1 + 3j, \quad \underline{Z}_3 = 4 + 5j.$$

Mettre $\underline{Z}$ sous la forme algébrique $a + bj$.

Équations et systèmes dans $\mathbb{C}$

Donner les solutions sous la forme $a + bi$ (exercices 45 à 50).

> **Rappel :**
> On calcule dans $\mathbb{C}$ comme dans $\mathbb{R}$.

45 ▪ Résoudre dans $\mathbb{C}$ l'équation d'inconnue z :

$$(-4 - i)z + 3 - 5i = 0.$$

46 ▪ On considère les deux nombres complexes :

$$z_1 = x - 4 + i(y + 5)$$

et

$$z_2 = x + 4 + i(1 - y),$$

où x et y sont des nombres réels.
Déterminer x et y pour que $z_1 = 3z_2$.

> Les nombres $A + Bi$ et $A' + B'i$ sont égaux si et seulement si $A = A'$ et $B = B'$.

47 ▪▪ Soit f la fonction de $\mathbb{C}$ dans $\mathbb{C}$ définie par

$$f(z) = [(1 + i)z - 1](iz + 2).$$

1° *a*) Résoudre dans $\mathbb{C}$ l'équation

$$(1 + i)z - 1 = 0.$$

b) Résoudre dans $\mathbb{C}$ l'équation $iz + 2 = 0$.
c) Déduire du *a*) et du *b*) les solutions dans $\mathbb{C}$ de l'équation $f(z) = 0$.

2° Montrer que, pour tout nombre complexe z de $\mathbb{C}$,

$$f(z) = (-1 + i)\left(z - \frac{1}{2} + \frac{1}{2}\,i\right)(z - 2i).$$

48 ▪ Résoudre dans $\mathbb{C} - \{-3\}$ l'équation :

$$\frac{z - 2i}{z + 3} = 2 - i.$$

49 ▪▪ Déterminer deux nombres complexes z_1 et z_2 tels que :

a) $\begin{cases} 2z_1 + z_2 = i \\ -2iz_1 + z_2 = 0\ ; \end{cases}$

b) $\begin{cases} (2 + i)z_1 + (1 - i)z_2 = 2 + 3i \\ (1 + i)z_1 + (2 - i)z_2 = 9 - i. \end{cases}$

Conjugué d'un nombre complexe

50 ▪ Calculer le conjugué du nombre complexe :

$$z = \frac{(2 - i)(1 + i)}{2i(5 + 3i)}.$$

51 ▪▪▪ ***Où on utilise la notation* j**

1° On considère les nombres complexes :

$$z_1 = j \quad \text{et} \quad z_2 = \frac{1}{2} + j\,\frac{\sqrt{3}}{2}.$$

a) Calculer $|z_1|$, $|z_2|$.
b) Calculer :

$$\frac{z_1 + z_2}{1 + z_1 \cdot z_2} \text{ sous forme algébrique.}$$

2° Soit z et z' deux nombres complexes de module 1 tels que $1 + zz' \neq 0$.
a) Montrer que $z \cdot \bar{z} = 1$ et $z' \cdot \overline{z'} = 1$.
b) Soit $u = \dfrac{z + z'}{1 + zz'}$. Écrire $\bar{u}$ en fonction de $\bar{z}$ et $\overline{z'}$.
Calculer $u - \bar{u}$. En déduire que u est réel.

Module et argument d'un nombre complexe

Déterminer une valeur exacte du module et d'un argument des nombres complexes suivants.
Contrôler, à l'aide d'une figure, les résultats obtenus (exercices 52 et 53).

52 ▪ *a*) $z = 1 + i$; *b*) $z = 2 - 2i$;
c) $z = \sqrt{3} - i$; *d*) $z = -7i$;
e) $z = -4$; *f*) $z = 2$.

53 ■ *a)* $z = 2\left(\cos\dfrac{\pi}{3} + i\sin\dfrac{\pi}{3}\right)$;

b) $z = -2\left(\cos\dfrac{\pi}{3} + i\sin\dfrac{\pi}{3}\right)$;

c) $z = \cos\dfrac{3\pi}{4} - i\sin\dfrac{3\pi}{4}$;

d) $z = 36\left(-\cos\dfrac{\pi}{6} + i\sin\dfrac{\pi}{6}\right)$.

54 ■ Déterminer une valeur approchée à 10^{-2} près du module et une valeur approchée en radians à 10^{-2} près d'un argument des nombres complexes suivants :
a) $z = 4 - 2i$; *b)* $z = -3 + 6i$.

55 ■ ***Passage de la forme trigonométrique à la forme algébrique***

Soit z un nombre complexe de module ρ et d'argument θ. Déterminer la partie réelle et la partie imaginaire de z dans les cas suivants.
Contrôler les résultats obtenus sur une figure.

a) $\rho = 3$ et $\theta = -\dfrac{2\pi}{3}$;

b) $\rho = 2$ et $\theta = -\dfrac{\pi}{2}$;

c) $\rho = \dfrac{1}{2}$ et $\theta = \pi$;

d) $\rho = \dfrac{1}{3}$ et $\theta = \dfrac{7\pi}{6}$.

e) $\rho = 4$ et $\theta = -1{,}72$.
Dans ce cas on donnera une valeur approchée à 10^{-3} près des nombres réels a et b.

Module et argument d'un produit d'un inverse, d'un quotient (exercices 56 à 60).

56 ■ Déterminer le module et un argument des nombres complexes suivants :

$$1 + i\sqrt{3}, \qquad \sqrt{2} - i\sqrt{2}, \qquad \frac{1 + i\sqrt{3}}{\sqrt{2} - i\sqrt{2}}.$$

57 ■ j désigne le nombre complexe de module 1 et d'argument $\dfrac{\pi}{2}$. Soit les nombres complexes

$$z_1 = 1 - j\sqrt{3} \quad \text{et} \quad z_2 = \sqrt{2} + j\sqrt{2}.$$

Déterminer le module et un argument des nombres complexes : z_1, z_2, $(z_1 \times z_2)$, $\dfrac{1}{z_1}$, $\dfrac{z_1}{z_2}$.

58 ■■ Soit les nombres complexes $z_1 = 1 + i$ et $z_2 = \sqrt{3} - i$.
a) Déterminer le module et un argument de z_1 et de z_2.
b) En déduire le module, un argument et la forme trigonométrique du nombre complexe $z_1 \times z_2$.
c) À partir des formes algébriques des nombres complexes z_1 et z_2, mettre le nombre complexe $z_1 \times z_2$ sous la forme algébrique $a + bi$.
d) En comparant les deux expressions de $z_1 \times z_2$ obtenues au *b)* et au *c)*, déduire les valeurs exactes de $\cos\dfrac{\pi}{12}$ et $\sin\dfrac{\pi}{12}$. (On pourra « vérifier » les résultats à l'aide d'une calculatrice en comparant les valeurs approchées des valeurs exactes obtenues au *d)* à celles obtenues directement pour $\cos\dfrac{\pi}{12}$ et $\sin\dfrac{\pi}{12}$.)

59 ■■■ On note i le nombre complexe de module 1 et d'argument $\dfrac{\pi}{2}$.
Soient les nombres complexes z_1 et z_2 définis par :

$$z_1 = \frac{1}{2}(-1 + i\sqrt{3}) \quad \text{et} \quad z_2 = 1 - i.$$

1° Calculer le module et un argument de z_1 et z_2.

2° On donne $Z = \dfrac{z_1^2}{z_2}$.

Donner la forme trigonométrique et la forme algébrique de Z.

En déduire la valeur exacte de $\cos\dfrac{5\pi}{12}$ et $\sin\dfrac{5\pi}{12}$.
(STL, Chimie, juin 1996)

60 ■■■ Écrire le nombre complexe :

$$z = \frac{\cos\dfrac{\pi}{9} + i\sin\dfrac{\pi}{9}}{\cos\dfrac{4\pi}{9} + i\sin\dfrac{4\pi}{9}}$$

sous forme trigonométrique, puis sous forme algébrique.

Pour les spécialités : génie électronique génie électrotechnique, génie optique, physique.

Utilisation des nombres complexes en électricité et en électronique.

Rappel :
En courant sinusoïdal, l'impédance d'un circuit est le module $|\underline{Z}|$ de l'impédance complexe $\underline{Z}$ du circuit.

61 ■ ***Circuit* RLC *en parallèle***

Fig. 31

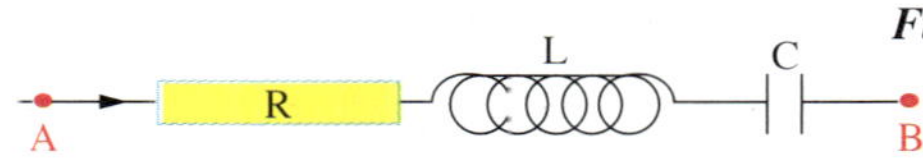

a) Dans le circuit schématisé sur la figure 31, l'impédance complexe est

$$\underline{Z} = R + \left(L\omega - \frac{1}{C\omega}\right)j,$$

avec $R = 20\ \Omega$, $L\omega = 150\ \Omega$, $\dfrac{1}{C\omega} = 150\ \Omega$.

Calculer l'impédance $|\underline{Z}|$ du circuit.

b) Même question qu'au *a*) avec $R = 10\ \Omega$; $L\omega = 200\ \Omega$; $\frac{1}{C\omega} = 140\ \Omega$.

62 ■ ***Circuit* RLC *en parallèle***

Fig. 32

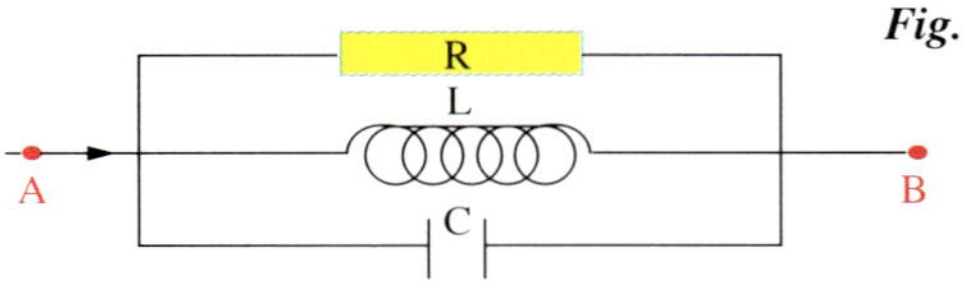

a) Dans le circuit schématisé sur la figure 32, l'impédance complexe est $|\underline{Z}|$ telle que

$$\frac{1}{\underline{Z}} = \frac{1}{R} + \frac{1}{jL\omega} + C\omega j.$$

Calculer l'impédance $|\underline{Z}|$ du circuit avec $R = 12\ \Omega$; $L\omega = 100\ \Omega$; $\frac{1}{C\omega} = 150\ \Omega$.

b) Même question qu'au *a*) avec $R = 20\ \Omega$; $L\omega = 200\ \Omega$; $\frac{1}{C\omega} = 100\ \Omega$.

63 ■ Calculer l'impédance $|\underline{Z}|$ du circuit schématisé sur la figure 33 où les données numériques sont les mêmes que celles de l'exercice 61 *a*).

Fig. 33

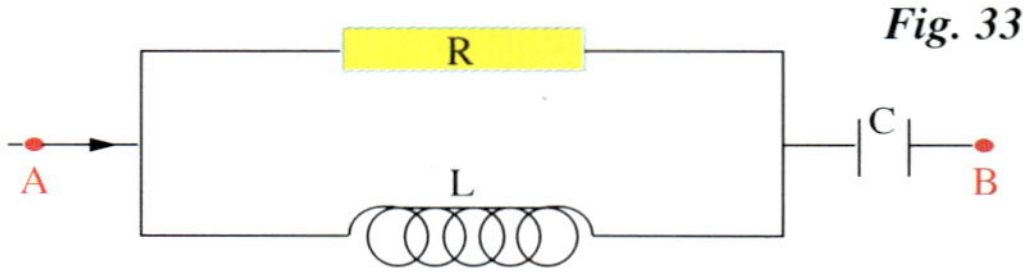

64 ■ Même question qu'au 63 avec les données de l'exercice 61 *b*).

Module et argument d'une puissance (exercices 65 à 69).

65 ■■ Soit le nombre complexe $z = \frac{1}{2} + \frac{\sqrt{3}}{2}i$.
Pour chacun des nombres complexes z, z^2, z^3, ... z^6, calculer le module, un argument puis donner la forme algébrique $a + bi$.

66 ■■ Soit le nombre complexe $z = \sqrt{3} + i$.
Comment faut-il choisir l'entier relatif n pour que le nombre complexe z^n soit un nombre imaginaire pur ?

Calculer le module et un argument de z.

67 ■■■ Soit le nombre complexe $z = \frac{\sqrt{3} + i}{\sqrt{3} - i}$.

1° Calculer deux nombres réels x et y tels que : $z = x + yi$.

2° Calculer le module et un argument du nombre complexe z.

3° Calculer z^3 sous forme trigonométrique, puis sous forme algébrique.

68 ■■■ ***Résolution d'un système, module et argument d'une puissance***

1° Déterminer les nombres complexes z_1 et z_2 vérifiant :

$$\begin{cases} iz_1 - z_2 = -1 \\ -z_1 + iz_2 = \sqrt{3} \end{cases}$$

i étant le nombre complexe de module 1 et d'argument $\frac{\pi}{2}$.

2° Écrire z_1 et z_2 sous forme trigonométrique.

3° Calculer $(z_1 \times z_2)^{2\,000}$. On écrira le résultat final sous forme algébrique.

(STL Chimie, 1993)

69 ■■■ On considère les nombres complexes

$$z_1 = -2\sqrt{2} + 2i\sqrt{2},$$
$$z_2 = -2 - 2i\sqrt{3},$$
$$z_3 = 2\sqrt{3} - 2i,$$

où i est le nombre complexe de module 1 et d'argument $\frac{\pi}{2}$.

On appelle M_1, M_2 et M_3 leurs images respectives dans le plan muni d'un repère orthonormal $(O ; \vec{u}, \vec{v})$, d'unité 1 cm.

1° Calculer les modules de z_1, z_2 et z_3. En déduire une équation du cercle (C) qui passe par M_1, M_2 et M_3.

2° Donner un argument de chacun des nombres z_1, z_2 et z_3.

3° Calculer le nombre complexe $Z = \frac{z_1^3 z_2^3}{z_3^6}$.

On appelle N son image. Montrer que $Z^4 = -1$.

4° Représenter M_1, M_2, M_3, (C) et N dans le repère donné.

Notation exponentielle des nombres complexes

70 ■ Mettre sous forme algébrique les nombres complexes suivants :

$$z_1 = e^{i\pi} ; \quad z_2 = e^{-i\frac{\pi}{3}} ; \quad z_3 = 25e^{i\frac{\pi}{4}} ; \quad z_4 = e^{i\frac{5\pi}{6}} ;$$
$$z_5 = 10e^{i\frac{\pi}{6}} \times 0{,}5e^{i\frac{\pi}{3}} ; \quad z_6 = e^{i\frac{\pi}{2}} + e^{i\frac{3\pi}{2}}.$$

71 ■ Donner la forme exponentielle des nombres complexes suivants :

$$z_1 = \sqrt{3} + i ; \quad z_2 = 1 - i ; \quad z_3 = 1 - i\sqrt{3} ;$$
$$z_4 = \sqrt{3} + 3i ; \quad z_5 = \frac{-1 - i\sqrt{3}}{2}.$$

72 ▪ Effectuez $z = \left(\frac{e^{i\theta} + e^{-i\theta}}{2}\right)^2 + \left(\frac{e^{i\theta} - e^{-i\theta}}{2i}\right)^2$.

Pouvait-on prévoir le résultat ?

Utilisation des formules d'Euler.

Pour déterminer les primitives de fonctions trigonométriques, on est souvent amené à les linéariser c'est-à-dire à les transformer en somme de fonctions du premier degré.
(D'autres exercices de ce type figurent au chapitre 6.)

73 ▪▪▪▪ ***Linéarisation***

Soit la fonction f définie sur $\mathbb{R}$ par $f(x) = \sin^4 x$.

a) À l'aide des formules d'Euler, linéariser $f(x)$.

b) Retrouver le résultat du *a*) en remarquant que $\sin^4 x = (\sin^2 x)^2$ et en utilisant les formules :

$$\cos^2 a = \frac{1}{2}(1 + \cos 2a)$$

et

$$\sin^2 a = \frac{1}{2}(1 - \cos 2a).$$

c) Trouver une fonction F dont la dérivée soit égale à f.

74 ▪▪▪ ***Transformation de produits en sommes***

Utiliser les formules d'Euler pour transformer en sommes les expressions suivantes :

a) $f(x) = \sin 2x \sin 3x$;
b) $f(x) = \cos x \cos 2x$;
c) $f(x) = \sin x \cos 3x$;
d) $f(x) = \sin 4x \cos x$.

75 ▪▪▪ ***Transformation de somme en produit pour résoudre une équation***

Le but de cet exercice est la résolution dans l'intervalle $[0, 2\pi[$ de l'équation

$$2 \sin x - \sin 3x = 0.$$

On note i le nombre complexe de module 1 et d'argument $\frac{\pi}{2}$.

1° Soit x un nombre réel :

a) Développer $(e^{ix} - e^{-ix})^3$ et montrer que :

$$(e^{ix} - e^{-ix})^3 = (e^{3ix} - e^{-3ix}) - 3(e^{ix} - e^{-ix}).$$

b) Transformer l'égalité précédente à l'aide des formules d'Euler et en déduire que :

$$4 \sin^3 x - \sin x = 2 \sin x - \sin 3x.$$

2° Résoudre dans l'intervalle $[0, 2\pi[$ les équations suivantes :

a) $\sin x = 0$; *b*) $\sin x = \frac{1}{2}$; *c*) $\sin x = -\frac{1}{2}$.

3° En déduire les solutions appartenant à l'intervalle $[0, 2\pi[$ de l'équation

$$2 \sin x - \sin 3x = 0.$$

(Génie mécanique, A et F, La Réunion, 1995)

Nombres complexes et géométrie

Affixe d'un point, d'un vecteur ; interprétation géométrique du module de $b - a$.
Dans les exercices 76 à 79, le plan est muni d'un repère orthonormal $(O ; \vec{u}, \vec{v})$.

76 ▪▪ ***L'hexagone***

On considère l'hexagone régulier ABCDEF inscrit dans le cercle de centre O et de rayon 1 (fig. 34).
Déterminer les affixes respectives des sommets A, B, C, D, E, F.

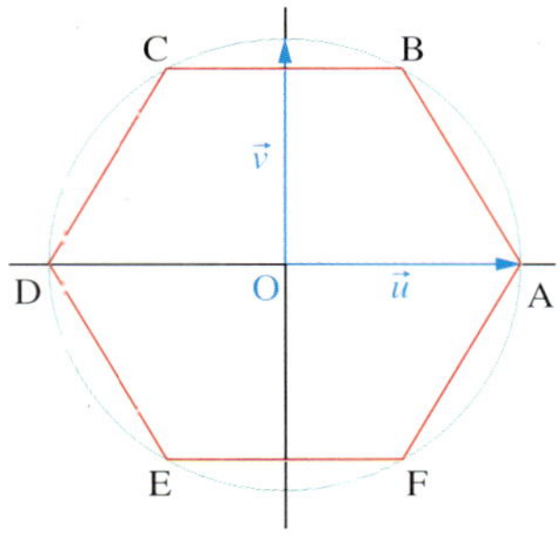

Fig. 34

77 ▪ Les points A et B ont pour affixes respectives : $1 - 3i$ et $2 - i$. Calculer la distance AB.

78 ▪ Les points A, B, C, D ont pour affixes respectives $-2 + i$, $4i$, $\frac{7}{2} + 2i$, $\frac{3}{2} - i$.
Quelle est la nature du quadrilatère ABCD ?

79 ▪▪ Dans cet exercice, j est le nombre complexe de module 1 et d'argument $\frac{\pi}{2}$.
Quelle est l'affixe du barycentre du système (A, 1), (B, 2), (C, 3), où A, B, C ont respectivement pour affixes

$z_A = 1 - j$, $z_B = 2 + 3j$ et $z_C = -2 - 5j$?

80 ▪▪▪ On considère les nombres complexes :
z_1 de module 3 et d'argument π,
z_2 de module $\sqrt{2}$ et d'argument $\frac{\pi}{4}$ et z_3 le conjugué de z_2.

1° Écrire ces nombres complexes sous forme algébrique.

2° Représenter les points A_1, A_2 et A_3, d'affixes respectives -3, $1 + i$ et $1 - i$ dans un plan complexe rapporté à un repère orthonormal d'origine O.

3° Quelle est la nature du triangle $A_1 A_2 A_3$?

4° Soit B_2 et B_3 les symétriques de A_2 et A_3 par rapport à A_1.

a) Calculer les formes algébriques et les modules des affixes de B_2 et B_3.

b) Montrer que $\frac{OB_2}{OA_2}$ est un nombre entier.

c) Quelle est la nature du quadrilatère $A_2A_3B_2B_3$?

(Génie mécanique, A, 1992)

81 ▪▪▪ 1° On considère trois nombres complexes z_1, z_2 et z_3 et tels que :

$$z_1 = \sqrt{3} + i, \quad z_2 = -\sqrt{3} + 3i \quad \text{et} \quad z_3 = \frac{4\sqrt{3}\, z_2}{9 z_1}$$

Déterminer le module et un argument de chacun de ces nombres.

2° Dans le plan rapporté à un repère orthonormal direct $(O ; \vec{u}, \vec{v})$, d'unité graphique 2 cm, placer les points A, B, G d'affixes z_1, z_2, z_3. Démontrer que OAB est un triangle rectangle. Quel est le milieu du segment [AB] ?
Montrer que G est le centre de gravité du triangle OAB.

(Génie mécanique, A, 1993)

82 ▪▪▪ 1° Résoudre le système d'inconnues complexes z_1 et z_2

$$\begin{cases} z_1 - i z_2 = 1 - i \\ z_1 + z_2\sqrt{3} = 5 + \sqrt{3}. \end{cases}$$

2° Montrer que les solutions peuvent se mettre sous la forme :

$$z_1 = 1 + 2e^{i\frac{\pi}{3}} \quad \text{et} \quad z_2 = 1 + 2e^{-i\frac{\pi}{6}}.$$

3° *a)* Dans le plan complexe muni d'un repère orthonormal direct $(O ; \vec{u}, \vec{v})$, d'unité graphique 5 cm, placer les points M_1, M_2 et Ω d'affixes respectives z_1, z_2 et 1.
b) Montrer que le triangle $\Omega\, M_1\, M_2$ est rectangle et isocèle.

(STL Chimie, septembre 1996)

83 ▪▪▪ Le plan est rapporté au repère orthonormal direct $(O ; \vec{u}, \vec{v})$, d'unité graphique 1 cm.
On note i le nombre complexe de module 1 et d'argument $\frac{\pi}{2}$.
Soit le nombre complexe : $z = 1 - i\sqrt{3}$.

1° Calculer le module et un argument de z et placer le point A d'affixe z.

2° On appelle B et C les points d'affixes respectives z^2 et $\frac{2}{z}$.

L'ordre dans lequel on traite les trois questions suivantes n'est pas imposé.
a) Déterminer le module et un argument de chacun des nombres complexes z^2 et $\frac{2}{z}$.
b) Écrire ces deux nombres complexes sous forme algébrique (on demande l'expression exacte).
c) Placer les points B et C.

3° Montrer que les trois points A, B et C appartiennent à un cercle dont le centre a pour affixe :

$$-\frac{3}{2} - i\frac{\sqrt{3}}{2}.$$

(Génie mécanique A et F, Génie civil, Génie énergétique, Antilles-Guyane, 1996)

84 ▪▪▪ On désigne par i le nombre complexe de module 1 et d'argument $\frac{\pi}{2}$.
Le plan complexe est muni d'un repère orthonormal $(O ; \vec{u}, \vec{v})$, d'unité graphique 1 cm.
On considère les points A, B, C, D d'affixes respectives :

$$z_A = 8 \; ; \qquad z_B = 8i \; ;$$
$$z_C = z_A e^{-\frac{i\pi}{3}} \; ; \qquad z_D = z_B e^{2i\frac{\pi}{3}}.$$

1° Écrire z_A et z_B sous forme trigonométrique.
Donner le module et un argument de z_C et z_D et écrire ces nombres sous forme algébrique.

2° Montrer que les points A, B, C, D sont situés sur un même cercle $\mathscr{C}$ dont on précisera le centre et le rayon.

3° Tracer le cercle $\mathscr{C}$ et placer les points A, B, C, D.

4° *a)* On note Z_1 et Z_2 les affixes respectives des vecteurs $\overrightarrow{AC}$ et $\overrightarrow{BD}$.
Montrer que $Z_2 = Z_1\sqrt{3}$.
b) On note Z_3 et Z_4 les affixes respectives des vecteurs $\overrightarrow{AB}$ et $\overrightarrow{DC}$.
Calculer $|Z_3|$ et $|Z_4|$.
c) Montrer que le quadrilatère ABDC est un trapèze isocèle.

(Génie mécanique, 1994, groupe 3)

85 ▪▪▪ $a = \frac{3}{2} + i\frac{\sqrt{3}}{2}, \quad b = \left(\frac{1}{2} + i\frac{\sqrt{3}}{2}\right)^5,$

$$c = \frac{6}{3 + i\sqrt{3}}.$$

1° Déterminer le module et un argument des nombres complexes a, b, c, puis écrire b et c sous la forme $x + yi$, x et y étant des nombres réels.

2° Placer soigneusement dans un repère orthonormal $(O ; \vec{u}, \vec{v})$, d'unité graphique : 4 cm, les points A, B, C d'affixes respectives a, b, c.

3° Soit I le point d'affixe 1.
a) Montrer que les points A, B, C sont sur un cercle de centre I dont on déterminera le rayon.
b) Montrer que le triangle OAC est équilatéral.

86 ▪▪▪ ***Nombres complexes et produit scalaire***

1° On note i le nombre complexe de module 1 et d'argument $\frac{\pi}{2}$. Placer, dans le plan complexe muni d'un repère orthonormal direct $(O ; \vec{u}, \vec{v})$, les points A, B, C, d'affixes respectives

$$-3 + i \; ; \quad 2 - 3i \; ; \quad 2 + 3i.$$

L'exercice consiste à chercher une valeur approchée à 10^{-2} près de la mesure, en degrés, de l'angle géométrique $\widehat{BAC}$. Les questions 2 et 3 seront traitées de façon indépendante.

2° *Première méthode :* On considère les points M_1 et M_2 définis par $\overrightarrow{OM_1} = \overrightarrow{AB}$ et $\overrightarrow{OM_2} = \overrightarrow{AC}$.

a) Déterminer l'affixe Z_1 du point M_1 et l'affixe Z_2 du point M_2.
b) Calculer, pour chacun des deux nombres Z_1 et Z_2, le module (on en donnera la valeur exacte) et un argument (on donnera une valeur approchée à 10^{-2} près de la mesure en degrés comprise entre $-180°$ et $+180°$).
c) Déduire de la question précédente, en utilisant la figure, une valeur approchée de l'angle géométrique $\widehat{BAC}$.

3° *Deuxième méthode :*

a) Quelles sont les coordonnées des vecteurs $\overrightarrow{AB}$ et $\overrightarrow{AC}$?

b) En déduire le produit scalaire $\overrightarrow{AB} \cdot \overrightarrow{AC}$.

c) Calculer les longueurs AB et AC puis $\cos \widehat{BAC}$.

d) En déduire une valeur approchée à 10^{-2} près, en degrés, de l'angle géométrique $\widehat{BAC}$.

(Génie mécanique, La Réunion, 1994)

87 ■■■ Dans un repère orthonormal $(O\,;\vec{u},\vec{v})$, d'unité graphique 2 cm, on considère le point M différent de O, et d'affixe $z_M = x + iy$ ainsi que le point M′ d'affixe $z_{M'} = \dfrac{1}{\bar{z}_M}$ ($\bar{z}_M$ étant le nombre complexe conjugué de z_M). On pose

$$z_{M'} = x' + iy'.$$

1° Exprimer les réels x' et y' en fonction de x et de y.

2° Soit
A le point d'affixe $z_A = i$,
B le point d'affixe $z_B = -\dfrac{1}{2} + \dfrac{1}{2}\,i$,
C le point d'affixe $z_C = -1$,
D le point d'affixe $z_D = -2 - i$.

a) Calculer $z_{B'} = \dfrac{1}{\bar{z}_B}$ et $z_{D'} = \dfrac{1}{\bar{z}_D}$.

b) Montrer que O, B et B′ sont alignés ainsi que O, D et D′.

c) Calculer $|z_A - z_B|$, $|z_{B'} - z_B|$, $|z_C - z_B|$ et $|z_{D'} - z_B|$ et en déduire que les points A, B′, C et D′ sont sur un cercle de centre B dont on donnera le rayon.

3° Dans le repère $(O\,;\vec{u},\vec{v})$, placer les points A, B, C et D.
Construire géométriquement les points B′ et D′, c'est-à-dire sans utiliser leurs coordonnées.

(STL Chimie, septembre 1995)

Ensembles de points

L'ensemble cherché est une droite (exercices 88 à 90).

88 ■ Déterminer l'ensemble des points M du plan complexe dont l'affixe z vérifie :

$$(i-2)z - (2+i)\bar{z} + 6 = 0.$$

89 ■■■ i est le nombre complexe de module 1 et d'argument $\dfrac{\pi}{2}$. Le plan complexe est muni d'un repère orthonormal $(O\,;\vec{u},\vec{v})$, d'unité graphique 1 cm.

1° On considère les nombres complexes :

$$z_1 = 2 + 2i \quad \text{et} \quad z_2 = -2i.$$

A est le point d'affixe z_1 et C est le point d'affixe z_2.
Soit M le point d'affixe z.
a) À l'aide des points A, M, C interpréter géométriquement $|z-2-2i|$ et $|z+2i|$.
b) Déterminer l'ensemble Δ des points M d'affixe z tels que :

$$|z-2-2i| = |z+2i|.$$

c) Placer A et C et tracer Δ dans le repère $(O\,;\vec{u},\vec{v})$.

2° On considère les nombres complexes :

$$z_3 = \frac{3+8i}{2i} \quad \text{et} \quad z_4 = \frac{1}{4}(7+i)(i-1).$$

a) Écrire z_3 et z_4 sous forme algébrique.
b) B est le point d'affixe z_3 et D est le point d'affixe z_4.
Vérifier que B et D appartiennent à Δ.

(Génie mécanique A, 1993)

90 ■■■ Le plan complexe P est rapporté à un repère orthonormal $(O\,;\vec{u},\vec{v})$. À tout point M d'affixe z, on fait correspondre les points M_1 et M_2, d'affixes respectives $f(z)$ et $g(z)$ définies par :

$$f(z) = (1+i)\bar{z} - 2$$

et

$$g(z) = i\bar{z} + 2 + i$$

où $\bar{z}$ désigne le nombre complexe conjugué de z.

1° *a*) Calculer $f(2+i)$ et $g(2+i)$.
b) Placer les points A, A_1 et A_2 d'affixes respectives : $2+i$, $f(2+i)$ et $g(2+i)$.
c) Que peut-on dire des points O, A_1 et A_2 ?
d) Déterminer l'affixe du point G défini par :

$$\overrightarrow{AG} = \overrightarrow{A_2A_1}.$$

2° On pose $z = x + iy$ où x et y sont réels.
a) Calculer l'affixe, puis les coordonnées, du point G′ tel que $\overrightarrow{MG'} = \overrightarrow{M_2M_1}$.
b) Montrer que G′ décrit une droite fixe lorsque M décrit le plan.

L'ensemble cherché est un cercle (exercices 91 à 95).

Pour les exercices 91 à 95 on rappelle que le point $M(x, y)$ appartient au cercle $\mathscr{C}$ de centre $A(x_0, y_0)$ et de rayon R si et seulement si

$$(x-x_0)^2 + (y-y_0)^2 = R^2.$$

91 ■■ Dans le plan complexe, on considère l'ensemble E des points M d'affixe z tels que

$$|z-2-3i| = 2\,; (1)$$

a) Déterminer une équation cartésienne de E et en déduire la nature de E.

b) Soit A le point d'affixe $2+3i$ et M le point d'affixe z ; vérifier que l'égalité (1) est équivalente à : $\|\overrightarrow{AM}\| = 2$. Retrouver ainsi le résultat du *a*).

92 ■■ On considère les deux nombres complexes :

$$z_1 = i \quad \text{et} \quad z_2 = 1-i$$

où i désigne le nombre complexe de module 1 et d'argument $\frac{\pi}{2}$.

1° Déterminer le module et un argument de z_2 et de $z_1 z_2$.

2° On pose $z = x+iy$ où x et y sont des réels.
Dans le plan complexe P on désigne par M le point d'affixe z.
a) Trouver z tel que : $zz_1 + z_2 = i$.
b) Déterminer et représenter dans le plan complexe l'ensemble des points M tels que :

$$|zz_1 + z_2| = 1.$$

93 ■■■ ***Fonction de $\mathbb{C}$ dans $\mathbb{C}$ et ensemble de points***

Le plan est rapporté à un repère orthonormal $(O ; \vec{u}, \vec{v})$, d'unité graphique 2 cm et l'on désigne par i le nombre complexe de module 1 et d'argument $\frac{\pi}{2}$.
Au point M d'affixe $z = x+iy$, où x et y sont des réels, on fait correspondre le point M′ d'affixe $z' = x' + iy'$ définie par :

$$z' = iz + 1 - 2i.$$

1° Déterminer x' et y' en fonction de x et de y.
Application numérique :
Soit z_0 le nombre complexe de module 2 et d'argument $-\frac{\pi}{3}$; déterminer la forme algébrique de z'_0.

2° Pour quelle valeur de z a-t-on : $z' = z$?

3° Soit A le point d'affixe $\frac{3}{2} - \frac{1}{2}i$; montrer que le triangle MAM′ est rectangle en A et isocèle.

4° Montrer que l'ensemble des points M d'affixe z tels que :

$$|z'| = \sqrt{2}|z|$$

est un cercle dont on précisera le centre et le rayon.

(STL Physique, septembre 1994)

94 ■■■ ***Fonction de $\mathbb{C}$ dans $\mathbb{C}$ et ensemble de points (suite…)***

Le plan complexe est rapporté au repère orthonormal $(O ; \vec{u}, \vec{v})$. À chaque point M d'affixe z, on associe le point M′ d'affixe

$$T(z) = iz + 3.$$

1° Déterminer le nombre complexe z vérifiant $T(z) = z$. En donner le module et un argument.

2° Soit A le point d'affixe $z_0 = \frac{3+3i}{2}$. Démontrer que $T(z) - z_0 = i(z - z_0)$ pour tout complexe z.
En déduire que, lorsque le point M, d'image M′, est distinct de A, le triangle AMM′ est isocèle.

3° On pose $z = x + iy$ (x et y étant des nombres réels).
Déterminer l'ensemble des points M d'affixe z, tels que $|T(z) - z_0| = 5$.
En donner une équation cartésienne.

95 ■■■ Dans le plan complexe muni d'un repère orthonormal $(O ; \vec{u}, \vec{v})$, d'unité graphique 0,5 cm, on considère les points : Ω, A, B d'affixes respectives

$$\omega = 5 + 5i \; ; \quad a = 12 + 6i \; ; \quad b = 10i.$$

1° Construire les points Ω, A, B.

2° *a*) Calculer : $|\omega|$, $|a - \omega|$, $|b - \omega|$.
b) En déduire que les points O, A, B appartiennent à un même cercle (C) dont on précisera le centre et le rayon. Construire le cercle (C).

3° Déterminer une équation du cercle (C) et montrer qu'elle peut s'écrire :

$$x^2 + y^2 - 10x - 10y = 0.$$

4° Soit A′ le point d'affixe : $a' = ia$.
Calculer les coordonnées des vecteurs $\overrightarrow{BA}$ et $\overrightarrow{BA'}$ et en déduire que les points B, A, A′ sont alignés.

5° À tout point M d'affixe : $z = x + iy$ du plan on associe le point M′ d'affixe : $z' = iz$.
a) Calculer les coordonnées des vecteurs $\overrightarrow{BM}$ et $\overrightarrow{BM'}$ en fonction de x et de y.
b) En déduire une relation entre x et y caractérisant l'alignement des points B, M, M′.
c) Quelle est la position des points M pour lesquels B, M, M′ sont alignés ?

(Génie mécanique A et F, Génie civil, Génie énergétique, Antilles-Guyane, 1995)

96 ■■■ ***Fonction de transfert en électronique***

En électronique on utilise la « fonction de transfert $\underline{T}$ » de la pulsation ω, définie quand ω décrit l'intervalle $[0 \; ; \; +\infty[$ par

$$\underline{T}(\omega) = \frac{1}{1 + j\omega}.$$

1° Montrer que pour tout nombre réel ω de $[0, +\infty[$, on a

$$\underline{T}(\omega) = \frac{1 - j\omega}{1 + \omega^2}.$$

2° Le plan complexe est muni du repère orthonormal $(O ; \vec{u}, \vec{v})$, unité 20 cm. Placer les points A, B, C, D, E, F, d'affixes respectives

$$\underline{T}(0),\ \underline{T}(0,3),\ \underline{T}(0,5),\ \underline{T}(1),\ \underline{T}(2),\ \underline{T}(3).$$

3° Montrer que, pour tout nombre réel ω de $[0, +\infty[$ le point M d'affixe $\underline{T}(\omega)$ est situé sur le demi-cercle inférieur de diamètre [OA].

4° Quel est l'ensemble Δ des points m d'affixe $1 - j\omega$ quand ω varie dans $[0, +\infty[$?

Résolution d'équations du second degré à coefficients réels

Résoudre les équations dans $\mathbb{C}$ (exercices 97 à 100).

97 ■ *a)* $z^2 = -16$; *b)* $z^2 = -3$; *c)* $z^2 = 5$.

98 ■ *a)* $z^2 - 3z + 4 = 0$; *b)* $z^2 + z + 2{,}5 = 0$.

99 ■ *a)* $-z^2 + 3z + 1 = 0$; *b)* $z^2 - 2z + 2 = 0$.

100 ■ *a)* $z^2 - 4z + 16 = 0$; *b)* $-z^2 + 2z - 4 = 0$.

101 ■ $z^2 + z + 2{,}5 = 0$.

102 ■ $-z^2 + 3z + 1 = 0$.

103 ■ $(z - i)(z^2 - 3z + 5) = 0$.

104 ■■ $z^2 - \bar{z} + 1 = 0$.
$\bar{z}$ désigne le conjugué de z. On pourra remplacer z par $x + yi$, et $\bar{z}$ par $x - yi$.

105 ■■ Le plan complexe P est muni du repère orthonormal $(O ; \vec{u}, \vec{v})$.
1° Résoudre dans $\mathbb{C}$ l'équation :

$$z^2 - 4z + 8 = 0.$$

2° Représenter dans P les images M et N des solutions m et n de cette équation ainsi que le point A d'affixe 4 (M a une ordonnée positive).
Montrer que le quadrilatère OMAN est un carré.

106 ■■■ 1° Résoudre dans l'ensemble des nombres complexes l'équation

$$z^2 - 4z + 13 = 0$$

2° Le plan est rapporté à un repère orthonormal $(O ; \vec{i}, \vec{j})$ d'unité graphique 1 cm.
a) Placer les points A et A′ d'affixes respectives $z_1 = 2 + 3i$ et $z_2 = 2 - 3i$.
b) Construire le point C symétrique de A′ par rapport à O et préciser son affixe.
c) Soit B le point d'affixe $z_3 = iz_1 + 3(1 + i)$.
Montrer que B appartient au cercle de diamètre [AC].
(Génie mécanique, B, C, D, E)

107 ■■■ 1° Résoudre dans $\mathbb{C}$ l'équation

$$z^2 - 4z + 5 = 0.$$

On note z_1 et z_2 les solutions de cette équation, z_1 étant la solution dont la partie imaginaire est positive.
2° Le plan est muni d'un repère orthonormal $(O ; \vec{u}, \vec{v})$, d'unité graphique 2 cm.
a) Construire les points M_1, M_2 et M_3 d'affixes respectives z_1, z_2 et 4.
b) Placer le point A d'affixe $3 + \frac{1}{2}i$. Montrer que A est le milieu du segment $[M\,M_3]$ et déterminer l'affixe du point B, milieu du segment $[M_2M_3]$.
c) Déterminez l'aire en cm² du trapèze (M_1, A, B, M_2).
(Génie mécanique)

108 ■■■ 1° Résoudre dans l'ensemble $\mathbb{C}$ des nombres complexes, l'équation

$$z^2 + 4z + 13 = 0$$

On désignera par z_1 la solution de cette équation dont la partie imaginaire est positive, l'autre par z_2.
2° On rapporte le plan à un repère orthonormal $(O ; \vec{u}, \vec{v})$. Soit M_1 et M_2 les points d'affixes respectives z_1 et z_2.
Soit également M_3 le point d'affixe $z_3 = -5$, et M_4 le point d'affixe $z_4 = 1$.
a) Comparer $z_1 - 1$ et $i(z_2 - 1)$.
b) Que représente la droite (M_1M_2) pour le segment $[M_4M_3]$?
c) Quelle est la nature du quadrilatère $M_1M_3M_2M_4$?
(Génie énergétique, septembre 1993)

109 ■■■ $\mathbb{C}$ désigne l'ensemble des nombres complexes. i est le nombre complexe de module 1 et d'argument $\frac{\pi}{2}$.
1° *a)* Résoudre dans $\mathbb{C}$ l'équation d'inconnue z :

$$z^2 + 4z + 16 = 0.$$

On note z_1 et z_2 les solutions de cette équation, z_1 désigne celle dont la partie imaginaire est positive.
b) Déterminer le module et un argument de chacune de ces solutions.
2° Le plan complexe est muni d'un repère orthonormal $(O ; \vec{u}, \vec{v})$, d'unité graphique 1 cm.
Soit A et B les points d'affixes respectives z_1 et iz_2.
a) Calculer iz_2 ; en déduire les coordonnées du point B.
b) Sans utiliser de valeurs approchées, placer, dans le plan complexe, les points A et B.
(Justifier la construction).
c) Soit M un point quelconque du plan complexe d'affixe z :
– interpréter géométriquement le module $|z - z_1|$ du nombre complexe $z - z_1$.
– déterminer l'ensemble (Δ) des points M du plan complexe dont l'affixe z est telle que

$$|z - z_1| = |z - iz_2|.$$

– construire l'ensemble (Δ) sur la figure réalisée à la question 2° *b)*.
(Génie mécanique, B, C, D, E, métropole, septembre 1996)

110 ■■■ On désigne par i le nombre complexe de module 1 d'argument $\frac{\pi}{2}$.
1° *a)* Résoudre dans $\mathbb{C}$ l'équation :

$$(1 - i)z + 2i - 2\sqrt{3} = -2(1 + i\sqrt{3})$$

(on donnera la forme algébrique de la solution z_1).

b) Donner la forme trigonométrique de z_1.

2° *a*) Résoudre dans $\mathbb{C}$ l'équation :

$$z^2 + 4z + 16 = 0.$$

On notera z_2 la solution dont la partie imaginaire est positive et z_3 l'autre solution.
b) Donner la forme trigonométrique de z_2 et z_3.

3° Vérifier que : $(z_1)^4 = 64 z_3$.

4° Le plan est muni d'un repère orthonormal $(O ; \vec{u}, \vec{v})$, d'unité graphique 1 cm.
a) Placer les points M_1, M_2, M_3, d'affixes respectives z_1, z_2, z_3.
b) Justifier que M_1, M_2, M_3, sont situés sur un même cercle dont on précisera le centre et le rayon.

(STL Chimie, juin 1995)

Équations se ramenant à une équation du second degré (exercices 111 à 113).

111 ■■■ On désigne par i le nombre complexe de module 1 et d'argument $\frac{\pi}{2}$. Le plan complexe est muni d'un repère orthonormal $(O ; \vec{u}, \vec{v})$, d'unité graphique 2,5 cm.
Le but de cet exercice est de représenter les points A, B, C, images des nombres complexes solutions de l'équation : $z^3 + 8 = 0$.

Partie A : *Résolution de l'équation* $z^3 + 8 = 0$
a) Résoudre dans l'ensemble des nombres complexes l'équation :

$$z^2 - 2z + 4 = 0.$$

b) Vérifier que, pour tout nombre complexe z :

$$(z + 2)(z^2 - 2z + 4) = z^3 + 8.$$

c) Déduire des questions *a*) et *b*) l'ensemble des solutions de l'équation :

$$z^3 + 8 = 0.$$

Partie B : *Représentation géométrique*
On désigne par A, B, C les points d'affixes respectives z_1, z_2, z_3 où :

$$z_1 = -2, \qquad z_2 = 1 + i\sqrt{3}, \qquad z_3 = 2e^{-i\frac{\pi}{3}}.$$

a) Écrire z_2 sous forme trigonométrique, montrer que les points B et C sont symétriques par rapport à l'axe des abscisses.
b) Montrer que les points A, B, C sont situés sur un cercle (C) de centre O, origine du repère ; on précisera le rayon R de ce cercle (C).
c) Sur une feuille de papier millimétré, tracer le cercle (C) dans le plan complexe et placer les trois points A, B, C.

(Génie mécanique, B, C, D, E, La Réunion, 1995)

112 ■■■ On note i le complexe de module 1 et d'argument $\frac{\pi}{2}$.

Soit $P(z) = z^3 - 8z^2 + 24z - 32$, où z est un nombre complexe.

1° *a*) Vérifier que $P(4) = 0$.
b) Déterminer les nombres réels a, b et c tels que, pour tout nombre complexe z,

$$P(z) = (z - 4)(az^2 + bz + c).$$

c) Résoudre dans l'ensemble des nombres complexes l'équation :

$$z^2 - 4z + 8 = 0$$

(on donnera la forme algébrique des solutions).
En déduire les solutions de l'équation $P(z) = 0$.

2° Le plan complexe est muni d'un repère orthonormal direct $(O ; \vec{u}, \vec{v})$, d'unité graphique 1 cm.
On note A, B, C les points d'affixes respec-tives : $2 + 2i$; 4 ; $2 - 2i$.
a) Placer ces trois points.
b) Montrer que $OA = OC = AB = CB$.
c) Donner la forme trigonométrique de $z_A = 2 + 2i$ et de $z_C = 2 - 2i$.
d) En déduire la nature du quadrilatère OABC.

(Génie mécanique, B, C, D, E, Métropole, juin 1995)

113 ■■■ $\mathbb{C}$ désigne l'ensemble des nombres complexes.
Le candidat pourra noter, à son choix, i ou j le nombre complexe de module 1 et dont un argument est $\frac{\pi}{2}$.

1° On considère le polynôme P défini par $P(z) = 8z^3 - 12z^2 + 14z - 5$ avec z appartenant à l'ensemble $\mathbb{C}$.
a) Déterminer le nombre réel α tel que $P(z) = (2z - 1)(4z^2 + \alpha z + 5)$.
b) Déterminer les trois solutions de l'équation $P(z) = 0$.

2° Le plan complexe est rapporté au repère orthonormal $(O ; \vec{u}, \vec{v})$, d'unité graphique 5 cm.
On considère les points M_1, M_2 et M_3 d'affixes respectives :

$$z_1 = \frac{1}{2}, \qquad z_2 = \frac{1}{2} - i, \qquad z_3 = \frac{1}{2} + i$$

et les points N_1, N_2 et N_3 d'affixes respectives $\frac{1}{z_1}$, $\frac{1}{z_2}$, $\frac{1}{z_3}$.
a) Placer sur une figure de repère $(O ; \vec{u}, \vec{v})$ les points M_1, M_2 et M_3.
Démontrer que ces trois points sont alignés.
b) Mettre sous forme algébrique, $a + bi$ ou $a + bj$, les trois nombres complexes $\frac{1}{z_1}$, $\frac{1}{z_2}$, $\frac{1}{z_3}$.
Placer sur la figure les trois points N_1, N_2 et N_3.
c) Calculer le module des nombres complexes $\frac{1}{z_1} - 1$, $\frac{1}{z_2} - 1$ et $\frac{1}{z_3} - 1$.
En déduire le centre et le rayon du cercle circonscrit au triangle $N_1N_2N_3$.

(Génie électronique, Génie électrotechnique, Antilles-Guyane, juin 1995)

Interprétation géométrique de $z \mapsto z + a$ et $z \mapsto e^{i\alpha} z$

On suppose dans les exercices suivants que le plan complexe est muni du repère orthonormal $(O ; \vec{u}, \vec{v})$.

Cette partie n'est au programme que des spécialités : génie électronique, génie électrotechnique, génie optique, physique.

114 ▪ Quelle est la fonction f de $\mathbb{C}$ dans $\mathbb{C}$ associée à la translation de vecteur $\vec{w} = -2\vec{v}$?

115 ▪▪▪ 1° Quelle est la transformation géométrique F correspondant à la fonction f de $\mathbb{C}$ dans $\mathbb{C}$ définie par $f(z) = z + 1 - 2i$?

2° Quelle est la transformée par F de la droite d'équation $y = 3x + 4$? En déterminer une équation.

3° Quelle est le transformé par F du cercle d'équation

$$(x-2)^2 + (y-3)^2 = 16 \ ?$$

En déterminer une équation.

116 ▪ Quelle est la fonction de $\mathbb{C}$ dans $\mathbb{C}$ associée à la rotation R de centre O d'angle $\frac{2\pi}{3}$?

117 ▪▪ Les points A et B ont pour affixes respectives $a = 2 - i$ et $b = 1 - 3i$.
Calculer une mesure de l'angle $(\overrightarrow{OA}, \overrightarrow{OB})$.

On pourra utiliser un résultat du paragraphe II.3.*b*) du cours.

118 ▪▪ Les points A et B ont pour affixes respectives $z_A = 4 - 3i$ et $z_B = 5i$.

1° Vérifier que $OA = OB$.

2° Quel est l'angle de la rotation de centre O qui transforme A en B ? (On donnera une valeur approchée du résultat en radians à 10^{-2} près.)

119 ▪▪ 1° Quelle est la transformation géométrique F correspondant à la fonction f de $\mathbb{C}$ dans $\mathbb{C}$ définie par

$$f(z) = \frac{-1 + i\sqrt{3}}{2} z \ ?$$

2° Quelle est l'image par F de l'axe des ordonnées ?

120 ▪▪▪ Le plan complexe est muni du repère orthonormal $(O ; \vec{u}, \vec{v})$, d'unité graphique 1 cm.
Soit les points A, A′, B, C d'affixes respec-tives :

$$z_A = e^{i\frac{\pi}{2}}, \quad z_{A'} = e^{3i\frac{\pi}{4}}, \quad z_B = 3 - i, \quad z_C = 5.$$

1° Déterminer une mesure de l'angle $(\overrightarrow{OA}, \overrightarrow{OA'})$; vérifier sur une figure.

2° Quelle est la fonction f de $\mathbb{C}$ dans $\mathbb{C}$ associée à la rotation de centre O transformant A en A′ ?

3° En déduire les affixes des points B′ et C′ transformés de B et C par cette rotation.
Placer sur la figure du 1° les points B, C, B′, C′.

121 ▪▪▪ ***Rotation***

Le plan complexe est muni du repère orthonormal $(O ; \vec{u}, \vec{v})$, d'unité graphique 2 cm.

1° Placer dans ce plan les points A et B d'affixes respectives :

$$z_A = 1 + \sqrt{2} + i, \qquad z_B = 1 + \sqrt{2} - i,$$

i étant le nombre complexe de module 1 et d'argument $\frac{\pi}{2}$.

2° Vérifier que $OA = OB$.

3° Montrer que $\frac{z_B}{z_A} = \frac{\sqrt{2}}{2}(1 - i)$.

4° Déterminer le module et un argument de $\frac{z_B}{z_A}$.
En déduire que B est le transformé de A dans la rotation r de centre O et d'angle θ dont on donnera une mesure en radian.

(Génie électronique, Génie électrotechnique, groupe 1, 1993)

122 ▪▪▪ ***Translation et rotation***

1° Soit z_1 le nombre complexe défini par :

$$z_1 = 2^{i\frac{\pi}{6}}.$$

Écrire z_1 sous la forme algébrique.
Placer le point A image de z_1 dans un repère orthonormal $(O ; \vec{u}, \vec{v})$, d'unité graphique 2 cm.
Soit $z_2 = z_1{}^2$. Écrire z_2 sous la forme algébrique.
Placer le point B image de z_2.

2° Soit f l'application de $\mathbb{C}$ dans $\mathbb{C}$ qui, à tout nombre complexe z, fait correspondre le nombre complexe $f(z)$ définie par :

$$f(z) = z + (-\sqrt{3} - 2) + (1 - 2\sqrt{3})i.$$

a) Déterminer la nature de la transformation du plan qui à tout point M d'affixe z associe le point M′ d'affixe $f(z)$.
b) Calculer Z_1 et Z_2 définis par $Z_1 = f(z_1)$ et $Z_2 = f(z_2)$.
On note A′ et B′ les points d'affixes respectives Z_1 et Z_2. Placer A′ et B′ sur la figure.
Quelle est la nature du quadrilatère ABB′A′ ?

3° Quelle est l'image du point A par la rotation de centre O et d'angle $\frac{2\pi}{3}$?

(Génie électronique, Génie électrotechnique, la Réunion, 1995)

123 ▪▪▪ ***Exemple d'utilisation d'une rotation dans un problème de géométrie***

Le plan est muni d'un repère orthonormal $(O ; \vec{u}, \vec{v})$, d'unité graphique 2 cm. On considère le

point A d'affixe $z_A = 1$ et un point B d'affixe $z_B = x + iy$, x et y réels, non situé sur la droite (OA).
Soit A′ l'image de A par la rotation de centre O et d'angle $\frac{\pi}{2}$ et B′ l'image de B par la rotation de centre O et d'angle $-\frac{\pi}{2}$. On désigne par I le milieu du segment [AB].
Le but de l'exercice est de montrer que la médiane (OI) du triangle OAB est aussi hauteur du triangle OA′B′.

1° Dans cette question et uniquement dans celle-ci, on prend $z_B = 3e^{-i\frac{\pi}{3}}$.
a) Mettre z_B sous forme algébrique.
b) Placer les points A, B, A′, B′ et I dans le repère $(O ; \vec{u}, \vec{v})$.

2° On revient au cas général en prenant $z_B = x + iy$.
a) Donner les coordonnées du milieu I du segment [AB].
b) Déterminer les affixes des points A′ et B′.
c) Montrer que les droites (OI) et (A′B′) sont perpendiculaires. Conclure.
d) Vérifier, en outre, que A′B′ = 2OI.

(STL Physique, Métropole, juin 1996)

Équation du second degré dans $\mathbb{C}$ et rotation (exercices 124 à 126).

124 ▪▪▪ Un plan P est rapporté à un repère orthonormal direct $(O ; \vec{u}, \vec{v})$.
On désigne par i le nombre complexe de module 1 et d'argument $\frac{\pi}{2}$.

1° *a*) Résoudre, dans l'ensemble $\mathbb{C}$ des nombres complexes, l'équation :

$$z^2 - 2z + 2 = 0.$$

Donner les solutions sous forme algébrique et sous forme trigonométrique.
b) Représenter, dans le plan P, les points A d'affixe $1 - i$ et B d'affixe $1 + i$.

2° On considère l'application de P dans P qui, à tout point M d'affixe z, associe le point M′ d'affixe z' telle que : $z' = e^{i\frac{\pi}{3}}z$.
a) Donner une interprétation géométrique de cette application.
Représenter le point A′ image du point A.
b) Calculer, sous forme trigonométrique, puis sous forme algébrique, l'affixe du point A′.
c) En déduire les valeurs exactes de $\cos\frac{\pi}{12}$ et de $\sin\frac{\pi}{12}$.

(Génie électronique, Génie électrotechnique, groupe 3, 1993)

125 ▪▪▪ Le plan complexe est rapporté au repère orthonormal $(O ; \vec{u}, \vec{v})$ d'unité graphique 2 cm. On note A le point d'affixe $z_1 = -1$.

1° Résoudre dans $\mathbb{C}$ l'équation :

$$z^2 + 4z + 5 = 0.$$

On note z_2 et z_3 les solutions, z_2 étant celle dont la partie imaginaire est positive.

2° *a*) Placer le point A et les points B, C d'affixes respectives z_2 et z_3.
Prouver que : $z_3 - z_1 = i(z_2 - z_1)$.
b) Montrer que le triangle ABC est rectangle isocèle.

3° Soit A′ le point d'affixe $z_1' = \frac{\sqrt{2}}{2} - \frac{\sqrt{2}}{2}i$.
a) Montrer que : $|z_1'| = |z_1|$. Calculer un argument de $\frac{z_1'}{z_1}$.
b) En déduire que A′ est l'image de A par une rotation R de centre O, dont on précisera l'angle.
c) Soient B′ et C′ les images respectives de B et C par R. Calculer les affixes de B′ et C′, en donnant chaque fois la partie réelle et la partie imaginaire.
d) Placer les points A′, B′, C′ dans le repère $(O ; \vec{u}, \vec{v})$.
Quelle est la nature du triangle A′, B′, C′ ? Justifier la réponse.

(Génie électronique, Génie électrotechnique, Métropole, septembre 1996)

126 ▪▪▪ 1° Résoudre, dans l'ensemble $\mathbb{C}$ des nombres complexes, l'équation :

$$z^2 + \sqrt{3}z + 1 = 0.$$

2° Dans le plan complexe rapporté à un repère orthonormal $(\Omega ; \vec{u}, \vec{v})$, d'unité graphique 5 cm, on considère les points A, B et C d'affixes respectives :

$$z_A = i, \quad z_B = -\frac{\sqrt{3}}{2} + \frac{i}{2} \quad \text{et} \quad z_C = -\frac{\sqrt{3}}{2} - \frac{i}{2}.$$

a) Placer les points A, B et C.
b) Calculer le module et un argument de chacun des nombres z_A, z_B et z_C.
c) Montrer que : $z_C = z_A e^{i\frac{2\pi}{3}}$. Interpréter géométriquement ce résultat.
d) Soit M un point quelconque du plan d'affixe z.
Que représentent géométriquement

$$|z - i| \quad \text{et} \quad \left|z + \frac{\sqrt{3}}{2} + \frac{i}{2}\right| ?$$

Soit Δ l'ensemble des points M d'affixe z tels que

$$|z - i| = \left|z + \frac{\sqrt{3}}{2} + \frac{i}{2}\right|.$$

Montrer que B appartient à Δ.
Reconnaître et construire Δ.

(Génie électronique, Génie électrotechnique, Métropole, septembre 1995)

127 ▪▪▪▪ ***Fonction de transfert en électronique***

En électronique, sur un montage, on utilise la « fonction de transfert T » de la pulsation ω définie quand ω décrit l'intervalle $[0 ; +\infty[$ par :

$$T(\omega) = \frac{4}{(1 + j\omega)^3}.$$

1° Calculer T(0), $T\left(\frac{1}{\sqrt{3}}\right)$, T(1), $T(\sqrt{3})$.

2° On modifie le montage précédent et on obtient alors la nouvelle « fonction de transfert » H définie par :

$$H(\omega) = \frac{T(\omega)}{1 + T(\omega)}.$$

Calculer les modules et arguments de H(0), H(1) et $H(\sqrt{3})$.

3° Le plan complexe est muni du repère orthonormal $(O\,;\vec{u},\vec{v})$. Soit A le point d'affixe – 1 et M le point d'affixe $T(\omega)$.

a) Montrer que le module de $H(\omega)$ est égal à $\frac{MO}{MA}$.

b) Montrer qu'un argument de $H(\omega)$ est égal à l'angle $(\overrightarrow{MA}, \overrightarrow{MO})$.

c) Utiliser *a)* et *b)* pour retrouver les résultats du 2°.

Pour traiter cet exercice on sera amené à établir (ou à admettre) que si A, B, C, D sont quatre points du plan complexe d'affixes respectives z_A, z_B, z_C, z_D alors :

$$(\overrightarrow{AB}, \overrightarrow{AC}) = \arg \frac{z_C - z_A}{z_B - z_A}.$$

RÉPONSES DES T.P.

T.P. 1 $\Delta = -12 < 0$; l'équation n'a pas de solution dans $\mathbb{R}$.

1° $3z^2 + 6z + 4 = 3\left[(z+1)^2 + \frac{1}{3}\right]$.

2° Les solutions sont :

$$z_1 = -1 - \frac{1}{\sqrt{3}}\,i \quad \text{et} \quad z_2 = -1 + \frac{1}{\sqrt{3}}\,i.$$

T.P. 3 1° Deux solutions : $z_1 = 2 - i$ et $z_2 = 2 + i$.

2° Deux solutions réelles : – 1 et $-\frac{1}{3}$.

3° Deux solutions :

$$z_1 = -2 - \frac{3}{2}\sqrt{26}i \quad \text{et} \quad z_2 = -2 + \frac{3}{2}\sqrt{26}i.$$

T.P. 4 1° *a)* Deux solutions :

$$z_1 = 4 - 6i \quad \text{et} \quad z_2 = 4 + 6i.$$

b) Deux solutions : $z_3 = -5$ et $z_4 = 8$.

2° *a)* *b)* $z_I = \frac{3}{2}$.

c) Les quatre points sont sur le cercle de centre I et de rayon 6,5. ACD est rectangle en A.

d) $z_G = \frac{7}{3} + 2i$.

T.P. 5 1° *b)* L'équation $P(z) = 0$ admet trois solutions : -2, $-4-4i$, $-4+4i$.

3° $p = (8\sqrt{2} + 4\sqrt{5})$ cm. L'aire est 8 cm².

4° $V = \frac{32}{3}\pi$ cm³.

T.P. 6 1° *a)* $z_1 = \sqrt{2}(1-i)$ et $z_2 = \sqrt{2}(1+i)$.

b) $|z_1| = 2$ et $\arg z_1 = -\frac{\pi}{4}$.

$|z_2| = 2$ et $\arg z_2 = \frac{\pi}{4}$.

2° *b)* R est la rotation de centre O d'angle $\frac{3\pi}{4}$.

$$A = R(B).$$

c) $z_D = -\sqrt{2} - \sqrt{2}i$.

d) L'image de la droite (AB) est la droite (AD).

CORRIGÉS DES EXERCICES

1 *a)* $z + z' = 1 + 4i$.

b) $2z - 3z' = 2(2+3i) - 3(-1+i)$
$= 7 + 3i$.

c) $z \times z' = (2+3i)(-1+i)$
$= -2 + 2i - 3i + 3i^2 = -5 - i$.

d) $z'^2 = (-1+i)^2 = 1 - 2i + i^2 = -2i$.

(Les identités remarquables s'appliquent dans $\mathbb{C}$.)

e) $z^3 = (2+3i)^3$.

Dans $\mathbb{C}$, comme dans $\mathbb{R}$, pour tout nombre *a* et tout nombre *b* :

$$(a+b)^3 = a^3 + 3a^2b + 3ab^2 + b^3, \quad \text{d'où}$$
$$z^3 = 23 + 3 \times 2^2(3i) + 3 \times 2(3i)^2 + (3i)^3,$$
$$z^3 = 8 + 36i - 54 + 27i^3,$$
$$z^3 = -46 + 36i - 27i, \quad z^3 = -46 + 9i.$$

f) $(1+z)(1+z') = (3+3i)(i) = -3 + 3i$.

2 *a)* $\frac{1}{z} = \frac{1}{2-3i}$.

On multiplie numérateur et dénominateur par le *nombre complexe conjugué* du dénominateur, $2 + 3i$:

$$\frac{1}{z} = \frac{2+3i}{(2-3i)(2+3i)} = \frac{2+3i}{4-9i^2} = \frac{2+3i}{4+9},$$
$$\frac{1}{z} = \frac{2}{13} + \frac{3}{13}\,i.$$

b) $$\frac{1}{z'} = \frac{1}{-4-i} = \frac{-4+i}{(-4-i)(-4+i)} = \frac{-4+i}{16-i^2},$$
$$\frac{1}{z'} = \frac{-4+i}{16+1} = -\frac{4}{17} + \frac{1}{17}\,i.$$

c) $\dfrac{z}{z'} = z \times \dfrac{1}{z'} = (2-3i)\left(-\dfrac{4}{17} + \dfrac{1}{17}i\right)$

$= -\dfrac{5}{17} + \dfrac{14}{17}i.$

d) $\dfrac{1}{z^2} = \left(\dfrac{1}{z}\right)^2 = \left(\dfrac{2}{13} + \dfrac{3}{13}i\right)^2$

$= \dfrac{4}{169} + \dfrac{12}{169}i + \dfrac{9}{169}i^2,$

$\dfrac{1}{z^2} = -\dfrac{5}{169} + \dfrac{12}{169}i.$

e) $\dfrac{1+z}{1-z} = \dfrac{3-3i}{-1+3i} = \dfrac{(3-3i)(-1-3i)}{(-1+3i)(-1-3i)}$

$= -\dfrac{6}{5} - \dfrac{3}{5}i.$

3 On calcule dans $\mathbb{C}$ comme dans $\mathbb{R}$.
On écrit donc que pour tout nombre complexe z de $\mathbb{C} - \{1\}$ les équations suivantes sont équivalentes :

$\dfrac{z+1}{z-1} = 1+i, \qquad z+1 = (1+i)(z-1),$

$z+1 = z-1+iz-i, \qquad -iz = -2-i,$

$z = \dfrac{2+i}{i}, \qquad z = \dfrac{(2+i)(-i)}{i(-i)},$

$z = -2i - i^2, \qquad z = 1-2i.$

4 Résolvons par substitution :

$\begin{cases} z_2 = 2iz_1 \\ 2z_1 + 2iz_1 = 4, \end{cases} \qquad \begin{cases} z_1 = \dfrac{2}{1+i} \\ z_2 = 2iz_1, \end{cases}$

$\begin{cases} z_1 = 1-i \\ z_2 = 2+2i. \end{cases}$

5 *a*) $z = 1-i$;

$|z| = \sqrt{1^2 + (-1)^2} = \sqrt{2}.$

On pose $\theta = \arg z$:

$\cos\theta = \dfrac{1}{\sqrt{2}}$ et $\sin\theta = -\dfrac{1}{\sqrt{2}},$

d'où $\theta = -\dfrac{\pi}{4}\ (+ k2\pi, k \in \mathbb{Z}).$

b) $z = 2+2i$;

$|z| = \sqrt{2^2+2^2} = \sqrt{8} = 2\sqrt{2}.$

On pose $\theta = \arg z$:

$\cos\theta = \dfrac{1}{\sqrt{2}}$ et $\sin\theta = \dfrac{1}{\sqrt{2}},$

d'où $\theta = \dfrac{\pi}{4}\ (+ k2\pi, k \in \mathbb{Z}).$

c) $z = -1 + i\sqrt{3}$;

$|z| = \sqrt{(-1)^2 + (\sqrt{3})^2} = \sqrt{4} = 2.$

On pose $\theta = \arg z$:

$\cos\theta = -\dfrac{1}{2}$ et $\sin\theta = \dfrac{\sqrt{3}}{2},$

d'où $\theta = \dfrac{2\pi}{3}\ (+ k2\pi, k \in \mathbb{Z}).$

d) Plaçons l'image M du nombre complexe $-2i$ dans le plan complexe muni du repère orthonormal $(O ; \vec{u}, \vec{v})$.

On en déduit que $|-2i| = OM = 2$ et qu'un argument de $-2i$ est $(\vec{u}, \overrightarrow{OM}) = -\dfrac{\pi}{2}$.

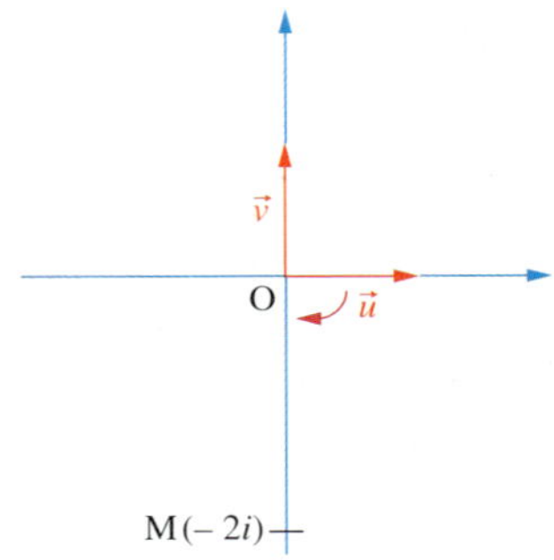

Fig. 35

e) D'une figure on déduit immédiatement que $|-3| = 3$ et $\arg(-3) = \pi(+k2\pi, k \in \mathbb{Z})$.

f) On sait que, pour tout nombre réel a,

$\cos(\pi + a) = -\cos a$

et $\sin(\pi + a) = -\sin a,$

donc $z = \cos\dfrac{7\pi}{6} + i\sin\dfrac{7\pi}{6}$;

On reconnaît la forme trigonométrique du nombre complexe de module 1 dont un argument est $\dfrac{7\pi}{6}$.
On peut aussi procéder comme dans les questions précédentes en écrivant que :

$|z| = \sqrt{\left(-\cos\dfrac{\pi}{6}\right)^2 + \left(-\sin\dfrac{\pi}{6}\right)^2} = 1,$

en posant $\theta = \arg z$, donc $\cos\theta = -\cos\dfrac{\pi}{6}$ et $\sin\theta = -\sin\dfrac{\pi}{6}$, en utilisant les formules rappelées au début, on obtient le même résultat…

6 *a*) $|z| = \sqrt{3^2+1^2} = \sqrt{10} \approx 3{,}16.$

On pose $\arg z = \theta$, $\cos\theta = \dfrac{3}{\sqrt{10}}$ et $\sin\theta = \dfrac{1}{\sqrt{10}}$, avec la calculatrice on obtient $\theta \approx 0{,}32$.

b) $|z| = \sqrt{4^2 + (-2)^2} = \sqrt{20} = 2\sqrt{5} \approx 4{,}47.$

On pose

$\arg z = \theta, \quad \cos\theta = \dfrac{2}{\sqrt{5}} \quad$ et $\quad \sin\theta = -\dfrac{1}{\sqrt{5}}.$

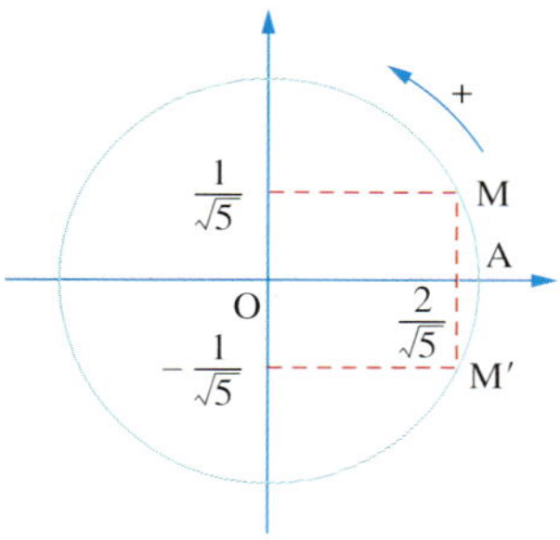

Fig. 36

Une calculatrice donne INV cos $\frac{2}{\sqrt{5}} \approx 0{,}46$.

Mais $\frac{2}{\sqrt{5}}$ est le cosinus de l'angle $(\overrightarrow{OA}, \overrightarrow{OM})$ et de l'angle $(\overrightarrow{OA}, \overrightarrow{OM'})$ (figure 36) ; puisque

$$\sin \theta = -\frac{1}{\sqrt{5}} < 0,$$

on prend $\theta \approx -0{,}46$.
La plupart des calculatrices ont une touche permettant le passage des « coordonnées rectangulaires » aux « coordonnées polaires ». On obtient alors directement $|z| \approx 4{,}47$ et $\arg z \approx -0{,}46$ radians.

7 Si $|z| = \rho$ et $\arg z = \theta$, on a

$$z = \rho(\cos \theta + i \sin \theta).$$

a) $z = 3\left(\cos \frac{\pi}{3} + i \sin \frac{\pi}{3}\right) = \frac{3}{2} + \frac{3\sqrt{3}}{2}\, i.$

b) $z = 2\left[\cos\left(-\frac{\pi}{6}\right) + i \sin\left(-\frac{\pi}{6}\right)\right],$

$z = 2\left(\cos \frac{\pi}{6} - i \sin \frac{\pi}{6}\right), \qquad z = \sqrt{3} - i.$

c) $z = \cos \frac{7\pi}{3} + i \sin \frac{7\pi}{3}$

$= \cos \frac{\pi}{3} + i \sin \frac{\pi}{3},$

$z = \frac{1}{2} + i\, \frac{\sqrt{3}}{2}.$

d) $z = 4\left(\cos \frac{3\pi}{4} + i \sin \frac{3\pi}{4}\right),$

$z = 4\left(-\cos \frac{\pi}{4} + i \sin \frac{\pi}{4}\right)$

$= -\ 2\sqrt{2} + 2\sqrt{2}i.$

e) $z \approx -2{,}893 - 0{,}796i.$

8 1° $|z_1| = \sqrt{1^2 + (\sqrt{3})^2}, \quad |z_1| = \sqrt{1+3}, \quad |z_1| = 2.$

On note $\arg z_1 = \theta_1$,

$$\cos \theta_1 = \frac{1}{2} \quad \text{et} \quad \sin \theta_1 = \frac{\sqrt{3}}{2}, \quad \text{d'où} \quad \theta_1 = \frac{\pi}{3}.$$

$$|z_1| = 2 \quad \text{et} \quad \arg z_1 = \frac{\pi}{3}.$$

$$|z_2| = \sqrt{1^2 + (-1)^2}, \qquad |z_2| = \sqrt{2}.$$

On note $\arg z_2 = \theta_2$,

$$\cos \theta_2 = \frac{1}{\sqrt{2}} \quad \text{et} \quad \sin \theta_2 = -\frac{1}{\sqrt{2}}$$

d'où $\theta_2 = -\frac{\pi}{4}.$

$$|z_2| = \sqrt{2} \quad \text{et} \quad \arg z_2 = -\frac{\pi}{4}.$$

2° Le module de $\frac{1}{z_1}$ est :

$$\left|\frac{1}{z_1}\right| = \frac{1}{|z_1|}, \qquad \left|\frac{1}{z_1}\right| = \frac{1}{2}.$$

Un argument de $\frac{1}{z_1}$ est $\arg\left(\frac{1}{z_1}\right) = -\arg z_1$,

$$\arg z_1 = \frac{\pi}{3} \quad \text{d'où} \quad \arg\left(\frac{1}{z_1}\right) = -\frac{\pi}{3}.$$

• Le module de $z_1 z_2$ est :

$$|z_1 z_2| = |z_1||z_2|, \qquad |z_1 z_2| = 2\sqrt{2}.$$

Un argument de $z_1 z_2$ est :

$$\arg(z_1 z_2) = \arg z_1 + \arg z_2,$$

$$\arg(z_1 z_2) = \frac{\pi}{3} - \frac{\pi}{4}, \qquad \arg z_1 z_2 = \frac{4\pi - 3\pi}{12},$$

$$\arg(z_1 z_2) = \frac{\pi}{12}.$$

• Le module de $\frac{z_1}{z_2}$ est :

$$\left|\frac{z_1}{z_2}\right| = \frac{|z_1|}{|z_2|}, \qquad \left|\frac{z_1}{z_2}\right| = \frac{2}{\sqrt{2}},$$

$$\left|\frac{z_1}{z_2}\right| = \frac{(\sqrt{2})^2}{\sqrt{2}}, \qquad \left|\frac{z_1}{z_2}\right| = \sqrt{2}.$$

Un argument de $\frac{z_1}{z_2}$ est :

$$\arg\left(\frac{z_1}{z_2}\right) = \arg z_1 - \arg z_2,$$

$$\arg\left(\frac{z_1}{z_2}\right) = \frac{\pi}{3} - \left(-\frac{\pi}{4}\right), \quad \arg\left(\frac{z_1}{z_2}\right) = \frac{\pi}{3} + \frac{\pi}{4},$$

$$\arg\left(\frac{z_1}{z_2}\right) = \frac{7\pi}{12}.$$

9 1° *a*) $z^3 = (1+i)^3$.
On lit dans le formulaire du baccalauréat :

$$(a+b)^3 = a^3 + 3a^2b + 3ab^2 + b^3$$

donc :

$$z_1{}^3 = 1 + 3i + 3i^2 + i^3,$$
$$z_1{}^3 = 1 + 3i + 3(-1) + i(i^2),$$
$$z_1{}^3 = 1 + 3i - 3 + i(-1),$$
$$z_1{}^3 = -2 + 3i - i,$$
$$z_1{}^3 = -2 + 2i.$$

b) $Z = z_1^3 z_2$,

$Z = (-2+2i)(\sqrt{3}+i)$,

$Z = -2\sqrt{3} - 2i + 2i\sqrt{3} + 2i^2$,

$Z = -2\sqrt{3} + 2(-1) + i(-2+2\sqrt{3})$,

$Z = (-2-2\sqrt{3}) + (-2+2\sqrt{3})i$.

2° *a*) • $|z_1| = \sqrt{1^2+1^2}$, $|z_1| = \sqrt{2}$.
Posons $\arg z_1 = \theta_1$, alors :

$$\cos\theta_1 = \frac{1}{\sqrt{2}} \quad \text{et} \quad \sin\theta_1 = \frac{1}{\sqrt{2}} \quad \text{d'où} \quad \theta_1 = \frac{\pi}{4},$$

$$\arg z_1 = \frac{\pi}{4} \quad (+k2\pi).$$

• $z_1^3 = -2+2i$

$|z_1^3| = \sqrt{(-2)^2+2^2}$, $|z_1^3| = \sqrt{8}$,

$|z_1^3| = \sqrt{2\times 4}$, $|z_1^3| = \sqrt{4}\times\sqrt{2}$, $|z_1^3| = 2\sqrt{2}$.

Posons $\arg z_1^3 = \theta_3$,

alors : $\cos\theta_3 = \dfrac{-2}{2\sqrt{2}}$, $\cos\theta_3 = -\dfrac{1}{\sqrt{2}}$

$\sin\theta_3 = \dfrac{2}{2\sqrt{2}}$, $\sin\theta_3 = \dfrac{1}{\sqrt{2}}$.

On lit dans le tableau du formulaire que :

$$\cos\frac{\pi}{4} = \frac{\sqrt{2}}{2} \quad \text{et} \quad \sin\frac{\pi}{4} = \frac{\sqrt{2}}{2},$$

c'est-à-dire :

$$\cos\frac{\pi}{4} = \frac{1}{\sqrt{2}} \quad \text{et} \quad \sin\frac{\pi}{4} = \frac{1}{\sqrt{2}}.$$

À l'aide du cercle trigonométrique, on en déduit que :

$$\theta_3 = \pi - \frac{\pi}{4}, \quad \theta_3 = \frac{3\pi}{4}.$$

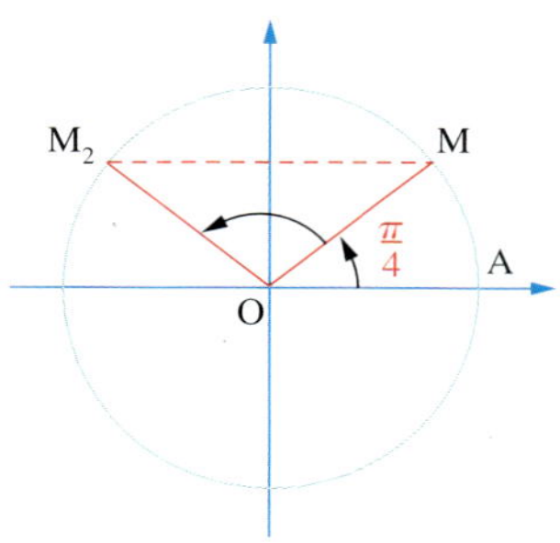

Fig. 37

On place le point M de coordonnées $\left(\dfrac{1}{\sqrt{2}}, \dfrac{1}{\sqrt{2}}\right)$ c'est-à-dire $\left(\cos\dfrac{\pi}{4}, \sin\dfrac{\pi}{4}\right)$.

Puis le point M_2 de coordonnées

$$\left(-\frac{1}{\sqrt{2}}, \frac{1}{\sqrt{2}}\right), \quad \theta_2 = (\overrightarrow{OA}, \overrightarrow{OM_2})$$

donc $\theta_2 = \pi - \dfrac{\pi}{4}$, $\theta_2 = \dfrac{3\pi}{4}$.

$$\arg(z_1^3) = \frac{3\pi}{4} \quad (+k2\pi).$$

b) $|z_2| = \sqrt{(\sqrt{3})^2+1^2}$, $|z_2| = \sqrt{3+1}$, $|z_2| = 2$.

Posons $\arg z_2 = \theta_2$,

alors $\cos\theta_2 = \dfrac{\sqrt{3}}{2}$

et $\sin\theta_2 = \dfrac{1}{2}$.

On lit dans le tableau du formulaire que :

$$\theta_2 = \frac{\pi}{6}, \quad \arg(z_2) = \frac{\pi}{6} \quad (+k2\pi).$$

c) $Z = z_1^3 z_2$.

$|Z| = |z_1^3|\times|z_2|$, $|Z| = 2\sqrt{2}\times 2$, $|Z| = 4\sqrt{2}$.

$\arg Z = \arg(z_1^3) + \arg z_2 \quad (+k2\pi)$,

$\arg Z = \dfrac{3\pi}{4} + \dfrac{\pi}{6}$,

$\arg Z = \dfrac{9\pi}{12} + \dfrac{2\pi}{12}$,

$\arg Z = \dfrac{11\pi}{12}, \quad (+k2\pi)$.

D'où la forme trigonométrique de Z :

$$Z = 4\sqrt{2}\left(\cos\frac{11\pi}{12} + i\sin\frac{11\pi}{12}\right).$$

> Lorsque $|z| = r$ et $\arg z = \theta$, la forme trigonométrique de z est :
> $$z = r(\cos\theta + i\sin\theta).$$

3° On a :

$$Z = (-2-2\sqrt{3}) + (-2+2\sqrt{3})i$$

et $Z = \left(4\sqrt{2}\cos\dfrac{11\pi}{12}\right) + \left(4\sqrt{2}\sin\dfrac{11\pi}{12}\right)i$.

Deux nombres complexes égaux ont une même partie réelle et une même partie imaginaire d'où :

$$4\sqrt{2}\cos\frac{11\pi}{12} = -2-2\sqrt{3},$$

$$\cos\frac{11\pi}{12} = \frac{2(-1-\sqrt{3})}{4\sqrt{2}},$$

$$\cos\frac{11\pi}{12} = \frac{-1-\sqrt{3}}{2\sqrt{2}},$$

et $4\sqrt{2}\sin\dfrac{11\pi}{12} = -2+2\sqrt{3}$,

$$\sin\frac{11\pi}{12} = \frac{2(-1+\sqrt{3})}{4\sqrt{2}},$$

$$\sin\frac{11\pi}{12} = \frac{-1+\sqrt{3}}{2\sqrt{2}}.$$

10 L'affixe du milieu I de [AB] est

$$\frac{1}{2}\,[(3-2i)+(4+5i)] = \frac{7}{2}+\frac{3}{2}\,i,$$

puisque $\overrightarrow{OI} = \frac{1}{2}\,(\overrightarrow{OA}+\overrightarrow{OB})$.

On peut aussi calculer les coordonnées du point I en appliquant une formule donnant les coordonnées du milieu d'un segment.

11 1° Voir la figure 38.

2° On note z_A, z_B, z_C, $z_{\overrightarrow{AB}}$, $z_{\overrightarrow{AC}}$, $z_{\overrightarrow{BC}}$ les affixes respectives de A, B, C, $\overrightarrow{AB}$, $\overrightarrow{AC}$, $\overrightarrow{BC}$.

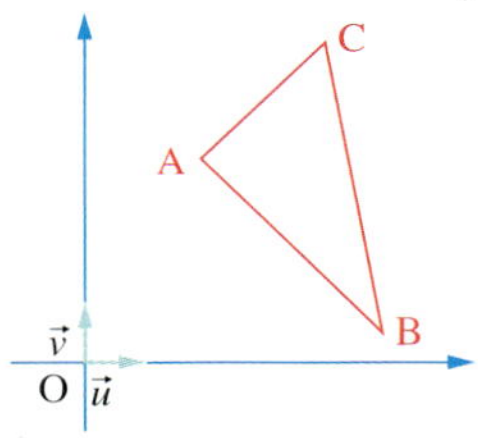

Fig. 38

$$z_{\overrightarrow{AB}} = z_B - z_A = 3-3i.$$
$$z_{\overrightarrow{AC}} = z_C - z_A = 2+2i.$$
$$z_{\overrightarrow{BC}} = z_C - z_B = -1+5i.$$

3° $AB = |z_{\overrightarrow{AB}}| = \sqrt{18} = 3\sqrt{2}$;

$AC = |z_{\overrightarrow{AC}}| = \sqrt{8} = 2\sqrt{2}$;

$BC = |z_{\overrightarrow{BC}}| = \sqrt{26}$.

4° On remarque que $BC^2 = AB^2 + AC^2$.
Le triangle ABC est donc rectangle en A (d'après la réciproque du théorème de Pythagore).

12 1° • Le module de z_A est :

$$|z_A| = \sqrt{(\sqrt{3})^2+1^2},$$
$$|z_A| = \sqrt{3+1}, \quad |z_A| = \sqrt{4},$$
$$|z_A| = 2.$$

On note θ_A un argument de z_A.

$$\cos\theta_A = \frac{\sqrt{3}}{2} \quad \text{et} \quad \sin\theta_A = \frac{1}{2}.$$

Le tableau des valeurs remarquables du formulaire du baccalauréat donne :

$$\theta_A = \frac{\pi}{6}, \quad \text{c'est-à-dire} \quad \arg z_A = \frac{\pi}{6}.$$

• Le module de z_B est :

$$|z_B| = \sqrt{(\sqrt{3})^2+(-1)^2},$$
$$|z_B| = \sqrt{3+1}, \quad |z_B| = \sqrt{4},$$
$$|z_B| = 2.$$

On note θ_B un argument de z_B.

$$\cos\theta_B = \frac{\sqrt{3}}{2} \quad \text{et} \quad \sin\theta_B = -\frac{1}{2}.$$

À l'aide du tableau de valeurs remarquables et de la figure ci-dessous on obtient :

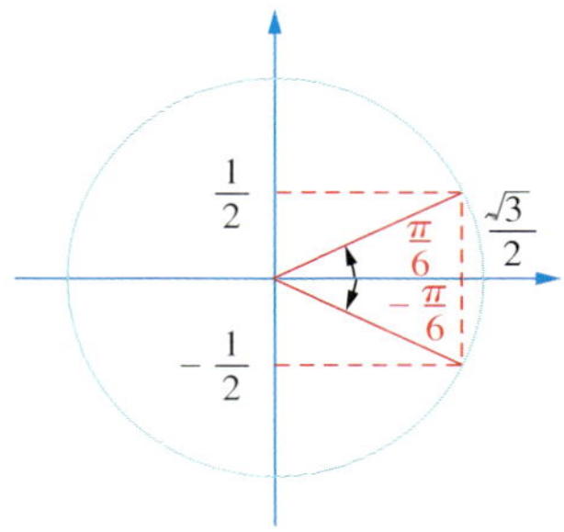

Fig. 39

$$\theta_B = -\frac{\pi}{6}, \quad \text{c'est-à-dire} \quad \arg z_B = -\frac{\pi}{6}.$$

• Le module de z_C est :

$$|z_C| = \sqrt{(2\sqrt{3})^2+2^2},$$
$$|z_C| = \sqrt{12+4}, \quad |z_C| = \sqrt{16},$$
$$|z_C| = 4.$$

On note θ_C un argument de z_C

$$\cos\theta_C = \frac{2\sqrt{3}}{4}, \quad \cos\theta_C = \frac{\sqrt{3}}{2}$$

et $$\sin\theta_C = \frac{1}{2}$$

d'où $\theta_C = \frac{\pi}{6}$, c'est-à-dire $\arg z_C = \frac{\pi}{6}$.

$$\arg z_A = \arg z_C.$$

De $z_C = 2z_A$, on déduit que : $\overrightarrow{OC} = 2\overrightarrow{OA}$ d'où $OC = 2OA$, c'est-à-dire $|z_C| = 2|z_A|$, et que les angles $(\overrightarrow{OA}, \vec{u})$ et $(\overrightarrow{OC}, \vec{u})$ sont égaux, c'est-à-dire $\arg z_A = \arg z_C$.

• Le point D a pour coordonnées (O, 2) :

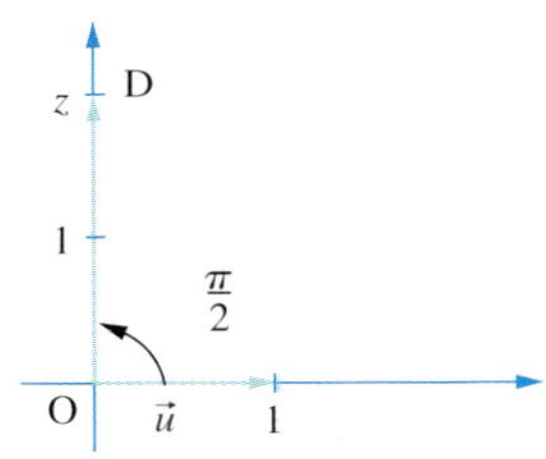

donc $|z_D| = OD$, $|z_D| = 2$,

et $$(\vec{u}, \overrightarrow{OD}) = \frac{\pi}{2},$$

c'est-à-dire $$\arg z_D = \frac{\pi}{2}.$$

2° *a*)

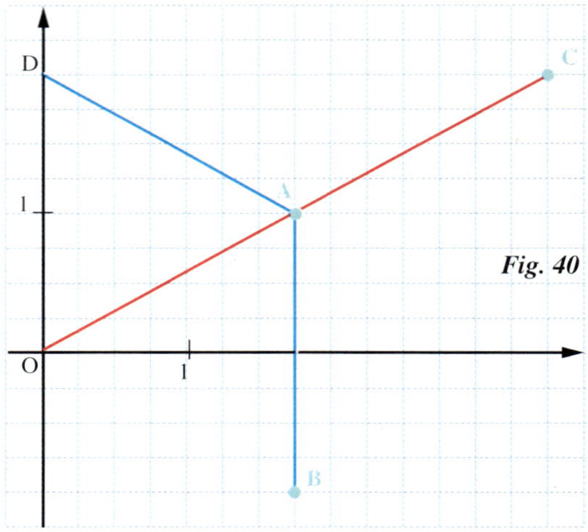

Fig. 40

b) Pour montrer que O, B, C, D sont sur un même cercle de centre A, montrons que

$$AO = AB = AC = AD.$$

• De $z_C = 2z_A$, on déduit que $\overrightarrow{OC} = 2\overrightarrow{OA}$, c'est-à-dire $AO = AC$.

$OA = |z_A| = 2, \quad$ donc $\quad AO = AC = 2.$

• $AD = |z_D - z_A|$,

> Pour tous points A et B d'affixes respectives z_A et z_B, la distance AB est égale au module du nombre complexe $z_B - z_A$, c'est-à-dire
> $$AB = |z_B - z_A|.$$

$AD = |2i - (\sqrt{3} + i)|$,

$AD = |2i - \sqrt{3} - i|$,

$AD = |-\sqrt{3} + i|$,

$AD = \sqrt{(-\sqrt{3})^2 + 1}, \quad AD = \sqrt{4},$

$AD = 2.$

• $AB = |z_B - z_A|$,

$AB = |\sqrt{3} - i - (\sqrt{3} + i)|$,

$AB = |-2i|, \quad AB = 2.$

• Donc $AO = AB = AC = AD = 2$,

les points O, B, C, D sont donc sur le cercle de centre A de rayon 2.

13 1° • $AB = |z_B - z_A|, \quad AB = |-5i|,$

$AB = 5.$

• $CB = |z_B - z_C|, \quad CB = |2 - 4i|,$

$CB = \sqrt{20}.$

• $AC = |z_C - z_A|, \quad AC = |-2 - i|,$

$AC = \sqrt{5}.$

On a $AC^2 + BC^2 = AB^2$, le triangle ABC est donc rectangle en C (d'après la réciproque du théorème de Pythagore).

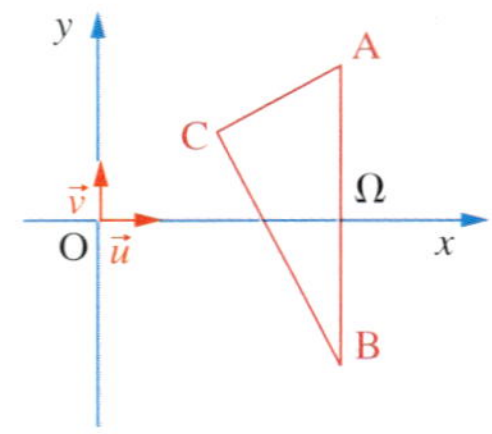

Fig. 41

2° *a*) • $|z_A - 4| = \left|\frac{5}{2}\,i\right| = \frac{5}{2}$, donc A est un point de E.

• $|z_B - 4| = \left|-\frac{5}{2}\,i\right| = \frac{5}{2}$, donc B est un point de E.

• $|z_C - 4| = \left|-2 + \frac{3}{2}\,i\right|$, $|z_C - 4| = \sqrt{4 + \frac{9}{4}}$,

$|z_C - 4| = \sqrt{\frac{25}{4}}$, $|z_C - 4| = \frac{5}{2}$, donc C est un point de E.

b) On a $|z - 4| = \Omega M$. E est donc l'ensemble des points M tels que $\Omega M = \frac{5}{2}$, c'est donc le cercle de centre Ω de rayon $\frac{5}{2}$.

c) Ce sont les deux points où le cercle E coupe l'axe $(O, \vec{u})$; donc d'abscisses respectives $4 - \frac{5}{2}$ et $4 + \frac{5}{2}$; en les notant I_1 et I_2, on a $I_1\left(\frac{3}{2}, 0\right)$ et $I_2\left(\frac{13}{2}, 0\right)$.

14 1° M est le point d'affixe $z = x + yj$ donc

$$Z = j(x + yj) - 1 + j,$$
$$Z = yj^2 - 1 + xj + j,$$
$$Z = -1 - y + (x + 1)j.$$

La partie réelle de Z est $-1 - y$ et sa partie imaginaire $x + 1$.

2° Un point M a pour affixe $z = x + yj$ telle que : $|jz - 1 + j| = 1$, si et seulement si

$$|(-1 - y) + (x + 1)j| = 1,$$
$$|(-1 - y) + (x + 1)j|^2 = 1,$$
$$(-1 - y)^2 + (x + 1)^2 = 1,$$
$$(x + 1)^2 + (y + 1)^2 = 1.$$

On reconnaît une équation cartésienne du cercle de centre $\Omega(-1, -1)$ et de rayon 1.

15 1° $Z = \dfrac{z + 2}{z - 2} = \dfrac{(x + 2) + yi}{(x - 2) + yi}$,

$$Z = \frac{[(x + 2) + yi][(x - 2) - yi]}{(x - 2)^2 + y^2}$$
$$= \frac{(x^2 + y^2 - 4) - 4yi}{(x - 2)^2 + y^2}.$$

C. Dérivées et primitives (Les formules ci-dessous peuvent servir à la fois pour calculer des dérivées et des primitives)

1. Dérivées et primitives des fonctions usuelles

$f(x)$	$f'(x)$	*Intervalle de validité*
k	0	$]-\infty, +\infty[$
x	1	$]-\infty, +\infty[$
$x^n,\ n \in \mathbb{N}^*$	nx^{n-1}	$]-\infty, +\infty[$
$\frac{1}{x}$	$-\frac{1}{x^2}$	$]-\infty, 0[$ ou $]0, +\infty[$
$\frac{1}{x^n},\ n \in \mathbb{N}^*$	$-\frac{n}{x^{n+1}}$	$]-\infty, 0[$ ou $]0, +\infty[$
$\sqrt{x}$	$\frac{1}{2\sqrt{x}}$	$]0, +\infty[$
$x^\alpha,\ \alpha \in \mathbb{R}$	$\alpha x^{\alpha-1}$	$]0, +\infty[$
$\ln x$	$\frac{1}{x}$	$]0, +\infty[$
e^x	e^x	$]-\infty, +\infty[$
$\cos x$	$-\sin x$	$]-\infty, +\infty[$
$\sin x$	$\cos x$	$]-\infty, +\infty[$

2. Opérations sur les dérivées

$(u+v)' = u' + v'$;

$(ku)' = ku'$;

$(uv)' = u'v + uv'$;

$\left(\frac{1}{u}\right)' = -\frac{u'}{u^2}$;

$\left(\frac{u}{v}\right)' = \frac{u'v - uv'}{v^2}$;

$(g \circ f)' = (g' \circ f)f'$;

$(e^u)' = e^u u'$;

$(\ln u)' = \frac{u'}{u}$, u à valeurs strictement positives ;

$(u^\alpha)' = \alpha u^{\alpha-1} u'$.

D. Calcul intégral

Si F est une primitive de f, alors

$$\int_a^b f(t)\,dt = F(b) - F(a).$$

Formule de Chasles

$$\int_a^c f(t)\,dt = \int_a^b f(t)\,dt + \int_b^c f(t)\,dt ;$$

$$\int_b^a f(t)\,dt = -\int_a^b f(t)\,dt.$$

Linéarité

$$\int_a^b (\alpha f(t) + \beta g(t))\,dt = \alpha \int_a^b f(t)\,dt + \beta \int_a^b g(t)\,dt.$$

Positivité

Si $a \leqslant b$ et $f \geqslant 0$, alors $\int_a^b f(t)\,dt \geqslant 0$;

Intégration d'une inégalité

Si $a \leqslant b$ et $f \leqslant g$, alors $\int_a^b f(t)\,dt \leqslant \int_a^b g(t)\,dt$;

Si $a \leqslant b$ et $m \leqslant f \leqslant M$, alors

$$m(b-a) \leqslant \int_a^b f(t)\,dt \leqslant M(b-a) ;$$

Valeur moyenne de f sur $[a, b]$:

$$\frac{1}{b-a}\int_a^b f(t)\,dt.$$

E. Équations différentielles

Équation	Solutions sur $]-\infty, +\infty[$
$y' - ay = 0$	$f(x) = ke^{ax}$
$y'' + \omega^2 y = 0$	$f(x) = A\cos \omega x + B \sin \omega x$

III. ANALYSE

A. Propriétés algébriques des fonctions usuelles

1. Fonctions logarithme et exponentielle

$\ln 1 = 0$;

$\ln e = 1$;

$\ln ab = \ln a + \ln b$;

$\ln \dfrac{a}{b} = \ln a - \ln b$;

Si $x \in]-\infty, +\infty[$ et $y \in]0, +\infty[$,

$y = \exp x = e^x$ équivaut à $x = \ln y$;

$e^0 = 1$;

$e^{a+b} = e^a e^b$;

$e^{a-b} = \dfrac{e^a}{e^b}$.

$a^x = e^{x \ln a} \quad (a > 0)$;

$(e^a)^b = e^{ab}$;

$\ln a^x = x \ln a$.

2. Fonctions puissances

$x^\alpha = e^{\alpha \ln x} \quad (x > 0)$

$x^0 = 1$

$x^{\alpha+\beta} = x^\alpha x^\beta$

$x^{\alpha-\beta} = \dfrac{x^\alpha}{x^\beta}$

$(x^\alpha)^\beta = x^{\alpha\beta}$;

Si $n \in \mathbb{N}^*$, $x \in [0, +\infty[$ et $y \in [0, +\infty[$,

$y = \sqrt[n]{x}$ équivaut à $x = y^n$.

B. Limites usuelles de fonctions et de suites

1. Fonctions

Comportement à l'infini

$\lim\limits_{x \to +\infty} \ln x = +\infty$;

$\lim\limits_{x \to +\infty} e^x = +\infty$;

$\lim\limits_{x \to -\infty} e^x = 0$.

Si $\alpha > 0$, $\lim\limits_{x \to +\infty} x^\alpha = +\infty$; si $\alpha < 0$, $\lim\limits_{x \to +\infty} x^\alpha = 0$.

Comportement à l'origine

$\lim\limits_{x \to 0} \ln x = -\infty$.

Si $\alpha > 0$, $\lim\limits_{x \to 0} x^\alpha = 0$; si $\alpha < 0$, $\lim\limits_{x \to 0} x^\alpha = +\infty$.

Croissances comparées à l'infini

$\lim\limits_{x \to +\infty} \dfrac{e^x}{x} = +\infty$;

$\lim\limits_{x \to -\infty} xe^x = 0$;

$\lim\limits_{x \to +\infty} \dfrac{\ln x}{x} = 0$.

Si $\alpha > 0$, $\lim\limits_{x \to +\infty} \dfrac{e^x}{x^\alpha} = +\infty$;

Si $\alpha > 0$, $\lim\limits_{x \to +\infty} x^\alpha e^{-x} = 0$;

Si $\alpha > 0$, $\lim\limits_{x \to +\infty} \dfrac{\ln x}{x^\alpha} = 0$.

***Comportement à l'origine de* $\ln(1+x)$, e^x, $\sin x$**

$\lim\limits_{h \to 0} \dfrac{\ln(1+h)}{h} = 1$;

$\lim\limits_{h \to 0} \dfrac{e^h - 1}{h} = 1$;

$\lim\limits_{h \to 0} \dfrac{\sin h}{h} = 1$.

2. Suites (spécialités : génie électronique, génie électrotechnique, physique)

Si $k > 1$, $\lim\limits_{n \to +\infty} k^n = +\infty$; si $0 < k < 1$, $\lim\limits_{n \to +\infty} k^n = 0$.

La partie réelle de Z est

$$\mathcal{R}(Z) = \frac{x^2 + y^2 - 4}{(x-2)^2 + y^2}.$$

La partie imaginaire de Z est

$$\text{Im}\,(Z) = \frac{-4y}{(x-2)^2 + y^2}.$$

2° *a*) Z réel équivaut à Im (Z) = 0, c'est-à-dire à $y = 0$ et $x \neq 2$.
L'ensemble des poins $M(x, y)$ tels que Z soit réel est l'axe des abscisses privé du point $A(2, 0)$.
b) Z imaginaire pur équivaut à $\mathcal{R}(Z) = 0$, c'est-à-dire à $x^2 + y^2 - 4 = 0$ et $(x, y) \neq (2, 0)$.
L'ensemble des points $M(x, y)$ tels que Z soit imaginaire pur est le cercle de centre O et de rayon 2, privé du point A.

16 1° *a*) $b = (a+i)(\bar{a}+i)$,

$a = 1 + i$ et $\bar{a} = 1 - i$, donc

$b = (1 + i + i)(1 - i + i)$,

$b = 1 + 2i$.

$c = (b+i)(\bar{b}+i)$,

$b = 1 + 2i$ et $\bar{b} = 1 - 2i$, donc

$c = (1 + 2i + i)(1 - 2i + i)$,

$c = (1 + 3i)(1 - i)$,

$c = 1 - i + 3i - 3i^2$,

$c = 1 + 2i + 3$,

$c = 4 + 2i$.

b) L'affixe du vecteur $\overrightarrow{BA}$ est

$1 + i - (1 + 2i) = -i$ donc $\overrightarrow{BA} = -\vec{v}$.

L'affixe du vecteur $\overrightarrow{BC}$ est

$4 + 2i - (1 + 2i) = 3$, donc $\overrightarrow{BC} = 3\vec{u}$.

$\vec{u}$ et $\vec{v}$ sont orthogonaux donc $\overrightarrow{BA}$ et $\overrightarrow{BC}$ sont orthogonaux, le triangle ABC est rectangle en B.
On sait qu'un triangle rectangle est inscrit dans un demi-cercle de diamètre son hypothénuse.
Donc B appartient au cercle de diamètre [AC].

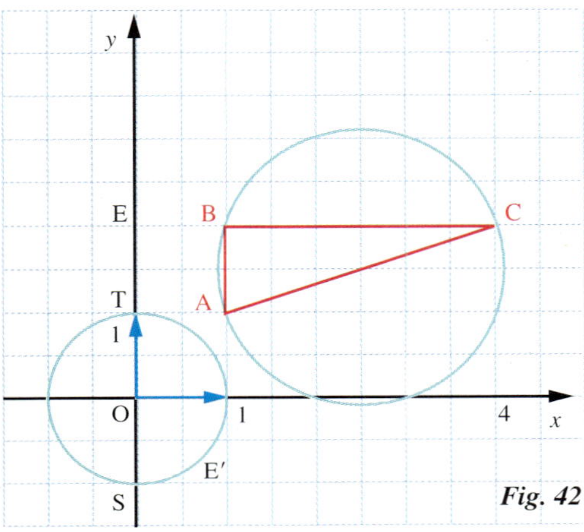

Fig. 42

2° L'équation $(z+i)(\bar{z}+i) = 0$ équivaut à :

$z + i = 0$ ou $\bar{z} + i = 0$,

$z = -i$ ou $\bar{z} = -i$,

$z = -i$ ou $\bar{\bar{z}} = \overline{-i}$,

$z = -i$ ou $z = i$.

D'où le point S de coordonnées $(0, -1)$ et le point T de coordonnées $(0, 1)$.

3° $(z+i)(\bar{z}+i) = (x + yi + i)(x - yi + i)$,

$(z+i)(\bar{z}+i) = [x + (y-1)i][x - (y-1)i]$,

$= x^2 - x(y-1)i + x(y+1)i - (y+1)(y-1)i^2$

$= x^2 - xyi + xi + xyi + xi + (y^2 - 1)$,

$= x^2 + 2xi + y^2 - 1$,

$= (x^2 + y^2 - 1) + 2xi$.

Donc $X + Yi = (x^2 + y^2 - 1) + 2xi$,

$X = x^2 + y^2 - 1$ et $Y = 2x$.

b) • $(z+i)(\bar{z}+i)$ est un nombre réel si et seulement si $Y = 0$, c'est-à-dire $2x = 0$, $x = 0$.
L'ensemble E est l'axe des ordonnées.
(C'est-à-dire la droite d'équation $x = 0$.)

• $(z+i)(\bar{z}+i)$ est un nombre imaginaire pur si et seulement si $X = 0$,
c'est-à-dire $x^2 + y^2 - 1 = 0$, $x^2 + y^2 = 1$.
L'ensemble E′ est le centre 0 de rayon 1.

c) Les solutions de l'équation $(z+i)(\bar{z}+i) = 0$

sont les affixes des points appartenant simultanément à E et à E′, puisque dans ce cas

$$(z+i)(\bar{z}+i) = X + Yi$$

est tel que $X = 0$ et $Y = 0$.
On retrouve les points S et T obtenus au 2°.

17 • $z_1 = e^{i\frac{\pi}{4}} = \cos\frac{\pi}{4} + i\sin\frac{\pi}{4} = \frac{1}{\sqrt{2}} + \frac{1}{\sqrt{2}}\,i.$

• $z_2 = e^{2i\frac{\pi}{3}} = \cos\frac{2\pi}{3} + i\sin\frac{2\pi}{3}$

$= -\frac{1}{2} + \frac{\sqrt{3}}{2}\,i.$

• $z_3 = \cos\left(-\frac{\pi}{6}\right) + i\sin\left(-\frac{\pi}{6}\right) = \frac{\sqrt{3}}{2} - \frac{1}{2}\,i.$

• $z_4 = \cos\left(-\frac{\pi}{2}\right) + i\sin\left(-\frac{\pi}{2}\right) = -i.$

• $z_5 = \cos\frac{\pi}{6} + i\sin\frac{\pi}{6} + \cos\left(-\frac{\pi}{6}\right) + i\sin\left(-\frac{\pi}{6}\right),$

$z_5 = 2\cos\frac{\pi}{6} = \sqrt{3}.$

• $z_6 = 2\left(\cos\frac{\pi}{3} + i\sin\frac{\pi}{3}\right)$

$+ \sqrt{2}\left[\cos\left(-\frac{\pi}{4}\right) + i\sin\left(-\frac{\pi}{4}\right)\right],$

$z_6 = 1 + \sqrt{3}i + 1 - i$, $z_6 = 2 + (\sqrt{3} - 1)i.$

- $z_7 = e^{i\frac{\pi}{5}} = \cos\frac{\pi}{5} + i\sin\frac{\pi}{5}$

On met la calculatrice en mode radian.

$$z_7 \approx 0{,}81 + 0{,}59i.$$

- $z_8 = 2e^{-i2{,}57} = 2(\cos(-2{,}57) + i\sin(-2{,}57))$,

$$z_8 \approx -1{,}68 - 1{,}08i.$$

18
- $z_1 = 1 = \cos 0 + i\sin 0 = e^{i0} = e^0.$
- $z_2 = 2\left(\cos\frac{\pi}{2} + i\sin\frac{\pi}{2}\right) = 2e^{i\frac{\pi}{2}}.$
- $z_3 = 3(-i) = 3\left[\cos\left(-\frac{\pi}{2}\right) + i\sin\left(-\frac{\pi}{2}\right)\right]$

$$= 3e^{-i\frac{\pi}{2}}.$$

- $z_4 = 2(-1) = 2(\cos\pi + i\sin\pi) = 2e^{i\pi}.$
- $z_5 = 1 - i = \sqrt{2}\left[\cos\left(-\frac{\pi}{4}\right) + i\sin\left(-\frac{\pi}{4}\right)\right]$

$$= \sqrt{2}e^{-i\frac{\pi}{4}}.$$

- $z_6 = 1 + i\sqrt{3} = 2\left(\cos\frac{\pi}{3} + i\sin\frac{\pi}{3}\right)$

$$= 2e^{i\frac{\pi}{3}}.$$

- $z_7 = 3 - 2i.$

$$|z_7| = \sqrt{3^2 + (-2)^2} = \sqrt{13} \approx 3{,}61.$$

On pose

$$\theta = \arg z_7\,; \quad \cos\theta = \frac{3}{\sqrt{13}} \quad \text{et} \quad \sin\theta = -\frac{2}{\sqrt{3}}.$$

Avec la calculatrice mise en mode radian on obtient $\theta \approx -0{,}59$ donc $z_7 \approx 3{,}61e^{-i0{,}59}$.

19 $f(x) = \sin x \sin 2x,$

$$f(x) = \frac{e^{ix} - e^{-ix}}{2i} \times \frac{e^{i2x} - e^{-i2x}}{2i},$$

$$f(x) = \frac{(e^{i3x} + e^{-i3x}) - (e^{ix} + e^{-ix})}{-4},$$

$$f(x) = -\frac{1}{2}\left[\frac{e^{i3x} + e^{-i3x}}{2} - \frac{e^{ix} + e^{-ix}}{2}\right],$$

$$f(x) = -\frac{1}{2}(\cos 3x - \cos x).$$

20 1° $\cos^4 x = \left(\dfrac{e^{ix} + e^{-ix}}{2}\right)^4 = \dfrac{1}{16}(e^{ix} + e^{-ix})^4,$

$$\cos^4 x = \frac{1}{16}(e^{2ix} + e^{-2ix} + 2)^2,$$

$$\cos^4 x = \frac{1}{16}(e^{4ix} + e^{-4ix} + 4e^{2ix} + 4e^{-2ix} + 6),$$

$$\cos^4 x = \frac{3}{8} + \frac{1}{8}\left(\frac{e^{4ix} + e^{-4ix}}{2}\right) + \frac{1}{2}\left(\frac{e^{2ix} + e^{-2ix}}{2}\right),$$

$$\cos^4 x = \frac{3}{8} + \frac{1}{8}\cos 4x + \frac{1}{2}\cos 2x.$$

2° $\cos^4 x = \left[\dfrac{1}{2}(1 + \cos 2x)\right]^2$

$$= \frac{1}{4}(1 + \cos 2x)^2,$$

$$\cos^4 x = \frac{1}{4}(1 + 2\cos 2x + \cos^2 2x),$$

$$\cos^4 x = \frac{1}{4}\left[1 + 2\cos 2x + \frac{1 + \cos 4x}{2}\right],$$

$$\cos^4 x = \frac{3}{8} + \frac{1}{8}\cos 4x + \frac{1}{2}\cos 2x.$$

21 *a)* $z^2 + 4 = 0$ équivaut à $z^2 - (2i)^2 = 0$, et à $(z - 2i)(z + 2i) = 0$, d'où les solutions $2i$ et $-2i$.

b) $z^2 + 2 = 0$ équivaut à $z^2 - (i\sqrt{2})^2 = 0$, d'où les solutions $i\sqrt{2}$ et $-i\sqrt{2}$.

c) $z^2 - 3 = 0$ équivaut à

$$(z - \sqrt{3})(z + \sqrt{3}) = 0,$$

d'où les solutions dans $\mathbb{C}$, mais aussi dans $\mathbb{R}$,

$$\sqrt{3} \quad \text{et} \quad -\sqrt{3}.$$

22 *a)* $z^2 + z + 1 = 0.$ $\Delta = -3\,;$ $\sqrt{-\Delta} = \sqrt{3}.$
D'où les deux solutions conjuguées :

$$z_1 = \frac{-1 - i\sqrt{3}}{2} \quad \text{et} \quad z_2 = \frac{-1 + i\sqrt{3}}{2}.$$

Remarque importante :
On ne peut écrire les formules donnant les solutions d'une équation du second degré dans $\mathbb{C}$ avec « $\sqrt{\Delta}$ », cette écriture n'ayant de sens que si Δ est un nombre réel positif ou nul.

b) $z^2 - 2z + 4 = 0.$ $\Delta = -12.$

$\sqrt{-\Delta} = 2\sqrt{3}.$

D'où les deux solutions conjuguées :

$$z_1 = \frac{2 - 2i\sqrt{3}}{2} \quad \text{et} \quad z_2 = \frac{2 + 2i\sqrt{3}}{2},$$

c'est-à-dire $z_1 = 1 - i\sqrt{3}$ et $z_2 = 1 + i\sqrt{3}$.

c) $z^2 + z + \frac{1}{2} = 0.$ $\Delta = -1.$ $\sqrt{-\Delta} = 1.$

D'où les deux solutions conjuguées :

$$z_1 = \frac{-1 - i}{2} \quad \text{et} \quad z_2 = \frac{-1 + i}{2},$$

c'est-à-dire

$$z_1 = -\frac{1}{2} - \frac{1}{2}i \quad \text{et} \quad z_2 = -\frac{1}{2} + \frac{1}{2}i.$$

d) $\dfrac{1}{z} = 1 - z$ équivaut à $\dfrac{-z^2 + z - 1}{z} = 0$
et à $-z^2 + z - 1 = 0$ car 0 n'est pas solution.

$$\Delta = 1 - 4 = -3 = (i\sqrt{3})^2.$$

D'où les deux solutions :

$$z_1 = \frac{1 - i\sqrt{3}}{2} \quad \text{et} \quad z_2 = \frac{1 + i\sqrt{3}}{2}.$$

23 1° Le discriminant de l'équation est :

$$\Delta = 16^2 - 4 \times 73, \qquad \Delta = -36.$$

$\Delta < 0$, l'équation admet donc deux solutions complexes conjuguées :

$$z_1 = \frac{16 - i\sqrt{36}}{2}, \qquad z_1 = \frac{16 - 6i}{2},$$

$$z_1 = 8 - 3i \quad \text{et} \quad z_2 = 8 + 3i.$$

2° *a*) Pour tout z de $\mathbb{C}$,

$$z^3 - 20z^2 + 137z - 292 = (z - 4)(az^2 + bz + c),$$

On admet que dans $\mathbb{C}$ comme dans $\mathbb{R}$ si a est racine du polynôme $\mathrm{P}(z)$, on peut mettre $(z - a)$ en facteur.

$$z^3 - 20z^2 + 137z - 292$$
$$= az^3 + (b - 4a)z^2 + (c - 4b)z - 4c,$$

dans $\mathbb{C}$, comme dans $\mathbb{R}$, deux polynômes égaux pour tout z ont mêmes coefficients pour les termes de même degré, d'où $a = 1$,

$$b - 4a = -20, \quad b - 4 = -20, \quad b = -16,$$
$$-4c = -292, \quad c = 73.$$

Pour tout z de $\mathbb{C}$,

$$\mathrm{P}(z) = (z - 4)(z^2 - 16z + 73).$$

b) Les équations suivantes sont équivalentes dans $\mathbb{C}$:

$$\mathrm{P}(z) = 0, \quad (z - 4)(z^2 - 16z + 73) = 0,$$
$$z = 4 \quad \text{ou} \quad z^2 - 16z + 73 = 0,$$
$$z = 4 \quad \text{ou} \quad z = 8 - 3i \quad \text{ou} \quad z = 8 + 3i,$$

On utilise le résultat du 1°.

L'ensemble des solutions de l'équation $\mathrm{P}(z) = 0$ est donc $\{4, 8 - 3i, 8 + 3i\}$.

3° *a*) On place sur la figure les points A, B, C de coordonnées respectives $(4, 0)$, $(8, -3)$ et $(8, 3)$.

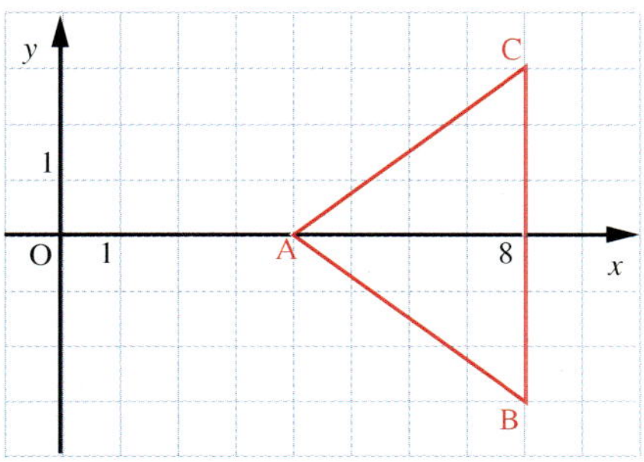

Fig. 43

b) B et C sont symétriques par rapport à l'axe des abscisses, d'où AC = AB ; le triangle ACB est isocèle.

c) On a $\overrightarrow{AB} \cdot \overrightarrow{AC} = AB \cdot AC \cos \widehat{BAC}$.

C'est une propriété du produit scalaire de deux vecteurs.

L'affixe du vecteur $\overrightarrow{AB}$ est $z_B - z_A$ avec $z_A = 4$ et $z_B = 8 - 3i$; $z_B - z_A = 4 - 3i$ d'où les coordonnées de $\overrightarrow{AB}$ dans la base $(\vec{u}, \vec{v})$ sont $(4, -3)$.

L'affixe du vecteur $\overrightarrow{AC}$ est $z_C - z_A$ avec $z_A = 4$ et $z_C = 8 + 3i$; $z_C - z_A = 4 + 3i$ d'où les coordonnées de $\overrightarrow{AC}$ dans la base $(\vec{u}, \vec{v})$ sont $(4, 3)$.

D'où $\qquad \overrightarrow{AB} \cdot \overrightarrow{AC} = 4 \times 4 + (-3) \times 3,$

$$\overrightarrow{AB} \cdot \overrightarrow{AC} = 16 - 9, \qquad \overrightarrow{AB} \cdot \overrightarrow{AC} = 7,$$

Si $\vec{u}$ et $\vec{u}'$ ont pour coordonnées (x, y) et (x', y') dans la base orthonormale $(\vec{i}, \vec{j})$, alors le **produit scalaire $\vec{u} \cdot \vec{u}'$** a pour expression :

$$\vec{u} \cdot \vec{u}' = xx' + yy'.$$

$$\mathrm{AB} = |z_B - z_A|, \qquad \mathrm{AB} = |4 - 3i|,$$
$$\mathrm{AB} = \sqrt{4^2 + (-3)^2}, \qquad \mathrm{AB} = 5.$$
$$\mathrm{AC} = \mathrm{AB}, \qquad \mathrm{AC} = 5.$$

En remplaçant $\overrightarrow{AB} \cdot \overrightarrow{AC}$, AB et AC par leur valeur dans l'égalité

$$\overrightarrow{AB} \cdot \overrightarrow{AC} = AB \cdot AC \cos \widehat{BAC},$$

on obtient

$$7 = 25 \cos \widehat{BAC}, \qquad \cos \widehat{BAC} = \frac{7}{25}.$$

Avec une calculatrice on obtient :

$$\widehat{BAC} \approx 1{,}287 \text{ radian.}$$

24 À la translation de vecteur $\vec{w} = \vec{u} - 3\vec{v}$ on peut associer la fonction de $\mathbb{C}$ dans $\mathbb{C}$ définie par $f(z) = z + (1 - 3i)$.

25 1° F est la translation de vecteur $\vec{w}$ d'affixe $2 - 4i$.

2° $f(0) = 2 - 4i$; c'est l'affixe de O' : $\mathrm{O}'(2, -4)$.

3° On a vu en classe de Seconde que la transformée d'une droite D par une translation est une droite D′ parallèle à D.
D′ est parallèle à D, donc a une équation de la forme $y = x + p$.

Deux droites parallèles ont même coefficient directeur.

D′ passe par $\mathrm{O}'(2, -4)$, puisque D passe par O ; donc $-4 = 2 + p$, $p = -6$.
D'où une équation de D′ est $y = x - 6$.

Remarque
On peut aussi chercher l'image d'un autre point de D, par exemple : I(2, 2). On trouve le point I′ d'affixe

$$(2 + 2i) + (2 - 4i) = 4 - 2i.$$

On détermine ensuite une équation de la droite (O′I′).

4° On a vu en classe de Seconde que le transformé d'un cercle C_1 par une translation est un cercle C_2 de même rayon dont le centre est l'image du centre de C_1.
L'image du cercle de centre O et de rayon 1 est donc le cercle de centre $O'(2, -4)$ et de rayon 1.
Une équation de ce cercle est donc

$$(x-2)^2 + (y+4)^2 = 1.$$

(Voir le rappel de l'exercice 91.)

26 On a

$$(\overrightarrow{OA}, \overrightarrow{OB}) = (\vec{u}, \overrightarrow{OB}) - (\vec{u}, \overrightarrow{OA}),$$
$$(\overrightarrow{OA}, \overrightarrow{OB}) = \arg b - \arg a,$$
$$(\overrightarrow{OA}, \overrightarrow{OB}) = \frac{\pi}{4} - \frac{\pi}{12} \quad (+k2\pi,\ k \in \mathbb{Z}),$$
$$(\overrightarrow{OA}, \overrightarrow{OB}) = \frac{\pi}{6} \quad (+k2\pi,\ k \in \mathbb{Z}),$$

27 1° $-\dfrac{\sqrt{2}}{2} - \dfrac{\sqrt{2}}{2} i = \cos \dfrac{5\pi}{4} + i \sin \dfrac{5\pi}{4}$,

donc $\quad -\dfrac{\sqrt{2}}{2} - \dfrac{\sqrt{2}}{2} i = e^{i\frac{5\pi}{4}}$.

La transformation F est donc la rotation de centre O et d'angle $\dfrac{5\pi}{4}$.

2° Si A′ est le transformé du point A(1, 0) par F, le transformé de l'axe $(O, \vec{u})$ est l'axe $(O, \overrightarrow{OA'})$.

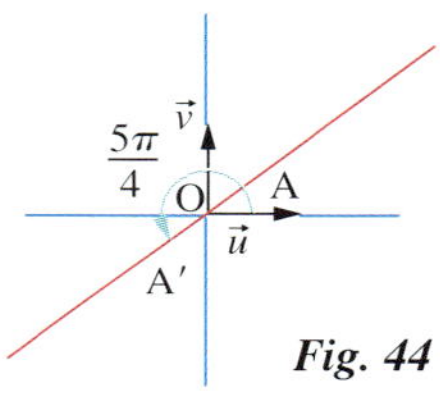

Fig. 44

28 1° L'équation $z^2 - z + 1 = 0$ a pour discriminant $\Delta = 1 - 4$, $\Delta = -3$ donc $\Delta = 3i^2$.

Les solutions de l'équation sont $\dfrac{1 + i\sqrt{3}}{2}$ et $\dfrac{1 - i\sqrt{3}}{2}$.

2° *a*) A a pour coordonnées $\left(\dfrac{1}{2}, \dfrac{\sqrt{3}}{2}\right)$; celles de B sont $\left(\dfrac{1}{2}, -\dfrac{\sqrt{3}}{2}\right)$; celles de C sont $\left(\dfrac{1}{2}, \dfrac{\sqrt{5}}{2}\right)$.

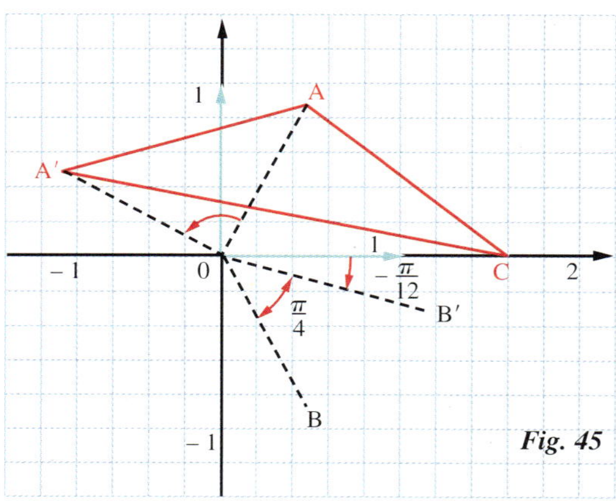

Fig. 45

b) La rotation de centre O et d'angle de mesure α transforme tout point d'affixe z en le point d'affixe $e^{i\alpha} z$ où

$$e^{i\alpha} = \cos \alpha + i \sin \alpha.$$

Ici $z_{A'} = e^{i\frac{\pi}{2}} z_A$ avec

$$e^{i\frac{\pi}{2}} = \cos \frac{\pi}{2} + i \sin \frac{\pi}{2}, \quad \text{donc} \quad e^{i\frac{\pi}{2}} = i.$$

Utiliser le tableau des valeurs remarquables de trigonométrie dans le formulaire ou lire sur le cercle trigonométrique.

Donc $\quad z_{A'} = i\left(\dfrac{1}{2} + i\dfrac{\sqrt{3}}{2}\right), \quad z_{A'} = -\dfrac{\sqrt{3}}{2} + \dfrac{i}{2}.$

Le point A′ a pour coordonnées $\left(-\dfrac{\sqrt{3}}{2}, \dfrac{1}{2}\right)$.

Si A et B ont pour affixes z_A et z_B, alors $AB = |z_B - z_A|$.

$AA' = |z_{A'} - z_A|$ où

$$z_{A'} - z_A = -\frac{\sqrt{3}}{2} + \frac{i}{2} - \left(\frac{1}{2} + i\frac{\sqrt{3}}{2}\right),$$
$$z_{A'} - z_A = -\left(\frac{\sqrt{3}+1}{2}\right) + i\left(\frac{1-\sqrt{3}}{2}\right),$$

donc $\quad |z_{A'} - z_A|^2 = \left(\dfrac{\sqrt{3}+1}{2}\right)^2 + \left(\dfrac{1-\sqrt{3}}{2}\right)^2,$

$$|x + iy|^2 = x^2 + y^2.$$

$$AA'^2 = \frac{3 + 2\sqrt{3} + 1}{4} + \frac{1 - 2\sqrt{3} + 3}{4},$$
$$AA'^2 = 2, \quad \text{donc} \quad AA' = \sqrt{2}.$$

De même $AC = |z_C - z_A|$ où

$$z_C - z_A = \frac{1 + \sqrt{5}}{2} - \left(\frac{1}{2} + i\frac{\sqrt{3}}{2}\right),$$

$z_C - z_A = \dfrac{\sqrt{5}}{2} - i\dfrac{\sqrt{3}}{2}$ donc $|z_C - z_A|^2 = \dfrac{5}{4} + \dfrac{3}{4}$,

donc $\quad AC^2 = 2 \quad$ et $\quad AC = \sqrt{2}$.

Le triangle AA′C est isocèle en A.

3° Par définition de B′,

$$z_{B'} = e^{i\frac{\pi}{4}} z_B \quad \text{où} \quad z_B = \frac{1}{2} - i\frac{\sqrt{3}}{2}.$$

Voir le rappel du début de 2° *b*).

$$|z_B|^2 = \left(\frac{1}{2}\right)^2 + \left(\frac{\sqrt{3}}{2}\right)^2$$

donc $\quad |z_B|^2 = 1 \quad$ et $\quad |z_B| = 1$.

Un argument θ de z_B est définie par $\cos\theta = \frac{1}{2}$ et $\sin\theta = -\frac{\sqrt{3}}{2}$; donc $\theta = -\frac{\pi}{3}$ convient.

Voir sur le cercle trigonométrique.

Donc $z_B = e^{-i\frac{\pi}{3}}$ et $z_{B'} = e^{i\frac{\pi}{4}} \times e^{-i\frac{\pi}{3}}$,

$$z_{B'} = e^{i\left(\frac{\pi}{4}-\frac{\pi}{3}\right)} \quad \text{donc} \quad z_{B'} = e^{-i\frac{\pi}{12}}.$$

Pour tous nombres réels a et b,
$$e^{ia}e^{ib} = e^{i(a+b)}.$$

B′ a pour module 1 et pour argument $-\frac{\pi}{12}$.

La figure permet de contrôler ce résultat.

$$z_{B'} = \cos\left(-\frac{\pi}{12}\right) + i\sin\left(-\frac{\pi}{12}\right).$$

Par définition de B′, $z_{B'} = e^{i\frac{\pi}{4}} z_B$ donc

$$z_{B'} = \left(\cos\frac{\pi}{4} + i\sin\frac{\pi}{4}\right)z_B,$$

$$z_{B'} = \left(\frac{\sqrt{2}}{2} + i\frac{\sqrt{2}}{2}\right)\left(\frac{1}{2} - i\frac{\sqrt{3}}{2}\right)$$

car $\qquad \cos\frac{\pi}{4} = \frac{\sqrt{2}}{2}$;

Voir le formulaire : tableau des valeurs remarquables en trigonométrie.

$$z_{B'} = \frac{\sqrt{2}}{4} + i\frac{\sqrt{2}}{4} - i\frac{\sqrt{6}}{4} + \frac{\sqrt{6}}{4},$$

$$z_{B'} = \frac{\sqrt{2}+\sqrt{6}}{4} + i\frac{\sqrt{2}-\sqrt{6}}{4}.$$

4° D'après les formes trigonométrique et algébrique de $z_{B'}$,

$$\cos\left(-\frac{\pi}{12}\right) = \frac{\sqrt{2}+\sqrt{6}}{4}$$

et $\qquad \sin\left(-\frac{\pi}{12}\right) = \frac{\sqrt{2}-\sqrt{6}}{4}.$

Or $\qquad \cos\left(-\frac{\pi}{12}\right) = \cos\frac{\pi}{12}$

et $\qquad \sin\left(-\frac{\pi}{12}\right) = -\sin\frac{\pi}{12}.$

Voir sur le cercle trigonométrique.

Donc $\qquad \cos\frac{\pi}{12} = \frac{\sqrt{2}(1+\sqrt{3})}{4}$

et $\qquad \sin\frac{\pi}{12} = \frac{\sqrt{2}(\sqrt{3}-1)}{4}.$

29 1° On sait que la transformation T qui, au point M d'affixe z, fait correspondre le point M′ d'affixe z' tel que $z' = e^{i\alpha}z$ est la rotation de centre O et d'angle α.

Ici T est la rotation de centre O et d'angle $\frac{\pi}{3}$.

2° *a)* On sait que si $z = \rho e^{i\theta}$, où ρ est un nombre réel strictement positif et θ un nombre réel quelconque,
le module de z est $|z| = \rho$,
un argument de z est θ.
Donc le module de z_n est $|z_n| = z$,
un argument de z_n est $n\frac{\pi}{3}$.

b) $|z_n| = 2$ est équivalent à $OA_n = 2$.

Pour tout nombre complexe z, d'image M, $|z| = OM$.

Tous les points A_n appartiennent donc au cercle de centre O et de rayon 2.

c) Le point A_0 a pour affixe $z_0 = 2$,

le point A_1 a pour affixe $z_1 = 2e^{i\frac{\pi}{3}}$,

le point A_2 a pour affixe $z_2 = 2e^{i\frac{2\pi}{3}}$,

le point A_3 a pour affixe $z_3 = 2e^{i\pi}$,

le point A_4 a pour affixe $z_4 = 2e^{i\frac{4\pi}{3}}$,

et le point A_5 a pour affixe $z_5 = 2e^{i\frac{5\pi}{3}}$.

Pour tout n le point A_{n+1} est l'image par la rotation T du point A_n.

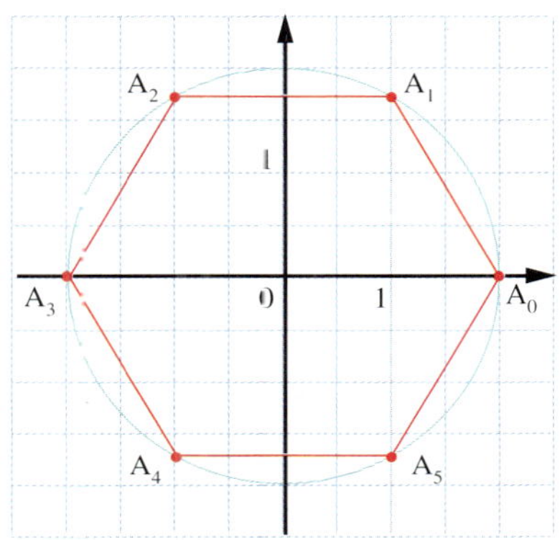

Fig. 46

3° *a)* • *Image du triangle* OA_0A_1, *obtenu avec* $n = 0$.

$T(A_0) = A_1 \quad T(A_1) = A_2, \quad T(0) = 0.$

On utilise la remarque faite à la fin du 2°.

D'où l'image du triangle OA_0A_1 est le triangle OA_1A_2.

• De même :
l'image du triangle OA_1A_2 est le triangle OA_2A_3,
l'image du triangle OA_2A_3 est le triangle OA_3A_4,
l'image du triangle OA_3A_4 est le triangle OA_4A_5,
l'image du triangle OA_4A_5 est le triangle OA_5A_0.
b) Chaque sommet A_n, où $0 \leqslant n \leqslant 4$, du polygone $A_0A_1A_2A_3A_4A_5$ a pour image par T le sommet A_{n+1}, A_5 a pour image par T le sommet A_0.
L'image par T du polygone $A_0A_1A_2A_3A_4A_5$ est donc ce même polygone.

RÉPONSES DES Q.C.M.

30 *a*) 1° $z_1z_2 = -1-5i$; 2° $z_1{}^2 = -5-12i$; 3° $z_1{}^3 = -46-9i$.

b) $\dfrac{1}{z_1} = \dfrac{2}{13} - \dfrac{3}{13}i$; $\dfrac{z_1}{z_2} = -\dfrac{1}{5} - \dfrac{8}{5}i$.

31 1° $|z_1| = 2$; 2° $|z_2| = 2$; 3° $|z_1z_2| = 4$;

4° $\left|\dfrac{z_1}{z_2}\right| = 1$; 5° $\arg z_1 = \dfrac{4\pi}{3}$;

6° $\arg z_2 = -\dfrac{\pi}{6}$; 7° $\arg z_1z_2 = \dfrac{7\pi}{6}$;

8° $\arg\left(\dfrac{z_1}{z_2}\right) = \dfrac{3\pi}{2}\left(\text{ou} -\dfrac{\pi}{2}\right)$.

32 1° *a*) $|z| = 2$; *b*) $\arg z = -\dfrac{\pi}{2}$.

2° *a*) $|z| = \sqrt{2}$; $\arg z = \dfrac{3\pi}{4}$.

33 1° $z = \cos\dfrac{2\pi}{3} + i\sin\dfrac{2\pi}{3}$. 2° $z = e^{2i\frac{\pi}{3}}$.

34 $1 - i\sqrt{3}$ et $1 + i\sqrt{3}$ ou $1 - i\dfrac{\sqrt{12}}{2}$ et $1 + i\dfrac{\sqrt{12}}{2}$.

35 $A'\left(\dfrac{1+\sqrt{3}}{2}, \dfrac{\sqrt{3}-1}{2}\right)$.

2 GÉOMÉTRIE

- Rappels
- Formules de trigonométrie
- Formules d'aires
- Formules de volumes

Ce chapitre ne concerne que les spécialités : génie mécanique, civil, énergétique, des matériaux.

Dans les domaines de la mécanique, du bâtiment et des travaux publics, on utilise des représentations graphiques et des figures. Aussi vous allez entretenir votre pratique des objets géométriques usuels du plan et de l'espace.

Vous devez également être capable de passer de la géométrie à l'analyse, par exemple lors de l'étude des variations du volume d'un solide en fonction d'une de ses cotes, et inversement traduire géométriquement certains résultats. Le cours se limite à des rappels puisque le programme de géométrie ne comporte que des travaux pratiques mettant en œuvre les connaissances de géométrie du plan et de l'espace des années antérieures.

I. RAPPELS

1. Calcul vectoriel dans le plan et dans l'espace

Dans ce qui suit : $\mathcal{V}_p$ et $\mathcal{V}_E$ sont respectivement l'ensemble des vecteurs du plan P et de l'espace E.
$\mathcal{V}_p$ est muni d'une base notée $(\vec{i}, \vec{j})$, $\mathcal{V}_E$ est muni d'une base notée $(\vec{i}, \vec{j}, \vec{k})$,
P est muni d'un repère noté $(O ; \vec{i}, \vec{j})$, E est muni d'un repère noté $(O ; \vec{i}, \vec{j}, \vec{k})$.

DANS LE PLAN P	DANS L'ESPACE E
Bases, repères du plan	**Bases, repères de l'espace**
Soit O un point du plan, et $\vec{i}$ et $\vec{j}$ deux vecteurs non colinéaires de $\mathcal{V}_p$; on dit que : $(\vec{i}, \vec{j})$ est une **base** de $\mathcal{V}_p$, $(O ; \vec{i}, \vec{j})$ est un **repère** de P. 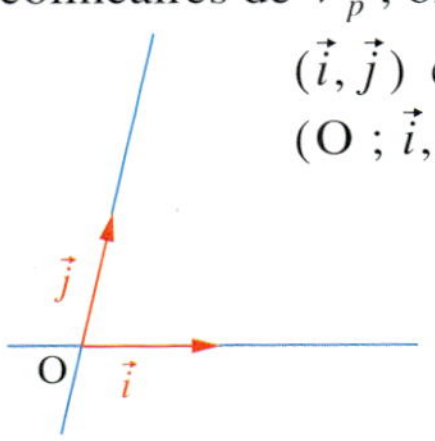 *Fig. 1*	Soit O un point de l'espace, et $\vec{i}$, $\vec{j}$ et $\vec{k}$ trois vecteurs non coplanaires de $\mathcal{V}_E$; on dit que : $(\vec{i}, \vec{j}, \vec{k})$ est une **base** de $\mathcal{V}_E$, $(O ; \vec{i}, \vec{j}, \vec{k})$ est un **repère** de E. 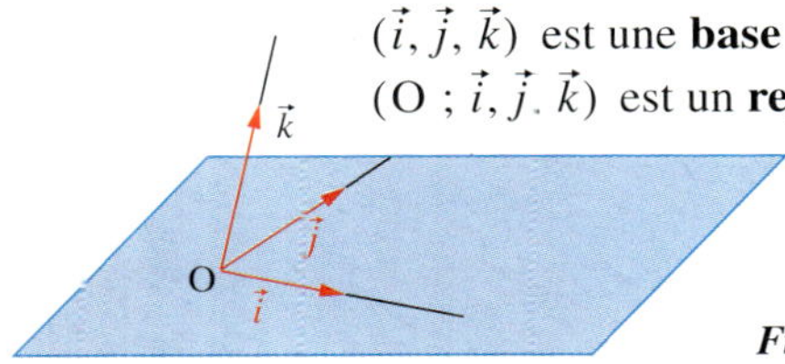 *Fig. 2*

<table>
<tr><th>DANS LE PLAN P</th><th>DANS L'ESPACE E</th></tr>
<tr><td colspan="2">Coordonnées d'un vecteur dans une base, d'un point dans un repère</td></tr>
<tr><td>• Soit $(\vec{i}, \vec{j})$ une base de $\mathcal{V}_p$.
Pour tout vecteur $\vec{v}$ il existe deux nombres réels uniques x et y tels que $\vec{v} = x\vec{i} + y\vec{i}$.
Ce sont les coordonnées de $\vec{v}$ dans la base $(\vec{i}, \vec{j})$.
On note $\vec{v}\begin{pmatrix} x \\ y \end{pmatrix}$ ou $\vec{v}(x, y)$.
• Soit $(O ; \vec{i}, \vec{j})$ un repère de P, soit M le point défini par $\overrightarrow{OM} = \vec{v}$.
Les coordonnées (x, y) du point M dans le repère $(O ; \vec{i}, \vec{j})$ sont les coordonnées du vecteur $\overrightarrow{OM}$ dans la base $(\vec{i}, \vec{j})$.</td><td>• Soit $(\vec{i}, \vec{j}, \vec{k})$ une base de $\mathcal{V}_E$.
Pour tout vecteur $\vec{v}$ il existe trois nombres réels uniques x, y et z tels que $\vec{v} = x\vec{i} + y\vec{j} + z\vec{k}$.
Ce sont les coordonnées de $\vec{v}$ dans la base $(\vec{i}, \vec{j}, \vec{k})$.
On note $\vec{v}\begin{pmatrix} x \\ y \\ z \end{pmatrix}$ ou $\vec{v}(x, y, z)$.
• Soit $(O ; \vec{i}, \vec{j}, \vec{k})$ un repère de E, soit M le point défini par $\overrightarrow{OM} = \vec{v}$.
Les coordonnées (x, y, z) du point M dans le repère $(O ; \vec{i}, \vec{j}, \vec{k})$ sont les coordonnées du vecteur $\overrightarrow{OM}$ dans la base $(\vec{i}, \vec{j}, \vec{k})$.</td></tr>
<tr><td colspan="2">Condition pour que deux vecteurs soient colinéaires</td></tr>
<tr><td>Soit $\vec{u}\begin{pmatrix} x \\ y \end{pmatrix}$ et $\vec{u}'\begin{pmatrix} x' \\ y' \end{pmatrix}$ des vecteurs du plan.
$\vec{u}$ et $\vec{u}'$ sont colinéaires si et seulement si leurs coordonnées sont respectivement proportionnelles ce qui se traduit par :
$$xy' - x'y = 0.$$
REMARQUE
$xy' - x'y = \begin{vmatrix} x & x' \\ y & y' \end{vmatrix}$ est appelé
déterminant de $(\vec{u}, \vec{u}')$ dans la base $(\vec{i}, \vec{j})$.</td><td>Soit $\vec{u}\begin{pmatrix} x \\ y \\ z \end{pmatrix}$ et $\vec{u}'\begin{pmatrix} x' \\ y' \\ z' \end{pmatrix}$ des vecteurs de l'espace.
$\vec{u}$ et $\vec{u}'$ sont colinéaires si et seulement si leurs coordonnées sont respectivement proportionnelles.
EXEMPLE
$\vec{u}\begin{pmatrix} 2 \\ -3 \\ 5 \end{pmatrix}$ et $\vec{u}'\begin{pmatrix} -4 \\ 6 \\ -10 \end{pmatrix}$ sont colinéaires
car $\begin{cases} -4 = (-2)2 \\ 6 = (-2)(-3) \\ -10 = (-2)5. \end{cases}$</td></tr>
<tr><td colspan="2">Coordonnées d'un vecteur défini par deux points</td></tr>
<tr><td>Soit $A(x_A, y_A)$ et $B(x_B, y_B)$:
$$\overrightarrow{AB}\begin{pmatrix} x_B - x_A \\ y_B - y_A \end{pmatrix}.$$</td><td>Soit $A(x_A, y_A, z_A)$ et $B(x_B, y_B, z_B)$:
$$\overrightarrow{AB}\begin{pmatrix} x_B - x_A \\ y_B - y_A \\ z_B - z_A \end{pmatrix}.$$</td></tr>
<tr><td colspan="2">Coordonnées du milieu I de [A, B]</td></tr>
<tr><td>$$I\left(\frac{x_A + x_B}{2}, \frac{y_A + y_B}{2}\right).$$</td><td>$$I\left(\frac{x_A + x_B}{2}, \frac{y_A + y_B}{2}, \frac{z_A + z_B}{2}\right).$$</td></tr>
</table>

<table>
<tr><th>DANS LE PLAN P</th><th>DANS L'ESPACE E</th></tr>
<tr><td colspan="2">Bases orthonormales ; repères orthonormaux</td></tr>
<tr><td>La base $(\vec{i}, \vec{j})$ est orthonormale si
$$\|\vec{i}\| = \|\vec{j}\| = 1,$$
et si $\vec{i}$ et $\vec{j}$ sont orthogonaux.
Si la base $(\vec{i}, \vec{j})$ est orthonormale, le repère $(O ; \vec{i}, \vec{j})$ est dit orthonormal.
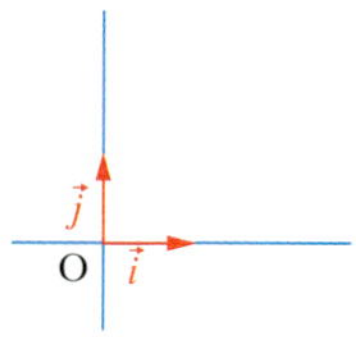

Fig. 3</td><td>La base $(\vec{i}, \vec{j}, \vec{k})$ est orthonormale si
$$\|\vec{i}\| = \|\vec{j}\| = \|\vec{k}\| = 1,$$
et si $\vec{i}$, $\vec{j}$, $\vec{k}$ sont deux à deux orthogonaux.
Si la base $(\vec{i}, \vec{j}, \vec{k})$ est orthonormale, le repère $(O ; \vec{i}, \vec{j}, \vec{k})$ est dit orthonormal.
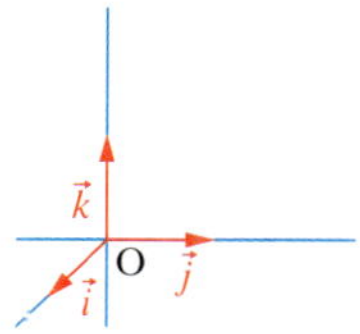

Fig. 4</td></tr>
<tr><td colspan="2">Bases orthogonales ; repères orthogonaux</td></tr>
<tr><td>Analogue avec pour seule condition
$$\vec{i} \perp \vec{j}.$$</td><td>Analogue avec pour seules conditions
$$\vec{i} \perp \vec{j} \text{ et } \vec{j} \perp \vec{k} \text{ et } \vec{k} \perp \vec{i}.$$</td></tr>
<tr><td colspan="2">Norme d'un vecteur dans une base orthonormale</td></tr>
<tr><td>Dans $\mathscr{V}_p$ muni de la base orthonormale $(\vec{i}, \vec{j})$ la norme de $\vec{u}\begin{pmatrix} x \\ y \end{pmatrix}$ est :
$$\|\vec{u}\| = \sqrt{x^2 + y^2}.$$</td><td>Dans $\mathscr{V}_E$ muni de la base orthonormale $(\vec{i}, \vec{j}, \vec{k})$ la norme de $\vec{u}\begin{pmatrix} x \\ y \\ z \end{pmatrix}$ est :
$$\|\vec{u}\| = \sqrt{x^2 + y^2 + z^2}.$$</td></tr>
<tr><td colspan="2">Distance de A à B dans un repère orthonormal</td></tr>
<tr><td>Dans P muni du repère $(O ; \vec{i}, \vec{j})$ orthonormal :
si $A(x_A, y_A)$ et $B(x_B, y_B)$, alors :
$$AB = \sqrt{(x_B - x_A)^2 + (y_B - y_A)^2}.$$</td><td>Dans E muni du repère $(O ; \vec{i}, \vec{j}, \vec{k})$ orthonormal :
si $A(x_A, y_A, z_A)$ et $B(x_B, y_B, z_B)$, alors :
$$AB = \sqrt{(x_B - x_A)^2 + (y_B - y_A)^2 + (z_B - z_A)^2}.$$</td></tr>
</table>

2. Équation cartésienne d'une droite dans le plan

a Cas général et cas particuliers

Le plan est muni d'un repère $(O ; \vec{i}, \vec{j})$.

> **Toute droite a une équation cartésienne de la forme $ax + by + c = 0$, où a et b ne sont pas tous deux nuls.**
>
> **Un vecteur directeur de cette droite est $\vec{v}\begin{pmatrix} -b \\ a \end{pmatrix}$.**

$y = -\frac{a}{b}x - \frac{c}{b}$, où $b \neq 0$

$m = -\frac{a}{b}$.

• Une droite **non parallèle à l'axe des ordonnées** a aussi une équation cartésienne de la forme :

$$y = mx + p.$$

m est le coefficient directeur de cette droite dont un vecteur directeur est $\vec{v}\begin{pmatrix}1\\m\end{pmatrix}$.

• Une équation de la droite passant par le point $A(x_0, y_0)$ et de coefficient directeur m est :

$$y - y_0 = m(x - x_0).$$

• Une droite **parallèle à l'axe des abscisses** est caractérisée par une équation cartésienne de la forme :

$$y = k, \text{ où } k \text{ est une constante.}$$

Pour l'axe des abscisses, on a $k = 0$.

• Une droite **parallèle à l'axe des ordonnées** est caractérisée par une équation cartésienne de la forme :

$$x = k, \text{ où } k \text{ est une constante.}$$

Pour l'axe des ordonnées, on a $k = 0$.

b *Parallélisme de deux droites*

• Deux droites sont parallèles si et seulement si leurs vecteurs directeurs sont colinéaires.

• Deux droites non parallèles à l'axe des ordonnées sont parallèles si et seulement si leurs coefficients directeurs sont égaux.

3. Barycentre, centre de gravité

a *Définition*

► Notez que le barycentre n'existe que si $a + b \neq 0$.

Le barycentre de deux points A et B affectés des coefficients respectifs a et b tels que $a + b \neq 0$ est le point G tel que $a\overrightarrow{GA} + b\overrightarrow{GB} = \vec{0}$.

Remplacez $\overrightarrow{GB}$ par $\overrightarrow{GA} + \overrightarrow{AB}$ dans la définition.

EXEMPLE

Le barycentre de (A, 1) et (B, 2) est le point G de la figure 5.

Fig. 5

REMARQUE

Cette définition s'étend au cas de plus de deux points ; ainsi le barycentre de quatre points A, B, C, D affectés de coefficients respectifs a, b, c, d tels que $a + b + c + d \neq 0$ est le point G tel que

$$a\overrightarrow{GA} + b\overrightarrow{GB} + c\overrightarrow{GC} + d\overrightarrow{GD} = \vec{0}.$$

b Propriétés

Étant donné deux points distincts A et B, pour tous réels a et b tels que $a + b \neq 0$, le barycentre de (A, a) et (B, b) est situé sur la droite (AB).

(A, *a*) est dit **point pondéré** car il s'agit du point A affecté du coefficient *a* qui, en mécanique, est une **masse** apparentée à un **poids** lorsque $a > 0$.

Le barycentre de deux points pondérés (A, a) et (B, b) ne change pas lorsqu'on multiplie tous les coefficients par un même nombre non nul.

On parle alors d'**isobarycentre** (iso signifiant égal).

Le barycentre de deux points A et B affectés du même coefficient non nul est le milieu du segment [AB].

$$\overrightarrow{OG} = \frac{a}{a+b}\overrightarrow{OA} + \frac{b}{a+b}\overrightarrow{OB}.$$

Dans le cas particulier où O est l'origine d'un repère on obtient immédiatement les relations suivantes entre coordonnées de points :

$$x_G = \frac{ax_A + bx_B}{a+b}, \quad y_G = \frac{ay_A + by_B}{a+b}.$$

c Le barycentre en mécanique

On parle, en physique et en mécanique, de « points matériels » qui sont des points affectés d'une masse. Le barycentre d'un système de point matériels s'appelle *centre d'inertie* ou *centre de gravité* ou *centre de masse*. Pour trouver le centre de gravité d'un solide formé par la réunion (disjointe ou non) de plusieurs solides, on peut remplacer chacun des solides par son centre de gravité affecté de la masse de ce solide et chercher le barycentre des points matériels obtenus. Lorsqu'un solide homogène admet un axe de symétrie, son centre de gravité est situé sur cet axe.

On rappelle que le centre de gravité d'un solide triangulaire homogène est le centre de gravité du triangle, c'est-à-dire le point de concours des médianes.

Si le plan est muni du repère $(O ; \vec{i}, \vec{j})$ les coordonnées (x_G, y_G) du centre de gravité G du système constitué des points matériels M_1 de coordonnées (x_1, y_1), affecté de la masse m_1, et M_2 de coordonnées (x_2, y_2), affecté de la masse m_2, sont :

$$x_G = \frac{1}{m_1 + m_2}(m_1 x_1 + m_2 x_2),$$

$$y_G = \frac{1}{m_1 + m_2}(m_1 y_1 + m_2 y_2).$$

Dans le cas de solides homogènes on peut remplacer les masses par les aires ou les volumes correspondants.

Ces formules s'étendent facilement à des systèmes de plusieurs points du plan ou de l'espace.

4. Produit scalaire

a Définition et propriétés dans le plan

Le produit scalaire du vecteur $\vec{u}$ par le vecteur $\vec{v}$ est le nombre réel

$$\vec{u} \cdot \vec{v} = \frac{1}{2}\left(\|\vec{u}+\vec{v}\|^2 - \|\vec{u}\|^2 - \|\vec{v}\|^2\right).$$

Soit $(\vec{i}, \vec{j})$ une base *orthonormale* du plan
Le produit scalaire du vecteur $\vec{u}\begin{pmatrix}x\\y\end{pmatrix}$ par le vecteur $\vec{v}\begin{pmatrix}x'\\y'\end{pmatrix}$ est

$$\vec{u} \cdot \vec{v} = xx' + yy'.$$

Pour tous vecteurs $\vec{u}$, $\vec{v}$, $\vec{w}$ du plan et tout nombre réel a,

$$\vec{v} \cdot \vec{u} = \vec{u} \cdot \vec{v},$$
$$\vec{u} \cdot (\vec{v}+\vec{w}) = \vec{u} \cdot \vec{v} + \vec{u} \cdot \vec{w},$$
$$\vec{u} \cdot (a\vec{v}) = a(\vec{u} \cdot \vec{v}) = (a\vec{u}) \cdot \vec{v},$$
$$\vec{u} \cdot \vec{0} = 0.$$

Deux vecteurs $\vec{u}$ et $\vec{v}$ sont orthogonaux si et seulement si leur produit scalaire est nul :

$$\vec{u} \perp \vec{v} \quad \text{si et seulement si} \quad \vec{u} \cdot \vec{v} = 0.$$

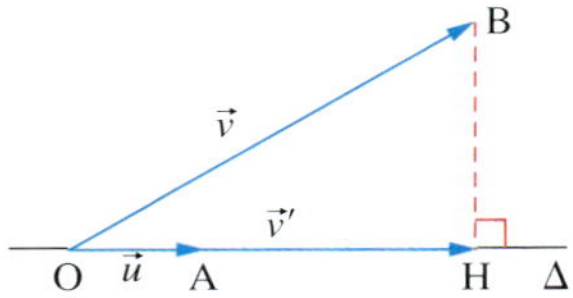

Fig. 6

Étant donné trois points O, A, B, où O ≠ A,

$$\overrightarrow{OA} \cdot \overrightarrow{OB} = \overline{OA}\ \overline{OH}$$

où H est la projection orthogonale de B sur (OA).

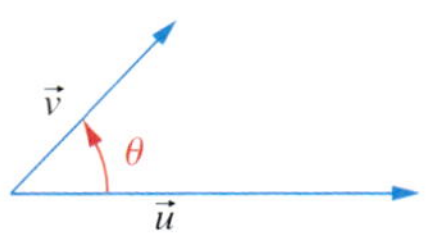

Fig. 7

Pour tous vecteurs $\vec{u}$, $\vec{v}$, $\quad \vec{u} \cdot \vec{v} = \|\vec{u}\|\,\|\vec{v}\| \cos \theta$.

Ce résultat permet notamment de calculer le cosinus de l'angle de deux vecteurs dont on connaît les coordonnées dans une base orthonormale.

► Notez l'analogie avec les nombres réels, mais ici $\vec{u}$ est un vecteur.

Par définition, $\vec{u} \cdot \vec{u}$ est le carré scalaire du vecteur $\vec{u}$.
On note ce nombre $\vec{u}^2$.

Pour tout vecteur $\vec{u}$, $\quad \vec{u}^2 = \|\vec{u}\|^2$.

b Droite définie par $\vec{k} \cdot \overrightarrow{AM} = 0$ où $\vec{k} \neq \vec{0}$. Vecteur normal

L'ensemble des points M du plan vérifiant $\vec{k} \cdot \overrightarrow{AM} = 0$ est la droite passant par A et orthogonale au vecteur non nul $\vec{k}$.

Le plan étant muni d'un repère orthonormal, $\vec{n}(a, b)$ est un vecteur normal à la droite d'équation $ax + by + c = 0$.

c Équation d'un cercle de centre et de rayon donnés

$AM^2 = R^2$

M(x, y) appartient au cercle $\mathscr{C}$ de centre A(a, b) et de rayon R si et seulement si

$$(x - a)^2 + (y - b)^2 = R^2.$$

d Relation dans un triangle quelconque

Avec les notations de la figure :

- **$A + B + C = \pi$.**
- **$a^2 = b^2 + c^2 - 2bc \cos A$.**

Par permutation on a aussi
$b^2 = a^2 + c^2 - 2ac \cos B$;
$c^2 = a^2 + b^2 - 2ab \cos C$.

- **$\dfrac{a}{\sin A} = \dfrac{b}{\sin B} = \dfrac{c}{\sin C}$.**
- **L'aire du triangle est : $S = \dfrac{1}{2} bc \sin A$.**

Par permutation on a aussi : $S = \dfrac{1}{2} ac \sin B = \dfrac{1}{2} ab \sin C$.

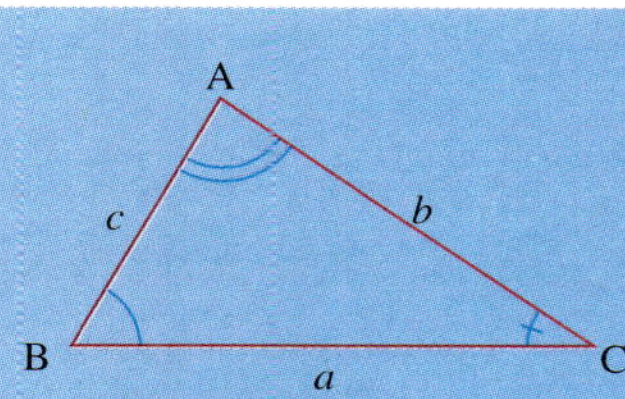

Fig. 8

e Produit scalaire dans l'espace

La définition et les propriétés du produit scalaire s'étendent à l'espace. En particulier l'expression du produit scalaire et de la norme dans une base orthonormale s'obtient en ajoutant ce qui correspond à la troisième coordonnée de chaque vecteur.

L'espace étant muni d'une base orthonormale, pour tous vecteurs

$$\vec{u}\begin{pmatrix} x \\ y \\ z \end{pmatrix} \text{ et } \vec{v}\begin{pmatrix} x' \\ y' \\ z' \end{pmatrix}, \quad \vec{u} \cdot \vec{v} = xx' + yy' + zz' \quad \text{et} \quad \|\vec{u}\| = \sqrt{x^2 + y^2 + z^2}.$$

5. Produit vectoriel

Aucune connaissance n'est exigible des élèves à ce sujet, en mathématiques.
Dans ce qui suit, l'espace est orienté et on a choisi une unité de longueur.
$\mathcal{V}_E$ est l'ensemble des vecteurs de l'espace (fig. 9).

$\vec{u} \wedge \vec{v}$ se lit « *u* vectoriel *v* ».

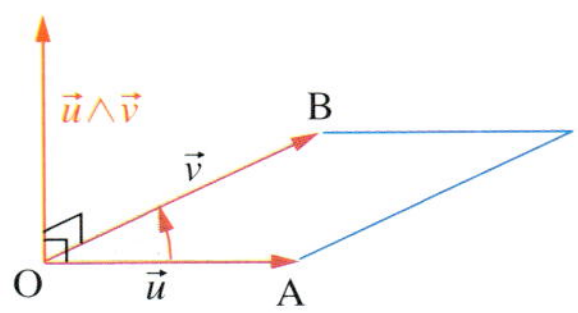

Fig. 9

► Distinguer le **vecteur** $\vec{u} \wedge \vec{v} = \vec{u} \times \vec{v}$ du **nombre** $\vec{u} \cdot \vec{v}$ (produit scalaire).

Définition
Le *produit vectoriel* de deux vecteurs $\vec{u}$ et $\vec{v}$ de $\mathcal{V}_E$ est le *vecteur,* noté $\vec{u} \wedge \vec{v}$ ou $\vec{u} \times \vec{v}$, tel que
(1) si $\vec{u}$ et $\vec{v}$ sont colinéaires alors $\vec{u} \wedge \vec{v} = \vec{0}$;
(2) si $\vec{u}$ et $\vec{v}$ ne sont pas colinéaires alors :
- **$\vec{u} \wedge \vec{v}$ est orthogonal à $\vec{u}$ et à $\vec{v}$,**
- **le sens de $\vec{u} \wedge \vec{v}$ est tel que la base $(\vec{u}, \vec{v}, \vec{w})$, où $\vec{w} = \vec{u} \wedge \vec{v}$, soit de sens direct,**
- **$\|\vec{u} \wedge \vec{v}\| = \|\vec{u}\|\|\vec{v}\||\sin(\vec{u}, \vec{v})|$.**

Soit $(\vec{i}, \vec{j}, \vec{k})$ une base orthonormale directe de $\mathcal{V}_E$: pour tous vecteurs

$$\vec{u}\begin{pmatrix} x \\ y \\ z \end{pmatrix} \quad \text{et} \quad \vec{v}\begin{pmatrix} x' \\ y' \\ z' \end{pmatrix} : \quad \vec{u} \wedge \vec{v}\begin{pmatrix} yz' - zy' \\ zx' - xz' \\ xy' - yx' \end{pmatrix}.$$

II. FORMULES DE TRIGONOMÉTRIE

- Pour tout nombre réel a : $\sin^2 a + \cos^2 a = 1$.
- Si $\cos a \neq 0$, $\tan a = \dfrac{\sin a}{\cos a}$.

1. Valeurs particulières

a	0	$\frac{\pi}{6}$	$\frac{\pi}{4}$	$\frac{\pi}{3}$	$\frac{\pi}{2}$
$\cos a$	1	$\frac{\sqrt{3}}{2}$	$\frac{\sqrt{2}}{2}$	$\frac{1}{2}$	0
$\sin a$	0	$\frac{1}{2}$	$\frac{\sqrt{2}}{2}$	$\frac{\sqrt{3}}{2}$	1
$\tan a$	0	$\frac{\sqrt{3}}{3}$	1	$\sqrt{3}$	non définie

2. Formules relatives aux angles associés

Plutôt que de chercher à retenir directement les formules suivantes il vaut mieux apprendre à les retrouver sur une figure.

Sur les trois figures 10, 11, 12,

$$\cos a = \overline{OP}, \qquad \sin a = \overline{OQ},$$

$\overline{OP'}$ et $\overline{OQ'}$ sont respectivement les cosinus et sinus des angles associés.

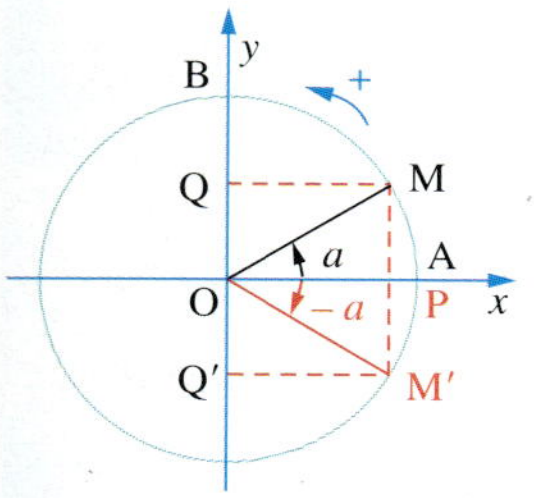

Fig. 10

M et M′ sont symétriques par rapport à (O*x*).

a Réels opposés : a et – a

Pour tout nombre réel a :

$$\sin(-a) = -\sin a\ ;$$
$$\cos(-a) = \cos a.$$

On peut retenir que la fonction sinus est impaire et que la fonction cosinus est paire.

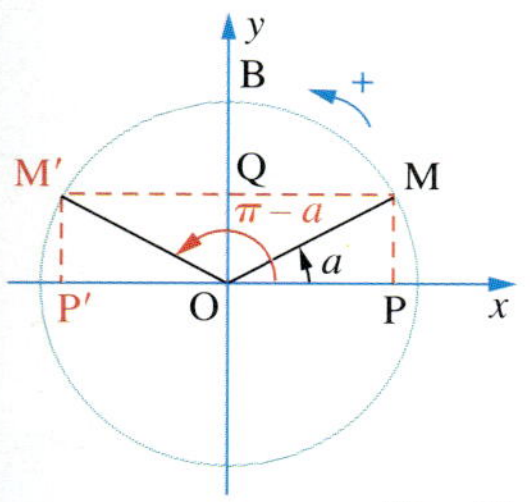

Fig. 11

M et M′ sont symétriques par rapport à (O*y*).

b Réels dont la somme est π : a et π – a

Pour tout nombre réel a :

$$\sin(\pi - a) = \sin a\ ;$$
$$\cos(\pi - a) = -\cos a.$$

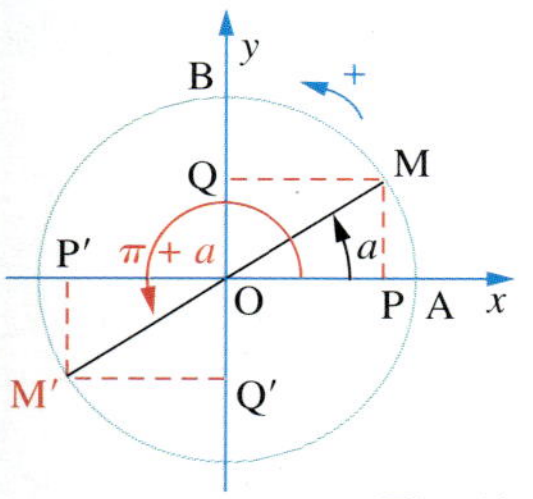

Fig. 12

M et M′ sont symétriques par rapport à O.

c Réels dont la différence est π : a et π + a

Pour tout nombre réel a :

$$\sin(\pi + a) = -\sin a\ ;$$
$$\cos(\pi + a) = -\cos a.$$

d Réels dont la somme est $\frac{\pi}{2}$: a et $\frac{\pi}{2}$ – a

Le cosinus de l'un est le sinus de l'autre.

Pour tout nombre réel a :

$$\sin\left(\frac{\pi}{2} - a\right) = \cos a\ ;$$

$$\cos\left(\frac{\pi}{2} - a\right) = \sin a.$$

3. Équations trigonométriques

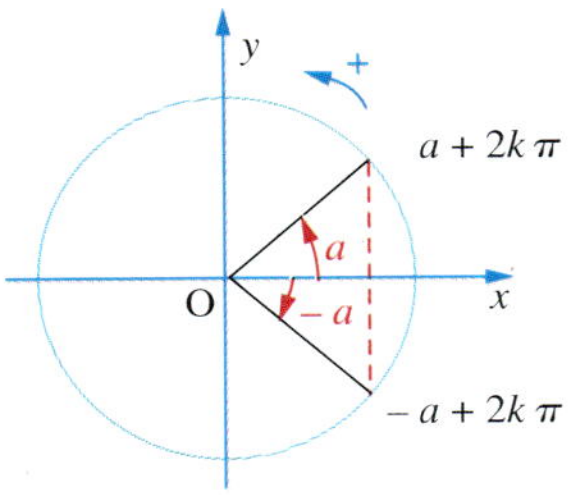

Fig. 13

a Équation $\cos x = \cos a$

Les solutions de l'équation $\cos x = \cos a$ sont :

$$\begin{cases} (1) \quad x = a + k2\pi \\ (2) \quad x = -a + k2\pi \end{cases} \quad (k \in \mathbb{Z}).$$

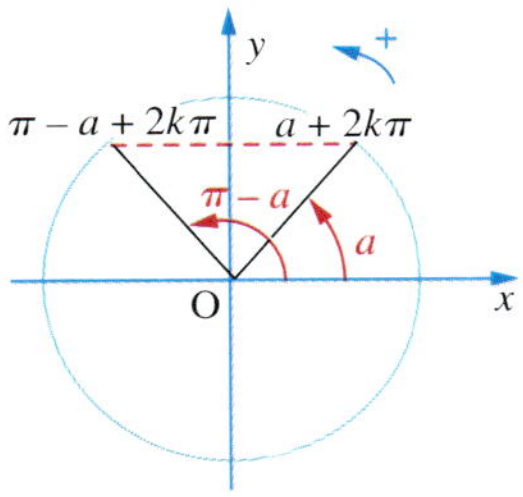

Fig. 14

b Équation $\sin x = \sin a$

Les solutions de l'équation $\sin x = \sin a$ sont :

$$\begin{cases} (1) \quad x = a + k2\pi \\ (2) \quad x = \pi - a + k2\pi \end{cases} \quad (k \in \mathbb{Z}).$$

4. Formules d'addition

Pour tout nombre réel a et tout nombre réel b :

- $\sin(a + b) = \sin a \cos b + \sin b \cos a$;
- $\sin(a - b) = \sin a \cos b - \sin b \cos a$;
- $\cos(a + b) = \cos a \cos b - \sin a \sin b$;
- $\cos(a - b) = \cos a \cos b + \sin a \sin b$.

5. Formules de duplication

Pour tout nombre réel a :

$$\cos 2a = \cos^2 a - \sin^2 a \ ;$$
$$\sin 2a = 2 \sin a \cos a.$$

Conséquences

- $\cos 2a = 2\cos^2 a - 1 = 1 - 2\sin^2 a$.
- $\cos^2 a = \frac{1}{2}(1 + \cos 2a)$ et $\sin^2 a = \frac{1}{2}(1 - \cos 2a)$.

Les formules précédentes sont accessibles par la touche « library » de certaines calculatrices…

III. FORMULES D'AIRES ET DE VOLUMES

1. Aires de surfaces planes

a Triangles et trapèzes

Triangle

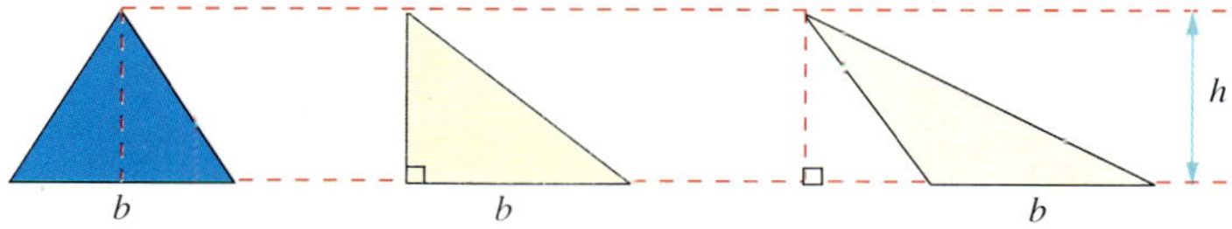

$$S = \frac{bh}{2}$$

Fig. 15

Trapèze (du plus général au plus particulier)

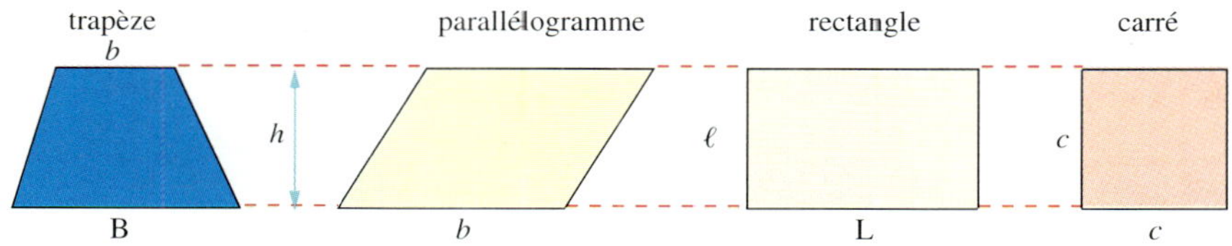

Fig. 16

$$S = \frac{(B + b)h}{2}$$

$$S = bh$$

$$S = L\ell$$

$$S = c^2$$

b Cercles et disques

Fig. 17

Périmètre du cercle :

$$\ell = 2\pi R$$

Aire du disque :

$$S = \pi R^2$$

Longueur de l'arc de cercle :

$$\ell = \alpha \cdot R$$

Aire du secteur angulaire :

$$S = \frac{\alpha \cdot R^2}{2}$$

2. Volumes de solides usuels

<table>
<tr><th></th><th>a Cylindres</th><th>b Cônes</th><th>c Cônes tronqués</th></tr>
<tr><td>Base quelconque</td>
<td>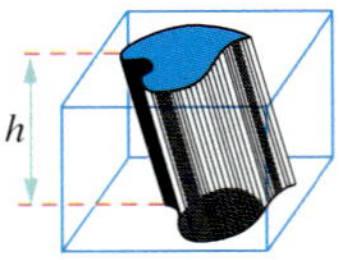Fig. 18
$\mathbf{V = B}h$</td>
<td>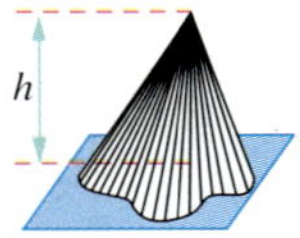Fig. 19
$\mathbf{V = \frac{B}{3}}h$ — $\mathbf{V} = \frac{\mathbf{B}h}{3}$</td>
<td>Fig. 20
$\mathbf{V} = \frac{h}{3}(\mathbf{B} + \sqrt{b\mathbf{B}} + b)$</td></tr>
<tr><td></td><td colspan="3">où B est l'aire de la base, h la hauteur, et pour le cône tronqué, b est l'aire de la petite base.
Remarque :
la formule du cône tronqué donne celle du cylindre lorsque $\mathrm{B} = b$ et celle du cône lorsque $b = 0$.</td></tr>
<tr><td>Base circulaire</td>
<td>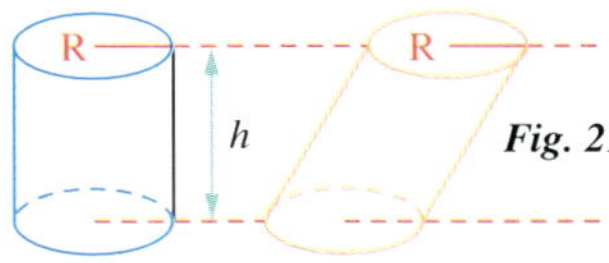Fig. 21
Cylindre droit Cylindre oblique
$\mathbf{V} = \pi \mathbf{R}^2 h$</td>
<td>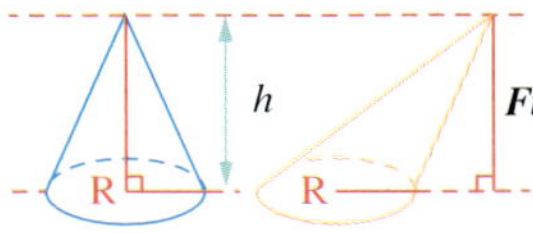Fig. 22
Cône droit Cône oblique
$\mathbf{V} = \frac{\pi \mathbf{R}^2 h}{3}$</td>
<td>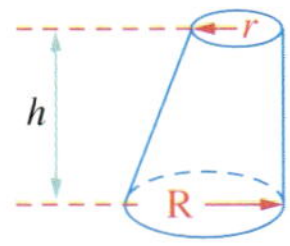Fig. 23
Tronc de cône
$\mathbf{V} = \frac{\pi h}{3}(\mathbf{R}^2 + r\mathbf{R} + r^2)$</td></tr>
<tr><td>Base polygonale</td>
<td>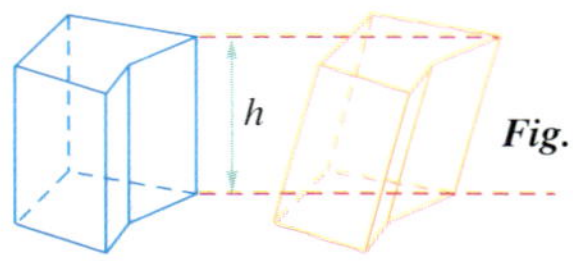Fig. 24
Prisme droit Prisme oblique
$\mathbf{V = B}h$</td>
<td>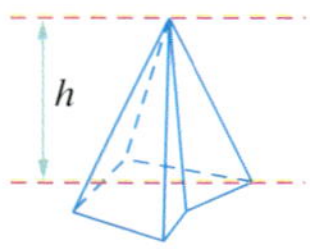Fig. 25
Pyramide
$\mathbf{V} = \frac{\mathbf{B}h}{3}$</td>
<td>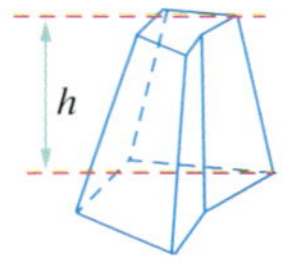Fig. 26
Tronc de pyramide
$\mathbf{V} = \frac{h}{3}(\mathbf{B} + \sqrt{\mathbf{B}b} + b)$</td></tr>
<tr><td>Cas Particuliers</td>
<td colspan="3">Cube
$\mathbf{V} = c^3$
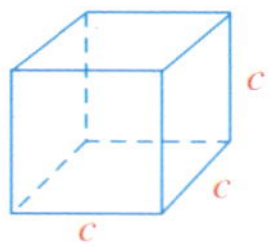Fig. 27
Parallélépipède rectangle
$\mathbf{V} = \mathrm{L}\ell h$
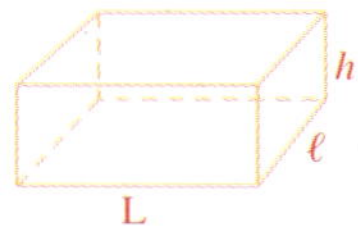Fig. 28</td></tr>
</table>

3. Aire et volume de la sphère

Aire de la sphère

$$\mathbf{S} = 4\pi \mathbf{R}^2$$

Volume de la boule

$$\mathbf{V} = \frac{4}{3}\pi \mathbf{R}^3$$

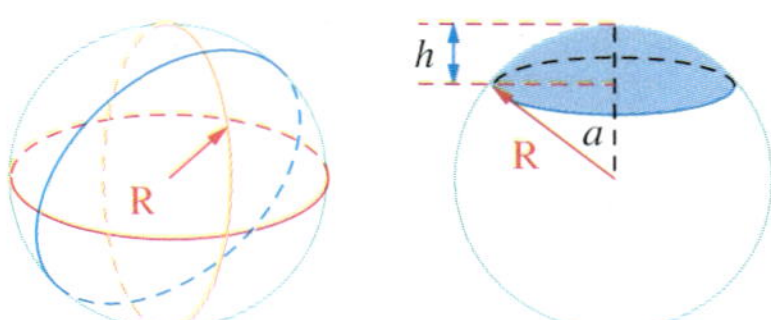

Fig. 29

Aire de la calotte

$$\mathbf{S} = 2\pi \mathbf{R}h$$

Volume de la calotte

$$\mathbf{V} = \frac{\pi h^3}{6} + \frac{\pi a^2 h}{2} = \pi \mathbf{R}h^2 - \frac{\pi h^3}{3}$$

avec $a^2 = \mathrm{R}^2 - (\mathrm{R} - h)^2 = 2\mathrm{R}h - h^2$.

Exemples d'étude de problèmes portant sur les objets usuels du plan et de l'espace (calculs de distances, d'angles, d'aires, de volumes, ...)

T.P. 1 Détermination de la position du centre de gravité d'une surface plane

On se propose de déterminer la position du centre de gravité de la surface supposée homogène coloriée sur la figure 30, sur laquelle les cotes sont en millimètres.
Pour cela on munit le plan de la section d'un repère orthonormal $(O\ ;\ \vec{i}, \vec{j})$ tel que l'axe des ordonnées soit axe de symétrie (voir la figure).

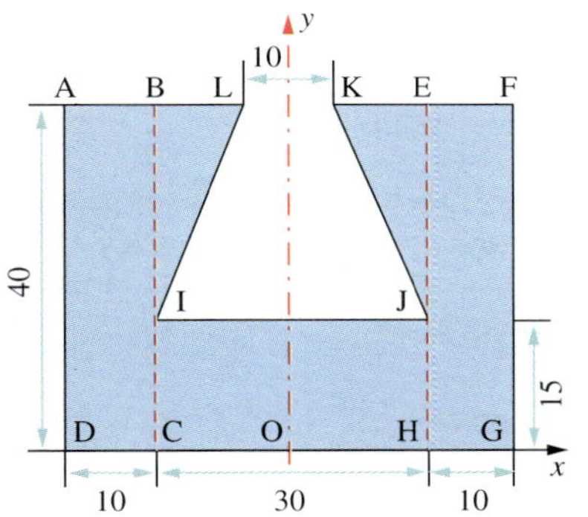

Fig. 30

1° On découpe la surface en cinq surfaces élémentaires : trois surfaces rectangulaires, ABCD, EFGH, IJHC, et deux surfaces triangulaires, BLI et KEJ (voir la figure).

On pourrait imaginer un autre découpage !

Déterminer les coordonnées des centres de gravité respectifs G_1, G_2, G_3, G_4, G_5 des cinq surfaces élémentaires précédentes.

2° En admettant que le centre de gravité G de la surface totale est le barycentre du système des cinq points G_1, G_2, G_3, G_4, G_5 affectés respectivement de l'aire de la surface correspondante, déterminer une valeur approchée à 10^{-1} près de l'ordonnée de G.

Son abscisse est 0 car le centre de gravité d'une surface plane homogène admettant un axe de symétrie est situé sur cet axe de symétrie.

T.P. 2 Calculs d'angles et d'aires

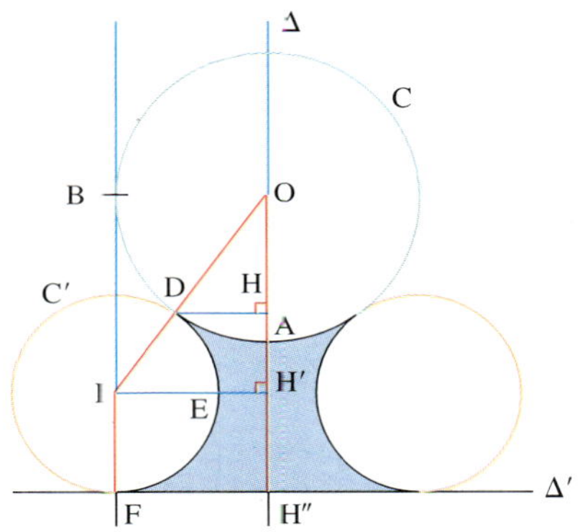

Fig. 31

La partie coloriée de la figure représente la coupe transversale d'un socle dont on se propose de calculer l'aire. Cette coupe est symétrique par rapport à la droite (Δ).
C est le cercle de centre O et de rayon 300 cm.
C′ est le cercle de centre I et de rayon 200 cm.
C′ est tangent en D à C et en F à la droite Δ′.
La droite (IF) est tangente à C en B. Le point commun à C et au segment [OH″] est noté A.

1° Déterminer les longueurs ID, OI, IH′ et H′H″.

2° Calculer OH′, en déduire que
$$OH'' = 600 \text{ cm.}$$

3° Calculer l'aire du trapèze OH″FI.

4° Montrer que la mesure, en radian, de l'angle aigu $\widehat{HOD}$, arrondie à 10^{-4}, est 0,6435.

5° Calculer les aires (exprimées en cm^2 puis arrondies au mm^2) des secteurs circulaires AOD et FID.

6° En déduire l'aire (exprimée en cm^2 puis arrondie au mm^2) de la partie coloriée.
On rappelle que l'aire $\mathcal{A}$, exprimée en cm^2, du secteur circulaire de rayon $R \cdot$ cm et d'angle $\widehat{\alpha}$ de mesure, en radian, α $(0 \leqslant \alpha \leqslant 2\pi)$ est donnée par la formule :

$$\mathcal{A} = \frac{1}{2} R^2 \cdot \alpha \text{ cm}^2.$$

(Brevet de technicien, 1996)

T.P. 3 Toiture et calculs de distances, d'aires, de volumes ; analyse de la forme d'un solide

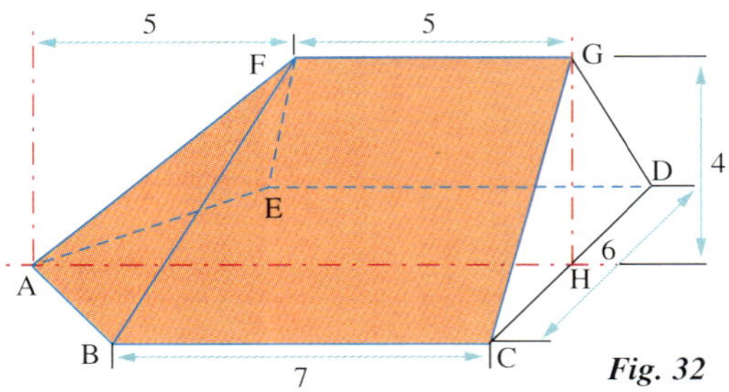

Fig. 32

La figure 32 représente une toiture. On indique que le plan AHGF est plan de symétrie de la figure, que le plan CGD est perpendiculaire au plan ABCDE et que les cotes sont en mètres.

Dans ce qui suit, pour chacun des résultats, on donnera éventuellement une valeur approchée à 10^{-2} près.

1° Dessiner à l'échelle 1 cm pour 1 m une vue de dessus de la toiture.

2° Calculer les distances CG, AB, AF, BF.

Pour le calcul de AF et de BF, on pourra placer sur la figure la projection orthogonale du point F dans le plan ABCDE.

3° Dessiner à l'échelle $\frac{1}{100}$ chacun des « pans » ABF et BCGF de la toiture.

4° Déterminer l'aire totale en m^2 de la toiture, c'est-à-dire la somme des aires des quatre pans ABF, AEF, BCGF et EFGD.

On pourra utiliser la formule de Héron établie à l'exercice 42 pour calculer l'aire de ABF.

5° Calculer le volume en m^3 du solide ABCDEFG (c'est-à-dire du « comble »). On sera amené à décomposer ce solide en plusieurs solides usuels dont les volumes sont donnés dans le formulaire.

D'autres exemples simples corrigés d'analyse de la forme d'un objet usuel de l'espace figurent dans le chapitre « calcul intégral ».

Réponses : T.P. 1 2° : 18,2. T.P. 3 5° : 88 m^3.

EXERCICES ET PROBLÈMES

OBJECTIFS	Numéros des exercices
Rechercher un centre de gravité	1 à 4
Partager un quadrilatère en deux quadrilatères d'aires égales	5
Réaliser une figure en perspective cavalière	6 à 8
Calculer des distances et des angles dans le plan	9 à 15 20 à 22
Réaliser le raccordement de deux segments de droites par un arc de cercle	16 et 17
Calculer des distances sur des figures de l'espace	18 à 19
Utiliser le produit scalaire dans le plan et dans l'espace	7 23 à 25
Déterminer l'équation d'un cercle	26 à 28
Utiliser des formules dans un triangle quelconque	29 à 36
Effectuer un calcul d'aire	37 à 43
Effectuer un calcul de volume	44 à 57
Analyser la forme d'un solide	55

Calcul vectoriel dans le plan

Recherche de centres de gravité en utilisant la notion de barycentre (exercices 1 à 3).

1 ■ Le plan est muni du repère orthonormal $(O ; \vec{i}, \vec{j})$.
On donne quatre points A, B, C, D par leurs coordonnées A(– 1, 2), B(1, 3), C(4, 1), D(– 3, 1).
Déterminer les coordonnées du barycentre du système (A, 1) (B, 2) (C, 2) (D, 4).

2 ■ En procédant comme au T.P. 1, déterminer la position du centre de gravité de la surface supposée homogène, coloriée sur la figure.

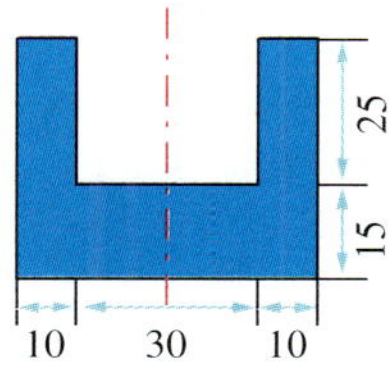

Fig. 33

3 ■■ Même énoncé que l'exercice 2.

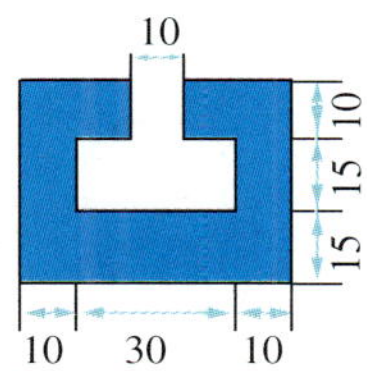

Fig. 34

Réalisation de figures en perspective cavalière (exercices 4 et 5).

Pour dessiner les figures de l'espace on peut utiliser différentes conventions de **perspective.**
La **perspective cavalière** est celle dont l'exécution est la plus simple (fig. 35).

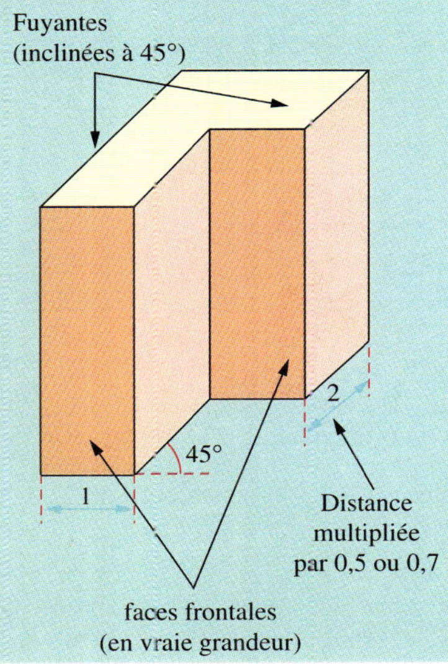

Fig. 35

4 ■■ L'espace est muni du repère orthonormal $(O\ ;\ \vec{i}, \vec{j}, \vec{k})$ (unité 1 cm).
Soit les points A(10,5 ; 0 ; 0), B(5,5 ; 2,5 ; 0), et C(5 ; 0 ; 1).

1° Représenter le triangle ABC en perspective cavalière avec un coefficient de réduction de 0,7.

2° Déterminer les coordonnées du point D tel que ABDC soit un parallélogramme et placer D sur le dessin.

3° Comparer les distances AB et AC.
Que peut-on en déduire pour le quadrilatère ABDC, pour la position relative des droites (AD) et (BC) ?

5 ■■■ ***Figure en perspective cavalière et produit scalaire dans l'espace***

L'espace étant rapporté au repère orthonormal direct $(O\ ;\ \vec{i}, \vec{j}, \vec{k})$, on considère les points A(4 ; 4 ; 0), B(0 ; 5 ; 2), C(2 ; 0 ; 4).

1° Placer les points A, B, C et tracer le triangle ABC sur une figure en perspective cavalière avec un coefficient de réduction de 0,7.

2° On se propose de placer sur AB le pied H de la hauteur, issue de C, du triangle ABC.

a) À l'aide de l'égalité $\overrightarrow{AC} = \overrightarrow{AH} + \overrightarrow{HC}$ montrer que $\overrightarrow{AB} \cdot \overrightarrow{AC} = \overrightarrow{AB} \cdot \overrightarrow{AH}$.
b) Calculer $\overrightarrow{AB}^2$ et $\overrightarrow{AB} \cdot \overrightarrow{AC}$.
c) L'alignement des points A, B et H se traduit par la relation vectorielle $\overrightarrow{AH} = k\overrightarrow{AB}$, k désignant un réel.
Montrer que $k = \dfrac{4}{7}$ à l'aide des résultats précédents.
d) Placer le point H sur le graphique puis tracer la hauteur CH.

Calculs de distances et d'angles dans le plan et dans l'espace

6 ■ ***Des « petits trous »***

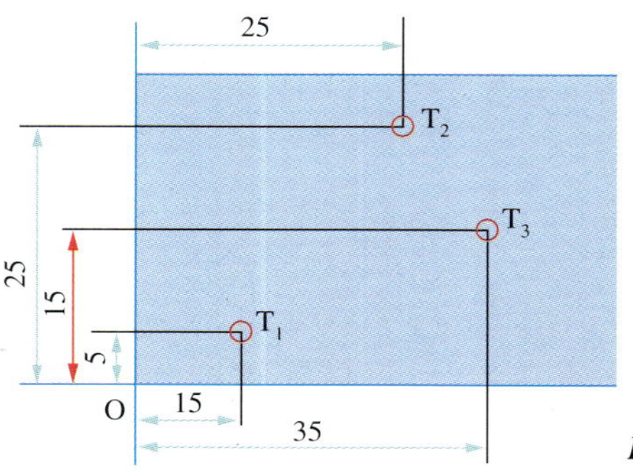

Fig. 36

Trois trous, de centres respectifs T_1, T_2, T_3, ont été percés dans une plaque d'acier (fig. 36). Les cotes sont en mm.
Calculer une valeur approchée en mm, à 10^{-2} près des distances T_1T_2, T_2T_3, T_1T_3.

Indication :
On pourra rapporter le plan à un repère orthonormal $(O\ ;\ \vec{i}, \vec{j})$ et utiliser des résultats rappelés au I. 1.

Relations dans un triangle rectangle (exercices 7 à 11).

7 ■ ***Essai Brinell***

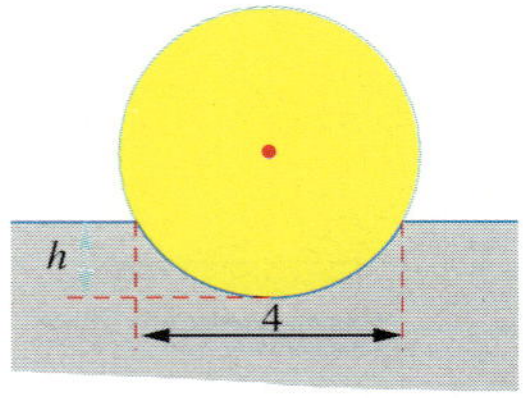

Fig. 37

Lors d'un essai Brinell une bille de 6 mm de diamètre laisse dans le métal à étudier une empreinte en forme de calotte sphérique de diamètre 4 mm (fig. 37).
Déterminer une valeur approchée en mm à 10^{-2} près de h.

8 ■■■ ***Calcul de distances et d'angle***

Sur la figure 38, les points A, O, B, C sont alignés dans cet ordre ainsi que les points D, O et E ; les angles $\widehat{DAO}$, $\widehat{OBE}$ et $\widehat{OEC}$ sont des angles droits.

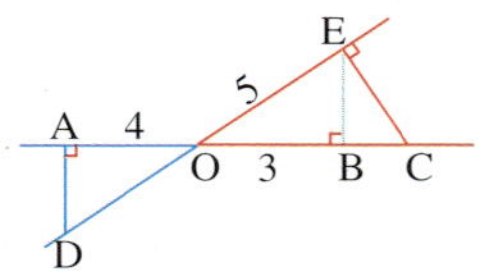

Fig. 38

De plus, on connaît les longueurs en centimètres de AO, OB et OE :

AO = 4 cm, OB = 3 cm, OE = 5 cm.

(Attention : ces longueurs ne sont pas respectées sur la figure.)

1° Réaliser, à partir des données précédentes, la figure exacte en expliquant brièvement la construction.

2° Déterminer par le calcul (les résultats étant donnés au centième près par défaut) :
a) la longueur en centimètres de OD ;
b) la longueur en centimètres de BE ;
c) la mesure en degrés de l'angle $\widehat{BOE}$;
d) la longueur en centimètres de BC.

(Brevet de technicien, 1993)

9 ■■■ ***La pièce rectangulaire***

On se trouve dans une pièce rectangulaire ABCD, respectivement à 3 m, 5 m et 6 m des sommets A, B et C. À quelle distance se trouve-t-on du quatrième sommet D ?
Réponse : $\sqrt{20} \approx 4{,}47$.

10 ■■■ ***On aménage les combles***

On se propose d'aménager les combles d'un bâtiment dont la charpente a la coupe représentée sur la figure 39.
On donne AC = 12 m, BA = BC,

$$\widehat{CAB} = \widehat{BCA} = 45°,$$

$$AB_1 = B_1B_2 = B_2C = 4 \text{ m}.$$

Les points A′, B′, C′ sont respectivement les milieux des côtés [BC], [CA], [AB].

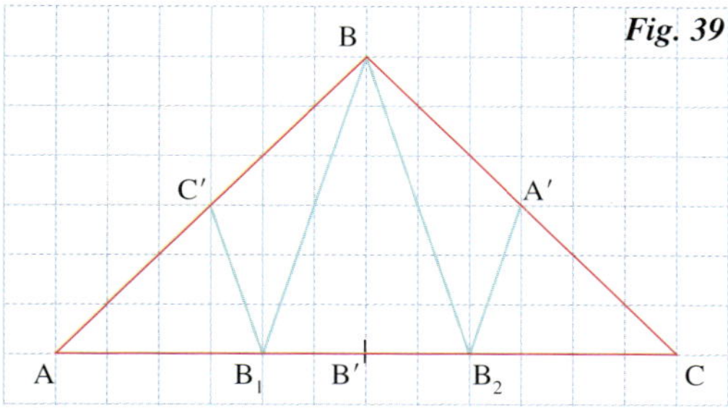

Fig. 39

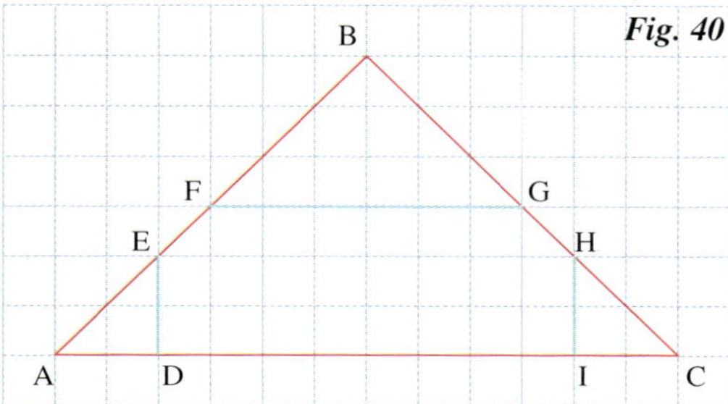

Fig. 40

Pour tous les résultats on donnera une valeur arrondie au mm.

1° Calculer les distances B_1B et B_1C'.

2° On modifie la charpente selon le croquis de la figure 40.
Les distances FG et B_1B sont égales et les droites (AC) et (FG) sont parallèles.
a) Calculer la distance DI si

$$DE = HI = 1{,}8 \text{ m}.$$

b) Quelle est la hauteur sous plafond, c'est-à-dire la distance entre les droites (FG) et AC ?

11 ▪▪▪ ***Le clocher roman***

Dans l'art roman les clochers d'église étaient souvent construits sous forme d'une base carrée surmontée d'une pyramide à base octogonale régulière.

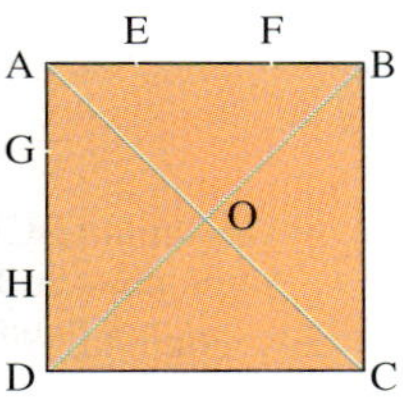

Fig. 41

Le clocher roman octogonal de l'église de Saulcet, dans l'Allier.

Soit ABCD un carré de côté *a* de centre O.

1° Calculer AC et AO en fonction de *a*.

2° On cherche à construire un octogone régulier dont les sommets sont sur ce carré. Sur le schéma ci-dessus, on suppose avoir réussi à construire F, E, G, H, quatre sommets de l'octogone cherché.
On pose $x = EF = GE = GH$;
x est la mesure du côté de l'octogone.
a) Calculer AE en fonction de *a* et de *x*.
b) En utilisant le triangle rectangle isocèle AEG, chercher *x* pour que EG = EF.
c) En déduire AF. On vérifiera que AF = AO.

3° Donner alors une méthode de construction de l'octogone cherché, utilisant le compas et la règle.

(Brevet de technicien)

Avec des arcs de cercles (exercices 12 à 16).

12 ▪▪ ***Le cylindre dans la rainure***

Un cylindre est posé sur une rainure comme l'indique la figure 42. Les cotes sont en millimètres. Calculer une valeur approchée à 10^{-2} près de son diamètre.

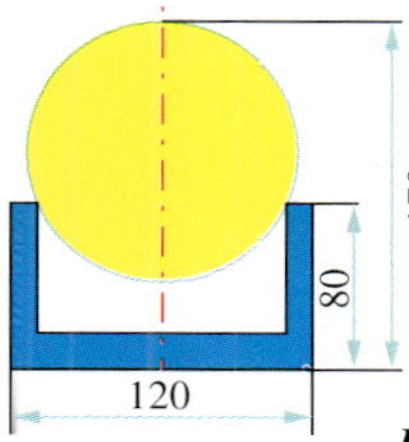

Fig. 42

13 ▪▪ ***Raccordement de deux routes(vue de dessus)***

On se propose de raccorder deux routes en construction par un tronçon en arc de cercle de 80 mètres de rayon (fig. 43).
On connaît la position du point O et l'angle

$$\widehat{T_1OT_2} = 132{,}75°.$$

1° Calculer la distance $OT_1 = OT_2$ en mètres, à 10^{-2} près.

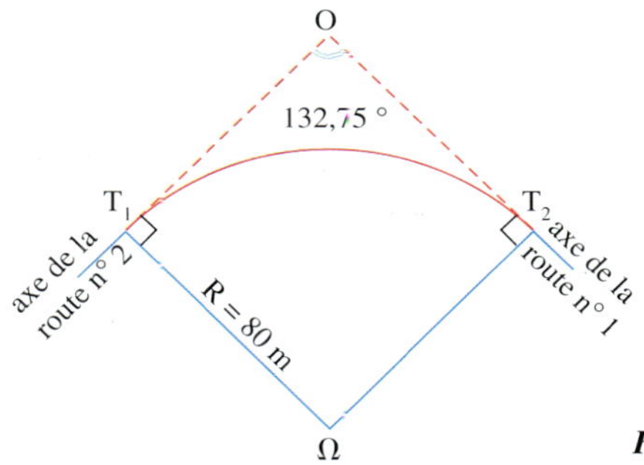

Fig. 43

2° Calculer la longueur de la courbe T_1T_2 en mètres, à 10^{-2} près.

14 ▪▪ ***Le phare***

Du sommet d'un phare situé à 130 m au-dessus du niveau de la mer, on observe l'horizon.
À quelle distance est-il approximativement du phare, si on admet que la terre est une sphère de 6350 km de rayon ?

Faire une figure !

15 ▪▪▪ *La toiture est cintrée*

Une toiture a la forme cintrée représentée sur la figure 44. La droite (OH) est axe de symétrie de la figure, AF est un arc de cercle de centre O, les cotes sont en mètres.

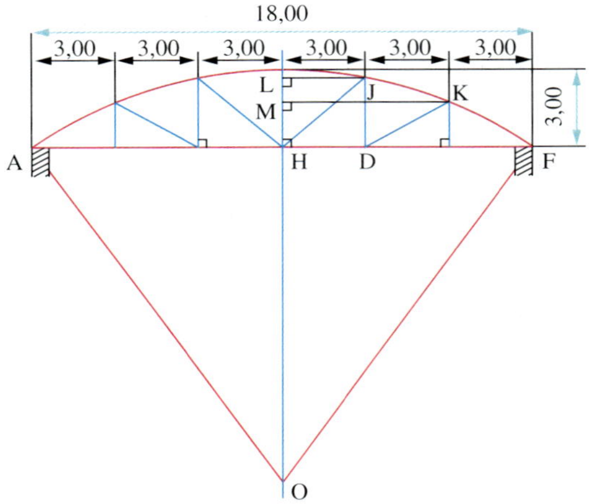

Fig. 44

1° Afin de faire préfabriquer les éléments métalliques qui constituent la charpente, on demande de calculer une valeur approchée à 10^{-3} m près de chacune des distances suivantes : OF, OH, OL, LH, HJ, OM, MH, DK.

2° Calculer la longueur du cintre AF.

Indication :
Pour calculer OF, on peut poser OF = x, exprimer OH en fonction de x et appliquer le thème de Pythagore dans le triangle OFH.

16 ▪▪▪▪ *La longueur de la courroie croisée*

Une courroie relie deux poulies (fig. 45). On donne

$$O_1T_1 = 8 \text{ cm} \quad \text{et} \quad O_2T_2 = 10 \text{ cm}.$$

Calculer une valeur approchée en cm, à 10^{-2} près, de la longueur de la courroie.

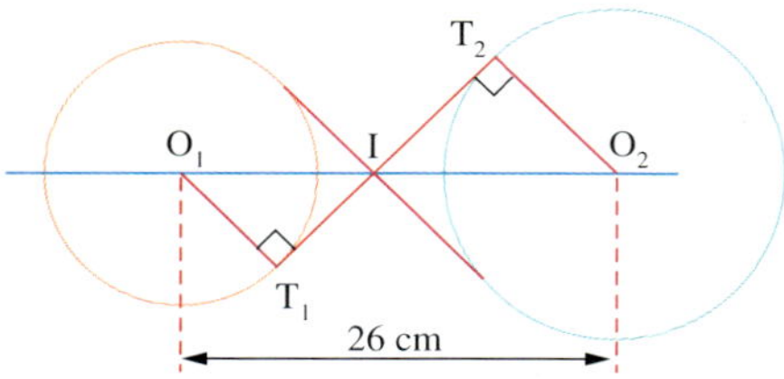

Fig. 45

Indication (pour l'exercice 16) :
On peut calculer d'abord les distances IO_1 et IO_2 en appliquant le théorème de Thalès et en résolvant un système de deux équations dont les deux inconnues sont IO_1 et IO_2.

Calculs sur une figure de l'espace.

17 ▪▪ *Rien ne sert de courir...*

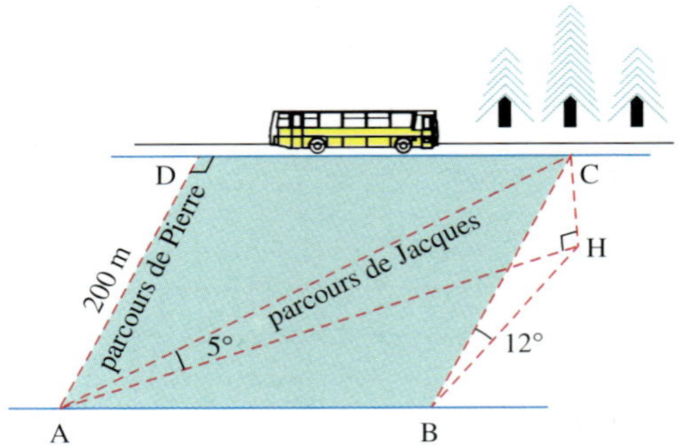

Fig. 46

La pente d'une colline fait un angle de 12° avec l'horizontale comme le montre la figure 46.
Une route horizontale court le long du sommet. Pierre et Jacques décident d'escalader la colline pour prendre un car qui passe sur la route.
Pierre prend le plus court chemin. Jacques préfère un chemin qui monte seulement en faisant un angle de 5° avec l'horizontale. Le chemin de Pierre mesure 200 m de long, calculer :

1° La hauteur de la colline.

2° La longueur du chemin parcouru par Jacques.

3° Une mesure en degrés de l'angle des deux chemins.

4° La distance qui les sépare quand ils ont tous deux atteint la route.
Les distances seront données à 1 mètre près, et l'angle à un degré près.

Dans la réalité ABCD est un rectangle.

Produit scalaire dans le plan et dans l'espace

18 ▪ Le plan est muni du repère orthonormal $(O \,;\, \vec{i}, \vec{j})$.

On donne trois points A, B, C. Dans chacun des cas suivants calculer $\overrightarrow{AB} \cdot \overrightarrow{AC}$, puis $\cos(\overrightarrow{AB}, \overrightarrow{AC})$ et une mesure de l'angle $\widehat{BAC}$. Vérifier sur une figure avec un rapporteur.

a) A(1, 2) ; B(3, – 4) ; C(1, – 1).
b) A(4, 1) ; B(– 3, 1) ; C(1, 5).

19 ▪▪ Le plan est muni d'un repère orthonormal $(O \,;\, \vec{i}, \vec{j})$.

1° Une droite D a pour équation

$$x + 2y - 1 = 0.$$

a) Donner les coordonnées dans la base $(\vec{i}, \vec{j})$ d'un vecteur directeur $\vec{u}$ de D.

b) En déduire que le vecteur $\vec{n}\begin{pmatrix}1\\2\end{pmatrix}$ est orthogonal à $\vec{u}$, c'est-à-dire un **vecteur normal** de la droite D.

2° Déterminer une équation de la droite D passant par le point $A\left(-\frac{1}{2}, \frac{\sqrt{3}}{2}\right)$ et de vecteur normal $\vec{n}\begin{pmatrix}\frac{\sqrt{3}}{3}\\-\sqrt{3}\end{pmatrix}$.

20 ■ ***Produit scalaire dans l'espace***

L'espace est muni d'un repère orthonormal $(O\ ;\ \vec{i}, \vec{j}, \vec{k})$.
On donne les trois points $B(1, -1, -1)$ $C(0, -3, 1)$ et $D(-4, 1, 3)$.
Calculer le produit scalaire $\overrightarrow{CB} \cdot \overrightarrow{CD}$. En déduire une mesure en degré de l'angle $\widehat{BCD}$.

Équation d'un cercle (exercices 21 à 23).

Rappel :
Dans le plan muni d'un repère orthonormal $(O\ ;\ \vec{i}, \vec{j})$, le cercle de centre $\Omega(a, b)$ de rayon R a pour équation

$$(x-a)^2 + (y-b)^2 = R^2$$

car c'est l'ensemble des points $M(x, y)$ tels que $\Omega M^2 = R^2$.

21 ■ 1° Construire, dans le plan muni du repère orthonormal $(O\ ;\ \vec{i}, \vec{j})$ le cercle d'équation

$$(x-2)^2 + (y+1)^2 = 9.$$

2° Déterminer les coordonnées des points où il coupe les axes de coordonnées.
Vérifier sur la figure.

22 ■ Dans chacun des cas suivants, déterminer une équation du cercle de diamètre [AB].
1° $A(3, 0)$ et $B(1, 7)$. 2° $A(a, 0)$ et $B(0, b)$.

23 ■■ Soit C l'ensemble des points M du plan de coordonnées (x, y) tels que

$$x^2 + y^2 - 4x - 16 = 0.$$

1° Montrer que l'équation précédente peut se mettre sous la forme

$$(x-a)^2 + (y-b)^2 = 20,$$

où *a* et *b* sont deux nombres réels que l'on déterminera.

2° En déduire la nature de C et le construire dans le plan muni d'un repère orthonormal $(O\ ;\ \vec{i}, \vec{j})$.

Application du produit scalaire aux triangles quelconques

Les formules sont rappelées au début de ce chapitre.

Dans chacun des cas suivants on demande de trouver pour un triangle ABC une mesure des trois angles A, B, C et les longueurs a = BC, b = AC, c = AB (exercices 24 à 27).

24 ■ $a = 125$; A = 54° ; B = 65°.

25 ■ $b = 215$; $c = 150$; B = 42°.

26 ■ B = 50,29° ; C = 88,36° ; $a = 48,17$.

27 ■ A = 57,65° ; $a = 125,34$; $c = 56,91$.

28 ■■ ***Problème de géomètre***

Un terrain ABCD est défini par les mesures de la figure 47 où les angles sont exprimés en degrés et les distances en mètres.
Calculer les distances AD et BC.

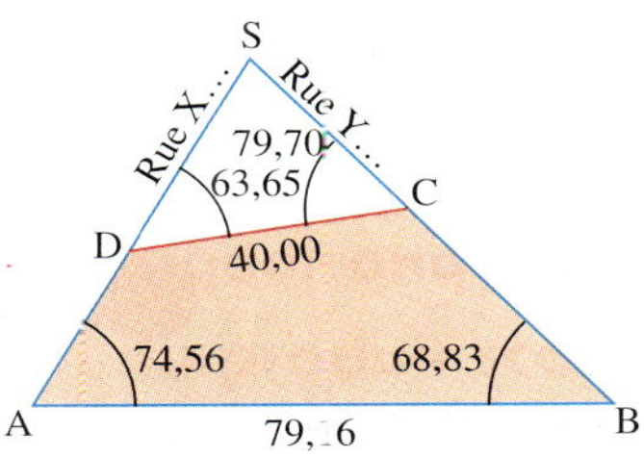

Fig. 47

(On donnera des valeurs approchées en mètres à 10^{-2} près.)

29 ■■■ ***Construction d'un tétraèdre***

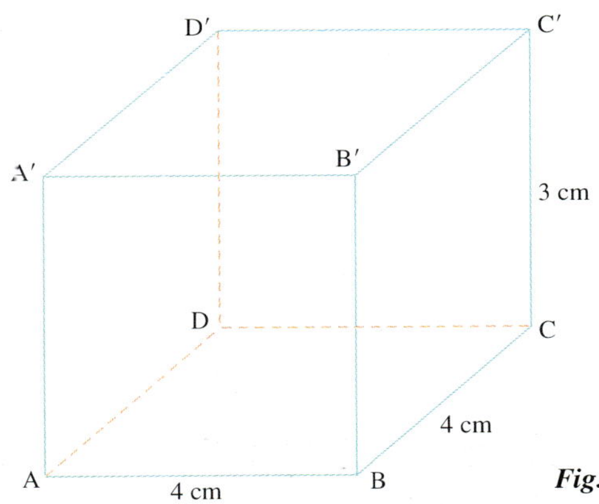

Fig. 48

On se propose de construire un tétraèdre (non régulier, mais dont toutes les faces ont la même forme).

Pour cela on considère le parallélépipède rectangle dessiné ci-dessus.
Les sommets du tétraèdre sont A, B′, C, D′.

1° Reproduire la figure et y représenter le tétraèdre AB′CD′.

2° Calculer les longueurs des six arêtes de ce tétraèdre.

3° Calculer en degrés, à un degré près, les angles de la face ACD′.

30 ▪▪▪▪ ***Problème de mécanicien***

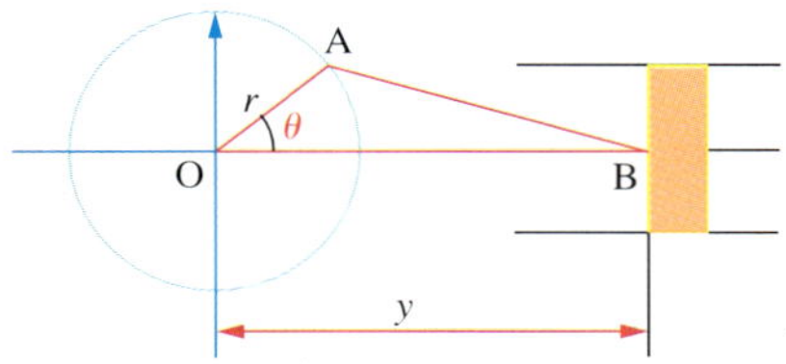

Fig. 49

Un piston est relié en A au bord d'une roue de rayon $r = 120$ mm par une « bielle » de longueur AB = 290 mm. Quand la roue tourne, le piston se déplace et la distance OB varie.

On note θ une mesure de l'angle $\widehat{BOA}$.
Calculer la distance OB en fonction de θ.
Calculer cette distance en mm, à 10^{-1} près pour $\theta = 0$, $\theta = \frac{\pi}{2}$, $\theta = \pi$.

Calculs d'aires

31 ▪▪ ***Calculs de distances et calcul d'aire***

Un triangle ABC est rectangle en B. L'hypoténuse mesure 13 m.
Les côtés de l'angle droit ont pour mesures respectives en mètre x et y $(x > y)$.
On sait que $x - y = 7$.

1° En utilisant le théorème de Pythagore, établir une relation entre x^2 et y^2.
Trouver les longueurs des côtés de ce triangle.

2° Représenter ce triangle (on prendra 1 cm pour représenter 1 m).

3° Calculer l'aire en m^2 du disque défini par le cercle circonscrit au triangle ABC.
On donnera la valeur arrondie au dm^2.

32 ▪▪ ***Calculs de distances et calcul d'aire***

Soit un triangle ABC dont les angles sont mesurés en degrés et les côtés en cm.

L'angle $\widehat{ABC}$ mesure 45°, l'angle $\widehat{BCA}$ mesure 60° et le côté [BC] mesure 8 cm.
Dans l'exercice, les longueurs seront données avec un chiffre après la virgule, les calculs seront menés avec la précision de la calculatrice.

1° Tracer le triangle ABC en vraie grandeur.

2° Calculer une mesure de l'angle $\widehat{CAB}$ puis la longueur des côtés [AC] et [AB].

3° Soit I le milieu du côté [BC]. Calculer la longueur de la médiane [AI].

4° Déterminer une valeur approchée à 10^{-2} près de l'aire du triangle en cm^2, puis la hauteur [AH].

(Brevet de technicien arts appliqués, 1994)

33 ▪ ***Le pan coupé***

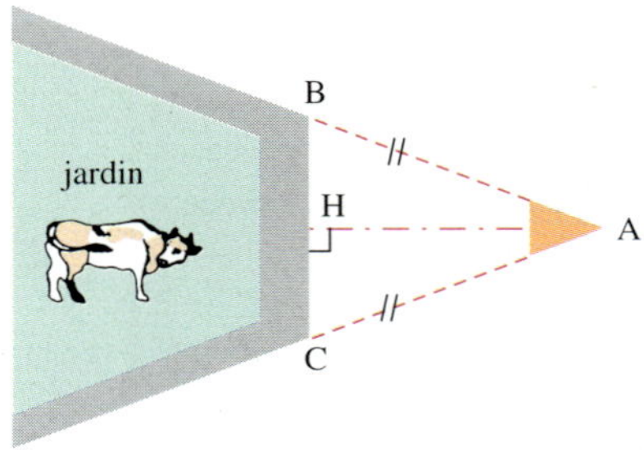

Fig. 50

La figure 50 représente le plan d'un jardin à l'angle de deux rues. Pour laisser aux automobiles une visibilité suffisante pour s'arrêter sans collision, il a été nécessaire de remplacer l'angle des deux rues par un « pan coupé ».
On donne la distance BC = 10 m, l'angle $\widehat{BAC} = 40°$.

Calculer une valeur approchée en m^2, à 10^{-2} près, de l'aire « perdue » du triangle isocèle ABC.

34 ▪ ***Problème de partage***

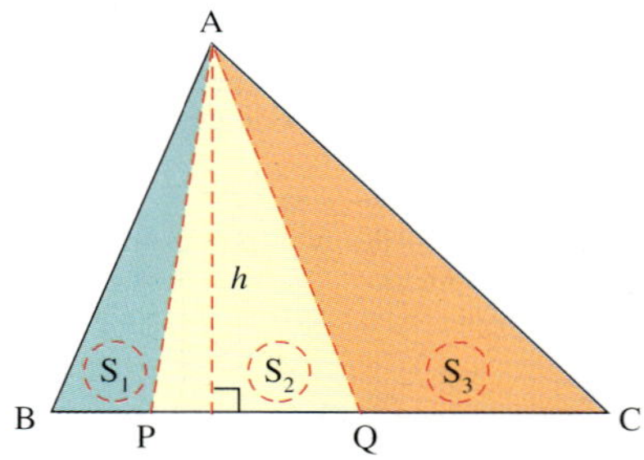

Fig. 51

Comment faut-il placer les points P et Q pour que les segments [AP] et [AQ] partagent le triangle ABC en trois triangles d'aires égales ? (fig. 51).

35 ▪▪▪ ***Où on retrouve une équation du second degré dans un problème de géométrie***

L'unité de longueur est le centimètre.
Soit ABC un triangle rectangle en B tel que :

$$AB = 4 \quad \text{et} \quad BC = 3.$$

On considère un point D du segment [AB], distinct de A et de B. La droite parallèle à la droite (BC) passant par D coupe la droite (AC) en E.
On pose : $AD = x \quad (0 < x < 4)$.

1° Faire une figure.

2° Montrer que DE $= \dfrac{3x}{4}$.

3° Déterminer x pour que le triangle ADE et le trapèze BDEC aient la même aire.

(Brevet de technicien agencement, 1995)

36 ■■■ ***Calculs de distances, d'aires, d'angles***

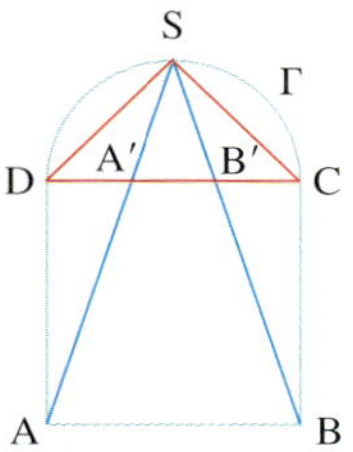

Fig. 52

On considère un carré ABCD, le demi-cercle Γ de diamètre [DC] situé à l'extérieur du carré et le point S de Γ tel que SC = SD.
La longueur des côtés du carré ABCD est 10 m.

1° Calculer les longueurs SA et SD. On en donnera les valeurs en mètres, arrondies au centimètre.

2° Les segments [SA] et [DC] se coupent en A′.
Les segments [SB] et [DC] se coupent en B′.
Soit H et H′ les projections orthogonales respectives de S sur les droites (AB) et (CD).
Donner le rapport $\dfrac{SH'}{SH}$. En déduire la longueur A′B′, exprimée en mètres puis sa valeur arrondie au centimètre.

3° Calculer, en m^2, les aires des triangles SAB et SAD.

4° Calculer la valeur arrondie au dixième de la mesure en degrés des angles $\widehat{SAB}$, $\widehat{ASB}$ et $\widehat{DSA}$.

(Brevet de technicien, encadrement de chantier, 1995)

Calculs d'aires de secteurs circulaires (exercices 37 à 41).

37 ■■■ ***Fenêtre sur cour***

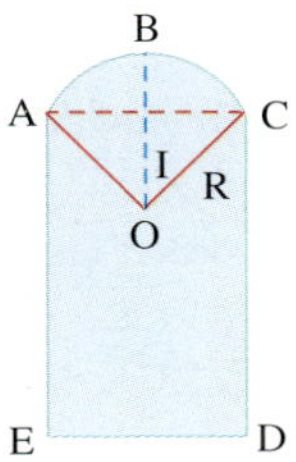

Fig. 53

Le but de cet exercice est de déterminer l'aire de la surface éclairée d'une petite fenêtre dans une maison ancienne.
Le cadre de la fenêtre a la forme pour sa partie supérieure d'un arc de cercle $\overset{\frown}{AC}$ et pour sa partie inférieure d'un rectangle ACDE.

L'arc $\overset{\frown}{AC}$ est un arc de cercle de centre O et de rayon R ; le point I est le milieu du segment [AC] et du segment [OB].
Les droites (AC) et (OB) sont perpendiculaires.
On a AE = 3R.

1° Montrer que $\dfrac{\pi}{3}$ est une mesure en radians de l'angle $\widehat{BOC}$.

2° Démontrer que la longueur du segment [AC] est :
AC $= R\sqrt{3}$.

3° Calculer en fonction de R les aires :

a) de la portion de disque délimitée par l'arc $\overset{\frown}{AC}$ et les rayons [OC] et [OA] ;

b) du triangle OAC ;

c) de la fenêtre.

4° Sachant que R = 20 cm, calculer, en cm^2, l'aire de la fenêtre puis en donner la valeur arrondie au mm^2.

(Brevet de technicien miroiterie, 1994)

38 ■■■ ***Mise en scène***

L'unité de longueur est le mètre, l'unité d'aire est le mètre carré.
Une scène de théâtre a la forme représentée par la figure 54 constituée d'un rectangle ABCD tel que AB = 14 m et BC = 7 m, et d'une portion de disque JASB, disque de centre I, milieu du segment [CD] et de rayon IA.

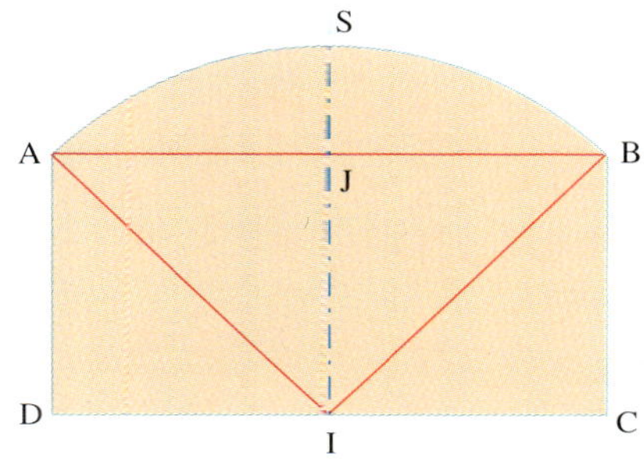

Fig. 54

1° Montrer que les triangles ADI et BCI sont isocèles.
Montrer que l'angle $\widehat{AIB}$ est droit.

2° Calculer la valeur exacte de la longueur IA et la valeur exacte de l'aire de la portion de disque IASB.

3° Calculer l'aire totale de la scène : en donner la valeur exacte puis la valeur arrondie au dm^2.

4° On se propose de réaliser une scène de même forme dont l'aire totale est 200 m^2.
La mesure, en mètres, de AB est égale à $2x$. La mesure, en mètres, de BC, est égale à x.
Donner la valeur arrondie de x à 10^{-2}.

(Brevet de technicien machiniste, 1996)

39 ■■■ ***Verre teinté***

Une entreprise désire réaliser son enseigne en verre teinté de deux couleurs.

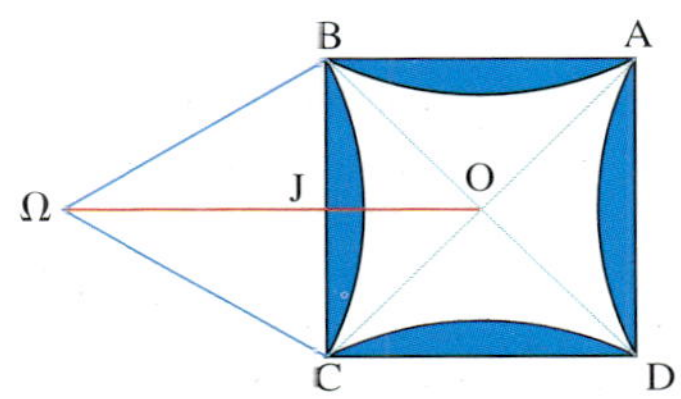

Fig. 55

Le carré ABCD de centre O a 50 cm de côté. L'arc BC est un arc de cercle de centre Ω.
On donne ΩB = BC.

Toutes les longueurs seront exprimées en cm et les aires en cm^2.

1° Quelle est la nature du triangle $BC\Omega$?
En déduire les longueurs exactes des segments [BJ] et [JΩ] et l'aire du triangle $BC\Omega$.

2° Calculer la valeur exacte de l'aire de la portion de disque limitée par les segments [ΩB], [ΩC] et l'arc BC.
En déduire l'aire de la surface de verre teinté limitée par le segment [BC] et l'arc BC. On donnera sa valeur exacte puis sa valeur arrondie au cm^2.

(Brevet de technicien miroiterie, 1995)

40 ■■■ ***L'aire de la pelouse***

La pelouse d'un stade est constituée d'un rectangle ABCD, d'un demi-disque de diamètre AD et d'une partie de disque de rayon OB.

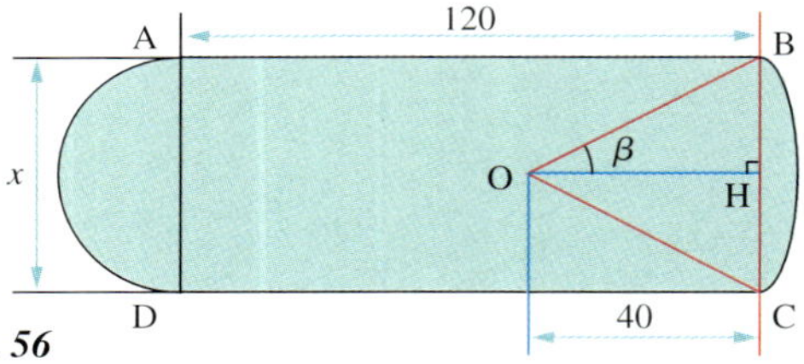

Fig. 56

Les cotes indiquées sur le croquis sont en mètres.
L'aire d'un secteur angulaire de rayon r d'angle α est égale à $\frac{\alpha r^2}{2}$ (α en radians).
Le but de cet exercice est de calculer l'aire de la pelouse.

1° Montrer que $OB = \sqrt{1\,600 + \frac{x^2}{4}}$.

2° Soit $\beta = \widehat{BOH} = \widehat{HOC}$.
Montrer que $\tan \beta = \frac{x}{80}$.

3° Application numérique : $x = 80$.
a) Calculer OB.
b) Calculer $\tan \beta$. En déduire la valeur de β en radians.
c) Calculer l'aire du secteur angulaire de rayon OB d'angle $\alpha = 2\beta$.
Calculer l'aire du triangle OBC. En déduire l'aire de la partie hachurée.
d) Calculer l'aire de la pelouse ; en donner la valeur arrondie au dm^2.

(Brevet de technicien agencement, 1994)

41 ■■■ ***D'égout et des couleurs…***

Le but de cet exercice est de calculer l'aire de la section d'un tuyau d'égout dont la forme permet d'obtenir un bon écoulement quelle que soit la hauteur de liquide dans le tuyau.
La figure 57 représente la section du tuyau d'égout.
Les cercles C_1 et C_2 de centres respectifs O_1 et O_2, de rayons respectifs 0,5 m et 1 m sont tangents extérieurement. Les tangentes communes (AB) et (A′B′) sont sécantes en S.

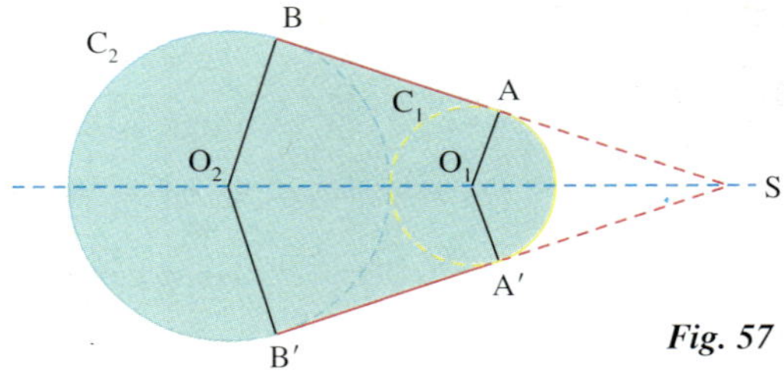

Fig. 57

1° *a*) Montrer que :

$$\frac{SO_1}{SO_2} = \frac{AO_1}{BO_2}.$$

b) Donner les valeurs exactes de distance SO_1, SA, SB et AB.

2° *a*) Calculer la valeur arrondie au millième de la mesure en radians de l'angle aigu $\widehat{SO_1A}$.
b) Calculer la valeur arrondie au millième de l'aire, exprimée en m^2, du secteur angulaire AO_1A' hachuré sur la figure.
c) Calculer la valeur arrondie au millième de l'aire, exprimée en m^2, du secteur angulaire BO_2B' hachuré sur la figure.
d) En déduire la valeur arrondie au centième de l'aire, exprimée en m^2, de la section du tuyau constituée des deux secteurs angulaires hachurés et du polygone $ABO_2B'A'O_1$.

Formulaire :
Aire du secteur angulaire de rayon R et d'angle au centre α (en radians) :

$$A = \frac{\alpha R^2}{2}.$$

(Brevet de technicien encadrement de chantier, 1994)

42 ■■■■ ***Formule de Héron (mathématicien grec d'Alexandrie, au IIe siècle après J.-C.)***

1° a, b, c étant les longueurs des côtés d'un triangle ABC, démontrer la formule :

$$\sin^2 A = \frac{4b^2c^2 - (b^2 + c^2 - a^2)^2}{4b^2c^2}.$$

2° En déduire que, si on pose $2p = a + b + c$, on a aussi

$$\sin^2 A = \frac{4p(p-a)(p-b)(p-c)}{b^2c^2}$$

et que l'aire du triangle est

$$S = \sqrt{p(p-a)(p-b)(p-c)}.$$

43 ■ On donne un triangle ABC tel que

$$AB = 76, \quad BC = 53, \quad AC = 79.$$

Calculer une valeur approchée à 10^{-2} près de l'aire de ABC en utilisant la formule de Héron.

Calculs de volumes

44 ■ ***On reconstruit la piscine***

Pour reconstruire le bassin en forme de parallélépipède rectangle d'une piscine, on augmente la longueur de moitié, on augmente la largeur de 20 % et on diminue la profondeur de 10 %.
Quelle augmentation de volume, en pourcentage, obtient-on ?

45 ■ ***Deux cylindres***

Deux cylindres à base circulaire ont le même volume. Le premier a pour rayon R et pour hauteur h. Si le rayon du second est 3R, déterminer sa hauteur H en fonction de h.

46 ■ ***Un cône et un cylindre***

On considère un cylindre et un cône, tous deux à base circulaire, de rayon R, ayant même hauteur R. La différence des volumes des deux solides est la moitié du volume d'un solide usuel. Lequel ?

47 ■ ***Mon beau sapin***

Pour évaluer le volume du tronc d'un sapin on assimile ce tronc à un cône. On mesure la circonférence de la base, on trouve 72 cm. Pour déterminer la hauteur on s'éloigne de la base du tronc, de 40 m, on vise le sommet avec un théodolite, dont la lunette est située à 1,50 m du sol, et on mesure un angle de 32° (fig. 58).

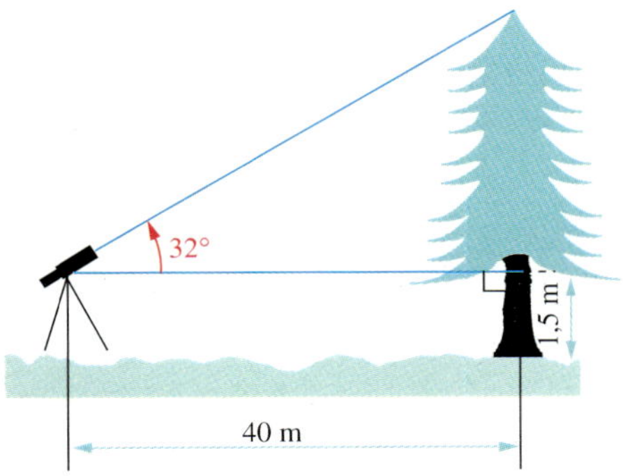

Fig. 58

1° Calculer une valeur approchée, en mètres, au cm près, de la hauteur de l'arbre.

2° Calculer une valeur approchée, en m³, à 1 cm³ près, du volume du tronc.

48 ■■■ Sur une esplanade on se propose d'implanter un bassin circulaire à l'intérieur d'un emplacement ayant la forme d'un triangle équilatéral ABC de côté 6 m (fig. 59).

1° *a*) Calculer la valeur exacte de la distance AH.
b) Calculer l'aire du triangle ABC. En donner une valeur approchée en m², à 10^{-2} près.

2° Soit G le centre de gravité du triangle ABC. On admet que G est le point du segment [AH] tel que $AG = \frac{2}{3}AH$ (voir la figure 59).

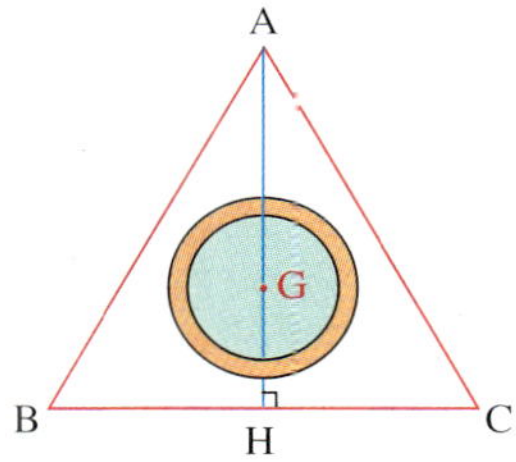

Fig. 59

a) Calculer la distance GH. En donner une valeur approchée en mètres, au cm près.
b) Le bassin que l'on se propose d'implanter a pour centre G et pour rayon extérieur r. Peut-on prendre pour rayon extérieur $r = 2$ m ? $r = 0{,}5$ m ?
Justifier brièvement votre réponse.

3° On choisit

$$r = 1 \text{ m}.$$

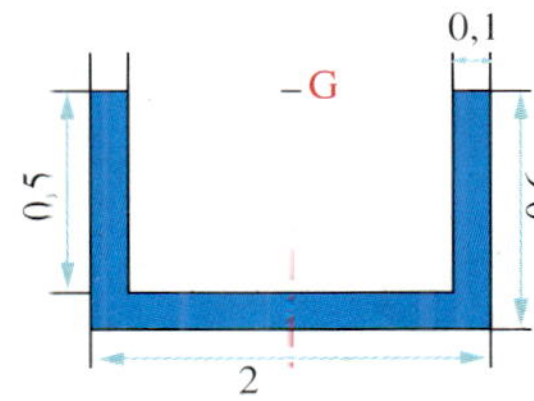

Fig. 60

La figure 60 où les cotes sont en mètres, présente la section du bassin circulaire par un plan vertical contenant le point G. Cette figure n'est pas à l'échelle.
En calculant le volume de deux cylindres, déterminer une valeur approchée en m³, à 10^{-3} près, du volume de béton nécessaire pour réaliser ce bassin.

4° *a*) Faire une vue de dessus du triangle et du bassin à l'échelle $\frac{2}{100}$ (2 cm représente 1 m) dans le plan ABC.
b) La surface limitée par les côtés du triangle ABC et le bord extérieur du bassin est garnie de gravier sur une épaisseur de 5 cm. Hachurer cette surface sur la figure réalisée au *a*). Calculer une valeur approchée en m³, à 10^{-3} près, du volume de gravier nécessaire.

(Brevet de technicien, 1992)

49 ■■ ***Pour graduer la citerne***

Une citerne à fioul est de forme cylindrique, les faces planes étant verticales. Dans tout ce qui suit, les valeurs approchées des mesures seront données en m, m², m³ à 1 cm, 1 cm² ou 1 cm³ près.

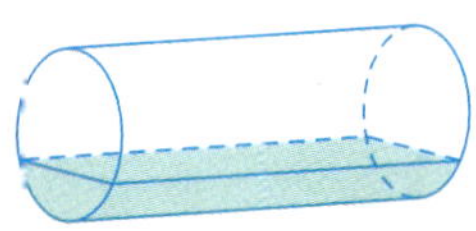

Fig. 61

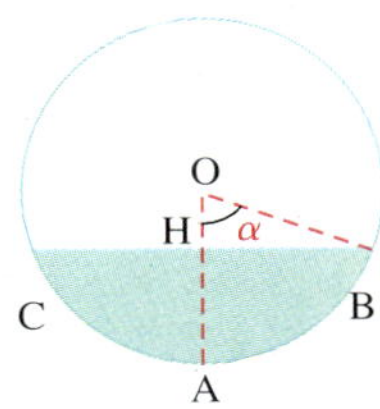

Fig. 62

1° Le diamètre interne de la citerne est de 1,40 m, sa longueur de 3,25 m. Calculer sa contenance.

2° On se propose d'estimer le volume de fioul restant dans la citerne. Pour cela on mesure à l'aide d'une sonde la hauteur de liquide (voir la figure 61). La hauteur trouvée est

$$AH = h = 0{,}45 \text{ m}.$$

a) Déterminer une mesure en radian à 10^{-3} de l'angle α.
b) Calculer l'aire du secteur circulaire AOB.
c) Calculer la longueur HB puis l'aire du triangle OHB.
d) En déduire l'aire de la surface hachurée BAC sur la figure en coupe de la citerne (fig. 62).
e) Calculer alors le volume occupé par le liquide.

Rappel :
Volume du cylindre $V = \pi R^2 h$.
Aire du secteur circulaire $A = \frac{1}{2} R^2\alpha$, où α est exprimé en radians.

Petites et grandes pyramides (exercices 50 à 55).

50 ▪▪▪ ***Tétraèdre : calculs de distances dans l'espace, calcul de volume***

On considère le tétraèdre (ABCD) (voir la figure).

Les angles $\widehat{DAC}$, $\widehat{DAB}$ et $\widehat{ACB}$ sont droits.

On a, de plus, $\widehat{ACD} = 18°$, $\widehat{ABD} = 14°$ et $AD = 175$ cm.

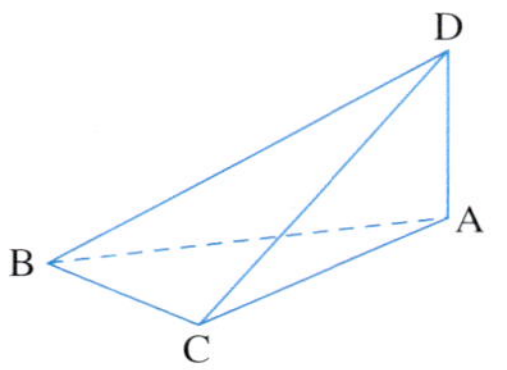

Fig. 63

1° Calculer la longueur AC à 0,1 cm près.

2° Calculer les longueurs BA puis BC.

3° Représenter le triangle ACB à l'échelle 1/50.

4° Calculer le volume du tétraèdre à 1 dm³ près.

Rappel :
Le volume V d'une pyramide d'aire de base $\mathcal{B}$ et de hauteur h est donné par :

$$V = \frac{1}{3}\mathcal{B} \times h.$$

(Brevet de technicien machiniste, 1995)

51 ▪▪▪ ***Pyramide régulière : calculs de distance, d'angles, d'aires de volume***

On considère une pyramide régulière à base carrée SABCD, de hauteur [SH].

On a SH = 8 cm et AB = 3 cm.

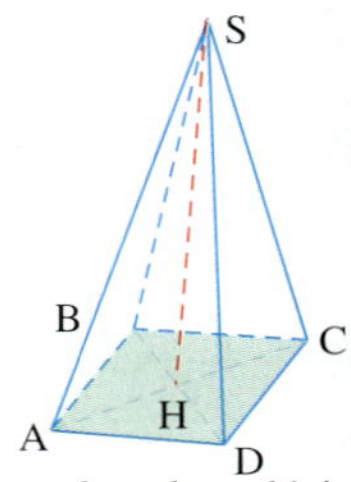

Fig. 64

1° Calculer la longueur SA. En donner la valeur décimale approchée à 10^{-1} près.

2° Calculer la mesure en degrés, à 0,1 près, de l'angle $\widehat{SAH}$.

3° Calculer l'aire S, en cm², de chacune des faces triangulaires. En donner la valeur décimale approchée arrondie à 10^{-2} près.

4° Calculer le volume V, en cm³, du solide. En donner la valeur décimale approchée arrondie à 10^{-3} près.

(Brevet de technicien arts appliqués, 1996)

52 ▪▪ Un octogone régulier est inscrit dans un cercle de rayon 1 m (fig. 65).
Une pyramide de hauteur 1 m a pour base cet octogone. Le sommet de la pyramide est sur la perpendiculaire à la base passant par le centre de l'octogone (ou du cercle). Calculer une valeur approchée en m³, à 10^{-3} près, du volume de la pyramide.

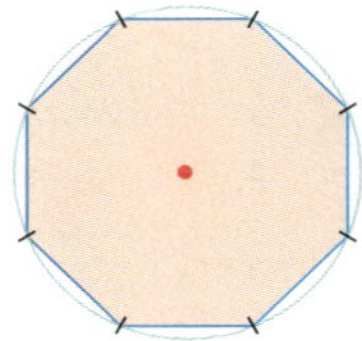

Fig. 65

53 ▪▪▪ ***Le secret de la grande pyramide***

1° Résoudre l'équation d'inconnue réelle x :

$$x^2 - x - 1 = 0.$$

On pose $$\Phi = \frac{1+\sqrt{5}}{2}.$$

Ce nombre, appelé « le nombre d'or », intervient en peinture et en architecture.

2° Dans *La Science mystérieuse des pharaons*, l'abbé Moreux écrit :
« Hérodote rapporte que les prêtres égyptiens lui avaient enseigné que les proportions établies pour la grande pyramide entre le côté de la base et la hauteur étaient telles que *la surface du carré* construit sur la *hauteur verticale* égalait exactement *la surface de chacune des faces* triangulaires de la pyramide. »

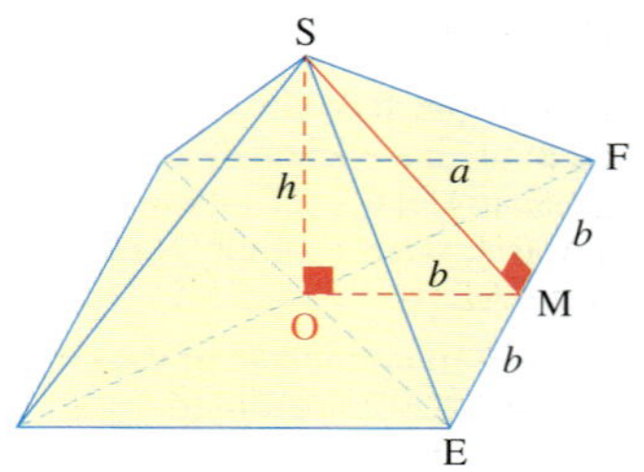

Fig. 66

a, b, h désignent les longueurs figurant sur la figure (a = SM, b = OM = EM = MF, h = SO).

a) En considérant le triangle SOM, montrer que l'on a :

$$a^2 = h^2 + b^2.$$

b) En considérant le triangle SEF et en utilisant la citation de l'abbé Moreux (considérée comme vraie), montrer que l'on a :

$$h^2 = ab.$$

c) Montrer, à partir des questions précédentes, que $\frac{a}{b}$ est une solution de l'équation $x^2 - x - 1 = 0$.

En déduire la valeur de $\frac{a}{b}$.

(Brevet de technicien collaborateur d'architecte)

54 ■■■

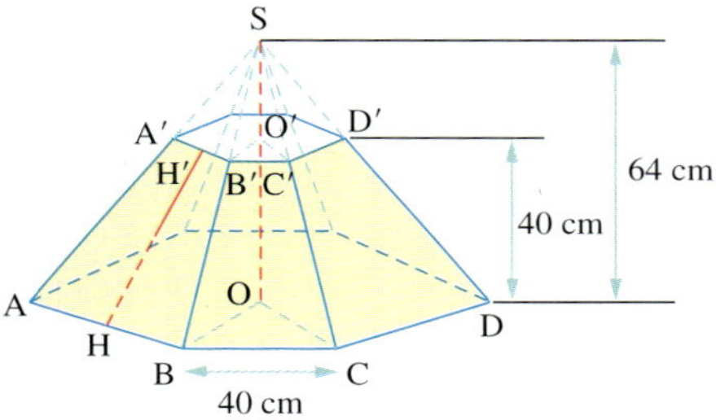

Fig. 67

1° On considère une pyramide de sommet S, de hauteur h égale à 64 cm et ayant pour base un hexagone régulier de centre O, de côté r égal à 40 cm.
Calculer en cm^3, à 1 cm^3 près par défaut, le volume de cette pyramide.
On rappelle que le volume d'une pyramide est $V = \frac{1}{3} Bh$ où B désigne l'aire de la base et h la hauteur.
De plus, un hexagone est formé de six triangles équilatéraux.

2° Pour confectionner un abat-jour, on coupe cette pyramide par un plan parallèle à celui de l'hexagone de base de façon à obtenir un tronc de pyramide de hauteur 40 cm.

La section est un hexagone régulier de centre O′ de côté r'.

Déterminer r'.

3° Chaque face de l'abat-jour est un trapèze isocèle de petite base 15 cm et de grande base 40 cm.
a) Soit H et H′ les milieux respectifs de [AB] et [A′B′], déterminer SH, SH′, puis la hauteur du trapèze ABB′A′ en raisonnant dans le plan (SOH).
b) Déterminer, en cm^2, à 1 cm^2 par excès, une valeur approchée de l'aire latérale du tronc de pyramide.

(Brevet de technicien arts appliqués)

Volumes de solides de révolution (exercices 55 et 56).

55 ■ On considère le solide de la figure 68 formé d'une demi-sphère et d'un cône.

1° Sachant que AC = 8 cm et que l'angle $\widehat{C}$ du triangle ABC mesure 50°, calculer AB puis OC (les résultats seront donnés au dizième de millimètre près).

2° Calculer alors le volume de ce solide.

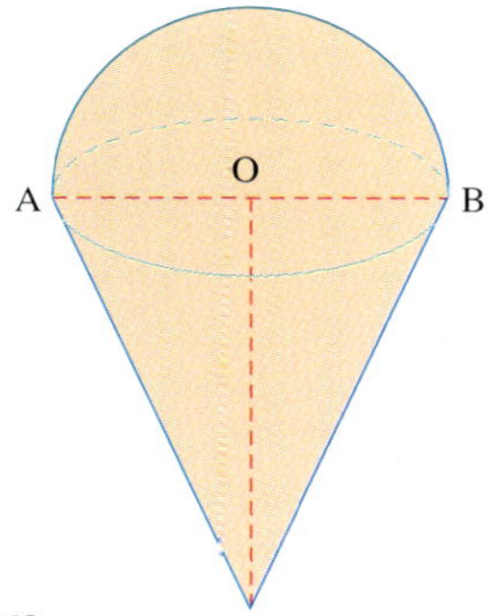

Fig. 68

56 ■■■ ***Aire et volume***

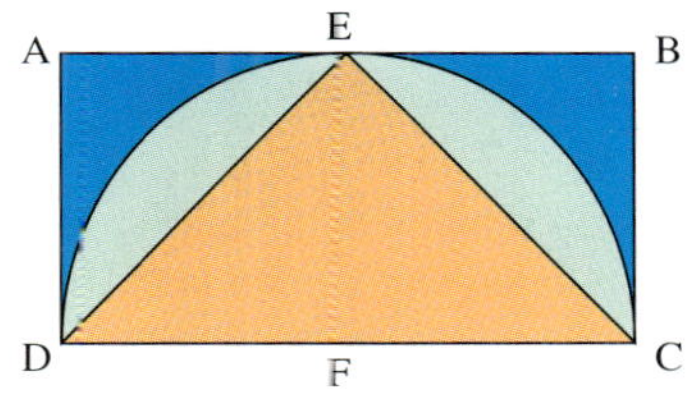

Fig. 69

ABCD est un rectangle tel que AB = $2a$ et AD = a. E est le milieu de [AB] et F le milieu de [DC].
On trace le demi-cercle de diamètre [DC] et le triangle DEC.

1° Comparer les aires du triangle DEC, de la partie comprise entre le triangle et le demi-cercle, et de la partie comprise entre le demi-cercle et le rectangle.

2° On fait tourner la figure autour de (EF).
Quels sont les solides de révolution obtenus ? Comparer les volumes de ces trois solides de révolution.

57 ■■■■ ***Utilisation de la règle de Kepler (ou formule des trois niveaux)***

La figure 70 représente une vue en perspective d'un élément de gaine de ventilation.
ABCD et EFGH sont des rectangles situés dans des plans parallèles. AEFB et DHGC sont tous deux des trapèzes isocèles. Les plans ABCD, BFGC, EFGH et

AEHD sont tous quatre perpendiculaires au plan DHGC.

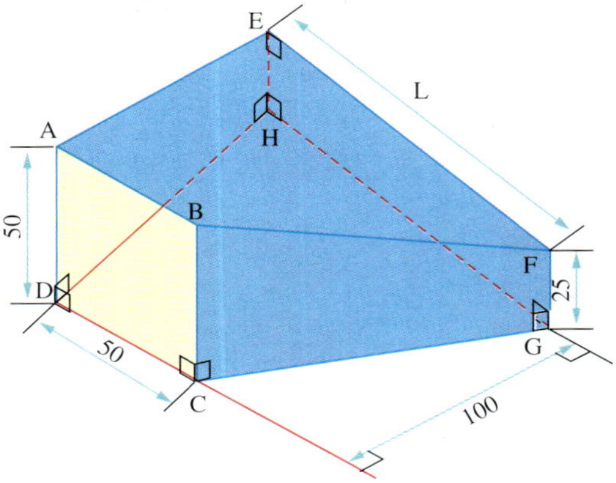

Fig. 70

Les dimensions sont indiquées en centimètres sur la figure. 100 est la distance qui sépare les deux plans parallèlles ABCD et EFGH.
Utiliser la règle de Kepler pour calculer le volume du solide en admettant que la section à mi-hauteur est un rectangle.

RÈGLE DE KEPLER
(OU FORMULE DES 3 NIVEAUX)

Certaines formules d'approximation pour le calcul du volume d'un solide sont très utiles en pratique. Dans certains cas particuliers, les formules donnent même les valeurs exactes.
Le mathématicien Kepler (1571-1630) donne une formule d'approximation pour déterminer le volume V d'un tonneau où B_0, B_2, B_1 sont les aires de la surface du sommet, du fond, de la section à mi-hauteur et où h est la hauteur :

$$V = \frac{h}{6}(B_0 + 4B_1 + B_2).$$

Ce résultat n'est pas exigible en mathématiques en Terminale STI.

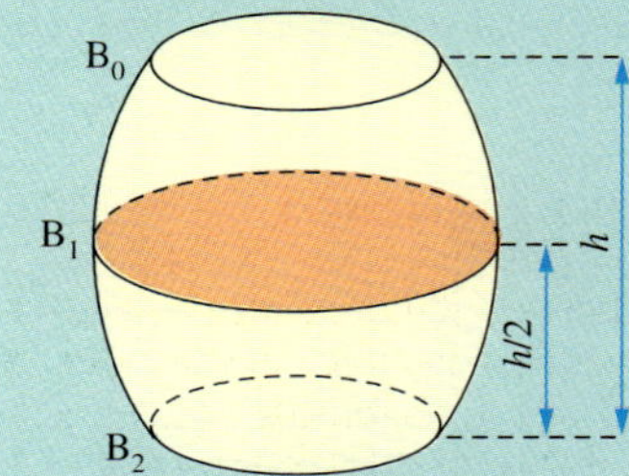

Fig. 71

La règle de Kepler donne la valeur exacte du volume pour une pyramide à base carrée, un cylindre, une sphère, un tronc de pyramide à bases parallèles.

3 Probabilités

- Rappels
- Variable aléatoire

Quelques notions de calcul des probabilités ont été introduites en Première. En Terminale vous allez poursuivre l'étude de **phénomènes aléatoires.** Il s'agit de phénomènes où le hasard intervient : lancé de dés, tirage d'une carte dans un jeu ou d'une boule dans une urne, ...
Les situations que vous allez étudier ont été choisies pour vous permettre de vous familiariser progressivement avec le calcul des probabilités ; c'est le cas notamment pour l'introduction du concept de **variable aléatoire** qui est une nouveauté du programme de mathématiques de Terminale. Ce chapitre est indispensable pour aborder de façon scientifique le **contrôle de qualité** dans le domaine industriel.

INTRODUCTION

1. Quelques mots d'histoire

Hasard vient de l'arabe *az-zahr* signifiant « jeu de dé ».
Aléa vient du latin *alea* qui signifie « coup de dé ».
Chance vient du latin *cadere* signifiant « tomber, choir » que l'on retrouve dans la « chute de dés ».
Énumérez-les :
$10 = 1 + 3 + 6$,
$10 = 1 + 4 + 5$, ...

Parmi les ancêtres du loto et des différents jeux où le hasard intervient (tapis vert, millionnaire, ...), les jeux de dés occupent une place très importante : savez-vous que les dés existaient déjà dans l'antiquité ?
Savez-vous que les dés sont à l'origine de certains mots du vocabulaire usuel ou scientifique ?

Connaissez-vous le problème de jeu de dés posé par le Grand Duc de Toscane, au XVIe siècle ? Celui-ci, grand amateur de jeux de hasard, avait remarqué qu'en lançant 3 dés et en ajoutant les points obtenus, le total 10 revenait plus souvent que 9, alors que 10 et 9 se décomposent tous deux de 6 façons différentes. Ce problème resta plusieurs dizaines d'années sans réponse, et c'est Galilée (1564-1642), mathématicien, physicien et astronome italien qui le résolut. Signalons que Cardan (1501-1576) n'avait pas su expliquer ce phénomène alors qu'il fut le premier à découvrir une méthode de résolution des équations du troisième degré !

C'est Pascal (1623-1662), mathématicien, physicien, philosophe et écrivain français qui peut être considéré comme le fondateur du calcul des probabilités.

Fermat (1601-1665) a lui aussi résolu le problème du Chevalier de Méré et sa méthode peut s'étendre au cas de plus de deux joueurs.

À partir de quelques problèmes particuliers il sut imaginer des méthodes générales de résolution ; l'exemple le plus célèbre est celui du problème du Chevalier de Méré : lorsqu'une partie d'un jeu de hasard doit être arrêtée avant la victoire d'un des deux joueurs, comment répartir entre ceux-ci les sommes d'argent misées ? La méthode mise en œuvre par Pascal, conduisant aux « règles des partis », devait faire école. Ainsi vers 1654 avec, en particulier, la correspondance entre Pascal et Fermat, les probabilités deviennent une branche des mathématiques.

Aujourd'hui les probabilités interviennent dans presque tous les secteurs : la technologie avec le contrôle de qualité, l'électronique avec les signaux aléatoires, la physique des particules, l'économie, la médecine...

C'était à la fin de la Seconde Guerre mondiale.
Le mot anglais random signifie hasard.

Des recherches ont même été menées pour simuler le hasard. Elles ont conduit à l'élaboration de tables dites de nombres au hasard, utilisées en particulier en simulation de tirs. Aujourd'hui certaines calculatrices possèdent une touche Ran #, RND, Rand ... qui permet d'obtenir un nombre pseudo-aléatoire.

2. Activités préparatoires

a Problème 1

La partie A nous fait découvrir, sur un exemple, la notion de variable aléatoire. La partie B, de statistique descriptive, nous permet de rappeler et de prolonger le lien étudié en Première entre fréquence et probabilité.

A. Calcul de probabilités

On jette deux dés cubiques non pipés, l'un blanc, l'autre vert, dont les faces sont numérotées de 1 à 6.
On appelle résultat un couple (a, b) où a est le nombre de points obtenus avec le dé blanc et b le nombre de points obtenus avec le dé vert.

1° *a*) Représenter par un tableau l'ensemble Ω des résultats possibles.

b) Indiquer dans un second tableau analogue la somme des points obtenus avec les deux dés pour chaque résultat.

S = 2 se lit « S prend la valeur 2 ».

S = 7 se lit « S prend la valeur 7 ».

2° a) Quelle est la probabilité de l'événement, noté $S = 2$, « la somme des points ainsi obtenus est 2 ».

b) Déterminer la probabilité de l'événement noté $S = 7$.

3° *a*) Quel est l'ensemble, noté $S(\Omega)$, des valeurs que peut prendre S ?

b) Compléter le tableau suivant où k parcourt $S(\Omega)$ et où $P(S = k)$ est la probabilité que S prenne la valeur k :

k	2	
$P(S = k)$		

4° Tracer dans un repère orthogonal un diagramme en bâtons où les valeurs de k sont portées en abscisse et celles de $P(S = k)$ en ordonnée.

5° *a*) Calculer le nombre, noté $E(S)$, égal à la somme de tous les produits $k \times P(S = k)$ lorsque k décrit $S(\Omega)$.

b) Indiquer pourquoi, en observant le tableau demandé à la question 1° *b*), on pouvait se douter de la valeur de $E(S)$.

B. Statistique descriptive

On effectue six séries de cent lancers de deux dés et on note chaque fois la somme des points ainsi obtenus. Les résultats de chaque centaine sont donnés par le tableau ci-dessous :

Somme	2	3	4	5	6	7	8	9	10	11	12
1re centaine	2	4	13	11	20	15	13	8	11	1	2
2e centaine	1	3	10	15	15	15	14	15	9	1	2
3e centaine	5	9	5	12	14	21	9	9	9	6	1
4e centaine	4	7	8	10	11	17	15	9	10	8	1
5e centaine	4	6	10	13	11	14	15	10	10	6	1
6e centaine	1	9	10	10	13	12	18	11	9	6	1

1° *a*) Calculer pour la somme 2, la fréquence de cette classe après 100 lancers, 200 lancers, ..., 600 lancers. Peut-on parler de relative stabilité de la fréquence de cette classe autour de $p_2 = P(S = 2)$ obtenu à la question A. 3° *b*) ?

b) Même question avec la somme 7 et l'événement $S = 7$.

2° Calculer la moyenne des sommes obtenues après 100 lancers, 200 lancers, ..., 600 lancers.
Peut-on parler de relative stabilité de cette moyenne autour du nombre $E(S)$ calculé à la question A. 5° *a*) ?

b ***Problème 2***

Ils sont rappelés au paragraphe I.

Ce problème va nous permettre de nous remettre en tête des définitions et des théorèmes vus en Première.

Une urne contient deux boules rouges, une boule verte et une boule bleue notées respectivement R, R′, V et B.

Dans un *tirage au hasard* chaque boule a la même probabilité d'être tirée.

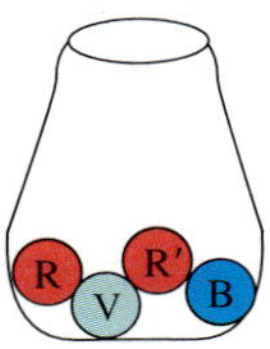

Fig. 1

1° Quelle est la probabilité d'obtenir une boule rouge lors d'un tirage au hasard d'une des boules de cette urne ?

2° Tirage **avec remise.**
Tirons au hasard une de ces quatre boules, remettons-la dans l'urne et effectuons un second tirage au hasard d'une boule.

On appelle résultat d'un tel tirage un couple tel que (R, B) où le premier élément, ici R, est la boule obtenue en premier et où le second élément, ici B, est celle obtenue en second.

a) Déterminer et représenter à l'aide d'un tableau et d'un arbre l'ensemble Ω_1 de tous les résultats possibles.

b) Quelle est la probabilité de chaque événement élémentaire ?

c) Calculer la probabilité d'obtenir deux boules rouges ?

3° Tirage **sans remise.**
Effectuons un tirage au hasard de deux boules mais, cette fois, la boule obtenue en premier n'est pas remise dans l'urne avant de tirer la seconde boule.

Reprendre les trois parties *a*), *b*), *c*) de la question précédente en notant Ω_2 le nouvel ensemble de tous les résultats possibles.

Ce problème sera complété au paragraphe II par de nouvelles questions destinées à introduire ou illustrer des nouveautés de Terminale.

I. RAPPELS

1. Vocabulaire des événements

• Dans une **expérience aléatoire,** l'***univers*** Ω est l'ensemble de tous les résultats possibles.

• Un ***événement*** est une partie de l'univers.

• Un ***événement élémentaire*** est un événement possédant un seul élément.

• Deux événements A, B sont ***disjoints*** ou ***incompatibles*** si et seulement si $A \cap B = \varnothing$.

• L'événement ***contraire*** d'un événement A est l'ensemble $\overline{A}$ des éléments de Ω n'appartenant pas à A.

2. Calcul des probabilités

• La ***probabilité d'un événement A*** d'un univers fini Ω est la somme des probabilités des événements élémentaires qui constituent A. La probabilité de Ω est 1.

• Pour tout événement A, $0 \leqslant P(A) \leqslant 1$.

• L'***équiprobabilité*** correspond au cas où tous les événements élémentaires ont la même probabilité. Dans ce cas :

la probabilité d'un événement élémentaire est $\dfrac{1}{\text{nombre d'éléments de } \Omega}$;

pour tout événement A,

$$P(A) = \frac{\text{nombre d'éléments de A}}{\text{nombre d'éléments de } \Omega} = \frac{\text{nombre de cas favorables}}{\text{nombre de cas possibles}}.$$

• Pour tous événements ***disjoints*** A, B, $P(A \cup B) = P(A) + P(B)$.

• Pour tout événement A, $P(\overline{A}) = 1 - P(A)$. En particulier $P(\varnothing) = 0$.

• Pour tous événements A, B, $P(A \cup B) = P(A) + P(B) - P(A \cap B)$.

II. VARIABLE ALÉATOIRE

1. Exemples de variable aléatoire

Considérons deux personnes jouant aux dés de la façon suivante : chacune lance deux dés et le gagnant est celui dont la somme des points ainsi obtenus est la plus grande.

Observons que, pour chaque joueur, peu importe d'obtenir par exemple 2 et 6, 3 et 5, ou 4 et 4 : seule la valeur 8 de la somme compte.

Voir l'introduction. Nous nous plaçons évidemment AVANT que les dés n'aient roulé sur le tapis.

Ainsi, comme dans la partie A du problème 1, nous introduisons S qui associe à un lancer de deux dés la somme des points susceptibles d'être obtenus : 2, 3, 4, …

Chaque valeur possible de cette somme est affectée d'une probabilité : ainsi 2 est affecté de la probabilité $\frac{1}{36}$, 3 de la probabilité $\frac{2}{36}$, …

On convient de dire que S est une **variable aléatoire.**
Plus généralement :

X prend pour valeurs des **nombres** réels.

Une grandeur numérique X prenant, lors d'une expérience aléatoire, des valeurs $x_1, x_2, ..., x_n$ avec des probabilités $p_1, p_2, ..., p_n$, est une variable aléatoire.

EXEMPLES

Voir dans l'introduction historique l'importance des situations de jeux dans l'élaboration du calcul des probabilités.

Complétons le problème 2 de l'introduction par la mise en place d'une règle du jeu :

Pour chaque boule rouge tirée, on gagne 1 F.
Pour chaque boule verte tirée, on gagne 2 F.
Pour chaque boule bleue tirée, on perd 3 F.

Une perte est un gain négatif.

Soit X_1 (respectivement X_2) la variable aléatoire qui à tout tirage **avec remise** (respectivement **sans remise**) de deux boules associe le gain ainsi réalisé.

Voir les questions 2° *a)* et 3° *a)* du problème 2 de l'introduction.

Les valeurs prises par X_1 (resp. X_2) peuvent être obtenues dans un tableau analogue à celui qui a servi à déterminer l'univers Ω_1 (resp. Ω_2) de tous les résultats possibles.

Tirage avec remise

1re boule / 2e boule	R	R′	V	B
R	2	2	3	− 2
R′	2	2	3	− 2
V	3	3	4	− 1
B	− 2	− 2	− 1	− 6

Tirage sans remise

1re boule / 2e boule	R	R′	V	B
R		2	3	− 2
R′	2		3	− 2
V	3	3		− 1
B	− 2	− 2	− 1	

Pour un joueur, l'important n'est pas d'obtenir (V, R) ou (R′, V) ; c'est de gagner 3 F. C'est l'univers des gains possibles et non Ω_1 qui l'intéresse.

De ces tableaux nous déduisons que l'ensemble de tous les gains possibles est $X_1(\Omega_1) = \{-6, -2, -1, 2, 3, 4\}$ dans le cas d'un tirage avec remise et $X_2(\Omega_2) = \{-2, -1, 2, 3\}$ dans le cas d'un tirage sans remise.

Les notations $X_1(\Omega_1)$ et $X_2(\Omega_2)$ ne peuvent être justifiées cette année. Notez cependant qu'elles permettent de souligner que le nouvel univers ainsi défini dépend à la fois de l'univers Ω_1 ou Ω_2 et de la variable aléatoire X_1 ou X_2.

REMARQUE

Nous pouvons définir plusieurs variables aléatoires à partir de la même expérience aléatoire et donc du même univers Ω des résultats possibles.
Ainsi dans le cas du tirage de deux boules avec remise, en remplaçant la perte de 3 F par une perte de 4 F pour chaque boule bleue tirée, on obtient une nouvelle variable aléatoire dont l'ensemble des gains possibles est

$$Y(\Omega_1) = \{-8, -3, -2, 2, 3, 4\}.$$

De même pour cette même expérience aléatoire, soit Z la variable aléatoire associant à chaque résultat le nombre de boules rouges tirées :

$$Z(\Omega_1) = \{0, 1, 2\}.$$

Tableau pour Y

2e boule \ 1re boule	R	R′	V	B
R	2	2	3	− 3
R′	2	2	3	− 3
V	3	3	4	− 2
B	− 3	− 3	− 2	− 8

Tableau pour Z

2e boule \ 1re boule	R	R′	V	B
R	2	2	1	1
R′	2	2	1	1
V	1	1	0	0
B	1	1	0	0

2. Loi de probabilité associée à une variable aléatoire

Reprenons l'exemple du lancer de deux dés.

Voir le 3° du problème 1 de l'introduction.

Pour la variable aléatoire S prenant pour valeur la somme des points obtenus sur les deux dés, nous avons trouvé que

$$S(\Omega) = \{2, 3, 4, 5, 6, 7, 8, 9, 10, 11, 12\}.$$

$S = k$ se lit « S prend la valeur k ».

De plus, à chaque événement, noté $S = k$, « la somme des points obtenus est k », où k est élément de $S(\Omega)$, nous avons associé une probabilité donnée par le tableau :

Pour faciliter les calculs ultérieurs on garde ici 36 comme dénominateur commun.

k	2	3	4	5	6	7	8	9	10	11	12
$P(S = k)$	$\frac{1}{36}$	$\frac{2}{36}$	$\frac{3}{36}$	$\frac{4}{36}$	$\frac{5}{36}$	$\frac{6}{36}$	$\frac{5}{36}$	$\frac{4}{36}$	$\frac{3}{36}$	$\frac{2}{36}$	$\frac{1}{36}$

Ce tableau de valeurs définit une fonction

$$f : k \mapsto f(k) = P(S = k)$$
$$S(\Omega) \to [0, 1].$$

Cette fonction f s'appelle la **loi de probabilité associée à la variable aléatoire S.**

Elle permet de calculer la probabilité d'événements sans revenir à l'ensemble Ω des couples de résultats obtenus avec chaque dé ; ainsi soit A l'événement « la somme des points obtenus est un multiple de 6 ».

A est la réunion des deux événements disjoints $(S = 6)$, $(S = 12)$.

Donc
$$P(A) = P(S = 6) + P(S = 12),$$
$$P(A) = f(6) + f(12),$$
$$P(A) = \frac{5}{36} + \frac{1}{36},$$
$$P(A) = \frac{1}{6}.$$

De même pour l'événement B « la somme des points obtenus est dans l'intervalle $[4, 7]$ », on a

$$P(B) = f(4) + f(5) + f(6) + f(7) = \frac{1}{2}.$$

C'est l'événement certain.

Enfin l'événement $S(\Omega)$ « la somme des points obtenus est compris entre 2 et 12 » a évidemment 1 pour probabilité.
Notez que $f(2) + f(3) + \ldots + f(12) = 1$.

Ainsi nous observons que si nous disposons de la loi de probabilité associée à la variable aléatoire S, nous pouvons oublier l'univers Ω des couples de résultats obtenus sur chaque dé.

Avec $S(\Omega)$ nous disposons d'un nouvel univers pour lequel les événements élémentaires sont $(X = 2)$, $(X = 3)$, ..., $(X = 12)$; leurs probabilités respectives sont données par la loi de probabilité associée à S, c'est-à-dire le tableau ci-dessus.

La probabilité d'un événement lié à S est alors la somme des probabilités de ces nouveaux éléments élémentaires.
Plus généralement :

Soit X une variable aléatoire prenant pour valeurs les nombres x_1, x_2, ..., x_i, ..., x_n, avec des probabilités p_1, p_2, ..., p_i, ..., p_n.
La loi de probabilité associée à X est la fonction *f* qui à chaque nombre x_i associe la probabilité p_i.

$$f : x_i \mapsto f(x_i) = p_i.$$

$(X = x_1)$, ..., $(X = x_n)$ sont les événements élémentaires de la loi de probabilité de X.

EXEMPLES

Reprenons les notations du problème 2 de l'introduction et du paragraphe 1.
Les lois de probabilité respectives de X_1, X_2, Y et Z sont obtenues à l'aide des tableaux du paragraphe 1 en remarquant que dans Ω_1 et Ω_2 les événements élémentaires sont équiprobables.

Dans chaque cas la somme des probabilités est 1.

x_i	-6	-2	-1	2	3	4
$P(X_1 = x_i)$	$\frac{1}{16}$	$\frac{4}{16} = \frac{1}{4}$	$\frac{2}{16} = \frac{1}{8}$	$\frac{4}{16} = \frac{1}{4}$	$\frac{4}{16} = \frac{1}{4}$	$\frac{1}{16}$

x_i	-2	-1	2	3
$P(X_2 = x_i)$	$\frac{4}{12} = \frac{1}{3}$	$\frac{2}{12} = \frac{1}{6}$	$\frac{2}{12} = \frac{1}{6}$	$\frac{4}{12} = \frac{1}{3}$

x_i	-8	-3	-2	2	3	4
$P(Y = x_i)$	$\frac{1}{16}$	$\frac{4}{16} = \frac{1}{4}$	$\frac{2}{16} = \frac{1}{8}$	$\frac{4}{16} = \frac{1}{4}$	$\frac{4}{16} = \frac{1}{4}$	$\frac{1}{16}$

x_i	0	1	2
$P(Z = x_i)$	$\frac{4}{16} = \frac{1}{4}$	$\frac{8}{16} = \frac{1}{2}$	$\frac{4}{16} = \frac{1}{4}$

De tels tableaux ressemblent aux tableaux des fréquences que vous avez rencontrés en statistique dès le collège : ils vous ont permis de tracer des diagrammes en bâtons.

Nous allons faire de même ici, par exemple pour X_2 :

Faites de même pour X_1.

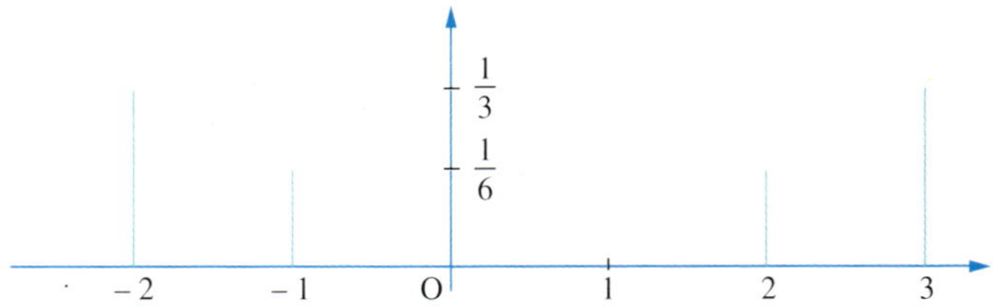

Fig. 2

Rappelons qu'un diagramme en bâtons de fréquences ne peut être réalisé qu'**après** avoir eu connaissance des résultats sucessifs de l'expérience aléatoire. Au contraire, le diagramme en bâtons de la loi de probabilité permet, **avant** que le résultat d'une expérience aléatoire ne soit connu, d'avoir une idée du nombre de chances d'obtenir tel ou tel résultat.

3. Fonction de répartition d'une variable aléatoire

Reprenons l'exemple du lancer des deux dés avec deux joueurs A *et* B, le gagnant étant celui qui obtient la somme la plus grande.

Imaginons que A joue en premier et obtienne 8. Pour le joueur B l'événement espéré est que S soit strictement supérieur à 8, à la rigueur supérieur (ou égal) à 8 tandis que l'événement redouté est que S soit strictement inférieur à 8.

S > 8 se lit : « S prend une valeur strictement supérieure à 8. »

Dans cet exemple nous sommes amenés à considérer des événements correspondant à des inégalités que nous noterons $S > 8$, $S \geqslant 8$, $S < 8$.

De même, dans les exemples de tirages de deux boules avec ou sans remise un joueur redoute d'obtenir un gain négatif ou de perdre plus de 1 F s'il ne dispose plus que de cette somme.

Nous devons donc nous intéresser, ici aussi, à des événements tels que $X_2 \leqslant 0$, $X_2 \leqslant -1$, ... Mais ici 0 n'est pas un élément de $X_2(\Omega_2)$.

Aussi nous introduisons une nouvelle fonction F_2 définie sur $\mathbb{R}$ par

$$F_2(x) = P(X_2 \leqslant x) ;$$

c'est la **fonction de répartition de la variable aléatoire X_2.**
Plus généralement :

Définition
La fonction de répartition d'une variable aléatoire X est la fonction F définie sur $\mathbb{R}$ par

$$\mathbf{F(x) = P(X \leqslant x).}$$

EXEMPLE

Traçons la représentation graphique de la fonction de répartition F_2 de la variable aléatoire X_2.
La loi de probabilité de X_2 est donnée au paragraphe 2, ce qui va nous permettre de calculer $F_2(x)$ pour quelques valeurs de la variable réelle x.

$$F_2(-1) = P(X_2 \leqslant -1), \quad \text{donc} \quad F_2(-1) = P(X_2 = -2) + P(X_2 = -1).$$

Donc $$F_2(-1) = f(-2) + f(-1) = \frac{1}{3} + \frac{1}{6} = \frac{1}{2}.$$

$(X_2 \leqslant 2)$ est constitué des événements élémentaires $(X_2 = -2)$, $(X_2 = -1)$, $(X_2 = 2)$.

De même $F_2(2) = f(-2) + f(-1) + f(2) = \frac{1}{2} + \frac{1}{6} = \frac{2}{3}$.

$F_2(0) = P(X_2 \leqslant 0)$;

c'est $F_2(-1)$ car l'événement $(X_2 \leqslant 0)$ est constitué des mêmes événements élémentaires que $(X_2 \leqslant -1)$: ce sont $(X_2 = -2)$, $(X_2 = -1)$.

Il en est de même pour tout $F_2(x)$ où x est dans l'intervalle $[-1, 2[$; donc la fonction F_2 est constante sur l'intervalle $[-1, 2[$.
Il en est de même sur $[-2, -1[$ et $[2, 3[$.
Enfin pour tout $x \geqslant 3$, $F_2(x) = 1$
et pour tout $x < -2$, $F_2(x) = 0$.

$(X_2 \leqslant 3)$ est l'événement certain.
$(X_2 < -2)$ est l'événement impossible.

F_2 est donc une fonction en escalier (ou constante par intervalle).

L'extrémité droite de chaque segment n'est pas prise.

Faites de même pour X_1.

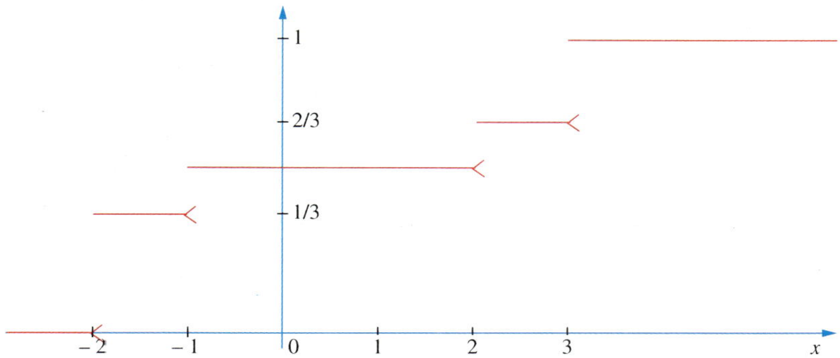

Fig. 3

Cette représentation graphique peut évoquer un début d'histogramme des fréquences cumulées.

4. Espérance mathématique d'une variable aléatoire

Dans la partie B du problème 1 de l'introduction, nous avons calculé la moyenne des points obtenus après 100, 200, 300, ..., 600 lancers de deux dés ; nous avons remarqué une relative stabilité de la moyenne $\bar{x}$ des points obtenus, lorsque le nombre n de lancers de deux dés augmente :

6,690 ; 6,810 ; 6,770 ; 6,820 ; 6,822 ; 6,838.

Il y a 11 classes.

Or $$\bar{x} = \frac{n_1 x_1 + \ldots + n_i x_i + \ldots + n_{11} x_{11}}{n},$$

où les x_i sont les valeurs $x_1 = 2$, $x_2 = 3$, ..., $x_{11} = 12$ susceptibles d'être obtenues et où chaque n_i est le nombre de fois que la valeur x_i est obtenue au cours des n lancers.
Par définition, la fréquence de la classe x_i est $f_i = \frac{n_i}{n}$.
Aussi nous allons écrire $\bar{x}$ sous la forme :

$$\bar{x} = \frac{n_1}{n} x_1 + \frac{n_2}{n} x_2 + \ldots \frac{n_i}{n} x_i + \ldots + \frac{n_{11}}{n} x_{11},$$

$$\bar{x} = f_1 x_1 + f_2 x_2 + \ldots + f_i x_i + \ldots + f_{11} x_{11}.$$

Ainsi $\bar{x}$ est la somme des produits $f_i x_i$.

Quand le nombre n de lancers augmente, les nombres $x_1 = 2$, $x_2 = 3, \ldots, x_{11} = 12$ ne changent pas ; seules les fréquences f_i évoluent.

Par exemple la fréquence de la classe « obtenir 2 » se stabilise autour de $p_1 = p(S = 2) = \frac{1}{36}$.

Comme nous l'avons vu en Première, lorsque n augmente on observe une relative stabilité de chaque fréquence f_i autour de la probabilité p_i de l'événement correspondant $(S = x_i)$.
Ceci signifie que quand n augmente chaque $f_i x_i$ va se stabiliser autour de $p_i x_i$.
On est donc amené à considérer le nombre

$$p_1 x_1 + p_2 x_2 + \ldots + p_{11} x_{11}$$

qui est entièrement défini par la loi de probabilité de la variable aléatoire S.

Observez la symétrie du tableau initial des résultats équiprobables définissant Ω, et celle du tableau définissant la loi de probabilité de S.

Ce nombre s'appelle l'**espérance mathématique de la variable aléatoire S ;** il est noté E(S) et est égal à 7.

Avant de lancer les dés, un joueur peut ainsi savoir que s'il joue un très grand nombre de fois la moyenne des résultats va être voisine de 7.

On utilise aussi le mot **moyenne** à la place d'espérance mathématique.

Définition
L'espérance mathématique d'une variable aléatoire X prenant m valeurs x_i avec les probabilités $p_i = P(X = x_i)$ est

$$\mathbf{E(X) = p_1 x_1 + p_2 x_2 + \ldots + p_m x_m.}$$

EXEMPLES

Avec une calculatrice, faites comme pour calculer $\bar{x}$ en remplaçant $f_i = \frac{n_i}{n}$, par p_i.

Pour les variables aléatoires X_1, X_2, Y et Z dont les lois de probabilité sont données au paragraphe 2 :

$$E(X_1) = 0{,}5, \quad E(X_2) = 0{,}5,$$
$$E(Y) = 0, \quad E(Z) = 1.$$

REMARQUES

Soupçonniez-vous ce résultat ?

$$E(X_1) = E(X_2).$$

Ainsi avec cette répartition de boules dans l'urne suivant les couleurs et avec la règle du jeu définissant X_1 et X_2, un joueur peut espérer gagner 0,50 F après un très grand nombre de parties, toutes jouées avec remise ou sans remise.

$E(Y) = 0$ signifie qu'un joueur utilisant la règle du jeu définissant Y ne gagnerait rien et ne perdrait rien après une infinité de parties.
Un tel jeu est dit **équitable.**

5. Variance et écart type d'une variable aléatoire

Les séries statistiques envisagées ici sont des listes de nombres.

$\sigma = \sqrt{V}$.

Vous savez que pour décrire une série statistique il est souhaitable de donner une indication non seulement sur la tendance centrale, par exemple à l'aide de la moyenne $\bar{x}$, mais aussi sur la dispersion autour de cette tendance centrale, par exemple en calculant la variance V puis l'écart type σ.

On reprend l'exemple des dés et les notations du paragraphe 4.

Ainsi dans le cas des lancers de deux dés :

$$V = \frac{n_1(x_1 - \bar{x})^2 + \ldots + n_{11}(x_{11} - \bar{x})^2}{n}$$

$$V = f_1(x_1 - \bar{x})^2 + \ldots + f_{11}(x_{11} - \bar{x})^2.$$

La relative stabilité de chaque f_i autour de p_i et de $\bar{x}$ autour de E(S) lorsque n prend de grandes valeurs conduit à la définition suivante.

Définition
La variance d'une variable aléatoire X prenant m valeurs x_i avec les probabilités $p_i = P(X = x_i)$ est

$$V(X) = p_1(x_1 - E(X))^2 + p_2(x_2 - E(X))^2 + \ldots + p_m(x_m - E(X))^2.$$

L'écart type de X est $\sigma(X) = \sqrt{V(X)}$.

Pour éviter de cumuler les erreurs d'arrondis dans les m calculs de $(x_i - E(X))^2$, on utilise le plus souvent le résultat suivant que nous admettons :

$$V(X) = (p_1 x_1^2 + p_2 x_2^2 + \ldots + p_m x_m^2) - (E(X))^2.$$

EXEMPLES

$V(X_1) \approx 7{,}375, \quad \sigma(X_1) \approx 2{,}7, \quad V(X_2) \approx 4{,}917, \quad \sigma(X_2) \approx 2{,}2.$

On observe donc que $V(X_1)$ est supérieur à $V(X_2)$.

$E(X_1) = E(X_2) = 0{,}5.$

Ainsi, avant de commencer à jouer, on sait qu'avec ou sans remise on obtiendra un gain final d'environ 0,50 F après un très grand nombre de parties mais les gains (ou pertes) obtenus au cours des différentes parties seront plus dispersés dans le cas de tirages avec remise.

RÉSUMÉ

Vocabulaire des événements - Calcul des probabilités

Voir le tableau des rappels du paragraphe I.

Variable aléatoire

• Une grandeur numérique X prenant, lors d'une expérience aléatoire, des valeurs $x_1, x_2, \ldots, x_n$ avec des probabilités $p_1, p_2, \ldots, p_n$, est une **variable aléatoire.**

• **La loi de probabilité** associée à X est la fonction f qui à chaque nombre x_i associe la probabilité p_i.

$$f : x_i \mapsto f(x_i) = p_i.$$

$(X = x_1), \ldots, (X = x_n)$ sont les **événements élémentaires** de la loi de probabilité de X.

• La **fonction de répartition** de X est la fonction F définie sur $\mathbb{R}$ par

$$F(x) = P(X \leqslant x).$$

• L'**espérance mathématique** de X est

$$E(X) = p_1 x_1 + p_2 x_2 + \ldots + p_n x_n.$$

• La **variance** de X est

$$V(X) = p_1[x_1 - E(X)]^2 + p_2[x_2 - E(X)]^2 + \ldots + p_n[x_n - E(X)]^2$$

$$V(X) = (p_1 x_1^2 + p_2 x_2^2 + \ldots + p_n x_n^2) - [E(X)]^2.$$

• L'**écart type** de X est $\sigma(X) = \sqrt{V(X)}$.

TRAVAUX PRATIQUES

Exemples d'étude de situations de probabilités issues d'expériences aléatoires

T.P. 1 Exemple de situation d'équiprobabilité

L'un des dés pour jeux de rôles comporte vingt faces numérotées de 1 à 20.
Lorsqu'on lance ce dé, chacune des faces a la même probabilité d'être la face supérieure. On lance ce dé une fois et on note le nombre indiqué sur la face supérieure.

On considère les événements suivants :

A : « le nombre indiqué est 5 » ;

B : « le nombre indiqué est impair » ;

C : « le nombre indiqué est un multiple de 5 » ;

D : « le nombre indiqué est impair et multiple de 5 » ;

E : « le nombre indiqué est impair ou multiple de 5 » ;

Calculer les probabilités P(A), P(B), P(C), P(D), P(E).

(Baccalauréat arts graphiques, 1995)

Exemples d'emploi de partitions et de représentations (arbres, tableaux, ...) pour organiser et dénombrer les données relatives à des situations aléatoires

T.P. 2 Exemple de situation où on peut utiliser un diagramme ou un tableau

Dans le service « contrôle de qualité » d'une entreprise de produits chimiques, on mesure la masse et la teneur en potassium de 400 comprimés d'un certain type.
On observe que la masse de 28 comprimés ne convient pas et que la teneur en potassium de 44 comprimés n'est pas satisfaisante. En comparant les résultats des deux contrôles, on constate que 20 comprimés ont été déclarés deux fois non conformes.

1° On représente cette situation par le diagramme suivant où M est l'ensemble des comprimés dont la masse convient et K l'ensemble des comprimés dont la teneur en potassium est satisfaisante ; M est constitué des parties ① et ③ qui n'ont pas d'élément commun et il en est de même pour K avec ② et ③.

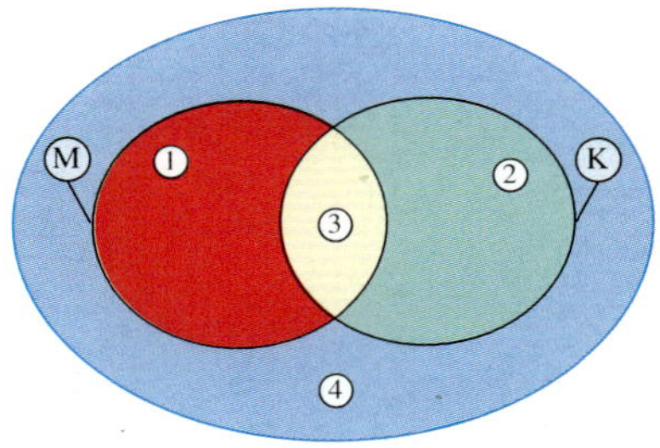

Ensemble des 400 comprimés *Fig. 4*

Donner, en justifiant chaque réponse, le nombre de comprimés constituant chacune des parties ①, ②, ③ et ④.

2° Dans le tableau suivant, $\overline{M}$ (respectivement $\overline{K}$) est l'ensemble des comprimés dont la masse (respectivement la teneur en potassium) ne convient pas.
Reproduire ce tableau et le compléter.

	K	$\overline{K}$	Total
M			
$\overline{M}$			
Total			400

3° On choisit au hasard un comprimé parmi les 400 contrôlés ; tous les comprimés ont la même probabilité d'être choisis. Déterminer la probabilité des événements suivants :

A : « Le comprimé choisi a une teneur en potassium satisfaisante. »

B : « Le comprimé choisi a une masse satisfaisante mais sa teneur en potassium ne convient pas. »

C : « Le comprimé choisi a une masse et une teneur en potassium satisfaisantes. »
D : « Le comprimé choisi est déclaré conforme lors d'un contrôle et d'un seul. »

T.P. 3 Exemple d'utilisation d'un tableau

On donnera les probabilités sous forme de fractions.

1° On inscrit chacun des nombres de 1 à 10 sur dix jetons. On place les dix jetons dans un sac S. On extrait au hasard et de façon équiprobable un jeton du sac et on note son numéro.
On note A l'événement : « le numéro tiré est un multiple de 2 », et B l'événement : « le numéro tiré est un multiple de 3 ».

a) Calculer les probabilités des événements A et B, notées P(A) et P(B).

b) Calculer la probabilité $P(A \cap B)$; en déduire la probabilité $P(A \cup B)$.

2° On répartit maintenant les dix jetons en deux sacs, notés S_1 et S_2. Le sac S_1 contient les jetons portant un numéro impair ; le sac S_2 contient les jetons portant un numéro pair.
On tire au hasard et de façon équiprobable un jeton du sac S_1, puis un jeton du sac S_2 ; on calcule ensuite la somme des deux numéros obtenus inscrits sur ces jetons.

a) Reproduire et compléter le tableau suivant contenant les résultats de ces différentes sommes possibles :

Numéro du jeton du sac S_1 \ Numéro du jeton du sac S_2	2	4	6	8	10
1					
3					
5					
7			13		
9					

b) On note C l'événement : « la somme obtenue est égale à 11 » et D l'événement : « la somme obtenue est inférieure ou égale à 13 ».
Calculer les probabilités P(C) et P(D).

T.P. 4 Exemples d'utilisation d'arbres et problèmes de tirages

Une urne contient quatre boules indiscernables au toucher : trois blanches notées B_1, B_2, B_3 et une noire notée N.
Les trois questions suivantes sont indépendantes.

1° *Tirage d'une boule*
On prélève au hasard une boule de l'urne et on suppose qu'il y a équiprobabilité des tirages.

a) Déterminer la probabilité de l'événement E_1 : « La boule tirée est blanche. »

b) Déterminer la probabilité de l'événement E_2 : « La boule tirée est noire. »

2° *Tirages successifs de deux boules avec remise*
On prélève au hasard une boule dont on note la couleur et le numéro et on la remet dans l'urne. On recommence en prélevant une deuxième boule dont on note aussi la couleur et le numéro. Un résultat est un couple dont le premier élément est la boule tirée lors du premier tirage et le second la boule tirée lors du second tirage, par exemple (B_3, N). On suppose que tous les couples possibles sont équiprobables.

a) À l'aide d'un arbre (ou d'un tableau), donner tous les résultats possibles.

b) Déterminer la probabilité de l'événement F_1 : « La première boule tirée est blanche et la deuxième boule tirée est noire. »

c) Déterminer la probabilité de l'événement F_2 : « Les deux boules tirées sont de la même couleur. »

3° *Tirages successifs de deux boules sans remise*
On prélève au hasard une boule puis, sans la remettre dans l'urne, on en prélève une seconde. Comme au 2, les résultats seront notés par des couples, par exemple (B_1, B_2). On suppose que dans cette situation également, tous les couples possibles sont équiprobables.

a) À l'aide d'un arbre (ou d'un tableau), donner tous les résultats possibles.

b) Déterminer la probabilité de l'événement G_1 : « La première boule tirée est blanche et la deuxième boule tirée est noire. »

c) Déterminer la probabilité de l'événement G_2 : « Les deux boules tirées sont de couleur différente. »

T.P. 5 Exemple de situation où « on ne peut pas dessiner toutes les branches de l'arbre... »

Un self propose un choix de :
– 5 hors-d'œuvre : deux « crudités » et trois « charcuterie »,
– 3 plats : deux plats de poisson et un plat de viande,
– 3 fromages et 4 desserts.

1° Un plateau repas comprend un hors-d'œuvre, un plat, un fromage et un dessert.

a) Combien de plateaux repas différents peut-on composer ?

b) On choisit un plateau au hasard. Tous les plateaux ont la même probabilité d'être choisis.

Déterminer la probabilité de l'événement A : « Le plateau contient une crudité et un poisson ».

2° Une formule « plateau économique » est proposée : un hors-d'œuvre, un plat, un fromage ou un dessert.

a) Combien de plateaux économiques différents peut-on composer ?

b) On choisit un plateau au hasard parmi les plateaux économiques. Tous les plateaux économiques ont la même probabilité d'être choisis. Déterminer la probabilité de l'événement B : « le plateau contient une charcuterie et un dessert ».

Exemples simples d'étude de situations menant à l'étude d'une variable aléatoire

T.P. 6 Exemple d'étude d'une variable aléatoire, calcul d'espérance mathématique et d'écart type

Une boîte contient 10 boules. Sur chacune d'elles on a inscrit un nombre suivant le tableau ci-dessous :

Nombre inscrit	5	6	10	11	12	13	14
Nombre de boules	1	2	1	3	1	1	1

Un joueur mise 10 F, tire une boule au hasard, et reçoit la somme (en francs) inscrite sur la boule.
Toutes les boules sont équiprobables.

1° Le joueur joue une fois. On appelle p_1 la probabilité qu'il perde de l'argent (c'est-à-dire qu'il reçoive moins de 10 F à l'issue du tirage) et p_2 la probabilité qu'il reçoive plus de 10 F. Donner p_1 et p_2.

2° Soit X la variable aléatoire qui, à chaque tirage, fait correspondre le « gain » du joueur (une perte est un « gain » négatif). Par exemple : si un joueur tire le nombre 12, son « gain » est + 2 ; s'il tire le 6, son « gain » est – 4.

a) Quelles sont les valeurs prises par la variable aléatoire X ?

b) Présenter la loi de probabilité de X dans un tableau.

c) Calculer son espérance mathématique E(X). Que représente E(X) pour le joueur ?

d) Calculer la variance et l'écart type de X.

3° Il s'agit maintenant, en changeant le nombre inscrit sur **une** boule, de rendre ce jeu équitable (c'est-à-dire que l'espérance mathématique de la variable aléatoire associée doit être nulle). Proposer une solution.

(Génie mécanique A et F, Génie civil, Génie énergétique, métropole, juin 1996)

T.P. 7 Exemple d'emploi d'un tableau pour organiser des données, calcul d'espérance mathématique et d'écart type

On lance deux dés cubiques D_1 et D_2 dont les faces sont numérotées de 1 à 6. On appelle a le nombre apparaissant sur la face supérieure de D_1 et b le nombre apparaissant sur la face supérieure de D_2.
Le résultat de l'expérience est le couple (a, b);
On admet l'équiprobabilité des résultats.

1° Donner tous les résultats possibles (on pourra utiliser un tableau ou toute autre présentation).

2° À chaque couple (a, b) on fait correspondre la valeur absolue de la différence $(a - b)$.
Par exemple au couple (3, 5) on fait correspondre

$$|3 - 5| = 2.$$

On définit ainsi une variable aléatoire X.

a) Déterminer les valeurs prises par X.

b) Déterminer la loi de probabilité de X.

3° Calculer l'espérance mathématique, la variance et l'écart type de X. Pour chaque réponse, on donnera la valeur exacte et une approximation décimale à 10^{-2} près.

(Génie mécanique B, C, D, E, La Réunion, juin 1996)

T.P. 8 Tirages avec remise, représentation graphique de la fonction de répartition, calcul d'espérance mathématique et d'écart type

On tire au hasard une boule d'une urne contenant une boule rouge R, une boule verte V et une boule bleue B. On remet la boule tirée dans l'urne et on effectue un second tirage d'une boule.

On appelle résultat un couple dont le premier élément est la boule obtenue au premier tirage et le second celle obtenue au second tirage, par exemple (V, R). Tous les résultats sont équiprobables.

1° Déterminer à l'aide d'un arbre ou d'un tableau l'ensemble des résultats possibles.

2° On complète la situation précédente par une règle du jeu :

Pour chaque boule rouge tirée, on gagne 6 F.
Pour chaque boule verte tirée, on gagne 1 F.
Pour chaque boule bleue tirée, on perd 4 F.

On note X la variable aléatoire qui à tout tirage de deux boules associe le gain obtenu ; une perte est considérée comme un gain négatif.

a) Déterminer l'ensemble des valeurs prises par X.

b) Définir la loi de probabilité de X en remplissant le tableau suivant :

Gain : x_i	…	…
$P(X = x_i)$	…	…

c) Représenter graphiquement la fonction de répartition F de la variable aléatoire X.

d) Calculer l'espérance mathématique E(X) de la variable aléatoire X. Que représente E(X) ?

e) Calculer la variance et l'écart type de la variable aléatoire X; Que représente cet écart type ?

T.P. 9 Tirage sans remise, calcul d'espérance mathématique, représentation graphique de la fonction de répartition

Une urne contient 5 jetons numérotés : un porte le numéro 1, deux le numéro 2, un le numéro 3 et un le numéro 4.

On tire au hasard successivement et sans remise deux jetons de l'urne (on supposera que les événements élémentaires sont équiprobables).

1° À l'aide d'un tableau ou d'un arbre, faire apparaître tous les événements élémentaires.

2° On considère la variable aléatoire X qui associe à chaque tirage de deux jetons le produit des deux numéros sortis.

Déterminer la loi de probabilité de la variable aléatoire X (on la présentera sous forme de tableau) et calculer l'espérance mathématique E(X).

3° Représenter graphiquement la fonction de répartition de X.

(Génie mécanique A et F, Génie civil, Génie énergétique, Polynésie, 1995)

EXERCICES ET PROBLÈMES

AVEC CORRIGÉS

OBJECTIFS	Numéros des exercices
Calculer des probabilités dans une situation d'équiprobabilité	1, 3 à 8, 10, 12 à 16
Calculer des probabilités dans une situation où il n'y a pas équiprobabilité	2
Dénombrer à l'aide d'un diagramme	12
Dénombrer à l'aide d'un tableau	3, 4, 10, 11, 15
Dénombre à l'aide d'un arbre	5, 6, 7, 13, 14, 16
Représenter graphiquement la fonction de répartition	9
Déterminer la loi de probabilité d'une variable aléatoire	8, 10 à 16
Calculer l'espérance mathématique, la variance, l'écart type d'une variable aléatoire	8 à 16

Exemple de situation d'équiprobabilité

1 ▪▪ *Tous les résultats donnés sous forme de fractions.*

1° On choisit une carte au hasard dans un jeu de 32 cartes. Toutes les cartes ont la même probabilité d'être choisies. Calculer la probabilité de chacun des événements suivants.
A : « la carte choisie est la dame de cœur » ;
B : « la carte choisie est un cœur » ;
C : « la carte choisie est un cœur ou un as » ;
D : « la carte choisie n'est ni un cœur, ni un as ».

2° On choisit une carte au hasard parmi les cœurs. Tous les cœurs ont la même probabilité d'être choisis. Calculer la probabilité de l'événement F : « la carte choisie est une figure ».

(Baccalauréat STT, juin 1996)

Exemple d'étude de situation de probabilité issue d'expérience aléatoire

2 ▪▪ ***Dé truqué***

On utilise un dé pipé (c'est-à-dire truqué), à 6 faces numérotées de 1 à 6. Lorsqu'on le lance :
– les faces portant un chiffre pair ont la même probabilité d'apparition ;
– les faces portant un chiffre impair ont la même probabilité d'apparition ;
– la probabilité d'apparition d'un chiffre impair est le double de la probabilité d'apparition d'un chiffre pair.

1° Déterminer la probabilité de voir apparaître chaque face.

2° Déterminer la probabilité de voir apparaître un chiffre pair ; un chiffre impair.

Exemples d'emploi de partitions et de représentations (arbres, tableaux, ...) pour organiser et dénombrer des données relatives à des situations aléatoires

3 ▪▪ ***Exemple d'utilisation d'un tableau***

On veut faire passer un test à 28 personnes. Pour cela, on leur demande de répondre impérativement à deux questions, la réponse à chacune des deux questions étant soit oui, soit non.
On remarque que :
– 13 personnes ont répondu oui à la première question,
– 16 personnes ont répondu non à la deuxième question,
– 5 personnes ont répondu non aux deux questions.

On représentera la situation à l'aide du tableau ci-dessous.

	Nombre de personnes ayant répondu OUI à la 1re question	Nombre de personnes ayant répondu NON à la 1re question	Total
Nombre de personnes ayant répondu OUI à la 2e question			
Nombre de personnes ayant répondu NON à la 2e question		5	16
Total	13		

1° Compléter le tableau. (On pourra commencer par déterminer la réponse de la 1re colonne et de la 2e ligne.)

2° On choisit au hasard, une personne, parmi les 28 testées. Toutes les personnes ont la même probabilité d'être choisies. Quelles sont les probabilités des événements suivants :
A : « La personne a répondu oui aux deux questions » ;
B : « La personne a répondu oui à l'une ou à l'autre des questions » ;
C : « La personne a répondu oui à l'une au plus des questions ».

3° Parmi les personnes qui ont répondu non à la première question, on choisit au hasard une personne. Toutes ces personnes ont la même probabilité d'être choisies.
Déterminer la probabilité pour qu'elle ait répondu non à la deuxième question.

(Baccalauréat arts appliqués, Antilles-Guyane, 1995)

4 ■■ ***Exemple d'utilisation d'un tableau à propos de lancers d'un dé***

On donnera les probabilités demandées sous forme de fractions.
On lance un dé cubique parfaitement équilibré dont les six faces sont numérotées 1, 2, 3, 4, 5, 6 et on lit le numéro inscrit sur la face supérieure.

1° On effectue un lancer du dé. Les six résultats sont équiprobables.
On note A et B les événements suivants :
A : « sortie du 3 ou du 6 »
B : « sortie du 1, ou du 2, ou du 3, ou du 5 ».

a) Déterminer la probabilité de chacun des événements : A, B et $A \cap B$.

b) En déduire la probabilité de l'événement $A \cup B$.

2° On effectue deux lancers consécutifs du dé, le résultat étant noté par un couple (x, y) où x et y sont des entiers compris entre 1 et 6. Tous les résultats possibles sont équiprobables.

a) Déterminer le nombre des résultats possibles.

b) On note C l'événement suivant :
C : « sortie du 3 ou du 5 à chacun des deux lancers ».
Déterminer la probabilité de l'événement C.

5 ■■ ***Exemple d'utilisation d'un arbre pour un tirage sans remise***

Les probabilités seront données sous forme de fractions irréductibles.
Un sac contient six jetons :
– deux jetons verts numérotés 1 et 2, désignés par V_1 et V_2.
– trois jetons jaunes numérotés 1, 2 et 3, désignés par J_1, J_2 et J_3.
– un jeton noir numéroté 1 et désigné par N_1.
On réalise l'expérience suivante : on tire au hasard un premier jeton du sac ; parmi les jetons restants, on tire au hasard un second jeton.
On décrit les résultats possibles de cette expérience à l'aide de l'arbre ébauché ci-dessous.

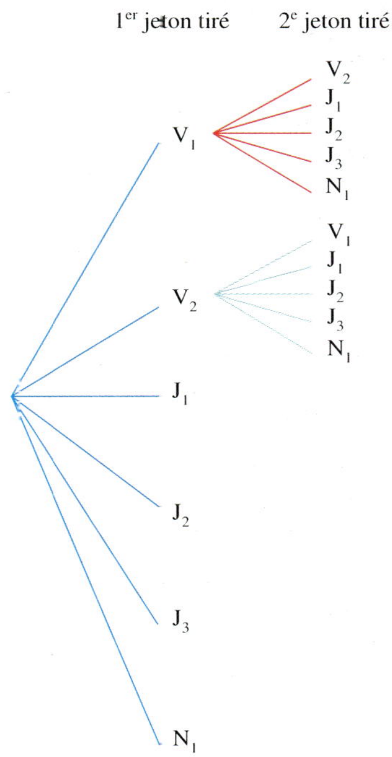

Un résultat possible est (V_2, J_3) où V_2 est le premier jeton tiré et J_3 le deuxième ; (J_3, V_2) est un autre résultat.

1° Reproduire cet arbre sur la copie et le compléter. Quel est le nombre de résultats possibles de l'expérience ?

2° Tous les résultats possibles de l'expérience sont équiprobables. Dans ce qui suit on donnera les résultats sous forme de fractions.
On considère les événements suivants :
A : « Les deux jetons obtenus ont la même couleur. »
B : « Les deux jetons obtenus portent le même numéro. »
Calculer la probabilité de chacun de ces événements.

3° Justifier pourquoi les événements A et B sont incompatibles.
Calculer la probabilité de l'événement $A \cup B$.

6 ■■■ ***Exemple d'utilisation d'un arbre pour un tirage avec remise***

Une urne contient quatre boules numérotées 1, 2, 3, 4. On tire au hasard une boule, puis on la remet dans l'urne et on tire au hasard une seconde boule de l'urne.

1° Donner la liste des résultats possibles (a, b) où a est le numéro de la première boule tirée et b celui de la seconde.

2° Tous les résultats sont équiprobables.
Quelle est la probabilité que a et b soient dans cet ordre deux nombres entiers consécutifs, c'est-à-dire que $b = a + 1$?

7 ■■■■ ***Exemple de situation où « l'arbre a beaucoup de branches !! »***

On tire successivement trois cartes d'un jeu de 32 cartes. Combien y a-t-il de tirages possibles si les tirages ont lieu :

a) avec remise ? (c'est-à-dire qu'on tire une carte, on note le résultat, on la remet dans le paquet, on mélange les cartes on recommence...)

b) sans remise ? (on tire une carte mais on ne la remet pas dans le paquet avant de tirer la deuxième...).

Exemples simples d'études menant à l'étude d'une variable aléatoire

8 ■■■ ***Exemple d'étude d'une variable aléatoire, calcul d'espérance mathématique et d'écart type***

Une boîte contient 100 rondelles de 16 types différents.
Le tableau suivant donne leur répartition suivant les épaisseurs et les diamètres, exprimés en mm. Ainsi, la boîte contient 6 rondelles ayant 2 mm d'épaisseur et 8 mm de diamètre, 3 rondelles ayant 3 mm d'épaisseur et 12 mm de diamètre, etc.

diamètre \ épaisseur	1	2	3	4
8	5	6	9	0
10	5	10	11	4
12	6	15	3	2
15	7	6	5	6

1° On tire au hasard une rondelle de la boîte. Toutes les rondelles ont la même probabilité d'être choisies.
Calculer la probabilité d'avoir :

a) une rondelle d'épaisseur 3 mm ?

b) une rondelle de diamètre 10 mm ?

c) une rondelle d'épaisseur 2 mm et de diamètre 12 mm ?

d) une rondelle de diamètre supérieur à 11 mm ?

2° On note X la variable aléatoire qui, à toute rondelle tirée au hasard, associe son épaisseur.

a) Quelle est la probabilité de l'événement $(X = 3)$?

b) Donner la loi de probabilité de la variable aléatoire X, c'est-à-dire les différentes valeurs possibles pour X et la probabilité d'obtenir chacune d'elles.
Dans les deux questions suivantes, on ne demande pas le détail des calculs.

c) Calculer l'espérance mathématique $E(X)$.

d) Calculer la variance et l'écart type de la variable aléatoire X.
On en donnera des valeurs décimales approchées à 10^{-2} près.

(Génie mécanique A, septembre 1994)

9 ■■■ ***Représentation graphique de la fonction de répartition, calcul d'espérance mathématique et d'écart type***

Une entreprise de fournitures industrielle commercialise en particulier des pièces JB 007 pour pompe hydraulique.
On appelle X la variable aléatoire qui associe à chaque jour ouvrable le nombre de pièces JB 007 vendues. On admet que la loi de probabilité de la variable aléatoire X est définie par le tableau suivant :

Nombre de pièces vendues x_i	0	1	2	3
$P(X = x_i)$	0,10	0,16	0,25	0,30

Nombre de pièces vendues x_i	4	5	6
$P(X = x_i)$	0,13	0,05	0,01

1° Représenter graphiquement la fonction de répartition de la variable aléatoire X.

2° Calculer l'espérance mathématique, la variance et l'écart type de la variable aléatoire X.

10 ■■■ ***Exemple d'emploi d'un tableau pour organiser des données, calcul d'espérance mathématique et d'écart type***

On lance une fois deux dés cubiques normaux dont les faces sont numérotées de 1 à 6 : l'un est vert, l'autre est blanc.
On suppose que chaque face a la même probabilité d'apparaître. Le résultat du lancer est noté par un

couple (x, y) où x est le numéro apparu sur le dé vert et y celui qui est apparu sur le dé blanc.

1° Combien y a-t-il de résultats différents possibles ? Quelle est la probabilité d'obtenir chacun de ces résultats ?

2° On s'intéresse à la somme des numéros apparus sur ces deux dés, et on note S la variable aléatoire qui à tout couple (x, y) associe la somme $x + y$.

dé blanc (colonnes) ; dé vert (lignes)

S	1	2	3	4	5	6
1						
2					7	
3						
4						
5						
6						

a) Recopier le tableau ci-dessus et le compléter en indiquant dans les cases la somme des numéros apparus sur les dés.

b) Quel est l'ensemble des valeurs prises par S ?

c) Déterminer la loi de probabilité associée à S.

d) Calculer l'espérance mathématique et l'écart type de la variable aléatoire S.

(Génie civil, septembre 1994)

11 ■■■ ***Exemple d'emploi d'un tableau pour organiser des données, calcul d'espérance mathématique et d'écart type***

Un objet produit en série a un coût de production de 950 F. Il peut présenter, à l'issue de sa fabrication, un défaut A, un défaut B, ou en même temps le défaut A et le défaut B. La garantie permet de faire les réparations aux frais du fabricant avec les coûts suivants :

100 F pour le seul défaut A, 150 F pour le seul défaut B, 250 F pour les deux défauts A et B.

1° On prélève un lot de 200 objets. Le défaut A est observé sur 16 objets, le défaut B sur 12 objets et 180 objets n'ont aucun défaut.

Reproduire et compléter le tableau suivant :

Nombre d'objets	avec le défaut A	sans le défaut A	Total
avec le défaut B			
sans le défaut B			
Total			200

Pour la suite de l'exercice, on admettra que, sur l'ensemble de la production, 90 % des objets n'ont aucun défaut, 4 % ont le seul défaut A, 2 % ont le seul défaut B et 4 % ont les deux défauts A et B.

2° On note X la variable aléatoire qui, à chaque objet choisi au hasard dans la production, associe son prix de revient, c'est-à-dire le coût de production augmenté éventuellement du coût de réparation.
Présenter cette variable aléatoire et sa loi de probabilité sous forme d'un tableau. (On pourra reproduire et compléter le tableau ci-dessous.)

Valeurs de X : x_i				1 200
$p(X = x_i)$				

3° *a*) Calculer l'espérance mathématique $E(X)$ et l'écart type $\sigma(X)$ de cette variable aléatoire.
Que représente $E(X)$ pour l'usine ?
On admet pour la suite que tous les objets produits sont vendus.

b) L'usine peut-elle espérer faire des bénéfices en vendant 960 F chaque objet produit ?

c) L'usine veut faire un bénéfice moyen de 100 F par objet. Expliquer comment on doit alors choisir le prix de vente de chacun d'eux.

(Génie mécanique A et F, Génie civil, Génie énergétique, métropole, juin 1995)

12 ■■■ ***Exemple d'emploi d'un diagramme, calcul d'espérance mathématique et de variance***

Une entreprise fabrique des moteurs électriques.
Afin de vérifier la conformité des moteurs, on procède à deux tests : l'un de type mécanique, l'autre de type électrique.
Un moteur est rejeté s'il présente au moins l'un des deux types de défaut.
Un moteur est déclaré en parfait état de marche s'il ne présente aucun des deux types de défauts.
On effectue sur 100 moteurs les deux tests :
– le test mécanique décèle 8 moteurs défectueux,
– le test électrique décèle 5 moteurs défectueux,
– deux moteurs présentent les deux types de défaut.
On prélève au hasard un moteur parmi les 100 moteurs testés (on suppose que chaque moteur a la même probabilité d'être choisi).

1° Démontrer à l'aide d'un diagramme que la probabilité que le moteur prélevé soit en parfait état de marche est 0,89.

2° Soit X la variable aléatoire qui à chaque moteur choisi au hasard associe le nombre de ses défauts (électrique ou mécanique).

a) Quelles sont les valeurs prises par X ?

b) Quelle est la loi de probabilité de X ? (donner les résultats sous forme d'un tableau).

c) Calculer l'espérance mathématique $E(X)$ et la variance $V(X)$ de la variable aléatoire X.

(Génie mécanique, groupe 4, 1994)

13 ■■■ ***Exemple d'utilisation d'un arbre, calcul d'espérance mathématique***

On lance simultanément trois pièces de monnaie (non truquées !) : une de 0,50 F, une de 1 F, une de 5 F.
Un résultat est noté sous forme de triplet, par exemple (P, P, F), où le premier élément est le résultat pour la pièce de 0,50 F, le deuxième le résultat pour la pièce de 1 F, le troisième le résultat pour la pièce de 5 F. Tous les résultats sont équiprobables.

1° Déterminer l'ensemble des résultats possibles.

2° On gagne 10 francs si on obtient 3 fois face, 2 francs si on obtient 2 fois face et on perd 2 francs si on obtient une seule fois face ou aucune fois face. On note X la variable aléatoire qui à tout lancer des trois pièces associe le gain obtenu, une perte étant considérée comme un gain négatif.

a) Définir la loi de probabilité de X en présentant les résultats à l'aide d'un tableau.

b) calculer l'espérance mathématique E(X) de la variable aléatoire X. Que représente E(X) ? Le jeu est-il équitable ?

Un jeu est équitable lorsque les gains et les pertes s'équilibrent sur un très grand nombre de parties.

14 ■■■ ***Tirages avec remise, calcul d'espérance mathématique***

1° Une urne contient trois boules : une rouge, une verte, une bleue.
On tire successivement deux boules de l'urne.
Avant de tirer la deuxième boule, on remet dans l'urne la première boule obtenue.
On suppose que tous les tirages sont équiprobables.
Donner l'ensemble des neuf tirages possibles.

2° On convient de la règle suivante : le tirage d'une boule rouge fait marquer 1 point, celui d'une verte fait marquer 2 points et celui d'une bleue fait marquer -3 points.
On note X la variable aléatoire qui à chaque tirage de deux boules associe la somme des points marqués.
Par exemple : au tirage (rouge, rouge), on associe $+2$; au tirage (verte, bleue), on associe -1.

a) Déterminer l'ensemble des valeurs prises par la variable aléatoire X.

b) Déterminer la loi de probabilité de X.

c) Calculer la probabilité de perdre (c'est-à-dire d'obtenir une somme de points négative).

d) Calculer l'espérance mathématique E(X) de X. Que représente E(X) ?

15 ■■■ ***Tirages sans remise, calcul d'espérance mathématique***

Une urne contient quatre boules : deux rouges portant les numéros 1 et 2 et deux bleues portant les numéros 1 et 6. On les note R_1, R_2, B_1, B_6.

On prélève au hasard une boule dont on note la couleur et le numéro et on ne la remet pas dans l'urne. On prélève une deuxième boule dont on note également la couleur et le numéro.
Un résultat est un couple dont le premier élément est la boule tirée lors du premier tirage et le second la boule tirée lors du second tirage, par exemple (R_2, B_6). On suppose que tous les couples possibles sont équiprobables.

1° À l'aide d'un tableau, donner l'ensemble des 12 résultats possibles.

2° On convient de la règle du jeu suivante : on mise 5 francs puis on effectue le tirage décrit ci-dessus. On reçoit alors le produit en francs des deux nombres inscrits sur les deux boules.
Par exemple :
– avec le résultat (R_1, R_2), on reçoit 2 francs ;
– avec le résultat (R_2, B_6), on reçoit 12 francs.
On note X la variable aléatoire qui, à chaque tirage de deux boules, associe le « gain », compte tenu de la mise.
Par exemple :
– avec le résultat (R_1, R_2) le « gain » est $2-5=-3$;
– avec le résultat (R_2, B_6) le « gain » est $12-5=7$.

a) Déterminer l'ensemble des valeurs prises par la variable aléatoire X.

b) Déterminer la loi de probabilité de X.

c) Calculer la probabilité de perdre (c'est-à-dire d'obtenir un « gain » négatif).

d) Calculer l'espérance mathématique E(X).
Que représente E(X) pour un joueur ?

(Génie mécanique A et F, Génie civil, Génie énergétique, métropole, septembre 1995)

16 ■■■ ***Tirages simultanés, calcul d'espérance mathématique***

Dans une urne sont placées quatre boules indiscernables au toucher sur lesquelles sont respectivement inscrits les entiers relatifs : -1, 2, -3 et 4.
Un tirage consiste à tirer simultanément deux boules de l'urne. On suppose les tirages équiprobables.

1° Énumérer tous les tirages possibles.

2° On définit une variable aléatoire X en associant à chaque tirage de deux boules, la somme des nombres marqués.

a) Déterminer l'ensemble des valeurs prises par la variable aléatoire X.

b) Déterminer la loi de probabilité de X.

c) Déterminer l'espérance mathématique E(X) de la variable aléatoire X.
Que représente E(X) ?

Q.C.M.

Ces Q.C.M., dont les réponses figurent à la fin de ce chapitre, permettent une auto-évaluation.

Dans ces questionnaires à choix multiples (Q.C.M.), il suffit d'indiquer sur sa copie, pour chaque question posée, quelle est la bonne réponse parmi les propositions de l'énoncé ; aucune justification n'est demandée.

17 ▪ ***Calcul des probabilités***

A et B sont deux événements tels que $P(A \cup B) = 0,8$, $P(A) = 0,5$, $P(B) = 0,6$, alors :	$P(A \cap B)=0,1$	$P(A \cap B)=0,2$	$P(A \cap B)=0,3$

18 ▪ ***Situation d'équiprobabilité***

Dans un jeu de 32 cartes, on en tire une au hasard. Toutes les cartes sont équiprobables. La probabilité d'obtenir un as ou un cœur est :	A : $\frac{3}{8}$	B : $\frac{1}{4}$	C : $\frac{11}{32}$

19 ▪▪ ***Exemple de situation où il n'y a pas équiprobabilité***

Un dé pipé cubique dont les faces sont numérotées de 1 à 6 est tel que les probabilités d'apparition des faces sont : $P(\{1\}) = P(\{2\}) = P(\{3\}) = P(\{4\}) = P(\{5\}) = \frac{1}{7}$ alors $P(\{6\})$ est égal à :	A : $\frac{1}{6}$	B : $\frac{2}{7}$	C : $\frac{1}{7}$

20 ▪▪ ***Avec deux dés***

On lance deux dés cubiques parfaitement équilibrés.
Les faces de chaque dé sont numérotées de 1 à 6.
L'un des dés est noir l'autre est rouge.
On désigne par n le chiffre porté sur la face supérieure du dé noir et par r celui porté par la face supérieure du dé rouge.
Un résultat possible est donc un couple d'entiers naturels (n, r) où n et r appartiennent à $\{1, 2, 3, 4, 5, 6\}$.

a)	Le nombre de résultats possibles est :	A : 12	B : 21	C : 36

On suppose dans ce qui suit que tous les résultats possibles sont équiprobables.

b)	La probabilité d'obtenir deux numéros identiques est :	A : $\frac{1}{6}$	B : $\frac{5}{6}$	C : $\frac{1}{2}$
c)	La probabilité d'obtenir deux numéros différents est :	A : $\frac{1}{6}$	B : $\frac{5}{6}$	C : $\frac{1}{3}$

21 ▪▪ ***Tirage sans remise***

Une urne contient 3 boules rouges notées B_1, B_2, B_3 et une boule noire notée N.
On choisit au hasard une première boule puis, sans la remettre dans l'urne, on choisit une deuxième boule. On obtient ainsi un couple de boules.
On suppose que chacun des couples a la même probabilité d'être obtenu.

La probabilité d'obtenir deux boules rouges est :	A : $\frac{3}{4}$	B : $\frac{1}{2}$	C : $\frac{9}{16}$

22 ▪▪ ***Tirage avec remise***

Une urne contient 3 boules rouges notées B_1, B_2, B_3 et une boule noire notée N.
On choisit au hasard une première boule, on la remet dans l'urne, puis on choisit une deuxième boule. On obtient ainsi un couple de boules.
On suppose que chacun des couples a la même probabilité d'être obtenu.

La probabilité d'obtenir deux boules rouges est :	A : $\frac{3}{4}$	B : $\frac{1}{2}$	C : $\frac{9}{16}$

23 ▪▪ ***Pile ou face***

a) On lance une pièce de monnaie non truquée quatre fois de suite. On note par exemple (P, P, F, P) le résultat obtenu « pile au premier lancer, pile au second lancer, face au troisième lancer, pile au quatrième lancer ». Le nombre de résultats possibles est :	A : 8	B : 16	C : 32
b) On reprend l'épreuve du *a*). On suppose que tous les résultats sont équiprobables, la probabilité de l'événement E : « le résultat contient exactement 3 piles » est :	$P(E) = \frac{3}{16}$	$P(E) = \frac{3}{4}$	$P(E) = \frac{1}{4}$

24 ■■ *À table !*

Un client compose son repas dans un restaurant en choisissant une entrée parmi cinq, un plat du jour parmi trois et un dessert parmi quatre.

Le nombre de choix possibles pour composer son menu est :	A : 12	B : 30	C : 60

25 ■■ *Variable aléatoire*

La loi de probabilité d'une variable aléatoire X est définie par :

Valeurs de X : x_i	– 10	0	10
$P(X = x_i)$: p_i	0,50	0,30	0,20

a)

L'espérance mathématique de X est :	A : – 3	B : – 2,7	C : 3

b)

La variance de X est :	A : 70	B : 61	C : 20

c) X est une variable aléatoire qui à chaque partie d'un jeu associe le gain en francs du joueur.

Le jeu est équitable	A : oui	B : non

SANS CORRIGÉS

Calcul des probabilités

26 ■ ***Incompatibles ou non, ce n'est pas la même chose !***

On donne deux événements A et B d'un univers U tels que

$$P(A) = 0{,}63 \quad \text{et} \quad P(B) = 0{,}21.$$

Calculer $P(A \cup B)$ dans chacun des cas suivants :

a) A et B sont disjoints (on dit aussi incompatibles).

b) $P(A \cap B) = 0{,}14$.

27 On donne deux événements A et B d'un univers U tels que $P(A) = 0{,}2$, $P(\overline{B}) = 0{,}6$, $P(A \cup B) = 0{,}5$. Calculer

$$P(\overline{A}), \quad P(B) \quad \text{et} \quad P(A \cap B).$$

Exemples d'étude de situations de probabilités issues d'expériences aléatoires

28 ■ ***Il ne faut pas perdre la boule !***

Un sac contient 16 boules numérotées de 1 à 16.
On tire une boule au hasard. Toutes les boules ont la même probabilité d'être choisies. Quelle est la probabilité de tirer :

a) Une boule portant un numéro pair ?

b) Une boule portant un numéro impair ?

c) Une boule portant un numéro multiple de 12 ?

d) Une boule portant un numéro supérieur à 1 ?

29 ■ ***Jeu de cartes***

On tire une carte au hasard dans un jeu de 52 cartes. On considère les événements suivants :
A : « la carte est un as ».
B : « la carte est un cœur ».

1° Définir par une phrase $\overline{A}$, $\overline{B}$, $A \cap B$, $A \cup B$.

2° Calculer les probabilités $P(A)$, $P(B)$, $P(\overline{A})$, $P(\overline{B})$, $P(A \cap B)$, $P(A \cup B)$.

30 ■ ***Jeu de cartes***

D'un jeu de 32 cartes on tire au hasard une carte. Toutes les cartes ont la même probabilité d'être tirées. La probabilité de l'événement « tirer un as ou un trèfle » est-elle $\frac{3}{8}$ ou $\frac{11}{32}$? Justifier la réponse.

31 ■■ ***Jeu antique***

Les Grecs et les Romains utilisaient paraît-il comme dés des osselets d'agneaux, appelés astragales. Ces astragales pouvaient retomber sur une de leurs quatre faces numérotées, ici : 1, 2, 3, 4.
p_i désignant la probabilité qu'un astragale retombe sur la face n° *i*, on constate que

$$p_1 = p_2, \quad p_3 = p_4 \quad \text{et} \quad p_1 = 4p_3.$$

Lorsqu'on jette un astragale, calculer les probabilités d'obtention de chaque face.

32 ■■■ ***Que le meilleur gagne !***

On organise une course entre trois élèves A, B, C. A a deux fois plus de chances que B de gagner et B a deux fois plus de chances de gagner que C.

1° Quelles sont les probabilités respectives de gagner de chacun des trois élèves ?

2° Quelle est la probabilité de l'événement : « Le vainqueur est A ou B. »

Exemples d'emploi de partitions et de représentations (arbres, tableaux, ...) pour organiser et dénombrer des données relatives à des situations aléatoires

Exemples d'utilisation d'un tableau (exercices 33 à 39).

33 ▪▪ ***On tire une boule***

Une urne contient 15 boules numérotées de 1 à 15.
7 sont vertes, les autres sont jaunes ; 5 boules jaunes ont un numéro pair.

1° Recopier et compléter le tableau suivant :

	N° pairs	N° impairs	totaux
Jaunes	5		
Vertes			7
Totaux			15

2° On tire une boule au hasard. On suppose que chaque boule a la même probabilité d'être tirée.
Calculer les probabilités des événements suivants :
(On donnera chaque réponse sous la forme d'une fraction irréductible, puis sous la forme décimale au centième le plus proche.)

a) A : « La boule tirée est jaune » ;

b) B : « La boule tirée est jaune et porte un numéro pair » ;

c) C : « La boule tirée est jaune ou porte un numéro pair ».

(STL, Biochimie-Génie biologique, métropole, septembre 1995)

34 ▪▪▪ ***Contrôle de qualité***

Une usine d'horlogerie fabrique une série de montres. Certaines montres peuvent présenter un défaut x ou un défaut y.
Des études statistiques menées sur 10 000 montres ont donné les renseignements suivants :
– 10 % des montres présentent le défaut x ;
– parmi les montres présentant le défaut x, 12 % présentent le défaut y ;
– parmi les montres ne présentant pas le défaut x, 5 % présentent le défaut y.

1° Reproduire, en le complétant, le tableau suivant :

Nombre de montres	Présentant le défaut x	Ne présentant pas le défaut x	Totaux
Présentant le défaut y			
Ne présentant pas le défaut y			
Totaux			10 000

2° On choisit au hasard une de ces 10 000 montres, chacune de ces montres ayant la même probabilité d'être choisie.

a) Déterminer la probabilité de l'événement A : « la montre choisie présente le défaut x ».

b) Déterminer la probabilité de l'événement B : « la montre choisie présente le défaut y ».

c) Définir par une phrase l'événement $A \cap B$, intersection des événements A et B.
Déterminer la probabilité de l'événement $A \cap B$.

d) Déterminer la probabilité d'obtenir une montre sans défaut.

e) Déterminer la probabilité de l'événement $A \cup B$.

35 ▪▪ ***Les élèves de Terminale sont sportifs***

125 élèves de Terminale se répartissent de la façon suivante :

	Filles	Garçons
Pratiquent un sport	35	60
Ne pratiquent aucun sport	12	18

1° On choisit un élève au hasard parmi les 125. Tous les élèves ont la même probabilité d'être choisis.
Quelle est la probabilité

a) que ce soit une fille pratiquant un sport ?

b) que ce soit une fille ?

c) que ce soit un garçon ?

2° On choisit un élève au hasard parmi ceux qui pratiquent un sport. Tous les élèves pratiquant un sport ont la même probabilité d'être choisis. Quelle est la probabilité que ce soit une fille ?

Pour dénombrer, dans les exercices 36 et 37 on pourra utiliser un tableau analogue à celui de l'exercice 34.

36 ▪▪ ***Encore des boules...***

Dans un sac il y a des grosses boules et des petites ; ces boules sont blanches ou noires. On sait qu'il y a 5 grosses et 4 petites ; on sait aussi que 6 sont blanches et 3 noires.

1° Sachant qu'il y a 3 boules à la fois blanches et grosses, déterminer le nombre de boules « petites et noires », « grosses et noires », « petites et blanches ». (On pourra utiliser un tableau à double entrée.)

2° On choisit une boule au hasard ; chaque boule ayant la même probabilité d'être choisie, quelles sont les probabilités qu'elle soit :

a) blanche et petite ?

b) blanche ?

c) petite ?

d) blanche ou petite ?

37 ▪▪ *Composants électroniques*

Deux machines A et B produisent chaque jour respectivement 100 et 200 pièces du même modèle. La machine A sort 5 % de pièces défectueuses, la machine B en sort 6 %.
On choisit au hasard un objet parmi la production d'une journée des deux machines. Déterminer la probabilité qu'il soit défectueux.

38 ▪▪ *Les dimensions des plaquettes*

Une usine fabrique des plaquettes métalliques rectangulaires de différentes dimensions.
La longueur a d'une plaquette peut être : 6, 7, 8, 9 ou 10 cm.
La largeur b d'une plaquette peut être : 2, 3 ou 4 cm.
La dimension d'une plaquette sera écrite sous la forme : (a, b).

1° Recopier et compléter le tableau donnant la longueur a et la largeur b d'une plaquette, ainsi que l'aire de cette plaquette exprimée en cm².

b \ a	6	7	8	9	10
2	(6, 2) 12	(7, 2) 14			
3					
4					

Pour les questions suivantes, les résultats seront donnés sous forme de fractions, puis sous forme de valeurs décimales approchées à 10^{-1} près.

2° Une boîte contient un exemplaire de chacune de ces plaquettes.
On choisit au hasard et de façon équiprobable dans la boîte une de ces plaquettes.

a) Calculer les probabilités P(A) et P(B) des événements suivants :
A : « la longueur de la plaquette est strictement inférieure à 9 cm ».
B : « la largeur de la plaquette est strictement supérieure à 3 cm ».

b) Calculer la probabilité $P(A \cap B)$ de l'événement « A et B ».

c) En déduire la probabilité $P(A \cup B)$ de l'événement « A ou B ».

3° Calculer les probabilités P(E) et P(F) des événements suivants :
E : « l'aire (en cm²) de la plaquette choisie est égale à 24 ».
F : « l'aire (en cm²) de la plaquette choisie est inférieure ou égale à 24 ».

39 ▪▪ *Avec deux dés*

On jette deux dés cubiques non truqués, l'un rouge, l'autre noir dont les faces sont numérotées de 1 à 6.
Un résultat est un couple (a, b) où a est le nombre de points obtenus avec le dé rouge et b le nombre de points obtenus avec le dé noir.

1° Écrire tous les résultats possibles.

2° On admet que tous les résultats sont équiprobables. Déterminer, sous forme de fraction irréductible, la probabilité de chacun des événements suivants.
A : La somme des points obtenus est 3.
B : La somme des points obtenus est 6.
C : La somme des points obtenus est un multiple de 3.
D : La somme des points obtenus est supérieure ou égale à 9.
E : La somme des points obtenus est différente de 4.
F : La somme des points obtenus est 14.
G : La somme des points obtenus appartient à l'intervalle [2, 12].

Exemple d'utilisation d'un diagramme pour dénombrer.

40 ▪▪ *Les clients des supermarchés*

Il y a deux supermarchés M_1 et M_2 dans une ville.
On a interrogé 1000 personnes. 60 % de ces personnes font des achats dans le magasin M_1, 45 % de ces personnes font des achats dans le magasin M_2 et 20 % de ces personnes font des achats dans les deux magasins M_1 et M_2.

1° Représenter cette situation par un diagramme faisant notamment apparaître le nombre de personnes qui ne font des achats dans aucun des magasins M_1 et M_2.

2° On choisit une personne au hasard parmi les 1 000. Toutes les personnes ont la même probabilité d'être choisies.
On appelle
A l'événement : « La personne fait des achats dans le magasin M_1 » ;
B l'événement : « La personne fait des achats dans le magasin M_2 » ;
X l'événement : « La personne ne fait des achats dans aucun des magasins M_1 et M_2 » ;
Y l'événement : « La personne ne fait des achats que dans le magasin M_1 ».
Déterminer la probabilité de chacun des événements : A, B, X, Y, $A \cap B$, $A \cup B$.

Exemples d'utilisation d'un arbre (exercices 41 à 44).

41 ▪▪ *Pile ou face*

On jette trois fois de suite une pièce de monnaie.
On note, à chaque jet, quelle est la face visible c'est-à-dire soit PILE, noté P, soit FACE, noté F.
On obtient ainsi une suite de trois lettres, par exemple FPF ou PFF ou… bien d'autres !

1° À l'aide d'un arbre, écrire toutes les suites possibles.

2° On admet que toutes les suites sont équiprobables.

Déterminer la probabilité de chacun des événements suivants :
A : « Obtenir trois fois la même lettre » ;
B : « Obtenir une seule fois la lettre P » ;
C : « Obtenir la lettre P suivie de la lettre F ».

(Arts appliqués, métropole, juin 1996)

42 ■■ ***Conjugaison***

On donnera les probabilités sous forme de fractions.
Une phrase est composée dans l'ordre d'un sujet choisi au hasard parmi « Jean », « Paul » et « Pierre », puis d'un verbe choisi au hasard parmi « pleure », « rit » et « dort », et enfin d'un complément choisi au hasard parmi « devant la télévision » et « dans son bureau ».

1° *a*) Combien peut-on former de phrases différentes ?

b) Combien de phrases ont pour verbe « dort »

2° On admet que toutes les phrases possibles sont équiprobables.
On note A l'événement suivant :
A : « On obtient une phrase ayant pour verbe « dort »
Déterminer la probabilité de l'événement A.

3° On note B l'événement :
B : « On obtient une phrase ayant pour sujet « Jean »
Déterminer la probabilité de l'événement B.

4° Calculer la probabilité de l'événement $A \cap B$.

5° En déduire la probabilité de l'événement $A \cup B$.

43 ■■■ ***Il faut cracher au bassinet***

Deux véhicules A et B se présentent en même temps à une aire de péage comportant 3 voies de passage ouvertes numérotées 1, 2, 3 de gauche à droite.
On suppose qu'ils s'engagent au hasard et dans des voies différentes.

1° Dessiner l'arbre représentant toutes les répartitions de ces deux véhicules. Quel est le nombre de possibilités ?

2° On admet que toutes les répartitions ont la même probabilité de se réaliser.
Calculer les probabilités des événements suivants :

a) les véhicules sont côte à côte ;

b) les deux véhicules ne sont pas côte à côte ;

c) la voie nº 3 reste libre ;

d) le véhicule A est à gauche du véhicule B.

(Génie civil, Antilles, 1994)

44 ■■■ ***Le conducteur de travaux***

Un conducteur de travaux part de l'agence du Perreux pour visiter quatre chantiers notés A, B, C, D.

1° Combien y a-t-il de trajets possibles sachant que deux trajets sont distincts dès que l'ordre de visite des quatre chantiers est différent ?

2° Le conducteur de travaux choisit un trajet au hasard. Tous les trajets sont équiprobables.
Déterminer la probabilité qu'il passe sur le chantier B avant d'aller sur le chantier C.

Exemples de tirages sans remise (exercices 45 et 46).

45 ■■ ***La main dans le sac***

Un sac contient cinq jetons :
– un bleu valant 3 points,
– deux rouges valant chacun 2 points,
– deux verts valant chacun 1 point.

1° On tire un jeton au hasard. Tous les résultats sont équiprobables.

a) Quelle est la probabilité de tirer un jeton rouge ?

b) Quelle est la probabilité d'obtenir au moins deux points ?

2° On tire un jeton, puis un deuxième jeton sans remettre le premier jeton dans le sac.

a) Faire un tableau indiquant tous les tirages possibles.

b) On admet que tous les tirages sont équiprobables.
Calculer la probabilité de chacun des événements suivants :
A : « Tirer deux jetons de couleurs différentes » ;
B : « Obtenir 4 points » ;
C : « Obtenir 4 points avec deux jetons de couleurs différentes » ;
D : « Obtenir au moins 4 points ».

(Hôtellerie, métropole, 1995)

46 ■■ ***Je me fais les poches***

J'ai dans ma poche une pièce de 5 F, une pièce de 2 F et deux pièces de 1 F.
Je prends dans cette poche une pièce au hasard, puis une deuxième, sans avoir remis la première.

1° À l'aide d'un arbre ou d'un tableau, déterminer l'ensemble des tirages possibles de deux pièces.

2° On admet que tous les tirages sont équiprobables.
Calculer les probabilités de tirer de cette façon :

a) deux pièces identiques ;

b) deux pièces différentes ;

c) deux pièces de 2 F ;

d) 6 F en tout.

(Arts appliqués, La Réunion, 1996)

Exemples de tirages avec remise (exercices 47 à 48).

47 ■■ ***C'est magique !***

Un illusionniste dépose dans une boîte six mouchoirs numérotés de 1 à 6.
Parmi ces six mouchoirs, quatre sont rouges et deux sont verts.
Au hasard, il tire d'abord un mouchoir, le remet dans la boîte, puis en tire un second.

1° *a*) Montrer qu'il y a 36 possibilités différentes de tirer ainsi deux mouchoirs.

b) Combien y a-t-il de possibilités différentes de tirer un mouchoir rouge en premier et un vert en second ?

2° On suppose que tous les couples de mouchoirs possibles sont équiprobables. Dans ce qui suit les probabilités seront données sous forme de fraction.

a) Calculer la probabilité de l'événement A « le premier mouchoir tiré est rouge et le deuxième est vert ».

b) Montrer que la probabilité de l'événement B « les deux mouchoirs sont de couleurs différentes » est $\frac{4}{9}$.

c) Calculer la probabilité de l'événement C « les deux mouchoirs sont de la même couleur ».

48 ■■■ ***Tirage de boules (suite…)***

Une urne contient une boule blanche numérotée 1, deux boules rouges numérotées 2 et 3, trois boules vertes numérotées 4, 5 et 6.

1° On tire sur une seule boule. Toutes les boules sont équiprobables.
Quelle est la probabilité de sortir un numéro pair ?

2° On extrait une boule de l'urne ; on la remet dans l'urne, puis on extrait une deuxième boule.

a) Déterminer le nombre de tirages possibles ; justifier la réponse.

b) On admet que tous les tirages sont équiprobables.
Calculer la probabilité de chacun des événements suivants.
A : « Les deux boules sont de même couleur » ;
B : « La somme des numéros est 6 » ;
C : « Parmi les deux numéros il y a au moins un nombre pair » ;
D : « Parmi les deux boules il y a au plus une boule verte ».

(Hôtellerie, septembre 1996)

Exemple de tirages simultanés.

49 ■■■■ Une urne contient six boules numérotées de 1 à 6, indiscernables au toucher. On tire *simultanément* deux boules de l'urne. On s'intéresse aux deux nombres apparus sur les boules tirées.
Un tirage est caractérisé par la donnée de ces deux nombres sans tenir compte de l'ordre dans lequel ils sont lus ; par exemple, (2,5) et (5,2) définissent le même tirage que l'on note $\{2,5\}$.
On suppose ces tirages équiprobables.
On note $P(E)$ la probabilité d'un événement E.

1° Indiquer la liste des 15 tirages possibles.

2° Calculer la probabilité des événements suivants :
(les résultats seront donnés sous forme de fractions)
A : « Un des nombres apparus est 3 » ;
B : « Au moins un nombre pair est apparu » ;
C : « La somme des deux nombres apparus est 8 ».

3° *a*) Calculer la probabilité $P(A \cap B)$ de l'événement « A et B ».

b) Déduire de ce qui précède la probabilité $P(A \cup B)$ de l'événement « A ou B ».

Statistique et probabilités

50 ■■■

Les employés en France

Catégories :	Effectifs en milliers	Répartition femmes - hommes en %
1° Employés civils, agents de service de la fonction publique, policiers et militaires	2 341	65,6 % 34,4 %
2° Employés administratifs d'entreprise	1 952	83 % 17 %
3° Employés de commerce	730	77,2 % 22,8 %
4° Employés, personnels des services directs aux particuliers	1 105	89,6 % 10,4 %

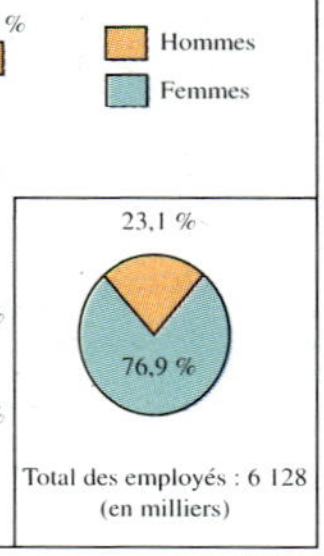

Source INSEE - enquête emploi 1993

1° Déterminer, en milliers, le nombre de femmes présentes :

a) dans la catégorie « employés administratifs d'entreprise »,

b) dans la catégorie « employés de commerce ».

2° On choisit un employé au hasard dans la population des employés.
Tous les employés ont la même probabilité d'être choisis. Déterminer la probabilité qu'un employé (homme ou femme) :

a) soit une femme de catégorie « employés administratifs d'entreprise » ;

b) ne soit pas une femme employée de commerce ;

c) soit une femme d'une des catégories « employés de commerce » ou « employés administratifs d'entreprise ».
Les probabilités seront arrondies à deux décimales.

Exemples simples d'études menant à l'étude d'une variable aléatoire

51 ■■ ***On donne la loi de probabilités***

Soit X la variable aléatoire dont la loi de probabilité est donnée par le tableau :

x_i	2	5	10
$P(X = x_i)$	0,15	0,5	0,35

1° Représenter graphiquement la fonction de répartition de la variable aléatoire X.

2° Calculer l'espérance mathématique, la variance et l'écart type de la variable aléatoire X.

52 ▪▪▪ *Des rivets*

Une boîte contient 100 rivets de 12 types différents, caractérisés par leur diamètre et leur longueur.
Le tableau suivant donne la répartition de ces rivets suivant les diamètres et les longueurs mesurés en mm. Ainsi, la boîte contient 5 rivets de longueur 12 mm et de diamètre 6 mm ; elle contient 7 rivets de longueur 14 mm et de diamètre 6 mm, etc.

Diamètre \ Longueur	12	14	16	18
6	5	7	3	7
8	10	19	8	8
10	14	10	4	5

1° On tire au hasard un rivet dans la boîte. On admet que les différents tirages sont équiprobables.
Calculer la probabilité d'avoir :

a) un rivet de longueur 14 mm ;

b) un rivet de diamètre 8 mm ;

c) un rivet de longueur 16 mm et de diamètre 10 mm ;

d) un rivet de longueur strictement supérieure à 14 mm.

2° On note X la variable aléatoire qui, à tout rivet obtenu par ce tirage, associe la mesure de sa longueur.

a) Quelle est la probabilité de l'événement $(X = 14)$?

b) Donner la loi de probabilité de la variable aléatoire X.

c) Calculer l'espérance mathématique de la variable aléatoire X.

d) Calculer la variance et l'écart type de la variable aléatoire X.
On donnera pour chaque résultat numérique une approximation décimale à 10^{-2} près.

(Génie mécanique, B, C, D, E, Antilles-Guyane, juin 1996)

53 ▪▪▪ *Contrôle de qualité*

Une usine produit un certain type de pièces d'horlogerie.
À l'issue de processus de fabrication, une pièce peut présenter 0, 1, 2 ou 3 défauts d'aspect.

A. Soit X la variable aléatoire qui à chaque pièce tirée au hasard dans la production d'une journée associe le nombre de ses défauts. La loi de probabilité de X est définie par le tableau suivant :

x_i	0	1	2	3
$P(X = x_i)$	0,920	0,060	0,016	0,004

1° Calculer l'espérance mathématique de X.

2° Calculer la variance, puis l'écart type de X.

B. Le prix de vente d'une pièce dépend du nombre de défauts qu'elle présente comme l'indique le tableau suivant :

Nombre de défauts	0	1	2	3
Prix de vente en francs	30	20	15	5

Soit Y la variable aléatoire qui à chaque pièce tirée au hasard dans la production d'une journée associe son prix de vente.

1° Définir à l'aide d'un tableau la loi de probabilité de Y.

2° Calculer l'espérance mathématique $E(Y)$ de Y. Que représente $E(Y)$?

54 ▪▪▪ *Jeu de loterie*

Un jeu de loterie consiste à lâcher une boule dans un appareil qui comporte six portes de sortie, numérotées de 1 à 6.
Soit X la variable aléatoire qui à chaque lâcher associe le numéro de la porte de sortie franchie. Sa loi de probabilité est définie par le tableau suivant :

i	1	2	3	4	5	6
$P(X = i)$	$\frac{1}{32}$	$\frac{5}{32}$	$\frac{10}{32}$	$\frac{10}{32}$	$\frac{5}{32}$	$\frac{1}{32}$

La règle du jeu est la suivante : un joueur mise 10 francs ; il reçoit 60 francs si la boule franchit les portes 1 ou 6, 10 francs si elle franchit les portes 3 ou 4. Les portes 2 et 5 ne rapportent rien.
Le « gain » d'un joueur est la différence entre ce qu'il reçoit à l'issue de la partie et de sa mise. Le gain peut donc être éventuellement un nombre négatif ou nul.
Soit Y la variable aléatoire qui, à chaque partie effectuée par un joueur donné, associe le gain.

1° Quelles sont les valeurs possibles de Y ?

2° Déterminer la loi de probabilité de Y.

3° Un jeu est équitable si l'espérance mathématique du gain est nulle. Ce jeu est-il équitable ?

(Physique, septembre 1996)

55 ▪▪▪ *Tombola*

Le président d'un club décide d'organiser une tombola. Tous les billets, au nombre de 500, sont vendus.
L'un des billets permet de gagner un lot d'une valeur de 620 francs, 9 billets permettent chacun de gagner un lot d'une valeur de 70 francs, 50 billets sont remboursés, les autres sont perdants.

1° Un joueur achète un billet choisi au hasard. Tous les billets sont équiprobables. Calculer :

a) la probabilité p_1 de gagner un lot d'une valeur de 70 francs ;

b) la probabilité p_2 d'avoir un billet perdant.

2° Les billets sont vendus 5 francs. Que rapportera la tombola au trésorier du club ?

3° On appelle gain d'un billet la différence entre le montant du lot et le prix d'achat du billet. Ainsi, pour les billets remboursés, le gain est nul et, pour un billet perdant, le gain est négatif.
On appelle X la variable aléatoire associant à chaque billet choisi au hasard le gain de ce billet.

a) Donner les différentes valeurs prises par X.

b) Donner la loi de probabilité de X.

c) Calculer l'espérance mathématique E(X).

(Génie mécanique F, 1994)

56 ■■■ ***Le nombre de boules est inconnu***

Une urne contient n boules blanches (n non nul), deux boules noires et trois boules rouges. On extrait au hasard une boule de l'urne, on regarde sa couleur.
Toutes les boules ont la même probabilité d'être choisies.

1° *a*) Déterminer la probabilité p_1 d'obtenir une boule blanche, la probabilité p_2 d'obtenir une boule noire, la probabilité p_3 d'obtenir une boule rouge.

b) Déterminer n pour que la probabilité p_2 soit égale à $\frac{2}{11}$.

c) Déterminer n pour que la probabilité p_2 soit égale à $\frac{1}{5}$.

2° On suppose dans cette question que $n = 5$. On associe à chaque couleur un nombre de points, comme cela est précisé dans le tableau ci-dessous.

Couleur de la boule	Nombre de points
noir	7
rouge	2
blanc	3

Soit X la variable aléatoire qui à chaque boule associe le nombre de points correspondant.

a) Définir la loi de probabilité de X.

b) Calculer l'espérance mathématique, la variance et la valeur décimale approchée arrondie à 10^{-1} près de l'écart type de X.

(Chimie, métropole, juin 1996)

57 ■■■ ***La roue tourne***

A. Une roue de loterie est partagée en huit secteurs successifs numérotés de 1 à 8, comme il est représenté sur la figure ci-dessous. Quand on lance cette roue, elle tourne puis s'arrête librement devant un index triangulaire I.
On dit alors que le numéro du secteur pointé par l'index I est le « numéro sorti ».
On suppose que :
– les numéros de même parité ont la même probabilité de sortir ;
– les numéros pairs ont une probabilité de sortir égale au double de la probabilité de sortir des numéros impairs.

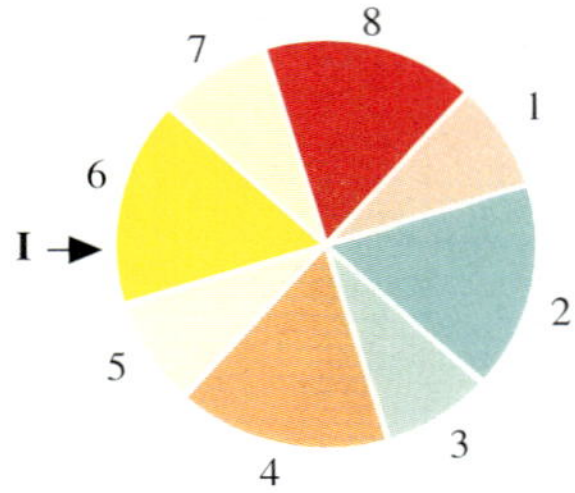

Fig. 5

1° Démontrer que la probabilité de sortie de chaque numéro impair est $\frac{1}{12}$ et que celle de chaque numéro pair est $\frac{1}{6}$.

2° Calculer la probabilité que le numéro sorti soit :

a) un numéro pair ;

b) un numéro impair ;

c) le numéro un ou le numéro deux.

B. Pour jouer à la loterie, on lance une fois la roue. Lorsque le numéro sorti est n, le joueur à la loterie reçoit un nombre x de points défini par $x = 8 - n$; par ailleurs chaque point rapporte 3 francs au joueur.
Soit X la variable aléatoire qui associe à chaque lancer de roue le nombre x de points obtenus par le joueur.
Soit G la variable aléatoire qui associe à chaque lancer de roue le gain, exprimé en francs, réalisé par le joueur.

1° Quelles sont les valeurs possibles de X et celles de G ?

2° Quelle est la loi de probabilité de G ? (présenter les résultats sous forme de tableau).

3° Calculer l'espérance mathématique E(G), la variance V(G) et l'écart type de G.

(Génie électronique, génie électrotechnique, La Réunion, 1995)

58 ■■■ ***Dé à 12 faces***

Un jeu consiste à lancer un dé à 12 faces numérotées de 1 à 12. Ce dé est bien équilibré. Tous les résultats sont donc équiprobables :
– si le résultat du lancer est 1 ou 2, le joueur gagne 30 F ;
– si le résultat du lancer est 3, le joueur gagne 20 F ;
– si le résultat du lancer est 4, 5 ou 6, le joueur ne perd ni ne gagne ;

– si le résultat du lancer est 7, 8 ou 9, le joueur perd 20 F ;
– si le résultat du lancer est 10, le joueur perd 40 F ;
– si le résultat du lancer est 11 ou 12, le joueur perd 50 F.

Soit X la variable aléatoire qui a chaque lancer associe le gain ou la perte (la perte équivaut à un gain négatif).

1° Déterminer la loi de probabilité de X.

2° Calculer l'espérance mathématique $E(X)$ et donner une approximation à 10^{-2} près de l'écart type $\sigma(X)$ de la variable aléatoire X.

3° Calculer la probabilité p que le gain soit compris entre $E(X) - \sigma(X)$ et $E(X) + \sigma(X)$.

4° Par quelle valeur faut-il remplacer le gain associé à la sortie du 1 ou du 2 pour que $E(X) = 0$?

(Génie mécanique A et F, Nouvelle-Calédonie, 1996)

Exemples d'utilisation d'un tableau pour dénombrer (exercices 59 et 60).

59 ■■■ ***On lance deux dés***

On dispose de deux dés cubiques. Toutes les faces ont la même probabilité d'apparaître. Le premier cube a cinq faces rouges et une face verte.
Le deuxième cube a une face rouge, deux vertes et trois bleues.

1° On jette les deux dés. On regarde la couleur des faces supérieures de chaque dé. On note :
– A l'événement : « Les deux faces sont rouges » ;
– B l'événement : « Les deux faces sont de la même couleur » ;
– C l'événement : « L'une des faces est rouge et l'autre verte » ;
– D l'événement : « Les deux faces sont de couleurs différentes ».

Expliquez pourquoi $P(A) = \frac{5}{36}$ et $P(C) = \frac{11}{36}$.
Calculer $P(B)$ et $P(D)$.

2° À chaque jet de ces deux dés est associé un jeu qui permet :
– un gain de 5 F si les deux faces sont rouges,
– un gain de 2 F si les deux faces sont vertes,
– une perte si les deux faces sont de couleurs différentes. On note x le montant en francs de cette perte.
On définit ainsi une variable aléatoire X qui, à chaque jet des deux dés, associe le gain ou la perte ainsi réalisés.
Déterminer $P(X = 5)$, $P(X = 2)$, $P(X = -x)$.
Un tel jeu est dit « équitable » lorsque l'espérance mathématique $E(X) = 0$; déterminer la valeur de x correspondante.

60 ■■■ ***Drôle de dé !***

On considère deux dés cubiques identiques non pipés, dont les faces sont marquées :

$$0, 0, \frac{\pi}{3}, \frac{\pi}{3}, \frac{4\pi}{3}, \frac{4\pi}{3}.$$

On lance simultanément les deux dés, et on lit les résultats α et β de leurs faces supérieures. Tous les résultats sont équiprobables. Soit X la variable aléatoire qui, à chaque lancer des deux dés, associe la valeur $\sin(\alpha + \beta)$.

1° Quelles sont les valeurs prises par X ?
Déterminer la loi de probabilité de X.

2° Calculer l'espérance mathématique $E(X)$ et la variance $V(X)$ de la variable X.

Exemples d'utilisation d'un arbre pour dénombrer (exercices 61 à 63).

61 ■■■ ***On lance trois pièces de monnaie***

Un joueur participe au jeu suivant. On lance trois pièces de monnaie simultanément. Pour chaque pièce, on ne peut obtenir que « pile » ou « face ». On gagne 100 francs s'il apparaît trois « face » ; on gagne 70 francs s'il apparaît deux « face » ; on gagne 30 francs s'il apparaît un « face » ; on perd 300 francs s'il apparaît trois « pile ».
Un « résultat » est un triplet indiquant pour chacune des trois pièces ce qui a été obtenu « pile » (P) ou « face » (F), par exemple (P, F, P).
Tous les résultats sont équiprobables.

1° Écrire l'ensemble de tous les résultats possibles.

2° On désigne par X la variable aléatoire qui, à chaque résultat, associe le « gain » en francs obtenu (le « gain » peut être négatif).

a) Établir la loi de probabilité de la variable aléatoire X.

b) Déterminer la probabilité d'obtenir un « gain » strictement inférieur à 70 francs.

c) Déterminer la probabilité d'obtenir un « gain » strictement supérieur à 40 francs.

3° *a*) Calculer l'espérance mathématique de la variable aléatoire X.

b) Ce jeu est-il équitable, favorable, ou défavorable au joueur ?

c) Combien le joueur devrait-il perdre lorsqu'il n'obtient que des piles pour que le jeu soit équitable ?

(Chimie, septembre 1995)

62 ■■■ ***Heureusement, cela ne se passe pas comme cela au baccalauréat !***

Un élève passe un test comportant trois exercices indépendants 1, 2 et 3.
Pour chacun des trois exercices, suivant le nombre de réponses exactes données par l'élève, un ordinateur le note : Bien (lettre B), Moyen (lettre M), Insuffisant (lettre I).
Par exemple : un élève étant noté « bien » au premier exercice, « insuffisant » au second exercice et « insuffisant » au troisième sera évalué par le triplet (B, I, I).

1° Dresser la liste des 27 triplets possibles.

2° Pour la suite, on considère que l'ordinateur chargé de la correction est déréglé (suite à une mauvaise

manipulation) et attribue pour chaque exercice les notations B, M et I au hasard.
Tous les triplets sont équiprobables.
On convient du barème suivant pour chacun des exercices :
5 points pour B, 3 points pour M, 0 point pour I.

a) Quels sont les triplets possibles conduisant à un total de 8 points ? Combien y en a-t-il ?

b) Soit X la variable aléatoire qui à chaque triplet choisi au hasard associe le nombre de points correspondant (exemple : (B, M, M) donne 11 points).
– Donner toutes les valeurs possibles de X.
– Donner la loi de probabilité de X sous forme de tableau.

3° Calculer l'espérance mathématique E(X) de X.

(Génie électronique, Génie électrotechnique, Antilles Guyane, septembre 1996)

63 ■■■ ***La tournée du chauffagiste***

Un chauffagiste vient faire l'entretien des chaudières de quatre clients A, B, C et D qui habitent tous le même immeuble. Il doit impérativement passer chez A avant d'aller chez B car, B étant absent, la clé de son appartement est chez A.
Dans la suite de l'exercice on appelle *tournée* un *ordre* de visite des quatre clients : ainsi la tournée notée A B C D signifie que le chauffagiste ira d'abord chez A, puis chez B, puis chez C pour terminer par D.
Une autre tournée peut être CABD (toujours A avant B).

1° Déterminer les 12 tournées possibles.

2° A habite au rez-de-chaussée, B au deuxième étage, C au troisième étage et D au quatrième étage. Il n'y a pas d'ascenseur. Toutes les tournées sont équiprobables.
Soit X la variable aléatoire qui, à chaque tournée choisie au hasard associe le nombre d'étages *montés* (exemple : si le chauffagiste effectue la tournée C A B D il monte $3 + 2 + 2 = 7$ étages).

a) Établir que les valeurs prises par X sont les éléments de $\{4 ; 5 ; 6 ; 7\}$.

b) Si le chauffagiste choisit au hasard une tournée, quelle est la probabilité qu'il monte 7 étages ?

c) Déterminer la loi de probabilité de X, son espérance mathématique E(X).

d) Quelle est la probabilité que le chauffagiste monte au moins 5 étages ?

(Génie énergétique, septembre 1994)

Tirages avec remise (exercices 64 et 65).

64 ■■■ ***On tire deux boules d'une urne***

Une urne contient trois boules : une jaune, une verte, une blanche.
On effectue un tirage de deux boules de la manière suivante : on tire une boule, on note sa couleur et on la remet dans l'urne ; on tire alors une deuxième boule et on note sa couleur.
On suppose que tous les tirages sont équiprobables.

1° Donner l'ensemble des neuf tirages possibles.

2° On convient de la règle suivante :
le tirage d'une boule jaune fait marquer 2 points, celui d'une boule verte fait marquer 1 point, et celui d'une boule blanche fait perdre 3 points, c'est-à-dire fait « marquer » -3 points.
On définit une variable aléatoire X en associant à chaque tirage de deux boules la somme des points marqués ; par exemple, au tirage (jaune, blanche), on associe -1.

a) Déterminer l'ensemble des valeurs prises par la variable aléatoire X.

b) Déterminer la loi de probabilité de la variable aléatoire X, son espérance mathématique, et sa variance.

c) Calculer la probabilité de « perdre », c'est-à-dire d'obtenir une somme négative.

(Génie mécanique, B, C, D, E, Génie des matériaux, métropole, septembre 1996)

65 ■■■ ***On tire trois boules d'une urne***

Une urne contient trois boules indiscernables au toucher, numérotées respectivement 1, 2 et 3.
On effectue trois tirages successifs avec remise, et on note dans l'ordre les trois numéros ainsi obtenus. Un résultat est un triplet, par exemple (2, 3, 1).
Tous les résultats sont équiprobables.

1° En s'aidant éventuellement d'un arbre, donner la liste des vingt-sept résultats.

2° Soit X la variable aléatoire qui à chaque résultat associe la somme des deux premiers numéros tirés.
Par exemple, pour l'éventualité (1, 3, 3), on a $X = 4$.

a) Donner les valeurs possibles de X.

b) Dresser le tableau de la loi de probabilité de X.

c) Calculer son espérance mathématique.

3° Soit Y la variable aléatoire qui à chaque résultat associe le double du troisième numéro tiré.

a) Donner les valeurs possibles de Y.

b) Calculer la probabilité de l'événement : X et Y prennent la même valeur.

(Génie électronique, Génie électrotechnique, La Réunion, juin 1996)

Exemple de tirage sans remise

66 ■■■ Une urne contient une boule rouge, deux boules blanches et deux boules noires. On les note R, B_1, B_2, N_1, N_2. On tire deux boules successivement, sans remise. Tous les tirages sont équiprobables.

1° Écrire l'ensemble des tirages possibles.

2° Le tirage d'une boule rouge fait gagner 3 francs.
Le tirage d'une boule blanche fait gagner 2 francs.
Le tirage d'une boule noire fait perdre 3 francs.

On appelle X la variable aléatoire qui à un tirage de deux boules fait correspondre le gain en francs (une perte est un gain négatif).

a) Déterminer l'ensemble des valeurs prises par la variable aléatoire X.

b) Écrire la loi de probabilité de X.

c) Calculer l'espérance mathématique de X et l'interpréter.

d) Calculer l'écart type de X et en donner une approximation décimale à 0,01 près.

(Génie mécanique B, C, D, E, Génie des matériaux, 1996)

Exemple de tirages simultanés

67 ■■■ Dans une boîte sont placés 6 jetons indiscernables au toucher, sur lesquels sont inscrits respectivement le entiers relatifs : – 3 ; – 2 ; – 1 ; 2 ; 3 ; 4.

1° Un jeu consiste à tirer simultanément deux jetons de la boîte. Tous les tirages sont supposés équiprobables.
Le résultat d'un tirage est représenté par l'ensemble des deux entiers relatifs inscrits sur les deux jetons tirés : par exemple si on tire simltanément les jetons portant les entiers relatifs – 3 et 2, on note indifféremment $\{-3, 2\}$ ou $\{2, -3\}$ le résultat de ce tirage.

a) Donner les 15 résultats possibles à l'aide éventuellement d'un tableau ou d'un arbre.

b) Quelle est la probabilité de chacun des tirages possibles ?

2° On appelle X la variable aléatoire qui, à chaque tirage, associe la somme des entiers relatifs inscrits sur les deux jetons tirés.

a) Déterminer les valeurs prises par X.

b) Déterminer la loi de probabilité de X.

c) Calculer l'espérance mathématique de X.

3° Lors d'un tirage, le joueur gagne si la valeur prise par X dans ce tirage est supérieure ou égale à 5.
Déterminer, lors d'un tirage, la probabilité de gagner, et celle de perdre.

(Génie mécanique B, C, D, E, Génie des matériaux, La Réunion, 1995)

RÉPONSES DES T.P.

T.P. 1 $P(A) = \frac{1}{20}$; $P(B) = \frac{1}{2}$; $P(C) = \frac{1}{5}$;

$P(D) = \frac{1}{10}$; $P(E) = \frac{3}{5}$.

T.P. 2 3° $P(A) = 0{,}89$; $P(B) = 0{,}06$;
$P(C) = 0{,}87$; $P(D) = 0{,}08$.

T.P. 3 1° *a*) $P(A) = 0{,}5$; $P(B) = 0{,}3$;
b) $P(A \cup B) = 0{,}7$.

2° *b*) $P(C) = 0{,}2$; $P(D) = \frac{19}{25}$.

T.P. 4 2° *a*) 16 ; *b*) $P(F_1) = \frac{3}{16}$;

c) $P(F_2) = 0{,}625$.

3° *b*) $P(G_1) = 0{,}25$; $P(G_2) = 0{,}5$.

T.P. 5 1° *a*) 120 ; *b*) $P(A) = 0{,}4$.

2° *a*) 105 ; *b*) $P(B) = \frac{12}{35}$.

T.P. 6 1° *a*) $p_1 = 0{,}3$; *b*) $p_2 = 0{,}6$.

2° *a*) $\{-5, -4, 0, 1, 2, 3, 4\}$.

c) $E(X) = -0{,}1$;

d) $V(X) = 8{,}89$;

3° Rajouter 1 à une boule.

T.P. 7 2° *a*) $\{0, 1, 2, 3, 4, 5\}$.

3° $E(X) = \frac{35}{18}$, $E(X) \approx 1{,}94$;

$V(X) = \frac{665}{324}$; $\sigma(X) \approx 1{,}43$.

T.P. 8 2° *a*) $\{-8, -3, 2, 7, 12\}$.
c)

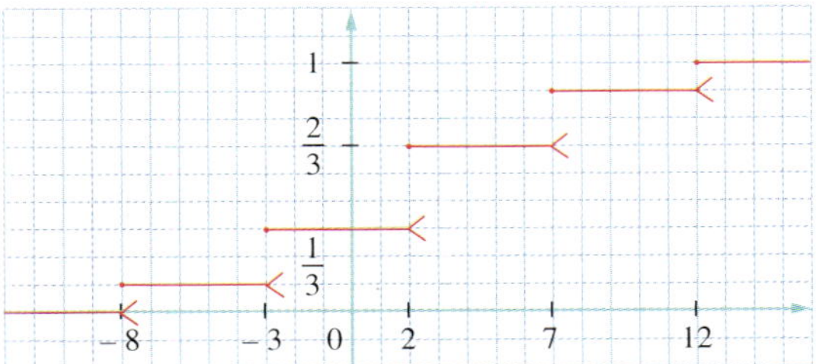

Fig. 6

d) $E(X) = 2$. C'est le gain moyen qu'un joueur obtiendrait s'il jouait un très grand nombre de fois, $V(X) = \frac{300}{9}$ et $\sigma(X) \approx 5{,}77$. Cet écart type est un indicateur de dispersion des gains autour de E(X) dans le cas d'un très grand nombre de tirages de deux boules.

T.P. 9 2° $E(X) = 5{,}5$.

CORRIGÉS DES EXERCICES

1 1° • Les 32 cartes ont la même probabilité d'être choisies. La probabilité d'obtenir la dame de cœur est donc

$$P(A) = \frac{1}{32}.$$

• Il y a 8 cœurs dans le jeu.
Lorsqu'il y a équiprobabilité, pour tout événement E

$$P(E) = \frac{\text{Nombre d'éléments de E}}{\text{Nombre d'éléments de } \Omega}.$$

Donc $P(B) = \frac{8}{32}$, $P(B) = \frac{1}{4}$.

• Soit E l'événement : « la carte choisie est un as ».
On a $C = B \cup E$.
On sait que pour tous événements A et B

$$P(A \cup B) = P(A) + P(B) - P(A \cap B).$$

Donc $P(C) = P(B) + P(E) - P(B \cap E)$.

Il y a 4 as dans le jeu donc $P(E) = \frac{4}{32}$.

$B \cap E$ est l'événement : « la carte choisie est l'as de cœur »

d'où $P(B \cap E) = \frac{1}{32}$.

Donc $P(C) = \frac{8}{32} + \frac{4}{32} - \frac{1}{32}$,

$$P(C) = \frac{11}{32}.$$

• L'événement D est l'événement contraire de l'événement E, $D = \bar{E}$.
On sait que pour tout événement A, $P(\bar{A}) = 1 - P(A)$.

Donc $P(D) = 1 - P(E)$, $P(D) = 1 - \frac{11}{32}$,

$$P(D) = \frac{21}{32}.$$

2° • Les huit cartes de cœur ont la même probabilité d'être choisies et il y a trois figures de cœur : Valet, Dame, Roi.

donc $P(F) = \frac{3}{8}$.

2 On note p_i la probabilité de l'événement : « le résultat du lancer est i ».

1° On a :

$$p_2 = p_4 = p_6 \ ; \ p_1 = p_3 = p_5 \ ; \ p_1 = 2p_2.$$

On sait que : $p_1 + p_2 + p_3 + p_4 + p_5 + p_6 = 1$.

On est donc conduit à résoudre le système formé par les équations suivantes :

$$p_1 + p_2 + p_3 + p_4 + p_5 + p_6 = 1 \ ; \ p_2 = \frac{1}{2} p_1 \ ;$$

$$p_3 = p_1 \ ; \ p_4 = \frac{1}{2} p_1 \ ; \ p_5 = p_1 \ ; \ p_6 = \frac{1}{2} p_1.$$

On en déduit par substitution que :

$$p_1 + \frac{1}{2} p_1 + p_1 + \frac{1}{2} p_1 + p_1 + \frac{1}{2} p_1 = 1 \ ;$$

$$\frac{9}{2} p_1 = 1.$$

$$p_1 = \frac{2}{9}, p_3 = \frac{2}{9}, p_5 = \frac{2}{9}, p_2 = \frac{1}{9}, p_4 = \frac{1}{9}, p_6 = \frac{1}{9}.$$

2° L'événement A « obtenir un numéro pair » est la réunion des trois événements élémentaires $\{2\}$, $\{4\}$, $\{6\}$. Sa probabilité P(A) est donc :

$$p_2 + p_4 + p_6 = \frac{1}{9} + \frac{1}{9} + \frac{1}{9}, \quad P(A) = \frac{3}{9} = \frac{1}{3}.$$

L'événement « obtenir un numéro impair » est le contraire $\bar{A}$ de l'événement A. Donc :

$$P(\bar{A}) = 1 - P(A) \ ; \quad P(\bar{A}) = \frac{2}{3}.$$

3 1° $16 - 5 = 11$ ont répondu non à la deuxième question et oui à la première question. On inscrit 11 dans la case n° 1. Donc on inscrit $13 - 11 = 2$ dans la case n° 2. Il y a au total 28 personnes, on inscrit 28 dans la case n° 3. Donc on inscrit $28 - 13 = 15$ dans la case n° 4. On inscrit donc $15 - 5 = 10$ dans la case n° 5. On inscrit donc $10 + 2 = 12$ dans la case n° 6.

	Nombre de personnes ayant répondu OUI à la 1re question	Nombre de personnes ayant répondu NON à la 1re question	Total
Nombre de personnes ayant répondu OUI à la 2e question	[2] 2	[5] 10	[6] 12
Nombre de personnes ayant répondu NON à la 2e question	[1] 11	5	16
Total	13	[4] 15	[3] 28

2° On a équiprobabilité donc :

$$P(A) = \frac{2}{28}, \quad P(A) = \frac{1}{14}.$$

Il y a deux personnes ayant répondu oui aux deux questions, 11 personnes ayant répondu oui à la première question et non à la deuxième question, 10 personnes ayant répondu non à la première question et oui à la deuxième question.
Au total il y a $2 + 11 + 10 = 23$ personnes ayant répondu oui à l'une ou l'autre des questions.

Donc $P(B) = \frac{23}{28}$.

Il y a 21 personnes ayant répondu oui à l'une au plus des questions.

Donc $P(C) = \frac{21}{28}$.

3° On change d'univers. Il y a alors 15 événements élémentaires. Il y a 5 personnes ayant répondu non à la deuxième question parmi les 15.
La probabilité cherchée est donc

$$p = \frac{5}{15}, \qquad p = \frac{1}{3}.$$

4 1° *a*) On a équiprobabilité donc

$$P(A) = \frac{2}{6}, \qquad P(A) = \frac{1}{3}\ ;$$

$$P(B) = \frac{4}{6}, \qquad P(B) = \frac{2}{3}.$$

L'événement $A \cap B$ est l'événement : « sortie du 3 ».

Donc $$P(A \cap B) = \frac{1}{6}.$$

b) $P(A \cup B) = P(A) + P(B) - P(A \cap B)$.

C'est vrai pour tous événements A et B.

$$P(A \cup B) = \frac{1}{3} + \frac{2}{3} - \frac{1}{6}, \qquad P(A \cup B) = \frac{5}{6}.$$

2° *a*) On peut réaliser le tableau suivant :

1er lancer \ 2e lancer	1	2	3	4	5	6
1	(1,1)	(1,2)	(1,3)	(1,4)	(1,5)	(1,6)
2	(2,1)	(2,2)	(2,3)	(2,4)	(2,5)	(2,6)
3	(3,1)	(3,2)	(3,3)	(3,4)	(3,5)	(3,6)
4	(4,1)	(4,2)	(4,3)	(4,4)	(4,5)	(4,6)
5	(5,1)	(5,2)	(5,3)	(5,4)	(5,5)	(5,6)
6	(6,1)	(6,2)	(6,3)	(6,4)	(6,5)	(6,6)

Il y a donc 36 résultats possibles.

b) Il y a quatre résultats avec le 3 ou le 6 à chacun des deux lancers :

$$(3, 3)\ ;\ (3, 6)\ ;\ (6, 3)\ ;\ (6, 6).$$

Il y a équiprobabilité donc

$$P(C) = \frac{4}{36}, \qquad P(C) = \frac{1}{9}.$$

5 1° On complète l'arbre esquissé dans l'énoncé.
Il y a $6 \times 5 = 30$ résultats possibles.

2° Il y a 8 résultats où les deux jetons obtenus ont la même couleur : (V_1, V_2), (V_2, V_1), (J_1, J_2), (J_1, J_3), (J_2, J_1), (J_2, J_3), (J_3, J_1), (J_3, J_2).
Lorsqu'il y a équiprobabilité, pour tout événement A

$$P(A) = \frac{\text{nombre de cas favorables}}{\text{nombre de cas possibles}}.$$

Donc $$P(A) = \frac{8}{30}, \qquad P(A) = \frac{4}{15}.$$

Il y a 8 résultats où les deux jetons portent le même numéro : (V_1, J_1), (V_1, N_1), (V_2, J_2), (J_1, V_1), (J_1, N_1), (J_2, V_2), (N_1, V_1), (N_1, J_1).

Donc $$P(B) = \frac{8}{30}, \qquad P(B) = \frac{4}{15}.$$

3° L'événement $A \cap B$ est l'événement :
« Les deux jetons sont de même couleur et portent le même numéro ».
Il n'existe pas de résultat remplissant simultanément les deux conditions.
$A \cap B = \varnothing$, donc A et B sont incompatibles.
Pour tous événements incompatibles A et B,

$$P(A \cup B) = P(A) + P(B),$$

donc $$P(A \cup B) = \frac{4}{15} + \frac{4}{15}, \qquad P(A \cup B) = \frac{8}{15}.$$

6 1° Réalisons l'arbre suivant :

Résultat du premier tirage	Résultat du deuxième tirage	Résultat
1	1	(1, 1)
	2	(1, 2)
	3	(1, 3)
	4	(1, 4)
2	1	(2, 1)
	2	(2, 2)
	3	(2, 3)
	4	(2, 4)
3	1	(3, 1)
	2	(3, 2)
	3	(3, 3)
	4	(3, 4)
4	1	(4, 1)
	2	(4, 2)
	3	(4, 3)
	4	(4, 4)

On peut aussi utiliser un tableau.

2° Il y a 16 événements élémentaires ayant même probabilité. Si A est l'événement « *a* et *b* sont deux nombres entiers consécutifs », A a 3 éléments : $(1, 2)$; $(2, 3)$; $(3, 4)$.

On a donc $$P(A) = \frac{3}{16}.$$

7 *a*) Il y a 32 choix possibles pour la première carte tirée. Une carte ayant été tirée au premier tirage, il y a encore 32 choix possibles pour la deuxième carte tirée (la carte tirée au premier tirage a été remise dans le paquet). Donc 32×32 choix possibles pour les deux premières cartes. (On peut esquisser un arbre…).
Deux cartes ayant été tirées, l'une au premier tirage, l'autre au deuxième tirage il y a 32 choix possibles pour la troisième carte tirée.

Au total il y a $32^3 = 32\,768$ tirages possibles.

b) Il y a 32 choix possibles pour la première carte tirée. Une carte ayant été tirée au premier tirage, il y a 31 choix possibles pour la deuxième carte tirée (la carte tirée au premier tirage ne figure plus dans le paquet).
Deux cartes ayant été tirées, l'une au premier tirage, l'autre au deuxième tirage, il y a 30 choix possibles pour la troisième carte tirée. Au total il y a $32 \times 31 \times 30 = 29\,760$ tirages possibles.

8 1° *a*) Il y a $9 + 11 + 3 + 5 = 28$ rondelles d'épaisseur 3 mm.
On a une situation d'équiprobabilité ;

d'où $P(E_1) = \dfrac{28}{100}$, $P(E_1) = 0{,}28$.

b) Il y a $5 + 10 + 11 + 4 = 30$ rondelles d'épaisseur 10 mm ;

d'où $P(E_2) = \dfrac{30}{100}$, $P(E_2) = 0{,}30$.

c) Il y a 15 rondelles d'épaisseur 2 mm et de diamètre 12 mm ;

d'où $P(E_3) = \dfrac{15}{100}$, $P(E_3) = 0{,}15$.

d) Il y a $6 + 15 + 3 + 2 = 26$ rondelles de diamètre 12 mm et $7 + 6 + 5 + 6 = 24$ rondelles de diamètre 15 mm donc, au total, 50 rondelles de diamètre supérieur à 11 mm ;

d'où $P(E_4) = \dfrac{50}{100}$, $P(E_4) = 0{,}5$.

2° *a*) L'événement $(X = 3)$ est l'événement E_1 du 1° *a*)
d'où $P(X = 3) = P(E_1)$, $P(X = 3) = 0{,}28$.

b) Il y a $5 + 5 + 6 + 7 = 23$ rondelles d'épaisseur 1 mm, d'où $P(X = 1) = \dfrac{23}{100}$.

Il y a $6 + 10 + 15 + 6 = 37$ rondelles d'épaisseur 2 mm, d'où $P(X = 2) = \dfrac{37}{100}$.

On a vu au 2° *a*) que $P(X = 3) = \dfrac{28}{100}$.

Il y a $0 + 4 + 2 + 6 = 12$ rondelles d'épaisseur 4 mm, d'où $P(X = 4) = \dfrac{12}{100}$.

Valeurs de X : x_i	1	2	3	4
$P(X = x_i)$: p_i	$\dfrac{23}{100}$	$\dfrac{37}{100}$	$\dfrac{28}{100}$	$\dfrac{12}{100}$

c) L'espérance mathématique de la variable aléatoire X est donnée par :

$$E(X) = \sum_{i=1}^{4} p_i x_i,$$

Il y a quatre valeurs de X :
$x_1 = 1, \quad x_2 = 2, \quad x_3 = 3, \quad x_4 = 4,$
i appartient à l'ensemble $\{1, 2, 3, 4\}$.

$$E(X) = 2{,}29.$$

d) La variance de la variable aléatoire X est donnée par :

$$V(X) = \sum_{i=1}^{4} p_i x_i^2 - [E(X)]^2.$$

$$V(X) = 0{,}9059, \quad V(X) \approx 0{,}91.$$

D'où l'écart type $\sigma(X) = \sqrt{0{,}9059}$
$\sigma(X) \approx 0{,}95$.

9 1° La fonction de répartition F de la variable aléatoire X est définie par le tableau :

x appartient à l'intervalle	$]-\infty, 0[$	$[0, 1[$	$[1, 2[$
$F(x) = P(X \leqslant x)$	0	0,10	0,26

$[2, 3[$	$[3, 4[$	$[4, 5[$	$[5, 6[$	$[6, +\infty[$
0,51	0,81	0,94	0,99	1

Fig. 7

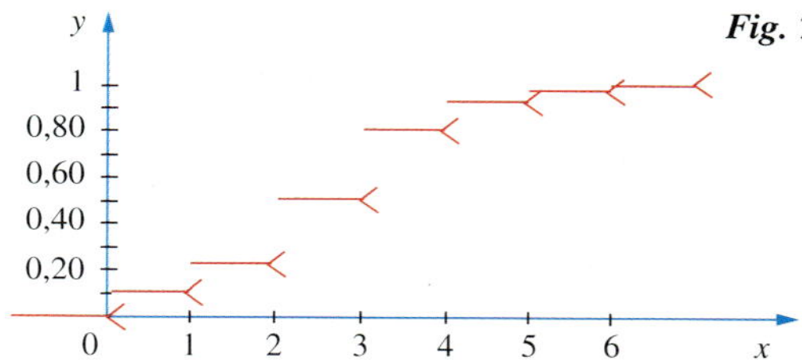

2° En appliquant les formules on obtient avec une calculatrice :

$E(X) \approx 2{,}39$, $V(X) \approx 1{,}84$, $\sigma(X) \approx 1{,}36$ …

10 1° Il y a $6 \times 6 = 36$ résultats possibles.
On a une situation d'équiprobabilité donc la probabilité d'obtenir chacun de ces résultats est $\dfrac{1}{36}$.

dé blanc

dé vert / S	1	2	3	4	5	6
1	2	3	4	5	6	7
2	3	4	5	6	7	8
3	4	5	6	7	8	9
4	5	6	7	8	9	10
5	6	7	8	9	10	11
6	7	8	9	10	11	12

b) L'ensemble des valeurs prises par S est :

$$\{2, 3, 4, 5, 6, 7, 8, 9, 10, 11, 12\}.$$

c) On a :

$P(S = 2) = \frac{1}{36}$; $P(S = 3) = \frac{2}{36}$;

$P(S = 4) = \frac{3}{36}$; $P(S = 5) = \frac{4}{36}$;

$P(S = 6) = \frac{5}{36}$; $P(S = 7) = \frac{6}{36}$;

$P(S = 8) = \frac{5}{36}$; $P(S = 9) = \frac{4}{36}$;

$P(S = 10) = \frac{3}{36}$; $P(S = 11) = \frac{2}{36}$;

$$P(S = 12) = \frac{1}{36}.$$

La loi de probabilité de S est donc définie par :

Valeurs de S : S_i	2	3	4	5	6	7	8	9	10	11	12
$P(S = S_i)$: p_i	$\frac{1}{36}$	$\frac{2}{36}$	$\frac{3}{36}$	$\frac{4}{36}$	$\frac{5}{36}$	$\frac{6}{36}$	$\frac{5}{36}$	$\frac{4}{36}$	$\frac{3}{36}$	$\frac{2}{36}$	$\frac{1}{36}$

d) L'espérance mathématique de la variable aléatoire S est :

$$E(S) = \sum_{i=1}^{11} p_i S_i$$

où i est un nombre entier compris entre 1 et 11, puisqu'il y a 11 valeurs de S.

$$E(X) = \frac{252}{36}, \qquad E(X) = 7.$$

La variance de la variable aléatoire S est :

$$V(S) = \sum_{i=1}^{11} p_i S_i^2 - [E(S)]^2$$

$$V(S) = \frac{1\,974}{36} - (7)^2$$

$$V(S) \approx 5{,}83$$

d'où l'écart type

$$\sigma(S) = \sqrt{V(S)}$$

$$\sigma(S) \approx 2{,}42.$$

11 1° Les 7 cases vides du tableau sont numérotées de 1 à 7.
16 objets présentent le défaut A : on porte 16 dans la case 7.
12 objets présentent le défaut B : on porte 12 dans la case 3.
180 objets n'ont aucun défaut : on porte 180 dans la case 5.
Dans la case 6 on porte 200 – 12 = 188.
Dans la case 4 on porte 188 – 180 = 8.
Dans la case 1 on porte 16 – 8 = 4.
Dans la case 8 on porte 180 + 4 = 184.

On vérifie, par exemple, que le total des cases 7 et 8 est égal à 200.

Nombre d'objets	avec le défaut A	sans le défaut A	Total
avec le défaut B	[1] 8	[2] 4	[3] 12
sans le défaut B	[4] 8	[5] 180	[6] 188
Total	[7] 16	[8] 184	200

2° Le coût de réparation peut être égal à 0 F, 100 F, 150 F ou 250 F.
Donc la variable aléatoire X peut prendre les valeurs 950, 1 050, 1 100 ou 1 200.
$P(X = 950) = 0{,}9$ car 90 % des objets n'ont aucun défaut et, l'objet étant choisi au hasard, il y a équiprobabilité des tirages d'un objet.
De même

$$P(X = 1\,050) = 0{,}04\ ;\quad P(X = 1\,100) = 0{,}02$$

et $P(X = 1\,200) = 0{,}04$.

Valeurs de X : x_i	950	1 050	1 100	1 200
$P(X = x_i)$	0,9	0,04	0,02	0,04

3° *a*) $E(X) = \sum_{i=1}^{4} x_i P(X = x_i)$.

Voir le formulaire.

À l'aide d'une calculatrice on obtient $E(X) = 967$.

$$V(X) = \sum_{i=1}^{4} x_i^2 P(X = x_i) - (E(X))^2.$$

$$V(X) = 3\,061$$

donc $\sigma(X) = \sqrt{3\,061}$; $\sigma(X) \approx 55{,}33$.
Pour une production très importante respectant les pourcentages d'objets défectueux figurant dans l'énoncé, E(X) représente le prix de revient moyen d'un objet.

b) Le prix de vente 960 F étant inférieur à $E(X) = 967$ qui représente le prix de revient moyen d'un objet dans les conditions précisée au *a*), l'usine ne peut pas espérer faire des bénéfices avec ce prix de vente.

c) Pour faire un bénéfice moyen de 100 F par objet, le prix de vente de chaque objet doit être de 967 + 100 = 1 067 F.

12 1° Sur le diagramme suivant, M représente l'ensemble des moteurs présentant un défaut mécanique et E l'ensemble des moteurs présentant un défaut électrique.

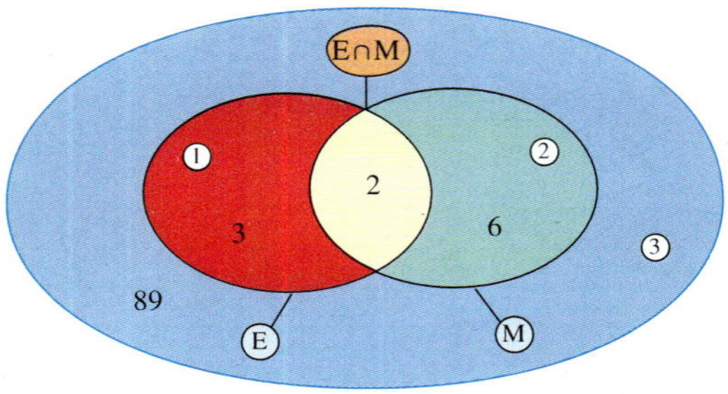

Fig. 8

Dans $E \cap M$ on inscrit 2, le nombre de moteurs présentant les deux défauts.

Dans la partie ①, qui concerne les moteurs ne présentant que le défaut de type électrique, on inscrit $5 - 2 = 3$.

Dans la partie ②, qui concerne les moteurs ne présentant que le défaut de type mécanique, on inscrit $8 - 2 = 6$.

Dans la partie ③, qui concerne les moteurs ne présentant aucun défaut on inscrit

$$100 - (3 + 2 + 6) = 89.$$

On prélève au hasard un moteur parmi les 100.

On est dans une situation d'équiprobabilité donc la probabilité de l'événement E : « le moteur est en parfait état de marche »

est $\quad P(E) = \dfrac{89}{100}, \quad P(E) = 0{,}89.$

2° *a*) L'ensemble des valeurs de la variable aléatoire X est $\{0, 1, 2\}$.

b) D'après 1°

$P(X = 0) = 0{,}89$;

$P(X = 1) = \dfrac{3 + 6}{100}, \quad P(X = 1) = 0{,}09$;

$P(X = 2) = \dfrac{2}{100}, \quad P(X = 2) = 0{,}02.$

La loi de probabilité de la variable aléatoire X est donc définie par le tableau suivant

Valeur de X : x_i	0	1	2
$P(X = x_i) = p_i$	0,89	0,09	0,02

($i = 1$ ou $i = 2$ ou $i = 3$).

c) L'espérance mathématique de la variable aléatoire X est $E(X) = \sum_{i=1}^{3} p_i x_i, \quad E(X) = 0{,}11.$

La variance de la variable aléatoire X est

$$V(X) = \sum_{i=1}^{3} p_i x_i^2 - [E(X)]^2,$$

$V(X) = 0{,}078\,7.$

13 1° Réalisons l'arbre suivant :

Résultat pour 0,50 F	Résultat pour 1 F	Résultat pour 5 F	Résultat	Gain correspondant
P	P	P	(P, P, P)	− 2
		F	(P, P, F)	− 2
	F	P	(P, F, P)	− 2
		F	(P, F, F)	2
F	P	P	(F, P, P)	− 2
		F	(F, P, F)	2
	F	P	(F, F, P)	2
		F	(F, F, F)	10

2° *a*) Complétons le tableau du 1° par une colonne à droite donnant les gains pour chaque résultat. Les valeurs prises par la variable aléatoire X sont -2, 2, 10.

x_i	− 2	2	10
$P(X = x_i)$	$\frac{4}{8}$	$\frac{3}{8}$	$\frac{1}{8}$

b) $E(X) = 1$. E(X) représente le gain moyen que l'on obtiendrait en répétant l'épreuve un très grand nombre de fois.

14 1° Notons R, V, B les trois boules. Un résultat est un couple dont le premier élément est la boule tirée lors du premier tirage et le second la boule tirée lors du second tirage, par exemple (R, V). Donnons les neuf résultats possibles à l'aide de l'arbre suivant :

Première boule tirée	Deuxième boule tirée	Résultat
R	R	(R, R)
	V	(R, V)
	B	(R, B)
V	R	(V, R)
	V	(V, V)
	B	(V, B)
B	R	(B, R)
	V	(B, V)
	B	(B, B)

2° *a*) Au résultat (R, R) on associe $1 + 1 = 2$.
Au résultat (R, V) on associe $1 + 2 = 3$.
Au résultat (R, B) on associe $1 - 3 = -2$.
Au résultat (V, R) on associe $2 + 1 = 3$.
Au résultat (V, V) on associe $2 + 2 = 4$.
Au résultat (V, B) on associe $2 - 3 = -1$.
Au résultat (B, R) on associe $-3 + 1 = -2$.
Au résultat (B, V) on associe $-3 + 2 = -1$.
Au résultat (B, B) on associe $-3 - 3 = -6$.

L'ensemble des valeurs prises par la variable aléatoire X est donc $\{-6, -2, -1, 2, 3, 4\}$.

b) Chacun des 9 événements élémentaires équiprobables a une probabilité de $\frac{1}{9}$.

Donc :

$$P(X=-6) = P(B, B) = \frac{1}{9}.$$

$$P(X=-2) = P(R, B) + P(B, R) = \frac{2}{9}.$$

$$P(X=-1) = P(V, B) + P(B, V) = \frac{2}{9}.$$

$$P(X=2) = P(R, R) = \frac{1}{9}.$$

$$P(X=3) = P(R, V) + P(V, R) = \frac{2}{9}.$$

$$P(X=4) = P(V, V) = \frac{1}{9}.$$

La loi de probabilité de la variable aléatoire X est donc donnée par le tableau suivant :

Valeurs de X : x_i	-6	-2	-1	2	3	4
$P(X=x_i)$: p_i	$\frac{1}{9}$	$\frac{2}{9}$	$\frac{2}{9}$	$\frac{1}{9}$	$\frac{2}{9}$	$\frac{1}{9}$

avec i appartenant à $\{1, 2, 3, 4, 5, 6\}$.

c) La probabilité de perdre est $P(X<0)$.

$$P(X<0) = P(X=-6) + P(X=-2) + P(X=-1),$$

$$P(X<0) = \frac{1}{9} + \frac{2}{9} + \frac{2}{9}, \quad P(X<0) = \frac{5}{9}.$$

d) $E(X) = \sum_{i=1}^{6} p_i x_i$, $E(X) = 0$.

$E(X)$ représente la moyenne des « gains » obtenus si on répète l'épreuve un très grand nombre de fois.

Lorsque $E(X) = 0$ pour une situation de jeu on dit que le jeu est équitable.

15 1° On peut réaliser le tableau suivant :

1re boule \ 2e boule	R_1	R_2	B_1	B_6
R_1	╳	(R_1, R_2)	(R_1, B_1)	(R_1, B_6)
R_2	(R_2, R_1)	╳	(R_2, B_1)	(R_2, B_6)
B_1	(B_1, R_1)	(B_1, R_2)	╳	(B_1, B_6)
B_6	(B_6, R_1)	(B_6, R_2)	(B_6, B_1)	╳

2° *a*) Avec (R_1, R_2) le gain est $2-5 = -3$;
avec (R_1, B_1) le gain est $1-5 = -4$;
avec (R_1, B_6) le gain est $6-5 = 1$;
avec (R_2, B_1) le gain est $2-5 = -3$;
avec (R_2, B_6) le gain est $12-5 = 7$;
avec (B_1, B_6) le gain est $6-5 = 1$;
avec $(R_2, R\ )$ le gain est $2-5 = -3$;
avec $(B_1, R\ )$ le gain est $1-5 = -4$;
avec (B_1, R_2) le gain est $2-5 = -3$;
avec $(B_6, R\ )$ le gain est $6-5 = 1$;
avec (B_6, R_2) le gain est $12-5 = 7$;
avec $(B_6, B\ )$ le gain est $6-5 = 1$.

L'ensemble des valeurs prises par X est donc :

$$\{-\mathbf{4}, -\mathbf{3}, \mathbf{1}, \mathbf{7}\}.$$

b) Il y a deux résultats qui donnent un gain de -4. Tous les résultats sont équiprobables d'où

$$P(X=-4) = \frac{2}{12}.$$

Il y a quatre résultats qui donnent un gain de -3, d'où $P(X=-3) = \frac{4}{12}$.

Il y a quatre résultats qui donnent un gain de 1, d'où

$$P(X=1) = \frac{4}{12}.$$

Il y a deux résultats qui donnent un gain de 7, d'où

$$P(X=7) = \frac{2}{12}.$$

La loi de probabilité de la variable aléatoire X est donc donnée par le tableau suivant :

Valeurs de X : x_i	-4	-3	1	7
$P(X=x_i)$: p_i	$\frac{2}{12}$	$\frac{4}{12}$	$\frac{4}{12}$	$\frac{2}{12}$

On vérifie que $\sum p_i = 1$.

c) La probabilité de perdre est la probabilité de l'événement $\{(X=-4) \cup (X=-3)\}$.

Les deux événements $(X=-4)$ et $(X=-3)$ sont incompatibles d'où

$$P\{(X=-4) \cup (X=-3)\} = P(X=-4) + P(X=-3),$$

$$P\{(X=-4) \cup (X=-3)\} = \frac{2}{12} + \frac{4}{12},$$

$$P\{(X=-4) \cup (X=-3)\} = \frac{6}{12},$$

$$P\{(X=-4) \cup (X=-3)\} = 0{,}5.$$

d) $E(X) = \sum_{i=1}^{i=4} p_i x_i$,

$$E(X) = \frac{2}{12}(-4) + \frac{4}{12}(-3) + \frac{4}{12}(1) + \frac{2}{12}(7),$$

$$E(X) = -\frac{2}{12}, \quad E(X) = -\frac{1}{6}.$$

$E(X)$ représente le gain moyen d'un joueur jouant un très grand nombre de fois.

16 1° Dans ce qui suit un tirage est noté $\{a, b\}$ où a et b sont les entiers figurant sur les deux boules tirées.
$\{a, b\}$ et $\{b, a\}$ sont deux écritures d'un seul tirage.
Cherchons d'abord les tirages avec l'entier -1, il y en a trois :

$$\{-1, 2\} ; \quad \{-1, -3\} ; \quad \{-1, 4\}.$$

Avec l'entier 2 :

$$\{2, -1\} \ (= \{-1, 2\}) ; \quad \{2, -3\} ; \quad \{2, 4\}.$$

Avec l'entier -3 :

$$\{-3, -1\} \ (= \{-1, -3\}) ;$$
$$\{-3, 2\} \ (= \{2, -3\}) ; \quad \{-3, 4\}.$$

Avec l'entier 4 :

$\{4, -1\} \ (= \{-1, 4\})$; $\{4, 2\} \ (= \{2, 4\})$;
$\{4, -3\} \ (= \{-3, 4\})$.

Il y a donc six tirages possibles :

$$\{-1, 2\} ; \quad \{-1, -3\} ; \quad \{-1, 4\} ;$$
$$\{2, -3\} ; \quad \{2, 4\} ; \quad \{-3, 4\}.$$

2° *a*) On calcule la somme des nombres marqués pour chaque tirage :

Tirage	$\{-1, 2\}$	$\{-1, -3\}$	$\{-1, 4\}$	$\{2, -3\}$	$\{2, 4\}$	$\{-3, 4\}$
Somme	1	-4	3	-1	6	1

L'ensemble des valeurs prises par la variable aléatoire X est donc :

$$\{-4, -1, 1, 3, 6\}.$$

b) Il y a six tirages équiprobables donc

$$P(X = -4) = \frac{1}{6} ; \quad P(X = -1) = \frac{1}{6} ;$$

$$P(X = 1) = \frac{2}{6} ; \quad P(X = 3) = \frac{1}{6} ; \quad P(X = 6) = \frac{1}{6}.$$

La loi de probabilité de la variable aléatoire X est donc définie par :

Valeurs de X : x_i	-4	-1	1	3	6
$P(X = x_i)$: p_i	$\frac{1}{6}$	$\frac{1}{6}$	$\frac{2}{6}$	$\frac{1}{6}$	$\frac{1}{6}$

i est un entier naturel compris entre 1 et 5.

c) L'espérance mathématique de la variable aléatoire X est $E(X) = \sum_{i=1}^{5} p_i x_i$, $E(X) = 1$.

E(X) représente la moyenne des sommes obtenues si on répète le tirage un très grand nombre de fois.

RÉPONSES DES Q.C.M.

17 0,3. **18** $\frac{11}{32}$. **19** $\frac{2}{7}$.

20 *a*) 36 ; *b*) $\frac{1}{6}$; *c*) $\frac{5}{6}$. **21** $\frac{1}{2}$. **22** $\frac{9}{16}$.

23 *a*) 16 ; *b*) $\frac{1}{4}$. **24** 60.

25 *a*) -3 ; *b*) 61 ; *c*) non.

4 Étude locale et globale des fonctions

Dans ce chapitre, vous allez retrouver des problèmes, des démonstrations, des définitions et des théorèmes rencontrés en Première.

Vous pourrez ainsi obtenir facilement une information oubliée pendant les vacances, par exemple la dérivée de $f(x) = \frac{1}{x}$ ou celle de $g(t) = \sin 3t$.

Cela vous permettra aussi de consolider vos acquis des années antérieures, par exemple pour résoudre graphiquement une équation.

Vous aborderez alors dans de bonnes conditions les chapitres suivants où figurent des nouveautés de Terminale prolongeant les résultats rappelés ici.

INTRODUCTION

Les deux activités proposées ci-dessous ont pour but de vous aider à faire le point sur la façon dont vous savez trouver et justifier certaines propriétés d'une fonction et de sa courbe représentative dans un repère.

En cas de besoin vous pouvez chercher des informations dans les différents paragraphes de ce chapitre.

Activités

a ***Problème 1***

Soit f la fonction définie sur $\mathbb{R}$ par $f(x) = -3x^2 + 30x$.

1° *a*) Déterminer la fonction dérivée de f' de f.

En mécanique on utilise la lettre t pour désigner la variable (le temps). L'abscisse d'un point mobile peut alors être notée :
$x(t) = -3t^2 + 30t$.

b) En déduire le sens de variation de f ; préciser en particulier pour quelle valeur de x la fonction f a un maximum et la valeur maximale prise par $f(x)$.

2° Soit P la courbe représentative de f dans un repère orthogonal $(O ; \vec{i}, \vec{j})$ où les unités sont 1 cm en abscisse et 1 mm en ordonnée.

a) Quels sont les points d'intersection de P et de l'axe des abscisses ?

b) En déduire sans calcul l'axe de symétrie de la parabole P.

c) Tracer la parabole P.

3° *a*) Résoudre graphiquement dans $\mathbb{R}$ l'équation $f(x) = 35$.

b) Résoudre algébriquement dans $\mathbb{R}$ l'équation $f(x) = 35$.

4° Pour quelles valeurs de x a-t-on $f(x) > 0$?

b Problème 2

Une entreprise de canotage loue une embarcation motorisée 120 F l'heure, l'essence n'étant pas comprise dans la location.
On suppose qu'à vitesse constante v (exprimée en km/h) la consommation d'essence horaire $E(v)$ (exprimée en litres) du moteur est :

$$E(v) = 0,258 + 0,05v^2.$$

On loue une embarcation pour effectuer à vitesse constante un trajet de 30 km.

RAPPEL
La distance d parcourue à la vitesse constante v par un mobile pendant un temps t est $d = vt$.

1° *a*) Combien de temps faut-il pour parcourir cette distance à la vitesse de 15 km/h ?

b) Combien de temps faut-il pour parcourir cette distance à la vitesse v ?

2° Montrer que, à la vitesse v, la consommation totale du trajet peut s'écrire :

$$f(v) = 1,5v + \frac{7,74}{v}.$$

3° L'essence est vendue 4 F le litre.
Montrer que le coût total du trajet est :

$$C(v) = 120\left(\frac{30}{v}\right) + 4f(v).$$

Dans cette situation issue de la vie économique et sociale, la variable est notée v et non x comme habituellement en mathématiques.

4° Étudier les variations de la fonction C pour v élément de $[5, 50]$.

a) En déduire que le coût total est minimum pour une vitesse v_0 que l'on déterminera.

b) Déterminer le coût minimal.

c) Combien d'essence (en litres) faut-il embarquer au minimum ?

I. DÉRIVATION EN UN POINT

1. Nombre dérivé au point *a*

Pour la fonction $f : x \mapsto x^2$ nous avons vu en Première comment obtenir une fonction affine, c'est-à-dire de la forme $x \mapsto mx + p$, où $m \neq 0$, qui réalise une « bonne » approximation de f au voisinage de $x = 1$.
Graphiquement cela revient à trouver une droite d qui, autour du point d'abscisse 1 de la parabole P, est presque confondue avec P.

Par exemple, pour $x = 1{,}01$, on a $h = 0{,}01 = 10^{-2}$. $1 + 2h = 1{,}02$ est une approximation de $f(1{,}01)$ à 10^{-4} près.

Pour tout x voisin de 1, en posant $x = 1 + h$, c'est-à-dire $x - 1 = h$, on a h voisin de 0.

$$f(1+h) = (1+h)^2 = 1 + 2h + h^2.$$

Donc $1 + 2h$ est une approximation de $f(1+h)$ à h^2 près.

Puisque $h = x - 1$,

$$1 + 2h = 1 + 2(x-1) = 2x - 1.$$

La droite d a pour équation

$$y = 2x - 1.$$

Nous observons qu'elle est presque confondue avec la parabole P pour x voisin de 1.

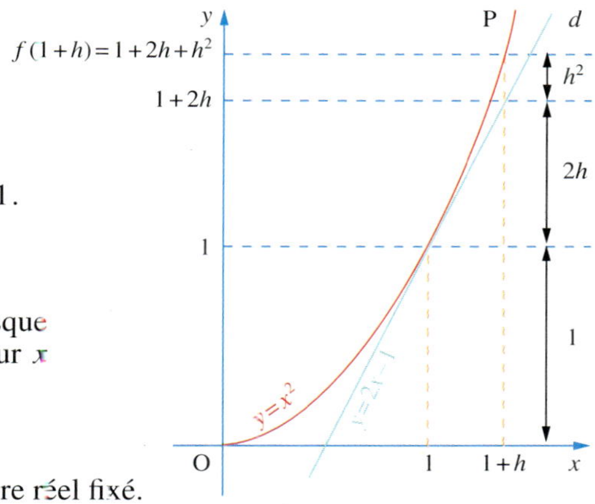

Fig. 1

Plus généralement, soit a un nombre réel fixé.

$$f(a+h) = (a+h)^2 = a^2 + 2ah + h^2.$$

Donc $\quad f(a+h) = f(a) + (2a)h + (h \times h).$

Définition
Soit une fonction f définie en a et au voisinage de a ; on dit que f est dérivable en a s'il existe un réel A et une fonction φ tels que, au voisinage de $h = 0$, $f(a+h)$ peut s'écrire sous la forme :

$$f(a+h) = f(a) + \mathrm{A}h + h\varphi(h), \quad \text{avec} \quad \lim_{h \to 0} \varphi(h) = 0.$$

A est appelé le nombre dérivé de f en a (ou au point a).

On admet que, s'il existe un nombre dérivé A pour la fonction f en a, il est unique.

EXEMPLE

La fonction $f : x \mapsto x^2$ est dérivable en a avec pour nombre dérivé $\mathrm{A} = 2a$ car

$$\varphi(h) = h, \quad \text{donc} \quad \lim_{h \to 0} \varphi(h) = 0.$$

2. Nombre dérivé et taux de variation

Théorème
Une fonction f est dérivable en a et son nombre dérivé est A si et seulement si :

$$\lim_{h \to 0} \frac{f(a+h) - f(a)}{h} = \mathrm{A}.$$

Le nombre dérivé apparaît ici comme la limite de ce taux de variation quand h tend vers 0.

Le rapport $\dfrac{f(a+h) - f(a)}{h}$ s'appelle taux de variation de f entre a et $a + h$.

3. Aspect géométrique : tangente

a Rappels

Soit D une droite d'équation $y = mx + p$ dans un repère $(O\,;\,\vec{i}, \vec{j})$;
m est le *coefficient directeur* de D.

Soit $M_1(x_1, y_1)$ et $M_2(x_2, y_2)$ deux points de D d'abscisses différentes ;

$$m = \frac{y_2 - y_1}{x_2 - y_1}.$$

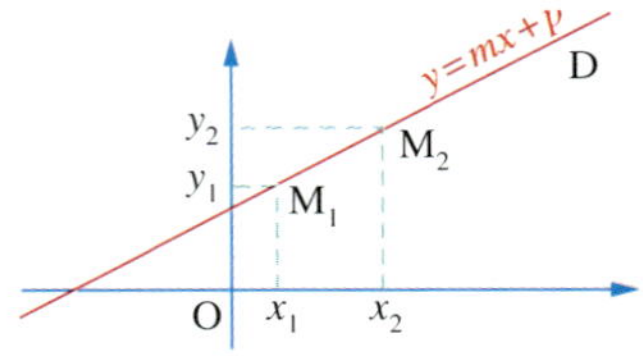

Fig. 2

Si nous posons $x_1 = a$
et prenons $x_2 = a + 1$,

$$m = \frac{y_2 - y_1}{1}\ ; \qquad \text{donc} \qquad y_2 = y_1 + m.$$

On passe de M_1 à M_2 en ajoutant 1 en abscisse et le coefficient directeur m en ordonnée.

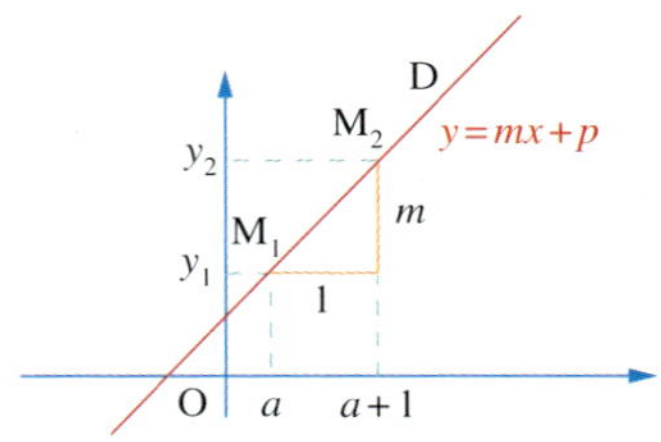

Fig. 3

Dans le paragraphe 1, nous avons étudié la fonction $f(x) = x^2$ au voisinage de 1 et nous avons constaté (fig. 1) que la droite d d'équation $y = 2x - 1$ est presque confondue avec la parabole représentative de f pour x voisin de 1.

On convient d'appeler cette droite la *tangente* à la parabole au point d'abscisse 1. Plus généralement :

Sur la figure 4, cette tangente est la droite d : comparez avec la figure 1.

Définition
Soit f une fonction dérivable en a. La *tangente* en $M_a(a, f(a))$ à la courbe représentative C de f est la droite passant par M_a et de coefficient directeur le nombre dérivé A de f en a.

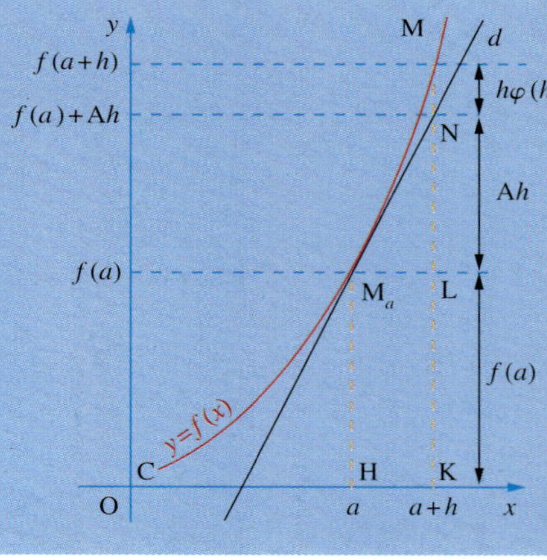

Fig. 4

b Construction de la tangente d à C en M_a

On donne le point M_a par ses coordonnées $(a, f(a))$ et le nombre dérivé A de f en a.
Utilisons le rappel ci-dessus (fig.3) dans le cas où $M_1 = M_a$.
Ici $m = A$ par définition de la tangente.

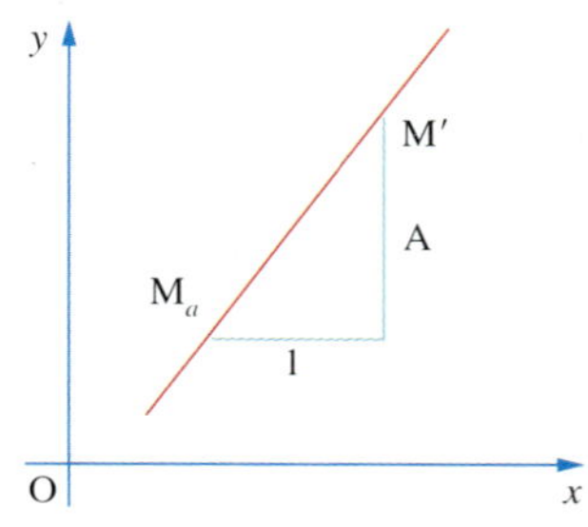

Fig. 5

► Observer que si $A < 0$, M' est en dessous de M_a.

Ainsi, on obtient à partir de M_a un deuxième point M' de la tangente à C en M_a en ajoutant 1 en abscisse et A en ordonnée.

Le vecteur $\overrightarrow{M_aM'}\begin{pmatrix}1\\A\end{pmatrix}$ est un vecteur directeur de la tangente à C en M_a.

c Équation de la tangente en M_a à la courbe représentative d'une fonction f

Voir le rappel ci-dessus.

D'après la définition du coefficient directeur d'une droite et la définition de la tangente en $M_a(a, f(a))$ à la courbe d'équation $y = f(x)$, cette tangente a pour équation $y = Ax + b$ où b est déterminé par le fait que M_a est sur cette tangente :

$$f(a) = Aa + b, \quad \text{donc} \quad f(a) - Aa = b.$$

On en déduit le résultat :

Nous n'avons pas eu besoin de cette équation pour construire cette tangente.

Si f est dérivable en a et si A est le nombre dérivé de f en a, la courbe représentative de f admet au point $M_a(a, f(a))$ une tangente d'équation :

$$y = A(x - a) + f(a).$$

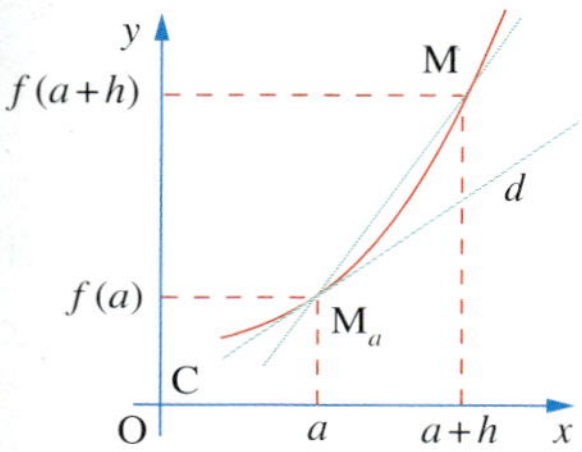

Fig. 6

d Lien entre tangente en M_a et sécante (M_aM)

La tangente en M_a à C est la position limite de la sécante (M_aM) lorsque M se rapproche de M_a en restant sur la courbe C.

4. Interprétation cinématique : vitesse

Un véhicule se rend, sur une route rectiligne, d'une ville A à une ville B.
À chaque instant t on peut associer la distance $AM = x(t)$ qui sépare le véhicule de son point de départ.

Fig. 7

Attention : x est ici une fonction de la variable t.

On définit ainsi une fonction $x : t \mapsto x(t) = AM$.

Par définition, $\dfrac{x(t_0 + h) - x(t_0)}{h}$ est la **vitesse moyenne** du véhicule **entre les instants t_0 et $t_0 + h$.**

Si x est dérivable en t_0, $\lim\limits_{h \to 0} \dfrac{x(t_0 + h) - x(t_0)}{h}$ est la **vitesse instantanée** du véhicule **à l'instant t_0** ; c'est le nombre dérivé de la fonction x en t_0.

REMARQUE
Les compteurs des véhicules ne donnent pas la vitesse instantanée, mais une vitesse moyenne entre deux instants très rapprochés.

II. FONCTION DÉRIVÉE

Voir le paragraphe I.1.

Nous avons vu que la fonction $f : x \mapsto x^2$ est dérivable en tout a réel et que son nombre dérivé en a est $A = 2a$.

On peut donc définir sur $\mathbb{R}$ une nouvelle fonction : $a \mapsto A = 2a$.

C'est aussi la fonction définie sur $\mathbb{R}$ par $x \mapsto 2x$.
On l'appelle *fonction dérivée* de f et on la note f'.

1. Définition

Si une fonction f définie sur un intervalle I est dérivable en tout point de I, on dit que f est *dérivable sur* I.
La fonction qui, à tout x de I, associe l'unique nombre dérivé de f en x s'appelle *fonction dérivée* de f et se note f'.

Conséquence

Le nombre dérivé A de f en a est $f'(a)$; donc une **équation de la tangente** au point d'abscisse a à la courbe représentative de f est :

$$y = f'(a)(x - a) + f(a).$$

2. Formulaire

Il est indispensable que vous soyez capable de dériver correctement les fonctions usuelles. Les corrigés très détaillés d'une douzaine d'exercices progressifs sont là pour vous aider : reportez-vous aux premiers exercices corrigés de ce chapitre.

En Première vous avez appris à dériver une fonction en utilisant les résultats suivants :

Fonctions usuelles			Opérations sur les fonctions dérivables
$f(x)$	$f'(x)$	définie sur	u et v sont des fonctions dérivables sur un même intervalle I
k (constante)	0	$\mathbb{R}$	$(u+v)' = u' + v'$
$mx + p$	m	$\mathbb{R}$	$(ku)' = ku'$ où k est une constante réelle.
$x^n (n \in \mathbb{N}^*)$	nx^{n-1}	$\mathbb{R}$	$(uv)' = u'v + uv'$
$x^n (-n \in \mathbb{N}^*)$	nx^{n-1}	$]-\infty, 0[$ ou $]0, +\infty[$	$(u^2)' = 2u'u$
$\dfrac{1}{x}$	$-\dfrac{1}{x^2}$	$]-\infty, 0[$ ou $]0, +\infty[$	$\left(\dfrac{1}{v}\right)' = -\dfrac{v'}{v^2}$ (v ne s'annule pas sur I)
$\sqrt{x}$	$\dfrac{1}{2\sqrt{x}}$	$]0, +\infty[$	$\left(\dfrac{u}{v}\right)' = \dfrac{u'v - uv'}{v^2}$ (v ne s'annule pas sur I)
Si $g(t) = f(at + b)$ et si f est dérivable en $at + b$, alors $g'(t) = af'(at + b)$.			

Conséquences

Une fonction rationnelle est un quotient de deux fonctions polynômes.

Toute fonction polynôme est dérivable sur $\mathbb{R}$.
Toute fonction rationnelle est dérivable sur chaque intervalle où elle est définie.

III. APPLICATIONS DE LA DÉRIVATION

Les théorèmes rappelés dans ce paragraphe sont très importants.

1. Sens de variation d'une fonction dérivable

Théorème
Si f est dérivable sur l'intervalle I et si sa dérivée f' est nulle sur I, alors f est constante sur I.

Théorème
Si f est dérivable sur l'intervalle I et si sa dérivée f' est positive sur I, alors f est croissante sur I.

f' positive sur I signifie : pour tout x de I, $f'(x) \geqslant 0$.

Théorème
Si f est dérivable sur l'intervalle I et si f' est négative sur I, alors f est décroissante sur I.

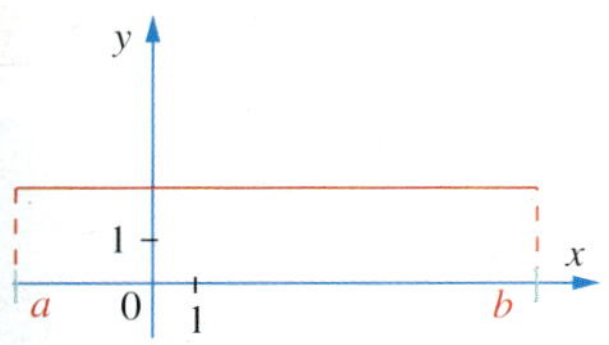

f est constante sur I = $[a, b]$.

Fig. 8

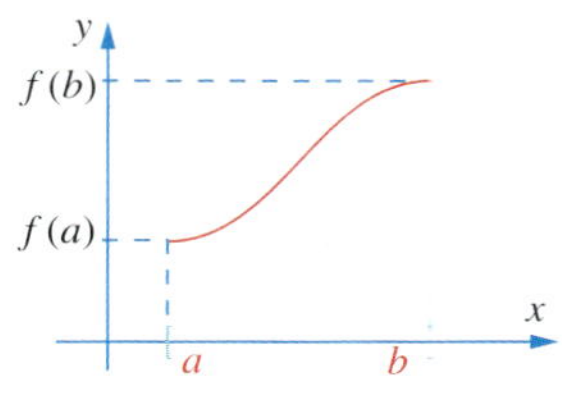

f est croissante sur I = $[a, b]$.

Fig. 9

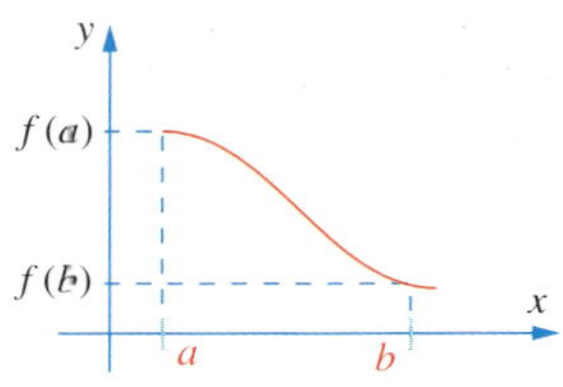

f est décroissante sur I = $[a, b]$.

Fig. 10

$h'(x) = -\dfrac{1}{x^2} < 0$

$h(-1) < h(1)$;

voir la figure 17.

REMARQUE

Notez l'importance de la notion d'intervalle :

Pour h définie sur $\mathbb{R}^*$ par $h(x) = \dfrac{1}{x}$, h' est négative sur $\mathbb{R}^*$, mais h n'est pas décroissante sur $\mathbb{R}^* =]-\infty, 0[\cup]0, +\infty[$ qui n'est pas un intervalle.

2. Recherche d'extremum

Pour la recherche d'un extremum local nous disposons du théorème suivant (résultat admis)

▶ **Attention :** ce théorème ne dit pas que si $f'(a) = 0$ il y a un extremum en a, ce qui est faux par exemple pour $f(x) = x^3$ (voir la figure 16).

Théorème
Si f est dérivable sur l'intervalle I et admet un maximum local (ou un minimum local) en un point a distinct des extrémités de I, alors $f'(a) = 0$.

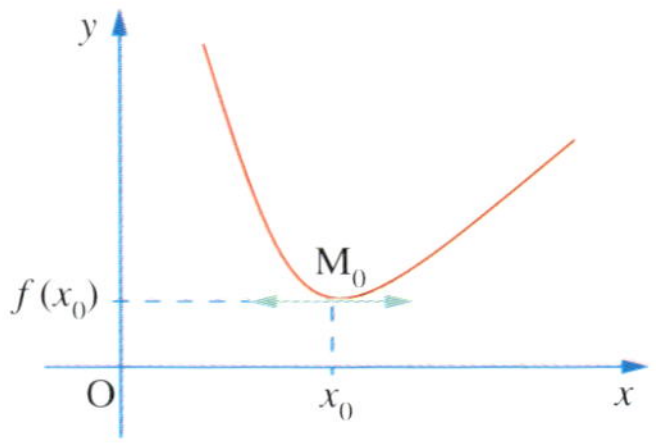

L'extremum en x_0 est un minimum.

Fig. 11

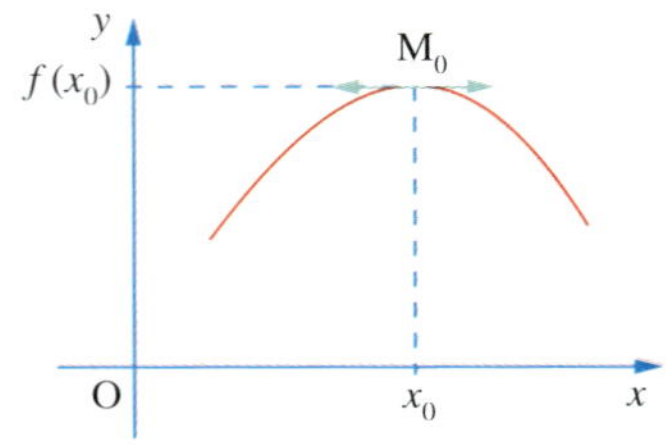

L'extremum en x_0 est un maximum.

Fig. 12

La tangente à la courbe en M_0 est parallèle à l'axe des abscisses.

3. Représentation graphique d'une fonction

On peut construire la représentation graphique d'une fonction après avoir étudié les variations de celle-ci dont l'intervalle de définition est donné dans l'énoncé :

- **On détermine la dérivée (si elle existe).**
- **On étudie le signe de la dérivée.**
- **On dresse le tableau de variation de la fonction.**
- **Le plan étant muni d'un repère orthonormal (ou orthogonal), on dessine la courbe représentative après avoir placé :**
  – les éventuels points représentatifs d'extremums (leurs coordonnées figurent dans le tableau de variation) ;
  – des points ou droites particuliers (par exemple, des tangentes obtenues au cours de l'étude) ;
  – quelques points dont les coordonnées sont obtenues avec une calculatrice.

Rappelons quelques fonctions et courbes de référence :

a Fonction affine $f : x \mapsto ax + b$

Cas $a > 0$	Cas $a < 0$
f est **strictement croissante** sur $\mathbb{R}$	f est **strictement décroissante** sur $\mathbb{R}$

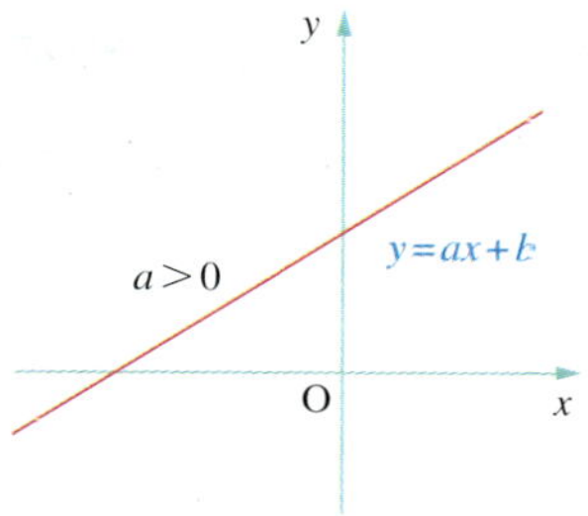

Fig. 13

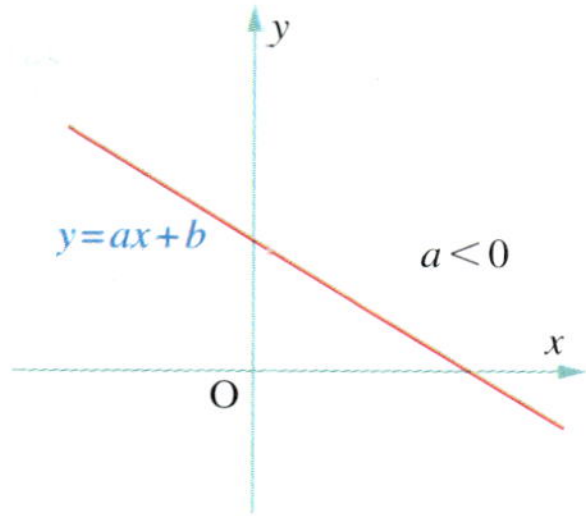

Fig. 14

b Fonction carrée $f : x \mapsto x^2$

Pour tout nombre réel x,
$f(-x) = (-x)^2$
$f(-x) = x^2$
$\mathbf{f(-x) = f(x)}$:
f est une fonction **paire.**

Cette courbe est une **parabole.**
L'axe des ordonnées est axe de symétrie de cette parabole car deux points d'abscisses opposées ont la même ordonnée.

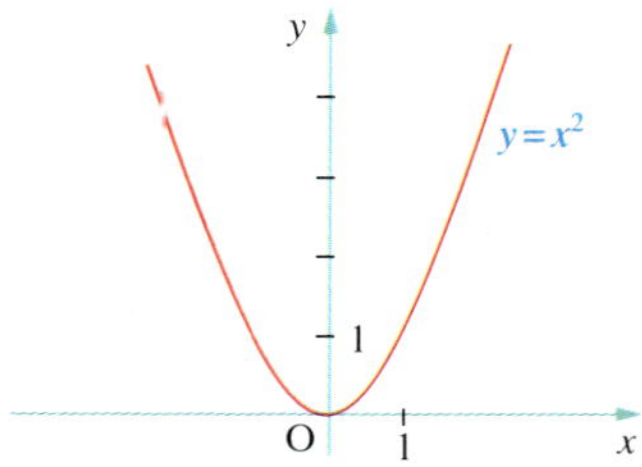

Fig. 15

c Fonction cube $f : x \mapsto x^3$

Pour tout nombre réel x,
$f(-x) = (-x)^3$
$f(-x) = -x^3$
$\mathbf{f(-x) = -f(x)}$:
f est une fonction **impaire.**

Cette courbe est symétrique par rapport à l'origine O du repère, car deux points d'abscisses opposées ont des ordonnées opposées.

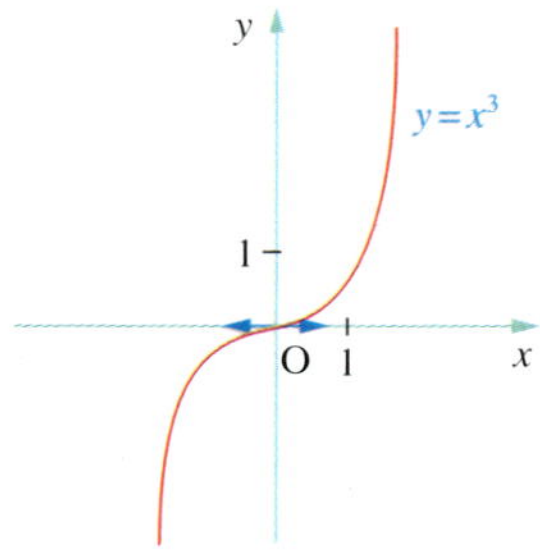

Fig. 16

d Fonction inverse $f : x \mapsto \frac{1}{x}$

Cette courbe est une **hyperbole.**
Elle est symétrique par rapport à l'origine O du repère (f est impaire).

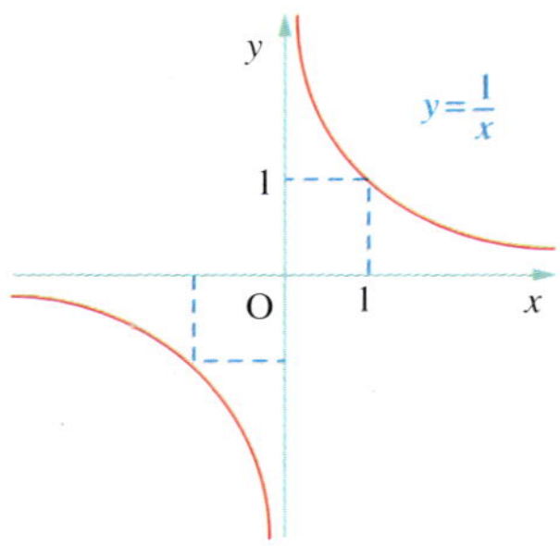

Fig. 17

4. Fonction dérivable et strictement monotone sur $[a, b]$; Résolution d'équation $f(x) = \lambda$

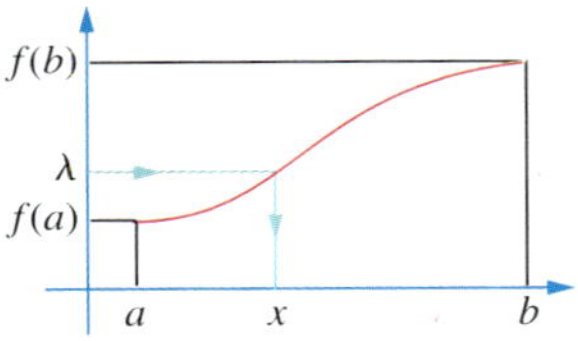

Fig. 18

> ***Théorème 1***
> **Si f est une fonction dérivable sur $[a, b]$ et si, pour tout x de $]a, b[$, $f'(x) > 0$, alors f est strictement croissante sur $[a, b]$ et, pour tout élément λ de $[f(a), f(b)]$, l'équation $f(x) = \lambda$ admet une solution et une seule dans $[a, b]$.**

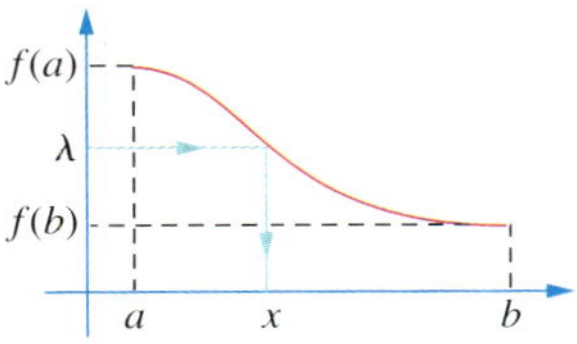

Fig. 19

> ***Théorème 2***
> **Si f est une fonction dérivable sur $[a, b]$ et si, pour tout x de $]a, b[$, $f'(x) < 0$, alors f est strictement décroissante sur $[a, b]$ et, pour tout élément λ de $[f(b), f(a)]$, l'équation $f(x) = \lambda$ admet une solution et une seule dans $[a, b]$.**

REMARQUES

• Une fonction peut être strictement monotone sur $[a, b]$ bien que $f'(x)$ s'annule pour un élément de $]a, b[$:

c'est le cas de $f(x) = x^3$ qui est strictement croissante sur $[-2, 2]$ bien que $f'(0) = 0$.

$f'(x) = 3x^2$.

• Ces théorèmes sont notamment utilisés pour justifier l'existence de solutions pour une équation, en particulier lorsqu'on ne sait pas la résoudre directement, à l'aide du calcul algébrique.

• Nous serons amenés, au chapitre 8, à utiliser une extension du théorème 1 à des intervalles non fermés avec des hypothèses supplémentaires.

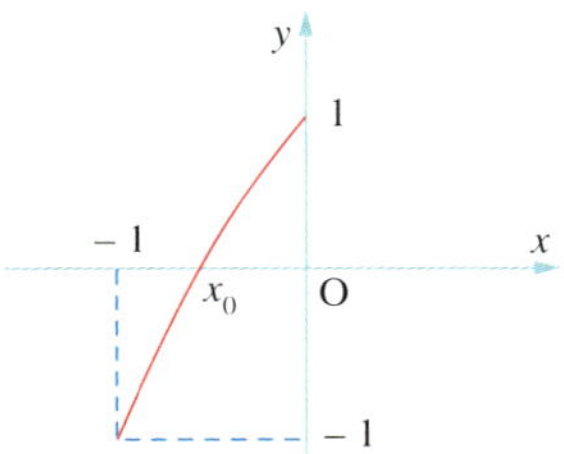

Fig. 20

EXEMPLES

Soit l'équation $x^3 + x + 1 = 0$.

Nous ne savons pas la résoudre algébriquement.

On se propose de montrer qu'il existe une solution unique x_0 dans l'intervalle $]-1, 0[$.

Étudions les variations de la fonction f définie sur $[-1, 0]$ par

$$f(x) = x^3 + x + 1.$$

f est dérivable sur $[-1, 0]$ et $f'(x) = 3x^2 + 1$.

Pour tout x de $[-1, 0]$, $f'(x) > 0$; f est donc strictement croissante sur $[-1, 0]$;

$$f(-1) = -1 \quad \text{et} \quad f(0) = 1.$$

On construit la courbe représentative (fig. 20).

f est dérivable et strictement croissante sur $[-1, 0]$. L'intervalle $[f(-1), f(0)]$ est $[-1, 1]$.

0 est élément de $]-1, 1[$. Donc, d'après le thérème 1, il existe x_0 unique dans $]-1, 0[$ tel que $f(x_0) = 0$.

On recherche une valeur approchée de la solution.

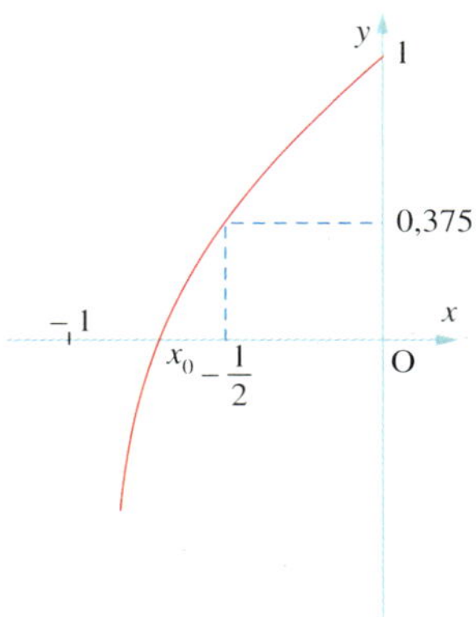

Fig. 21

• On cherche à placer x_0 par rapport au centre $-\frac{1}{2}$ de l'intervalle $]-1, 0[$:

$f\left(-\frac{1}{2}\right) = 0{,}375$ et $f(-1) = -1$; d'où $x_0 \in \left]-1, -\frac{1}{2}\right[$ (fig. 21), en utilisant le théorème 1 avec la restriction de f à l'intervalle $\left[-1, -\frac{1}{2}\right]$.

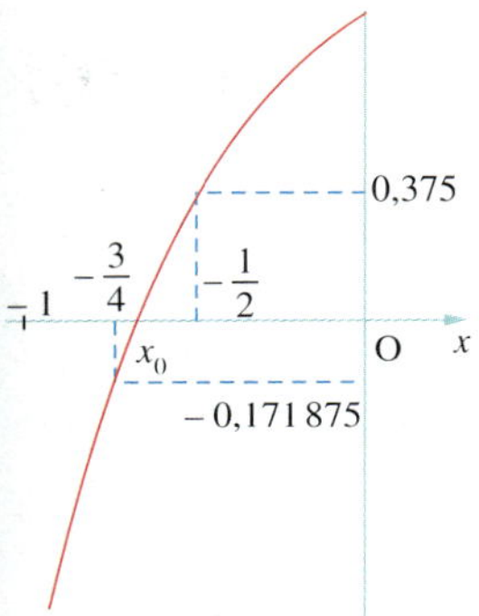

Fig. 22

• On cherche de même à placer x_0 par rapport au centre $-\frac{3}{4}$ de l'intervalle $\left]-1, -\frac{1}{2}\right[$:

$$f\left(-\frac{3}{4}\right) = -0{,}171\,875 \quad \text{et} \quad f\left(-\frac{1}{2}\right) = 0{,}375\ ;$$

d'où
$$x_0 \in \left]-\frac{3}{4}, -\frac{1}{2}\right[\quad \text{(fig. 22)}$$

en utilisant le théorème 1 avec la restriction de f à l'intervalle $\left[-\frac{3}{4}, -\frac{1}{2}\right]$.

• On continue jusqu'à ce qu'on obtienne la précision demandée.
C'est la méthode de **dichotomie** (ainsi appelée parce qu'à chaque étape on divise un intervalle en *deux*). Une calculatrice programmable permet de faire rapidement ces calculs.

IV. FONCTIONS SINUS ET COSINUS

1. Définition

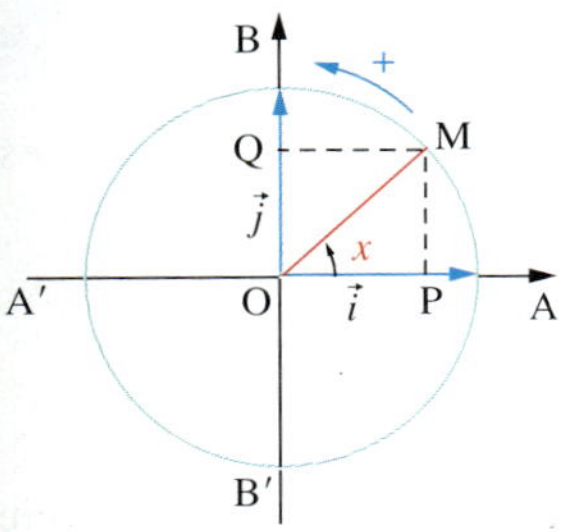

Fig. 23

À tout nombre réel x est associé un point unique M du cercle trigonométrique $\mathcal{U}$; x est une mesure de l'angle $(\overrightarrow{OA}, \overrightarrow{OM})$.
Les coordonnées du point M dans le repère orthonormal $(O\ ; \vec{i}, \vec{j})$ sont, par définition, $(\cos x, \sin x)$ (fig. 23).
On définit ainsi les fonctions numériques :

cosinus : $\begin{cases} \mathbb{R} \to [-1, 1] \\ x \mapsto \cos x = \overline{OP} : \text{abscisse du point M.} \end{cases}$

sinus : $\begin{cases} \mathbb{R} \to [-1, 1] \\ x \mapsto \sin x = \overline{OQ} : \text{ordonnée du point M.} \end{cases}$

2. Période

Pour obtenir avec une calculatrice les valeurs des fonctions définies sur $\mathbb{R}$ par $\cos x$ et $\sin x$ il faut se mettre en « **mode radian** » et utiliser les touches cos et sin.

Les fonctions sinus et cosinus sont périodiques de période 2π :
Pour tout x de $\mathbb{R}$
$$\cos(x + 2\pi) = \cos x, \qquad \sin(x + 2\pi) = \sin x.$$

En physique, on utilise des fonctions de la forme :
$$f : t \mapsto \cos(\omega t + \varphi) \quad \text{et} \quad f : t \mapsto \sin(\omega t + \varphi).$$
Ces fonctions ont pour période : $T = \frac{2\pi}{\omega}$.

3. Parité

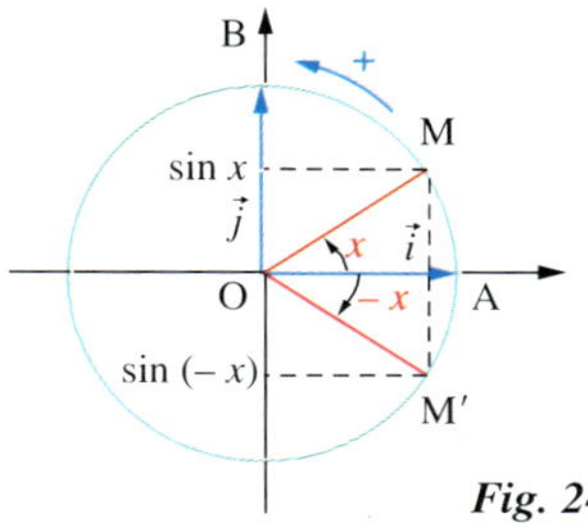

Fig. 24

Les points M et M′ de la figure 24 étant symétriques par rapport à l'axe des abscisses on a, pour tout x de $\mathbb{R}$:

$$\cos(-x) = \cos x \quad \text{et} \quad \sin(-x) = -\sin x.$$

La fonction cosinus est paire, la fonction sinus est impaire.

4. Dérivation

On admet les théorèmes suivants :

Théorème

Les fonctions sinus et cosinus sont dérivables sur $\mathbb{R}$ et

fonction	dérivée
$\sin x$	$\cos x$
$\cos x$	$-\sin x$

REMARQUE

Pour tout nombre réel x, $\cos x = \sin\left(x + \frac{\pi}{2}\right)$ et $-\sin x = \cos\left(x + \frac{\pi}{2}\right)$.

En physique on utilise donc parfois

$$(\sin)'(x) = \sin\left(x + \frac{\pi}{2}\right) \quad \text{et} \quad (\cos)'(x) = \cos\left(x + \frac{\pi}{2}\right).$$

Conséquence

Ce sont deux cas particuliers de $t \mapsto f(at+b)$ dont la dérivée est $t \mapsto af'(at+b)$.

Les fonctions $t \mapsto \sin(\omega t + \varphi)$ et $t \mapsto \cos(\omega t + \varphi)$ sont dérivables sur $\mathbb{R}$ et

fonction	dérivée
$\sin(\omega t + \varphi)$	$\omega \cos(\omega t + \varphi)$
$\cos(\omega t + \varphi)$	$-\omega \sin(\omega t + \varphi)$

5. Sens de variation et courbe représentative

Les fonctions sinus et cosinus étant périodique de période 2π, il suffit de les étudier sur un intervalle d'amplitude 2π ; ces fonctions étant paire ou impaire on a intérêt à choisir $[-\pi, \pi]$: l'intervalle d'étude peut alors se réduire à $[0, \pi]$. La courbe représentative entière se déduit de la courbe obtenue lorsque x parcourt $[0, \pi]$ d'abord par symétrie par rapport à l'axe des ordonnées ou à l'origine, puis par translations successives de vecteur $2\pi\vec{i}$ et de vecteur $-2\pi\vec{i}$.

a Étude de la fonction sinus

Soit $f(x) = \sin x$.

Le signe de $f'(x) = \cos x$ se lit sur le cercle trigonométrique, de même que le sens de variation de f (fig. 25 et 26).

On étudie la fonction sinus pour x élément de $[0, \pi]$; on a donc colorié sur les figures 25 et 26 la partie non utilisée correspondant à x élément de $[-\pi, 0]$

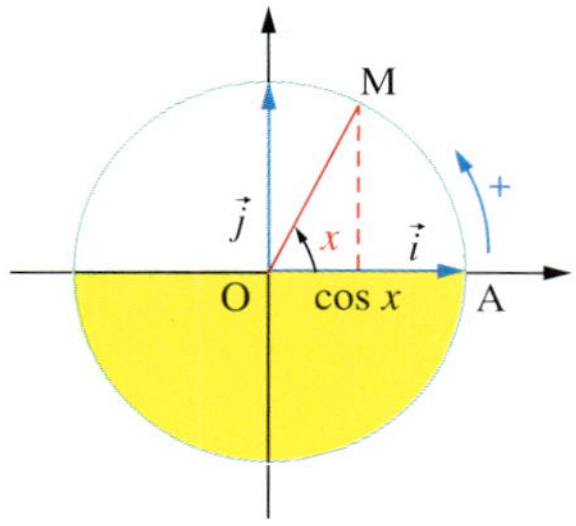

Fig. 25

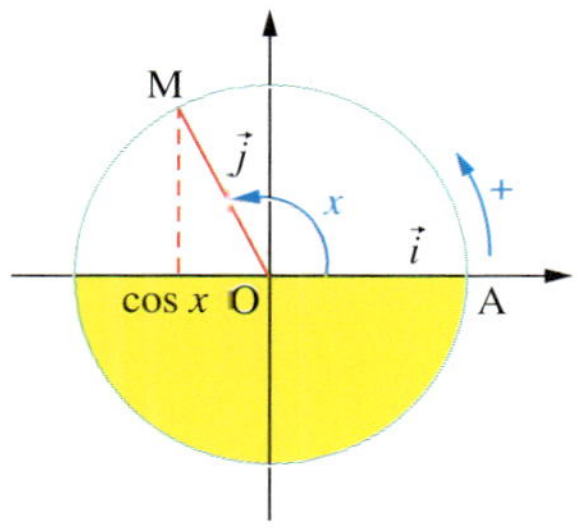

Fig. 26

Lorsque $0 \leqslant x \leqslant \frac{\pi}{2}$, $0 \leqslant \cos x \leqslant 1$. Lorsque $\frac{\pi}{2} \leqslant x \leqslant \pi$, $-1 \leqslant \cos x \leqslant 0$.

On obtient le tableau de variation :

x	0		$\frac{\pi}{2}$		π
$\cos x$	1	$+$	0	$-$	-1
$\sin x$	0	↗	1	↘	0

$\cos 0 = 1$ et $\cos \pi = -1$; on obtient ainsi les coefficients directeurs des tangentes à la courbe représentative de la fonction sinus aux points d'abscisse 0 et π.

On en déduit la courbe représentative de la fonction sinus dans le plan muni du repère orthonormal $(O ; \vec{i}, \vec{j})$, pour x élément de $[0, \pi]$ (fig. 27). La fonction sinus étant impaire, on en déduit le tracé sur $[-\pi, \pi]$, par symétrie de centre O (fig. 28). La fonction étant périodique de période 2π, des translations successives de vecteur $2\pi\vec{i}$ et de vecteur $-2\pi\vec{i}$ permettent de compléter le tracé (fig. 29).

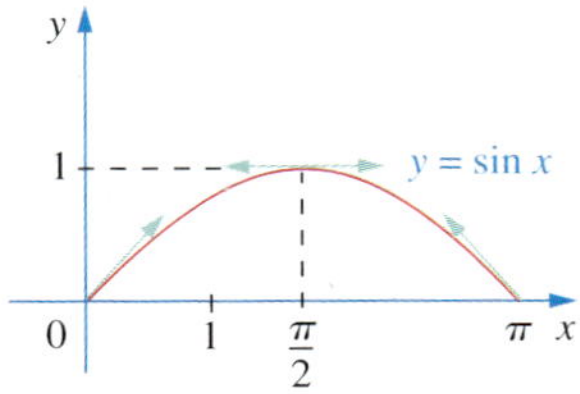

Fig. 27

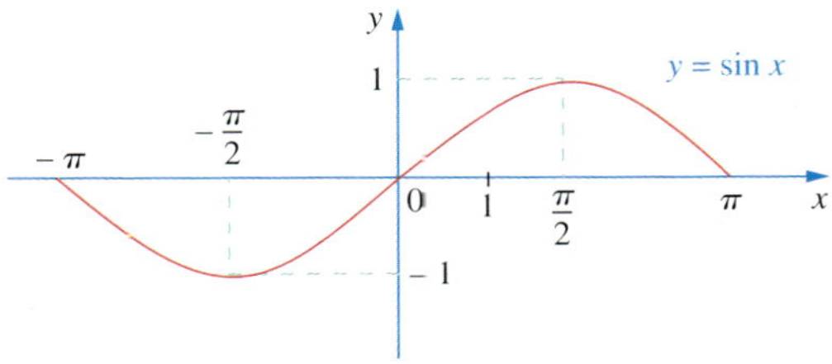

Fig. 28

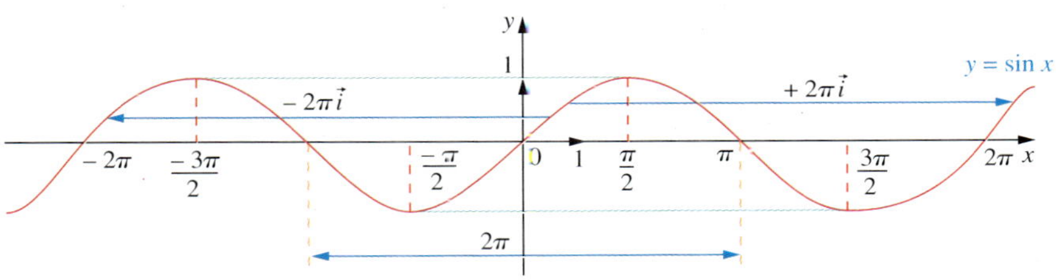

Fig. 29

La courbe obtenue est appelée **sinusoïde.**

b Étude de la fonction cosinus

Soit $g(x) = \cos x$.

Le signe de $g'(x)$ s'obtient à l'aide de la figure 27 ou se lit sur le cercle trigonométrique, de même que le sens de variation de la fonction g.
On obtient le tableau de variation :

sin 0 = 0 et sin π = 0 ; on obtient ainsi les coefficients directeurs des tangentes à la courbe représentative de la fonction cosinus aux points d'abscisse 0 et π.

x	0		π
$-\sin x$	0	$-$	0
$\cos x$	1	↘	-1

On en déduit la courbe représentative de la fonction cosinus dans le plan muni du repère orthonormal $(O ; \vec{i}, \vec{j})$, pour x élément de $[0, \pi]$. La fonction étant paire, on déduit le tracé sur $[-\pi, \pi]$ par symétrie par rapport à l'axe des ordonnées. La fonction étant périodique de période 2π, des translations successives de vecteur $2\pi\vec{i}$ et de vecteur $-2\pi\vec{i}$ permettent de compléter le tracé (fig. 30).

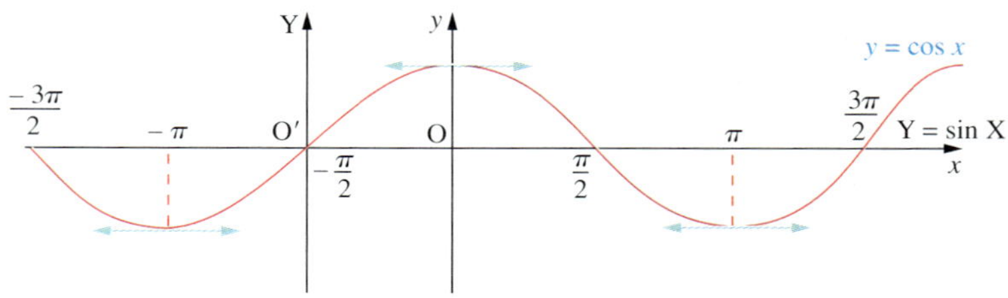

Fig. 30

REMARQUE

RAPPEL
Le vecteur $\overrightarrow{OM}$ (respectivement $\overrightarrow{OA}$) a dans la base $(\vec{i}, \vec{j})$ les mêmes coordonnées que le point M (resp. A) dans le repère $(O ; \vec{i}, \vec{j})$.
De même $\overrightarrow{AM}$ a les mêmes coordonnées dans la base $(\vec{i}, \vec{j})$ que M dans le nouveau repère $(A ; \vec{i}, \vec{j})$.
Notez l'importance de **l'origine** d'un repère.

Soit O′ le point de coordonnées $\left(-\frac{\pi}{2}, 0\right)$ dans le repère $(O ; \vec{i}, \vec{j})$.

Pour tout point M du plan de coordonnées (x, y) dans le repère $(O ; \vec{i}, \vec{j})$ et (X, Y) dans le repère $(O' ; \vec{i}, \vec{j})$, $\overrightarrow{OM} = \overrightarrow{OA} + \overrightarrow{AM}$.

donc
$$\begin{cases} x = -\frac{\pi}{2} + X \\ y = Y. \end{cases}$$

M est un point de la courbe représentative C de la fonction cosinus si et seulement si :

$$y = \cos x, \quad \text{c'est-à-dire} \quad Y = \cos\left(X - \frac{\pi}{2}\right) = \sin X$$

(voir le paragraphe II du chapitre 2).
L'équation de la courbe C dans le repère $(O ; \vec{i}, \vec{j})$ est donc $Y = \sin X$. La courbe C est une sinusoïde.

TRAVAUX PRATIQUES

Les « *travaux pratiques* » du programme sont *le champ des exercices et des problèmes proposés au baccalauréat.*
Dans ce chapitre, une activité peut porter sur plusieurs « travaux pratiques » du programme. Le tableau ci-dessous donne la liste des travaux pratiques du programme et les numéros des travaux pratiques correspondants proposés dans ce livre.

INTITULÉS	Numéros des T.P.
Programmation des valeurs d'une fonction d'une variable	T.P. 2, 3 et 6
Étude du sens de variation d'une fonction, recherche de son signe, recherche des extremums	T.P. 1 à 6
Tracé de la courbe représentative d'une fonction	T.P. 2, 3 et 6
Lecture de propriétés d'une fonction à partir de sa représentation graphique	T.P. 1
Étude d'équations $f(x) = \lambda$ ou d'inéquations $f(x) \leqslant \lambda$	T.P. 2 à 4
Exemples d'études de situations décrites au moyen de fonctions (issues de la géométrie, des sciences physiques...)	T.P. 4 et 5
Exemples de recherche de solutions approchées d'une équation numérique	T.P. 3 et 4
Exemples de résolution d'une équation trigonométrique	T.P. 6

T.P. 1 Lecture de propriétés d'une fonction à partir de sa représentation graphique, recherche d'une fonction

Le plan est muni du repère $(O ; \vec{i}, \vec{j})$ (unités : 2 cm sur l'axe des abscisses et 1 cm sur l'axe des ordonnées). Soit f la fonction définie sur l'intervalle $[-1, 2]$ dont on donne la courbe représentative C sur la figure 31.

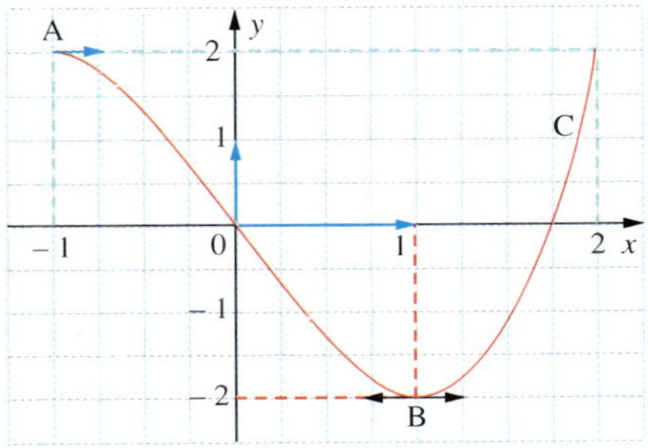

Fig. 31

On précise qu'au point A de coordonnées $(-1, 2)$ et qu'au point B de coordonnées $(1, -2)$ la tangente est parallèle à l'axe des abscisses.

1° Utiliser le graphique pour déterminer les nombres réels $f(0)$, $f(1)$, $f'(1)$.

2° Résoudre graphiquement sur $[-1, 2]$ les inéquations suivantes :

a) $f'(x) > 0$. *b*) $f'(x) \leqslant 0$.

3° Dresser le tableau de variation de la fonction f sur l'intervalle $[-1, 2]$.

4° On suppose que $f(x)$ est de la forme suivante :

$$f(x) = ax^3 + bx + c.$$

À l'aide des valeurs mises en évidence à la question 1° calculer les trois nombres réels a, b et c.

5° Utiliser l'expression de $f(x)$ obtenue au 4° pour résoudre sur $[-1, 2]$ l'équation $f(x) = 0$.
Vérifier les résultats sur le graphique.

T.P. 2 Programmation des valeurs d'une fonction, étude du sens de variation, tracé de la courbe représentative, exemple d'étude d'équation de la forme $f(x) = \lambda$ et d'inéquation de la forme $f(x) \geqslant \lambda$

Soit f la fonction définie sur $I = [-11, 6]$ par

$$f(x) = 8 \times \frac{2x-3}{x^2+4}$$

et C sa courbe représentative dans le plan muni d'un repère orthonormal $(O ; \vec{i}, \vec{j})$, unité 1 cm.

1° Étudier les variations de f sur I.

2° Déterminer les coordonnées des points où la courbe C coupe les axes de coordonnées.

3° Construire la courbe C après avoir déterminé les coordonnées de quelques points à l'aide d'une calculatrice programmable.

4° *a*) Résoudre, par le calcul, dans I l'équation

$$f(x) = -6.$$

Vérifier les résultats sur le graphique.

b) Résoudre graphiquement dans I l'inéquation

$$f(x) \geqslant -6.$$

T.P. 3 Programmation des valeurs d'une fonction, étude du sens de variation, tracé de la courbe représentative, centre de symétrie d'une courbe représentative, recherche d'une solution approchée d'une équation

Soit f la fonction définie sur $\left[-\frac{1}{2}, \frac{9}{2}\right]$ par

$$f(x) = x^3 - 6x^2 + 9x + 1$$

et C sa courbe représentative dans le plan muni d'un repère orthogonal $(O ; \vec{i}, \vec{j})$, unités : 1 cm pour 1 sur l'axe des abscisses, 1 cm pour 2 sur l'axe des ordonnées.

1° Étudier les variations de f.

2° Construire la courbe représentative C après avoir déterminé, à l'aide d'une calculatrice programmable, les coordonnées de quelques points.

3° On se propose de montrer que le point $I(2, 3)$ est centre de symétrie de C.
Pour cela il suffit de montrer que dans le repère $(I ; \vec{i}, \vec{j})$ C est la courbe représentative d'une fonction impaire.
Recherche d'une équation de C *dans* $(I ; \vec{i}, \vec{j})$.
Soit M un point quelconque du plan ; on note (x, y) les coordonnées de M dans $(O ; \vec{i}, \vec{j})$ et (X, Y) celles du même point M dans le nouveau repère $(I ; \vec{i}, \vec{j})$.
Déduire de l'égalité $\overrightarrow{OM} = \overrightarrow{OI} + \overrightarrow{IM}$ des relations entre x et X d'une part, y et Y d'autre part.
M est un point de la courbe C si et seulement si

$$y = f(x).$$

De cette relation et des relations entre les coordonnées de M, déduire une relation entre X et Y.
C'est l'équation de C dans $(I ; \vec{i}, \vec{j})$.

Vérifier que la fonction F définie sur $\left[-\frac{5}{2}, \frac{5}{2}\right]$ par $Y = F(X)$ est impaire. En déduire le centre de symétrie de la courbe C.

4° Montrer que l'équation $f(x) = 0$ admet une solution unique x_0 dans $\left[-\frac{1}{2}, \frac{1}{2}\right]$.
À l'aide d'une calculatrice donner un encadrement d'amplitude 10^{-2} de x_0.

Rappels :
Fonction impaire
f définie sur D est impaire si et seulement si pour tout nombre réel x de D :

$-x$ est élément de D et

$$f(-x) = -f(x).$$

La courbe représentative d'une fonction impaire dans un repère orthogonal $(O ; \vec{i}, \vec{j})$ admet l'origine O comme centre de symétrie.

Fonction paire
f définie sur D est paire si et seulement si pour tout nombre réel x de D :

$-x$ est élément de D et $f(-x) = f(x)$.

La courbe représentative d'une fonction paire dans un repère orthogonal $(O ; \vec{i}, \vec{j})$ admet l'axe des ordonnées comme axe de symétrie.

T.P. 4 Exemple d'étude de situation issue de la géométrie, étude du sens de variation d'une fonction, étude d'une équation de la forme $f(x) = \lambda$

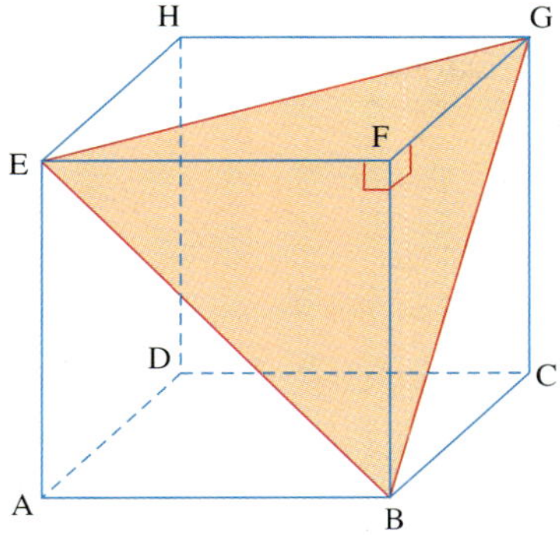

Fig. 32

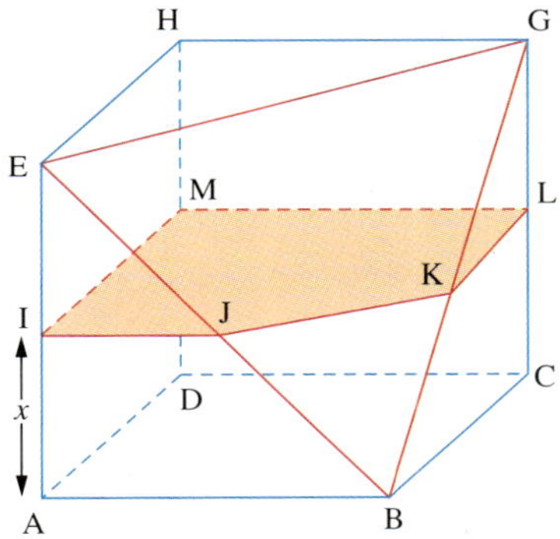

Fig. 33

On donne un cube ABCDEFGH d'arête 4 cm (fig. 32).
On considère le solide ABCDEGH obtenu en enlevant à ce cube la pyramide BEFG (coloriée sur la figure 32).

1° Calculer le volume en cm^3 de la pyramide BEFG.

> Le volume d'une pyramide d'aire de base b et de hauteur h est égal à $\frac{1}{3}\,bh$.

En déduire le volume v en cm^3 du solide ABCDEGH.

2° Un plan parallèle à la face ABCD coupe ce solide suivant le pentagone IJKLM (fig. 33).
On désigne par x la distance AI (en cm).

a) Montrer que $IJ = KL = 4 - x$.

> Utiliser par exemple le théorème de Thalès dans des triangles.

b) Montrer que l'aire $A(x)$ de IJKLM est égale à $16 - \frac{x^2}{2}$.

3° On considère le solide ABCDIJKLM.

a) Calculer son volume $V(x)$ en fonction de x.

> On peut considérer que le solide ABCDIJKLM est obtenu en enlevant une pyramide d'un parallélépipède rectangle.

b) Étudier les variations de la fonction V définie sur $]0, 4[$ par $x \mapsto V(x)$.

c) Montrer qu'il existe un réel unique x_0 de l'intervalle $]0, 4[$ tel que $V(x_0) = \frac{1}{2}\,v$, v étant le volume calculé au 1°.

d) Donner à l'aide de la calculatrice un encadrement de x_0, de largeur 1 mm.

T.P. 5 Exemple de situation issue de la physique et recherche d'extremum

On considère le circuit de la figure 34 dans lequel E et r sont des constantes et R est variable ($R > 0$).
La puissance P dissipée dans le résistor de résistance R est :

$$P = \frac{RE^2}{(R + r)^2}.$$

Déterminer, en fonction de E et r, la valeur de R pour laquelle la puissance est maximale, ainsi que cette puissance maximale.

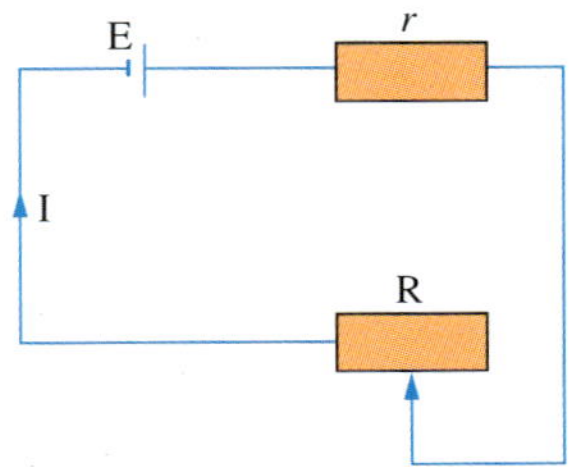

Fig. 34

> La force électromotrice E du générateur est exprimée en volts, les résistances r et R sont exprimées en ohms et la puissance P est exprimée en watts.

T.P. 6 Étude du sens de variation, tracé de la courbe représentative d'une fonction trigonométrique, étude d'une équation de la forme $f(x) = \lambda$

Soit f la fonction définie sur $[0,2\pi]$ par

$$f(x) = \sqrt{2} \cos\left(x - \frac{\pi}{4}\right).$$

et C sa courbe représentative dans le plan muni d'un repère orthonormal $(O ; \vec{i}, \vec{j})$, unité 2 cm.

1° Étudier les variations de f.

2° Compléter, après l'avoir reproduit, le tableau de valeurs suivant dans lequel on fera figurer des valeurs approchées arrondies à 10^{-2} près.

x	0	$\frac{\pi}{4}$	$\frac{\pi}{2}$	$\frac{3\pi}{4}$	π	$\frac{5\pi}{4}$	$\frac{7\pi}{4}$	2π
$f(x)$								

3° Résoudre par le calcul, dans $[0,2\pi]$ les équations $f(x) = 0$ et $f(x) = \sqrt{2}$.
Vérifier sur le graphique.

Une difficulté de l'étude des variations d'une fonction trigonométrique réside dans l'étude du signe de la dérivée.
Pour tout x de $[0,2\pi]$

$$f'(x) = -\sqrt{2} \sin\left(x - \frac{\pi}{4}\right).$$

Lorsque x varie dans $[0,2\pi]$, $x - \frac{\pi}{4}$ varie dans $\left[-\frac{\pi}{4}, \frac{7\pi}{4}\right]$. Le signe de $\sin\left(x - \frac{\pi}{4}\right)$ peut donc être lu sur la figure suivante.

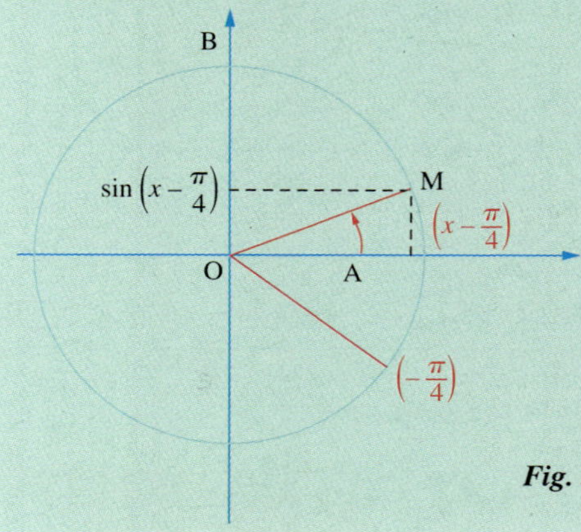

Fig. 35

EXERCICES ET PROBLÈMES

AVEC CORRIGÉS

OBJECTIFS	Numéros des exercices
Déterminer la fonction dérivée • d'une fonction polynôme en utilisant les règles de dérivation • d'une fonction rationnelle en utilisant les règles de dérivation • d'une fonction circulaire en utilisant les règles de dérivation	 1 à 6 7 à 13 14 à 16
Déterminer la tangente à une courbe représentative en un point	17 à 19
Déterminer graphiquement un nombre dérivé	20
Construire une droite passant par un point donné de coefficient directeur donné	21
Obtenir des propriétés d'une fonction à partir de sa courbe représentative	22
Étudier les variations d'une fonction et construire sa courbe représentative	23 et 24
Étudier une équation de la forme $f(x) = \lambda$ ou une inéquation de la forme $f(x) \leqslant \lambda$	25 et 26
Rechercher une fonction	25
Rechercher un maximum ou un minimum	26 à 29
Résoudre des équations trigonométriques ; représenter leurs solutions par des points du cercle trigonométrique	30 à 32

Calculs de dérivées

En utilisant les règles de dérivation, déterminer la dérivée de la fonction polynôme f définie et dérivable sur $\mathbb{R}$. (Exercices 1 à 6.)

1 ■ f définie sur $\mathbb{R}$ par $f(x) = -\frac{1}{3}x^2 + \frac{1}{4}x - 2$.

2 ■ f définie sur $\mathbb{R}$ par $f(x) = -\frac{1}{3}x^3 + \frac{2}{3}x^2 + 4$.

3 ■ f définie sur $\mathbb{R}$ par $f(x) = -3x^4 + 6x^2 + 1$.

4 ■ f définie sur $\mathbb{R}$ par $f(x) = (-3x + 1)^2$.

5 ■ f définie sur $\mathbb{R}$ par $f(x) = (2x - 3)^2$.

6 ■ f définie sur $\mathbb{R}$ par

$$f(x) = (-x + 2)(3x + 7)^2.$$

On mettra $f'(x)$ sous forme d'un produit de deux facteurs du premier degré.

En utilisant les règles de dérivation, déterminer la dérivée de la fonction rationnelle f sur l'intervalle donné où elle est définie et dérivable (exercices 7 à 13).

7 ■ f définie sur $]0, +\infty[$ par $f(x) = \frac{1}{x^2}$.

8 ■ f définie sur $]0, +\infty[$ par $f(x) = \frac{2}{x^2} - \frac{4}{x^3}$.

9 ■ f définie sur $]0, +\infty[$ par

$$f(x) = -2x + 3 - \frac{1}{x}.$$

10 ■ f définie sur $]-\infty, 3[$ par $f(x) = \frac{3x - 7}{-x + 3}$.

11 ■ f définie sur $]-2, +\infty[$ par

$$f(x) = \frac{3x^2 - 2x - 1}{x + 2}.$$

12 ▪ f définie sur $]-1, 3[$ par $f(x) = \dfrac{x^2 + x - 6}{x^2 - 2x - 3}$.

13 ▪ f définie sur $\mathbb{R}$ par $f(x) = \dfrac{(x+1)^2}{x^2 + x + 1}$.
On mettra le numérateur de $f'(x)$ sous forme d'un produit de deux facteurs du premier degré.

En utilisant les règles de dérivation, déterminer la dérivée de la fonction f définie et dérivable sur $\mathbb{R}$ (exercices 14 à 16).

14 ▪ f définie sur $\mathbb{R}$ par $f(x) = \sin^2 x$.

15 ▪ f définie sur $\mathbb{R}$ par $f(x) = \cos^2 x$.

16 ▪ f définie sur $\mathbb{R}$ par $f(x) = \cos^2 3x$.

Problèmes de tangentes

Écrire une équation de la tangente à la courbe représentative C de f au point d'abscisse a (exercices 17 à 19).

17 ▪ f définie sur $\mathbb{R}$ par $f(x) = x^2 + x + 1$, $a = 1$.

18 ▪ f définie sur $\mathbb{R}$ par $f(x) = x^3 - 3x$, $a = 2$.

19 ▪ f définie sur $]0, +\infty[$ par $f(x) = \dfrac{3x + 4}{x - 2}$, $a = 4$.

20 ▪▪ La figure 36 donne la courbe représentative C d'une fonction f définie et dérivable sur l'intervalle $[0, 5]$ dans le plan muni du repère orthonormal $(O ; \vec{i}, \vec{j})$.

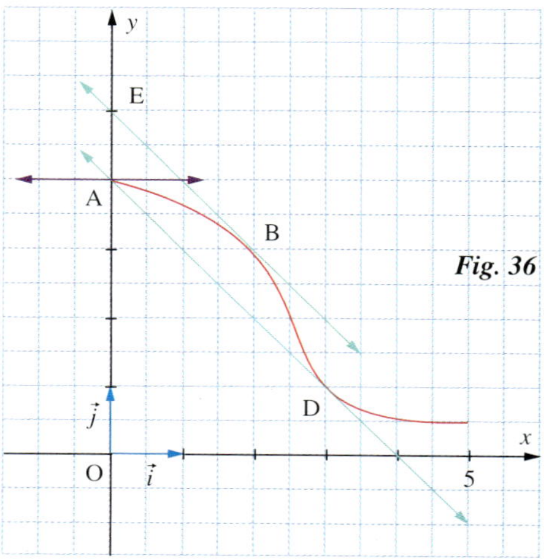

Fig. 36

On précise qu'au point A de coordonnées $(0, 4)$ la tangente à la courbe C est parallèle à l'axe des abscisses, qu'au point B de coordonnées $(2, 3)$ la tangente est la droite (BE), E étant le point de coordonnées $(0, 5)$, et qu'au point D de coordonnées $(3, 1)$ la tangente est la droite (AD).
Déterminer les coefficients directeurs respectifs des trois tangentes précédentes ; en déduire les nombres dérivés $f'(0)$, $f'(2)$, $f'(3)$.

21 ▪▪ Soit f la fonction définie sur $\mathbb{R}$ par $f(x) = 3x^2$ et C sa courbe représentative dans le plan muni du repère orthonormal $(O ; \vec{i}, \vec{j})$, unité 1 cm.

1° Déterminer le coefficient directeur de la tangente T à C au point d'abscisse $\dfrac{1}{2}$.

2° Construire C et T.

3° Déterminer les coordonnées du point A de C tel que la tangente à C en ce point soit parallèle à la droite d'équation $y = 6x$.

Sens de variation

22 ▪▪ ***Lecture du sens de variation, du signe d'une fonction à partir de sa courbe représentative***

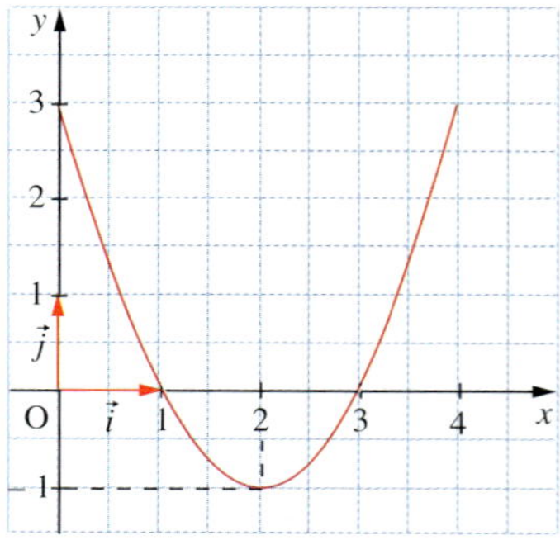

Fig. 37

La courbe C de la figure 37 est la courbe représentative d'une fonction f définie et dérivable sur $[0, 4]$ dans le plan muni du repère orthonormal $(O ; \vec{i}, \vec{j})$.
On précise que la tangente au point A à la courbe C est parallèle à l'axe des abscisses.
Résoudre graphiquement dans $[0, 4]$ les équations et inéquations suivantes.

1° *a*) $f(x) = 0$; *b*) $f'(x) = 0$;
c) $f'(x) < 0$; *d*) $f'(x) > 0$.

2° Dresser le tableau de variation de f sur I.

Étudier les variations de la fonction f définie sur l'intervalle I. Construire sa courbe représentative dans le plan muni d'un repère orthogonal $(O ; \vec{i}, \vec{j})$ après avoir déterminé avec une calculatrice programmable les coordonnées de quelques points (exercices 23 et 24).

23 ▪▪ f définie sur $\left[-\dfrac{5}{2}, \dfrac{5}{2}\right]$ par
$f(x) = x^4 - 6x^2 + 5$.

24 ▪▪ f définie sur $[-2, 4]$ par

$$f(x) = \frac{x^2 - 2x + 6}{2x^2 - 4x + 4}.$$

Exemple d'équations $f(x) = \lambda$ ou d'inéquations $f(x) \leqslant \lambda$

25 ▪▪▪ Le plan est muni du repère orthonormal $(O\,;\vec{i},\vec{j})$ (unité de longueur 2 cm). Soit f la fonction numérique définie sur l'intervalle $I = [-1, 3]$, dont on donne la courbe représentative C sur la figure 38. On précise qu'aux points A et B la tangente est parallèle à l'axe des abscisses.

1° Donner le tableau de variation de f.

2° Déduire de la représentation graphique C qu'il existe trois nombres réels de l'intervalle I tels que $f(x) = 0$.
Donner la valeur approchée de chacun de ces trois nombres réels à 10^{-1} près par défaut.

3° À l'aide du graphique, résoudre dans I l'inéquation $f(x) \leqslant -1$.

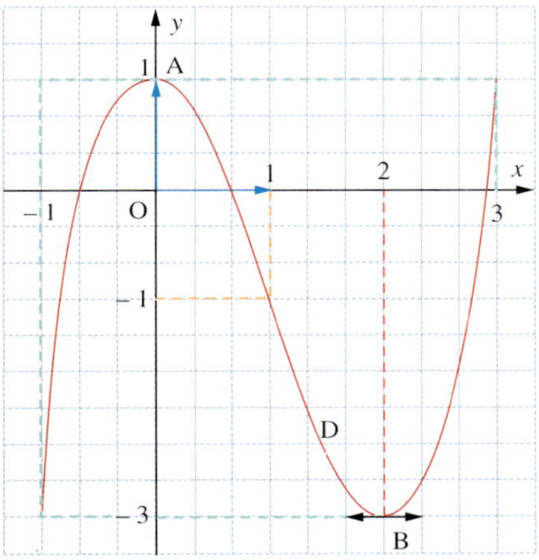

Fig. 38

4° On admet maintenant que f est définie sur l'intervalle $[-1, 3]$ par

$$f(x) = ax^3 + bx^2 + cx + d,$$

où a, b, c, d sont quatre constantes réelles.
Utiliser les données de la figure pour déterminer les quatre nombres réels a, b, c, d.

5° À l'aide d'une calculatrice programmable et de l'expression de $f(x)$ obtenue au 4°, remplir le tableau suivant dans lequel on fera figurer des valeurs approchées à 10^{-2} près.

x	2,80	2,81	2,82	2,83	2,84	2,85
$f(x)$						

x	2,86	2,87	2,88	2,89	2,90
$f(x)$					

En déduire un encadrement d'amplitude 10^{-2} de la plus grande des solutions positives de l'équation $f(x) = 0$.

6° Calculer $f(1)$. En déduire une factorisation de $f(x)$.

7° Résoudre dans $[-1, 3]$, par le calcul, l'inéquation $f(x) \leqslant 1$. Comparer le résultat avec celui obtenu au 3°.

Exemples de recherche d'extremum

26 ▪▪▪ ***Fonction polynôme du troisième degré dans un problème de géométrie***

Dans ce problème, les unités de longueur, d'aire et de volume sont le m, le m^2 et le m^3.
Un cylindre droit de rayon r est découpé dans une boule de rayon R fixé, comme indiqué sur le dessin ci-dessous :
– le centre O de la boule est sur l'axe du cylindre.
– les cercles délimitant les deux bases du cylindre appartiennent à la sphère qui délimite la boule.
On désigne par $2x$ la hauteur du cylindre. Cette hauteur dépend de r.
Soit V la fonction définie sur l'intervalle $[0, R]$ qui, à x, associe le volume $V(x)$ du cylindre correspondant.
L'objet de ce problème est de déterminer la valeur de x pour laquelle le volume $V(x)$ est le plus grand, puis dans un cas particulier, de tracer la courbe représentative de V.

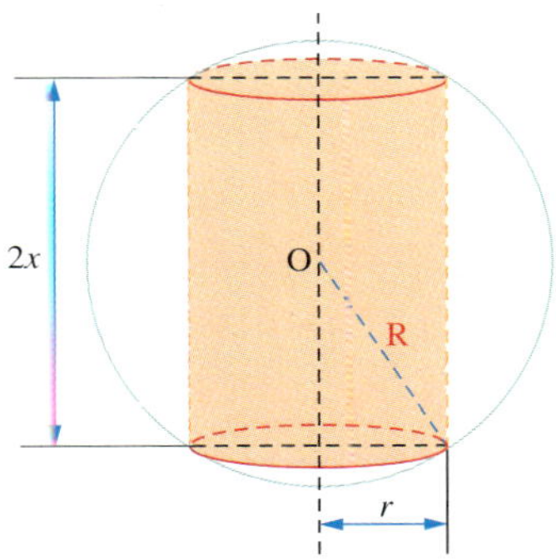

Fig. 39

1° *a*) Montrer que $r^2 = R^2 - x^2$.

b) En déduire que, pour tout x appartenant à $[0, R]$, on a la relation :

$$V(x) = 2\pi x(R^2 - x^2).$$

2° *a*) Calculer $V'(x)$ et étudier son signe, pour x appartenant à $[0, R]$.

b) Dresser le tableau de variation de la fonction V.

c) En déduire que V atteint un maximum pour une valeur x_0 de l'intervalle $[0, R]$. Donner les valeurs exactes de x_0 et de $V(x_0)$ (en fonction de R).

3° Dans cette quesxtion, on suppose que $R = 0{,}6$. Donner les approximations décimales à 10^{-3} près de x_0 et de $V(x_0)$.

(Arts appliqués, septembre 1993)

Avec des fonctions rationnelles (exercices 27 et 28).

27 ▪▪▪ ***Exemple de recherche d'un maximum et d'étude d'équation de la forme $f(x) = \lambda$***

Partie A. Soit f la fonction définie sur [20, 180] par

$$f(x) = -10x - \frac{36\,000}{x} + 2\,000$$

et C la courbe représentative de f dans le plan muni d'un repère orthogonal $(O ; \vec{i}, \vec{j})$. Unités graphiques : 1 cm pour 20 sur l'axe des abscisses et 1 cm pour 100 sur l'axe des ordonnées.

1° Étudier les variations de f sur [20, 180].

2° Construire la courbe C.

Partie B. On se propose d'utiliser 1 800 m^2 de terrain pour construire une piscine constituée d'un bassin rectangulaire entouré d'un dallage ABCD (voir la figure 40).

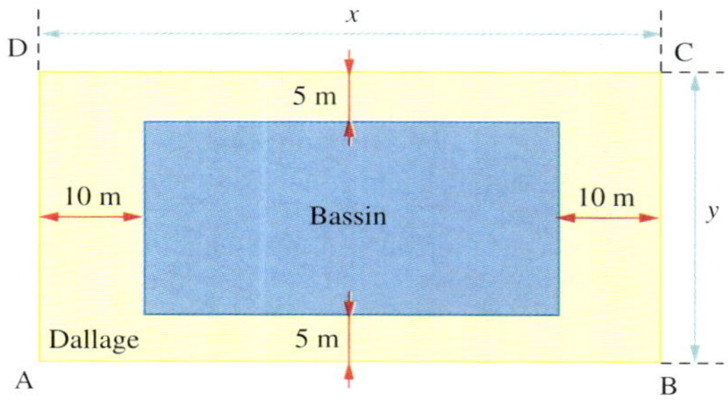

Fig. 40

On note x et y (en mètres) les dimensions AB et BC du terrain.

1° Déduire de ce qui précède l'expression de y en fonction de x.

2° Montrer que x varie dans l'intervalle [20, 180].

3° On note S l'aire en m^2 du bassin.
a) Donner l'expression de S en fonction de x et de y.
b) Déduire du *a*) l'expression de S en fonction de x seulement.

4° Utiliser la partie A pour déterminer les dimensions x et y du terrain pour lesquelles l'aire du bassin est maximale.

5° *a*) Déterminer graphiquement x pour que l'aire du bassin soit égale à 600 m^2. On fera figurer sur le graphique les constructions utiles. En déduire la, ou les, valeur(s) de y correspondante(s).
b) Résoudre par le calcul la question résolue graphiquement au *a*).

(Brevet de technicien EEC, 1995)

28 ▪▪ ***Recherche de maximum en sciences physiques***

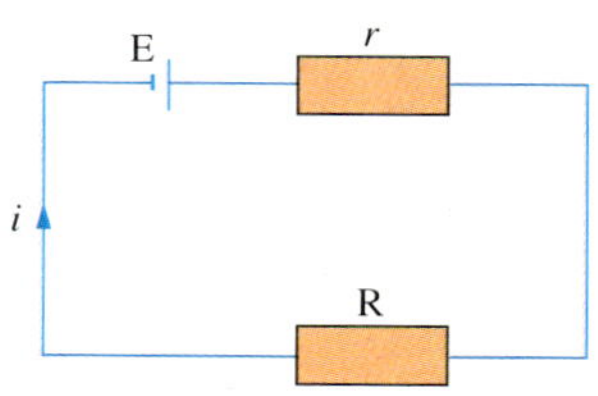

Fig. 41

On considère le circuit de la figure 41 dans lequel E = 4 volts, r = 1 ohm et R (en ohms) est variable. On désigne par P la puissance dissipée dans le résistor de résistance R. On établit en physique que

$$P = \frac{16R}{(R+1)^2}.$$

1° Étudier les variations de la fonction f définie sur [0, 10] par $f(R) = P$.

2° Déterminer la valeur de R pour laquelle P est maximale. Quelle est alors la puissance maximale ?

29 ▪▪▪ ***Avec une fonction trigonométrique***

1° Soit g la fonction définie sur $\left[0, \frac{\pi}{2}\right]$ par $g(\theta) = \sin 2\theta$.
a) Étudier les variations de f.
b) Construire la courbe représentative Γ de g dans le plan muni du repère orthonormal $(O ; \vec{i}, \vec{j})$, unité 4 cm.

2° *Application :* Un rectangle ABCD est inscrit dans un demi-cercle de centre O, de diamètre [I, J] et de rayon R = 4,5 cm comme l'indique la figure 42. θ désigne une mesure en radians de l'angle $(\overrightarrow{OB}, \overrightarrow{OC})$, et on suppose :

$$0 \leqslant \theta \leqslant \frac{\pi}{2}.$$

Fig. 42

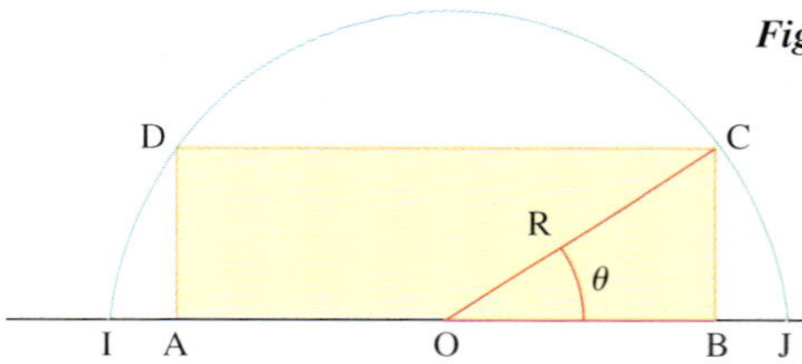

Donner en fonction de θ l'aire du rectangle ABCD. Déterminer la valeur de θ pour laquelle l'aire du rectangle ABCD est maximale. Quelles sont alors les dimensions de ce rectangle ?

Équations trigonométriques

Résoudre dans ℝ l'équation suivante et représenter ses solutions par des points du cercle trigonométrique (exercices 30 et 31).

Dans les exercices suivants mettre chacune des équations sous la forme

cos X = cos α ou sin X = sin α.

30 ▪ *a*) $\cos x = -\frac{\sqrt{3}}{2}$; *b*) $\cos\left(2x - \frac{\pi}{6}\right) = -\frac{1}{2}$.

31 ▪▪ *a*) $\sin x = \frac{\sqrt{2}}{2}$; *b*) $\sin\left(3x + \frac{\pi}{4}\right) = -\frac{1}{2}$.

32 ▪▪▪ ***Factorisation d'un polynôme et équation trigonométrique***

Soit $P(u)$ le polynôme de la variable réelle u défini par :

$$P(u) = 2u^3 - 9u^2 + 3u + 4.$$

1° Calculer $P(1)$. En déduire une factorisation de $P(u)$.

2° Résoudre dans $\mathbb{R}$ l'équation $P(u) = 0$.

3° En déduire la résolution dans $\mathbb{R}$ de l'équation (E) à l'inconnue x :

$$2(\cos 2x)^3 - 9(\cos 2x)^2 + 3\cos 2x + 4 = 0.$$

Q.C.M.

Ces Q.C.M., dont les réponses figurent à la fin de ce chapitre permettent une auto-évaluation.

Dans les questionnaires à choix multiples (Q.C.M.) suivants, il suffit d'indiquer sur sa copie, pour chaque question posée, quelle est la bonne réponse parmi les propositions de l'énoncé ; aucune justification n'est demandée.

33 ▪ Dans chaque question f est une fonction définie et dérivable sur $\mathbb{R}$ et f' est sa fonction dérivée.

1 Pour $f(x) = 3x + 4$	2 Pour $f(x) = -x^2 - x + 3$
$f'(x) = 3x$	$f'(x) = -2x - 1$
$f'(x) = 3 + 4$	$f'(x) = -4x - 1$
$f'(x) = 3$	$f'(x) = -2x - 1 + 3$
3 Pour $f(x) = (-x + 1)(x + 3)$	**4 Pour $f(x) = (3x + 1)^2$**
$f'(x) = -1 \times 1$	$f'(x) = 2(3x + 1)$
$f'(x) = -4x - 2$	$f'(x) = 6(3x + 1)$
$f'(x) = -2x - 2$	$f'(x) = 9$
5 Pour $f(x) = \cos\left(3x + \frac{\pi}{6}\right)$	**6 Pour $f(x) = \sin^2 3x$**
$f'(x) = -\sin\left(3x + \frac{\pi}{6}\right)$	$f'(x) = 2\cos 3x$
$f'(x) = \sin\left(3x + \frac{\pi}{6}\right)$	$f'(x) = 6\cos 3x$
$f'(x) = -3\sin\left(3x + \frac{\pi}{6}\right)$	$f'(x) = 6\sin 3x \cos 3x$

34 ▪ Dans chaque question f est une fonction définie et dérivable sur $]1, +\infty[$ et f', sa fonction dérivée.

1 Pour $f(x) = 2x - 1 - \frac{1}{x-1}$	2 Pour $f(x) = \frac{2x-3}{x^2-1}$
$f'(x) = 2 - 1 + 1$	$f'(x) = \frac{2}{2x}$
$f'(x) = 2 - \frac{1}{(x-1)^2}$	$f'(x) = \frac{-2x^2 + 6x - 2}{(x^2-1)^2}$
$f'(x) = 2 + \frac{1}{(x-1)^2}$	$f'(x) = \frac{2x^2 - 6x + 2}{(x^2-1)^2}$

35 ▪ Parmi les courbes C_1, C_2, C_3 (fig. 43), laquelle ou lesquelles sont susceptibles d'être la courbe représentative d'une fonction f définie sur $\left[-\frac{5}{2}, 2\right]$ dont le tableau de variation est donné ci-après :

x	$-\frac{5}{2}$		$-\frac{3}{2}$		1		2
$f'(x)$		+	0	−	0	+	
$f(x)$	$\frac{1}{2}$	↗	$\frac{3}{2}$	↘	$-\frac{3}{2}$	↗	0

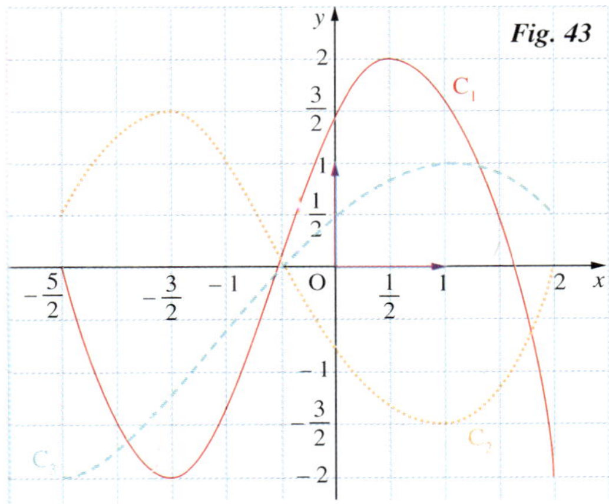

Fig. 43

36 ▪ Parmi les trois tableaux de variation suivants, lequel ou lesquels sont susceptibles de correspondre à la fonction f dont la courbe représentative est la suivante.

①

x	$-\frac{5}{2}$		$-\frac{1}{2}$		2		$\frac{5}{2}$
$f'(x)$		+	0	−	0	+	
$f(x)$	$\frac{1}{2}$	↗	$\frac{3}{2}$	↘	0	↗	$\frac{1}{2}$

②

x	$-\frac{5}{2}$		$-\frac{1}{2}$		2		$\frac{5}{2}$
$f'(x)$		$-$	0	$+$	0	$-$	
$f(x)$	$\frac{1}{2}$	↘	0	↗	$\frac{3}{2}$	↘	$\frac{1}{2}$

③

x	$-\frac{5}{2}$		$-1{,}5$		1		$\frac{5}{2}$
$f'(x)$		$+$	0	$-$	0	$+$	
$f(x)$	$\frac{1}{2}$	↗	$\frac{3}{2}$	↘	$-\frac{3}{2}$	↗	$\frac{1}{2}$

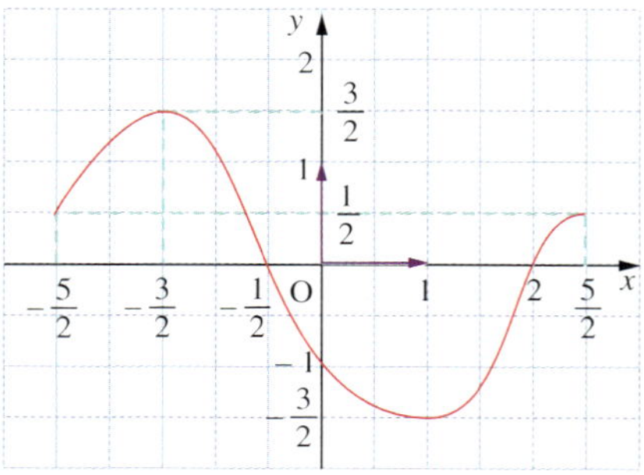

Fig. 44

SANS CORRIGÉS

Calculs de dérivées

En utilisant les règles de dérivation, déterminer la dérivée de la fonction f sur l'ensemble donné où elle est définie et dérivable (exercices 37 à 65).

37 ▪ f définie sur $\mathbb{R}$ par $f(x) = 7x - 2$.

38 ▪ f définie sur $\mathbb{R}$ par $f(t) = \frac{1}{4}t^2 - \frac{1}{5}t + 6$.

39 ▪ f définie sur $\mathbb{R}$ par $f(x) = 0{,}75x^3 - 0{,}01x^2 - 1$.

40 ▪ f définie sur $\mathbb{R}$ par $f(q) = -7q^3 + 0{,}01q^2 - 6q$.

41 ▪ f définie sur $\mathbb{R}$ par $f(x) = 3x^4 + 4x^3 - 12x^2 + 5$.

42 ▪ f définie sur $\mathbb{R}$ par $f(x) = (7x - 2)^2$.

43 ▪ f définie sur $\mathbb{R}$ par $f(x) = (-4x + 1)^2$.

44 ▪▪ f définie sur $\mathbb{R}$ par $f(x) = (x + 3)(2x + 1)^2$.

Écrire $f'(x)$ sous forme de produit de deux facteurs du premier degré.

45 ▪ f définie sur $]-\infty, -3[$ par $f(t) = \frac{-3}{2t + 6}$.

46 ▪ f définie sur $\left]-\infty, \frac{1}{2}\right[$ par $f(x) = \frac{3}{2x - 1}$.

47 ▪ f définie sur $\left]\frac{1}{2}, +\infty\right[$ par

$$f(x) = 2x + 3 - \frac{3}{2x - 1}.$$

48 ▪ f définie sur $]0, +\infty[$ par $f(x) = x^2 - \frac{3}{x}$.

Pour les exercices 49 à 52, on peut utiliser des exposants entiers négatifs.

49 ▪ f définie sur $]-\infty, 0[$ par $f(x) = -\frac{5}{x^2}$.

50 ▪ f définie sur $]0, +\infty[$ par

$$f(x) = \frac{3}{x^2} - \frac{4}{x^3}.$$

51 ▪ f définie sur $]-1, +\infty[$ par

$$f(x) = \frac{7}{(x + 1)^2}.$$

52 ▪ f définie sur $\left]-\frac{2}{3}, +\infty\right[$ par

$$f(x) = \frac{1}{(2x + 3)^2}.$$

53 ▪ f définie sur $\mathbb{R}$ par $f(x) = \frac{-4}{x^2 - 3x + 4}$.

Pour les exercices 54 à 58, développer et réduire le numérateur de $f'(x)$.

54 ▪ f définie sur $\left]\frac{1}{2}, +\infty\right[$ par $f(x) = \frac{4x + 3}{2x - 1}$.

55 ▪ f définie sur $]3, +\infty[$ par $f(x) = \frac{2x - 5}{-x + 3}$.

56 ▪ f définie sur $]2, +\infty[$ par

$$f(x) = \frac{-x^2 + 2x + 3}{x - 2}.$$

57 ▪ f définie sur $]-1, 2[$ par

$$f(x) = \frac{3x^2 - 1}{x^2 - x - 2}.$$

58 ▪ f définie sur $]1, +\infty[$ par

$$f(x) = \frac{2x^2 - 2x + 1}{3x^2 - 4x + 1}.$$

Pour les exercices 59 et 60, mettre le numérateur de $f'(x)$ sous forme de produit de deux facteurs du premier degré.

59 ▪▪ f définie sur $\mathbb{R}$ par $f(x) = \dfrac{(x-4)^2}{2x^2-3x+5}$.

60 ▪▪ f définie sur $\left]-\infty, \dfrac{3}{2}\right[$ par

$$f(x) = \frac{x^2+x+1}{(3-2x)^2}.$$

61 ▪ f définie sur $\mathbb{R}$ par $f(x) = \cos 2x$.

62 ▪ f définie sur $\mathbb{R}$ par $f(x) = \sin\left(2x + \dfrac{\pi}{4}\right)$.

63 ▪ f définie sur $\mathbb{R}$ par $f(x) = 1 + \cos^2 x$.

64 ▪ f définie sur $\mathbb{R}$ par $f(x) = \cos^2 2x$.

65 ▪ f définie sur $\mathbb{R}$ par $f(x) = \sin^2 3x$.

Problèmes de tangentes

Écrire une équation de la tangente à la courbe représentative C de f au point d'abscisse a (exercices 66 à 68).

66 ▪ $f : x \mapsto -3x^2 + 4x - 1$, $\quad a = -1$.

67 ▪ $f : x \mapsto -\dfrac{1}{3}x^3 - \dfrac{1}{2}x^2 + 2x$, $\quad a = -2$.

68 ▪ $f : x \mapsto \dfrac{4x^2}{x^2+1}$, $\quad a = 2$.

69 ▪ ***Détermination de nombres dérivés par lecture graphique.***

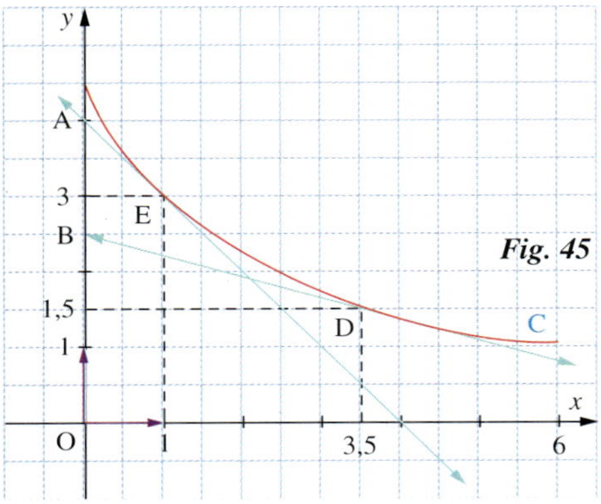

Fig. 45

La figure 45 donne la courbe représentative C d'une fonction f définie et dérivable sur l'intervalle $[0, 6]$ dans le plan muni du repère orthonormal $(O\ ; \vec{i}, \vec{j})$.

On précise qu'au point E de coordonnées $(1, 3)$ la tangente à la courbe C est la droite (AE), A étant le point de coordonnées $(0, 4)$. Au point D de coordonnées $(3{,}5\ ;\ 1{,}5)$, la tangente à la courbe C est la droite (BD), B étant le point de coordonnées $(0\ ;\ 2{,}5)$.

Déterminer les coefficients directeurs des tangentes (AE) et (BD). En déduire les nombres dérivés $f'(1)$ et $f'(3{,}5)$.

70 ▪▪ Soit f la fonction numérique de variable réelle x définie sur $]3, +\infty[$ par :

$$f(x) = \frac{5x-2a}{x-3}.$$

Déterminer le nombre réel a tel que la tangente au point d'abscisse 2 de la courbe représentative de f ait pour coefficient directeur $\dfrac{1}{2}$.

Sens de variation

Lecture graphique du sens de variation et du signe d'une fonction à partir de sa courbe représentative (exercices 71 à 74).

71 ▪▪ ***Sur l'écran d'une calculatrice graphique***

Sur l'écran d'une calculatrice graphique on a obtenu directement la courbe représentative d'une fonction numérique f définie sur $\mathbb{R}$.

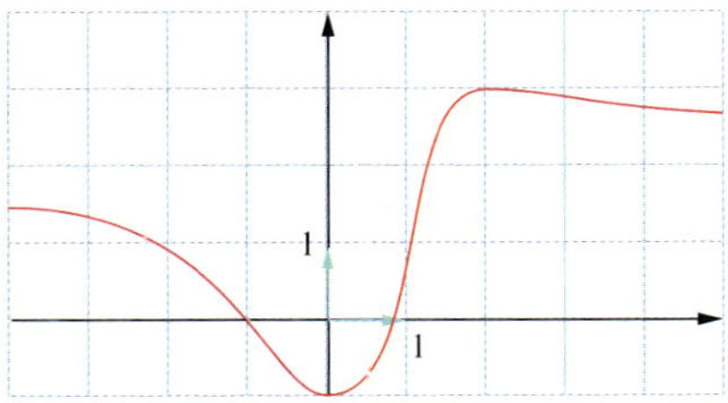

Fig. 46

Conjecturer le tableau de variation de f, c'est-à-dire proposer un tableau de variation de f compatible avec la courbe représentative de f.

72 ▪▪▪ La courbe C de la figure 47 est la courbe représentative d'une fonction f définie et dérivable sur $[-1, 8]$ dans le plan muni du repère orthonormal $(O\ ; \vec{i}, \vec{j})$.

On précise que la tangente à la courbe C au point $A(2, -1)$ est parallèle à l'axe des abscisses.

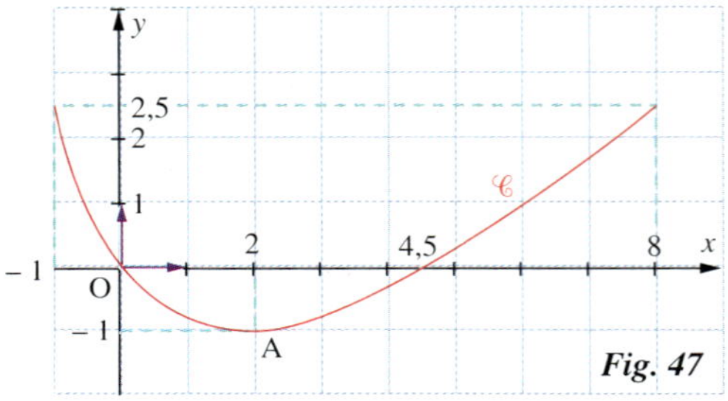

Fig. 47

1° Résoudre graphiquement dans $[-1, 8]$ les équations et inéquations suivantes :
a) $f'(x) = 0$; *b*) $f'(x) < 0$; *c*) $f'(x) > 0$.

2° Dresser le tableau de variation de f sur $[-1, 8]$.

3° Utiliser les indications de la figure 47 pour résoudre dans $[-1, 8]$ l'équation $f(x) = 0$.

4° En déduire le signe de $f(x)$ lorsque x varie dans $[-1, 8]$.

73 ■■■ Sur le graphique (fig. 48), la courbe C représente dans un repère orthonormal $(O ; \vec{i}, \vec{j})$ une fonction f définie sur l'intervalle $\left[-2, \frac{5}{2}\right]$. On suppose qu'aux points de coordonnées -1 et 1 la tangente à la courbe C est parallèle à l'axe des abscisses.

1° On suppose que f possède une fonction dérivée notée f'.
En utilisant le graphique, déterminer $f(0)$, $f(1)$ et $f'(-1)$.

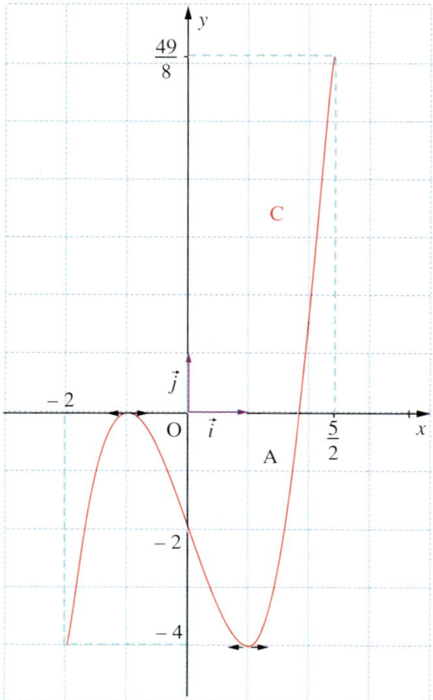

Fig. 48

2° Dans un tableau, indiquer les variations de f, puis le signe de $f'(x)$.

3° Résoudre graphiquement dans l'intervalle $\left[-2, \frac{5}{2}\right]$ l'équation $f(x) = 0$, puis l'inéquation $f(x) \leqslant 0$.

4° Déterminer graphiquement le nombre de solutions des équations suivantes dans l'intervalle $\left[-2, \frac{5}{2}\right]$:

a) $f(x) = -4$; *b*) $f(x) = -\frac{3}{2}$;

c) $f(x) = 3$; *d*) $f(x) = \frac{13}{2}$.

(Techniques de la musique, 1994)

74 ■■■ La courbe C de la figure 49 est la courbe représentative C d'une fonction f définie et dérivable sur l'intervalle $[-6, 6]$ dans le plan muni du repère orthonormal $(O ; \vec{i}, \vec{j})$. On précise que les tangentes respectives à la courbe C aux points $A(4, -2)$ et $B(-1, 5)$ sont parallèles à l'axe des abscisses.

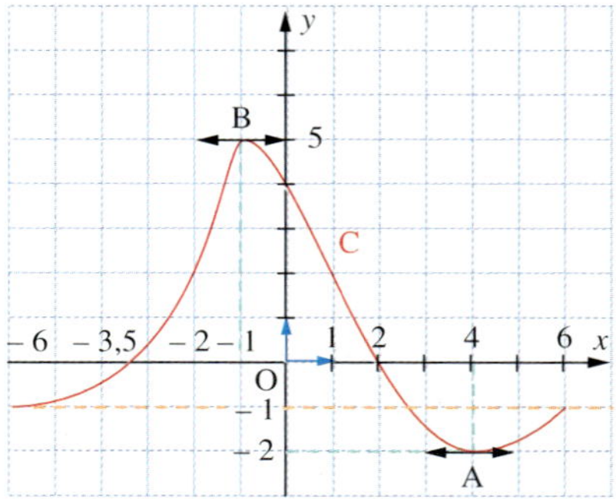

Fig. 49

1° Dresser le tableau de variation de f.

2° Résoudre graphiquement dans $I = [-6, 6]$ l'équation $f(x) = 0$. En déduire le signe de $f(x)$ lorsque x varie dans I.

3° Résoudre graphiquement dans I l'inéquation $f(x) \leqslant 2$.

75 ■■■ ***Laquelle est la bonne ?***

On considère la fonction f définie et dérivable sur $[-3, 3]$ dont la courbe représentative C dans un repère orthogonal est donnée sur la figure 50. On précise qu'aux points S_1 et S_2 la tangente à la courbe C est parallèle à l'axe des abscisses.

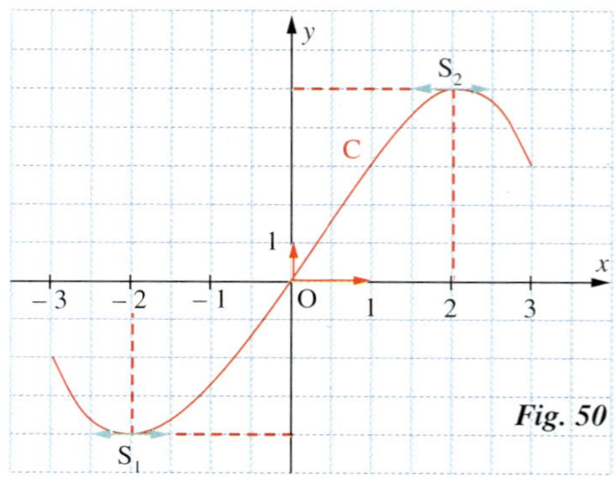

Fig. 50

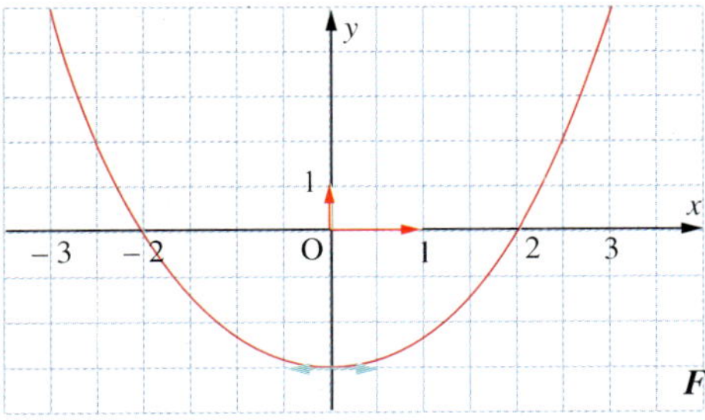

Fig. 51

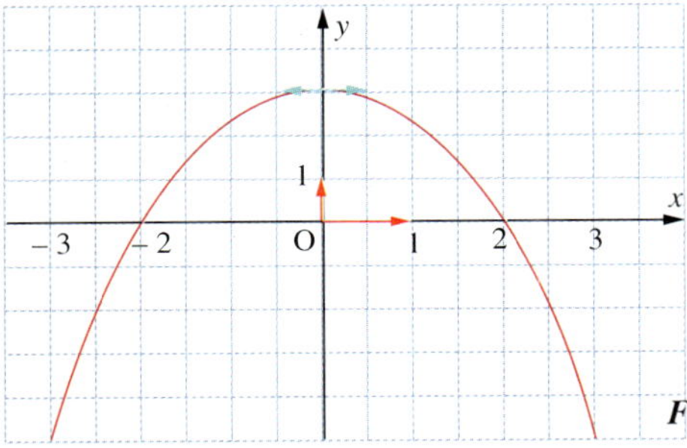

Fig. 52

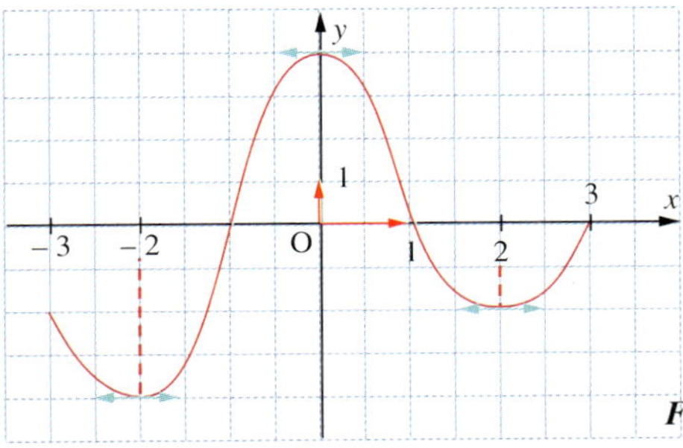

Fig. 53

1° Dresser le tableau de variation de f sur $[-3, 3]$.

2° Soit g_1, g_2, g_3 les trois fonctions définies sur $[-3, 3]$ dont les courbes représentatives respectives sont données par les figures 51, 52, 53.
Déterminer graphiquement le signe de chacune des fonctions g_1, g_2, g_3 sur $[-3, 3]$. Parmi les trois fonctions g_1, g_2, g_3, quelle est la seule qui soit susceptible d'être la fonction dérivée de f sur $[-3, 3]$?

76 ▪▪ ***Étude du signe d'une fonction à l'aide de son tableau de variation***

Soit f une fonction définie et dérivable sur $[-2, 3]$ telle que :
$f(-2) = 2$; $f(1) = 0$; $f(2) = -2$ et $f'(2) = 0$; $f(3) = -1$ pour tout x de $[-2, 2[$, $f'(x) < 0$, et pour tout x de $]2, 3]$, $f'(x) > 0$.

1° Établir le tableau de variation de f.

2° En déduire, suivant les valeurs de x, le signe de $f(x)$.

Étudier les variations de la fonction f définie sur l'intervalle I. Construire sa courbe représentative dans le plan muni d'un repère orthonormal $(O ; \vec{i}, \vec{j})$ après avoir déterminé avec une calculatrice programmable les coordonnées de quelques points (exercices 77 à 79).

77 ▪▪ f définie sur $[-2, 2]$ par

$$f(x) = \frac{x^3}{3} - x + \frac{1}{3}.$$

78 ▪▪ f définie sur $[-3, 3]$ par

$$f(x) = \frac{1}{4}x^4 - 2x^2.$$

79 ▪▪ f définie sur $[-4, 4]$ par

$$f(x) = \frac{4x}{x^2 + x + 1}.$$

80 ▪▪▪ ***Une fonction issue des sciences physiques***

On utilise une source de courant continu. On branche un résistor de résistance $R = 5\ \Omega$ et un résistor de résistance variable x en parallèle aux bornes de cette source.

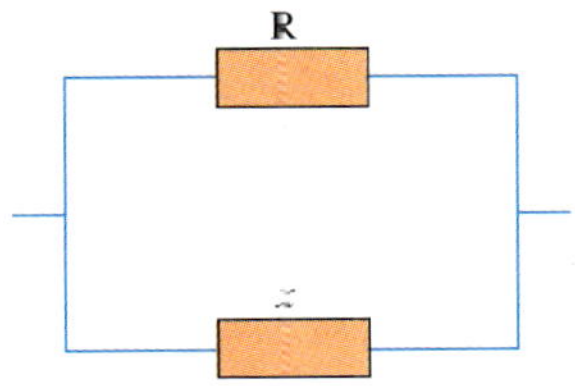

Fig. 54

1° Soit r la résistance équivalente à R et x. Dans tous les bons ouvrages de physique il est écrit que

$$\frac{1}{r} = \frac{1}{R} + \frac{1}{x}.$$

En déduire l'expression de r en fonction de x.

2° Le plan est muni d'un repère orthonormal $(O ; \vec{i}, \vec{j})$ (unités : 1 cm pour 1 Ω).
La résistance x peut prendre au maximum la valeur de $10\ \Omega$.
On pose $r = f(x)$. Étudier les variations de la fonction f, définie sur $[0, 10]$. Construire sa courbe représentative.

Parité et symétrie d'une courbe représentative

Les définitions de fonction *paire*, *impaire* et les propriétés graphiques sont rappelées au T.P. 3.

81 ▪ ***Paire ou impaire ?***

Dans chacun des quatre cas suivants, la fonction f définie sur $\mathbb{R}$ est-elle paire ? impaire ? ni paire ni impaire ?

a) $f : x \mapsto x^3 - 2x$.

b) $f : x \mapsto x^3 - 2x + 2$.

c) $f : x \mapsto \dfrac{x^2 - 1}{x^2 + 4}$.

d) $f : x \mapsto \dfrac{3x}{x^2 + 1}$.

82 ▪▪ Soit f une fonction *paire* définie sur $[-2, 2]$. On a tracé une partie de la courbe représentative C de f dans le plan muni d'un repère orthogonal $(O ; \vec{i}, \vec{j})$.

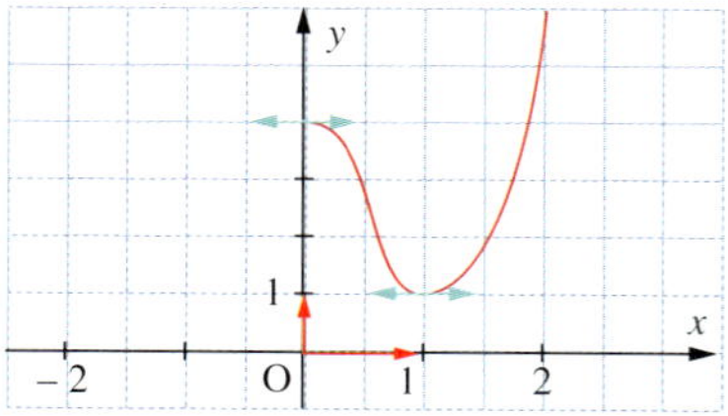

Fig. 55

Après avoir reproduit la figure 55, compléter ce tracé pour obtenir la courbe représentative de f dans l'intervalle $[-2, 2]$.

83 ▪▪ Soit f une fonction *impaire* définie sur $[-2, 2]$. On a tracé une partie de la courbe représentative C de f dans le plan muni d'un repère orthogonal $(O ; \vec{i}, \vec{j})$.

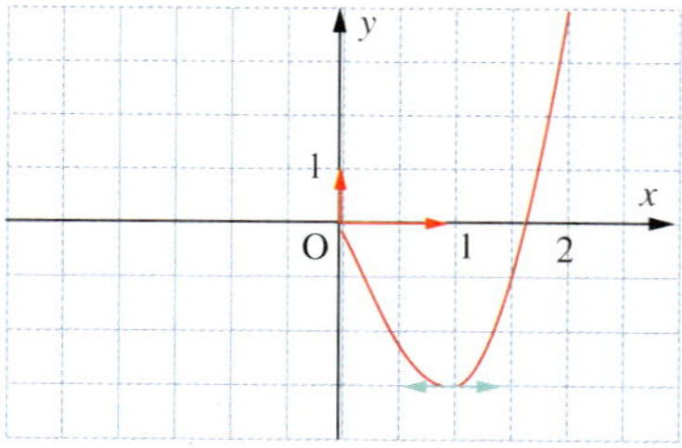

Fig. 56

Après avoir reproduit la figure 56, compléter ce tracé pour obtenir la courbe représentative de f dans l'intervalle $[-2, 2]$.

> Pour les deux exercices suivants 84 et 85 on peut observer la symétrie correspondante sur l'écran d'une calculatrice graphique ...avant de répondre à la question posée...

84 ▪▪ ***Centre de symétrie***

Soit f la fonction définie sur $\mathbb{R}$ par

$$f(x) = -\frac{x^3}{3} + \frac{x^2}{2} + 2x$$

et C sa courbe représentative dans le plan muni du repère orthogonal $(O ; \vec{i}, \vec{j})$.

Montrer que C admet le point $I\left(\frac{1}{2}, \frac{13}{12}\right)$ comme centre de symétrie.

> On peut procéder comme au T.P. 3.
> Réponse : Une équation de C dans le repère $(I ; \vec{i}, \vec{j})$ est
> $$Y = -\frac{1}{3}X^3 + \frac{9}{4}X.$$

85 ▪▪ ***Axe de symétrie***

Soit f la fonction définie sur $\mathbb{R}$ par

$$f(x) = \frac{x^2 + 2x}{2x^2 + 4x + 5}$$

et C sa courbe représentative dans le plan muni du repère orthogonal $(O ; \vec{i}, \vec{j})$. On se propose de montrer que C admet la droite Δ d'équation $x = -1$ comme axe de symétrie.

1° Soit O′ le point de coordonnée $(-1, 0)$. Déterminer une équation de C dans $(O' ; \vec{i}, \vec{j})$. (On pourra procéder comme au T.P. 3).

2° Vérifier que l'équation obtenue s'écrit $Y = F(X)$ où F est une fonction paire définie sur $\mathbb{R}$, ce qui démontre la symétrie d'axe Δ.

> Réponse : Une équation de C dans le repère $(O' ; \vec{i}, \vec{j})$ est
> $$Y = \frac{X^2 - 1}{2X^2 + 3}.$$

Exemples d'étude d'équations et d'inéquations

86 ▪▪ ***Exemple d'étude d'équation de la forme $f(x) = \lambda$***

Le plan P est muni d'un repère orthonormal $(O ; \vec{i}, \vec{j})$ (unité graphique : 2 cm).

1° Soit f la fonction définie sur $\mathbb{R}$ par :

$$f(x) = x^3 - 4x^2 + 5x.$$

a) Calculer la dérivée f' de la fonction f.
b) Dresser le tableau de variation de f.
c) Tracer la courbe C représentative de la fonction f dans le repère $(O ; \vec{i}, \vec{j})$.

2° *a*) Résoudre dans $\mathbb{R}$ l'équation :

$$x^3 - 4x^2 + 5x = 0.$$

b) Interpréter graphiquement les solutions de cette équation à l'aide de la courbe C.

Exemples de recherche de solutions approchées (exercices 87 à 90).

87 ▪▪ Soit f la fonction définie sur $\mathbb{R}$ par

$$f(x) = x^3 + x - 1.$$

1° Étudier les variations de f. On ne demande pas de construire la courbe représentative de f.

2° Démontrer que l'équation $f(x) = 0$ admet une seule solution x_0 dans $[0, 1]$.

3° Trouver, à l'aide d'une calculatrice, un encadrement d'amplitude 0,01 de x_0.

88 ▪▪ Soit f la fonction définie sur $\mathbb{R}$ par

$$f(x) = x^3 - 3x + 3.$$

1° Étudier les variations de f.

2° Construire la courbe représentative C de f dans le plan muni d'un repère orthogonal $(O ; \vec{i}, \vec{j})$, unités : 1 cm pour 1 en abscisse, 1 cm pour 2 en ordonnée, après avoir déterminé les coordonnées de quelques points.

3° Démontrer que la courbe C coupe l'axe des abscisses en un seul point d'abscisse x_0, tel que

$$-3 < x_0 < -2.$$

Déterminer à l'aide d'une calculatrice un encadrement de x_0 d'amplitude 10^{-3}.

89 ▪▪▪ Soit f la fonction définie sur $\mathbb{R}$ par

$$f(x) = 3x^4 + 4x^3 - 12x^2 + 5.$$

On appelle C la courbe représentative de f dans le plan muni d'un repère orthogonal $(O\,;\vec{i},\vec{j})$ (unités : 1 cm pour 1 sur l'axe des abscisses, 1 cm pour 10 sur l'axe des ordonnées).

1° Étudier le sens de variation de f.

2° Construire C après avoir déterminé les coordonnées de quelques points.

3° Utiliser la courbe pour donner le nombre de solutions de chacune des équations suivantes.

a) $3x^4 + 4x^3 - 12x^2 + 5 = 10.$
b) $3x^4 + 4x^3 - 12x^2 + 5 = -18.$
c) $3x^4 + 4x^3 - 12x^2 + 5 = 50.$

4° Vérifier que l'équation

$$3x^4 + 4x^3 - 12x^2 + 5 = 0$$

admet une solution unique x_0 dans l'intervalle $[-1, 0]$.
Donner un encadrement d'amplitude 10^{-2} de x_0 à l'aide d'une calculatrice.

5° Déterminer trois nombres réels a, b, c tels que, pour tout nombre réel x,

$$3x^4 + 4x^3 - 12x^2 + 5 = (x-1)^2(ax^2 + bx + c).$$

En déduire la résolution dans $\mathbb{R}$ de l'équation

$$3x^4 + 4x^2 - 12x^2 + 5 = 0.$$

90 ▪▪▪ ***Jeu de bille***

On dispose d'un récipient cylindrique de rayon 20 cm contenant de l'eau dont la hauteur est 10 cm (fig. 57). On y plonge une bille sphérique de diamètre d et on constate que le niveau de l'eau est tangent à la bille (fig. 58). Le but du problème est de calculer le diamètre de la bille.

Fig. 57

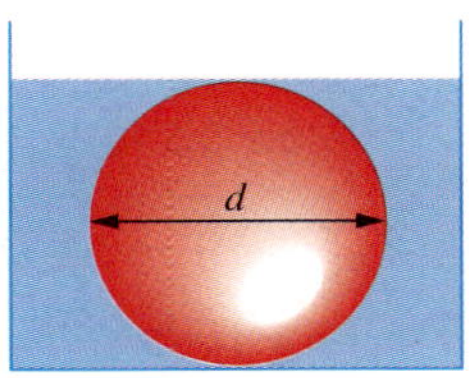

Fig. 58

1° Montrer que le diamètre d est solution du système :

$$\begin{cases} 0 \leqslant d \leqslant 40 \\ d^3 - 2\,400d + 24\,000 = 0. \end{cases}$$

2° Soit f la fonction définie sur $[0, 40]$ par

$$f(d) = d^3 - 2\,400d + 24\,000.$$

Étudier les variations de f.

3° Montrer que l'équation $f(d) = 0$ a une solution unique d_0 dans $[0, 40]$.

4° À l'aide d'une calculatrice, déterminer un encadrement d'amplitude 10^{-2} de d_0.

Exemple d'étude d'inéquation de la forme $f(x) \leqslant \lambda$.

91 ▪▪▪ ***Distance de freinage***

Une circulaire officielle définit les longueurs moyennes de freinage d'une voiture sur une route ayant un bon revêtement, dans des conditions climatiques normales.
De nombreuses expériences ont conduit à adopter la formule :

$$d = \frac{V^2}{290 - V}$$

qui donne la distance de freinage en mètres en fonction de la vitesse en kilomètres/heure.

1° Étudier les variations de la fonction f définie sur $[40, 130]$ par $V \mapsto d$.

2° Construire la courbe représentative de f dans le plan muni d'un repère orthogonal $(O\,;\vec{i},\vec{j})$.

3° Déterminer graphiquement la vitesse à ne pas dépasser pour s'arrêter sur moins de 50 mètres.

4° Résoudre par le calcul l'inéquation $d \leqslant 50$.
Comparer le résultat avec celui obtenu au 3°.

Exemples de recherche d'une fonction

92 ▪▪▪ Le plan est muni du repère orthonormal $(O\,;\vec{i},\vec{j})$. C est la courbe représentative de la fonction f définie sur $[0, 2]$ par

$$f(x) = ax^2 + bx + c,$$

où a, b, c sont trois constantes réelles (voir la figure 59).
T est la tangente à la courbe C au point de coordonnées $(0, 1)$.

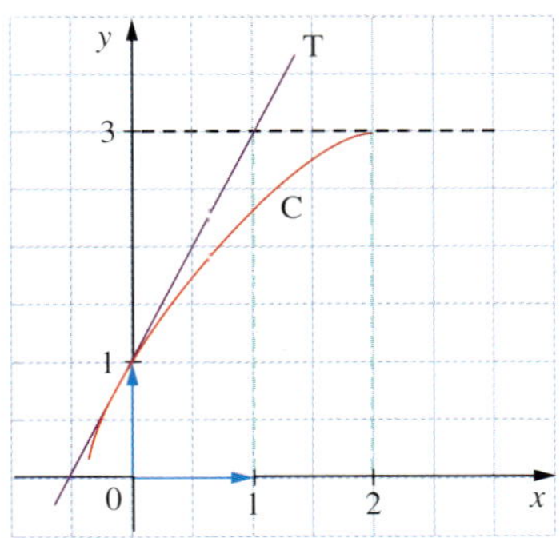

Fig. 59

1° Utiliser les informations de la figure pour déterminer le coefficient directeur de T.

2° Déterminer les nombres a, b et c.

Le 1° et la figure 59 permettent d'obtenir trois équations dont a, b, c sont solutions.

(Brevet de technicien fonderie, 1994)

93 ▪▪▪ On désigne par f la fonction définie et dérivable sur $[-1, 2]$ dont la courbe représentative C est donnée par la figure 60. On précise qu'au point A de coordonnées $(1, -2)$ la tangente à C est parallèle à l'axe des abscisses.

1° Utiliser ce graphique pour déterminer les valeurs $f(0)$, $f(1)$ et $f'(1)$.

2° On suppose que $f(x)$ est de la forme

$$f(x) = ax^3 + bx + c.$$

À l'aide des valeurs mises en évidence à la question 1°, calculer les trois nombres réels a, b et c.

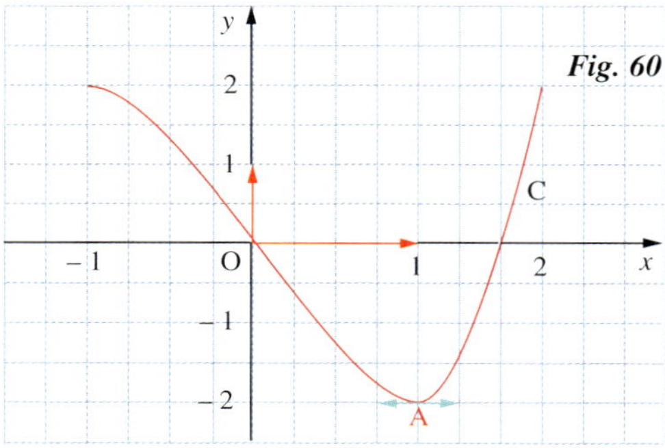

Fig. 60

Du 1° on déduit un système de trois équations linéaires à trois inconnues, a, b, c.

94 ▪▪▪ ***Recherche d'une fonction et d'une solution approchée***

La courbe Γ (fig. 61) est la courbe représentative dans le plan muni du repère orthonormal $(O ; \vec{i}, \vec{j})$, d'une fonction f définie et dérivable sur l'intervalle $\left[-\frac{3}{2}, 1\right]$.

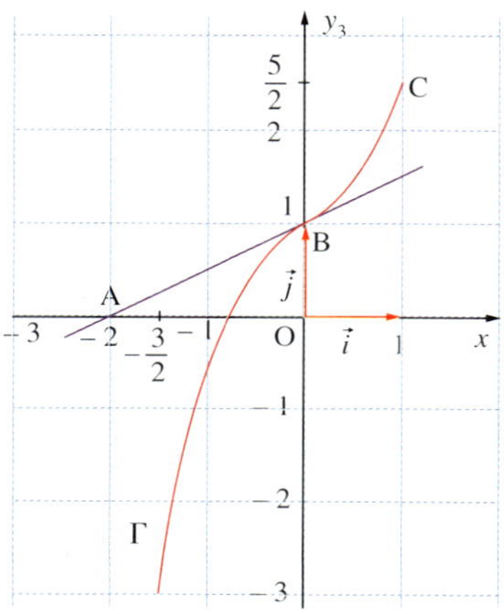

Fig. 61

On sait que :

- les points A, B et C ont pour coordonnées respectives $(-2, 0)$, $(0, 1)$ et $\left(1, \frac{5}{2}\right)$,
- la courbe Γ passe par les points B et C et est tangente en B à la droite (AB),
- $f(x)$ est de la forme $ax^3 + bx + c$.

1° Montrer que les renseignements donnés permettent d'établir que :

a) $f'(0) = \frac{1}{2}$ (f' est la fonction dérivée de f).

b) pour tout nombre réel x de l'intervalle $\left[-\frac{3}{2}, 1\right]$,

$f(x) = x^3 + \frac{1}{2}x + 1$.

2° On admet que f est strictement croissante sur $\left[-\frac{3}{2}, 1\right]$.

On note α la solution de l'équation $f(x) = 0$.

À l'aide d'une calculatrice, donner un encadrement d'amplitude 10^{-2} du nombre α. (Aucune justification n'est demandée.)

95 ▪▪▪ ***On fait le pont***

La figure 62 représente un pont métallique dont le tablier horizontal AB est supporté par un arc de parabole d'axe vertical (HH′).

Sachant que AB = 40 m et HH′ = 16 m, quelle est la longueur en mètres de la barre verticale LL′ si HL = 5 m ?

A	B	C	D	E
14,5	14,75	15	15,25	15,5

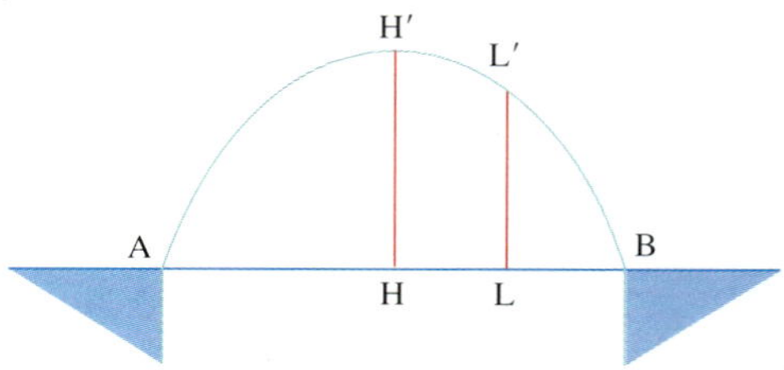

Fig. 62

Chercher dans un repère bien choisi, une équation de la forme $y = ax^2$, avec $a < 0$.

96 ▪▪▪ ***La flèche de la grue***

On démontre en mécanique que la charge P maximale, exprimée en tonnes, que l'on peut soulever avec une grue dont la flèche a pour longueur l, exprimée en mètres, est donnée par une formule de la forme :

$$P = f(l) = \frac{l + c}{al + b}$$

où a, b, c sont des constantes qui dépendent des caractéristiques de la grue.

1° On considère une grue « Potain » telle que :
pour $l = 15$ mètres, $P = 15$ tonnes ;
$l = 22$ mètres, $P = 9{,}4$ tonnes ;
$l = 42$ mètres, $P = 4{,}2$ tonnes.

Montrer que les coefficients a, b, c sont dans ce cas, solutions du système :

$$\begin{cases} 225a + 15b - c = 15 \\ 206{,}8a + 9{,}4b - c = 22 \\ 176{,}4a + 4{,}2b - c = 42. \end{cases}$$

2° Résoudre le système obtenu au 1° et écrire l'expression $P = f(l)$.

3° On admet que $f(l) = \dfrac{l - 210}{-l + 2}$.

Étudier les variations de f pour l élément de $[15, 42]$. Construire la courbe représentative de f dans le plan muni d'un repère orthogonal $(O\,;\,\vec{i}, \vec{j})$ (unités : 1 cm pour 2 m sur l'axe des abscisses et 1 cm pour 1 tonne sur l'axe des ordonnées).

4° Quelle est la longueur maximale de la flèche permettant de soulever une charge de 5 tonnes ?

5° Déterminer les charges maximales pour une flèche de 25 m ; 37 m.

Exemples de recherche d'extremum

Avec une fonction polynôme du second degré (exercices 97 et 98).

97 ■■■ ***L'aire maximale***

ABCD est un rectangle de dimensions : $AB = 3$ cm et $BC = 4$ cm (fig. 63).

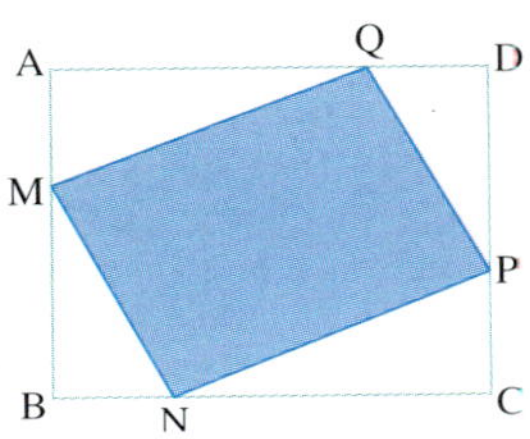

Fig. 63

M, N, P, Q, sont quatre points tels que :
$$AM = BN = CP = DQ = x.$$

1° Démontrer que MNPQ est un parallélogramme.

2° On désigne par $A(x)$ l'aire du parallélogramme MNPQ.

3° Déterminer $A(x)$ en fonction de x.

4° *a*) Étudier les variations de la fonction f définie sur $[0, 3]$ par $f(x) = -2x^2 + 7x$.
b) En déduire la valeur de x pour laquelle l'aire $A(x)$ est maximale.

98 ■■■ ***La pièce d'aire maximale***

Dans cet exercice, les longueurs sont exprimées en millimètres les aires en millimètres carrés et les angles en radians.
On veut fabriquer une pièce de section longitudinale hexagonale (fig. 64), mettant en évidence un rectangle ABCD de longueur $AB = z$ et deux triangles isocèles ADE et BCF tels que

$$AE = DE = FB = FC = x$$

et $\widehat{EAD} = \widehat{EDA} = \widehat{FBC} = \widehat{FCB} = \alpha.$

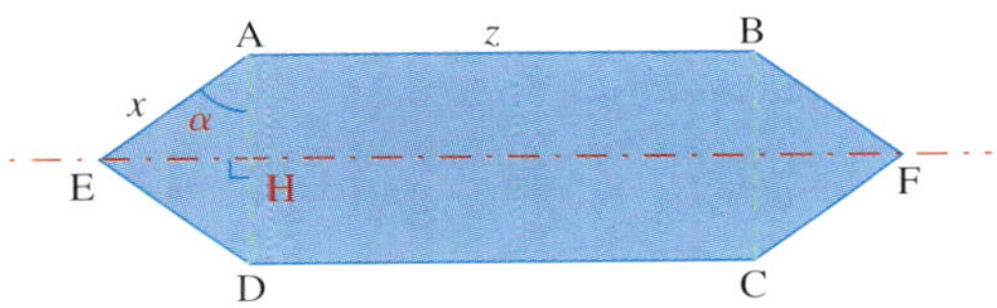

Fig. 64

On désigne respectivement par p et $\mathcal{A}$ le périmètre et l'aire de cette section hexagonale.
1° Exprimer p et $\mathcal{A}$ en fonction de x, z et α.

2° On suppose désormais que $p = 24$ et $\alpha = \dfrac{\pi}{6}$.
Déterminer $\mathcal{A}$ en fonction de x.

3° *a*) Étudier le sens de la variation de la fonction f définie sur l'intervalle $[0, 6]$ par

$$f(x) = \frac{3\sqrt{3}}{2}(-x^2 + 8x).$$

b) Déterminer la valeur de x qui permet d'obtenir une section longitudinale d'aire maximale.

(Génie mécanique, A et F)

Avec une fonction polynôme du troisième degré (exercices 99 à 101).

99 ■■■ ***Petit poisson deviendra grand***

Pour fabriquer un aquarium, un miroitier dispose d'une plaque de verre de forme rectangulaire dont la longueur mesure 120 cm et la largeur 75 cm.
Le plan de découpe, sur lequel les côtés sont en cm, est le suivant :

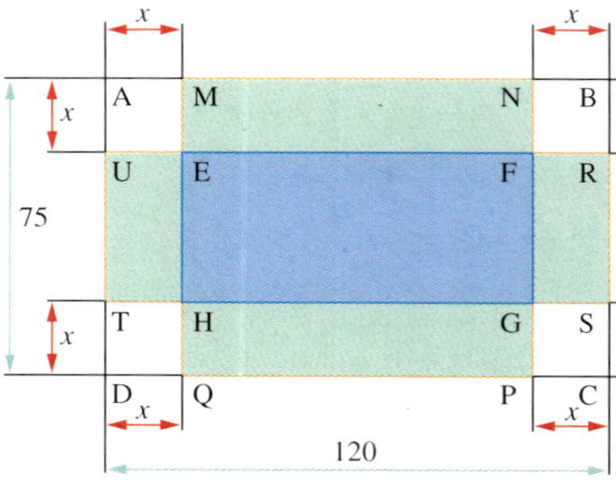

Fig. 65

Le rectangle EFGH constituera le fond de l'aquarium, les quatre rectangles UEHT, HGPQ, FRSG, MNFE constitueront les quatre côtés.

1° Déterminer l'intervalle dans lequel peut varier x pour que l'aquarium soit réalisable.

2° Donner, en fonction de x, le volume $V(x)$ de l'aquarium, exprimé en cm^3.

3° Étudier les variations de la fonction f définie sur $[0 ; 37{,}5]$ par :

$$f(x) = 4x^3 - 390x^2 + 9\,000x.$$

En déduire la valeur de x pour laquelle le volume est maximal. Donner ce volume en litres.

(Brevet de technicien miroiterie, 1993)

100 ■■■ ***Dans le couloir***

Un couloir entre deux bâtiments a la forme d'un prisme droit dont deux des faces sont deux immenses baies rectangulaires de 20 mètres de long sur 5 mètres de large (voir figure ci-dessous).
Une section de ce prisme par un plan perpendiculaire à sa base est le triangle isocèle ABC dont chacun des côtés de même longueur mesure 5 mètres. La longueur BC représente l'écartement à la base des deux baies vitrées, elle sera notée x.
Le but du problème est de déterminer x tel que le volume de ce couloir prismatique soit le plus grand possible.

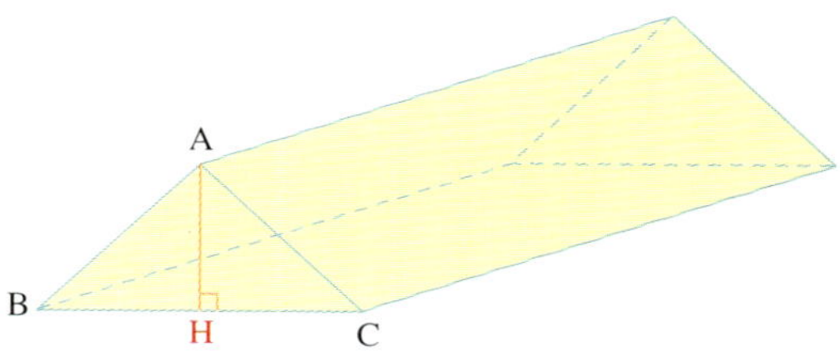

Fig. 66

Partie A : modélisation
1° Entre quelles valeurs extrêmes l'inconnue x peut-elle varier ?

2° Si on appelle H la projection de A sur le segment [BC], calculer AH en fonction de x.

3° Calculer l'aire du triangle ABC en fonction de x. En déduire le volume V de ce prisme en fonction de x.

Partie B : étude de la fonction
Soit f la fonction définie sur l'intervalle $[0, 10]$ par :

$$f(x) = x^2(100 - x^2).$$

1° Démontrer que la fonction dérivée est définie sur $[0, 10]$ par $f'(x) = 4x(50 - x^2)$.

2° Étudier les variations de la fonction f.

3° Pour quelle valeur de x cette fonction f admet-elle un maximum ?

4° Construire la courbe représentative C_f de la fonction f dans le plan muni d'un repère orthogonal $(O ; \vec{i}, \vec{j})$ d'unités graphiques convenablement choisies.

Partie C : conclusion
1° Montrer que $V(x) = 5\sqrt{f(x)}$, pour tout x de $[0, 10]$.

2° En admettant que les fonctions V et f ont le même sens de variation, déduire des questions précédentes la valeur exacte de BC qui rend maximal le volume V de ce couloir. On donnera aussi une valeur approchée du résultat au centième près.

3° Déterminer, alors, la valeur exacte de ce volume V ainsi que la valeur exacte de AH. On donnera une valeur approchée de AH au centième près.

(Arts appliqués, 1996)

101 ■■■ ***À l'eau***

On crée une ville nouvelle d'architecture futuriste, dans la banlieue de Paris.
Les réservoirs d'eau potable sont des cylindres « habillés » par des cônes métalliques de hauteur h et de base R.
On en donne une représentation en perspective.
– Le cylindre droit, qui contient l'eau, est à l'intérieur du cône.
– Le cône et le cylindre ont même plan de base et même axe.
– Le cercle qui est le bord de la base supérieure du cylindre droit est inclus dans le bord du cône.

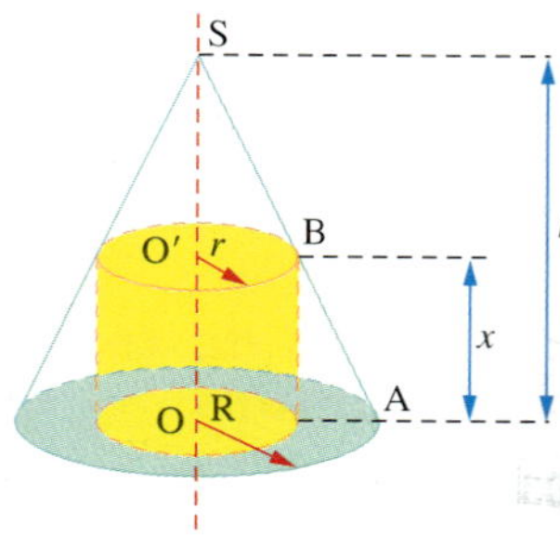

Fig. 67

Le but du problème est de déterminer la hauteur du cylindre pour laquelle le volume de ce cylindre est maximal.
Les questions **A.** et **B.** sont indépendantes.
Soient S le sommet de cône, O le centre de la base inférieure du cylindre et O′ le centre de la base supérieure.
Soit A un point du plan de base du cône appartenant au bord du cône. Soit B le point d'intersection du cylindre et du segment [SA]. On effectue une section du réservoir par un plan vertical contenant S, O et A.

Partie A. On désigne par x la hauteur OO′ du cylindre et par r le rayon de base du cylindre.

1° Représenter la section du réservoir par le plan vertical contenant les points S, O et A.

2° Démontrer l'égalité $r = \dfrac{R(h-x)}{h}$

$\left(\text{on pourra montrer que } \dfrac{OA}{O'B} = \dfrac{SO}{SO'}\right)$.

3° Démontrer que le volume V du cylindre s'exprime en fonction de x, R et h par :

$$V = \frac{\pi R^2}{h^2}\,(x^3 - 2hx^2 + h^2x).$$

Partie B. Soit f la fonction définie sur $[0, 60]$ par $f(x) = x^3 - 120x^2 + 3\,600x$.
Étudier les variations de f.

Partie C. Dans cette partie, la hauteur h vaut 60 m et le rayon R vaut 30 m.

1° Montrer que le volume du cylindre, exprimée en m^3, s'écrit $V = \dfrac{\pi}{4} f(x)$, où x désigne la hauteur OO′ du cylindre en mètres.

2° En utilisant les questions précédentes, déterminer la hauteur x, en mètres, du cylindre pour laquelle le volume de ce cylindre est maximal.
Calculer alors en m^3 ce volume maximal.

(Arts appliqués, 1994)

Avec une fonction rationnelle (exercices 102 à 105).

102 ■ ■ ***La consommation minimale***

On admet que la consommation d'essence E d'un véhicule, exprimée en litres pour 100 km, est donnée en fonction de sa vitesse V exprimée en kilomètres par heure par

$$E = 6 + \frac{V}{50} + \frac{50}{V}.$$

1° Étudier les variations de la fonction f définie sur $[5, 130]$ par

$$f(V) = 6 + \frac{V}{50} + \frac{50}{V}.$$

2° Pour quelle vitesse la consommation est-elle minimale ? Quelle est alors cette consommation ?

103 ■ ■ ■ ***Une citerne économique***

On se propose de fabriquer avec le moins de tôle possible une citerne fermée en forme de parallélépipède rectangle dont le volume intérieur est 12 m^3 (fig. 68).

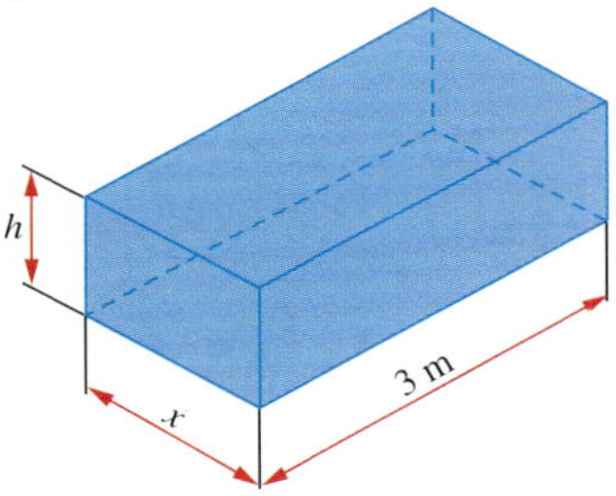

Fig. 68

1° Déduire de l'information relative au volume une expression de h en fonction de x.

2° Montrer que l'aire totale de la citerne (c'est-à-dire la somme des aires des six faces) s'écrit en fonction de x :

$$S(x) = 6x + 8 + \frac{24}{x}.$$

3° Étudier les variations de la fonction S définie sur $[0{,}5 ; 4]$. En déduire les valeurs de x et de h correspondant à une aire minimale.

104 ■ ■ ■ ***Le cône de volume minimal***

Soit une sphère Σ donnée, de rayon R = 4 cm, reposant sur un plan P horizontal ; notons H le point de contact de la sphère Σ avec le plan P. Soit un point S de la perpendiculaire à P en H situé au dessus de la sphère (d'où $HS > 2R$). Ce point S est le sommet d'un cône circonscrit à cette sphère (voir figure ci-dessous) ; on considère le solide limité par ce cône et le plan horizontal P.
L'objectif de cet exercice est de déterminer la hauteur HS de ce cône de telle façon que le volume V de ce solide soit minimal.

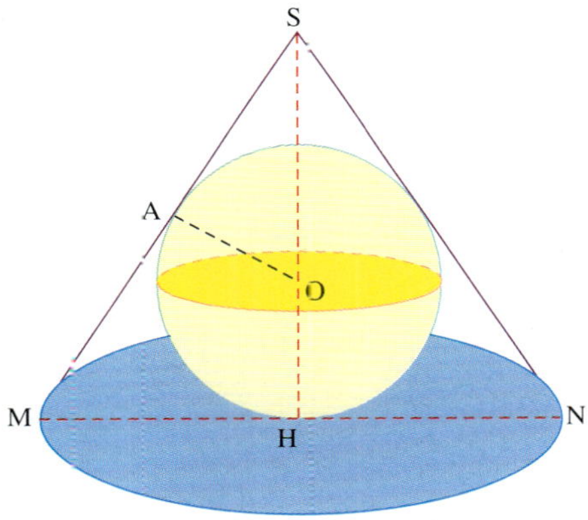

Fig. 69

La coupe de l'ensemble cône et sphère, selon un plan passant par (SH) est :

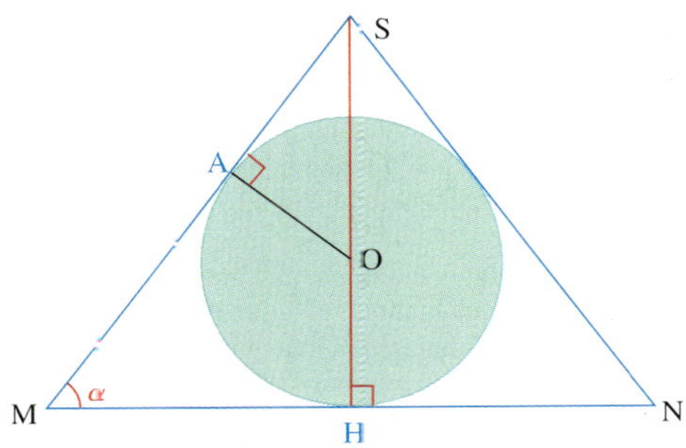

Fig. 70

Les mesures de longueur sont toutes exprimées en cm. Les mesures d'angles sont exprimés en radians.

On pose : $SH = x$
$MH = r$
$OA = OH = 4$
$\widehat{SMH} = \alpha$

On rappelle que le volume d'un cône est donné par $V = \frac{1}{3}\pi r^2 x$ où r est le rayon de la base et x la hauteur, exprimés dans la même unité.

1° Montrer que $\widehat{AOS} = \alpha$.

2° Exprimer tan α dans les triangles OAS et MHS.
En déduire la relation (1) : $\frac{x}{r} = \frac{AS}{4}$.

3° Montrer que $AS^2 = OS^2 - OA^2$. Calculer OS^2 en fonction de x et en déduire la relation (2) : $AS^2 = (x-4)^2 - 16$.

4° Déduire de (1) et (2) que $r^2 = \frac{16x^2}{x^2 - 8x}$.

5° Exprimer le volume V du cône en fonction de x.

6° *a*) Étudier les variations de la fonction f définie pour $x > 8$ par : $f(x) = \frac{x^2}{x-8}$.
b) Trouver la valeur de x qui permet d'obtenir le volume minimum du cône.
c) Dessiner alors la coupe MNS du cône à l'échelle 1.

(Génie mécanique, F, 1994)

105 ■■■ ***Le terrain de rugby***

La figure 71 représente un terrain de rugby vu de dessus.

Fig. 71

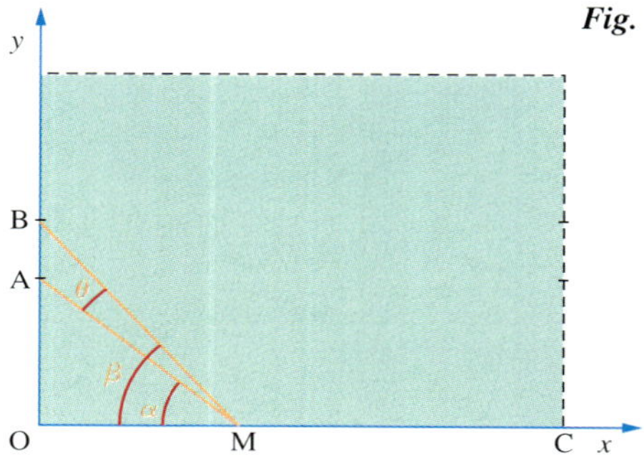

En A et B se trouvent les poteaux délimitant le but de l'un des camps. Un joueur M, placé le long de la ligne de touche [OC] située du côté de A, veut transformer un essai.
La distance OA est de 37,3 m la largeur AB du but est de 5,6 m et la distance OC est de 100 m.
On note x la distance OM exprimée en mètres, et, α, β, θ les mesures respectives des angles géométriques $\widehat{OMA}$, $\widehat{OMB}$, $\widehat{AMB}$, exprimées en radians.
On se propose de chercher pour quelle position de M, l'angle θ sous lequel le joueur M voit le but [A, B] est maximal.

1° *a*) Calculer tan α et tan β en fonction de x.

b) On admet que pour tous nombres réels α et β,

$$\tan(\beta - \alpha) = \frac{\tan\beta - \tan\alpha}{1 + \tan\alpha\tan\beta}.$$

En déduire que, pour tout nombre réel x appartenant à l'intervalle [0, 100], tan θ s'écrit sous la forme suivante :

$$\tan\theta = \frac{5{,}6x}{x^2 + 1\,600{,}17}.$$

2° On considère la fonction f définie sur [0, 100] par :

$$f(x) = \frac{5{,}6x}{x^2 + 1\,600{,}17}.$$

a) Étudier les variations de f sur [0, 100].
b) En déduire pour quelle valeur de x la tangente de θ et maximale.
On admet qu'alors θ est maximal.

Périodicité

Déterminer la période de la fonction f définie sur $\mathbb{R}$ (exercices 106 à 109).

106 ■ $f : t \mapsto \sin 3t$.

107 ■ $f : t \mapsto 2\cos\left(2x + \frac{\pi}{3}\right)$.

108 ■ $f : f : t \mapsto -3\sin\left(3t - \frac{\pi}{6}\right)$.

109 ■ $f : f : t \mapsto 2\cos\left(\frac{1}{2}x + \frac{\pi}{12}\right)$.

110 ■ Soit f une fonction définie sur $\mathbb{R}$, de période $\frac{\pi}{2}$.
Sur la figure on a tracé une partie de la courbe représentative de f dans un repère orthogonal (unités 1 cm pour $\frac{\pi}{8}$ sur l'axe des abscisses et 1 cm pour 0,5 sur l'axe des ordonnées).

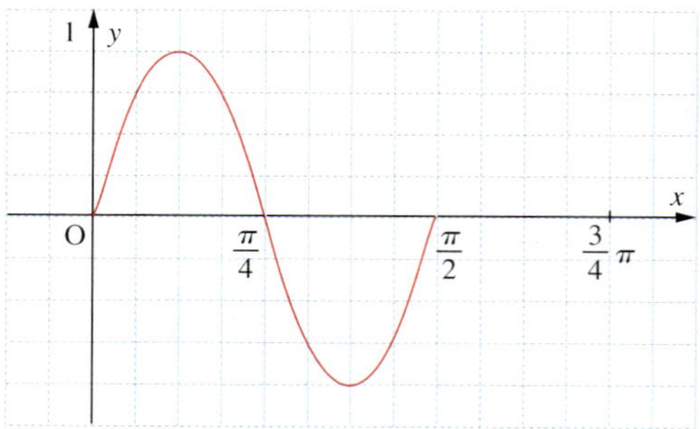

Fig. 72

Reproduire la figure 72 et la compléter pour obtenir la partie de la représentation graphique de f relative à l'intervalle $\left[-\frac{\pi}{4}, \pi\right]$.

111 ■■■ ***Recherche de fonction***

On donne la courbe représentative d'une fonction f définie sur $\mathbb{R}$ par $f(x) = r \sin(\omega x + \varphi)$.

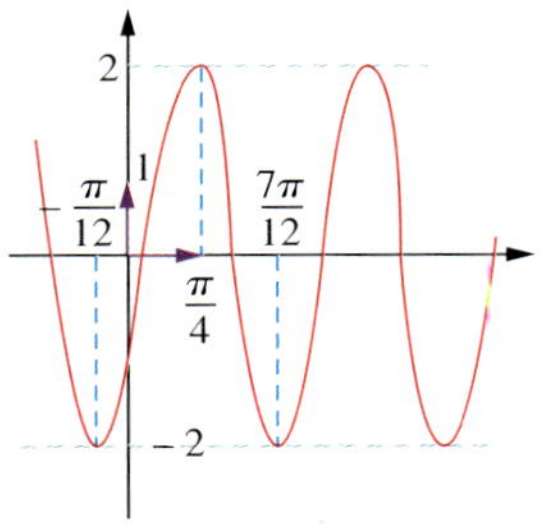

Fig. 73

En utilisant les données de la figure, déterminer la période de f et les nombres réels $r (r > 0)$, ω, φ.

Fonctions circulaires

112 ■■■ Le plan est muni du repère orthonormal $(O ; \vec{i}, \vec{j})$, (unités graphiques 3 cm).
Soit f la fonction définie sur $[0, \pi]$ par

$$f(x) = 1 + \sin 2x.$$

Étudier ses variations.
Construire sa courbe représentative.

113 ■■■ Le plan est muni du repère orthonormal $(O ; \vec{i}, \vec{j})$, (unités graphiques 4 cm).

1° Soit f la fonction définie sur $[0, \pi]$ par

$$f(x) = \cos\left(2x - \frac{2\pi}{3}\right).$$

Construire la courbe représentative C de f.

2° Résoudre, pour x élément de $[0, \pi]$, l'équation

$$f(x) = \frac{\sqrt{2}}{2}.$$

Interpréter graphiquement les solutions de cette équation.

114 ■■■■ Le but de cet exercice est de résoudre dans $\mathbb{R}$ l'équation (E) : $\sin x = \frac{x}{2}$.

1° *a*) Tracer rapidement et sans explications les courbes représentatives des fonctions

$$f(x) = \sin x \quad \text{et} \quad g(x) = \frac{x}{2} \quad \text{définies sur } \mathbb{R}.$$

b) En déduire la résolution graphique de l'équation (E).

2° *a*) Démontrer que l'équation (E) a une solution évidente.
b) Démontrer que si (E) a une solution strictement positive x_0, alors $-x_0$ est aussi solution de (E).
c) Démontrer que si (E) a une solution strictement positive x_0, alors $x_0 \leqslant 2$.

3° *a*) Étudier le sens de variation de la fonction h définie sur $[0, \pi]$.

$$h(x) = \sin x - \frac{x}{2}.$$

b) En déduire, en précisant le théorème utilisé, que (E) a une solution unique x_0 dans l'intervalle $]0, \pi[$.
c) Déterminer, à l'aide d'une calculatrice, une valeur approchée de x_0 à 10^{-2} près.

4° Déduire des questions 2° et 3° l'ensemble des solutions de (E).

115 ■■■■ Un triangle isocèle, de sommet principal A, est inscrit dans un cercle de centre O et de rayon 1. H est le pied de la hauteur issue de A.

Soit α la mesure en radians de l'angle $\widehat{HOB}$; on suppose $0 \leqslant \alpha \leqslant \frac{\pi}{2}$.

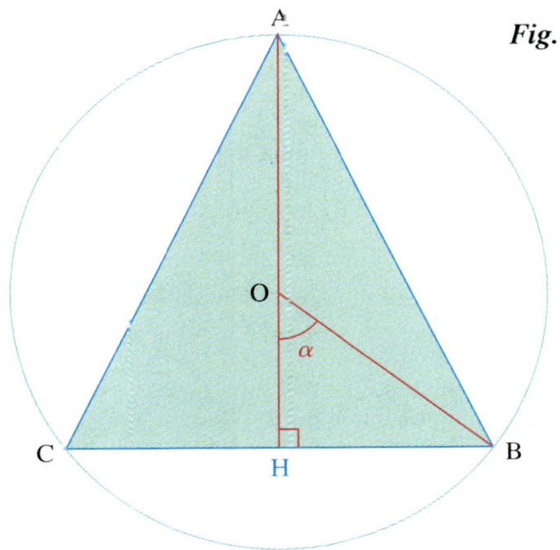

Fig. 74

1° *a*) Exprimer BC et AH en fonction de α.
b) En déduire, en fonction de α, l'aire du triangle ABC.

2° On considère la fonction f définie sur $\left[0, \frac{\pi}{2}\right]$ par $f(\alpha) = \sin \alpha(1 + \cos \alpha)$.
Calculer la dérivée f' de f et montrer que, pour tout réel α appartenant à $\left[0, \frac{\pi}{2}\right]$,

on a $\qquad f'(\alpha) = 2\cos^2 \alpha + \cos \alpha - 1.$

3° *a*) Vérifier l'égalité
$(2\cos^2 \alpha + \cos \alpha - 1) = (2\cos \alpha - 1)(\cos \alpha + 1).$

b) Déterminer le signe de $\cos \alpha - \frac{1}{2}$ suivant les valeurs de α, pour α appartenant à $\left[0, \frac{\pi}{2}\right]$.
c) En déduire le signe de $f'(\alpha)$ suivant les valeurs de $\alpha \left(0 \leqslant \alpha \leqslant \frac{\pi}{2}\right)$.
d) Établir le tableau de variation de la fonction f.

4° Montrer qu'il existe une valeur de α, que l'on déterminera, pour laquelle l'aire du triangle ABC est maximale. Préciser ce maximum. Quelle est alors la nature du triangle ABC ?

(Génie mécanique A et F, métropole 1995)

Équations trigonométriques

124 ▪▪ ***Équations de la forme* f(ax + b) = c**

Dans chaque équation l'inconnue x est une mesure d'angle en radians.

Résoudre ces équations dans $\mathbb{R}$ et représenter leurs solutions par des points du cercle trigonométrique.

a) $\cos x = -\frac{1}{2}$. *c*) $2\cos\left(2x + \frac{\pi}{6}\right) = \sqrt{3}$.

b) $\sin 3x = -\frac{\sqrt{3}}{2}$. *d*) $2\sin\left(x - \frac{\pi}{3}\right) = -\sqrt{2}$.

Mettre chacune des équations précédentes sous la forme $\cos X = \cos \alpha$ ou $\sin X = \sin \alpha$.

117 ▪▪ Donner une valeur approchée à 10^{-2} près de chacune des solutions comprises entre 0 et 2π de l'équation proposée.

a) $\cos 2x = -0{,}368$. *b*) $\sin 3x = 0{,}775$.

118 ▪▪▪ Résoudre dans $\mathbb{R}$ l'équation

$$\sin 2x = \cos 3x.$$

119 ▪▪▪ 1° Montrer qu'il existe trois nombres réels a, b, c que l'on déterminera, tels que, pour tout réel x, on ait :

$$x^3 - \frac{3}{2}x^2 - \frac{3}{2}x + 1 = (x-2)(ax^2 + bx + c).$$

2° Résoudre dans $\mathbb{R}$ l'équation d'inconnue x :

$$x^3 - \frac{3}{2}x^2 - \frac{3}{2}x + 1 = 0.$$

3° En déduire la résolution dans $\mathbb{R}$ de l'équation d'inconnue x :

$$\cos^3(3x) - \frac{3}{2}\cos^2(3x) - \frac{3}{2}\cos(3x) + 1 = 0.$$

120 ▪▪▪ Soit le polynôme de la variable réelle x défini par :

$$P(x) = 4x^3 - 8x^2 + x + 3.$$

1° Calculer P(1) ; en déduire une factorisation de $P(x)$ puis résoudre dans $\mathbb{R}$ l'équation d'inconnue x, $P(x) = 0$.

2° Résoudre, dans $\mathbb{R}$, l'équation suivante, d'inconnue x :

$$4\cos^3 x - 8\cos^2 x + \cos x + 3 = 0.$$

L'activité suivante ne concerne que les spécialités : génie électronique, génie électrotechnique, physique et aucune connaissance n'est exigible à ce sujet, en mathématiques.

121 ▪▪▪▪ ***Courbe décrite par le spot lumineux sur l'écran d'un oscilloscope***

Sur l'écran d'un oscilloscope à chaque instant t, le spot lumineux est confondu avec le point dont les coordonnées sont, dans le repère orthonormal $(O ; \vec{i}, \vec{j})$, X et Y telles que

$$\begin{cases} X = f(t) = 3\cos \omega t \\ X = g(t) = 4\cos\left(\omega t + \frac{\pi}{2}\right) \end{cases}$$

avec $\omega = 2\,000\,\pi$.

1° Vérifier que les fonctions f et g sont périodiques de période $T = \frac{1}{1\,000}$.

2° Étudier les variations des fonctions f et g sur l'intervalle $[0, T]$.

3° On note C la courbe dans le plan uni de $(O ; \vec{i}, \vec{j})$, unité 2 cm, ensemble des points M de coordonnées $(f(t), g(t))$ obtenus en faisant varier t dans l'intervalle $[0, T]$. Le système ci-dessus dans lequel figure le **paramètre** t est une **représentation paramétrique** de la courbe C dans le repère $(O ; \vec{i}, \vec{j})$. Construire la courbe C après avoir recopié et complété le tableau de valeurs suivant :

t	0	...	$\frac{1}{4\,000}$	...	$\frac{1}{2\,000}$	...	$\frac{1}{1\,000}$
$X = f(t)$	3	...		...		...	
$Y = g(t)$	0	...		...		...	

4° Vérifier que pour tout nombre réel t de $[0, T]$,

$$\frac{X^2}{9} + \frac{Y^2}{4} = 1.$$

C'est une équation cartésienne de la courbe C.
Une telle courbe s'appelle une **ellipse.**

RÉPONSES DES T.P.

T.P. 1 1° $f(0) = 0$; $f(1) = -2$; $f'(1) = 0$.

2° *a*) L'ensemble des solutions est $]1, 2]$.
b) L'ensemble des solutions est $[-1, 1]$.

3°

x	-1		1		2
$f(x)$	2	↘	-2	↗	2

4° $f(x) = x^3 - 3x$.

5° Les solutions sont 0 et $\sqrt{3}$.

T.P. 2 1° Pour tout nombre réel x de I,

$$f'(x) = \frac{16(-x^2 + 3x + 4)}{(x^2 + 4)^2}.$$

x	-11		-1		4		6
$f'(x)$		$-$	0	$+$	0	$-$	
$f(x)$	$-1{,}6$ ↘		-8	↗	2	↘	$1{,}8$

2° On trouve deux points $A(0, -6)$ et $B\left(\frac{3}{2}, 0\right)$.

4° *a*) Les solutions sont 0 et $-\frac{8}{3}$.

b) L'ensemble des solutions est l'ensemble

$$\left[-11, -\frac{8}{3}\right[\cup \left]0, \frac{3}{2}\right[.$$

T.P. 3 1° Pour tout nombre réel x de I,

$$f'(x) = 3x^2 - 12x + 9.$$

x	$-\frac{1}{2}$		1		3		$\frac{9}{2}$
$f'(x)$		$+$	0	$-$	0	$+$	
$f(x)$	$-5{,}125$ ↗		5	↘	1	↗	$11{,}125$

3° $F(X) = X^3 - 3X$. 4° $-0{,}11 < x_0 < -0{,}10$.

T.P. 4 1° $V = \frac{160}{3}$ cm^3.

3° *a*) $V(x) = 16x - \frac{x^3}{6}$. *d*) $1{,}7 < x_0 < 1{,}8$.

T.P. 5 La puissance est maximale pour $R = r$.

La puissance maximale est $\frac{E^2}{4r}$.

T.P. 6 3° L'équation $f(x) = 0$ admet deux solutions dans l'intervalle $[0, 2\pi]$: $\frac{3\pi}{4}$ et $\frac{7\pi}{4}$. L'équation $f(x) = \sqrt{2}$ admet une seule solution dans l'intervalle $[0, 2\pi]$: $\frac{\pi}{4}$.

CORRIGÉS DES EXERCICES ET PROBLÈMES

1 Pour tout nombre réel x,

$$f'(x) = -\frac{1}{3}(2x) + \frac{1}{4}, \qquad f'(x) = -\frac{2}{3}x + \frac{1}{4}.$$

2 Pour tout nombre réel x,

$$f'(x) = \frac{1}{3}(3x^2) + \frac{2}{3}(2x), \qquad f'(x) = x^2 + \frac{4}{3}x.$$

3 Pour tout nombre réel x,

$$f'(x) = -3(4x^3) + 6(2x),$$
$$f'(x) = -12x^3 + 12x.$$

4 Pour tout nombre réel x,

$$f'(x) = 2(-3)(-3x + 1),$$
$$f'(x) = -6(-3x + 1).$$

On a utilisé la formule $(u^2)' = 2u'u$.

5 On peut utiliser la formule $(u^2)' = 2u'u$.
Pour tout nombre réel x,

$$f'(x) = 2(2)(2x - 3), \qquad f'(x) = 4(2x - 3).$$

6 On utilise les formules

$$(uv)' = u'v + uv' \quad \text{et} \quad (u^2)' = 2u'u.$$

Pour tout nombre réel x,

$$f'(x) = (-1)(3x + 7)^2 + 2(3)(3x + 7)(-x + 2),$$
$$f'(x) = (3x + 7)[-(3x + 7) + 6(-x + 2)],$$
$$f'(x) = (3x + 7)(-9x + 5).$$

7 On peut utiliser le résultat

si $f(x) = x^n$, alors $f'(x) = nx^{n-1}$

dans le cas où $n = -2$.
Pour tout nombre réel x de $]0, +\infty[$,

$$f(x) = x^{-2}$$

donc $f'(x) = -2x^{-2-1}$, $f'(x) = -2x^{-3}$,

$$f'(x) = -\frac{2}{x^3}.$$

On peut aussi obtenir $f'(x)$ en utilisant les formules :

$$\left(\frac{1}{v}\right)' = -\frac{v'}{v^2}$$

et si $f(x) = x^n$, $f'(x) = nx^{n-1}$
dans le cas où $n = 2$ (avec $v(x) = x^2$).

8 On peut utiliser la même formule qu'au 7.
Pour tout nombre réel x de $]0, +\infty[$,

$$f(x) = 2x^{-2} - 4x^{-3} ;$$

alors $$f'(x) = -4x^{-3} + 12x^{-4},$$

$$f'(x) = -\frac{4}{x^3} + \frac{12}{x^4}.$$

9 Pour tout nombre réel x de $]0, +\infty[$,

$$f'(x) = -2 + \frac{1}{x^2}.$$

Dans les exercices 10 à 13 on utilise la formule $\left(\frac{u}{v}\right)' = \frac{u'v - uv'}{v^2}$.

10 Pour tout nombre réel x de $]-\infty, 3[$,

$$f'(x) = \frac{3(-x+3) - (3x-7)(-1)}{(-x+3)^2},$$

$$f'(x) = \frac{2}{(-x+3)^2}.$$

11 Pour tout nombre réel x de $]-2, +\infty[$,

$$f'(x) = \frac{(6x-2)(x+2) - (3x^2-2x-1)(1)}{(x+2)^2},$$

$$f'(x) = \frac{3x^2+12x-3}{(x+2)^2}.$$

12 Pour tout nombre réel x de $]-1, 3[$,

$$f'(x) = \frac{3(-x^2+2x-5)}{(x^2-2x-3)^2}.$$

13 Pour tout nombre réel x,

$$f'(x) = \frac{2(x+1)(x^2+x+1) - (x+1)^2(2x+1)}{(x^2+x+1)^2},$$

$$f'(x) = \frac{(x+1)[2x^2+2x+2-(x+1)(2x+1)]}{(x^2+x+1)^2},$$

$$f'(x) = \frac{(x+1)(-x+1)}{(x^2+x+1)^2}.$$

Dans les exercices 14 à 16 on utilise la formule $(u^2)' = 2u'u$ et les dérivées des fonctions circulaires.

14 Pour tout nombre réel x,

$$f'(x) = 2(\cos x)\sin x,$$

$$f'(x) = 2\sin x \cos x.$$

15 Pour tout nombre réel x,

$$f'(x) = 2(-\sin x)\cos x,$$

$$f'(x) = -2\sin x\cos x.$$

16 Pour tout nombre réel x,

$$f'(x) = 2(-3\sin 3x)\cos 3x,$$

$$f'(x) = -6\sin 3x\cos 3x.$$

Une équation de la tangente au point d'abscisse a de la courbe représentative de f est $y = f'(a)(x-a) + f(a)$ (exercices 17 à 19).

17 Pour tout nombre réel x, $f'(x) = 2x + 1$;
d'où $f'(1) = 3$; $f(1) = 3$;
d'où l'équation $y = 3(x-1) + 3$;
en développant et réduisant on obtient $y = 3x$.

18 Pour tout nombre réel x, $f'(x) = 3x^2 - 3$;
d'où $f'(2) = 9$; $f(2) = 2$;
d'où l'équation $y = 9(x-2) + 2$, en développant et réduisant on obtient $y = 9x - 16$.

19 Pour tout nombre réel x de $]2, +\infty[$,

$$f'(x) = \frac{-10}{(x-2)^2} ; \quad \text{d'où} \quad f'(4) = -\frac{5}{2} ;$$

$$f(4) = 8 ; \quad \text{d'où l'équation} \quad y = -\frac{5}{2}x + 18.$$

20 Au point A la tangente à la courbe C est parallèle à l'axe des abscisses. Son coefficient directeur est donc nul.

Voir le début du paragraphe I. 3° de ce chapitre.

Le coefficient directeur de la droite (BE) est donc $\frac{5-3}{0-2} = -1$, celui de la droite (AD), $\frac{1-4}{3-0} = -1$.
(BE) et (AD) ont même coefficient directeur donc sont parallèles, ce que l'on vérifie sur la figure.
On en déduit que $f'(0) = 0$, $f'(2) = -1$, $f'(3) = -1$.

21 1° Le coefficient directeur de T est $f'\left(\frac{1}{2}\right)$.

Pour tout nombre réel x, $f'(x) = 6x$, donc $f'\left(\frac{1}{2}\right) = 3$.

Rappelons qu'il n'est pas nécessaire de disposer de l'équation de la tangente T au point d'abscisse $\frac{1}{2}$ pour la construire, son coefficient directeur suffit. On pourra se reporter au paragraphe I. 3° (« construction d'une tangente ») de ce chapitre.

2° On obtient donc un point D de la tangente T en B $\left(\frac{1}{2}, \frac{3}{4}\right)$ à la courbe C en ajoutant 1 à l'abscisse de

B et $f'\left(\frac{1}{2}\right) = 3$ à l'ordonnée de A. On obtient $D\left(\frac{3}{2}, \frac{15}{4}\right)$.

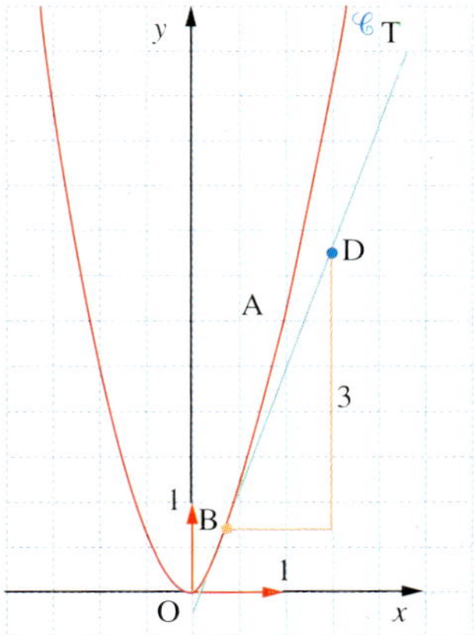

Fig. 75

3° On sait que deux droites parallèles ont même coefficient directeur. Au point A d'abscisse a la tangente a pour coefficient directeur $f'(a)$.
$f'(a) = 6$ équivaut à $6a = 6$, d'où $a = 1$ et $A(1, 3)$.

22 1° *a*) Les solutions de l'équation $f(x) = 0$ sont les abscisses des points communs à la courbe C et à l'axe des abscisses. Graphiquement on obtient 1 et 3.
b) La tangente au point A de coordonnées $(2, -1)$ est parallèle à l'axe des abscisses : son coefficient directeur est nul donc $f'(2) = 0$. 2 est l'unique solution de l'équation $f'(x) = 0$.
c) Les solutions de l'inéquation $f'(x) < 0$ sont les nombres réels x appartenant à l'intervalle sur lequel f est strictement décroissante et n'annulant pas f'. L'ensemble des solutions de l'inéquation $f'(x) < 0$ est donc $[0, 2[$.
d) Les solutions de l'inéquation $f'(x) > 0$ sont éléments de l'intervalle sur lequel f est strictement croissante et f' ne s'annule pas. L'ensemble des solutions de l'inéquation $f'(x) > 0$ est donc $]2, 4]$.

2°

x	0		2		4
$f'(x)$		−	0	+	
$f(x)$	3	↘	− 1	↗	3

23 Pour tout nombre réel x, $\left[-\frac{5}{2}, \frac{5}{2}\right]$, $f(-x) = f(x)$; f est paire.

Voir le rappel au T.P. 3.

On peut donc limiter l'étude à l'intervalle $I = \left[0, \frac{5}{2}\right]$ et compléter la courbe obtenue par une symétrie orthogonale par rapport à l'axe des ordonnées.
Pour tout nombre réel de x de I,

$$f'(x) = 4x^3 - 12x, \quad f'(x) = 4x(x^2 - 3),$$
$$f'(x) = 4x(x - \sqrt{3})(x + \sqrt{3}).$$

$f'(x)$ s'annule sur I pour $x = 0$ et $x = \sqrt{3}$ et a même signe que $x - \sqrt{3}$.
f admet un extremum pour $x = \sqrt{3}$; $f(\sqrt{3}) = -4$.
D'où le tableau de variation :

x	0		$\sqrt{3}$		$\frac{5}{2}$
$f'(x)$	0	−	0	+	
$f(x)$	5	↘	− 4	↗	6,562 5

La courbe représentative de f est :

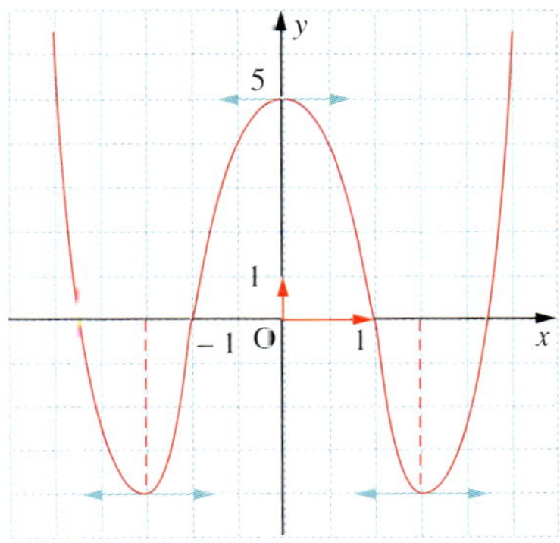

Fig. 76

24 Pour tout nombre réel x de $-[2,4]$ f est dérivable et

$$f'(x) = \frac{(2x-2)(2x^2-4x+4) - (x^2-2x+6)(4x-4)}{(2x^2-4x+4)^2},$$

On peut mettre en facteur $(4x - 4)$ au numérateur de $f'(x)$.

$$f'(x) = \frac{(4x-4)[(x^2-2x+2) - (x^2-2x+6)]}{(2x^2-4x+4)^2},$$

$$f'(x) = \frac{(4x-4)(-4)}{(2x^2-4x+4)^2},$$

$$f'(x) = \frac{-16(x-1)}{(2x^2-4x+4)^2}.$$

$f'(x)$ a même signe que $-(x - 1)$.
f admet un extremum pour $x = 1$; $f(1) = 2,5$.

D'autre part $f(-2) = 0,7$ et $f(4) = 0,7$ d'où le tableau de variation :

x	-2		1		4
$f'(x)$		$+$	0	$-$	
$f(x)$	$0,7$	↗	$2,5$	↘	$0,7$

La courbe représentative de f est :

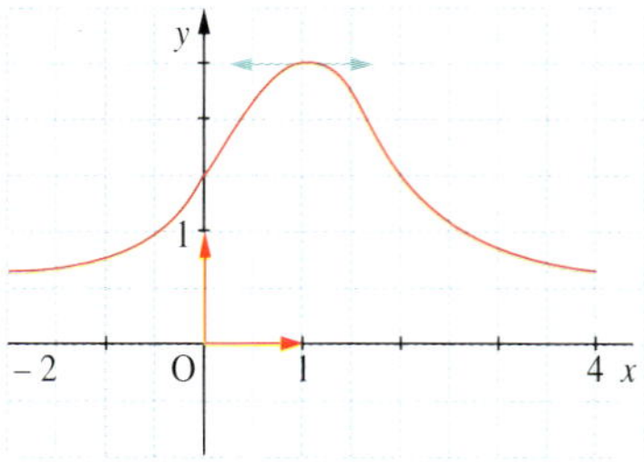

Fig. 77

On peut montrer que la droite d'équation $x = 1$ est axe de symétrie de la courbe. Pour cela on peut se reporter à l'exercice 77 et au T.P. 3.

25

x	-1		0		2		3
$f'(x)$		$+$	0	$-$	0	$+$	
$f(x)$	-3	↗	1	↘	-3	↗	1

2° La courbe représentative C coupe l'axe des abscisses en trois points. Les nombres réels de l'intervalle I tels que $f(x) = 0$ sont les abscisses de ces points d'intersection. Il y a donc trois nombres réels x_1, x_2, x_3 tels que $f(x) = 0$.
Sur la figure on lit :

$$-0,6 < x_1 < -0,5 \;;\quad 0,6 < x_2 < 0,7 \;;$$
$$2,8 < x_3 < 2,9 \;;$$

d'où les valeurs approchées à 10^{-1} par défaut :

$$x_1 \approx -0,6 \;;\quad x_2 \approx 0,6 \;;\quad x_3 \approx 2,8.$$

3° La droite D d'équation $y = -1$ coupe la courbe en trois points : I, J, K. En notant J le point de coordonnées $(1, -1)$, I et K sont deux points dont les abscisses respectives x_I et x_K sont obtenues graphiquement : $x_I \approx -0,7$ et $x_K \approx 2,7$.
Les solutions de l'inéquation $f(x) \leqslant -1$ sont donc les abscisses des points de la courbe C situés en dessous de la droite D ou sur la droite D.
L'ensemble des solutions de l'inéquation $f(x) \leqslant -1$ est donc $[-1, x_I] \cup [1, x_K]$.

4° Les quatre coefficients inconnus, a, b, c, d de la fonction f sont déterminés comme solution du système de quatre équations obtenu en écrivant, par exemple, que $A(0, 1)$ et $B(2, -3)$ sont deux points de (C) où la tangente à la courbe est parallèle à l'axe des abscisses et a donc 0 pour coefficient directeur :

$$\begin{cases} f(0) = 1 \\ f'(0) = 0 \\ f(2) = -3 \\ f'(2) = 0. \end{cases}$$

Or $f(x) = ax^3 + bx^2 + cx + d$, donc $f'(x) = 3ax^2 + 2bx + c$.

On obtient donc les systèmes équivalents suivants :

$$\begin{cases} d = 1 \\ c = 0 \\ 8a + 4b + 2c + d = -3 \\ 12a + 4b + c = 0 \end{cases} \qquad \begin{cases} c = 0 \\ d = 1 \\ 2a + b = -1 \\ 3a + b = 0 \end{cases}$$

$$\begin{cases} c = 0 \\ d = 1 \\ b = -3a \\ a = 1 \end{cases} \qquad \begin{cases} a = 1 \\ b = -3 \\ c = 0 \\ d = 1. \end{cases}$$

Pour tout nombre réel x de $[-1, 3]$,

$$f(x) = x^3 - 3x^2 + 1.$$

5° On trouve $2,87 < x_3 < 2,88$. On cherche une valeur approchée de la solution par **balayage.**

6° $f(1) = 0$; d'après un résultat du cours de Première, on a donc, pour tout nombre réel x de I,

$$x^3 - 3x^2 + 2 = (x-1)(ax^2 + bx + c).$$

Ces deux polynômes sont égaux pour tout x de I si et seulement si les coefficients de leurs monômes de même degré sont égaux.
Donc, en développant (de tête) : $a = 1$, $c = -2$ et b est obtenu en écrivant, par exemple, que le coefficient de x est 0 : $-b + c = 0$, donc $b = -2$.
Pour tout x de I, $f(x) = (x-1)(x^2 - 2x - 2)$.

7° Les inéquations suivantes sont équivalentes sur I :

$$f(x) \leqslant -1, \quad x^3 - 3x^2 + 1 \leqslant -1,$$
$$x^3 - 3x^2 + 2 \leqslant 0.$$

Les racines de $x^2 - 2x - 2$ sont $1 - \sqrt{3}$ et $1 + \sqrt{3}$.
Le signe de $P(x)$ est donnée par :

x	-1		$1-\sqrt{3}$		1		$1+\sqrt{3}$		3
$x-1$		$-$		$-$	0	$+$		$+$	
x^2-2x-2		$+$	0	$-$		$-$	0	$+$	
$P(x)$		$-$	0	$+$	0	$-$	0	$+$	

L'ensemble des solutions de l'inéquation $P(x) \leqslant 0$ est donc

$$[-1, 1-\sqrt{3}] \cup [1, 1+\sqrt{3}].$$

$1 - \sqrt{3}$ et $1 + \sqrt{3}$ sont les valeurs exactes des abscisses x_I et x_K obtenues graphiquement au 3°.

26 1° *a*) La figure représente la section du cylindre par un plan de symétrie.

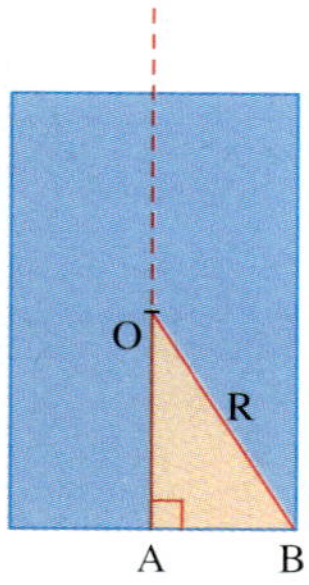

Fig. 78

Dans le triangle rectangle OAB le théorème de Pythagore permet d'écrire :

$OB^2 = OA^2 + AB^2$.

$AB = r$, $OA = x$, $OB = R$ donc :

$R^2 = x^2 + r^2$,

$r^2 = R^2 - x^2$.

b) Le volume du cylindre est :
$V(x) = \pi r^2 \times 2x$, c'est-à-dire
$V(x) = \pi(R^2 - x^2)2x$,
$V(x) = 2\pi x(R^2 - x^2)$.

2° *a*) Pour tout x de $[0, R]$

$$V'(x) = 2\pi(R^2 - x^2) + 2\pi x(-2x).$$

On utilise $(uv)' = u'v + uv'$.

$$V'(x) = 2\pi R^2 - 2\pi x^2 - 4\pi x^2,$$
$$V'(x) = 2\pi R^2 - 6\pi x^2,$$
$$V'(x) = 2\pi(R^2 - 3x^2),$$
$$V'(x) = 2\pi(R - \sqrt{3}x)(R + \sqrt{3}x).$$

Pour tout nombre réel x de $[0, R]$,

$$2\pi(R + \sqrt{3}x) > 0.$$

Les inéquations suivantes sont donc équivalentes sur $[0, R]$:

$$V'(x) \geqslant 0,\ R - \sqrt{3}x \geqslant 0,\ R \geqslant \sqrt{3}x,\ x \leqslant \frac{R}{\sqrt{3}}.$$

La fonction V′ s'annule pour $x_0 = \frac{R}{\sqrt{3}}$.

$$V\left(\frac{R}{\sqrt{3}}\right) = \left(\frac{2\pi R}{\sqrt{3}}\right)\left(R^2 - \frac{R^2}{3}\right),$$
$$V\left(\frac{R}{\sqrt{3}}\right) = \frac{2\pi R}{\sqrt{3}} \times \frac{2}{3} R^2,$$
$$V\left(\frac{R}{\sqrt{3}}\right) = \frac{4\pi R^3}{3\sqrt{3}},\quad V(x_0) = \frac{4\pi R^3}{3\sqrt{3}}.$$

b) D'où le tableau de variation :

x	0		$\frac{R}{\sqrt{3}}$		R
$V'(x)$		$+$	0	$-$	
$V(x)$	0	↗	$\frac{4\pi R^3}{3\sqrt{3}}$	↘	0

c) V atteint un maximum pour $x_0 = \frac{R}{\sqrt{3}}$,

$$V(x_0) = \frac{4\pi R^3}{3\sqrt{3}}.$$

3° $x_0 = \frac{0,6}{\sqrt{3}}$, $\quad x_0 \approx 0,346$.

$$V(x_0) = \frac{4\pi(0,6)^3}{3\sqrt{3}},\quad V(x_0) \approx 0,522.$$

27 A 1° • *Calcul de la dérivée*

Pour tout x de $[20, 180]$,

$$f'(x) = -10 - 36\,000\left(-\frac{1}{x^2}\right),$$
$$f'(x) = -10 + \frac{36\,000}{x^2},$$
$$f'(x) = \frac{36\,000 - 10x^2}{x^2},$$
$$f'(x) = \frac{10(3\,600 - x^2)}{x^2},$$
$$f'(x) = \frac{10(60 - x)(60 + x)}{x^2}.$$

• *Étude du signe de la dérivée*

Les inéquations suivantes sont équivalentes dans $[20, 180]$:

$$f'(x) \geqslant 0,\ \frac{10(60 - x)(60 + x)}{x^2} \geqslant 0,\ 60 - x \geqslant 0.$$

Puisque, pour tout x de $[20, 180]$,
$$\frac{10(60 + x)}{x^2} > 0.$$

$$x \leqslant 60.$$

Le signe de $f'(x)$ sur $[20, 180]$ est donc donné par :

x	20		60		180
$f'(x)$		$+$	0	$-$	

• *Tableau de variation*

$f(20) = 0$; $f(60) = 800$; $f(180) = 0$.

D'où le tableau de variation :

x	20		60		180
$f'(x)$		$+$	0	$-$	
$f(x)$	0	↗	800	↘	0

2° On remplit à l'aide d'une calculatrice le tableau de valeurs suivant :

x	20	40	60	80	100	120	160	180
$f(x)$	0	700	800	750	640	500	175	0

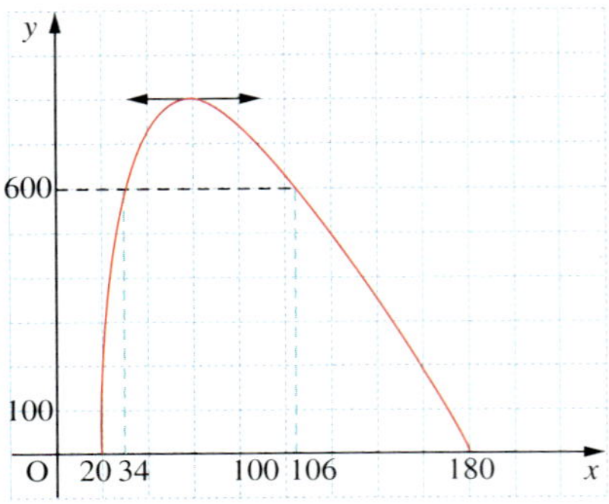

Fig. 79

B 1° On a $xy = 1\,800$ donc $y = \dfrac{1\,800}{x}$.

2° On a $x \geqslant 20$.

Et même $x > 20$.

On a $y \geqslant 10$. Or $y = \dfrac{1\,800}{x}$, c'est-à-dire $x = \dfrac{1\,800}{y}$.

De $y \geqslant 10$ on déduit $\dfrac{1}{y} \leqslant \dfrac{1}{10}$ donc $\dfrac{1\,800}{y} \leqslant \dfrac{1\,800}{10}$,

c'est-à-dire $x \leqslant 180$.

On a $x \geqslant 20$ et $x \leqslant 180$

c'est-à-dire $20 \leqslant x \leqslant 180$.

3° *a*) Les dimensions du bassin sont $(x - 20)$ mètres et $(y - 10)$ mètres.

Donc $S = (x - 20)(y - 10)$.

b) On a $y = \dfrac{1\,800}{x}$ donc $S = (x - 20)\left(\dfrac{1\,800}{x} - 10\right)$,

$$S = 1\,800 - 10x - \frac{20 \times 1\,800}{x} + 200,$$

$$S = -10x - \frac{36\,000}{x} + 2\,000.$$

4° On a, pour tout x de $[20, 180]$, $S = f(x)$.

Donc S est maximale pour $x = 60$

et $y = \dfrac{1\,800}{60}$, $y = 30$.

L'aire du bassin est maximale avec $x = 60$ m et $y = 30$ m.

5° *a*) Il y a deux points de la courbe C d'ordonnée 600. On lit sur le graphique que leurs abscisses sont environ 34 et 106.

L'aire du bassin est 600 m² avec $x \approx 34$ m, $y \approx 53$ m et $x \approx 106$ m, $y \approx 17$ m.

b) Les équations suivantes sont équivalentes dans $[20, 180]$:

$$f(x) = 600, \quad -10x - \frac{36\,000}{x} + 2\,000 = 600,$$

$$-10x - \frac{36\,000}{x} + 1\,400 = 0,$$

$$\frac{-10x^2 + 1\,400x - 36\,000}{x} = 0,$$

$$-10x^2 + 1\,400x - 36\,000 = 0.$$

Le discriminant est $\Delta = 520\,000$.

D'où deux solutions,

$$x_1 = \frac{-1\,400 - \sqrt{520\,000}}{-20}, \qquad x_1 \approx 106,06$$

d'où $y_1 \approx 16,97$,

et $x_2 = \dfrac{-1\,400 + \sqrt{520\,000}}{-20}$, $x_2 \approx 33,94$

d'où $y_2 \approx 53,03$.

On trouve par le calcul des résultats très voisins de ceux obtenus graphiquement au 4° *a*).

28 1° f est dérivable sur $[0, 10]$.

Pour tout nombre R de $[0, 10]$,

$$f'(R) = \frac{16(R+1)^2 - 16R(2)(R+1)}{(R+1)^4},$$

$$f'(R) = \frac{16(R+1)[(R+1) - 2R]}{(R+1)^4},$$

$$f'(R) = \frac{16(R+1)(-R+1)}{(R+1)^4}.$$

Sur l'intervalle $[0, 10]$, $f'(R)$ a même signe que $(-R+1)$.

$f'(R) \geqslant 0$ pour $R \leqslant 1$; $f(1) = 4$.

D'où le tableau de variation :

R	0		1		10
$f'(R)$		+	0	−	
$f(R)$	0	↗	4	↘	$\frac{160}{121}$

2° P est maximale pour $R = 1$. La puissance maximale est alors égale à 4 (en watts).

29 1° *a*) g est dérivable sur $\left[0, \dfrac{\pi}{2}\right]$.

Pour tout nombre réel θ de $\left[0, \dfrac{\pi}{2}\right]$,

$$g'(\theta) = 2 \cos 2\theta.$$

Lorsque θ varie entre 0 et $\dfrac{\pi}{2}$, 2θ varie entre 0 et π.

Lorsque $0 \leqslant 2\theta \leqslant \dfrac{\pi}{2}$, c'est-à-dire $0 \leqslant \theta \leqslant \dfrac{\pi}{4}$,

$\cos 2\theta \geqslant 0$ et $g'(\theta) \geqslant 0$ (fig. 80).

Lorsque

$\dfrac{\pi}{2} \leqslant 2\theta \leqslant \pi$,

c'est-à-dire

$\dfrac{\pi}{4} \leqslant \theta \leqslant \dfrac{\pi}{2}$,

$\cos 2\theta \leqslant 0$

et $g'(\theta) \leqslant 0$

(fig. 80).

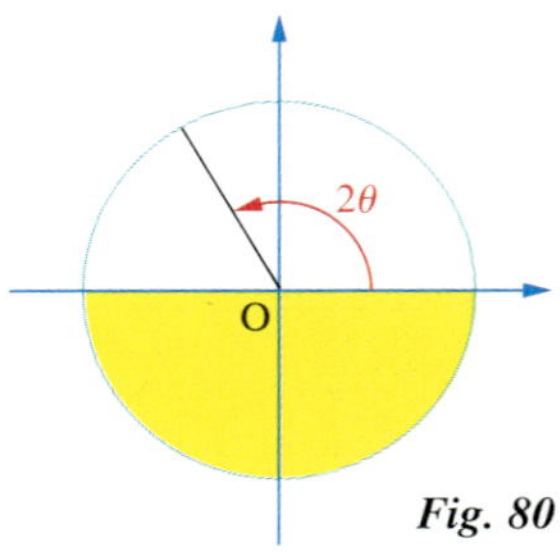

Fig. 80

$g'(\theta) = 0$ et g admet un extremum pour $\theta = \frac{\pi}{4}$;

$$g\left(\frac{\pi}{4}\right) = \sin\frac{\pi}{2}, \qquad g\left(\frac{\pi}{4}\right) = 1.$$

D'où le tableau de variation :

θ	0		$\frac{\pi}{4}$		$\frac{\pi}{2}$
$g'(\theta)$		$+$	0	$-$	
$g(\theta)$	0	↗	1	↘	0

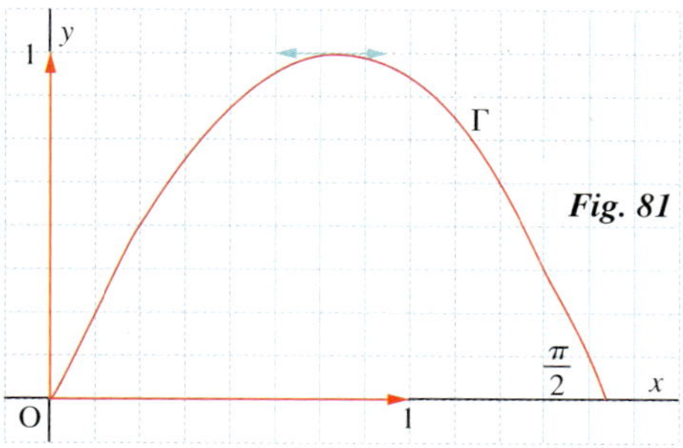

Fig. 81

2° L'aire du rectangle ABCD est AB × BC.
On a

$$OB = OC\cos\theta, \quad \text{et} \quad BC = OC\sin\theta.$$
$$OB = R\cos\theta \quad \text{et} \quad BC = R\sin\theta.$$

$AB = 2R\cos\theta$; d'où l'aire du rectangle ABCD est $\mathcal{A} = 2R^2\sin\theta\cos\theta$.
On sait que, pour tout nombre réel a,

$$\sin 2a = 2\sin a\cos a\ ;$$

d'où $$\mathcal{A} = R^2\sin 2\theta.$$

L'aire $\mathcal{A}$ est maximale pour $\theta = \frac{\pi}{4}$, d'après le 1° *b*)

Alors $AB = 2R\cos\frac{\pi}{4}$; $\quad AB = R\sqrt{2}$;

$AB = 4{,}5\sqrt{2}$; $\quad AB \approx 6{,}36$ cm.

$BC = R\cos\frac{\pi}{4}$; $\quad BC = \frac{1}{2}R\sqrt{2}$;

$BC = \frac{4{,}5}{2}\sqrt{2}$; $\quad BC \approx 3{,}18$ cm.

30 *a*) L'équation $\cos x = -\frac{\sqrt{3}}{2}$ équivaut à

$$\cos x = \cos\left(\pi - \frac{\pi}{6}\right).$$

L'équation admet deux types de solutions :

(1) $\quad x = \frac{5\pi}{6} + k2\pi \quad (k \in \mathbb{Z}).$

(2) $\quad x = -\frac{5\pi}{6} + k2\pi \quad (k \in \mathbb{Z}).$

(1) et (2) correspondent chacun à un point du cercle trigonométrique : (1) à M_1 et (2) à M_2 (fig. 82).

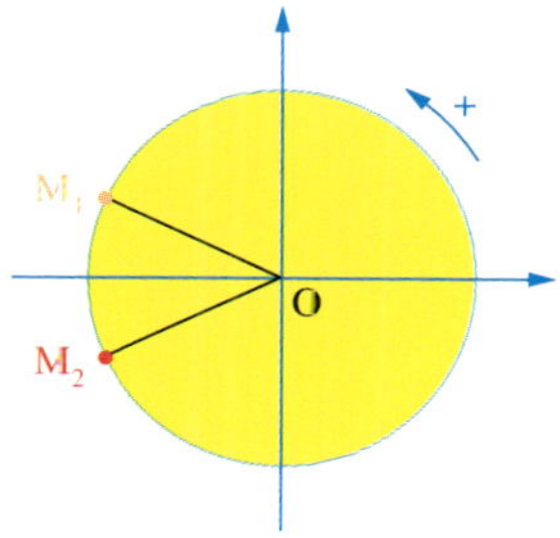

Fig. 82

b) L'équation $\cos\left(2x - \frac{\pi}{6}\right) = -\frac{1}{2}$ équivaut à

$$\cos\left(2x - \frac{\pi}{6}\right) = \cos\frac{2\pi}{3}.$$

Les nombres réels $2x - \frac{\pi}{6}$ et $\frac{2\pi}{3}$ ont même cosinus si et seulement si :

$$2x - \frac{\pi}{6} = \frac{2\pi}{3} + k2\pi \quad (k \in \mathbb{Z}),$$

ou $$2x - \frac{\pi}{6} = -\frac{2\pi}{3} + k2\pi \quad (k \in \mathbb{Z}),$$

L'équation proposée admet donc deux types de solutions :

(1) $\quad x = \frac{5\pi}{12} + k\pi \quad (k \in \mathbb{Z})$;

(2) $\quad x = -\frac{\pi}{4} + k\pi \quad (k \in \mathbb{Z}).$

(1) correspond aux deux points images M_1 et M_2,

(2) correspond aux deux points images N_1 et N_2.
(fig. 83)

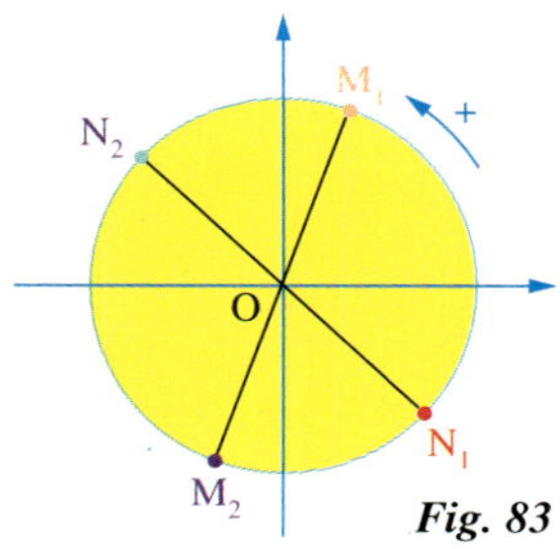

Fig. 83

31 *a*) L'équation $\sin x = \frac{\sqrt{2}}{2}$ équivaut à

$$\sin x = \sin\frac{\pi}{4}.$$

L'équation admet deux types de solutions

(1) $\quad x = \frac{\pi}{4} + k2\pi \quad (k \in \mathbb{Z})$

(2) $\quad x = \frac{3\pi}{4} + k2\pi \quad (k \in \mathbb{Z}).$

(1) correspond au point image M,

(2) correspond au point image N (fig. 84)

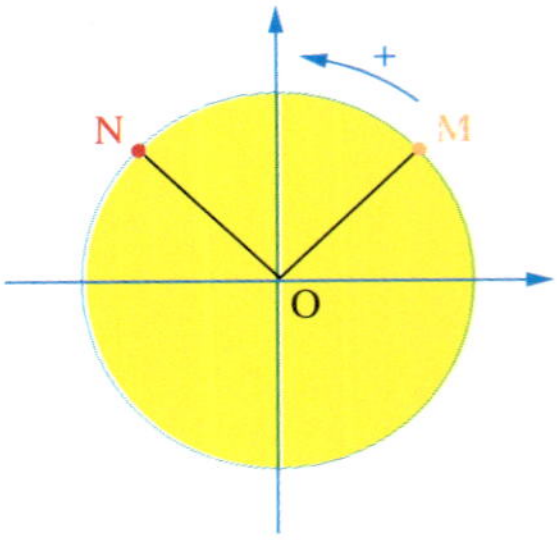

Fig. 84

b) L'équation $\sin\left(3x+\frac{\pi}{4}\right) = -\frac{1}{2}$ équivaut à $\sin\left(3x+\frac{\pi}{4}\right) = \sin\left(-\frac{\pi}{6}\right)$.

Les nombres réels $3x+\frac{\pi}{4}$ et $-\frac{\pi}{6}$ ont même sinus si et seulement si

$$3x+\frac{\pi}{4} = -\frac{\pi}{6}+k2\pi \qquad (k \in \mathbb{Z}),$$

ou $$3x+\frac{\pi}{4} = \pi+\frac{\pi}{6}+k2\pi \qquad (k \in \mathbb{Z}).$$

L'équation proposée admet donc deux types de solutions :

(1) $x = -\frac{5\pi}{36}+\frac{k2\pi}{3} \qquad (k \in \mathbb{Z})$;

(2) $x = \frac{11\pi}{36}+\frac{k2\pi}{3} \qquad (k \in \mathbb{Z})$.

(1) correspond aux trois points images M_1, M_2, M_3,

(2) correspond aux trois points images N_1, N_2, N_3.

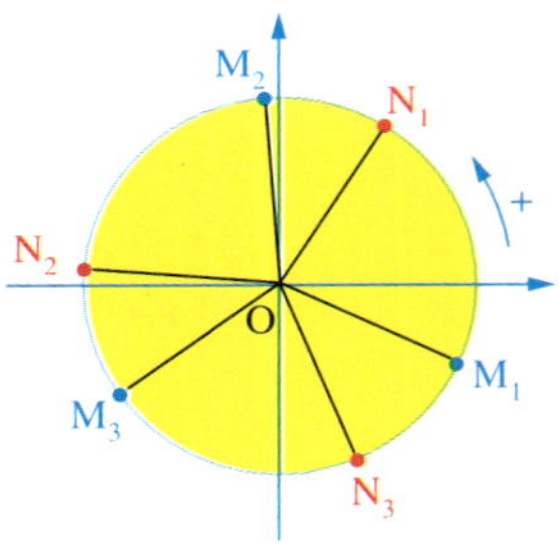

Fig. 85

32 1° $P(1) = 2-9+3+4$; $P(1) = 0$.
En utilisant un résultat du cours de Première, on en déduit que, pour tout nombre réel u,

$$P(u) = (u-1)(au^2+bu+c),$$

où a, b, c sont des nombres réels.
Pour tout nombre réel u, on a :

$$2u^3-9u^2+3u+4 = (u-1)(au^2+bu+c),$$

En utilisant la méthode mise en œuvre dans le corrigé du 6° de l'exercice 25, on obtient de tête $a = 2$, $c = -4$ et par le calcul du coefficient de u, $b = -7$.
Pour tout nombre réel u,

$$P(u) = (u-1)(2u^2-7u-4).$$

2° $P(u) = 0$ équivaut à $(u-1)(2u^2-7u-4) = 0$ à $u = 1$ ou $2u^2-7u-4 = 0$.

Les solutions de l'équation $2u^2-7u-4 = 0$ sont $-\frac{1}{2}$ et 4.
L'ensemble des solutions de l'équation $P(u) = 0$ est donc $\left\{-\frac{1}{2}, 1, 4\right\}$.

3° En remplaçant $\cos 2x$ par u dans l'équation (E) on retrouve l'équation $P(u) = 0$.

On résout donc les équations $\cos 2x = -\frac{1}{2}$, $\cos 2x = 1$, $\cos 2x = 4$.

• L'équation $\cos 2x = -\frac{1}{2}$ équivaut à l'équation $\cos 2x = \cos\frac{2\pi}{3}$ qui admet deux types de solutions

(1) $x = \frac{\pi}{3}+k\pi \qquad (k \in \mathbb{Z})$.

(2) $x = -\frac{\pi}{3}+k\pi \qquad (k \in \mathbb{Z})$.

• L'équation $\cos 2x = 1$ équivaut à l'équation $\cos 2x = \cos 0$ qui admet un type de solutions.
(3) $x = k\pi \qquad (k \in \mathbb{Z})$.

• L'équation $\cos 2x = 4$ n'admet pas de solution
L'équation (E) admet donc les trois types de solutions notés (1), (2), (3).

Q.C.M.

33 1° $f'(x) = 3$; 2° $f'(x) = -2x-1$;
3° $f'(x) = -2x-2$; 4° $f'(x) = 6(3x+1)$;

5° $f'(x) = -3\sin\left(3x+\frac{\pi}{6}\right)$;

6° $f'(x) = 6\sin 3x\cos 3x$.

34 1° $f'(x) = 2+\frac{1}{(x-1)^2}$;

2° $f'(x) = \frac{-2x^2+6x-2}{(x^2-1)^2}$.

35 C_2. **36** ③.

5 Langage des limites

Dans ce chapitre vous allez retrouver la notion de limite que vous avez entrevue en Première pour introduire la dérivée.

Nous allons nous intéresser aussi au comportement de fonctions lorsque la variable prend de grandes valeurs positives ou négatives. Vous observerez dans les deux problèmes introductifs l'intérêt d'une telle étude non seulement en mathématiques, mais aussi en sciences physiques et en technologie.

À propos de grands nombres positifs, savez-vous que la distance moyenne de la Terre au Soleil est d'environ $1{,}5 \times 10^{11}$ m et que l'étoile la plus proche du Soleil est à environ $3{,}75 \times 10^{16}$ m ?

Quant aux nombres négatifs grands en valeur absolue, si l'apparition de l'homme actuel, Homo sapiens, remonte à environ 40 000 ans, c'est-à-dire vers l'an -4×10^4, le big-bang marquant l'origine de l'univers a eu lieu il y a environ 15 milliards d'années, c'est-à-dire vers l'an $-1{,}5 \times 10^{10}$.

INTRODUCTION

Les deux activités proposées ci-dessous ont pour but de vous sensibiliser à l'étude d'une fonction aux bornes de l'intervalle où elle est définie ; l'approche graphique et numérique vous permet de vous familiariser avec la notion de limite, en particulier lorsque la variable prend de grandes valeurs.

Activités préparatoires

a *Problème 1*

Soit f la fonction définie sur $]-1, +\infty[$ par

$$f(x) = x + 3 + \frac{1}{x+1}.$$

1° Étudier les variations de la fonction f.

2° Le plan est rapporté au repère orthonormal $(O ; \vec{i}, \vec{j})$ où l'unité de longueur est le centimètre.

Tracer dans ce repère la courbe représentative C de la fonction *f*. Observer qu'une droite verticale que l'on tracera peut servir de guide pour tracer la partie de C correspondant aux points d'abscisse proche de -1.

3° Tracer dans le même repère la droite D d'équation $y = x + 3$.
Pour tout x de l'intervalle $]-1, +\infty[$, on note M le point de C d'abscisse x et N le point de D de même abscisse x ; alors la différence des ordonnées $y_M - y_N$ permet d'apprécier les positions relatives de M et N.

$y_M - y_N = \overline{NM}$ est la **mesure algébrique** de (M, N).

Attention : l'unité de longueur est le centimètre.

a) Démontrer que, pour tout x de l'intervalle $]-1, +\infty[$, le point M est au-dessus du point N.

b) Déterminer l'ensemble des abscisses x communes à M et N telles que ces deux points soient séparés par moins d'un millimètre.

c) On juge que deux points sont « indiscernables » sur la figure lorsque la distance qui les sépare est inférieure à 0,4 mm.

Déterminer l'ensemble I des abscisses x communes à M et à N telles que ces deux points soient « indiscernables » sur la figure.

b Problème 2 (à support technologique)

On considère un chauffe-eau de puissance 8 719 watts dans lequel l'eau froide arrive à la température de 10 °C. Le débit fourni est Q en $kg \cdot s^{-1}$ et l'eau chaude sort à la température de θ °C.
On montre en technologie que :

$$\theta = 10 + \frac{8\,719}{4\,185\ Q}.$$

1° **Étude d'une fonction en mathématiques**

Soit *f* la fonction définie sur $]0, +\infty[$ par $Q \mapsto \theta$.

a) Étudier les variations de *f*.

b) Construire sa courbe représentative C dans le plan muni d'un repère orthogonal $(O ; \vec{i}, \vec{j})$; unités : 1 cm pour 0,01 $kg \cdot s^{-1}$ en abscisse et 1 cm pour 10 °C en ordonnée.
Observez qu'une droite horizontale D que l'on tracera peut servir de guide pour tracer la partie de C correspondant aux grandes valeurs de l'abscisse Q.
Pour quelles valeurs de Q l'écart vertical entre D et C est-il inférieur à 1 mm ?

2° **Aspect physique du problème**

a) Trouver une interprétation physique de l'existence de la droite horizontale D.

b) L'eau, sous une pression atmosphérique normale, se vaporise à 100 °C.
Quel est le débit minimum correspondant ?

3° **Où l'on tient compte du confort de l'usager**

Pour éviter à l'usager de se brûler, on limite la température à 70 °C. Quel est le débit minimum correspondant ? (Pour ce débit, le gaz est coupé instantanément.)

Indication pour le 2° *a*).
Lorsque le débit est « grand », l'eau circulant dans le chauffe-eau a-t-elle le temps de beaucoup chauffer ?

I. INTRODUCTION DE LA NOTATION $\lim\limits_{x \to a} f(x)$

1. Limite en 0 de fonctions de référence

h	10^{-2}	10^{-4}	
h^2			

Pensez à $a^2 - b^2$ avec $b = 10^{-1} = 0{,}1$.

La fonction $h \mapsto h^2$ définie sur $\mathbb{R}$ s'annule pour $h = 0$.
En Première nous avons observé que lorsque h prend des valeurs proches de 0, il en est de même pour h^2.

Nous pouvons être plus précis et nous demander, par exemple, pour quelles valeurs de h on a h^2 inférieur à 10^{-2} :

$h^2 \leqslant 10^{-2}$ est équivalent à $h^2 - 10^{-2} \leqslant 0$, c'est-à-dire à

$$(h - 0{,}1)(h + 0{,}1) \leqslant 0.$$

On en déduit le signe de $h^2 - 10^{-2}$;

h		$-0{,}1$		$0{,}1$	
$h^2 - 10^{-2}$	+	0	−	0	+

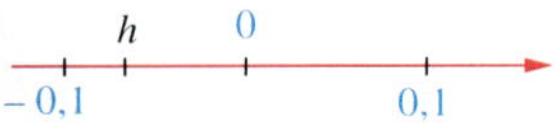

Fig. 1

$|h|$ est la distance de h à 0, car **pour tous nombres réels a et b, $|b - a|$ est la distance de a à b.**

Ainsi $h^2 \leqslant 10^{-2}$ si et seulement si $-0{,}1 \leqslant h \leqslant 0{,}1$.

On en déduit que $h^2 \leqslant 10^{-2}$ dès que $|h| \leqslant 0{,}1$.

Graphiquement, nous observons que les points de la parabole d'équation $y = x^2$ ont une ordonnée inférieure à 10^{-2} dès que leur abscisse est comprise entre $-0{,}1$ et $0{,}1 = 10^{-1}$.

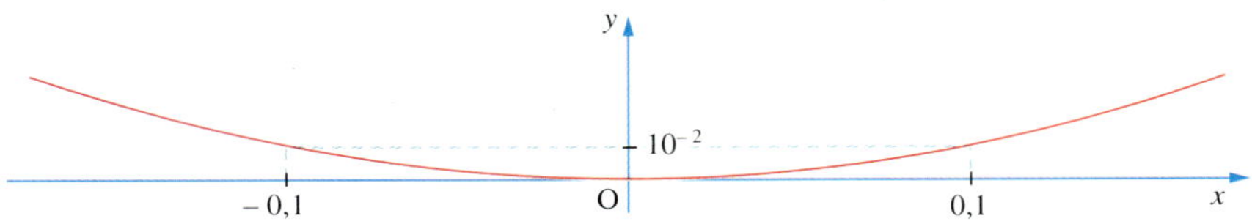

Fig. 2

De manière analogue on démontre que :

$h^2 \leqslant 10^{-4}$ dès que $-10^{-2} \leqslant h \leqslant 10^{-2}$, c'est-à-dire $|h| \leqslant 10^{-2}$,

Ces nombres sont très petits.

$h^2 \leqslant 10^{-100}$ dès que $-10^{-50} \leqslant h \leqslant 10^{-50}$, c'est-à-dire $|h| \leqslant 10^{-50}$, ...

et de manière générale, pour tout nombre entier naturel p,

$h^2 \leqslant 10^{-2p}$ dès que $|h| \leqslant 10^{-p}$.

On démontre de même la propriété suivante pour chacune des fonctions f de références suivantes

$$h \mapsto h, \quad h \mapsto h^2, \quad h \mapsto h^3, \quad h \mapsto \sqrt{h} :$$

p est un nombre entier naturel.

10^{-p} étant choisi aussi petit que l'on veut, $|f(h)|$ est inférieur à 10^{-p} dès que h est assez petit.

Cette propriété s'exprime de la façon suivante : **La fonction f a pour limite 0 en 0,** ce qui se note $\lim\limits_{h \to 0} f(h) = 0$ et qui se lit « limite de f de h lorsque h tend vers 0 égale 0 ». Nous pouvons écrire :

$h \to 0$ se place en dessous des trois premières lettres du mot limite.

$$\lim_{h \to 0} h^2 = 0, \quad \lim_{h \to 0} h = 0, \quad \lim_{h \to 0} h^3 = 0, \quad \lim_{h \to 0} \sqrt{h} = 0.$$

2. Limite finie d'une fonction en *a*

Tracez la courbe représentative de *f*.

x	1,99	…	2,01	…
$f(x)$				

$\lim_{h \to 0} h^2 = 0.$

Observez que par **translation** de vecteur $-2\vec{i}$ la courbe représentative de f se transforme en la parabole représentative de

$h \mapsto h^2.$

La fonction f définie en $\mathbb{R}$ par $f(x) = (x-2)^2$ s'annule pour $x = 2$.
Nous pouvons observer graphiquement et numériquement que, lorsque x est voisin de 2, $f(x)$ prend des valeurs proches de 0.

Posons $x = 2 + h$; pour x voisin de 2, $h = x - 2$ est voisin de 0.

Or $f(2+h) = h^2$ par définition de f et de h.
Donc $\lim_{h \to 0} f(2+h) = 0.$

Revenant à la variable initiale x, nous écrivons ce résultat :

$$\boldsymbol{\lim_{x \to 2} f(x) = 0} \quad \text{c'est-à-dire} \quad \lim_{x \to 2} f(x) = f(2).$$

Soit g la fonction définie sur $\mathbb{R}$ par $g(x) = (x-2)^2 + 1$. On a $g(2) = 1$.

Or $g(x) = f(x) + 1$, donc $f(x) = g(x) - 1$.

Puisque $\lim_{x \to 2} f(x) = 0$, on a $\lim_{x \to 2} (g(x) - 1) = 0$.

Nous écrivons ce résultat :

$$\boldsymbol{\lim_{x \to 2} g(x) = 1} \quad \text{c'est-à-dire} \quad \lim_{x \to 2} g(x) = g(2).$$

Plus généralement nous admettons le résultat suivant :

Soit f une fonction polynôme ou une fonction rationnelle ou la fonction racine carrée ou la fonction sinus ou la fonction cosinus.
Soit a un nombre réel appartenant à l'intervalle I sur lequel f est définie.

$$\boldsymbol{\lim_{x \to a} f(x) = f(a).}$$

3. Limite infinie d'une fonction en *a*

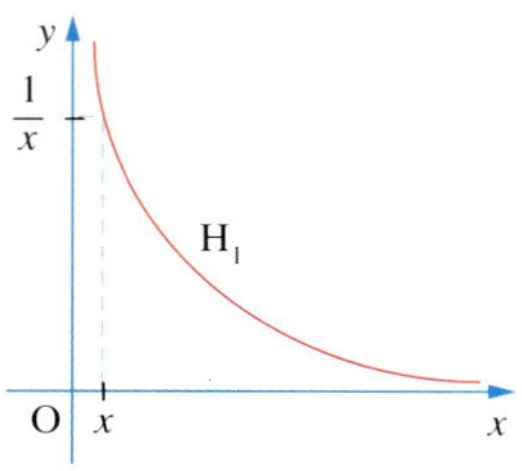

Fig. 3

a Fonction g_1 : $\begin{cases}]0, +\infty[\to \mathbb{R} \\ x \mapsto \dfrac{1}{x} \end{cases}$

Nous savons que sa courbe représentative H_1 est une branche d'hyperbole.

Nous pouvons observer graphiquement et numériquement que, lorsque x est positif et voisin de 0, $g_1(x) = \dfrac{1}{x}$ prend de grandes valeurs.

x	0,1	0,01	0,001	0,000 1	…
$\dfrac{1}{x}$	10	100	1 000	10 000	…

Plus précisément, quelles sont les abscisses des points de H_1 dont l'ordonnée est supérieure à 10^6 ?

$$\frac{1}{x} \geqslant 10^6 \quad \text{si et seulement si} \quad 1 \geqslant 10^6 x \text{ car } x > 0,$$

ce qui est équivalent à $\frac{1}{10^6} \geqslant x$.

$\frac{1}{10^6} = 10^{-6}$.

Tous les points de H_1 dont l'abscisse positive x est inférieure à 10^{-6} ont une ordonnée $y = g_1(x)$ supérieure à 10^6.

Plus généralement on vérifie que :

p est un nombre entier naturel.

10^p étant choisi aussi grand que l'on veut, $g_1(x)$ est supérieur à 10^p dès que x est assez proche de 0.

Cette propriété s'exprime de la façon suivante :
La fonction g_1 a pour limite $+\infty$ en 0.

Attention : $+\infty$ n'est pas un nombre réel.

Pour $g_1(x) = \frac{1}{x}$ défini sur $]0, +\infty[$, $\lim_{x \to 0} \frac{1}{x} = +\infty$.

Interprétation graphique

Un point de la courbe H_1 est aussi proche que l'on veut de l'axe des ordonnées dès que son abscisse est assez petite.

L'axe des ordonnées sert de guide pour tracer H_1.

L'axe des ordonnées du repère (d'équation $x = 0$) est une **asymptote verticale** de la courbe H_1 représentative de g_1.

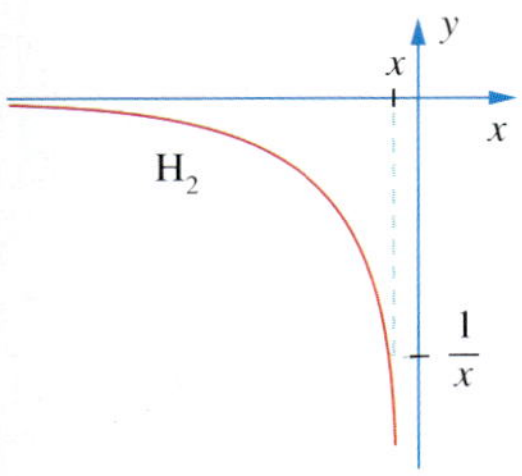

Fig. 4

b *Fonction g_2* : $\begin{cases}]-\infty, 0[\to \mathbb{R} \\ x \mapsto \frac{1}{x} \end{cases}$

Sa courbe représentative est la branche d'hyperbole H_2.
Par une étude analogue à celle de g_1, on obtient :

10^p étant choisi aussi grand que l'on veut, $g_2(x)$ est inférieur à -10^p dès que x est assez proche de 0.

La fonction g_2 a pour limite $-\infty$ en 0.

Attention au sens des inégalités avec des nombres **négatifs.**

Pour $g_2(x) = \frac{1}{x}$ défini sur $]-\infty, 0[$, $\lim_{x \to 0} \frac{1}{x} = -\infty$.

L'axe des ordonnées est une **asymptote verticale** de la courbe H_2 représentative de g_2.

REMARQUE

$\mathbb{R}^* =]-\infty, 0[\cup]0, +\infty[$ n'est pas un intervalle !

La fonction g : $\begin{cases} \mathbb{R}^* \to \mathbb{R} \\ x \mapsto \frac{1}{x} \end{cases}$ n'a pas de limite en 0.

En effet quand x se rapproche de 0 dans $\mathbb{R}^*$, $\frac{1}{x}$ peut prendre des valeurs du type 10^6, 10^8, ... et aussi du type -10^6, -10^8, ...
Le point M de l'hyperbole représentative de la fonction g peut passer sans cesse de la branche H_1 à la branche H_2 et inversement.

Voir les figures 3 et 4.

Observez une nouvelle fois l'importance de rester sur un intervalle.

Fig. 5

II. INTRODUCTION DES NOTATIONS $\lim\limits_{x \to +\infty} f(x)$, $\lim\limits_{x \to -\infty} f(x)$

1. Limite infinie de fonctions de référence en $+\infty$ ou en $-\infty$

Observons les valeurs prises par les fonctions $x \mapsto x$, $x \mapsto x^2$, $x \mapsto x^3$, $x \mapsto \sqrt{x}$ pour de grandes valeurs de x.

$(10^n)^p = 10^{np}$.

x	10	$100 = 10^2$	$1\,000 = 10^3$	$10\,000 = 10^4$	...
x^2	10^2	10^4	10^6	10^8	...
x^3	10^3	10^6	10^9	10^{12}	...
$\sqrt{x}$	$\sqrt{10} \approx 3{,}16$	10	$10\sqrt{10} \approx 31{,}6$	100	...

f désignant l'une quelconque de ces fonctions, **il semble** que, lorsque x prend de grandes valeurs, il en soit de même de $f(x)$.

Cette fonction a des coefficients -10^{32}, 2×10^{36} inhabituels, mais elle est de la forme :
$x \mapsto ax^2 + bx$.

Considérons la fonction g définie sur $\mathbb{R}$ par :

$$g(x) = -10^{32}x^2 + (2 \times 10^{36})x.$$

$$g(0) = 0.$$

$$g(10^2) = -(10^{32} \times 10^4) + (2 \times 10^{36} \times 10^2)$$
$$= -10^{36} + (2 \times 10^{38}) = 1{,}99 \times 10^{38}.$$

$$g(10^4) = -(10^{32} \times 10^8) + (2 \times 10^{36} \times 10^4) = -10^{40} + (2 \times 10^{40}) = 10^{40}.$$

Il semble que, lorsque x prend de grandes valeurs, il en soit de même de $g(x)$.

Calculons de nouvelles valeurs prises par $g(x)$ lorsque x est encore plus grand :

$$g(2 \times 10^4) = -(4 \times 10^{40}) + (4 \times 10^{40}) = 0\ ;$$
$$g(3 \times 10^4) = -(9 \times 10^{40}) + (6 \times 10^{40}) = -3 \times 10^{40}.$$

Ces nouveaux calculs nous font changer d'avis.

Observons graphiquement le comportement de $g(x)$ lorsque x prend de grandes valeurs :

$g(x) = -10^{32}x^2 + (2 \times 10^{36})x$ est une fonction polynôme du second degré ; sa courbe représentative est donc une parabole.

Comme le coefficient de x^2 est -10^{32}, nombre **négatif**, le sommet de la parabole correspond à un maximum pris par la fonction.

Vu la symétrie d'une parabole, comme

$$g(0) = g(2 \times 10^4),$$

le sommet de la parabole a pour abscisse 10^4.

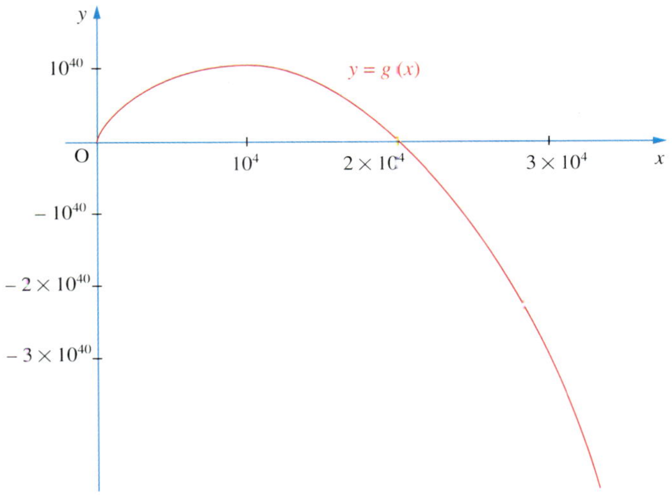

Fig. 6

Lorsque x prend des valeurs très grandes, $g(x)$ est négatif.

Nous savons par leurs représentations graphiques que les fonctions $x \mapsto x$, $x \mapsto x^2$, $x \mapsto x^3$, $x \mapsto \sqrt{x}$ n'ont pas le même comportement que la fonction g.

Nous pouvons être plus précis et nous demander, par exemple, pour quelles valeurs positives de x on a x^2 supérieur à 10^{20}.

$$x^2 \geqslant 10^{20} \quad \text{est équivalent à} \quad x^2 - 10^{20} \geqslant 0,$$

c'est-à-dire à $\quad (x - 10^{10})(x + 10^{10}) \geqslant 0.$

Ainsi, pour tout x supérieur à 10^{10}, on a x^2 supérieur à 10^{20}.
De manière générale, pour tout nombre entier naturel p, x^2 est supérieur à 10^{2p} dès que x est supérieur à 10^p.
On démontre de même la propriété suivante pour chacune des fonctions f de référence suivantes $x \mapsto x$, $x \mapsto x^2$, $x \mapsto x^3$, $x \mapsto \sqrt{x}$:

p est un nombre entier naturel.

10^p étant choisi aussi grand que l'on veut, $f(x)$ est supérieur à 10^p dès que x est assez grand.

Cette propriété s'exprime de la façon suivante :
la fonction f a pour limite $+\infty$ en $+\infty$, ce qui se note $\lim\limits_{x \to +\infty} f(x) = +\infty$.

Nous pouvons écrire :

$$\lim_{x \to +\infty} x^2 = +\infty, \qquad \lim_{x \to -\infty} x = +\infty,$$

$$\lim_{x \to +\infty} x^3 = +\infty, \qquad \lim_{x \to +\infty} \sqrt{x} = +\infty.$$

$-10^2 = -100,$
$-10^3 = -1\,000,$
$-10^4 = -10\,000.$

En considérant des valeurs *négatives* de x de plus en plus grandes en valeur absolue, et en tenant compte de la parité des fonctions $x \mapsto x$, $x \mapsto x^2$, $x \mapsto x^3$, on obtient de même :

Attention : nous n'obtenons pas toujours le même résultat ; pensez au signe de x, x^2, x^3 lorsque x est négatif.

$$\lim_{x \to -\infty} x^2 = +\infty, \quad \lim_{x \to -\infty} x = -\infty, \quad \lim_{x \to -\infty} x^3 = -\infty.$$

REMARQUE

Par exemple $n = 2$.

Dans le cas où l'exposant n de x^n est **pair**, la limite de x^n en $-\infty$ est $+\infty$.

Par exemple $n = 1$, $n = 3$.

Dans le cas où l'exposant n de x^n est **impair**, la limite de x^n en $-\infty$ est $-\infty$.

2. Limite finie de fonctions en $+\infty$ ou en $-\infty$

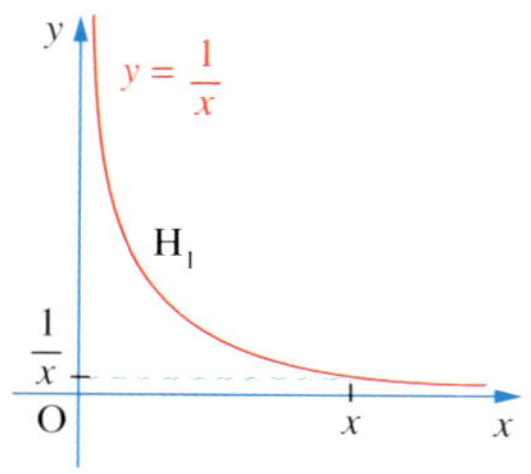

Fig. 7

a Fonction g_1 : $\begin{cases}]0, +\infty[\to \mathbb{R} \\ x \mapsto \dfrac{1}{x} \end{cases}$

Nous pouvons observer graphiquement et numériquement que, lorsque x prend de grandes valeurs, $g_1(x) = \dfrac{1}{x}$ est proche de 0.

x	100	1 000	10^4	10^5	...
$\dfrac{1}{x}$	0,01	0,001	10^{-4}	10^{-5}	...

p est un nombre entier naturel.

$|g_1(x)| = |g_1(x) - 0|$

est la distance de $g_1(x)$ à 0.

Plus précisément, 10^{-p} étant choisi aussi petit que l'on veut,

$$|g_1(x)| \leqslant 10^{-p} \quad \text{si et seulement si} \quad 0 < \frac{1}{x} \leqslant 10^{-p},$$

ce qui est équivalent à :

$$1 \leqslant x10^{-p} \quad \text{car} \quad x > 0,$$

$$\frac{1}{10^{-p}} \leqslant x, \quad \text{c'est-à-dire} \quad x \geqslant 10^p.$$

Nous venons de démontrer que :

10^{-p} étant choisi aussi petit que l'on veut, $|g_1(x)|$ est inférieur à 10^{-p} dès que x est assez grand.

Cette propriété se note $\lim\limits_{x \to +\infty} g_1(x) = 0.$

$$\lim_{x \to +\infty} \frac{1}{x} = 0.$$

L'axe des abscisses du repère (d'équation $y = 0$) est une **asymptote horizontale** de H_1.

b Fonction g_2 : $\begin{cases}]-\infty, 0[\to \mathbb{R} \\ x \mapsto \dfrac{1}{x} \end{cases}$

Attention au sens des inégalités.

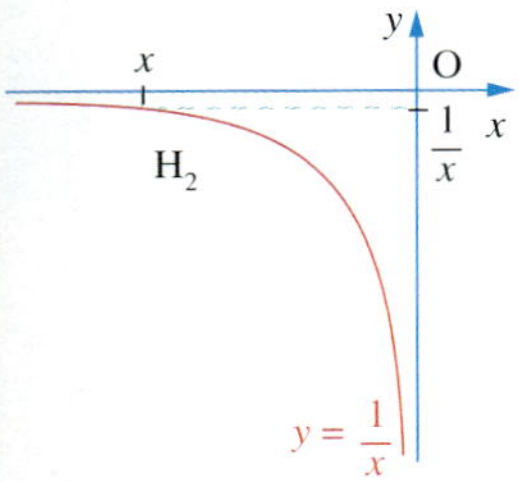

Fig. 8

Nous pouvons procéder de même avec la fonction g_2 mais ici la variable prend des valeurs **négatives**.

x	-100	$-1\,000$	-10^4	-10^5	...
$\frac{1}{x}$	$-0{,}01$	$-0{,}001$	-10^{-4}	-10^{-5}	...

Nous obtenons de même :

$$\lim_{x \to -\infty} \frac{1}{x} = 0.$$

L'axe des abscisses du repère est une **asymptote horizontale** de H_2.

c Autres fonctions de référence

On obtient de même :

$$\lim_{x \to +\infty} \frac{1}{x^2} = 0, \quad \lim_{x \to -\infty} \frac{1}{x^2} = 0, \quad \lim_{x \to +\infty} \frac{1}{\sqrt{x}} = 0.$$

Comme $\frac{1}{\sqrt{x}}$ n'est pas défini lorsque x est négatif, le problème de la limite de $\frac{1}{\sqrt{x}}$ en $-\infty$ ne se pose pas.

d Limite finie d'une fonction en $+\infty$ ou en $-\infty$

$\lim\limits_{x \to +\infty} \frac{1}{x^2} = 0.$

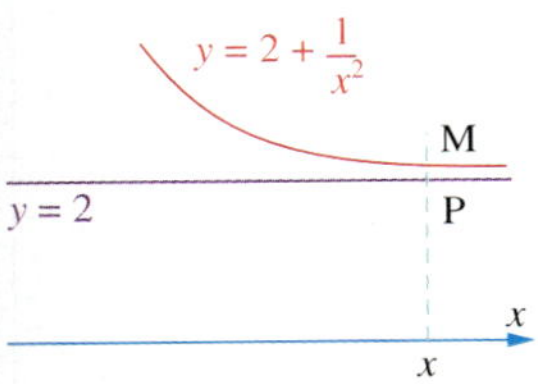

Fig. 9

y_p est l'ordonnée de P.

Considérons la fonction f définie sur $]0, +\infty[$ par

$$f(x) = 2 + \frac{1}{x^2}.$$

Pour tout $x > 0$, $\quad f(x) - 2 = \frac{1}{x^2}$. $\quad$ Donc $\quad \lim\limits_{x \to +\infty} (f(x) - 2) = 0$.

Nous écrivons ce résultat :

$$\lim_{x \to +\infty} f(x) = 2.$$

Interprétation graphique :
Soit M un point de la courbe représentative de f (fig. 9). Son abscisse est x et son ordonnée $y_M = 2 + \frac{1}{x^2}$.

Soit P le point de la droite horizontale d'équation $y = 2$ ayant même abscisse que M. $\quad \overline{PM} = y_M - y_P = \frac{1}{x^2}$, $\quad$ donc $\quad \lim\limits_{x \to -\infty} \overline{PM} = 0$.

Comme $\overline{PM} > 0$ la courbe est au-dessus de son asymptote.

Pour les grandes valeurs de x la courbe est très proche de la droite d'équation $y = 2$.
La droite d'équation $y = 2$ est appelée une **asymptote horizontale** de la courbe.
Plus généralement on retient que :

On dispose d'énoncé analogue pour les limites en $-\infty$ et en un nombre réel a.

Dans le cas d'une limite finie L, dire que $\lim\limits_{x \to +\infty} f(x) = L$ signifie aussi que $\lim\limits_{x \to +\infty} |f(x) - L| = 0$ ou encore que :

$$f(x) = L + \varphi(x), \quad \text{avec} \quad \lim_{x \to +\infty} \varphi(x) = 0.$$

Dans l'exemple ci-dessus, $\varphi(x) = \dfrac{1}{x^2}$.

III. ÉNONCÉS USUELS SUR LES LIMITES

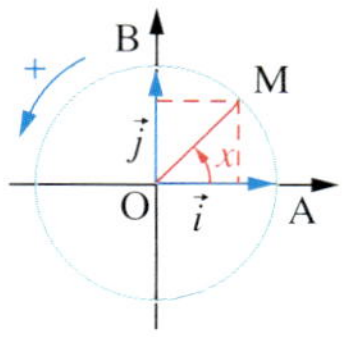

Fig. 10

Lorsque x devient grand, le point M du cercle trigonométrique tourne sur ce cercle : son abscisse $\cos x$ et son ordonnée $\sin x$ varient entre -1 et 1 sans se rapprocher durablement d'un nombre L de l'intervalle $[-1, 1]$.
On démontre que **les fonctions sinus et cosinus n'ont de limite ni en $+\infty$ ni en $-\infty$.**
La plupart des théorèmes suivants permettent, sous certaines hypothèses, de démontrer que certaines fonctions ont une limite, finie ou infinie, en $+\infty$ ou en $-\infty$ ou en un nombre réel a, et de déterminer cette limite.

1. Opérations algébriques

Dans **les théorèmes admis** ci-dessous, présentés sous forme de tableaux, u et v sont des fonctions définies sur un même intervalle I et α désigne $+\infty$, $-\infty$ ou un nombre réel a ; L et L′ sont des nombres réels.

a Somme de deux fonctions

N'oubliez pas que $u(x) + v(x) = v(x) + u(x)$.

Dans le cas menant au point d'interrogation, on ne peut conclure directement ; il faut effectuer une étude supplémentaire.

Si $\lim\limits_{x \to \alpha} u(x) =$	L			$+\infty$		$-\infty$
et $\lim\limits_{x \to \alpha} v(x) =$	L′	$+\infty$	$-\infty$	$+\infty$	$-\infty$	$-\infty$
alors $\lim\limits_{x \to \alpha} [u(x) + v(x)] =$	L + L′	$+\infty$	$-\infty$	$+\infty$	?	$-\infty$

EXEMPLES

Soit f la fonction définie sur $]0, +\infty[$ par $f(x) = x^2 + \dfrac{1}{x}$.

D'après les paragraphes II. 1 et 2.

$\lim\limits_{x \to +\infty} x^2 = +\infty$ et $\lim\limits_{x \to +\infty} \dfrac{1}{x} = 0$. Donc $\lim\limits_{x \to +\infty} f(x) = +\infty$.

Voir I. 1 et I. 3.
f est définie sur $]0, +\infty[$.

$\lim_{x \to 0} x^2 = 0$ et $\lim_{x \to 0} \frac{1}{x} = +\infty$ car $x > 0$.

Donc $\lim_{x \to 0} f(x) = +\infty$.

Soit g la fonction définie sur $\mathbb{R}$ par $g(x) = x^2 + x$.

$\lim_{x \to +\infty} x^2 = +\infty$ et $\lim_{x \to +\infty} x = +\infty$. Donc $\lim_{x \to +\infty} g(x) = +\infty$.

Nous poursuivrons l'étude au paragraphe c.

$\lim_{x \to -\infty} x^2 = +\infty$ et $\lim_{x \to -\infty} x = -\infty$.

Nous ne pouvons pas conclure directement pour la limite de $g(x)$ en $-\infty$.

b Produit d'une fonction par une constante

Si $k = 0$, alors, pour tout x de I, $ku(x) = 0$.

On suppose que la constante k n'est pas nulle.

Si $\lim_{x \to \alpha} u(x) =$	L	$+\infty$	$-\infty$
alors $\lim_{x \to \alpha} ku(x) =$	kL	$\ast\infty$	$\ast\infty$

$\ast\infty$ correspond soit à $+\infty$, soit à $-\infty$. Le signe + ou − s'obtient de façon évidente dans chaque exemple.

EXEMPLES

$\lim_{x \to +\infty} x^2 = +\infty$, donc $\lim_{x \to +\infty} -3x^2 = -\infty$.

$\lim_{x \to -\infty} x = -\infty$, donc $\lim_{x \to -\infty} -2x = +\infty$.

$\lim_{x \to -\infty} x = -\infty$, donc $\lim_{x \to -\infty} 5x = -\infty$.

c Produit de deux fonctions

N'oubliez pas que $u(x)v(x) = v(x)u(x)$.

Si $\lim_{x \to \alpha} u(x) =$	L	L $\neq 0'$	0	$+\infty$ ou $-\infty$
et $\lim_{x \to \alpha} v(x) =$	L′	$+\infty$ ou $-\infty$	$+\infty$ ou $-\infty$	$+\infty$ ou $-\infty$
alors $\lim_{x \to \alpha} [u(x) \times v(x)] =$	LL′	$\ast\infty$	?	$\ast\infty$

$\ast\infty$ correspond soit à $+\infty$, soit à $-\infty$. Le signe + ou − s'obtient de façon évidente dans chaque exemple.

EXEMPLES

$\lim_{x \to +\infty} \left(x^2 + \frac{1}{x}\right) = +\infty$ d'après **a.**

$\lim_{x \to +\infty} -3x^2 = -\infty$ d'après **b.**

Donc $\lim_{x \to +\infty} \left(x^2 + \frac{1}{x}\right)(-3x^2) = -\infty$.

Au paragraphe **a** nous n'avons pas déterminé la limite de $g(x) = x^2 + x$ en $-\infty$.
Pour $x = -100$, $x = -1\,000$, $x = -10\,000$, …, le monôme qui semble jouer le rôle le plus important dans le polynôme $g(x)$ est x^2.

$g(-100) = 10\,000 - 100 = 9\,900$,
$g(-1\,000) = 10^6 - 10^3 = 999\,000$,
$g(-10^4) = \ldots$

Mettons-le en facteur dans $g(x)$:

Pour tout $x < 0$, $\quad g(x) = x^2\left(1 + \dfrac{1}{x}\right)$.

$$\lim_{x \to -\infty} x^2 = +\infty \quad \text{et} \quad \lim_{x \to -\infty}\left(1 + \frac{1}{x}\right) = 1 \quad \text{car} \quad \lim_{x \to -\infty} \frac{1}{x} = 0.$$

Donc $$\lim_{x \to -\infty} g(x) = +\infty.$$

Retenons la méthode qui nous a permis d'obtenir la limite du polynôme $g(x)$ en $-\infty$:

C'est le monôme qui semble jouer le rôle le plus important pour les grandes valeurs de x.

Méthode
Pour obtenir la limite d'un polynôme en $+\infty$ ou en $-\infty$, on peut mettre en facteur le monôme de plus haut degré.

d *Inverse d'une fonction*

Si $\lim\limits_{x \to \alpha} u(x) =$	$L \neq 0$	0	$+\infty$ ou $-\infty$
alors $\lim\limits_{x \to \alpha} \dfrac{1}{u(x)} =$	$\dfrac{1}{L}$	Voir théorèmes 1 et 2	0

Dans le cas où $\lim\limits_{x \to \alpha} u(x) = 0$, on peut souvent conclure en utilisant un des deux théorèmes admis ci-dessous :

***Théorème* 1**
Si $\lim\limits_{x \to a} u(x) = 0$ et si au voisinage de α on a $u(x) > 0$, alors
$$\lim_{x \to a} \frac{1}{u(x)} = +\infty.$$

***Théorème* 2**
Si $\lim\limits_{x \to a} u(x) = 0$ et si au voisinage de α on a $u(x) < 0$, alors
$$\lim_{x \to a} \frac{1}{u(x)} = -\infty.$$

A est un nombre réel.

« Au voisinage de $+\infty$ » signifie sur un intervalle $]A, +\infty[$.

« Au voisinage de $-\infty$ » signifie sur un intervalle $]-\infty, A[$.

c est un nombre réel positif.

« Au voisinage de a » signifie sur un intervalle $]a - c, a + c[\cap I$, où I est l'intervalle de définition de la fonction.

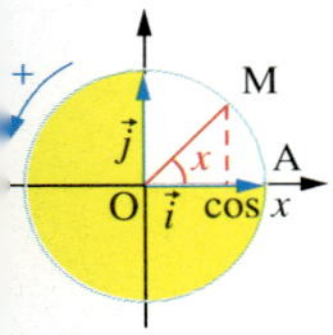

Fig. 11

EXEMPLES

Soit f la fonction définie sur $\left]0, \frac{\pi}{2}\right[$ par $f(x) = \frac{1}{\cos x}$. Cherchons $\lim\limits_{x \to \frac{\pi}{2}} f(x)$.

$$\lim_{x \to \frac{\pi}{2}} \cos x = \cos \frac{\pi}{2} = 0.$$

Pour tout x de $\left]0, \frac{\pi}{2}\right[$ on a $\cos x > 0$ (fig. 11).

Donc $\lim\limits_{x \to \frac{\pi}{2}} f(x) = +\infty$ d'après le théorème 1.

Soit g la fonction définie sur $\left]\frac{\pi}{2}, \pi\right]$ par $g(x) = \frac{1}{\cos x}$;

nous obtenons de même $\lim\limits_{x \to \frac{\pi}{2}} g(x) = -\infty$ d'après le théorème 2.

e Quotient de deux fonctions

En particulier, si $\lim\limits_{x \to \alpha} u(x) = \mathrm{L}$ et si $\lim\limits_{x \to \alpha} v(x) = \mathrm{L}' \neq 0$, alors $\lim\limits_{x \to \alpha} \frac{u(x)}{v(x)} = \frac{\mathrm{L}}{\mathrm{L}'}$.

Sur tout intervalle I où le quotient $\frac{u(x)}{v(x)}$ est défini, on remarque que $\frac{u(x)}{v(x)} = u(x) \times \frac{1}{v(x)}$ et on utilise les théorèmes sur la limite de l'inverse $\frac{1}{v(x)}$ et la limite d'un produit.

Voici des exemples de situations où ces théorèmes ne permettent pas de conclure directement.

EXEMPLE 1

f est une fonction rationnelle.

Soit f la fonction définie sur $\left]\frac{1}{2}, +\infty\right[$ par $f(x) = \frac{3x^2 + 4x - 5}{2x - 1}$.

On se propose de déterminer $\lim\limits_{x \to +\infty} f(x)$.

Ici $u(x) = 3x^2 + 4x - 5$ est un polynôme.

En mettant en œuvre la méthode proposée au paragraphe **c,** nous obtenons :

pour tout x de $\left]\frac{1}{2}, +\infty\right[$, $u(x) = 3x^2\left(1 + \frac{4}{3x} - \frac{5}{3x^2}\right)$.

$$\lim_{x \to +\infty} 3x^2 = +\infty \quad \text{et} \quad \lim_{x \to +\infty} \left(1 + \frac{4}{3x} - \frac{5}{3x^2}\right) = 1 + 0 - 0 = 1.$$

donc $\mathbf{\lim\limits_{x \to +\infty} u(x) = +\infty.}$

De même avec $v(x) = 2x - 1 = 2x\left(1 - \frac{1}{2x}\right)$,

nous obtenons $\lim\limits_{x \to +\infty} v(x) = +\infty$, donc $\mathbf{\lim\limits_{x \to +\infty} \frac{1}{v(x)} = 0.}$

Le tableau sur la limite d'un produit ne permettant pas d'obtenir directement $\lim\limits_{x \to +\infty} u(x) \times \frac{1}{v(x)}$, nous revenons à la fonction rationnelle f.

Pour tout x de $\left]\frac{1}{2}, +\infty\right[$, $\quad f(x) = \dfrac{3x^2\left(1 + \dfrac{4}{3x} - \dfrac{5}{3x^2}\right)}{2x\left(1 - \dfrac{1}{2x}\right)}$,

$$f(x) = \frac{3x^2}{2x} \times \frac{1 + \dfrac{4}{3x} - \dfrac{5}{3x^2}}{1 - \dfrac{1}{2x}}$$

Après simplification $\quad f(x) = \dfrac{3}{2}\,x \times \dfrac{1 + \dfrac{4}{3x} - \dfrac{5}{3x^2}}{1 - \dfrac{1}{2x}}$.

Or $\displaystyle\lim_{x \to +\infty} \frac{1 + \dfrac{4}{3x} - \dfrac{5}{3x^2}}{1 - \dfrac{1}{2x}} = \frac{1}{1} = 1$ et $\displaystyle\lim_{x \to +\infty} \frac{3}{2}\,x = +\infty$,

donc $\displaystyle\lim_{x \to +\infty} f(x) = +\infty$.

Une fonction rationnelle est un quotient de fonctions polynômes.
C'est le monôme qui semble jouer le rôle le plus important pour les grandes valeurs de x.

Retenons la méthode :

> ***Méthode***
> **Pour obtenir la limite d'une fraction rationnelle en $+\infty$ ou en $-\infty$, on peut mettre en facteur au numérateur et au dénominateur le monôme de plus haut degré.**

Si f est définie en a, alors
$\displaystyle\lim_{x \to a} f(x) = f(a)$
d'après I. 2.

Cette méthode ne permet pas d'obtenir la limite d'une fraction rationnelle $f(x)$ en un nombre réel a où elle n'est pas définie.

EXEMPLE 2

Soit la fonction f définie sur $]-3, 1[$ par $\quad f(x) = \dfrac{x^2 + 1}{x^2 + 2x - 3}$.

f n'est pas définie pour 1 et -3 ; on se propose de déterminer la limite de f en 1 et la limite de f en -3.

Puisque $x^2 + 2x - 3$ s'annule pour $x = 1$ et $x = -3$, nous pouvons factoriser ce polynôme :

pour tout x de $]-3, 1[$, $\quad f(x) = \dfrac{x^2 + 1}{(x-1)(x+3)}$.

On isole le facteur non défini en 1.
Le signe de $x - 1$ est donné par :

x		1	
$x - 1$	$-$	0	$+$

- Pour trouver la limite de f en 1, écrivons $\quad f(x) = \dfrac{1}{x-1} \times \dfrac{x^2 + 1}{x + 3}$.

$$\lim_{x \to 1} \frac{x^2 + 1}{x + 3} = \frac{1}{2}\ ; \qquad \lim_{x \to 1} x - 1 = 0 \text{ et,}$$

pour tout x de $]-3, 1[$, $x - 1 < 0$; donc $\displaystyle\lim_{x \to 1} \frac{1}{x-1} = -\infty$ lorsque $x < 1$ d'après le théorème 2 du paragraphe **d.**

Nous en déduisons que $\displaystyle\lim_{x \to 1} f(x) = -\infty$ d'après le tableau sur la limite d'un produit.

)n isole le facteur non léfini en -3.
.e signe de $x+3$ est donné ›ar :

x	-3
$x+3$	$-$ 0 $+$

• Pour trouver la limite de f en -3, écrivons $f(x) = \dfrac{1}{x+3} \times \dfrac{x^2+1}{x-1}$.

$$\lim_{x \to -3} \frac{x^2+1}{x-1} = -\frac{5}{2}\ ; \qquad \lim_{x \to -3} x+3 = 0 \text{ et,}$$

pour tout x de $]-3, 1[$, $x+3>0$; donc $\displaystyle\lim_{x \to -3} \frac{1}{x+3} = +\infty$ lorsque $x>-3$ d'après le théorème 1 du paragraphe **d.** Nous en déduisons que $\displaystyle\lim_{x \to -3} f(x) = -\infty$ d'après le tableau sur la limite d'un produit.

2. Comparaison

Nous admettons les théorèmes suivants :

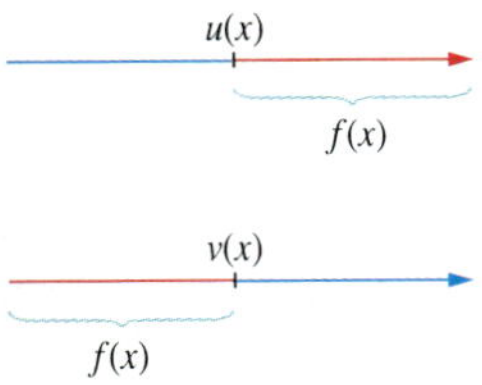

Fig. 12

Théorème 1
Si pour tout x d'un intervalle $]A, +\infty[$ on a $f(x) \geqslant u(x)$ et si $\displaystyle\lim_{x \to +\infty} u(x) = +\infty$, alors $\displaystyle\lim_{x \to +\infty} f(x) = +\infty$.

Théorème 2
Si pour tout x d'un intervalle $]A, +\infty[$ on a $f(x) \leqslant v(x)$ et si $\displaystyle\lim_{x \to +\infty} v(x) = -\infty$, alors $\displaystyle\lim_{x \to +\infty} f(x) = -\infty$.

EXEMPLE

Soit f la fonction définie sur $\mathbb{R}$ par $f(x) = x + \sin^2 x$; est-ce que f a une limite en $+\infty$?

Posons $u(x) = x$; $\displaystyle\lim_{x \to +\infty} u(x) = +\infty$

et pour tout nombre réel x, $f(x) \geqslant u(x)$ car $\sin^2 x \geqslant 0$.

Donc $\displaystyle\lim_{x \to +\infty} (x + \sin^2 x) = +\infty$, d'après le théorème 1.

f a une limite en $+\infty$ alors que la fonction $x \mapsto \sin^2 x$ n'en a pas.

$|f(x) - L|$ est la distance de $f(x)$ à L.

Théorème 3
Si pour tout x d'un intervalle $]A, +\infty[$ on a $|f(x) - L| \leqslant u(x)$ et si $\displaystyle\lim_{x \to +\infty} u(x) = 0$, alors $\displaystyle\lim_{x \to +\infty} f(x) = L$.

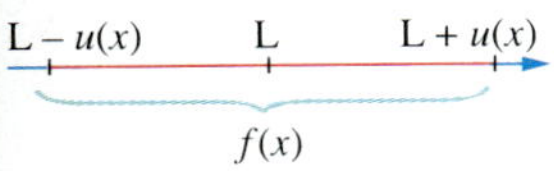

Fig. 13

EXEMPLE

Soit f la fonction définie sur $]0, +\infty[$ par $f(x) = 2 + \dfrac{\cos x}{x}$.

Pour tout x de $]0, +\infty[$, on a $f(x) - 2 = \dfrac{\cos x}{x}$.

donc $|f(x) - 2| \leqslant \dfrac{1}{x}$ car $|\cos x| \leqslant 1$.

Ici $L = 2$, $u(x) = \dfrac{1}{x}$.

$$\lim_{x \to +\infty} \frac{1}{x} = 0, \quad \text{donc} \quad \lim_{x \to +\infty} 2 + \frac{\cos x}{x} = 2.$$

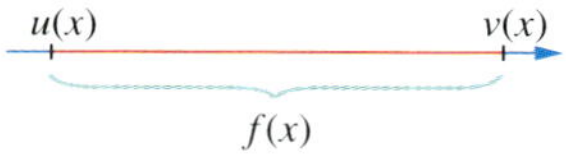

Fig. 14

Le théorème 3 est un cas particulier du théorème suivant :

> ***Théorème 4***
> **Si pour tout x d'un intervalle $]A, +\infty[$ on a $u(x) \leqslant f(x) \leqslant v(x)$ et si $\lim\limits_{x \to +\infty} u(x) = \lim\limits_{x \to +\infty} v(x) = L$, alors $\lim\limits_{x \to +\infty} f(x) = L$.**

REMARQUE

Tous ces théorèmes concernent le cas des limites en $+\infty$; on dispose d'énoncé analogues pour les limites en $-\infty$ et les limites en un point a.

3. Comptabilité avec l'ordre

Nous admettons le théorème suivant :

Ici aussi, ce théorème est encore vrai en remplaçant $+\infty$ par $-\infty$ ou par un nombre réel a.

> ***Théorème 5***
> **Si pour tout x d'un intervalle $]A, +\infty[$ on a $f(x) \leqslant g(x)$ et si $\lim\limits_{x \to +\infty} f(x) = L$ et $\lim\limits_{x \to +\infty} g(x) = L'$, alors $L \leqslant L'$.**

L'ordre est conservé par passage à la limite.

4. Limite d'une fonction composée

a, b, c peuvent désigner des nombres réels ou $-\infty$ ou $+\infty$.

> ***Théorème***
> **Soit g et h deux fonctions telles que :**
> $$x \overset{g}{\mapsto} y = g(x) \overset{h}{\mapsto} z = h(y) = h(g(x)).$$
> **Si $\lim\limits_{x \to a} g(x) = b$ et $\lim\limits_{y \to b} h(y) = c$, alors $\lim\limits_{x \to a} h(g(x)) = c$.**

EXEMPLE

Soit f la fonction définie sur $\mathbb{R}$ par $f(x) = \sqrt{3x^2 + 5}$.

Cherchons $\lim\limits_{x \to +\infty} f(x)$.

Soit g la fonction définie sur $\mathbb{R}$ par : $x \mapsto 3x^2 + 5$

et soit h la fonction définie sur $[0, +\infty[$ par : $y \mapsto \sqrt{y}$.

Pour tout nombre réel x,

$$x \overset{g}{\mapsto} 3x^2 + 5 = g(x) \overset{h}{\mapsto} h(3x^2 + 5) = h(g(x)) = f(x).$$

Donc f est la fonction composée $h \circ g$ des fonctions g et h.

Or $\lim\limits_{x \to +\infty} g(x) = +\infty$ et $\lim\limits_{y \to +\infty} h(y) = \lim\limits_{y \to +\infty} \sqrt{y} = +\infty$,

donc $\lim\limits_{x \to +\infty} f(x) = +\infty$.

Pour tout $x > 0$,

$$g(x) = 3x^2\left(1 + \frac{5}{3x^2}\right).$$

IV. ASYMPTOTES

1. Asymptote verticale

Si on définit la fonction f sur la réunion d'intervalles $]-\infty, 1[\cup]1, +\infty[$ (ce qui n'est pas un objectif de Terminale STI ou STL), C et C′ constituent alors une seule courbe représentative avec deux « branches ».
Une calculatrice graphique donne toutes les « branches » si vous ne précisez pas sur quel ensemble vous étudiez la fonction.

Les courbes C et C′ (fig. 15) sont les courbes représentatives des fonctions définies respectivement

sur $]-\infty, 1[$ par $f(x) = \dfrac{2x+1}{x-1}$ et sur $]1, +\infty[$ par $g(x) = \dfrac{2x+1}{x-1}$.

En procédant comme dans l'exemple 2 du paragraphe III.1.e, on obtient

$\lim\limits_{x \to 1} f(x) = -\infty$ et $\lim\limits_{x \to 1} g(x) = +\infty$.

En prenant x assez voisin de 1 on peut trouver sur C comme sur C′ un point M d'abscisse x, tel que la distance MH soit aussi voisine de 0 que l'on veut.
On dit que la droite d'équation $x = 1$ est une asymptote verticale de la courbe C et de la courbe C′.

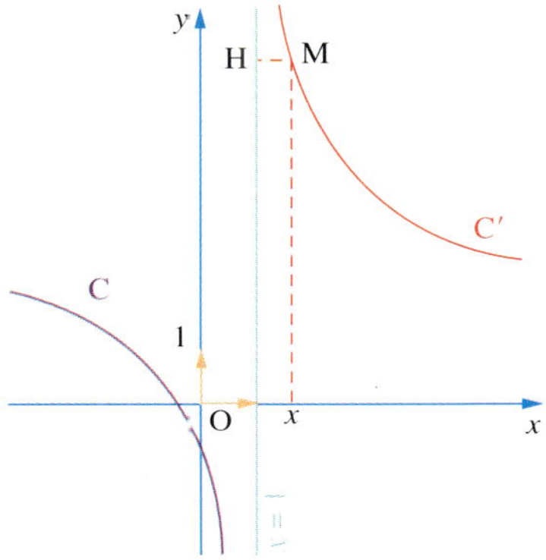

Fig. 15

Plus généralement :

Soit f une fonction telle que $\lim\limits_{x \to a} f(x) = +\infty$ ou $\lim\limits_{x \to a} f(x) = -\infty$.

La droite d'équation $x = a$ est une *asymptote verticale* de la représentation graphique de f.

2. Asymptote horizontale

f est définie au moins sur un intervalle de la forme $]A, +\infty[$ ou $]-\infty, A[$, A étant un nombre réel.

Des exemples figurent au paragraphe II. 2.

Soit f une fonction telle que $\lim\limits_{x \to +\infty} f(x) = L$ ou $\lim\limits_{x \to -\infty} f(x) = L$.

La droite d'équation $y = L$ est une asymptote horizontale de la représentation graphique de f.

EXEMPLE D'APPLICATION

Montrer que la courbe représentative de la fonction f définie sur $\mathbb{R}$ par

$$f(x) = \frac{2x^2 + x + 2}{x^2 + 1}$$

admet une asymptote dont on donnera une équation.

3. Asymptote oblique

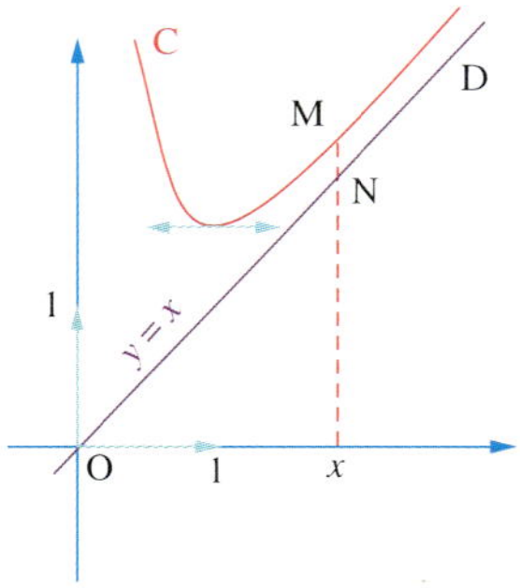

Fig. 16

La courbe représentative C de la fonction définie sur $]0, +\infty[$ par $f(x) = x + \frac{1}{x}$ est dessinée sur la figure 16.

Pour tout nombre réel x de $]0, +\infty[$, $\overline{NM} = \frac{1}{x}$ car $\overline{NM} = y_M - y_N$.

Donc $\lim\limits_{x \to +\infty} \overline{NM} = 0$.

Le point M de la courbe C est aussi proche que l'on veut, pour x suffisamment grand, du point N de la droite D d'équation $y = x$. On dit que la droite D est une **asymptote oblique** de la courbe C.

Plus généralement :

On dispose d'un énoncé analogue en remplaçant $+\infty$ par $-\infty$ et $]A, +\infty[$ par $]-\infty, A[$.

Soit f une fonction définie sur $]A, +\infty[$ par

$$f(x) = ax + b + g(x) \quad \text{avec} \quad \lim_{x \to +\infty} g(x) = 0.$$

La droite d'équation $y = ax + b$ est une asymptote de la représentation graphique de la fonction f.

EXEMPLE

Soit la fonction définie sur $]-\infty, 2[$ par

$$f(x) = x - 3 + \frac{4}{x-2}.$$

Montrons que la droite D d'équation $y = x - 3$ est une asymptote de la courbe représentative C de f.

Pour tout x de $]-\infty, 2[$,

$$f(x) - (x-3) = \frac{4}{x-2}.$$

$$\lim_{x \to -\infty} \frac{4}{x-2} = 0, \quad \text{d'où le résultat.}$$

La figure 17 donne la courbe représentative de f et son asymptote D.

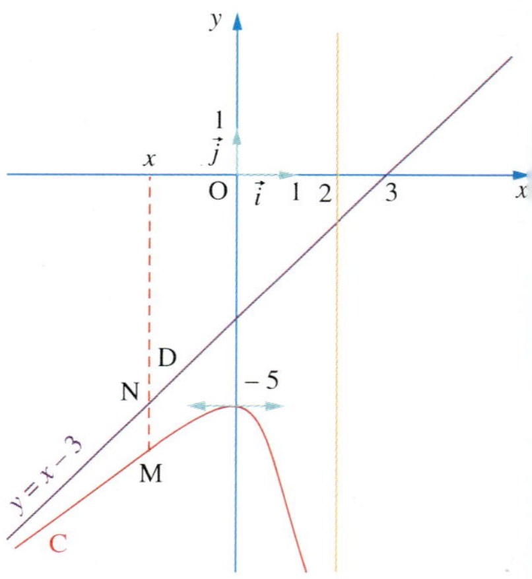

Fig. 17

REMARQUES

On a intérêt à tracer l'asymptote D avant la courbe C ; l'asymptote sert alors de guide pour dessiner C.

On détermine la **position de la courbe C par rapport à l'asymptote D en étudiant le signe de $\overline{NM} = y_M - y_N$** qui mesure l'écart (positif ou négatif) entre la courbe et l'asymptote.

Le sens positif est donné par le vecteur $\vec{j}$.

$$\overline{NM} = ax + b + g(x) - (ax + b) = g(x).$$

Voir figure 16.

Si $g(x) > 0$, alors $\overline{NM} > 0$: le point M de la courbe est **au-dessus** du point N de l'asymptote.

Voir figure 17.

Si $g(x) < 0$, alors le point M de la courbe est **au-dessous** du point N de l'asymptote.

V. FONCTION TANGENTE

1. Définition

tan x se lit « tangente x ».

Pour tout nombre réel x tel que $\cos x \neq 0$,

$$\tan x = \frac{\sin x}{\cos x}.$$

x étant un nombre réel pour obtenir la valeur de tan x avec une calculatrice il faut la mettre en mode radian.

EXEMPLES

$$\tan 0 = 0 \quad \text{car} \quad \sin 0 = 0 \quad \text{et} \quad \cos 0 = 1,$$

$$\tan \frac{\pi}{4} = 1 \quad \text{car} \quad \sin \frac{\pi}{4} = \cos \frac{\pi}{4} \left(= \frac{\sqrt{2}}{2}\right).$$

Pour $x = \frac{\pi}{2}$, $\tan x$ n'est pas défini car $\cos \frac{\pi}{2} = 0$.

2. Interprétation géométrique

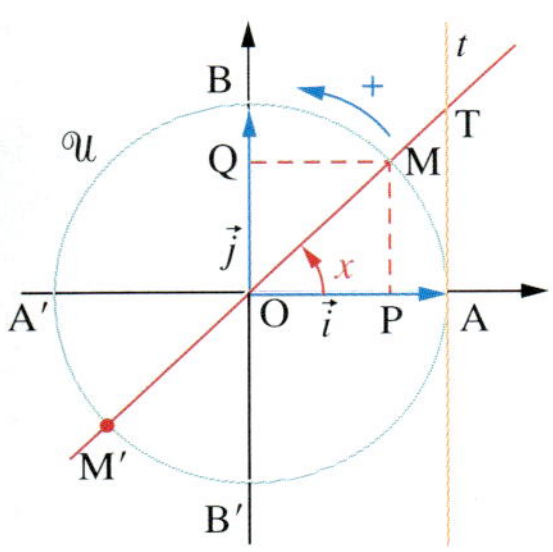

Fig. 18

On sait qu'à tout nombre réel x est associé un point unique M du cercle trigonométrique, x étant alors une mesure de l'angle $(\overrightarrow{OA}, \overrightarrow{OM})$ (fig. 18).

On munit la tangente (At) en A au cercle $\mathcal{U}$ du repère $(A ; \vec{j})$. On suppose M distinct de B et de B′.

Soit T le point d'intersection des droites (OM) et (AT).
En utilisant les triangles homothétiques OAT et OPM, on obtient

$$\overline{AT} = \overline{PM} \, \frac{\overline{OA}}{\overline{OP}},$$

donc $\overline{AT} = \frac{\sin x}{\cos x}$ car $\overline{PM} = \sin x$, $\overline{OA} = 1$ et $\overline{OP} = \cos x$.

Donc $\overline{\mathbf{AT}} = \mathbf{tan}\ \boldsymbol{x}$.

3. Ensemble de définition

Voir le chapitre 4 ; on lit le résultat sur la figure 18.

$\cos x = 0$ si et seulement si P = O, c'est-à-dire M = B ou M = B′.
Les solutions de l'équation $\cos x = 0$ sont les nombres réels $\frac{\pi}{2} + k\pi$ où k appartient à $\mathbb{Z}$.

La fonction tangente est définie pour tout x réel tel que

$$x \neq \frac{\pi}{2} + k\pi \quad (k \in \mathbb{Z}).$$

4. Période

Voir la figure 18.
On vérifie que le point T relatif aux points M et M′ est le même.

La droite (OM) recoupe le cercle $\mathcal{U}$ en M′.
Une mesure de l'angle $(\overrightarrow{OA}, \overrightarrow{OM'})$ est $x + \pi$.
Or, pour tout nombre réel x, $\sin(x + \pi) = -\sin x$ et $\cos(x + \pi) = -\cos x$.
Donc pour tout nombre réel x tel que $x \neq \frac{\pi}{2} + k\pi \quad (k \in \mathbb{Z})$.

$$\tan(x + \pi) = \tan x.$$

π est une période de la fonction tangente.

Il suffit d'étudier la fonction tan sur un intervalle d'amplitude π, par exemple

$$\left]-\frac{\pi}{2}, \frac{\pi}{2}\right[.$$

5. Parité

Pour tout nombre x de $\left]-\frac{\pi}{2}, \frac{\pi}{2}\right[$, $\begin{cases}\sin(-x) = -\sin x \\ \cos(-x) = \cos x,\end{cases}$ donc

La fonction tangente est impaire.

Il suffit d'étudier la fonction tan sur $\left[0, \frac{\pi}{2}\right[$.

6. Étude des variations

$\tan 0 = 0$.

$\sin\frac{\pi}{2} = 1$, $\cos\frac{\pi}{2} = 0$ et pour tout x de $\left[0, \frac{\pi}{2}\right[$, $\cos x > 0$.

$0 \leqslant x < \frac{\pi}{2}$.

Donc $\lim\limits_{x \to \frac{\pi}{2}} \frac{1}{\cos x} = +\infty$ en utilisant le théorème 1 du paragraphe III. 1. d.

Donc $\lim\limits_{x \to \frac{\pi}{2}} \tan x = +\infty$ dans le cas où $0 \leqslant x < \frac{\pi}{2}$.

Voir le paragraphe IV. 1.

La droite d'équation $x = \frac{\pi}{2}$ est une **asymptote verticale** de la courbe représentative de la fonction tangente.

Voir le chapitre 4.

D'après le théorème sur la dérivée d'un quotient, la fonction tan est dérivable sur $\left[0, \frac{\pi}{2}\right[$ et, pour tout x de $\left[0, \frac{\pi}{2}\right[$,

$\left(\frac{u}{v}\right)' = \frac{u'v - uv'}{v^2}$.

$$\tan' x = \frac{(\cos x)(\cos x) - \sin x(-\sin x)}{\cos^2 x}$$

$\cos^2 x + \sin^2 x = 1$.

$$\tan' x = \frac{\cos^2 x + \sin^2 x}{\cos^2 x} = \frac{1}{\cos^2 x}.$$

$1 + \tan^2 x = 1 + \frac{\sin^2 x}{\cos^2 x}$; réduire au même dénominateur.

Pour tout x de $\left[0, \frac{\pi}{2}\right[$, $\tan' x = \frac{1}{\cos^2 x} = 1 + \tan^2 x$.

x	0		$\frac{\pi}{2}$
$\tan' x$	1	$+$	‖
$\tan x$	0	↗	$+\infty$ ‖

7. Courbe représentative

On trace d'abord la partie correspondant à l'intervalle $\left[0, \frac{\pi}{2}\right[$, puis par symétrie par rapport à l'origine O, on complète à l'intervalle $\left]-\frac{\pi}{2}, \frac{\pi}{2}\right[$. Enfin, par translations successives de vecteurs $\pi\vec{i}$ ou $-\pi\vec{i}$, on obtient la courbe représentative de la fonction tangente.

tan est impaire.

tan a pour période π.

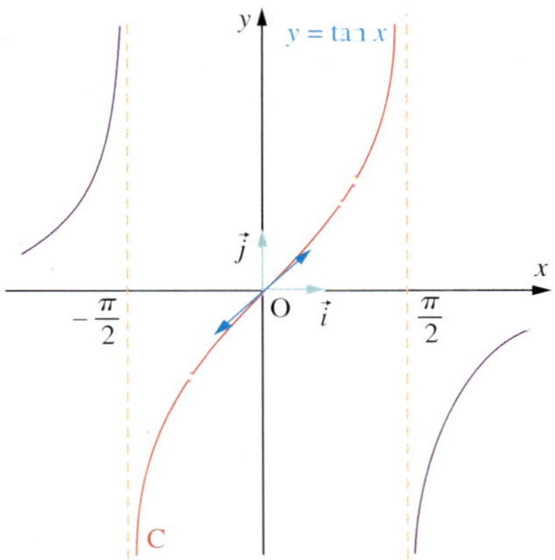

Fig. 19

TRAVAUX PRATIQUES

T.P. 1 Lecture de propriétés d'une fonction à partir de sa représentation graphique

On donne la courbe représentative C de la fonction f définie sur $]0, +\infty[$, dans le plan muni du repère orthonormal $(O ; \vec{i}, \vec{j})$.
On précise que l'axe des ordonnées et la droite Δ sont des asymptotes de C, que l'axe des abscisses est tangent à la courbe C au point A de coordonnées $(1, 0)$ et que la tangente à la courbe C au point B de coordonnées $(3, 2)$ est parallèle à l'axe des abscisses.

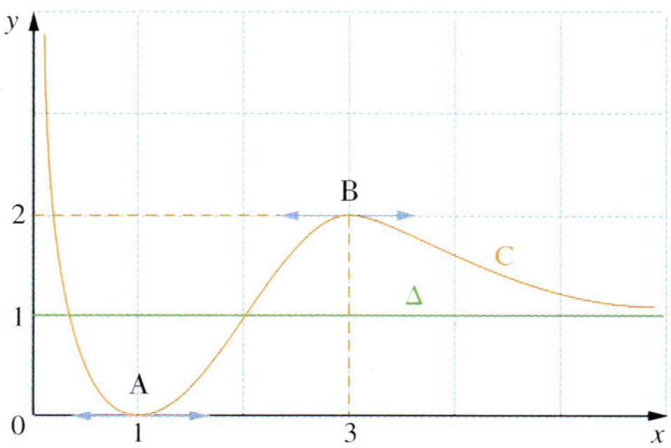

Fig. 20

1° À l'aide des indications ci-dessus déterminer $\lim\limits_{x \to 0} f(x)$ et $\lim\limits_{x \to +\infty} f(x)$.

2° Établir le tableau de variation de f.

T.P. 2 Tracé de la courbe représentative d'une fonction

Soit f la fonction définie sur $]-2, +\infty[$ dont le tableau de variation est le suivant.

x	-2			0		$+\infty$
$f'(x)$	||		$+$	0	$-$	
$f(x)$	||	$-\infty$	↗	2	↘	0

1° À l'aide du tableau de variation, déterminer $\lim\limits_{x \to -2} f(x)$ et $\lim\limits_{x \to +\infty} f(x)$.

2° On appelle C la courbe représentative de f dans le plan muni du repère orthonormal $(O ; \vec{i}, \vec{j})$, unité graphique 2 cm.

a) Que peut-on déduire du 1° pour la courbe C ?

b) On précise que $f(-1) = 0$ et que $f(2) = 1$. Tracer une courbe C possible.

T.P. 3 Lecture de propriétés d'une fonction à partir de sa représentation graphique ; recherche de la limite d'une fonction polynôme en $+\infty$ ou $-\infty$

Le plan est muni du repère orthonormal $(O ; \vec{i}, \vec{j})$. C est la courbe représentative d'une fonction définie sur $\mathbb{R}$.

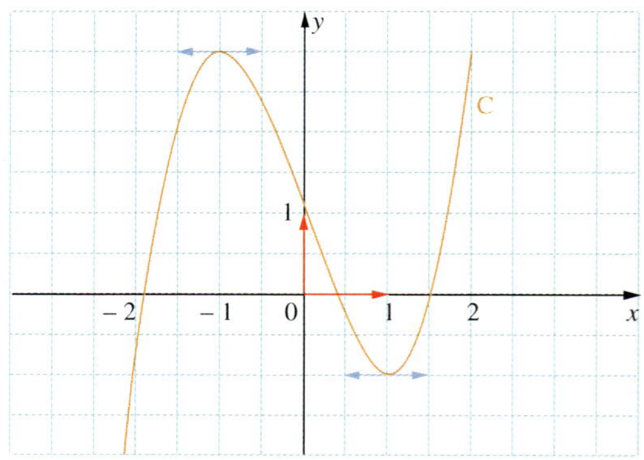

Fig. 21

1° On précise que les tangentes à la courbe C aux points de coordonnées $(-1, 3)$ et $(1, -1)$ sont parallèles à l'axe des abscisses. Déduire du graphique le tableau de variation de f.

2° On admet maintenant que f est définie sur $\mathbb{R}$ par $f(x) = x^3 - 3x + 1$.

a) Vérifier que, pour tout nombre réel non nul x,

$$f(x) = x^3\left(1 - \frac{3}{x^2} + \frac{1}{x^3}\right).$$

En déduire $\lim\limits_{x \to -\infty} f(x)$ et $\lim\limits_{x \to +\infty} f(x)$.

b) Compléter le tableau de variation du 1° avec les résultats obtenus au *a*).

T.P. 4 Recherche de limites d'une fonction rationnelle, recherche d'asymptotes

Soit f la fonction définie sur $]-\infty, 10[$ par

$$f(x) = \frac{2x+4}{10-x}$$

et H sa courbe représentative dans le plan muni d'un repère orthonormal $(O ; \vec{i}, \vec{j})$.

1° Montrer que, pour tout nombre réel x de $]-\infty, 10[$,

$$f(x) = -2 + \frac{24}{10-x}.$$

En déduire $\lim\limits_{x \to 10} f(x)$ et $\lim\limits_{x \to -\infty} f(x)$.

2° Donner une équation de chacune des asymptotes de la courbe H.

T.P. 5 Recherche de la limite d'une fonction polynôme ou rationnelle en $+\infty$ ou $-\infty$, étude du sens de variation d'une fonction, programmation de ses valeurs, tracé de sa courbe représentative

Soit f la fonction définie sur l'intervalle $\left]-\frac{1}{2}, +\infty\right[$ par

$$f(x) = \frac{2x^2+7x+5}{2x+1}$$

et C sa courbe représentative dans le plan muni du repère orthonormal $(O ; \vec{i}, \vec{j})$ (unité : 1 cm sur chaque axe).

1° Déterminer trois nombres réels a, b, c tels que, pour tout nombre réel x de $\left]-\frac{1}{2}, +\infty\right[$,

$$f(x) = ax + b + \frac{c}{2x+1}.$$

2° *a*) Déterminer $\lim\limits_{x \to +\infty} f(x)$.

Déterminer $\lim\limits_{x \to +\infty} [f(x) - (x+3)]$.

Que peut-on en conclure pour C et la droite D d'équation $y = x + 3$?

b) Étudier le signe $f(x) - (x+3)$ lorsque x varie dans $\left]-\frac{1}{2}, +\infty\right[$. Que peut-on en déduire pour la position de C par rapport à D ?

3° *a*) Déterminer $\lim\limits_{x \to -\frac{1}{2}} f(x)$.

La courbe C admet-elle une autre asymptote ? Si oui en donner une équation.

b) Étudier les variations de f.

c) Construire D et C. Pour construire C, on déterminera les coordonnées de quelques points à l'aide d'une calculatrice programmable.

EXERCICES ET PROBLÈMES

AVEC CORRIGÉS

OBJECTIFS	Numéros des exercices
Utiliser les limites des fonctions de référence en 0 et en l'infini	1 et 2
Déterminer la limite d'une fonction polynôme ou rationnelle en un point de son ensemble de définition	3 et 4
Déterminer la limite d'une fonction polynôme en + ∞ ou – ∞	5 et 6
Déterminer la limite d'une fonction rationnelle en + ∞ ou – ∞	7
Déterminer les limites d'une fonction rationnelle aux bornes de l'intervalle où elle est définie	8 à 12, 21
Étudier une fonction définie par son tableau de variation	20
Étudier le sens de variation d'une fonction et tracer sa courbe représentative	21
Déterminer les asymptotes de la courbe représentative d'une fonction rationnelle	13 à 15, 21
Lire des propriétés d'une fonction à partir de sa courbe représentative	16 à 19
Étudier graphiquement une équation de la forme $f(x) = \lambda$	21

Utilisation de limites de fonctions de référence

1 ■ Déterminer les limites aux bornes de l'ensemble I sur lequel la fonction f est définie.

a) $f : x \mapsto -x^2$; $\quad$ I = ℝ.

b) $f : x \mapsto -\frac{1}{2}x^3$; $\quad$ I = ℝ.

c) $f : x \mapsto 2x^4$; $\quad$ I = ℝ.

d) $f : x \mapsto -\frac{2}{x}$; $\quad$ I = $]-\infty, 0[$.

e) $f : x \mapsto -\frac{6}{x^2}$; $\quad$ I = $]0, +\infty[$.

2 ■ Déterminer les limites aux bornes de l'intervalle I sur lequel la fonction f est définie :

a) $f : x \mapsto x\sqrt{x}$; $\quad$ I = $[0, +\infty[$.

b) $f : x \mapsto -\frac{1}{\sqrt{x}}$; $\quad$ I = $]0, +\infty[$.

Limite d'une fonction polynôme ou rationnelle en un point où elle est définie

3 ■ Soit f la fonction définie sur ℝ par

$$f(x) = x^2 - 2x + 3.$$

Déterminer $\lim_{x \to -1} f(x)$; $\lim_{x \to 3} f(x)$.

4 ■ Soit f la fonction définie sur $]-\infty, 1[$ par

$$f(x) = \frac{2x+1}{x-1};$$

Déterminer $\lim_{x \to -1} f(x)$; $\lim_{x \to 0} f(x)$; $\lim_{x \to 0,5} f(x)$.

Limites de fonctions polynômes en $+\infty$ et $-\infty$

5 ■ 1° Soit f la fonction définie sur $\mathbb{R}$ par

$$f(x) = x^3 - x^2.$$

Compléter les deux égalités suivantes :

$$\lim_{x \to +\infty} x^3 = \ldots \quad \text{et} \quad \lim_{x \to +\infty} -x^2 = \ldots$$

Peut-on en déduire $\lim_{x \to +\infty} f(x)$ en appliquant un théorème sur la limite d'une somme ?

2° Vérifier que, pour tout nombre réel x non nul,

$$f(x) = x^3\left(1 - \frac{1}{x}\right).$$

On met en facteur le terme x^3 qui joue un rôle plus important que $-x^2$ lorsque x prend de grandes valeurs.

Compléter les égalités suivantes :

$$\lim_{x \to +\infty} x^3 = \ldots \quad \text{et} \quad \lim_{x \to +\infty} \left(1 - \frac{1}{x}\right) = \ldots$$

En appliquant un théorème sur la limite d'un produit, en déduire $\lim_{x \to +\infty} f(x)$.

6 ■ En procédant comme au 2° de l'exercice 5, déterminer $\lim_{x \to -\infty} f(x)$ et $\lim_{x \to +\infty} f(x)$ dans chacun des cas suivants.

a) $f(x) = -3x^2 + 4x + 1$.
b) $f(x) = -x^3 + x + 1$.
c) $f(x) = x^4 - 2x^3 + x - 1$.

Limites de fonctions rationnelles

Limite d'une fonction rationnelle en $-\infty$ et $+\infty$

7 ■ 1° *a*) Soit f la fonction définie sur $]1, +\infty[$ par

$$f(x) = \frac{3x+1}{x-1}.$$

Pour tout nombre réel x de $]1, +\infty[$,

$$f(x) = (3x+1) \times \frac{1}{x-1}.$$

Compléter les égalités suivantes :

$$\lim_{x \to +\infty} (3x+1) = \ldots \; ; \quad \lim_{x \to +\infty} \frac{1}{x-1} = \ldots$$

Peut-on déduire des deux résultats précédents $\lim_{x \to +\infty} f(x)$ en appliquant un théorème sur la limite d'un produit ?

b) Vérifier que, pour tout nombre réel x de $]1, +\infty[$,

$$f(x) = \frac{3x\left(1 + \frac{1}{3x}\right)}{x\left(1 - \frac{1}{x}\right)} = 3\,\frac{1 + \frac{1}{3x}}{1 - \frac{1}{x}}.$$

Compléter les égalités suivantes :

$$\lim_{x \to +\infty} \left(1 + \frac{1}{3x}\right) = \ldots \quad \text{et} \quad \lim_{x \to +\infty} 1 - \frac{1}{x} = \ldots$$

En déduire $\lim_{x \to +\infty} f(x)$ en appliquant un théorème sur la limite d'un quotient.

2° Soit g la fonction définie sur $]2, +\infty[$ par

$$g(x) = \frac{3x^2 + 2x + 1}{x - 2}.$$

Vérifier que, pour tout nombre réel x de $]2, +\infty[$,

$$g(x) = \frac{3x^2\left(1 + \frac{2}{3x} + \frac{1}{3x^2}\right)}{x\left(1 - \frac{2}{x}\right)} = 3x \times \frac{1 + \frac{2}{3x} + \frac{1}{3x^2}}{1 - \frac{2}{x}}.$$

Compléter les égalités suivantes :

$$\lim_{x \to +\infty} 3x = \ldots \; ; \quad \lim_{x \to +\infty} \frac{1 + \frac{2}{3x} + \frac{1}{3x^2}}{1 - \frac{2}{x}} = \ldots$$

En déduire $\lim_{x \to +\infty} g(x)$.

3° Soit h la fonction définie sur $]-\infty, -1[$ par

$$h(x) = \frac{-2x + 1}{3x^2 + 2x - 1}.$$

Vérifier que, pour tout nombre réel x de $]-\infty, -1[$,

$$h(x) = \frac{-2x\left(1 - \frac{1}{2x}\right)}{3x^2\left(1 + \frac{2}{3x} - \frac{1}{3x^2}\right)} = \frac{-2}{3x} \times \frac{1 - \frac{1}{2x}}{1 + \frac{2}{3x} - \frac{1}{3x^2}}.$$

Compléter les égalités suivantes :

$$\lim_{x \to -\infty} \frac{-2}{3x} = \ldots \; ; \quad \lim_{x \to -\infty} \frac{1 - \frac{1}{2x}}{1 + \frac{2}{3x} - \frac{1}{3x^2}} = \ldots$$

En déduire $\lim_{x \to -\infty} h(x)$.

Limite infinie d'une fonction rationnelle en a fini.

8 ■ 1° Soit f la fonction définie sur $]3, +\infty[$ par

$$f(x) = \frac{-x + 2}{x - 3}.$$

Pour tout nombre réel x de $]3, +\infty[$,

$$f(x) = (-x+2) \times \frac{1}{x-3}.$$

a) Déterminer $\lim_{x \to 3} (x-3)$.

Quel est le signe de $x-3$ quand x appartient à $]3, +\infty[$?

En déduire $\lim_{x \to 3} \frac{1}{x-3}$ dans le cas où $x > 3$.

b) Compléter l'égalité suivante :

$$\lim_{x \to 3} (-x+2) = \ldots$$

c) Des résultats du *a*) et du *b*), à l'aide d'un résultat sur la limite d'un produit, déduire

$$\lim_{x \to 3} f(x).$$

2° Soit g la fonction définie sur $]-\infty, 1[$ par

$$g(x) = \frac{-2x+1}{3x^2-2x-1}.$$

a) Vérifier que, pour tout nombre réel x de $]-\infty, 1[$,

$$g(x) = \frac{-2x+1}{(x-1)(3x+1)} = \frac{1}{x-1} \times \frac{-2x+1}{3x+1}.$$

b) Compléter le tableau de signe suivant :

x	$-\infty$	1	$+\infty$
$x-1$		0	

En déduire $\lim_{x \to 1} \frac{1}{x-1}$ lorsque $x < 1$.

c) Calculer $\lim_{x \to 1} \frac{-2x+1}{3x+1}$ lorsque $x < 1$.

Des résultats obtenus au *b*) et au *c*), déduire

$$\lim_{x \to 1} g(x).$$

9 ■ f est définie sur $]1, +\infty[$. En procédant comme à l'exercice 8, déterminer $\lim_{x \to 1} f(x)$.

a) $f(x) = -\frac{4x}{x-1}$.

b) $f(x) = \frac{1-2x}{1-x^2}$.

c) $f(x) = -\frac{2x}{(x-1)^2}$.

***f* est une fonction définie sur un intervalle I, déterminer les limites de *f* aux bornes de I (exercices 10 à 12).**

10 ■ $f : x \mapsto \frac{x+1}{3x-1}$; $\quad I = \left]\frac{1}{3}, +\infty\right[$.

11 ■ $f : x \mapsto \frac{x+3}{x^2-4}$; $\quad I =]-2, 2[$.

12 ■ $f : x \mapsto 2x+1+\frac{1}{x-3}$; $\quad I =]3, +\infty[$.

Exemples de recherches d'asymptotes

13 ■ Déterminer les limites de f aux bornes de son ensemble de définition qui est donné.

Écrire une équation de chacune des éventuelles asymptotes parallèles aux axes de coordonnées de la courbe représentative C de f dans le plan muni d'un repère $(O ; \vec{i}, \vec{j})$.

a) $f : \begin{cases} \left]\frac{3}{2}, +\infty\right[\to \mathbb{R} \\ x \mapsto \frac{x+3}{2x-3}. \end{cases}$

b) $f : \begin{cases} \mathbb{R} \to \mathbb{R} \\ x \mapsto \frac{2x+1}{x^2+x+1}. \end{cases}$

c) $f : \begin{cases}]2, +\infty[\to \mathbb{R} \\ x \mapsto \frac{3x^2+x+1}{x^2-x-2}. \end{cases}$

On ne demande ni étude de variation ni tracé.

14 ■ Soit f la fonction définie sur $]-1, +\infty[$ par

$$f(x) = x+3+\frac{2}{x+1}.$$

1° Déterminer $\lim_{x \to -1} f(x)$.

Que peut-on en déduire comme asymptote pour la courbe représentative C de f ?

2° Déterminer $\lim_{x \to +\infty} f(x)$.

3° Déterminer $\lim_{x \to +\infty} [f(x)-(x+3)]$.

Que peut-on en déduire comme asymptote pour la courbe représentative C de f ?

15 ■■ Soit f la fonction définie sur $]1, +\infty[$ par

$$f(x) = \frac{x^2+3x+1}{x-1}.$$

1° Déterminer trois nombres réels a, b, c tels que pour tout nombre réel x de $]1, +\infty[$,

$$f(x) = ax+b+\frac{c}{x-1}.$$

2° En déduire que la courbe représentative C de f admet une asymptote oblique D dont on donnera une équation.

3° Étudier la position de C par rapport à D sur l'intervalle $]1, +\infty[$.

4° La courbe C admet-elle une autre asymptote ? Si oui, en donner une équation.

Lecture de propriétés d'une fonction à partir de sa courbe représentative

16 ■■ On donne la courbe représentative C de la fonction f définie sur $]0, +\infty[$ dans le plan muni du repère orthonormal $(O ; \vec{i}, \vec{j})$.
On précise que l'axe des ordonnées et la droite D sont des asymptotes de C.

1° Déterminer $\lim\limits_{x \to 0} f(x)$ et $\lim\limits_{x \to +\infty} f(x)$.

2° Donner le tableau de variation de f. On précise que, dans le cas où le point A figure sur le graphique, la tangente à C au point A est parallèle à l'axe des abscisses.

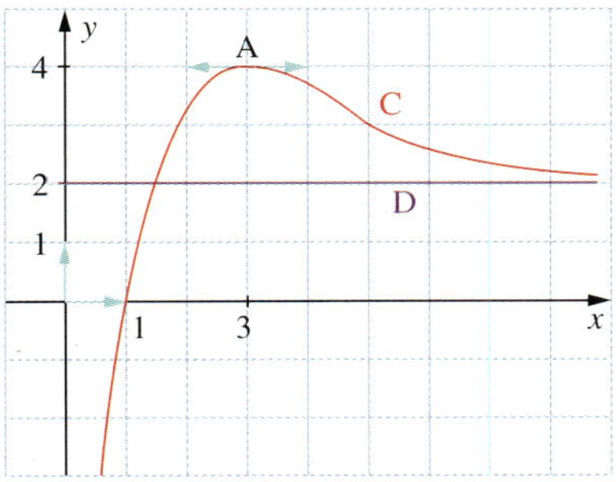

Fig. 22

17 ■■ Même énoncé que l'exercice 16.

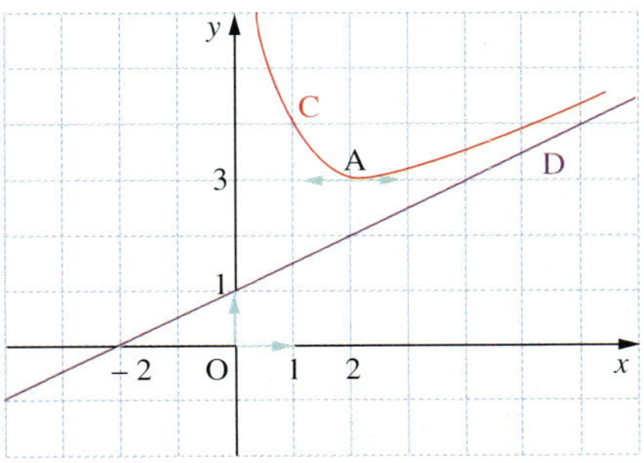

Fig. 23

18 ■■ Même énoncé que l'exercice 16.

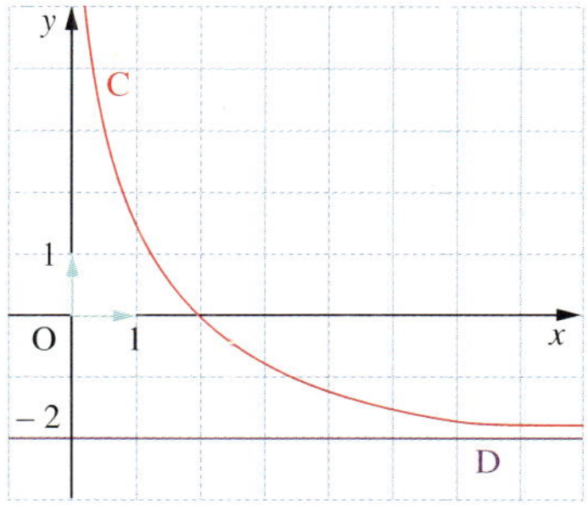

Fig. 24

19 ■■ Même énoncé que l'exercice 16.

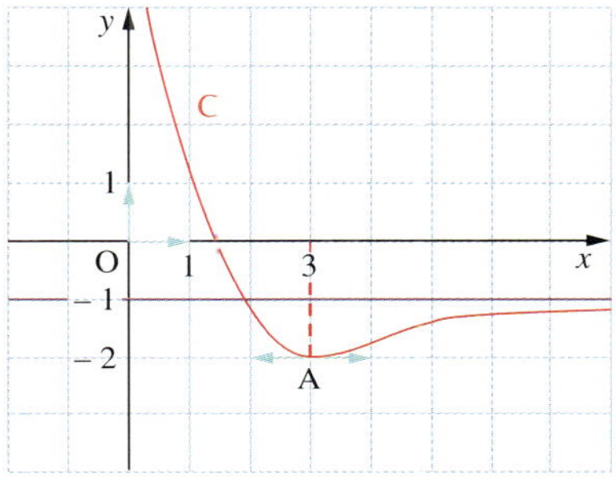

Fig. 25

Fonction définie par un tableau de variation

20 ■■■ On se propose d'étudier la fonction numérique f dont on connaît le tableau de variation :

x	-1		0		2		$+\infty$
$f'(x)$	‖	$-$	-4	$-$	0	$+$	
$f(x)$	‖ $+\infty$	↘	3	↘	-1	↗	0

1° Donner les ensembles de définition de f et de sa dérivée f'.

2° Quelles sont les limites aux bornes de l'ensemble de définition de la fonction f ? Donner les équations des asymptotes de la courbe représentative de f.

3° Écrire les équations des tangentes à la courbe représentative de f que le tableau de variation permet de connaître.

4° On précise que $f(1) = 0$.

Tracer une esquisse de la courbe représentative de f.

5° Résoudre graphiquement dans $]-1, +\infty[$ l'inéquation $f(x) \leqslant 0$.

Étude du sens de variation d'une fonction

21 ■■■ On considère la fonction f définie sur l'intervalle $\left]-\frac{1}{2}, +\infty\right[$ par

$$f(x) = 2x - 3 + \frac{9}{2x+1}.$$

Soit C sa courbe représentative dans un repère orthogonal $(O ; \vec{i}, \vec{j})$ (unités graphiques : 2 cm en abscisse et 1 cm en ordonnée).

1° Calculer la dérivée f' de f et montrer que, pour tout x de $\left]-\frac{1}{2}, +\infty\right[$,

$$f'(x) = \frac{8(x+2)(x-1)}{(2x+1)^2}.$$

En déduire le sens de variation de f sur $\left]-\frac{1}{2}, +\infty\right[$ et le tableau de variation de f.

2° Déterminer la limite de f en $-\frac{1}{2}$ et en $+\infty$.
Compléter le tableau de variation en y portant ces limites.

3° Montrer que la droite D d'équation $y = 2x - 3$ est une asymptote de C.
Étudier la position de C par rapport à D lorsque x varie dans $\left]-\frac{1}{2}, +\infty\right[$
Précisez l'équation de l'autre asymptote de C.

4° Recopier et compléter le tableau de valeurs suivant dans lequel les valeurs approchées éventuelles seront donnée à 10^{-2} près à l'aide d'une calculatrice programmable.

x	1	2	3	4	5	6	7	8	9	10
$f(x)$										

5° Tracer C et ses asymptotes dans le repère donné.

6° On considère l'équation $f(x) = 10$, où l'inconnue x appartient à $\left]-\frac{1}{2}, +\infty\right[$.
Déterminer graphiquement le nombre et le signe des solutions de cette équation.

Q.C.M.

Ces Q.C.M., dont les réponses figurent à la fin du chapitre, permettent une auto-évaluation.

Dans ces questionnaires à choix multiples (Q.C.M.), il suffit d'indiquer sur sa copie, pour chaque question posée, la (ou les) bonne(s) réponse(s), s'il y en a, parmi les propositions de l'énoncé ; aucune justification n'est demandée.

Limites de fonctions polynômes ou rationnelles en $+\infty$ ou en $-\infty$ (exercices 22 à 24).

22 ■ Dans chaque question, f est une fonction polynôme définie sur $\mathbb{R}$

1 $f(x) = -3x^2 + x + 1$	2 $f(x) = -2x^3 + x^2$
$\lim\limits_{x \to -\infty} f(x) = +\infty$	$\lim\limits_{x \to +\infty} f(x) = 0$
$\lim\limits_{x \to -\infty} f(x) = 1$	$\lim\limits_{x \to +\infty} f(x) = -\infty$
$\lim\limits_{x \to -\infty} f(x) = -\infty$	$\lim\limits_{x \to +\infty} f(x) = +\infty$

23 ■ Dans chaque question, f est une fonction rationnelle définie sur $]1, +\infty[$.

1 $f(x) = \frac{-3+1}{x-1}$	2 $f(x) = \frac{2x^2 - x + 1}{x-1}$
$\lim\limits_{x \to +\infty} f(x) = -1$	$\lim\limits_{x \to +\infty} f(x) = +\infty$
$\lim\limits_{x \to +\infty} f(x) = -\infty$	$\lim\limits_{x \to +\infty} f(x) = +2$
$\lim\limits_{x \to +\infty} f(x) = -3$	$\lim\limits_{x \to +\infty} f(x) = 1$

3 si $f(x) = \frac{-3x+1}{(x-1)(x+2)}$ alors $\lim\limits_{x \to +\infty} f(x) =$

-3	0	$-\infty$

24 ■■ ***Limites infinies d'une fonction rationnelle***

Dans chaque question, f est une fonction rationnelle définie sur $]-\infty, 2[$.

1 $f(x) = \frac{-4x+1}{x-2}$	2 $f(x) = \frac{-3x}{(x-2)^2}$
$\lim\limits_{x \to 2} f(x) = -\infty$	$\lim\limits_{x \to 2} f(x) = 0$
$\lim\limits_{x \to 2} f(x) = +\infty$	$\lim\limits_{x \to 2} f(x) = +\infty$
$\lim\limits_{x \to 2} f(x) = -4$	$\lim\limits_{x \to 2} f(x) = -\infty$

3 si $f(x) = -2x - 1 - \frac{1}{x-2}$ alors $\lim\limits_{x \to 2} f(x) =$

-3	0	$-\infty$

Dans les deux Q.C.M. suivants (25 et 26) indiquer sur sa copie, pour chaque question posée, quelle est la bonne réponse parmi les propositions de l'énoncé en justifiant brièvement son choix.

25 ■■ Parmi les trois courbes C_1, C_2, C_3 (fig. 26) déterminer laquelle ou lesquelles sont susceptibles d'être la courbe représentative d'une fonction f définie sur $[0, +\infty[$ dont le tableau de variation est :

x	0		2		$+\infty$
$f'(x)$		$-$	0	$-$	
$f(x)$	1	↘	-1	↗	2

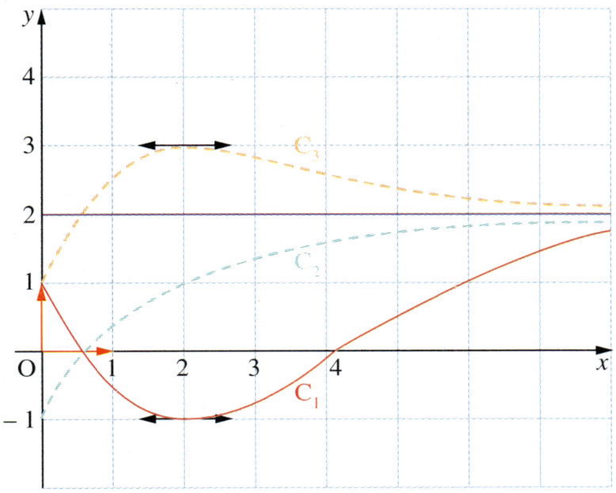

Fig. 26

26 ■■■ Parmi les trois tableaux de variation suivants, déterminer lequel ou lesquels sont susceptibles de correspondre à la fonction f dont la courbe représentative est la suivante. On précise que les droites Δ_1 et Δ_2 sont des asymptotes verticales.

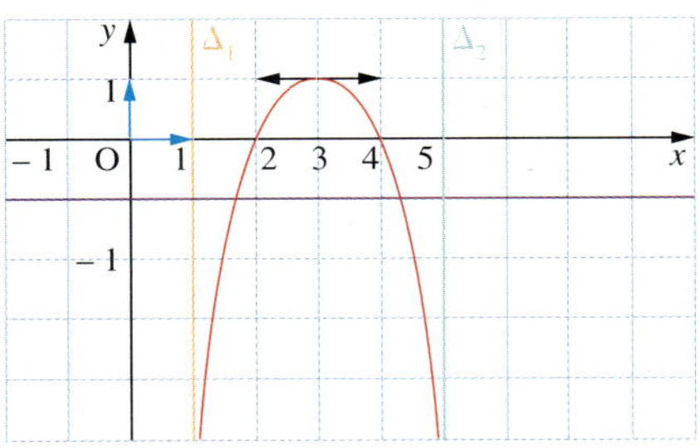

Fig. 27

n° 1

x	1		3		5
$f'(x)$	‖	$+$	0	$-$	‖
$f(x)$	‖ -5	↗	1	↘	-5 ‖

n° 2

x	1		3		5
$f'(x)$	‖	$+$	0	$-$	‖
$f(x)$	‖ $-\infty$	↗	1	↘	$-\infty$ ‖

n° 3

x	1		3		4		5
$f'(x)$	‖	$+$	0	$-$	0	$+$	‖
$f(x)$	‖ $-\infty$	↗	0	↘	-1	↗	$+\infty$ ‖

SANS CORRIGÉS

Détermination de limites

27 ■ ***Limites de fonctions polynômes en $+\infty$ ou $-\infty$***

Déterminer les limites en $-\infty$ et $+\infty$ de la fonction f définie sur $\mathbb{R}$.

a) $f : x \mapsto -x^2 + x + 1.$

b) $f : x \mapsto -2x^3 + 4x - 1.$

c) $f : x \mapsto \dfrac{1}{2}x^3 - x + 1.$

d) $f : x \mapsto -x^4 + x^2 + 3.$

Limites de fonctions rationnelles.

28 ■ Déterminer les limites aux bornes de l'ensemble de définition de la fonction f.

$$f : \begin{cases}]-\infty, -3[\to \mathbb{R} \\ x \mapsto \dfrac{-x+1}{x+3}. \end{cases}$$

29 ■ Même énoncé que l'exercice 28 avec :

$$f : \begin{cases}]-3, +\infty[\to \mathbb{R} \\ x \mapsto \dfrac{-x+1}{x+3}. \end{cases}$$

30 ■ Même énoncé que l'exercice 28 avec :

$$f : \begin{cases}]2, +\infty[\to \mathbb{R} \\ x \mapsto \dfrac{-3x^2+x+2}{x^2-x-2}. \end{cases}$$

31 ■ Même énoncé que l'exercice 28 avec :

$$f : \begin{cases}]1, +\infty[\to \mathbb{R} \\ x \mapsto \dfrac{2x^2 - 3x + 2}{x - 1}. \end{cases}$$

32 ■ Même énoncé que l'exercice 28 avec :

$$f : \begin{cases} \mathbb{R} \mapsto \mathbb{R} \\ x \mapsto \dfrac{2x + 4}{x^2 + x + 4}. \end{cases}$$

33 ■ Même énoncé que l'exercice 28 avec :

$$f : \begin{cases}]-\infty, 2[\to \mathbb{R} \\ x \mapsto \dfrac{-x^2 - x + 3}{(x - 2)^2}. \end{cases}$$

34 ■ Même énoncé que l'exercice 28 avec :

$$f : \begin{cases}]0, +\infty[\to \mathbb{R} \\ x \mapsto -3x + 1 + \dfrac{2}{x}. \end{cases}$$

35 ■ Même énoncé que l'exercice 28 avec :

$$f : \begin{cases} \left]-\infty, -\dfrac{3}{2}\right[\to \mathbb{R} \\ x \mapsto -x + 4 + \dfrac{2}{2x + 3}. \end{cases}$$

36 ■ Même énoncé que l'exercice 28 avec :

$$f : \begin{cases} \mathbb{R} \to \mathbb{R} \\ x \mapsto \dfrac{3x^3 + 3x - 6}{x^2 + 1}. \end{cases}$$

Recherches d'asymptotes

37 ■ Écrire une équation de chacune des éventuelles asymptotes parallèles aux axes de coordonnées de la courbe représentative de f dans le plan muni d'un repère $(O ; \vec{i}, \vec{j})$.

a) $f : \begin{cases}]-1, +\infty[\to \mathbb{R} \\ x \mapsto \dfrac{-x + 2}{x + 1}. \end{cases}$ *b)* $f : \begin{cases}]-\infty, -2[\to \mathbb{R} \\ x \mapsto \dfrac{x^2 + 4}{x^2 + x - 2}. \end{cases}$

38 ■ Écrire une équation de chacune des éventuelles asymptotes de la courbe représentative de f dans le plan muni d'un repère $(O ; \vec{i}, \vec{j})$.

a) $f : \begin{cases}]-2, +\infty[\to \mathbb{R} \\ x \mapsto 2x - 3 + \dfrac{4}{x + 2}. \end{cases}$

b) $f : \begin{cases} \mathbb{R} \to \mathbb{R} \\ x \mapsto -3x + 1 - \dfrac{2x}{x^2 + 1}. \end{cases}$

39 ■■ Soit f la fonction définie sur $]2, +\infty[$ par

$$f(x) = \frac{x^2 + 3x + 4}{x - 2}.$$

1° Déterminer trois nombres réels a, b, c tels que pour tout nombre réel x de $]2, +\infty[$,

$$f(x) = ax + b + \frac{c}{x - 2}.$$

2° En déduire que la courbe représentative de f admet une asymptote oblique dont on donnera une équation.
3° La courbe représentative de f admet-elle une autre asymptote ? Si oui, en donner une équation.

40 ■■ Soit f la fonction numérique de la variable réelle x définie sur $\mathbb{R}$ par

$$f(x) = \frac{x^3 + 2x^2 + 9x + 2}{x^2 + 1}.$$

On appelle C la courbe représentative de f dans le plan muni d'un repère orthogonal $(O ; \vec{i}, \vec{j})$.
a) Montrer qu'il existe des nombres réels a, b, c tels que pour tout nombre réel x de $\mathbb{R}$,

$$f(x) = ax + b + \frac{cx}{x^2 + 1}.$$

b) Calculer $\lim\limits_{x \to +\infty} f(x)$ et $\lim\limits_{x \to -\infty} f(x)$; montrer que la droite d'équation $y = x + 2$ est une asymptote de C.

Lecture de propriétés d'une fonction à partir de sa courbe représentative

41 ■■ Soit f la fonction définie sur $\mathbb{R}$ dont la courbe représentative C dans le plan muni du repère orthonormal $(O ; \vec{i}, \vec{j})$ admet pour asymptote en $-\infty$ et en $+\infty$ la droite D (fig. 28).

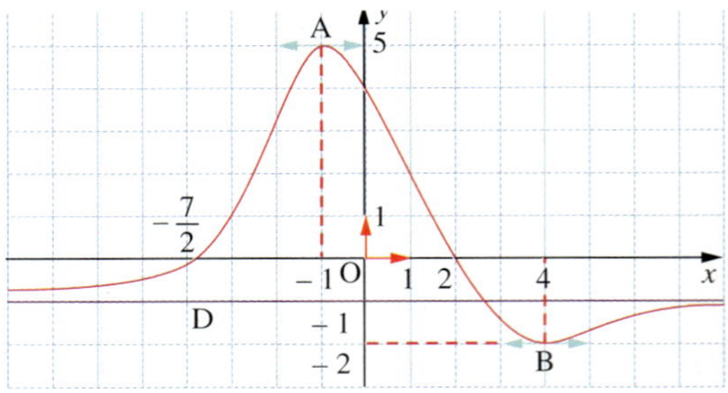

Fig. 28

1° Déterminer à partir du graphique

$$\lim_{x \to -\infty} f(x) \quad \text{et} \quad \lim_{x \to +\infty} f(x)$$

2° On admet que la courbe C admet au point $A(-1, 5)$ et au point $B(4, -2)$ une tangente parallèle à l'axe des abscisses.
Dresser le tableau de variation de f.

3° Résoudre graphiquement dans $\mathbb{R}$ l'inéquation $f(x) \leqslant 0$.

(D'après une épreuve de Brevet de technicien)

42 ■■ Soit f la fonction définie sur $]-2, +\infty[$ dont la courbe représentative C dans le plan muni du repère orthonormal $(O ; \vec{i}, \vec{j})$ admet pour asymptotes la droite D d'équation $x = -2$ et la droite Δ d'équation $y = 1$.

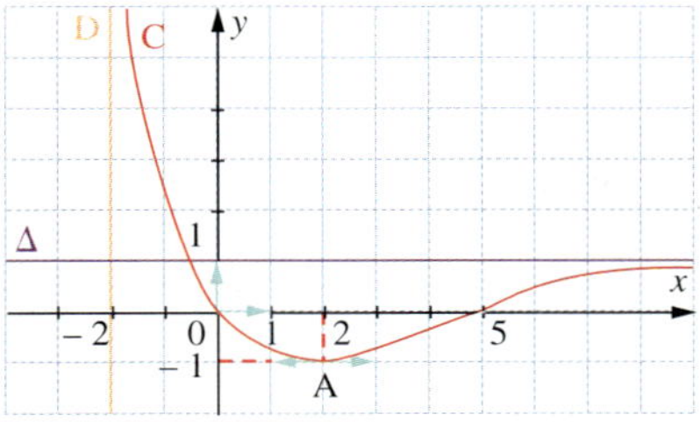

Fig. 29

1° Déterminer à partir du graphique

$$\lim_{x \to -2} f(x) \quad \text{et} \quad \lim_{x \to +\infty} f(x).$$

2° On admet que la courbe C admet au point A de coordonnées $(2, -1)$ une tangente parallèle à l'axe des abscisses. Établir le tableau de variation de f.

3° Donner, dans un tableau, le signe de $f(x)$ lorsque x varie dans $]-2, +\infty[$.

(D'après une épreuve de Brevet de technicien)

43 ■■■ La courbe C de la figure 30 est la courbe représentative dans le plan muni du repère orthonormal $(O ; \vec{i}, \vec{j})$ de la fonction f définie sur $]-\infty, 1[$ par

$$f(x) = ax + b + \frac{c}{x+d}$$

où a, b, c, d sont quatre nombres réels que l'on se propose de déterminer.

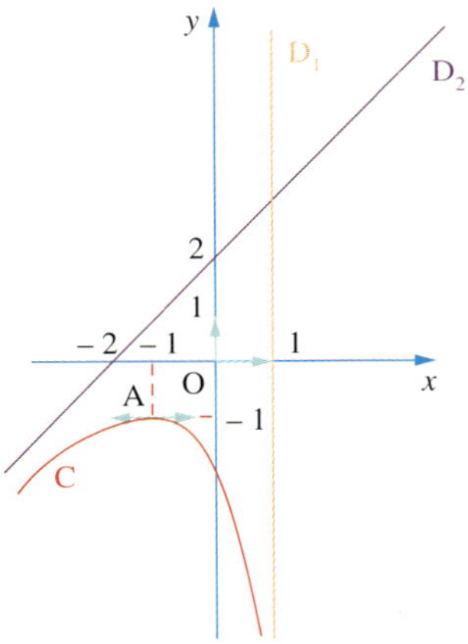

Fig. 30

1° On admet que les droites D_1 et D_2 sont les asymptotes de C. Déduire du graphique une équation de chacune des asymptotes D_1 et D_2 de C.

2° En utilisant le 1° et en remarquant que la courbe C passe par le point $A(-1, -1)$ déterminer les nombres réels a, b, c, d.

Fonction définie par un tableau de variation

44 ■■■ On considère une fonction f définie sur l'intervalle $]-1, 1[$ et sa courbe représentative C dans un repère orthonormal $(O ; \vec{i}, \vec{j})$ d'unité graphique 5 cm.

On donne le tableau de variation de la fonction f.

x	-1		0,5		1
$f'(x)$	‖	$-$	0	+	‖
$f(x)$	‖ $+\infty$	↘	1,4	↗	$+\infty$ ‖

1° *a*) Quelle est la limite de f en -1 ?

b) Quelle est la limite de f en $+1$?

c) En déduire l'existence de deux asymptotes dont on donnera les équations.

2° Afin de tracer avec plus de précision la courbe C, on donne le tableau de valeurs suivant :

x	– 0,8	– 0,6	– 0,4	– 0,2	0	0,5	0,8
$f(x)$	3,4	2,6	2,2	1,8	1,6	1,4	1,6

On précise que $f'(0) = -\dfrac{3}{4}$. Tracer les asymptotes, la tangente T à la courbe C au point d'abscisse 0 et la courbe C.

3° Résoudre graphiquement dans $]-1, 1[$ l'inéquation $f(x) \leqslant 1{,}6$.

(Brevet de technicien topographe, 1995)

Étude du sens de variation d'une fonction, programmation de ses valeurs, tracé de sa courbe représentative

Pour étudier les variations d'une fonction définie sur un intervalle

1° On étudie éventuellement (*) les limites aux bornes de cet intervalle.

2° On étudie le sens de variation : pour cela on peut :

– indiquer l'ensemble de dérivation et calculer la dérivée (si elle existe) ;

– étudier le signe de la dérivée.

3° Reporter les résultats ainsi obtenus dans un tableau de variation.

Pour construire la courbe représentative
Le plan est muni d'un repère orthonormal ou orthogonal.
On dessine la courbe représentative après avoir placé :
– les éventuels points représentatifs d'extremums (leurs coordonnées figurent dans le tableau de variation) ;
– des points ou droites particuliers (par exemple, des asymptotes ou des tangentes obtenues au cours de l'étude) ;
– quelques points dont les coordonnées peuvent être obtenues avec une calculatrice programmable.

* Lorsque la fonction est définie sur un intervalle I dont une extrémité est un nombre réel a, avec a élément de I, alors

$$\lim_{x \to a} f(x) = f(a).$$

45 ▪▪ 1° Déterminer les limites en $-\infty$ et $+\infty$ de la fonction f définie sur $\mathbb{R}$ par

$$f(x) = x^2 - 8x + 12.$$

2° Étudier les variations de f.

3° Construire la courbe représentative de f dans le plan muni d'un repère orthonormal $(O ; \vec{i}, \vec{j})$ après avoir déterminé les coordonnées de quelques points avec une calculatrice programmable.

46 ▪▪ Même énoncé que l'exercice 45 avec :

$$f(x) = x^3 - 3x.$$

47 ▪▪ 1° Déterminer les limites de f aux bornes de son ensemble de définition qui est donné.

2° Écrire une équation de chacune des éventuelles asymptotes de la courbe représentative C de f.

3° Étudier les variations de f et construire la courbe C dans le plan muni d'un repère orthonormal $(O ; \vec{i}, \vec{j})$ après avoir déterminé les coordonnées de quelques points avec une calculatrice programmable.

$$f : \begin{cases}]2, +\infty[\to \mathbb{R} \\ x \mapsto \dfrac{3-2x}{2-x}. \end{cases}$$

48 ▪▪ Même énoncé que l'exercice 47 avec :

$$f : \begin{cases}]-2, 2[\to \mathbb{R} \\ x \mapsto \dfrac{x^2 - 12x + 36}{4(x^2-4)}. \end{cases}$$

49 ▪▪ Même énoncé que l'exercice 47 avec :

$$f : \begin{cases}]-1, 1[\to \mathbb{R} \\ x \mapsto \dfrac{x}{x^2-1}. \end{cases}$$

50 ▪▪ Soit $f : \begin{cases}]0, +\infty[\to \mathbb{R} \\ x \mapsto -x - \dfrac{4}{x}. \end{cases}$

1° Déterminer les limites de f aux bornes de son ensemble de définition.

2° Montrer que la courbe représentative C de f admet deux asymptotes dont une est oblique.

3° Étudier la position de C par rapport à son asymptote oblique.

4° Étudier les variations de f sur $]0, +\infty[$.

5° Construire C et les asymptotes dans le plan muni d'un repère orthonormal $(O ; \vec{i}, \vec{j})$ après avoir déterminé les coordonnées de quelques points avec une calculatrice programmable.

51 ▪▪ Même énoncé que l'exercice 50 avec :

$$f : \begin{cases}]-\infty, 2[\to \mathbb{R} \\ x \mapsto x + 1 - \dfrac{9}{x-2}. \end{cases}$$

52 ▪▪ Soit f définie sur l'intervalle $I =]1, +\infty]$ par

$$f(x) = \frac{x^2 - 2x + 5}{x - 1}.$$

1° Déterminer trois nombres réels a, b, c tels que, pour tout nombre réel x de I,

$$f(x) = ax + b + \frac{c}{x-1}.$$

2° Reprendre les questions 1° à 5° de l'exercice 50.

53 ▪▪▪ ***L'épaisseur d'un trait de crayon***

Le plan est muni du repère orthonormal $(O ; \vec{i}, \vec{j})$; on prend pour unité graphique 1 cm.
Soit f la fonction définie sur l'intervalle $]-1, +\infty[$ par

$$f(x) = x + 4 - \frac{4}{(x+1)^2}.$$

1° Montrer que pour tout nombre réel x de $]-1, +\infty[$,

$$f'(x) = 1 + \frac{8}{(x+1)^3}.$$

Étudier les variations de f.

2° Étudier les limites de f en -1 et $+\infty$. Montrer que la courbe représentative $\mathscr{C}$ de f admet deux asymptotes dont l'une est la droite D d'équation $y = x + 4$.

3° Représenter la courbe $\mathscr{C}$ et ses asymptotes. (On utilisera une feuille de papier millimétré.)

4° *a*) On désigne par L et L′ les points d'abscisses $\lambda (\lambda > 0)$ situés respectivement sur $\mathscr{C}$ et D. Déterminer, en fonction de λ, la distance LL′. Le résultat sera exprimé en millimètres.

b) Déterminer le plus petit entier a positif tel que, pour $\lambda \geqslant a$, la distance LL′ soit inférieure à 0,5 mm (c'est-à-dire que l'on ne puisse plus distinguer les tracés de $\mathscr{C}$ et D dès que l'épaisseur du trait a plus de 0,5 mm).

Exemples d'études de situations décrites au moyen de fonctions

54 ▪▪▪ ***Recherche d'un minimum***

I. On considère la fonction numérique f définie sur l'intervalle I $=]6, +\infty[$ par :

$$f(x) = \frac{x^2 - 6x + 144}{x - 6}.$$

On appelle C sa courbe représentative dans un repère orthogonal du plan où 1 cm représente 2 unités en abscisse et 1 cm représente 20 unités en ordonnée.

1° Déterminer la dérivée f' de la fonction f et vérifier que, pour tout x de $]6, +\infty[$,

$$f'(x) = \frac{(x-18)(x+6)}{(x-6)^2}.$$

2° En déduire les variations de la fonction f et construire son tableau de variation.

3° *a*) Déterminer les nombres réels a, b et c tels que, pour tout réel x de l'intervalle I,

$$f(x) = ax + b + \frac{c}{x-6}.$$

b) En déduire les limites de f aux bornes de l'intervalle I.

c) Étudier $\lim\limits_{x \to +\infty} [f(x) - x]$ et en déduire que la droite Δ dont une équation est $y = x$ est asymptote à la courbe C.

4° Tracer la courbe C, ses asymptotes et la tangente à C en son point d'abscisse 18.

II. On désire découper des encadrements à partir de feuilles de carton de forme rectangulaire (voir la figure 31).

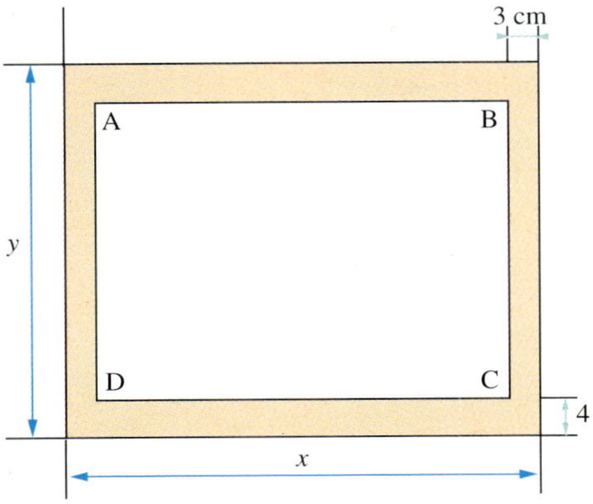

Fig. 31

On appelle x et y les mesures en cm des côtés de ces rectangles. De plus, on doit respecter une marge de 4 cm de haut et en bas, et une marge de 3 cm sur les côtés. L'aire du rectangle intérieur ABCD doit être égale à 192 cm².

1° Expliquer pourquoi x et y vérifient la relation : $(y-8)(x-6) = 192$.
En déduire y en fonction de x.

2° On appelle S la mesure, en cm², de l'aire de l'encadrement colorié.
Exprimer S en fonction de x et y, puis uniquement en fonction de x.
Vérifier que $S = 8f(x)$ où f est la fonction étudiée au I.

3° Déduire de la partie I qu'il est possible de choisir x pour minimiser la surface de matériau utilisé. Donner la valeur minimale de l'aire de cette surface.

(Brevet de technicien, 1994)

55 ▪▪▪ ***Le bon écoulement***

On veut, avant construction, rendre minimal le frottement d'un fluide contre les parois d'un canal ouvert, de section intérieure rectangulaire ABCD. L'aire de la section intérieure de ce canal doit être de 0,5 m². On désigne par h la hauteur et par l la largeur (en m) de cette section intérieure.

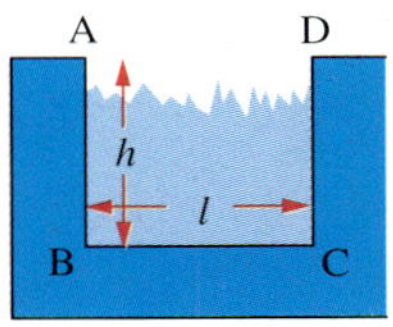

Fig. 32

On admettra que le frottement est minimum lorsque la longueur AB + BC + CD de la section intérieure est minimum.

1° *a*) Écrire l en fonction de h.

b) Montrer que la longueur $g(h)$ du contour intérieur de la section s'exprime en fonction de h par

$$g(h) = 2h + \frac{1}{2h}, \text{ où } h > 0.$$

c) Étudier le sens de variation de la fonction g, sur l'intervalle $[0, +\infty[$, et dresser son tableau de variation.

2° Déduire de ce qui précède les valeurs de h et de l permettant d'obtenir le frottement minimum.

56 ▪▪▪ ***Recherche d'un minimum***

On considère un rectangle ABCD tel que AB = CD = 3 cm et AD = BC = 2 cm.
On trace une droite passant par le point C, qui coupe les demi-droites [AB) et [AD) en deux points M et N.
On pose AM $= x$.

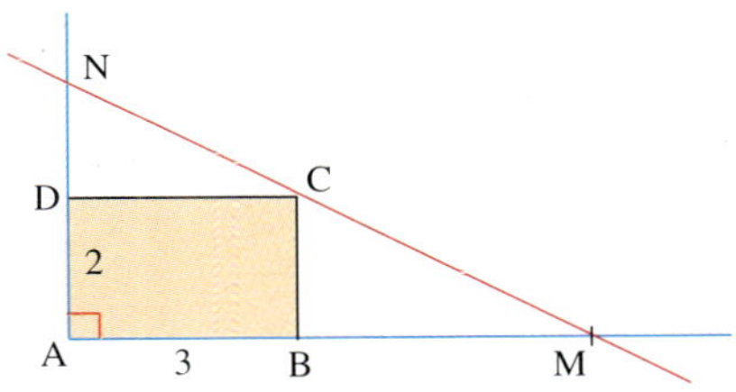

Fig. 33

1° Exprimer AN en fonction de x.

2° Montrer que l'aire du triangle AMN est égale à

$$A(x) = \frac{x^2}{x-3}.$$

3° On veut déterminer la valeur de x pour laquelle l'aire $A(x)$ est minimale. Pour cela, on étudie la fonction f définie sur $]3, +\infty[$ par

$$f(x) = \frac{x^2}{x-3}.$$

a) Déterminer $\lim_{x \to 3} f(x)$ et $\lim_{x \to +\infty} f(x)$.

b) Étudier les variations de f. Établir le tableau de variation de f.

c) Pour quelle valeur x_0 de x l'aire du triangle AMN est-elle minimale ? Calculer cette aire, $A(x_0)$.

(Brevet de technicien, 1995)

57 ■■■ ***Mise en boîte***

Soit f la fonction définie sur $]0, +\infty[$ par :

$$f(x) = x^2 + \frac{2}{x}.$$

Dans la partie A, on étudie la fonction f, dans la partie B, on utilise cette étude pour résoudre un problème d'optimisation.

A. 1° Déterminer les limites de f en 0 et en $+\infty$.

2° *a*) Calculer la dérivée f' de f. Résoudre l'équation $f'(x) = 0$ dans l'intervalle $]0, +\infty[$.

b) Étudier le signe de f'.

c) Montrer que f admet un minimum en α et calculer $f(\alpha)$.

3° Dresser le tableau de variation de f.

4° On appelle $\mathscr{C}$ la courbe représentative de f dans le plan rapporté au repère orthonormal $(O ; \vec{i}, \vec{j})$, unité 2 cm. Tracer la courbe $\mathscr{C}$.

B. On se propose de fabriquer une boîte fermée ayant la forme d'un parallélépipède rectangle de hauteur h dont la base est un carré de côté x. L'unité de longueur est le décimètre (fig. 34).

1° Exprimer le volume V, en dm^3, de la boîte, en fonction de x et de h.

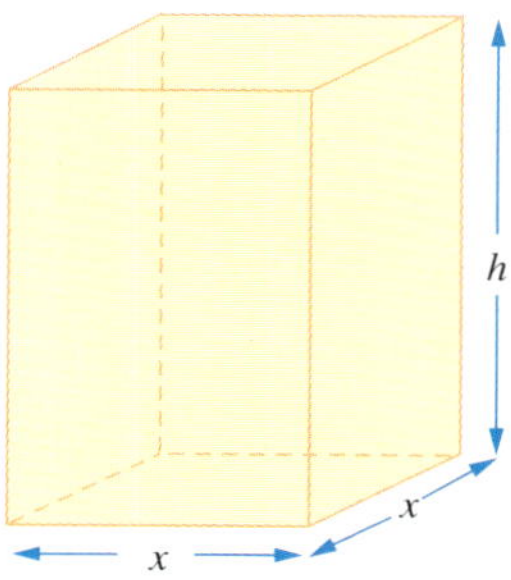

Fig. 34

2° Exprimer l'aire de la surface totale S, en dm^2, de la boîte, en fonction de x et de h.

3° On suppose que $V = 1\ dm^3$.
Exprimer h en fonction de x et en déduire que la surface totale de la boîte est donnée par

$$S(x) = 2\left(x^2 + \frac{2}{x}\right).$$

4° En utilisant la question **A.** 2° préciser la valeur de x pour laquelle la surface de la boîte est minimale.
Quelle est la valeur de h correspondante ?
Quelle est alors la forme de la boîte ?

58 ■■■ ***Accélération de la pesanteur***

L'accélération de la pesanteur en un lieu d'altitude h est donnée par l'expression

$$f(h) = \frac{g_0 R^2}{(R+h)^2}$$

où R est le rayon de la Terre et g_0 l'accélération de la pesanteur en un lieu d'altitude 0.
Étudier les variations de la fonction f définie sur $[0, +\infty[$ par

$$h \mapsto f(h).$$

Comment peut-on interpréter l'existence d'une asymptote pour la courbe représentative de f ?

59 ■■■■ **Cette activité ne concerne que la spécialité génie électronique.**

En électronique on est conduit à déterminer un nombre θ_0 solution de l'équation

$$\tan\theta_0 - (\theta_0 + \alpha) = 0,$$

où α est un nombre réel donné compris entre 0,2 et 0,9. θ_0, appelé « demi-angle de conduction », sert à calculer la valeur moyenne de la « tension de sortie » et le « taux d'ondulation ».

Application numérique :

Soit f la fonction définie sur $\left[0, \frac{\pi}{2}\right[$ par

$$f(x) = \tan x - x - 0{,}4.$$

1° *a*) Déterminer $\lim_{x \to \frac{\pi}{2}} f(x)$.

b) Étudier les variations de f.

2° Montrer que l'équation $f(x) = 0$ admet une seule solution θ_0 dans $\left[0, \frac{\pi}{2}\right[$.

3° Déterminer à l'aide d'une calculatrice un encadrement d'amplitude 10^{-2} de θ_0.

RÉPONSES DES T.P.

T.P. 1

x	0		1		3		$+\infty$
$f(x)$	$+\infty$	↘	0	↗	2	↘	1

L'énoncé ne demande pas explicitement de faire figurer le signe de $f'(x)$ dans le tableau de variation.

T.P. 4 1° $\lim\limits_{x \to -\infty} f(x) = -2$ et $\lim\limits_{x \to 10} f(x) = +\infty$.

T.P. 5 1° $f(x) = x + 3 + \dfrac{2}{2x+1}$.

3° *b*)

x	$-\frac{1}{2}$		$\frac{1}{2}$		$+\infty$
$f'(x)$	‖	$-$	0	$+$	
$f(x)$	‖ $+\infty$	↘	$\frac{9}{2}$	↗	$+\infty$

CORRIGÉS DES EXERCICES ET PROBLÈMES

Dans les exercices 1 et 2, on utilise les résultats sur les limites des fonctions de référence et les théorèmes sur la limite d'un produit.

1 *a*) • $\lim\limits_{x \to -\infty} x^2 = +\infty$, d'où $\lim\limits_{x \to -\infty} -x^2 = -\infty$.

• $\lim\limits_{x \to +\infty} x^2 = +\infty$, d'où $\lim\limits_{x \to +\infty} -x^2 = -\infty$.

b) • $\lim\limits_{x \to -\infty} x^3 = -\infty$,

d'où $\lim\limits_{x \to -\infty} -\dfrac{1}{2}x^3 = +\infty$.

• $\lim\limits_{x \to +\infty} x^3 = +\infty$, d'où $\lim\limits_{x \to +\infty} -\dfrac{1}{2}x^3 = -\infty$.

c) • $\lim\limits_{x \to -\infty} x^4 = +\infty$, d'où $\lim\limits_{x \to -\infty} 2x^4 = +\infty$.

• $\lim\limits_{x \to +\infty} x^4 = +\infty$, d'où $\lim\limits_{x \to +\infty} 2x^4 = +\infty$.

d) • $\lim\limits_{x \to -\infty} \dfrac{1}{x} = 0$, d'où $\lim\limits_{x \to -\infty} \dfrac{-2}{x} = 0$.

• x appartenant à $]-\infty, 0[$,

$\lim\limits_{x \to 0} \dfrac{1}{x} = -\infty$, d'où $\lim\limits_{x \to 0} -\dfrac{2}{x} = +\infty$.

e) • Pour tout x de $]0, +\infty[$, $x^2 > 0$,

d'où $\lim\limits_{x \to 0} \dfrac{1}{x^2} = +\infty$.

D'où $\lim\limits_{x \to 0} -5 \times \dfrac{1}{x^2} = -\infty$.

• $\lim\limits_{x \to +\infty} \dfrac{1}{x^2} = 0$, d'où $\lim\limits_{x \to +\infty} -6 \times \dfrac{1}{x^2} = 0$.

2 *a*) $\lim\limits_{x \to 0} f(x) = f(0) = 0$.

$\lim\limits_{x \to +\infty} x = +\infty$ et $\lim\limits_{x \to +\infty} \sqrt{x} = +\infty$,

d'où $\lim\limits_{x \to +\infty} x\sqrt{x} = +\infty$.

b) $\lim\limits_{x \to 0} \dfrac{1}{\sqrt{x}} = +\infty$, d'où $\lim\limits_{x \to 0} -\dfrac{1}{\sqrt{x}} = -\infty$.

$\lim\limits_{x \to +\infty} \dfrac{1}{\sqrt{x}} = 0$, d'où $\lim\limits_{x \to +\infty} -\dfrac{1}{\sqrt{x}} = 0$.

Dans les exercices 3 et 4 on utilise le résultat : si f est une fonction polynôme ou rationnelle définie sur un intervalle I et si a est élément de I alors $\lim\limits_{x \to a} f(x) = f(a)$.

3 $\lim\limits_{x \to -1} f(x) = f(-1) = 6$;

$\lim\limits_{x \to 3} f(x) = f(3) = 6$.

4 $\lim\limits_{x \to -1} f(x) = f(-1) = \dfrac{1}{2}$;

$\lim\limits_{x \to 0} f(x) = f(0) = -1$;

$\lim\limits_{x \to 0,5} f(x) = f(0,5) = -4$.

5 1° $\lim\limits_{x \to +\infty} x^2 = +\infty$ et $\lim\limits_{x \to +\infty} -x^2 = -\infty$.

Aucun théorème sur la limite d'une somme ne permet de conclure dans ce cas.

2° $\lim\limits_{x \to +\infty} x^3 = +\infty$; $\lim\limits_{x \to +\infty} \dfrac{1}{x} = 0$,

donc $\lim\limits_{x \to +\infty} \left(1 - \dfrac{1}{x}\right) = 1$.

D'où $\lim\limits_{x \to +\infty} f(x) = +\infty$.

6 *a*) Pour tout nombre réel x, non nul

$$f(x) = -3x^2\left(1 - \frac{4}{3x} - \frac{1}{3x^2}\right).$$

$\lim_{x \to -\infty} x^2 = +\infty$ donc $\lim_{x \to -\infty} -3x^2 = -\infty.$

$\lim_{x \to -\infty}\left(1 - \frac{4}{3x} - \frac{1}{3x^2}\right) = 1$ car $\lim_{x \to -\infty} -\frac{4}{3x} = 0$

et $\lim_{x \to -\infty} -\frac{1}{3x^2} = 0.$

Donc $\lim_{x \to -\infty} f(x) = -\infty.$

De même $\lim_{x \to +\infty} f(x) = -\infty.$

b) Pour tout nombre réel x non nul,

$$f(x) = -x^3\left(1 - \frac{1}{x^2} - \frac{1}{x^3}\right).$$

$\lim_{x \to -\infty} x^3 = -\infty,$ donc $\lim_{x \to -\infty} -x^3 = +\infty.$

$\lim_{x \to -\infty}\left(1 - \frac{1}{x^2} - \frac{1}{x^3}\right) = 1,$ car $\lim_{x \to -\infty} -\frac{1}{x^2} = 0$

et $\lim_{x \to -\infty} -\frac{1}{x^3} = 0.$

Donc $\lim_{x \to -\infty} f(x) = +\infty.$

De même $\lim_{x \to +\infty} f(x) = -\infty.$

c) Pour tout nombre réel x non nul,

$$f(x) = x^4\left(1 - \frac{2}{x} + \frac{1}{x^3} - \frac{1}{x^4}\right).$$

$$\lim_{x \to -\infty} x^4 = +\infty$$

et $\lim_{x \to -\infty}\left(1 - \frac{2}{x} + \frac{1}{x^3} - \frac{1}{x^4}\right) = 1,$

donc $\lim_{x \to -\infty} f(x) = +\infty.$

De même $\lim_{x \to +\infty} f(x) = +\infty.$

7 1° *a*) $\lim_{x \to +\infty} (3x+1) = +\infty$

et $\lim_{x \to +\infty} \frac{1}{x-1} = 0.$

Aucun théorème sur la limite d'un produit ne permet de conclure directement dans ce cas.

b) $\lim_{x \to +\infty}\left(1 + \frac{1}{3x}\right) = 1$ et $\lim_{x \to +\infty} 1 - \frac{1}{x} = 1$

donc $\lim_{x \to +\infty} \frac{1 + \frac{1}{3x}}{1 - \frac{1}{x}} = 1,$

donc $\lim_{x \to +\infty} f(x) = 3.$

2° $\lim_{x \to +\infty} 3x = +\infty\,;$

$\lim_{x \to +\infty}\left(1 + \frac{2}{3x} + \frac{1}{3x^2}\right) = 1$

et $\lim_{x \to +\infty} 1 - \frac{2}{x} = 1,$

donc $\lim_{x \to +\infty} \frac{1 + \frac{2}{3x} + \frac{1}{3x^2}}{1 - \frac{2}{x}} = 1.$

On en déduit que $\lim_{x \to +\infty} g(x) = +\infty.$

3° $\lim_{x \to -\infty} \frac{1}{x} = 0$ donc $\lim_{x \to -\infty} \frac{-2}{3x} = 0.$

$\lim_{x \to -\infty} \frac{1}{x} = 0$ et $\lim_{x \to -\infty} \frac{1}{x^2} = 0,$

donc $\lim_{x \to -\infty} \frac{1 - \frac{1}{2x}}{1 + \frac{2}{3x} - \frac{1}{3x^2}} = 1\,;$

on déduit $\lim_{x \to -\infty} h(x) = 0.$

8 *a*) $\lim_{x \to 3} x - 3 = 0.$

Pour tout nombre réel x de $]3, +\infty[$, $x - 3 > 0.$

Donc $\lim_{x \to 3} \frac{1}{x-3} = +\infty$ dans le cas où $x > 3.$

b) $\lim_{x \to 3} (-x+2) = -1.$

c) $\lim_{x \to 3} f(x) = -\infty.$

2° *a*) Les racines de $3x^2 - 2x - 1$ sont 1 et $-\frac{1}{3}$; d'où, pour tout nombre réel x,

$$3x^2 - 2x - 1 = 3(x-1)\left(x + \frac{1}{3}\right),$$

$$3x^2 - 2x - 1 = (x-1)(3x+1).$$

Si x_1 et x_2 sont racines du polynôme $ax^2 + bx + c$, alors pour tout nombre réel x, $ax^2 + bx + c = a(x - x_1)(x - x_2)$.

b)

x	$-\infty$		1		$+\infty$
$x - 1$		$-$	0	$+$	

$\lim_{x \to 1} x - 1 = 0.$ Or, pour tout $x < 1$, $x - 1 < 0.$

Donc $\lim_{x \to 1} \frac{1}{x-1} = -\infty$ dans le cas où $x < 1.$

c) $\lim_{x \to 1} \frac{-2x+1}{3x+1} = -\frac{1}{4}.$

De $\lim_{x \to 1} \frac{-2x+1}{3x+1} = -\frac{1}{4}$

et $\lim_{x \to 1} \frac{1}{x-1} = -\infty$ dans le cas où $x < 1$,
on déduit que $\lim_{x \to 1} g(x) = +\infty.$

9 a) Pour tout nombre réel x de $]1, +\infty[$,

$$f(x) = -4x \times \frac{1}{x-1}.$$

De $\lim_{x \to 1} (-4x) = -4$ et $\lim_{x \to 1} \frac{1}{x-1} = +\infty$ lorsque $x > 1$ (puisque sur $]1, +\infty[$, $x - 1 > 0$), on déduit que $\lim_{x \to 1} f(x) = -\infty$.

b) Pour tout nombre réel x de $]1, +\infty[$,

$$f(x) = \frac{1}{x-1} \times \frac{2x-1}{x+1}.$$

De $\lim_{x \to 1} \frac{1}{x-1} = +\infty$ lorsque $x > 1$ (puisque $\lim_{x \to 1} x - 1 = 0$ et sur $]1, +\infty[$, $x - 1 > 0$)

et $\lim_{x \to 1} \frac{2x-1}{x+1} = \frac{1}{2}$

on déduit que $\lim_{x \to 1} f(x) = +\infty$.

c) Pour tout nombre réel x de $]1, +\infty[$,

$$f(x) = -2x \times \frac{1}{(x-1)^2}.$$

De $\lim_{x \to 1} \frac{1}{(x-1)^2} = +\infty$ (pour tout $x \neq 1$, $(x-1)^2 > 0$)

et $\lim_{x \to 1} (-2x) = -2$,

on déduit que $\lim_{x \to 1} f(x) = -\infty$.

Dans chaque cas on a isolé le facteur qui annule le dénominateur.

10 • Pour tout nombre réel x de I,

$$f(x) = (x+1) \times \frac{1}{3x-1}.$$

De $\lim_{x \to \frac{1}{3}} (x+1) = \frac{4}{3}$

et $\lim_{x \to \frac{1}{3}} \frac{1}{3x-1} = +\infty$ lorsque $x > \frac{1}{3}$

$\left(\text{car } \lim_{x \to \frac{1}{3}} 3x - 1 = 0 \text{ et, pour tout } x > \frac{1}{3},\ x - \frac{1}{3} > 0\right)$,

on déduit que $\lim_{x \to \frac{1}{3}} f(x) = +\infty$.

• Pour tout nombre réel x de I

$$f(x) = \frac{x\left(1 + \frac{1}{x}\right)}{3x\left(1 - \frac{1}{3x}\right)} = \frac{1}{3} \frac{1 + \frac{1}{x}}{1 - \frac{1}{3x}}.$$

De $\lim_{x \to +\infty} \left(1 + \frac{1}{x}\right) = 1$

et $\lim_{x \to +\infty} \frac{1}{1 - \frac{1}{3x}} = 1$,

on déduit que $\lim_{x \to +\infty} f(x) = \frac{1}{3}$.

11 • Pour tout nombre réel x de I,

$$f(x) = \frac{1}{x+2} \times \frac{x+3}{x-2}.$$

De $\lim_{x \to -2} \frac{1}{x+2} = +\infty$ lorsque $x > -2$ (puisque $x + 2 > 0$ pour tout $x > -2$)

et $\lim_{x \to -2} \frac{x+3}{x-2} = -\frac{1}{4}$,

on déduit que $\lim_{x \to -2} f(x) = -\infty$.

• Pour tout nombre réel x de I,

$$f(x) = \frac{1}{x-2} \times \frac{x+3}{x+2}.$$

De $\lim_{x \to 2} \frac{1}{x-2} = -\infty$ lorsque $x < 2$ $\left(\text{puisque } \lim_{x \to 2} x - 2 = 0 \text{ et pour tout } x < 2,\ x - 2 < 0\right)$

et $\lim_{x \to 2} \frac{x+3}{x+2} = \frac{5}{4}$,

on déduit que $\lim_{x \to 2} f(x) = -\infty$.

12 • De $\lim_{x \to 3} \frac{1}{x-3} = +\infty$ lorsque $x > 3$ $\left(\text{puisque } \lim_{x \to 3} x - 3 = 0 \text{ et } x - 3 > 0 \text{ pour tout } x > 3\right)$

et $\lim_{x \to 3} (2x - 1) = 7$,

on déduit que $\lim_{x \to 3} f(x) = +\infty$.

• De $\lim_{x \to +\infty} 2x = +\infty$

et $\lim_{x \to +\infty} \frac{1}{x-3} = 0$,

donc $\lim_{x \to +\infty} \left(1 + \frac{1}{x-3}\right) = 1$,

on déduit que $\lim_{x \to +\infty} f(x) = +\infty$.

13 a) • Pour tout nombre réel x de $\left]\frac{3}{2}, +\infty\right[$,

$$f(x) = (x+3) \times \frac{1}{2x-3}.$$

De $\lim_{x \to \frac{3}{2}} \frac{1}{2x-3} = +\infty$ lorsque $x > \frac{3}{2}$

$\left(\text{puisque } \lim_{x \to \frac{3}{2}} 2x - 3 = 0 \text{ et, pour tout } x \text{ de } \left]\frac{3}{2}, +\infty\right[,\ 2x - 3 > 0\right)$

et $\lim\limits_{x \to \frac{3}{2}} (x+3) = \frac{9}{2}$,

on déduit que $\lim\limits_{x \to \frac{3}{2}} f(x) = +\infty$.

La droite d'équation $x = \frac{3}{2}$ est donc une asymptote verticale de la courbe C.

• Pour tout nombre réel x de $\left]\frac{3}{2}, +\infty\right[$,

$$f(x) = \frac{x\left(1 + \frac{3}{x}\right)}{2x\left(1 - \frac{3}{2x}\right)}, \qquad f(x) = \frac{1}{2} \times \frac{1 + \frac{3}{x}}{1 - \frac{3}{2x}}.$$

De $\lim\limits_{x \to +\infty} \left(1 + \frac{3}{x}\right) = 1$

et $\lim\limits_{x \to +\infty} \left(1 - \frac{3}{2x}\right) = 1$,

on déduit que $\lim\limits_{x \to +\infty} f(x) = \frac{1}{2}$.

La droite d'équation $y = \frac{1}{2}$ est donc une asymptote horizontale de la courbe C.

b) Pour tout nombre réel x non nul,

$$f(x) = \frac{2x\left(1 + \frac{1}{2x}\right)}{x^2\left(1 + \frac{1}{x} + \frac{1}{x^2}\right)}, \qquad f(x) = \frac{2}{x} \cdot \frac{1 + \frac{1}{2x}}{1 + \frac{1}{x} + \frac{1}{x^2}}.$$

De $\lim\limits_{x \to -\infty} \left(1 + \frac{1}{2x}\right) = 1$,

$\lim\limits_{x \to -\infty} \left(1 + \frac{1}{x} + \frac{1}{x^2}\right) = 1$

et $\lim\limits_{x \to -\infty} \frac{2}{x} = 0$,

on déduit que $\lim\limits_{x \to -\infty} f(x) = 0$.

On établit de même que $\lim\limits_{x \to +\infty} f(x) = 0$.

La droite d'équation $y = 0$ est donc une asymptote horizontale de la courbe C : c'est l'axe des abscisses.

c) Les racines de $x^2 - x - 2$ sont 2 et -1 donc, pour tout nombre réel x de $]2, +\infty[$

$$f(x) = \frac{3x^2 + x + 1}{(x-2)(x+1)}.$$

Voir le rappel de l'exercice 8.

$$f(x) = \frac{1}{x-2} \times \frac{3x^2 + x + 1}{x+1}.$$

De $\lim\limits_{x \to 2} \frac{1}{x-2} = +\infty$ lorsque $x > 2$ (puisque $\lim\limits_{x \to 2} x - 2 = 0$ et pour tout $x > 2$, $x - 2 > 0$)

et $\lim\limits_{x \to 2} \frac{3x^2 + x + 1}{x+1} = 5$,

on déduit que $\lim\limits_{x \to 2} f(x) = +\infty$.

La droite d'équation $x = 2$ est une asymptote verticale de la courbe C.

On démontre aussi que $\lim\limits_{x \to +\infty} f(x) = 3$; la droite d'équation $y = 3$ est une asymptote horizontale de la courbe C.

14 1° De $\lim\limits_{x \to -1} \frac{2}{x+1} = +\infty$ lorsque $x > -1$ (puisque sur $]-1, +\infty[$, $x + 1 > 0$)

et $\lim\limits_{x \to -1} (x+3) = 2$,

on déduit que $\lim\limits_{x \to -1} f(x) = +\infty$.

La droite d'équation $x = -1$ est une asymptote verticale de la courbe C.

2° De $\lim\limits_{x \to +\infty} (x+3) = +\infty$

et $\lim\limits_{x \to +\infty} \frac{2}{x+1} = 0$,

on déduit que $\lim\limits_{x \to +\infty} f(x) = +\infty$.

3° $\lim\limits_{x \to +\infty} [f(x) - (x+3)] = \lim\limits_{x \to +\infty} \frac{2}{x+1} = 0$.

En appliquant une définition du cours, on en déduit que la droite d'équation $y = x + 3$ est une asymptote de la courbe C.

15 1° Pour tout nombre réel x de $]1, +\infty[$:

$$ax + b + \frac{c}{x-1} = \frac{ax(x-1) + b(x-1) + c}{x-1} = \frac{ax^2 + (b-a)x - b + c}{x-1}.$$

Donc, pour tout nombre réel x de $]1, +\infty[$,

$f(x) = ax + b + \frac{c}{x-1}$ si et seulement si pour tout x de $]1, +\infty[$,

$$\frac{x^2 + 3x + 1}{x-1} = \frac{ax^2 + (b-a)x - b + c}{x-1}$$

ce qui est équivalent à : pour tout x de $]1, +\infty[$

$$x^2 + 3x + 1 = ax^2 + (b-a)x - b + c.$$

Or deux fonctions polynômes sont égales si et seulement si elles ont les mêmes coefficients :

$$\begin{cases} a = 1 \\ b - a = 3 \\ -b + c = 1. \end{cases} \quad \text{donc} \quad \begin{cases} a = 1 \\ b = 4 \\ c = 5. \end{cases}$$

Pour tout x de $]1, +\infty[$,

$$f(x) = x + 4 + \frac{5}{x-1}.$$

2° Puisque $f(x) = x + 4 + \dfrac{5}{x-1}$

et que $\lim\limits_{x \to +\infty} \dfrac{5}{x-1} = 0$,

la droite d'équation $y = x + 4$ est une asymptote de la courbe C.

3° Pour tout nombre réel x de $]1, +\infty[$

$f(x) - (x+4) = \dfrac{5}{x-1}$ donc $f(x) - (x+4) \geqslant 0$.

La courbe C est donc au-dessus de son asymptote.

• La position relative de la courbe représentative C de la fonction f définie sur I, par

$$f(x) = ax + b + \varphi(x)$$

avec $\lim\limits_{x \to +\infty} \varphi(x) = 0$, par rapport à son asymptote D d'équation $y = ax + b$ est obtenue en comparant les ordonnées des points M de C et N de D ayant même abscisse x ; **on étudie le signe de leur différence**

$$\mathbf{y_M - y_N = f(x) - (ax + b).}$$

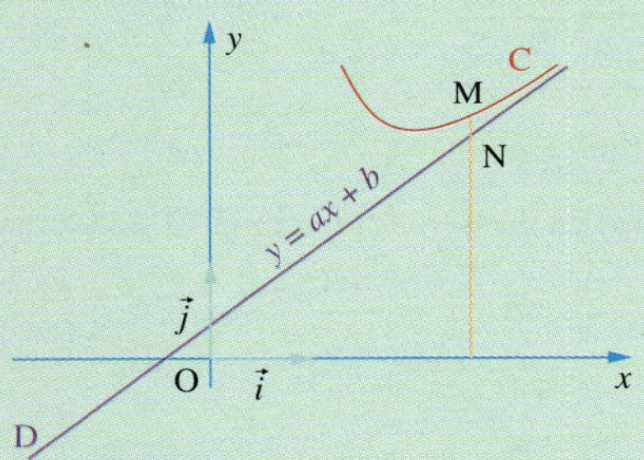

Fig. 35

Si $f(x) - (ax+b) \geqslant 0$, alors la courbe C est au-dessus de la droite D.

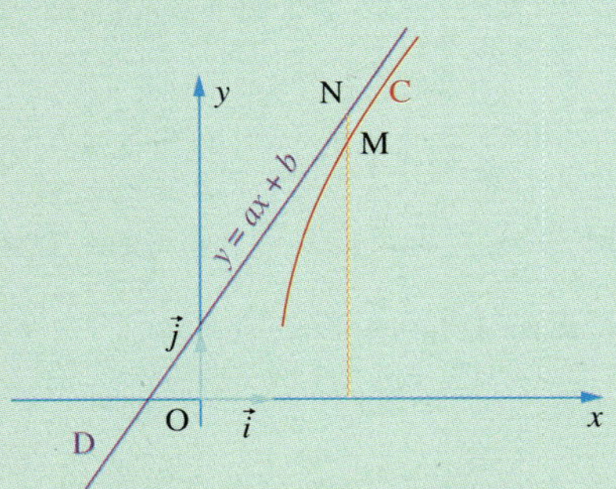

Fig. 36

Si $f(x) - (ax+b) \leqslant 0$, alors la courbe C est au-dessous de la droite D.

4° $\lim\limits_{x \to 1} x - 1 = 0$ et pour tout x de $]1, +\infty[$, $x - 1 > 0$.

Donc $\lim\limits_{x \to 1} \dfrac{1}{x-1} = +\infty$ lorsque $x > 1$

$$\lim_{x \to 1} (x^2 + 3x + 1) = 5.$$

On en déduit que

$$\lim_{x \to 1} \left[(x^2 + 3x + 1) \times \frac{1}{x-1}\right] = +\infty.$$

$\lim\limits_{x \to 1} f(x) = +\infty$; la droite d'équation $x = 1$ est donc une asymptote verticale.

16 1° $\lim\limits_{x \to 0} f(x) = -\infty$ et $\lim\limits_{x \to +\infty} f(x) = 2$.

2°

x	0		3		$+\infty$
$f'(x)$	‖	+	0	−	
$f(x)$	‖ $-\infty$	↗	4	↘	2

17 1° $\lim\limits_{x \to 0} f(x) = +\infty$ et $\lim\limits_{x \to +\infty} f(x) = +\infty$.

2°

x	0		2		$+\infty$
$f'(x)$	‖	−	0	+	
$f(x)$	‖ $+\infty$	↘	3	↗	$+\infty$

18 1° $\lim\limits_{x \to 0} f(x) = +\infty$ et $\lim\limits_{x \to +\infty} f(x) = -2$.

2°

x	0		$+\infty$
$f'(x)$	‖	−	
$f(x)$	‖ $+\infty$	↘	-2

19 1° $\lim\limits_{x \to 0} f(x) = +\infty$ et $\lim\limits_{x \to +\infty} f(x) = -1$.

2°

x	0		3		$+\infty$
$f'(x)$	‖	−	0	+	
$f(x)$	‖ $+\infty$	↘	-2	↗	-1

20 1° f et f' sont définies sur $]-1, +\infty[$.

2° $\lim\limits_{x \to -1} f(x) = +\infty$; $\lim\limits_{x \to +\infty} f(x) = 0$.

Les droites d'équations respectives $x = -1$ et $y = 0$ sont des asymptotes de la courbe représentative de f.

3° • Pour $x = 0$, $f'(0) = -3$, $f(0) = 3$.
La tangente est la droite de coefficient directeur -4 passant par le point de coordonnées $(0, 3)$, donc d'équation $y = -4x + 3$.
• Pour $x = 2$, $f'(2) = 0$, $f(2) = -1$.
La tangente est la droite d'équation $y = -1$.

4° Figure 37.
L'ensemble des solutions de l'inéquation $f(x) \leqslant 0$ est $[1, +\infty[$.

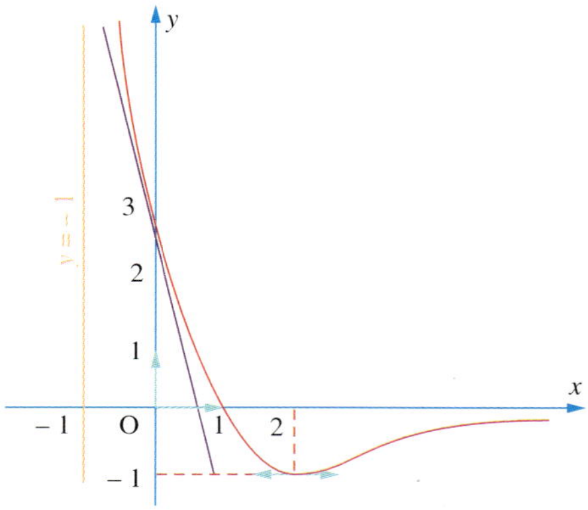

Fig. 37

21 1° f est une fonction rationnelle définie sur $\left]-\frac{1}{2}, +\infty\right[= \mathrm{I}$ donc dérivable sur I.

Pour tout nombre réel x de $\left]-\frac{1}{2}, +\infty\right[$

$$f'(x) = 2 - \frac{9 \times 2}{(2x+1)^2}$$

$$f'(x) = 2\left[1 - \frac{9}{(2x+1)^2}\right],$$

$$f'(x) = 2\,\frac{(2x+1)^2 - 3^2}{(2x+1)^2},$$

$$f'(x) = 2\,\frac{[(2x+1)-3][(2x+1)+3]}{(2x+1)^2},$$

$$f'(x) = 2\,\frac{(2x-2)(2x+4)}{(2x+1)^2},$$

$$f'(x) = \frac{8(x-1)(x+2)}{(2x+1)^2}.$$

Si on ne factorise pas il faut alors calculer Δ…

$f'(x)$ a même signe que $(x-1)(x+2)$ sur I. Le signe de $(x-1)(x+2)$ est donné sur $\mathbb{R}$ par :

x	$-\infty$		-2		1		$+\infty$
$(x-1)(x+2)$		$+$	0	$-$	0	$+$	

Du signe du coefficient de x^2 (ici $+1$) à l'extérieur…

Or $-\frac{1}{2}$ est situé entre -2 et 1.

Sur $\left]-\frac{1}{2}, +\infty\right[$ le signe de $f'(x)$ est donc donné par :

x	$-\frac{1}{2}$		1		$+\infty$
$f'(x)$	‖	$-$	0	$+$	

On a extrait ce tableau de signe du précédent.

f admet un extremum pour $x = 1$, $f(1) = 2$. D'où le tableau de variation

x	$-\frac{1}{2}$		1		$+\infty$
$f'(x)$	‖	$-$	0	$+$	
$f(x)$	‖ $+\infty$	↘	2	↗	$+\infty$

2° $\lim\limits_{x \to +\infty} \left(\frac{9}{2x+1} - 3\right) = -3$.

$\lim\limits_{x \to +\infty} 2x = +\infty$.

D'après un théorème sur la limite d'une somme,

$$\lim_{x \to +\infty} f(x) = +\infty$$

$$\lim_{x \to -\frac{1}{2}} (2x+1) = 0$$

et pour tout x de $\mathrm{I} = \left]-\frac{1}{2}, +\infty\right[$, $2x + 1 > 0$.

Donc $\lim\limits_{x \to -\frac{1}{2}} \frac{1}{2x+1} = +\infty$ lorsque $x > -\frac{1}{2}$;

donc $\lim\limits_{x \to -\frac{1}{2}} \frac{9}{2x+1} = +\infty$ lorsque $x > -\frac{1}{2}$;

D'autre part $\lim\limits_{x \to -\frac{1}{2}} (2x-3) = -4$. D'après un théorème sur la limite d'une somme,

$$\lim_{x \to -\frac{1}{2}} f(x) = +\infty.$$

3° Pour tout nombre réel x de I,

$$f(x) = 2x - 3 + \frac{9}{2x+1}$$

et $\lim\limits_{x \to +\infty} \frac{9}{2x+1} = 0$; la droite d'équation $y = 2x - 3$ est donc une asymptote oblique de C.

Puisque $\lim\limits_{x \to -\frac{1}{2}} f(x) = +\infty$, la droite d'équation $x = -\frac{1}{2}$ est asymptote verticale.

4° On remplit le tableau de valeurs à l'aide d'une calculatrice programmable.

x	1	2	3	4	5	6	7	8	9	10
$f(x)$	2	2,8	4,28	6	7,82	9,69	11,6	13,52	15,47	17,43

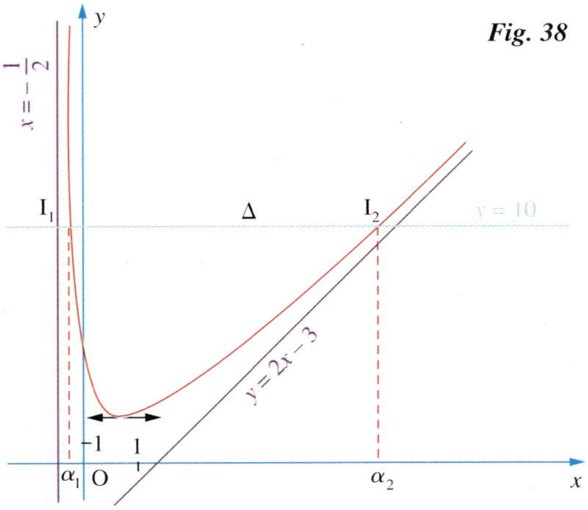

Fig. 38

6° Les solutions de l'équation $f(x) = 10$ sont, si elles existent, les abscisses des points communs à C et à la droite Δ d'équation $y = 10$.
Sur le graphique on lit que C et Δ ont deux points d'intersection I_1 et I_2.
L'équation $f(x) = 10$ a donc deux solutions

$$\alpha_1 \approx -0{,}2 < 0 \quad \text{et} \quad \alpha_2 \approx 6{,}2 > 0.$$

RÉPONSES DES Q.C.M.

22 1° $\lim_{x \to -\infty} f(x) = -\infty$;

2° $\lim_{x \to +\infty} f(x) = -\infty$;

23 1° $\lim_{x \to +\infty} f(x) = -3$;

2° $\lim_{x \to +\infty} f(x) = 2$;

3° $\lim_{x \to +\infty} f(x) = 0$.

24 1° $\lim_{x \to 2} f(x) = +\infty$;

2° $\lim_{x \to 2} f(x) = 0$;

3° $\lim_{x \to 2} f(x) = +\infty$.

25 C_1. **26** n° 2.

6 Compléments sur la dérivation et primitives

- Introduction
- Compléments sur la dérivation
- Primitives d'une fonction

Vous avez étudié en sciences physiques la charge d'un condensateur à travers un résistor parfait.

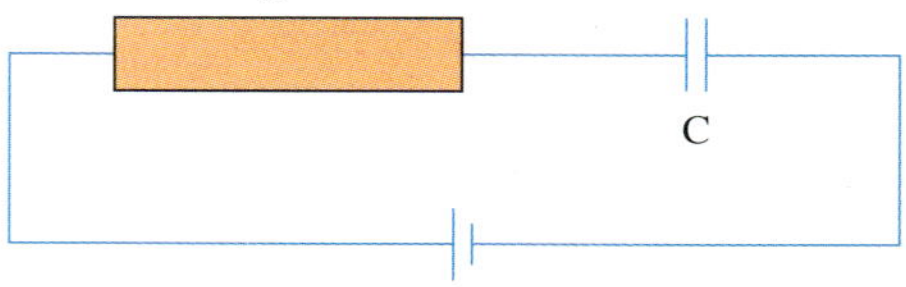

Fig. 1

À chaque instant t l'intensité i du courant électrique de cette partie du circuit est la **dérivée** de la charge q du condensateur : $i = \frac{\mathrm{d}q}{\mathrm{d}t}$ en utilisant la notation différentielle de la dérivée.

Ainsi si vous connaissez l'expression de q en fonction du temps vous pouvez, en dérivant, calculer i.
Inversement, si vous connaissez l'expression de i en fonction du temps, pouvez-vous déterminer la charge q du condensateur ? Comment ? Avez-vous besoin d'autres informations pour conclure?

Dans ce chapitre nous allons commencer par introduire de nouveaux théorèmes permettant de dériver de nouvelles fonctions. Nous nous intéresserons ensuite à l'opération inverse de la dérivation d'une fonction ; c'est ainsi que l'on passe de l'intensité i à la charge q dans l'exemple décrit ci-dessus.

INTRODUCTION

Les deux activités proposées ci-dessous sont complémentaires : dans la première vous disposez d'une fonction f et vous vous intéressez à des fonctions dont f est la fonction dérivée.
Dans la seconde il s'agit, avec un support graphique, de comparer des fonctions ayant même dérivée soit sur un intervalle, soit sur une réunion de deux intervalles.

Activités préparatoires

a Problème 1

Soit f la fonction définie sur $[0, +\infty[$ par $f(x) = 2x - 3$.

1° Soit g la fonction définie sur $[0, +\infty[$ par $g(x) = x^2 - 3x$.

Comparer g' et f.

2° Soit h la fonction définie sur $[0, +\infty[$ par $h(x) = x^2 - 3x + 5$.

Comparer h' et f.

3° Déterminer trois nouvelles fonctions h_1, h_2, h_3 dont la dérivée est la fonction f.

a Problème 2

Le plan est muni d'un repère orthonormal unique $(O ; \vec{i}, \vec{j})$.

1° Soit f_1 et g_1 les fonctions définies sur $]0, +\infty[$ par

$$f_1(x) = \frac{1}{x} \quad \text{et} \quad g_1(x) = \frac{1}{x} + 2.$$

On ne demande pas d'étudier les variations de f_1 et g_1.

Tracer les courbes représentatives H_1 et C_1 respectivement de f_1 et de g_1.
Comparer les fonctions dérivées f_1' et g_1'.

2° Soient f_2 et g_2 les fonctions définies sur $]-\infty, 0[$ par

$$f_2(x) = \frac{1}{x} \quad \text{et} \quad g_2(x) = \frac{1}{x} - 1.$$

Tracer les courbes représentatives H_2 et C_2 respectivement de f_2 et de g_2.

Comparer les fonctions dérivées f_2' et g_2'.

3° Soient f et g les fonctions définies sur $\mathbb{R}^*$ par

$$f(x) = \begin{cases} f_1(x) \text{ si } x > 0 \\ f_2(x) \text{ si } x < 0 ; \end{cases} \qquad g(x) = \begin{cases} g_1(x) \text{ si } x > 0 \\ g_2(x) \text{ si } x < 0. \end{cases}$$

Quelles sont les courbes représentatives H et C respectivement de f et de g ?

Comparer les fonctions dérivées f' et g'.

Existe-t-il une constante C (indépendante de x) telle que, pour tout x de $\mathbb{R}^*$, $g(x) = f(x) + C$?

I. COMPLÉMENTS SUR LA DÉRIVATION

1. Dérivation d'une fonction composée

a Cas particulier : dérivation de $t \mapsto f(at + b)$

Ce théorème a été admis en Première.

Ne pas oublier a.

Théorème
Si f est dérivable en $at_0 + b$, la fonction g définie par $t \mapsto g(t) = f(at + b)$ est dérivable en t_0 et a pour nombre dérivé

$$g'(t_0) = af'(at_0 + b).$$

EXEMPLE 1

Ici nous appelons t la variable pour éviter des confusions entre f et g.

Soit g la fonction définie sur $\left[-\frac{1}{3}, +\infty\right[$ par $g(t) = \sqrt{3t+1}$.

Nous pouvons calculer $g(t)$ en calculant d'abord $u(t) = 3t+1$, puis en prenant la racine carrée de $u(t)$, c'est-à-dire en utilisant la fonction $f : x \mapsto \sqrt{x}$:

$$t \xmapsto{u} u(t) = 3t+1 \xmapsto{f} f(3t+1) = \sqrt{3t+1} = g(t).$$

Ainsi $g(t) = f(3t+1)$ où $f : x \mapsto \sqrt{x}$ est dérivable sur $]0, +\infty[$.

D'après le théorème ci-dessus, g est dérivable pour tout t tel que $3t+1 > 0$,

Ici $a = 3$ et $f'(x) = \frac{1}{2\sqrt{x}}$.

c'est-à-dire pour tout t de $\left]-\frac{1}{3}, +\infty\right[$ et $g'(t) = \frac{3}{2\sqrt{3t+1}}$.

EXEMPLE 2

Ici $a = \omega$ et $f = \sin$.

La dérivée de $\sin(\omega t + \varphi)$ est $\omega \cos(\omega t + \varphi) = \omega \sin\left(\omega t + \varphi + \frac{\pi}{2}\right)$.

Ici $a = \omega$ et $f = \cos$.

La dérivée de $\cos(\omega t + \varphi)$ est $-\omega \sin(\omega t + \varphi) = \omega \cos\left(\omega t + \varphi + \frac{\pi}{2}\right)$.

« En dérivant on tourne de $+\frac{\pi}{2}$. »

Ces résultats sont très utiles pour les sciences physiques.

REMARQUE

Nous avons vu en Première que le schéma suivant

$$t \xmapsto{u} u(t) \xmapsto{f} f(u(t))$$
$$t \xmapsto[g]{} g(t) = f(u(t))$$

signifie par définition que la fonction g est la **composée** de u suivie de f ; nous notons alors $\boldsymbol{g = f \circ u}$.

Dans l'exemple 1 ci-dessus, pour tout t réel, $u(t) = 3t+1$, donc $u'(t) = 3$.

Ainsi dans ce cas, d'après le théorème ci-dessus,

Ici $u'(t) = a$.

pour tout $t > -\frac{1}{3}$, $g'(t) = f'(u(t)) \times u'(t)$.

Cette égalité est encore vraie lorsque $u(t)$ n'est pas égal à $3t+1$ et lorsque f n'est pas la fonction racine carrée d'après le théorème suivant.

b Cas général : dérivation de $x \mapsto f(u(x))$

Nous admettons le théorème :

Ici nous reprenons la notation x pour désigner la variable.

Théorème

Si u est une fonction dérivable en x_0 et si f est une fonction dérivable en $u(x_0)$, alors la fonction $f \circ u$ est dérivable en x_0 et

$$(f \circ u)'(x_0) = f'(u(x_0)) \times u'(x_0).$$

EXEMPLE

$x \xmapsto{u} u(x) \xmapsto{f} \sqrt{u(x)} = \sqrt{3x^2+1}$

$x \xmapsto[g]{} \sqrt{3x^2+1}$.

Soit la fonction g définie sur $\mathbb{R}$ par $g(x) = \sqrt{3x^2+1}$.

Posons $u : x \mapsto 3x^2+1$ et $f : X \mapsto \sqrt{X}$.
Alors $g = f \circ u$.

Les formules de dérivation rappelées au chapitre 4 permettent d'écrire : pour tout x de $\mathbb{R}$, $u'(x) = 6x$;

pour tout X de $]0, +\infty[$, $f'(X) = \frac{1}{2\sqrt{X}}$.

Donc, pour tout x de $\mathbb{R}$, $f'[u(x)] = \frac{1}{2\sqrt{3x^2+1}}$.

Le théorème de dérivation des fonctions composées permet d'écrire :

$$g'(x) = f'(u(x)) \times u'(x)$$

$$g'(x) = \frac{1}{2\sqrt{3x^2+1}} \times 6x = \frac{3x}{\sqrt{3x^2+1}}.$$

REMARQUE

Plus généralement :

si u est une fonction dérivable et strictement positive sur un intervalle I, alors la fonction $\sqrt{u}$ est dérivable sur I et $(\sqrt{u})' = \frac{u'}{2\sqrt{u}}$.

c Application à la dérivation de u^n

n est un nombre entier positif ou négatif, non nul.

Pour $n = 0$, $[u(x)]^0 = 1$ si $u(x) \neq 0$.

Soit n un nombre entier relatif non nul.
Soit u une fonction dérivable en x_0 et ne s'annulant pas en x_0 si n est négatif.
Soit f la fonction $X \mapsto X^n$.

Pour $n = -1$, $u^n = \frac{1}{u}$

pour $n = -2$, $u^n = \frac{1}{u^2}$.

Pour $n < 0$, u^n n'est pas définie en x_0 tel que $u(x_0) = 0$.

La fonction u^n est définie de la façon suivante :

$$x \xmapsto{u} u(x) \xmapsto{f} [u(x)]^n = u^n(x)$$

$$x \xmapsto[f \circ u = u^n]{} u^n(x).$$

$f : X \mapsto X^n$ donc $f' : X \mapsto nX^{n-1}$.

D'après le théorème du paragraphe **b,** la dérivée du u^n est définie en x_0 et

$$(u^n)'(x_0) = f'(u(x_0)) \times u'(x_0),$$

$$(u^n)'(x_0) = nu^{n-1}(x_0) \times u'(x_0).$$

Ne pas oublier $u'(x_0)$.

Théorème

Soit n un nombre entier relatif non nul, soit u une fonction dérivable en x_0 et ne s'annulant pas en x_0 si n est négatif.
La fonction u^n est dérivable en x_0 et

$$(u^n)'(x_0) = nu^{n-1}(x_0) \times u'(x_0).)$$

Dans le cas $n = 2$, nous retrouvons le résultat $(u^2)' = 2uu'$ énoncé au chapitre 4.

EXEMPLE

Soit $f : x \mapsto (2x+1)^3$ définie sur $\mathbb{R}$.

$$f(x) = [u(x)]^3 \quad \text{où} \quad u(x) = 2x+1 \ ; \quad \text{donc} \quad u'(x) = 2.$$

D'après le théorème ci-dessus,

pour tout x réel, $f'(x) = 3(2x+1)^2 2 = 6(2x+1)^2$.

REMARQUES

1° Dans cet exemple où f est une fonction polynôme nous aurions pu développe $f(x)$ avant de calculer $f'(x)$. Observez que grâce à ce théorème nous obtenon $f'(x)$ sous une forme factorisée, ce qui facilite la recherche de son signe : ic pour tout x réel, $f'(x) \geqslant 0$ et $f'(x)$ s'annule uniquement pour $x = -\frac{1}{2}$.

Voir le paragraphe II. 2 du chapitre 4.

2° Dans le cas particulier où $u(x) = x$, on a $u'(x) = 1$. Avec le théorème ci dessus nous retrouvons que la dérivée de x^n est nx^{n-1}.

2. Dérivées successives

Soit f une fonction dérivable sur un intervalle I. Si la fonction dérivée f' est ell aussi dérivable sur I, sa fonction dérivée $(f')'$ est notée f'' et est appelée **dérivée seconde de f** sur I.

On note parfois $f'' = f^{(2)}$, $f''' = f^{(3)}$.

$f^{(n)}$ se lit f n-ième et est la dérivée n-ième, ou d'ordre n de f.

Lorsque cela est possible on définit les dérivées successives de f notées f', f'' f''', ..., $f^{(n)}$.

En physique et en mécanique, on utilise **la notation différentielle :**

$\frac{\mathrm{d}f}{\mathrm{d}x}$ au lieu de f', $\frac{\mathrm{d}^2 f}{\mathrm{d}x^2}$ au lieu de f''.

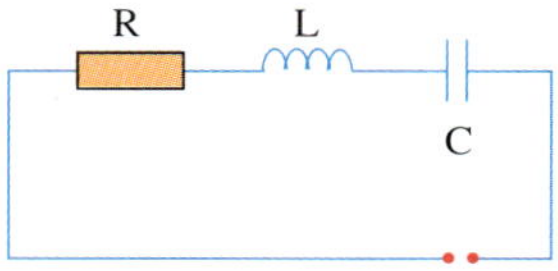

Fig. 2

Ainsi dans un circuit R, L, C en série où, d'après des résultats des sciences physiques, nous avons d'une part $i = \frac{\mathrm{d}q}{\mathrm{d}t}$ et, d'autre part, $e = -\mathrm{L}\frac{\mathrm{d}i}{\mathrm{d}t}$, on not $e = -\mathrm{L}\frac{\mathrm{d}^2 q}{\mathrm{d}t^2}$.

EXEMPLE

Soit f définie sur $\mathbb{R}$ par $f(x) = 2x^3 - x^2 + x + 3$.
f' est définie sur $\mathbb{R}$ par $f'(x) = 6x^2 - 2x + 1$,
f'' est définie sur $\mathbb{R}$ par $f''(x) = 12x - 2$,
f''' est définie sur $\mathbb{R}$ par $f'''(x) = 12$,
$f^{(4)}(x)$ est définie sur $\mathbb{R}$ par $f^{(4)}(x) = 0$.

II. PRIMITIVES D'UNE FONCTION DÉRIVABLE SUR UN INTERVALLE

1. Exemple - Définition

EXEMPLE

Soit les fonctions définies sur $\mathbb{R}$ par

$$f : x \mapsto 6x^2 - 3 \quad \text{et} \quad \mathrm{F} : x \mapsto 2x^3 - 3x + 4.$$

Le problème 1 de l'introduction fournit d'autres exemples.

Vérifiez que, pour tout nombre réel x, $\mathrm{F}'(x) = f(x)$.

f est la fonction dérivée de F ; on dit que F est **une primitive** de f sur $\mathbb{R}$.

> *Définition*
> **Soit f une fonction définie et dérivable sur un intervalle I. Une fonction F définie sur I est une primitive de f sur I lorsqu'elle est dérivable sur I et que $F' = f$.**

Les fonctions polynômes et rationnelles admettent donc des primitives sur les intervalles où elles sont définies.

> *Théorème* (admis)
> **Toute fonction dérivable sur un intervalle I admet des primitives sur I.**

2. Ensemble des primitives d'une fonction dérivable sur un intervalle

PROBLÈME

Soit $f : x \mapsto 2x$, définie sur $\mathbb{R}$.
$F : x \mapsto x^2$, définie sur $\mathbb{R}$, est une primitive de f puisque $F'(x) = f(x)$.
De même $F_1 : x \mapsto x^2 + 1$, $F_2 : x \mapsto x^2 - 4$, ..., sont des primitives de f.
f admet-elle d'autres primtives sur $\mathbb{R}$ que les fonctions $x \mapsto x^2 + C$ où C est une constante réelle ?

La réponse est donnée par le théorème suivant que nous admettons.

Nous pouvons retenir en abrégé : sur un **intervalle** deux primitives d'une même fonction diffèrent d'une constante.

> *Théorème*
> **Soit f une fonction dérivable sur un intervalle I et soit F une primitive de f.**
> **Les primitives de f sont les fonctions définies sur I par $x \mapsto F(x) + C$, où C est une constante réelle.**

EXEMPLE

Les primitives de la fonction f définie sur $\mathbb{R}$ par $f(x) = 3x^2 - 3$ sont les fonctions $x \mapsto x^3 - 3x + C$ où C est une constante réelle.

REMARQUE

Parmi les primitives de la fonction f définie dans l'exemple ci-dessus, cherchons s'il existe une fonction F telle que $F(2) = 6$.

Observez que C est la solution unique d'une équation du premier degré.

F convient si et seulement si $F(x) = x^3 - 3x + C$ avec $2^3 - (3 \times 2) + C = 6$, c'est-à-dire $C = 4$.

Il existe donc une primitive unique de f prenant la valeur 6 pour $x = 2$; c'est $F : x \mapsto x^3 - 3x + 4$.

Plus généralement nous pouvons démontrer de la même façon le théorème suivant :

Dans le cas particulier ci-dessus $y_0 = 6$ et $x_0 = 2$.

> *Théorème*
> **Soit f une fonction dérivable sur un intervalle I.**
> **Parmi les primitives de f définies sur I, il en existe une et une seule prenant une valeur donnée y_0 pour une valeur donnée x_0 de la variable.**

3. Primitives des fonctions usuelles par lecture inverse du tableau des dérivées

a Primitives des fonctions usuelles

Voir le paragraphe II. 2 du chapitre 4.

La lecture du tableau des dérivées des fonctions usuelles dans le sens f' vers f permet d'obtenir les primitives des fonctions usuelles.
Dans ce qui suit C est une constante réelle quelconque.

f est définie par	sur	Les primitives F de f sont définies par
$f(x) = a$	$\mathbb{R}$	$F(x) = ax + C$
$f(x) = x$	$\mathbb{R}$	$F(x) = \frac{1}{2}x^2 + C$
$f(x) = x^n$ $n \in \mathbb{Z} - \{-1\}$	• $\mathbb{R}$ si $n > 0$ • $]-\infty, 0[$ ou $]0, +\infty[$ si $n < 0$ et $n \neq -1$	$F(x) = \frac{1}{n+1}x^{n+1} + C$
$f(x) = \frac{1}{x^2}$	$]-\infty, 0[$ ou $]0, +\infty[$	$F(x) = -\frac{1}{x} + C$
$f(x) = \frac{1}{\sqrt{x}}$	$]0, +\infty[$	$F(x) = 2\sqrt{x} + C$
$f(x) = \cos x$	$\mathbb{R}$	$F(x) = \sin x + C$
$f(x) = \sin x$	$\mathbb{R}$	$F(x) = -\cos x + C$
$f(x) = \frac{1}{\cos^2 x}$ ou $f(x) = 1 + \tan^2 x$	$\left]-\frac{\pi}{2}, \frac{\pi}{2}\right[$	$F(x) = \tan x + C$

En notant $\frac{1}{x^2} = x^{-2}$ on observe que cette formule est un cas particulier de la précédente.

Pour $n = -1$, la fonction $x \mapsto x^n = \frac{1}{x}$ définie sur $]-\infty, 0[$ ou sur $]0, +\infty[$ admet des primitives sur l'un et l'autre de ces intervalles puisqu'elle y est dérivable, mais nous ne les connaissons pas ; le chapitre 7 apportera une réponse.

b Primitives d'une somme de fonctions, primitives d'un produit d'une fonction par un nombre réel

Attention : $F \times G$ n'est pas en général une primitive de $f \times g$.

De même pour l'inverse $\frac{1}{G}$ et le quotient $\frac{F}{G}$.

En s'appuyant sur les résultats concernant les opérations sur les fonctions dérivables, on établit que :

- **Si F est une primitive de f sur un invervalle I et si G une primitive de g sur I, alors F + G est une primitive de $f + g$ sur I.**
- **Si F est une primitive de f sur un invervalle I, et si a est un nombre réel, alors aF est une primitive de af sur I.**

C Conséquences du théorème sur la dérivation d'une fonction composée

Ici les notations f et g ont été permutées.

Une primitive de la fonction f définie et dérivable sur un invervalle I par $f : x \mapsto u'(x)g'[u(x)]$ est définie sur I par $F : x \mapsto g[u(x)]$.
On en déduit les résultats suivants dans lesquels u est une fonction dérivable sur un intervalle I et C une constante réelle quelconque.

f est définie sur un intervalle I par	**Les primitives F de f sont définies sur I par**
$f(x) = \sin(ax+b)$	$F(x) = -\frac{1}{a}\cos(ax+b) + C$
$f(x) = \cos(ax+b)$	$F(x) = \frac{1}{a}\sin(ax+b) + C$
$f(x) = u'(x)[u(x)]^n$ $n \in \mathbb{Z} - \{-1\}$	$F(x) = \frac{1}{n+1}[u(x)]^{n+1} + C$
$f(x) = \frac{u'(x)}{[u(x)]^2}$	$F(x) = -\frac{1}{u(x)} + C$
$f(x) = \frac{u'(x)}{\sqrt{u(x)}}$	$F(x) = 2\sqrt{u(x)} + C$

Ce résultat est un cas particulier du précédent avec $n = -2$

Nous avons remarqué qu'en dérivant sinus ou cosinus, on « tourne de $+\frac{\pi}{2}$ ». Inversement on « tourne de $-\frac{\pi}{2}$ ».

En sciences physiques, on utilise les deux premiers résultats de ce tableau de la façon suivante :

une primitive de $t \mapsto \sin(\omega t + \varphi)$ est

$$t \mapsto -\frac{1}{\omega}\cos(\omega t + \varphi) = \frac{1}{\omega}\sin\left(\omega t + \varphi - \frac{\pi}{2}\right),$$

une primitive de $t \mapsto \cos(\omega t + \varphi)$ est

$$t \mapsto \frac{1}{\omega}\sin(\omega t + \varphi) = \frac{1}{\omega}\cos\left(\omega t + \varphi - \frac{\pi}{2}\right).$$

4. Exemples de recherche des primitives d'une fonction donnée

REMARQUES PRÉLIMINAIRES

1° Pour déterminer des fonctions dérivées et des fonctions primitives il faut, dans un cas comme dans l'autre, trouver « la bonne formule ». Mais le problème est plus difficile dans le cas des primitives que dans celui de dérivées car il faut identifier une fonction u et sa dérivée u' et, le plus souvent, choisir une constante multiplicative.

Ce qui veut dire que pour déterminer des primitives il faut savoir dériver les fonctions usuelles.

2° **Lorsqu'on a trouvé une primitive d'une fonction il est prudent de procéder à une vérification en dérivant la primitive obtenue.**

EXEMPLE 1

Déterminer les primitives sur $\mathbb{R}$ de la fonction f définie par

$$f(x) = 2x^3 - 3x^2 + 4x - 7.$$

Réponse :

Du tableau donnant les primitives des fonctions usuelles, et des résultats concernant la primitive d'une somme et la primitive du produit d'une fonction par un nombre réel, on déduit que les primitives de f sont définies sur $\mathbb{R}$ par :

$$F(x) = 2 \times \left(\frac{1}{4}x^4\right) - 3 \times \left(\frac{1}{3}x^3\right) + 4 \times \left(\frac{1}{2}x^2\right) - 7x + C$$

où C est une constante réelle.

$$F(x) = \frac{1}{2}x^4 - x^3 + 2x^2 - 7x + C$$

où C est une constante réelle.

EXEMPLE 2

Lorsqu'on demande une primitive et non pas les primitives, on prend habituellement $C = 0$.

Déterminer une primitive sur $]0, +\infty[$ de la fonction f définie par

$$f(x) = 3x + 1 - \frac{2}{x^2}.$$

Réponse : En utilisant les résultats du paragraphe 3, on déduit qu'une primitive de f est définie sur $]0, +\infty[$ par :

$$F(x) = 3\left(\frac{1}{2}x^2\right) + x + 2\left(\frac{1}{x}\right), \qquad F(x) = \frac{3}{2}x^2 + x + \frac{2}{x}.$$

EXEMPLE 3

Déterminer une primitive de la fonction f définie sur $\mathbb{R}$ par

$$f(x) = \frac{x}{(3x^2+1)^2}.$$

Réponse :

$f(x)$ ressemble à $\dfrac{u'(x)}{[u(x)]^2}$ (mais ce n'est pas...).

On multiplie simultanément par $\frac{1}{6}$ et 6 ce qui ne change pas la valeur de $f(x)$.

On pose $u(x) = 3x^2 + 1$, alors $u'(x) = 6x$. D'où : $f(x) = \dfrac{1}{6} \times \left[\dfrac{6x}{(3x^2+1)^2}\right]$.

Dans le crochet on a donc « exactement » une expression de la forme $\dfrac{u'(x)}{[u(x)]^2}$;

une primitive de la fonction correspondante est définie par $-\dfrac{1}{u(x)}$, d'après un tableau du paragraphe 3. *c*). Une primitive de f est donc définie sur $\mathbb{R}$ par :

$$F(x) = \frac{1}{6} \times \left[-\frac{1}{3x^2+1}\right], \qquad F(x) = -\frac{1}{6(3x^2+1)}.$$

EXEMPLE 4

Déterminer une primitive de la fonction f définie sur $\mathbb{R}$ par

$$f(x) = \sin x \cos^2 x.$$

Réponse : $f(x)$ ressemble à $u'(x)\ [u(x)]^2$, une primitive de la fonction correspondante est $x \mapsto \dfrac{1}{3}[u(x)]^3$.

On pose $u(x) = \cos x$, alors $u'(x) = -\sin x$. D'où :

$$f(x) = -(-\sin x)(\cos x)^2.$$

On en déduit qu'une primitive de f est définie sur $\mathbb{R}$ par : $F(x) = -\dfrac{1}{3}\cos^3 x$.

TRAVAUX PRATIQUES

T.P. 1 Lecture de propriétés d'une fonction à partir de sa représentation graphique et primitive

On connaît une partie des représentations graphiques de trois fonctions polynômes du troisième degré $x \mapsto ax^3 + bx^2 + cx + d$, à coefficients réels, données par les figures 3, 4 et 5 notées F_1, F_2, F_3.

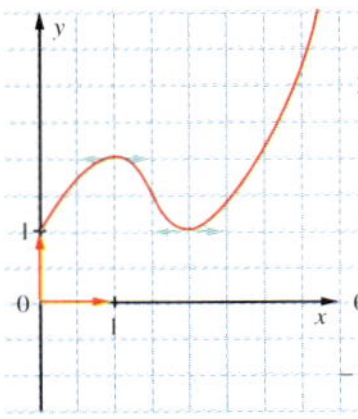

Fig. 3

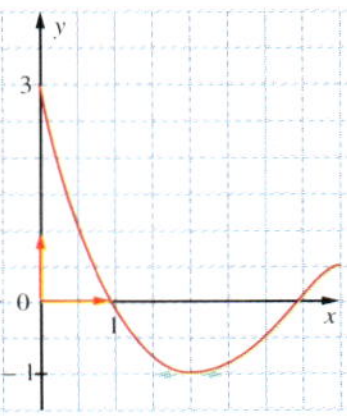

Fig. 4

Fig. 5

L'une des trois fonctions précédentes a pour fonction dérivée une fonction f du second degré dont la représentation graphique est donnée par la figure 6.

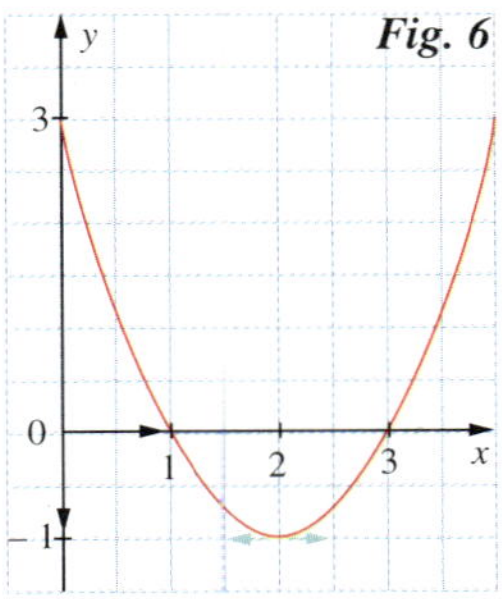

Fig. 6

1° Quelle est celle des trois fonctions F_1, F_2 ou F_3 qui a pour dérivée f ?
(La réponse devra être soigneusement justifiée.)
On notera F cette fonction. Que représente F pour f ?

2° Montrer que f est définie sur $\mathbb{R}$ par $f(x) = x^2 - 4x + 3$.

3° Montrer que F est définie sur $\mathbb{R}$ par :

$$F(x) = \frac{x^3}{3} - 2x^2 + 3x + 1.$$

Donner le tableau de variation de F.

T.P. 2 Exemple de situation décrite au moyen d'une fonction, étude du sens de variation, recherche des extremums

On se propose de déterminer les dimensions de la façade d'un chalet « delta » dont l'aire de la toiture est fixée, pour que l'aire de la façade soit maximale (le volume habitable est alors lui aussi maximal).

Dans le plan muni d'un repère orthonormal $(O ; \vec{i}, \vec{j})$, unité 1 cm, on donne les points $A(0, h)$, $B(-x, 0)$, $C(x, 0)$ avec $x \geqslant 0$ et $(h \geqslant 0)$. On suppose que $AB + AC = 12$.

1° Faire une figure. Le triangle ABC obtenu donne une vue à l'échelle $\frac{1}{100}$ de la façade du chalet « delta ».

2° Déterminer la hauteur h en fonction de x. En déduire, en fonction de x, l'aire du triangle ABC.

3° Soit f la fonction définie sur $[0, 6]$ par

$$f(x) = x\sqrt{36 - x^2}.$$

Il n'est pas rare, comme ici, que dans une question d'une épreuve d'examen figure la réponse de la question précédente…

a) Montrer que, pour tout nombre réel x de $[0, 6]$,

$$f'(x) = \frac{36 - 2x^2}{\sqrt{36 - x^2}}.$$

b) Étudier le sens de variation de f.
Préciser la valeur exacte de x pour laquelle f est maximum.
Calculer ce maximum.

c) Déduire du *b*) des valeurs approchées en mètres, à 10^{-2} près, des dimensions h et x d'un chalet delta tel que $AB + AC = 12$ m et l'aire en m² de sa façade.

EXERCICES ET PROBLÈMES

AVEC CORRIGÉS

OBJECTIFS	Numéros des exercices
Déterminer la dérivée d'une fonction composée	1 à 9
Déterminer les primitives d'une fonction définie sur un intervalle	10 à 21
Faire apparaître l'expression de la dérivée d'une fonction composée pour calculer des primitives	22 à 26
Déterminer la primitive d'une fonction qui prend une valeur donnée pour une valeur donnée de la variable	27
Transformer l'écriture de $f(x)$ pour calculer les primitives de f	28
Déterminer les primitives de f après avoir linéarisé $f(x)$ à l'aide des formules d'Euler	29
Rechercher un minimum	30

Dérivées de fonctions composées

1 ▪ En utilisant les règles de dérivation, déterminer la dérivée de la fonction polynôme f définie et dérivable sur $\mathbb{R}$ par

$$f(x) = (-2x+3)^3.$$

2 ▪ Même énoncé que l'exercice 1 pour f définie sur $\mathbb{R}$ par $f(x) = (-x^2+1)^2$.

3 ▪▪ Même énoncé que l'exercice 1 pour f définie sur $\mathbb{R}$ par $f(x) = (x-2)^2(2x+5)$. On mettra $f'(x)$ sous forme de produit de deux facteurs du premier degré.

4 ▪ En utilisant les règles de dérivation, déterminer la dérivée de la fonction f définie et dérivable sur l'intervalle I donné.

$$f : x \mapsto \sqrt{-3x+2}, \qquad \mathrm{I} = \left]-\infty, \frac{2}{3}\right[.$$

5 ▪ Même énoncé que l'exercice 4 pour :

$$f : x \mapsto \sqrt{-x+2}, \qquad \mathrm{I} =]-\infty, 2[.$$

6 ▪ Même énoncé que l'exercice 4 pour :

$$f : x \mapsto \sqrt{x^2+3x}, \qquad \mathrm{I} =]0, +\infty[.$$

7 ▪ En utilisant les règles de dérivation, déterminer la dérivée de la fonction f définie sur $\mathbb{R}$ par

$$f(t) = \cos\left(3t + \frac{\pi}{3}\right).$$

8 ▪ Même énoncé que l'exercice 7 pour f définie sur $\mathbb{R}$ par

$$f(t) = \sin\left(2t - \frac{\pi}{4}\right).$$

9 ▪ Même énoncé que l'exercice 7 pour : f définie sur $\mathbb{R}$ par $f(x) = \sin 3x + \cos 2x$.

Primitives

En utilisant les résultats du cours, déterminer les primitives sur $\mathbb{R}$, ou sur l'intervalle I, de la fonction f définie sur $\mathbb{R}$, ou sur l'intervalle I (exercices 10 à 21).

10 ▪ f définie sur $\mathbb{R}$ par $f(x) = 3x - 4$.

11 ▪ f définie sur $\mathbb{R}$ par $f(x) = 2x^2 - 3x + 1$.

12 ▪ f définie sur $\mathbb{R}$ par $f(x) = x^3 - 2x^2 + x + \frac{1}{3}$.

13 ▪ f définie sur $\mathbb{R}$ par $f(x) = (x-1)^3$.

14 ▪ f définie sur $\mathrm{I} =]-\infty, 0[$ par $f(x) = 6x^2 - \frac{4}{x^2}$.

15 ■ f définie sur $I =]0, +\infty[$ par $f(x) = 1 - \frac{1}{x^2} + \frac{3}{x^4}$.

Pour déterminer une primitive de $x \mapsto \frac{1}{x^4}$ on pourra remarquer que $\frac{1}{x^4} = x^{-4}$.

16 ■ f définie sur $I =]-2, 1[$ par

$$f(x) = \frac{2x+1}{(x^2+x-2)^2}.$$

17 ■ f est définie sur $I =]3, +\infty[$ par

$$f(x) = \frac{1}{\sqrt{x-3}}.$$

18 ■ f définie sur $\mathbb{R}$ par $f(t) = \sin 3t$.

19 ■ f définie sur $\mathbb{R}$ par $f(t) = \cos\left(2t + \frac{\pi}{6}\right)$.

20 ■ f définie sur $\mathbb{R}$ par $f(t) = -4 \sin\left(3t + \frac{\pi}{4}\right)$.

21 ■ f définie sur $\mathbb{R}$ par $f(x) = \cos x \sin^2 x$.

Mettre $f(x)$ sous la forme $k \times u'(x)[u(x)]^n$, où k est une constante réelle, et déterminer les primitives de f sur $\mathbb{R}$, ou sur l'intervalle I (exercices 22 à 26).

22 ■■ f définie sur $\mathbb{R}$ par $f(x) = (2x-1)^3$.

23 ■■ f définie sur $\mathbb{R}$ par

$$f(x) = (x+1)(x^2+2x+3).$$

24 ■■ f définie sur $\mathbb{R}$ par $f(x) = \frac{3x}{(x^2+1)^2}$.

25 ■■ f définie sur $I = \left[0, \frac{\pi}{2}\right[$ par $f(x) = \frac{\sin x}{\cos^2 x}$.

26 ■■ f définie sur $\mathbb{R}$ par $f(x) = \frac{x}{\sqrt{x^2+1}}$.

27 ■■ Déterminer la primitive F de la fonction f définie sur $]1, +\infty[$ par $f(x) = \frac{1}{(x-1)^2} - \frac{1}{(x+1)^2}$ telle que $F(2) = 2$.

28 ■■ Soit f la fonction définie sur $]2, +\infty[$ par

$$f(x) = \frac{2x^2 - 8x}{(x-2)^2}.$$

1° Déterminer deux nombres réels a et b tels que pour tout nombre réel x de $]2, +\infty[$,

$$f(x) = a + \frac{b}{(x-2)^2}.$$

2° En déduire la primitive F de f sur $]2, +\infty[$ telle que $F(3) = 1$.

29 ■■■ ***Exemples d'utilisation des formules d'Euler pour déterminer des primitives***

a) Soit f la fonction définie sur $\mathbb{R}$ par

$$f(x) = \cos^2 2x.$$

Après avoir linéarisé $f(x)$ à l'aide d'une formule d'Euler, déterminer les primitives sur $\mathbb{R}$ de la fonction f.

b) Soit f la fonction définie sur $\mathbb{R}$ par

$$f(x) = \sin x \cos 3x.$$

Utiliser les formules d'Euler pour transformer $f(x)$ en somme. Déduire de l'expression obtenue les primitives de f sur $\mathbb{R}$.

30 ■■■ ***Un problème qui ne fait pas un pli !***

On dispose d'une feuille de papier ABCD de format $21 \times 29{,}7$. On plie cette feuille de façon à amener le coin A en un point A′ de]B, C[. La feuille est pliée suivant (PQ), et AQ est la largeur de la partie repliée. On pose $x = AQ$ et $y = AP$.

A. 1° On suppose $10{,}5 < x < 21$. Interpréter cette condition.

2° Calculer les longueurs A′Q et BQ en fonction de x. En déduire la valeur de $A'B^2$ puis, en justifiant la condition imposée au 1°, celle de A′B en fonction de x.

Fig. 7

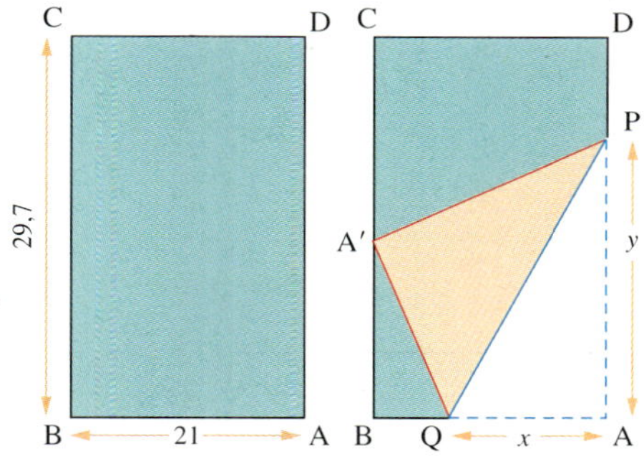

3° Calculer l'aire du trapèze ABA′P en fonction de x et y. (On rappelle que l'aire d'un trapèze s'obtient en multipliant la demi-somme des bases par la hauteur.)

4° En remarquant que ce trapèze peut être décomposé en trois triangles rectangles, calculer d'une autre façon l'aire du trapèze ABA′P en fonction de x et y.

5° Déduire des deux questions précédentes que l'on a :

$$y = x\sqrt{\frac{21}{2x-21}}.$$

(On pourra admettre ce résultat pour la suite du problème.)

B. On se propose de déterminer x pour que la longueur PQ du pli soit minimale.

1° Calculer en fonction de x la longueur PQ du pli.

2° Soit f la fonction définie sur $]10{,}5\ ;\ 21[$ par

$$f(x) = \frac{2x^3}{2x-21}.$$

Montrer que la dérivée de f est du signe de $4x - 63$.
Étudier les variations de f (l'étude aux bornes n'est pas nécessaire).

3° En déduire la valeur de x pour laquelle la longueur du pli est minimale et calculer la longueur PQ dans ce cas. On admet que si f admet un minimum pour x_0, $\sqrt{f}$ admet aussi un minimum pour x_0.

C. On se propose de déterminer x pour que l'aire de la partie repliée soit minimale.

1° Calculer, en fonction de x, l'aire du triangle APQ.

2° Soit g la fonction définie sur $]10{,}5\ ;\ 21[$ par

$$g(x) = \frac{x^4}{2x-21}.$$

Montrer que la dérivée de g est du signe de $x(x-14)$.
Étudier les variations de g (l'étude aux bornes n'est pas nécessaire).

3° En déduire la valeur de x pour laquelle l'aire de la partie repliée est minimale et calculer l'aire de APQ dans ce cas. On utilisera le résultat admis au B. 3°.

Q.C.M.

Dans ces questionnaires à choix multiples (Q.C.M.), il suffit d'indiquer sur sa copie, pour chaque question posée, la (ou les) bonne(s) réponse(s), s'il y en a, parmi les propositions de l'énoncé : aucune justification n'est demandée.

Ces Q.C.M., dont les réponses figurent à la fin du chapitre, permettent une auto-évaluation.

31 ■■ Dans chaque question, f est une fonction dérivable sur I et F est une primitive de f.

1.	$f(x) = -2x+1$	$I = \mathbb{R}$	$F(x) = -2$	$F(x) = -x^2+x$	$F(x) = -x^2+x+1$
2.	$f(x) = -x^2-2x+1$	$I = \mathbb{R}$	$F(x) = -\frac{1}{3}x^3 - x^2$	$F(x) = -\frac{1}{3}x^3 - x^2 + 1$	$F(x) = -\frac{1}{3}x^3 - x^2 + x + 1$
3.	$f(x) = x - \frac{1}{x^2}$	$I =]0, +\infty[$	$F(x) = \frac{1}{2}x^2 + \frac{1}{x}$	$F(x) = 1 + \frac{2}{x^3}$	$F(x) = \frac{1}{2}x^2 - \frac{1}{x}$
4.	$f(x) = (x-1)^2$	$I = \mathbb{R}$	$F(x) = 2(x-1)$	$F(x) = \frac{1}{3}(x-1)^3$	$F(x) = (x-1)^3$
5.	$f(x) = (2x+1)^3$	$I = \mathbb{R}$	$F(x) = \frac{1}{4}(2x+1)^4$	$F(x) = (2x+1)^4$	$F(x) = \frac{1}{8}(2x+1)^4$
6.	$f(x) = -\frac{1}{(2x-1)^2}$	$I = \left]\frac{1}{2}, +\infty\right[$	$F(x) = \frac{1}{2x-1}$	$F(x) = -\frac{1}{2(2x-1)}$	$F(x) = \frac{1}{4x-2}$
7.	$f(x) = 1 - \frac{1}{x^2} - \frac{3}{x^3}$	$I =]-\infty, 0[$	$F(x) = x + \frac{1}{x} + \frac{3}{x^2}$	$F(x) = x + \frac{1}{x} + \frac{3}{2x^2}$	$F(x) = x + \frac{1}{x} - \frac{1}{2x^2}$
8.	$f(t) = 2\sin\left(2t + \frac{\pi}{6}\right)$	$I = \mathbb{R}$	$F(t) = 2\cos\left(2t + \frac{\pi}{6}\right)$	$F(t) = -\cos\left(2t + \frac{\pi}{6}\right)$	$F(t) = \cos\left(2t + \frac{\pi}{6}\right)$
9.	$f(x) = \cos 2x$	$I = \mathbb{R}$	$F(x) = -\sin 2x$	$F(x) = \frac{1}{2}\sin 2x$	$F(x) = -\frac{1}{2}\sin 2x$
10.	$f(x) = \sin x + \sin 2x$	$I = \mathbb{R}$	$F(x) = \cos x + \cos 2x$	$F(x) = -\cos x - \cos 2x$	$F(x) = -\cos x - \frac{1}{2}\cos 2x$

SANS CORRIGÉS

Dérivées de fonctions composées

Déterminer la dérivée de la fonction polynôme f définie et dérivable sur $\mathbb{R}$ (exercices 32 à 34).

32 ■ *a)* f définie sur $\mathbb{R}$ par $f(x) = (x+1)^2$.
b) f définie sur $\mathbb{R}$ par $f(x) = (-3x+7)^2$.

33 ■ *a)* f définie sur $\mathbb{R}$ par $f(x) = (-3x+1)^3$.
b) f définie sur $\mathbb{R}$ par $f(x) = (x^2+x+1)^2$.

34 ■■ f définie sur $\mathbb{R}$ par $f(x) = (2x-3)^2(x-1)$. On mettra $f'(x)$ sous forme de produit de deux facteurs du premier degré.

Déterminer la dérivée de la fonction f définie et dérivable sur l'intervalle I donné (exercices 35 à 38).

35 ■ *a)* $f : x \mapsto \sqrt{2x-3}$, $\quad I = \left]\frac{3}{2}, +\infty\right[$.
b) $f : x \mapsto \sqrt{-2x-1}$, $\quad I = \left]-\infty, -\frac{1}{2}\right[$.

36 ■ *a)* f définie sur $\mathbb{R}$ par $f(t) = \sin\left(3t + \frac{\pi}{4}\right)$.
b) f définie sur $\mathbb{R}$ par $f(t) = 3\cos\left(-2t + \frac{\pi}{6}\right)$.

37 ■ f définie sur $\mathbb{R}$ par $f(x) = \sin 4x + 2\cos 2x$.

38 ■■ f définie sur $\mathbb{R}$ par $f(t) = \sin^2(2t+1)$.

Recherches d'extremums

39 ■■■ ***C'est de la physique !***

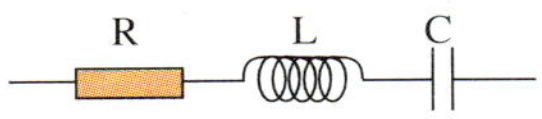

Fig. 8

L'impédance d'un circuit comportant en série un résistor de résistance R ohms, une bobine d'inductance L henrys et de résistance pratiquement nulle, un condensateur de capacité C farads est donnée par

$$Z = \sqrt{R^2 + \left(L\omega mp - \frac{1}{C\omega}\right)^2}$$

où ω est la pulsation du courant alternatif qui traverse le circuit. (L, R, C sont donc trois nombres réels positifs.)

Étudier les variations de la fonction f définie par :

$$\begin{cases}]0, +\infty[\to \mathbb{R} \\ \omega \mapsto Z. \end{cases}$$

Pour quelle valeur de ω l'impédance Z est-elle minimale ?
Déterminer en fonction de R cette valeur minimale.

40 ■■■ ***La benne de volume maximal***

Une benne a la forme d'un prisme droit dont la base est un trapèze isocèle ABCD.

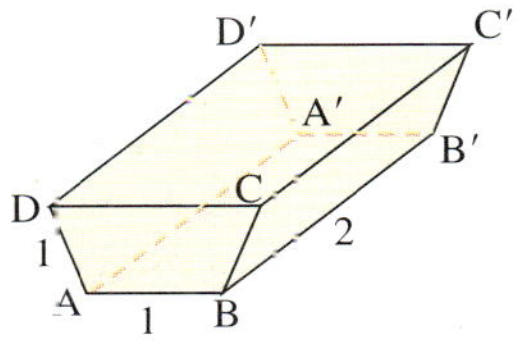

Fig. 9

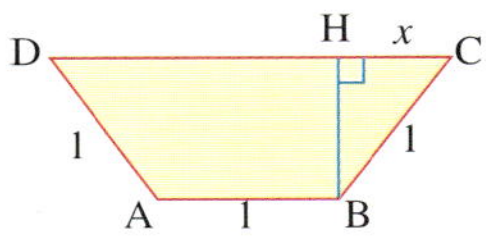

Fig. 10

La longueur du côté CD est variable. Les autres dimensions sont fixes et indiquées sur la figure 9 (l'unité est le mètre).
La figure 10 représente la base ABCD du prisme.
On désigne par x la longueur CH où H est le projeté orthogonal de B sur (CD). On se propose de déterminer x de façon que la benne ait un volume maximal.

1° Calculer en fonction de x l'aire $S(x)$ du trapèze ABCD, puis le volume $V(x)$ de la benne.

2° On considère la fonction numérique f définie sur $[0, 1[$ par

$$f(x) = (x+1)\sqrt{1-x^2}.$$

a) Démontrer que $f'(x)$ peut s'écrire sous la forme
$$\frac{1-x-2x^2}{\sqrt{1-x^2}}.$$

b) Étudier le sens de variation de f (on ne demande pas d'étude de limite).

3° *a)* Exprimer $V(x)$ à l'aide de $f(x)$.

b) Pour quelle valeur de x le volume de la benne est-il maximal ?

c) Quel est alors le volume de la benne et quelle est la mesure en degrés de l'angle $\widehat{CBH}$?

41 ■■■■ ***Fonction irrationnelle et rectangle d'aire maximale***

1° Soit d un nombre réel strictement positif, et f la fonction définie sur $]-d, d[$ par

$$f(x) = x\sqrt{d^2-x^2}.$$

Étudier les variations de f.

2° Déterminer l'aire maximale d'un rectangle dont les sommets appartiennent à un même cercle de diamètre d.

Dérivées successives

42 ▪ Soit f la fonction définie sur $\mathbb{R}$ par
$$f(t) = -\frac{1}{3}t^3 - 2t^2 + t - 1.$$
Déterminer les dérivées successives f', f'', f''' de f.

43 ▪ Soit f la fonction définie sur $]1, +\infty[$ par $f(x) = \frac{1}{x-1}$. Déterminer les dérivées successives f', f'', f''' de f.

44 ▪▪ Soit f la fonction définie sur $\mathbb{R}$ par
$$f(t) = \cos\left(3t + \frac{\pi}{4}\right).$$
1° Déterminer les dérivées successives f' et f'' de f.

2° Vérifier que, pour tout nombre réel t,
$$f''(t) + 9f(t) = 0.$$

45 ▪▪▪▪ ***Exemple d'encadrement d'une fonction***

Soit f la fonction définie sur $\left[0, \frac{\pi}{2}\right]$ par
$$f(x) = \cos x - 1 + \frac{x^2}{2} - \frac{x^4}{24}.$$
1° Déterminer les dérivées f' et f'', f''' de f, définies sur $\left[0, \frac{\pi}{2}\right]$.

2° On admet que, pour tout nombre réel x de $\left]0, \frac{\pi}{2}\right]$, $\sin x < x$.

a) Dresser le tableau de variation de la fonction f''.

b) En déduire le signe de $f''(x)$ sur $\left[0, \frac{\pi}{2}\right]$, puis les tableaux de variation des fonctions f' et f.

c) En déduire pour tout nombre réel x de $\left[0, \frac{\pi}{2}\right]$ les encadrements :
$$x - \frac{x^3}{6} \leqslant \sin x \leqslant x ;$$
$$1 - \frac{x^2}{2} \leqslant \cos x \leqslant 1 - \frac{x^2}{2} + \frac{x^4}{24}$$
et
$$0 \leqslant \cos x - \left(1 - \frac{x^2}{2}\right) \leqslant \frac{x^4}{24}.$$
3° Utiliser ce qui précède pour déterminer un nombre réel α tel que, pour tout nombre réel x,
$$x \leqslant \alpha \text{ implique } \cos x - \left(1 - \frac{x^2}{2}\right) \leqslant 0{,}01.$$

Primitives

Déterminer les primitives sur $\mathbb{R}$ ou sur l'intervalle I donné de la fonction f (exercices 46 à 64).

46 ▪ f définie sur $\mathbb{R}$ par $f(x) = 3x^2 - 4x + 7$.

47 ▪ f définie sur $\mathbb{R}$ par $f(t) = -5t^3 + 3t^2 + 8$.

48 ▪ f définie sur $\mathrm{I} =]-\infty, 0[$ par $f(x) = x^2 - \frac{1}{x^2}$.

49 ▪ f définie sur $\mathrm{I} =]0, +\infty[$ par
$$f(x) = 1 - \frac{1}{x^2} + \frac{1}{x^3}.$$

Utiliser des exposants négatifs.

50 ▪ f définie sur $\mathbb{R}$ par $f(x) = (x-2)^2$.

51 ▪ f définie sur $\mathbb{R}$ par $f(x) = 2\,(2x-3)^3$.

52 ▪ f définie sur $]-\infty, 3[$ par $f(x) = -\frac{1}{(x-3)^2}$.

53 ▪ f définie sur $\mathbb{R}$ par $f(x) = \frac{2x}{(x^2+1)^2}$.

54 ▪ f définie sur $\mathrm{I} =]2, +\infty[$ par $f(x) = \frac{1}{\sqrt{x-2}}$.

55 ▪ f définie sur $\mathbb{R}$ par $f(t) = -3\sin\left(3t + \frac{\pi}{12}\right)$.

56 ▪ f définie sur $\mathbb{R}$ par $f(t) = 2\cos\left(2t + \frac{\pi}{6}\right)$.

57 ▪▪ f définie sur $\mathbb{R}$ par $f(x) = (2x-1)^3$.

58 ▪▪ f définie sur $\mathrm{I} = \left]\frac{2}{3}, +\infty\right[$ par
$$f(x) = \frac{2}{(3x-2)^2}.$$

59 ▪▪ f définie sur $\mathbb{R}$ par $f(x) = x(x^2+1)^2$.

60 ▪▪ f définie sur $\mathrm{I} = \left]-\frac{5}{4}, +\infty\right[$ par
$$f(x) = \frac{1}{\sqrt{4x+5}}.$$

61 ▪▪ f définie sur $\mathbb{R}$ par $f(t) = \sin\left(3t - \frac{\pi}{4}\right)$.

62 ▪▪ f définie sur $\mathbb{R}$ par $f(t) = 3\cos\left(2t + \frac{\pi}{8}\right)$.

63 ▪▪ f définie sur $\mathbb{R}$ par $f(x) = \sin x \cos^2 x$.

64 ▪▪ f définie sur $\left[0, \frac{\pi}{2}\right[$ par $f(x) = \frac{\sin x}{\sqrt{\cos x}}$.

Pour les exercices 55 à 64, on pourra procéder comme aux exercices corrigés 22 à 26.

Trouver la primitive F de la fonction f vérifiant la condition donnée (exercices 65 à 67).

65 ▪▪ f définie sur $\mathbb{R}$ par $f(t) = 2\cos\left(3t + \frac{\pi}{3}\right)$ et $F(0) = 0$.

66 ▪▪ f définie sur $\mathbb{R}$ par $f(x) = (-3x+1)^2$ et $F(1) = 0$.

67 ▪▪ f définie sur $]0, +\infty[$ par $f(x) = \frac{1}{\sqrt{x}}$ et $F(4) = 5$.

68 ▪▪▪ *Un peu de résistance des matériaux*

On se propose de déterminer le moment fléchissant en un point M d'une poutre AB de longueur 6 m soumise à une charge « triangulaire » (fig. 11), x est exprimé en mètres.

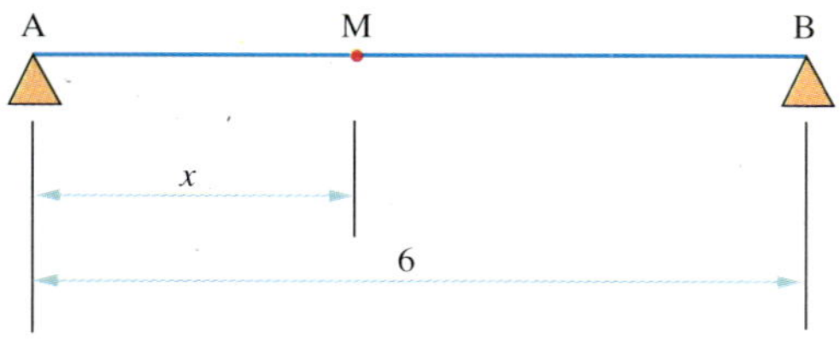

Fig. 11

Toutes les fonctions figurant dans cet exercice sont définies sur l'intervalle $I = [0,6]$.
Soit f la fonction définie sur I par $f(x) = -600x$.

1° Déterminer la primitive F de f pour laquelle $F(0) = 3\,600$.

2° Déterminer la primitive G de F pour laquelle $G(0) = 0$.
Le nombre $G(x)$ représente le moment fléchissant au point M.

69 ▪▪▪ Soit f la fonction définie sur $]-1, +\infty[$ par $f(x) = \frac{x^2+2x}{(x+1)^2}$.

1° Déterminer deux nombres réels a et b tels que pour tout x de $]-1, +\infty[$, $f(x) = a + \frac{b}{(x+1)^2}$.

2° En déduire la primitive F de f sur $]-1, +\infty[$ telle que $F(0) = 1$.

70 ▪▪▪ 1° Déterminer deux nombres réels a et b tels que la fonction F définie sur $\left]-\frac{5}{3}, +\infty\right[$ par $F(x) = (ax+b)\sqrt{3x+5}$ soit une primitive de la fonction f définie sur $\left]-\frac{5}{3}, +\infty\right[$ par

$$f(x) = \sqrt{3x+5}.$$

2° Déterminer la primitive G de f telle que $G\left(\frac{11}{3}\right) = 7$.

Linéariser $f(x)$ en utilisant, par exemple, les formules d'Euler et déterminer les primitives de f sur $\mathbb{R}$ (exercices 71 à 74).

71 ▪▪▪ f définie sur $\mathbb{R}$ par $f(x) = \cos^3 3x$.

72 ▪▪▪ f définie sur $\mathbb{R}$ par $f(x) = \sin^3 3x$.

73 ▪▪▪ f définie sur $\mathbb{R}$ par $f(x) = \sin^4 2x$.

74 ▪▪▪ f définie sur $\mathbb{R}$ par $f(x) = \cos^4 2x$.

Transformer en somme $f(x)$ en utilisant les formules d'Euler et déterminer les primitives de f sur $\mathbb{R}$ (exercices 75 à 77).

75 ▪▪▪ f définie sur $\mathbb{R}$ par $f(x) = \sin 3x \cos 2x$.

76 ▪▪▪ f définie sur $\mathbb{R}$ par $f(x) = \cos x \cos 3x$.

77 ▪▪▪ f définie sur $\mathbb{R}$ par $f(x) = \sin 2x \sin x$.

78 ▪▪▪▪ *Exemple de recherche de solutions approchées d'une équation numérique par différentes méthodes*

Aucune connaissance sur les méthodes décrites dans l'activité suivante n'est exigible des élèves.

1° *Existence et encadrement d'une solution.*
Soit f la fonction définie sur $[0, 2]$ par

$$f(x) = \frac{x^3}{3} - x + \frac{1}{3}$$

et C sa courbe représentative dans le plan muni d'un repère orthonormal $(O\ ; \vec{i}, \vec{j})$.
On prendra comme unité 10 cm sur chaque axe.

a) Étudier les variations de f.

b) Construire C ainsi que les tangentes à C aux points d'abscisses respectives 0 et 2.

c) Montrer que l'équation $\frac{x^3}{3} - x + \frac{1}{3} = 0$ admet deux solutions dans $[0, 2]$ dont une, notée α, dans $[1, 2]$.

2° *Recherche d'une valeur approchée d'une solution par dichotomie*

Utiliser la méthode décrite dans l'exemple du paragraphe III. 4 du cours du chapitre 4 pour déterminer un encadrement de α d'amplitude 10^{-4}.

3° *Recherche d'une valeur approchée d'une solution par interpolation linéaire*

a) Soit A et B les points de la courbe C d'abscisses respectives 1 et 2. Construire la droite (AB), qui coupe l'axe des abscisses en m_1. Placer le point M_1 de C ayant même abscisse que m_1. Construire la droite (M_1B) qui coupe l'axe des abscisses en m_2. Placer le point M_2 de C ayant même abscisse que m_2. Construire la droite (M_2B) ...

Observer sur la figure que les abscisses des points M_1, M_2, ... sont de plus en plus « proches » de α.

b) On se propose de calculer avec une calculatrice programmable des valeurs approchées des abscisses de M_1, ... Soit I un point quelconque de C, d'abscisse a avec $a \neq 2$. Montrer que l'abscisse du point commun M à la droite (IB) et à l'axe des abscisses est

$$x = \frac{-2a^3 + 9a - 2}{-a^3 + 3a + 2}.$$

c) Programmer sur une calculatrice la fonction g définie sur $[0, 2[$ par

$$g(a) = \frac{-2a^3 + 9a - 2}{-a^3 + 3a + 2}.$$

En calculant $g(1)$ (alors I est A) puis $g(g(1))$, puis $g(g(g(1)))$... retrouver le résultat obtenu au 2°.

4° *Recherche d'une valeur approchée d'une solution par la méthode de la tangente*

a) La tangente à la courbe C au point B coupe l'axe des abscisses au point t_1. Soit T_1 le point de C ayant même abscisse que t_1.

La tangente à la courbe C au point T_1 coupe l'axe des abscisses au point t_2. Soit T_2 le point de C ayant même abscisse que t_2. La tangente à la courbe C au point T_2...

Observer sur la figure que les abscisses des points T_1, T_2, ... sont de plus en plus « proches » de α.

b) Soit J un point quelconque d'abscisse b de la courbe C .

Déterminer une équation de la tangente à C au point J. En déduire que l'abscisse du point commun à la tangente et à l'axe des abscisses est

$$x = \frac{2b^3 - 1}{3(b^2 - 1)}.$$

c) Programmer sur une calculatrice la fonction h définie sur $[0, 1[\cup]1, 2]$ par $h(b) = \frac{2b^3 - 1}{3(b^2 - 1)}$.

En calculant $h(2)$ (alors J est en B) puis $h(h(2))$ puis $h(h(h(2)))$... retrouver le résultat obtenu au 2°.

RÉPONSES AU T.P.

T.P. 2 2° $h = \sqrt{36 - x^2}$.

3° *b*) f admet un maximum pour $x = \sqrt{18}$.

CORRIGÉS DES EXERCICES

1 Pour tout nombre réel x, on a $f(x) = [u(x)]^3$, avec $u(x) = -2x + 3$, donc $u'(x) = -2$.

Pour tout nombre réel x,

$$f'(x) = 3 \times u'(x) \times [u(x)]^2.$$

On applique la formule

$$(u^n)' = nu'u^{n-1} \quad \text{avec} \quad n = 3.$$

D'où, pour tout nombre réel x,

$$f'(x) = 3(-2)(-2x + 3)^2,$$
$$f'(x) = -6(-2x + 3)^2.$$

2 Pour tout nombre réel x,

$$f(x) = [u(x)]^2 \quad \text{avec} \quad u(x) = -x^2 + 1,$$

donc $u'(x) = -2x.$

On applique le même résultat qu'à l'exercice 1.

Pour tout nombre réel x,

$$f'(x) = 2 \times u'(x) \times u(x),$$
$$f'(x) = 2(-2x)(-x^2 + 1),$$
$$f'(x) = -4x(-x^2 + 1).$$

3 Pour tout nombre réel x,

$$f(x) = u(x) \times v(x),$$

avec $u(x) = (x-2)^2$ et $v(x) = 2x + 5$,

donc $u'(x) = 2(1)(x-2)^{2-1}$

et $v'(x) = 2.$

On applique les formules

$$(u^n)' = nu'u^{n-1} \quad (1)$$
$$(uv)' = u'v + uv' \quad (2).$$

On applique (2) en posant $u(x) = (x-2)^2$ et pour déterminer $u'(x)$, on utilise (1)...

Quand on utilise plusieurs formules on peut ainsi être amené à remplacer $u(x)$ par différentes expressions au cours d'un même calcul, c'est difficile... au début !

D'où, pour tout nombre réel x,

$$f'(x) = u'(x)v(x) + u(x)v'(x),$$
$$f'(x) = 2(x-2)(2x+5) + 2(x-2)^2,$$

$$f'(x) = 2(x-2)[(2x+5)+(x-2)],$$
$$f'(x) = 2(x-2)(3x+3),$$
$$f'(x) = 6(x-2)(x+1).$$

4 Pour tout nombre réel x de $\left]-\infty, \frac{2}{3}\right[$, $f(x) = \sqrt{u(x)}$ avec $u(x) = -3x+2$,

donc $u'(x) = -3$.

Pour tout nombre réel x de $\left]-\infty, \frac{2}{3}\right[$,

$$f'(x) = \frac{u'(x)}{2\sqrt{u(x)}}, \quad f'(x) = \frac{-3}{2\sqrt{-3x+2}}.$$

5 Pour tout nombre réel x de $]-\infty, 2[$,

$$f'(x) = \frac{-1}{2\sqrt{-x+2}}.$$

On a procédé comme à l'exercice 4.

6 Pour tout nombre réel x de $]0, +\infty[$

$$f(x) = \sqrt{u(x)} \quad \text{avec} \quad u(x) = x^2+3x,$$

donc $u'(x) = 2x+3$.

Pour tout nombre réel x de $]0, +\infty[$,

$$f'(x) = \frac{u'(x)}{2\sqrt{u(x)}}, \quad f'(x) = \frac{2x+3}{2\sqrt{x^2+3x}}.$$

Dans les exercices 7 à 9 on utilise les résultats :

$f(x)$	$f'(x)$
$\sin(ax+b)$	$a\cos(ax+b)$
$\cos(ax+b)$	$-a\sin(ax+b)$

7 Pour tout nombre réel t, $f'(t) = -3\sin\left(3t+\frac{\pi}{3}\right)$.

8 Pour tout nombre réel t, $f'(t) = 2\cos\left(2t-\frac{\pi}{4}\right)$.

9 Pour tout nombre réel x

$$f'(x) = 3\cos 3x - 2\sin 2x.$$

- Dans les exercices 10 à 27, C est une constante quelconque.
- Dans les exercices 10 à 12, on utilise en particulier le résultat :
si $f(x) = x^n$, avec n appartenant à $\mathbb{N}$, les primitives de f sont définies sur $\mathbb{R}$ par :

$$F(x) = \frac{1}{n+1}x^{n+1} + C.$$

10 Les primitives de f sont définies sur $\mathbb{R}$ par

$$F(x) = 3\left(\frac{1}{2}x^2\right) - 4x + C, \quad F(x) = \frac{3}{2}x^2 - 4x + C.$$

11 Les primitives de f sont définies sur $\mathbb{R}$ par

$$F(x) = 2\left(\frac{1}{3}x^3\right) - 3\left(\frac{1}{2}x^2\right) + x + C.$$
$$F(x) = \frac{2}{3}x^3 - \frac{3}{2}x^2 + x + C.$$

12 Les primitives de f sont définies sur $\mathbb{R}$ par

$$F(x) = \frac{1}{4}x^4 - 2\left(\frac{1}{3}x^3\right) + \frac{1}{2}x^2 + \frac{1}{3}x + C,$$
$$F(x) = \frac{1}{4}x^4 - \frac{2}{3}x^3 + \frac{1}{2}x^2 + \frac{1}{3}x + C.$$

13 Pour tout nombre réel x, $f(x) = u'(x) \times [u(x)]^3$, avec $u(x) = x-1$; $u'(x) = 1$.
Les primitives de la fonction f sont définies sur $\mathbb{R}$ par

$$F(x) = \frac{1}{3+1}[u(x)]^{3+1} + C,$$
$$F(x) = \frac{1}{4}(x-1)^4 + C.$$

Les primitives de $x \mapsto u'(x)[u(x)]^n$ sont définies par $x \mapsto \frac{1}{n+1}[u(x)]^{n+1} + C$.

14 Les primitives de f sont définies sur $]-\infty, 0[$ par

$$F(x) = 6\left(\frac{1}{3}x^3\right) + 4\left(\frac{1}{x}\right) + C.$$
$$F(x) = 2x^3 + \frac{4}{x} + C.$$

15 On peut écrire $f(x) = 1 - x^2 + 3x^{-4}$ pour tout nombre réel x de $]0, +\infty[$.
Les primitives de f sont définies sur $]0, +\infty[$ par

$$F(x) = x - \frac{1}{-2+1}x^{-2+1} + 3\frac{1}{-4+1}x^{-4+1} + C,$$
$$F(x) = x + x^{-1} - x^{-3} + C,$$
$$F(x) = x + \frac{1}{x} - \frac{1}{x^3} + C.$$

16 Pour tout nombre réel x de $]-2, 1[$,

$$f(x) = \frac{u'(x)}{[u(x)]^2} \quad \text{avec} \quad u(x) = x^2+x-2$$

et $u'(x) = 2x+1$.

Les primitives de f sont donc définies sur $]-2, 1[$, par

$$F(x) = -\frac{1}{u(x)} + C, \quad F(x) = \frac{-1}{x^2+x-2} + C.$$

17 Pour tout nombre réel x de $]3, +\infty[$, $f(x) = \dfrac{u'(x)}{\sqrt{u(x)}}$

avec $u(x) = x - 3$ donc $u'(x) = 1$.
Les primitives de f sont définies sur $]3, +\infty[$ par

$$F(x) = 2\sqrt{u(x)} + C, \qquad F(x) = 2\sqrt{x-3} + C.$$

Dans les exercices 18 à 20 on utilise les résultats suivants :

f définie sur $\mathbb{R}$ par	Les primitives de f sont définies sur $\mathbb{R}$ par
$f(t) = \sin(at+b)$	$F(t) = -\dfrac{1}{a}\cos(at+b) + C$
$f(t) = \cos(at+b)$	$F(t) = \dfrac{1}{a}\sin(at+b) + C$

18 Les primitives de f sont définies sur $\mathbb{R}$ par

$$F(t) = -\frac{1}{3}\cos 3t + C.$$

19 Les primitives de f sont définies sur $\mathbb{R}$ par

$$F(t) = \frac{1}{2}\sin\left(2t + \frac{\pi}{6}\right) + C.$$

20 Les primitives de f sont définies sur $\mathbb{R}$ par

$$F(t) = -4\left(-\frac{1}{3}\right)\cos\left(3t + \frac{\pi}{4}\right) + C,$$

$$F(t) = \frac{4}{3}\cos\left(3t + \frac{\pi}{4}\right) + C.$$

21 Pour tout nombre réel x, $f(x) = u'(x)[u(x)]^2$ avec

$$u(x) = \sin x, \quad u'(x) = \cos x.$$

Les primitives de f sont définies sur $\mathbb{R}$ par

$$F(x) = \frac{1}{3}[u(x)]^3 + C, \qquad F(x) = \frac{1}{3}\sin^3 x + C.$$

22 $f(x)$ ressemble à $u'(x)[u(x)]^3$, avec

$$u(x) = 2x - 1, \ u'(x) = 2.$$

On est donc conduit à écrire, pour tout nombre réel x,

$$f(x) = \frac{1}{2}[2 \times (2x-1)^3].$$

Les primitives de $x \mapsto u'(x)[u(x)]^3$ sont définies par

$$x \mapsto \frac{1}{4}[u(x)]^4 + C.$$

Les primitives de f sont donc définies sur $\mathbb{R}$ par

$$F(x) = \frac{1}{2} \times \frac{1}{4}(2x-1)^4 + C,$$

$$F(x) = \frac{1}{8}(2x-1)^4 + C.$$

23 $f(x)$ ressemble à $u'(x) \times u(x)$ avec

$$u(x) = x^2 + 2x + 3 \quad \text{et} \quad u'(x) = 2x + 2.$$

On est donc conduit à écrire, pour tout nombre réel x,

$$f(x) = \frac{1}{2}[(2x+2)(x^2+2x+3)].$$

Les primitives de $x \mapsto u'(x) \times u(x)$ sont définies par

$$x \mapsto \frac{1}{2}[u(x)]^2 + C.$$

Les primitives de f sont donc définies sur $\mathbb{R}$ par

$$F(x) = \frac{1}{2} \times \frac{1}{2}(x^2+2x+3)^2 + C,$$

$$F(x) = \frac{1}{4}(x^2+2x+3)^2 + C.$$

24 $f(x)$ ressemble à $\dfrac{u'(x)}{[u(x)]^2}$ avec

$$u(x) = x^2 + 1 \quad \text{et} \quad u'(x) = 2x.$$

On est donc conduit à écrire, pour tout nombre réel x,

$$f(x) = \frac{3}{2} \times \frac{2x}{(x^2+1)^2}.$$

Les primitives de $x \mapsto \dfrac{u'(x)}{[u(x)]^2}$ sont définies par

$$f : x \mapsto -\frac{1}{u(x)} + C.$$

Les primitives de f sont donc définies sur $\mathbb{R}$ par

$$F(x) = -\frac{3}{2}\,\frac{1}{x^2+1} + C.$$

25 Pour tout nombre réel x de $\left[0, \dfrac{\pi}{2}\right[$,

$$f(x) = -\frac{-\sin x}{\cos^2 x}.$$

Les primitives de f sont donc définies sur $\left[0, \dfrac{\pi}{2}\right[$ par

$$F(x) = \frac{1}{\cos x} + C.$$

26 Pour tout nombre réel x, $f(x) = \dfrac{1}{2} \times \dfrac{2x}{\sqrt{x^2+1}}$.

Les primitives de f sont donc définies sur $\mathbb{R}$ par

$$F(x) = \frac{1}{2}\,2\sqrt{x^2+1} + C, \qquad F(x) = \sqrt{x^2+1} + C.$$

27 F est définie sur $]1, +\infty[$ par

$$F(x) = -\frac{1}{x-1} + \frac{1}{x+1} + C.$$

$F(2) = 2$ équivaut à $-1 + \dfrac{1}{3} + C = 2$.

D'où $C = \dfrac{8}{3}$ et $F(x) = -\dfrac{1}{x-1} + \dfrac{1}{x+1} + \dfrac{8}{3}$.

28 Pour tout nombre réel x de $]2, +\infty[$,

$$a + \frac{b}{(x-2)^2} = \frac{2x^2 - 8x}{(x-2)^2} \text{ équivaut à}$$

$$\frac{a(x-2)^2 + b}{(x-2)^2} = \frac{2x^2 - 8x}{(x-2)^2} \text{ pour tout } x > 2,$$

$$a(x-2)^2 + b = 2x^2 - 8x \text{ pour tout } x > 2,$$

$$ax^2 - 4ax + (4a + b) = 2x^2 - 8x \text{ pour tout } x > 2.$$

On en déduit que $a = 2$ et $4a + b = 0$, $a = 2$ et $b = -8$.

Pour tout nombre réel x de $]2, +\infty[$,

$$f(x) = 2 - \frac{8}{(x-2)^2}.$$

2° F est définie sur $]2, +\infty[$, par

$$\mathrm{F}(x) = 2x + \frac{8}{x-2} + \mathrm{C}.$$

$\mathrm{F}(3) = 1$ équivaut à

$$6 + 8 + \mathrm{C} = 1, \text{ d'où } \mathrm{C} = -13.$$

$$\mathrm{F}(x) = 2x + \frac{8}{x-2} - 13.$$

29 *a)* Pour tout nombre réel θ,

$$\cos\theta = \frac{1}{2}(e^{i\theta} + e^{-i\theta}).$$

Appliquons cette formule avec $\theta = 2x$.

Pour tout nombre réel x,

$$\cos^2 2x = \left[\frac{1}{2}(e^{i2x} + e^{-2ix})\right]^2,$$

$$\cos^2 2x = \frac{1}{4}[(e^{i2x})^2 + 2(e^{i2x}) \times (e^{-i2x}) + (e^{-2ix})^2],$$

$$\cos^2 2x = \frac{1}{4}(e^{i4x} + 2e^{i2x - i2x} + e^{-i4x}),$$

$$\cos^2 2x = \frac{1}{4}(e^{i4x} + e^{-i4x} + 2),$$

$$\cos^2 2x = \frac{1}{2} \times \frac{1}{2}(e^{i4x} + e^{-i4x} + 2),$$

$$\cos^2 2x = \frac{1}{2}\left[\frac{e^{i4x} + e^{-i4x}}{2} + 1\right],$$

$$\cos^2 2x = \frac{1}{2}(1 + \cos 4x).$$

> Pour linéariser $\cos^2 2x$ on peut bien sûr appliquer directement la formule :
> pour tout nombre a réel
> $\cos^2 a = \frac{1}{2}(1 + \cos 2a)$... qui est dans le formulaire.
> La méthode utilisant les formules d'Euler permet d'arriver au résultat sans « virtuosité » avec les formules de trigonométrie lorsque l'exposant dépasse 2.

Les primitives de f sont définies sur $\mathbb{R}$ par

$$\mathrm{F}(x) = \frac{1}{2}x + \frac{1}{2}\left(\frac{1}{4}\sin 4x\right) + \mathrm{C},$$

$$\mathrm{F}(x) = \frac{1}{2}x + \frac{1}{8}\sin 4x + \mathrm{C}.$$

b) Pour tout nombre réel θ,

$$\cos\theta = \frac{1}{2}(e^{i\theta} + e^{-i\theta}) \text{ et } \sin\theta = \frac{1}{2i}(e^{i\theta} - e^{-i\theta}).$$

Pour tout nombre réel x,

$$\sin x \cos 3x = \frac{1}{2i}(e^{ix} - e^{-ix}) \times \frac{1}{2}(e^{i3x} + e^{-i3x}),$$

$$\sin x \cos 3x =$$

$$\frac{1}{4i}(e^{ix}e^{i3x} - e^{-ix}e^{i3x} + e^{ix}e^{-i3x} - e^{-ix}e^{-i3x}),$$

$$\sin x \cos 3x = \frac{1}{4i}(e^{i4x} - e^{i2x} + e^{-i2x} + e^{-i4x}),$$

$$\sin x \cos 3x = \frac{1}{4i}[e^{i4x} - e^{-i4x} - (e^{i2x} - e^{-i2x})],$$

$$\sin x \cos 3x = \frac{1}{2}\left[\frac{e^{i4x} - e^{-i4x}}{2i} - \frac{e^{i2x} - e^{-i2x}}{2i}\right],$$

$$\sin x \cos 3x = \frac{1}{2}(\sin 4x - \sin 2x).$$

Les primitives de f sont définies sur $\mathbb{R}$ par

$$\mathrm{F}(x) = \frac{1}{2}\left[-\frac{1}{4}\cos 4x - \left(-\frac{1}{2}\cos 2x\right)\right] + \mathrm{C},$$

$$\mathrm{F}(x) = -\frac{1}{8}\cos 4x + \frac{1}{4}\cos 2x + \mathrm{C}.$$

30 **Partie A.** 1° Q est plus près de B que de A. Sinon on ne peut réaliser un tel pliage avec A′ sur [BC].

2° $\mathrm{A'Q} = x$, $\quad \mathrm{BQ} = 21 - x$.

On applique le théorème de Pythagore dans le triangle A′BQ :

$$\mathrm{A'B}^2 = \mathrm{A'Q}^2 - \mathrm{BQ}^2,$$

$$\mathrm{A'B}^2 = x^2 - (21 - x)^2,$$

$$\mathrm{A'B}^2 = 42x - 441.$$

On peut en déduire une valeur non nulle de A′B si $42x - 441 > 0$, c'est-à-dire si $x > 10{,}5$.

La condition imposée au 1° : $10{,}5 < x < 21$ permet d'écrire :

$$\mathrm{A'B} = \sqrt{42x - 441}.$$

3° L'aire du trapèze ABA′P est :

$$\mathscr{A} = \frac{(\mathrm{A'B} + \mathrm{AP}) \times \mathrm{AB}}{2},$$

$$\mathscr{A} = \frac{(\sqrt{42x - 441} + y) \times 21}{2}.$$

4° $\mathscr{A}$ est la somme des aires des triangles rectangles AQP, A′PQ et A′BQ. Les deux triangles rectangles AQP et A′PQ ont les mêmes dimensions, ils ont donc même aire : $\frac{1}{2}xy$.

L'aire du triangle A′BQ est :

$$\frac{1}{2}\mathrm{A'B} \times \mathrm{BQ} = \frac{1}{2}(21 - x)\sqrt{42x - 441}.$$

On en déduit que :

$$\mathscr{A} = \frac{1}{2}[2xy + (21 - x)\sqrt{42x - 441}].$$

5° En égalant les expressions de $\mathcal{A}$ obtenues au 3° et au 4° on obtient :

$$21(\sqrt{42x-441}+y) = 2xy+(21-x)\sqrt{42x-441},$$

$$21\sqrt{42x-441}+21y =$$

$$2xy+21\sqrt{42x-441}-x\sqrt{42x-441},$$

$$21y-2xy = -x\sqrt{42x-441},$$

$$y(2x-21) = x\sqrt{21(2x-21)},$$

$$y = x\times\frac{\sqrt{21(2x-21)}}{2x-21},$$

$$y = x\sqrt{\frac{21(2x-21)}{(2x-21)^2}}, \quad y = x\sqrt{\frac{21}{2x-21}}.$$

Partie B. 1° En appliquant le théorème de Pythagore dans le triangle APQ, on obtient :

$$PQ^2 = x^2+y^2, \quad PQ^2 = x^2+\frac{21x^2}{2x-21},$$

$$PQ^2 = \frac{2x^3}{2x-21}, \quad \text{donc} \quad PQ = \sqrt{\frac{2x^3}{2x-21}}.$$

2° f est une fonction rationnelle donc dérivable sur $]10{,}5\ ;\ 21[\ = I$. Pour tout x de I,

$$f'(x) = \frac{(2x-21)(6x^2)-2x^3(2)}{(2x-21)^2},$$

$$f'(x) = \frac{8x^3-126x^2}{(2x-21)^2}, \quad f'(x) = \frac{2x^2(4x-63)}{(2x-21)^2}.$$

Pour tout nombre réel x de $]10{,}5\ ;\ 21[$,

$$\frac{2x^2}{(2x-21)^2} > 0\ ;$$

donc $f'(x)$ est du signe de $4x-63$.
$f'(x)$ s'annule et change de signe pour $x = 15{,}75$;

$$f(15{,}75) = 744{,}187\,5.$$

D'où le tableau de variation :

x	10,5		15,75		21
$f'(x)$		$-$	0	$+$	
$f(x)$	↘		744,187 5		↗

3° $PQ = \sqrt{f(x)}$, donc la longueur du pli est minimale pour $x = 15{,}75$.

Pour $x = 15{,}75$, $PQ \approx 27{,}28$ cm.

Partie C. 1° L'aire du triangle APQ est $\mathcal{A}_1 = \frac{1}{2}xy$,

donc $$\mathcal{A}_1 = \frac{1}{2}x^2\sqrt{\frac{21}{2x-21}}.$$

2° g est une fonction rationnelle, donc dérivable sur $]10{,}5\ ;\ 21[$.
Pour tout x de I,

$$g'(x) = \frac{(2x-21)(4x^3)-x^4(2)}{(2x-21)^2},$$

$$g'(x) = \frac{6x^4-84x^3}{(2x-21)^2},$$

$$g'(x) = \frac{6x^3(x-14)}{(2x-21)^2}.$$

Pour tout x de $]10{,}5\ ;\ 21[$, $\frac{6x^3}{(2x-21)^2} > 0$ donc $g'(x)$ a même signe que $x-14$.
$g'(x)$ s'annule et change de signe pour $x = 14$; $g(14) = 5\,488$.
D'où le tableau de variation :

x	10,5		14		21
$g'(x)$		$-$	0	$+$	
$g(x)$	↘		5 488		↗

3° L'aire de APQ est $\mathcal{A}_1 = \frac{\sqrt{21}}{2}\sqrt{\frac{x^4}{2x-21}}$,

$$\mathcal{A}_1 = \frac{\sqrt{21}}{2}\sqrt{g(x)}.$$

Donc l'aire de la partie repliée est minimale pour $x = 14$ alors $\mathcal{A}_1 \approx 169{,}74$.

RÉPONSES DES Q.C.M.

1 $F(x) = -x^2+x$ ou $F(x) = -x^2+x+1$.
Les deux réponses conviennent.

2 $F(x) = -\frac{1}{3}x^3-x^2+x+1$.

3 $F(x) = \frac{1}{2}x^2+\frac{1}{x}$.

4 $F(x) = \frac{1}{3}(x-1)^3$;

5 $F(x) = \frac{1}{8}(2x+1)^4$.

6 $F(x) = \frac{1}{4x-2}$.

7 $F(x) = x+\frac{1}{x}+\frac{3}{2x^2}$.

8 $F(t) = -\cos\left(2t+\frac{\pi}{6}\right)$.

9 $F(x) = \frac{1}{2}\sin 2x$.

10 $F(x) = -\cos x-\frac{1}{2}\cos 2x$.

7 Fonction Logarithme népérien

Que préférez-vous calculer : la somme des deux nombres $0{,}754\,87$ et $0{,}415\,12$ ou le produit de ces mêmes nombres ?

Si vous disposez d'une calculatrice, les deux calculs paraissent identiques, à une touche près [+] ou [×], et au résultat près. Mais si vous devez effectuer les calculs à la main, aucun doute possible : l'addition est nettement plus rapide que la multiplication.

Et si vous aviez vécu sous la Renaissance (XVe et XVIe siècles) vous n'auriez même pas pu écrire $0{,}754\,87$ et $0{,}415\,12$ car on ne disposait pas d'une écriture décimale des nombres aussi simple que celle que vous connaissez. Et pourtant l'astronomie faisait alors des progrès très importants qui nécessitaient des calculs de plus en plus précis et donc de plus en plus longs, les multiplications étant, vous vous en doutez, plus pénibles à effectuer que les additions. Aussi cherchait-on de plus en plus activement des techniques simplifiant les calculs ; à la même époque des alchimistes tentaient de trouver la « pierre philosophale », c'est-à-dire un moyen de transformer un métal comme le plomb en or. Mais alors qu'aucun alchimiste n'a réussi, un mathématicien écossais John Neper ou Napier (1550-1617) a découvert un procédé permettant d'obtenir le résultat d'une multiplication à l'aide d'une addition et de tables de nombres qu'il a inventées ; les **logarithmes** étaient créés.

Dans ce chapitre nous allons introduire et étudier une nouvelle fonction appelée la fonction logarithme népérien en hommage à John Neper.

INTRODUCTION

Nous ne pouvons reprendre ici la méthode que Neper a mise en œuvre pour inventer les logarithmes.

Dans l'activité ci-dessous, nous nous intéressons au problème du passage d'une multiplication de nombres strictement positifs à une addition en faisant intervenir des concepts inconnus du temps de Neper (fonction, dérivabilité, primitives) qui permettent aujourd'hui d'introduire plus simplement la fonction logarithme népérien.

La « règle des signes » permet de se ramener au cas de nombres strictement positifs sauf dans le cas évident de la multiplication par 0.

Activité préparatoire

Il existe au moins une fonction qui convient : la fonction nulle $x \mapsto 0$.
Il en existe peut-être d'autres...

Par exemple $a = 2$, ou $a = 3$, ...

$$x \overset{u}{\mapsto} ax \overset{f}{\mapsto} f(ax)$$
$$x \underset{g = f \circ u}{\longmapsto} g(x).$$

On pourra commencer par se placer dans le cas particulier $a = 2$ avant d'envisager le cas général.

Soit $f : x \mapsto f(x)$ une fonction définie et dérivable sur $\mathrm{I} =]0, +\infty[$, transformant un produit en une somme c'est-à-dire telle que pour tout a de I, pour tout b de I, $\quad f(ab) = f(a) + f(b) \quad (1)$.

1° En écrivant la relation (1) dans le cas particulier où $b = 1$, déterminer $f(1)$.

2° Soit a un nombre réel fixé quelconque dans I.
D'après la relation (1), pour tout x de I, $\quad f(ax) = f(a) + f(x) \quad (2)$.

Soit $\quad g : \begin{array}{l} x \mapsto g(x) = f(ax) \\ \mathrm{I} \to \mathbb{R} \end{array}$ et soit $\quad h : \begin{array}{l} x \mapsto h(x) = f(a) + f(x). \\ \mathrm{I} \to \mathbb{R} \end{array}$

a) Calculer de façon indépendante $g'(x)$ et $h'(x)$ à l'aide de la fonction dérivée f' de f.

b) Déduire de la relation (2) et de la question *a*) que, pour tout x de I,

$$f'(ax) = \frac{1}{a} f'(x). \qquad (3)$$

c) En écrivant la relation (3) dans le cas particulier où $x = 1$, démontrer que, pour tout $a > 0$, $f'(a) = \frac{k}{a}$,
où k est une constante indépendante de a que l'on précisera.

I. DÉFINITION – RELATION FONCTIONNELLE

1. Définition

Voir l'introduction.

Les fonctions $x \mapsto \frac{k}{x}$ et $a \mapsto \frac{k}{a}$ définies sur $]0, +\infty[$ sont les mêmes.

Voir les paragraphes II. 1 et 2 du chapitre 6.

Voir le paragraphe 2 ci-dessous.

Dans l'activité préparatoire ci-dessus, nous avons démontré que si une fonction f définie et dérivable sur $]0, +\infty[$ transforme un produit en une somme, alors d'une part $f(1) = 0$ et, d'autre part, pour tout x de $]0, +\infty[$,

$$f'(x) = \frac{k}{x} \quad \text{où } k \text{ est une constante.}$$

Dans ce chapitre nous allons nous intéresser au problème inverse : la fonction définie sur $]0, +\infty[$ par $x \mapsto \frac{1}{x}$ est dérivable sur cet intervalle ; donc elle y admet des primitives. Parmi celles-ci, une et une seule prend la valeur 0 pour $x = 1$.
Nous allons montrer que cette fonction, appelée fonction logarithme népérien, a pour propriété fondamentale de transformer un produit en somme.

Définition

La fonction *logarithme népérien* est la primitive de $x \mapsto \frac{1}{x}$ sur $]0, +\infty[$ qui prend la valeur 0 pour $x = 1$.

$\ln x$ se lit « logarithme népérien de x » ou, s'il n'y a pas d'ambiguïté, « logarithme de x ».

Notation

$$\ln : \begin{cases} x \mapsto \ln x \\ ]0, +\infty[\to \mathbb{R}. \end{cases}$$

Dans le tableau des primitives des fonctions usuelles (voir le paragraphe **II. 3. *a*** du chapitre 6) $f(x) = \frac{1}{x} = x^{-1}$ ne figure pas.

REMARQUE

La fonction ln est une fonction nouvelle ; ce n'est ni une fonction polynôme, ni une fonction rationnelle, ni une fonction circulaire, … mais d'après sa définition :

> **La fonction ln est dérivable sur $]0, +\infty[$ et pour tout x de $]0, +\infty[$,**
> $$\ln' x = \frac{1}{x}.$$

Exemples de valeurs de $\ln x$

Les calculatrices possédant une touche [ln] ne se sont généralisées qu'aux environs de 1970. Avant, les valeurs de $\ln x$ étaient lues sur des tables. Votre calculatrice a aussi une touche [log] correspondant à une autre fonction logarithme étudiée à la fin de ce chapitre.

$\ln 1 = 0$ par définition de la fonction ln.

Pour tout x de $]0, +\infty[$ une valeur approchée de $\ln x$ est accessible par la touche [ln] d'une calculatrice.

Nous obtenons ainsi :

$\ln 2 \approx 0{,}693\,147\,180\,6$ à 10^{-10} près

$\ln 3 \approx 1{,}098\,612\,289$ à 10^{-9} près

$\ln 4 \approx 1{,}386\,294\,361$ à 10^{-9} près

$\ln 6 \approx 1{,}791\,759\,469$ à 10^{-9} près

$\ln \frac{1}{2} \approx -0{,}693\,147\,180\,6$ à 10^{-10} près.

Une interprétation graphique de ln 2, ln 3, … et plus généralement $\ln x$ sera donnée au chapitre 10.

Votre calculatrice affiche un message d'erreur lorsque vous cherchez l'image par ln d'un nombre négatif.

REMARQUE

La fonction ln n'est définie ni en 0 ni en un nombre strictement négatif.

2. Relation fonctionnelle

Voir ci-dessus
$6 = 2 \times 3$.
$4 = 2 \times 2$.

En observant les valeurs approchées de ln 2, ln 3 et ln 6 nous constatons que $\ln(2 \times 3) = \ln 2 + \ln 3$ aux erreurs d'arrondi près.

De même $\ln(2 \times 2) = \ln 2 + \ln 2$.

$a > 0$ et $b > 0$.

Ainsi dans deux cas particuliers, nous constatons que **le logarithme d'un *produit ab* est la *somme* des logarithmes de *a* et de *b*.**

Le début de la démonstration ressemble à celle de la question 2° *a*) de l'**activité préparatoire** (voir l'introduction de ce chapitre).

Démontrons ce résultat dans le cas général.

a Logarithme d'un produit

Par exemple, pour $a = 3$:

$$x \overset{u}{\longmapsto} 3x \overset{\ln}{\longmapsto} \ln(3x)$$
$$x \overset{f}{\longmapsto} f(x).$$

Soit a un nombre réel fixé quelconque dans $]0, +\infty[$.

Soit f la fonction définie sur $I =]0, +\infty[$ par $f(x) = \ln(ax)$.

Appelons u la fonction définie sur I par $u(x) = ax$; pour tout x de I, $f(x) = \ln(u(x))$. Donc f est la composée de u suivie de ln : $f = \ln \circ u$.

Voir le paragraphe I. 1. *b* du chapitre 6.

Pour $u(x) = 3x$,

$$f'(x) = \frac{1}{3x} \times 3,$$

$$f'(x) = \frac{1}{x}.$$

D'après le théorème de dérivation d'une fonction composée, f est dérivable sur I et pour tout x de I,

$$f'(x) = \ln'(u(x)) \times u'(x),$$

$$f'(x) = \frac{1}{u(x)} \times u'(x) \quad \text{par définition de la fonction ln,}$$

$$f'(x) = \frac{1}{ax} \times a, \quad f'(x) = \frac{1}{x}.$$

Voir le premier théorème du paragraphe III. 1. du chapitre 4.

Les fonctions $x \mapsto \ln x$ et $x \mapsto \ln(ax)$ ont la même dérivée sur l'intervalle I ; donc la fonction $x \mapsto \ln(ax) - \ln x$, qui a une dérivée nulle, est constante sur I.

Il existe donc un nombre réel C tel que, pour tout x de $]0, +\infty[$,

$$\ln ax - \ln x = C.$$

Nous obtenons la valeur de la constante C en écrivant que l'égalité précédente est vraie en particulier pour $x = 1$;

$$\ln a - \ln 1 = C$$

qui est équivalent à $C = \ln a$ puisque $\ln 1 = 0$.

Nous obtenons donc $\ln(ax) = \ln x + \ln a$, d'où le résultat :

Avant l'apparition des calculatrices, on se servait de cette formule et de tables de logarithmes pour obtenir le résultat de multiplications de nombres écrits avec « beaucoup » de chiffres ; on transformait ces multiplications en additions.

Théorème
Pour tous nombres réels *strictement positifs* a et b,

$$\ln ab = \ln a + \ln b.$$

Nous allons tirer plusieurs conséquences de cette **propriété fondamentale** de la fonction ln.

b *Logarithme d'un inverse*

En observant les valeurs approchées de $\ln 2$ et $\ln \frac{1}{2}$ nous constatons que $\ln \frac{1}{2} = -\ln 2$: **le logarithme de l'inverse** de 2 **est l'opposé du logarithme** de 2.

Démontrons ce résultat dans le cas général.

$a > 0$, donc $\frac{1}{a} > 0$.

$a \times \frac{1}{a} = 1$.

En remplaçant b par $\frac{1}{a}$ dans le théorème précédent, nous obtenons : pour tout $a > 0$, $\ln 1 = \ln a + \ln \frac{1}{a}$. Or $\ln 1 = 0$; donc $0 = \ln a + \ln \frac{1}{a}$.

Pour tout nombre réel *strictement positif* a,

$$\ln \frac{1}{a} = -\ln a.$$

c *Logarithme d'un quotient*

Soit a et b des nombres réels strictement positifs.

$\frac{a}{b} = a \times \frac{1}{b}$.

$$\ln \frac{a}{b} = \ln\left(a \times \frac{1}{b}\right),$$

Voir le paragraphe a.

donc $\ln \frac{a}{b} = \ln a + \ln \frac{1}{b}$, d'après le théorème sur le logarithme d'un produit.

Voir le paragraphe b.

Donc $\ln \frac{a}{b} = \ln a - \ln b$ puisque $\ln \frac{1}{b} = -\ln b$.

Pour tous nombres réels *strictement positifs* a et b,

$$\ln \frac{a}{b} = \ln a - \ln b.$$

d Logarithme d'une puissance

Soit a un nombre réel strictement positif.

$a^2 = a \times a$.
Voir le paragraphe a.

$$\ln a^2 = \ln (a \times a) = \ln a + \ln a = 2 \ln a,$$

d'après le théorème sur le logarithme d'un produit.
De même

$a^3 = a^2 \times a$.

$$\ln a^3 = \ln(a^2 \times a) = \ln a^2 + \ln a = 2 \ln a + \ln a = 3 \ln a.$$

Et ainsi de suite :

$$\ln a^4 = 4 \ln a, \ \ln a^5 = 5 \ln a, \ \ldots$$

Nous admettons que **pour tout nombre entier naturel n, $\ln a^n = n \ln a$.**
Ce résultat est encore valable pour $n = 0$ puisque $a^0 = 1$; donc $\ln a^0 = \ln 1 = 0$ et $0 \ln a = 0$.

Montrons que ce résultat est encore vrai lorsque n est un nombre entier négatif.

$a^n = \frac{1}{a^{-n}}$.

En effet nous avons dans ce cas $\ln a^n = \ln \frac{1}{a^{-n}}$.

Voir le paragraphe b.

Or $\ln \frac{1}{a^{-n}} = -\ln a^{-n}$, d'après le résultat sur le logarithme d'un inverse.

$n < 0$ donc $-n > 0$.

Donc $\ln a^n = -\ln a^{-n}$, où $(-n)$ est un nombre entier naturel.

Voir le début de ce paragraphe.

Donc $\ln a^n = -(-n) \ln a$, d'après ce qui vient d'être démontré.

Donc $\ln a^n = n \ln a$: ce résultat est encore vrai dans le cas où n est un nombre entier négatif. En définitive :

Observez avec votre calculatrice que $\ln 8 = 3 \ln 2$.

Pour tout nombre réel a *strictement positif,* pour tout nombre *entier relatif* n,

$$\ln a^n = n \ln a.$$

e Logarithme d'une racine carrée

Soit a un nombre réel strictement positif.

$$\sqrt{a} \times \sqrt{a} = a \quad \text{donc} \quad \ln (\sqrt{a} \times \sqrt{a}) = \ln a.$$

Voir le paragraphe a.

Or d'après le théorème sur le logarithme d'un produit.

$$\ln (\sqrt{a} \times \sqrt{a}) = \ln (\sqrt{a}) + \ln (\sqrt{a}).$$

Donc

$$2 \ln (\sqrt{a}) = \ln a.$$

Nous verrons au chapitre 8 comment relier ce résultat à celui du paragraphe d.

Pour tout nombre réel *a strictement positif*,

$$\ln(\sqrt{a}) = \frac{1}{2}\ln a.$$

II. ÉTUDE DES VARIATIONS COURBE REPRÉSENTATIVE

1. Sens de variation - Signe

Voir le paragraphe I. 1.

Par définition, la fonction ln est définie et dérivable sur $]0, +\infty[$ et, pour tout $x > 0$, $\ln' x = \frac{1}{x} > 0$.

La dérivée est strictement positive sur cet intervalle.

Nous en déduisons que **la fonction ln est strictement croissante sur $]0, +\infty[$.** Et comme $\ln 1 = 0$, nous obtenons immédiatement le signe de $\ln x$.

x	0		1		$+\infty$
$\ln x$	‖	− ↗	0	+ ↗	

Pour tout x de $]1, +\infty[$, $\ln x > 0$.
Pour tout x de $]0, 1[$, $\ln x < 0$.

Plus généralement, on déduit du sens de variation de la fonction ln les équivalences suivantes :

Ces résultats sont utiles en particulier pour résoudre certaines équations ou inéquations comportant des logarithmes népériens (Voir les exercices corrigés 1 à 8).

Pour tous nombres réels *a, b strictement positifs*,
$\ln a = \ln b$ si et seulement si $a = b$,
$\ln a \leqslant \ln b$ si et seulement si $a \leqslant b$,
$\ln a < \ln b$ si et seulement si $a < b$.

2. Limite de ln x en $+\infty$

Ce sont des valeurs approchées au centième près.

Observons à l'aide d'une calculatrice les valeurs prises par $\ln x$ pour des grandes valeurs de x :

x	10	1 000	10^6	10^9
$\ln x$	2,30	6,91	13,82	20,72

La nouveauté est l'adjectif « lentement » car nous savons que ln est une fonction strictement croissante sur $]0, +\infty[$.

Nous constatons que $\ln x$ augmente « lentement » quand x augmente : pour $x = 1$ milliard, $\ln x$ est encore voisin de 20.

Est-ce que $\ln x$ *peut dépasser 100 ?*

Pour répondre à cette question, nous allons chercher pour quelles puissances entières n de 10, on a $\ln 10^n > 100$.

$\ln 10^n = n \ln 10$, d'après le résultat du paragraphe I.2.d.

$\ln 10^n > 100$ si et seulement si $n \ln 10 > 100$, c'est-à-dire $n > \dfrac{100}{\ln 10}$, car $\ln 10 > 0$.

10^{44} s'écrit 1 suivi de ... 44 zéros !

Or $\dfrac{100}{\ln 10} \approx 43{,}4$; donc $\ln 10^n > 100$ pour $n \geqslant 44$.

En particulier $\ln 10^{44} > 100$.

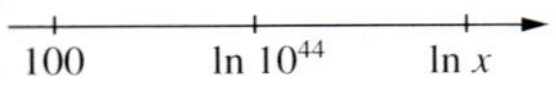

Fig. 1

La fonction ln étant strictement croissante sur $]0, +\infty[$, **pour tout** $\boldsymbol{x > 10^{44}}$ on a $\ln x > \ln 10^{44}$, donc $\boldsymbol{\ln x > 100}$.

Plus généralement, on démontre :

p est un nombre entier naturel. Dans le cas particulier ci-dessus $100 = 10^2$ donc $p = 2$.

$\boldsymbol{10^p}$ étant choisi aussi grand que l'on veut, ln $\boldsymbol{x}$ est supérieur à $\boldsymbol{10^p}$ dès que $\boldsymbol{x}$ est assez grand.

Cette propriété s'écrit :

Voir le paragraphe II.1. du chapitre 5.

$$\lim_{x \to +\infty} \ln x = +\infty.$$

Nous préciserons le comportement de $\ln x$ pour les grandes valeurs de x au paragraphe 6.

3. Limite de ln x en 0

Cette limite est obtenue comme conséquence du résultat précédent en remarquant que :

Voir le paragraphe I. 2. b.

pour tout x de $]0, +\infty[$, $\ln \dfrac{1}{x} = -\ln x$, donc $-\ln \dfrac{1}{x} = \ln x$.

La fonction ln peut alors être considérée comme une fonction composée :

$$x \overset{u}{\longmapsto} u(x) = \frac{1}{x} \overset{-\ln}{\longmapsto} -\ln(u(x)) = -\ln\frac{1}{x} = \ln x$$

$$x \xrightarrow{\qquad\qquad\qquad \ln \qquad\qquad\qquad} \ln x.$$

Voir le paragraphe I. 3. a, du chapitre 5.

x appartient à $]0, +\infty[$, donc $\lim\limits_{x \to 0} \dfrac{1}{x} = +\infty$.

D'autre part, d'après le résultat précédent, $\lim\limits_{X \to +\infty} -\ln X = -\infty$.

Voir le paragraphe III. 4. du chapitre 5.

En utilisant le théorème sur la limite d'une fonction composée nous obtenons :

$$\lim_{x \to 0} \ln x = -\infty.$$

Voir le paragraphe IV.1. du chapitre 5.

Interprétation graphique

La courbe représentative de la fonction ln admet l'axe des ordonnées pour asymptote.

4. Tableau de variation – Courbe représentative

Voir les paragraphes 1, 2, 3.

La définition et les résultats obtenus ci-dessus permettent de dresser le tableau de variation de la fonction ln.

x	0		1		$+\infty$
$\ln'(x) = \frac{1}{x}$	‖		+		
$\ln x$	‖	$-\infty$ ↗	0	↗ $+\infty$	

Dans les calculatrices « graphiques » la fonction ln, qui est une fonction de référence, est préprogrammée et sa courbe représentative s'obtient, par exemple, en appuyant sur les touches GRAPH ln EXE.

Pour tracer la courbe représentative C de la fonction ln dans le plan muni d'un repère orthonormal $(O ; \vec{i}, \vec{j})$ on détermine les coordonnées d'autant de points que l'on veut avec une calculatrice.

La courbe admet l'axe des ordonnées pour asymptote.

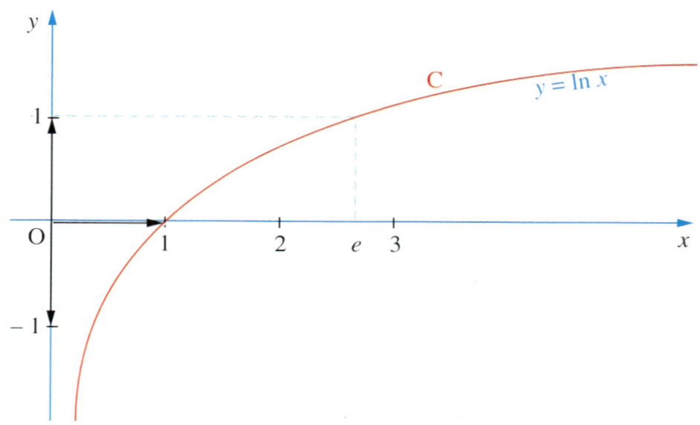

Fig. 2

Il ne s'agit ici que d'une observation graphique. La justification par un théorème de l'existence d'une solution réelle unique pour l'équation $\ln x = 1$ sera donnée dans un cadre plus général au début du chapitre 8.

La notation e a été adoptée en hommage au mathématicien Léonhard Euler (1707-1783).

REMARQUE

Nous observons graphiquement sur la figure 2 qu'il existe un point unique de la courbe C ayant pour ordonnée 1 ; son abscisse est voisine de 2,7 : c'est par définition le nombre e.

> ***Définition***
> **e est le nombre réel défini par $\ln e = 1$.**

$e \approx 2{,}718\,28$ s'obtient sur une calculatrice avec la touche e^x dans le cas où $x = 1$.

Observez en déplaçant une règle sur la figure 2 que la tangente à la courbe C au point d'abscisse e semble passer par l'origine O.

Voir le paragraphe II.1 du chapitre 4.

$\ln e = 1$.

Pour le démontrer, écrivons une équation de cette tangente :

$$y - \ln e = \frac{1}{e}(x - e), \quad \text{c'est-à-dire} \quad y = \frac{1}{e}x.$$

Ainsi pour $x = 0$, on a $y = 0$: la tangente considérée passe par O.

REMARQUE

Sur la figure 1 nous pouvons observer qu'il existe un point unique de la courbe C ayant pour ordonnée -1.

Voir le paragraphe I. 2. b.

$$\ln e = 1, \quad \text{donc} \quad \ln \frac{1}{e} = -1.$$

$\frac{1}{e} \approx 0{,}367\ 88.$

L'abscisse du point de C d'ordonnée -1 est donc $\frac{1}{e} = e^{-1}$.

Voir le paragraphe I. 2. d.
$e^2 \approx 7{,}389\ 06.$
$e^3 \approx 20{,}085\ 54.$
$\frac{1}{e^2} = e^{-2} \approx 0{,}135\ 34.$

De même $\ln e^2 = 2 \ln e = 2$,

$\ln e^3 = 3$, $\ln e^{-2} = -2$, ..., et de façon générale :

Pour tout nombre entier relatif n, $\ln e^n = n$.

Voir le paragraphe I. 2. e.
$\sqrt{e} \approx 1{,}648\ 72.$
$\frac{1}{\sqrt{e}} \approx 0{,}606\ 53.$

De plus, $\ln \sqrt{e} = \frac{1}{2} \ln e$, donc $\mathbf{\ln \sqrt{e} = \frac{1}{2}}$.

$\ln \frac{1}{\sqrt{e}} = -\ln \sqrt{e}$, donc $\mathbf{\ln \frac{1}{\sqrt{e}} = -\frac{1}{2}}$.

5. Approximation par une fonction affine, au voisinage de 0, de la fonction $h \mapsto \ln(1+h)$

$\ln' x = \frac{1}{x}$.

Déterminons la tangente à la courbe C au point d'abscisse 1 : son coefficient directeur est $\ln' 1 = \frac{1}{1} = 1$.

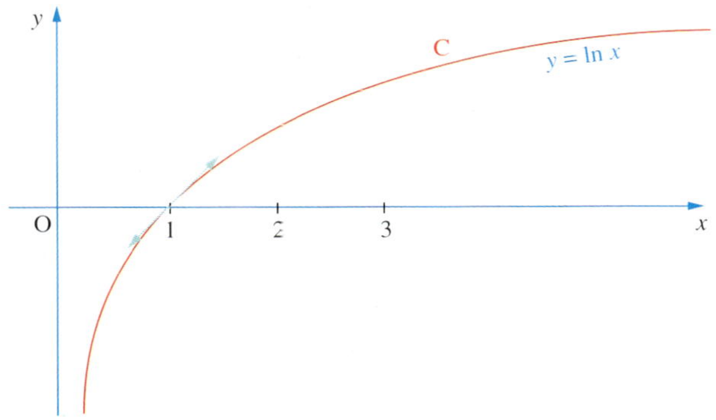

Fig. 3

Voir le paragraphe I. 1. du chapitre 4.

Par définition du nombre dérivé de la fonction ln en 1, au voisinage de 0,

$$\ln(1+h) = \ln 1 + 1 \times h + h\varphi(h), \quad \text{avec} \quad \lim_{h \to 0} \varphi(h) = 0.$$

$$\ln(1+h) = h + h\varphi(h), \quad \text{avec} \quad \lim_{h \to 0} \varphi(h) = 0.$$

Pour $h = 10^{-3}$ observez que $\ln(1+h) = h$ à moins de 5×10^{-7} près.

Ainsi, en remplaçant $\ln(1+h)$ par h, on commet l'erreur $h\varphi(h)$ qui est « petite » par rapport à h lorsque h est voisin de 0 puisque $\lim_{h \to 0} \varphi(h) = 0$.

Une fonction affine est de la forme $h \mapsto ah + b$, avec $a \neq 0$.
Ici $a = 1$ et $b = 0$.

La fonction $h \mapsto h$ est une « bonne » approximation affine de la fonction $h \mapsto \ln(1 + h)$ au voisinage de 0.

Le taux de variation de la fonction $h \mapsto \ln(1 + h)$ entre 0 et h est

$$\frac{\ln(1+h) - \ln 1}{h} = \frac{\ln(1+h)}{h}.$$

Voir le paragraphe I. 2. du chapitre 4.

D'après le lien entre taux de variation et nombre dérivé :

$$\lim_{h \to 0} \frac{\ln(1+h)}{h} = 1.$$

6. Limite de $\frac{\ln x}{x}$ en $+\infty$

Voir le paragraphe 2.

Nous avons vu que $\lim_{x \to +\infty} \ln x = +\infty$ après avoir constaté à l'aide d'un tableau de valeurs que $\ln x$ augmente « lentement » quand x devient de plus en plus grand.

Nous observons sur la figure 4 que la courbe représentative de la fonction ln « monte plus lentement » que la droite représentant la fonction $x \mapsto x$ lorsque x prend des valeurs de plus en plus grandes.

Pour comparer les deux nombres positifs $\ln x$ et x lorsque x devient de plus en plus grand, nous allons étudier leur quotient $\frac{\ln x}{x}$.

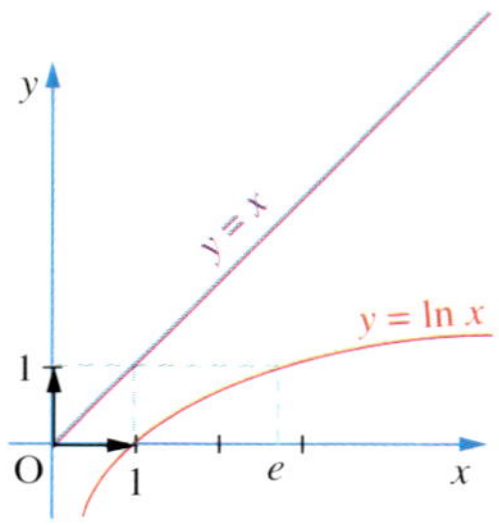

Fig. 4

x	$100 = 10^2$	$1\,000 = 10^3$	10^6	10^9
$\frac{\ln x}{x}$	0,046	$6,91 \times 10^{-3}$	$1,38 \times 10^{-5}$	$2,07 \times 10^{-8}$

Il semble que, lorsque x devient grand, $\frac{\ln x}{x}$ se rapproche de 0 mais les théorèmes relatifs à la limite d'un quotient ne permettent pas de conclure.

Voir le paragraphe III. 1. du chapitre 5.

Nous admettons ici le résultat suivant.

Une démonstration de ce résultat est proposée à l'exercice 48.

$$\lim_{x \to +\infty} \frac{\ln x}{x} = 0.$$

Sur une copie, écrivez le résultat tel qu'il est encadré.

Ce résultat peut se retenir sous la forme imagée suivante :
« x l'emporte sur $\ln x$ en $+\infty$ ».

Conséquences

$x^n = x x^{n-1}$.

1° Pour tout nombre entier naturel n tel que $n > 1$ et pour tout $x > 0$,

$$\frac{\ln x}{x^n} = \frac{\ln x}{x} \times \frac{1}{x^{n-1}}.$$

C'est le résultat encadré ci-dessus.

Or $\lim_{x \to +\infty} \frac{\ln x}{x} = 0$ et $\lim_{x \to +\infty} \frac{1}{x^{n-1}} = 0$ car $n > 1$.

Donc $\lim_{x \to +\infty} \frac{\ln x}{x^n} = 0$ d'après un résultat sur la limite d'un produit.

Pour $n = 1$, c'est le résultat encadré ci-dessus.

Pour tout nombre entier naturel non nul n,

$$\lim_{x \to +\infty} \frac{\ln x}{x^n} = 0.$$

2° Limite de $x \ln x$ en 0

$$\lim_{x \to 0} x = 0 \quad \text{et} \quad \lim_{x \to 0} \ln x = -\infty ;$$

Voir le paragraphe III. 1. du chapitre 5.

les théorèmes sur la limite d'un produit ne permettent pas de conclure pour la limite de $x \ln x$ en 0.

x	$0{,}01 = 10^{-2}$	$0{,}001 = 10^{-3}$	10^{-6}	10^{-9}
$x \ln x$	$-0{,}046$	$-0{,}006\,9$	$-1{,}38 \times 10^{-5}$	$-2{,}07 \times 10^{-8}$

Nous observons que nous obtenons des nombres opposés à ceux du tableau de nombres précédent.
On démontre le résultat suivant que nous admettons ici :

$$\lim_{x \to 0} x \ln x = 0.$$

Sur une copie, écrivez le résultat tel qu'il est encadré.

Ce résultat peut se retenir sous la forme imagée suivante :
« x l'emporte sur $\ln x$ en 0 ».

III. FONCTIONS COMPOSÉES DE LA FORME ln u

1. Dérivée d'une fonction de la forme ln u

Par exemple,
$u(x) = x^2 + 1$ et $I = \mathbb{R}$;
$u(x) = 2x - 6$
et $I =]3, +\infty[$.
Pour $f(x) = \ln(x^2 + 1)$,
$f'(x) = \frac{2x}{x^2 + 1}$.
Pour $f(x) = \ln(2x - 6)$,
$f'(x) = \frac{2}{2x - 6}$.

Soit u une fonction dérivable sur un invervalle I et telle que, pour tout x de I, $u(x) > 0$.
Soit f la fonction définie sur I par $f(x) = \ln(u(x))$.
D'après le théorème de dérivation des fonctions composées, f est dérivable sur I et, pour tout x de I,

$$f'(x) = u'(x) \ln'(u(x)), \quad \text{soit} \quad f'(x) = u'(x) \times \frac{1}{u(x)},$$

par définition de la fonction ln.

Théorème
Soit u une fonction dérivable et strictement positive sur un intervalle I.
La fonction f définie sur I par $f(x) = \ln(u(x))$ est dérivable sur I et
$$f'(x) = \frac{u'(x)}{u(x)}.$$

EXEMPLE

La fonction f définie sur $\mathrm{I} = \left]-\frac{5}{3}, +\infty\right[$ par

$u(x) = 3x + 5$, donc $u'(x) = 3$.

$f(x) = \ln(3x+5)$ est dérivable sur I.

Pour tout x de I, $f'(x) = \dfrac{3}{3x+5}$.

2. Primitives d'une fonction de la forme $\dfrac{u'}{u}$

EXEMPLE 1

Soit f la fonction définie sur $]-2, +\infty[$ par $f(x) = \dfrac{1}{x+2}$.

En posant $u(x) = x + 2$, nous avons

$$u'(x) = 1, \quad \text{et} \quad f(x) = \frac{u'(x)}{u(x)}.$$

Pour tout x de $]-2, +\infty[$, $u(x) > 0$.
Les primitives de f sur $]-2, +\infty[$ sont donc définies par

$$\mathrm{F}(x) = \ln(x+2) + \mathrm{C} \quad \text{où C est une constante réelle.}$$

EXEMPLE 2

$f(x)$ et $g(x)$ ont la même écriture mais f et g n'ont pas le même ensemble de définition.

Soit g la fonction définie sur $]-\infty, -2[$ par $g(x) = \dfrac{1}{x+2}$.

Pour tout x de $]-\infty, -2[$ on a $x + 2 < 0$. Aussi pour pouvoir utiliser le théorème précédent on écrit $g(x)$ sous la forme $g(x) = \dfrac{-1}{-x-2}$.

En posant $u(x) = -x-2$, nous avons

$$u'(x) = -1, \quad \text{et} \quad g'(x) = \frac{u'(x)}{u(x)}.$$

Pour tout x de $]-\infty, -2[$, $u(x) > 0$.
Les primitives de g sur $]-\infty, -2[$ sont donc définies par

$$\mathrm{G}(x) = \ln(-x-2) + \mathrm{C} \quad \text{où C est constante réelle.}$$

Plus généralement nous admettons le résultat suivant :

Théorème
Soit u une fonction dérivable sur un intervalle I.

- **Si pour tout élément x de I, $u(x) > 0$, alors les primitives de la fonction f définie sur I par $f(x) = \dfrac{u'(x)}{u(x)}$ sont définies sur I par $\mathrm{F}(x) = \ln[u(x)] + \mathrm{C}$, où C est une constante réelle.**

- **Si pour tout élément x de I, $u(x) < 0$, alors les primitives de la fonction f définie sur I par $f(x) = \dfrac{u'(x)}{u(x)}$ sont définies sur I par $\mathrm{F}(x) = \ln[-u(x)] + \mathrm{C}$, où C est une constante réelle.**

Dans l'exemple 2, $\mathrm{G}(x) = \ln[-(x+2)] + \mathrm{C}$.

EXEMPLE

Déterminer les primitives de la fonction f définie sur I = $\left]-\infty, \frac{1}{2}\right[$ par

$$f(x) = 3x + 1 + \frac{2}{2x-1}.$$

$u'(x) = 2.$

La fonction définie sur I par $x \mapsto \frac{2}{2x-1}$ est de la forme $\frac{u'}{u}$ avec $u(x) = 2x - 1$.

Pour tout élément x de $\left]-\infty, \frac{1}{2}\right[$, $2x - 1 < 0$.

Les primitives de f sur I sont donc définies par

$$F(x) = \frac{3}{2}x^2 + x + \ln[-(2x-1)] + C, \text{ où C est une constante réelle.}$$

Donc $F(x) = \frac{3}{2}x^2 + x + \ln(-2x+1) + C.$

IV. COMPLÉMENT : FONCTION LOGARITHME DÉCIMAL

Aucune connaissance sur ce point n'est exigible des élèves en mathématiques.

La notation normalisée (AFNOR 1981) est lg.

ln 10 ≈ 2,30.

Définition

La fonction *logarithme décimal* est la fonction, notée log, définie sur]0, + ∞[par

$$x \mapsto \log x = \frac{\ln x}{\ln 10}.$$

Exemples de valeurs de log x

10 joue pour la fonction log le même rôle que e pour la fonction ln.

$$\log 1 = \frac{\ln 1}{\ln 10} = 0, \quad \text{car} \quad \ln 1 = 0.$$

$$\log 10 = \frac{\ln 10}{\ln 10} = 1\ ;$$

$$\log 100 = \frac{\ln 10^2}{\ln 10} = \frac{2 \ln 10}{\ln 10} = 2.$$

Plus généralement, **pour tout nombre entier relatif n, $\log 10^n = n$.**

Voir le paragraphe I. 2.

La relation fonctionnelle de la fonction ln et ses conséquences sont encore valables pour la fonction log.

Les variations de la fonction logarithme décimal sont les mêmes que celles de la fonction ln puisque ln 10 est positif.

Avant que ne se développent les calculatrices électroniques on utilisait des tables de logarithmes décimaux pour faire des calculs numériques. Il pouvait alors être intéressant de définir certaines notions à l'aide de la fonction logarithme décimal comme le pH d'une solution ou l'intensité d'un son.

RÉSUMÉ

Définition

La fonction *logarithme népérien,* notée ln, est la primitive de $x \mapsto \dfrac{1}{x}$ sur $]0, +\infty[$ qui prend la valeur 0 pour $x = 1$.

Relation fonctionnelle

Pour tous nombres réels strictement positifs a, b, pour tout nombre entier relatif n,

$$\ln ab = \ln a + \ln b\ ; \quad \ln \frac{1}{a} = -\ln a\ ; \quad \ln \frac{a}{b} = \ln a - \ln b\ ;$$

$$\ln a^n = n \ln a\ ; \quad \ln \sqrt{a} = \frac{1}{2} \ln a.$$

Variations - Courbe représentative

x	0	1	$+\infty$
$\ln'(x) = \dfrac{1}{x}$	‖	+	
$\ln x$	‖ $-\infty$	↗ 0	↗ $+\infty$

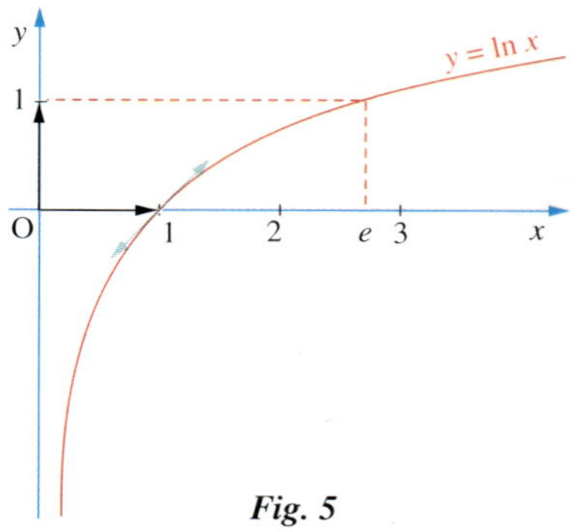

Fig. 5

$$\lim_{x \to +\infty} \frac{\ln x}{x} = 0.$$

Pour tout nombre entier naturel non nul n,

$$\lim_{x \to +\infty} \frac{\ln x}{x^n} = 0.$$

$$\lim_{x \to 0} x \ln x = 0. \qquad \lim_{h \to 0} \frac{\ln (1+h)}{h} = 1.$$

Dérivée de ln *u*

Soit u une fonction dérivable et *strictement positive* sur un intervalle I.
La fonction f définie sur I par $f(x) = \ln (u(x))$ est dérivable sur I et

$$f'(x) = \frac{u'(x)}{u(x)}.$$

Primitives de $\dfrac{u'}{u}$

Soit u une fonction dérivable et *ne s'annulant pas* sur un intervalle I.

La fonction $f = \dfrac{u'}{u}$ admet sur I pour primitives :

- si $u(x) > 0$ sur I, $\quad x \mapsto \ln [u(x)] + C$, où C est une constante réelle,
- si $u(x) < 0$ sur I, $\quad x \mapsto \ln [-u(x)] + C$, où C est une constante réelle.

TRAVAUX PRATIQUES

Lecture de propriétés d'une fonction à partir de sa représentation graphique

T.P. 1 Étude d'équation $f(x) = \lambda$

Le plan P est rapporté à un repère orthonormal $(O ; \vec{i}, \vec{j})$ (unité graphique : 1 cm). La courbe ci-dessous représente la fonction numérique f définie sur $]-2, 4[$ par :

$$f(x) = a \ln(2+x) + b \ln(4-x) + c \ln 2,$$

où a, b, c sont trois nombres réels que l'on va déterminer en utilisant des propriétés lues sur la figure.

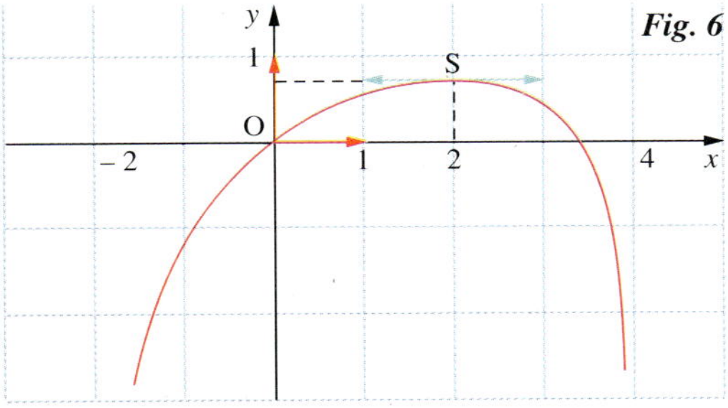

Fig. 6

1° Traduire par des relations entre a, b, c que :

- la courbe passe par l'origine du repère,
- la courbe passe par le point S (2, ln 2),
- la courbe admet au point S une tangente parallèle à l'axe des abscisses.

2° Déduire des trois relations obtenues au 1° les valeurs de a, b, c.

3° Résoudre dans $]-2, 4[$, l'équation :

$$2 \ln(2+x) + \ln(4-x) - 4 \ln 2 = 0.$$

Interpréter graphiquement le résultat.

T.P. 2 Lecture de propriétés d'une fonction à partir de sa représentation graphique Étude du sens de variation d'une fonction, tracé de sa courbe représentative, recherche d'une solution approchée d'une équation

A. La courbe ci-dessous représente, dans un repère orthogonal $(A ; \vec{u}, \vec{v})$, la fonction g définie sur $]0, +\infty[$ par

$$g(x) = 2x^2 + 1 - \ln x.$$

Déterminer le signe de $g(x)$ pour tout nombre réel x de $]0, +\infty[$.

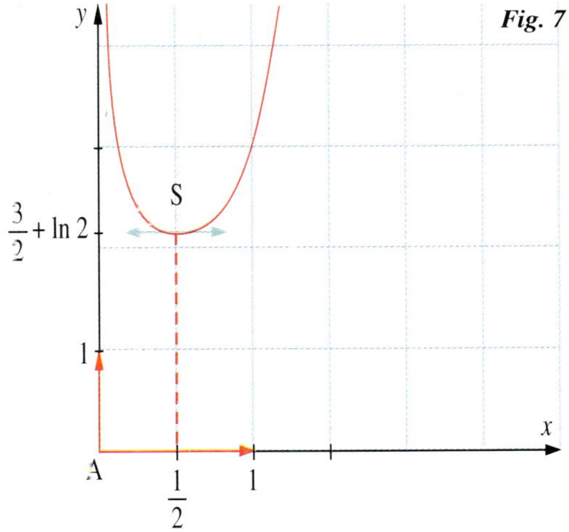

Fig. 7

B. Soit f la fonction de la variable réelle x définie sur $]0, +\infty[$ par $f(x) = 2x + \dfrac{\ln x}{x}$.

On désigne par C la courbe représentative de f dans le plan muni du repère orthonormal $(O ; \vec{i}, \vec{j})$; (unité graphique 2 cm).

1° *a*) Déterminer $\lim\limits_{x \to 0} f(x)$. Que peut-on en déduire pour la courbe C ?

b) Déterminer $\lim\limits_{x \to +\infty} f(x)$.

2° *a*) Montrer que pour tout nombre réel x de $]0, +\infty[$, $f'(x) = \dfrac{g(x)}{x^2}$. En déduire le signe de $f'(x)$ sur $]0, +\infty[$.

b) Déduire du *a*) le tableau de variation de f.

3° *a*) Montrer que la courbe C admet la droite Δ d'équation $y = 2x$ comme asymptote.

b) Étudier la position relative de C et Δ pour tout nombre réel x de $]0, +\infty[$.

c) Déterminer l'abscisse du point A de C en lequel la tangente T à C est parallèle à Δ.

4° *a*) Démontrer que la courbe C coupe l'axe des abscisses en un point B dont l'abscisse x_0 appartient à $\left]\dfrac{1}{2}, \dfrac{3}{4}\right[$.

b) Donner un encadrement de x_0 d'amplitude 10^{-3}.

5° Construire T, Δ et C après avois déterminé les coordonnées de quelques points avec une calculatrice programmable.

6° Déterminer une primitive F de f sur $]0, +\infty[$.

(STI Génie mécanique, 1994)

EXERCICES ET PROBLÈMES

AVEC CORRIGÉS

OBJECTIFS	Numéros des exercices
Résoudre une équation se ramenant à $\ln a = \ln b$	1 à 5
Résoudre une inéquation se ramenant à $\ln a \leqslant \ln b$	6 à 8
Déterminer les limites aux bornes de l'ensemble de définition d'une fonction comportant un logarithme népérien	9 à 13
Déterminer la dérivée d'une fonction comportant un logarithme népérien	14 à 18
Déterminer une primitive d'une fonction de la forme $\frac{u'}{u}$	19 à 26
Étudier les variations et tracer la courbe représentative d'une fonction comportant un logarithme népérien	27 à 28
Rechercher une solution approchée d'une équation	27
Rechercher un extremum	28

Équations et inéquations

Résoudre dans $\mathbb{R}$, l'équation suivante (c'est-à-dire déterminer l'ensemble des nombres réels x pour lesquels l'égalité suivante est vraie).
Ecrire l'équation sous la forme $\ln a = \ln b$, équivalence à $a = b$ pour $a > 0$ et $b > 0$ (exercices 1 à 3).

1 ▪▪ $\ln(x-2) = 3$.

Remplacer 3 par $\ln e^3$.

2 ▪▪ $2 \ln x = \ln 3 + \ln(2x+3)$.

3 ▪▪ $\ln x^2 = \ln 3 + \ln(2x+3)$.

4 ▪▪ Résoudre dans $\mathbb{R}$ l'équation

$$2(\ln x)^2 + 3 \ln x - 2 = 0.$$

Remarquer qu'en prenant $X = \ln x$ comme inconnue auxiliaire on se ramène à l'équation du second degré

$$2X^2 + 3X - 2 = 0.$$

5 ▪▪▪ 1° Soit f la fonction définie sur $\mathbb{R}$ par

$$f(x) = x^3 - 2x^2 - x + 2.$$

a) Calculer $f(1)$. En déduire une factorisation de $f(x)$.

b) Résoudre dans $\mathbb{R}$ l'équation $f(x) = 0$.

2° Déduire du 1° la résolution dans $\mathbb{R}$ de l'équation

$$(\ln x)^3 - 2(\ln x)^2 - \ln x + 2 = 0.$$

Pour tout polynôme $P(x)$, lorsque $P(a) = 0$, on peut mettre en facteur $x - a$.

Résoudre dans $\mathbb{R}$ l'inéquation suivante (c'est-à-dire déterminer l'ensemble des nombres réels x pour lesquels l'inégalité suivante est vraie) (exercices 6 à 8).

On écrira l'inéquation sous la forme $\ln a \leqslant \ln b$ équivalente à $a \leqslant b$ pour $a > 0$ et $b > 0$.

6 ▪▪ $\ln(x-2) \leqslant 0$.

7 ▪▪ $\ln(x-2) \leqslant 3$.

8 ▪▪ $\ln(2-x) + \ln(x+5) \leqslant \ln[2(3x+5)]$.

Détermination de limites

Déterminer la limite en 0 et en $+\infty$ de la fonction f définie sur $]0, +\infty[$ (exercices 9 à 13).

9 ▪ f définie sur $]0, +\infty[$ par $f(x) = x + \ln x$.

10 ▪ f définie sur $]0, +\infty[$ par $f(x) = x + 1 + \dfrac{\ln x}{x}$.

11 ▪ f définie sur $]0, +\infty[$ par $f(x) = x - \ln x$.

Pour déterminer la limite de f en $+\infty$ on transformera l'écriture de $f(x)$ en écrivant que, pour tout nombre réel x de $]0, +\infty[$,

$$f(x) = x\left(1 - \frac{\ln x}{x}\right),$$

c'est-à-dire en mettant en facteur ce qui semble jouer le rôle le plus important : ici c'est x.

12 ▪ f définie sur $]0, +\infty[$ par $f(x) = 3x^2 - \ln x$.

Pour déterminer la limite de f en $+\infty$ on transformera l'écriture de $f(x)$ en écrivant que, pour tout nombre réel x de $]0, +\infty[$,

$$f(x) = 3x^2\left(1 - \frac{\ln x}{3x^2}\right),$$

c'est-à-dire en mettant en facteur ce qui semble jouer le rôle le plus important : ici c'est $3x^2$.

13 ▪ f définie sur $]0, +\infty[$ par $f(x) = \dfrac{1 + \ln x}{x^2}$.

- Pour déterminer la limite de f en 0 on transformera l'écriture de $f(x)$ en écrivant que, pour tout nombre réel x de $]0, +\infty[$,

$$f(x) = \frac{1}{x^2}(1 + \ln x).$$

- Pour déterminer la limite de f en $+\infty$ on transformera l'écriture de $f(x)$ en écrivant que, pour tout nombre réel x de $]0, +\infty[$,

$$f(x) = \frac{1}{x^2} + \frac{\ln x}{x^2}.$$

Calculs de dérivées

Déterminer la dérivée de la fonction f sur l'intervalle donné où elle est définie et dérivable (exercices 14 à 18).

14 ▪ f définie sur $]0, +\infty[$ par

$$f(x) = x - 2 - 2\ln x.$$

15 ▪ f définie sur $]0, +\infty[$ par $f(x) = x \ln x$.

16 ▪ f définie sur $]0, +\infty[$ par $f(x) = \dfrac{\ln x}{x}$.

17 ▪ f définie sur $]0, +\infty[$ par $f(x) = (\ln x)^2$.

18 ▪ f définie sur $\left]-\dfrac{3}{2}, +\infty\right[$ par $f(x) = \ln(2x + 3)$.

Détermination de primitives

Déterminer une primitive sur l'intervalle I donné de la fonction f définie sur I (exercices 19 à 25).

19 ▪ f définie sur $I =]0, +\infty[$ par $f(x) = \dfrac{2}{x}$.

20 ▪▪ f définie sur $I =]-\infty, 0[$ par

$$f(x) = 3x + 4 - \frac{2}{x}.$$

21 ▪ f définie sur $I = [1, +\infty[$ par $f(x) = \dfrac{1}{x + 3}$.

22 ▪▪ f définie sur $\left]-\infty, -\dfrac{1}{2}\right[$ par

$$f(x) = 3x + 4 + \frac{1}{2x + 1}.$$

23 ▪ f définie sur $\mathbb{R}$ par $f(x) = \dfrac{2x - 1}{x^2 - x + 1}$.

24 ▪▪ f définie sur $\mathbb{R}$ par $f(x) = \dfrac{x}{1 + x^2}$.

25 ▪▪ f définie sur $I = \left]0, \dfrac{\pi}{2}\right[$ par $f(x) = \tan x$.

26 ▪▪▪ Soit f la fonction définie sur $\left]-\infty, \dfrac{3}{2}\right[$ par

$$f(x) = \frac{2x^2 - x - 1}{4x - 6}.$$

1° Déterminer trois nombres réels a, b, c tels que, pour tout nombre réel x de $\left]-\infty, \dfrac{3}{2}\right[$,

$$f(x) = ax + b + \frac{c}{4x - 6}.$$

2° En déduire les primitives de f sur $\left]-\infty, \dfrac{3}{2}\right[$.

Exemple de problème proposé au baccalauréat

27 ▪▪▪ ***Étude des variations d'une fonction, tracé de sa courbe représentative, recherche de solutions approchées d'une équation***

On considère la fonction f définie sur $]0, +\infty[$ par :

$$f(x) = 2\ln x - x + 3.$$

On note C la courbe représentative de f dans le plan rapporté à un repère orthonormal $(O\,;\vec{i}, \vec{j})$ (unité graphique : 2 cm).

1° *a*) Déterminer la limite de $f(x)$ quand x tend vers 0.

Interpréter graphiquement ce résultat.

b) Calculer la limite de $f(x)$ quand x tend vers $+\infty$. Pour cela, on écrira que, pour tout x de $]0, +\infty[$,

$$f(x) = x\left(2\frac{\ln x}{x} - 1 + \frac{3}{x}\right).$$

2° *a*) Déterminer la dérivée f' de f.

b) Étudier le signe de $f'(x)$ lorsque x varie dans $]0, +\infty[$.

3° Dresser le tableau de variation de f.

4° *a*) Reproduire sur votre copie le tableau suivant et le compléter en donnant pour chaque valeur de x une valeur décimale approchée de $f(x)$ à 10^{-2} près.

x	0,2	0,5	1	2	3	4	5	8	10
$f(x)$									

b) Prouver que l'équation $f(x) = 0$ admet une solution a et une seule dans l'intervalle $[0,2 ; 1]$ et une solution b et une seule dans l'intervalle $[6, 7]$.

Vérifier que $0,2 < a < 0,3$ et que $6,8 < b < 6,9$.

c) Tracer la courbe C.

5° *a*) On considère la fonction g définie sur $]0, +\infty[$ par $g(x) = x \ln x - x$. Calculer sa dérivée g'.

b) En déduire une primitive F de la fonction f sur $]0, +\infty[$.

(Sportifs de haut niveau, 1995)

Q.C.M.

Les Q.C.M., dont les réponses figurent à la fin du chapitre, permettent une auto-évaluation.

Dans ces questionnaires à choix multiples, il suffit d'indiquer sur sa copie, pour chaque question posée, quelle est la bonne réponse parmi les propositions de l'énoncé ; aucune justification n'est demandée.

28 ▪▪ Dans chaque question, f est une fonction définie sur $]0, +\infty[$.

1°	2°	3°
$f(x) = x + \ln x$	$f(x) = \frac{1}{x}\ln x$	$f(x) = \frac{\ln x}{x} + 1$
$\lim_{x\to 0} f(x) = 0$	$\lim_{x\to 0} f(x) = 0$	$\lim_{x\to +\infty} f(x) = 1$
$\lim_{x\to 0} f(x) = +\infty$	$\lim_{x\to 0} f(x) = -\infty$	$\lim_{x\to +\infty} f(x) = +\infty$
$\lim_{x\to 0} f(x) = -\infty$	$\lim_{x\to 0} f(x) = +\infty$	$\lim_{x\to +\infty} f(x) = 0$

29 ▪▪ Dans chaque question, f est une fonction définie et dérivable sur I et f' est sa fonction dérivée.

1°	2°	3°
$f(x) = 2x - 1 - \ln x$; $I =]0, +\infty[$	$f(x) = \ln(-2x+1)$; $I = \left]-\infty, \frac{1}{2}\right[$	$f(x) = \frac{1-\ln x}{x}$; $I =]0, +\infty[$
$f'(x) = 2 - 1 - \frac{1}{x}$	$f'(x) = \frac{1}{-2x+1}$	$f'(x) = \frac{-2+\ln x}{x^2}$
$f'(x) = x^2 - \frac{1}{x}$	$f'(x) = \frac{-2}{-2x+1}$	$f'(x) = -\frac{1}{x^2}$
$f'(x) = 2 - \frac{1}{x}$	$f'(x) = \frac{2}{2x-1}$	$f'(x) = \frac{-1+\ln x}{x^2}$

30 ▪▪▪ Dans chaque question, f est une fonction définie et dérivable sur I et F une primitive de f sur I.

1°	2°	3°
$f(x) = 2x + 1 + \frac{1}{x}$; $I =]0, +\infty[$	$f(x) = \frac{2}{2x+1}$; $I = \left]-\frac{1}{2}, +\infty\right[$	$f(x) = \frac{1}{2x-1}$; $I = \left]-\infty, \frac{1}{2}\right[$
$F(x) = 2 - \frac{1}{x^2}$	$F(x) = 2\ln(2x+1)$	$F(x) = \ln(2x-1)$
$F(x) = x^2 + x + \ln x$	$F(x) = \ln(2x+1)$	$F(x) = \frac{1}{2}\ln(2x-1)$
$F(x) = \frac{x^2}{2} + x - \frac{1}{x^2}$	$F(x) = \frac{-4}{(2x+1)^2}$	$F(x) = \frac{1}{2}\ln(-2x+1)$

SANS CORRIGÉS

Équations et inéquations

Résoudre dans $\mathbb{R}$ l'équation suivante (c'est-à-dire déterminer l'ensemble des nombres réels x pour lesquels l'égalité suivante est vraie) (exercices 31 à 37).

31 ▪ *a*) $\ln x = 1$; *b*) $\ln 2x = 3$;

c) $\ln(3-5x) = 2$; *d*) $\ln 3x = -\frac{1}{2}$.

32 ▪▪ *a*) $\ln(x-1) + \ln(x+1) = 0$;

b) $\ln\frac{x-1}{x+1} = 1$.

33 ▪▪ $\ln(x^2-4) = \ln 5 + 2\ln 3$.

34 ■■ $2 \ln (1-x) - \ln (x+5) = 0$.

35 ■■■ $\ln (-2x) + \ln (x^2+16) = \ln (21 - 19x^2)$.

On est conduit à une équation du troisième degré dont une solution est 3.

36 ■■ $2(\ln x)^2 + \ln x - 1 = 0$.

37 ■■ $(\ln x)^2 - \ln x - 6 = 0$.

Remarquer qu'en prenant $X = \ln x$ comme inconnue auxiliaire on se ramène à une équation du second degré.

Résoudre dans $\mathbb{R}$ l'inéquation suivante (c'est-à-dire déterminer l'ensemble des nombres réels x pour lesquels l'inégalité suivante est vraie) (exercices 38 et 39).

38 ■■ $\ln (3-x) + 1 \geqslant 0$.

39 ■■ $\ln \dfrac{2x+1}{x-1} \leqslant 0$.

40 ■■■ ***Où la résolution d'une équation du troisième degré permet de résoudre deux autres équations***

Soit P le polynôme de la variable réelle x défini par :

$$P(x) = 2x^3 - 7x^2 + 7x - 2.$$

1° Calculer $P(1)$; en déduire une factorisation de $P(x)$, puis résoudre dans $\mathbb{R}$ l'équation d'inconnue x,

$$P(x) = 0.$$

2° Résoudre dans $\mathbb{R}$ les équations d'inconnue x :

a) $2 \cos^3 x - 7 \cos^2 x + 7 \cos x - 2 = 0$.

b) $2(\ln x)^3 - 7(\ln x)^2 + 7 \ln x - 2 = 0$.

Système d'équations

41 ■■■ Déterminer un couple (x, y) de nombres réels strictement positifs solution du système

$$\begin{cases} x + y = 9 \\ \ln x + \ln y = \ln 14. \end{cases}$$

Détermination de limites

Déterminer les limites aux bornes de l'ensemble de définition donné de la fonction f (exercices 42 à 46).

42 ■ f définie sur $]0, +\infty[$ par $f(x) = 2x + 1 + \ln x$.

43 ■■ f définie sur $]0, +\infty[$ par $f(x) = 3x - \ln x$.

44 ■■ f définie sur $]0, +\infty[$ par

$$f(x) = 1 + \frac{\ln x}{x}.$$

45 ■■■ f définie sur $\left]-\dfrac{1}{2}, +\infty\right[$ par

$$f(x) = \ln (2x+1).$$

46 ■■■ f définie sur $]1, +\infty[$ par

$$f(x) = \ln \frac{2x+1}{x-1}.$$

47 ■■■■ ***Où on démontre un résultat du cours***

1° Étudier les variations de la fonction f définie sur $]0, +\infty[$ par $f(x) = \ln x - \sqrt{x}$.

2° En déduire que, pour tout nombre réel x strictement positif, $\ln x < \sqrt{x}$.

3° De l'inégalité obtenue au 2°, déduire que, pour tout nombre réel x tel que $x \geqslant 1$,

$$0 \leqslant \frac{\ln x}{x} < \frac{1}{\sqrt{x}}.$$

4° En utilisant un théorème concernant limites et inégalités, en déduire que

$$\lim_{x \to +\infty} \frac{\ln x}{x} = 0.$$

Calculs de dérivées

Déterminer la dérivée de la fonction f sur l'intervalle donné où elle est définie et dérivable (exercices 48 à 53).

48 ■■ f définie sur $]0, +\infty[$ par $f(x) = x^2 \ln x$.

49 ■■ f définie sur $]0, +\infty[$ par $f(x) = \dfrac{x + 3 \ln x}{x}$.

50 ■ f définie sur $]4, +\infty[$ par $f(x) = \ln (x-4)$.

51 ■ f définie sur $\mathbb{R}$ par $f(x) = \ln(1 + x^2)$.

52 ■ f définie sur $]1, +\infty[$ par

$$f(x) = \ln(2x^2 + x - 3).$$

53 ■■ f définie sur $]-2, 4[$ par $f(x) = \ln \dfrac{x+2}{4-x}$.

Détermination de primitives

Déterminer une primitive sur l'intervalle I donné de la fonction f définie sur I (exercices 54 à 58).

54 ▪ f définie sur $]1, +\infty[$ par $f(x) = \dfrac{-4}{x-1}$.

55 ▪▪ f définie sur $\left]-\infty, \dfrac{1}{2}\right[$ par $f(x) = \dfrac{-4}{2x-1}$.

> Faire apparaître une expression de la forme $\dfrac{u'}{u}$.

56 ▪ f définie sur $[0, +\infty[$ par

$$f(x) = \frac{1}{1+x} + \frac{1}{(1+x)^2}.$$

57 ▪ f définie sur $\left]-\dfrac{3}{2}, +\infty\right[$ par

$$f(x) = 2x + 1 - \frac{1}{2x+3}.$$

58 ▪▪ f définie sur $\left]-\dfrac{\pi}{2}, 0\right[$ par $f(x) = \dfrac{1}{\tan x}$.

59 ▪▪ 1° Soit f la fonction définie sur $\left]-\dfrac{1}{3}, +\infty\right[$ par

$f(x) = \dfrac{1}{3x+1}$.

Déterminer la primitive F de f qui s'annule pour $x = 5$.

2° Soit g la fonction définie sur $\left]-\infty, -\dfrac{1}{3}\right[$ par

$g(x) = \dfrac{1}{3x+1}$.

Déterminer la primitive G de g qui s'annule pour $x = -3$.

60 ▪▪▪ Soit f la fonction définie sur $]-3, 2[$ par

$$f(x) = \frac{3x^2 + 4x - 25}{x^2 + x - 6}.$$

1° Déterminer trois nombres réels, a, b, c tels que pour tout nombre réel x de $]-3, 2[$

$$f(x) = a + \frac{b}{x+3} + \frac{c}{x-2}.$$

2° En déduire les primitives de f sur $]-3, 2[$.

61 ▪▪▪ ***Les primitives de la fonction* ln**

1° Déterminer la dérivée de la fonction f définie sur $]0, +\infty[$ par $f(x) = x \ln x$.

2° En déduire les primitives de la fonction ln sur $]0, +\infty[$.

Indication : on remarquera que

$$\ln x = (\ln x + 1) - 1.$$

Exemples d'exercices d'examen avec la fonction logarithme népérien

62 ▪▪▪ ***Étude du sens de variation d'une fonction, étude d'équation $f(x) = \lambda$***

Soit f la fonction définie sur $]0, 4[$ par

$$f(x) = \ln x + \ln(4 - x) + 4.$$

1° *a*) Démontrer que, pour tout x de $]0, 4[$,

$$f'(x) = \frac{4-2x}{x(4-x)} ;$$

b) Étudier, à l'aide d'un tableau, le signe de $f'(x)$ lorsque x varie dans $]0, 4[$;

c) Déterminer $\lim\limits_{x \to 0} f(x)$ et $\lim\limits_{x \to 4} f(x)$;

d) Établir le tableau de variation de f.

2° L'équation $f(x) = 0$ admet-elle des solutions sur $]0, 4[$? Si oui, combien ?

Justifier votre réponse.

(Arts appliqués, La Réunion, 1996)

Fonction définie à l'aide d'un tableau de variation (exercices 63 et 64).

63 ▪▪▪ Une fonction f est définie sur $\left]-1, \dfrac{1}{2}\right[$ par

$$f(x) = \ln(ax^2 + bx + c)$$

où a, b, c sont trois constantes réelles.

On suppose que son tableau de variation est le suivant :

x	-1	$-\frac{1}{2}$		0		$\frac{1}{4}$	$\frac{1}{2}$
$f'(x)$	‖	+		0	−		‖
$f(x)$	‖ ↗	0	↗		↘ 0 ↘	$\ln \frac{5}{8}$	↘ ‖

1° En utilisant les données numériques du tableau de variation, déterminer a, b et c.

2° Calculer $f'(x)$ pour tout x de $\left]-1, \dfrac{1}{2}\right[$ et résoudre l'équation $f'(x) = 0$.

3° Vérifier que le sens de variation de la fonction f obtenue est bien celui indiqué dans le tableau. Donner la valeur exacte du maximum de f.

(Baccalauréat, 1994)

64 ▪▪▪ Soit f la fonction définie $]0, +\infty[$ et dont le tableau de variation est :

x	0	1	$+\infty$
$f(x)$	$+\infty$ ↘	0	↗ 1

1° À l'aide du tableau, répondre aux questions suivantes :

a) Quelles sont les limites de f aux bornes de l'intervalle $]0, +\infty[$?

b) Préciser le sens de variation de f sur chacun des intervalles $]0, 1]$ et $[1, +\infty[$.

c) La fonction f admet-elle un extremum sur $]0, +\infty[$?
Si oui, pour quelle valeur de x ?

d) Quel est le signe de f sur $]0, +\infty[$?

2° Par hypothèse, la fonction f est l'une des quatre fonctions suivantes qui sont définies sur $]0, +\infty[$:

$$f_1 : x \mapsto -\frac{\ln x}{x} - \frac{1}{x} ; \quad f_2 : x \mapsto -(\ln x)^2 - 1 ;$$

$$f_3 : x \mapsto 2 - \frac{\ln x}{x} - \frac{1}{x} ; \quad f_4 : x \mapsto 1 - \frac{\ln x}{x} - \frac{1}{x}.$$

a) Calculer $f_1(1)$.

b) Déterminer le signe de $f_2(x)$ lorsque x varie dans $]0, +\infty[$.

c) Calculer $\lim\limits_{x \to +\infty} f_3(x)$.

d) Que peut-on conclure des résultats obtenus aux *a*) *b*) *c*) ?

Lecture graphique de propriétés d'une fonction à partir de sa représentation graphique (exercices 65 et 66).

65 ▪▪▪ ***Étude du sens de variation d'une fonction, étude d'inéquations de la forme $f(x) \geqslant \lambda$***

Le plan est rapporté à un repère orthonormal.
Sur le graphique ci-dessous, la courbe C représente une fonction f définie et dérivable sur l'intervalle $\left[-\frac{1}{2}, 4\right]$.

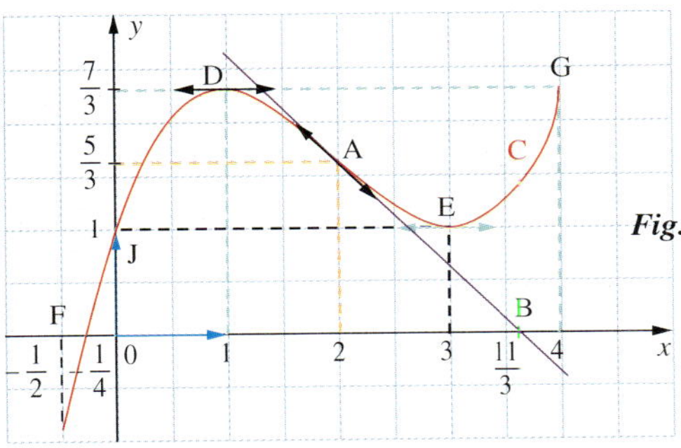

Fig. 8

On précise que :
– la courbe C passe par les points A, D, E, F, G et J de coordonnées respectives $\left(2, \frac{5}{3}\right)$, $\left(1, \frac{7}{3}\right)$, $(3, 1)$, $\left(-\frac{1}{4}, 0\right)$, $\left(4, \frac{7}{3}\right)$ et $(0, 1)$;
– la droite (AB) est tangente en A à la courbe C et le point B a pour coordonnées $\left(\frac{11}{3}, 0\right)$;
– les tangentes à la courbe C aux points D et E sont parallèles à l'axe des abscisses.

1° Sans fournir de justifications, indiquer :

a) les valeurs de $f'(1)$ et de $f'(2)$;

b) les solutions, sur l'intervalle $\left[-\frac{1}{2}, 4\right]$, des inéquations $f(x) > 0$; $f(x) \geqslant 1$;

c) les solutions, sur l'intervalle $\left[-\frac{1}{2}, 4\right]$, de l'inéquation $f'(x) \leqslant 0$.

2° On note g la fonction définie sur l'intervalle $\left]-\frac{1}{2}, 4\right]$ par $g(x) = \ln[f(x)]$.

a) Dresser le tableau de variation de la fonction f sur l'intervalle $\left]-\frac{1}{2}, 4\right]$.
En déduire celui de la fonction g.
$\left(\text{Faire figurer la limite de } g \text{ en } -\frac{1}{2}.\right)$

b) Quelles sont les valeurs de x pour lesquelles $g(x)$ est positif ou nul ? Justifier la réponse.

(Baccalauréat, 1996)

66 ▪▪▪ La courbe C de la figure représente une fonction f définie et dérivable sur $]0, +\infty[$.
On précise que l'axe des ordonnées et la droite D sont asymptotes à C.

1° Déterminer graphiquement ce que semblent être :

a) Les limites de f aux bornes de son ensemble de définition.

b) Le signe de la dérivée f' de f.

c) L'encadrement, par deux nombres entiers consécutifs, du nombre α solution de l'équation $f(x) = 0$.

2° On admet, dans cette question, que la courbe C est la représentation graphique de la fonction f définie sur $]0, +\infty[$ par :

$$f(x) = \frac{1}{2}x - 1 + \frac{\ln x}{x} - \frac{4}{x}.$$

a) Montrer par le calcul que la droite D d'équation $y = \frac{1}{2}x - 1$ est asymptote à C en $+\infty$.

b) Déterminer par le calcul l'intersection de D et C.

c) Déterm $]0, +\infty[$, iner par le calcul la position relative de C et D lorsque x varie dans $]0, +\infty[$.

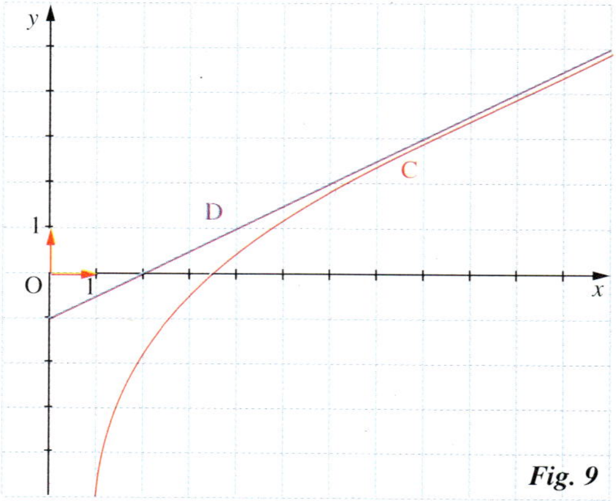

Fig. 9

(STI Génie mécanique A et F, Génie civil, Génie énergétique, La Réunion, 1995)

Exemples de problèmes d'examen avec la fonction logarithme népérien

Programmation des valeurs d'une fonction, étude de ses variations, tracé de sa courbe représentative. (Problèmes 67 à 69).

67 ▪▪ Soit f la fonction définie sur $]0, +\infty[$ par

$$f(x) = 1 + 2\frac{\ln x}{x}.$$

Soit C la courbe représentative de f dans le plan muni d'un repère orthonormal $(O ; \vec{i}, \vec{j})$ (unité : 1 cm).

1° Déterminer les limites de f en 0 et en $+\infty$. En déduire les asymptotes de la courbe C.

2° Déterminer le sens de variation de f.

3° *a*) Montrer que la courbe C et la droite d'équation $y = 1$ ont un point commun A dont on déterminera l'abscisse.

b) Déterminer le coefficient directeur de la tangente T à C en A.

4° Tracer la courbe C et la tangente T.

(Brevet de technicien)

68 ▪▪▪ On considère la fonction numérique f de la variable réelle x définie, pour tout x de $]0, +\infty[$, par $f(x) = \frac{\ln x}{x^2}$. On désigne par C sa courbe représentative dans un repère orthonormal (unité graphique : 5 cm).

1° Déterminer les limites de $f(x)$ quand x tend vers 0 et quand x tend vers $+\infty$.

2° *a*) Vérifier que la dérivée f' est définie pour tout x de $]0, +\infty[$ par $f'(x) = \frac{1 - 2\ln x}{x^3}$.

b) Résoudre, dans l'intervalle $]0, +\infty[$, l'inéquation $f'(x) \geqslant 0$. En déduire le signe de $f'(x)$ lorsque x varie dans $]0, +\infty[$.

c) Dresser le tableau de variation de f.

3° Donner les valeurs approchées, à 10^{-2} près, de $f(x)$ pour les valeurs suivantes de x :

$$\frac{1}{4} ; \frac{1}{2} ; \frac{3}{4} ; \frac{3}{2} ; \frac{7}{4} ; 2 ; 3 ; 4.$$

4° Soit A, le point d'intersection de la courbe C et de l'axe des abscisses.

a) Calculer l'abscisse de A.

b) Déterminer le coefficient directeur de la droite D tangente à C en A.

5° Tracer sur le même graphique, la droite D et la courbe C.

(Brevet de technicien collaborateur d'architecte, 1995)

69 ▪▪▪ ***Exemple de problème où pour étudier le signe de la dérivée d'une fonction f on étudie le sens de variation de f ′, exemple de recherche d'asymptotes***

A. *Étude d'une fonction auxiliaire*

La fonction g est définie sur $]0, +\infty[$ par :

$$g(x) = 1 + x^2 - \ln x.$$

1° On note g' la fonction dérivée de g. Calculer $g'(x)$ pour tout x de $]0, +\infty[$.

2° Étudier les variations de g (on ne précisera pas les limites de g aux bornes de l'intervalle $]0, +\infty[$).

3° Préciser le minimum de g arrondi au centième. En déduire le signe de $g(x)$ lorsque x appartient à $]0, +\infty[$.

B. *Étude de la fonction* $x \mapsto \frac{\ln x}{x} + x$

Soit f la fonction définie sur $]0, +\infty[$ par

$$f(x) = \frac{\ln x}{x} + x.$$

On note C la courbe représentative de f dans le plan rapporté à un repère orthonormal $(O ; \vec{i}, \vec{j})$ (unité graphique : 1 cm).

1° Déterminer les limites suivantes :

a) $\lim\limits_{x \to +\infty} f(x)$;

b) $\lim\limits_{x \to 0} f(x)$;

c) $\lim\limits_{x \to +\infty} [f(x) - x]$.

En déduire que C possède deux asymptotes dont on donnera les équations.

2° *a*) On note f' la fonction dérivée de f. Calculer $f'(x)$ pour tout x de $]0, +\infty[$.

b) Montrer que, pour tout x de $]0, +\infty[$,

$$f'(x) = \frac{g(x)}{x^2}.$$

c) En déduire le signe de $f'(x)$ sur $]0, +\infty[$.

d) Construire le tableau de variation de *f*.

3° *a*) Étudier la position de C par rapport à la droite D, d'équation $y = x$. On précisera les coordonnées du point d'intersection A de C et D.

b) Déterminer une équation de la tangente T à C au point d'abscisse 1.

c) Construire D, T et C dans le repère $(O\ ;\ \vec{i}, \vec{j})$.

(STL Physique de laboratoire, septembre 1996)

Exemples de recherche de solutions approchées d'une équation (problèmes 70 à 74).

70 ■■ ***Lecture graphique de propriétés d'une fonction à partir de sa courbe représentative***

Partie A. *f* est une fonction définie sur $]0, 4]$ dont on donne la courbe représentative C dans le plan muni du repère orthonormal $(O\ ;\ \vec{i}, \vec{j})$. L'unité graphique est 2 cm.

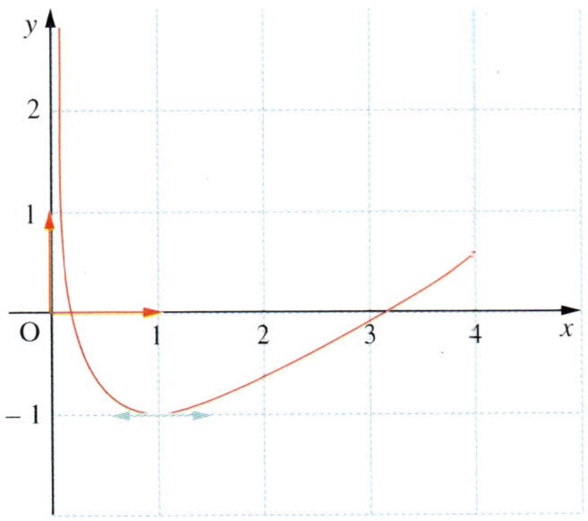

Fig. 10

1° Donner à l'aide du graphique une valeur approchée des solutions dans $]0, 4]$ de l'équation $f(x) = 0$.

2° Déterminer graphiquement pour quelle valeur de *x* la dérivée f' de *f* s'annule.

Partie B. On admet que *f* est définie sur $]0, 4]$ par

$$f(x) = x - 2 - \ln x.$$

1° *a*) Déterminer $\lim\limits_{x \to 0} f(x)$. Que peut-on en déduire pour la courbe C ?

b) Calculer la dérivée f' de *f*.

c) Déterminer le signe de $f'(x)$ lorsque *x* varie dans $]0, 4]$.

d) Établir le tableau de variation de *f*.

2° À l'aide d'une calculatrice donner un encadrement d'amplitude 10^{-2} de chacune des solutions de l'équation $f(x) = 0$.
Comparer les résultats obtenus avec ceux trouvés au **A.** 1°.

(STL Biochimie - Génie biologique, La Réunion, 1995)

71 ■■ Soit *f* la fonction définie sur l'intervalle $]0, 3]$ par $f(x) = \ln x + x - 3$. Soit C la courbe représentative de *f* dans le plan muni du repère orthonormal $(O\ ;\ \vec{i}, \vec{j})$ d'unité graphique 5 cm.

1° Déterminer $\lim\limits_{x \to 0} f(x)$. Que peut-on en déduire pour la courbe C ?

2° Étudier les variations de *f* sur l'intervalle $]0, 3]$.

3° Reproduire et compléter le tableau de valeurs suivant dans lequel chaque valeur sera arrondie au centième.

x	0,5	1	1,5	2	2,1	2,2	2,3	2,5	3
$f(x)$									

4° Construire la courbe C.

5° *a*) Montrer que l'équation $f(x) = 0$ admet une seule solution notée α dans l'intervalle $[2, 3]$. (Énoncer le théorème utilisé.)

b) Placer sur la figure le point A de la courbe C d'abscisse α.

6° Utiliser le tableau du 2° pour donner un encadrement de α d'amplitude 10^{-1}.

(Brevet de technicien encadrement de chantier, 1993)

72 ■■■ ***Exemple de problème où on utilise l'étude du sens de variation de la fonction dérivée pour étudier son signe. Détermination d'une primitive***

Le but du problème est d'étudier la fonction *f* définie sur l'intervalle $]0, e]$ par : $f(x) = \dfrac{x}{2} - \dfrac{\ln x}{x}$ où *e* est le nombre tel que $\ln e = 1$.

On note C la courbe représentative de *f* dans un repère orthonormal $(O\ ;\ \vec{i}, \vec{j})$; l'unité graphique est 2 cm.

Partie A. Soit *u* la fonction définie sur l'intervalle $]0, e]$ par : $u(x) = x^2 - 2 + 2 \ln x$.
On admet l'existence d'un nombre unique *a*, appartenant à l'intervalle $]0, e]$, tel que $u(a) = 0$.
On donne le tableau suivant, résumant les variations de *u* sur l'intervalle $]0, e]$:

x	0		a		e
$f(x)$	‖ $-\infty$	↗	0	↗	e^2

1° Montrer que $1,24 < a < 1,25$.

2° Donner, selon les valeurs de *x*, le signe de $u(x)$ sur l'intervalle $]0, e]$.

Partie B. 1° Calculer la limite de *f* en 0. On pourra remarquer que, pour tout *x* de $]0, e]$, $\dfrac{\ln x}{x} = \dfrac{1}{x} \ln x$.

2° *a*) Soit f' la dérivée *f* sur l'intervalle $]0, e]$.

Montrer que, u étant la fonction définie dans la partie **A**, pour tout x de $]0, e]$, $f'(x) = \dfrac{u(x)}{2x^2}$.

b) Justifier que f est décroissante sur l'intervalle $]0, a]$ et croissante sur l'intervalle $[a, e]$.
Dresser le tableau de variation de f.

c) En utilisant le fait que 0,45 est une valeur approchée de $f(a)$ à 0,01 près, justifier que $f(x)$ est strictement positif pour tout x de l'intervalle $]0, e]$.

3° Soit D la droite d'équation $y = \dfrac{x}{2}$.

a) Déterminer les coordonnées du point A intersection de C et de D.

b) Montrer que la tangente T à la courbe C en son point d'abscisse e est parallèle à la droite D.

4° Tracer D, T et C dans le repère $(O ; \vec{i}, \vec{j})$.

5° *a*) Soit v la fonction définie sur $]0, e]$ par

$$v(x) = \frac{1}{2}(\ln x)^2 ;$$

Calculer $v'(x)$, v' désignant la dérivée de v.

b) En déduire une primitive de f sur l'intervalle $]0, e]$.

(Baccalauréat technologique, Polynésie, juin 1996)

73 ■■■ ***Lecture de propriétés d'une fonction à partir de sa représentation graphique***

Partie A. *Étude d'une fonction auxiliaire*
Soit g la fonction définie sur $]0, +\infty[$ par :

$$g(x) = \frac{\ln x}{x} + e.$$

On note C_g la courbe représentative de g dans le plan rapporté à un repère orthonormal.

1° Déterminer les limites de g en 0 et en $+\infty$. Que peut-on en déduire pour C_g ?

2° Déterminer, à l'aide de la dérivée g', le sens de variation de g.

3°

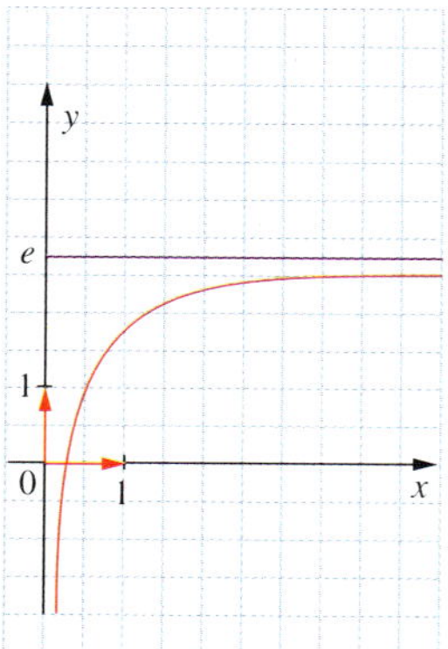

Fig. 11

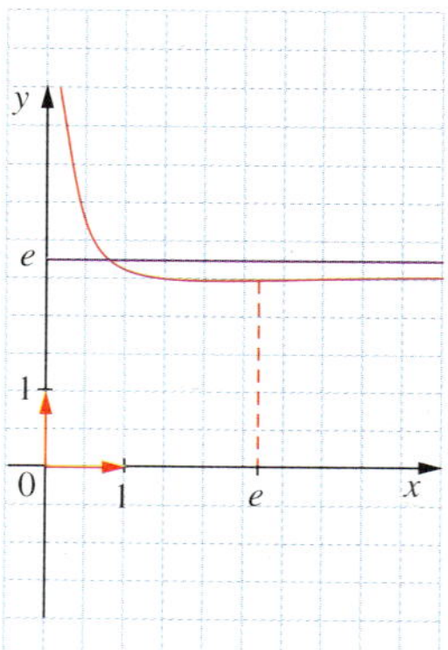

Fig. 12

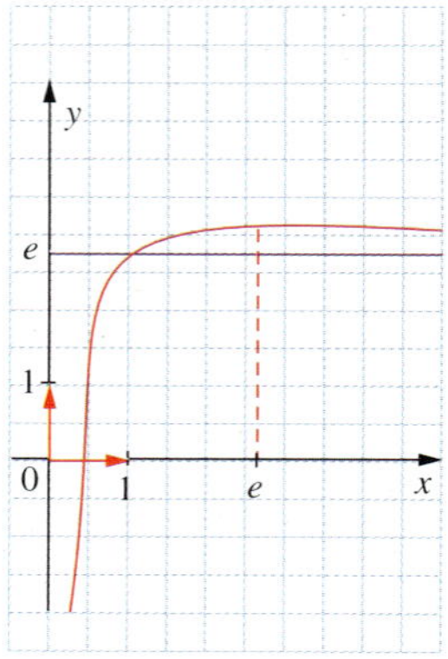

Fig. 13

L'une des trois courbes précédentes est la courbe C_g. Indiquer le numéro correspondant à C_g, en précisant les raisons de votre choix.

4° Calculer $g\left(\dfrac{1}{e}\right)$. En déduire, pour tout x appartenant à $]0, +\infty[$, le signe de $g(x)$.

Partie B. *Étude d'une fonction et tracé de sa courbe représentative*
Soit f la fonction définie sur $]0, +\infty[$ par :

$$f(x) = \frac{1}{2}(\ln x)^2 + ex - e.$$

On note C_f la courbe représentative de f dans le plan rapporté à un repère orthogonal (unités graphiques : 4 cm en abscisse et 2 cm en ordonnée).

1° Vérifier que, pour tout x de $]0, +\infty[$, $f'(x) = g(x)$.

2° Déterminer les limites de f en 0 et en $+\infty$.

3° Dresser le tableau de variation de f.

4° Déterminer une équation de la tangente T à C_f en son point I d'abscisse 1. Préciser la position de C_f par rapport à T.

5° Tracer T et C_f.

Partie C. *Recherche de solution approchée d'une équation*

1° Démontrer que l'équation $f(x) = 0$ admet une seule solution, notée α, dans $\left]0, \dfrac{1}{e}\right]$.

2° Placer sur la figure le point A d'abscisse α.

Partie D. *Détermination d'une primitive*

1° Soit H la fonction définie sur $]0, +\infty[$ par :

$$H(x) = x(\ln x)^2 - 2x \ln x + 2x.$$

Soit h la fonction définie sur $]0, +\infty[$ par :

$$h(x) = (\ln x)^2.$$

Vérifier que H est une primitive de h sur $]0, +\infty[$.

2° En déduire une primitive F de f sur $]0, +\infty[$.

(STI Génie électronique, Génie électrotechnique, Métropole, juin 1995)

74 ■■■ *Problème à support économique*

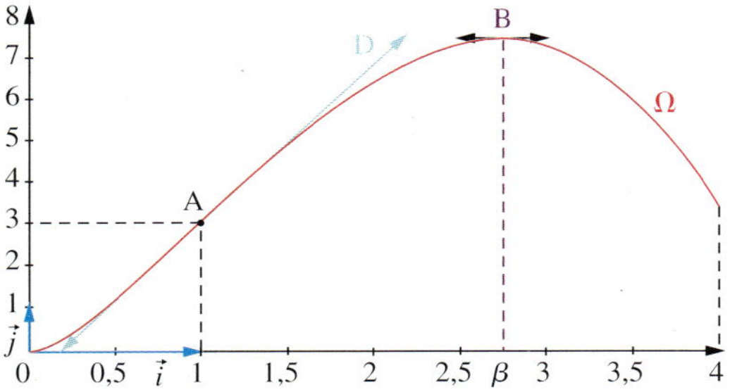

Fig. 14

Le plan est rapporté à un repère orthogonal $(O ; \vec{i}, \vec{j})$ (unités graphiques : 4 cm sur l'axe des abscisses, 1 cm sur l'axe des ordonnées).
La courbe Ω ci-dessus est la représentation graphique sur l'intervalle $]0, 4]$ d'une fonction f définie sur $]0, +\infty[$ par : $f(x) = x^2(a + b \ln x)$ où a et b désignent deux constantes réelles, et ln la fonction logarithme népérien.

Partie A. 1° f' désigne la fonction dérivée de f. Calculer $f'(x)$ pour tout x de $]0, 4]$.

2° La courbe représentative de f passe par le point $A(1, 3)$. Elle admet en A une tangente D de coefficient directeur 4.
Montrer que, pour tout x de $]0, 4]$,

$$f(x) = x^2(3 - 2 \ln x).$$

3° Déterminer une équation de la droite D.

4° Déterminer la valeur exacte de l'abscisse β du point B de la courbe où la tangente à Ω est parallèle à l'axe des abscisses.

5° Étudier les variations de f sur l'intervalle $[4, +\infty[$. Calculer la limite de f en $+\infty$.
Démontrer que l'équation $f(x) = 3$ admet une solution unique sur l'intervalle $[4, 5]$ et donner une valeur approchée à 0,01 près de cette solution.

Partie B. Une entreprise fabrique x milliers d'objets $(0 < x < 4)$. Le coût de fabrication de tous ces objets, en milliers de francs, est supposé égal à $f(x)$, où f désigne la fonction étudiée précédemment.
Le coût moyen de fabrication d'un objet est, en francs : $m(x) = \dfrac{f(x)}{x}$. Soit k le nombre d'objets pour lequel le coût moyen de fabrication est maximal.

1° Étudier les variations de la fonction m sur l'intervalle $]0, 4[$.

2° En déduire la valeur exacte du nombre entier k.

3° Calculer le coût moyen maximal à 1 centime près.

(Baccalauréat, juin 1996)

Exemples d'utilisation de la fonction logarithme décimal

75 ■■■ *Pression acoustique*

Le niveau de pression acoustique est exprimée en décibels par $S = 20 \log \dfrac{p}{p_0}$,
où p_0 est la valeur minimale de la pression perçue par l'oreille humaine et p la valeur de la pression pour un son perçu.
$p_0 = 2 \cdot 10^{-5}$ bars pour un individu normal.
L'oreille humaine peut supporter sans dommage au maximum une pression p de 20 bars.
Calculer le niveau de pression S correspondant au bruit maximum (pour $p = 20$ bars).

76 ■■■ *Résistance à la compression d'un béton*

Dans les calculs de résistance des matériaux, un béton est défini par sa résistance à la compression 28 jours après sa fabrication, exprimée en mégapascals (MPa), que l'on note f_{c28}.
La résistance à la traction au jour $j (1 \leqslant j \leqslant 18)$ est donnée par la formule :

$$f_j = 0,6 + 0,006 \times 0,685 \times f_{C28} \times \log\ (j + 1).$$

Calculer la résistance à la traction au 17e jour pour un béton tel que $f_{C28} = 30$ MPa.
Construire la courbe représentant les variations de la résistance f_j en fonction de $j (1 \leqslant j \leqslant 18)$.

77 ■■ *Potentiel d'hydrogène (pH)*

La concentration en H_3O^- d'une solution aqueuse est $1,75 \times 10^{-12}$ mol · L^{-1} Calculer le pH de cette solution.

En chimie le « pH » (potentiel d'hydrogène) est définie par
$pH = -\log\ [H_3O^+]$ où $[H_3O^+]$ est la concentration en ions H_3O^+, exprimée en mol · L^{-1}, d'une solution aqueuse.

RÉPONSES DES T.P.

T.P. 1 2° $a = 2$; $b = 1$; $c = -4$.
3° Deux solutions : 0 et $2\sqrt{3}$.

T.P. 2 **B.** 1° *a)* $\lim\limits_{x \to 0} f(x) = -\infty$;

b) $\lim\limits_{x \to +\infty} f(x) = +\infty$.

3° *c)* $x_A = e$. 4° *b)* $0,548 < x_0 < 0,549$.

6° Pour tout x de $]0, +\infty[$

$$F(x) = x^2 + \frac{1}{2} (\ln x)^2.$$

CORRIGÉS DES EXERCICES ET PROBLÈMES

1 La fonction $x \mapsto \ln(x-2)$ ne peut être définie que pour $x-2>0$ donc toute solution x de l'équation doit être telle que $x>2$.
Soit S l'ensemble des solutions de l'équation ; x est élément de S si et seulement si

$$\ln(x-2) = \ln e^3 \quad \text{et} \quad x>2$$

(puisque $\ln e^3 = 3 \ln e$ et $\ln e = 1$).

Pour tous nombres réels a et b strictement positifs $\ln a = \ln b$ équivaut à $a = b$.

Donc x est élément de S si et seulement si

$$\begin{cases} x>2 \\ \text{et} \\ x-2 = e^3. \end{cases} \qquad \text{D'où} \quad S = \{2+e^3\}.$$

2 La fonction $x \mapsto \ln x$ ne peut être définie que pour $x>0$ et la fonction $x \mapsto \ln(2x+3)$ ne peut être définie que pour $2x+3>0$. Toute solution x de l'équation doit donc être telle que $x>0$ et $2x+3>0$, ce qui équivaut à $x>0$.
Soit S l'ensemble des solutions de l'équation ; x est élément de S si et seulement si

$$\ln x^2 = \ln[3(2x+3)] \quad \text{et} \quad x>0$$

(en utilisant les propriétés algébriques de ln).

(Voir l'exercice 1) x est élément de S si et seulement si :

$$\begin{cases} x>0 \\ \text{et} \\ x^2 = 3(2x+3) \end{cases} \qquad \begin{cases} x>0 \\ \text{et} \\ x^2-6x-9 = 0. \end{cases}$$

Les solutions dans $\mathbb{R}$ de l'équation du second degré sont $3-3\sqrt{2}$ et $3+3\sqrt{2}$.

D'où $\qquad S = \{3+3\sqrt{2}\}$

($3-3\sqrt{2}$, négatif, ne convient pas).

3 La fonction $x \mapsto \ln x^2$ ne peut être définie que pour $x>0$ ou $x<0$, et la fonction $x \mapsto \ln(2x+3)$ ne peut être définie que pour $2x+3>0$. Toute solution x de l'équation doit donc être telle que $x \neq 0$ et $2x+3>0$, c'est-à-dire telle que $x>-\frac{3}{2}$ et $x \neq 0$.
Soit S l'ensemble des solutions de l'équation ; x est élément de S si et seulement si

$$\ln x^2 = \ln[3(2x+3)] \quad \text{et} \quad x>-\frac{3}{2}$$

et $\qquad x \neq 0$.

On a la même égalité qu'à l'exercice 2 ; d'où x est élément de S si et seulement si

$$x^2-6x-9 = 0 \quad \text{et} \quad x>-\frac{3}{2} \quad \text{et} \quad x \neq 0.$$

Cette fois les deux solutions conviennent,

$$S = \{3-3\sqrt{2}, 3+3\sqrt{2}\}.$$

4 x est solution de l'équation proposée si et seulement si $X = \ln x$ est solution de l'équation $2X^2-3X-2 = 0$ dont les solutions sont -2 et $\frac{1}{2}$, c'est-à-dire si et seulement si

$$\begin{cases} \ln x = -2 \\ \text{ou} \\ \ln x = \frac{1}{2}, \end{cases} \quad \text{qui est équivalent à}$$

$$\begin{cases} \ln x = -2 \ln e, \\ \text{ou} \\ \ln x = \frac{1}{2} \ln e, \end{cases} \qquad \begin{cases} x = e^{-2} \\ \text{ou} \\ \ln x = \sqrt{e}, \end{cases}$$

(voir l'exercice 1).
L'ensemble des solutions de l'équation proposée est donc $\left\{\frac{1}{e^2}, \sqrt{e}\right\}$.

5 1° *a*) $f(1) = 0$.
On peut donc mettre $x-1$ en facteur dans le polynôme

$$f(x) = x^3-2x^2-x+2.$$

On cherche trois nombres réels a, b, c tels que, pour tout nombre réel x,

$$x^3-2x^2-x+2 = (x-1)(ax^2+bx+c).$$

En développant et en égalant les coefficients, on trouve

$$a = 1, \ b = -1, \ a = -2.$$

b) L'équation équivaut donc à :

$$(x-1)(x^2-x-2) = 0,$$

dont les solutions sont 1, -1 et 2.

2° x est solution de l'équation proposée si et seulement si $X = \ln x$ est solution de l'équation $X^3-2X^2-X+2 = 0$.
Donc x est un nombre strictement positif tel que

$$\ln x = 1 \quad \text{ou} \quad \ln x = -1 \quad \text{ou} \quad \ln x = 2.$$

ce qui est équivalent à

$$\ln x = \ln e \text{ ou } \ln x = -\ln e \text{ ou } \ln x = 2 \ln e.$$

$$\ln x = \ln e \text{ ou } \ln x = \ln \frac{1}{e} \text{ ou } \ln x = \ln e^2,$$

$$x = e \text{ ou } x = \frac{1}{e} \text{ ou } x = e^2.$$

6 La fonction $x \mapsto \ln(x-2)$ ne peut être définie que pour $x-2>0$.
Soit S l'ensemble des solutions de l'inéquation ; x est élément de S si et seulement si

$$\ln(x-2) \leqslant \ln 1 \quad \text{et} \quad x>2.$$

> Pour tous nombres réels a et b, strictement positifs $\ln a \leqslant \ln b$ équivaut à $a \leqslant b$.

x est élément de S si et seulement si

$$\begin{cases} x>2 \\ \text{et} \\ x-2 \leqslant 1 \end{cases} \qquad \begin{cases} x>2 \\ \text{et} \\ x \leqslant 3. \end{cases} \qquad \text{D'où} \quad S =]2, 3].$$

7 Soit S l'ensemble des solutions de l'inéquation ; x est élément de S si et seulement si

$$\begin{cases} x>2 \\ \text{et} \\ x-2 \leqslant e^3 \end{cases}$$

(on a remplacé 3 par $3 \ln e = \ln e^3$).
D'où $S =]2, 2+e^3]$.

8 La fonction $x \mapsto \ln(2-x)$ ne peut être définie que pour $2-x>0$; la fonction $x \mapsto \ln(x+5)$ ne peut être définie que pour $x+5>0$; la fonction $x \mapsto \ln 2(3x+5)$ ne peut être définie que pour $3x+5>0$.
Toute solution x de l'inéquation doit être telle que $2-x>0$ et $x+5>0$ et $3x+5>0$ ce qui est équivalent à (aidez-vous d'un dessin où les nombres utiles sont représentés sur un axe)

$$-\frac{5}{3}<x<2.$$

Soit S l'ensemble des solutions de l'inéquation ; x est élément de S si et seulement si

$$\begin{cases} -\dfrac{5}{3}<x<2 \\ \text{et} \\ \ln(2-x)(x+5) \leqslant \ln 2(3x+5), \end{cases}$$

ce qui équivaut à :

$$\begin{cases} -\dfrac{5}{3}<x<2 \\ \text{et} \\ -x^2-9x \leqslant 0. \end{cases}$$

On résout l'inéquation $-x^2-9x \leqslant 0$ à l'aide des résultats sur le signe d'une expression du second degré vus en Première ; on obtient

$-x^2-9x \leqslant 0$ si et seulement si

$$x \leqslant -9 \quad \text{ou} \quad x \geqslant 0.$$

D'où $S = [0, 2[$. (Un dessin peut vous aider.)

9 • Limite en 0 :

$\lim\limits_{x \to 0} \ln x = -\infty$ et $\lim\limits_{x \to 0} x = 0$ d'où, d'après un théorème sur la limite d'une somme,

$$\lim_{x \to 0} f(x) = -\infty.$$

• Limite en $+\infty$:

$\lim\limits_{x \to +\infty} x = +\infty$ et $\lim\limits_{x \to +\infty} \ln x = +\infty$ d'où, d'après un théorème sur la limite d'une somme,

$$\lim_{x \to +\infty} f(x) = +\infty.$$

10 • Limite en 0 :

$$f(x) = x+1+\frac{1}{x}\ln x.$$

De $\lim\limits_{x \to 0} \dfrac{1}{x} = +\infty$ lorsque $x>0$ et $\lim\limits_{x \to 0} \ln x = -\infty$, on déduit (à l'aide d'un théorème sur la limite d'un produit) que

$$\lim_{x \to 0} \frac{1}{x} \ln x = -\infty.$$

De $\lim\limits_{x \to 0} (x+1) = 1$ et $\lim\limits_{x \to 0} \dfrac{1}{x} \ln x = -\infty$, on déduit (à l'aide d'un théorème sur la limite d'une somme) que $\lim\limits_{x \to 0} \left(x+1+\dfrac{1}{x}\ln x\right) = -\infty$;

donc $$\lim_{x \to 0} f(x) = -\infty.$$

• Limite en $+\infty$

$$f(x) = x+1+\frac{\ln x}{x}.$$

De $\lim\limits_{x \to +\infty} (x+1) = +\infty$ et $\lim\limits_{x \to +\infty} \dfrac{\ln x}{x} = 0$, on déduit (à l'aide d'un théorème sur la limite d'une somme) que $\lim\limits_{x \to +\infty} f(x) = +\infty$.

> On sait que $\lim\limits_{x \to +\infty} \dfrac{\ln x}{x} = 0$.

11 • Limite en 0

$$f(x) = x - \ln x.$$

De $\lim\limits_{x \to 0} (-\ln x) = +\infty$ et $\lim\limits_{x \to 0} x = 0$, on déduit (à l'aide d'un théorème sur la limite d'une somme) que $\lim\limits_{x \to 0} f(x) = +\infty$.

• Limite en $+\infty$

$$f(x) = x\left(1-\frac{\ln x}{x}\right).$$

De $\lim_{x \to +\infty} \frac{\ln x}{x} = 0$, on déduit (à l'aide d'un théorème sur la limite d'une somme) que

$$\lim_{x \to +\infty} 1 - \frac{\ln x}{x} = 1.$$

De $\lim_{x \to +\infty} \left(1 - \frac{\ln x}{x}\right) = 1$ et $\lim_{x \to +\infty} x = +\infty$, on déduit (à l'aide d'un théorème sur la limite d'un produit) que $\lim_{x \to +\infty} f(x) = +\infty$.

12 • Limite en 0

$$f(x) = 3x^2 - \ln x.$$

De $\lim_{x \to 0} (-\ln x) = +\infty$ et $\lim_{x \to 0} 3x^2 = 0$

on déduit (à l'aide d'un théorème sur la limite d'une somme) que $\lim_{x \to 0} (3x^2 - \ln x) = +\infty$,

c'est-à-dire $\lim_{x \to 0} f(x) = +\infty$.

• Limite en $+\infty$

$$f(x) = 3x^2 \left(1 - \frac{1}{3}\frac{\ln x}{x^2}\right).$$

De $\lim_{x \to +\infty} \frac{\ln x}{x^2} = 0$,

on déduit que $\lim_{x \to +\infty} \left(1 - \frac{1}{3}\frac{\ln x}{x^2}\right) = 1$.

De $\lim_{x \to +\infty} 3x^2 = +\infty$ et $\lim_{x \to +\infty} \left(1 - \frac{1}{3}\frac{\ln x}{x^2}\right) = 1$, on déduit (à l'aide d'un théorème sur la limite d'un produit) que $\lim_{x \to +\infty} f(x) = +\infty$.

On sait que $\lim_{x \to +\infty} \frac{\ln x}{x^n} = 0$, où n est entier, $n \geqslant 1$.

13 • Limite en 0

$$f(x) = \frac{1}{x^2}(1 + \ln x),$$

De $\lim_{x \to 0} \frac{1}{x^2} = +\infty$ et $\lim_{x \to 0} (1 + \ln x) = -\infty$, on déduit (à l'aide d'un théorème sur la limite d'un produit) que $\lim_{x \to 0} f(x) = -\infty$.

• Limite en $+\infty$

$$f(x) = \frac{1}{x^2} + \frac{\ln x}{x^2}.$$

De $\lim_{x \to +\infty} \frac{1}{x^2} = 0$ et $\lim_{x \to +\infty} \frac{\ln x}{x^2} = 0$,

on déduit (à l'aide d'un théorème sur la limite d'une somme) que $\lim_{x \to +\infty} f(x) = 0$.

14 Pour tout nombre réel x de $]0, +\infty[$ f est dérivable et

$$f'(x) = 1 - 2\left(\frac{1}{x}\right), \qquad f'(x) = 1 - \frac{2}{x}.$$

Pour tout nombre réel strictement positif x,

$$\ln'(x) = \frac{1}{x}.$$

15 On applique la formule $(uv)' = u'v + uv'$.

Pour tout nombre réel x de $]0, +\infty[$, f est dérivable et

$$f'(x) = 1 \ln x + x\left(\frac{1}{x}\right), \qquad f'(x) = 1 + \ln x.$$

16 On applique la formule $\left(\frac{u}{v}\right)' = \ldots$

Pour tout nombre réel x de $]0, +\infty[$ f est dérivable et

$$f'(x) = \frac{x\left(\frac{1}{x}\right) - \ln x}{x^2}, \qquad f'(x) = \frac{1 - \ln x}{x^2}.$$

17 On applique la formule $(u^n)' = nu'u^{n-1}$.

Pour tout nombre réel x de $]0, +\infty[$, f est dérivable et

$$f'(x) = 2\left(\frac{1}{x}\right)(\ln x)^{2-1}, \qquad f'(x) = \frac{2}{x}\ln x.$$

18 On applique la formule $(\ln u)' = \frac{u'}{u}$.

Pour tout nombre réel x de $\left]-\frac{3}{2}, +\infty\right[$, f est dérivable et $f'(x) = \frac{2}{2x+3}$.

19 Une primitive de f est définie sur $]0, +\infty[$ par

$$F(x) = 2 \ln x.$$

20 Une primitive de f est définie sur $]-\infty, 0[$ par

$$F(x) = \frac{3}{2}x^2 + 4x - 2\ln(-x)$$

car $x < 0$.

La fonction $\frac{u'}{u}$, telle que, pour tout élément x de l'intervalle I, $u(x) < 0$, admet sur I pour primitives $x \mapsto \ln[-u(x)] + C$.

21 $f(x)$ est de la forme $\dfrac{u'(x)}{u(x)}$.

Une primitive de f sur $[1, +\infty[$ est donc définie par

$$F(x) = \ln(x+3)$$

(puisque, pour tout nombre réel de x de $[1, +\infty[$, $x + 3 > 0$).

22 $x \mapsto \dfrac{1}{2x+1}$ ressemble à $\dfrac{u'(x)}{u(x)}$ avec $u(x) = 2x + 1$ donc $u'(x) = 2$.

Pour tout nombre réel x

de $\left]-\infty, -\dfrac{1}{2}\right[$, $\quad f(x) = 3x + 4 + \dfrac{1}{2} \times \dfrac{2}{2x+1}$

et $2x + 1 < 0$.

Une primitive de f est donc définie sur $\left]-\infty, -\dfrac{1}{2}\right[$

par $F(x) = 3\left(\dfrac{1}{2}x^2\right) + 4x + \dfrac{1}{2}\ln[-(2x+1)]$,

$$F(x) = \frac{3}{2}x^2 + 4x + \frac{1}{2}\ln(-2x-1).$$

23 $f(x)$ est de la forme $\dfrac{u'(x)}{u(x)}$ avec

$$u(x) = x^2 - x + 1 \quad \text{et} \quad u'(x) = 2x - 1.$$

Une primitive de f sur $\mathbb{R}$ est donc définie par

$$F(x) = \ln(x^2 - x + 1),$$

car pour tout nombre réel x, $x^2 - x + 1 > 0$.

24 $f(x)$ ressemble à $\dfrac{u'(x)}{u(x)}$ avec

$$u(x) = 1 + x^2 \quad \text{et} \quad u'(x) = 2x.$$

Pour tout nombre réel x, on écrit donc

$$f(x) = \frac{1}{2} \times \frac{2x}{1+x^2}.$$

Une primitive de f sur $\mathbb{R}$ est donc définie par

$$F(x) = \frac{1}{2}\ln(1 + x^2)$$

car pour tout nombre réel x, $x^2 + 1 > 0$.

25 Pour tout nombre réel x de $\left]0, \dfrac{\pi}{2}\right[$

$$f(x) = \frac{\sin x}{\cos x} = -\frac{(-\sin x)}{\cos x}.$$

En posant $u(x) = \cos x$, $u'(x) = -\sin x$,

on a $\quad f(x) = -\dfrac{u'(x)}{u(x)}$.

Pour x élément de $\left]0, \dfrac{\pi}{2}\right[$, $\cos x > 0$.

Une primitive de f sur $\left]0, \dfrac{\pi}{2}\right[$ est donc définie par $F(x) = -\ln(\cos x)$.

26 1° Pour tout x de $\left]-\infty, \dfrac{3}{2}\right[= \mathrm{I}$,

$$\frac{2x^2 - x - 1}{4x - 6} = ax + b + \frac{c}{4x-6}$$

équivaut à : pour tout x de I,

$$2x^2 - x - 1 = 4ax^2 + (4b - 6a)x - 6b + c.$$

L'égalité est réalisée pour tout x de I si et seulement si $4a = 2$ et $4b - 6a = -1$ et $-6b + c = -1$.

D'où $a = \dfrac{1}{2}$, $b = \dfrac{1}{2}$, $c = 2$.

2° Pour tout nombre réel x de $\left]-\infty, \dfrac{3}{2}\right[$,

$$f(x) = \frac{x}{2} + \frac{1}{2} + \frac{2}{4x-6},$$

$$f(x) = \frac{x}{2} + \frac{1}{2} + \frac{1}{2} \times \frac{2}{2x-3}.$$

(On cherche à faire apparaître $\dfrac{u'(x)}{u(x)}$.)

Pour tout x de $\left]-\infty, \dfrac{3}{2}\right[$, $2x - 3 < 0$; d'où les primitives de f sont définies sur $\left]-\infty, \dfrac{3}{2}\right[$ par :

$$F(x) = \frac{x^2}{4} + \frac{x}{2} + \frac{1}{2}\ln[-(2x-3)] + C$$

(C est une constante réelle quelconque),

$$F(x) = \frac{x^2}{4} + \frac{x}{2} + \frac{1}{2}\ln -(2x+3) + C.$$

27 1° *a*) De $\lim\limits_{x \to 0} \ln x = -\infty$ on déduit que

$$\lim_{x \to 0} 2\ln x = -\infty.$$

De $\lim\limits_{x \to 0} 2\ln x = -\infty$ et $\lim\limits_{x \to 0} (-x + 3) = 3$, on déduit, à l'aide d'un théorème sur la limite d'une somme, que $\lim\limits_{x \to 0} f(x) = -\infty$.

On en déduit que la droite d'équation $x = 0$, c'est-à-dire l'axe des ordonnées, est asymptote verticale de C.

On sait que lorsque $\lim\limits_{x \to a} f(x) = -\infty$ (ou $+\infty$), la droite d'équation $x = a$ est asymptote verticale de la courbe représentative de f.

b) Pour tout x de $]0, +\infty[$,

$$f(x) = x\left(2\frac{\ln x}{x} - 1 + \frac{3}{x}\right).$$

On sait que $\quad \lim\limits_{x \to +\infty} \dfrac{\ln x}{x} = 0$.

(C'est dans le formulaire du baccalauréat.)

(C'est dans le formulaire du baccalauréat).

D'autre part $\quad \lim\limits_{x \to +\infty} \dfrac{3}{x} = 0$.

D'où $\lim\limits_{x \to +\infty} \left(2 \dfrac{\ln x}{x} - 1 + \dfrac{3}{x}\right) = -1.$

De $\lim\limits_{x \to +\infty} x = +\infty$

et $\lim\limits_{x \to +\infty} \left(2 \dfrac{\ln x}{x} - 1 + \dfrac{3}{x}\right) = -1,$

on déduit, à l'aide d'un résultat sur la limite d'un produit, que $\lim\limits_{x \to +\infty} f(x) = -\infty.$

2° *a*) Pour tout x de $]0, +\infty[$,

$$f'(x) = \frac{2}{x} - 1, \qquad f'(x) = \frac{2-x}{x}.$$

b) Pour tout x de $]0, +\infty[$, les inéquations suivantes sont équivalentes :

$$f'(x) \geqslant 0, \qquad \frac{2-x}{x} \geqslant 0, \qquad 2 - x \geqslant 0$$

(puisque $x > 0$) $\quad 2 \geqslant x.$

Le signe de $f'(x)$ est donc donné sur $]0, +\infty[$, par :

x	0		2		$+\infty$
$f'(x)$	‖	+	0	−	

3° $f(2) = 2 \ln 2 + 1.$

D'où le tableau de variation :

x	0		2		$+\infty$
$f'(x)$	‖	+	0	−	
$f(x)$	‖ $-\infty$	↗	$1 + 2 \ln 2$	↘	$-\infty$

4° *a*)

x	0,2	0,5	1	2	3	4	5	8	10
$f(x)$	− 0,42	1,11	2	2,39	2,20	1,77	1,22	− 0,84	− 2,39

b) • On sait que si f est dérivable sur $[a, b]$, si, pour tout x de $]a, b[$, $f'(x) > 0$, alors f est strictement croissante sur $[a, b]$ et, pour tout λ de $[f(a), f(b)]$, l'équation $f(x) = \lambda$ a une solution unique dans $[a, b]$.

f est dérivable sur $[0{,}2, 1]$. Pour tout x de $]0{,}2, 1[$, $f'(x) > 0$. Donc f est strictement croissante sur $[0{,}2, 1]$.

$f(0{,}2) \approx -0{,}42$ et $f(1) = 2$; $f(0{,}2) < 0$ et $f(1) > 0$, donc 0 appartient à l'intervalle $[f(0{,}2), f(1)]$.

L'équation $f(x) = 0$ admet donc une solution a et une seule dans l'intervalle $[0{,}2 ; 1]$.

• On sait que si f est dérivable sur $[a, b]$, si, pour tout x de $]a, b[$, $f'(x) < 0$, alors f est strictement décroissante sur $[a, b]$ et, pour tout λ de $[f(b), f(a)]$ l'équation $f(x) = \lambda$ a une solution unique dans $[a, b]$.

f est dérivable sur $[6, 7]$. Pour tout x de $]6, 7[$, $f'(x) < 0$. Donc f est strictement décroissante sur $[6, 7]$.

$f(6) \approx 0{,}58$ et $f(7) = -0{,}11$; $f(6) > 0$ et $f(7) < 0$, donc 0 appartient à l'intervalle $[f(7), f(6)]$.

L'équation $f(x) = 0$ admet donc une solution b, et une seule, dans l'intervalle $[6, 7]$.

• $f(0{,}2) \approx -0{,}42$, $f(0{,}3) \approx 0{,}29$;
de $f(0{,}2) < 0$ et $f(0{,}3) > 0$, on déduit que $0{,}2 < a < 0{,}3$.

• $f(6{,}8) \approx 0{,}03$, $f(6{,}9) \approx -0{,}04$;
de $f(6{,}8) > 0$ et $f(6{,}9) < 0$, on déduit que $6{,}8 < b < 6{,}9$.

b)

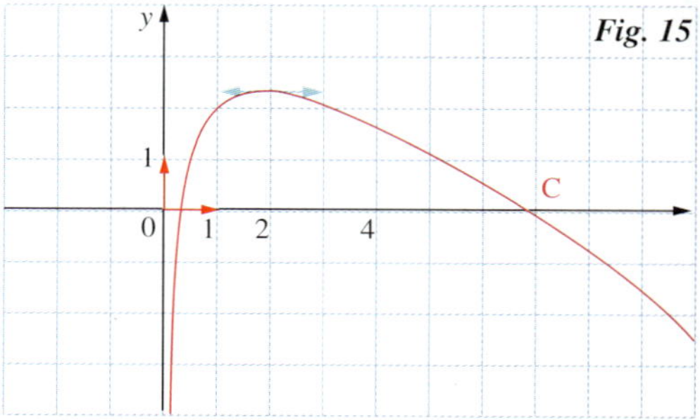

Fig. 15

5° *a*) Pour tout x de $]0, +\infty[$, $g(x) = x \ln x - x$,

$$g'(x) = 1 \ln x + x\left(\frac{1}{x}\right) - 1,$$

$$g'(x) = \ln x + 1 - 1, \quad g'(x) = \ln x.$$

Pour dériver $x \mapsto x \ln x$ on a utilisé $(uv)' = u'v + uv'$.

b) Pour tout x de $]0, +\infty[$, $f(x) = 2 \ln x - x + 3$, donc une primitive de f est définie sur $]0, +\infty[$ par

$$F(x) = 2(x \ln x - x) - \frac{1}{2} x^2 + 3x,$$

$$F(x) = 2x \ln x - 2x - \frac{1}{2} x^2 + 3x,$$

$$F(x) = 2x \ln x - \frac{1}{2} x^2 + x.$$

RÉPONSE DES Q.C.M.

28 1° $\lim\limits_{x \to 0} f(x) = +\infty$; 2° $\lim\limits_{x \to 0} f(x) = -\infty$;
3° $\lim\limits_{x \to +\infty} f(x) = 1.$

29 1° $f'(x) = 2 - \dfrac{1}{x}$; 2° $f'(x) = \dfrac{2}{2x-1}$;
3° $f'(x) = \dfrac{-2 + \ln x}{x^2}.$

30 1° $F(x) = x^2 + x + \ln x$; 2° $F(x) = \ln(2x + 1)$;
3° $F(x) = \dfrac{1}{2} \ln(-2x + 1).$

8 Fonctions exponentielles et puissances

Quoi de plus étranger à la décharge d'un condensateur à travers un résistor qu'un … profil de la tour Eiffel de Paris ?

Et pourtant dans les deux cas, c'est la même fonction qui sert de modèle mathématique soit pour étudier une intensité électrique en fonction du temps, soit pour optimiser une répartition de masses suivant des contraintes relevant de la résistance des matériaux : cette fonction s'appelle la fonction exponentielle.

Après la fonction logarithme népérien nous allons introduire et étudier de nouvelles fonctions qui servent de fonctions de référence en mathématiques et qui trouvent de nombreux champs d'application notamment en sciences physiques et en technologie.

INTRODUCTION

Les deux activités proposées ci-dessous ont pour but d'une part de mettre en évidence un lien entre les courbes représentatives de deux fonctions de référence et, d'autre part, d'étudier quelques fonctions du type $x \mapsto \dfrac{1}{x^n}$ où n est un nombre entier naturel non nul.

Activités préparatoires

Problème 1

Le plan est muni d'un repère orthonormal $(O\ ;\ \vec{i}, \vec{j})$.

1° Soit M un point quelconque du plan de coordonnées (x, y) et soit M′ le point de coordonnées (y, x) obtenues en permutant l'abscisse et l'ordonnée de M.

a) Démontrer que le milieu I de [M, M′] est sur une droite fixe D indépendante de M.

b) Démontrer que le vecteur $\overrightarrow{MM'}$ est orthogonal à $\vec{i}+\vec{j}$, quel que soit le point M.

c) En déduire quelle transformation géométrique associe à tout point M(x, y) du plan le point M′(y, x).

2° *a*) Tracer sans explication la courbe représentative C de la restriction f de la fonction $x \rightarrow x^2$ à l'intervalle $[0, +\infty[$.

b) Tracer sans explication la courbe représentative C′ de la fonction g définie sur $[0, +\infty[$ par $g(x) = \sqrt{x}$.

3° Utiliser le résultat de la question 1° *c*) pour expliquer comment on passe de C à C′, et inversement.

Problème 2

1° Tracer sans explication dans un repère orthonormal la courbe représentative de la fonction f définie sur $]0, +\infty[$ par $f(x) = \frac{1}{x}$.

2° Étudier la fonction g définie sur $]0, +\infty[$ par $g(x) = \frac{1}{x^3}$ et tracer sa courbe représentative dans le repère défini au 1° après avoir comparé $\frac{1}{x}$ et $\frac{1}{x^3}$ sur $]0, +\infty[$.

3° En déduire les courbes représentatives des fonctions $x \mapsto \frac{1}{x}$ et $x \mapsto \frac{1}{x^3}$ définies sur $]-\infty, 0[\cup]0, +\infty[$.

4° Étudier les fonctions ***h*** et ***k*** définies sur $]0, +\infty[$ par $h(x) = \frac{1}{x^2}$ et $k(x) = \frac{1}{x^4}$; tracer leurs courbes représentatives dans un nouveau repère orthonormal après avoir comparé $\frac{1}{x^2}$ et $\frac{1}{x^4}$ sur $]0, +\infty[$.

5° En déduire les courbes représentatives des fonctions $x \mapsto \frac{1}{x^2}$ et $x \mapsto \frac{1}{x^4}$ définies sur $]-\infty, 0[\cup]0, +\infty[$.

1. Définition

Dans le chapitre précédent, nous avons étudié la fonction logarithme népérien ; nous avons vu en particulier que :

la fonction ln est définie et dérivable sur $]0, +\infty[$,

pour tout x de $]0, +\infty[$, $\ln' x = \dfrac{1}{x} > 0$,

$\lim\limits_{x \to 0} \ln x = -\infty$ et $\lim\limits_{x \to +\infty} \ln x = +\infty$,

x	0	$+\infty$
$\ln x$	‖ $-\infty$	↗ $+\infty$

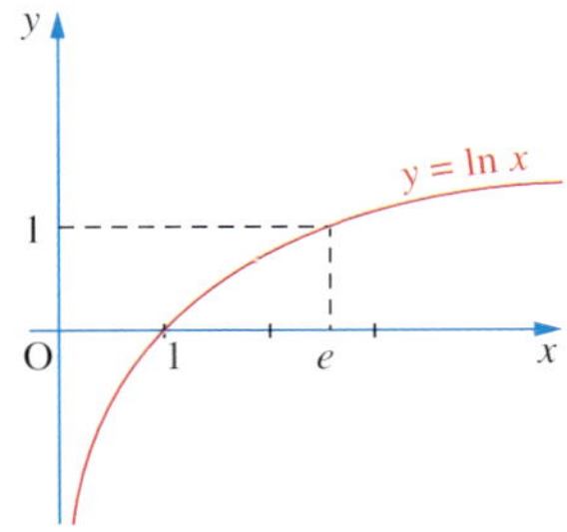

Fig. 1

Nous avons admis en Première le théorème suivant :

Voir le paragraphe III.4 du chapitre 4.

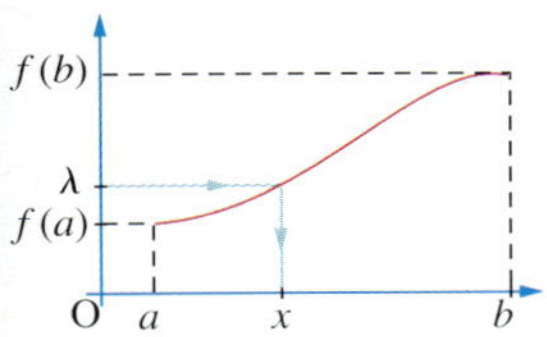

Fig. 2

> ***Théorème***
> **Si f est une fonction dérivable sur $[a, b]$ et si, pour tout x de $]a, b[$, $f'(x) > 0$, alors f est strictement croissante sur $[a, b]$ et, pour tout élément λ de $[f(a), f(b)]$, l'équation $f(x) = \lambda$ admet une solution et une seule dans $[a, b]$.**

On étend ce théorème au cas d'intervalles ouverts en remplaçant $[a, b]$ par $]0, +\infty[$ et $[f(a), f(b)]$ par $]-\infty, +\infty[$ **lorsque des conditions de limites aux bornes des intervalles ouverts sont réalisées :** ici $\lim\limits_{x \to 0} \ln x = -\infty$ et $\lim\limits_{x \to +\infty} \ln x = +\infty$; nous admettons le résultat suivant :

> **Pour tout élément y de $]-\infty, +\infty[$, l'équation $\ln x = y$ à l'inconnue x admet une solution unique dans $]0, +\infty[$.**

Interpréter graphiquement ce résultat sur la figure 1 par un parcours fléché analogue à celui de la figure 2.
$e \approx 2{,}718$.

Par exemple, l'équation $\ln x = 0$ admet la solution unique 1 dans $]0, +\infty[$; de même l'équation $\ln x = 1$ admet la solution unique e dans $]0, +\infty[$.

Nous pouvons donc associer à tout nombre réel y le nombre strictement positif unique x tel que $y = \ln x$. Par exemple, à 0 nous associons 1 et à 1 nous associons e.

Nous définissons ainsi une nouvelle fonction, appelée **fonction exponentielle,** notée **exp,** définie sur $\mathbb{R}$ et prenant ses valeurs dans $]0, +\infty[$.

La fonction ln définit « l'aller » ; la fonction exp définit « le retour ».
On dit que la fonction exp est la **fonction réciproque** de la fonction ln.

Nous avons donc : $x \xmapsto{\ln} y = \ln x$

$$]0, +\infty[\longrightarrow \mathbb{R}$$

$$x = \exp y \xleftarrow[\exp]{} y$$

La fonction exp est accessible sur la plupart des calculatrices en faisant INV ln ou SHIFT ln, ce qui est noté e^x, notation que nous justifierons au paragraphe 2.

Par exemple : $1 \overset{\ln}{\longmapsto} 0 = \ln 1$ $e \overset{\ln}{\longmapsto} 1 = \ln e$

$1 = \exp 0 \underset{\exp}{\longleftarrow} 0$ $e = \exp 1 \underset{\exp}{\longleftarrow} 1$

Pour une fonction, la variable est généralement notée x (ou t) en mathématiques ; aussi, dans la définition de la fonction exponentielle, nous allons permuter les lettres x et y figurant dans les écritures ci-dessus.

$x \overset{\exp}{\longmapsto} y = \exp x$

$\mathbb{R} \longrightarrow]0, +\infty[$

$x = \ln y \underset{\ln}{\longleftarrow} y$

Définition

La fonction exponentielle, notée exp, est la fonction qui à tout nombre réel x associe le nombre *strictement positif* unique y tel que $x = \ln y$.

exp : $x \mapsto y = \exp x$ défini par $x = \ln y$

$\mathbb{R} \to]0, +\infty[$.

EXEMPLES

Le constater sur une calculatrice.

$\exp 0 = 1$, $\exp 1 = e$.

Nous déduisons immédiatement de cette définition que :

Pour tout nombre réel x et tout nombre réel strictement positif y, $y = \exp x$ si et seulement si $x = \ln y$.

$x \overset{\exp}{\underset{\ln}{\rightleftarrows}} \exp x$

$x \overset{\ln}{\underset{\exp}{\rightleftarrows}} \ln x$

REMARQUES

Pour tout nombre réel x, $\exp x > 0$.

Pour tout nombre réel x, $\ln(\exp x) = x$.

Pour tout nombre réel de $]0, +\infty[$, $\exp(\ln x) = x$.

2. Notation e^x

Voir la fin du paragraphe II.4 du chapitre 7.

Nous savons que, pour tout nombre entier relatif n, $\ln e^n = n$.

Donc, en prenant l'exponentielle de chacun de ces nombres :

$$\exp(\ln e^n) = \exp n.$$

Voir la deuxième remarque ci-dessus.

En définitive, comme $\exp(\ln e^n) = e^n$: pour tout nombre **entier relatif** n, $\exp n = e^n$.

Or $\exp x$ est défini pour tout nombre **réel** x.

Ce sont les propriétés algébriques de la fonction exp, analogues à celles des puissances, qui conduisent à adopter ce point de vue : voir le paragraphe 3.

On convient de définir e^x lorsque x est un nombre réel en étendant l'égalité précédente aux nombres réels :

Pour tout nombre réel x, $\exp x = e^x$.

Nous pouvons alors réécrire certains résultats du paragraphe 1 :

À l'aide d'une calculatrice, découvrir $e^{1,32}$, $e^{-0,7}$.

Pour tout nombre réel x et pour tout nombre réel y strictement positif, $y = e^x$ si et seulement si $x = \ln y$.

Pour tout nombre réel x, $e^x > 0$.

Pour tout nombre réel x, $\ln e^x = x$.

Pour tout nombre réel strictement positif x, $e^{\ln x} = x$.

3. Relation fonctionnelle

En effet
$\ln e^{a+b} = a+b$
et
$\ln (e^a \times e^b) = \ln e^a + \ln e^b$
$= a+b,$
donc $e^{a+b} = e^a \times e^b$
en prenant l'exponentielle des nombres égaux
$\ln e^{a+b}$ et $\ln (e^a \times e^b)$.

La fonction ln « transforme un produit en somme ». On démontre que la fonction exponentielle « transforme une somme en produit » :

Pour tous nombres réels *a* et *b*,

$$e^{a+b} = e^a \times e^b.$$

Conséquences :

Le vérifier en prenant le logarithme des deux membres.

Pour tous nombres réels *a* et *b*,

$$e^{-a} = \frac{1}{e^a}, \quad e^{a-b} = \frac{e^a}{e^b}.$$

Pour tout nombre réel *a* et pour tout nombre entier relatif *n*,

$$(e^a)^n = e^{na}.$$

Au chapitre 1 on a, de même utilisé la notation $e^{i\theta}$ pour le nombre complexe $\cos\theta + i\sin\theta$, afin de pouvoir utiliser les règles de calcul sur les puissances.

REMARQUE
Les propriétés énoncées ci-dessus se retiennent en appliquant à la fonction exponentielle et aux exposants réels les règles de calcul habituelles sur les puissances. D'où l'intérêt de la notation e^x pour $\exp x$.

4. Étude des variations – Courbe représentative

Étudions les variations de la fonction exponentielle définie sur $\mathbb{R}$ par $x \mapsto e^x$.

a Dérivée

Pour tout x réel, $e^x > 0$.

Nous admettons que la fonction exponentielle est dérivable sur $\mathbb{R}$.
La fonction composée $\ln \circ \exp$ est définie sur $\mathbb{R}$ car exp est strictement positive sur $\mathbb{R}$.

$$x \xmapsto{\exp} e^x \xmapsto{\ln} \ln(e^x) = \text{ d'après le paragraphe 2.}$$
$$\mathbb{R} \longrightarrow]0, +\infty[\longrightarrow \mathbb{R}$$
$$x \xmapsto[\ln \circ \exp]{} (\ln \circ \exp)(x) = x.$$

Dérivons la fonction $\ln \circ \exp$ de deux façons.

La dérivée de x est 1.

Voir le paragraphe I.1.b. du chapitre 6.

Voir la définition de ln.

$\exp x = e^x$.
Seules les fonctions de la forme
$$f : \begin{cases} \mathbb{R} \to \mathbb{R} \\ x \mapsto ke^x, \end{cases}$$
où k est une constante réelle possèdent cette propriété (nous retrouverons ces fonctions au chapitre 11).

D'une part, pour tout nombre réel x, $(\ln \circ \exp)(x) = x$; nous obtenons donc en dérivant :
pour tout nombre réel x,
$$(\ln \circ \exp)'(x) = 1. \quad (1)$$

D'autre part, d'après le théorème de dérivation d'une fonction composée, pour tout nombre réel x,
$$(\ln \circ \exp)'(x) = \ln'(\exp x) \times (\exp)'(x).$$

Donc $$(\ln \circ \exp)'(x) = \frac{1}{\exp x} \times (\exp)'(x). \quad (2)$$

Les deux premiers membres de (1) et (2) étant les mêmes, nous avons, pour tout nombre réel x,
$$\frac{1}{e^x}(\exp)'(x) = 1, \quad \text{donc, en multipliant par } e^x : \quad (\exp)'(x) = e^x.$$

La fonction exponentielle est dérivable sur $\mathbb{R}$ et est égale à sa fonction dérivée. La fonction dérivée de $f : x \mapsto e^x$ est
$$f' : x \mapsto e^x.$$

b Sens de variation

Pour tout nombre réel x, $(\exp)'(x) = e^x > 0$.
La fonction exponentielle est strictement croissante sur $\mathbb{R}$.

c Limites de e^x en $-\infty$ et en $+\infty$

Voir le paragraphe 1.

Les bornes des intervalles de départ et d'arrivée « se correspondent » en quelque sorte.

Nous savons que $\lim\limits_{x \to 0} \ln x = -\infty$ et $\lim\limits_{x \to +\infty} \ln x = +\infty$.
Nous admettons que :

$$\lim_{x \to -\infty} e^x = 0 \quad \text{et} \quad \lim_{x \to +\infty} e^x = +\infty.$$

d Tableau de variation

x	$-\infty$	$+\infty$
$f'(x) = e^x$	+	
$f(x) = e^x$	0 ↗	$+\infty$

e Courbe représentative

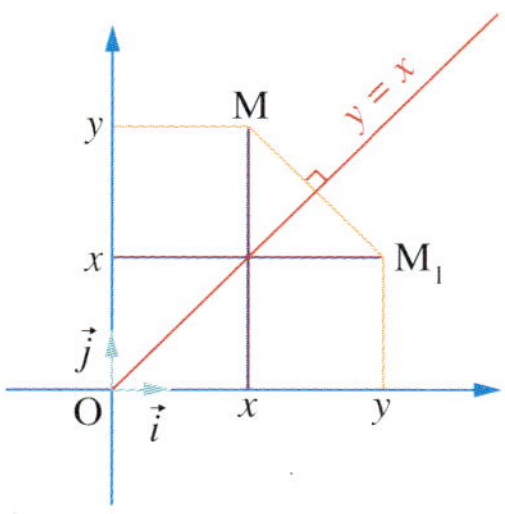

Fig. 3

Le plan est muni du repère orthonormal $(O ; \vec{i}, \vec{j})$.

Puisque $y = \exp x$ si et seulement si $x = \ln y$, au point $M(x, y)$ de la courbe représentative de la fonction exp peut être associé le point $M_1(y, x)$ de la courbe représentative de la fonction ln (fig. 3).

M et M_1 se correspondent par la symétrie orthogonale d'axe la droite d'équation $y = x$.

On emploie aussi le mot « réflexion » à la place de « symétrie orthogonale ».

Nous avons vu que $\ln x$ augmente « lentement » quand x devient de plus en plus grand. Par symétrie e^x augmente « rapidement » quand x devient de plus en plus grand.

La courbe représentative de la fonction exponentielle s'obtient immédiatement avec une calculatrice graphique.

Les courbes représentatives des fonctions exp et ln se déduisent l'une de l'autre par la symétrie orthogonale d'axe la droite d'équation $y = x$.

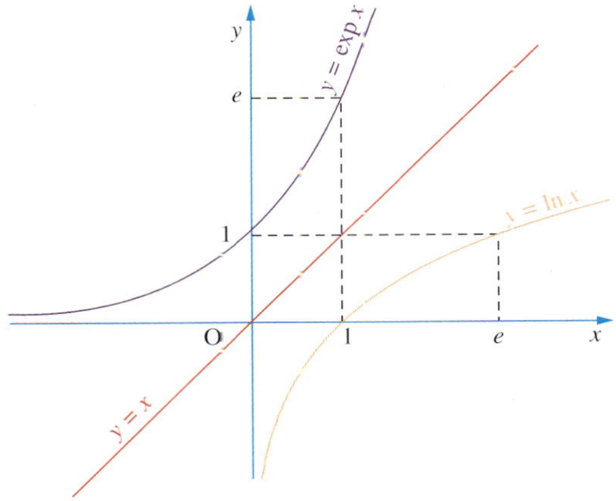

Fig. 4

REMARQUE

Puisque la courbe représentative de la fonction ln admet pour asymptote l'axe des ordonnées, la courbe représentative de la fonction exp admet pour asymptote l'axe des abscisses, ce qui est l'interprétation graphique de $\lim\limits_{x \to -\infty} e^x = 0$.

f Approximation par une fonction affine, au voisinage de 0, de la fonction $h \mapsto e^h$

$(\exp)'(x) = e^x$.

La tangente à la courbe représentative de la fonction exp au point d'abscisse 0 a pour coefficient directeur

$$(\exp)'(0) = e^0 = 1.$$

Voir le paragraphe I.1. du chapitre 4.

Par définition du nombre dérivé de la fonction exp en 0, au voisinage de 0,

$$\exp(0 + h) = \exp 0 + 1 \times h + h\varphi(h), \quad \text{avec} \quad \lim_{x \to 0} \varphi(h) = 0.$$

Donc $\quad e^h = 1 + h + h\varphi(h), \quad$ avec $\quad \lim\limits_{h \to 0} \varphi(h) = 0.$

Par exemple, pour $h = 0{,}001$ on obtient à la calculatrice $e^{0{,}001} \approx 1{,}001\,000\,5$ et $1 + 0{,}001 = 1{,}001$. La fonction $h \mapsto 1 + h = h + 1$ est de la forme $h \mapsto ah + b$ avec $a \neq 0$. Ici $a = 1$ et $b = 1$.

Ainsi, en remplaçant e^h par $1 + h$, on commet l'erreur $h\varphi(h)$ qui est « petite » par rapport à h lorsque h est voisin de 0 puisque $\lim\limits_{h \to 0} \varphi(h) = 0$.

La fonction $h \mapsto 1 + h$ est une « bonne » approximation affine de la fonction $h \mapsto e^h$ au voisinage de 0.

Le taux de variation de la fonction $h \mapsto e^h$ entre 0 et h est

$$\frac{e^h - e^0}{h} = \frac{e^h - 1}{h}.$$

Voir le paragraphe I.2. du chapitre 4.

D'après le lien entre taux de variation et nombre dérivé :

$$\lim_{h \to 0} \frac{e^h - 1}{h} = 1.$$

g Limite de $\frac{e^x}{x}$ en $+\infty$

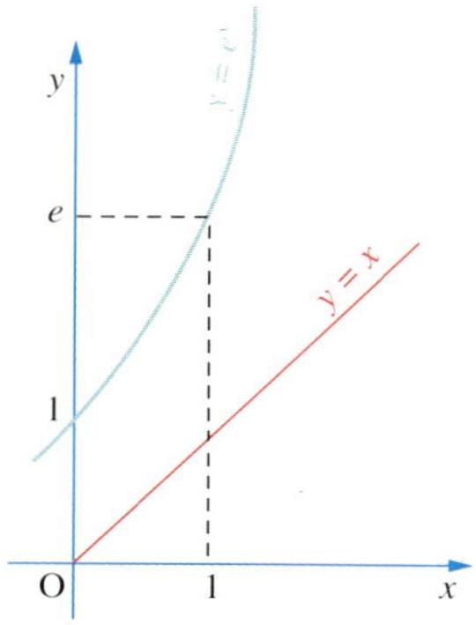

Fig. 5

Dans la vie courante « croissance exponentielle » est synonyme de croissance rapide.
Voir le paragraphe III.1 du chapitre 5.

Nous observons sur la figure 5 que la courbe représentative de la fonction exp « monte plus rapidement » que la droite représentant la fonction $x \mapsto x$ lorsque x prend des valeurs de plus en plus grandes.

Pour comparer les deux nombres positifs e^x et x lorsque x devient de plus en plus grand, nous allons étudier leur quotient $\frac{e^x}{x}$.

x	10	100	200
$\frac{e^x}{x}$	2 203	$2{,}69 \times 10^{41}$	$3{,}61 \times 10^{84}$

Il semble que, lorsque x devient grand, $\frac{e^x}{x}$ devient de plus en plus grand mais les théorèmes relatifs à la limite d'un quotient ne permettent pas de conclure.

Nous admettons le résultat suivant :

Pour démontrer ce résultat on peut écrire que, pour tout x de $]0, +\infty[$

$$\frac{e^x}{x} = \frac{e^x}{e^{\ln x}} = e^{x\left(1 - \frac{\ln x}{x}\right)}.$$

Sur une copie écrivez le résultat tel qu'il est encadré.

$$\lim_{x \to +\infty} \frac{e^x}{x} = +\infty.$$

Ce résultat peut se retenir sous la forme imagée suivante :
« e^x l'emporte sur x en $+\infty$ ».

Conséquence : limite de xe^x en $-\infty$

Les théorèmes sur la limite d'un produit ne permettent pas de conclure puisque $\lim_{x \to -\infty} x = -\infty$ et $\lim_{x \to -\infty} e^x = 0$.

Nous admettons le résultat suivant :

Observez avec une calculatrice les valeurs prises par xe^x pour $x = -10$, $x = -100$, ...

$$\lim_{x \to -\infty} xe^x = 0.$$

Ici encore « e^x l'emporte sur x en $-\infty$ ».

5. Fonctions composées de la forme e^u

a Dérivée d'une fonction de la forme e^u

Voir le paragraphe I.1.b. du chapitre 6.

Du théorème de dérivation des fonctions composées on déduit :

Ne pas oublier u'.

Théorème
Si u est une fonction dérivable sur un intervalle I, alors la fonction e^u est dérivable sur I et :

$$(e^u)' = u'e^u.$$

Ici $u(x) = 4x - 3$
et $u'(x) = 4$.

EXEMPLE
La fonction f définie sur $\mathbb{R}$ par $f(x) = e^{4x-3}$ est dérivable sur $\mathbb{R}$ et, pour tout x de $\mathbb{R}$, $f'(x) = 4e^{4x-3}$.

b Primitives d'une fonction de la forme $u'e^u$

Inversement :

> ***Théorème***
> **Si sur un intervalle I une fonction f est telle que $f(x) = u'(x)e^{u(x)}$, alors les primitives F de f sur I sont définies par $F(x) = e^{u(x)} + C$ où C est une constante réelle quelconque.**

EXEMPLE
Déterminons les primitives de la fonction f définie sur $\mathbb{R}$ par $f(x) = e^{2x}$.

Mais ce n'est pas...

f « ressemble à » $u'e^u$ avec $u(x) = 2x$ et $u'(x) = 2$.
Nous sommes donc conduits à écrire :

Alors on a « exactement » dans la parenthèse $u'e^u$...

$$f(x) = \frac{1}{2}(2e^{2x}).$$

Les primitives de f sont donc définies sur $\mathbb{R}$ par $F(x) = \frac{1}{2}e^{2x} + C$ où C est une constante réelle quelconque.

6. Nombre a^b

a Définition

Soit a un nombre réel strictement positif.

Voir le paragraphe I.2.d. du chapitre 7.

Pour tout nombre **entier relatif** n, $\ln a^n = n \ln a$,
donc $\exp(\ln a^n) = \exp(n \ln a)$,
donc $a^n = e^{n \ln a}$.

Or $e^{b \ln a}$ est défini pour tout nombre **réel** b.

On convient de définir a^b lorsque b est un nombre réel en étendant l'égalité précédente aux nombres réels :

> ***Définition***
> **Soit a un nombre réel *strictement positif* et soit b un nombre réel,**
> $$a^b = e^{b \ln a}.$$

EXEMPLES

Utilisez les touches x^y et e^x

Observez avec votre calculatrice que

$$2{,}1^{-1{,}6} \approx 0{,}305 \; ; \qquad \pi^{\pi} \approx 36{,}462 \; ; \; \ldots$$

b Propriétés

En utilisant la définition de a^b et les relations fonctionnelles de exp et de ln, on démontre les propriétés suivantes :

Ces égalités ne nécessitent aucun effort de mémorisation car ce sont les mêmes qu'avec les nombres a^n où n est un nombre entier mais ici a est strictement positif et b est un nombre réel.

Pour tous nombres *strictement positifs* a et a', pour tous nombres réels b, c :

$$a^b > 0,$$

$$a^{b+c} = a^b \times a^c, \qquad (aa')^b = a^b \times a'^b,$$

$$a^{-b} = \frac{1}{a^b}, \qquad \left(\frac{1}{a}\right)^b = \frac{1}{a^b},$$

$$a^{b-c} = \frac{a^b}{a^c}, \qquad \left(\frac{a}{a'}\right)^b = \frac{a^b}{a'^b},$$

$$(a^b)^c = a^{bc}, \qquad \ln a^b = b \ln a.$$

REMARQUE

Nous allons pouvoir définir et étudier deux types de fonctions à partir des nombres a^b :

Voir le paragraphe 7.

d'une part, a étant fixé dans $]0, +\infty[$, b varie dans $\mathbb{R}$,

Voir le paragraphe II.

d'autre part, b étant fixé dans $\mathbb{R}$, a varie dans $]0, +\infty[$.

7. Fonction exponentielle de base *a*

a Définition

Cette fonction est aussi notée $\exp_a$.

Le mot base n'a ici rien à voir avec « la base » d'un repère.

Définition

Soit a un nombre réel *strictement positif*.

La fonction définie sur $\mathbb{R}$ par $x \mapsto a^x = e^{x \ln a}$ est appelée fonction exponentielle de base a.

Ici $a = 2$.

$f(0) = 2^0 = 1$.

EXEMPLE

La fonction $f : x \mapsto 2^x = e^{x \ln 2}$ prend les valeurs suivantes au voisinage de 0 :

x	$-0{,}1$	$-0{,}01$	$-0{,}001$	$0{,}001$	$0{,}01$	$0{,}1$
2^x	0,933 033	0,993 092	0,999 307	1,000 693	1,006 956	1,071 773

Ce sont des valeurs approchées à 10^{-6} près obtenues à l'aide de la touche x^y d'une calculatrice.

REMARQUE

Dans le cas particulier où $a = e$, nous savons que :

$\ln e = 1$.

pour tout nombre réel x, $e^{x \ln e} = e^x$.

La fonction **exponentielle notée** $x \mapsto e^x$ est aussi appelée **fonction exponentielle de base *e*.**

b Sens de variation - Courbe représentative

Soit a un nombre réel *strictement positif*, fixé.

La fonction f définie sur R par $x \mapsto a^x = e^{x \ln a}$ est de la forme e^u, avec $u(x) = x \ln a$.

Voir le paragraphe 5.a.

f est donc dérivable sur $\mathbb{R}$ et $f' = u'e^u$, avec $u'(x) = \ln a$, car ici $\ln a$ est une constante.

Dans le cas où $a = 1$, la fonction $f : x \mapsto 1^x = 1$ est constante sur $\mathbb{R}$.

Lorsque l'on parle de fonction exponentielle, sans autre précision, il s'agit de $x \mapsto e^x$.

Dans le cas où $a \neq 1$, les variations de f se déduisent de celles de la fonction exponentielle (de base e) en tenant compte du signe de $\ln a$.

Les limites de a^x en $-\infty$ et en $+\infty$ s'obtiennent avec le théorème sur la limite d'une fonction composée :

$$x \overset{u}{\longmapsto} x \ln a \overset{\exp}{\longmapsto} e^{x \ln a} = a^x.$$

$\ln a < 0$ si et seulement si $0 < a < 1$.

Ici encore les résultats obtenus dépendent du signe de $\ln a$.

On obtient deux types de courbes selon que $0 < a < 1$ (fig. 6), ou que $a > 1$ (fig. 7).

Pour $a = e \approx 2{,}7 > 1$, observez que la figure 4 est du type de la figure 7.
La courbe représentative de la fonction $x \mapsto \left(\frac{1}{2}\right)^x$ est du type de la figure 6 car $0 < \frac{1}{2} < 1$.

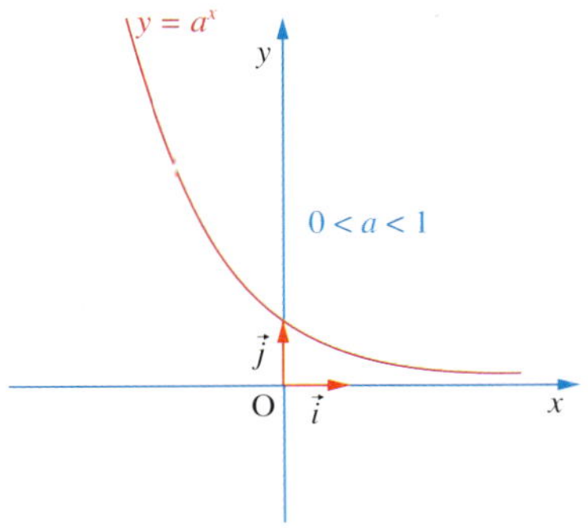

Fig. 6

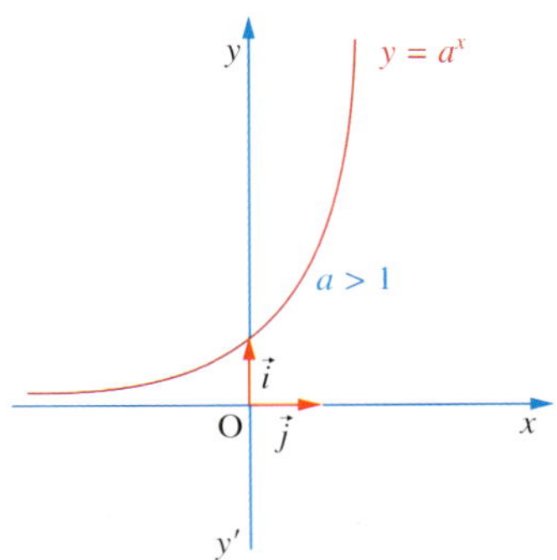

Fig. 7

II. FONCTIONS PUISSANCES

Nous connaissons les fonctions puissances suivantes :

Voir le paragraphe 1.
Attention au cas où $n = 0$: 0^0 n'est pas défini et pour tout $x \neq 0$, $x^0 = 1$.

d'une part $x \mapsto x^n$, où n est un nombre entier naturel non nul, définies sur $\mathbb{R}$ (par exemple $x \mapsto x$, $x \mapsto x^2$, $x \mapsto x^3$) ;

Voir le paragraphe 2.

d'autre part $x \mapsto x^{-n} = \frac{1}{x^n}$, où n est un nombre entier naturel non nul, définies sur chacun des deux intervalles $]-\infty, 0[$ et $]0, +\infty[$ $\left(\text{par exemple } x \mapsto \frac{1}{x}\right)$.

Voir le paragraphe 3.

Nous nous proposons d'introduire ici de nouvelles fonctions puissances : $x \mapsto x^\alpha$, où α est un nombre réel, définies sur $]0, +\infty[$.

1. Fonctions définies sur $\mathbb{R}$ par $x \mapsto x^n$, avec n nombre entier naturel non nul

La fonction f_n définie sur $\mathbb{R}$ par $f_n(x) = x^n$ (n entier naturel non nul) est définie et dérivable sur $\mathbb{R}$; $f_n'(x) = nx^{n-1}$.

Pour $n = 1$, $n = 2$, $n = 3$, on obtient des fonctions de référence dont les courbes représentatives ont été tracées dans les classes précédentes.

Lorsque n est pair, l'allure de la courbe représentative est donnée sur la figure 8 ; lorsque n est impair l'allure de la courbe représentative est donnée sur la figure 9.

Pour tout nombre réel x,
$(-x)^n = x^n$ si n est pair,
$(-x)^n = -x^n$ si n est impair.

Attention à la limite de x^n en $-\infty$ dans chaque cas.

n pair, f_n paire

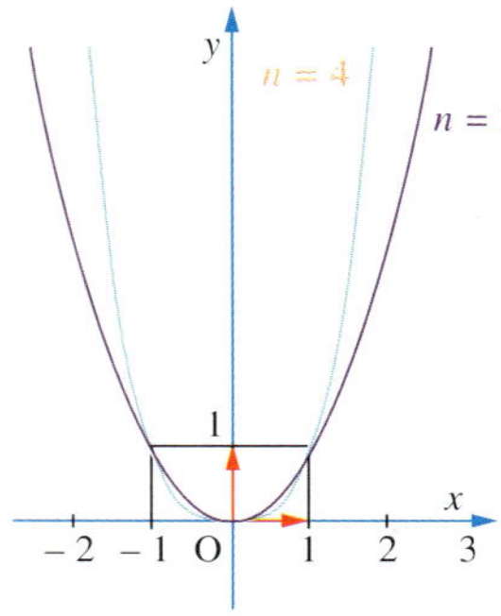

Fig. 8

n impair, f_n impaire

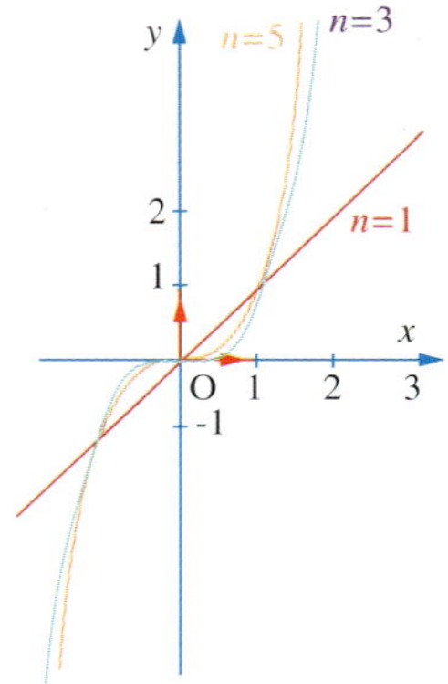

Fig. 9

2. Fonctions définies sur $]-\infty, 0[$ et sur $]0, +\infty[$ par $x \mapsto \frac{1}{x^n} = x^{-n}$, avec n nombre entier naturel non nul

La fonction $g_n : x \mapsto \frac{1}{x^n}$, où n est un nombre entier naturel non nul, est définie et dérivable sur chacun des deux intervalles $]-\infty, 0[$ et $]0, +\infty[$;

$g_n(x) = x^{-n}$.

$$g_n'(x) = -nx^{-n-1} = -\frac{n}{x^{n+1}}.$$

Pour $n = 1$ on retrouve une fonction de référence dont la courbe représentative (fig. 10) appelée hyperbole est constituée de deux « branches » : l'une est la courbe représentative de la fonction définie sur $]-\infty, 0[$ par $x \mapsto \frac{1}{x}$ et l'autre celle de la fonction définie sur $]0, +\infty[$ par $x \mapsto \frac{1}{x}$.

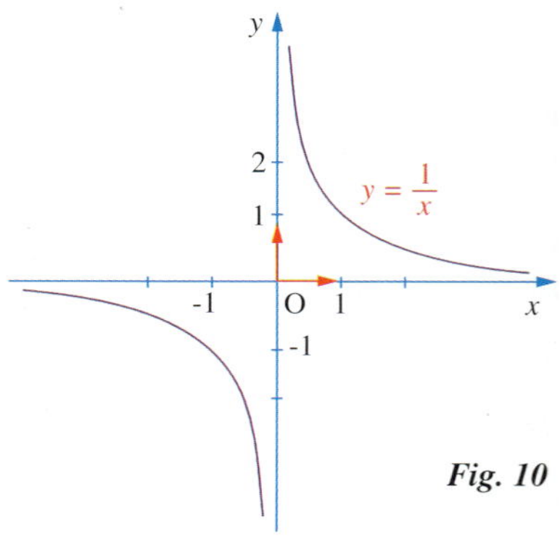

Fig. 10

3. Fonctions définies sur $]0, +\infty[$ par $x \mapsto x^\alpha$, avec α nombre réel

a Définition

Voir le paragraphe I.6.a

Nous avons défini a^b pour tout a de $]0, +\infty[$ et pour tout b de $\mathbb{R}$ par $a^b = e^{b \ln a}$.

> ***Définition***
> **Soit α un nombre réel.**
> **On appelle fonction « puissance α » la fonction f_α définie sur $]0, +\infty[$ par**
>
> $$f_\alpha(x) = x^\alpha = e^{\alpha \ln x}.$$

EXEMPLE

Dans le cas où $\alpha = \frac{1}{2}$, pour tout x de $]0, +\infty[$,

Voir le paragraphe I.2.e. du chapitre 7.

$$x^{\frac{1}{2}} = e^{\frac{1}{2}\ln x}, \quad \text{donc} \quad x^{\frac{1}{2}} = e^{\ln\sqrt{x}},$$

donc $x^{\frac{1}{2}} = \sqrt{x}$, car $e^{\ln\sqrt{x}} = \sqrt{x}$. (Voir le paragraphe I.2.)

La fonction « puissance $\frac{1}{2}$ » est la fonction racine carrée.

Sauf en 0 où seule la fonction racine carrée est définie.

b Dérivée d'une fonction puissance

En utilisant la définition et le théorème de dérivation des fonctions composées on établit que

La formule de dérivation de $x \mapsto x^n$ donnée en Première pour des exposants entiers naturels s'étend aux exposants réels.

Pour tout nombre réel α la fonction $f_\alpha : x \mapsto x^\alpha$ est dérivable sur $]0, +\infty[$ et

$$f'_\alpha(x) = \alpha x^{\alpha-1}.$$

c Sens de variation d'une fonction puissance

Dans le cas où $\alpha = 0$, la fonction $f_0 : x \mapsto x^0 = 1$ est constante sur $]0, +\infty[$.
Dans le cas où $\alpha \neq 0$, sur $]0, +\infty[$, $f'_\alpha(x) = \alpha x^{\alpha-1}$ est du signe de α.
Nous obtenons, suivant le signe de α, le tableau de variation :

x est strictement positif.

$\alpha < 0$

x	0	$+\infty$
$f'_\alpha(x)$	‖	$-$
$f_\alpha(x)$	‖ $+\infty$	↘ 0

$\alpha > 0$

x	0	$+\infty$
$f'_\alpha(x)$	‖	$+$
$f_\alpha(x)$	‖ 0	↗ $+\infty$

Pour déterminer les limites en 0 et en $+\infty$, on utilise les résultats sur les limites concernant les fonctions ln et exp, ainsi que le théorème sur la limite d'une fonction composée :

$$x \overset{u}{\longmapsto} \alpha \ln x \overset{\exp}{\longmapsto} x^\alpha.$$

d Allure de la courbe représentative d'une fonction puissance

$\alpha < 0$

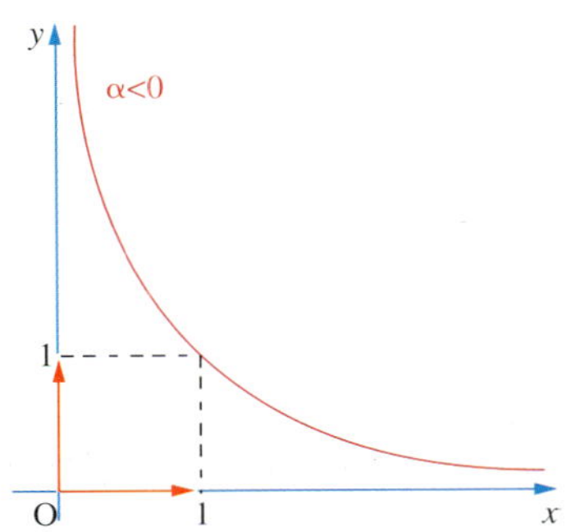

Fig. 11

$\alpha > 0$

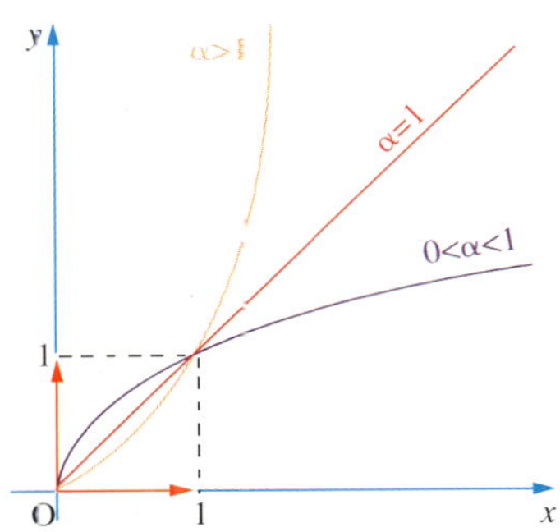

Fig. 12

Dans le cas $\alpha > 0$, l'origine O n'appartient pas à la courbe lorsque α n'est pas entier.

$x \overset{u}{\longmapsto} u(x) \overset{f_\alpha}{\longmapsto} [u(x)]^\alpha$

$x \overset{u^\alpha}{\longmapsto} u^\alpha(x)$

Pour tout x de I, $u(x) > 0$.

e Dérivée d'une fonction de la forme u^α, avec α nombre réel non nul

Du théorème de dérivation des fonctions composées on déduit :

> *Théorème*
> **Soit u une fonction définie, dérivable et *strictement positive* sur un intervalle I et soit α un nombre réel non nul.**
> **La fonction u^α est dérivable sur I et $(u^\alpha)' = \alpha u' u^{\alpha-1}$.**

EXEMPLE

La fonction f définie sur $\left]-\frac{1}{4}, +\infty\right[$ par $f(x) = \frac{1}{\sqrt{4x+1}} = (4x+1)^{-\frac{1}{2}}$ est dérivable sur $\left]-\frac{1}{4}, +\infty\right[$ et, pour tout x de cet intervalle,

$$f'(x) = -\frac{1}{2} \times 4 \times (4x+1)^{-\frac{1}{2}-1} = \frac{-2}{(4x+1)^{\frac{3}{2}}} = \frac{-2}{(\sqrt{4x+1})^3}.$$

f Primitives d'une fonction de la forme $u'u^\alpha$, avec α nombre réel différent de -1

> *Théorème*
> **Soit u une fonction définie, dérivable et *strictement positive* sur un intervalle I et soit α un nombre réel différent de -1.**
> **Sur l'intervalle I, une primitive de $u'u^\alpha (\alpha \neq -1)$ est $\frac{1}{\alpha+1} u^{\alpha+1}$.**

EXEMPLE

Déterminons une primitive de la fonction f définie sur $\left]\frac{1}{2}, +\infty\right[$ par

$$f(x) = \frac{2}{\sqrt{(2x-1)^3}}.$$

Transformons l'expression de $f(x)$:

$$f(x) = \frac{2}{[(2x-1)^3]^{\frac{1}{2}}} = \frac{2}{(2x-1)^{\frac{3}{2}}} = 2(2x-1)^{-\frac{3}{2}}.$$

$f(x)$ est de la forme $u'u^\alpha$ avec $u(x) = 2x-1$, $u'(x) = 2$, $\alpha = -\frac{3}{2}$.

Une primitive de f est donc définie sur $\left]\frac{1}{2}, +\infty\right[$ par

$$\mathrm{F}(x) = \frac{1}{-\frac{3}{2}+1}(2x-1)^{-\frac{3}{2}+1} = -2(2x-1)^{-\frac{1}{2}} = -2 \times \frac{1}{(2x-1)^{\frac{1}{2}}} = \frac{-2}{\sqrt{2x-1}}.$$

4. Fonctions $x \mapsto \sqrt[n]{x}$, avec n nombre entier naturel non nul

En étudiant les fonctions $x \mapsto x$, $x \mapsto x^2$, $x \mapsto x^3$, $x \mapsto x^4$, ..., nous pouvons constater que leur tableau de variation est de l'un des deux types suivants.

Dans le cas où $n = 1$ (impair), la dérivée ne s'annule pas pour $x = 0$. n et $n-1$ n'ont pas la même parité.

x	$-\infty$		0		$+\infty$
nx^{n-1}		$-$	0	$+$	
x^n	$+\infty$	↘	0	↗	$+\infty$

n pair

x	$-\infty$		0		$+\infty$
nx^{n-1}		$+$	0	$+$	
x^n	$-\infty$	↗	0	↗	$+\infty$

n impair

Ainsi toutes les fonctions $x \mapsto x^n$, où n est un nombre entier naturel non nul, sont dérivables et strictement croissantes sur $[0, +\infty[$.

Notez qu'ici l'intervalle $[0, +\infty[$ est fermé en 0.

a Exemple

La fonction f définie sur $[0, +\infty[$ par $f(x) = x^3$ est dérivable sur $[0, +\infty[$; pour tout x de $]0, +\infty[$, $f'(x) = 3x^2 > 0$; $f(0) = 0$ et $\lim\limits_{x \to +\infty} f(x) = +\infty$.

Nous pouvons appliquer à la fonction f une extension du théorème utilisé pour définir la fonction exponentielle : l'intervalle $[0, +\infty[$ est ouvert à droite et $\lim\limits_{x \to +\infty} f(x) = +\infty$.

Voir le début du paragraphe I.1.

Nous en déduisons que, pour tout élément y de $[0, +\infty[$,
l'équation $x^3 = y$, d'inconnue x, admet une solution unique dans $[0, +\infty[$; nous la notons $\sqrt[3]{y}$, ce qui se lit « racine cubique de y ».

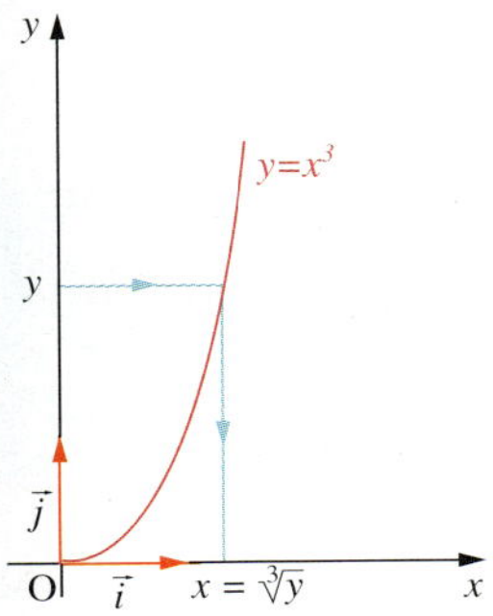

Fig. 13

Par exemple, l'équation $x^3 = 8$ admet la solution unique $2 = \sqrt[3]{8}$ dans $[0, +\infty[$;
de même pour $x^3 = 27$ la solution unique est $3 = \sqrt[3]{27}$.

Nous pouvons donc associer à 8 le nombre $2 = \sqrt[3]{8}$, à 27 le nombre $3 = \sqrt[3]{27}$ et plus généralement à tout nombre y de $[0, +\infty[$ le nombre $x = \sqrt[3]{y}$ de $[0, +\infty[$; nous définissons ainsi une nouvelle fonction définie sur $[0, +\infty[$ et prenant ses valeurs dans $[0, +\infty[$. Permutons les lettres x et y pour noter x la variable de cette fonction :

$$2 \longmapsto 8 = 2^3$$
$$2 = \sqrt[3]{8} \longleftarrow 8$$
$$3 \longmapsto 27 = 3^3$$
$$3 = \sqrt[3]{27} \longleftarrow 27$$
$$[0, +\infty[\longrightarrow [0, +\infty[$$
$$x \longmapsto y = \sqrt[3]{x}$$
$$x = y^3 \longleftarrow y.$$

La fonction racine cubique est la **fonction réciproque** de la fonction cube : l'une définit « l'aller » et l'autre « le retour ».

> ***Définition***
> **La fonction *racine cubique* est la fonction qui à tout nombre x de $[0, +\infty[$ associe le nombre unique y de $[0, +\infty[$ tel que $y^3 = x$.**
>
> $$x \mapsto y = \sqrt[3]{x} \quad \text{défini par} \quad y^3 = x.$$
> $$[0, +\infty[\to [0, +\infty[.$$

Or, si nous considérons la fonction « puissance $\frac{1}{3}$ » $f_{\frac{1}{3}}$ définie sur $]0, +\infty[$ par $x \mapsto x^{\frac{1}{3}}$, nous avons :

Voir le paragraphe 3.a. : $\alpha = \frac{1}{3}$.

pour tout x de $]0, +\infty[$, $[f_{\frac{1}{3}}(x)]^3 = (x^{\frac{1}{3}})^3 = x$ car $(a^b)^c = a^{bc}$.

Voir le paragraphe I.6.b.

$x \longmapsto x^{\frac{1}{3}} = y$

$x = y^3 \longleftarrow y$

$]0, +\infty[\longleftarrow]0, +\infty[.$

Voir la définition ci-dessus.

Ainsi $f_{\frac{1}{3}} : \begin{cases} x \longmapsto f_{\frac{1}{3}}(x) \text{ tel que } [f_{\frac{1}{3}}(x)]^3 = x. \\ ]0, +\infty[\longrightarrow]0, +\infty[. \end{cases}$

Donc, pour tout x de $]0, +\infty[$, $f_{\frac{1}{3}}(x) = x^{\frac{1}{3}}$ est égal à $\sqrt[3]{x}$.

On étend cette égalité au cas où $x = 0$ en posant $0^{\frac{1}{3}} = \sqrt[3]{0}$, donc $0^{\frac{1}{3}} = 0$.

Alors, **pour tout x de $[0, +\infty[$, $x^{\frac{1}{3}} = \sqrt[3]{x}$.**

b Cas général

Nous admettons que la démarche adoptée dans le cas de $x \mapsto x^3$ s'étend au cas de $x \mapsto x^n$, où n est un nombre entier naturel non nul quelconque.

$[0, +\infty[\longmapsto [0, +\infty[$

$x \longrightarrow y = \sqrt[n]{x}$

$x = y^n \longleftarrow y.$

La fonction racine $n^{\text{ième}}$ est la **fonction réciproque** de la fonction puissance $n^{\text{ième}}$: l'une définit « l'aller » et l'autre « le retour ».

Dans le cas $n = 2$, $\sqrt[2]{x}$ est noté plus simplement $\sqrt{x}$.

Définition

Soit n un nombre entier naturel non nul.

La fonction *racine* $n^{\text{ième}}$ est la fonction qui à tout nombre x de $[0, +\infty[$ associe le nombre unique y de $[0, +\infty[$ tel que $y^n = x$.

$$x \mapsto y = \sqrt[n]{x} \quad \text{défini par} \quad y^n = x.$$
$$[0, +\infty[\to [0, +\infty[.$$

EXEMPLES

$\sqrt[4]{16} = 2$ car $2^4 = 16$. $\sqrt[4]{625} = 5$ car $5^4 = 625$.

On pose $0^{\frac{1}{n}} = 0$.

Pour tout nombre entier naturel non nul n, pour tous nombres x et y de $[0, +\infty[$, $\sqrt[n]{x} = x^{\frac{1}{n}}$ et

$$y = x^{\frac{1}{n}} = \sqrt[n]{x} \quad \textbf{si et seulement si} \quad x = y^n.$$

Voir le problème 1 de l'introduction pour le cas $n = 2$.

La courbe représentative de la fonction $x \mapsto \sqrt[n]{x} = x^{\frac{1}{n}}$ est l'image de la courbe représentative de la restriction de la fonction $x \mapsto x^n$ à $[0, +\infty[$ par la symétrie orthogonale d'axe d'équation $y = x$. (C'est la première bissectrice des axes.)

5. Croissance comparée des fonctions $x \mapsto \exp x$, $x \mapsto x^\alpha$ et $x \mapsto \ln x$ au voisinage de $+\infty$

Les fonctions $x \mapsto \ln x$, $x \mapsto e^x$, $x \mapsto x^\alpha$ (avec $\alpha > 0$) ont pour limite $+\infty$ en $+\infty$.

Pour comparer le comportement de ces fonctions on cherche

$$\lim_{x \to +\infty} \frac{\ln x}{x^\alpha} \quad \text{et} \quad \lim_{x \to +\infty} \frac{e^x}{x^\alpha}.$$

Pour $\alpha < 0$ ces théorèmes permettent de conclure.

Les théorèmes sur la limite d'un quotient ne permettent pas de conclure.

Nous admettons les théorèmes suivants :

Pour démontrer ce résultat on établit que

$$\frac{\ln x}{x^\alpha} = \frac{1}{\alpha}\,\frac{\ln x^\alpha}{x^\alpha}$$

et on utilise le théorème sur la limite d'une fonction composée.

Théorème 1

Pour tout nombre réel α strictement positif, $\displaystyle\lim_{x \to +\infty} \frac{\ln x}{x^\alpha} = 0.$

Toute fonction puissance « croît plus vite » que la fonction ln.

EXEMPLE

$$\lim_{x \to +\infty} \frac{\ln x}{\sqrt{x}} = 0.$$

Pour démontrer ce résultat on établit que

$$\frac{e^x}{x^\alpha} = \frac{e^x}{e^{\alpha \ln x}} = e^{(x - \alpha \ln x)} = e^{x\left(1 - \alpha \frac{\ln x}{x}\right)}$$

et on utilise le théorème sur la limite d'une fonction composée.

Théorème 2

Pour tout nombre réel α strictement positif, $\displaystyle\lim_{x \to +\infty} \frac{e^x}{x^\alpha} = +\infty.$

La fonction exponentielle « croît plus vite » que toute fonction puissance.

EXEMPLE

$$\lim_{x \to +\infty} \frac{e^x}{x^{100}} = +\infty.$$

Conséquences :

Pour tout nombre réel α strictement positif,

$$\lim_{x \to 0} x^\alpha \ln x = 0, \qquad \lim_{x \to -\infty} x^\alpha e^x = 0.$$

Ces deux résultats s'obtiennent en remarquant que

$$x \overset{u}{\longmapsto} \frac{1}{x} = X \overset{f}{\longmapsto} -\frac{\ln X}{X^\alpha} = x^\alpha \ln x$$

$$x \overset{v}{\longmapsto} -x = X \overset{g}{\longmapsto} \frac{X^\alpha}{e^X} = x^\alpha e^x \quad \text{si } \alpha \text{ pair (prendre } -g \text{ si } \alpha \text{ est impair)}$$

et en utilisant les théorèmes 1 et 2 précédents et le théorème sur la limite d'une fonction composée.

L'idée à retenir :

Pour les grandes valeurs de x, les nombres $\ln x$, $\sqrt{x}$, x, x^2, x^3, e^x se classent dans cet ordre du plus petit au plus grand.

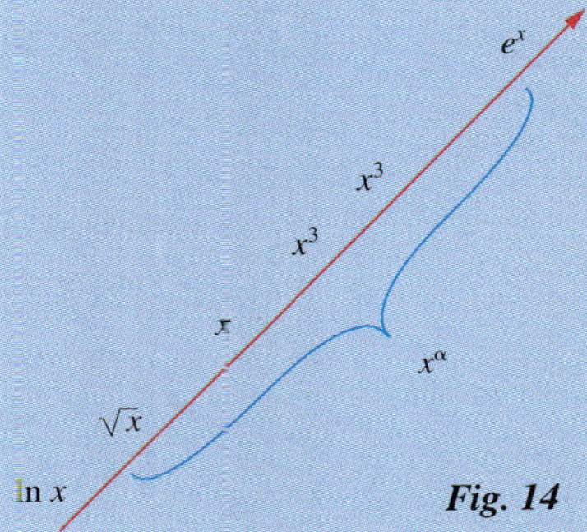

Fig. 14

RÉSUMÉ

Fonction exponentielle

Définition

La fonction exponentielle, notée exp, est la fonction qui à tout nombre réel x associe le nombre *strictement positif* unique y tel que $x = \ln y$.

$$\exp : x \mapsto y = \exp x \qquad \text{défini par } x = \ln y.$$
$$\mathbb{R} \to]0, +\infty[,$$

Pour tout nombre réel x, $\exp x = e^x$.

Relation fonctionnelle

Pour tous nombres réels strictement positifs a et b, pour tout nombre entier relatif n, $e^{a+b} = e^a \times e^b$,

$$e^{-a} = \frac{1}{e^a}, \quad e^{a-b} = \frac{e^a}{e^b}, \quad (e^a)^n = e^{na}.$$

Variations - Courbe représentative

x	$-\infty$ $\qquad$ $+\infty$
$f'(x) = e^x$	$+$
$f(x) = e^x$	$0 \nearrow +\infty$

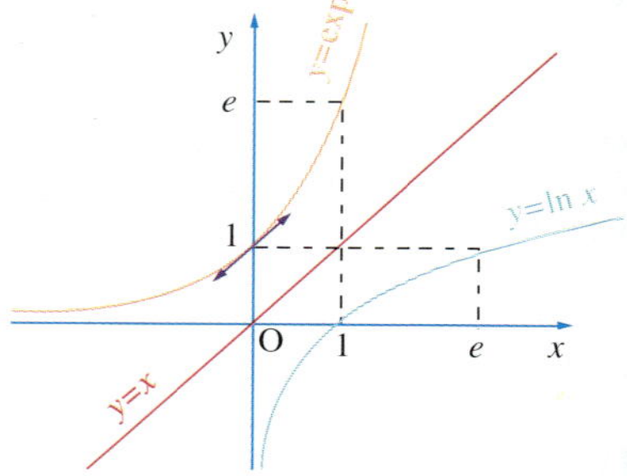

Fig. 15

Les courbes représentatives des fonctions exp et ln se déduisent l'une de l'autre par la symétrie orthogonale d'axe la droite d'équation $\boldsymbol{y = x}$.

$$\lim_{x \to +\infty} \frac{e^x}{x} = +\infty, \qquad \lim_{h \to 0} \frac{e^h - 1}{h} = 1, \qquad \lim_{x \to -\infty} xe^x = 0.$$

Dérivée de e^u

Si u est une fonction dérivable sur un intervalle I, alors la fonction e^u est dérivable sur I et :

$$(e^u)' = u'e^u.$$

Primitives de $u'e^u$

Si sur un intervalle I une fonction f est telle que $f(x) = u'(x)e^{u(x)}$ alors les primitives F de f sur I sont définies par $F(x) = e^{u(x)} + C$ (C étant une constante réelle quelconque).

Croissance comparée de fonctions de référence au voisinage de $+\infty$

Pour tout nombre réel α strictement positif,

$$\lim_{x \to +\infty} \frac{\ln x}{x^\alpha} = 0. \qquad \lim_{x \to +\infty} \frac{e^x}{x^\alpha} = +\infty.$$

$$\lim_{x \to 0} x^\alpha \ln x = 0. \qquad \lim_{x \to -\infty} x^\alpha e^x = 0.$$

TRAVAUX PRATIQUES

T.P. 1 Étude du sens de variation d'une fonction, exemple de recherche de solutions approchées d'une équation numérique

Soit f la fonction définie sur $[0, 2]$ par

$$f(x) = e^x - 3x.$$

1° Pour tout x de $[0, 2]$, calculer $f'(x)$.

2° Résoudre dans $[0, 2]$ l'inéquation

$$e^x - 3 \geqslant 0.$$

En déduire le signe de $f'(x)$ lorsque x varie dans $[0, 2]$.

3° Déterminer le sens de variation de f sur $[0, 2]$.
Établir le tableau de variation de f.

4° Démontrer que l'équation $f(x) = 0$ admet deux solutions dans $[0, 2]$. Donner un encadrement d'amplitude 10^{-1} de chacune de ces solutions, notées α et β.

T.P. 2 Lecture de propriétés d'une fonction à partir de sa courbe représentative, sens de variation, étude d'équation $f(x) = \lambda$

Partie A : *Lecture graphique*
La courbe Γ de la figure représente une fonction g définie et dérivable sur $\mathbb{R}$.

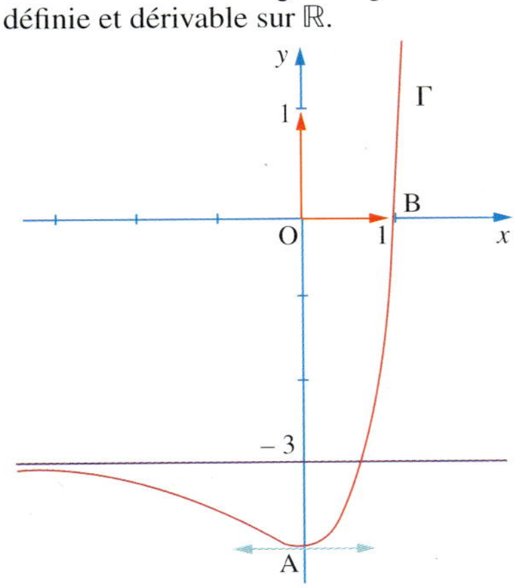

Fig. 16

On précise que :

- la courbe Γ passe par les points $A(0, -4)$ et $B(\ln 3, 0)$;
- la droite d'équation $y = -3$ est asymptote de la courbe Γ en $-\infty$.
- $\lim\limits_{x \to +\infty} g(x) = +\infty$;
- la tangente en A à la courbe Γ est parallèle à l'axe des abscisses.

1° Déterminer $\lim\limits_{x \to -\infty} g(x)$.

2° Établir graphiquement le tableau de variation de g.

3° Donner, dans un tableau, le signe de $g(x)$ lorsque x varie dans $\mathbb{R}$.

Partie B : *Résolution approchée d'une équation*
Soit la fonction numérique f définie sur $\mathbb{R}$ par :

$$f(x) = \frac{1}{2} e^{2x} - 2e^x - 3x. \qquad (1)$$

1° *a*) Déterminer $\lim\limits_{x \to -\infty} f(x)$.

b) Vérifier que, pour tout nombre réel x :

$$f(x) = e^x\left(\frac{1}{2} e^x - 2 - 3 \frac{x}{e^x}\right).$$

En déduire $\lim\limits_{x \to +\infty} f(x)$.

2° *a*) En utilisant l'expression (1) de $f(x)$, calculer la dérivée f' de la fonction f.

b) Étudier le signe de $f'(x)$ suivant les valeurs de x.

> Remarquer qu'en posant $e^x = X$, on se ramène, dans un premier temps, à l'étude du signe d'un polynôme de degré 2.

c) On admet que f' est la fonction g du **A.**
Le résultat obtenu à la question *b*) ci-dessus est-il en accord avec la lecture graphique du signe de g ?

d) Établir le tableau de variation de la fonction f.

3° On appelle C la courbe représentative de f dans un repère orthonormal $(O ; \vec{i}, \vec{j})$ d'unité graphique 1 cm.

a) Montrer que la droite D d'équation $y = -3x$ est asymptote à C lorsque x tend vers $-\infty$.

b) Étudier la position de la courbe C par rapport à la droite D (on montrera que cela revient à étudier le signe de $e^x - 4$).

4° Montrer qu'il existe une droite T, tangente à la courbe C et parallèle à la droite D.
Écrire une équation de la droite T.

5° Construire les droites D, T et la courbe C dans le repère $(O ; \vec{i}, \vec{j})$.

6° Montrer que l'équation $f(x) = 0$ admet dans l'intervalle $[-1, \ln 3]$ une et une seule solution, que l'on notera α.
Déterminer, à l'aide d'une calculatrice, un encadrement d'amplitude 10^{-2} de α.

(STI Génie mécanique A et F, Génie civil, Génie énergétique, Antilles-Guyane, juin 1995)

EXERCICES ET PROBLÈMES

AVEC CORRIGÉS

OBJECTIFS	Numéros des exercices
Simplifier des expressions avec exponentielle	1 et 2
Résoudre une équation, une inéquation, un système	3 à 8
Déterminer des limites	9 à 13
Déterminer des dérivées	14 à 18
Déterminer des primitives	19 à 22
Lire des propriétés d'une fonction à partir de sa représentation graphique	23, 25, 26
Programmer les valeurs d'une fonction, étudier ses variations, tracer sa courbe représentative	24 à 26
Rechercher une solution approchée d'une équation	24 et 25
Résoudre une équation avec a^x	27 et 29
Déterminer une primitive de fonction faisant intervenir $x \mapsto x^\alpha$	30 et 31

Simplification d'expressions avec exponentielle

Simplifier l'écriture des expressions suivantes (exercices 1 et 2).

1 ▪ *a)* $\ln e^{-1}$; *b)* $\ln e^2$;
c) $\ln \sqrt{e}$; *d)* $\ln \dfrac{1}{\sqrt{e}}$.

2 ▪ *a)* $e^{\ln 2}$; *b)* $e^{-\ln 3}$; *c)* $e^{2 \ln 2}$.

Équations, inéquations, système

3 ▪ Résoudre dans $\mathbb{R}$ l'équation suivante :
a) $e^x = 3$; *b)* $e^x + 1 = 0$.

4 ▪▪ 1° Résoudre dans $\mathbb{R}$ l'équation :
$$x^2 + 3x - 4 = 0.$$
2° En déduire la résolution dans $\mathbb{R}$ de l'équation :
$$e^{2x} + 3e^x - 4 = 0.$$

5 ▪▪ Résoudre dans $\mathbb{R}$ l'équation :
$$e^x - 15e^{-x} = 2.$$

Remarquer qu'en prenant $X = e^x$ comme inconnue auxiliaire, on se ramène à une équation du second degré.

6 ▪▪ Résoudre dans $\mathbb{R}$ l'équation :
a) $e^x \geqslant 3$; *b)* $e^x \geqslant -1$; *c)* $e^{2x} \geqslant 5$.

Mettre chacune des inéquations précédentes sous la forme $e^a \geqslant e^b$ équivalente à $a \geqslant b$.

7 ▪▪ Déterminer le couple (x, y) de nombres réels solution du système :
$$\begin{cases} xy = 14 \\ e^x \times e^y = e^{-9}. \end{cases}$$

8 ▪▪▪ On considère le polynôme définie sur $\mathbb{R}$ par :
$$P(x) = 6x^3 - 5x^2 - 2x + 1.$$
1° Calculer $P(1)$. Déterminer les nombres réels a, b, c tels que, pour tout x appartenant à $\mathbb{R}$, on ait :
$$P(x) = (x-1)(ax^2 + bx + c).$$
2° Résoudre dans $\mathbb{R}$ l'équation $P(x) = 0$.

3° En déduire la résolution des équations suivantes :

a) $6e^{3x} - 5e^{2x} - 2e^x + 1 = 0$;

b) $\ln(6x - 3) + \ln(x + 1) = \ln(2x - 2)$;

c) $6 \sin^3 x - 5 \sin^2 x - 2 \sin x + 1 = 0$.

(STL Chimie, juin 1995)

Détermination de limites

Déterminer la limite en $-\infty$ et en $+\infty$ de la fonction f définie sur $\mathbb{R}$ (exercices 9 à 12).

9 ▪ $x \mapsto f(x) = e^{2x} + e^{x} - 1$.

10 ▪ $x \mapsto f(x) = 2x + 1 - e^{x}$.

> Pour déterminer la limite de f en $+\infty$, on transformera l'écriture de $f(x)$ en écrivant que, pour tout nombre réel $x > 0$,
> $$f(x) = x\left(2 + \frac{1}{x} - \frac{e^{x}}{x}\right).$$

11 ▪ $x \mapsto f(x) = (1 - x)e^{x}$.

> Pour déterminer la limite de f en $-\infty$, on transformera l'écriture de $f(x)$ en écrivant que, pour tout nombre réel x,
> $f(x) = e^{x} - xe^{x}$ et on utilisera le résultat
> $$\lim_{x \to -\infty} xe^{x} = 0.$$

12 ▪ $x \mapsto e^{x} - x^{2}$.

> Pour déterminer la limite de f en $+\infty$, on transformera l'écriture de $f(x)$ en écrivant que, pour tout nombre réel $x > 0$,
> $$f(x) = x^{2}\left(\frac{e^{x}}{x^{2}} - 1\right).$$

13 ▪▪ Soit f la fonction définie sur $\mathbb{R}$ par
$$f(x) = \frac{1 - e^{x}}{2 + e^{x}}.$$

1° Déterminer deux nombres réels a et b tels que, pour tout nombre réel x,
$$f(x) = a + \frac{b}{2 + e^{x}}.$$

2° En déduire la limite de f en $+\infty$.

Détermination de dérivées

Déterminer la dérivée de la fonction f sur l'ensemble donné où elle est définie et dérivable (exercices 14 à 18).

14 ▪ f définie sur $\mathbb{R}$ par $f(x) = 2x - e^{-x}$.

15 ▪ f définie sur $\mathbb{R}$ par $f(x) = xe^{x}$.

16 ▪ f définie sur $\mathbb{R}$ par $f(x) = \dfrac{x}{e^{x}}$.

17 ▪ f définie sur $\mathbb{R}$ par $f(x) = e^{(x^{2})}$.

18 ▪ f définie sur $]0, +\infty[$ par $f(x) = \dfrac{e^{x} + 1}{e^{x} - 1}$.

Détermination de primitives

Déterminer une primitive sur $\mathbb{R}$ de la fonction f définie sur $\mathbb{R}$ (exercices 19 à 22).

19 ▪ f définie sur $\mathbb{R}$ par $f(x) = \dfrac{e^{x}}{5}$.

20 ▪ f définie sur $\mathbb{R}$ par $f(x) = e^{2x+3}$.

21 ▪ f définie sur $\mathbb{R}$ par $f(x) = \dfrac{1}{e^{x}}$.

22 ▪ f définie sur $\mathbb{R}$ par $f(x) = xe^{(x^{2})}$.

Lecture de propriétés d'une fonction à partir de sa représentation graphique

23 ▪▪▪ Soit f, g, h, trois fonctions définies sur $]1, +\infty[$ par $f(x) = 1 - \dfrac{\ln(x-1)}{x-1}$,

$g(x) = 1 - \dfrac{5}{4(x-1)}$, $\quad h(x) = \dfrac{e^{x} - 1}{e^{x} - e}$,

et la courbe C de la figure.

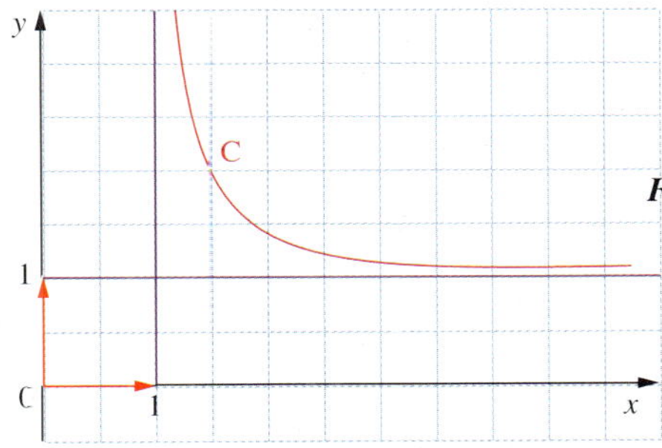

Fig. 17

Les droites d'équation $x = 1$ et $y = 1$ sont des asymptotes de la courbe C.
On sait que C représente l'une de ces trois fonctions. Le but de l'exercice est de trouver quelle est la fonction représentée par C. On va procéder par éliminations successives.

1° *a*) Calculer la limite en $+\infty$ des fonctions f et g. Pour la fonction f, on pourra poser $X = x - 1$.

b) En utilisant l'égalité $\dfrac{e^{x} - 1}{e^{x} - e} = \dfrac{1 - e^{-x}}{1 - e^{1-x}}$ (qu'on ne demande pas de vérifier), calculer la limite en $+\infty$ de la fonction h.

c) Ces résultats permettent-ils d'éliminer une ou plusieurs de ces fonctions ? Justifier la réponse.

2° *a*) Déterminer la fonction dérivée de chacune des fonctions restantes et étudier son signe.

b) En déduire alors la seule fonction susceptible d'être représentée par C. Justifier.

(STI Génie énergétique, 1994)

Programmation des valeurs d'une fonction, étude de ses variations, étude de comportement asymptotique, tracé de sa courbe représentative

24 ■■■ Le but de ce problème est d'étudier la fonction f définie sur l'intervalle $[0, +\infty[$ par

$$f(x) = -5e^{-2x} + 7e^{-x} + x - 1.$$

On désigne par C la courbe représentative de f dans le plan muni d'un repère orthonormal $(O ; \vec{i}, \vec{j})$ (unité graphique 2 cm).

***Partie A :** Résolution d'une inéquation*

1° Résoudre, dans l'ensemble des nombres réels, l'inéquation d'inconnue y $\quad 10y^2 - 7y + 1 \leqslant 0$.

2° Déduire de la question précédente que l'ensemble des nombres réels x tels que :

$$10e^{-2x} - 7e^{-x} + 1 \leqslant 0$$

est l'intervalle $[\ln 2, \ln 5]$ (on pourra poser $e^{-x} = y$).

***Partie B :** Étude de la fonction* f

1° Calculer $f'(x)$. Étudier, en utilisant la partie ***A***, le signe de $f'(x)$.

2° Déterminer la limite de f en $+\infty$.

3° Donner les valeurs exactes, puis les valeurs décimales approchées à 10^{-2} près par défaut de $f(\ln 2)$ et de $f(\ln 5)$.

4° Dresser le tableau de variations de f.

5° Donner le coefficient directeur de la tangente T à la courbe C en son point d'abscisse 0.

***Partie C :** Tracé de la courbe représentative* C

1° Déterminer la limite de $f(x) - (x - 1)$ lorsque x tend vers $+\infty$. En déduire que la courbe C possède une asymptote oblique D dont on donnera une équation.

2° En remarquant que

$$f(x) - (x - 1) = e^{-2x}(7e^{x} - 5),$$

démontrer que la courbe C est au-dessus de la droite D. (On rappelle que x est un nombre positif.)

3° À l'aide de la calculatrice, donner des valeurs décimales approchées à 10^{-2} près de $f(0{,}5)$, $f(1)$, $f(2)$, $f(3)$, $f(4)$ et $f(6)$. On présentera les résultats sous forme d'un tableau.

4° Tracer sur une figure, le repère $(O ; \vec{i}, \vec{j})$, la tangente T définie dans la partie ***B***, la droite D et la courbe C.

(STI Génie électronique, Génie électrotechnique, Antilles-Guyane, juin 1995)

Exemples de recherche de solution approchée d'une équation

25 ■■■ ***Exercice de baccalauréat***

Soit f une fonction définie sur $\mathbb{R}$ dont on donne la courbe représentative C dans le plan muni du repère orthogonal $(O ; \vec{i}, \vec{j})$.

Les unités graphiques sont 4 cm sur l'axe des abscisses et 1 cm sur l'axe des ordonnées.

On précise qu'aux points d'abscisses 0 et ln 2 la tangente à la courbe C est parallèle à l'axe des abscisses.

Fig. 18

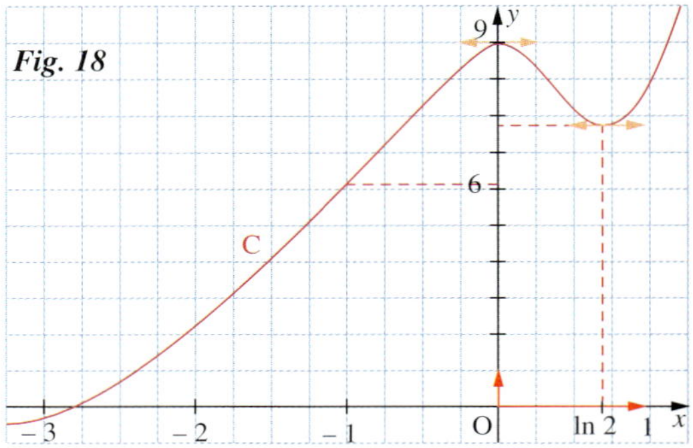

1° *Lecture graphique*

Utiliser le graphique pour répondre aux questions suivantes :

a) Déterminer les valeurs de $f'(x)$ pour $x = 0$ et $x = \ln 2$.

b) Résoudre les inéquations $f'(x) > 0$ et $f'(x) < 0$.

c) Lorsque x appartient à l'intervalle $[-1, 0]$, donner un encadrement de $f(x)$ par deux entiers naturels (on donnera l'encadrement d'amplitude minimale). Répondre à cette même question lorsque x décrit l'intervalle $[-1, \ln 2]$.

d) Donner un encadrement par deux nombres entiers consécutifs du nombre x_0 solution de l'équation $f(x) = 0$.

2° *Utilisation de la calculatrice*

On admet maintenant que f est définie sur $\mathbb{R}$ par :

$$f(x) = \left(x - \frac{1}{3}\right) e^{3x} + 12(1 - x)e^{x} - \frac{8}{3}.$$

a) Déterminer la valeur approchée arrondie à 10^{-3} près de $f(-3)$ et $f(-2)$.

b) Démontrer que l'équation $f(x) = 0$ admet une seule solution, notée x_0, dans $[-3, -2]$.

c) Déterminer un encadrement d'amplitude 10^{-2} de x_0.

(STL Chimie, septembre 1995)

26 ■■■ ***Problème de baccalauréat***

Dans ce problème, on se propose d'étudier la fonction f définie sur $\mathbb{R}$ par

$$f(x) = 2e^{x} - x^2 + 3.$$

On note C la courbe représentative de f dans le plan rapporté à un repère orthonormal $(O ; \vec{i}, \vec{j})$ (unité graphique : 1 cm).

1° On considère les fonctions g et h définies sur $\mathbb{R}$ par :

$$g(x) = e^x \quad \text{et} \quad h(x) = x.$$

On donne ci-contre leurs représentations graphiques Γ et Δ dans le repère $(O ; \vec{i}, \vec{j})$.
Par lecture graphique, donner le signe de $e^x - x$.

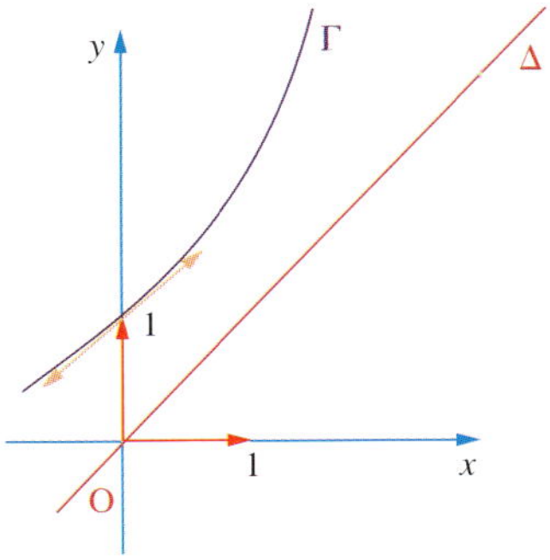

Fig. 19

2° *a)* Calculer la limite de $f(x)$ quand x tend vers $-\infty$.

b) Calculer la limite de $f(x)$ quand x tend vers $+\infty$. Pour cela, on écrira, pour $x \neq 0$, $f(x)$ sous la forme

$$f(x) = x^2\left(\frac{2e^x}{x^2} - 1\right) + 3.$$

3° *a)* Calculer la dérivée f' de f et étudier le signe $f'(x)$ à l'aide du 1°.

b) Dresser le tableau de variation de f.

4° *a)* Reproduire sur votre copie le tableau suivant et le compléter en donnant pour chaque valeur de x une valeur décimale approchée de $f(x)$ à 10^{-1} près.

x	-3	-2	-1	0	1	2	2,2
$f(x)$							

b) Prouver que l'équation $f(x) = 0$ admet une solution a et une seule dans l'intervalle $[-2, -1]$. Vérifier que $-1{,}9 \leqslant a \leqslant -1{,}8$.

c) Tracer la courbe C.

5° Déterminer une primitive F de f sur $\mathbb{R}$.

(Baccalauréat 1995)

Fonctions exponentielles $x \mapsto a^x$

27 ■ Résoudre dans $\mathbb{R}$ l'équation suivante

a) $3^{2x} = 2^{3x}$; *b)* $4^x = 8$.

Utiliser la définition $a^x = e^{x \ln a}$.

28 ■■ 1° Résoudre dans $\mathbb{R}$ l'équation

$$x^2 + x - 6 = 0.$$

2° En déduire la résolution dans $\mathbb{R}$ de l'équation

$$2^{2x} + 2^x - 6 = 0.$$

29 ■ Déterminer la dérivée de la fonction f définie sur $\mathbb{R}$ par :

a) $f(x) = 2^x$; *b)* $f(x) = \left(\frac{1}{2}\right)^x$.

Q.C.M.

Ces Q.C.M., dont les réponses figurent à la fin de ce chapitre, permettent une auto-évaluation.

Dans ces questionnaires à choix multiples (Q.C.M.), il suffit d'indiquer sur sa copie, pour chaque question posée, la (ou les) bonne(s) réponse(s), s'il y en a, parmi les propositions de l'énoncé ; aucune justification n'est demandée.

30 ■■ Dans chaque question, f est une fonction définie sur $\mathbb{R}$.

1°	2°	3°
$f(x) = e^x - xe^x$	$f(x) = x - e^x$	$f(x) = e^{2x+1}$
$\lim_{x \to -\infty} f(x) = +\infty$	$\lim_{x \to +\infty} f(x) = 0$	$\lim_{x \to -\infty} f(x) = -\infty$
$\lim_{x \to -\infty} f(x) = -\infty$	$\lim_{x \to +\infty} f(x) = -\infty$	$\lim_{x \to -\infty} f(x) = +\infty$
$\lim_{x \to -\infty} f(x) = 0$	$\lim_{x \to +\infty} f(x) = +\infty$	$\lim_{x \to -\infty} f(x) = 0$

31 ■■ Dans chaque question, f est une fonction définie et dérivable sur $\mathbb{R}$ et f' est sa fonction dérivée.

1°	2°	3°
$f(x) = 2x + 1 + e^{-x}$	$f(x) = xe^{-x}$	$f(x) = e^{2x+1}$
$f'(x) = 2 + e^{-x}$	$f'(x) = e^{-x}$	$f'(x) = \frac{1}{2}e^{2x+1}$
$f'(x) = 3 + e^{-x}$	$f'(x) = -e^{-x}$	$f'(x) = 2e^{2x+1}$
$f'(x) = 2 - e^{-x}$	$f'(x) = (1 - x)e^{-x}$	$f'(x) = e^{2x+1}$

32 ▪▪ Dans chaque question, f est une fonction définie et dérivable sur $\mathbb{R}$ et F est une primitive de f sur $\mathbb{R}$.

1°	2°
$f(x) = x - 3 + e^x$	$f(x) = e^{2x+1}$
$F(x) = 1 + e^x$	$F(x) = \frac{1}{2} e^{2x+1}$
$F(x) = \frac{1}{2} x^2 - 3x + e^x$	$F(x) = e^{2x+1}$
$F(x) = \frac{1}{2} x^2 - 3 + e^x$	$F(x) = 2e^{2x+1}$

SANS CORRIGÉS

Simplification d'expressions avec exponentielle

33 ▪ Simplifier l'écriture des expressions suivantes :

a) $e^{\ln 3}$; *b*) $\ln \frac{1}{e}$; *c*) $e^{\frac{1}{2} \ln 3}$; *d*) $e^{1 + \ln 2}$;

e) $e^{-\ln 2}$; *f*) $e^{-2 \ln 3}$.

Calculs sur les puissances

34 ▪▪ Simplifier l'écriture des nombres réels suivants :

a) $x = 128^{\frac{2}{7}}$; *b*) $x = 27^{\frac{5}{3}}$;

c) $x = 2^{\frac{1}{\ln 2}}$; *d*) $x = (\sqrt[3]{5^2})^{-\frac{3}{4}}$.

Équations, inéquations, systèmes

35 ▪▪ 1° Résoudre dans $\mathbb{R}$ l'équation

$$x^2 + x - 2 = 0.$$

2° En déduire la résolution de l'équation d'inconnue t :

$$e^{2t} + e^t - 2 = 0.$$

(Brevet de technicien, 1994)

36 ▪▪▪ On considère le polynôme

$$P(x) = 4x^3 - 3x - 1$$

de la variable réelle x.

1° Vérifier que, pour tout x de $\mathbb{R}$,

$$P(x) = (x-1)(4x^2 + 4x + 1).$$

2° Résoudre dans $\mathbb{R}$ l'équation $4x^3 - 3x - 1 = 0$.

3° *a*) Résoudre dans $\mathbb{R}$ l'équation :

$$4e^{3x} - 3e^x - 1 = 0.$$

b) Résoudre dans $]0, +\infty[$ l'équation (ln étant le logarithme népérien) :

$$4(\ln x)^3 - 3(\ln x) - 1 = 0.$$

(STI Arts appliqués, septembre 1994)

37 ▪▪▪ 1° Résoudre dans $\mathbb{R}$ l'équation :

$$2x^2 - 7x - 4 = 0.$$

2° À l'aide du 1°, résoudre les équations d'inconnue réelle x suivantes :

a) $\ln(x-2) + \ln(2x-3) = \ln 10$;

b) $\ln(2x^2 - 7x + 6) = \ln 10$;

c) $(2e^x - 5)(e^x - 1) = 9$.

(Brevet de technicien arts graphiques, 1994)

38 ▪▪▪ 1° Résoudre dans l'ensemble des nombres réels $\mathbb{R}$, l'équation :

$$3x^2 + x - 10 = 0.$$

2° En déduire les solutions, dans $\mathbb{R}$, des équations suivantes (on donnera la valeur exacte de chaque solution, puis sa valeur approchée arrondie au centième).

a) $\ln(1+x) + \ln(3x-2) = 3 \ln 2$;

b) $e^x - 10 = -3e^{2x}$;

c) $3e^{3x} + e^{2x} - 10e^x = 0$.

(STI Génie mécanique A, groupe 4, 1994)

39 ▪▪▪ Soit le polynôme défini pour tout réel x par :

$$P(x) = 2x^3 + x^2 - 13x + 6.$$

1° Calculer P(2).

2° Vérifier que, pour tout x de $\mathbb{R}$,

$$P(x) = (x-2)(2x^2 + 5x - 3).$$

3° Résoudre l'équation d'inconnue réelle x :

$$P(x) = 0.$$

4° Résoudre l'équation d'inconnue réelle x :

$$2 \sin^3 x + \sin^2 x - 13 \sin x + 6 = 0.$$

5° Résoudre l'équation d'inconnue réelle x :

$$2e^{3x} + e^{2x} - 13e^x + 6 = 0.$$

(Brevet de technicien agencement, 1995)

40 ▪▪▪ Soit f la fonction polynôme définie sur $\mathbb{R}$ par

$$f(x) = 4x^3 - 7x^2 - 21x + 18.$$

1° Calculer $f(-2)$; en déduire une factorisation de $f(x)$ en produit de facteurs du premier degré.
Résoudre dans $\mathbb{R}$ l'équation d'inconnue x, $f(x) = 0$.

2° Résoudre dans $\mathbb{R}$ l'équation d'inconnue x

$$4e^{2x} - 7e^x - 21 + 18e^{-x} = 0.$$

(Aucune valeur approchée n'est demandée.)

3° Soit l'équation d'inconnue x

$$4\cos^3 x - 7\cos^2 x - 21\cos x + 18 = 0.$$

Déterminer les valeurs approchées à 10^{-2} près par défaut des solutions de cette équation appartenant à $[0, 2\pi]$.

41 ■■ ***Système***

1° Déterminer le couple (x, y) de nombres réels solution du système :

$$\begin{cases} 2x - 3y = 9 \\ -6x + 5y = -19. \end{cases}$$

2° Déduire du 1° la résolution du système d'inconnues x et y :

$$\begin{cases} 2e^x - 3e^y = 9 \\ -6e^x + 5e^y = -19. \end{cases}$$

42 ■■ ***Inéquations***

Résoudre dans $\mathbb{R}$ l'inéquation suivante :

a) $e^x \geqslant 2$; *b)* $2e^x - 1 \geqslant 0$.

Détermination de limites

43 ■■ Déterminer la limite en $+\infty$ et en $-\infty$ de la fonction f définie sur $\mathbb{R}$ par :

a) $f(x) = \dfrac{e^x + e^{-x}}{2}$. *b)* $f(x) = \dfrac{e^x - e^{-x}}{2}$.

44 ■■ Déterminer la limite en $-\infty$ et en $+\infty$ de la fonction f définie sur $\mathbb{R}$ par :

a) $f(x) = x + 1 - e^x$; *b)* $f(x) = (-x + 1)e^x$;

c) $f(x) = 2x - e^{-x}$; *d)* $f(x) = (x + 1)e^{-x}$.

45 ■■ 1° Déterminer la limite en $+\infty$ de la fonction f définie sur $]0, +\infty[$ par

$$f(x) = \frac{2e^x}{e^x - 1}.$$

On pourra mettre en facteur e^x au dénominateur.

2° Déterminer la limite de f en 0.

Détermination de dérivées

Déterminer la dérivée de la fonction f sur l'ensemble donné où elle est définie et dérivable (exercices 46 à 50).

46 ■ f définie sur $\mathbb{R}$ par $f(x) = -e^x + 2e^{-x}$.

47 ■ f définie sur $\mathbb{R}$ par $f(x) = (2x + 1)e^x$.

48 ■ f définie sur $\mathbb{R}$ par $f(x) = e^x(e^x - 2)$.

49 ■ f définie sur $\mathbb{R}$ par $f(x) = e^{\frac{1}{2}x + 1}$.

50 ■ f définie sur $\mathbb{R}$ par $f(x) = \dfrac{e^x}{e^x + 1}$.

Détermination de primitives

Déterminer une primitive sur $\mathbb{R}$ de la fonction f définie sur $\mathbb{R}$ (exercices 51 à 55).

51 ■ f définie sur $\mathbb{R}$ par $f(x) = x + 1 + e^x$.

52 ■ f définie sur $\mathbb{R}$ par $f(x) = -e^x + 2e^{-x}$.

53 ■ f définie sur $\mathbb{R}$ par $f(x) = e^{2x} + e^x - 1$.

54 ■ f définie sur $\mathbb{R}$ par $f(x) = e^{3x+2}$.

55 ■ f définie sur $\mathbb{R}$ par $f(x) = xe^{x^2+1}$.

56 ■■ Déterminer deux nombres réels a et b tels que la fonction

$$F : x \mapsto (ax + b)e^x$$

soit une primitive sur $\mathbb{R}$ de la fonction

$$f : x \mapsto (2x + 1)e^x.$$

57 ■ Soit f la fonction définie sur $]0, +\infty[$ par

$$f(x) = x\sqrt{x} = x^{\frac{3}{2}}.$$

Déterminer une primitive F de f sur $]0, +\infty[$.

58 ■■ Soit g la fonction définie sur $\left]-\frac{2}{3}, +\infty\right[$ par

$g(x) = (3x + 2)^{\frac{3}{2}}$.

Déterminer une primitive G de g sur $\left]-\frac{2}{3}, +\infty\right[$.

Lecture de propriétés d'une fonction à partir de sa représentation graphique

Exercices d'examen.

59 ■■■ Le but de l'exercice est de modéliser le contour de la plaque représentée dans un repère orthonormal d'unité graphique 1 cm par la figure 20.

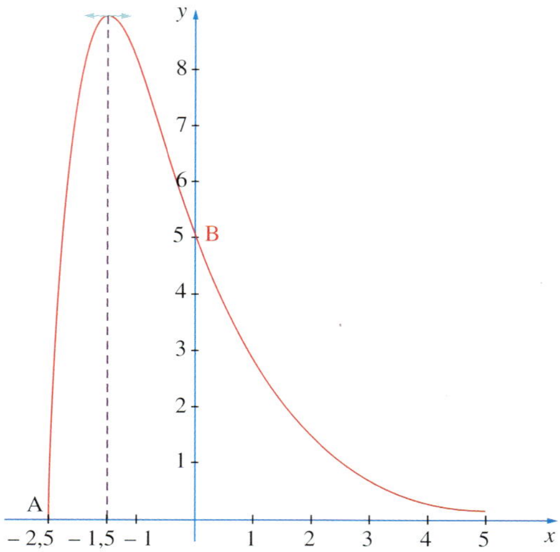

Fig. 20

On se propose de représenter ce contour par une fonction f définie sur l'intervalle $[-2{,}5\ ;\ 5]$ par

$$f(x) = (ax + b)e^{cx}$$

où a, b et c sont trois nombres réels.
On précise que les points $A(-2{,}5\ ;\ 0)$ et $B(0\ ;\ 5)$ appartiennent à la courbe. De plus, la tangente à la courbe au point d'abscisse $(-1{,}5)$ est parallèle à l'axe des abscisses.

1° Utiliser les données pour préciser $f(-2{,}5)$, $f(0)$ et $f'(-1{,}5)$.

2° *a*) En déduire le système que doivent vérifier les réels a, b et c.

b) Résoudre ce système et déterminer la fonction f cherchée.

(Brevet de technicien agencement, 1995)

60 ■■■ *Les deux parties A et B sont indépendantes*

A. a et b étant deux nombres réels, on considère la fonction F, définie sur $\mathbb{R}$ par

$$F(x) = (ax + b)e^{x}.$$

On note f la fonction dérivée de F sur $\mathbb{R}$ $(F' = f)$. C est la courbe représentant la fonction f dans le repère orthonormal $(O\ ;\ \vec{i}, \vec{j})$, (unité graphique 1 cm), T est la tangente au point de C d'abscisse 0.
Le graphique ci-contre représente une partie de C et de T.

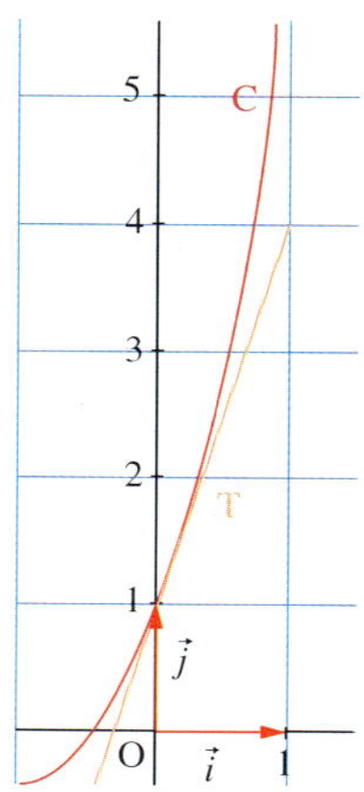

Fig. 21

1° Déterminer par le calcul, en fonction de a et b, $f(x)$, puis $f'(x)$.

2° Lire sur le graphique $f(0)$ et $f'(0)$.
En déduire les valeurs de a et b.

B. Soit g la fonction, définie sur $\mathbb{R}$, par

$$g(x) = (2x + 1)e^{x}.$$

Justifier les informations contenues dans le tableau de variations suivant (valeurs, sens de variation et limites) :

x	$-\infty$		$-\frac{3}{2}$		$+\infty$
$g'(x)$		$-$	0	$+$	
$g(x)$	0	↘	$-2e^{-\frac{3}{2}}$	↗	$+\infty$

(Baccalauréat, 1996)

Fonction définie par son tableau de variation

61 ■■■ La fonction numérique f a pour tableau de variations :

x	-1		1		$+\infty$
$f(x)$	‖ $-\infty$	↗	0	↘	$-\infty$

1° D'après la lecture de ce tableau, répondre aux questions suivantes :

a) Quelles sont les limites de f aux bornes de $]-1, +\infty[$?

b) Donner les intervalles de longueur maximum où f est monotone et préciser le sens de variation de f sur chacun de ces intervalles.

c) La fonction f admet-elle un extremum sur $]-1, +\infty[$?
Si oui, quelle est sa valeur ?

d) Quel est le signe de f sur $]-1, +\infty[$?

2° On admet que la fonction f est l'une des quatre fonctions f_1, f_2, f_3, f_4, définies sur $]-1, +\infty[$ par :

$$f_1(x) = -\ln(x^2 - 2x + 4)\ ; \quad f_2(x) = e^{-x^2}\ ;$$

$$f_3(x) = -e^{(-x^2 + 2x)}\ ; \quad f_4(x) = \ln \frac{2x + 2}{x^3 + 3}.$$

Calculer $f_1(1)$.
Quel est le signe de f_2 ?
Calculer $\lim\limits_{x \to +\infty} f_3(x)$. Conclure.

Programmation des valeurs d'une fonction, étude de ses variations, tracé de sa courbe représentative

La fonction f est définie sur $\mathbb{R}$
Déterminer la limite de f en $-\infty$ et en $+\infty$.
Étudier les variations de f.
Construire sa courbe représentative dans le plan muni d'un repère orthonormal $(O ; \vec{i}, \vec{j})$ (exercices 62 et 63).

62 ▪ $f : x \mapsto xe^x$.

63 ▪ $f : x \mapsto xe^{-x}$.

64 ▪▪ Soit f la fonction définie sur $]0, +\infty[$ par

$$f(x) = \frac{1}{e^x - 1}.$$

1° Déterminer $\lim_{x \to 0} f(x)$ et $\lim_{x \to +\infty} f(x)$.

2° Étudier les variations de f.

3° Construire sa courbe représentative dans le plan muni d'un repère orthonormal $(O ; \vec{i}, \vec{j})$.

65 ▪▪▪ ***Problème de symétrie***

On considère la fonction numérique f de la variable réelle x définie sur $\mathbb{R}$ par

$$f(x) = e^x + 9e^{-x} - 10.$$

On désigne par C la courbe représentative de f dans le repère orthonormal $(O ; \vec{i}, \vec{j})$, unité 1 cm.

1° Déterminer $\lim_{x \to -\infty} f(x)$ et $\lim_{x \to +\infty} f(x)$.

2° Étudier les variations de f.

3° Déterminer les abscisses des points où la courbe C coupe l'axe des abscisses.

4° Démontrer que la droite d'équation $x = \ln 3$ est axe de symétrie pour la courbe C.

5° Tracer la courbe C.

Pour le 4°, on pourra se reporter aux T.P. du chapitre 4.

66 ▪▪▪ *Première partie*

Soit f une fonction définie et dérivable sur $\mathbb{R}$; on note f' la dérivée de f.

On a tracé, ci-dessous, relativement à un repère orthonormal $(O ; \vec{i}, \vec{j})$ la courbe représentative de f sur l'intervalle $[-2{,}5 ; 3]$. Cette courbe passe par le point de coordonnées $(-2, 0)$.

Les droites D et T sont les tangentes à cette courbe aux points d'abscisses -1 et 2 ; la droite D est parallèle à l'axe des abscisses.

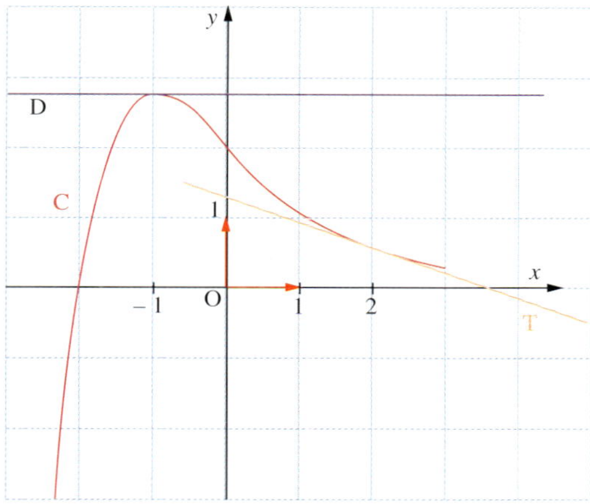

Fig. 22

Chacune des questions de cette partie 1 sera traitée graphiquement. Aucune justification n'est demandée.

1° Donner le nombre de solutions, sur $[-2{,}5 ; 3]$, de l'équation $f(x) = 1{,}5$ et un encadrement de chacune des ces solutions par deux entiers consécutifs.

2° Résoudre sur $[-2{,}5 ; 3]$ chacune des deux inéquations suivantes :

a) $f(x) \geqslant 0$.

b) $f'(x) \geqslant 0$.

3° Indiquer celui des trois intervalles suivants qui contient $f'(2)$:

$I = [-5, -2]$ $\quad J = [-1, 0]$ $\quad K = [1, 2]$.

Deuxième partie

La fonction f précédente est définie sur $\mathbb{R}$ par

$$f(x) = (x + 2)e^{-x}.$$

On note C la courbe représentative de f relativement au repère $(O ; \vec{i}, \vec{j})$.

1° *a)* Déterminer la limite de f en $-\infty$. Justifier la réponse.

b) Justifier que pour tout réel x, on a $f(x) = \dfrac{x}{e^x} + \dfrac{2}{e^x}$, puis déterminer la limite de f en $+\infty$.

2° *a)* Établir que pour tout réel x, on a

$$f'(x) = -(x + 1)e^{-x}.$$

b) Étudier le signe de $f'(x)$ et préciser les variations de f.

3° *a)* Résoudre, sur $\mathbb{R}$, l'équation

$$(x + 2)(e^{-x} - 2) = 0.$$

b) On note Δ la droite d'équation $y = 2x + 4$. Déterminer les coordonnées des points d'intersection de la courbe C et de la droite Δ. On donnera les valeurs exactes des coordonnées de ces points.

4° On considère la fonction F définie sur $\mathbb{R}$ par

$$F(x) = -(x + 3)e^{-x}.$$

Justifier que F est une primitive de f sur $\mathbb{R}$.

(Baccalauréat, 1996)

67 ■■■ ***Courbe avec asymptote oblique***

Première partie

Soit la fonction g de la variable x définie sur $\mathbb{R}$ par :

$$g(x) = e^{2x} - 2x - 1.$$

Le but de cette première partie est l'étude, pour tout réel x, du signe de $g(x)$.

1° Résoudre dans $\mathbb{R}$ l'inéquation d'inconnue x :

$$e^{2x} - 1 \geqslant 0.$$

2° *a*) Étudier le sens de variation de la fonction g (l'étude des limites n'est pas demandée).

b) En déduire que, pour tout x de $\mathbb{R}$, $g(x) \geqslant 0$.

Deuxième partie

L'objet de cette deuxième partie est l'étude de la fonction f de la variable x définie sur $\mathbb{R}$ par :

$$f(x) = (x+1)e^{-2x} + x + 1.$$

C est la courbe représentative de f dans le plan rapporté à un repère orthonormal $(O ; \vec{i}, \vec{j})$ (unité 2 cm).

1° Calculer la limite de $f(x)$ quand x tend vers $-\infty$.

2° *a*) Vérifier que, pour tout réel x :

$$f(x) = (xe^{-x})e^{-x} + e^{-2x} + x + 1.$$

b) En déduire la limite de $f(x)$ quand x tend vers $+\infty$.

c) Montrer que la droite Δ, d'équation $y = x + 1$, est asymptote à C quand x tend vers $+\infty$.

d) Montrer que si $x \geqslant -1$ alors $f(x) \geqslant x + 1$. En déduire la position de la courbe C par rapport à Δ lorsque $x \geqslant -1$.

3° *a*) Montrer que la fonction dérivée f' de f est définie, pour tout réel x, par :

$$f'(x) = e^{-2x}g(x).$$

b) Étudier pour tout x réel le signe de $f'(x)$ et établir le tableau de variation de f.

4° *a*) Reproduire et compléter le tableau suivant (donner pour $f(x)$ des valeurs arrondies à 10^{-2}).

x	-2	$-1{,}5$	$-1{,}3$	$-1{,}1$	-1	$-0{,}5$
$f(x)$						

x	0	0,5	1	2	3	4
$f(x)$						

b) Tracer la droite Δ et la courbe C dans le plan rapporté au repère $(O ; \vec{i}, \vec{j})$.

Troisième partie

H et h sont les fonctions de la variable x définies sur $\mathbb{R}$ par :

$$H(x) = \left(-\frac{1}{2}x - \frac{3}{4}\right)e^{-2x} \quad \text{et} \quad h(x) = (x+1)e^{-2x}.$$

1° Vérifier que H est une primitive de h sur $\mathbb{R}$.

2° En déduire une primitive F de f, sur $\mathbb{R}$.

(STI Génie mécanique, B, C, D, E, septembre 1996)

Exemples de recherche de solution approchée d'une équation

Exercices d'examen (68 et 69).

68 ■■■ Soit f la fonction définie sur $]-\infty, 0]$ par

$$f(x) = e^{x+1} - x - 3.$$

1° Étudier les variations de f.

On ne demande pas de tracer la courbe représentative de f.

2° *a*) Démontrer que l'équation $e^{x+1} - x - 3 = 0$ admet une solution unique α sur $[-3, -1]$.

b) Donner un encadrement de α d'amplitude 10^{-3}.

(STI Arts appliqués, Antilles-Guyane, 1996)

69 ■■■ Soit f la fonction numérique de la variable réelle x définie sur $\mathbb{R}$ par :

$$f(x) = x + (x^2 + 1)e^x.$$

1° Déterminer la dérivée f' de la fonction f.

2° Montrer que f est une fonction strictement croissante sur $\mathbb{R}$.

3° En déduire que l'équation, d'inconnue réelle x, $f(x) = 0$ admet une solution unique α dans l'intervalle $]-1, 0[$.

Calculer la valeur arrondie au centième de α.

(Brevet de technicien topographe, 1995)

70 ■■■ ***Problème de baccalauréat***

Soit f la fonction définie sur $\mathbb{R}$ par

$$f(x) = e^x - \frac{x}{2} - 1$$

et C sa courbe représentative dans le plan muni d'un repère orthonormal $(O ; \vec{i}, \vec{j})$, unité graphique : 5 cm.

1° *a*) Déterminer $\lim_{x \to -\infty} f(x)$.

b) Vérifier que, pour tout nombre réel x non nul,

$$f(x) = x\left(\frac{e^x}{x} - \frac{1}{2} - \frac{1}{x}\right).$$

En déduire $\lim_{x \to +\infty} f(x)$.

2° *a*) Déterminer la dérivée f' de f.

b) Résoudre dans $\mathbb{R}$ l'inéquation $e^x - \frac{1}{2} \geqslant 0$. En déduire le signe de $f'(x)$ quand x varie dans $\mathbb{R}$.

c) Calculer la valeur exacte de $f\left(\ln \frac{1}{2}\right)$.

d) Établir le tableau de variation de f.

3° *a*) À l'aide d'une calculatrice, compléter, après l'avoir reproduit, le tableau suivant dans lequel on fera figurer des valeurs approchées décimales arrondies à 10^{-3} près.

x	-2	$-1,8$	$-1,6$	$-1,4$	$-1,2$	-1
$f(x)$						

x	$-0,8$	$-0,6$	$-0,4$	$-0,2$	0	$0,5$
$f(x)$						

b) Construire la partie de la courbe C correspondant à des abscisses comprises entre -2 et $0,5$. On placera sur la figure le point S où la tangente à la courbe C est parallèle à l'axe des abscisses et on donnera une valeur décimale approchée arrondie à 10^{-3} près de chacune des coordonnées de ce point.

4° *a*) En appliquant un théorème du cours, démontrer que l'équation $f(x) = 0$ admet une solution et une seule, notée α, dans $[-2, -1]$.

b) Placer sur la figure le point A de C d'abscisse α.

c) Donner à l'aide du 3° *a*) une valeur approchée de α.

Exponentielles de base *a*, fonction puissance

71 ▪▪ ***Exponentielles de base* a**

Étudier les variations de la fonction f et tracer sa courbe représentative.

a) f définie sur $\mathbb{R}$ par $f(x) = 2^x$.

b) f définie sur $\mathbb{R}$ par $f(x) = \left(\frac{1}{2}\right)^x$.

72 ▪▪ ***Exemple de fonction puissance***

Soit $f_{1,5}$ la fonction définie sur $]0, +\infty[$ par

$$f_{1,5}(x) = x^{1,5} = e^{1,5 \ln x}.$$

1° Déterminer les limites de $f_{1,5}$ en 0 et en $+\infty$.

2° Calculer $f'_{1,5}(x)$. Montrer que l'on peut écrire

$$f'_{1,5}(x) = 1,5x^{0,5}.$$

3° En déduire le sens de variation de $f_{1,5}$ et construire sa courbe représentative dans le plan muni d'un repère orthonormal.

73 ▪▪▪ 1° Résoudre dans $\mathbb{R}$ l'équation

$$x^2 - x - 6 = 0.$$

2° En déduire la résolution de l'équation d'inconnue t

$$4^t - 2^t - 6 = 0.$$

Exemples d'étude de situations décrites au moyen de fonctions

74 ▪▪ ***Exponentielle en mécanique***

La température θ exprimée en degrés Celsius du lubrifiant d'un moteur varie en fonction du temps t de fonctionnement, exprimé en minutes. On pose $\theta = f(t)$ où f est la fonction définie sur $[0, +\infty[$ par :

$$t \mapsto 25 - 10e^{-kt} \quad \text{et } k \text{ une constante réelle.}$$

1° Déterminer k pour que la température du lubrifiant au bout de 5 minutes de fonctionnement soit de 19 °C.

2° Quelle est la température du lubrifiant lorsque le moteur ne fonctionne pas ?

3° Étudier les variations de la fonction f.

4° Soit C sa courbe représentative dans le plan muni d'un repère orthogonal $(O ; \vec{i}, \vec{j})$; unités : en abscisse, 5 cm pour 10 minutes et, en ordonnée, 1 cm pour 2,5 °C.

5° Comment interpréter physiquement l'existence d'une asymptote pour C lorsque t augmente indéfiniment ?

6° Construire C pour t appartenant à $[0, 20]$.

75 ▪▪ ***Jeu de corde***

Pour hisser un poids P à l'aide d'une corde enroulée sur une poulie fixe, il faut exercer une force $F = Pe^{f\alpha}$ où e est la base du logarithme népérien, f le coefficient de frottement de la corde sur la poulie, α une mesure en radians de l'angle $\widehat{AOB}$ (fig. 23).

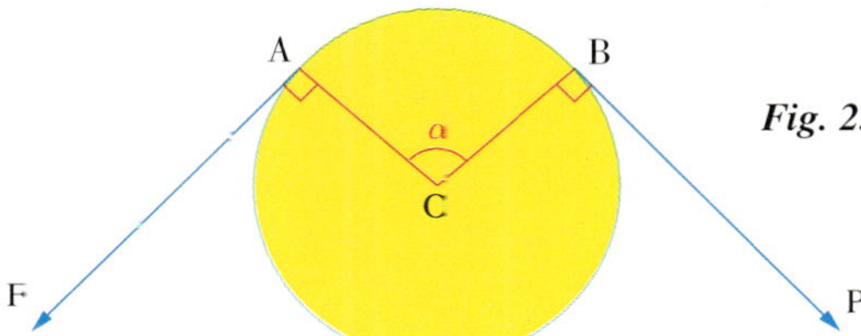

Fig. 23

On donne $f = 0,075$, déterminer une valeur approchée à 10^{-2} près de α permettant de hisser un poids de 45 newtons, en exerçant une force de 52 newtons.

76 ▪▪ ***Exponentielle en physique***

Décharge d'un condensateur dans un résistor.

La tension $V(t)$ aux bornes d'un condensateur se déchargeant dans un résistor varie en fonction du temps t suivant la loi $V(t) = V_0 \exp\left(-\frac{t}{RC}\right)$, où V_0 est la tension initiale, R la résistance du résistor, C la capacité du condensateur.

On donne C = 12 µF (microfarads). Calculer R en ohms, sachant que la tension est tombée au $\frac{1}{10}$ de sa valeur initiale au bout de 2 secondes.

77 ▪▪ ***Charge d'un condensateur : où on utilise la notation différentielle de la dérivée***

Un condensateur non chargé, de capacité C, est monté en série avec un résistor de résistance R et l'ensemble est soumis à une tension E à l'instant $t = 0$ (fig. 24).

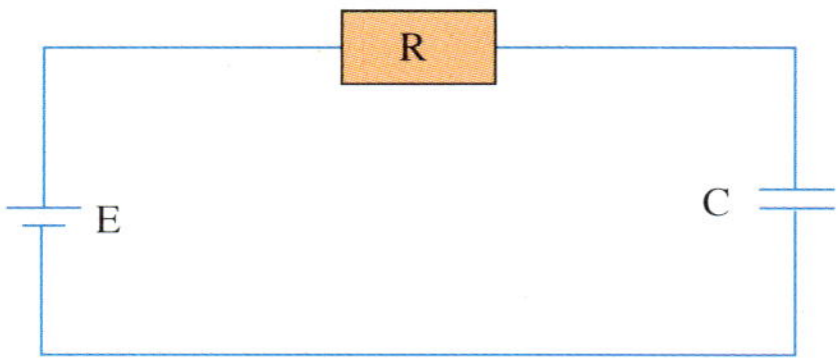

Fig. 24

La charge du condensateur n'est pas immédiate.
À l'instant t l'expression de la charge $Q(t)$ est de la forme

$$Q(t) = CE\left[1 - \exp\left(-\frac{t}{RC}\right)\right].$$

À l'instant t l'intensité $i(t)$ du courant dans le circuit est donnée par $i(t) = \dfrac{dQ(t)}{dt}$.

On donne $E = 50$, $R = 1$ et $C = 1$.

1° Étudier les variations de la fonction i définie sur $[0, +\infty[$ par $t \mapsto i(t)$.

2° Construire sa courbe représentative dans le plan muni d'un repère orthogonal.

78 ▪▪ ***Flux lumineux : loi de Biot et Savart***

Un flux lumineux traverse perpendiculairement une solution dans laquelle il est partiellement absorbé. À l'intérieur de la solution l'intensité du flux en un point est une fonction de la longueur x de solution traversée. Cette intensité $I(x)$ vérifie $\ln(I(x)) = -kx + A$.
k et A sont des grandeurs positives indépendantes de x ; k est exprimé en inverse du mètre.

1° Calculer I en fonction de x.

2° Soit I_1 l'intensité du flux d'entrée, I_2 son intensité à la sortie et l'on appelle l la longueur totale de la solution traversée.

Montrer que la transmission $T = \dfrac{I_2}{I_1}$ est égale à e^{-kl}.

3° Le coefficient k est proportionnel à la concentration c. (c est exprimée en moles par litre.)
Si $k = 200c$, pour quelle valeur de la concentration la transmission est-elle égale à $\dfrac{1}{2}$?

79 ▪▪ ***Radioactivité***

Un corps radioactif se désintègre en transformant une partie de ses noyaux suivant la loi $N(t) = N(0)e^{-kt}$ où $N(0)$ est le nombre de noyaux radioactifs au début de l'observation, $N(t)$ le nombre de noyaux radioactifs à l'instant t exprimé en heures, k une constante réelle.

1° Déterminer la constante k pour le thorium, sachant qu'avec $N(0) = 1\,000$, on a

$$N(1) = 937.$$

2° La période d'un élément radioactif est le temps au bout duquel il reste la moitié de ses atomes.
Calculer la période du thorium.

80 ▪▪ ***Isolation thermique***

On a voulu tester l'isolation thermique d'une pièce d'un appartement et on a opéré de la façon suivante.

On a chauffé la pièce jusqu'à ce que sa température soit stabilisée à 19 °C. On a alors coupé totalement le chauffage, à l'instant $t = 0$. On a observé l'évolution de la température dans la pièce et on a noté qu'à chaque intervalle d'une demi-heure correspondait une baisse de la température de $\dfrac{1}{10}$ de sa valeur.

Dans tout le problème, le temps t est exprimé en heures.

On admet que la température, exprimée en degrés Celsius, dans la pièce au bout du temps t est

$$\theta(t) = \theta(0) \cdot (0{,}9)^{kt},$$

où k est une constante réelle, et $\theta(0)$ la température à l'instant $t = 0$:

1° Déterminer la valeur de k.

2° Construire la courbe représentative de la fonction définie sur $[0, 6]$ par $t \mapsto \theta(t)$.

3° Dans une autre pièce, au cours d'une expérience analogue, la courbe représentant la variation de température en fonction du temps t avait pour équation

$$\theta(t) = 20 \cdot (0{,}8)^{2t}.$$

Quel avait été le temps nécessaire pour que l'on observe dans cette autre pièce un abaissement de la température de 20 °C à 6 °C ?

Donner le résultat à $\dfrac{1}{10}$ d'heure près.

Exemple d'utilisation de racine cubique

81 ▪▪▪ Le réservoir en tôle représenté ci-dessous est constitué de deux demi-disques verticaux D_1 et D_2 de même rayon x et d'un demi-cylindre de révolution limité par D_1 et D_2.

On appelle h la distance de D_1 à D_2, c'est-à-dire la longueur IJ.

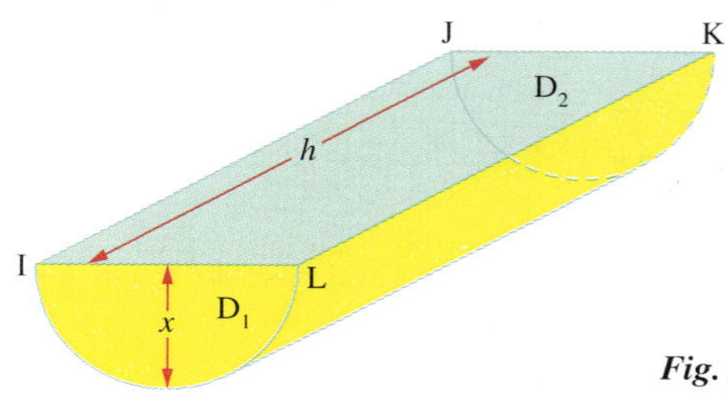

Fig. 25

Les unités choisies sont le mètre pour les longueurs, le mètre carré pour les aires, le mètre cube pour les volumes.

1° Calculer le volume V du réservoir en fonction de x et de h.

2° Calculer la surface S de tôle utilisée en fonction de x et de h. (On précise que le réservoir n'a pas de couvercle.)

3° On suppose dans la suite de l'exercice que le volume du réservoir est $V = 1$.

a) Calculer h en fonction de x.

b) Démontrer que

$$S = \pi x^2 + \frac{2}{x}.$$

4° *a*) Soit f la fonction définie sur $]0, +\infty[$ par :

$$f(x) = \pi x^2 + \frac{2}{x}.$$

Étudier le sens de variation de f. On démontrera que la dérivée f' de f s'annule pour

$$x = \frac{1}{\sqrt[3]{\pi}}.$$

b) En déduire que, pour construire un réservoir de 1 m^3, la surface minimale de tôle utilisée, exprimée en m^2, est $3\sqrt[3]{\pi}$.
Parmi les nombres suivants, indiquer celui qui représente une valeur décimale approchée en m^2, à 1 dm^2 près, du résultat précédent :

4,3 4,4 4,35 4,39.

(STI Génie mécanique, La Réunion, 1994)

RÉPONSES DES T.P.

T.P. 1 3°

x	0		ln 3		2
$f'(x)$		–	0	+	
$f(x)$	1 ↘		$3 - 3\ln 3$	↗	$e^2 - 6$

4° $0{,}6 < \alpha < 0{,}7$ et $1{,}5 < \beta < 1{,}6$.

T.P. 2 B. 2° *a*) $f' = e^{2x} - 2e^x - 3$.

2° *d*) $f(\ln 3) = -3\left(\frac{1}{2} + \ln 3\right)$.

4° $y = -3x - 2$.

6° $-0{,}38 < \alpha < -0{,}37$.

CORRIGÉS DES EXERCICES ET PROBLÈMES

1 *a*) $\ln e^{-1} = -1$. *b*) $\ln e^2 = 2$.

c) $\ln \sqrt{e} = \ln e^{\frac{1}{2}}$, $\ln \sqrt{e} = \frac{1}{2}$.

d) $\ln \frac{1}{\sqrt{e}} = \ln \frac{1}{e^{\frac{1}{2}}}$, $\ln \frac{1}{\sqrt{e}} = \ln e^{-\frac{1}{2}}$, $\ln \frac{1}{\sqrt{e}} = -\frac{1}{2}$.

2 *a*) $e^{\ln 2} = 2$. *b*) $e^{-\ln 3} = e^{\ln \frac{1}{3}}$, $e^{-\ln 3} = \frac{1}{3}$.

c) $e^{2\ln 2} = e^{\ln 2^2}$, $e^{2\ln 2} = e^{\ln 4}$, $e^{2\ln 2} = 4$.

3 *a*) $e^x = 3$ équivaut à $x = \ln 3$.

b) $e^x + 1 = 0$ équivaut à $e^x = -1$ équation qui n'admet pas de solution car, pour tout x réel, $e^x > 0$.

4 1° Les solutions de l'équation $x^2 + 3x - 4 = 0$ sont -4 et 1.

2° L'équation $e^{2x} + 3e^x - 4 = 0$ peut s'écrire

$$(e^x)^2 + 3e^x - 4 = 0.$$

x est solution de l'équation proposée si et seulement si $X = e^x$ est solution de l'équation

$$X^2 + 3X - 4 = 0,$$

c'est-à-dire si et seulement si :

$$\begin{cases} e^x = -4 \text{ qui n'a pas de solution car } e^x > 0 \\ \text{ou} \\ e^x = 1. \end{cases}$$

L'équation proposée a donc 0 pour seule solution.

5 x est solution de l'équation, proposée si et seulement si

$X = e^x$ est solution de l'équation

$X - \frac{15}{X} = 2$, équivalente à

$\frac{X^2 - 15}{X} = \frac{2X}{X}$, c'est-à-dire à

$\frac{X^2 - 2X - 15}{X} = 0$, donc à $X^2 - 2X - 15 = 0$.

Les solutions de l'équation $X^2 - 2X - 15 = 0$ sont -3 et 5. Donc x est solution de l'équation proposée si et seulement si :

$$\begin{cases} e^x = -3 \text{ qui n'a pas de solution car } e^x > 0 \\ \text{ou} \\ e^x = 5. \end{cases}$$

L'équation proposée a donc ln 5 pour seule solution.

6 *a)* $e^x \geqslant 3$ équivaut à $x \geqslant \ln 3$ puisque la fonction ln est strictement croissante sur $]0, +\infty[$.
D'où l'ensemble des solutions $[\ln 3, +\infty[$.

b) Tout nombre réel est solution de l'inéquation $e^x \geqslant -1$ car, pour tout x réel, on a $e^x > 0$.

c) $e^{2x} \geqslant 5$ équivaut à $2x \geqslant \ln 5$, puisque la fonction ln est strictement croissante sur $]0, \infty[$.

D'où l'ensemble des solutions $\left[\frac{1}{2} \ln 5, +\infty\right[$.

7 Le système proposé est équivalent aux systèmes suivants :

$$\begin{cases} xy = 14 \\ \ln(e^x \times e^y) = \ln e^{-9}, \end{cases} \quad \begin{cases} xy = 14 \\ \ln e^x + \ln e^y = -9, \end{cases}$$

$$\begin{cases} xy = 14 \\ x + y = -9, \end{cases} \quad \begin{cases} y = -9 - x \\ x(-9-x) = 14, \end{cases}$$

$$\begin{cases} x^2 + 9x + 14 = 0 \\ y = -9 - x, \end{cases} \quad \begin{cases} x = -7 \text{ ou } x = -2 \\ \text{et} \\ y = -9 - x. \end{cases}$$

L'ensemble des solutions est donc
$$\{(-7, -2)\ ;\ (-2, -7)\}.$$

8 1° $P(1) = 6 - 5 - 2 + 1$, donc $P(1) = 0$.
Pour tout nombre réel x,
$$(x-1)(ax^2+bx+c) = ax^3 + bx^2 + cx - ax^2 - bx - c,$$
$$(x-1)(ax^2+bx+c) = ax^3 + (b-a)x^2 + (c-b)x - c.$$

Donc pour tout nombre réel x,
$$(x-1)(ax^2+bx+x) = P(x)$$
si et seulement si :
$$\begin{cases} a = 6 \\ b - a = -5 \\ c - b = -2 \\ -c = 1 \end{cases} \quad \text{qui équivaut à} \quad \begin{cases} a = 6 \\ b = 1 \\ c = -1. \end{cases}$$

2° $P(x) = 0$ équivaut à $(x-1)(6x^2+x-1) = 0$ d'après 1°,
c'est-à-dire à $x = 1$ ou $6x^2 + x - 1 = 0$.
$\Delta = 1 - 4 \times 6(-1)$ donc $\Delta = 25$.

Les solutions de l'équation $6x^2 + x - 1 = 0$ sont
$$\frac{-1-5}{12} = -\frac{1}{2} \quad \text{et} \quad \frac{-1+5}{12} = \frac{1}{3}.$$

L'équation $P(x) = 0$ a pour solutions $-\frac{1}{2}, \frac{1}{3}$ et 1.

3° *a)* x est solution de l'équation (1) :
$$6x^{3x} - 5e^{2x} - 2e^x + 1 = 0$$
si et seulement si $X = e^x$ est solution de l'équation (2) : $6X^3 - 5X^2 - 2X + 1 = 0$ car $(e^x)^3 = e^{3x}$ et $(e^x)^2 = e^{2x}$.

Donc, d'après 2°, x est solution de l'équation (1) si et seulement si :
$$e^x = -\frac{1}{2} \quad \text{ou} \quad e^x = \frac{1}{3} \quad \text{ou} \quad e^x = 1.$$

Or $e^x = -\frac{1}{2}$ n'a pas de solution car $e^x > 0$ pour tout nombre réel x ;
$$e^x = \frac{1}{3} \quad \text{équivaut à} \quad x = \ln \frac{1}{3},$$
c'est-à-dire $x = -\ln 3$;
$$e^x = 1 \quad \text{équivaut à} \quad x = 0.$$

Les solutions de l'équation (1) sont $-\ln 3$ et 0.

b) $\ln(6x-3) + \ln(x+1) = \ln(2x-2)$ si et seulement si :
$$\begin{cases} \ln(6x-3)(x+1) = \ln(2x-2) \\ 6x - 3 > 0 \text{ et } x + 1 > 0 \end{cases}$$
qui équivaut à :
$$\begin{cases} (6x-3)(x+1) = 2x - 2 \\ x > \frac{1}{2} \text{ et } x > -1 \text{ et } 2x - 2 > 0, \end{cases}$$
$$\begin{cases} 6x^2 + 6x - 3x - 3 = 2x - 2 \\ x > \frac{1}{2} \text{ et } x > -1 \text{ et } x > 1, \end{cases}$$
$$\begin{cases} 6x^2 + x - 1 = 0 \\ x > 1. \end{cases}$$

D'après 2°, les solutions de $6x^2 + x - 1 = 0$ sont $-\frac{1}{2}$ et $\frac{1}{3}$ qui ne sont pas supérieurs à 1.
Donc l'équation
$$\ln(6x-3) + \ln(x+1) = \ln(2x-2)$$
n'a pas de solution dans $\mathbb{R}$.

c) En posant $\sin x = X$, on trouve $P(X) = 0$; d'où en utilisant les résultats du 2° :
$$\sin x = -\frac{1}{2} \quad \text{ou} \quad \sin x = \frac{1}{3} \quad \text{ou} \quad \sin x = 1,$$
ce qui équivaut à
$$\sin x = \sin\left(-\frac{\pi}{6}\right) \quad \text{ou} \quad \sin x = \sin \alpha,$$
avec $\alpha \approx 0{,}34$,

On met la calculatrice en mode radian.
$$\sin^{-1}\left(\frac{1}{3}\right) \approx 0{,}34.$$
$\left(\text{C'est-à-dire} \quad \sin 0{,}34 \approx \frac{1}{3}.\right)$

ou $\sin x = \sin \frac{\pi}{2}$.

D'où les solutions :

(1) $x = -\frac{\pi}{6} + k2\pi$,

(2) $x = \pi - \left(-\frac{\pi}{6}\right) + k2\pi$, $\quad x = \frac{7\pi}{3} + k2\pi$,

(3) $x = \alpha + k2\pi$,

(4) $x = \pi - \alpha + k2\pi$,

(5) $x = \frac{\pi}{2} + k2\pi$.

Dans lesquelles k est un entier relatif quelconque.

On sait que x est solution de l'équation $\sin x = \sin \alpha$ si et seulement si :
(1) $x = \alpha + k2\pi$
ou (2) $x = \pi - \alpha + k2\pi$
où k est un entier relatif quelconque.

9 • De $\lim\limits_{x \to +\infty} 2x = +\infty$ et de $\lim\limits_{y \to +\infty} e^y = +\infty$, on déduit (limite d'une fonction composée) que

$$\lim_{x \to +\infty} e^{2x} = +\infty.$$

De $\lim\limits_{x \to +\infty} e^x = +\infty$ et $\lim\limits_{x \to +\infty} e^{2x} = +\infty$, on déduit à l'aide d'un théorème sur la limite d'une somme que $\lim\limits_{x \to +\infty} f(x) = +\infty$.

• De $\lim\limits_{x \to -\infty} e^x = 0$, on déduit de même que $\lim\limits_{x \to -\infty} e^{2x} = 0$.

De $\lim\limits_{x \to -\infty} e^{2x} = 0$ et $\lim\limits_{x \to -\infty} e^x = 0$, on déduit à l'aide d'un théorème sur la limite d'une somme, que $\lim\limits_{x \to -\infty} f(x) = -1$.

10 • De $\lim\limits_{x \to -\infty} (2x+1) = -\infty$ et $\lim\limits_{x \to -\infty} -e^x = 0$, on déduit à l'aide d'un théorème sur la limite d'une somme que $\lim\limits_{x \to -\infty} f(x) = -\infty$.

• Pour tout $x > 0$, $f(x) = x\left(2 + \frac{1}{x} - \frac{e^x}{x}\right)$.

$$\lim_{x \to +\infty} -\frac{e^x}{x} = -\infty \quad \text{et} \quad \lim_{x \to +\infty} \frac{1}{x} = 0,$$

d'où $\quad \lim\limits_{x \to +\infty} \left(2 + \frac{1}{x} - \frac{e^x}{x}\right) = -\infty$.

De $\quad \lim\limits_{x \to +\infty} x = +\infty$

et $\lim\limits_{x \to +\infty} \left(2 + \frac{1}{x} - \frac{e^x}{x}\right) = -\infty$, on déduit à l'aide d'un théorème sur la limite d'un produit que

$$\lim_{x \to +\infty} f(x) = -\infty.$$

11 • Pour tout nombre réel x, $f(x) = e^x - xe^x$.
De $\lim\limits_{x \to -\infty} e^x = 0$ et $\lim\limits_{x \to -\infty} -xe^x = 0$,
on déduit à l'aide d'un théorème sur la limite d'une somme que $\lim\limits_{x \to -\infty} f(x) = 0$.

• De $\lim\limits_{x \to +\infty} (1-x) = -\infty$ et $\lim\limits_{x \to +\infty} e^x = +\infty$, on déduit à l'aide d'une théorème sur la limite d'un produit que $\lim\limits_{x \to +\infty} f(x) = -\infty$.

12 • De $\lim\limits_{x \to -\infty} e^x = 0$ et $\lim\limits_{x \to -\infty} -x^2 = -\infty$, on déduit à l'aide d'un théorème sur la limite d'une somme que $\lim\limits_{x \to -\infty} f(x) = -\infty$.

• Pour tout $x > 0$, $f(x) = x^2\left(\frac{e^x}{x^2} - 1\right)$.

Puisque $\lim\limits_{x \to +\infty} \frac{e^x}{x^\alpha} = +\infty$ (avec $\alpha > 0$),

$$\lim_{x \to +\infty} \frac{e^x}{x^2} = +\infty.$$

De $\lim\limits_{x \to +\infty} x^2 = +\infty$ et $\lim\limits_{x \to +\infty} -\left(\frac{e^x}{x^2} - 1\right) = +\infty$, on déduit à l'aide d'un théorème sur la limite d'un produit que $\lim\limits_{x \to +\infty} f(x) = +\infty$.

13 1° Pour tout nombre réel x,

$$a + \frac{b}{2+e^x} = \frac{a(2+e^x)+b}{2+e^x},$$

$$a + \frac{b}{2+e^x} = \frac{2a+b+ae^x}{2+e^x}.$$

Donc a et b conviennent si et seulement si $2a + b = 1$ et $a = -1$, d'où $b = 3$.

2° $\lim\limits_{x \to +\infty} e^x = +\infty$, d'où $\lim\limits_{x \to +\infty} \frac{3}{2+e^x} = 0$,

et $\lim\limits_{x \to +\infty} f(x) = -1$.

14 f est dérivable sur $\mathbb{R}$ et, pour tout nombre réel x,

$$f'(x) = 2 - (-e^{-x}).$$

On utilise $(e^u)' = u'e^u$.

$$f'(x) = 2 + e^{-x}.$$

15 f est dérivable sur $\mathbb{R}$ et, pour tout nombre réel x,

$$f'(x) = 1e^x + xe^x.$$

On utilise $(uv)' = \ldots$

$$f'(x) = e^x + xe^x.$$

16 f est dérivable sur $\mathbb{R}$ et, pour tout nombre réel x,

$$f'(x) = \frac{e^x(1) - xe^x}{(e^x)^2}.$$

On utilise $\left(\frac{u}{v}\right)' = \ldots$

$$f'(x) = \frac{e^x - xe^x}{e^{2x}}, \qquad f'(x) = \frac{1-x}{e^x}.$$

17 f est dérivable sur $\mathbb{R}$ et, pour tout nombre réel x,

$$f'(x) = 2xe^{(x^2)}.$$

On utilise $(e^u)' = u'e^u$.

18 f est dérivable sur $]0, +\infty[$ et, pour tout $x > 0$,

$$f'(x) = \frac{(e^x - 1)e^x - (e^x + 1)e^x}{(e^x - 1)^2},$$

$$f'(x) = \frac{-2e^x}{(e^x - 1)^2}.$$

19 F définie sur $\mathbb{R}$ par $F(x) = \frac{e^x}{5}$.

20 $f(x)$ ressemble à $u'(x)e^{u(x)}$ avec $u(x) = 2x + 3$ et $u'(x) = 2$; on écrit donc, pour tout nombre réel x,

$$f(x) = \frac{1}{2}\,(2e^{2x+3}).$$

D'où une primitive F de f sur $\mathbb{R}$ est définie par

$$F(x) = \frac{1}{2}\,e^{2x+3}.$$

21 Pour tout nombre réel x,

$$f(x) = e^{-x} = -(-e^{-x})\ ;$$

d'où une primitive de f sur $\mathbb{R}$ est définie par

$$F(x) = -e^{-x}.$$

22 $f(x)$ ressemble à $u'(x)e^{u(x)}$ avec $u(x) = x^2$ et $u'(x) = 2x$, on écrit donc, pour tout nombre réel x,

$$f(x) = \frac{1}{2}\,(2xe^{x^2}).$$

D'où une primitive de f sur $\mathbb{R}$ est définie par

$$F(x) = \frac{1}{2}\,e^{x^2}.$$

23 1° *a)* • De $\lim\limits_{X \to +\infty} \frac{\ln X}{X} = 0$ on déduit que

$$\lim_{x \to +\infty} \frac{\ln(x-1)}{x-1} = 0.$$

D'où $\lim\limits_{x \to +\infty} f(x) = 1.$

• Pour tout x de $]1, +\infty[$

$$\frac{5x}{4(x-1)} = \frac{5x}{x\left(4 - \frac{4}{x}\right)}, \qquad \frac{5x}{4(x-1)} = \frac{5}{4 - \frac{4}{x}}.$$

D'où $\lim\limits_{x \to +\infty} \frac{5x}{4(x-1)} = \frac{5}{4}$

et $\lim\limits_{x \to +\infty} g(x) = 1 - \frac{5}{4}$, $\lim\limits_{x \to +\infty} g(x) = -\frac{1}{4}.$

b) De $\lim\limits_{x \to +\infty} e^{-x} = 0$ et $\lim\limits_{x \to +\infty} e^{1-x} = 0$ (puisque $\lim\limits_{u \to +\infty} e^{-u} = 0$) on déduit que $\lim\limits_{x \to +\infty} h(x) = 1.$

c) De $\lim\limits_{x \to +\infty} f(x) = 1$ et $\lim\limits_{x \to +\infty} h(x) = 1$ on déduit que la droite d'équation $y = 1$ est asymptote de la courbe représentative de f et de la courbe représentative de h.

De $\lim\limits_{x \to +\infty} g(x) = -\frac{1}{4}$, on déduit que la droite d'équation $y = -\frac{1}{4}$ est asymptote de la courbe représentative de g.

On peut donc éliminer la fonction g.

Lorsque $\lim\limits_{x \to +\infty} f(x) = L$, la droite d'équation $y = L$ est asymptote horizontale de la courbe représentative de f en $+\infty$.

2° *a)* • Pour tout x de $]1, +\infty[$,

$$f'(x) = -\frac{(x-1)\,\frac{1}{x-1} - (1)\ln(x-1)}{(x-1)^2},$$

On utilise $\left(\frac{u}{v}\right)' = \ldots$ et $(\ln u)' = \ldots$

$$f'(x) = -\frac{1 - \ln(x-1)}{(x-1)^2},$$

$$f'(x) = \frac{-1 + \ln(x-1)}{(x-1)^2}.$$

Les inéquations suivantes sont équivalentes dans $]1, +\infty[$,

$f'(x) \geqslant 0$, $-1 + \ln(x-1) \geqslant 0$, $\ln(x-1) \geqslant 1$,

$\ln(x-1) \geqslant \ln e$, $x - 1 \geqslant e$, $x \geqslant 1 + e$.

Le signe de $f'(x)$ sur $]1, +\infty[$ est donc donné par :

x	1		$1+e$		$+\infty$
$f'(x)$	‖	$-$	0	$+$	

• Pour tout x de $]1, +\infty[$,

$$h'(x) = \frac{e^x(e^x - e) - (e^x - 1)(e^x)}{(e^x - e)^2},$$

On utilise $\left(\frac{u}{v}\right)' = \ldots$

$$h'(x) = \frac{e^x(e^x - e - e^x + 1)}{(e^x - e)^2},$$

$$h'(x) = \frac{(1-e)e^x}{(e^x - e)^2}.$$

Pour tout x de $]1, +\infty[$, $\dfrac{e^x}{(e^x - e)^2} > 0$, et $1 - e < 0$,

> $1 - e \approx -1{,}7$.

donc, pour tout x de $]1, +\infty[$, $h'(x) < 0$.

b) h est donc strictement décroissante sur $]1, +\infty[$.
C n'admet pas de point où la tangente est horizontale pour $x = 1 + e$. Ce n'est donc pas la courbe représentative de f.
C est donc la courbe représentative de h.

24 ***Partie A***

1° L'équation $10y^2 - 7y + 1 = 0$ a pour discriminant $\Delta = (-7)^2 - 4(10)(1)$, $\Delta = 9$.

Les solutions de cette équation sont $\dfrac{7-3}{20} = \dfrac{1}{5}$ et $\dfrac{7+3}{20} = \dfrac{1}{2}$.

Donc le signe de $10y^2 - 7y + 1 = 10\left(y - \dfrac{1}{5}\right)\left(y - \dfrac{1}{2}\right)$ est donné, puisque $a = 10$, tableau suivant lorsque y varie dans $\mathbb{R}$.

x	$-\infty$		$\frac{1}{5}$		$\frac{1}{2}$		$+\infty$
$10y^2 - 7y + 1$		+	0	−	0	+	

Les solutions de l'inéquation $10y^2 - 7y + 1 \leqslant 0$ sont donc les nombres réels appartenant à l'intervalle $\left[\dfrac{1}{5}, \dfrac{1}{2}\right]$.

2° x est solution de l'inéquation

$$10e^{-2x} - 7e^{-x} + 1 \leqslant 0,$$

notée (1), si et seulement si

$$10(e^{-x})^2 - 7e^{-x} + 1 \leqslant 0 \quad \text{car} \quad (e^{-x})^2 = e^{-2x}.$$

Donc x est solution de l'inéquation (1) si et seulement si $y = e^{-x}$ est solution de l'inéquation $10y^2 - 7y + 1 \leqslant 0$ résolue au 1°.
Donc x est solution de (1) si et seulement si $\dfrac{1}{5} \leqslant e^{-x} \leqslant \dfrac{1}{2}$ qui équivaut à $\ln \dfrac{1}{5} \leqslant \ln e^{-x} \leqslant \ln \dfrac{1}{2}$ car ln est une fonction croissante sur $]0, +\infty[$.

Or $\qquad \ln \dfrac{1}{5} = -\ln 5, \quad \ln \dfrac{1}{2} = -\ln 2$

et $\qquad \ln e^{-x} = -x.$

> Pour tout $a > 0$, $\ln \dfrac{1}{a} = -\ln a$.
> Pour tout nombre réel a, $\ln e^a = a$.

Donc x est solution de (1) si et seulement si $-\ln 5 \leqslant -x \leqslant -\ln 2$ qui équivaut à

$$\ln 5 \geqslant x \geqslant \ln 2$$

en multipliant par -1 qui est négatif.
Les solutions de l'inéquation $10e^{-2x} - 7e^{-x} + 1 \leqslant 0$ sont les nombres réels appartenant à l'intervalle $[\ln 2, \ln 5]$.

Partie B

1° La dérivée de la fonction f définie sur $[0, +\infty[$ par

$$f(x) = -5e^{-2x} + 7e^{-x} + x - 1$$

est la fonction f' définie sur $[0, +\infty[$ par

$$f'(x) = -5(-2)e^{-2x} + 7(-1)e^{-x} + 1,$$

> $(e^u)' = u'e^u$

$$f'(x) = 10e^{-2x} - 7e^{-x} + 1.$$

D'après **A.** 2° $f'(x) \leqslant 0$ si et seulement si x appartient à l'intervalle $[\ln 2, \ln 5]$.

x	0		ln 2		ln 5		$+\infty$
$f'(x)$		+	0	−	0	+	

2° $\displaystyle\lim_{x \to +\infty} -2x = -\infty$ et $\displaystyle\lim_{X \to -\infty} e^X = 0$; donc, d'après un théorème sur la limite d'une fonction composée $\displaystyle\lim_{x \to +\infty} e^{-2x} = 0$.

De même $\qquad \displaystyle\lim_{x \to +\infty} e^{-x} = 0.$

Donc $\qquad \displaystyle\lim_{x \to +\infty} (-5e^{-2x} - 7e^{-x}) = 0$

et, comme $\qquad \displaystyle\lim_{x \to +\infty} (x - 1) = +\infty,$

$$\lim_{x \to +\infty} f(x) = +\infty.$$

3° Pour $x = \ln 2$, $-x = -\ln 2$

et $\quad -2x = -2 \ln 2$; $\quad$ donc $\quad -x = \ln \dfrac{1}{2}$

et $\quad -2x = -\ln 2^2, \quad -2x = \ln \dfrac{1}{4}.$

Donc $\quad e^{-x} = \dfrac{1}{2}$ et $e^{-2x} = \dfrac{1}{4}$.

> Pour tout $a > 0$, $e^{\ln a} = a$; ici $a = \dfrac{1}{2}$ et $a = \dfrac{1}{4}$.

$$f(\ln 2) = -5\left(\frac{1}{4}\right) + 7\left(\frac{1}{2}\right) + \ln 2 - 1.$$

$$f(\ln 2) = \frac{5}{4} + \ln 2, \quad \text{donc} \quad f(\ln 2) \approx 1{,}94.$$

De même $f(\ln 5) = -5\left(\dfrac{1}{25}\right) + 7\left(\dfrac{1}{5}\right) + \ln 5 - 1,$

$$f(\ln 5) = \frac{1}{5} + \ln 5, \quad \text{donc} \quad f(\ln 5) \approx 1{,}81.$$

4°

x	0		ln 2		ln 5		$+\infty$
$f'(x)$		+	0	−	0	+	
$f(x)$	1	↗	$\frac{5}{4} + \ln 2$	↘	$\frac{1}{5} + \ln 5$	↗	$+\infty$

$$f(0) = -5+7+0-1,$$
$$f(0) = 1 \quad \text{car} \quad e^0 = 1.$$

5° Le coefficient directeur de la tangente T à la courbe C en son point d'abscisse 0 est $f'(0)$.

$$f'(0) = 10-7+1 \quad \text{car} \quad e^0 = 1,$$
$$f'(0) = 4.$$

Partie C

1° Pour tout $x \geqslant 0$,

$$f(x)-(x-1) = -5e^{-2x}+7e^{-x}$$

Donc, d'après ***B.*** 2° $\lim\limits_{x \to +\infty} (f(x)-(x-1)) = 0$.

La courbe C possède une asymptote oblique D d'équation $y = x-1$.

Si $\lim\limits_{x \to +\infty} (f(x)-(ax+b)) = 0$, alors la droite d'équation $y = ax+b$ est une asymptote de la courbe représentative de f.

2° Soit M et N deux points de même abscisse x, M étant situé sur C et N sur D.

$$y_M - y_N = f(x)-(x-1)$$

donc $$y_M - y_N = -5e^{-2x}+7e^{-x},$$

$$y_M - y_N = e^{-2x}\left(-5+7\frac{e^{-x}}{e^{-2x}}\right),$$

$$y_M - y_N = e^{-2x}(7e^x-5)$$

Or $e^{-2x}>0$ pour tout $x \geqslant 0$ car l'exponentielle est une fonction strictement positive.
$e^x \geqslant e^0$ pour tout $x \geqslant 0$ car l'exponentielle est une fonction croissante sur $\mathbb{R}$,
donc, pour tout $x \geqslant 0$, $e^x \geqslant 1$.

Donc, pour tout $x \geqslant 0$, $7e^x-5 \geqslant 7-5$,

$$7e^x-5>0.$$

En définitive, pour tout $x \geqslant 0$,
$y_M - y_N = e^{-2x}(7e^x-5)$ est strictement positif, donc $y_M \geqslant y_N$: la courbe C est au-dessus de la droite D.

3°

x	0,5	1	2	3	4	6
$f(x)$	1,91	1,90	1,86	2,34	3,13	5,02

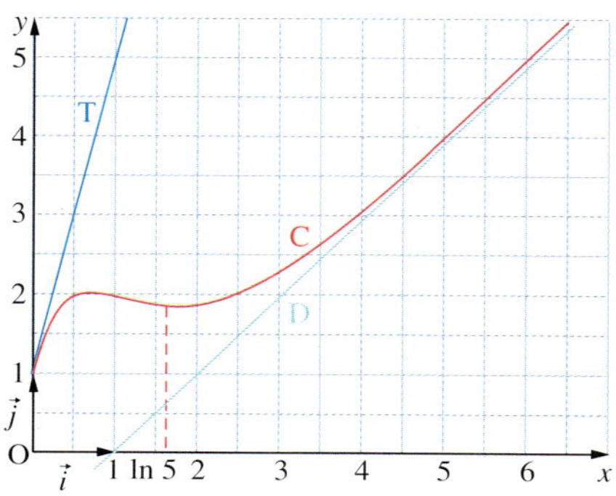

Fig. 26

25 1° *a*) On voit sur le graphique que les tangentes à la courbe C au point d'abscisse 0 et au point d'abscisse ln 2 sont parallèles à l'axe des abscisses, donc ont un coefficient directeur nul.
C'est-à-dire $f'(0) = 0$ et $f'(\ln 2) = 0$.

$f'(a)$ est le coefficient directeur de la tangente à la courbe représentative de f au point d'abscisse a.

b) On observe sur le graphique que f semble strictement croissante sur $]-\infty, 0]$ et sur $[\ln 2, +\infty[$.
Donc l'ensemble des solutions de l'inéquation $f'(x)>0$ est $]-\infty, 0[\cup]\ln 2, +\infty[$.
On observe sur le graphique que f est strictement décroissante sur $[0, \ln 2]$.
Donc l'ensemble des solutions de l'inéquation $f'(x)>0$ est $]0, \ln 2[$.

c) On lit sur le graphique que lorsque x appartient à $[-1, 0]$, on a $6 \leqslant f(x) \leqslant 9$.
Lorsque x appartient à $[-1, \ln 2]$ on a aussi $6 \leqslant f(x) \leqslant 9$.

d) x_0 est l'abscisse du point d'intersection de la courbe C et de l'axe des abscisses. Sur le graphique on lit $-3 \leqslant x_0 \leqslant -2$.

2° *a*) $f(-3) \approx -0{,}277$ et $f(-2) \approx 2{,}200$.

b) On sait que si f est dérivable sur $[a, b]$ et si pour tout x de $]a, b[$, $f'(x)>0$, alors f est strictement croissante sur $[a, b]$ et, pour tout λ de $[f(a), f(b)]$, l'équation $f(x) = \lambda$ admet une seule solution dans $[a, b]$.
f est dérivable dans $[-3, -2]$ et pour tout x de $]-3, -2[$, $f'(x)>0$.
$f(-3)<0$ et $f(-2)>0$ donc 0 appartient à $[f(-3), f(-2)]$.
Il existe donc x_0 unique dans $[-3, -2]$ tel que $f(x_0) = 0$.

c) Avec une calculatrice on obtient :

$$-2{,}86 < x_0 < -2{,}85.$$

26 1° Du graphique et de l'allure générale de la courbe exponentielle on déduit que, pour tout x de $\mathbb{R}$,

$g(x)>h(x)$, c'est-à-dire $e^x>x$, $e^x-x>0$.

2° *a*) $\lim\limits_{x \to -\infty} e^x = 0$, d'où $\lim\limits_{x \to -\infty} 2e^x = 0$.
De $\lim\limits_{x \to -\infty} 2e^x = 0$ et $\lim\limits_{x \to -\infty} (-x^2+3) = -\infty$,
on déduit que $\lim\limits_{x \to -\infty} f(x) = -\infty$.

À l'aide d'un théorème sur la limite d'une somme.

b) Pour tout $x>0$,

$$f(x) = x^2\left(\frac{2e^x}{x^2}-1\right)+3.$$

On lit dans le formulaire pour le baccalauréat que

$$\lim_{x \to +\infty} \frac{e^x}{x^n} = +\infty \text{ pour tout } n \text{ entier naturel.}$$

Donc $$\lim_{x \to +\infty} \frac{e^x}{x^2} = +\infty,$$

donc $\lim_{x \to +\infty} \left(\frac{2e^x}{x^2} - 1\right) = +\infty.$

De $\lim_{x \to +\infty} x^2 = +\infty$ et $\lim_{x \to +\infty} \left(\frac{2e^x}{x^2} - 1\right) = +\infty$ on déduit que $\lim_{x \to +\infty} x^2\left(\frac{2e^x}{x^2} - 1\right) = +\infty$ donc que

$$\lim_{x \to +\infty} f(x) = +\infty.$$

3° *a*) Pour tout x de $\mathbb{R}$, $f'(x) = 2e^x - 2x$,

$$f'(x) = 2(e^x - x).$$

On déduit du 1° que, pour tout x de $f'(x) > 0$.

b) D'où le tableau de variation de f :

x	$-\infty$	0	$+\infty$
$f'(x)$		$+$	
$f(x)$	$-\infty$	$\nearrow$	$+\infty$

4° *a*)

x	-3	-2	-1	0	1	2	$2{,}2$
$f(x)$	$-5{,}9$	$-0{,}7$	$2{,}7$	5	$7{,}4$	$13{,}8$	$16{,}2$

b) f est fonction dérivable et strictement croissante sur $[-2, -1]$.
Pour tout nombre réel λ de $[f(-2), f(1)]$ il existe a unique dans $[-2, -1]$ tel que $f(a) = \lambda$.

> Si f est dérivable sur $[a, b]$ et si f est strictement croissante sur $[a, b]$, pour tout λ de $[f(a), f(b)]$ il existe x_0 unique dans $[a, b]$ tel que $f(x_0) = \lambda$.

$f(-2) \approx -0{,}7 < 0$ et $f(-1) \approx 2{,}7 > 0$ donc 0 appartient à l'intervalle $[f(-2), f(-1)]$. Il existe donc a unique dans $[-2, -1]$ tel que $f(a) = 0$.

$$f(-1{,}9) \approx -0{,}31 < 0 \quad \text{et}$$

$$f(-1{,}8) \approx 0{,}09 > 0 \;\text{ donc }\; -1{,}9 \leqslant a \leqslant -1{,}8.$$

c)

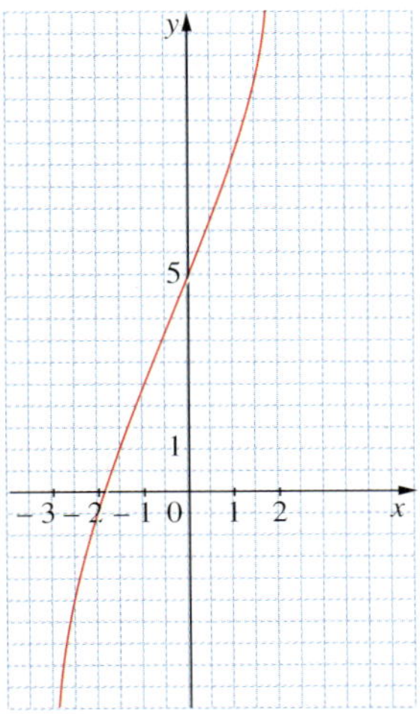

Fig. 27

5° Une primitive F de f est définie sur $\mathbb{R}$ par :

$$F(x) = 2e^x - \frac{1}{3}x^3 + 3x.$$

27 *a*) L'équation équivaut à $\ln 3^{2x} = \ln 2^{3x}$, à $2x \ln 3 = 3x \ln 2$, donc à $x = 0$.

b) $4^x = 8$ équivaut à $x \ln 4 = \ln 8$,
à $x \ln 2^2 = \ln 2^3$,
à $2x \ln 2 = 3 \ln 2$,
à $x = \frac{3}{2}$.

28 1° Les solutions de l'équation $x^2 + x - 6 = 0$ sont $x_1 = -3$ et $x_2 = 2$.

2° L'équation $2^{2x} + 2^x - 6 = 0$ peut s'écrire

$$(2^x)^2 + 2^x - 6 = 0.$$

x est solution de l'équation proposée si et seulement si $X = 2^x$ est solution de l'équation $X^2 + X - 6 = 0$ c'est-à-dire si et seulement si :

$$\begin{cases} 2^x = -3 \text{ qui n'a pas de solution car pour tout} \\ \text{ou} \qquad \text{nombre réel } x,\ 2^x > 0. \\ 2^x = 2 \end{cases}$$

$2^x = 2$ équivaut à $x = 1$; c'est l'unique solution de l'équation.

29 *a*) Pour tout nombre réel x : $f(x) = e^{x \ln 2}$;
d'où, pour tout nombre réel x,

$$f'(x) = \ln 2 e^{x \ln 2} = (\ln 2) 2^x.$$

b) Pour tout nombre réel x : $f(x) = e^{x \ln \frac{1}{2}}$;

d'où, pour tout nombre réel x,

$$f'(x) = \ln \frac{1}{2} e^{x \ln \frac{1}{2}} = (-\ln 2)\left(\frac{1}{2}\right)^x.$$

RÉPONSES DES Q.C.M.

32 1° $\lim_{x \to -\infty} f(x) = 0$; 2° $\lim_{x \to +\infty} f(x) = -\infty$;
3° $\lim_{x \to -\infty} e^{2x+1} = 0$.

33 1° $f'(x) = 2 - e^{-x}$; 2° $f'(x) = (1 - x)e^{-x}$;
3° $f'(x) = 2e^{2x+1}$.

34 1° $F(x) = \frac{1}{2}x^2 - 3x + e^x$; 2° $F(x) = \frac{1}{2}e^{2x+1}$.

9 Suites numériques

- Introduction
- Comportement global
- Langage des suites

Dans ce chapitre vous allez retrouver les suites introduites en Première.
Si vous êtes en STI spécialités : génie mécanique, civil, énergétique, des matériaux, ou en STL spécialité : chimie, seuls l'introduction de ce cours et le paragraphe I du résumé vous concernent car le programme comporte uniquement une consolidation des acquis sur les suites arithmétiques et géométriques sous forme d'exercices et de problèmes.
Pour les seules spécialités : génie électronique, électrotechnique, optique, physique, il s'agit aussi d'aborder l'étude du comportement global et asymptotique de la suite des valeurs $f(n)$ d'une fonction et la totalité de ce chapitre est au programme.

Quelle que soit la spécialité dans laquelle vous vous trouvez, vous êtes amenés à utiliser soit des résistors de couleurs normalisées, soit des outils de fraisage de diamètres normalisés, soit des tamis dont les mailles carrées ont des dimensions normalisées. Dans chaque cas les valeurs normalisées sont les termes consécutifs de suites géométriques mises au point par Charles Renard (1847-1905), officier et ingénieur militaire français, et destinées alors aux diamètres des … amarres des ballons dirigeables !

INTRODUCTION

Bien que la totalité des deux activités proposées ci-dessous puisse être traitée dans toutes les spécialités de STI et STL **la question 3° de chaque problème s'adresse prioritairement aux spécialités : génie électronique, électrotechnique, physique.**

Activités préparatoires

Problème 1

Dans ce problème, l'unité de longueur est le centimètre et l'unité de temps est la seconde.
Un mobile se déplace sur une droite toujours dans le même sens.

n est un nombre entier naturel.

On note $A_0,\ A_1,\ A_2,\ A_3,\ \ldots,\ A_{n-1},\ A_n,\ A_{n+1},\ \ldots$
les positions respectives de ce mobile aux instants

$$t = 0,\ t = 1,\ t = 2,\ t = 3,\ \ldots,\ t = n-1,\ t = n,\ t = n+1,\ \ldots$$

et on suppose que

$$A_0A_1 = 1\ ;\quad A_1A_2 = 1{,}1\,A_0A_1\ ;\quad A_2A_3 = 1{,}1\,A_1A_2\ ;\ \ldots,$$

chaque longueur A_nA_{n+1} étant obtenue en multipliant la précédente $A_{n-1}A_n$ par 1,1.

1° Calculer les nombres permettant de remplir le tableau suivant et placer avec soin les neuf points $A_0,\ A_1,\ A_2,\ \ldots,\ A_8$.

n	1	2	3	…	8
$A_{n-1}A_n$	1	1,1	…		
A_0A_n	1				

$\mathbb{N}^*$ a pour éléments 1, 2, 3, 4, 5, …

2° On considère la suite définie pour tout n de $\mathbb{N}^*$ par

$$u_n = A_{n-1}A_n.$$

Voir le paragraphe I du résumé.

a) Quelle est la nature de la suite (u_n) ?

b) n étant un nombre quelconque de $\mathbb{N}^*$, calculer u_n en fonction de n.

c) Démontrer que, pour tout n de $\mathbb{N}^*$, $A_0A_n = 10(1{,}1^n - 1)$.

3° Pour quelles valeurs de n la distance A_0A_n est-elle :

a) supérieure à 10 ?

b) supérieure à 100, c'est-à-dire à 1 mètre ?

c) supérieure à 200, c'est-à-dire à 2 mètres ?

d) supérieure à 10^5, c'est-à-dire à 1 kilomètre ?

Voir le paragraphe II.1 du chapitre 7.

On pourra isoler n puis utiliser le résultat suivant : pour tous nombres réels a, b strictement positifs, on a $a \geqslant b$ si et seulement si $\ln a \geqslant \ln b$.

Problème 2

On reprend l'énoncé du problème 1 en remplaçant la lettre A par la lettre B, le nombre 1,1 par 0,9 et u_n par v_n partout où ils figurent.

Reprendre les questions 1°, 2° *a*) et 2° *b*).

2° *c*) Démontrer que, pour tout n de $\mathbb{N}^*$, $B_0B_n = 10(1 - 0{,}9^n)$.

d) En déduire que, pour tout n de $\mathbb{N}^*$, $B_0B_n < 10$.

3° Pour quelles valeurs de n la distance B_0B_n est-elle :

a) comprise entre 9 et 10 ?

b) comprise entre 9,9 et 10 ?

c) comprise entre 9,999 et 10 ?

1. Exemples de situations décrites à l'aide d'une suite des valeurs $f(n)$ d'une fonction

D'autres exemples de telles situations sont donnés dans le T.P. 1, les exercices corrigés 9 et 10, et les exercices 24, 25 et 33 à 41.
D'après le paragraphe I.6.*a*) du chapitre 8 :
$a^b = e^{b \ln a}$, fonction définie sur $[1, +\infty]$.

Nous avons observé en Première qu'il est possible de décrire certaines situations (radioactivité, prêts, évolution de populations, ...) à l'aide d'une suite des valeurs $f(n)$ d'une fonction.

De même dans le problème 1 des activités préparatoires ci-dessus nous avons obtenu

$u_n = 1{,}1^{n-1}$ pour tout n de $\mathbb{N}^*$; donc $u_n = f(n)$ où f est la fonction définie sur $[1, +\infty[$ par $f(x) = 1{,}1^{x-1} = e^{(x-1)\ln 1{,}1}$.

2. Suites croissantes, suites décroissantes

EXEMPLE

Soit (u_n) la suite définie sur $\mathbb{N}$ par $u_n = n^2$.

Pour tout n de $\mathbb{N}$, $u_{n+1} = (n+1)^2$,

donc $u_{n+1} = n^2 + 2n + 1$.

Or, pour tout n de $\mathbb{N}$, $n^2 + 2n + 1 > n^2$ car $2n + 1 > 0$.

Donc, pour tout n de $\mathbb{N}$, $u_{n+1} > u_n$.

Chaque terme de la suite (u_n) est strictement supérieure au précédent ; on dit que la suite (u_n) est strictement croissante.

Remplacez $\mathbb{N}$ par $\mathbb{N}^*$ pour une suite définie à partir de $n = 1$.

Définitions

Soit (u_n) une suite définie sur $\mathbb{N}$.
(u_n) est une suite *croissante* (respectivement *strictement croissante*), si et seulement si, pour tout n de $\mathbb{N}$,

$$u_{n+1} \geqslant u_n \quad \text{(respectivement } u_{n+1} > u_n\text{)}.$$

(u_n) est une suite *décroissante* (respectivement *strictement décroissante*) si et seulement si, pour tout n de $\mathbb{N}$,

$$u_{n+1} \leqslant u_n \quad \text{(respectivement } u_{n+1} < u_n\text{)}.$$

Une suite *monotone* est une suite croissante ou une suite décroissante.

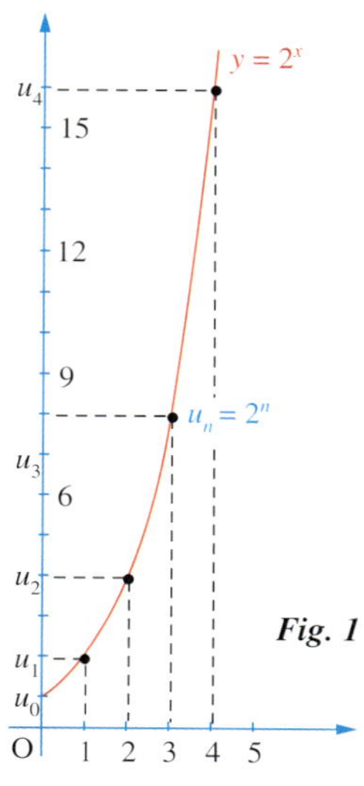

Fig. 1

EXEMPLE

Soit q un nombre réel strictement positif.

La suite (q^n) est la suite géométrique de premier terme 1 et de raison q car $q^0 = 1$ et,

pour tout n de $\mathbb{N}$, $\dfrac{q^{n+1}}{q^n} = q$.

Nous en déduisons suivant les valeurs de q le sens de variation de cette suite :

Si $q > 1$, alors la suite (q^n) est strictement croissante.
Si $q = 1$, alors la suite (q^n) est constante (ou stationnaire).
Si $0 < q < 1$, alors la suite (q^n) est strictement décroissante.

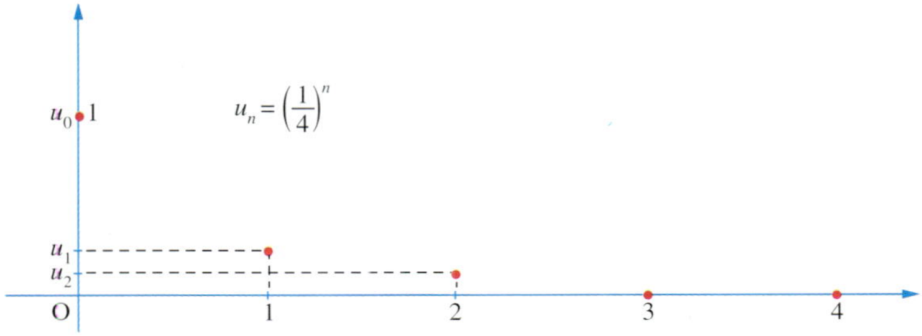

Fig. 2

Cette fonction est aussi strictement décroissante sur $]-\infty ; 0]$ mais ceci n'intervient pas ici car la variable n est positive.

REMARQUE

La suite (n^2) est strictement croissante et la fonction $x \mapsto x^2$ est strictement croissante sur $[0, +\infty[$.

Nous admettons le théorème suivant qui lie le sens de variation d'une fonction f sur $[0, +\infty[$ et celui de la suite de terme général $f(n)$.

On dispose d'énoncés analogues avec décroissante, strictement croissante, strictement décroissante.

Théorème

Si f est une fonction croissante sur $[0, +\infty[$, alors la suite de terme général $f(n)$ est croissante.

EXEMPLE

La fonction $f : x \mapsto \frac{1}{x}$ est strictement décroissante sur $]0, +\infty[$.

Donc la suite de terme général $\frac{1}{n}$, définie sur $\mathbb{N}^*$, est strictement décroissante.

REMARQUE

Vérifiez-le.

La réciproque de ce théorème est fausse : en effet la suite de terme général $2n^2 - n$ est croissante mais la fonction $x \mapsto 2x^2 - x$ n'est pas croissante sur $[0, +\infty[$.

II. LANGAGE DES LIMITES

Il s'agit d'étudier le comportement du terme général u_n d'une suite pour les grandes valeurs de n.

1. Limite des suites de terme général n, n^2, n^3, $\sqrt{n}$

Voir le paragraphe II.1 du chapitre 5.

Nous avons observé graphiquement et numériquement le comportement de chacune des fonctions $x \mapsto x$, $x \mapsto x^2$, $x \mapsto x^3$, $x \mapsto \sqrt{x}$ pour les grandes valeurs de x.

p est un nombre entier naturel.

Nous savons que f désignant l'une quelconque de ces fonctions et 10^p étant choisi aussi grand que l'on veut, $f(x)$ est supérieur à 10^p dès que x est assez grand.

Cette propriété est encore vraie si nous remplaçons le nombre réel x par un nombre entier naturel n et $f(x)$ par $f(n) = u_n$.

Nous notons de même :

$$\lim_{n \to +\infty} n = +\infty, \quad \lim_{n \to +\infty} n^2 = +\infty,$$
$$\lim_{n \to +\infty} n^3 = +\infty, \quad \lim_{n \to +\infty} \sqrt{n} = +\infty.$$

2. Limite des suites de terme général $\frac{1}{n}$, $\frac{1}{n^2}$, $\frac{1}{n^3}$, $\frac{1}{\sqrt{n}}$

Voir le paragraphe II.2. du chapitre 5.

En procédant comme dans le paragraphe précédent nous sommes conduits à noter :

Chacune de ces suites **converge** vers 0.

$$\lim_{n \to +\infty} \frac{1}{n} = 0, \quad \lim_{n \to +\infty} \frac{1}{n^2} = 0, \quad \lim_{n \to +\infty} \frac{1}{n^3} = 0, \quad \lim_{n \to +\infty} \frac{1}{\sqrt{n}} = 0.$$

3. Limite d'une suite de terme général $u_n = f(n)$

Nous admettons le théorème suivant :

L désigne un nombre réel, $+\infty$ ou $-\infty$.

Théorème
Si une fonction f admet une limite L en $+\infty$, alors la suite de terme général $u_n = f(n)$ admet pour limite L.

$\lim_{x \to +\infty} \ln x = +\infty$,
$\lim_{n \to +\infty} e^x = +\infty$.
$\lim_{x \to +\infty} \frac{3x+4}{2x+1} = \frac{3}{2}$.

EXEMPLE

$$\lim_{n \to +\infty} \ln n = +\infty, \quad \lim_{n \to +\infty} e^n = +\infty.$$
$$\lim_{n \to +\infty} \frac{3n+4}{2n+1} = \frac{3}{2}.$$

REMARQUE

Voir le paragraphe III.2. du chapitre 5.

Les énoncés de comparaison pour les suites et les fonctions sont entièrement analogues.

4. Limite d'une suite géométrique (q^n), où $q > 0$

Voir le problème 1 de l'introduction.

Nous avons étudié les cas où l'entier naturel p est 2 ou 5.

Dans le cas particulier où $q = 1{,}1$ nous avons démontré que $(1{,}1)^n \geqslant 100$ dès que $n \geqslant 49$ et que $(1{,}1)^n \geqslant 10^5$ dès que $n \geqslant 121$.
De même, 10^p étant fixé aussi grand que l'on veut, on démontre que

$$(1{,}1)^n \geqslant 10^p \quad \text{dès que} \quad n \geqslant p\,\frac{\ln 10}{\ln 1{,}1}$$

et on écrit : $$\lim_{n \to +\infty} (1{,}1)^n = +\infty.$$

Voir le problème 2 de l'introduction où il est question de $0{,}9^n$.

Dans le cas particulier où $q = 0{,}9$ nous avons démontré que

$$0 \leqslant (0{,}9)^n \leqslant 0{,}01 \quad \text{dès que} \quad n \geqslant 44$$

et que

$$0 \leqslant (0{,}9)^n \leqslant 10^{-4} \quad \text{dès que} \quad n \geqslant 88.$$

De même, 10^{-p} étant fixé aussi proche de 0 que l'on veut, on démontre que

Attention : $\ln 0{,}9 < 0$. Nous avons étudié les cas où l'entier naturel p est 2 ou 4.

$$0 \leqslant (0{,}9)^n \leqslant 10^{-p} \quad \text{dès que} \quad n \geqslant -p\,\frac{\ln 10}{\ln 0{,}9}$$

et on écrit :

$$\lim_{n \to +\infty} (0{,}9)^n = 0.$$

Plus généralement nous admettons le théorème suivant :

Théorème

Soit q un nombre réel *strictement positif*

$$\lim_{n \to +\infty} q^n = \begin{cases} +\infty & \text{si } q > 1 \\ 1 & \text{si } q = 1 \\ 0 & \text{si } 0 < q < 1. \end{cases}$$

EXEMPLES

$$\lim_{n \to +\infty} 2^n = +\infty, \qquad \lim_{n \to +\infty} \left(\frac{1}{3}\right)^n = 0.$$

REMARQUE

Cette démonstration n'est pas au programme de Terminale STI ou STL.

Le théorème ci-dessus ne peut être démontré en utilisant le théorème du paragraphe 3 : en effet celui-ci est utilisé dans la démonstration du résultat $\lim_{x \to +\infty} \ln x = +\infty$ qui intervient dans la définition de la fonction exponentielle et par suite dans celle de la fonction $x \mapsto q^x = e^{x \ln q}$.

RÉSUMÉ

Suite arithmétique

Soit (u_n) une *suite arithmétique* de premier terme u_0, de raison r.
Pour tout n de $\mathbb{N}$,

- $u_{n+1} = u_n + r$, • $u_n = u_0 + nr$,
- $u_0 + u_1 + \ldots + u_n = (n+1) \cdot \dfrac{(u_0 + u_n)}{2}$.
- On peut retenir :

$$\text{somme des termes} = (\text{nombre de termes}) \times \frac{\text{premier terme} + \text{dernier terme}}{2}.$$

Suite géométrique

Soit (u_n) une *suite géométrique* de premier terme u_0 de raison q.
Pour tout n de $\mathbb{N}$,

- $u_{n+1} = u_n q$, • $u_n = u_0 q^n$,
- $u_0 + u_1 + \ldots + u_n = u_0\,\dfrac{1 - q^{n+1}}{1 - q}$, dans le cas où $q \neq 1$.
- On peut retenir :

$$\text{somme des termes} = \text{premier terme} \times \frac{1 - (\text{raison})^{\text{nombre de termes}}}{1 - \text{raison}}.$$

TRAVAUX PRATIQUES

Pour l'ensemble des spécialités de STI et STL.

T.P. 1 Exemple d'étude de problème conduisant à une suite arithmétique ou géométrique

Madame A dispose d'une somme de 50 000 F qu'elle veut faire fructifier.
On lui propose deux types de placements.
Type I : le capital est augmenté chaque année de 5 000 F.
Type II : le capital est augmenté chaque année de 7 % du capital de l'année précédente.

1° *Placement de type I*
On note U_n le capital en francs à la fin de la $n^{\text{ième}}$ année ($U_0 = 50\,000$).

a) Calculer U_1 et U_2.

b) Exprimer U_n en fonction de n.

2° *Placement de type II*
On note V_n le capital en francs à la fin de la $n^{\text{ième}}$ année ($V_0 = 50\,000$).

a) Calculer V_1 et V_2.

b) Justifier que (V_n) est une suite géométrique de raison 1,07. En déduire V_n en fonction de n.

3° *Comparaisons*
Quel est le type de placement le plus avantageux pour Madame A :

a) si elle compte retirer son argent à la fin de la 8e année ?

b) si elle compte retirer son argent à la fin de la 12e année ?
(Justifier les réponses fournies.)

4° Au bout de combien d'années le capital disponible représente-t-il le double du capital initial

a) avec le placement de type I ?

b) avec le placement de type II ?

Pour les spécialités : génie électronique, électrotechnique, optique, physique

T.P. 2 Exemple d'étude du comportement asymptotique d'une suite $u_n = f(n)$

Remarque : aucune connaissance en électricité n'est nécessaire pour résoudre cet exercice.

Une ligne de transmission peut être assimilée à la mise en cascade d'un grand nombre n de cellules identiques (fig. 3).

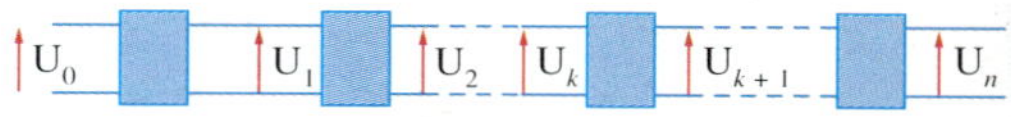

Fig. 3

À l'entrée de la ligne on applique une tension de valeur efficace U_0.
On note U_n la valeur efficace de la tension en sortie de ligne.
On caractérise une cellule par un nombre réel appelé transmittance ; dans l'exercice, toutes les cellules ont la même transmittance, T, avec $U_{k+1} = T \cdot U_k$ où k est un nombre entier compris entre 0 et $n - 1$. Ainsi (U_k) est une suite géométrique de raison T.
Dans l'exercice la valeur efficace U_0 est de 10 V.

1° Dans le cas où la transmittance T prend la valeur 1, que vaut U_n ?
Pour la suite de l'exercice la transmitance T est égale à 0,9.

2° *a)* Calculer U_3, (c'est-à-dire le terme d'indice 3 de la suite définie précédemment).

b) Calculer U_n en fonction de n, puis la limite de U_n quand n tend vers $+\infty$.

c) Quel est le nombre minimal de cellules à associer pour avoir une tension de sortie de ligne dont la valeur efficace est inférieure à 0,002 V ?

3° On réalise maintenant, à l'aide d'un circuit sommateur, la somme des valeurs successives de U_k (fig. 2).

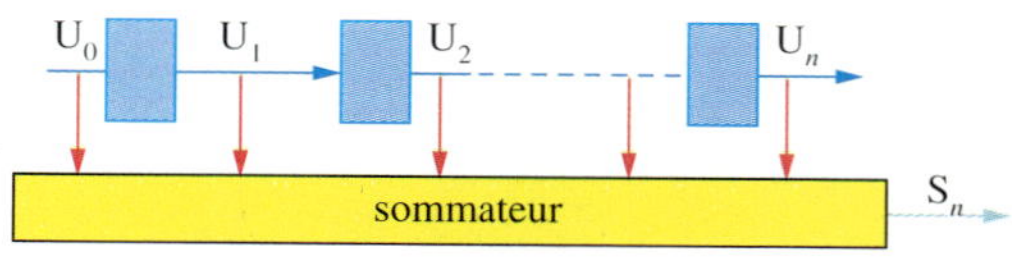

Fig. 4

On pose : $S_n = U_0 + U_1 + U_2 + \ldots + U_n$.
Calculer S_n en fonction de n, puis la limite de S_n quand n tend vers $+\infty$.

Remarque : cette limite est considérée comme tension de sortie, si le circuit est constitué d'un très grand nombre de cellules identiques.

(STI Génie électronique, génie électrotechnique, Polynésie, 1995)

EXERCICES ET PROBLÈMES

AVEC CORRIGÉS

OBJECTIFS	Numéros des exercices
POUR TOUTES LES SPÉCIALITÉS	
Calculer les termes, la raison ou une somme de termes consécutifs d'une suite arithmétique ou géométrique	1 à 8
Étudier des situations conduisant à une suite géométrique	9 et 10
POUR LES SPÉCIALITÉS : ÉLECTRONIQUE, OPTIQUE ÉLECTROTECHNIQUE, PHYSIQUE	
Déterminer le sens de variation d'une suite définie par $u_n = f(n)$	11 à 14
Déterminer la limite éventuelle d'une suite définie par $u_n = f(n)$	13 à 18

Pour l'ensemble des spécialités de STI et STL.

Suites arithmétiques

1 ▪▪ La suite (u_n) est définie par

$$\begin{cases} u_0 = -5 \\ u_{n+1} = u_n + \frac{5}{2}, \text{ avec } n \in \mathbb{N}. \end{cases}$$

1° Calculer u_1, u_2, u_3, u_4, u_5.

2° Exprimer u_n en fonction de n.

3° Représenter graphiquement la suite (u_n).

4° Calculer $u_0 + u_1 + \ldots + u_{18}$.

Dans les exercices 2 et 3, (u_n) désigne une suite arithmétique de raison r, de premier terme u_0 et $S_n = u_0 + u_1 + \ldots + u_n$.

2 ▪▪ On donne $r = 3$ et $u_4 = 25$; calculer u_0 et u_7.

3 ▪▪ On donne $u_3 = 5$ et $S_4 = 15$; calculer r et u_0.

4 ▪▪ Calculer la somme

$$S = 0{,}5 + 1 + 1{,}5 + 2 + \ldots + 12.$$

Suites géométriques

5 ▪▪ La suite (u_n) est définie par

$$\begin{cases} u_0 = 9 \\ u_{n+1} = -\frac{1}{3} u_n, n \in \mathbb{N}. \end{cases}$$

1° Calculer u_1, u_2, u_3, u_4, u_5.

2° Exprimer u_n en fonction de n.

3° Calculer $u_0 + u_1 + \ldots + u_{10}$.

6 ▪▪ (u_n) désigne une suite géométrique de raison q, de premier terme u_0 et $S_n = u_0 + u_1 + \ldots + u_n$.
On donne $u_0 = 1$, $q = 2$ et $S_n = 15$.
Calculer n.

7 ▪▪ Trouver toutes les suites géométriques (u_n) de premier terme $u_0 = 4$ et telles que $u_2 = 9$.

8 ▪▪ Calculer la somme

$$S = 1 + \frac{1}{3} + \frac{1}{3^2} + \ldots + \frac{1}{3^{35}}.$$

9 ▪▪▪ *Isolation phonique*

L'unité d'intensité du son utilisée dans cet exercice est le décibel (symbole db). Une source sonore émet un son d'intensité 100 décibels ($u_0 = 100$).
On appelle u_n l'intensité du son mesurée après la traversée de n plaques d'isolation phonique, sachant que chaque plaque d'isolation absorbe 10 % de l'intensité du son qui lui parvient.

Par exemple $u_1 = u_0 - \frac{10}{100} u_0$.

1° Calculer u_1, u_2, u_3.

2° Déterminer la relation entre u_{n+1} et u_n, puis exprimer u_n en fonction de u_0 et de n.

3° Quelle intensité sonore obtient-on avec dix plaques d'isolation phonique ?

4° Déterminer à partir de quelle valeur de n l'intensité du son devient inférieur à 1 dB.

10 ▪▪▪ On étudie la situation suivante :
Monsieur X place à intérêts composés une somme de 10 000 F le 1er janvier 1998, au taux annuel de 4 %.
Monsieur Y place à intérêts composés 9 000 F à la même date au taux annuel de 5 %.
On rappelle que dans le cas des intérêts composés, les intérêts sont incorporés au capital à la fin de chaque période (ici l'année).

1° Calculer la somme dont disposera Monsieur X au 1er janvier 1999 et la somme que possédera Monsieur Y à cette même date.

2° Pour tout entier naturel n, on note u_n le capital dont disposera Monsieur X au 1er janvier de l'année $(1998 + n)$ et on note v_n le capital de Monsieur Y à cette même date.
a) Montrer que chacune des suites (u_n) et (v_n) est une suite géométrique ; préciser la raison de chaque suite.
b) Exprimer u_n, puis v_n en fonction de n.

3° Déterminer les valeurs de l'entier naturel n pour lesquelles on a : $u_n < v_n$.

Interpréter le résultat précédent pour la situation décrite dans le préambule.

Note : Pour résoudre cette inéquation, on pourra considérer le logarithme népérien de chaque membre.

Pour les spécialités : électronique, électrotechnique, optique, physique.

Sens de variation et limite d'une suite

Étudier le sens de variation de la suite (u_n) et déterminer sa limite (exercices 11 à 14).

11 ▪▪ $u_n = 2 - 3n, \quad n \in \mathbb{N}$.

12 ▪▪ $u_n = (1{,}3)^n, \quad n \in \mathbb{N}$.

13 ▪▪ $u_n = (0{,}2)^n, \quad n \in \mathbb{N}$.

14 ▪▪ $u_n = -\dfrac{1}{n+1}, \quad n \in \mathbb{N}$.

15 ▪▪ Déterminer la limite de la suite (u_n) définie par :
$u_n = 2 - \dfrac{1}{n^2}$, $\quad n \in \mathbb{N}^*$ (c'est-à-dire n entier naturel distinct de 0).

Q.C.M.

Ces Q.C.M., dont les réponses figurent à la fin de ce chapitre, permettent une auto-évaluation.

Dans ces questionnaires à choix multiples (Q.C.M.), il suffit d'indiquer sur sa copie, pour chaque question posée, la (ou les) bonne(s) réponse(s), s'il y en a, parmi les propositions de l'énoncé ; aucune justification n'est demandée.

16 ▪▪ (u_n) est une suite arithmétique de premier terme $u_0 = 24$ de raison $r = 1{,}5$.

1° $u_8 =$	2° $u_n =$	3° $u_0 + u_1 + \ldots + u_8 =$
36	$24 \times (1{,}5)^n$	235,5
34,5	$24 + (n-1)(1{,}5)$	270
37,5	$24 + 1{,}5n$	307,5

17 ▪▪ (u_n) est une suite géométrique de premier terme $u_0 = 10\,000$ de raison $r = 1{,}04$.

1° $u_n =$	2° $u_n > 20\,000$ pour	3° $u_0 + u_1 + \ldots + u_8 \approx$
$10\,000(1{,}04)^{n-1}$	$n \geqslant 17$	92 142
$10\,000(1{,}04)^n$	$n \geqslant 20$	92 143
$10\,000 + 1{,}04n$	$n \geqslant 18$	105 828

Pour les spécialités : électronique, électrotechnique, optique, physique.

18 ▪▪ u_n est une suite géométrique de premier terme $u_0 = 10$ de raison $r = 0{,}5$.

1° $\lim\limits_{n \to +\infty} u_n =$	2° $S_n = u_0 + \ldots + u_n =$	3° $\lim\limits_{n \to +\infty} S_n =$
1	$20 - 20(0{,}5)^n$	0
$+\infty$	$20[1 - (0{,}5)^{n+1}]$	20
0	$20(0{,}5)^{n+1} - 20$	$-\infty$

SANS CORRIGÉS

Pour l'ensemble des spécialités de STI et STL

Suites arithmétiques

19 ▪▪ La suite (u_n) est définie par

$$\begin{cases} u_0 = 7 \\ u_{n+1} = u_n - \frac{1}{5}, \text{ pour tout } n \text{ de } \mathbb{N}. \end{cases}$$

1° Calculer u_1, u_2, u_3, u_4.

2° Exprimer u_n en fonction de n.

3° Calculer $u_0 + u_1 + \ldots + u_{15}$.

Dans les exercices 20 à 22, (u_n) désigne une suite arithmétique de raison r, de premier terme u_0 et $S_n = u_0 + u_1 + \ldots + u_n$.

20 ▪ On donne $u_0 = -1$ et $r = \frac{1}{4}$; calculer u_{12}.

21 ▪▪ On donne $u_4 = 33$ et $u_2 = 15$; calculer u_0 et r.

22 ▪▪ On donne $u_3 = 5$ et $S_4 = 15$; calculer u_0 et r.

23 ▪▪ Calculer la somme

$$S = 1 + 4 + 7 + 10 + \ldots + 61.$$

24 ▪▪▪ ***Problème de production***

Une entreprise a lancé la production d'un certain modèle de pompe le 2 janvier 1992.
On note q_1 la quantité produite pendant l'année 1992, q_2 la quantité produite pendant l'année 1993, q_n la quantité produite pendant l'année $(1991 + n)$.
On suppose que la suite (q_n) est une suite arithmétique.
La production a atteint 12 000 exemplaires pendant l'année 1997.
La production totale a été de 58 500 exemplaires pendant les six années écoulées entre le 2 janvier 1992 et le 31 décembre 1997.
Déterminer la production au cours de l'année 1992.

25 ▪▪▪ Pour moderniser son atelier, un artisan achète 910 000 F de matériel. Ce matériel est amorti annuellement ; pour les dix premières années, les amortissements, exprimés en F, forment une suite arithmétique (u_n) de raison $-20\,000$. Le premier amortissement u_1 est de 190 000.

1° Calculer la valeur nette après le premier amortissement, puis après le deuxième.

2° Calculer l'amortissement u_n en fonction de n.

3° Montrer que le total des n premiers amortissements est :

$$S(n) = 200\,000n - 10\,000n^2.$$

4° Déterminer le nombre d'années nécessaires pour que le matériel soit amorti.

(Hôtellerie, Polynésie, 1995)

Suites géométriques

26 ▪▪ La suite (u_n) est définie par

$$\begin{cases} u_0 = \frac{1}{3} \\ u_{n+1} = 4u_n, \text{ pour tout } n \text{ de } \mathbb{N}. \end{cases}$$

1° Calculer u_1, u_2, u_3, u_4.

2° Exprimer u_n en fonction de n.

3° Calculer $u_0 + u_1 + \ldots + u_9$.

Dans les exercices 27 et 28, (u_n) désigne une suite géométrique de raison q, de premier terme u_0 et $S_n = u_0 + u_1 + \ldots + u_n$.

27 ▪▪ On donne $u_0 = 2$ et $q = -3$; calculer u_3 et S_3.

28 ▪▪ On donne $u_2 = 4$ et $u_3 = 6$; calculer u_4 et S_4.

29 ▪▪▪ Calculer la somme

$$S = 64 + 48 + 36 + \ldots + \frac{243}{16}.$$

30 ▪▪ ***Le pendule***

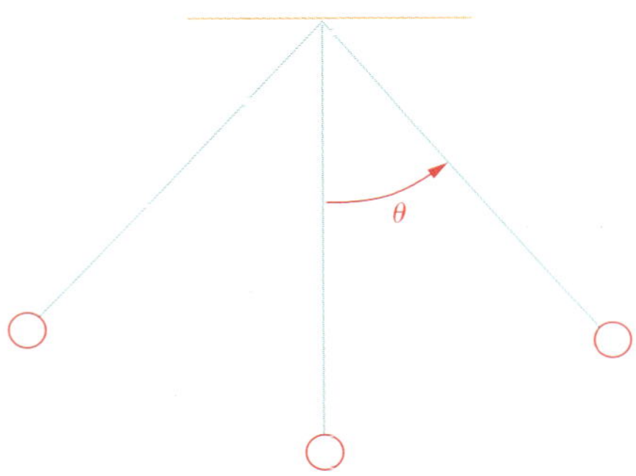

Fig 5

Un pendule oscille de part et d'autre de sa position d'équilibre. L'amplitude θ des oscillations du pendule diminue progressivement.

On désigne par θ_1 l'amplitude atteinte à la fin de la première oscillation complète et par θ_n l'amplitude atteinte à la fin de la $n^{\text{ième}}$ oscillation complète.

On suppose que l'on a :

$$\theta_1 = 60° \quad \text{et} \quad \theta_n = \frac{8}{9}\,\theta_{n-1}.$$

1° Exprimer θ_n en fonction de n.

2° Calculer θ_7 à 0,01° près.

31 ▪▪▪ ***Problème de baccalauréat***

Le plan P est muni d'un repère orthonormal $(O\,;\vec{u},\vec{v})$ (unité graphique 4 cm). On note C la courbe représentative dans ce repère de la fonction f, définie sur l'intervalle $]0, +\infty[$ par

$$f(x) = \frac{1+\ln x}{x}.$$

1° *a*) Déterminer la limite de f en 0.

b) Déterminer la limite de f en $+\infty$.

c) En déduire que la courbe C admet deux asymptotes dont on donnera, pour chacune, une équation.

2° *a*) Calculer $f'(x)$.

b) Étudier le signe de $f'(x)$.

c) Dresser le tableau de variation de f.

3° *a*) Calculer les coordonnées du point d'intersection M_1 de la courbe C avec l'axe des abscisses.

b) Soit M_2 le point de C, d'abscisse $\frac{1}{\sqrt{e}}$. Déterminer une équation de la tangente T à C en M_2.

c) On désigne par M_3 le point de la courbe C où la tangente à C est parallèle à l'axe des abscisses.

Calculer les coordonnées de M_3.

d) Soit M_4 est le point de C d'abscisse $\sqrt{e}$. Vérifier que f'', fonction dérivée de la fonction f', s'annule pour $x = \sqrt{e}$.

e) Vérifier que les abscisses respectives x_1, x_2, x_3, x_4, des points M_1, M_2, M_3, M_4 sont quatre termes consécutifs d'une suite géométrique dont on précisera la raison.

f) Réaliser une figure : placer les points M_1, M_2, M_3, M_4 et tracer la tangente T puis la courbe C.

4° Soit g la fonction définie sur $]0, +\infty[$ par $g(x) = 2\ln x + (\ln x)^2$.

Calculer $g'(x)$. En déduire une primitive de f.

(STI Génie mécanique A et F, génie civil, génie énergétique, Nouvelle-Calédonie, 1996)

Suite arithmétique et suite géométrique

32 ▪▪▪ ***Exercice de baccalauréat***

1° Soit (u_n) la suite définie pour tout entier naturel n par $u_n = 2n - 1$.

a) Montrer que (u_n) est une suite arithmétique dont on précisera le premier terme u_0 et la raison r.

b) Calculer, en fonction de n, la somme

$$S_n = u_0 + u_1 + \ldots + u_n.$$

2° Soit (v_n) la suite définie pour tout entier naturel n par $v_n = e^{u_n}$.

a) Montrer que (v_n) est une suite géométrique dont on précisera le premier terme v_0 et la raison q.

b) Calculer $P_n = v_0 \times v_1 \times \ldots \times v_n$ en fonction de n.

(STI Génie mécanique, 1994).

Exemples de problèmes issus des sciences physiques, des techniques industrielles ou de la vie économique et sociale

Chaque fois qu'on est confronté à une situation du type : « une population, un prix... augmente de t % tous les ans », on définit une suite géométrique de raison $1 + \frac{t}{100}$. S'il s'agit d'une diminution de t % on obtient une suite géométrique de raison $1 - \frac{t}{100}$.

Problèmes issus des sciences physiques (exercices 33 et 34).

33 ▪▪▪ ***Atmosphère !... Atmosphère !***

On appelle u_0, u_1, u_2, ..., u_{10} les pressions atmosphériques, un jour donné, aux altitudes 0, 100, 200 et 1 000 mètres.

1° La pression atmosphérique diminue approximativement de 1 % lorsque l'on s'élève de 100 m.

Calculer u_1, u_2, u_3 et u_n en fonction de u_0.

2° Ce jour-là, $u_0 = 1\,000$ hectopascals. Le baromètre d'un ermite marque 950 (hectopascals).

À quelle altitude se trouve l'ermite ?

34 ▪▪▪ ***Désintégrons...***

La désintégration de l'atome de radium donne de l'hélium et une émanation gazeuse, le radon, qui elle-même se désintègre avec le temps selon la formule :

$$m(t+1) - m(t) = -0{,}165\; m(t)$$

où $m(t)$ désigne la masse du gaz au bout du $t^{\text{ième}}$ jour.

1° Calculer $m(t+1)$ en fonction de $m(t)$.

2° Calculer $m(t)$ en fonction de t et $m(0)$.

3° Au cours de quelle journée la masse d'un échantillon de radon atteindra-t-elle la moitié de sa valeur initiale ?

4° Même question qu'au 3° avec le quart de sa valeur initiale.

Démographie (exercices 35 et 36).

35 ▪▪▪ La population des États-Unis augmente de 0,79 % par an en moyenne, celle de la France de 0,34 %.
Ces populations en 1985 étaient respectivement de 237,5 millions et 55,1 millions. En admettant que cette évolution reste constante, quelles seront en l'an 2000 les populations de ces deux pays ?

36 ▪▪▪ On s'intéresse à l'évolution de la population mondiale entre les années 1950 et 1990. Pour cela, on donne le tableau suivant :

n	1	2	3	4	5
Année	1950	1960	1970	1980	1990
Population p_n (en milliards d'habitants)	2,5	3,0	3,6	4,4	5,2

(Source : Quid.)

1° Soit (u_n) la suite arithmétique définie par $u_1 = 2{,}5$ et $u_5 = 5{,}2$.
a) Calculer sa raison.
b) Calculer u_1, u_2, u_3, u_4, u_5.
c) On veut représenter l'évolution de la population mondiale par cette suite arithmétique. L'indice n représente la dizaine d'années comme cela est indiqué sur le tableau ci-dessus et u_n est exprimé en milliards d'habitants.
Déterminer la valeur de u_n pour l'an 2000.

2° Exprimer en pourcentage l'augmentation de la population entre : 1950 et 1960 ; 1960 et 1970 ; 1970 et 1980 ; 1980 et 1990.

3° Soit (v_n) la suite géométrique telle que $v_1 = 2{,}5$ et de raison $q = 1{,}2$.
a) Calculer v_1, v_2, v_3, v_4, v_5.
b) On veut représenter l'évolution de la population mondiale par cette suite géométrique.
Avec les mêmes conventions qu'en 1° *c*), déterminer la valeur de v_n pour l'an 2000.

(Baccalauréat, 1995)

Mathématiques financières (exercices 37 à 40).

37 ▪▪▪ ***À la Caisse d'Épargne***

On place 10 000 F le 01/01/96 dans une caisse d'épargne au taux de 3,5 % l'an. Les placements dans les caisses d'épargnes sont « à intérêts composés » ce qui signifie que les intérêts obtenus à la fin de la première année s'ajoutent au capital pour produire des intérêts la seconde année et ainsi de suite. On note C_n le capital obtenu au bout de n années.

1° Calculer C_1, C_2, C_3.

2° *a*) Montrer que les nombres C_1, C_2, …, C_n sont des termes successifs d'une suite géométrique dont on précisera la raison.
b) Donner l'expression de C_n en fonction de n.

3° Au bout de combien d'années le capital initial aura-t-il doublé ?
(Ce qui n'est pas forcément un gain réel car sur des périodes assez longues, dans un passé récent, les « gains » réalisés sur les placements au taux de 4,5 % l'an n'ont pas toujours compensé la hausse du coût de la vie.)

38 ▪▪▪ Au 1er janvier 1996, une personne place deux sommes d'argent à intérêts composés :
– placement A : 15 000 F au taux annuel de 7 % ;
– placement B : 18 000 F au taux annuel de 5 %.

1° Reproduire et compléter le tableau suivant :

	Valeur acquise du placement A	Valeur acquise du placement B
au 01.01.1996	15 000 F	18 000 F
au 01.01.1997		
au 01.01.1998		
au 01.01.1999		
au 01.01.2000		

2° On note U_n la valeur acquise au 1er janvier $(1996 + n)$ sur le placement A et V_n la valeur acquise au 1er janvier $(1996 + n)$ sur le placement B.
Montrer que (U_n) et (V_n) sont deux suites géométriques et donner la raison de chacune d'elles.

3° Exprimer U_n et V_n en fonction de n.

4° À partir de quelle année la valeur acquise sur le placement A sera-t-elle plus élevée que celle du placement B ?

(Hôtellerie, La Réunion, 1996)

39 ▪▪▪▪ ***Quitte ou double***

À quel taux faut-il placer un capital C_0, à intérêts composés, pour qu'il double ?
a) En cinq ans. *b*) En dix ans.

40 ▪▪▪▪ ***Inflation***

Sur un journal économique on lit que, du fait de l'inflation, un franc de 1960 représente* 7,76 francs de 1995. À quel taux (à intérêts composés) aurait-il fallu placer un capital C_0 en 1960 pour obtenir en 1995 un capital disponible égal à $7{,}76C_0$, c'est-à-dire pour avoir seulement maintenu le pouvoir d'achat de ce capital pendant cette période ?

* « représente » signifie a même pouvoir d'achat.

Application à la technologie

41 ▪▪▪▪ ***Granulométrie***

La granulométrie est l'étude des propriétés des sables et graviers (les granulats) utilisés pour fabriquer du béton. (Un béton est un mélange de granulats et de ciment.)

Pour étudier les propriétés mécaniques des bétons, on est amené à trier les granulats par tailles à l'aide de séries de tamis à mailles carrées. (C'est-à-dire à trous carrés.)

Tous les trous (ou mailles) d'un même tamis de la série ont les mêmes dimensions.

On définit le module M d'un tamis à mailles carrées de côté d, exprimé en millièmes de millimètres, par la formule : $M = 10(\log d) + 1$ où $\log d$ est le logarithme décimal de d.

On utilise le plus souvent une série de tamis dont les modules prennent toutes les valeurs entières possibles de 20 à 50.

1° Calculer les diamètres en millimètres correspondant à $M = 20$ et $M = 50$.

2° On désigne par M_1, M_2, …, M_n, …, M_{31} les différentes valeurs des modules des tamis. Ces nombres sont les termes successifs de la suite arithmétique de premier terme $M = 20$ et de raison 1.
Exprimer $M_n (1 \leqslant n \leqslant 31)$ en fonction de n.

3° On désigne par d_1, …, d_n, …, d_{31} les diamètres correspondant aux différents modules. Pour tout entier $n (1 \leqslant n \leqslant 30)$, exprimer d_{n+1} en fonction de d_n. En déduire que la suite (d_n) est une suite géométrique dont on précisera la raison.

Pour les spécialités : électronique, électrotechnique, optique et physique.

Sens de variation et limite d'une suite

Étudier le sens de variation de la suite (u_n) et déterminer sa limite (exercices 42 à 46).

42 ▪▪ $u_n = -2n + 4, \quad n \in \mathbb{N}.$

43 ▪▪ $u_n = \dfrac{3}{n^2}, \quad n \in \mathbb{N}^*.$

44 ▪▪ $u_n = -3n^2, \quad n \in \mathbb{N}.$

45 ▪▪ *a)* $u_n = (1{,}3)^n, \quad n \in \mathbb{N}.$
b) $u_n = (0{,}2)^n, \quad n \in \mathbb{N}.$

46 ▪▪ $u_n = \dfrac{4}{n+2}, \quad n \in \mathbb{N}.$

Déterminer la limite de la suite (u_n) (exercices 47 à 54).

47 ▪▪ $u_n = 1 - \dfrac{1}{n}, \quad n \in \mathbb{N}^*.$

48 ▪▪ $u_n = 3 - (0{,}2)^n, \quad n \in \mathbb{N}.$

49 ▪▪ $u_n = 4 + (1{,}4)^n, \quad n \in \mathbb{N}.$

50 ▪▪ $u_n = n^2 + 1, \quad n \in \mathbb{N}.$

51 ▪▪ $u_n = \dfrac{6-n}{n+1}, \quad n \in \mathbb{N}.$

52 ▪▪ $u_n = \dfrac{1-n}{n^2+1}, \quad n \in \mathbb{N}.$

53 ▪▪ $u_n = \dfrac{2n^2+1}{n^2+3}, \quad n \in \mathbb{N}.$

54 ▪▪ $u_n = \dfrac{n^2+n+2}{n^2+1}, \quad n \in \mathbb{N}.$

55 ▪▪▪ On désigne par (u_n) la suite géométrique de premier terme 1, de raison 2.

1° Exprimer u_n en fonction de n.

2° Quelle est la nature de la suite de terme général $\ln(u_n)$?

3° La suite (u_n) a-t-elle une limite ? et la suite $(\ln(u_n))$?

4° Calculer le plus petit entier n tel que $u_n > 10^{1\,000}$.

56 ▪▪▪ On considère la suite (u_n) définie pour tout nombre entier naturel n par :

$$u_n = \frac{n}{e} + e^{-n}.$$

1° Montrer que la suite (v_n) définie pour tout nombre entier naturel n par $v_n = \dfrac{n}{e}$ est une suite arithmétique dont on précisera la raison et le premier terme.

2° Montrer que la suite (w_n) définie pour tout nombre entier naturel n par $w_n = e^{-n}$ est une suite géométrique dont on précisera la raison et le premier terme.

3° Calculer en fonction de n,
$S_n = v_0 + v_1 + \ldots + v_n$ et $S'_n = w_0 + w_1 + \ldots + w_n$.

En déduire l'expression en fonction de n de

$$S''_n = u_0 + u_1 + \ldots + u_n.$$

Étudier, lorsqu'elles existent, les limites respectives de S_n, S'_n, S''_n lorsque n tend vers l'infini.

57 ▪▪▪ Soit (u_n) et (v_n) deux suites définies respectivement pour tout entier n supérieur ou égal à 2 par :

$$u_n = \frac{1}{n(n-1)} \quad \text{et} \quad v_n = \frac{1}{n}.$$

1° Montrer que pour tout nombre entier naturel supérieur ou égal à 2, $u_n \leqslant v_n$.

2° En déduire la limite de la suite (u_n) à l'aide d'un théorème de comparaison.

RÉPONSES DES T.P.

T.P. 1 3° *a*) Le type I est plus avantageux.
b) Le type II est plus avantageux.

4° *a*) 10 ans. *b*) Le doublement intervient entre la 10e et la 11e année.

T.P. 2 2° *a*) $u_3 = 7{,}29$.
b) $\lim\limits_{n \to +\infty} u_n = 0$.
c) $n = 81$.

3° $\lim\limits_{n \to +\infty} S_n = 100$.

CORRIGÉS DES EXERCICES ET PROBLÈMES

1 1° $u_1 = -5 + \frac{5}{2}$, $u_1 = -\frac{5}{2}$;

$u_2 = -\frac{5}{2} + \frac{5}{2}$, $u_2 = 0$;

$u_3 = 0 + \frac{5}{2}$, $u_3 = \frac{5}{2}$;

$u_4 = \frac{5}{2} + \frac{5}{2}$, $u_4 = 5$;

$u_5 = 5 + \frac{5}{2}$, $u_5 = \frac{15}{2}$.

2° On sait que si u_0 est le premier terme d'une suite arithmétique de raison r, alors, pour tout entier naturel n, $u_n = u_0 + nr$.
Ici on a donc, pour tout entier naturel n,

$$u_n = -5 + \frac{5}{2}n.$$

3° La représentation graphique est formée des points de la droite d'équation $y = -5 + \frac{5}{2}x$ dont l'abscisse est un entier naturel.

4° On sait que pour toute suite arithmétique de premier terme u_0 de raison r,

$$u_0 + \ldots + u_n = (n+1)\left(\frac{u_0 + u_n}{2}\right).$$

Donc ici,

$$u_0 + u_1 + \ldots + u_{18} = 19 \times \left(\frac{u_0 + u_{18}}{2}\right)$$
$$= 19\left[\frac{-5 + (-5 + 45)}{2}\right]$$
$$= 332{,}5.$$

2 $u_4 = u_0 + 4r$, donc $u_0 = u_4 - 4r$,
$u_0 = 25 - 12$, $u_0 = 13$.
$u_7 = u_0 + 7r$, $u_7 = 13 + (7 \times 3)$, $u_7 = 34$.

3 $u_3 = u_0 + 3r$ et $u_3 = 5$; donc $u_0 + 3r = 5$.

$$S_4 = 5 \times \left(\frac{u_0 + u_4}{2}\right),$$

$u_4 = u_0 + 4r$ et $S_4 = 15$ donc

$$15 = 5 \times \frac{u_0 - (u_0 + 4r)}{2},$$

$$3 = \frac{2u_0 + 4r}{2}, \quad 3 = u_0 + 2r.$$

On résout le système $\begin{cases} u_0 + 3r = 5 \\ u_0 + 2r = 3. \end{cases}$

Par soustraction on obtient $r = 2$
d'où $u_0 + 6 = 5$, $u_0 = -1$.

4 S est la somme de 24 termes consécutifs, de $u_0 = 0{,}5$ à $u_{23} = 12$, de la suite arithmétique de premier terme $u_0 = 0{,}5$ et de raison 0,5.

Donc $S = 24\left(\frac{u_0 + u_{23}}{2}\right)$,

$$S = 24\left(\frac{0{,}5 + 12}{2}\right), \quad S = 150.$$

5 1° $u_1 = -\frac{1}{3} \times 9$, $u_1 = -3$;

$u_2 = -\frac{1}{3}(-3)$, $u_2 = 1$;

$u_3 = -\frac{1}{3}(1)$, $u_3 = -\frac{1}{3}$;

$u_4 = -\frac{1}{3}\left(-\frac{1}{3}\right)$, $u_4 = \frac{1}{9}$;

$u_5 = -\frac{1}{3}\left(\frac{1}{9}\right)$, $u_5 = -\frac{1}{27}$.

2° On sait que si u_0 est le premier terme d'une suite géométrique de raison q, alors, pour tout entier naturel n, $u_n = u_0 q^n$.
Ici on a donc, pour tout entier naturel n,

$$u_n = 9\left(-\frac{1}{3}\right)^n.$$

3° On sait que pour tout suite géométrique de premier terme u_0 et de raison q,

$$u_0 + \ldots + u_n = u_0 \frac{1 - q^{n+1}}{1 - q}.$$

Donc ici,

$$u_0 + \ldots + u_{10} = 9 \frac{1 - \left(-\frac{1}{3}\right)^{11}}{1 - \left(-\frac{1}{3}\right)} = 9 \frac{1 - \left(-\frac{1}{3}\right)^{11}}{\frac{4}{3}},$$

$$u_0 + \ldots + u_{10} = \frac{27}{4}\left[1 - \left(-\frac{1}{3}\right)^{11}\right] = \frac{27}{4}\left(1 + \frac{1}{3^{11}}\right).$$

6 $u_0 = 1$ et $q = 2$ donc $u_n = 2^n$.

$$S_n = 1 \times \frac{1 - 2^{n+1}}{1 - 2}, \qquad S_n = \frac{1 - 2^{n+1}}{-1},$$

$$S_n = 2^{n+1} - 1.$$

$$S_n = 15 \quad \text{d'où} \quad 2^{n+1} - 1 = 15,$$

$$2^{n+1} = 16, \qquad 2^{n+1} = 2^4.$$

D'où $n + 1 = 4$, $n = 3$.

> On peut aussi écrire $2^{n+1} = 16$, donc, $(n+1) \ln 2 = \ln 16$, donc
>
> $$n = \frac{\ln 6}{\ln 2} - 1, \qquad n = \frac{4 \ln 2}{\ln 2} - 1,$$
>
> $$n = 4 - 1, \qquad n = 3.$$

7 $u_2 = u_1 q$ et $u_1 = u_0 q$ donc $u_2 = u_0 q^2$.

$u_0 = 4$ et $u_2 = 9$ d'où $9 = 4q^2$,

$$9 - 4q^2 = 0\ ; \quad (3 - 2q)(3 + 2q) = 0,$$

$$q = \frac{3}{2} \quad \text{ou} \quad q = -\frac{3}{2}.$$

Il existe donc deux suites géométriques remplissant les deux conditions données : l'une de premier terme $u_0 = 4$ de raison $q = -\frac{3}{2}$ et l'autre de premier terme $u_0 = 4$ de raison $q = \frac{3}{2}$.

8 S est la somme de 36 termes consécutifs, de u_0 à $u_{35} = \frac{1}{3^{35}} = \left(\frac{1}{3}\right)^{35}$, de la suite géométrique de premier terme $u_0 = 1$ et de raison $\frac{1}{3}$.

Donc $$S = 1 \times \frac{1 - \left(\frac{1}{3}\right)^{36}}{1 - \frac{1}{3}}, \qquad S = \frac{3}{2}\left[1 - \left(\frac{1}{3}\right)^{36}\right].$$

9 1° $u_1 = 100 - 10 = 90$;
$u_2 = 90 - 9 = 81$;
$u_3 = 81 - 8{,}1 = 72{,}9$.

2° Pour tout entier naturel n,

$$u_{n+1} = u_n - \frac{10}{100} u_n,$$

$$u_{n+1} = u_n\left(1 - \frac{10}{100}\right) = u_n \times \frac{90}{100},$$

$$u_{n+1} = 0{,}9 u_n.$$

Les nombres u_0, u_1, ..., u_n, sont les termes successifs de la suite géométrique de premier terme $u_0 = 100$ et de raison 0,9.

D'où $u_n = 100\,(0{,}9)^n$.

3° $u_{10} = 100\,(0{,}9)^{10}$, $u_{10} \approx 34{,}9$. L'intensité sonore obtenue est 34,9 db.

4° L'intensité du son devient inférieure à 1 db dès que $u_n \leqslant 1$,

$$100\,(0{,}9)^n \leqslant 1, \qquad (0{,}9)^n \leqslant 0{,}01,$$

la fonction logarithme népérien est strictement croissante sur $]0, +\infty[$ d'où

$$\ln (0{,}9)^n \leqslant \ln (0{,}01), \qquad n \ln (0{,}9) \leqslant \ln (0{,}01),$$

$$n \geqslant \frac{\ln (0{,}01)}{\ln (0{,}9)}.$$

l'inégalité a changé de sens puisque $0{,}9 < 1$ donc $\ln (0{,}9) < 0$.

Or $$\frac{\ln (0{,}01)}{\ln (0{,}9)} \approx 43{,}7.$$

l'intensité du son devient inférieure à 1 db dès que $n \geqslant 44$.

10 1° • Au bout d'un an Monsieur X dispose de

$$u_1 = 10\,000 + \left(10\,000 \times \frac{4}{100}\right),$$

$$u_1 = 10\,000(1 + 0{,}04),$$

$$u_1 = 10\,000 \times 1{,}04, \qquad u_1 = 10\,400 \text{ F}.$$

• Au bout d'un an Monsieur Y dispose de

$$v_1 = 9\,000 + \left(9\,000 \times \frac{5}{100}\right),$$

$$v_1 = 9\,000 \times 1{,}05,$$

$$v_1 = 9\,450 \text{ F}.$$

2° *a*) • Au 1er janvier de l'année $1992 + (n+1)$, Monsieur X dispose du capital disponible au 1er janvier de l'année $1992 + n$ augmenté des intérêts :

$$u_{n+1} = u_n + 0{,}04 u_n$$

$$u_{n+1} = u_n\,(1 + 0{,}04)$$

$$u_{n+1} = 1{,}04 u_n.$$

(u_n) est donc la suite géométrique de raison 1,04 et de premier terme $u_0 = 10\,000$.

• De même on établit que $v_{n+1} = 1{,}05 v_n$.
(v_n) est donc la suite géométrique de raison 1,05 et de premier terme $v_0 = 9\,000$.

b) On utilise un résultat rappelé dans le résumé :

$$u_n = 10\,000\,(1{,}04)^n \quad \text{et} \quad v_n = 9\,000\,(1{,}05)^n.$$

3° On cherche n pour que $u_n < v_n$.

Les inéquations suivantes sont équivalentes dans $\mathbb{N}$:

$$u_n < v_n, \quad 10\,000 \times (1{,}04)^n < 9\,000 \times (1{,}05)^n,$$

$$\frac{10}{9} < \frac{(1{,}05)^n}{(1{,}04)^n}, \quad \frac{10}{9} < \left(\frac{1{,}05}{1{,}04}\right)^n.$$

la fonction logarithme étant strictement croissante sur $]0, +\infty[$,

$$\ln \frac{10}{9} < n \ln \left(\frac{1{,}05}{1{,}04}\right), \quad n > \frac{\ln \frac{10}{9}}{\ln \left(\frac{1{,}05}{1{,}04}\right)},$$

$$\frac{\ln \frac{10}{9}}{\ln \left(\frac{1{,}05}{1{,}04}\right)} \approx 11{,}01. \quad \text{On peut prendre } n \geqslant 12.$$

À partir du 1er janvier 2004, Monsieur Y disposera d'un capital plus important que Monsieur X.

11 Soit f la fonction affine définie sur $[0, +\infty[$ par

$$f(x) = 2 - 3x ;$$

f est strictement décroissante sur $[0, +\infty[$.

> Soit f une *fonction affine* définie sur $\mathbb{R}$ par
> $$f(x) = ax + b ;$$
> Si $a > 0$, f est strictement croissante sur $\mathbb{R}$;
> Si $a < 0$, f est strictement décroissante sur $\mathbb{R}$.

Pour tout nombre réel x différent de 0,

$$f(x) = -3x\left(1 - \frac{2}{3x}\right).$$

De $\lim\limits_{x \to +\infty} -3x = -\infty$ et $\lim\limits_{x \to +\infty} \left(1 - \frac{2}{3x}\right) = 1$,

on déduit que $\lim\limits_{x \to +\infty} f(x) = -\infty$.

Donc $$\lim_{n \to +\infty} u_n = -\infty.$$

12 La suite (u_n) est la suite géométrique de premier terme $u_0 = 1$ et de raison $q = 1{,}3$.
On sait que si $q > 1$, la suite (q^n) est croissante.
Donc la suite (u_n) est croissante.
On sait que si $q > 1$, alors $\lim\limits_{n \to +\infty} (q^n) = +\infty$.

Donc $$\lim_{n \to +\infty} u_n = +\infty.$$

13 La suite (u_n) est la suite géométrique de premier terme $u_0 = 1$, de raison $q = 0{,}2$.
On sait que si $0 < q < 1$, la suite (q^n) est décroissante.
Donc la suite (u_n) est décroissante.

On sait que si $0 < q < 1$, alors $\lim\limits_{n \to +\infty} (q^n) = 0$.

Donc $$\lim_{n \to +\infty} u_n = 0.$$

> Dans les exercices 12 et 13 on peut aussi procéder comme à l'exercice 11 en déduisant le sens de variation et la limite de la suite (u_n) du sens de variation et de la limite en $+\infty$ des fonctions définies respectivement sur $\mathbb{R}$ par :
> $$x \mapsto 1{,}3^x \quad \text{et} \quad x \mapsto 0{,}2^x.$$
> (Voir le paragraphe I, 7 *a*) du chapitre 8.)

14 Soit f la fonction définie sur $[0, +\infty[$ par

$$f(x) = -\frac{1}{x+1}.$$

Pour tout nombre réel x de $[0, +\infty[$, f est dérivable et $f'(x) = \frac{1}{(x+1)^2}$, donc $f'(x) > 0$.
f est strictement croissante sur $[0, +\infty[$ donc la suite (u_n) est strictement croissante.

$\lim\limits_{x \to +\infty} f(x) = 0$ donc $\lim\limits_{n \to +\infty} u_n = 0$.

La suite (u_n) converge vers 0.

15 Soit f la fonction définie sur $]0, +\infty[$ par

$$f(x) = 2 - \frac{1}{x^2}.$$

De $\lim\limits_{x \to +\infty} -\frac{1}{x^2} = 0$ on déduit, que $\lim\limits_{x \to +\infty} f(x) = 2$.

D'où, $$\lim_{n \to +\infty} u_n = 2.$$

La suite (u_n) converge vers 2.

Q.C.M.

16 1° $u_8 = 36$; 2° $u_n = 24 + 1{,}5n$;
3° $u_0 + \ldots + u_8 = 270$.

17 1° $u_n = 10\,000\,(1{,}04)^n$; 2° $n \geqslant 18$ ou $n \geqslant 20$; 3° $u_0 + \ldots + u_8 \approx 105\,828$.

18 1° $\lim\limits_{n \to +\infty} u_n = 0$; 2° $S_n = 20\,[1 - (0{,}5)^{n+1}]$;
3° $\lim S_n = 20$.

10 Calcul intégral

- Introduction
- Intégrale d'une fonction sur un segment
- Propriétés de l'intégrale
- Techniques de calcul

Vous savez calculer l'aire de certaines configurations simples (carré, rectangle, triangle, disque, ...), ainsi que le volume de quelques solides (cube, prisme droit, sphère, ...).

En sciences physiques et en technologie, on est amené à déterminer des aires ou des volumes dans des situations très variées : par exemple pour calculer la distance parcourue par un mobile dont les variations de vitesse au cours du déplacement ont été enregistrées (fig. 1), ou la valeur efficace d'une tension redressée définie par $u = U_m \sin \omega t$ sur l'intervalle $\left[0, \frac{\pi}{\omega}\right]$ (fig. 2), ou le volume d'un liquide s'écoulant dans un tuyau avec un débit au départ constant puis diminuant régulièrement comme l'indique la figure 3.

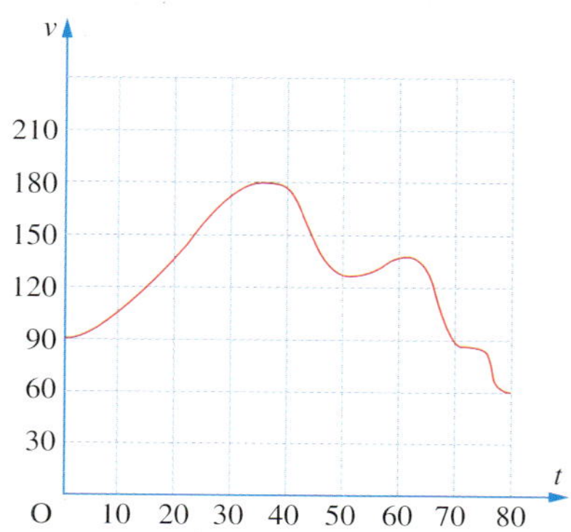

Fig. 1

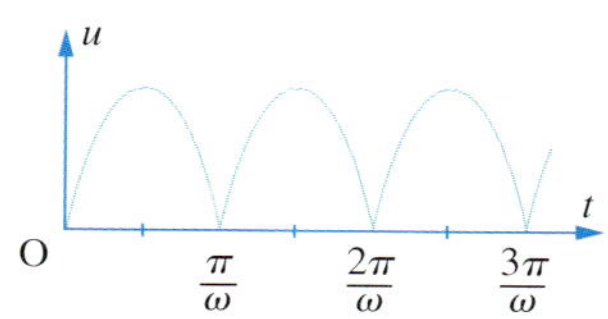

Fig. 2

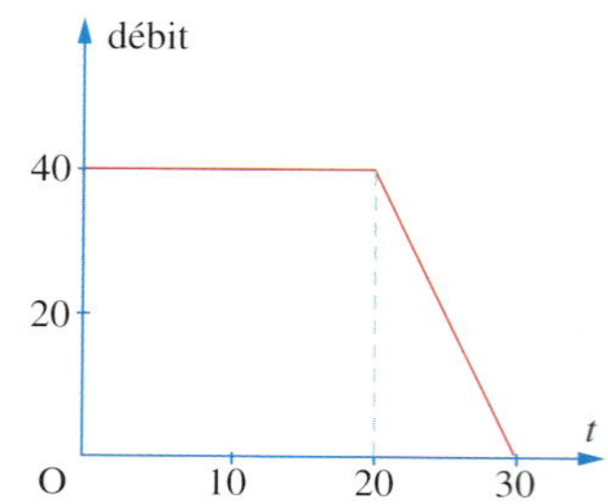

Fig. 3

Dans chacun de ces cas, on va chercher l'aire d'une partie de plan limitée par une courbe, l'axe des abscisses et deux droites verticales définissant l'intervalle de temps considéré.
Une fois les unités précisées, vous pouvez répondre pour la figure 3. En revanche vous avez besoin de connaître quelques notions de **calcul intégral** pour obtenir soit une valeur exacte (fig. 2), soit un encadrement et une valeur approchée (fig. 1).

Savez-vous que le calcul de telles aires est une préoccupation très ancienne ? Ainsi, il y a 22 siècles, Archimède avait démontré un résultat permettant de découper un carré OABC en trois parties de même aire, à l'aide de deux arcs de courbe d'extrémités O et B. Quels sont ces arcs de courbe que vous connaissez depuis la Seconde ? Vous trouverez dans ce chapitre la réponse à cette question avec une justification.

INTRODUCTION

Les deux activités ci-dessous ont pour but de créer un lien, sur des exemples très simples, entre une fonction et une aire définie à l'aide de la représentation graphique de la fonction.

Activités préparatoires

Problème 1

Le plan est muni d'un repère orthonormal $(O\ ;\ \vec{i}, \vec{j})$, l'unité de longueur étant le centimètre.

1° Tracer la représentation graphique de la fonction f définie sur $[1, 4]$ par $f(x) = 2$ et calculer l'aire de la partie du plan limitée par cette représentation graphique, l'axe des abscisses et les droites verticales d'équations $x = 1$ et $x = 4$.

2° Déterminer une primitive F de f et calculer $F(4) - F(1)$.

3° Comparer les résultats numériques obtenus aux questions précédentes.

4° Reprendre les trois questions précédentes en remplaçant la fonction f par la fonction g définie sur $[1, 4]$ par $g(x) = -1$.

Problème 2

Le plan est muni d'un repère orthonormal $(O\ ;\ \vec{i}, \vec{j})$, l'unité de longueur étant le centimètre.

1° Déterminer la fonction f dont la courbe représentative est le segment de droite $[A, B]$ où A a pour coordonnées 1 et 1 et où B a pour abscisse 4 et pour ordonnée 2.

2° Calculer l'aire de la partie du plan ensemble des points M de coordonnées x et y telles que

$$1 \leqslant x \leqslant 4 \quad \text{et} \quad 0 \leqslant y \leqslant f(x).$$

3° Déterminer une primitive F de f et calculer $F(4) - F(1)$.

4° Comparer les résultats numériques obtenus aux questions 2° et 3°.

5° Quelle est la largeur CF du rectangle CDEF, où $C(1, 0)$ et $D(4, 0)$, dont l'aire est égale à celle obtenue au 2° ?
Tracer ce rectangle, E et F ayant une ordonnée positive.

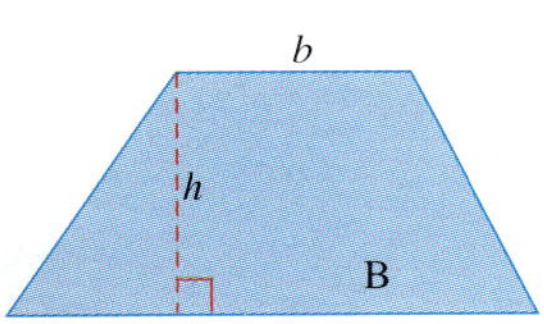

Fig. 4

L'aire d'un trapèze de bases b et B et de hauteur h est

$$\mathcal{A} = \frac{1}{2}(b + B)h.$$

I. INTÉGRALE D'UNE FONCTION SUR UN SEGMENT

1. Définition

Voir le paragraphe II. 1 du chapitre 6.

Soit f une fonction dérivable sur un intervalle I et soit a et b des nombres de I.
La fonction f étant dérivable sur l'intervalle I possède des primitives sur cet intervalle.

Voir le paragraphe II. 2 du chapitre 6.

F et G étant deux primitives de f sur l'intervalle I, nous savons qu'elles diffèrent d'une constante :
pour tout x de I, $F(x) = G(x) + C$ où C est une constante indépendante de x.
En particulier pour $x = b$ et pour $x = a$ nous obtenons

$$F(b) = G(b) + C \quad \text{et} \quad F(a) = G(a) + C.$$

Donc, par différence

$c - c = 0$.

$$F(b) - F(a) = G(b) - G(a).$$

Ainsi **le nombre $F(b) - F(a)$ est indépendant du choix de la primitive de f sur I ;** il ne dépend que de la fonction f et des nombres réels a et b.

Définition
Soient f une fonction dérivable sur un intervalle I, F une primitive de f sur I, a et b deux éléments de I.
On appelle *intégrale de a à b de f* le nombre réel $F(b) - F(a)$.
On note :

$$\int_a^b f(x)\,dx = F(x) - F(x).$$

$\int_a^b f(x)\,dx$ se lit « somme de a à b de f de x dx ».

REMARQUE

Voir au chapitre 6 le tableau des primitives des fonctions usuelles du chapitre 6.

Pour calculer $\int_a^b f(x)\,dx$ nous commençons par déterminer une primitive F de f avant de calculer $F(b) - F(a)$.
Nous notons ce calcul de la façon suivante :

$$\int_a^b f(x)\,dx = [F(x)]_a^b = F(b) - F(a).$$

EXEMPLES

$$\int_1^2 2x\,dx = [x^2]_1^2 = 2^2 - 1^2 = 4 - 1 = 3.$$

La variable ne s'appelle pas toujours x.

$$\int_1^e \frac{1}{t}\,dt = [\ln t]_1^e = \ln e - \ln 1 = 1.$$

On n'a pas nécessairement $a \leqslant b$.

$$\int_2^1 \frac{1}{t^2}\,dt = \left[-\frac{1}{t}\right]_2^1 = -1 + \frac{1}{2} = -\frac{1}{2}.$$

$$\int_0^{\frac{\pi}{4}} \sin t \, dt = [-\cos t]_0^{\frac{\pi}{4}} = -\frac{1}{\sqrt{2}} + 1.$$

$F(a) - F(a) = 0.$

Cas particulier : $b = a$; $\int_c^a f(x)\, dx = 0.$

2. Interprétation graphique de l'intégrale à l'aide d'une aire dans le cas d'une fonction de signe constant

a Fonction positive sur un intervalle [a, b]

Voir les deux problèmes de l'introduction.

Pour deux exemples de fonction f positive sur l'intervalle $[1, 4]$ nous avons observé que l'aire de la partie de plan comprise entre la représentation graphique de f, l'axe des abscisses et les droites verticales d'équation $x = 1$ et $x = 4$ est égale à $F(4) - F(1)$ où F est une primitive de f sur $[1, 4]$.

Nous admettons que cette propriété est vraie pour tout fonction dérivable et positive sur un intervalle $[a, b]$:

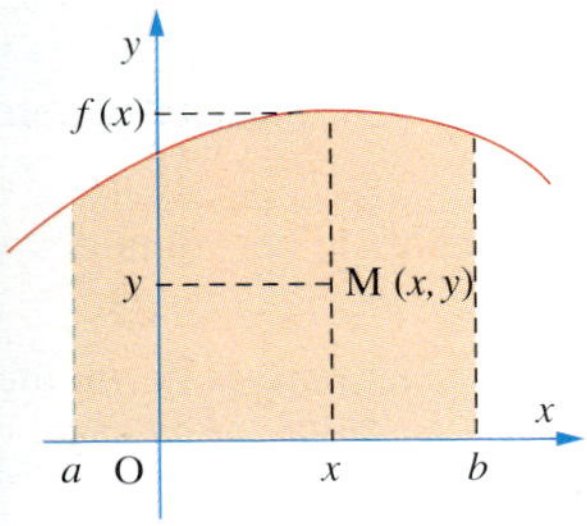

Fig. 5

Théorème
Soit f une fonction dérivable et *positive* sur un intervalle $[a, b]$.
L'aire $\mathscr{A}$ de la partie du plan, ensemble des points M de coordonnées x et y telles que $a \leqslant x \leqslant b$ et $0 \leqslant y \leqslant f(x)$, est

$$\mathscr{A} = \int_a^b f(x)\, dx.$$

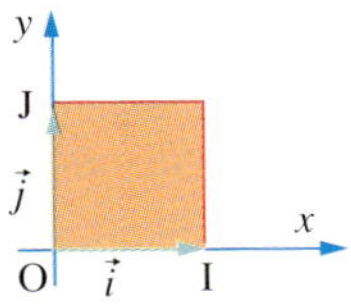

Fig. 6

REMARQUE

L'aire $\mathscr{A}$ considérée dans ce théorème est exprimée en *unités d'aire*.

Dans un repère orthonormal $(O ; \vec{i}, \vec{j})$ l'unité d'aire est l'aire du carré défini par les vecteurs unitaires $\overrightarrow{OI}$ et $\overrightarrow{OJ}$ du repère.

Si sur l'axe des abscisses et sur l'axe des ordonnées l'unité choisie est 1 cm, alors l'unité d'aire est 1 cm² (fig. 6) ; si l'unité choisie sur chaque axe de coordonnée est 2 cm, alors l'unité d'aire est 4 cm².

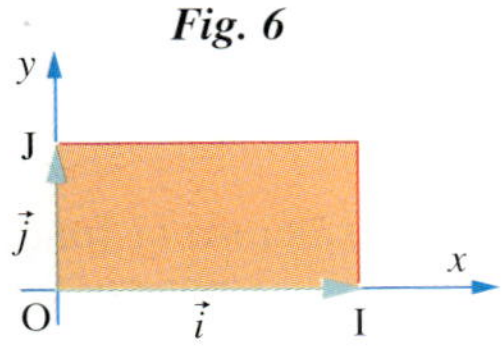

Fig. 7

Dans un repère orthogonal $(O ; \vec{i}, \vec{j})$ l'unité d'aire est l'aire du rectangle défini par les vecteurs unitaires $\overrightarrow{OI}$ et $\overrightarrow{OJ}$ du repère.

Si l'unité choisie sur l'axe des abscisses est 2 cm et si l'unité choisie sur l'axe des ordonnées est 1 cm, alors l'unité d'aire est 2 cm² (fig. 7).

EXEMPLE

$\int_1^2 \frac{1}{x}\, dx = [\ln x]_1^2 = \ln 2 - \ln 1 = \ln 2.$ ln 2 est donc l'aire de la partie coloriée. De même $\ln 3 = \int_1^3 \frac{dx}{x}$ est l'aire de la partie de plan limitée par l'hyperbole d'équation $y = \frac{1}{x}$, l'axe des abscisses et les droites verticales d'équation $x = 1$ et $x = 3$.

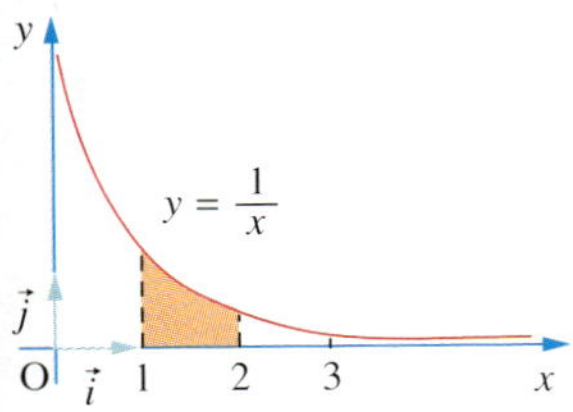

Fig. 8

Plus généralement, pour tout $x \geqslant 1$, nous pouvons de la même façon considérer $\ln x$ comme une aire.

La plupart des calculatrices programmables permettent d'obtenir rapidement la valeur approchée d'une intégrale. Ce savoir-faire n'est pas exigible d'un élève de Terminale. Un résultat obtenu de cette façon ne peut donc être pris en compte dans une évaluation mais c'est un moyen efficace et rapide de vérifier un résultat.

REMARQUE

Pour vérifier l'ordre de grandeur du résultat d'un calcul d'aire, il suffit de compter les carreaux hachurés sur une figure faite sur papier millimétré.

On peut aussi vérifier le résultat du calcul d'une intégrale avec la valeur approchée obtenue avec une calculatrice programmable.

EXEMPLE

Le plan est muni du repère orthonormal $(O\,;\vec{i},\vec{j})$, avec $\overrightarrow{OA} = \vec{i}$ et $\overrightarrow{OB} = \vec{j}$ unité 4 cm sur chaque axe. Soit C la courbe représentative de la fonction f définie sur $\mathbb{R}$ par

$$f(x) = x^2.$$

1° Tracer la courbe C.

2° Calculer en cm^2 l'aire $\mathcal{A}$ de la partie du plan ensemble des points M de coordonnées x et y telles que $0 \leqslant x \leqslant 1$ et $0 \leqslant y \leqslant x^2$.
En déduire que $\mathcal{A}$ est le tiers de l'aire du carré OADB défini par les vecteurs unitaires $\overrightarrow{OA}$ et $\overrightarrow{OB}$ du repère.

3° Par symétrie orthogonale par rapport à la droite (OD), la courbe C est transformée en une courbe C′. Tracer C′.

Voir le problème de l'introduction du chapitre 8.

Quelle fonction g a pour courbe représentative la courbe C′ dans le repère $(O\,;\vec{i},\vec{j})$?

4° Quelle est l'aire de la partie du plan ensemble des points M de coordonnées x et y telles que $0 \leqslant x \leqslant 1$ et $g(x) \leqslant y \leqslant 1$?

5° En déduire que C et C′ découpent le carré OADB en trois parties de même aire.

b Fonction négative sur un intervalle [a, b]

Théorème
Soit f une fonction dérivable et *négative* sur un intervalle $[a, b]$.
L'aire $\mathcal{A}$ de la partie du plan ensemble des points M de coordonnées x et y telles que $a \leqslant x \leqslant b$ et $f(x) \leqslant y \leqslant 0$, est

$$\mathcal{A} = -\int_a^b f(x)\,dx.$$

Attention au signe –.

DÉMONSTRATION

Nous nous ramenons au cas d'une fonction positive en considérant la fonction $-f$ dont la courbe représentative C_{-f} est l'image de C_f par la symétrie orthogonale par rapport à l'axe des abscisses (fig. 9).
Une symétrie orthogonale conservant les aires, nous avons

$$\mathcal{A} = \int_a^b -f(x)\,dx.$$

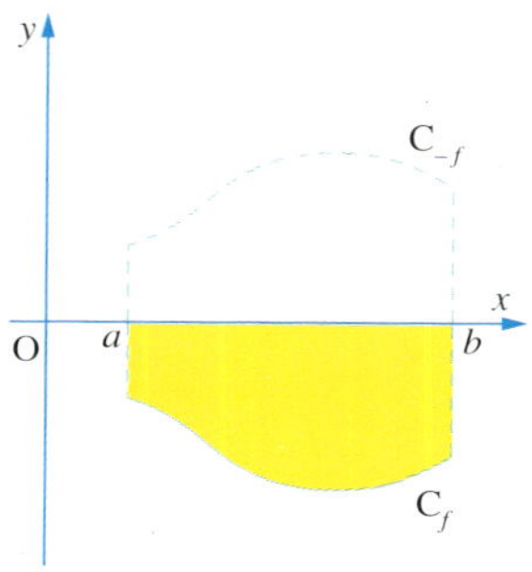

Fig. 9

Or, F étant une primitive de f sur $[a, b]$, $-F$ est une primitive de $-f$ sur $[a, b]$.

Donc $\mathcal{A} = [-F(x)]_a^b$,

$\mathcal{A} = -F(b) - (-F(a)) = -(F(b) - F(a))$.

Donc $$\mathcal{A} = -\int_a^b f(x)\,dx.$$

EXEMPLE

1° Construire la courbe représentative C de la fonction f définie sur $[\pi, 2\pi]$ par $f(x) = \sin x$ dans le plan muni d'un repère orthonormal $(O ; \vec{i}, \vec{j})$, unité : 2 cm sur chaque axe.

2° Calculer en cm^2 l'aire de la partie du plan limité par C et l'axe des abscisses.
Réponse : $\mathscr{A} = 8 \text{ cm}^2$.

II. PROPRIÉTÉS DE L'INTÉGRALE

1. Relation de Chasles

EXEMPLE

$$\int_{-1}^{2} x^2\,dx = \left[\frac{x^3}{3}\right]_{-1}^{2} = \frac{8}{3} - \left(-\frac{1}{3}\right) = 3.$$

$$\int_{2}^{0} x^2\,dx = \left[\frac{x^3}{3}\right]_{2}^{0} = 0 - \frac{8}{3} = -\frac{8}{3}.$$

$$\int_{-1}^{0} x^2\,dx = \left[\frac{x^3}{3}\right]_{-1}^{0} = 0 - \left(-\frac{1}{3}\right) = \frac{1}{3}.$$

On vérifie que $$\int_{-1}^{2} x^2\,dx + \int_{2}^{0} x^2\,dx = \int_{-1}^{0} x^2\,dx.$$

Les nombres a, b, c sont dans un ordre quelconque.

Plus généralement, soit f une fonction dérivable sur un intervalle I et a, b, c des éléments de I.
Soit F une primitive de f sur I. Alors

$$\int_{a}^{b} f(x)\,dx = F(b) - F(a) \quad \text{et} \quad \int_{b}^{c} f(x)\,dx = F(c) - F(b)$$

D'où, en ajoutant membre à membre :

$$\int_{a}^{b} f(x)\,dx + \int_{b}^{c} f(x)\,dx = F(c) - F(a) = \int_{a}^{c} f(x)\,dx.$$

Nous obtenons le résultat suivant appelé **relation de Chasles :**

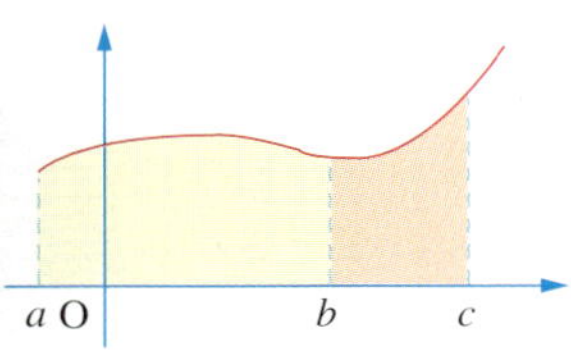

Fig. 10

Interprétation graphique :

dans le cas où $f(x) \geqslant 0$ et $a \leqslant b \leqslant c$.
La formule est vraie pour tous nombres réels a, b, c de I.

Théorème
Soit f une fonction dérivable sur un intervalle I et a, b, c des éléments de I.

$$\int_{a}^{b} f(x)\,dx + \int_{b}^{c} f(x)\,dx = \int_{a}^{c} f(x)\,dx.$$

Cas particulier

Si $c = a$ on obtient : $\int_a^b f(x)\,\mathrm{d}x + \int_a^b f(x)\,\mathrm{d}x = 0$, d'où :

Ce résultat est aussi une conséquence directe de la définition d'intégrale donnée au paragraphe I. 1.

$$\int_b^a f(x)\,\mathrm{d}x = -\int_a^b f(x)\,\mathrm{d}x.$$

2. Linéarité

EXEMPLES

- $\int_0^2 x\,\mathrm{d}x = \left[\frac{x^2}{2}\right]_0^2 = 2.$

  $\int_0^2 (x^2+1)\,\mathrm{d}x = \left[\frac{x^3}{3} + x\right]_0^2 = \frac{14}{3}.$

  $\int_0^2 (x^2+x+1)\,\mathrm{d}x = \left[\frac{x^3}{3} + \frac{x^2}{2} + x\right]_0^2 = \frac{20}{3} = 2 + \frac{14}{3}.$

Donc $\int_0^2 x\,\mathrm{d}x + \int_0^2 (x^2+1)\,\mathrm{d}x = \int_0^2 [x + (x^2+1)]\,\mathrm{d}x.$

- $\int_1^2 \frac{5}{x}\,\mathrm{d}x = [5 \ln x]_1^2 = 5 \ln 2.$

  $5\int_1^2 \frac{1}{x}\,\mathrm{d}x = 5\,[\ln x]_1^2 = 5 \ln 2.$

Donc $\int_1^2 \frac{5}{x}\,\mathrm{d}x = 5\int_1^2 \frac{1}{x}\,\mathrm{d}x.$

Plus généralement, nous allons démontrer le théorème suivant.

Théorème

Soient f et g deux fonctions dérivables sur un intervalle I et a et b deux éléments de I,

$$\int_a^b f(x)\,\mathrm{d}x + \int_a^b g(x)\,\mathrm{d}x = \int_a^b [f(x)+g(x)]\,\mathrm{d}x\ ;$$

pour tout nombre réel λ on a :

$$\int_a^b \lambda f(x)\,\mathrm{d}x = \lambda \int_a^b f(x)\,\mathrm{d}x.$$

Démonstration

f et g étant dérivables, en particulier sur l'intervalle fermé J d'extrémité a et b, admettent sur cet intervalle des primitives notées respectivement F et G.

$$\int_a^b f(x)\,\mathrm{d}x + \int_a^b g(x)\,\mathrm{d}x = \mathrm{F}(b) - \mathrm{F}(a) + \mathrm{G}(b) - \mathrm{G}(a)$$

par définition d'une intégrale.

D'autre part $\mathrm{F} + \mathrm{G}$ est une primitive de $f + g$ sur l'intervalle J.

$(\mathrm{F}+\mathrm{G})' = \mathrm{F}' + \mathrm{G}' = f + g.$

Donc

$$\begin{aligned}\int_a^b [f(x) + g(x)]\,\mathrm{d}x &= \int_a^b (f+g)(x)\,\mathrm{d}x\\ &= [(\mathrm{F}+\mathrm{G})(x)]_a^b\\ &= \mathrm{F}(b) - \mathrm{G}(b) - \mathrm{F}(a) - \mathrm{G}(a)\\ &= \mathrm{F}(b) - \mathrm{F}(a) + \mathrm{G}(b) - \mathrm{G}(a).\end{aligned}$$

D'où la première égalité.

On démontre de même la seconde égalité en utilisant $(\lambda \mathrm{F})' = \lambda \mathrm{F}' = \lambda f$.

Aire de la partie limitée par deux courbes représentatives

Nous admettons le résultat suivant :

Théorème

Soient f et g deux fonctions dérivables sur $[a, b]$, telles que pour tout x de $[a, b]$, $g(x) \leqslant f(x)$.
L'aire de la partie du plan limitée par les courbes représentatives de f et g et les deux droites d'équations respectives $x = a$ et $x = b$ est

$$\mathcal{A} = \int_c^b [f(x) - g(x)]\,\mathrm{d}x.$$

EXEMPLE

Le plan est muni d'un repère orthonormal $(\mathrm{O} ; \vec{i}, \vec{j})$, unité : 1 cm sur chaque axe. Sur la figure 11, C est la courbe représentative de la fonction f définie sur $]0, +\infty[$ par

$f(x) = x + \frac{1}{x}$. La droite Δ d'équation $y = x$ est une asymptote de C.

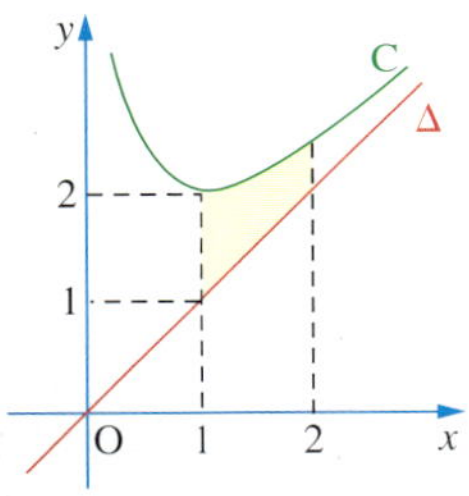

Fig. 11

Calculons l'aire en cm² de la partie limitée par C, Δ et les droites d'équations $x = 1$ et $x = 2$.

Les deux fonctions $g : x \mapsto x$ et $f : x \mapsto x + \frac{1}{x}$ sont dérivables sur $[1, 2]$ et, pour tout x de $[1, 2]$, $g(x) \leqslant f(x)$.

D'où l'aire cherchée est :

$$\mathcal{A} = \int_1^2 [f(x) - g(x)]\,\mathrm{d}x = \int_1^2 \frac{1}{x}\,\mathrm{d}x = [\ln x]_1^2,$$

$\mathcal{A} = \ln 2\ \mathrm{cm}^2 \approx 0{,}7\ \mathrm{cm}^2.$

L'unité d'aire est 1 cm².

3. Positivité

Nous admettons le résultat suivant :

D'après le théorème énoncé au paragraphe I. 2, $\int_a^b f(x)\,dx$ représente une aire et est donc un nombre réel positif ou nul.

Théorème
Soit f une fonction dérivable et positive sur un intervalle I ; soit a et b deux éléments de I.

$$\textbf{Si} \quad a \leqslant b, \quad \textbf{alors} \quad \int_a^b f(x)\,dx \geqslant 0.$$

4. Intégration d'une inégalité

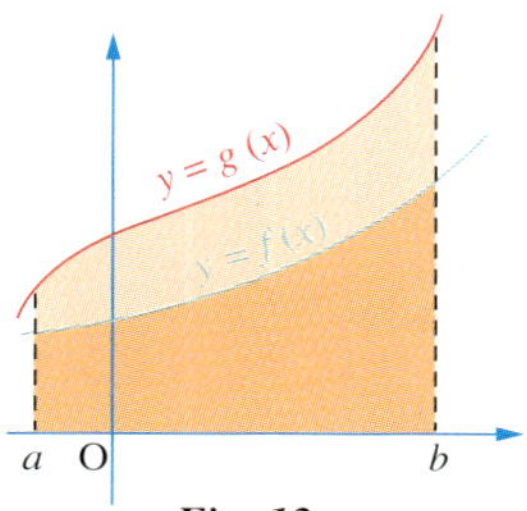

Fig. 12
Interprétation géométrique avec des aires dans le cas où f et g sont des fonctions positives.

Théorème
Soient f et g deux fonctions dérivables sur un intervalle I ; soient a et b deux éléments de I. Si $a \leqslant b$, et si pour tout nombre réel x de $[a, b]$, $f(x) \leqslant g(x)$, alors

$$\int_a^b f(x)\,dx \leqslant \int_a^b g(x)\,dx.$$

Pour démontrer ce résultat on considère $g - f$ dérivable et *positive* sur I et on utilise le théorème du paragraphe 3.

REMARQUE

Cette propriété peut permettre d'obtenir un encadrement d'une intégrale qu'on ne sait pas calculer directement.

EXEMPLE

Considérons les fonctions définies sur l'intervalle $[0, 1]$ par :

$$f(x) = \frac{1}{1+x^2}\,; \quad g(x) = -\frac{x}{2} + 1\,; \quad h(x) = -\frac{x^2}{2} + 1.$$

1° Démontrons que, pour tout nombre réel x de $[0, 1]$ $\quad g(x) \leqslant f(x) \leqslant h(x)$:

pour tout x de $[0, 1]$, $\quad f(x) - g(x) = \dfrac{1}{1+x^2} + \dfrac{x}{2} - 1$

$$f(x) - g(x) = \frac{2 + x(1+x^2) - 2(1+x^2)}{2(1+x^2)} = \frac{x^3 - 2x^2 + x}{2(1+x^2)} = \frac{x(x-1)^2}{2(1+x^2)};$$

Donc pour tout x de $[0, 1]$, $\quad f(x) - g(x) \geqslant 0$.

Pour tout x de $[0, 1]$, $\quad h(x) - f(x) = -\dfrac{x^2}{2} + 1 - \dfrac{1}{1+x^2}$

$$h(x) - f(x) = \frac{-x^2(1+x^2) + 2(1+x^2) - 2}{2(1+x^2)} = \frac{x^2 - x^4}{2(1+x^2)} = \frac{x^2(1-x^2)}{2(1+x^2)}.$$

Pour tout x de $[0, 1]$, $\quad 1 - x^2 \geqslant 0$, $\quad$ donc $\quad h(x) - f(x) \geqslant 0$.
Pour tout x de $[0, 1]$, on a donc : $\quad g(x) \leqslant f(x) \leqslant h(x)$.

Nous ne savons pas déterminer une primitive sur [0, 1] de

$x \mapsto \frac{1}{1+x^2}$.

On peut vérifier avec une calculatrice programmable en calculant une valeur approchée de $\int_0^1 f(x)\,dx$ (ce qui n'est pas exigible...)

2° Déduisons de ce résultat un encadrement de l'intégrale : $\int_0^1 f(x)\,dx$.

En appliquant le théorème précédent nous obtenons l'encadrement :

$$\int_0^1 g(x)\,dx \leqslant \int_0^1 f(x)\,dx \leqslant \int_0^1 h(x)\,dx.$$

Donc $$\left[-\frac{x^2}{4}+x\right]_0^1 \leqslant \int_0^1 f(x)\,dx \leqslant \left[-\frac{x^3}{6}+x\right]_0^1,$$

donc $$\frac{3}{4} \leqslant \int_0^1 f(x)\,dx \leqslant \frac{5}{6}.$$

5. Inégalité de la moyenne

$a \leqslant b$.

Soit f une fonction dérivable sur un intervalle $[a, b]$ et soient m et M des nombres réels tels que, pour tout x de $[a, b]$, $m \leqslant f(x) \leqslant M$.
Intégrons ces deux inégalités en appliquant le théorème du paragraphe 4.

$$\int_a^b m\,dx \leqslant \int_a^b f(x)\,dx \leqslant \int_a^b M\,dx,$$

d'où $$[mx]_a^b \leqslant \int_a^b f(x)\,dx \leqslant [Mx]_a^b,$$

donc $m(b-a) \leqslant \int_a^b f(x)\,dx \leqslant M(b-a)$ c'est **l'inégalité de la moyenne.**

Théorème
Soient f une fonction dérivable sur un intervalle I et deux éléments a et b de I tels que $a \leqslant b$.
Si pour tout x de $[a, b]$, $m \leqslant f(x) \leqslant M$, alors

$$m(b-a) \leqslant \int_a^b f(x)\,dx \leqslant M(b-a).$$

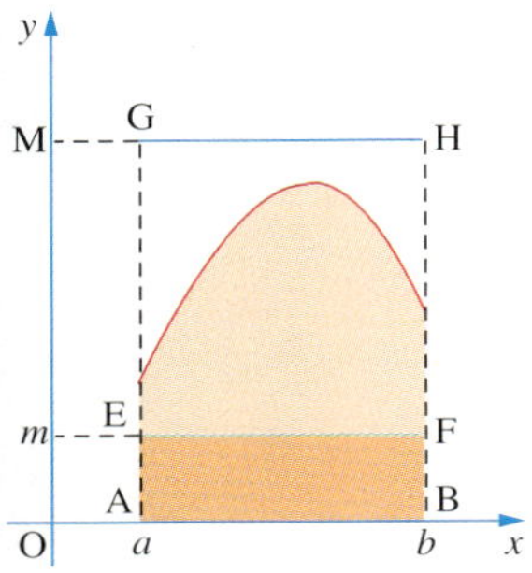

Fig. 13

Nous reviendrons sur ce nombre encadré par m et M au paragraphe 6.

Interprétation graphique

Dans le cas où f est positive sur $[a, b]$ et où $m \geqslant 0$, l'aire de la partie coloriée, égale à $\int_a^b f(x)\,dx$, est comprise entre l'aire du rectangle ABFE égale à $m(b-a)$ et l'aire du rectangle ABHG égale à $M(b-a)$.

REMARQUE
Nous déduisons de ce théorème que, dans le cas où $a < b$,

$$m \leqslant \frac{1}{b-a}\int_a^b f(x)\,dx \leqslant M.$$

6. Valeur moyenne d'une fonction

Soit f une fonction dérivable et positive sur $[a, b]$, $a < b$, et $\mathscr{C}$ sa courbe représentative (fig. 14).

μ est la lettre grecque *mu*.

Déterminons la distance $AD = \mu$ pour que le rectangle ABCD ait même aire que la partie du plan limitée par $\mathscr{C}$, l'axe des abscisses et les droites d'équation $x = a$ et $x = b$.

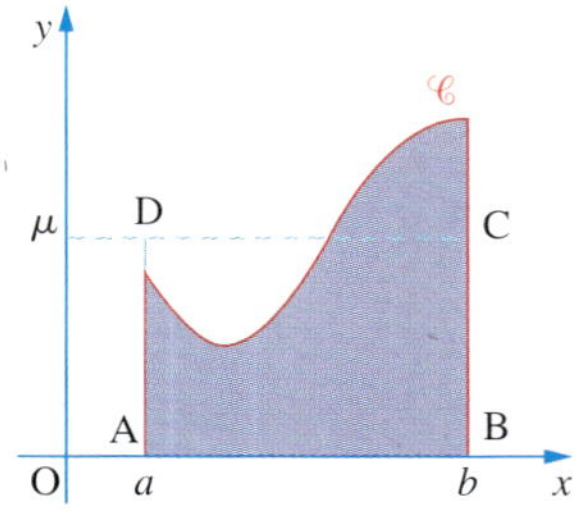

Fig. 14

Mais on ne peut interpréter la valeur moyenne par une aire que lorsque f est de signe fixe sur $[a, b]$.

Nous avons $\quad AD \times (b-a) = \int_a^b f(x)\,\mathrm{d}x, \quad$ donc $\quad AD = \dfrac{1}{b-a}\int_a^b f(x)\,\mathrm{d}x.$

Le nombre réel $\quad \mu = \dfrac{1}{b-a}\int_a^b f(x)\,\mathrm{d}x\quad$ est appelé **valeur moyenne** de f sur $[a, b]$,

On définit de même la valeur moyenne d'une fonction de signe quelconque sur $[a, b]$.

Définition

Soit f une fonction dérivable sur un intervalle I ; soient a et b deux éléments de I tels que $a < b$.
On appelle valeur moyenne de f sur $[a, b]$ le nombre réel

$$\frac{1}{b-a}\int_a^b f(x)\,\mathrm{d}x.$$

EXEMPLE 1

La valeur moyenne sur $[0, 1]$ de la fonction f définie sur $\mathbb{R}$ par $f(x) = x^2$ est

$$\int_0^1 x^2\,\mathrm{d}x = \frac{1}{3}.$$

Interprétez graphiquement ce résultat.

EXEMPLE 2

Calculons l'intensité moyenne d'un courant alternatif pendant une demi-période sachant que l'intensité est définie en fonction du temps par :

$$i = I_m \sin \omega t.$$

I_m est l'intensité maximale.

La période est $T = \dfrac{2\pi}{\omega}$. L'intensité moyenne sur une demi-période est donc :

L'intensité moyenne de ce courant sur une période est nulle (voir le paragraphe III).

$$I_{moy} = \frac{1}{\frac{T}{2}}\int_0^{\frac{T}{2}} I_m \sin \omega t\,\mathrm{d}t = \frac{2I_m}{T}\int_0^{\frac{T}{2}} \sin \omega t\,\mathrm{d}t$$

$$I_{moy} = \frac{2I_m}{T}\left[-\frac{1}{\omega}\cos \omega t\right]_0^{\frac{T}{2}} = \frac{2I_m}{T}\left[-\frac{1}{\omega}\cos\left(\frac{\omega T}{2} - \cos 0\right)\right]$$

$$I_{moy} = -\frac{2I_m}{\omega T}(\cos \pi - \cos 0) \quad \text{puisque } \frac{\omega T}{2} = \frac{\omega}{2}\times\frac{2\pi}{\omega} = \pi,$$

$$I_{moy} = \frac{4I_m}{\omega T}, \qquad I_{moy} = \frac{2I_m}{\pi}.$$

Interprétez graphiquement ce résultat.

III. TECHNIQUES DE CALCUL

1. Utilisation du tableau de primitives

Voir le résumé du chapitre 6.

Le cas le plus simple est celui où f est la dérivée d'une fonction usuelle.

Il faut savoir reconnaître les cas où f est la dérivée d'une fonction composée et est de la forme :

- $\dfrac{u'}{u}$, **(u à valeurs strictement positives), dérivée de $\ln u$;**
- $u'u^{\alpha}$ $(\alpha \in \mathbb{R}, \alpha \neq -1)$, **dérivée de** $\dfrac{1}{\alpha+1}u^{\alpha+1}$;
- $u'e^{u}$, **dérivée de** e^{u} ;
- $x \mapsto g'(ax+b)$, **dérivée de** $x \mapsto \dfrac{1}{a}g(ax+b)$.

EXEMPLE 1

Calculons $$I = \int_1^2 \frac{1}{2x+1}\,dx.$$

La fonction $x \mapsto \dfrac{1}{2x+1}$ est définie et dérivable sur $[1, 2]$.
L'intégrale I est donc définie.
Posons $u(x) = 2x+1$; alors $u'(x) = 2$ et
$$\frac{1}{2x+1} = \frac{1}{2} \times \frac{2}{2x+1} = \frac{1}{2}\frac{u'(x)}{u(x)}.$$

Une primitive de $\dfrac{u'}{u}$, où $u > 0$ sur I, est $\ln u$.

Sur $[1, 2]$, $2x+1>0$.

Donc $$I = \frac{1}{2}[\ln(2x+1)]_1^2 = \frac{1}{2}(\ln 5 - \ln 3). \quad I = \frac{1}{2}\ln\frac{5}{3}.$$

EXEMPLE 2

Calculons $$J = \int_0^{\frac{\pi}{2}} \sin x \cos^2 x\,dx.$$

La fonction $x \mapsto \sin x \cos^2 x$ est définie et dérivable sur $\left[0, \dfrac{\pi}{2}\right]$.

L'intégrale J est donc définie.

Posons $u(x) = \cos x$;

alors $u'(x) = -\sin x$ et $\sin x \cos^2 x = -u'(x)\,[u(x)]^2$.

Une primitive de $u'u^2$ est $\dfrac{1}{3}u^3$. Donc $J = \left[-\dfrac{1}{3}\cos^3 x\right]_0^{\frac{\pi}{2}} = \dfrac{1}{3}$.

2. Linéarisation de polynômes trigonométriques

Dans cet exemple très simple on peut utiliser la formule
$\cos 2x = 2\cos^2 x - 1$.
Plus généralement voir au **chapitre 1** le paragraphe IV, le T.P. 6 et les exercices corrigés 19 et 20.

Calculons l'intégrale $\mathrm{I} = \int_0^{\frac{\pi}{4}} \cos^2 x \,\mathrm{d}x$.

Nous ne pouvons pas trouver directement une primitive de la fonction $x \mapsto \cos^2 x$; il faut d'abord la **linéariser.**

Pour tout x de $\mathbb{R}$, $\cos^2 x = \frac{1}{2} + \frac{1}{2}\cos 2x$.

D'où $$\mathrm{I} = \int_0^{\frac{\pi}{4}} \left(\frac{1}{2} + \frac{1}{2}\cos 2x\right)\mathrm{d}x = \frac{1}{2}\int_0^{\frac{\pi}{4}} (1 + \cos 2x)\,\mathrm{d}x.$$

$$\mathrm{I} = \frac{1}{2}\left[x + \frac{1}{2}\sin 2x\right]_0^{\frac{\pi}{4}} = \frac{1}{2}\left(\frac{\pi}{4} + \frac{1}{2}\right).$$

3. Cas particuliers

Voici trois cas particuliers pour lesquels nous lisons le résultat sur une figure :

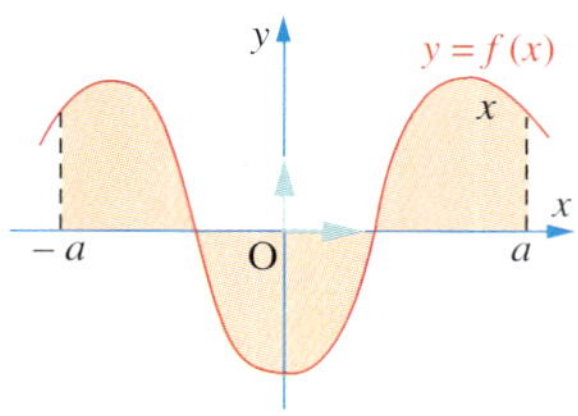

Fig. 15

a Intégrale d'une fonction paire sur [– a, a]

Si f est une fonction dérivable et *paire* sur $[-a, a]$ $(a > 0)$ alors

$$\int_{-a}^{a} f(x)\,\mathrm{d}x = 2\int_0^{a} f(x)\,\mathrm{d}x.$$

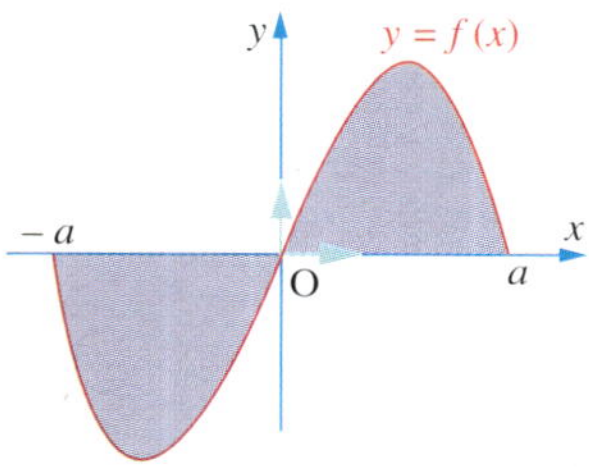

Fig. 16

b Intégrale d'une fonction impaire sur [– a, a]

Si f est une fonction dérivable et *impaire* sur $[-a, a]$ $(a > 0)$ alors

$$\int_{-a}^{a} f(x)\,\mathrm{d}x = 0.$$

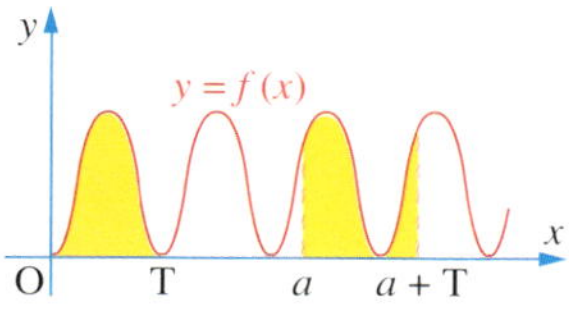

Fig. 17

c Intégrale d'une fonction périodique sur [a, a + T]

Si f est une fonction dérivable sur $\mathbb{R}$, *périodique,* de période T, alors pour tout nombre réel a :

$$\int_a^{a+\mathrm{T}} f(x)\,\mathrm{d}x = \int_0^{\mathrm{T}} f(x)\,\mathrm{d}x.$$

RÉSUMÉ

Définition

Soient f une fonction dérivable sur un intervalle I, F une primitive de f sur I, a et b deux éléments de I.
On appelle *intégrale de a à b de f* le nombre réel $F(b) - F(a)$.
On note :

$$\int_a^b f(x)\,dx = F(b) - F(a).$$

Aire

f positive sur $[a, b]$

Soit f une fonction dérivable et positive sur un intervalle $[a, b]$. L'aire $\mathcal{A}$, en unités d'aire, de la partie du plan, ensemble des points M de coordonnées x et y telles que
$a \leqslant x \leqslant b$ et $0 \leqslant y \leqslant f(x)$,

est $\mathcal{A} = \int_a^b f(x)\,dx$.

Voir la figure 5.

f négative sur $[a, b]$

Soit f une fonction dérivable et négative sur un intervalle $[a, b]$. L'aire $\mathcal{A}$, en unités d'aire, de la partie du plan ensemble des points M de coordonnées x et y telles que
$a \leqslant x \leqslant b$ et $f(x) \leqslant y \leqslant 0$,

est $\mathcal{A} = -\int_a^b f(x)\,dx$.

Voir la figure 9.

Aire limitée par deux courbes

Soient f et g deux fonctions dérivables sur $[a, b]$ telles que pour tout x de $[a, b]$, $g(x) \leqslant f(x)$.
L'aire, en unités d'aire, de la partie du plan limitée par les courbes représentative de f et g et les deux droites d'équations respectives $x = a$ et $x = b$ est

$$\mathcal{A} = \int_a^b [f(x) - g(x)]\,dx.$$

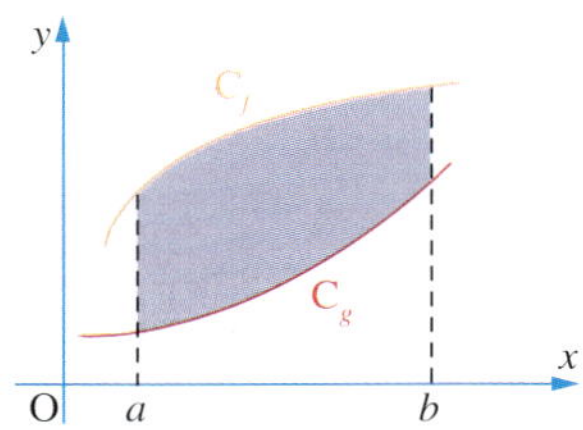

Fig. 18

Intégration d'une inégalité

Soient f et g deux fonctions dérivables sur un intervalle I ; soient a et b deux éléments de I. Si $a \leqslant b$ et si pour tout nombre réel x de $[a, b]$, $f(x) \leqslant g(x)$, alors

$$\int_a^b f(x)\,dx \leqslant \int_a^b g(x)\,dx.$$

Valeur moyenne

Soit f une fonction dérivable sur un intervalle I ; soient a et b deux éléments de I tels que $a < b$.
On appelle valeur moyenne de f sur $[a, b]$ le nombre réel

$$\frac{1}{b-a}\int_a^b f(x)\,dx.$$

TRAVAUX PRATIQUES

Exemples de calculs d'intégrales à l'aide d'une primitive

T.P. 1 Utilisation du tableau des primitives

Calculer la valeur exacte des intégrales suivantes :

1° $I = \int_2^3 (x^2 + x + 1)\, dx$.

2° $I = \int_0^1 (x^3 + 4x^2 - x + 1)\, dx$.

3° $I = \int_1^2 \left(x + 1 + \frac{2}{x}\right) dx$.

4° $I = \int_{-3}^0 \left[\frac{1}{x+5} - \frac{1}{(x+5)^2}\right] dx$.

5° $I = \int_1^e \frac{1}{x} \ln x\, dx$.

6° $I = \int_{-\frac{1}{3}}^0 (1 - e^{3x})\, dx$.

7° $I = \int_0^{\frac{\pi}{3}} \cos 2x\, dx$.

T.P. 2 Transformation de l'écriture d'une fonction rationnelle pour calculer une intégrale

1° Déterminer deux nombres réels A et B tels que pour tout nombre réel x de $]1, +\infty[$:

$$\frac{4x-5}{x^2-1} = \frac{A}{x+1} + \frac{B}{x-1}.$$

2° En déduire la valeur exacte de l'intégrale

$$I = \int_2^5 \frac{4x-5}{x^2-1}\, dx.$$

T.P. 3 Exemple de situation où une primitive est donnée

Cette situation se rencontre lorsqu'on ne peut pas déterminer directement une primitive avec les résultats du cours de Terminale STI ou STL, par exemple lorsque $f(x)$ s'exprime à l'aide de $\ln x$.

1° Déterminer la dérivée F′ de la fonction F définie sur $]0, +\infty[$ par $F(x) = x \ln x$.

2° En déduire le calcul de l'intégrale

$$I = \int_1^e \ln x\, dx.$$

Exemples de calculs d'aires planes à l'aide du calcul intégral

T.P. 4 Lecture de propriétés d'une fonction à partir de sa représentation graphique

On a dessiné ci-dessous, relativement à un repère orthonormal $(O ; \vec{i}, \vec{j})$, la courbe représentative C d'une fonction f définie et dérivable sur l'intervalle $[-3, 10]$. Cette courbe passe par les points de coordonnées $(-2, 0)$, $(2, 0)$, $(8, 0)$.

Les droites D_1, D_2 et D_3 sont les tangentes à la courbe représentative de f aux points d'abscisses $-\frac{1}{2}$, 2 et 5, D_1 et D_3 étant parallèles à l'axe des abscisses. La droite D_2 passe par le point de coordonnées $(0, 3)$.

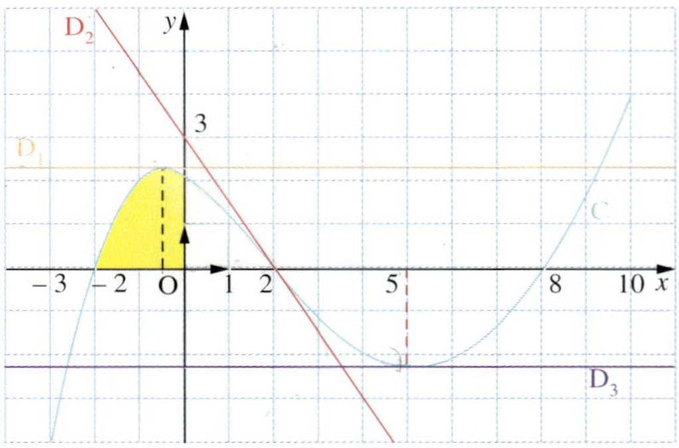

Fig. 19

1° Dans la suite, f' désigne la dérivée de f.
Par lecture graphique et sans justification du résultat, donner :

a) la valeur de chacun des nombres suivants :

$$f(2)\ ; \quad f'\left(-\frac{1}{2}\right)\ ; \quad f'(2)\ ; \quad f'(5)\ ;$$

b) l'ensemble des solutions de chacune des inéquations suivantes :

$$f(x) \leqslant 0\ ; \quad f'(x) \leqslant 0.$$

2° On considère le nombre

$$A = \int_{-2}^{0} f(x)\, dx.$$

Par lecture graphique, indiquer, parmi les propositions suivantes, celle qui est vraie. Expliquer la réponse :

$-2 \leqslant A \leqslant 0\ ; \quad 0 \leqslant A \leqslant 2\ ; \quad 2 \leqslant A \leqslant 5.$

(Baccalauréat, La Réunion, 1996)

T.P. 5 Recherche de limites d'une fonction rationnelle, étude du sens de variation d'une fonction, calcul d'une aire plane

On considère la fonction f de la variable x définie sur $[0, +\infty[$ par : $f(x) = \dfrac{4x}{x^2+2}$ et C sa courbe représentative dans le plan muni d'un repère orthonormal $(O\ ; \vec{i}, \vec{j})$ (fig. 20).

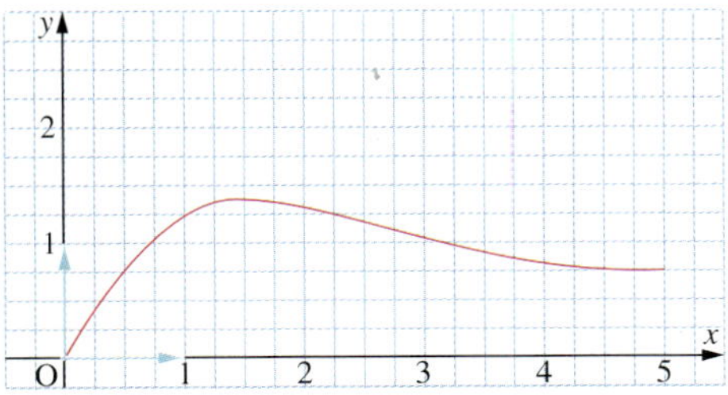

Fig. 20

1° Déterminer la limite de f en $+\infty$.
Montrer que C admet une asymptote dont on donnera une équation.

2° f' désigne la fonction dérivée de f. Donner, pour tout x de l'intervalle $[0, +\infty[$, une expression de $f'(x)$.

3° Pour tout x de l'intervalle $[0, +\infty[$, étudier le signe de $f'(x)$. Établir le tableau de variation de la fonction f.

4° Calculer la valeur maximale atteinte par la fonction f sur l'intervalle $[0, +\infty[$.

5° Déterminer une fonction primitive F de f sur $[0, +\infty[$.

6° λ étant un nombre réel positif, on pose

$$I(\lambda) = \int_0^{\lambda} f(x)\, dx.$$

Calculer $I(\lambda)$.
Donner une interprétation graphique du nombre $I(\lambda)$.

7° Déterminer la valeur λ_0 de λ telle que $I(\lambda_0) = \ln 4$ (ln désigne la fonction logarithme népérien).

(Brevet de technicien machiniste, 1996)

T.P. 6 Étude du sens de variation d'une fonction définie à l'aide de la fonction logarithme népérien, exemple de recherche d'asymptote, exemple de recherche de solution approchée d'une équation, calcul d'aire plane

On désigne par ln la fonction logarithme népérien.

A. On considère la fonction numérique f définie sur $]0, +\infty[$ par $f(x) = 2x^2 + 1 - \ln x$.

1° Calculer la dérivée de f et en déduire le sens de variation de f.

2° Déduire de cette étude que $f(x)$ est positive sur $]0, +\infty[$.

B. On considère la fonction numérique g définie sur $]0, +\infty[$ par $g(x) = x + \dfrac{\ln x}{2x}$ et sa courbe représentative C dans un repère orthonormal $(O\ ; \vec{i}, \vec{j})$ (unité graphique : 2 cm).

1° Calculer la dérivée g' de la fonction g et montrer que $g'(x)$ et $f(x)$ ont même signe sur $]0, +\infty[$.

2° En utilisant les résultats de la question **A.** 2°, établir le tableau de variation de la fonction g. On précisera le sens de variation de g et les limites en 0 et $+\infty$.

3° Calculer la limite en $+\infty$ de $[g(x) - x]$; en déduire que la courbe C admet comme asymptote la droite D d'équation $y = x$; on précisera la position relative de D et de C et les coordonnées de leur point commun.

4° Déterminer une équation de la tangente T à la courbe C au point d'abscisse e. Montrer que cette tangente est parallèle à la droite D.

5° Construire D, T et C dans le repère donné.

6° Démontrer que la courbe C coupe une seule fois l'axe des abscisses, en un point E d'abscisse x_0 tel que $0{,}5 < x_0 < 1$.
Donner une valeur approchée de x_0 à 10^{-2} près.

7° Colorier sur la représentation graphique précédente, la partie du plan, ensemble des points $M(x, y)$ tels que $1 \leqslant x \leqslant e$ et $x \leqslant y \leqslant g(x)$.
Calculer, en cm², l'aire $\mathcal{A}$ de cette partie du plan.

T.P. 7 Étude du sens de variation d'une fonction définie à l'aide de la fonction exponentielle et tracé de sa courbe représentative, exemple de recherche d'asymptotes, exemple de recherche de solution approchée d'une équation numérique, calcul d'aire plane à l'aide du calcul intégral

A. On considère la fonction f définie sur $\mathbb{R}$ par : $f(x) = e^x - x$. On note C la courbe représentative de f dans le plan muni du repère orthonormal $(O\,;\vec{i},\vec{j})$, unité 1 cm.

1° Calculer

$$\lim_{x \to -\infty} f(x) \quad \text{et} \quad \lim_{x \to +\infty} f(x).$$

Pour cette dernière limite on pourra mettre $f(x)$ sous la forme suivante :

$$f(x) = e^x\left(1 - \frac{x}{e^x}\right).$$

2° *a*) Déterminer la dérivée f' de la fonction f ;

b) Résoudre dans $\mathbb{R}$ l'inéquation $e^x - 1 \geqslant 0$;

c) En déduire le sens de variation de f et le tableau de variation de f.

3° *a*) Montrer que la droite D d'équation $y = -x$ est asymptote de la courbe représentative C de f.

b) Préciser la position de C par rapport à D.

4° Construire D et C.

B. Soit α un membre réel négatif.

1° Calculer l'aire $\mathcal{A}(\alpha)$, en cm², du domaine limité par la courbe C, la droite D, la droite d'équation $x = \alpha$ et l'axe des ordonnées.

2° Calculer α pour que $\mathcal{A}(\alpha) = \frac{1}{3}$.

3° Déterminer la limite de $\mathcal{A}(\alpha)$ quand α tend vers $-\infty$.

C. 1° Démontrer que l'équation $f(x) = 2$ admet dans l'intervalle $[0, 2]$ une seule solution notée x_0.

2° Placer sur la figure le point A de C d'abscisse x_0. En déduire graphiquement un encadrement d'amplitude 0,25 de x_0.

3° À l'aide d'une calculatrice, donner la valeur décimale approchée par défaut à 10^{-2} près de x_0.

(STI Génie électronique, Génie électrotechnique, La Réunion, 1994)

Exemples de calcul de volumes de solides usuels

VOLUME D'UN SOLIDE À BASES PARALLÈLES

Dans l'espace muni du repère orthogonal $(O\,;\vec{i},\vec{j},\vec{k})$ on considère la partie E d'un solide limitée par deux plans d'équations respectives $z = a$ et $z = b$, donc parallèles au plan horizontal dont un repère est $(O\,;\vec{i},\vec{j})$ (fig. 21).
On admet le résultat suivant :
Si tout plan de cote z coupe le solide suivant une section d'aire S(z) et si la fonction définie sur $[a, b]$ par $z \mapsto S(z)$ est dérivable sur $[a, b]$ alors le volume de E est :

$$V = \int_a^b S(z)\,dz.$$

À l'aide de ce résultat on peut retrouver les formules donnant le volume de solides usuels.

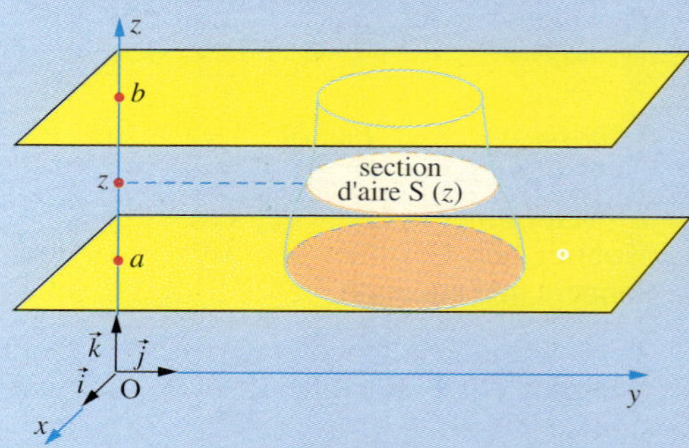

Fig. 21

Cas particulier : cas d'un solide de révolution
Dans le plan muni d'un repère $(O\,;\vec{i},\vec{j})$ on considère la courbe représentative C d'une fonction f définie sur $[a, b]$ (fig. 22). Soit $\mathcal{S}$ la surface plane coloriée sur la figure limitée par C, l'axe des abscisses et les droites d'équations respectives $x = a$ et $x = b$.

Dans l'espace muni d'un repère $(O ; \vec{i}, \vec{j}, \vec{k})$ on considère le solide de révolution engendré par la rotation de $\mathcal{S}$ autour de l'axe des abscisses (fig. 23).

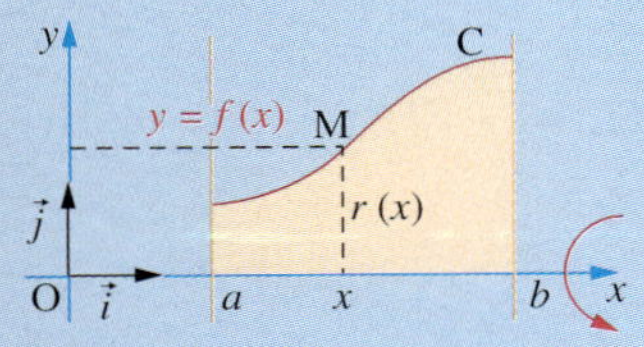

Fig. 22

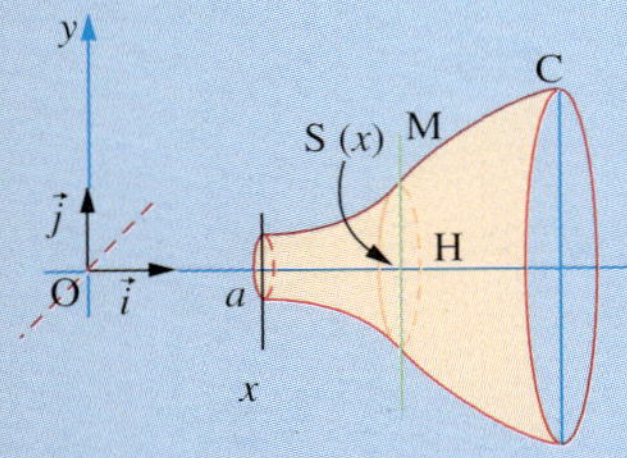

Fig. 23

On désigne par $S(x)$ l'aire du disque de rayon $HM = r(x)$, intersection du solide avec le plan perpendiculaire à l'axe des abscisses au point H d'abscisse x, $a \leqslant x \leqslant b$.
Le volume du solide est donc :

$$V = \int_a^b S(x)\,dx = \int_a^b \pi\,[r(x)]^2\,dx.$$

Avec $r(x) = f(x)$, $V = \displaystyle\int_a^b \pi\,[f(x)]^2\,dx$.

T.P. 8 Où on retrouve la formule donnant le volume d'un cylindre de révolution à l'aide d'une intégrale

Le volume d'un cylindre de révolution est :
$V = \mathcal{B} \times h = \pi r^2 h$ où $\mathcal{B}$ est l'aire du disque de base, r le rayon de ce disque, h la hauteur.
On munit l'espace d'un repère orthonormal $(O ; \vec{i}, \vec{j}, \vec{k})$ tel que O soit le centre de la base, l'axe du cylindre étant l'axe des abscisses. On désigne par $S(x)$ l'aire d'un disque de rayon r, intersection du cylindre avec le plan perpendiculaire à l'axe des abscisses au point O′ d'abscisse x.
Montrer que

$$\int_0^h S(x)\,dx = V$$

(le volume du cylindre).

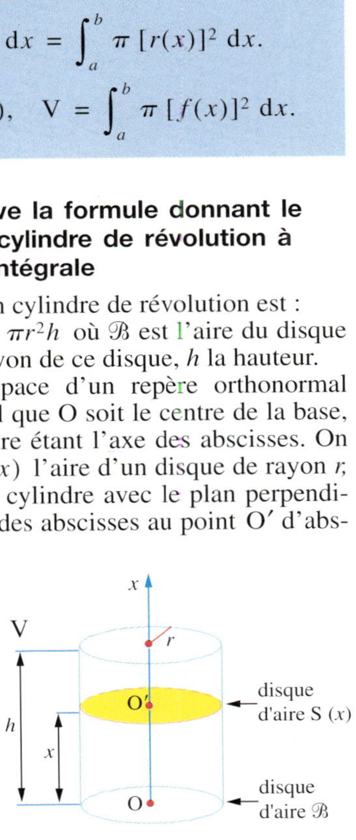

Fig. 24

Ce résultat peut être généralisé à tout solide de l'espace limité par deux plans parallèles au plan horizontal.

T.P. 9 Exemple de calcul du volume d'un solide de révolution

Soit f la fonction définie sur $[0, \ln 3]$ par $f(x) = e^x + e^{-x}$. La figure 25 donne la courbe représentative C de f dans le plan muni d'un repère orthogonal.

Fig. 25

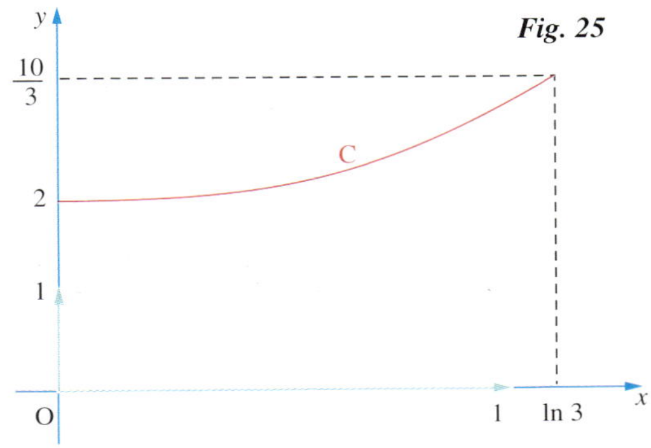

Soit D la partie du plan ensemble des points M dont les coordonnées (x, y) vérifient :

$$0 \leqslant x \leqslant \ln 3 \quad \text{et} \quad 0 \leqslant y \leqslant f(x).$$

1° Calculer, en unités d'aire, la valeur exacte de l'aire de D.

2° Déterminer la valeur exacte, en unités de volume, du volume du solide engendré par la rotation de D autour de l'axe des abscisses. Donner une valeur approchée du résultat à 10^{-2} près.

(Brevet de technicien, 1994)

Exemples de situations menant au calcul de la valeur moyenne d'une fonction ou de son carré

T.P. 10 Valeur moyenne d'une fonction : puissance active d'un courant alternatif

La tension entre deux points d'un circuit électrique est donnée en fonction du temps t (en secondes) par $u(t) = 220\sqrt{2} \cos \omega t$. L'intensité (en ampères) est donnée en fonction du temps par $i(t) = 10\sqrt{2} \cos(\omega t - \varphi)$ où φ est une constante réelle. La puissance instantanée (en watts) est donnée par $p(t) = u(t) \times i(t)$.

1° Déterminer la période T des fonctions u et i. On admet que la période de la fonction p : $t \mapsto p(t)$ est T.

La période de la fonction définie sur $\mathbb{R}$ par

$x \mapsto \cos(ax+b)$ est $T = \dfrac{2\pi}{a}$.

2° On appelle puissance active la valeur moyenne de la puissance instantanée sur une période, c'est-à-dire : $\dfrac{1}{T}\displaystyle\int_0^T p(t)\,dt$.

Calculer en fonction de φ, la puissance active de ce courant.

Pour linéariser une expression de la forme $\cos a \cos b$ on peut utiliser les formules d'Euler.

T.P. 11 Valeur moyenne du carré d'une fonction : intensité efficace d'un courant alternatif

Le carré de l'intensité efficace d'un courant alternatif d'intensité $i(t) = I_M \sin \omega t$ est la valeur moyenne de la fonction $t \mapsto [i(t)]^2$ sur une période.

C'est-à-dire la valeur moyenne de la fonction i^2 sur $[0, T]$.

Calculer l'intensité du courant en fonction de I_M.

Pour linéariser $x \mapsto \sin^2 x$, on peut utiliser une expression de $\cos 2a$ ou les formules d'Euler.

T.P. 12 Calcul de la valeur moyenne d'une fonction et de son carré

Soit la fonction numérique f définie sur l'intervalle $[0, \pi]$ par : $f(x) = \sin 2x$.

1° Calculer la valeur moyenne de f sur $[0, \pi]$.

2° Calculer la valeur moyenne de f^2 sur $[0, \pi]$.

Exemple d'encadrement d'une intégrale au moyen d'un encadrement de la fonction à intégrer

T.P. 13

Le but de cette activité est de trouver une valeur approchée de l'intégrale

$$I = \int_0^{\frac{1}{2}} \frac{1}{1+x^2}\,dx.$$

Soit f la fonction définie sur l'intervalle $\left[0, \frac{1}{2}\right]$ par $f(x) = \dfrac{1}{1+x^2}$ et C sa courbe représentative dans un plan muni d'un repère orthonormal.

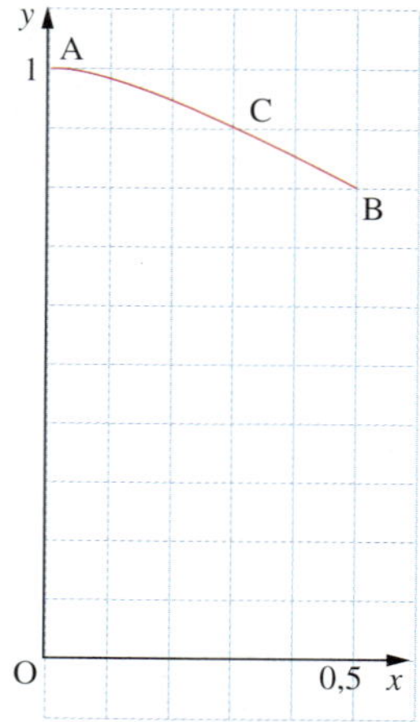

Fig. 26

1° Développer $(1+x^2)(1-x^2+x^4)$.
En déduire que pour tout nombre réel x :

$$(1+x^2)(1-x^2+x^4) \geqslant 1$$

et donc que $1 - x^2 + x^4 \geqslant \dfrac{1}{1+x^2}$.

2° On note A et B les points de la courbe C d'abscisses respectives 0 et $\dfrac{1}{2}$.

Vérifier qu'une équation de la droite (AB) est $y = 1 - \dfrac{2}{5}x$.

On admettra que sur l'intervalle $\left[0, \frac{1}{2}\right]$ la courbe C est située au-dessus du segment [AB], c'est-à-dire que $\dfrac{1}{1+x^2} \geqslant 1 - \dfrac{2}{5}x$, pour tout x dans l'intervalle $\left[0, \frac{1}{2}\right]$.

3° Soit $J = \displaystyle\int_0^{\frac{1}{2}} (1 - x^2 + x^4)\,dx$

et $K = \displaystyle\int_0^{\frac{1}{2}} \left(1 - \frac{2}{5}x\right) dx$.

a) Démontrer à l'aide des questions précédentes que $K \leqslant I \leqslant J$.

b) Déterminer la valeur exacte de J et la valeur exacte de K.

c) Déterminer un encadrement de I d'amplitude $2 \cdot 10^{-2}$.

(STI Génie électronique, Génie électrotechnique, Antilles Guyane, juin 1996)

Exemples de calculs de valeur appprochée d'une intégrale

T.P. 14 Exemple de mise en œuvre de la méthode des rectangles, de la méthode du point milieu et de la méthode des trapèzes

> Aucune connaissance n'est exigible des élèves sur ces questions.

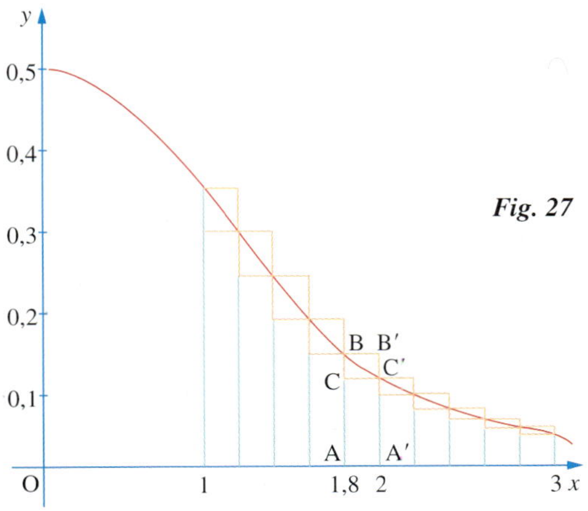

Fig. 27

Le but de l'activité est d'obtenir une valeur approchée de l'intégrale $I = \int_1^3 \frac{1}{2+x^3}\,dx$.

Soit f la fonction définie sur $[1, 3]$ par

$$f(x) = \frac{1}{2+x^3}$$

et C sa courbe représentative (fig. 27). On ne sait pas déterminer en Terminale une primitive de f sur $[1, 3]$.

1° Donner l'interprétation graphique de l'intégrale I à l'aide d'une aire.

2° *Détermination d'une valeur approchée de I par la méthode des rectangles.*

On divise l'intervalle $[1, 3]$ en dix intervalles de même longueur 0,2 et on construit les rectangles « supérieurs » R_1, R_2, R_3, …, R_{10}, (par exemple : AA′B′B) et les rectangles « inférieurs » R'_1, R'_2 … R'_{10}, (par exemple : AA′C′C) (fig. 28 et 29).

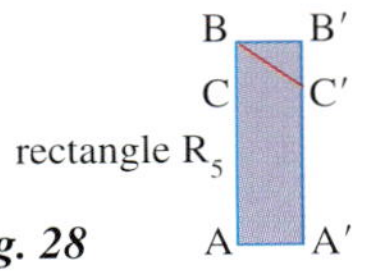

Fig. 28

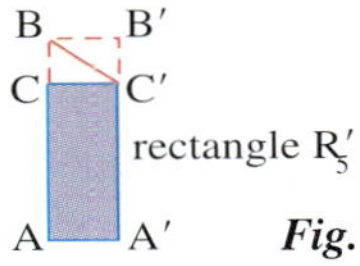

Fig. 29

a) Calculer l'aire totale de la réunion des dix rectangles « supérieurs ».

b) Calculer l'aire totale de la réunion des dix rectangles « inférieurs ».

c) En déduire un encadrement de I et donner une valeur approchée de I avec une erreur inférieure à $5 \cdot 10^{-2}$.

3° *Détermination d'une valeur approchée de I par la méthode du point milieu.*

On utilise la même subdivision en dix intervalles de l'intervalle $[1, 3]$ qu'au 2°.

Soit H le milieu du segment [AA′] et soit J le point de l'arc de courbe BC′ ayant même abscisse que H : J est le « point milieu » de l'arc de courbe BC′.

On construit le rectangle AEFA′ dont une médiane est [HJ] (fig. 30).

L'aire du rectangle AEFA′ est une valeur approchée de l'aire de la partie du plan limitée par les segments [AA′], [AB], [A′C′] et l'arc de courbe BC′.

Calculer la valeur approchée de I obtenue en ajoutant les aires des dix rectangles de hauteur

$f(1, 1)$, $f(1, 3)$, …

$f(2, 9)$ ainsi obtenus.

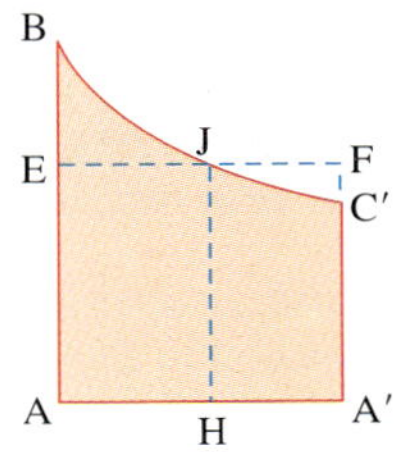

Fig. 30

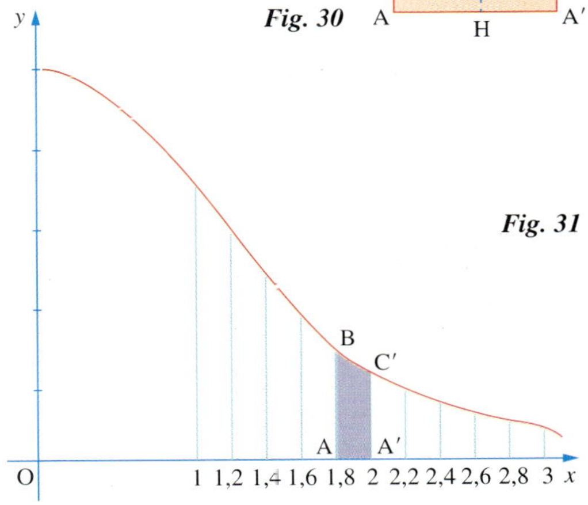

Fig. 31

4° *Détermination d'une valeur approchée de I par la méthode des trapèzes.*

On utilise la même subdivision en dix intervalles de l'intervalle $[1, 3]$ qu'au 2°.

Une meilleure valeur approchée de I que celle obtenue au 2° semble pouvoir être obtenue en additionnant les aires de dix trapèzes tels que AA′C′B (fig. 31).

Déterminer ainsi une nouvelle valeur approchée de I.

> Aire du trapèze
>
> $$\left(\frac{B+b}{2}\right) \times h$$

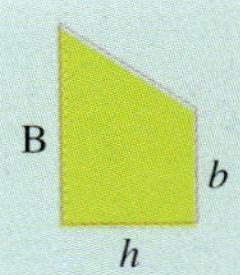

Fig. 32

EXERCICES ET PROBLÈMES

AVEC CORRIGÉS

OBJECTIFS	Numéros des exercices
Calculer une intégrale à l'aide d'une primitive	1 à 24
Transformer l'écriture d'une fonction rationnelle pour calculer une intégrale	21
Linéariser une fonction trigonométrique pour calculer une intégrale	24
Calculer une aire plane à l'aide du calcul intégral	25 à 27
Calculer un volume à l'aide du calcul intégral	28 et 29
Calculer la valeur moyenne d'une fonction	30
Réaliser un encadrement d'une fonction pour encadrer une intégrale	31
Calculer une valeur approchée d'une intégrale par la méthode des trapèzes	32

Calculs d'intégrales à l'aide d'une primitive

Calculer la valeur exacte de l'intégrale I (exercices 1 à 20).

1 ▪ $I = \int_{-1}^{2} (x-2)\,dx.$

2 ▪ $I = \int_{0}^{3} (2x^2 - x + 3)\,dx.$

3 ▪ $I = \int_{-1}^{1} (x^3 + x^2 + x)\,dx.$

4 ▪ $I = \int_{1}^{2} (5x^4 - 3x^2 + 4)\,dx.$

5 ▪ $I = \int_{\frac{1}{2}}^{2} (x-1)\left(\frac{x^2}{2} - x + 3\right)dx.$

6 ▪▪ $I = \int_{0}^{1} (2x+1)^3\,dx.$

7 ▪▪ $I = \int_{1}^{2} \frac{1}{(2x+1)^2}\,dx.$

8 ▪▪ $I = \int_{-2}^{1} \left[\frac{14}{(4-x)^3} - \frac{3}{(4-x)^2}\right]dx.$

Pour déterminer une primitive de $x \mapsto \frac{14}{(4-x)^3}$ on peut l'écrire $14(4-x)^{-3}$.

9 ▪ $I = \int_{1}^{3} \left(x + \frac{1}{x}\right)dx.$

10 ▪ $I = \int_{1}^{3} \left(x - \frac{2}{x} + \frac{1}{x^2}\right)dx.$

11 ▪▪ $I = \int_{\frac{3}{2}}^{5} \frac{1}{2t-1}\,dt.$

12 ▪▪ $I = \int_{0}^{2} \left(2x + 1 + \frac{3}{2x+3}\right)dx.$

13 ▪▪ $I = \int_{\frac{1}{\sqrt{3}}}^{\sqrt{3}} \frac{4x}{x^2+1}\,dx.$

14 ▪▪ $I = \int_{1}^{e} \frac{1}{x}(\ln x)^2\,dx.$

$x \mapsto \frac{1}{x}(\ln x)^2$ est de la forme $u'(x)[u(x)]^n$.

15 ▪ $I = \int_{-1}^{1} (2e^x + 1)\,dx.$

16 ▪▪ $I = \int_{\ln 3}^{\ln 4} e^x\,dx.$

17 ▪▪ $I = \int_{1}^{2} \frac{e^x}{e^x - 1}\,dx.$

18 ▪ $I = \int_{\frac{\pi}{4}}^{\frac{\pi}{2}} (\sin 3x + 2\cos 2x)\,dx.$

19 ▪▪ $I = \int_{0}^{\frac{\pi}{3}} \sin 4x \cos^2 4x\,dx.$

20 ▪▪ $I = \int_{\frac{\pi}{6}}^{\frac{\pi}{4}} \tan x\,dx.$

21 ▪▪ ***Exemples de transformation de l'écriture d'une fonction rationnelle pour calculer une intégrale***

Soit f la fonction définie sur $]-1, 3[$ par :

$$f(x) = \frac{x^2 + x + 6}{x^2 - 2x - 3}.$$

a) Déterminer trois nombres réels a, b, c tels que, pour tout nombre réel x de $]-1, 3[$:

$$f(x) = a + \frac{b}{x+1} + \frac{c}{x-3}.$$

b) En déduire le calcul de $I = \int_{0}^{2} f(x)\,dx.$

Exemples de situations où une primitive est donnée (exercices 22 et 23).

22 ▪▪ Soit f la fonction définie sur $]0, +\infty[$ par

$$f(x) = \frac{x^2}{4} - \frac{1}{2}\ln x.$$

1° Déterminer la fonction dérivée de la fonction F définie sur $]0, +\infty[$ par

$$F(x) = \frac{x}{12}(x^2 + 6 - 6\ln x).$$

2° En déduire le calcul de l'intégrale

$$I = \int_{1}^{e} f(x)\,dx.$$

23 ▪▪ Soit f la fonction définie sur $\mathbb{R}$ par

$$f(x) = (4x^2 - 2x + 1)e^{2x}.$$

1° Déterminer trois nombres réels a, b, c tels que la fonction F définie sur $\mathbb{R}$ par

$$F(x) = (ax^2 + bx + c)e^{2x}$$

soit une primitive de f.

2° Calculer l'intégrale $I = \int_{0}^{1} f(x)\,dx.$

Exemple où il faut linéariser la fonction avant d'appliquer les formules.

24 ▪▪▪▪ Soit f la fonction définie sur $\mathbb{R}$ par

$$f(x) = \sin x \sin 2x \sin 3x.$$

1° À l'aide des formules d'Euler linéariser $f(x)$.

2° Calculer l'intégrale

$$I = \int_{\frac{\pi}{12}}^{\frac{\pi}{8}} f(x)\,dx.$$

On donnera la valeur exacte, puis une valeur approchée à 10^{-3} près.

Exemples d'exercices ou de problèmes avec un calcul d'aire plane

25 ▪▪▪ ***Avec une fonction polynôme***

Soit la fonction numérique f de la variable réelle x définie sur $\mathbb{R}$ par $f(x) = -\frac{x^3}{27} + \frac{x^2}{3}$ dont la courbe représentative dans un repère orthonormal $(O\,;\vec{i},\vec{j})$ (unité 1 cm) est donnée sur la figure 33.

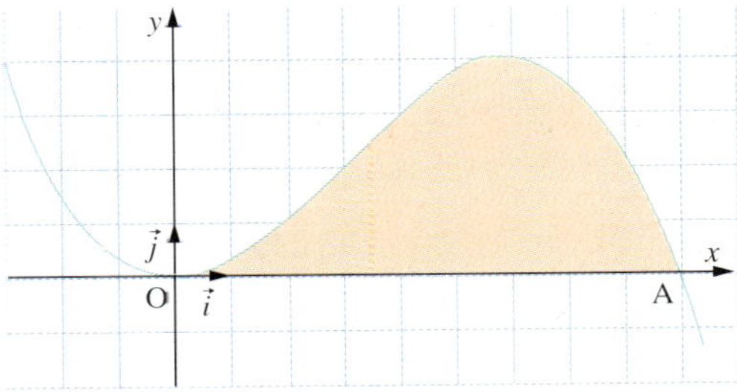

Fig. 33

1° Calculer les coordonnées de A, point d'intersection de la courbe avec l'axe des abscisses.
Vérifier le résultat sur la figure.

2° Calculer la valeur exacte de l'aire $\mathcal{A}$ en cm² de la partie du plan coloriée sur la figure.
Vérifier l'ordre de grandeur du résultat en comptant les carreaux sur la figure.

26 ▪▪▪ ***Problème de baccalauréat avec la fonction logarithme népérien***

Partie A. *Questions préliminaires*

1° ln désigne la fonction logarithme népérien.
Soit g la fonction numérique définie sur $[0, +\infty[$ par :

$$g(x) = \frac{x^2}{2} + 1.$$

Construire, dans un plan rapporté à un repère orthonormal, les courbes représentatives des fonctions g et ln (on ne demande pas d'étude préalable).

2° Justifier, à partir des constructions faites dans la question 1°, que pour tout nombre réel x strictement positif : $\frac{x^2}{2} + 1 - \ln x > 0$.

Partie B. *Étude d'une fonction*

L'objet de cette partie ***B*** est l'étude d'une fonction notée f et définie ci-dessous. La courbe C (voir figure) est la représentation graphique de cette fonction dans un plan rapporté au repère orthonormal $(O ; \vec{i}, \vec{j})$. Elle est fournie pour permettre de contrôler l'exactitude de certains résultats.

On ne doit donc pas en tenir compte pour répondre aux questions mais il est demandé au candidat de signaler toute éventuelle contradiction entre les réponses obtenues par le calcul et la lecture de la courbe C.

Soit f la fonction numérique définie sur $]0, +\infty[$ par

$$f(x) = x - 1 + 2\frac{\ln x}{x}.$$

1° Déterminer par le calcul la limite de f en 0.
En déduire l'existence d'une asymptote à la courbe C.

2° a) Déterminer par le calcul la limite de f en $+\infty$.
b) Démontrer que la droite Δ d'équation $y = x - 1$ est asymptote à la courbe C en $+\infty$.
c) Déterminer par le calcul la position relative de C et de Δ.

3° Calculer la dérivée f' de la fonction f. À l'aide de la partie ***A***, déterminer le sens de variation de f.

4° Déterminer par le calcul l'équation de la tangente à C au point d'abscisse 1.

5° Déterminer par le calcul le point de C où la tangente est parallèle à Δ.

Partie C. *Calcul d'aire*

1° Déterminer une primitive de la fonction h définie sur $]0, +\infty[$ par $h(x) = \frac{\ln x}{x}$.

Remarquer que $h(x)$ est de la forme $u'(x) \cdot u(x)$.

2° Soit λ un nombre réel strictement supérieur à 1.
a) Calculer l'aire $S(\lambda)$ du domaine plan ensemble des points $M(x, y)$ tels que : $\begin{cases} 1 \leqslant x \leqslant \lambda \\ x - 1 \leqslant y \leqslant f(x). \end{cases}$

b) Déterminer la limite de $S(\lambda)$ quand λ tend vers $+\infty$.

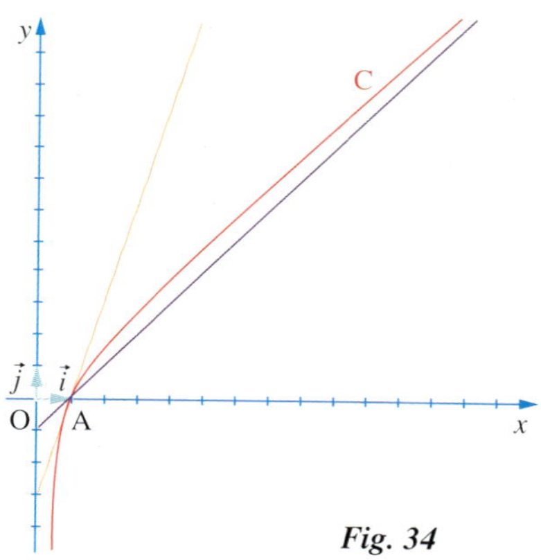

Fig. 34

(Génie mécanique A et F, métropole juin 1995)

27 ■■■ ***Problème de baccalauréat avec la fonction exponentielle***

On considère la fonction f définie sur l'intervalle $]\ln 2, +\infty[$ par

$$f(x) = 3 - x - \frac{1}{e^x - 2}.$$

On note (C_f) sa courbe représentative dans le plan rapporté au repère orthonormal $(O ; \vec{i}, \vec{j})$ (unité graphique 2 cm).

Partie A. *Étude de la fonction f*

1° Déterminer la limite de la fonction f en ln 2.
En déduire que la courbe C_f admet une asymptote Δ dont on précisera une équation.

2° *a*) Déterminer la limite de la fonction f en $+\infty$.
b) Montrer que la courbe C_f admet pour asymptote la droite D d'équation $y = -x + 3$.
c) Étudier la position de C_f par rapport à D.

3° *a*) Montrer que la fonction dérivée f' de f est définie par :

$$f'(x) = \frac{-e^{2x} + 5e^x - 4}{(e^x - 2)^2}$$

pour tout élément x de $]\ln 2, +\infty[$.

b) Vérifier que l'expression : $e^{2x} - 5e^x + 4$ peut s'écrire sous la forme $(e^x - 1)(e^x - 4)$.
c) En déduire le signe de f' sur $]\ln 2, +\infty[$ et dresser le tableau de variation de f.

4° Tracer les droites Δ et D puis la courbe C_f dans le plan rapporté au repère $(O ; \vec{i}, \vec{j})$.

Partie B. *Calcul d'aire*

On se propose de calculer l'aire $\mathscr{A}$ en cm² de la partie du plan limitée par la droite D, la courbe C_f, et les droites d'équation :

$$x = 2\ln 2 \quad \text{et} \quad x = 4\ln 2.$$

1° Vérifier que pour tout élément x de $]\ln 2, +\infty[$,

$$\frac{1}{2}\left(\frac{e^x}{e^x - 2} - 1\right) = \frac{1}{e^x - 2}.$$

2° En déduire une primitive de la fonction

$$x \mapsto \frac{1}{e^x - 2} \quad \text{sur} \quad]\ln 2, +\infty[.$$

3° Calculer la valeur exacte de $\mathscr{A}$ en cm² puis en donner une valeur approchée au mm² près.

(STI Génie mécanique B, C, D, E, septembre 1995)

Exemples de calculs de volumes

28 ■■■ ***Volume d'un solide de révolution dans un exercice de baccalauréat***

Soit h la fonction définie sur $\left[0, \frac{\pi}{2}\right[$ par $h(x) = \tan x$ et C la représentation graphique de h dans un repère orthonormal $(O ; \vec{i}, \vec{j})$ (unité graphique : 2 cm).

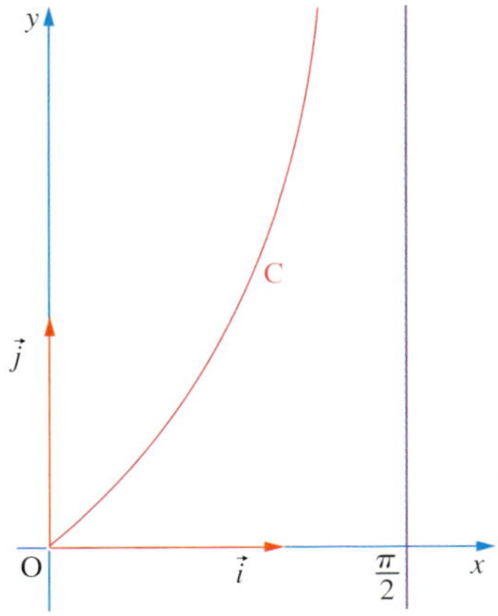

Fig. 36

1° *a*) Utiliser la relation : $\tan x = \dfrac{\sin x}{\cos x}$ pour déterminer une primitive de h sur $\left[0, \frac{\pi}{2}\right[$.

b) Calculer la valeur exacte de l'intégrale

$$\int_0^{\frac{\pi}{3}} \tan x \, dx.$$

2° *a*) Quelle est la dérivée h' de la fonction h ?

b) En déduire la valeur exacte de l'intégrale

$$\int_0^{\frac{\pi}{3}} (1 + \tan^2 x) \, dx$$

puis la valeur exacte de l'intégrale $\displaystyle\int_0^{\frac{\pi}{3}} \tan^2 x \, dx$.

3° On appelle D la partie du plan limitée par C, l'axe des abscisses et les droites d'équations $x = 0$ et $x = \frac{\pi}{3}$.

On veut calculer le volume V du solide obtenu par rotation de D autour de l'axe des abscisses. On rappelle que le volume est donné en unité de volume par la formule $\displaystyle\int_0^{\frac{\pi}{3}} S(x) \, dx$ où $S(x)$ désigne l'aire, en unité d'aire, de la section du solide par un plan perpendiculaire à l'axe de rotation

a) Exprimer $S(x)$ (en cm^2) en fonction de x.

b) Déduire du 2° la valeur exacte (en cm^3) de V puis la valeur arrondie au mm^3.

(STI Génie mécanique A et F, Antilles-Guyane, 1995)

29 ▪▪▪ ***Le volume de la cavité***

Une pièce comporte une cavité ayant la forme d'une calotte sphérique dont la profondeur est 9 cm et le diamètre du cercle de base 30 cm (comme l'indique en coupe la figure 37).

On se propose de calculer le volume de cette cavité.

L'espace est rapporté à un repère orthonormal $(O ; \vec{i}, \vec{j}, \vec{k})$ unité : 1 cm, O est le centre de la sphère.

La figure 38 montre la sphère de rayon R et la cavité.

$$AA' = 30 ; \quad HB = 9.$$

La figure 39 représente l'intersection de la sphère et du plan $(O ; \vec{j}, \vec{k})$; (les deux figures ne sont pas faites à l'échelle).

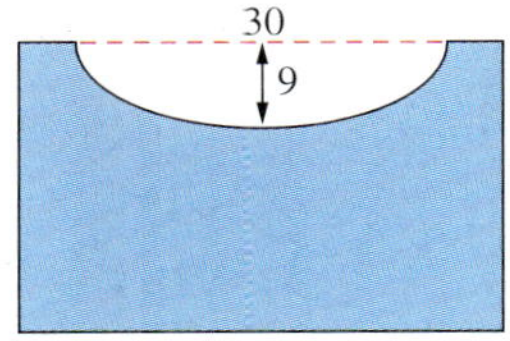

Fig. 37

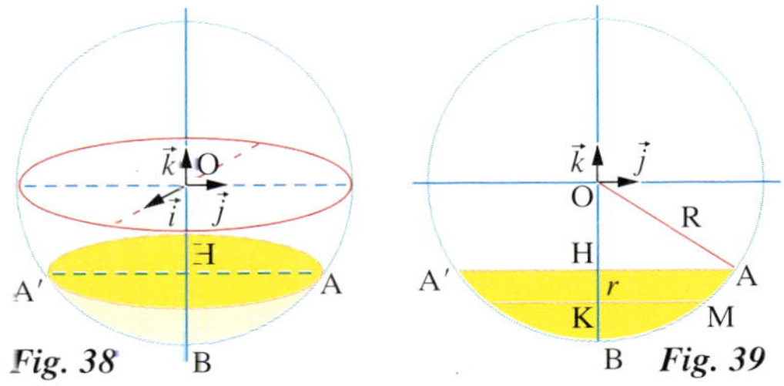

Fig. 38 *Fig. 39*

1° Calculer le rayon R de la sphère.

2° L'intersection de la calotte sphérique par un plan de cote z est un cercle de rayon $r = KM$ (voir fig. 39). Calculer, en fonction de z, le rayon r de ce cercle et son aire $S(z)$.

3° Calculer, en cm^3, le volume V de la calotte sphérique puis à l'aide de la calculatrice, donner une valeur approchée de V à 10^{-2} près par défaut.

Exemple de calcul de valeur moyenne

30 ▪▪▪ 1° Calculer m_1 valeur moyenne sur $\left[0, \frac{\pi}{2}\right]$ de la fonction numérique f_1 définie sur $\mathbb{R}$ par :

$$f_1(x) = \sin x.$$

2° Calculer m_2, valeur moyenne sur $\left[0, \frac{\pi}{2}\right]$ de la fonction numérique f_2 définie sur $\mathbb{R}$ par :

$$f_2(x) = \cos^2 x.$$

3° Calculer m_3, valeur moyenne sur $\left[0, \frac{\pi}{2}\right]$ de la fonction numérique f_3 définie sur $\mathbb{R}$ par :

$$f_3(x) = \cos^2 x \sin x.$$

(STI Génie électronique, Génie électrotechnique)

Exemples d'encadrement d'une intégrale au moyen d'un encadrement de la fonction à intégrer

31 ▪▪▪ Le but de cet exercice est d'étudier la fonction f, définie sur l'intervalle $[-5, 7]$, dérivable, dont la courbe représentative $\mathscr{C}$ est donnée par le graphique de la figure 40.

On précise que les points A, B, C, E, sont à coordonnées entières, et que D a pour coordonnées $\left(2, \frac{7}{2}\right)$;

la tangente à $\mathscr{C}$ en A est parallèle à l'axe des abscisses ; la tangente en B est la droite (BA), la tangente en D la droite (DE). On note f' la fonction dérivée de f.

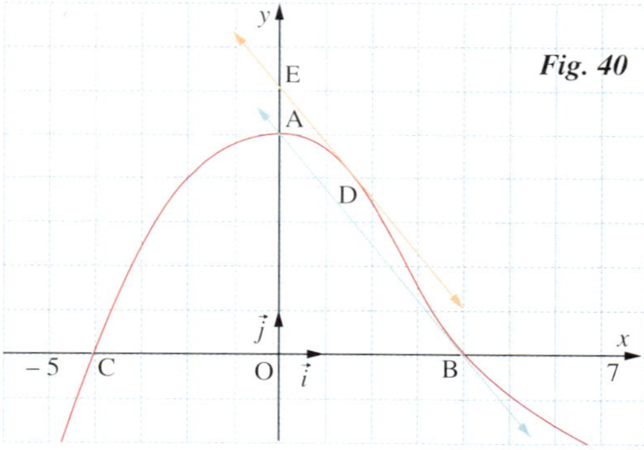

Fig. 40

1° Résoudre graphiquement, les équations ou inéquations suivantes :
a) $f(x) = 0$; *b*) $f(x) \geqslant 0$; *c*) $f'(x) \leqslant 0$.

2° Déterminer une équation de la droite (AB), et une équation de la tangente en D à $\mathscr{C}$.

3° Justifier graphiquement l'encadrement, pour tout x réel de $[0, 4]$: $-\dfrac{5}{4}x + 5 \leqslant f(x) \leqslant -\dfrac{5}{4}x + 6$.

En déduire un encadrement de l'intégrale :

$$I = \int_0^4 f(x)\,dx.$$

Q.C.M.

Ces Q.C.M., dont les réponses figurent à la fin de ce chapitre, permettent une auto-évaluation.

Dans ces questionnaires à choix multiples (Q.C.M.), il suffit d'indiquer sur sa copie, pour chaque question posée, la (ou les) bonne(s) réponse(s), s'il y en a, parmi les propositions de l'énoncé ; aucune justification n'est demandée.

32 ■■ Dans chaque question, la fonction f dont on calcule la valeur exacte de l'intégrale sur un intervalle donné est dérivable sur cet intervalle

	1°	2°	3°
	$f(x) = x - 3$	$f(x) = x^2 + 3x + 2$	$f(x) = 2x + 1 + \dfrac{3}{x+2}$
A	$\int_1^3 f(x)\,dx = 2$	$\int_1^3 f(x)\,dx = 25$	$\int_1^3 f(x)\,dx = \dfrac{21}{4}$
B	$\int_1^3 f(x)\,dx = 1$	$\int_1^3 f(x)\,dx = -\dfrac{67}{3}$	$\int_1^3 f(x)\,dx = 6 + 3\ln 2$
C	$\int_1^3 f(x)\,dx = -2$	$\int_1^3 f(x)\,dx = \dfrac{74}{3}$	$\int_1^3 f(x)\,dx = 6 + \ln 4$

	4°	5°	6°
	$f(x) = e^x + e^{-x}$	$f(x) = \dfrac{\ln x}{x}$	$f(t) = \cos\left(2t + \dfrac{\pi}{3}\right)$
A	$\int_{\ln 2}^{\ln 3} f(x)\,dx = 5$	$\int_1^e f(x)\,dx = \dfrac{e^2}{2}$	$\int_0^{\frac{\pi}{3}} f(t)\,dt = -\dfrac{\sqrt{3}}{4}$
B	$\int_{\ln 2}^{\ln 3} f(x)\,dx = \dfrac{7}{6}$	$\int_1^e f(x)\,dx = -1$	$\int_0^{\frac{\pi}{3}} f(t)\,dt = -\dfrac{1}{4}$
C	$\int_{\ln 2}^{\ln 3} f(x)\,dx = \dfrac{29}{6}$	$\int_1^e f(x)\,dx = \dfrac{1}{2}$	$\int_0^{\frac{\pi}{3}} f(t)\,dt = 0$

33 ■■■ Dans chaque question $I = \int_0^3 f(x)\,dx$ et C est la courbe représentative de f.

1°

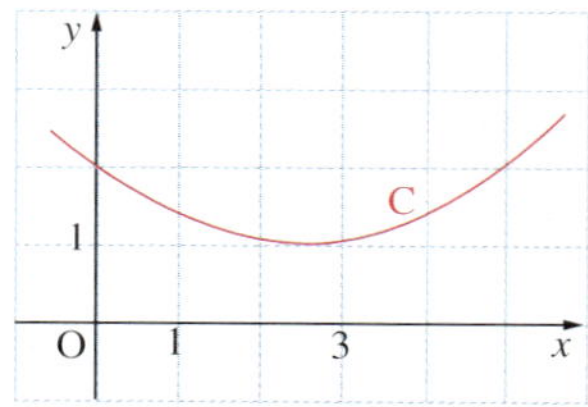

Fig. 41

	A	B	C
Le nombre I appartient à	[0, 3]	[6, 7]	[3, 5]

2°

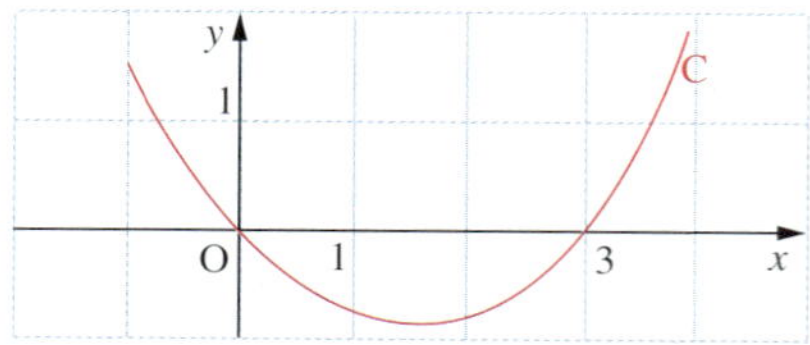

Fig. 42

	A	B	C
Le nombre I appartient à	[0, 3]	[– 3, 0]	[– 1, 0]

34 ■■■ La courbe C ci-dessous est la représentation graphique dans le plan muni du repère orthonormal $(O ; \vec{i}, \vec{j})$, unité graphique : 2 cm, d'une fonction f de la variable réelle x définie et dérivable sur $[0, 2]$.

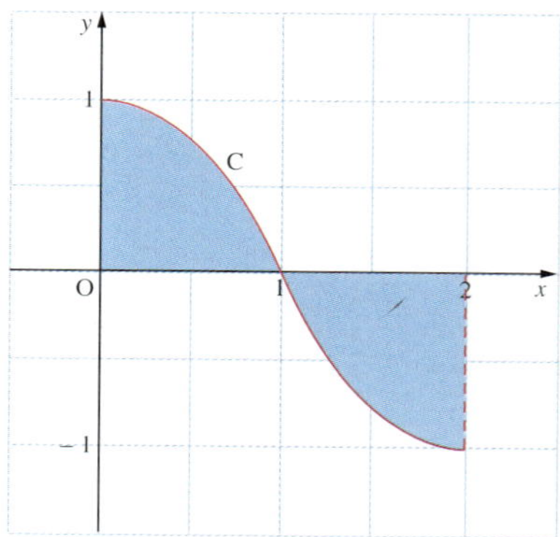

Fig. 43

L'aire de la partie coloriée du plan est, en cm^2	A $\int_0^2 f(x)\,dx$	B $\int_0^3 f(x)\,dx - \int_0^2 f(x)\,dx$	C $\int_0^2 f(x)\,dx$
	D $4\int_0^2 f(x)\,dx$	E $4\left[\int_0^1 f(x)\,dx - \int_1^2 f(x)\,dx\right]$	F $-4\int_2 f(x)\,dx$

35 ▪▪▪ Déterminer trois nombres réels a, b, c tels que, pour tout nombre réel x de $[-1, 0]$

$$f(x) = \frac{-2x^2+x+2}{x^2+x-2} = a + \frac{b}{x-1} + \frac{c}{x+2}.$$

On note $\mathrm{I} = \int_{-1}^{0} f(x)\,dx$. Alors :

A : I n'est pas calculable	B : $\mathrm{I} = 3\ln 2 - 2$	
C : $\mathrm{I} = 2 + \frac{7}{3}\ln 2$	D : $\mathrm{I} = -2 + \frac{7}{3}\ln 2$	E : $\mathrm{I} = 2 + 3\ln 2$

SANS CORRIGÉS

Calculs d'intégrales à l'aide d'une primitive

Calculer l'intégrale I (exercices 36 à 63).

36 ▪ $\mathrm{I} = \int_3^4 dx.$

37 ▪ $\mathrm{I} = \int_{-1}^{0} 3\,dx.$

38 ▪ $\mathrm{I} = \int_1^3 (x-3)\,dx.$

39 ▪ $\mathrm{I} = \int_0^4 (2t+1)\,dt.$

40 ▪ $\mathrm{I} = \int_1^3 (x^2+3x+1)\,dx.$

41 ▪ $\mathrm{I} = \int_2^3 (x^3+x^2+x+1)\,dx.$

42 ▪ $\mathrm{I} = \int_{-1}^{1} 2r^3\,dr.$

43 ▪ $\mathrm{I} = \int_0^1 5t(t^2+1)\,dt.$

44 ▪ $\mathrm{I} = \int_1^2 (x+1)(x^2+2x+3)\,dx.$

45 ▪ $\mathrm{I} = \int_2^3 \frac{2x}{(x^2+1)^2}\,dx.$

46 ▪ $\mathrm{I} = \int_1^2 \left(x+1+\frac{1}{(x^2+2)^2}\right)dx.$

47 ▪ $\mathrm{I} = \int_1^2 \left[\frac{1}{(x+1)^2} - \frac{1}{(x-2)^2}\right]dx.$

48 ▪ $\mathrm{I} = \int_3^4 \frac{1}{(x+1)^3}\,dx.$

49 ▪▪ $\mathrm{I} = \int_{-2}^{1} \sqrt{x+3}\,dx.$

Écrire pour tout nombre réel x de $[-2, 1]$ que $\sqrt{x+3} = (x+3)^{\frac{1}{2}}$ et chercher une primitive d'une fonction de la forme $u'u^{\alpha}$.

50 ▪ $\mathrm{I} = \int_2^5 \left(3x+4+\frac{1}{x}\right)dx.$

51 ▪ $\mathrm{I} = \int_0^2 \left(2x+1+\frac{3}{x+2}\right)dx.$

52 ▪ $\mathrm{I} = \int_1^2 \left[\frac{1}{x+1} - \frac{1}{(x+2)^2}\right]dx.$

53 ▪ $\mathrm{I} = \int_1^2 \frac{2x+1}{x^2+x+5}\,dx.$

54 ▪▪ $\mathrm{I} = \int_{-3}^{-2} \left(3x+1-\frac{1}{2x+3}\right)dx.$

55 ▪▪ $\mathrm{I} = \int_0^1 \frac{e^x - e^{-x}}{2}\,dx.$

56 ▪▪ $\mathrm{I} = \int_0^{\ln 2} (e^x - e^{2x})\,dx.$

57 ▪▪ $\mathrm{I} = \int_0^{\ln 2} \frac{e^x}{(e^x+1)^2}\,dx.$

58 ▪▪ $\mathrm{I} = \int_{\ln 2}^{\ln 3} \frac{e^x}{e^x+1}\,dx.$

59 ▪ $\mathrm{I} = \int_0^{\frac{\pi}{2}} (\cos 2x + \sin 3x)\,dx.$

60 ▪ $\mathrm{I} = \int_{\frac{\pi}{4}}^{\frac{\pi}{3}} \sin\left(3t+\frac{\pi}{6}\right)dt.$

61 ■■ $I = \int_0^{\frac{\pi}{2}} \sin x \cos^2 x \, dx.$

62 ■■ $I = \int_0^{\frac{\pi}{2}} \sin \frac{x}{2} \cos \frac{x}{2} \, dx.$

63 ■ $I = \int_{\frac{\pi}{6}}^{\frac{\pi}{3}} \frac{\cos x}{\sin x} \, dx.$

Après avoir linéarisé à l'aide des formules d'Euler (ou de formules du formulaire) calculer l'intégrale I (exercices 64 à 69).

64 ■■ $I = \int_0^{\frac{\pi}{2}} \cos^2 2x \, dx.$

65 ■■ $I = \int_{\frac{\pi}{3}}^{\frac{\pi}{2}} \sin^2 3x \, dx.$

66 ■■■ $I = \int_{\frac{\pi}{4}}^{\frac{\pi}{2}} \cos 3x \cos x \, dx.$

67 ■■■ $I = \int_0^{\frac{\pi}{2}} \sin 2x \sin 4x \, dx.$

68 ■■■ $I = \int_0^{\frac{\pi}{3}} \cos^3 x \, dx.$

69 ■■■ $I = \int_{\frac{\pi}{4}}^{\frac{\pi}{2}} \sin^4 x \, dx.$

70 ■■■ 1° Résoudre dans $\mathbb{R}$ l'équation :

$$x^2 - x - 2 = 0.$$

2° Pour tout nombre réel a, on pose :

$$I(a) = \int_0^a (e^x + 2e^{-x}) \, dx.$$

Calculer $I(a)$ en fonction de a.

3° Calculer le réel a tel que $I(a) = 2$.

(Baccalauréat, Pondichéry, 1996)

71 ■■ ***Au travail !***

Le travail effectué par une force F entre deux points s'exprime par $W = \int_0^{10^{-2}} -0,5 \left[1 - \frac{0,19}{0,2 - x}\right] dx.$

Déterminer une valeur approchée à 10^{-2} près de W.

Exemples de transformation de l'écriture d'une fonction rationnelle pour calculer une intégrale (exercices 72 et 73).

72 ■■ Soit f la fonction définie sur $I =]-1, +\infty[$ par :

$$f(x) = \frac{2x + 5}{x^2 + 3x + 2}.$$

1° Vérifier que, pour tout nombre réel x de I,

$$f(x) = \frac{3}{x + 1} - \frac{1}{x + 2}.$$

2° En déduire une primitive F de f sur I.

3° Calculer la valeur exacte de l'intégrale

$$J = \int_0^1 f(x) \, dx \; ;$$

donner la valeur arrondie au centième du nombre J.

(Brevet de technicien agencement, 1995)

73 ■■ On considère la fonction f définie sur l'intervalle $]-2, +\infty[$ par $f(x) = \frac{x^2 + 4x - 5}{x + 2}$.

1° Déterminer les nombres réels a, b et c tels que pour tout x de l'intervalle $]-2, +\infty[$,

$$f(x) = ax + b + \frac{c}{x + 2}.$$

2° En déduire que, pour tout x de $]-2, +\infty[$,

$$f^2(x) = (x + 2)^2 - 18 + \frac{81}{(x + 2)^2}.$$

Déterminer alors une primitive de f^2 sur l'intervalle $]-2, +\infty[$.

3° Calculer la valeur exacte de l'intégrale

$$I = \int_{-1}^0 f^2(x) \, dx.$$

On donnera une valeur approchée du résultat à 10^{-2} près.

(Brevet de technicien céramique industrielle, 1995)

Exemples de situations où une primitive est donnée (exercices 74 à 79).

74 ■■ 1° Déterminer la dérivée de la fonction f définie sur $]0, +\infty[$ par $f(x) = \frac{1}{2} x^2 \ln x$.

2° En déduire la valeur de l'intégrale

$$\int_1^{e^2} \left(x \ln x + \frac{x}{2}\right) dx.$$

75 ■■ Soit f la fonction définie sur $\left]-\frac{1}{2}, +\infty\right[$ par :

$$f(x) = \ln (2x + 1).$$

1° Déterminer la dérivée de la fonction g définie sur $\left]-\frac{1}{2}, +\infty\right[$ par : $g(x) = \left(x + \frac{1}{2}\right) \ln (2x + 1) - x.$

2° En déduire la valeur exacte de l'intégrale

$$\int_0^1 f(x)\,\mathrm{d}x.$$

76 ▪▪ Soit f et G les fonctions définies sur $\mathbb{R}$ par

$$f(x) = 6x^2 + xe^x \quad \text{et} \quad G(x) = xe^x - e^x.$$

1° Déterminer la fonction dérivée G' de G.

2° En déduire une primitive de f sur $\mathbb{R}$.

3° Calculer l'intégrale $I = \displaystyle\int_0^1 f(x)\,\mathrm{d}x$.

77 ▪▪▪ On considère la fonction f définie sur $\mathbb{R}$ par

$$f(x) = 3\sin x - (\sin x)^3.$$

1° Calculer la dérivée $f'(x)$.

2° Résoudre dans l'intervalle $[0, 2\pi]$ l'équation $f'(x) = 0$, l'inconnue étant x.

3° Montrer que $f'(x)$ peut s'écrire sous la forme

$$f'(x) = 3(\cos x)^3.$$

En déduire les primitives de la fonction g définie sur $\mathbb{R}$ par $g(x) = 3(\cos x)^3$.

4° Calculer l'intégrale : $\displaystyle\int_0^{\frac{\pi}{6}} 3(\cos x)^3\,\mathrm{d}x$.

78 ▪▪▪ On considère la fonction f définie sur $\left[0, \dfrac{\pi}{2}\right]$ par

$$f(x) = \frac{1}{4}(2x\sin 2x + \cos 2x).$$

1° Calculer $f'(x)$.

2° En déduire la valeur exacte de l'intégrale

$$I = \int_0^{\frac{\pi}{2}} x\cos 2x\,\mathrm{d}x.$$

3° Déduire de ce qui précède la valeur exacte de l'intégrale $J = \displaystyle\int_0^{\frac{\pi}{2}} x\cos^2 x\,\mathrm{d}x$.

79 ▪▪▪ *a*) Montrer que pour tout nombre réel x :

$$\cos^4 x = \frac{1}{8}(\cos 4x + 4\cos 2x + 3).$$

> *Indication :* utiliser les formules d'Euler ou : pour tout nombre réel a,
> $$\cos^2 a = \frac{1 + \cos 2a}{2}.$$

b) Calculer $I = \displaystyle\int_0^{\frac{\pi}{4}} \cos^4 x\,\mathrm{d}x$.

80 ▪▪▪ 1° Soit f la fonction de la variable réelle x définie sur $\mathbb{R}$ par : $f(x) = \dfrac{1}{4}(2x\sin 2x + \cos 2x)$.

f' désigne la dérivée de f. Montrer que, pour tout x de $\mathbb{R}$, $f'(x) = x\cos 2x$.

2° On considère les intégrales suivantes :

$$I = \int_0^{\frac{\pi}{4}} x\cos^2 x\,\mathrm{d}x \quad \text{et} \quad J = \int_0^{\frac{\pi}{4}} x\sin^2 x\,\mathrm{d}x.$$

a) Calculer la valeur exacte de chacune des intégrales : $I - J$ et $I + J$.

b) En déduire la valeur exacte de chacune des intégrales I et J.

(STI Génie électrique, Génie électrotechnique, La Réunion, 1994)

81 ▪▪▪ Soit f la fonction numérique de la variable réelle x définie sur $\mathbb{R}$ par : $f(x) = \dfrac{e^x - 1}{e^x + 1}$.

1° Déterminer deux nombres réels A et B tels que : pour tout x de $\mathbb{R}$,

$$f(x) = A + \frac{Be^x}{1 + e^x}.$$

2° Après avoir donné les primitives de f, calculer

$$\int_0^2 f(x)\,\mathrm{d}x.$$

82 ▪▪▪ ***Cela ressemble à de la physique...***

Soit f la fonction affine par intervalles, définie sur l'ensemble des réels x tels que $0 \leqslant x \leqslant 11$ et dont la représentation graphique dans le repère orthonormal $(O\,;\,\vec{i}, \vec{j})$ est donnée par la figure 44.

L'unité graphique sur chaque axe est le centimètre. Les points M, B, D, C sont définis par leurs coordonnées :

M(0, 4) B(5, – 1) D(9, 1) C(11, 0).

1° Donner une expression de $f(x)$ sur chacun des intervalles $[0, 5]$, $[5, 9]$ et $[9, 11]$.

Calculer les abscisses des points N et A, mentionnés sur la figure 44, où la courbe représentative de f coupe l'axe des abscisses.

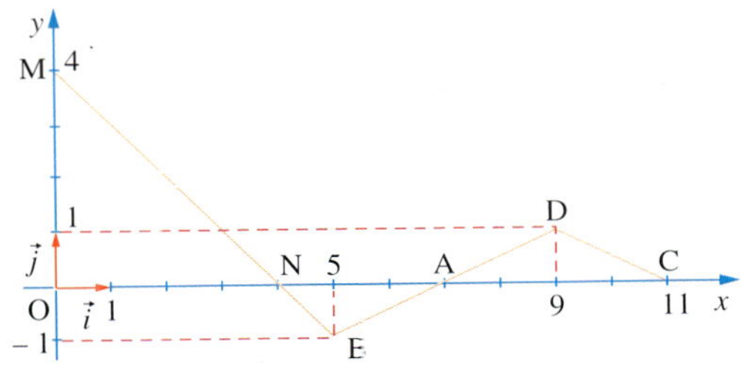

Fig. 44

2° Calculer les valeurs exactes des intégrales suivantes :

$$I = \int_7^{11} f(x)\,\mathrm{d}x\,; \qquad J = \int_0^5 |f(x)|\,\mathrm{d}x\,;$$

$$K = \int_0^7 e^{f(x)}\,\mathrm{d}x\,; \qquad L = \int_9^{10} \frac{1}{f(x)}\,\mathrm{d}x.$$

Exemples d'exercices de baccalauréat avec un calcul d'aire

Lecture de propriétés d'une fonction à partir de sa représentation graphique (exercices 83 et 84).

83 ■■■

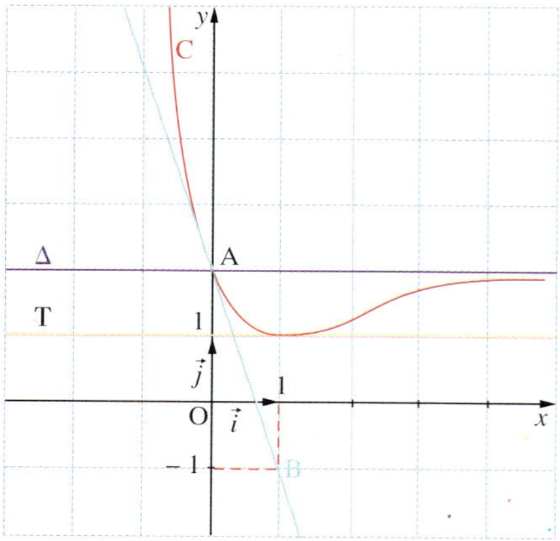

Fig. 45

Le graphique est réalisé dans un repère orthonormal $(O\,;\vec{i},\vec{j})$. On a tracé :
– la courbe représentative C d'une fonction f définie sur $\mathbb{R}$;
– la droite (AB) tangente à la courbe C au point A ;
– la droite Δ d'équation $y = 2$;
– la droite T, parallèle à l'axe des abscisses, tangente à la courbe C au point d'abscisse 1.
Les points A et B ont respectivement pour coordonnées $(0, 2)$ et $(1, -1)$.

1° Déterminer une équation de la droite (AB).

2° Sachant que la droite Δ est asymptote à la courbe C en $+\infty$, déterminer $\lim\limits_{x \to +\infty} f(x)$.
On admet que la courbe C est toujours au-dessus de la droite (AB). Déterminer $\lim\limits_{x \to -\infty} f(x)$.

3° Lire sur le graphique les valeurs entières de $f(0)$ et $f'(1)$.
Dresser le tableau de variation de la fonction f.

4° On considère les quatre valeurs décimales suivantes :
$I_1 = 6{,}5$; $I_2 = -3{,}6$; $I_3 = 3{,}6$ et $I_4 = -6{,}5$.
L'une d'entre elles est une valeur décimale approchée à 10^{-1} près de l'intégrale $I = \int_0^3 f(x)\,dx$.
Laquelle ? Expliquer l'élimination des trois autres.

84 ■■■ Soit g une fonction définie et dérivable sur $\mathbb{R}$ ayant les propriétés suivantes :
g est décroissante sur $]-\infty, -1]$, croissante sur $[-1, 3]$, décroissante sur $[3, +\infty[$;

$$g(-1) = 0 \quad \text{et} \quad g(3) = 2\ ;$$

$g(x)$ a pour limite 4 lorsque x tend vers $-\infty$;
$g(x)$ a pour limite 0 lorsque x tend vers $+\infty$.

1° Dresser le tableau de variations de la fonction g.

2° Reconnaître parmi les trois courbes ci-dessous la courbe représentative de la fonction g dans un repère orthonormal. Noter la référence de cette courbe sur la copie.

3° Indiquer si chacun des énoncés suivants est vrai ou faux, et justifier la réponse à partir des hypothèses de l'énoncé ou à partir du graphique de la question 2°.
a) $g'(4) \leqslant 0$;
b) l'équation $g(x) = 2$ a une seule solution dans $\mathbb{R}$;
c) la droite d'équation $x = 4$ est asymptote à la courbe représentative de g ;
d) $\int_{-1}^{3} g(x)\,dx > 8$.

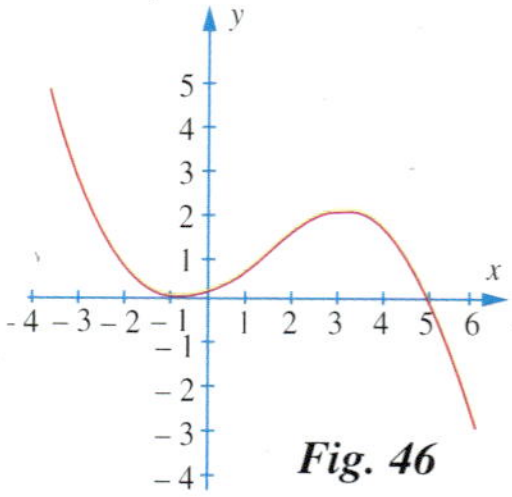

Fig. 46

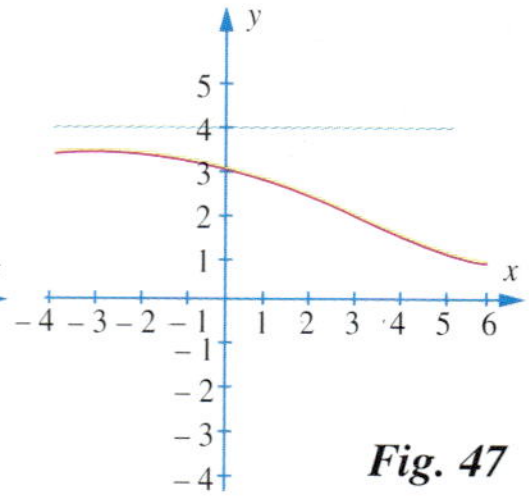

Fig. 47

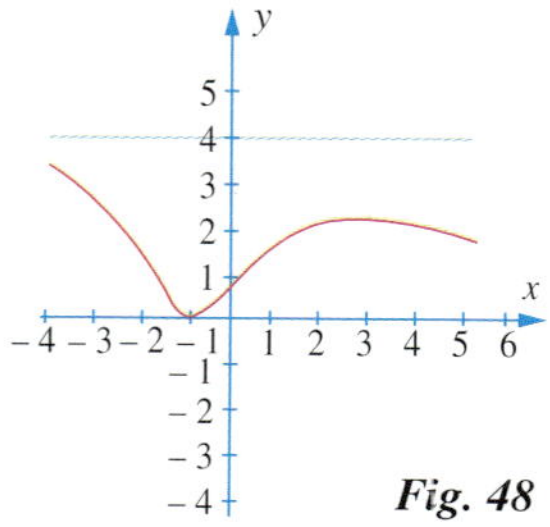

Fig. 48

(Techniques de la musique, septembre 1996)

Calcul d'aire avec des fonctions polynômes (exercices 85 à 90).

85 ■■ C est la courbe représentative de la fonction f définie sur $\left[-\frac{3}{2}, \frac{3}{2}\right]$ par $f(x) = -x^3 - x^2 + x + 1$ dans le plan muni d'un repère orthonormal $(O\,;\vec{i},\vec{j})$ unité : 2 cm. On précise que la courbe C coupe l'axe des abscisses aux points A et B d'abscisses respectives -1 et 1.

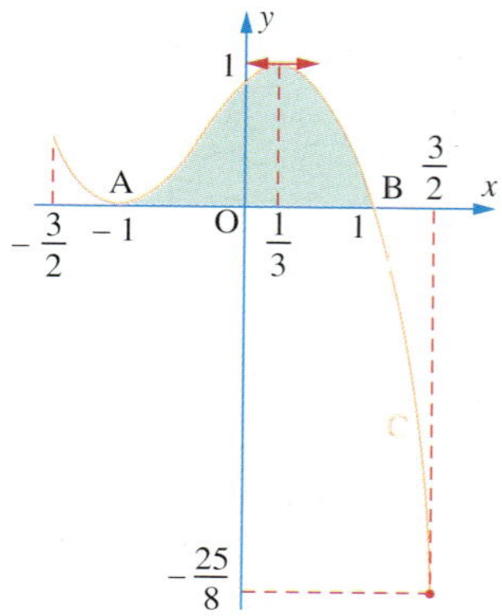

Fig. 49

1° À l'aide de la figure 49, indiquer le signe de la fonction f lorsque x varie dans $\left[-\frac{3}{2}, \frac{3}{2}\right]$.

2° Déterminer l'aire en cm², de la partie du plan coloriée. Vérifier l'ordre de grandeur du résultat sur la figure.

86 ■■■ ***Aire d'une partie du plan limitée par deux représentations graphiques***

P est la parabole d'équation $y = x^2$ dans le plan rapporté à un repère orthonormal $(O ; \vec{i}, \vec{j})$.
On note A le point de P d'abscisse a, a réel strictement positif, S le point de P d'abscisse $\frac{a}{2}$.
On note $\mathscr{A}$ l'aire de Γ_A, ensemble des points du plan limité par l'arc de parabole OSA et le segment [OA]. (Sur la figure 50, on a colorié Γ_A.) On note $\mathscr{B}$ l'aire du triangle OSA.

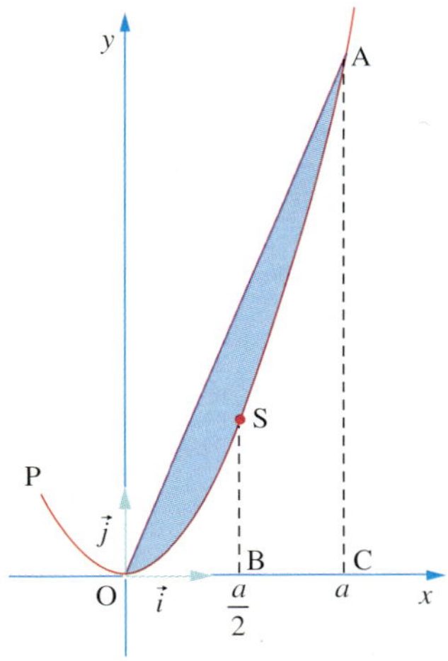

Fig. 50

Le but de l'exercice est de montrer que le rapport $\frac{\mathscr{A}}{\mathscr{B}}$ est constant lorsque le réel a varie dans $]0, +\infty[$.

1° Quelle est l'équation de la droite (OA) ?

2° Soit C la projection orthogonale de A sur l'axe des abscisses.
Soit B la projection orthogonale de S sur l'axe des abscisses.
Quelle est en fonction de a l'aire du triangle OCA ? L'aire du triangle OBS ? L'aire du trapèze BCAS ?
En déduire $\mathscr{B}$ en fonction de a.

3° Calculer en fonction de a l'aire $\mathscr{A}$.

4° Montrer la propriété cherchée.
(STI Génie électronique, Génie électrotechnique, 1993)

87 ■■■ ***Exemple de calcul d'aire sur un intervalle où la fonction change de signe***

Dans le repère $(O ; \vec{i}, \vec{j})$ orthonormal d'unité graphique le centimètre, on considère l'arc de parabole P représentatif de la fonction f définie sur l'intervalle $[-2, 4]$ par $f(x) = -x^2 + 2x + 3$.

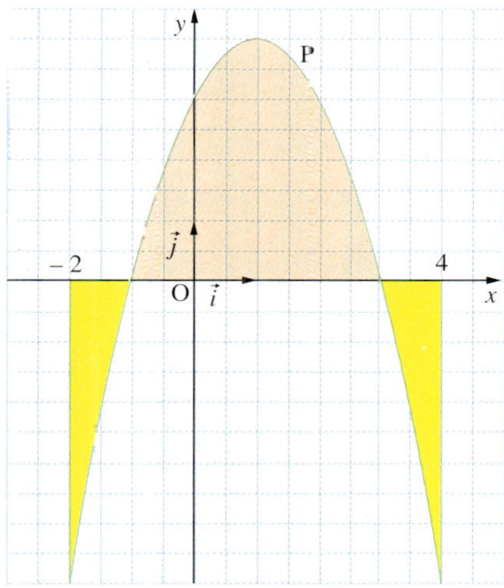

Fig. 51

1° Résoudre l'équation $-x^2 + 2x + 3 = 0$. Que représente ces solutions pour l'arc P ?

2° Donner une primitive de la fonction f sur l'intervalle $[-2, 4]$. En déduire l'aire de la surface coloriée (on partagera l'intervalle en trois sous-intervalles).

88 ■■■ ***Lecture graphique et calcul d'aire avec une fonction polynôme du troisième degré***

La courbe C ci-dessous représente, dans un repère orthonormal (unité graphique : 0,5 cm), une fonction f définie sur $[-3, 4]$.

a) Donner, après les avoir lues sur le graphique, les valeurs $f(-1)$, $f(1)$ et $f(3)$.

b) Déterminer graphiquement le signe de $f(x)$ sur $[-3, 4]$.
On suppose que f est la dérivée d'une fonction F définie sur $[-3, 4]$. Donner le sens de variation de F.

c) La fonction F est représentée dans le plan muni d'un repère orthonormal $(O ; \vec{i}, \vec{j})$ (unité graphique : 0,5 cm), par l'une des trois courbes ci-dessous.
En utilisant la question précédente, indiquer laquelle de ces courbes représente la fonction F. Expliquer pourquoi aucune des deux autres ne convient.

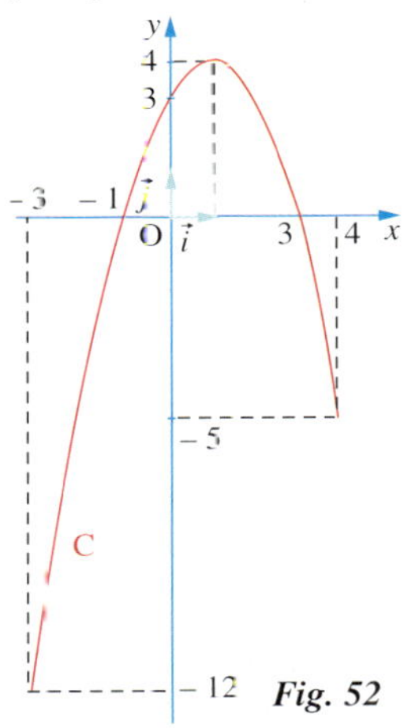

Fig. 52

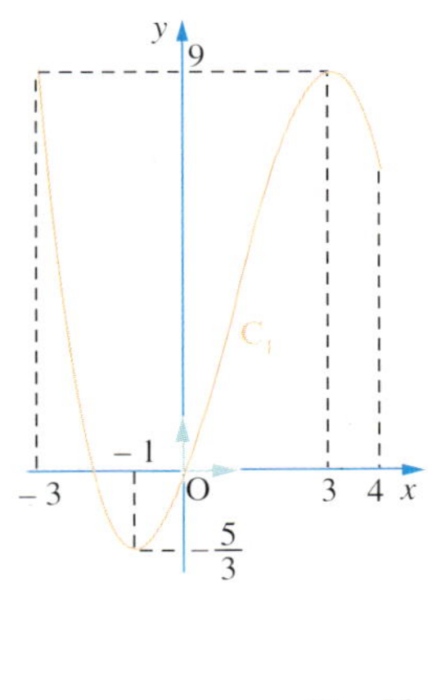

Fig. 53

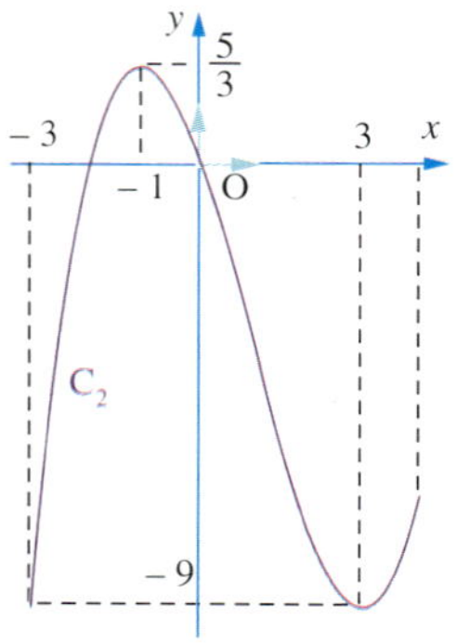

Fig. 54

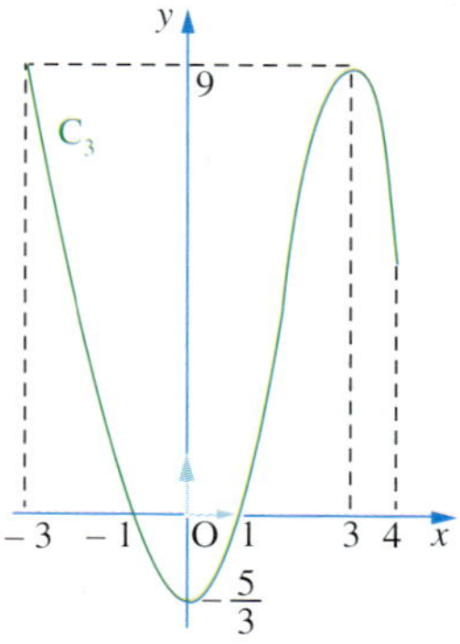

Fig. 55

2° On admet que la fonction f, représentée par la courbe C, est définie par $f(x) = -x^2 + 2x + 3$.

a) Déterminer alors la primitive F de f vérifiant $F(0) = 0$.

b) Calculer l'aire $\mathscr{A}$, exprimée en cm², de la surface limitée par la courbe C, l'axe des abscisses, et les droites d'équations $x = -1$ et $x = 3$. On donnera la valeur exacte et une valeur décimale approchée à 10^{-2} cm² près.

(Baccalauréat, La Réunion, juin 1995)

89 ■■■ ***Aire d'une partie du plan limitée par deux représentations graphiques de fonctions polynômes***

1° Soit P la fonction définie sur $\mathbb{R}$ par

$$P(x) = 2x^3 - x^2 - 4x + 3.$$

a) Vérifier que, pour tout nombre réel x, on a :

$$P(x) = (x-1)^2(2x+3).$$

b) Résoudre l'équation d'inconnue réelle x : $P(x) = 0$.

2° Dans un repère orthogonal $(O\,;\vec{i},\vec{j})$ d'unités graphiques 1 cm en abscisse et 0,5 cm en ordonnée, on considère les arcs de courbe $\overset{\frown}{ACB}$ et $\overset{\frown}{ADB}$ (voir la figure 56) :

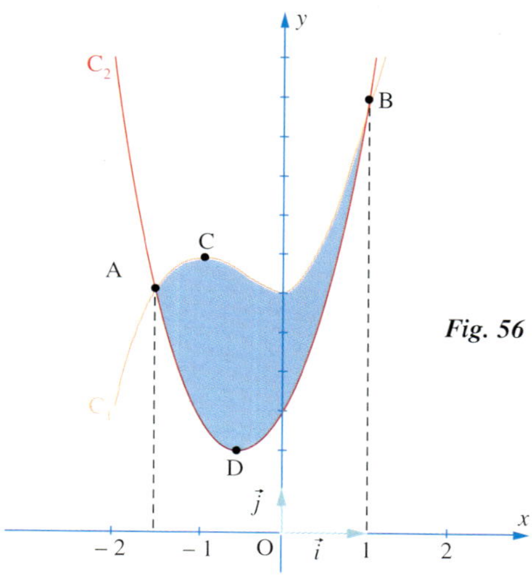

Fig. 56

– l'arc $\overset{\frown}{ACB}$ est une partie de la courbe représentative C_1 de la fonction f définie par

$$f(x) = 2x^3 + 3x^2 + 6$$

– l'arc $\overset{\frown}{ADB}$ est une partie de la courbe représentative C_2 de la fonction g définie par

$$g(x) = 4x^2 + 4x + 3.$$

a) Montrer que l'équation $f(x) = g(x)$ se ramène à l'équation $P(x) = 0$ définie à la question 1°. En déduire les coordonnées des points d'intersection A et B des courbes C_1 et C_2.

b) Calculer en cm² l'aire de la portion de plan comprise entre les deux arcs (coloriée sur la figure).

On donnera la valeur exacte puis la valeur arrondie au mm².

(Brevet de technicien, 1995)

90 ■■■ ***On fait le pont ! (en mai ?)***

On considère une arche de pont parabolique de 24 mètres de portée et de 6 mètres de flèche (fig. 57).

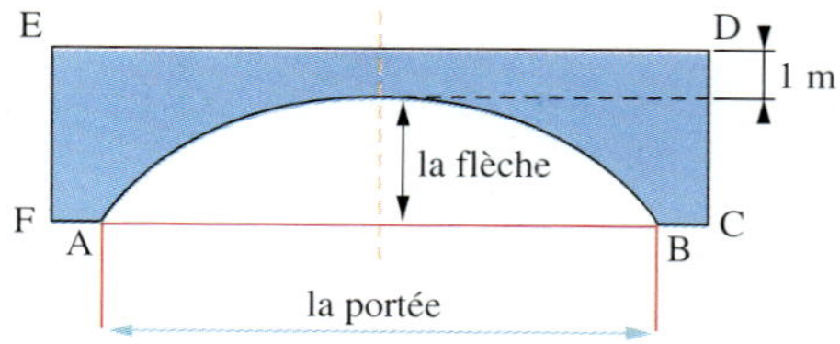

Fig. 57

1° Déterminer dans un repère bien choisi une équation de la forme $y = ax^2$ de l'arc de parabole AB.

2° Calculer une valeur approchée, en m², à 10^{-2} près, de l'aire de la surface ABCDEF de l'arche sachant que BC = AF = 1 m.

Exemple de calcul d'aire avec la fonction logarithme népérien

91 ■■■ La représentation graphique, fournie ci-dessous, est celle d'une fonction f définie sur $]-3, +\infty[$. Les points $A(-2, 0)$, $B(-1, 0)$ et $C(0, 4)$ appartiennent à la courbe.

Unités graphiques : 2 cm en abscisses, 1 cm en ordonnée.

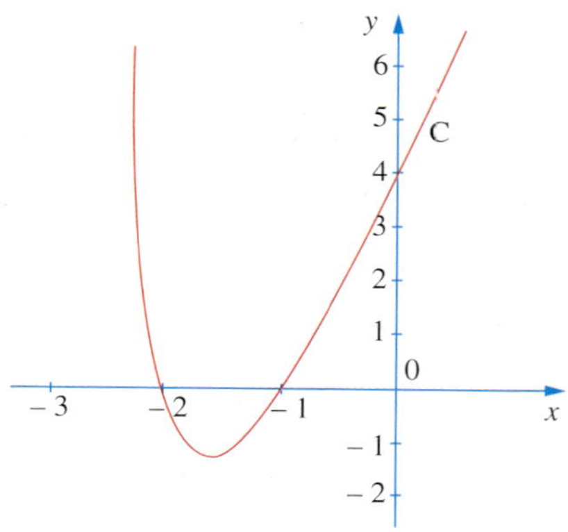

Fig. 58

f est la dérivée d'une fonction F définie sur $]-3, +\infty[$, dont la représentation graphique est l'une des quatre courbes fournies sur la feuille suivante.

1° Déterminer laquelle de ces quatre courbes représente F, en justifiant l'élimination de chacune des autres courbes.

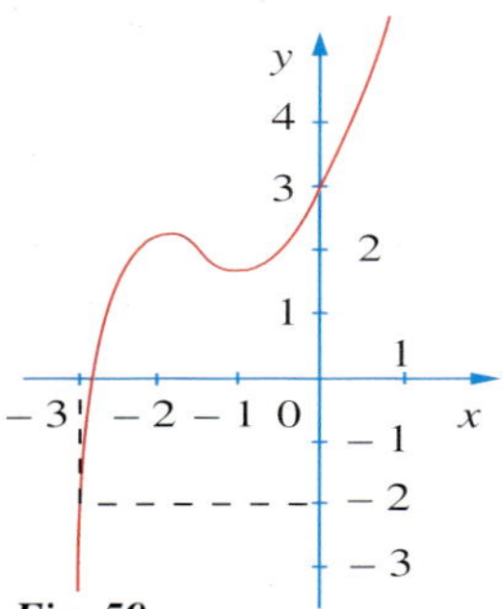

Fig. 59

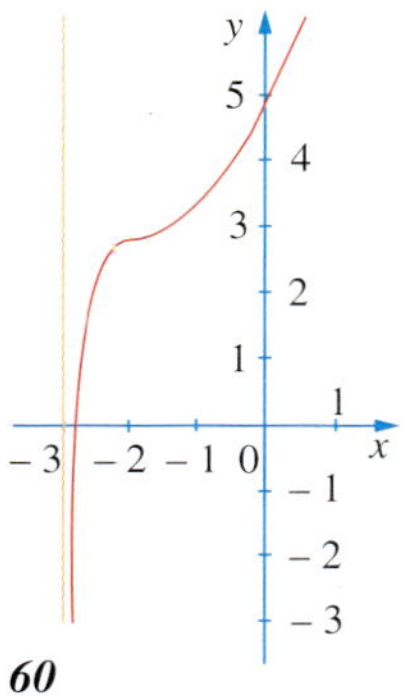

Fig. 60

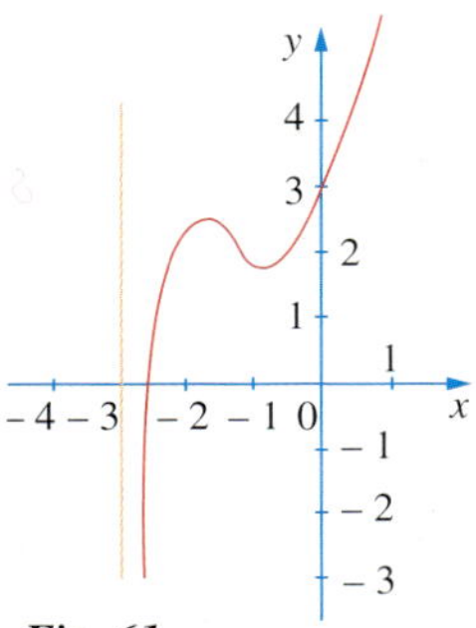

Fig. 61

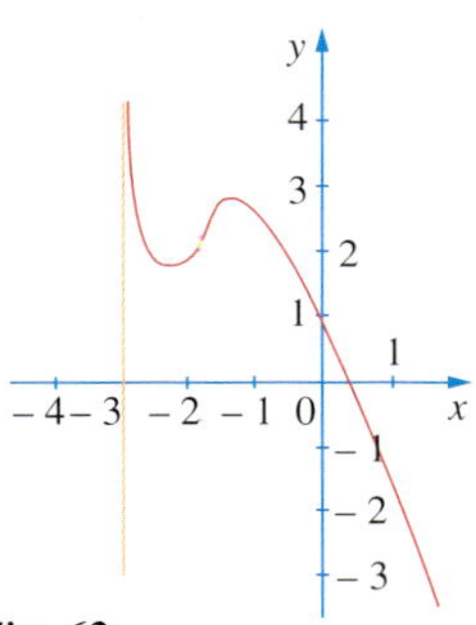

Fig. 62

2° La fonction F est définie sur $]-3, +\infty[$ par :

$$F(x) = ax^2 + b \ln (x+3) - 10$$

où a et b sont deux entiers relatifs.
a) Calculer $F'(x)$, où F' désigne la dérivée de F.
b) En déduire, à l'aide de la représentation graphique de f, que : $a = 3$ et $b = 12$.

3° Calculer l'aire de la surface comprise entre les segments [OB] et [OC] et la représentation graphique de f.
Donner la valeur exacte en unités d'aire.

(Baccalauréat, 1995)

Calculs d'aire avec une fonction circulaire (exercices 92 à 94).

92 ▪▪ 1° Dessiner dans un repère orthonormal $(O ; \vec{i}, \vec{j})$ (unité : 5 cm) la courbe représentative Γ de la fonction numérique f définie sur $\left[0, \frac{\pi}{2}\right]$ par $f(x) = \sin 2x$.

2° Calculer en cm² l'aire de la surface comprise entre l'arc Γ et l'axe des abscisses.

93 ▪▪▪ Le plan est muni d'un repère orthonormal $(O ; \vec{i}, \vec{j})$ d'unité graphique : 2 cm.
L'arc EF ci-dessous est la représentation graphique de la fonction f définie sur l'intervalle $[0, \pi]$ par :

$$f(x) = -\frac{1}{2}\cos 2x + \cos x + \frac{3}{2}.$$

Les points E et F ont pour coordonnées : $E(0, 2)$ et $F(\pi, 0.)$

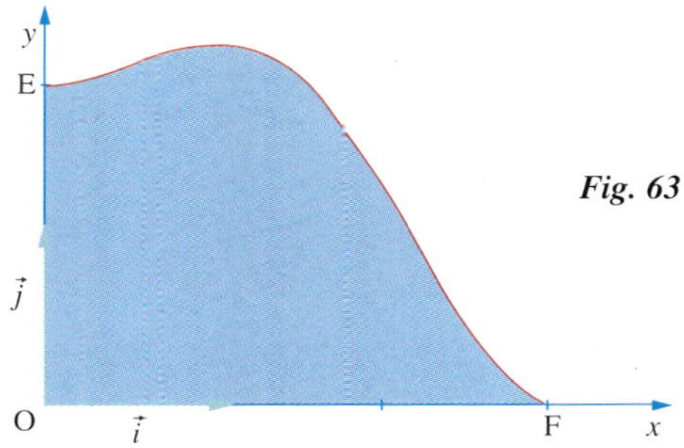

Fig. 63

1° *a*) Déterminer la dérivée f' de f et montrer que pour tout x de $[0, \pi]$

$$f'(x) = (\sin x)(2\cos x - 1).$$

b) Résoudre, dans l'ensemble $\mathbb{R}$ des nombres réels, l'équation $(\sin x)(2\cos x - 1) = 0$.
Quelles sont les solutions de cette équation dans l'intervalle $[0, \pi]$?
c) Interpréter géométrtiquement les résultats obtenus en *a*) et *b*).
2° *a*) Déterminer une primitive de f.
b) On appelle $\mathcal{S}$ l'aire exprimée en cm² du domaine plan limité par l'arc EF, l'axe des abscisses et l'axe des ordonnées.
Calculer la valeur exacte de $\mathcal{S}$ puis en donner l'arrondi au mm².

(STI Génie mécanique A et F, Génie civil, Génie énergétique, septembre 1996)

94 ▪▪▪ ***Où on utilise une symétrie pour calculer une aire***

Le plan est muni du repère orthonormal $(O ; \vec{i}, \vec{j})$.

1° Sur le graphique ci-dessous, la fonction f, définie sur l'intervalle $\left[0, \frac{\pi}{2}\right]$ par $f(x) = \cos^2 x$, est représentée par l'arc de courbe CA.

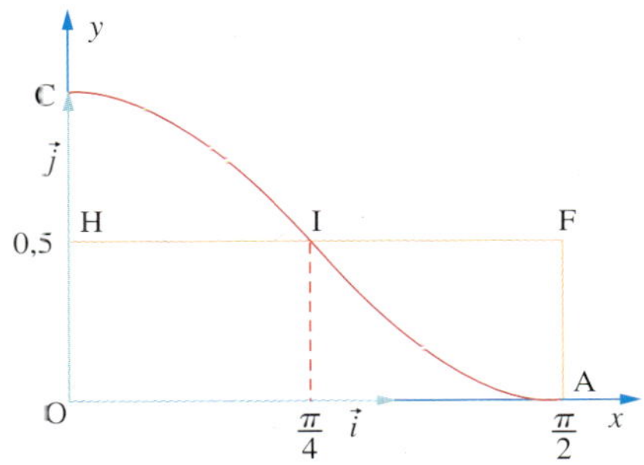

Fig. 64

Démontrer que les tangentes à la courbe aux points C et A sont parallèles à l'axe des abscisses.

2° Le but de cette question est de calculer, sans utiliser le calcul intégral, l'aire de la partie du plan délimitée par l'axe des abscisses, l'axe des ordonnées et l'arc CA.

a) On admet que le point I d'abscisse $\frac{\pi}{4}$ appartenant à l'arc CA est centre de symétrie de cet arc.
Justifier l'égalité entre l'aire de la partie du plan (OCA) et l'aire du rectangle (OAFH).
b) En déduire l'aire de la partie du plan (OCA).

3° Retrouver, par le calcul d'une intégrale, l'aire de la partie du plan (OCA). (On pourra utiliser le formulaire pour exprimer $\cos^2 x$ en fonction de $\cos 2x$.)

(STI Génie mécanique A et F, Génie civil, Génie énergétique, Antilles-Guyane, 1996)

95 ▪▪▪▪ ***Où on utilise la période pour le calcul d'une intégrale***

A. 1° Calculer $I = \int_{-\pi}^{\pi} \sin x \, dx$.

2° *a*) Tracer dans un repère orthonormal (unité : 1 cm sur chaque axe) la courbe représentative de la fonction *f* définie sur $[-\pi, \pi]$ par $f(x) = \sin x$.
b) En déduire une explication du résultat trouvé au 1°.

3° Sans aucun calcul, déterminer en la justifiant, la valeur de

$$J = \int_{-\pi}^{3\pi} \sin x \, dx.$$

B. 1° Tracer dans un repère orthonormal (unité : 1 cm sur chaque axe) la courbe représentative de la fonction définie sur $\left[0, \frac{7\pi}{6}\right]$ par $f(x) = \cos x$.

2° Sans effectuer aucun calcul déterminer en le justifiant le signe de

$$K = \int_{0}^{\frac{7\pi}{6}} \cos x \, dx.$$

Exemples de problèmes de baccalauréat avec un calcul d'aire plane

Avec une fonction rationnelle (problèmes 96 et 97).

96 ▪▪▪ ***Lecture de propriétés d'une fonction à partir de sa représentation graphique, étude graphique d'inéquation $f(x) \leqslant \lambda$, calcul d'aire***

Soit *f* une fonction définie sur l'intervalle $]-2, 6]$ et C sa courbe représentative, donnée ci-après, dans le plan muni du repère orthonormal $(O ; \vec{i}, \vec{j})$, unité graphique : 1 cm. On note D la droite d'équation $x = -2$.

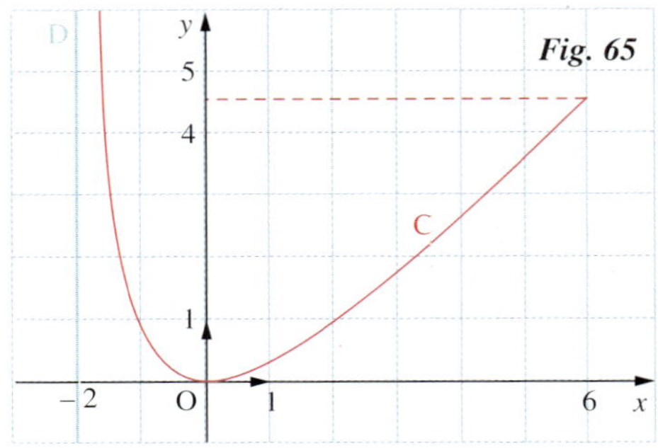

Fig. 65

Partie A. *Lecture du graphique*
On précise que la courbe C admet à l'origine du repère l'axe des abscisses comme tangente et que la droite D est asymptote de C.
À l'aide du graphique répondre aux questions suivantes.

1° Déterminer $f(0)$ et $f'(0)$ (f' désigne la dérivée de *f*).

2° Établir le tableau de variation de *f*.

3° Résoudre dans $]-2, 6]$ l'équation $f(x) = 1$.

4° Résoudre dans $]-2, 6]$ l'inéquation $f(x) \leqslant 1$.

Partie B. *Recherche de la fonction* f
On suppose que, pour tout x de $]-2, 6]$, $f(x) = \frac{ax^2 + bx + c}{x+2}$ où *a*, *b*, *c*, sont trois constantes que l'on se propose de déterminer.

1° Utiliser un résultat obtenu au ***A.*** 1° pour déterminer *c*.

2° Utiliser les résultats obtenus au ***A.*** 3° pour déterminer *a* et *b*.

Partie C. *Calcul d'aire*
On suppose que, pour tout x de $]-2, 6]$,

$$f(x) = \frac{x^2}{x+2}.$$

1° Vérifier que, pour tout x de $]-2, 6]$,

$$f(x) = x - 2 + \frac{4}{x+2}.$$

2° *a*) Déterminer une primitive de *f* sur $]-2, 6]$.
b) Déterminer la valeur exacte, en cm², de l'aire $\mathcal{A}$ de la partie du plan ensemble des points M de coordonnées (x, y) telles que

$$0 \leqslant x \leqslant 2 \text{ et } 0 \leqslant y \leqslant f(x).$$

c) Donner la valeur de $\mathcal{A}$ arrondie au mm².

(STI Génie mécanique, B, C, D, E, Génie des matériaux)

97 ▪▪▪ ***Étude d'équation $f(x) = \lambda$, calcul d'aire***

La fonction *f* est une fonction numérique définie sur l'intervalle $]-1, +\infty[$.
On sait qu'il existe deux nombres réels *a* et *b* tels que pour tout x de $]-1, +\infty[$

$$f(x) = 2 + \frac{a}{(x+1)} + \frac{b}{(x+1)^2} ;$$

de plus, le tableau de variation de f est donné ci-dessous (où f' désigne la fonction dérivée de f) :

x	-1		1		$+\infty$
$f'(x)$	‖	$+$		$-$	
$f(x)$	‖ $-\infty$	↗	$\frac{9}{4}$	↘	2

1° *a)* Calculer $f'(x)$ en fonction de a et b.
b) En utilisant les données du tableau de variation de f et la question *a)* déterminer les nombres réels a et b.
On trouve donc : pour tout x de $]-1, +\infty[$

$$f(x) = 2 + \frac{1}{(x+1)} + \frac{1}{(x+1)^2}.$$

2° Montrer que l'équation $f(x) = 1$ admet une seule solution α et que α appartient $[-0{,}5 ; 0]$. Donner une valeur approchée décimale de α à 10^{-1} près par défaut.

3° Le plan est muni d'un repère orthonormal $(O ; \vec{i}, \vec{j})$ (unité graphique : 2 cm).
Soit C la courbe représentative de f dans ce repère. Déduire du tableau de variation de f que C possède deux asymptotes d_1 et d_2 dont on donnera une équation. Construire d_1, d_2 et C.

4° *a)* Étudier le signe de $f(x)$ sur $]-1, +\infty[$ en utilisant le tableau de variation.
c) Calculer l'aire, en cm², de la partie du plan située entre la courbe C, l'axe des abscisses du repère et les droites d'équations $x = -\frac{1}{2}$ et $x = 1$.
(STI Génie mécanique, B, C, D, E, Génie des matériaux)

Avec la fonction logarithme népérien (problèmes 98 à 101).

98 ▪▪▪ ***Étude des variations, exemple de recherche de solutions approchées d'une équation, calcul d'aire***

On considère la fonction numérique de la variable réelle x définie sur $]0, +\infty[$, par :

$f(x) = \frac{1}{2}x - 3 \ln x$ (où ln x désigne le logarithme népérien).
On appelle C la courbe représentative de f dans un plan P muni d'un repère orthonormal (unité : le centimètre).

1° *a)* Déterminer la limite de la fonction f en 0.
b) Après avoir remarqué que, pour tout nombre réel x de $]0, +\infty[$

$$f(x) = x\left(\frac{1}{2} - 3\,\frac{\ln x}{x}\right),$$

déterminer la limite de la fonction f en $+\infty$.

2° Calculer la fonction dérivée de f.
Dresser le tableau de variation de la fonction f.

3° Déterminer une équation de la tangente T à la courbe C en son point d'abscisse 1.

4° *a)* Démontrer que la courbe C coupe l'axe des abscisses en deux points d'abscisses α et β telles que : $1 \leqslant \alpha \leqslant 2$ et $16 \leqslant \beta \leqslant 17$.
b) Compléter le tableau suivant :

x	1	1,1	1,2	1,3	1,4	1,5
$f(x)$						

En déduire un encadrement à 10^{-1} près de α.

5° Tracer la droite T et la courbe C dans le plan P.

6° Soit g la fonction numérique définie sur $]0, +\infty[$ par $g(x) = x \ln x - x$.
a) Calculer $g'(x)$ pour tout nombre réel x de $]0, +\infty[$.
b) En déduire une fonction primitive de f sur $]0, +\infty[$.
c) Calculer la valeur exacte de l'aire, en centimètres carrés, de la partie du plan P limitée par les droites d'équations $x = 2$ et $x = 8$, l'axe des abscisses et C. En donner une valeur numérique approchée à 10^{-2} près.
(STI Génie mécanique B, C, D, E, Génie des matériaux)

99 ▪▪▪ ***Lecture graphique, étude des variations, calcul d'aire***

Partie A. *Lecture graphique*
Soit f la fonction définie sur $]0, +\infty[$ par $f(x) = a \ln x + bx + c$ où a, b, c sont des constantes réelles. C est la courbe représentative de f dans le plan muni du repère orthonormal $(O ; \vec{i}, \vec{j})$, unité 3 cm.

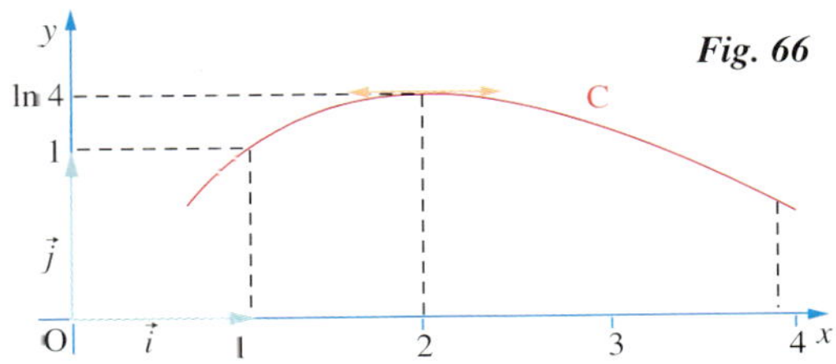

Fig. 66

On précise que la tangente à la courbe C au point d'abscisse 2 est parallèle à l'axe des abscisses.

1° Calculer la dérivée f' de f.

2° Justifier graphiquement que a, b et c vérifient le système :

$$\begin{cases} b + c = 1 \\ \frac{a}{2} + b = 0 \\ a \ln 2 + 2b + c = \ln 4 \end{cases}$$

3° En déduire les valeurs de a, b et c.

Partie B. *Étude des variations et calcul d'aire*
On admet maintenant que f est définie sur $]0, +\infty[$ par $f(x) = -x + 2 + 2 \ln x$.

1° *a)* Vérifier que, pour tout x de $]0, +\infty[$,

$$f(x) = x\left(-1 + \frac{2}{x} + 2\,\frac{\ln x}{x}\right).$$

En déduire $\lim_{x \to +\infty} f(x)$.

b) Déterminer $\lim_{x \to 0} f(x)$.

Que peut-on en déduire pour la courbe C ?

2° Étudier les variations de *f*.

3° *a*) Soit *h* la fonction définie sur $]0, +\infty[$ par $h(x) = x \ln x - x$. Calculer $h'(x)$ pour tout *x* de $]0, +\infty[$.
b) Déduire du *a*) une primitive F de *f* sur $]0, +\infty[$.
c) Calculer la valeur exacte, en cm^2, de l'aire de la partie du plan limitée par la courbe C, l'axe des abscisses et les droites d'équations $x = 1$ et $x = 4$. Donner la valeur approchée décimale arrondie à 10^{-2} près du résultat. Vérifier l'ordre de grandeur du résultat sur la figure.

(STI Génie mécanique B, C, D, E, Génie des matériaux)

100 ■■■ ***Lecture graphique, étude des variations, tracé de la courbe représentative, calcul d'aire***

Première partie :
g est une fonction définie sur $]0, +\infty[$ dont on donne le tableau de variation et la courbe représentative C_g.

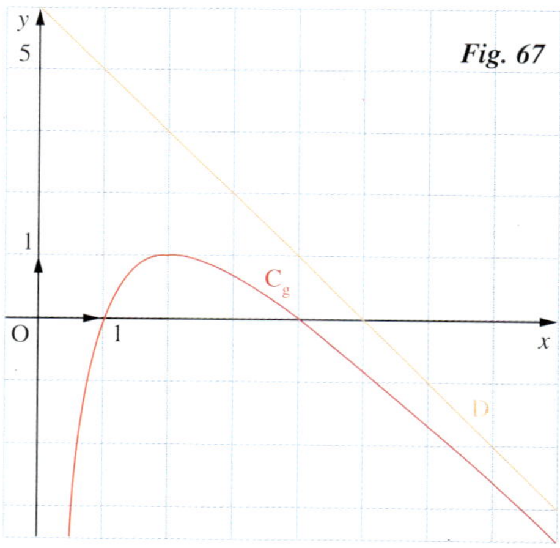

Fig. 67

x	0	2	$+\infty$
$g(x)$	‖ $-\infty$	↗ 1 ↘	$-\infty$

On admet que :
Les abscisses des points d'intersection de la courbe représentative de *g* avec l'axe des abscisses sont des entiers naturels.
La tangente à la courbe représentative de *g* en son point d'abscisse 2 est parallèle à l'axe des abscisses.
Les coordonnées des points d'intersection de la droite D avec les axes sont des entiers naturels.

A. 1° Déterminer, $g(1)$ à l'aide du graphique et donner la valeur de $g'(2)$.

2° Préciser le signe de *g* sur $]0, +\infty[$.

3° Déterminer une équation de la droite D du graphique.

B. 1° On suppose que *g* est définie sur $]0, +\infty[$ par $g(x) = 5 - x + \frac{a}{x}$ où *a* est une constante réelle.
En utilisant la valeur de $g(1)$ obtenue dans la question **A.** 1°, déterminer la valeur de *a*.
Justifier que la droite C est asymptote à C_g.
2° Quelles sont les primitives de *g* sur $]0, +\infty[$?

3° Déterminer, parmi les primitives de *g* sur $]0, +\infty[$, la primitive *f* qui vérifie $f(1) = \frac{9}{2}$.

Deuxième partie :
Soit la fonction *f* définie sur $]0, +\infty[$ par $f(x) = -\frac{x^2}{2} + 5x - 4 \ln x$ et sa courbe représentative C_f dans le plan rapporté à un repère orthonormal (unité graphique : 2 cm).

1° Étudier la limite de $f(x)$, lorsque *x* tend vers 0. En déduire que la courbe C_f admet une asymptote parallèle à l'axe des ordonnées. On donnera une équation de cette asymptote.

2° Étudier la limite de $f(x)$ lorsque *x* tend vers $+\infty$. On écrira $f(x)$ sous la forme $f(x) = -x^2 k(x)$.

3° Étudier les variations de *f*. (On pourra utiliser le résultat de la question **A.** 2° de la première partie.)

4° Tracer la courbe C_f pour *x* appartenant à $]0, 8]$.

5° *a*) Vérifier que la fonction $H : x \mapsto x \ln x - x$ est une primitive de la fonction $h : x \mapsto \ln x$ sur $]0, +\infty[$.
b) En déduire une primitive F de la fonction *f* sur $]0, +\infty[$.

6° Démontrer que l'aire en cm^2 de la partie du plan située entre la courbe C_f, l'axe des abscisses et les droites d'équations $x = 1$ et $x = 4$ est $A = (39 - 32 \ln 2)$

(STI Génie mécanique, B, C, D, E, Antilles-Guyane, 1995)

101 ■■■ ***Étude des va riations, suite géométrique, tracé de la courbe représentative, calcul d'une aire***

On considère la fonction *f* définie sur $]0, +\infty[$ par :

$$f(x) = \frac{1 + \ln x}{x};$$

et on note C sa courbe représentative dans un repère orthonormal $(O ; \vec{i}, \vec{j})$ (unité graphique : 5 cm).

Partie A. *Étude de la fonction f*

1° Étudier les limites de *f* en 0 et en $+\infty$ (pour cette dernière, on pourra remarquer que $f(x) = \frac{1}{x} + \frac{\ln x}{x}$).

2° *a*) Montrer que $f'(x) = -\frac{\ln x}{x^2}$, pour tout *x* appartenant à $]0, +\infty[$.
b) En déduire le sens de variation de *f*.
c) Dresser le tableau de variation de *f*.

Partie B. *Étude de quelques points particuliers de C*

1° Déterminer l'abscisse x_1 du point d'intersection M_1 de C avec l'axe des abscisses.

2° Soit $x_2 = \dfrac{1}{\sqrt{e}}$. On note M_2 le point de C d'abscisse x_2.

a) Déterminer une équation de la tangente Δ_2 à C au point M_2.

b) Vérifier que Δ_2 passe par O.

3° Indiquer l'abscisse x_3 du point M_3 de C tel que la tangente Δ_3 à C en M_3 soit parallèle à l'axe des abscisses.

4° Soit f'' la fonction dérivée de f' ; calculer $f''(x)$ pour x appartenant à $]0, +\infty[$.
Déterminer le réel x_4 qui annule $f''(x)$. On appelle M_4 le point de C d'abscisse x_4.

5° Vérifier que x_1, x_2, x_3, x_4 sont quatre termes consécutifs d'une suite géométrique dont on indiquera la raison.

6° Placer les points M_1, M_2, M_3, M_4 dans le repère $(O ; \vec{i}, \vec{j})$. Construire les tangentes Δ_2 et Δ_3 puis la courbe C.

Partie C. *Calcul d'une aire*

1° On note g la fonction définie $]0, +\infty[$ par

$$g(x) = (\ln x)^2.$$

Calculer la dérivée de g. En déduire une primitive de f sur $]0, +\infty[$, après avoir remarqué que

$$f(x) = \frac{1}{x} + \frac{\ln x}{x}.$$

2° Hachurer le domaine plan limité par la courbe C, l'axe des abscisses et les droites d'équation $x = \dfrac{1}{e}$ et $x = 2$. Calculer la valeur exacte $\mathscr{A}$ de l'aire de ce domaine, exprimée en cm^2.

(Génie électronique, Génie électrotechnique, septembre 1996)

Avec la fonction exponentielle, (problèmes 102 à 105).

102 ■■■ ***Étude des variations, tracé de la courbe représentative, calcul d'aire***

On considère la fonction f définie sur $\mathbb{R}$ par $f(x) = (2-x)e^x$ et C sa courbe représentative dans un repère orthonormal $(O ; \vec{i}, \vec{j})$, d'unité graphique 2 cm.

1° *a*) Déterminer $\lim\limits_{x \to +\infty} f(x)$.

b) En remarquant, pour tout x de $\mathbb{R}$, $f(x) = 2e^x - xe^x$ déterminer $\lim\limits_{x \to -\infty} f(x)$.

2° On désigne par f' la fonction dérivée de la fonction f.
Calculer $f'(x)$. Montrer que, sur $\mathbb{R}$, $f'(x)$ a le même signe que $1 - x$.
En déduire les variations de f. Dresser le tableau de variation de f.

3° Déterminer une équation de la tangente Δ à la courbe C au point d'abscisse 0.

4° Construire la droite Δ et la courbe C dans le repère $(O ; \vec{i}, \vec{j})$.

5° Soit la fonction g définie sur $\mathbb{R}$ par

$$g(x) = (ax+b)e^x.$$

a) Déterminer les nombres réels a et b tels que g soit une primitive de f.

b) Calculer l'intégrale $I = \displaystyle\int_0^2 f(x)\,dx$. Donner une interprétation graphique de I.

(F11, septembre 1996)

103 ■■■ ***Étude des variations, tracé de la courbe représentative, calcul d'aire***

Première partie

Soit la fonction g de la variable x définie sur $\mathbb{R}$ par :

$$g(x) = e^{2x} - 2x - 1.$$

Le but de cette première partie est l'étude, pour tout nombre réel x, du signe de $g(x)$.

1° Résoudre dans $\mathbb{R}$ l'inéquation d'inconnue x : $e^{2x} - 1 \geqslant 0$.

2° *a*) Étudier le sens de variation de la fonction g (l'étude des limites n'est pas demandée).

b) En déduire que, pour tout x de $\mathbb{R}$, $g(x) \geqslant 0$.

Deuxième partie

L'objet de cette deuxième partie est l'étude de la fonction f de la variable x définie sur $\mathbb{R}$ par :

$$f(x) = (x+1)e^{-2x} + x + 1.$$

C est la courbe représentative de f dans le plan rapporté à un repère orthonormal $(O ; \vec{i}, \vec{j})$ (unité 2 cm).

1° Calculer la limite de $f(x)$ quand x tend vers $-\infty$.

2° *a*) Vérifier que, pour tout réel x :

$$f(x) = (xe^{-x})e^{-x} + e^{-2x} + x + 1.$$

b) En déduire la limite de $f(x)$ quand x tend vers $+\infty$.

c) Montrer que la droite Δ, d'équation $y = x + 1$, est asymptote de C quand x tend vers $+\infty$.

d) Montrer que si $x \geqslant -1$ alors $f(x) \geqslant x + 1$. En déduire la position de la courbe C par rapport à Δ lorsque $x \geqslant -1$.

3° *a*) Montrer que la fonction dérivée f' de f est définie, pour tout x réel, par :

$$f'(x) = e^{-2x}g(x).$$

b) Étudier pour tout x réel le signe de $f'(x)$ et établir le tableau de variation de f.

4° *a*) Reproduire et compléter le tableau suivant (donner pour $f(x)$ des valeurs arrondies à 10^{-2})

x	-2	$-1{,}5$	$-1{,}3$	$-1{,}$[illegible]	-1	$-0{,}5$	0	$0{,}5$	1	2	3	4
$f(x)$												

b) Tracer la droite Δ et la courbe C dans le plan rapporté au repère $(O ; \vec{i}, \vec{j})$.

Troisième partie

H et h sont les fonctions de la variable x définies sur $\mathbb{R}$ par :

$$H(x) = \left(-\frac{1}{2}x - \frac{3}{4}\right)e^{-2x} \text{ et } h(x) = (x+1)e^{-2x}.$$

1° Vérifier que H est une primitive de h sur $\mathbb{R}$.

2° En déduire une primitive F de f sur $\mathbb{R}$.

3° Calculer l'aire de la partie du plan limitée par la courbe C, l'axe des abscisses et les droites d'équations $x = -1$ et $x = 0$.
(On en donnera la valeur exacte exprimée en cm^2).

(STI Génie mécanique, B, C, D, E, septembre 1996)

104 ■■■ ***Étude des variations, tracé de la courbe représentative, calcul d'aire***

Partie A

On considère la fonction numérique g définie sur $]-\infty, +\infty[$ par :

$$g(x) = 2e^{2x} - 5e^x + 2$$

dont on donne le tableau de variation :

x	$-\infty$	$\ln \frac{5}{4}$	$+\infty$
$g(x)$	2 ↘	$-\frac{9}{8}$	↗ $+\infty$

1° Résoudre l'équation $g(x) = 0$. On peut poser $e^x = t$.

2° En déduire suivant les valeurs de x, le signe de $g(x)$.

Partie B

On considère la fonction numérique f définie sur $]0, +\infty[$ par

$$f(x) = 1 + 2x + \frac{e^x}{e^x - 1}.$$

Le plan P est rapporté à un repère orthogonal $(O ; \vec{i}, \vec{j})$ d'unités graphiques 2 cm sur l'axe des abscisses et 1 cm sur l'axe des ordonnées.
On note C la courbe représentative de f dans ce plan.

1° Vérifier que, pour tout x de $]0, +\infty[$,

$$f(x) = 2 + 2x - \frac{1}{1 - e^x}.$$

2° Calculer $\lim\limits_{x \to 0} f(x)$. Que peut-on déduire pour la courbe C ?

3° Calculer $\lim\limits_{x \to +\infty} f(x)$.

4° *a*) f' étant la dérivée de la fonction f, montrer que $f'(x)$ peut s'écrire, pour tout x de $]0, +\infty[$,

$$f'(x) = \frac{g(x)}{(1 - e^x)^2}.$$

b) En déduire le signe de $f'(x)$ selon les valeurs de x, et le tableau de variation de f.

5° Montrer que la droite Δ d'équation $y = 2x + 2$ est asymptote à la courbe C. Préciser la position de C par rapport à Δ.

6° Construire C et Δ dans le repère $(O ; \vec{i}, \vec{j})$.

Partie C

On donne la fonction numérique F définie sur $]0, +\infty[$ par :

$$F(x) = x + x^2 + \ln(e^x - 1).$$

1° Démontrer que F est une primitive de f sur $]0, +\infty[$.

2° Démontrer que la valeur exacte, en cm^2, de l'aire $\mathcal{A}$ de la partie du plan limitée par la courbe C, l'axe des abcisses et les droites d'équation $x = \ln 2$ et $x = \ln 3$ est $A = 2[\ln 3 + (\ln 3^2) - (\ln 2)^2]$. On donnera ensuite une valeur décimale approchée à 0,01 près de l'aire $\mathcal{A}$.

(STL Chimie, juin 1996)

105 ■■■ ***Étude des variations, tracé de la courbe représentative, calcul d'une aire***

On considère les fonctions f et g définies sur $\mathbb{R}$ par :

$$f(x) = \frac{1}{2}x^2 - x + xe^{-x} \quad \text{et} \quad g(x) = \frac{1}{2}x^2 - x.$$

On notera C_f et C_g les courbes représentatives de ces fonctions dans un repère orthonormal (unité graphique : 2 cm).

Partie A. *Étude de f aux bornes de son intervalle de définition*

1° Montrer que $f(x)$ peut s'écrire, pour tout x de $\mathbb{R}$, sous la forme $f(x) = xe^{-x}\left(\frac{1}{2}xe^x - e^x + 1\right)$; en déduire la limite en $-\infty$ de f.

2° *a*) Déterminer la limite en $+\infty$ de f.

b) On considère la fonction h définie sur $\mathbb{R}$ par $h(x) = f(x) - g(x)$. Déterminer la limite en $+\infty$ de h. Donner une interprétation graphique de ce résultat.

c) En utilisant le signe de $h(x)$, étudier la position relative des courbes C_f et C_g.

Partie B. *Sens de variation de f et représentations graphiques*

1° *a*) Calculer la dérivée f' de f.
Montrer que, pour tout nombre réel x,

$$f'(x) = (x-1)(1 - e^{-x}).$$

Étudier le signe de $f'(x)$.

b) Dresser le tableau de variation de f.

2° Donner le tableau de variation de g.

3° Tracer C_f et C_g.

Partie C. *Calcul d'une aire*

1° Étant donnés deux nombres réels a et b, on considère la fonction H définie sur $\mathbb{R}$ par

$$H(x) = (ax + b)e^{-x}.$$

Déterminer les valeurs de a et b pour que H soit une primitive de la fonction h sur $\mathbb{R}$.

2° On considère la partie du plan limitée par les deux courbes C_f et C_g et les droites d'équations $x = 2$ et $x = 6$.
Calculer l'aire $\mathscr{A}$, exprimée en cm², de ce domaine. (On donnera sa valeur exacte puis son approximation décimale à 10^{-2} près, par défaut.)

(STI Génie électronique, Génie électrotechnique, métropole, juin 1996)

3° Étudier les variations de la fonction V sur [0, 3]. En déduire que V admet un maximum V_0 pour un réel h_0 dont on donnera la valeur exacte.

4° *a)* Calculer le volume maximum de la bouée ; en donner une valeur approchée en dm³ à 10^{-3} près.
b) Soit r_0 le rayon de base correspondant à ce maximum.
Démontrer que $r_0 = h_0\sqrt{2}$.

(STI Génie mécanique A, B, C, D, E, F)

Exemples de calculs de volumes

106 ▪▪▪ ***Où on démontre une formule de volume à l'aide du calcul intégral***

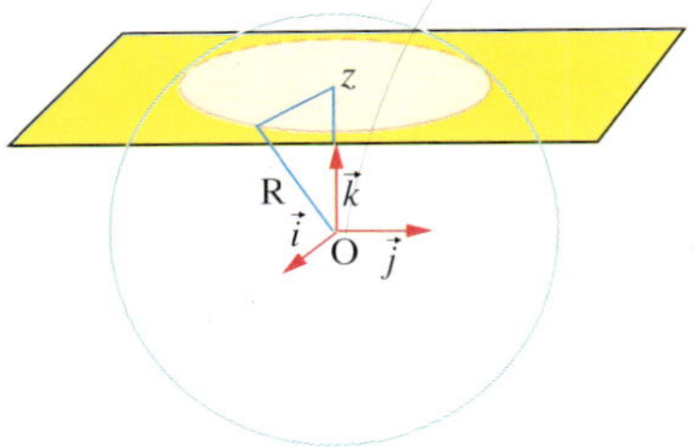

Fig. 68

L'espace est muni du repère orthonormal $(O ; \vec{i}, \vec{j}, \vec{k})$. On considère la sphère de centre O et de rayon R.

1° Le plan horizontal de cote $z(-R \leqslant z \leqslant R)$ coupe la sphère suivant un cercle.
Montrer que l'aire de ce cercle est $S = \pi(R^2 - z^2)$.

2° En déduire que le volume de la sphère est

$$V = \frac{4}{3}\pi R^3.$$

107 ▪▪▪ ***Calcul de volume, recherche d'un extremum***

Une bouée ayant la forme d'un double cône doit être construite au moyen de deux secteurs circulaires plans métalliques de rayon 3 dm (l'unité choisie est le dm). On désigne par h la hauteur du cône, par r son rayon de base. On fixe la longueur de sa génératrice à 3 dm. On se propose de déterminer ses dimensions pour que le volume de la bouée soit maximal.

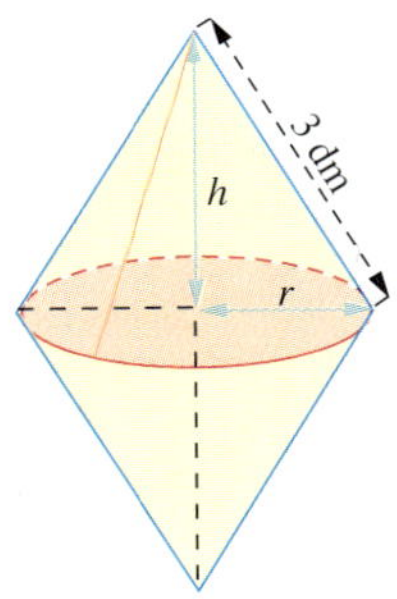

Fig. 69

1° Exprimer le volume V de la bouée en fonction de r et de h.

2° Montrer que ce volume peut s'écrire sous la forme :

$$V(h) = \frac{2}{3}\pi(9h - h^3) \quad \text{avec} \quad 0 \leqslant h \leqslant 3.$$

108 ▪▪▪ Le plan est muni du repère orthonormal $(O ; \vec{i}, \vec{j})$, unité : 1 cm sur chaque axe. C est la courbe représentative de la fonction f définie sur $[-2, +\infty[$ par $f(x) = \sqrt{x+2}$.

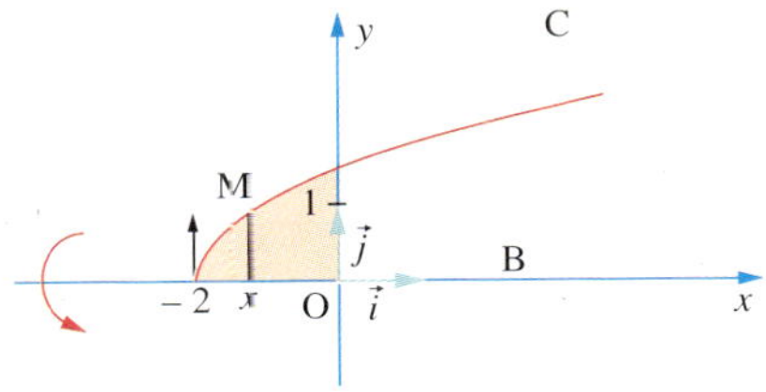

Fig. 70

1° Soit P la partie du plan limitée par la courbe C, l'axe des abscisses et l'axe des ordonnées (coloriée sur la figure 70). On considère le solide de révolution engendré par la rotation de P autour de l'axe des abscisses.
a) Calculer l'aire $S(x)$ du disque engendré dans la rotation autour de l'axe des abscisses par le point M d'abscisse x de la courbe C
b) En déduire le volume V du solide.

2° Soit A le point de coordonnées $(-2, 0)$ et B le point de coordonnées $(0, \sqrt{2})$. Quelle est la nature du solide de révolution engendré par le triangle AOB tournant autour de l'axe des abscisses ?

Calculer son volume V_1. Montrer que $V = \frac{3}{2}V_1$.

(STI Génie mécanique, A)

109 ▪▪▪ On note ln la fonction logarithme népérien. Soit g la fonction définie sur $]0, +\infty[$ par :

$$g(x) = \ln x + 1.$$

Soit Γ la fonction représentative de g dans le plan muni d'un repère orthonormal $(O ; \vec{i}, \vec{j})$ d'unité graphique 1 cm.
On ne demande pas la construction de Γ dont l'allure est donnée ci-dessous.

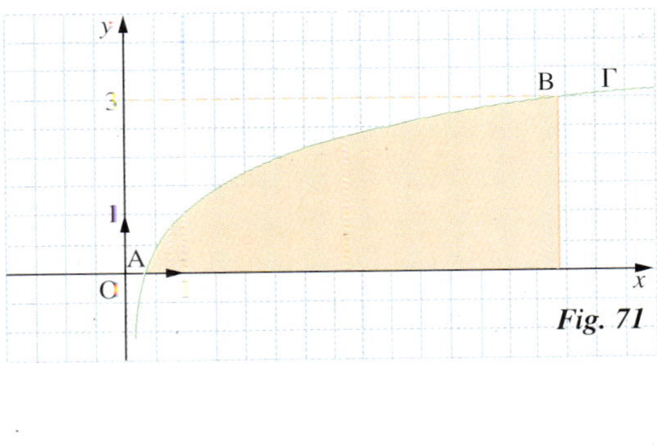

Fig. 71

On désigne par D la partie du plan coloriée.

1° La courbe Γ coupe l'axe des abscisses en A et la droite d'équation $y = 3$ en B.
Vérifier que les abscisses des points A et B sont respectivement $\frac{1}{e}$ et e^2.

2° *a*) Soient h et H les fonctions définies sur $]0, +\infty[$ par :

$$h(x) = [g(x)]^2 \qquad H(x) = x(\ln x)^2 + x.$$

Vérifier que H est une primitive de h sur $]0, +\infty[$.
b) Soit V le volume, en cm^3, du solide de révolution engendré par la rotation de D autour de l'axe des abscisses.
On admet que :

$$V = \int_{\frac{1}{e}}^{e^2} \pi [g(x)]^2 \, dx.$$

Trouver la valeur exacte de V puis en donner une valeur approchée à 1 cm^3 près par excès.

(Génie mécanique A et F, Génie civil, Génie énergétique)

110 ■■■ ***Lecture graphique, calcul de volume***

La courbe C de la figure 72 est celle d'une fonction f définie pour x décrivant $[0, 1]$ par une relation de la forme :

$$f(x) = (ax + b)e^{2x}$$

dans un repère orthonormal $(O ; \vec{i}, \vec{j})$ (unités sur les axes : le cm).

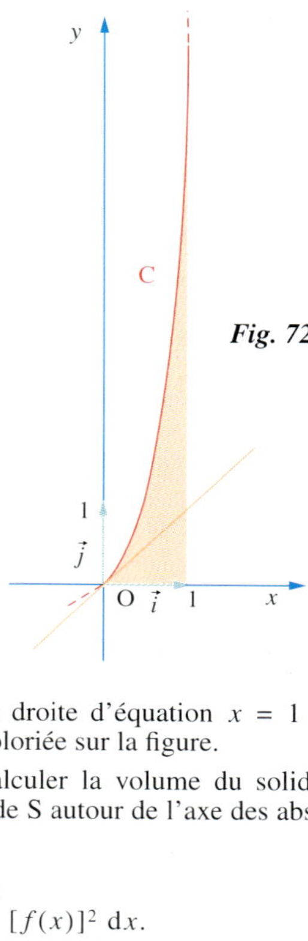

Fig. 72

1° Déterminer a et b afin que la courbe C vérifie les deux conditions :
(1) C passe par l'origine O.
(2) La tangente à C au point O a pour équation $y = x$.

2° Calculer $f(1)$.

3° On appelle S la partie du plan limité par C, l'axe des abscisses et la droite d'équation $x = 1$; cette partie du plan est coloriée sur la figure.

4° On se propose de calculer la volume du solide engendré par la rotation de S autour de l'axe des abscisses.
On rappelle que

$$V = \pi \int_0^1 [f(x)]^2 \, dx.$$

a) Vérifier que la fonction G définie sur $\mathbb{R}$ par

$$G(x) = \left(\frac{1}{4}x^2 - \frac{1}{8}x + \frac{1}{32}\right)e^{4x}$$

est une primitive de la fonction g définie par $g(x) = x^2e^{4x}$.
b) Calculer V en cm^3. On donnera une valeur approchée au mm^3 près.

(STI Génie mécanique A et F, Génie civil, Génie énergétique)

111 ■■■ ***Avec une fonction trigonométrique***

La figure 73 représente une section d'une tuyère. Cette tuyère est obtenue par rotation autour de l'axe des abscisses de la partie du plan coloriée.

L'arc $\overset{\frown}{AB}$ est la représentation de la fonction f définie sur $[0, 20]$ par :

$$f(x) = 2\cos\left(\frac{\pi x}{20}\right) + 6$$

et l'arc $\overset{\frown}{CD}$ représente la fonction g définie sur $[0, 20]$ par :

$$g(x) = \cos\left(\frac{\pi x}{20}\right) + 4.$$

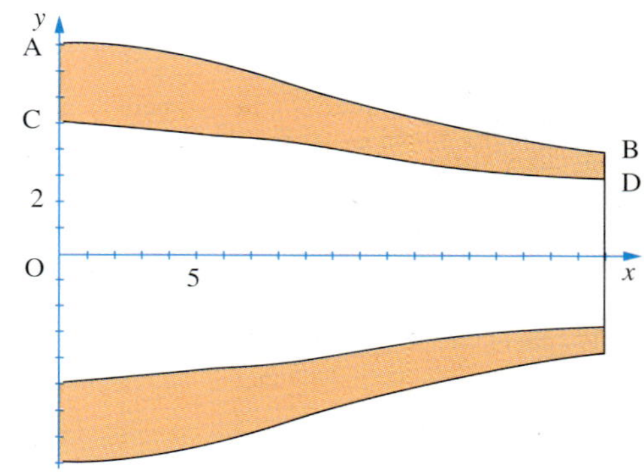

Fig. 73

1° Démontrer que, pour tout x de $[0, 20]$,

$$[f(x)]^2 - [g(x)]^2 = \frac{3}{2}\cos\frac{\pi x}{10} + 16\cos\frac{\pi x}{20} + \frac{43}{2}.$$

On lit dans le formulaire que

$$\cos^2 a = \frac{1}{2}(1 + \cos 2a).$$

2° On rappelle que si h est une fonction dérivable et positive sur $[a, b]$ et si E est l'ensemble des points $M(x, y)$ du plan tels que $a \leqslant x \leqslant b$ et $0 \leqslant y \leqslant h(x)$ alors le volume V du solide de révolution engendré par la rotation de E autour de l'axe de abscisses est

$$V = \pi \int_a^b [h(x)]^2 \, dx.$$

a) Calculer la valeur exacte de l'intégrale

$$I = \int_0^{20} [f^2(x) - g^2(x)] \, dx.$$

b) En déduire, en unités de volume, le volume de la tuyère.

(STI Génie mécanique A et F, Génie civil, Génie énergétique)

112 ■■■ *Tour de condenseur*

Une tour de condenseur a une hauteur H = 48 m. Sa base circulaire a un rayon R_1. Son orifice supérieur à un rayon R_2 (fig. 74).

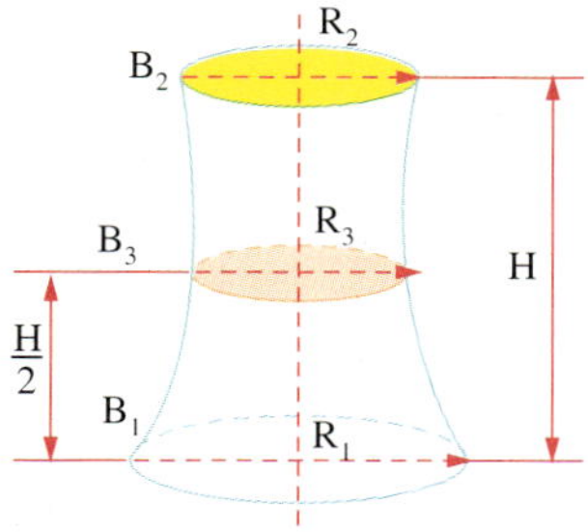

Fig. 74

(échelle : 1 cm = 10 m)

Son volume peut être considéré comme le volume du solide de révolution engendré par la rotation autour de l'axe des abscisses de la surface plane coloriée, $\mathcal{S}$ (fig. 75).

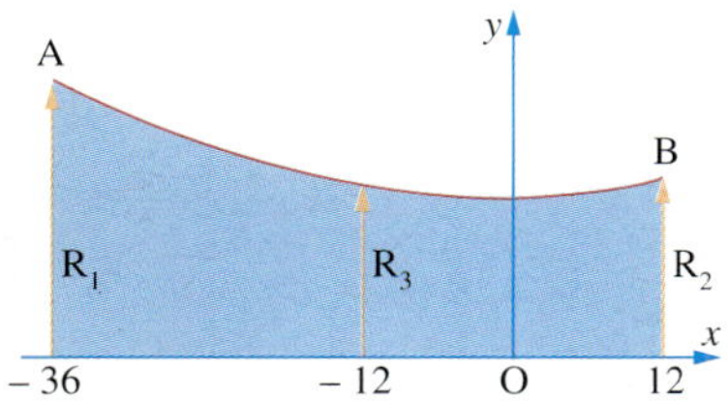

Fig. 75

Dans un repère orthonormal $(O ; \vec{i}, \vec{j})$, celui-ci est compris entre l'arc $\overset{\frown}{AB}$ de la courbe représentative de la fonction *f* définie sur [– 36, 12] par

$$f(x) = 12\sqrt{1 + \frac{x^2}{(24)^2}},$$

les droites d'équation $x = -36$ et $x = 12$ et l'axe des abscisses.

1° Calculer le volume V par le calcul intégral, au m^3 près par défaut.

2° On désire retrouver ce volume par la formule suivante, dite des trois niveaux :

$$V' = \frac{H}{6}(B_1 + B_2 + 4B_3).$$

On peut se reporter à l'exercice 57 du chapitre 2.

Calculer les rayons R_1, R_2, R_3 respectivement de la base, de l'orifice, de la section médiane $\left(\frac{H}{2}\right)$.

Calculer les aires B_1, B_2, B_3 de la base, de l'orifice, de la section médiane.

Quelle est la valeur du volume V′, donnée par la formule des trois niveaux ?

Réponses :

1° $V \approx 34\ 381\ m^3$.

2° $V' = 10\ 944\ \pi\, m^3 \approx 34\ 381{,}6\ m^3$.

On retrouve la valeur ci-dessus.

(STI Génie électronique, Génie électrotechnique)

113 ■■■■ *Volume d'un pilier de chaussée d'autoroute*

On se propose de calculer le volume d'un pilier en béton armé, servant à supporter une voie de circulation d'une bretelle d'autoroute, représenté par les quatre vues suivantes (fig. 76 à 79).

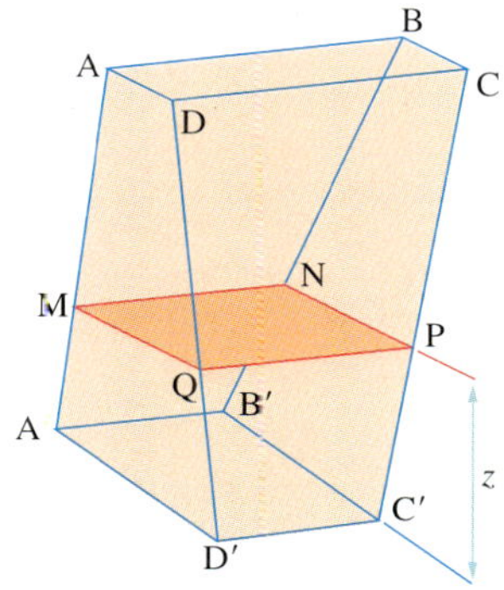

Fig. 76

La figure 76 est une vue en perspective. La figure 77 représente la section du pilier par un plan perpendiculaire au plan de la base et contenant [DC]. On admet HI = D′C′ = A′B′.

La figure 78 représente la section du pilier par un plan perpendiculaire au plan de la base et contenant [A′D′].

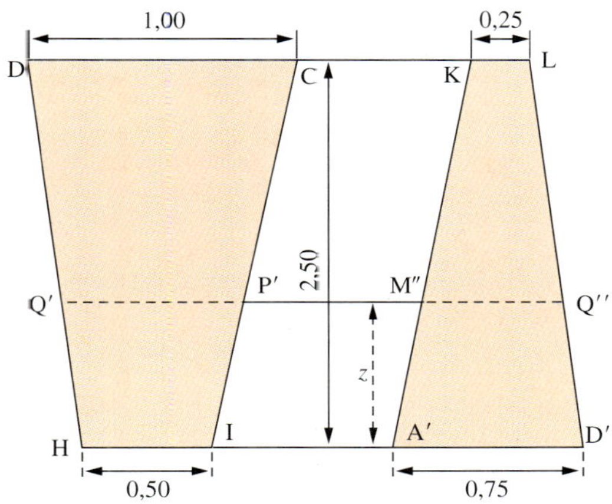

Fig. 77 *Fig. 78*

On admet que AD = KL = BC.

La base et le sommet sont des rectangles (ABCD et A′B′C′D′) situés dans des plans parallèles, dont les dimensions sont données, en mètres, sur les figures 77 et 78.

La figure 79 représente le pilier et l'élément de chaussée qu'il supporte.

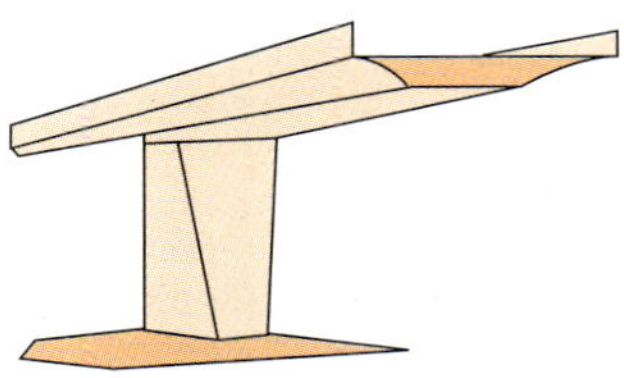

Fig. 79

L'espace est muni d'un repère orthonormal $(O ; \vec{i}, \vec{j}, \vec{k})$, que l'on ne demande pas de placer, tel que la base A'B'C'D' du pilier soit contenue dans le plan horizontal, dont un repère est $(O ; \vec{i}, \vec{j})$. Si $S(z)$ est l'aire exprimée en m² d'une section du pilier par un plan parallèle au plan contenant la base, de cote z, exprimée en m, le volume est donné, en m³, par :

$$V = \int_0^{2,5} S(z)\,dz.$$

1° La section du pilier par un plan de cote z est un rectangle MNPQ dont il s'agit de déterminer les dimensions. Montrer que $QP = 0,5 + 0,2z$ (on admet que $QP = Q'P'$) et que $MQ = 0,75 - 0,2z$ (on admet que $MQ = M'Q''$). En déduire $S(z)$.

2° Calculer en m³, à un dm³ près, le volume du pilier.

Ce volume peut aussi être calculé à l'aide de la règle de Képler ou formule des trois niveaux rappelée à l'exercice 113.

Réponses : 1° $S(z) = 0,375 + 0,05z - 0,04z^2$.
2° $V \approx 0,885$ m³.

Problèmes de baccalauréat avec un calcul de volume (problèmes 114 et 115).

114 ▪▪▪ ***Étude des variations, tracé de la courbe représentative, calcul de volume***

Partie A

Soit la fonction numérique f définie sur $\mathbb{R}$ par :

$$f(x) = e^x - 2x.$$

On appelle C la courbe représentative de f dans le plan rapporté à un repère orthonormal $(O ; \vec{i}, \vec{j})$ [unité graphique : 2 cm].

1° *a*) Étudier la limite de f en $-\infty$.
b) Démontrer que la droite Δ d'équation $y = -2x$ est asymptote à la courbe C.
c) Étudier la position de C par rapport à Δ lorsque x décrit $\mathbb{R}$.

2° Étudier la limite de f en $+\infty$.
Remarque : on pourra écrire, pour tout x non nul,

$$f(x) = x\left(\frac{e^x}{x} - 2\right).$$

3° *a*) Déterminer la fonction dérivée de f.
b) Dresser le tableau de variation de f.

4° Donner une équation de la tangente T à C au point d'abscisse ln 4.

5° Construire la droite Δ, la tangente T et la courbe C en précisant le point d'intersection de C avec l'axe des ordonnées.

Partie B

On considère la portion D du plan limitée par C, l'axe des abscisses et les droites d'équations : $x = 0$ et $x = \ln 4$.
Par rotation de C autour de l'axe des abscisses, on obtient la maquette d'un tambour de cabestan utilisé sur un navire pour enrouler les cordages. Le but est de calculer le volume de ce tambour.

1° *a*) On définit sur $\mathbb{R}$ les fonctions g et G par $g(x) = xe^x$ et $G(x) = (x-1)e^x$.
Montrer que la fonction G est une primitive de g sur $\mathbb{R}$.
b) Calculer $[f(x)]^2$.
Donner une primitive sur $\mathbb{R}$ de la fonction définie par $x \mapsto [f(x)]^2$.

2° On admet que le volume de cette maquette, en unités de volume est :

$$\int_0^{\ln 4} \pi[f(x)]^2\,dx.$$

Donner la valeur exacte en cm³ du volume de cette maquette.

3° L'échelle de cette maquette étant de 1/10, quel est le volume du tambour de cabestan en dm³ (on donnera l'arrondi à 0,1 dm³).

(STI Génie mécanique A et F, Génie civil, Génie énergétique, Antilles-Guyane, juin 1996)

115 ▪▪▪ ***Étude des variations, tracé de la courbe représentative, lecture graphique, calcul d'aire, calcul de volume***

Soit la fonction f définie sur $\mathbb{R}$ par

$$f(x) = (2x^2 - 5x + 2)e^x.$$

On appelle C la courbe représentative de f dans le plan rapporté à un repère orthogonal d'unités graphiques :
2 cm sur l'axe des abscisses,
1 cm sur l'axe des ordonnées.

Première partie

1° *a*) Calculer la limite de $f(x)$ quand x tend vers $+\infty$.
b) Calculer la limite de $f(x)$ quand x tend vers $-\infty$ (on admettra que pour tout entier $n > 0$, on a $\lim_{x \to -\infty} x^n e^x = 0$).
En déduire une équation d'une asymptote de la courbe C.

2° *a*) Montrer que la fonction dérivée f' de la fonction f est définie pour tout réel x par

$$f'(x) = (2x^2 - x - 3)e^x.$$

b) Pour tout x réel, étudier le signe de $f'(x)$.
c) Établir le tableau de variation de f. On y fera figurer les valeurs exactes de $f(-1)$, $f\left(\frac{3}{2}\right)$ ainsi que les limites de f en $-\infty$ et $+\infty$.

3° Calculer les coordonnées des points N, M et P suivants :
– N est le point d'intersection de C avec l'axe des ordonnées,
– M et P sont les points d'intersection de C avec l'axe des abscisses (l'abscisse de M étant inférieure à l'abscisse de P).

4° Tracer la courbe C dans le plan rapporté au repère défini ci-dessus ; faire apparaître obligatoirement la partie de la courbe représentant la fonction f considérée sur l'intervalle $[-6, 2,2]$.

5° *a*) Résoudre graphiquement l'inéquation d'inconnue x : $f(x) \geqslant 0$.

b) Selon les valeurs du réel k, indiquer par une lecture graphique, quel semble être le nombre de solutions de l'équation d'inconnue x : $f(x) = k$.

Deuxième partie

1° Soit F une fonction définie sur $\mathbb{R}$ par
$$x \mapsto (ax^2 + bx + c)e^x.$$

Calculer les nombres réels a, b, c, pour lesquels F est une primitive de f.

2° *a*) Sachant que, pour tout x réel,
$$F(x) = (2x^2 - 9x + 11)e^x,$$

Démontrer que l'aire $\mathcal{A}_1$, en unités d'aire, de la portion du plan délimitée par la courbe C, l'axe des abscisses, l'axe des ordonnées et la droite d'équation $x = \frac{1}{2}$ est $\mathcal{A}_1 = 7\sqrt{e} - 11$.

b) En déduire la valeur exacte de l'aire $\mathcal{A}_2$ de la partie du plan délimitée par les segments [NP], [PM] et l'arc MN de la courbe C (exprimer cette aire en unités d'aire).

Troisième partie

1° Établir une équation de la tangente T à C en son point M d'abscisse $\frac{1}{2}$.

2° Soit I le point d'intersection de T avec l'axe des ordonnées. La rotation du triangle OPI autour de l'axe des abscisses engendre un solide de volume V. Calculer la valeur exacte de V (exprimée ce volume en unités de volume).

(STI Génie mécanique B, C, D, E, métropole, juin 1996)

Le problème 115 est difficile pour des spécialités STI Génie mécanique. Il conviendrait mieux pour des spécialités Génie électronique, électrotechnique ou STL pysique.

Exemples d'étude de situations menant au calcul de la valeur moyenne d'une fonction ou de son carré

Exercices de baccalauréat pour toutes les spécialités (exercices 116 à 118).

116 ▪▪ Soit f la fonction définie sur l'intervalle $]-1, +\infty[$ par : $f(x) = \frac{x^2}{x+1}$.

1° Déterminer les nombres réels a, b et c tels que pour tout nombre réel x de l'intervalle $]-1, +\infty[$ on ait $f(x) = ax + b + \frac{c}{x+1}$.

2° En déduire la primitive F de f telle que $F(1) = \frac{1}{2}$.

3° Calculer $\int_0^4 \frac{x^2}{x+1}\,dx$.

Calculer la valeur moyenne de f sur l'intervalle $[0, 4]$.

117 ▪▪▪ Soit la fonction i de la variable t définie sur $\left[0, \frac{1}{5}\right]$ par $i(t) = \sin(10\pi t)$.

1° Calculer la valeur moyenne m de la fonction i sur l'intervalle $\left[0, \frac{1}{10}\right]$.

2° Calculer la valeur efficace I_e de la fonction i définie par : $I_e^2 = \frac{1}{\frac{1}{5}} \int_0^{\frac{1}{5}} [i(t)]^2\,dt$.

On rappelle que $\sin^2 t = \frac{1 - \cos 2t}{2}$.

118 ▪▪▪ Soit f la fonction numérique de variable réelle x définie sur $\mathbb{R}$ par $f(x) = 1 + \sin 2x$.

1° Montrer que π est une période de la fonction f. Étudier f sur l'intervalle $[0, \pi]$. Construire sa courbe représentative C dans un repère orthonormal (unité : 3 cm).

2° Calculer la valeur moyenne de f sur l'intervalle $[0, \pi]$.

3° Calculer la valeur efficace de f sur cet intervalle, c'est-à-dire le nombre réel $a \geqslant 0$ défini par
$$a^2 = \frac{1}{\pi} \int_0^{\pi} [f(x)]^2\,dx.$$

(STI Génie électronique, Génie électrotechnique)

Les exercices 119 à 122 ne concernent que les spécialités génie électronique, génie électrotechnique.

119 ▪▪▪ *Les deux questions de cet exercice peuvent être traitées indépendamment.*

1° La figure 80 schématise l'écran d'un oscilloscope que l'on a connecté à un générateur de tension périodique dont les caractéristiques sont inconnues.

On veut déterminer la fonction U qui donne la tension $U(t)$ à l'instant t (t réel), sachant qu'elle est de la forme : $U(t) = a \sin(\omega t + \varphi)$, où a et ω sont des nombres réels strictement positifs et φ est un élément de $]-\pi, \pi]$. On rappelle que la période T de U est égale à $\frac{2\pi}{\omega}$.

$U(t)$ est exprimé en volts et t en millisecondes.

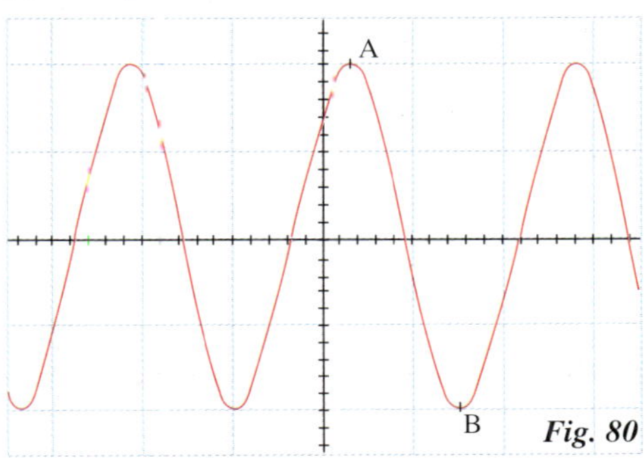

Fig. 80

L'oscilloscope est réglé de la manière suivante :
- sensibilité horizontale : 1 ms par centimètre.
- sensibilité verticale : 1 V par centimètre.

Sur l'écran, on mesure les coordonnées des points A et B (voir ci-contre) : A(0,3 ; 2) et B(1,5 ; – 2). La fonction U est donc maximale pour $t = 0{,}3$ et minimale pour $t = 1{,}5$.
À l'aide des coordonnées des points A et B, déterminer le coefficient a, la période T et la valeur de φ.
Donner l'expression de $U(t)$ avec les valeurs ainsi trouvées.

2° On considère maintenant la fonction f définie sur $\mathbb{R}$ par $f(t) = 2\sin\left(\frac{5\pi}{6}t + \frac{\pi}{4}\right)$.
a) Calculer la valeur moyenne U_m de la fonction f sur l'intervalle $[0,\ 1{,}2]$.
b) Calculer la valeur moyenne J de la fonction f^2, carré de la fonction f, sur l'intervalle $[0,\ 1{,}2]$.

Calculer la tension efficace $U_{\text{eff}} = \sqrt{J}$.

(STI Génie électronique, Génie électrotechnique, septembre 1996)

Pour les trois exercices suivants, on rappelle que la relation de Chasles facilite le calcul de l'intégrale d'une fonction définie par intervalle.

120 ■■■■ Un résistor ($R = 10\ \Omega$) est alimenté par un courant dont l'intensité i est représentée en fonction du temps t par la courbe de la figure 81.

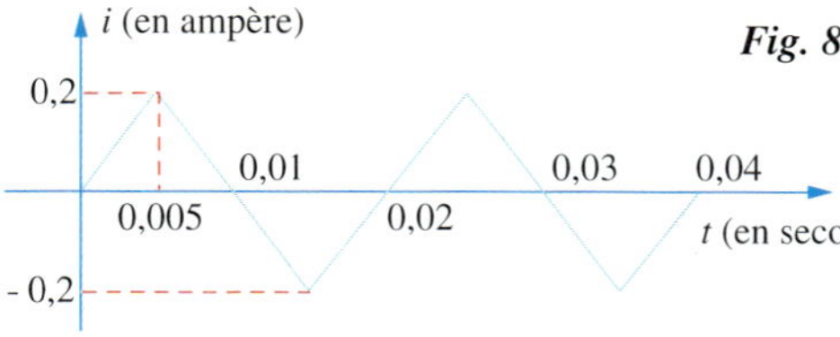

Fig. 81

1° Quelle est la période de ce courant ?

2° Donner l'expression de i en fonction de t lorsque
$0 < t < 0{,}005$; $0{,}005 < t < 0{,}015$.

3° Quelle est la quantité d'électricité q qui a traversé R entre les instants 0 et 0,01 ? entre les instants 0,005 et 0,015 ?

Rappel : entre les instants t_1 et t_2,
$$q = \int_{t_1}^{t_2} i(t)\,dt.$$

121 ■■■■ Dans chacun des cas (fig. 82 et 83) calculer l'intensité moyenne sur une période T sachant que pour

$$0 \leqslant t \leqslant \frac{T}{2}, \quad i(t) = I_M \sin \omega t \quad \text{avec } \omega = \frac{2\pi}{T}.$$

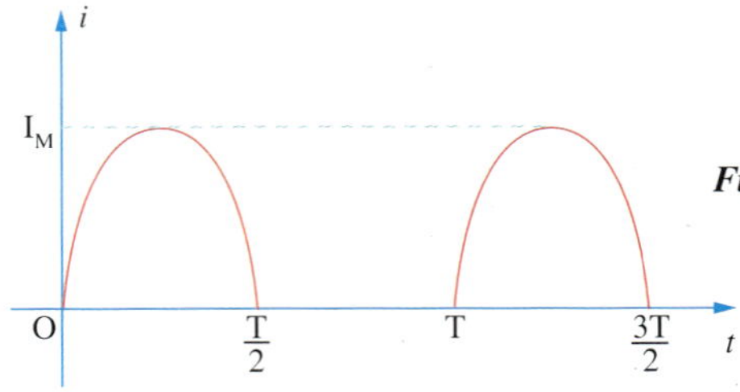

Fig. 82

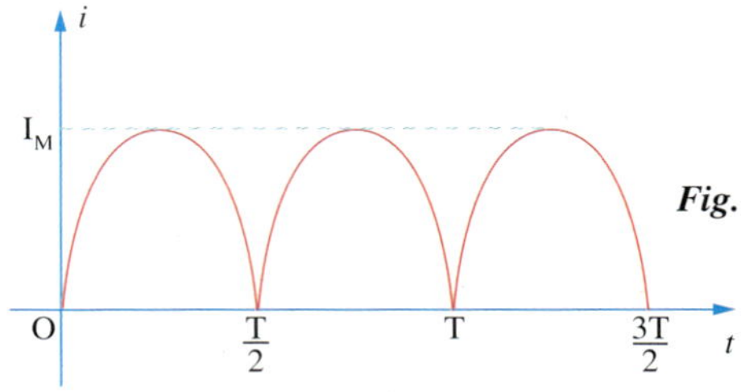

Fig. 83

122 ■■■■ Les figures 84 à 87 représentent la variation de l'intensité i en fonction du temps t pour des courants périodiques de période T.
Calculer l'intensité moyenne et l'intensité efficace dans chacun des cas.

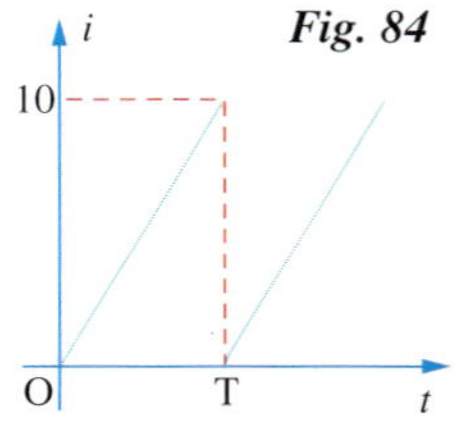

Fig. 84

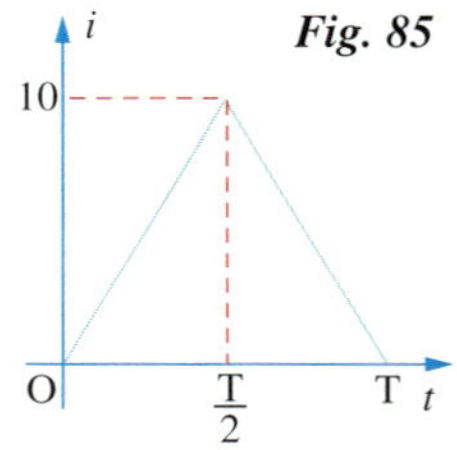

Fig. 85

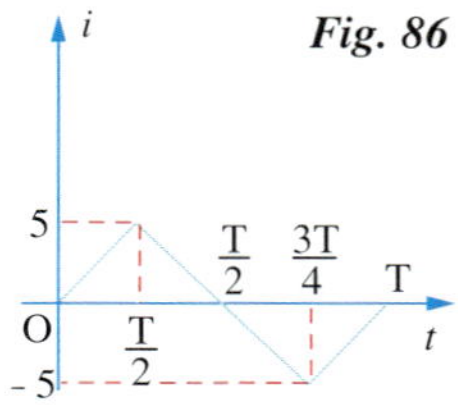

Fig. 86

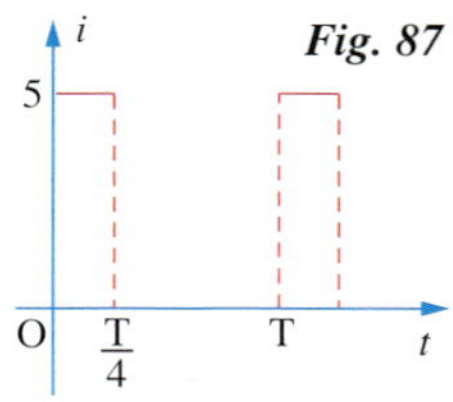

Fig. 87

Rappel : Pour un courant périodique de période T, l'intensité moyenne est la valeur moyenne de la fonction $t \mapsto i(t)$ sur $[0, T]$ et l'intensité efficace est le nombre positif I_e définie par
$$I_e^2 = \frac{1}{T}\int_0^T [\,i(t)]^2\,dt.$$

Exemples d'encadrement d'une intégrale

123 ■ On admet que, pour tout x de $[2, 4]$,
$$\frac{4}{x^2} \leqslant \frac{8}{x^2+3} \leqslant \frac{8}{x^2}.$$

En déduire un encadrement de l'intégrale

$$\int_2^4 \frac{8}{x^2+3}\,dx.$$

124 ■ On admet que, pour tout x de $[0, 1]$,

$$x - \frac{x^2}{2} \leqslant \ln(1+x) \leqslant x - \frac{x^2}{2} + \frac{x^3}{3}.$$

En déduire un encadrement de l'intégrale :

$$I = \int_0^{\frac{1}{2}} \ln(1+x)\,dx.$$

Problèmes de baccalauréat avec l'encadrement d'une intégrale (problèmes 125 et 126).

125 ■■■ ***Lecture graphique, étude des variations, tracé de la courbe représentative, encadrement d'une intégrale***

Première partie

Soit g la fonction définie sur l'intervalle $\left]-\frac{1}{2}, 1\right[$ par

$$g(x) = \frac{-4x+1}{(2x+1)(1-x)}.$$

Cette fonction est représentée dans le plan muni d'un repère orthogonal $(O ; \vec{u}, \vec{v})$ par la courbe de la figure 88.

Déterminer graphiquement les solutions de

a) l'équation $g(x) = 0$,

b) l'inéquation $g(x) > 0$,

c) l'inéquation $g(x) < 0$.

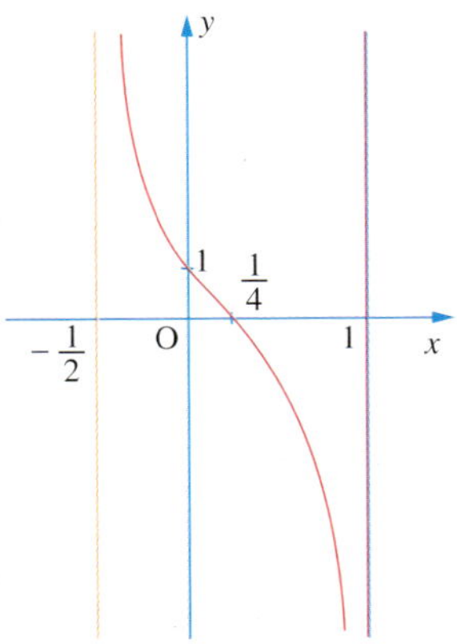

Fig. 88

Deuxième partie

Soit la fonction f sur l'intervalle $\left]-\frac{1}{2}, 1\right[$ par

$$f(x) = \ln(2x+1) + \ln(1-x).$$

On note C la courbe représentant la fonction f dans le plan muni d'un repère orthonormal $(O ; \vec{i}, \vec{j})$ (unité graphique : 10 cm).

1° *a*) Calculer $f'(x)$.

b) Vérifier que, pour tout x de $\left]-\frac{1}{2}, 1\right[$, $f'(x) = g(x)$, où g est la fonction définie dans la première partie.

c) En déduire, à l'aide de la première partie, le signe de $f'(x)$.

2° *a*) Calculer la limite de la fonction f quand x tend vers $-\frac{1}{2}$, et la limite de la fonction f quand x tend vers 1.

b) En déduire les équations des asymptotes à la courbe C.

3° *a*) Dresser le tableau de variation de la fonction f sur l'intervalle $\left]-\frac{1}{2}, 1\right[$.

b) Reproduire et compléter le tableau suivant (on donnera des approximations décimales à 10^{-2} près) :

x	$-\frac{1}{4}$	0	$\frac{1}{4}$	$\frac{1}{2}$
$f(x)$				

4° Déterminer une équation de la tangente T à la courbe C au point d'abscisse 0.

5° Construire la tangente T, les asymptotes, puis la courbe C.

6° On appelle $\mathcal{A}$ l'aire, exprimée en cm², du domaine limité par la courbe C, l'axe des abscisses et les droites d'équations $x = 0$ et $x = \frac{1}{10}$.

On admet que, sur l'intervalle $\left[0, \frac{1}{10}\right]$,

$$0 \leqslant f(x) \leqslant x.$$

Montrer que $0 \leqslant \mathcal{A} \leqslant 0{,}5$.

(Baccalauréat, Polynésie, 1995)

126 ■■■ ***Étude des variations, calcul d'une aire***

Le problème a pour objectif d'étudier quelques propriétés d'une fonction et de calculer une aire.

Partie A. *Étude d'une fonction*

Soit f la fonction définie sur $\mathbb{R}$ par :

$$f(x) = (x^2 - 5)e^{\frac{x}{2}}.$$

On appelle C sa courbe représentative dans le plan muni d'un repère orthonormal $(O ; \vec{i}, \vec{j})$ (unité graphique : 1 cm).

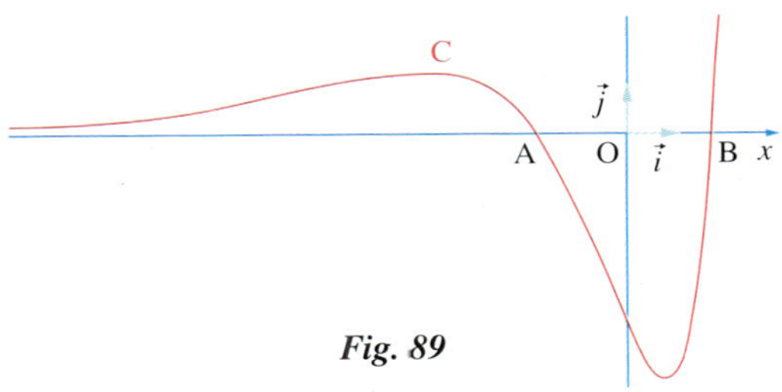

Fig. 89

La courbe donne quelques indications sur le comportement de la fonction f, mais toutes les réponses demandées sont à obtenir par le calcul. La courbe fournie permet donc éventuellement un contrôle du résultat obtenu par le calcul.

1° La courbe C coupe l'axe des abscisses en deux points A et B. Donner la valeur exacte de leur abscisse.

2° La courbe C semble admettre une asymptote.

a) On pose $\frac{x}{2} = -u$. Exprimer $x^2e^{\frac{x}{2}}$ en fonction de u.

En déduire, à l'aide du formulaire $\lim\limits_{x \to -\infty} x^2e^{\frac{x}{2}}$ (on précisera la formule utilisée), puis $\lim\limits_{x \to -\infty} f(x)$.

b) Justifier alors l'existence d'une asymptote à la courbe C.

3° Calculer la limite de f en $+\infty$.

4° La courbe présente deux extremums dont nous allons calculer les valeurs.
a) Calculer la dérivée f' de f et montrer que, pour tout réel x,

$$f'(x) = \frac{1}{2}(x-1)(x+5)e^{\frac{x}{2}}.$$

b) Étudier le signe de f' suivant les valeurs de x, puis dresser le tableau de variation de f.
Donner la valeur exacte du minimum et du maximum de $f(x)$, puis l'arrondi à 10^{-2}.

5° *a*) Donner une équation de la tangente T à C au point d'abscisse 0.
b) Construire sur la figure 89, après l'avoir reproduite, le segment de la droite T qui correspond à $-1 \leqslant x \leqslant 1$.

Partie B. *Calcul d'une aire*

1° Colorier sur la figure la partie du plan comprise entre C et les droites d'équation $y - 0$, $x = -1$ et $x = 1$.
On appelle $\mathcal{A}$ l'aire, exprimée en cm^2, de cette partie du plan, et on se propose de rechercher successivement une valeur approchée de $\mathcal{A}$ et la valeur exacte de $\mathcal{A}$.

2° *a*) Calculer l'aire du trapèze limitée par T et les droites d'équations $y = 0$, $x = -1$, $x = 1$.
b) Soit t la fonction affine associée à la droite T. On admet que, pour tout nombre réel non nul x appartenant à l'intervalle $]-1, 1[$, on a : $t(x) < f(x) < 0$.
Donner une interprétation géométrique de cette inégalité.
Quelle inégalité peut-on en déduire pour $\mathcal{A}$?

3° Soit G la fonction définie sur $\mathbb{R}$ par :

$$G(x) = (2x^2 - 8x + 6)e^{\frac{x}{2}}.$$

a) Calculer $G'(x)$.
b) Calculer la valeur exacte de $\mathcal{A}$ puis son arrondi à 10^{-2} près.

(STI Génie mécanique A et F, Génie civil, Génie énergétique, La Réunion, 1996)

Exemple de calcul de valeur approchée d'intégrale

127 ▪▪▪ ***Exemple de mise en œuvre de la méthode des trapèzes***

Le plan est muni d'un repère orthonormal $(O ; \vec{i}, \vec{j})$ (unité : 5 cm).
On considère la fonction f définie sur $\mathbb{R}$ par

$$f(x) = 2e^{2x}(1-x).$$

Partie A. *Étude des variations de f, construction de la courbe représentative $\mathscr{C}$ de f*

1° Calculer $\lim\limits_{x \to -\infty} f(x)$.

2° Étudier les variations de f.

3° Construire la courbe $\mathscr{C}$. On limitera le tracé de $\mathscr{C}$ aux points dont l'abscisse appartient à l'intervalle $[-2, 1]$.

Partie B. *Détermination d'une valeur approchée de l'intégrale*

1° Donner une interprétation graphique de l'intégrale

$$I = \int_{0,5}^{1} f(x)\,dx.$$

2° Soit A, B, C, D, E, F les points de $\mathscr{C}$ d'abscisses respectives 0,5 ; 0,6 ; 0,7 ; 0,8 ; 0,9 ; 1.
Soit A′, B′, C′, D′, E′ les projections orthogonales respectives sur l'axe des abscisses des points A, B, C, D, E.
Calculer, en unités d'aire, une valeur approchée à 10^{-3} près des aires respectives des trapèzes ABB′A′ BCC′B′, CDD′C′, DEE′D′ et du triangle EFE′.

3° Déduire du 2° une valeur approchée par défaut de l'intégrale $\int_{0,5}^{1} f(x)\,dx$. La comparer avec la valeur approchée obtenue directement avec une calculatrice programmable.

Réponse : $\int_{0,5}^{1} f(x)\,dx \approx 0,964$.

Exemple de calcul de valeur approchée d'intégrale par la méthode des trapèzes

128 ▪▪▪ Le plan est muni d'un repère orthonormal $(O ; \vec{i}, \vec{j})$ (unité : 6 cm).
On considère la fonction définie sur $\left[-\frac{1}{2}, 0\right]$ par

$$f(x) = \frac{2}{x^2 + x + 1}.$$

1° Étudier les variations de f.

2° Déterminer le coefficient directeur de la tangente T à la courbe représentative C au point F d'abscisse 0.

3° Construire C et T. On placera en particulier sur la figure les points A, B, D, E, F de C d'abscisses respectives $-\frac{1}{2}$, $-\frac{3}{8}$, $-\frac{1}{4}$, $-\frac{1}{8}$, 0.

4° Soient A′, B′, D′, E′ les projections orthogonales respectives sur l'axe des abscisses des points A, B, D, E. Calculer, en unités d'aire, une valeur approchée à 10^{-3} près de la somme, a des aires des trapèzes ABB′A′, BDD′B′, DEE′D′, EFOE′.

5° Déduire du 4° une valeur approchée par défaut de l'intégrale $\mathrm{I} = \int_{-\frac{1}{2}}^{0} f(x)\,\mathrm{d}x$.

Exemples de calcul d'autres grandeurs à l'aide du calcul intégral

Aucune connaissance sur cette partie n'est exigible en mathématiques.

129 ▪▪▪▪ *Calcul de moment statique*

Soit S la surface limitée par le contour en gras sur la figure 90. On en a colorié une partie, limitée par deux parallèles à l'axe des ordonnées, passant par les points d'abscisses x et $x + \Delta x$.

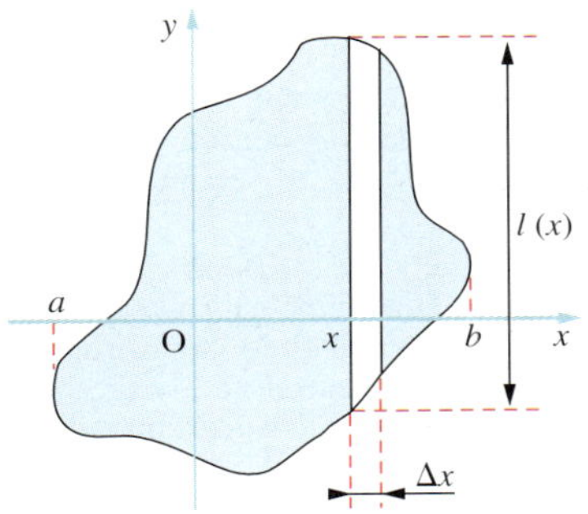

Fig. 90

On note ΔS l'aire de cette partie.
On appelle moment statique de cette partie par rapport à l'axe des ordonnées le nombre : $x\Delta\mathrm{S}$.
On admet que la partie coloriée peut être assimilée à un rectangle ; on a : $x\Delta\mathrm{S} = xl(x)\Delta x$ (ce qui suppose Δx « très petit... »).
Alors, on admet que le moment statique de la surface S par rapport à l'axe des ordonnées est :

$$\mathrm{M} = \int_a^b xl(x)\,\mathrm{d}x \text{ où } l(x) \geqslant 0 \text{ sur } [a, b].$$

Application :

Déterminer le moment statique du triangle OBC (fig. 91) par rapport à l'axe des ordonnées.

Réponse : $\mathrm{M} = \frac{a^2 b}{6}$.

Fig. 91

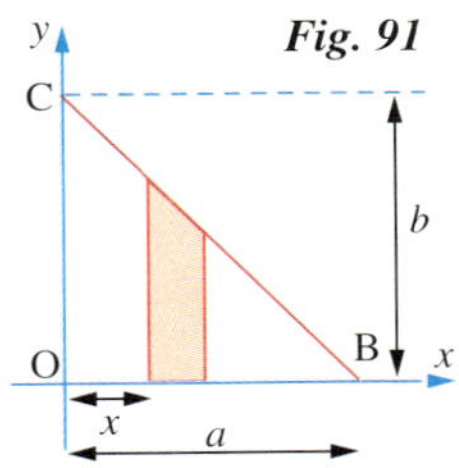

130 ▪▪▪▪ *Calcul de moment quadratique*

Avec les mêmes notations qu'à l'exercice 129, on admet que le moment quadratique de la surface S coloriée par rapport à l'axe des ordonnées est (fig. 92).

$$\mathrm{I} = \int_a^b x^2 l(x)\,\mathrm{d}x, \text{ où } l(x) \geqslant 0 \text{ sur } [a, b].$$

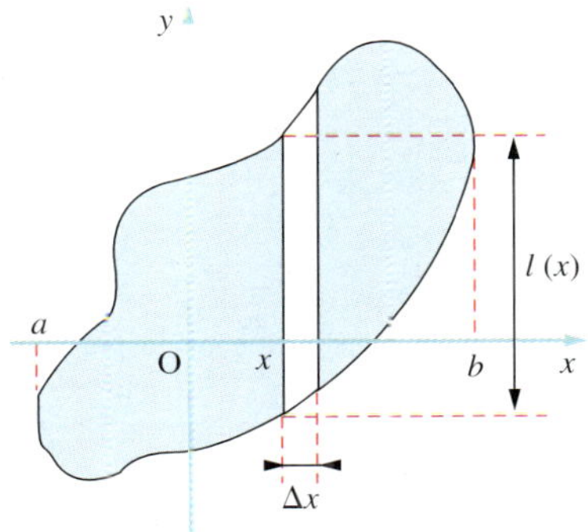

Fig. 92

Application :
Le plan est muni du repère orthonormal $(\mathrm{O}\,;\vec{i}, \vec{j})$.
La courbe d'équation $y = -x^2 + 1$ coupe l'axe des abscisses en deux points A et B.
Soit R la plaque homogène mince limitée par le segment [A, B] et l'arc de courbe AB.
Calculer le moment quadratique de la plaque homogène R par rapport à l'axe des ordonnées, en fonction de l'aire S de la plaque.

Réponse : $\mathrm{I} = \frac{\mathrm{S}}{5}$.

131 ▪▪▪▪ *Détermination de l'abscisse d'un centre de gravité*

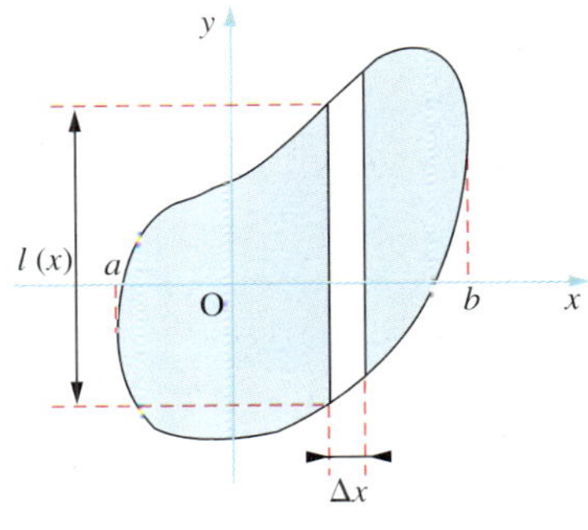

Fig. 93

Avec les mêmes notations qu'aux exercices 129 et 130, on admet que l'abscisse du centre de gravité de la plaque de la figure 93 est :

$$x_{\mathrm{G}} = \frac{1}{\mathrm{S}} \int_a^b xl(x)\,\mathrm{d}x, \quad \text{où} \quad l(x) \geqslant 0 \quad \text{sur} \quad [a, b].$$

S désignant l'aire totale de la plaque.

Application :
On considère la plaque ($\mathscr{P}$) limitée par le contour ABCD dans le plan muni d'un repère orthonormal. DC est un arc de la courbe d'équation $y = \frac{1}{x^2}$ (fig. 94).

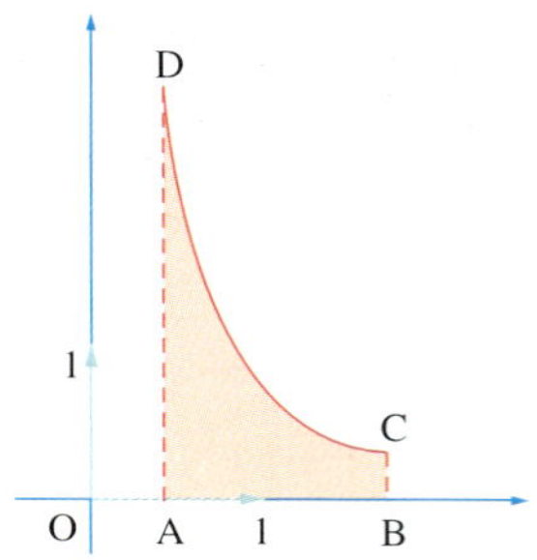

Fig. 94

A et D sont pour abscisse $\frac{1}{2}$,

B et C ont pour abscisse 2.

1° Quelle est l'aire S de la plaque (P) ?

2° Calculer le moment statique de la plaque (P) par rapport à l'axe des ordonnées.

3° Calculer le moment quadratique de la plaque (P) par rapport à l'axe des ordonnées.

4° Déterminer l'abscisse x_0 du centre de gravité G de la plaque.

132 ▪▪▪▪ ***Détermination d'un centre de gravité et calcul de l'aire d'une surface de l'espace***

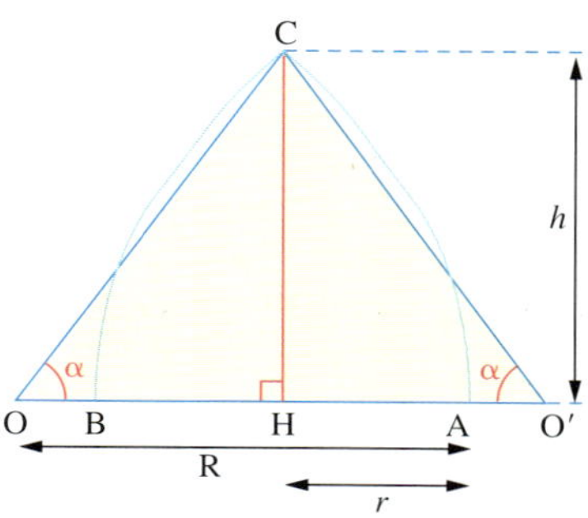

Fig. 95

Un métreur chargé de l'établissement d'un devis en vue de la réfection d'un dôme ogival (voir photographie) a eu accès à la charpente et a pu effectuer certaines mesures. À partir de ces données, on se propose de calculer l'aire de la surface du dôme.

La coupe (fig. 95) est formée de deux arcs de cercle AC et BC, de rayon R, d'angles au centre α et de centres respectifs O et O′. Le métreur n'a pu mesurer que le diamètre de base du dôme $d = 3{,}60$ m et sa hauteur $h = 3{,}60$ m.

On note $r = \frac{d}{2}$.

1° *Calcul de la longueur d'un arc.*

a) Rappeler la formule donnant la longueur de l'arc $\overset{\frown}{AC}$ en fonction de R et α (mesuré en radians).

b) Montrer que

$$R = \frac{h^2 + r^2}{2r}.$$

c) Déterminer une valeur approchée en mètres à 10^{-2} près de la longueur de l'arc $\overset{\frown}{AC}$.

2° *Utilisation du calcul intégral pour déterminer l'abscisse d'un centre de gravité.*

Le plan est muni d'un repère orthonormal $(O\,;\vec{i},\vec{j})$.

On admet que l'abscisse du centre de gravité G de l'arc $\overset{\frown}{AC}$ est :

$$x_G = \frac{1}{L}\int_0^{\alpha}(R\cos\theta)R\,d\theta,$$

où L désigne la longueur de l'arc $\overset{\frown}{AC}$.

Calculer x_G en fonction de R, L et α. Donner une valeur approchée de x_G en mètre à 10^{-2} près.

3° *Utilisation d'un théorème de Guldin.*

On admet le théorème suivant (dit de Guldin) : l'aire de la surface engendrée par la rotation d'une ligne plane tournant autour d'un axe de son plan, ne le traversant pas est égale au produit de la longueur de cette ligne et de la longueur du cercle décrit par son centre de gravité au cours de la rotation.

a) Calculer une valeur approchée en mètres à 10^{-2} près de la distance d' de G à l'axe (CH).

b) Utiliser le théorème de Guldin, énoncé ci-dessus, pour obtenir une valeur approchée à 1 m² près de l'aire du dôme.

Guldin (1577-1643)
Jésuite et mathématicien suisse.
Il existe un deuxième théorème dit de Guldin : le volume du solide, engendré par une plaque plane tournant autour d'un axe de son plan ne la traversant pas, est égal au produit de l'aire de la plaque et de la longueur du cercle décrit par son centre de gravité au cours de la rotation.

Réponses :

2° $x_G \approx 3{,}88$ m.

3° *a*) $d' \approx 1{,}18$ m.

b) $A \approx 31$ m².

RÉPONSES DES T.P.

T.P. 1 1° $I = \frac{59}{6}$. 2° $I = \frac{25}{12}$. 3° $I = \frac{5}{2} + 2 \ln 2$.
4° $I = \ln 5 - \ln 2 - \frac{3}{10}$. 5° $I = \frac{1}{2}$.
6° $I = \frac{1}{3e}$. 7° $I = \frac{\sqrt{3}}{4}$.

T.P. 2 1° $A = 4{,}5$ et $B = -0{,}5$.
2° $I = 3{,}5 \ln 2$.

T.P. 3 2° $I = 1$.

T.P. 4 1° *a*) $f'(2) = -1{,}5$.
2° $2 \leqslant A \leqslant 5$.

T.P. 5 6° $I(\lambda) = 2 \ln (\lambda^2 + 2) - 2 \ln 2$.
7° $\lambda_0 = \sqrt{2}$.

T.P. 6 6° $0{,}54 < x_0 < 0{,}55$.
7° $\mathscr{A} = 1 \text{ cm}^2$.

T.P. 7 **B.** 1° $\mathscr{A}(\alpha) = (1 - e^{\alpha})$.
2° $\alpha = \ln \frac{2}{3}$.
C. 2° $1 < x < 1{,}25$.

T.P. 9 2° $V = \pi \left(\frac{40}{9} - 2 \ln 3\right)$.

T.P. 10 1° $T = \frac{2\pi}{\omega}$. 2° $\frac{1}{T} \int_0^T p(t)\, dt = 2\,200 \cos \varphi$.

T.P. 11 $I^2_{\text{eff}} = \frac{I^2_M}{2}$.

T.P. 12 1° $m = 0$; 2° $m_1 = \frac{1}{2}$.

T.P. 13 2° *b*) $J = \frac{223}{480}$ et $K = \frac{9}{20}$;
c) $0{,}45 \leqslant I \leqslant 0{,}47$.

T.P. 14 2° *c*) $I \approx 0{,}25$.
3° $I \approx 2{,}488$.
4° $I \approx 2{,}580$.

CORRIGÉS DES EXERCICES ET PROBLÈMES

Dans chacun des exercices 1 à 24 la fonction est dérivable, donc intégrable, sur l'intervalle $[a, b]$ considéré.

1 Soit f la fonction définie sur $[-1, 2]$ par $f(x) = x - 2$. Une primitive de f est définie sur $[-1, 2]$ par

$$F(x) = \frac{1}{2} x^2 - 2x. \quad I = F(2) - F(1).$$

$$F(2) = -2 \quad \text{et} \quad F(-1) = 2{,}5,$$

d'où $I = -2 - 2{,}5$, $I = -4{,}5$.

2 Soit f la fonction définie sur $[0, 3]$ par

$$f(x) = 2x^2 - x + 3.$$

Une primitive de f est définie sur $[0, 3]$ par

$$F(x) = \frac{2}{3} x^3 - \frac{1}{2} x^2 + 3x. \quad I = F(3) - F(0).$$

$F(3) = 22{,}5$ et $F(0) = 0$, d'où $I = 22{,}5$.

3 Soit f la fonction définie sur $[-1, 1]$ par

$$f(x) = x^3 + x^2 + x.$$

Une primitive de f est définie sur $[-1, 1]$ par

$$F(x) = \frac{1}{4} x^4 + \frac{1}{3} x^3 + \frac{1}{2} x^2.$$

$$I = F(1) - F(-1). \quad F(1) = \frac{1}{4} + \frac{1}{3} + \frac{1}{2},$$

$$F(-1) = \frac{1}{4} - \frac{1}{3} + \frac{1}{2}, \quad \text{d'où} \quad I = \frac{2}{3}.$$

4 $I = [x^5 - x^3 + 4x]_1^2$, $I = 28$.

5 $I = \left[\frac{1}{2}\left(\frac{x^2}{2} - x + 3\right)^2\right]_{\frac{1}{2}}^2$, $I = \frac{135}{128}$.

On a utilisé : $f = u'u$ a pour primitive

$$F = \frac{1}{2} u^2.$$

6 $I = \frac{1}{2} \int_0^1 2(2x + 1)^3 \, dx$, $I = \frac{1}{2}\left[\frac{1}{4}(2x + 1)^4\right]_2^1$,

On a mis la fonction à intégrer sous la forme $u'u^3$.

$I = 10$.

7 $I = \frac{1}{2} \int_1^2 \frac{2}{(2x + 1)^2} \, dx$, $I = \frac{1}{2}\left[-\frac{1}{2x + 1}\right]_1^2$,

$I = \frac{1}{15}$.

On a mis la fonction à intégrer sous la forme $\frac{u'}{u^2}$.

8 $I = \int_{-2}^{1} [-14(-1)(4-x)^{-3} + 3(-1)(4-x)^{-2}]\,dx.$

Dans le crochet on a deux termes de la forme $u'u^p$ dont une primitive est $\frac{1}{p+1}\,u^{p+1}$.

Donc

$$I = \left[-14 \times \frac{1}{-3+1}\,(4-x)^{-3+1} + 3 \times \frac{1}{-2+1}\,(4-x)^{-2+1}\right]_{-2}^{1},$$

$I = [7(4-x)^{-2} - 3(4-x)^{-1}]_{-2}^{1}$,

$I = \left[\frac{7}{(4-x)^2} - \frac{3}{4-x}\right]_{-2}^{1}$, $\quad I = \frac{1}{12}$.

9 $I = \left[\frac{1}{2}\,x^2 + \ln x\right]_1^3$, $\quad I = \frac{9}{2} + \ln 3 - \left(\frac{1}{2} + \ln 1\right)$,

$I = \frac{9}{2} + \ln 3 - \frac{1}{2}$, $\quad I = 4 + \ln 3$.

10 $I = \left[\frac{x^2}{2} - 2\ln x - \frac{1}{x}\right]_1^3$,

$I = \left[\frac{9}{2} - 2\ln 3 - \frac{1}{3} - \frac{1}{2} + 1\right]$, $\quad I = \frac{14}{3} - 2\ln 3$.

11 $I = \frac{1}{2}\int_{\frac{3}{2}}^{5} \frac{2}{2t-1}\,dt.$

On a mis la fonction à intégrer sous la forme $\frac{u'}{u}$, où $u > 0$, dont une primitive est $\ln u$.

$I = \frac{1}{2}\,[\ln(2t-1)]_{\frac{3}{2}}^{5}$, $\quad I = \frac{1}{2}\,(\ln 9 - \ln 2)$.

12 En posant, pour tout x de $[0, 2]$, $u(x) = 2x+3$, $u'(x) = 2$; on transforme donc l'expression $\frac{3}{2x+3}$ en $\frac{3}{2} \times \left(\frac{2}{2x+3}\right)$; ainsi l'expression à l'intérieur de la parenthèse est de la forme $\frac{u'}{u}$ avec $u(x) > 0$.

Donc $\quad I = \left[x^2 + x + \frac{3}{2}\ln(2x+3)\right]_0^2$,

$I = 6 + \frac{3}{2}\ln 7 - \frac{3}{2}\ln 3$.

13 $I = 2\int_{\frac{1}{\sqrt{3}}}^{\sqrt{3}} \frac{2x}{x^2+1}\,dx.$

On a mis la fonction à intégrer sous la forme $\frac{u'}{u}$, où $u > 0$; une primitive est $\ln u$.

$I = 2[\ln(x^2+1)]_{\frac{1}{\sqrt{3}}}^{\sqrt{3}}$, $\quad I = 2\left(\ln 4 - \ln \frac{4}{3}\right)$,

$I = 2[\ln 4 - (\ln 4 - \ln 3)]$,

$I = 2(\ln 4 - \ln 4 - \ln 3)$, $\quad I = 2\ln 3$.

14 $I = \left[\frac{1}{3}\,(\ln x)^3\right]_1^e$,

(on a une fonction de la forme $u'u^2$).

$$I = \frac{1}{3} \times 1 = \frac{1}{3}.$$

15 $I = [2e^x + x]_{-1}^{1}$, $\quad I = (2e+1) - (2e^{-1} - 1)$,

$I = 2(e - e^{-1} + 1)$.

16 $I = [e^x]_{\ln 3}^{\ln 4}$, $\quad I = e^{\ln 4} - e^{\ln 3}$.

On sait que pour tout nombre réel strictement positif a, $e^{\ln a} = a$.

$$I = 4 - 3, \quad I = 1.$$

17 $x \mapsto \frac{e^x}{e^x - 1}$ est de la forme $\frac{u'}{u}$ avec $u(x) > 0$.

Donc $\quad I = [\ln(e^x - 1)]_1^2$,

$I = \ln(e^2 - 1) - \ln(e - 1)$,

$I = \ln \frac{e^2-1}{e-1}$, $\quad I = \ln(e+1)$.

18 $I = \left[-\frac{1}{3}\cos 3x + \sin 2x\right]_{\frac{\pi}{4}}^{\frac{\pi}{2}}$,

$I = \left[-\frac{1}{3}\cos\frac{3\pi}{2} + \sin \pi\right] - \left[-\frac{1}{3}\cos\frac{3\pi}{4} + \sin\frac{\pi}{2}\right]$,

$I = \frac{-\sqrt{2}}{6} - 1$.

19 $I = -\frac{1}{4}\int_0^{\frac{\pi}{3}} (-4\sin 4x)\cos^2 4x\,dx.$

On a reconnu une fonction de la forme $u'u^2$ avec $u(x) = \cos 4x$.

Donc $\quad I = -\frac{1}{4}\left[\frac{1}{3}\cos^3 4x\right]_0^{\frac{\pi}{3}}$,

$I = -\frac{1}{12}\left[\cos^3\frac{4\pi}{3} - 1\right]$, $\quad I = \frac{3}{32}$.

20 $I = \int_{\frac{\pi}{6}}^{\frac{\pi}{4}} \frac{\sin x}{\cos x}\,dx$, $I = -\int_{\frac{\pi}{6}}^{\frac{\pi}{4}} \frac{-\sin x}{\cos x}\,dx$

$I = [-\ln|\cos x|]_{\frac{\pi}{6}}^{\frac{\pi}{4}}$, $I = -\ln\frac{\sqrt{2}}{2} + \ln\frac{\sqrt{3}}{2}$.

$I = \frac{1}{2}\ln\frac{3}{2}$.

21 *a*) Pour tout nombre réel x de $]-1, 3[$,

$\frac{x^2+x-6}{x^2-2x-3} = a + \frac{b}{x+1} + \frac{c}{x-3}$, équivaut à, pour tout nombre réel x de $]-1, 3[$,

$x^2+x-6 = a(x+1)(x-3) + b(x-3) + c(x+1)$,

$x^2+x-6 = ax^2 - (2a-b-c)x + (-3a-3b+c)$.

D'où $a = 1$ et $-2a+b+c = 1$

et $-3a-3b+c = -6$.

Ce qui équivaut au système : $\begin{cases} a = 1 \\ b+c = 3 \\ -3b+c = -3 \end{cases}$

dont la solution est $a = 1$, $b = \frac{3}{2}$ et $c = \frac{3}{2}$.

b) $I = \int_0^2 \left(1 + \frac{3}{2}\frac{1}{x+1} + \frac{3}{2}\frac{1}{x-3}\right)dx$,

$I = \left[x + \frac{3}{2}\ln(x+1) + \frac{3}{2}\ln(x-3)\right]_0^2$,

car $x+1>0$ et $x-3>0$ sur $[0, 2]$,

$I = \left(2 + \frac{3}{2}\ln 3 + \frac{3}{2}\ln 1\right) - \left(0 + \frac{3}{2}\ln 1 + \frac{3}{2}\ln 3\right)$

$I = 2$ car $\ln 1 = 0$.

22 1° Pour tout nombre réel x de $]0, +\infty[$,

$F'(x) = \frac{1}{12}(x^2+6-6\ln x) + \frac{x}{12}\left(2x - \frac{6}{x}\right)$.

On utilise $(uv)' = u'v + uv'$.

$F'(x) = \frac{1}{12}(x^2+6-6\ln x+2x^2-6)$,

$F'(x) = \frac{1}{12}(3x^2-6\ln x)$,

$F'(x) = \frac{x^2}{4} - \frac{1}{2}\ln x$, $F'(x) = f(x)$.

F est une primitive de f sur $]0, +\infty[$.

2° $I = F(e) - F(1)$.

$F(e) = \frac{e}{12}(e^2+6-6\ln e)$,

$F(e) = \frac{e}{12}(e^2+6-6)$ car $\ln e = 1$,

$F(e) = \frac{e^3}{12}$. $F(1) = \frac{1}{12}(1+6-6\ln 1)$.

$F(1) = \frac{7}{12}$ car $\ln 1 = 0$.

$I = \frac{e^3}{12} - \frac{7}{12}$.

23 1° F est une primitive de f sur $\mathbb{R}$, si et seulement si, pour tout nombre réel x, $F'(x) = f(x)$, c'est-à-dire : pour tout nombre réel x,

$(2ax+b)e^{2x} + (ax^2+bx+c)2e^{2x} = (4x^2-2x+1)e^{2x}$.

On a utilisé $(uv)' = \ldots$

$(2ax+b)e^{2x} + (2ax^2+2bx+2c)e^{2x} = (4x^2-2x+1)e^{2x}$,

$(2ax+b+2ax^2+2bx+2c)e^{2x} = (4x^2-2x+1)e^{2x}$,

$[2ax^2+(2a+2b)x+(b+2c)]e^{2x} = (4x^2-2x+1)e^{2x}$,

$2ax^2+(2a+2b)x+(b+2c) = 4x^2-2x+1$;

d'où $2a = 4$ et $2a+2b = -2$ et $b+2c = 1$.

On en déduit $a = 2$, $b = -3$ et $c = 2$.

F est donc définie sur $\mathbb{R}$ par

$F(x) = (2x^2-3x+2)e^{2x}$.

2° $I = F(1) - F(0)$.

$F(1) = e^2$ et $F(0) = 2$ d'où $I = e^2 - 2$.

24 1° Pour tout nombre réel x :

$f(x) = \frac{e^{ix}-e^{-ix}}{2i} \times \frac{e^{i2x}-e^{-i2x}}{2i} \times \frac{e^{i3x}-e^{-i3x}}{2i}$,

$f(x) = \frac{1}{4i^2} \times \frac{(e^{ix}-e^{-ix})(e^{i2x}-e^{-i2x})(e^{i3x}-e^{-i3x})}{2i}$,

$f(x) = -\frac{1}{4} \times \frac{(e^{i3x}-e^{-ix}-e^{ix}+e^{-i3x})(e^{i3x}-e^{-i3x})}{2i}$,

$f(x) = -\frac{1}{4}\left[\frac{e^{i6x}-e^{-i6x}}{2i} - \frac{e^{i4x}-e^{-i4x}}{2i} - \frac{e^{i2x}-e^{-i2x}}{2i}\right]$,

$f(x) = -\frac{1}{4}(\sin 6x - \sin 4x - \sin 2x)$.

2° $I = \left[\frac{1}{24}\cos 6x - \frac{1}{16}\cos 4x - \frac{1}{8}\cos 2x\right]_{\frac{\pi}{12}}^{\frac{\pi}{8}}$

$I = \frac{\sqrt{3}}{16} - \frac{\sqrt{2}}{12} + \frac{1}{32} \approx 0{,}022$ à 10^{-3} près,

25 1° On note (x_A, y_B) les coordonnées du point A. $y_A = 0$. x_A est donc solution de l'équation $-\frac{x^3}{27} + \frac{x^2}{3} = 0$ qui est équivalente à

$\frac{x^2}{3}\left(-\frac{x}{9} + 1\right) = 0$

donc à $x = 0$ ou $x = 9$.

D'où $x_A = 9$.

2° f est positive ou nulle sur $[0, 9]$.

L'aire de la partie du plan coloriée est donc, en unités d'aire,

$\mathscr{A} = \int_0^9 f(x)\,dx$. $\mathscr{A} = \int_0^9 \left(-\frac{x^3}{27} + \frac{x^2}{3}\right) dx$,

$\mathscr{A} = \left[-\frac{1}{108}x^4 + \frac{1}{12}x^3\right]_0^9$, $\mathscr{A} = -\frac{6\,561}{108} + \frac{729}{9}$,

$\mathscr{A} = 20{,}25\ \text{cm}^2$.

26 **A.** 1°

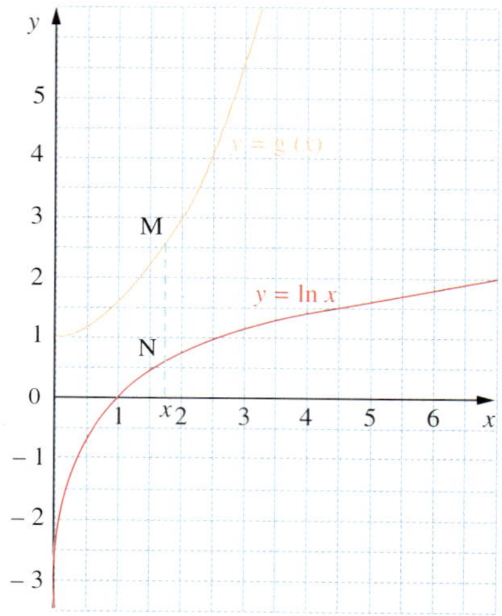

Fig. 96

2° Soit M et N des points de même abscisse x, M étant situé sur la courbe représentative de la fonction g et N sur celle de la fonction ln.
D'après 1°, pour tout $x \geqslant 0$, M est au-dessus de N,

donc $y_M > y_N$ donc $\frac{x^2}{2} + 1 > \ln x$.

Pour tout $x > 0$, $\frac{x^2}{2} + 1 - \ln x > 0$.

B. 1° $\lim\limits_{x \to 0} (x-1) = -1$, $\lim\limits_{x \to 0} \ln x = -\infty$ et $\lim\limits_{x \to 0} \frac{1}{x} = +\infty$ car $x > 0$.

Donc $\lim\limits_{x \to 0} \frac{\ln x}{x} = -\infty$ en utilisant un théorème sur la limite d'un produit puisque $\frac{\ln x}{x} = (\ln x)\left(\frac{1}{x}\right)$.

Donc $\lim\limits_{x \to 0} f(x) = -\infty$.

L'axe des ordonnées est une asymptote de la courbe C.

2° *a*) $\lim\limits_{x \to +\infty} (x-1) = +\infty$ et $\lim\limits_{x \to +\infty} \frac{\ln x}{x} = 0$ (voir le formulaire).

Donc $\lim\limits_{x \to +\infty} f(x) = +\infty$.

b) $f(x) - (x-1) = 2\frac{\ln x}{x}$ pour tout $x > 0$.

$\lim\limits_{x \to +\infty} \frac{\ln x}{x} = 0$, donc $\lim\limits_{x \to +\infty} (f(x) - (x-1)) = 0$.

On en déduit que la droite Δ d'équation $y = x - 1$ est asymptote à la courbe C en $+\infty$.

On sait que si $\lim\limits_{x \to +\infty} [f(x) - (ax+b)] = 0$ la droite d'équation $y = ax + b$ est asymptote à la courbe représentative de f en $+\infty$.

c) Soit M sur C et N sur Δ des points de même abscisse x.

$y_M - y_N = f(x) - (x-1)$, donc $y_M - y_N = 2\frac{\ln x}{x}$ a le signe de $\ln x$.

x	0	1	$+\infty$
$y_M - y_N$	‖	− 0 +	
Position relative de C et Δ	‖	C au-dessous de Δ	C au-dessus de Δ

$y_M - y_N < 0$ équivaut à M au-dessous de N.
De même pour $y_M - y_N \geqslant 0$.

3° Pour tout x de $]0, +\infty[$,

$$f'(x) = 1 + 2\,\frac{x\left(\frac{1}{x}\right) - \ln x}{x^2},$$

$$\left(\frac{u}{v}\right)' = \frac{u'v - uv'}{v^2}.$$

$$f'(x) = 1 + 2\,\frac{1 - \ln x}{x^2},$$

$$f'(x) = \frac{2}{x^2}\left(\frac{x^2}{2} + 1 - \ln x\right).$$

Or pour tout x de $]0, +\infty[$, $\frac{2}{x^2} > 0$ et $\frac{x^2}{2} + 1 - \ln x > 0$ d'après **A.** 2°.
Donc $f'(x) > 0$ pour tout x de $]0, +\infty[$.
Donc f est strictement croissante sur $]0, +\infty[$.

Le tableau de variation de f n'est pas demandé.

4° La tangente T à C au point d'abscisse 1 a pour équation :

$$y = (x-1)f'(1) + f(1).$$

Or $f(1) = 0$ car $\ln 1 = 0$ et $f'(1) = 3$.
Une équation de T est $y = 3(x-1)$.

5° La droite Δ d'équation $y = x - 1$ a pour coefficient directeur 1.
La tangente à C au point d'abscisse x a pour coefficient directeur $f'(x)$.
La tangente à C au point d'abscisse x est parallèle à la droite Δ si et seulement si $f'(x) = 1$: leurs coefficients directeurs sont égaux.

$f'(x) = 1$ si et seulement si $1 + 2\frac{1 - \ln x}{x^2} = 1$ qui est équivalent à $1 - \ln x = 0$ c'est-à-dire $\ln x = 1$, $x = e$.
Le point de C où la tangente est parallèle à Δ a pour abscisse e.

C. 1° $u(x) = \frac{\ln x}{x}$ peut s'écrire $u(x) = \frac{1}{x}\ln x$.

C'est de la forme $v'(x)v(x)$ où $v(x) = \ln x$.
Or $(v^2)' = 2v'v$.

On lit dans le formulaire $(u^\alpha)' = \alpha u^{\alpha-1}u'$; ici $\alpha = 2$.

Donc une primitive de la fonction u définie sur $]0, +\infty[$ par $u(x) = \frac{1}{2}\left(2\,\frac{1}{x}\,\ln x\right)$ est la fonction U définie sur $]0, +\infty[$ par $U(x) = \frac{1}{2}(\ln x)^2$.

2° *a*) $S(\lambda) = \int_1^\lambda (f(x) - (x-1))\,dx$.

Si f et g sont deux fonctions dérivables sur $[a, b]$ telles que pour tout x de $[a, b]$, $g(x) \leqslant f(x)$, l'aire de la partie du plan limitée par les courbes représentatives de f et g et les droites d'équations respectives $x = a$ et $x = b$ est :

$$\mathscr{A} = \int_a^b [f(x) - g(x)]\,dx.$$

$$S(\lambda) = \int_1^\lambda 2\,\frac{\ln x}{x}\,dx,$$

c'est-à-dire $S(\lambda) = \int_1^\lambda 2u(x)\,dx$,

$S(\lambda) = [(\ln x)^2]_1^\lambda$ d'après 1°,
$S(\lambda) = (\ln \lambda)^2$ car $\ln 1 = 0$.
b) $\lim\limits_{\lambda \to +\infty} \ln \lambda = +\infty$, donc $\lim\limits_{\lambda \to +\infty} (\ln \lambda)^2 = +\infty$.

$$\lim_{\lambda \to +\infty} S(\lambda) = +\infty.$$

27 **A.** 1° $e^{\ln 2} = 2$ donc $\lim\limits_{x \to \ln 2} (e^x - 2) = 0$.
Étudions le signe de $e^x - 2$ lorsque x varie dans $]\ln 2, +\infty[$.
Pour tout x de $]\ln 2, +\infty[$ les inéquations suivantes sont équivalentes :
$e^x - 2 > 0$, $e^x > 2$, $\ln(e^x) > \ln 2$, $x > \ln 2$. Donc, pour tout x de $]\ln 2, +\infty[$, $e^x - 2 > 0$.
On en déduit que $\lim\limits_{x \to \ln 2} \frac{1}{e^x - 2} = +\infty$.

Si $\lim\limits_{x \to a} u(x) = 0$ et si au voisinage de a on a $u(x) > 0$, alors $\lim\limits_{x \to a} \frac{1}{u(x)} = +\infty$.

Donc $\lim\limits_{x \to \ln 2}\left(-\frac{1}{e^x - 2}\right) = -\infty$.
De $\lim\limits_{x \to \ln 2} (3 - x) = 3 - \ln 2$

et $\lim\limits_{x \to \ln 2}\left(-\frac{1}{e^x - 2}\right) = -\infty$,

on déduit, à l'aide d'un théorème sur la limite d'une somme, que $\lim\limits_{x \to \ln 2} f(x) = -\infty$.

On en déduit que la courbe C_f admet la droite Δ d'équation $x = \ln 2$ comme asymptote verticale.

Soit f une fonction telle que $\lim\limits_{x \to a} f(x) = -\infty$.
La droite d'équation $x = a$ est une asymptote verticale de la représentation graphique de f.

2° *a*) De $\lim\limits_{x \to +\infty} e^x = +\infty$, on déduit que $\lim\limits_{x \to +\infty} (e^x - 2) = +\infty$, donc que $\lim\limits_{x \to +\infty} \frac{1}{e^x - 2} = 0$.
De $\lim\limits_{x \to +\infty} (3 - x) = -\infty$ et $\lim\limits_{x \to +\infty} \frac{1}{e^x - 2} = 0$, on déduit, à l'aide d'un théorème sur la limite d'une somme, que $\lim\limits_{x \to +\infty} f(x) = -\infty$.
b) On sait que si f est une fonction définie sur $]A, +\infty[$ par
$f(x) = ax - b + g(x)$ avec $\lim\limits_{x \to +\infty} g(x) = 0$,
la droite d'équation $y = ax + b$ est une asymptote de la courbe représentative de f.
f est ici définie sur $]\ln 2, +\infty[$ par
$f(x) = -x + 3 - \frac{1}{e^x - 2}$ avec $\lim\limits_{x \to +\infty} -\frac{1}{e^x - 2} = 0$.
Donc la droite D d'équation $y = -x + 3$ est une asymptote de la courbe f.
c) La position de C_f par rapport à D est donnée par le signe de $f(x) - (-x + 3) = -\frac{1}{e^x - 2}$ lorsque x varie dans $]\ln 2, +\infty[$.
On a vu au **A.** 1° que, pour tout x de $]\ln 2, +\infty[$, $\frac{1}{e^x - 2} > 0$, donc, pour tout x de $]\ln 2, +\infty[$, $f(x) - (-x + 3) < 0$, la courbe C_f est donc au-dessous de D.

Si pour tout x de I, $f(x) - g(x) > 0$, la courbe représentative de f est au-dessus de la courbe représentative de g.
Si pour tout x de I, $f(x) - g(x) < 0$, la courbe représentative de g est au-dessus de la courbe représentative de f.

3° *a*) Pour tout x de $]\ln 2, +\infty[$,

$$f'(x) = -1 - \frac{-e^x}{(e^x - 2)^2},$$

Pour dériver $x \mapsto -\frac{1}{e^x - 2}$, on utilise $\left(\frac{1}{u}\right)' = -\frac{u'}{u^2}$.

$$f'(x) = \frac{-(e^x - 2)^2 + e^x}{(e^x - 2)^2},$$

$$f'(x) = \frac{-[(e^x)^2 - 4e^x + 4] + e^x}{(e^x - 2)^2},$$

$$(e^x)^2 = e^{2x}.$$

$$f'(x) = \frac{-e^{2x} + 5e^x - 4}{(e^x - 2)^2}.$$

b) Pour tout x de $]\ln 2, +\infty[$,

$$(e^x-1)(e^x-4) = (e^x)^2 - 4e^x - e^x + 4,$$
$$(e^x-1)(e^x-4) = e^{2x} - 5e^x + 4.$$

c) • Les inéquations suivantes sont équivalentes dans $\mathbb{R}$:

$$e^x - 1 \geqslant 0, \quad e^x \geqslant 1, \quad \ln e^x \geqslant \ln 1, \quad x \geqslant 0.$$

• Les inéquations suivantes sont équivalentes dans $\mathbb{R}$:

$$e^x - 4 \geqslant 0, \quad e^x \geqslant 4, \quad \ln e^x \geqslant \ln 4,$$
$$x \geqslant \ln 2^2, \quad x \geqslant 2 \ln 2.$$

On en déduit le tableau de signes suivant :

x	$-\infty$		0		$2\ln 2$		$+\infty$
e^x-1		$-$	0	$+$	|	$+$	
e^x-4		$-$	|	$-$	0	$+$	
$(e^x-1)(e^x-4)$		$+$	0	$-$	0	$+$	

$f'(x)$ a même signe que $-(e^x-1)(e^x-4)$ sur $]\ln 2, +\infty[$, puisque $(e^x-2)^2 > 0$.
Le signe de $f'(x)$ sur $]\ln 2, +\infty[$ est donc donné par :

x	$\ln 2$		$2\ln 2$		$+\infty$
$f'(x)$	||	$+$	0	$-$	

$$f(2\ln 2) = 3 - 2\ln 2 - \frac{1}{e^{2\ln 2} - 2},$$
$$f(2\ln 2) = 3 - 2\ln 2 - \frac{1}{e^{\ln 4} - 2},$$
$$f(2\ln 2) = 3 - 2\ln 2 - \frac{1}{4-2},$$
$$f(2\ln 2) = 3 - \frac{1}{2} - 2\ln 2,$$
$$f(2\ln 2) = 2{,}5 - 2\ln 2.$$

D'où le tableau de variation de f :

x	$\ln 2$		$2\ln 2$		$+\infty$
$f'(x)$	||	$+$	0	$-$	
$f(x)$	|| $-\infty$	↗	$2{,}5 - 2\ln 2$	↘	$-\infty$

4° À l'aide d'une calculatrice on peut remplir le tableau de valeurs suivant dans lequel les valeurs approchées ont été arrondies à 10^{-2} près.

x	1	$2\ln 2 \approx 1{,}39$	2	3	4
$f(x)$	0,61	1,11	0,81	$-0{,}06$	$-1{,}02$

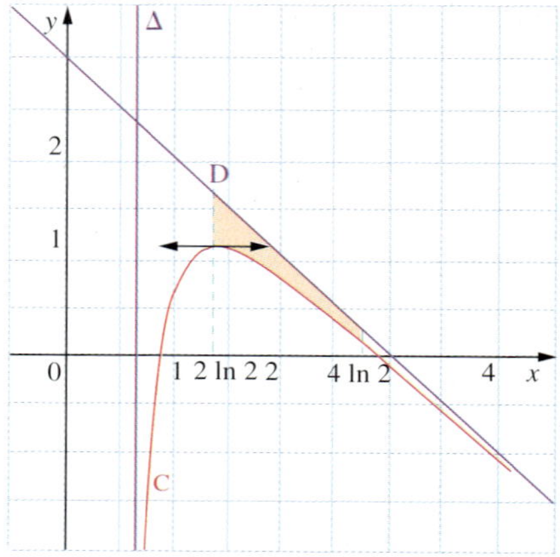

Fig. 97

B. On a colorié sur la figure la partie du plan d'aire A.

1° Pour tout x de $]\ln 2, +\infty[$,

$$\frac{1}{2}\left(\frac{e^x}{e^x-2} - 1\right) = \frac{1}{2}\left(\frac{e^x}{e^x-2} - \frac{e^x-2}{e^x-2}\right),$$
$$\frac{1}{2}\left(\frac{e^x}{e^x-2} - 1\right) = \frac{1}{2}\left(\frac{e^x - e^x + 2}{e^x-2}\right),$$
$$\frac{1}{2}\left(\frac{e^x}{e^x-2} - 1\right) = \frac{1}{2} \times \frac{2}{e^x-2},$$
$$\frac{1}{2}\left(\frac{e^x}{e^x-2} - 1\right) = \frac{1}{e^x-2}.$$

2° La fonction $x \mapsto \dfrac{e^x}{e^x-2}$ est de la forme $\dfrac{u'}{u}$ avec $u > 0$.

Une primitive de $x \mapsto \dfrac{1}{2}\left(\dfrac{e^x}{e^x-2} - 1\right)$ est donc définie sur $]\ln 2, +\infty[$ par $x \mapsto \dfrac{1}{2}\,[\ln(e^x-2) - x]$.

> Une primitive de $\dfrac{u'}{u}$, avec $u > 0$, est $\ln u$.

3° Pour tout x de $[2\ln 2, 4\ln 2]$, $3 - x \geqslant f(x)$, d'après le **A.** 2° *c*.
L'aire cherchée est donc, en unités d'aire,

$$\int_{2\ln 2}^{4\ln 2} [(3-x) - f(x)]\,dx,$$

> Si pour tout x de $[a, b]$ $f(x) \geqslant g(x)$, l'aire de la partie du plan limitée par les courbes représentatives de f et de g et les droites d'équations $x = a$ et $x = b$ est, en unités d'aire, $\displaystyle\int_a^b [f(x) - g(x)]\,dx$.

$$\int_{2\ln 2}^{4\ln 2} \frac{1}{e^x-2}\,dx,$$
$$\left[\frac{1}{2}\,[\ln(e^x-2) - x]\right]_{2\ln 2}^{4\ln 2};$$

L'unité d'aire est $2 \times 2 = 4$ cm^2 d'où

$$\mathcal{A} = 4\left[\frac{1}{2}\,[\ln(e^x - 2) - x]\right]_{\ln 2^2}^{\ln 2^4},$$

$$\mathcal{A} = 2\,[\ln(e^x - 2) - x]_{\ln 4}^{\ln 16},$$

$$\mathcal{A} = 2\,[\ln(e^{\ln 16} - 2) - \ln 16 - \ln(e^{\ln 4} - 2) + \ln 4],$$

$$\mathcal{A} = 2\,[\ln(16 - 2) - \ln 2^4 - \ln(4 - 2) + \ln 2^2],$$

$$e^{\ln a} = a.$$

$$\mathcal{A} = 2\,(\ln 14 - 4\ln 2 - \ln 2 + 2\ln 2),$$

$$\mathcal{A} = 2\,(\ln 14 - 3\ln 2),$$

$$\mathcal{A} = 2\,(\ln 7 - 2\ln 2)\ \text{cm}^2,$$

$$\mathcal{A} \approx 1{,}12\ \text{cm}^2.$$

28 1° *a)* $\dfrac{\sin x}{\cos x}$ est presque de la forme $\dfrac{u'(x)}{u(x)}$ car pour

$$u(x) = \cos x,\ u'(x) = -\sin x.$$

En écrivant $\tan x = \dfrac{-\sin x}{\cos x}$ on obtient qu'une primitive de la fonction h définie sur $\left[0, \dfrac{\pi}{2}\right[$ par $h(x) = \tan x$ est la fonction H définie sur $\left[0, \dfrac{\pi}{2}\right[$ par $\mathrm{H}(x) = -\ln(\cos x)$ car $\cos x > 0$ pour tout x de $\left[0, \dfrac{\pi}{2}\right[$.

Une primitive de $\dfrac{u'}{u}$ sur un intervalle I où $u > 0$ est $\ln u$.

b) $\displaystyle\int_0^{\frac{\pi}{3}} \tan x\,dx = \mathrm{H}\left(\frac{\pi}{3}\right) - \mathrm{H}(0).$

$$\mathrm{H}\left(\frac{\pi}{3}\right) = -\ln\left(\cos\frac{\pi}{3}\right),\quad \mathrm{H}\left(\frac{\pi}{3}\right) = -\ln\left(\frac{1}{2}\right),$$

$$\mathrm{H}\left(\frac{\pi}{3}\right) = -\ln 2.$$

Pour tout $a > 0$, $\quad \ln\dfrac{1}{a} = -\ln a.$

$\mathrm{H}(0) = -\ln(\cos 0)$, $\mathrm{H}(0) = -\ln 1$, $\mathrm{H}(0) = 0$.

Donc $\displaystyle\int_0^{\frac{\pi}{3}} \tan x\,dx = \ln 2.$

2° *a)* La dérivée h' de la fonction h est définie sur $\left[0, \dfrac{\pi}{2}\right[$ par

$$h'(x) = \frac{(\cos x)(\cos x) - (\sin x)(-\sin x)}{\cos^2 x},$$

$$\left(\frac{u}{v}\right)' = \frac{u'v - uv'}{v^2}$$

$$h'(x) = \frac{\cos^2 x + \sin^2 x}{\cos^2 x},$$

$$h'(x) = \frac{\cos^2 x}{\cos^2 x} + \frac{\sin^2 x}{\cos^2 x},$$

$$h'(x) = 1 + \tan^2 x.$$

b) $\displaystyle\int_0^{\frac{\pi}{3}} (1 + \tan^2 x)\,dx = \int_0^{\frac{\pi}{3}} h'(x)\,dx,$

$$\int_0^{\frac{\pi}{3}} (1 + \tan^2 x)\,dx = h\left(\frac{\pi}{3}\right) - h(0),$$

$$\int_0^{\frac{\pi}{3}} (1 + \tan^2 x)\,dx = \sqrt{3} \quad \text{car} \quad \tan\frac{\pi}{3} = \sqrt{3}$$

et $\qquad \tan 0 = 0.$

Voir le formulaire.

$$\int_0^{\frac{\pi}{3}} \tan^2 x\,dx = \int_0^{\frac{\pi}{3}} (1 + \tan^2 x - 1)\,dx,$$

$$\int_0^{\frac{\pi}{3}} \tan^2 dx = \int_0^{\frac{\pi}{3}} (1 + \tan^2 x)\,dx - [x]_0^{\frac{\pi}{3}},$$

$$\int_0^{\frac{\pi}{3}} \tan^2 x\,dx = \sqrt{3} - \frac{\pi}{3}.$$

3° *a)* $\mathrm{S}(x)$ est l'aire, en unité d'aire, du disque de rayon $y = \tan x$. $\mathrm{S}(x) = \pi\tan^2 x$ (en unité d'aire).
Or 1 unité d'aire $= 2 \times 2$ cm^2.
Donc $\quad \mathrm{S}(x) = 4\pi\tan^2 x$ (en cm^2).

b) $\mathrm{V} = \displaystyle\int_0^{\frac{\pi}{3}} \pi\tan^2 x$ (en unité de volume).

D'après 2° *b)*, $\mathrm{V} = \pi\left(\sqrt{3} - \dfrac{\pi}{3}\right)$ en unité de volume.

Or $\quad$ 1 unité de volume $= 2 \times 2 \times 2$ cm^3.

Donc $\quad \mathrm{V} = 8\pi\left(\sqrt{3} - \dfrac{\pi}{3}\right)$ en cm^3.

$$\mathrm{V} \approx 17{,}212\ \text{cm}^3.$$

$$1\ \text{mm}^3 = 10^{-3}\ \text{cm}^3.$$

29 1° Le point H (fig. 38) est le milieu de [A, A′]. Appliquons le théorème de Pythagore dans le triangle OHA :

$$\mathrm{OA}^2 = \mathrm{OH}^2 + \mathrm{HA}^2.$$

$$\mathrm{OA} = \mathrm{R},\quad \mathrm{OH} = \mathrm{OB} - \mathrm{HB},\quad \mathrm{OH} = \mathrm{R} - 9,$$

$$\mathrm{HA} = \frac{1}{2}\,\mathrm{AA'},\quad \mathrm{HA} = 15.$$

Donc $\quad \mathrm{R}^2 = (\mathrm{R} - 9)^2 + 15^2,$

$\mathrm{R}^2 = \mathrm{R}^2 - 18\mathrm{R} + 81 + 225$, $18\mathrm{R} = 306$, $\mathrm{R} = 17$.

2° Appliquons le théorème de Pythagore dans le triangle OKM (fig. 39) : $\mathrm{OK}^2 + \mathrm{KM}^2 = \mathrm{OM}^2$.

$$\mathrm{OK}^2 = z^2\ ;\quad \mathrm{KM}^2 = r^2\ ;\quad \mathrm{OM}^2 = 17^2$$

donc $r^2 + z^2 = 17^2 \quad r = \sqrt{17^2 - z^2}$.

$S(z) = \pi r^2, \quad S(z) = \pi(17^2 - z^2)$.

3° Le volume de la calotte sphérique est le volume d'un solide de révolution autour de l'axe $(O ; \vec{k})$ donc égal à

$$V = \int_{-17}^{-8} S(z)\,dz, \text{ en unités de volume.}$$

L'unité de volume est 1 cm³, donc

$$V = \int_{-17}^{-8} \pi(17^2 - z^2)\,dz = \pi\left[17^2 z - \frac{1}{3}z^3\right]_{-17}^{-8},$$

$$V = \pi\left[\left(17^2 \times 8 + \frac{1}{3}8^3\right) - \left(-17^2 \times 17 + \frac{1}{3}17^3\right)\right],$$

$V = 1\,134\pi$ cm³, $\quad V \approx 3\,562{,}57$ cm³.

30 1° $m_1 = \dfrac{1}{\frac{\pi}{2} - 0}\displaystyle\int_0^{\frac{\pi}{2}} \sin x\,dx$, $m_1 = \dfrac{2}{\pi}[-\cos x]_0^{\frac{\pi}{2}}$,

$$m_1 = \frac{2}{\pi}\left(-\cos\frac{\pi}{2} + \cos 0\right), \quad m_1 = \frac{2}{\pi}.$$

2° $m_2 = \dfrac{1}{\frac{\pi}{2} - 0}\displaystyle\int_0^{\frac{\pi}{2}} \cos^2 x\,dx$.

On sait que, pour tout nombre réel x,

$$\cos 2x = 2\cos^2 x - 1 \;;$$

donc $\cos^2 x = \dfrac{1}{2}(1 + \cos 2x)$.

D'où $m_2 = \dfrac{2}{\pi} \times \dfrac{1}{2}\displaystyle\int_0^{\frac{\pi}{2}} (1 + \cos 2x)\,dx$.

$$m_2 = \frac{1}{\pi}\left[x + \frac{1}{2}\sin 2x\right]_0^{\frac{\pi}{2}},$$

$$m_2 = \frac{1}{\pi}\left[\left(\frac{\pi}{2} + \frac{1}{2}\sin\pi\right) - 0\right],$$

$$m_2 = \frac{1}{\pi} \times \frac{\pi}{2},$$

$$m_2 = \frac{1}{2}.$$

3° $m_3 = \dfrac{1}{\frac{\pi}{2} - 0}\displaystyle\int_0^{\frac{\pi}{2}} \sin x \cos^2 x\,dx$,

$$m_3 = -\frac{2}{\pi}\int_0^{\frac{\pi}{2}} (-\sin x)\cos^2 x\,dx.$$

On a fait apparaître une expression de la forme $u'(x) \times [u(x)]^2$.

$$m_3 = -\frac{2}{\pi}\left[\frac{1}{3}\cos^3 x\right]_0^{\frac{\pi}{2}},$$

$$m_3 = -\frac{2}{\pi}\left(\frac{1}{3}\cos^3\frac{\pi}{2} - \frac{1}{3}\cos^3 0\right), \quad m_3 = \frac{2}{3\pi}.$$

31 1° *a*) Les solutions de l'équation $f(x) = 0$ sont les abscisses des points d'intersection C et B de $\mathscr{C}$ avec l'axe des abscisses. On lit -4 et 4.

b) Les solutions de l'inéquation $f(x) \geqslant 0$ sont les abscisses des points de $\mathscr{C}$ situés au-dessus de l'axe des abscisses. Graphiquement on obtient l'ensemble des solutions $[-4, 4]$.

c) Les solutions de l'inéquation $f'(x) \leqslant 0$ sont les nombres réels de l'intervalle sur lequel f est décroissante. On trouve $[0, 7]$.

2° La droite (AB) a une équation de la forme $y = mx + p$. Elle passe par $A(0, 5)$ donc $5 = 0 \times m + p$, $p = 5$.

Elle passe par $B(4, 0)$ donc $0 = 4m + 5$, $m = -\dfrac{5}{4}$.

Une équation de (AB) est $\quad y = -\dfrac{5}{4}x + 5$.

La tangente en D à $\mathscr{C}$ est la droite (DE).
Elle a une équation de la forme $\quad y = mx + p$.
Elle passe par $E(0, 6)$ donc $6 = 0 \times m + p$, $p = 6$.
Elle passe par $D(2 ; 3{,}5)$ donc $3{,}5 = 2m + 6$,

$$m = \frac{-2{,}5}{2} \quad \text{ou} \quad m = -\frac{5}{4}.$$

Une équation de la tangente en D à $\mathscr{C}$, est :

$$y = -\frac{5}{4}x + 6.$$

3° Pour tout nombre réel x de $[0, 4]$

$$-\frac{5}{4}x + 5 \leqslant f(x) \leqslant -\frac{5}{4}x + 6$$

car $\mathscr{C}$ est comprise dans la bande de plan limitée par les droites (AB) et (DE).
D'après le théorème sur l'intégration d'une inégalité,

$$\int_0^4 \left(-\frac{5}{4}x + 5\right)dx \leqslant \int_0^4 f(x)\,dx$$

et $$\int_0^4 f(x)\,dx \leqslant \int_0^4 \left(-\frac{5}{4}x + 6\right)dx.$$

$$\int_0^4 \left(-\frac{5}{4}x + 5\right)dx = \left[-\frac{5}{8}x^2 + 5x\right]_0^4$$

$$= -10 + 20 = 10.$$

$$\int_0^4 \left(-\frac{5}{4}x + 6\right)dx = \left[-\frac{5}{8}x^2 + 6x\right]_0^4$$

$$= -10 + 24 = 14.$$

Donc $\quad 10 \leqslant \displaystyle\int_0^4 f(x)\,dx \leqslant 14$.

RÉPONSES DES Q.C.M.

32 **1** : C ; **2** : C ; **3** : B ; **4** : B ; **5** : C ; **6** : A.

33 **1** : C ; **2** : B. **34** E. **35** C.

11 Équations différentielles

- Introduction
- Résolution de l'équation différentielle $y' = ay$
- Résolution de l'équation différentielle $y'' + \omega^2 y = 0$

Nous avons vu au chapitre 8 que la fonction exponentielle est sa propre fonction dérivée : $\exp' = \exp$. Nous avons aussi constaté au chapitre 5 que la dérivée de la fonction tangente est

$$x \mapsto \frac{1}{\cos^2 x} = 1 + \tan^2 x. \qquad \text{Donc} \qquad f' = 1 + f^2 \text{ pour la fonction } f = \tan.$$

Nous pouvons chercher toutes les fonctions f définies et dérivables sur $\mathbb{R}$ telles que $f' = f$ ou toutes les fonctions définies et dérivables sur $\left]-\frac{\pi}{2}, \frac{\pi}{2}\right[$ telles que

$$f' = 1 + f^2 ;$$

il s'agit alors de résoudre un nouveau type d'équation où l'inconnue est une fonction.

En électricité, en mécanique, en biologie, … de nombreux phénomènes continus satisfaisant à une loi d'évolution et à une condition initiale sont décrits par une fonction f plusieurs fois dérivable sur un intervalle I et définie comme solution où interviennent une ou plusieurs de ses dérivées.

De telles équations sont appelées **équations différentielles.**

Ainsi savez-vous que la même équation différentielle, aux coefficients près, permet de modéliser d'une part la décharge d'un condensateur à travers une bobine et, d'autre part, la descente d'un parachute simplifié ?

De même l'étude de l'effet d'un amortisseur de voiture et l'étude de l'établissement du courant électrique à travers un circuit RLC alimenté par un générateur présentent quelques analogies.

Dans ce chapitre nous allons apprendre à résoudre quelques équations différentielles simples rencontrées notamment en sciences physiques (mécanique du point, circuits électriques, …)

INTRODUCTION

Les deux activités suivantes ont pour but de vous familiariser avec la résolution de deux équations différentielles « classiques ». Conformément à la tradition nous adoptons les notations y, y', y'' au lieu de f, f', f'' pour désigner une fonction et ses premières dérivées intervenant dans une équation différentielle.

1. Activités préparatoires

Problème 1

Dans ce problème on cherche des fonctions solutions de l'équation (E) :

$$y' = 2y,$$

c'est-à-dire telles que, pour tout x réel, $f'(x) = 2f(x)$.

1° L'équation (E) a-t-elle pour solution une fonction constante ?

Pensez au degré de la fonction dérivée.

2° L'équation (E) a-t-elle pour solution une fonction polynôme de degré non nul ?

3° Démontrer que (E) a une solution unique de la forme $f(x) = e^{ax}$ où a est une constante réelle à déterminer.

4° L'équation (E) a-t-elle de nouvelles solutions de la forme $f(x) = e^{ax} + C$ où C est une constante réelle et où a est défini au 3° ?

5° L'équation (E) a-t-elle de nouvelles solutions de la forme $f(x) = ke^{ax}$ où k est une constante réelle et où a est défini au 3° ?

REMARQUE

Voir le paragraphe I ci-dessous.

À la fin de ce problème nous ne savons pas si l'équation (E) a d'autres solutions que celles obtenues ci-dessus.

Problème 2

Dans ce problème on cherche des fonctions solutions de l'équation (F) :

$$y'' + y = 0.$$

1° L'équation (F) a-t-elle pour solution une fonction constante ?

2° L'équation (F) a-t-elle pour solution une fonction polynôme de degré non nul ?

3° L'équation (F) a-t-elle une solution de la forme $y = e^{ax}$ où a est une constante réelle ?

4° *a*) Est-ce que la fonction sinus est une solution de (F) ?

b) Déterminer une nouvelle solution de (F).

5° *a*) Est-ce que la fonction $y = \sin x + \cos x$ est solution de (F) ?

b) Est-ce que toute fonction de la forme $y = \mathrm{A}\cos x + \mathrm{B}\sin x$, où A et B sont deux constantes réelles, est solution de (F) ?

REMARQUE

Voir le paragraphe II ci-dessous.

À la fin de ce problème nous ne savons pas si l'équation (F) a d'autres solutions que celles obtenues ci-dessus.

I. RÉSOLUTION DE L'ÉQUATION DIFFÉRENTIELLE $y' = ay$

Soit a un nombre réel ; cherchons les solutions de l'équation différentielle $y' - ay = 0$ notée (1).

1. Recherche des solutions

La dérivée de $x \mapsto e^x$ est $x \mapsto e^x$.
Voir le problème 1 de l'introduction.

Dans le cas particulier où $a = 1$, nous savons que la fonction exponentielle est une solution de l'équation différentielle $y' - y = 0$.
Dans le cas particulier où $a = 2$, nous savons que les fonctions définies sur $\mathbb{R}$ par $x \mapsto ke^{2x}$, où k est une constante réelle, sont des solutions de l'équation différentielle $y' - 2y = 0$.

La dérivée de $x \mapsto e^{ax}$ est $x \mapsto ae^{ax}$.
$(kf)' = kf'$.

Dans le cas général où a est un nombre réel fixé, la fonction définie sur $\mathbb{R}$ par $x \mapsto e^{ax}$ est une solution de l'équation différentielle $y' - ay = 0$. (1)
Les fonctions définies sur $\mathbb{R}$ par $x \mapsto ke^{ax}$, où k est un nombre réel quelconque, sont des solutions de l'équation différentielle $y' - ay = 0$. (1)

L'étude s'applique aussi au cas $a = 0$, bien que, dans ce cas, la résolution soit évidente : $y' = 0$ a pour solutions $y = C$ (constante réelle).

Pour savoir si cette équation différentielle a d'autres solutions, multiplions les deux membres de l'équation par le nombre réel non nul e^{-ax}.
L'équation (1) est équivalente à l'équation

$$e^{-ax}y' - ae^{-ax}y = 0 \qquad \text{notée} \qquad (2).$$

Posons $u(x) = e^{-ax}$; $u'(x) = -ae^{-ax}$, l'équation (2) s'écrit

$$u(x)y' + u'(x)y = 0.$$

Nous reconnaissons dans le premier membre la dérivée du produit $u(x) \cdot y$.

Le premier membre de l'équation (2) est donc la dérivée de la fonction

$$x \mapsto e^{-ax} \cdot y.$$

Les primitives sur $\mathbb{R}$ de la fonction nulle sont les fonctions constantes.

L'équation (2) est donc équivalente à

$$e^{-ax}y = \mathrm{C}, \qquad \text{où C est une constante réelle quelconque.}$$

Donc $$y = \mathrm{C}e^{ax}.$$

> ***Théorème***
> **L'ensemble des solutions de l'équation différentielle $y' = ay$, où a est un nombre réel, est l'ensemble des fonctions définies sur $\mathbb{R}$ par $x \mapsto \mathrm{C}e^{ax}$ où C est une constante réelle quelconque.**

2. Existence et unicité de la solution vérifiant une condition initiale donnée

EXEMPLE

Déterminons les solutions f de l'équation différentielle $y' = 2y$ telles que $f(0) = 3$.
Les solutions de l'équation différentielle sont les fonctions définies sur $\mathbb{R}$ par

$$x \mapsto y = f(x) = \mathrm{C}e^{2x}.$$

On dit que $x \mapsto \mathrm{C}e^{2x}$ est la solution générale de l'équation différentielle et que $x \mapsto 3e^{2x}$ est une solution particulière.

$f(0) = 3$ équivaut à $\mathrm{C}e^0 = 3$; donc $\mathrm{C} = 3$.
Il y a donc une seule fonction solution de l'équation différentielle vérifiant la condition $f(0) = 3$: la fonction f définie sur $\mathbb{R}$ par $f(x) = 3e^{2x}$.

Cas général

L'égalité $f(x_0) = y_0$ est appelée condition initiale car dans beaucoup de problèmes où la variable est le temps on donne la valeur de $f(0)$.

Parmi les solutions de l'équation différentielle $y' = ay$ cherchons celles qui vérifient $f(x_0) = y_0$.
De $f(x) = \mathrm{C}e^{ax}$ nous déduisons que $f(x_0) = \mathrm{C}e^{ax_0}$; donc $f(x_0) = y_0$ équivaut à $\mathrm{C}e^{ax_0} = y_0$, c'est-à-dire à $\mathrm{C} = y_0e^{-ax_0}$.

Donc $$f(x) = y_0e^{a(x - x_0)}.$$

> *Théorème*
> **L'équation différentielle $y' = ay$ admet une solution f, et une seule, définie sur $\mathbb{R}$, vérifiant la condition initiale $f(x_0) = y_0$, où x_0 et y_0 sont donnés.**

3. Exemple d'application en électricité

Décharge d'un condensateur à travers un résistor

À partir de l'instant $t = 0$, un condensateur de capacité C se décharge dans un circuit de résistance R et d'inductance nulle.

L'unité de temps est la seconde.

À l'instant $t = 1$ la tension $u(t)$ n'est plus que le cinquième de sa valeur initiale $u(0)$.

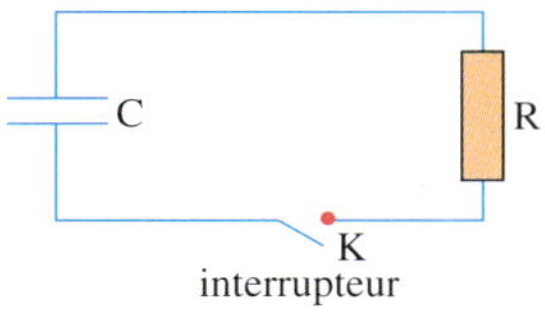

Fig. 1

Cherchons la résistance du résistor en fonction de C.
On montre en physique que, pour une capacité C et une résistance R, $t \mapsto u(t)$ est solution de l'équation différentielle

$$\mathrm{C}u'(t) + \frac{u(t)}{\mathrm{R}} = 0.$$

Cette équation différentielle est équivalente à

$u'(t) = -\frac{1}{\mathrm{RC}}\, u(t)$ qui est de la forme $y' = ay$ avec $a = -\frac{1}{\mathrm{RC}}$.

Les solutions de cette équation sont définies par

$u(t) = \mathrm{K}e^{-\frac{1}{\mathrm{RC}}t}$, où K est une constante réelle.

$u(0) = \mathrm{K}$ et $u(1) = \mathrm{K}e^{-\frac{1}{\mathrm{RC}}}$; donc la condition $u(1) = \frac{1}{5}\, u(0)$ s'écrit

$\mathrm{K}e^{-\frac{1}{\mathrm{RC}}} = \frac{1}{5}\mathrm{K}$; d'où $e^{-\frac{1}{\mathrm{RC}}} = \frac{1}{5}$

$\mathrm{K} \neq 0$ car sinon la tension serait toujours nulle.

et, en prenant le logarithme népérien de chaque nombre,

$-\frac{1}{\mathrm{RC}} = -\ln 5$. Donc $\mathrm{R} = \frac{1}{\mathrm{C}\ln 5}$.

II. RÉSOLUTION DE L'ÉQUATION DIFFÉRENTIELLE $y'' + \omega^2 y = 0$

1. Exemples

Voir le problème 2 de l'introduction.
Par exemple, pour
$f(x) = \sin 3x$,
$f'(x) = 3\cos 3x$
et $f''(x) = -9\sin 3x$.
Donc $f''(x) + 9f(x) = 0$, pour tout x réel.

Dans le cas particulier où $\omega = 1$, nous savons que les fonctions définies sur $\mathbb{R}$ par $x \mapsto \mathrm{A}\cos x + \mathrm{B}\sin x$, où A et B sont des constantes réelles, sont des solutions de l'équation différentielle $y'' + y = 0$.

Dans le cas particulier où $\omega = 3$, nous constatons que les fonctions définies sur $\mathbb{R}$ par $x \mapsto \sin 3x$, $x \mapsto \cos 3x$ et, plus généralement, $x \mapsto \mathrm{A}\cos 3x + \mathrm{B}\sin 3x$, où A et B sont des constantes réelles, sont des solutions de l'équation différentielle $y'' + 9y = 0$.

Pour $g(x) = \cos\left(3x + \frac{\pi}{6}\right)$,

$g'(x) = -3 \sin\left(3x + \frac{\pi}{6}\right)$,

$g''(x) = -9 \cos\left(3x + \frac{\pi}{6}\right)$.

Pour tous nombres réels a et b,
$\cos(a+b) = \cos a \cos b - \sin a \sin b$.

REMARQUE

La fonction définie sur $\mathbb{R}$ par $x \mapsto \cos\left(3x + \frac{\pi}{6}\right)$ est une solution de l'équation $y'' + 9y = 0$.

Elle est de la forme $x \mapsto \mathrm{A} \cos 3x + \mathrm{B} \sin 3x$, indiquée ci-dessus car, pour tout nombre réel x,

$$\cos\left(3x + \frac{\pi}{6}\right) = \cos 3x \cos \frac{\pi}{6} - \sin 3x \sin \frac{\pi}{6} = \frac{\sqrt{3}}{2} \cos 3x - \frac{1}{2} \sin 3x.$$

Ici $$\mathrm{A} = \frac{\sqrt{3}}{2} \quad \text{et} \quad \mathrm{B} = -\frac{1}{2}.$$

2. Résolution – Existence et unicité de la solution vérifiant des conditions initiales données

Dans les exemples ci-dessus nous avons trouvé des solutions pour les équations différentielles $y'' + y = 0$ ou $y'' + 9y = 0$, mais nous ne savons pas si ces équations différentielles possèdent d'autres solutions.
Nous admettons le théorème suivant :

En physique on donne plutôt les solutions sous la forme équivalente,

$x \mapsto \mathrm{C} \cos(\omega x + \varphi)$

où C et φ sont des constantes réelles avec $\mathrm{C} > 0$.

Théorème
L'ensemble des solutions de l'équation différentielle

$$y'' + \omega^2 y = 0,$$

où ω est un nombre réel non nul, est l'ensemble des fonctions définies sur $\mathbb{R}$ par $x \mapsto \mathrm{A} \cos \omega x + \mathrm{B} \sin \omega x$ où A et B sont des constantes réelles quelconques.

REMARQUE

Dans le cas où $\omega = 0$, l'équation devient $y'' = 0$ qui est équivalente à $y' = \mathrm{A}$, où A est une constante réelle quelconque.

Les solutions de l'équation différentielle $y'' = 0$ sont donc les fonctions définies sur $\mathbb{R}$ par $x \mapsto \mathrm{A}x + \mathrm{B}$, où A et B sont des constantes réelles.

EXEMPLES

L'équation $4y'' + 9y = 0$ équivaut à $y'' + \frac{9}{4} y = 0$.

L'ensemble des solutions est donc l'ensemble des fonctions définies sur $\mathbb{R}$ par

$$x \mapsto \mathrm{A} \cos \frac{3}{2} x + \mathrm{B} \sin \frac{3}{2} x \quad \text{(A et B sont deux constantes réelles).}$$

Cherchons s'il existe une solution particulière f qui vérifie

$$f\left(\frac{\pi}{3}\right) = \sqrt{3} \quad \text{et} \quad f'(\pi) = \frac{9}{2}.$$

Pour tout nombre réel x, $\quad f'(x) = -\frac{3}{2} \mathrm{A} \sin \frac{3}{2} x + \frac{3}{2} \mathrm{B} \cos \frac{3}{2} x.$

Observez sur le cercle trigonométrique que

$\cos \frac{\pi}{2} = 0,$

$\cos \frac{3\pi}{2} = 0,$

$\sin \frac{\pi}{2} = 1,$

$\sin \frac{3\pi}{2} = -1,$

$$\begin{cases} f\left(\frac{\pi}{3}\right) = \sqrt{3} \\ f'(\pi) = \frac{9}{2} \end{cases} \quad \text{si et seulement si} \quad \begin{cases} \text{A} \cos \frac{\pi}{2} + \text{B} \sin \frac{\pi}{2} = \sqrt{3} \\ -\frac{3}{2} \text{A} \sin \frac{3\pi}{2} + \frac{3}{2} \text{B} \cos \frac{3\pi}{2} = \frac{9}{2} \end{cases}$$

qui est équivalent à : $\begin{cases} \text{B} = \sqrt{3} \\ \frac{3}{2} \text{A} = \frac{9}{2} \end{cases}$ Donc $\text{A} = 3$ et $\text{B} = \sqrt{3}$.

La solution particulière cherchée est f définie sur $\mathbb{R}$ par

$$f(x) = 3 \cos \frac{3}{2} x + \sqrt{3} \sin \frac{3}{2} x.$$

Plus généralement nous admettons le théorème suivant :

Souvent on donne $f(0)$ et $f'(0)$, mais cela peut être aussi $f(x_0)$ et $f(x_1)$...

Théorème
L'équation différentielle $y'' + \omega^2 y = 0$ admet une solution f et une seule définie, sur $\mathbb{R}$, vérifiant deux conditions initiales données.

RÉSUMÉ

Équations différentielles $y' = ay$

Théorème
L'ensemble des solutions de l'équation différentielle $y' = ay$, où a est un nombre réel, est l'ensemble des fonctions définies sur $\mathbb{R}$ par $x \mapsto \text{C}e^{ax}$ où C est une constante réelle quelconque.

Théorème
L'équation différentielle $y' = ay$ admet une solution f, et une seule, définie sur $\mathbb{R}$, vérifiant la condition initiale $f(x_0) = y_0$, où x_0 et y_0 sont donnés.

Équations différentielles $y'' + \omega^2 y = 0$

Théorème
L'ensemble des solutions de l'équation différentielle

$$y'' + \omega^2 y = 0$$

où ω est un nombre réel non nul, est l'ensemble des fonctions définies sur $\mathbb{R}$ par

$$x \mapsto \text{A} \cos \omega x + \text{B} \sin \omega x,$$

où A et B sont des constantes réelles quelconques.
En physique la variable est souvent le temps t et on écrit plutôt les solutions sous une des formes $t \mapsto \text{C} \cos(\omega t + \varphi)$ ou $t \mapsto \text{C} \sin(\omega t + \varphi)$, avec C et φ constantes réelles et $\text{C} > 0$.

Théorème
L'équation différentielle $y'' + \omega^2 y = 0$ admet une solution f et une seule sur $\mathbb{R}$, vérifiant deux conditions initiales données.

TRAVAUX PRATIQUES

Exemples simples d'étude de phénomènes continus satisfaisant à une loi d'évolution et à une condition initiale

T.P. 1 Exemple d'équation de la forme $y' = ay$: problème de température

1° On considère l'équation différentielle

$$(E) \quad y' + 2 \times 10^{-4} y = 0$$

où y est une fonction de la variable réelle t définie et dérivable sur $[0, +\infty[$.

a) Résoudre cette équation différentielle.

b) Déterminer la solution f qui vérifie la condition initiale $f(0) = -80$.

2° On chauffe un liquide dans une cuve. On note $g(t)$ sa température en degrés Celsius à l'instant t, exprimé en secondes. La fonction g est définie sur $[0, +\infty[$ par $g(t) = f(t) + 100$, où f est la solution déterminée au 1° *b*).

a) Exprimer $g(t)$ en fonction de t.

b) Calculer $g(0)$, la température du liquide à l'instant $t = 0$.

c) Au bout de combien de temps la température atteint-elle 85 °C ? Donner la réponse en heures, minutes et secondes.

(STI Génie mécanique A et F)

T.P. 2 Exemple d'équation de la forme $y'' + \omega^2 y = 0$: masse suspendue

1° On considère l'équation différentielle

$$(E) \quad y'' + 100y = 0$$

où y est une fonction de la variable réelle t, définie et deux fois dérivable sur $[0, +\infty[$, et y'' la dérivée seconde de y.
Résoudre cette équation différentielle.

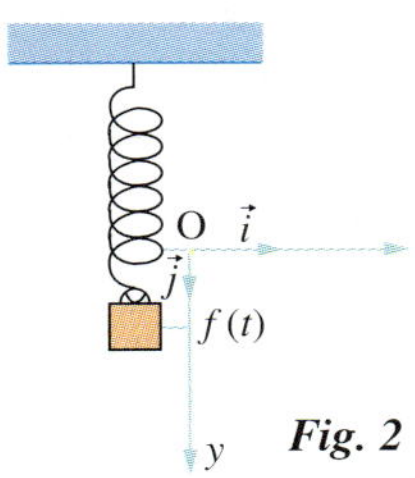

Fig. 2

2° Un ressort de raideur $800 \text{ N} \cdot \text{m}^{-1}$ pend verticalement, son extrémité supérieure étant fixée.

Une masse de 8 kg est attachée à l'extrémité libre.

On abaisse la masse au-dessous de sa position d'équilibre O de 0,05 m et on la relâche. On étudie alors le mouvement.

On note $f(t)$ l'ordonnée en mètres, à l'instant t, exprimé en secondes, du centre de gravité de la masse dans le repère $(O ; \vec{i}, \vec{j})$.

On montre en physique que si on néglige la résistance de l'air, la fonction f est solution de l'équation différentielle

$$y'' + 100y = 0.$$

a) Déterminer l'expression de $f(t)$ en fonction de t sachant que $f(0) = 0{,}05$ et $f'(0) = 0$.

b) Déterminer la plus petite valeur de t telle que $f(t) = 0$.

En physique l'équation différentielle $y'' + 100y = 0$ est notée $\dfrac{d^2y}{dt^2} + 100y = 0$ en utilisant la notation différentielle de la dérivée.

T.P. 3 Exemple d'équation de la forme $y'' + \omega^2 y = 0$ en électricité

Un condensateur parfait chargé est monté en parallèle sur une inductance.
On appelle $q(t)$ sa charge à l'instant t.
Cette charge vérifie l'équation différentielle (E) :

$$\frac{d^2q(t)}{dt^2} = -k^2 q(t)$$

que l'on peut écrire aussi $q''(t) = -k^2 q(t)$ où k est une constante et t le temps.
Pour l'ensemble de l'exercice, on supposera $k = 500$.

1° Résoudre l'équation différentielle (E).

2° *a*) Déterminer la solution particulière f de (E) telle que

$$f(0) = 1 \quad \text{et} \quad f'(0) = 500\sqrt{3}.$$

b) Démontrer que, pour tout t de $[0, +\infty[$,

$$f(t) = 2\cos\left(500t - \frac{\pi}{3}\right).$$

c) Déterminer le plus petit nombre réel strictement positif t_0 tel que $f(t_0) = 1$.

(STI Génie électronique, Génie électrotechnique, Antilles-Guyane, 1995)

EXERCICES ET PROBLÈMES

AVEC CORRIGÉS

OBJECTIFS	Numéros des exercices
Résoudre une équation différentielle de la forme $y' = ay$	1 à 4
Résoudre une équation différentielle de la forme $y'' + \omega^2 y = 0$	5 et 6

Équations de la forme $y' = ay$

1 ▪▪ Résoudre dans $\mathbb{R}$ l'équation différentielle $y' - 3y = 0$ dans laquelle y est une fonction de la variable réelle x définie et dérivable sur $\mathbb{R}$ et y' la dérivée de y.
Déterminer la solution f qui vérifie $f(0) = 1$.

2 ▪▪ 1° Résoudre dans $\mathbb{R}$ l'équation différentielle suivante $2y' + y = 0$, où y est une fonction de la variable x, définie et dérivable sur $\mathbb{R}$ et y' la dérivée de y.

2° Déterminer la solution f vérifiant $f(\ln 4) = 1$.

Exercice de baccalauréat

3 ▪▪▪ ***Résolution d'une équation différentielle de la forme y' = ay, étude des variations d'une fonction solution, calcul de volume.***

1° *a*) Résoudre dans $\mathbb{R}$ l'équation différentielle

$$(E) \qquad 4y' + 3y = 0$$

dans laquelle y est une fonction de la variable réelle x définie et dérivable sur $\mathbb{R}$ et y' la dérivée de y.

b) Déterminer la fonction f, solution de (E), telle que $f'(0) = -6$.

2° Soit g la fonction numérique de la variable réelle x définie sur l'intervalle $I = [0, 4]$ par

$$g(x) = 8e^{\frac{-3}{4}x}.$$

a) Étudier les variations de g sur I et tracer sa courbe représentative C dans le plan rapporté à un repère orthonormal $(O ; \vec{i}, \vec{j})$ (unité graphique 1 cm).

b) Soit A la partie du plan limitée par la courbe C, l'axe des abscisses et les droites d'équation $x = 0$ et $x = 4$. Calculer le volume V du solide engendré par la rotation de A autour de l'axe des abscisses. (On rappelle que, dans ce cas, le volume V est donné par la formule : $V = \int_a^b \pi[g(x)]^2 \, dx$.)

On donnera la valeur exacte de V en cm^3 puis sa valeur approchée arrondie au mm^3.

(STI Génie électronique, Génie électrotechnique, 1994)

Problème de baccalauréat

4 ▪▪▪ ***Exemple d'équation différentielle du premier ordre avec second membre, étude des variations, tracé de la courbe représentative d'une fonction.***

Partie A

1° Soit l'équation différentielle : (E) $\quad y' + y = e^{-x}$ où y est une fonction de la variable réelle x définie et dérivable sur $\mathbb{R}$ et y' la dérivée de y.
Vérifier que la fonction numérique f définie sur $\mathbb{R}$ par $f(x) = (x + a)e^{-x}$, où a est un nombre réel, est solution de l'équation différentielle (E).

2° Déterminer le nombre réel a tel que $f(0) = 1$.

Partie B

On considère la fonction numérique f définie sur $\mathbb{R}$ par $f(x) = (x + 1)e^{-x}$ et sa courbe représentative $\mathscr{C}$ dans le plan rapporté à un repère orthogonal d'unités graphiques 2 cm en abscisse et 5 cm en ordonnée.

1° Déterminer la limite de la fonction f en $+\infty$, puis en $-\infty$.

2° Déterminer la fonction f', dérivée de la fonction f. Établir le tableau de variation de la fonction f.

3° Déterminer une équation de la tangente T à la courbe $\mathscr{C}$ en son point d'abscisse 1.

Partie C

Le but de cette partie est d'étudier la position de la courbe $\mathscr{C}$ par rapport à la droite T. Pour cela, on étudie le signe de la fonction d définie par

$$d(x) = f(x) + \frac{1}{e}(x - 3).$$

1° Déterminer la fonction d', dérivée de la fonction d, puis la fonction d'', dérivée de la fonction d'.

2° Étudier le signe de $d''(x)$ et établir le tableau de variation de la fonction d'.

3° Étudier le signe de $d'(x)$ et établir le tableau de variation de la fonction d. En déduire l'étude du signe de $d(x)$.) Interpréter graphiquement cette étude.
4° Tracer la droite T et la courbe $\mathscr{C}$.

(STL Physique, juin 1995)

Équation de la forme $y'' + \omega^2 y = 0$

Exercice de baccalauréat

5 ■■■ 1° Donner les solutions de l'équation différentielle $9y'' + y = 0$ où l'inconnue y est une fonction de la variable réelle x, définie et deux fois dérivable sur $\mathbb{R}$ et y'' la fonction dérivée seconde de y.
2° *a)* Déterminer la solution particulière f de cette équation, qui vérifie $f(0) = 2$ et $f'(0) = -\frac{2\sqrt{3}}{3}$.
b) Déterminer des nombres réels a et b tels que, pour tout nombre réel x, $f(x) = a \cos\left(\frac{x}{3} + b\right)$.
3° Calculer la valeur moyenne de f sur l'intervalle $\left[-\frac{5\pi}{2}, \frac{\pi}{2}\right]$.

(STI Génie électronique et électrotechnique, groupe 3, 1994)

Q.C.M.

Ces Q.C.M. dont les réponses figurent à la fin de ce chapitre permettent une auto-évaluation.

Dans ces questionnaires à choix multiples (Q.C.M.), il suffit d'indiquer sur sa copie, pour chaque question posée, quelle est la bonne réponse (ou les bonnes réponses), parmi les propositions de l'énoncé ; aucune justification n'est demandée.

6 ■■ Dans ce qui suit k, A, B sont des constantes réelles quelconques.

	1 Toutes les solutions de $y' - y = 0$ sont définies sur $\mathbb{R}$ par $f(x) =$	2 Toutes les solutions de $\frac{1}{2}y' = y$ sont définies sur $\mathbb{R}$ par $f(x) =$
A	ke^{-x}	$ke^{-\frac{1}{2}x}$
B	ke^{x}	ke^{-2x}
C	e^{x}	ke^{2x}

	3 Toutes les solutions de $y'' + 4y = 0$ sont définies sur $\mathbb{R}$ par $f(x) =$	4 Toutes les solutions de $16y'' + y = 0$ sont définies sur $\mathbb{R}$ par $f(x) =$
A	$A\cos 4x + B\sin 4x$	$A\cos 16x + B\sin 16x$
B	$A\cos 2x + B\sin 2x$	$A\cos 4x + B\sin 4x$
C	$A\cos 2x - B\sin 2x$	$A\cos\frac{x}{4} + B\sin\frac{x}{4}$

SANS CORRIGÉS

Équations différentielles du premier ordre

• Équations de la forme $y' = f(x)$

Résoudre l'équation différentielle suivante dans laquelle y' est la fonction dérivée d'une fonction y de la variable réelle x, définie et dérivable sur $\mathbb{R}$ (exercices 7 à 9).

7 ■ $y' = x - 2$.

8 ■ $y' = x^2 + x + 1$.

9 ■ $y' = \sin 3x$.

Déterminer la solution f, telle que $f(1) = 0$, de l'équation différentielle suivante dans laquelle y' est la fonction dérivée d'une fonction y de la variable réelle x, définie et dérivable sur $\mathbb{R}$ (exercices 10 à 12).

10 ■ $y' = x + 3$.

11 ■ $y' = x^2 - 1$.

12 ■ $y' = e^x$.

• Équations de la forme $y' = ay$

Résoudre l'équation différentielle suivante dans laquelle y est une fonction de la variable réelle x, définie et dérivable sur $\mathbb{R}$, et y' la dérivée de y (exercices 13 à 15).

13 ■ $y' - 2y = 0$.

14 ■ $y' = -\frac{y}{4}$.

15 ■ $y' + y = 0$.

Résoudre l'équation différentielle suivante dans laquelle x est une fonction de la variable réelle t, définie et dérivable sur $\mathbb{R}$, et x' la dérivée de x (exercices 16 et 17).

16 ■ $x' - 4x = 0$.

17 ■ $\frac{1}{2}x' = x$.

18 ■ 1° Résoudre dans $\mathbb{R}$ l'équation différentielle (E) : $y' - \frac{1}{3}y = 0$ dans laquelle y est une fonction de la variable réelle x, définie et dérivable sur $\mathbb{R}$, et y' la dérivée de y.

2° Déterminer la fonction f solution de (E) telle que $f'(0) = \frac{1}{3}$.

Exercices de baccalauréat (exercices 19 à 24).

19 ■■ 1° Résoudre l'équation différentielle (E) suivante :

$$y' = -5y$$

dans laquelle y est une fonction de la variable réelle x, définie et dérivable sur $\mathbb{R}$, et y' la dérivée de y.

2° Déterminer la fonction f, définie sur $\mathbb{R}$, vérifiant l'équation différentielle (E) et telle que $f(1) = e^{-10}$.

3° Déterminer la fonction g, définie sur $\mathbb{R}$, vérifiant l'équation différentielle (E) telle que $g'(1) = 1$.

(STI Génie mécanique B, C, D, E, Génie des matériaux, 1996)

20 ■■■ On considère les équations différentielles

$$(E_1) : y' - 2y = 0 \quad \text{et} \quad (E_2) : y' = y$$

dans lesquelles y est une fonction de la variable réelle x, définie et dérivable sur $\mathbb{R}$, et y' la dérivée de y.

1° Résoudre les équations différentielles (E_1) et (E_2).

2° *a*) Déterminer la solution particulière f_1 de (E_1) telle que $f_1'(0) = 4$.

b) Déterminer la solution particulière f_2 de (E_2) telle que $f_2(0) = 1$.

3° Soit f la fonction définie sur $\mathbb{R}$ par

$$f(x) = f_1(x) - f_2(x).$$

Résoudre dans $\mathbb{R}$ l'équation : $f(x) = 0$.

(STI Génie mécanique A et F, Génie civil, Génie énergétique)

21 ■■■ 1° Résoudre l'équation différentielle $y' + 2y = 0$ dans laquelle l'inconnue y est une fonction de la variable réelle x, définie et dérivable sur $\mathbb{R}$, et y' la dérivée de y.

2° Déterminer la solution f dont la courbe représentative dans le plan muni d'un repère orthonormal $(O ; \vec{\imath}, \vec{\jmath})$ passe par le point $M\left(0, \frac{1}{2}\right)$.

3° Calculer le nombre réel a tel que

$$\int_0^a f(x)\,dx = -2.$$

(STI Génie mécanique A et F, Génie civil, Génie énergétique)

22 ■■■ ***Cinétique chimique***

Au cours d'une réaction chimique la teneur $x(t)$ en benzène d'un mélange gazeux varie en fonction du temps t.
On admet que la fonction $t \mapsto x(t)$ est solution de l'équation différentielle

$$-\frac{dx(t)}{dt} = 100kx(t)$$

où k est une constante liée à la vitesse de réaction.

1° Résoudre dans $[0, +\infty[$ l'équation différentielle.

2° Trouver la solution particulière x telle que $x(0) = 5$.

(STL Chimie)

23 ■■■ ***Désintégration d'un corps radioactif***

Un corps radioactif se désintègre en transformant une partie de ses noyaux.
t est le temps exprimé en jours, $N(t)$ le nombre de noyaux radioactifs à l'instant t.
On établit en physique que la fonction définie sur $[0, +\infty[$ par $t \mapsto N(t)$ est solution de l'équation différentielle

$$\frac{dN}{dt} = -\lambda N$$

où λ est un nombre réel strictement positif appelé constante radioactive du corps.

1° Résoudre dans $[0, +\infty[$ l'équation différentielle.

2° Déterminer la solution particulière N telle que $N(0) = N_0$.

3° On appelle « période » ou « demi-vie » de ce corps radioactif le temps T au bout duquel le nombre d'atomes de ce corps a diminué de moitié.
Calculer T en fonction de λ.

4° Calculer la constante radioactive de l'iode 131 sachant que sa période est de 8,06 jours.

(STL Physique)

24 ■■■ ***Problème d'électricité***

Un circuit comprend un générateur de force électromotrice 10 volts, une bobine de résistance 10 ohms et d'inductance 1 henry ainsi qu'un interrupteur.

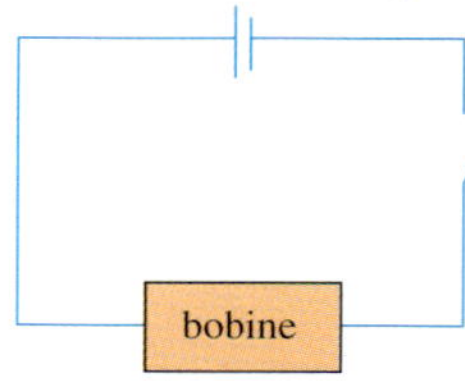

Fig. 3

À l'instant initial ($t = 0$), on ferme l'interrupteur. Le courant s'établit dans le circuit. On note $i(t)$ l'intensité (en ampères) du courant à l'instant t (en secondes). La fonction numérique i est définie sur $[0, +\infty[$ et vérifie $i(0) = 0$.

On admet que la fonction h, définie sur $[0, +\infty[$ par : $h(t) = i(t) - 1$, est la solution de l'équation différentielle (E) : $y' + 10y = 0$ vérifiant $h(0) = -1$.

1° *a*) Résoudre l'équation différentielle (E) : $y' + 10y = 0$, dans laquelle l'inconnue y est une fonction de la variable réelle t, définie et dérivable sur $[0, +\infty[$, et y' la dérivée de y.

b) Exprimer $h(t)$ puis $i(t)$ en fonction de t.

2° Déterminer la limite de $i(t)$, quand t tend vers $+\infty$.
En déduire que la courbe représentative de i admet une asymptote horizontale.

3° Étudier, sur $[0, +\infty[$, les variations de i et dresser le tableau de variation de i.

4° Tracer la courbe représentative de i dans le plan rapporté à un repère orthonormal (unité graphique : 10 cm).

5° Calculer le temps nécessaire pour que l'intensité atteigne 0,5 ampère.

(STI Génie électronique, Génie électrotechnique, septembre 1995)

Exemple de problème de baccalauréat

25 ■■■ *Résolution d'équations différentielles, étude des variations, tracé de la courbe représentative, calcul d'aire.*

Partie A : Résolution de deux équations différentielles

1° *a*) Résoudre l'équation différentielle : $y' + y = 0$ dans laquelle l'inconnue y est une fonction de la variable réelle x, définie et dérivable sur $\mathbb{R}$, et y' la dérivée de y.

b) Déterminer la solution particulière définie sur $\mathbb{R}$ notée g telle que : $g(0) = 4$.

2° *a*) Résoudre l'équation différentielle :

$$y' + 2y = 0$$

dans laquelle l'inconnue y est une fonction de la variable réelle x, définie et dérivable sur $\mathbb{R}$, et y' la dérivée de y.

b) Déterminer la solution particulière définie sur $\mathbb{R}$ notée h telle que : $h'(0) = 2$.

Partie B : Étude d'une fonction

1° On définit sur $\mathbb{R}$ la fonction f par

$$f(x) = g(x) + h(x).$$

Vérifier, pour tout x de $\mathbb{R}$, $f(x) = \dfrac{4e^x - 1}{e^{2x}}$.

Selon le cas, on pourra choisir l'écriture de $f(x)$ la plus appropriée.

2° Calculer les limites de la fonction f lorsque x tend vers $+\infty$ puis vers $-\infty$.

3° Étudier les variations de la fonction f sur $\mathbb{R}$.

Partie C : Étude de la position relative d'une courbe et de sa tangente

On désigne par C la représentation grahique de la fonction f dans un plan rapporté au repère orthonormal $(O ; \vec{i}, \vec{j})$, l'unité graphique étant de 1 cm.

1° Donner une équation de la tangente D à la courbe C au point d'abscisse $x = 0$.

2° La fonction u est définie sur $\mathbb{R}$ par :

$$u(x) = 2x - 3 + 4e^{-x} - e^{-2x}.$$

Démontrer que u est strictement croissante sur $\mathbb{R}$. On pourra, par exemple, montrer que la dérivée u' peut s'exprimer par $u'(x) = 2(e^{-x} - a)^2$ où on précisera a.

3° Calculer $u(0)$ et en déduire, à l'aide de ce qui précède, le signe de la fonction u sur $\mathbb{R}$ puis la position relative de la courbe C et de sa tangente D.

4° Construire la droite D et la courbe C.

Partie D : Calcul d'aire

1° Résoudre l'équation $f(x) = 0$.

2° Calculer la primitive de la fonction f qui s'annule pour $x = -\ln 4$.

3° Calculer en fonction du nombre α, l'aire $A(\alpha)$ de l'ensemble des points M de coordonnées (x, y) du plan tels que : $-\ln 4 \leqslant x \leqslant \alpha$ et $0 \leqslant y \leqslant f(x)$.

4° Calculer la limite de la fonction $A(\alpha)$ lorsque α tend vers $+\infty$.

5° Calculer le nombre réel α tel que $A(\alpha) = 2$.

(STI Génie électronique, Génie électrotechnique, Polynésie, 1995)

• Exemples d'équations différentielles avec second membre

26 ■■■■ 1° Résoudre l'équation différentielle

$$(E) \quad y' + 2y = 0$$

dans laquelle l'inconnue y est une fonction de la variable réelle x, définie et dérivable sur $\mathbb{R}$, et y' la dérivée de y.

2° Soit l'équation différentielle $y' + 2y = x \quad (E_1)$.

a) Déterminer deux nombres réels a et b tels que la fonction g définie sur $\mathbb{R}$ par $g(x) = ax + b$ soit solution de (E_1).

b) Soit f une solution quelconque de l'équation (E) ; montrer que les fonctions h définies sur $\mathbb{R}$ par $h(x) = f(x) + g(x)$ sont solutions de l'équation (E_1).

Applications aux sciences physiques (exercices 27 à 29).

27 ■■■■ ***Résolution de l'équation*** $\mathbf{L \dfrac{di}{dt} + Ri = E \quad (1)}$

1° Résoudre l'équation différentielle

$$L \frac{df}{dt} + Rf = 0 \quad (2)$$

où l'inconnue est la fonction f de la variable t, définie sur $[0, +\infty[$.

2° Déterminer une fonction constante g solution de l'équation (1).

3° Démontrer que toute fonction $f + g$, où f est une solution de (2), est aussi solution de (1).

4° On admet que les seules solutions de (1) sont les fonctions $f + g$ définies au 3°. Quelle est la solution i de (1) qui vérifie : $i(0) = 0$?

Réponse : $i(t) = \dfrac{E}{R}\left(1 - e^{-\frac{R}{L}t}\right)$.

28 ■■■■ ***Charge d'un condensateur à travers un résistor***

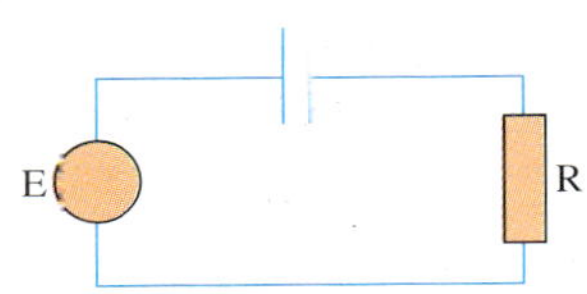

Fig. 4

Un circuit électrique comporte en série un résistor de résistance R (en ohms), un condensateur de capacité C (en farads) et un générateur de force électromotrice E (en volts). La charge $q(t)$ (en coulombs) à l'instant t est solution de l'équation différentielle.

$$R \frac{dq}{dt} + \frac{q}{C} = E. \quad (1)$$

1° Résoudre l'équation différentielle

$$R \frac{dq}{dt} + \frac{q}{C} = 0 \quad (2)$$

où l'inconnue est la fonction q définie sur $[0, +\infty[$ par $t \mapsto q(t)$.

2° Déterminer une fonction constante g solution de l'équation différentielle (1).

3° Démontrer que toute fonction $f + g$, où f est une solution de (2), est aussi une solution de (1).

4° On admet que les seules solutions de (1) sont les fonctions $f + g$ ainsi définies.
Trouver la solution q de (1) qui vérifie $q(0) = 0$.

29 ▪▪▪ Une citerne calorifugée est chauffée par une résistance. La température $\theta(t)$ de la citerne vérifie l'équation différentielle (1) $\theta' = a - b\theta$ avec $a = 2{,}088 \times 10^{-2}$ et $b = 2{,}32 \times 10^{-4}$ lorsque t est exprimé en secondes et $\theta(t)$ en °C.

1° *a*) Montrer que $y = \theta - 90$ est solution de l'équation différentielle (2) $y' = -by$.

b) Donner la solution générale de l'équation (2).

c) En déduire l'expression de $\theta(t)$ sachant que $\theta(0) = 20$.

d) Au bout de combien de temps la température atteint-elle 80 °C ?

Équations différentielles du second ordre

• Équations de la forme $y'' = f(x)$

Résoudre l'équation différentielle suivante dans laquelle l'inconnue y est une fonction de la variable réelle x, définie et deux fois dérivable sur $\mathbb{R}$, et y'' la dérivée seconde de y (exercices 30 à 33).

30 ▪ $y'' = 2x + 1$.

31 ▪ $y'' = \cos 2x$.

32 ▪ $y'' = \sin 3x$.

33 ▪ $y'' = e^x$.

34 ▪▪▪ *Déformation d'une poutre*

Une poutre horizontale de longueur 2 mètres « travaille en console » (elle est fixée à l'extrémité O, l'autre, A, étant libre). On suppose qu'elle supporte une charge de ω newtons par mètre de longueur. On se propose de déterminer une équation $y = f(x)$ de la déformée OA de la poutre dans un repère orthonormal $(O ; \vec{i}, \vec{j})$, où l'unité de longueur est le mètre.

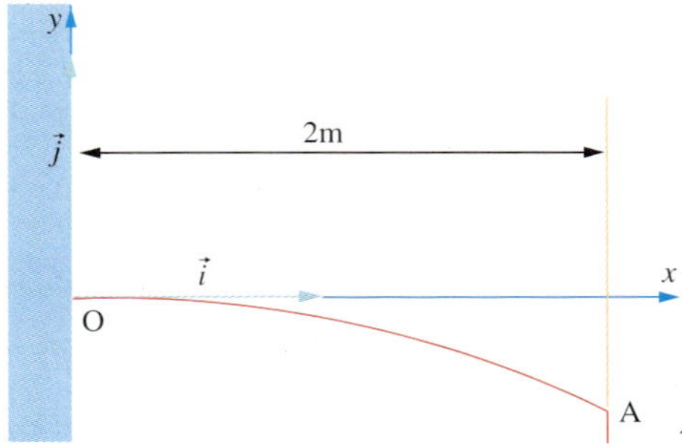

Fig. 5

En résistance des matériaux on admet que f est deux fois dérivable sur $[0, 2]$ et que f'' vérifie

$$K f''(x) = -\frac{1}{2}\,\omega(2 - x)^2 \quad \text{où K est une constante.}$$

Déterminer l'équation de la déformée en tenant compte des conditions : la déformée passe par O et a pour tangente en ce point l'axe des abscisses.

• Équations de la forme $y'' + \omega^2 y = 0$

Résoudre l'équation différentielle suivante dans laquelle l'inconnue y est une fonction de la variable réelle x, définie et deux fois dérivable sur $\mathbb{R}$, et y'' la dérivée seconde de y (exercices 35 à 38).

35 ▪ $y'' + 16y = 0$.

36 ▪ $9y'' + y = 0$.

37 ▪ $4y'' + 25y = 0$.

38 ▪ $4y'' + 169y = 0$.

Exercices de baccalauréats (exercices 39 à 55).

39 ▪▪ On considère l'équation différentielle

$$(E) : y'' + 4y = 0$$

dans laquelle l'inconnue y est une fonction de la variable réelle x, définie et deux fois dérivable sur $\mathbb{R}$, et y'' la dérivée seconde de y.

1° Résoudre dans $\mathbb{R}$ l'équation (E).

2° Déterminer la solution particulière f de (E) telle que $f\left(\frac{\pi}{6}\right) = 0$ et $f'(0) = 2\sqrt{3}$.

(STI Génie mécanique B, C, D, E, Génie des matériaux)

40 ▪▪ Même énoncé que le 40 avec (E) : $4y'' + 9y = 0$ et les conditions $f\left(\frac{\pi}{6}\right) = 0$ et $f'\left(\frac{\pi}{6}\right) = \sqrt{2}$.

(STI Génie mécanique B, C, D, E, Génie des matériaux)

41 ▪▪▪ On considère l'équation différentielle (E) : $y'' + 25y = 0$ où y désigne une fonction, deux fois dérivable, d'une variable réelle x.

1° Donner la solution générale de (E).

2° On veut déterminer la solution particulière de (E), notée f, dont la courbe représentative C est tangente à la droite d'équation $y = 5$ au point d'abscisse $\frac{\pi}{2}$.

a) Donner les valeurs de $f\left(\frac{\pi}{2}\right)$ et $f'\left(\frac{\pi}{2}\right)$ telles que ces conditions soient remplies.

b) En déduire l'expression de $f(x)$.

(STI Génie mécanique B, C, D, E, Génie des matériaux, 1995)

42 ■■■ 1° Résoudre dans $\mathbb{R}$ l'équation différentielle $y'' + \frac{1}{4} \cdot y = 0$ dans laquelle l'inconnue y est une fonction de la variable réelle x, définie et deux fois dérivable sur $\mathbb{R}$, et y'' la dérivée seconde de y.

2° *a*) Déterminer la solution particulière f de cette équation différentielle vérifiant,

$$f\left(\frac{\pi}{2}\right) = \sqrt{2} \quad \text{et} \quad f'(\pi) = -\frac{1}{2}.$$

b) Vérifier que, pour tout x de $\mathbb{R}$,

$$f(x) = \sqrt{2} \cdot \cos\left(\frac{1}{2}x - \frac{\pi}{4}\right).$$

(STI Génie mécanique B, C, D, E, Génie des matériaux, 1996)

43 ■■■ Soit f la fonction définie sur l'ensemble $\mathbb{R}$ des nombres réels par : $f(x) = 4\cos\left(\frac{x}{3} - \frac{\pi}{6}\right)$.

1° *a*) Montrer que, pour tout x de $\mathbb{R}$,

$$f(x) = 2\sqrt{3}\cos\frac{x}{3} + 2\sin\frac{x}{3}.$$

b) Résoudre l'équation différentielle $9y'' + y = 0$, où y désigne une fonction définie et deux fois dérivable sur $\mathbb{R}$.

c) Montrer que f est une solution de cette équation différentielle.

2° Résoudre dans $\mathbb{R}$ l'équation $f(x) = 4$.

(STI Génie mécanique A et F, Génie civil, Génie énergétique, Polynésie, 1996)

Exemples de situations issues de la mécanique (exercices 44 et 45).

44 ■■■ Le schéma de la figure 6 représente une masse fixée à l'extrémité d'un ressort vertical. La position de la masse à l'instant t est repérée sur l'axe vertical par son abscisse $f(t)$.

On admet que la fonction f est une solution de l'équation différentielle :

$$y'' + 4y = 0.$$

1° Déterminer la fonction f sachant que :

$$f(0) = \frac{1}{2} \quad \text{et} \quad f\left(\frac{\pi}{6}\right) = \frac{1}{2}.$$

2° Résoudre dans $\mathbb{R}$ l'équation $f(t) = 0$.

Fig. 6

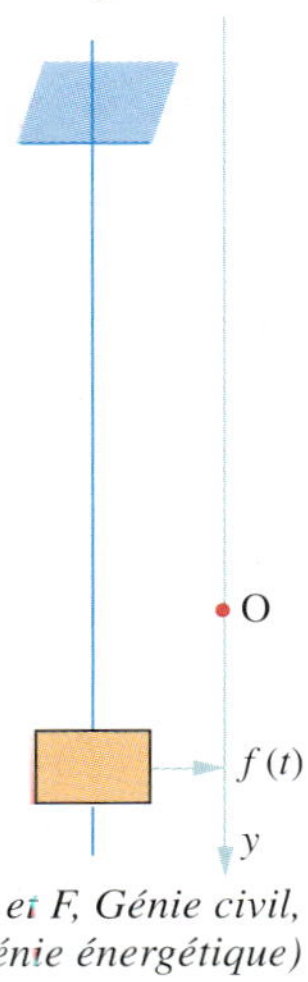

(STI Génie mécanique A et F, Génie civil, Génie énergétique)

45 ■■■ Une barre métallique dont les extrémités sont fixées en O et P a une longueur initiale L (exprimée en cm) ; à la suite d'une augmentation de température, la barre s'est déformée en se dilatant. La barre déformée est schématisée ci-dessous par l'arc OP dans le plan rapporté à un repère orthogonal $(O ; \vec{i}, \vec{j})$.

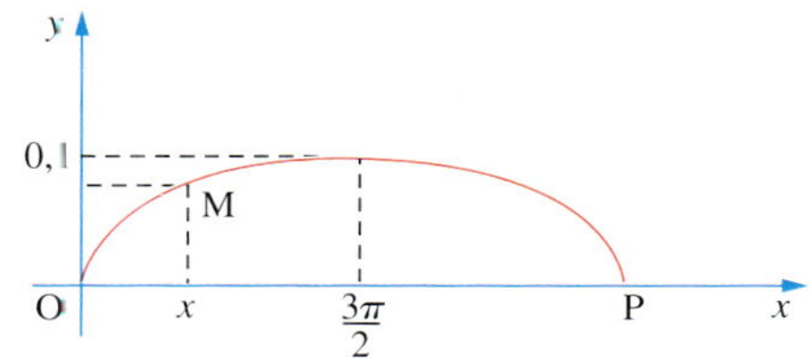

Fig. 7

Le nombre réel x étant compris entre 0 et L, M désigne le point de l'arc OP d'abscisse x.
L'ordonnée de M est l'image de x par une fonction f qui est solution de l'équation différentielle :

$$y'' + \frac{1}{9}y = 0. \quad \text{(E)}$$

1° Écrire la solution générale de l'équation différentielle (E).

2° Déterminer la solution particulière f de (E) qui vérifie $f(0) = 0$ et $f\left(\frac{3\pi}{2}\right) = 0{,}1$.

3° Résoudre dans $[0, 3\pi]$ l'équation d'inconnue x :

$$0{,}1\sin\left(\frac{x}{3}\right) = 0{,}05.$$

(STI Génie mécanique, B, C, D, E, métropole, juin 1996)

46 ■■■ 1° Résoudre l'équation différentielle

$$y'' + 16y = 0$$

dans laquelle l'inconnue y est une fonction de la variable réelle x, définie et deux fois dérivable sur $\mathbb{R}$, et y'' la dérivée seconde de y.

2° Déterminer la solution f de cette équation vérifiant : $f(0) = \frac{\sqrt{3}}{2}$ et $f'(0) = 2$.

3° Déterminer α appartenant à $]-\pi, \pi]$ tel que, pour tout nombre réel x, $f(x)$ puisse s'écrire sous la forme $f(x) = \sin(4x + \alpha)$.

4° Résoudre, dans $[0, \pi[$, l'équation $f(x) = \frac{\sqrt{2}}{2}$.

(STI Génie mécanique A et F, Génie civil, Génie énergétique, 1994)

47 ■■■ ***Avec une courbe représentative***

On considère l'équation différentielle (E) : $y'' + 4y = 0$ dans laquelle l'inconnue y est une fonction de la variable réelle x, définie et deux fois dérivable sur $\mathbb{R}$, et y'' la dérivée seconde de y.

1° a) Résoudre l'équation différentielle (E).

b) Déterminer la solution f de l'équation différentielle (E) telle que $f(0) = 1$ et $f'\left(\frac{\pi}{3}\right) = 0$.

c) Écrire $f(x)$ sous la forme
$$f(x) = a \cos(2x + \varphi), \quad \text{où} \quad a > 0.$$

2° On note C la courbe représentative de la fonction f sur l'intervalle $I = \left[-\frac{\pi}{6}, \frac{5\pi}{6}\right]$, dans un repère orthogonal $(O ; \vec{i}, \vec{j})$ (unités graphique : 4 cm sur l'axe des abscisses, 2 cm sur l'axe des ordonnées).

Calculer l'ordonnée des points de C d'abscisses $k\frac{\pi}{6}$, où k est un entier variant entre -1 et 5.
Tracer la courbe C.

(STI Génie électronique, Génie électrotechnique, Nouvelle-Calédonie, 1996)

Avec un calcul de volume (exercices 48 et 49).

48 ▪▪▪ Le but de l'exercice est de calculer le volume engendré par la rotation, autour de l'axe des abscisses, de la partie D du plan coloriée.
Le plan est muni d'un repère orthonormal $(O ; \vec{i}, \vec{j})$, unité graphique 4 cm.

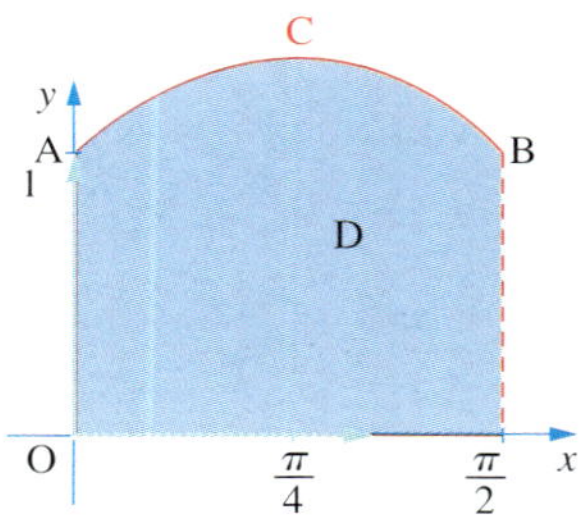

Fig. 8

C est la courbe représentative d'une fonction f définie sur $\left[0, \frac{\pi}{2}\right]$.
f est la solution particulière de l'équation différentielle $y'' + y = 0$ vérifiant $f(0) = 1$, $f'\left(\frac{\pi}{4}\right) = 0$.

1° Après avoir indiqué la solution générale de l'équation différentielle, déterminer f.

2° Calculer le volume V du solide de révolution engendré par la rotation de (D) autour de l'axe des abscisses.

On rappelle que $\quad V = \pi \int_0^{\frac{\pi}{2}} [f(x)]^2 \, dx.$

On donnera la valeur exacte de V en cm^3 puis une valeur approchée à 10^{-3} près par défaut.

49 ▪▪▪ On considère l'équation différentielle :
$$y'' + 4y = 0$$
où l'inconnue y est une fonction de la variable réelle x, définie et deux fois dérivable sur $\mathbb{R}$, et y'' la dérivée seconde de y.

1° Résoudre cette équation différentielle.

2° Déterminer la solution particulière f qui vérifie les conditions suivantes :
$$f(0) = 1 \quad \text{et} \quad f'(0) = -2\sqrt{3}.$$

3° Déterminer les nombres réels k et φ tels que, $k > 0$ et pour tout réel x,
$$f(x) = k \cos(2x + \varphi).$$

4° Résoudre dans $\mathbb{R}$ l'équation $\quad f(x) = 0.$
Préciser les solutions de cette équation dans $[0, \pi]$.

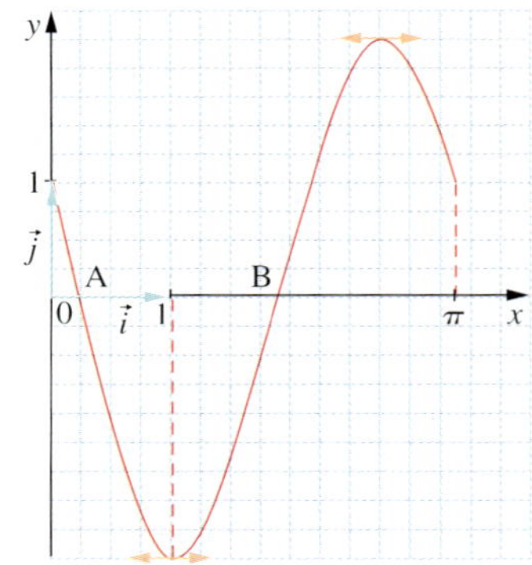

Fig. 9

5° La figure donne la courbe représentative C de f sur l'intervalle $[0, \pi]$ dans un repère orthonormal d'unité graphique 2 cm.
On considère le volume engendré par la rotation autour de l'axe des abscisses de la partie du plan limitée par le segment [AB] et l'arc de la courbe C d'extrémités A et B.

Ce volume est $V = \pi \int_{\frac{\pi}{12}}^{\frac{7\pi}{12}} f^2(x) \, dx$, en unités de volume.
Donner la valeur exacte de V en cm^3.

(STL Physique, septembre 1996)

Calculs de valeurs moyennes et de valeurs efficaces (exercices 50 à 54).

50 ▪▪▪ La tension u aux bornes d'un circuit électrique vérifie l'équation différentielle :
$$\text{(E)} \quad u'' + 6\,400\pi^2 u = 0,$$
dans laquelle u'' désigne la dérivée seconde de la tension par rapport au temps t.

1° Résoudre l'équation différentielle (E).

2° Déterminer la solution particulière f de l'équation différentielle (E) telle que :
$$f\left(\frac{1}{60}\right) = -10 \quad \text{et} \quad f'\left(\frac{1}{160}\right) = 800\pi.$$

3° Démontrer que pour tout nombre réel positif t :
$$f(t) = 20 \cos\left(80\pi t - \frac{2\pi}{3}\right).$$

4° Calculer la valeur moyenne de la fonction f sur l'intervalle $\left[0, \frac{1}{80}\right]$.

(STI Génie électronique, Génie électrotechnique, Antilles-Guyane, septembre 1996)

51 ■■■ Soit l'équation différentielle : $y'' + 4y = 0$ où l'inconnue y est une fonction de la variable réelle x définie et deux fois dérivable sur $\mathbb{R}$ et y'' la dérivée seconde de y.

1° Trouver la solution générale de cette équation, puis la solution particulière g telle que

$$g\left(\frac{\pi}{6}\right) = \frac{1}{2} \quad \text{et} \quad g'(0) = 0.$$

2° *a)* Étudier les variations de la fonction f définie sur l'intervalle $I = \left[-\frac{\pi}{4}, \frac{\pi}{4}\right]$ par $f(x) = \cos 2x$.

b) Le plan est muni d'un repère orthonormal $(O ; \vec{i}, \vec{j})$ (unité graphique : 10 cm).
Représenter graphiquement f dans ce repère. Soit C la courbe obtenue.

3° Calculer la valeur moyenne de f sur $\left[0, \frac{\pi}{4}\right]$.

(STL Chimie, septembre 1996)

52 ■■■ L'étude d'un circuit électronique en régime libre conduit à l'équation différentielle suivante : $16y'' + 9y = 0$ où y désigne une fonction inconnue de la variable réelle t, définie et deux fois dérivable sur $[0, +\infty[$.

1° Résoudre cette équation différentielle.

2° *a)* Déterminer la solution f de cette équation telle que $f(0) = 1$ et $f'(0) = -\frac{3}{4}$.

b) Vérifier que pour tout nombre réel t :

$$f(t) = \sqrt{2}\cos\left(\frac{3}{4}t + \frac{\pi}{4}\right).$$

3° *a)* Linéariser $\cos^2\left(\frac{3}{4}t + \frac{\pi}{4}\right)$.

b) On appelle valeur efficace de f la racine carrée de la valeur moyenne de f^2 sur l'intervalle $\left[0, \frac{8\pi}{3}\right]$.
Calculer la valeur exacte du nombre

$$E = \int_0^{\frac{8\pi}{3}} [f(t)]^2 \, dt.$$

En déduire la valeur efficace de f.

(STI Génie électronique, Génie électrotechnique, Antilles-Guyane, septembre 1985)

53 ■■■ À travers l'Europe (Autriche exceptée), les courants basse tension distribués aux consommateurs sont de type sinusoïdal avec une fréquence f de 50 Hz.
On rappelle que la période T est l'inverse de la fréquence f et que la pulsation ω est le produit $2\pi f$.
La tension u en fonction du temps t est donnée par l'expression $u(t) = u_0 \sin(\omega t + \varphi)$ où u_0 et φ sont des constantes réelles.

1° Vérifier que la fonction u est solution de l'équation différentielle :

$$(E) \quad y'' + 10^4\pi^2 y = 0.$$

2° Résoudre l'équation (E).

3° *a)* Déterminer la solution particulière u de l'équation (E) vérifiant

$$u(0) = -220 \quad \text{et} \quad u(5 \times 10^{-3}) = 220.$$

b) Écrire cette solution sous la forme

$$u(t) = u_0 \sin(\omega t + \varphi)$$

où u_0 est un nombre réel positif et φ un nombre réel de l'intervalle $]-\pi, \pi]$.

4° On rappelle que la valeur efficace d'une fonction f sur un intervalle $[a, b]$ est le réel positif E tel que

$$E^2 = \frac{1}{b-a}\int_a^b [f(t)]^2 \, dt.$$

Calculer la valeur efficace, sur une période, de la fonction f définie par :

$$f(t) = 220\sqrt{2}\sin\left(100\pi t - \frac{\pi}{4}\right).$$

(STL Physique, septembre 1995)

54 ■■■ *Les deux questions de cet exercice peuvent être traitées de manière indépendante.*

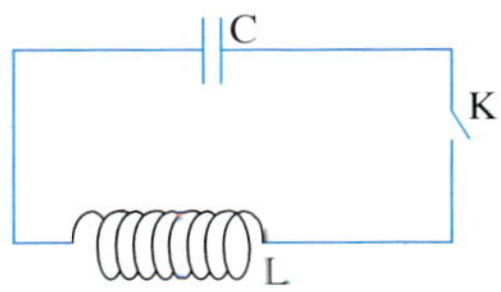

Fig. 10

Le circuit représenté ci-contre comprend un condensateur de capacité C, une bobine d'inductance L, ainsi qu'un interrupteur K.
À l'instant initial $t = 0$, on ferme l'interrupteur K.
Le circuit est parcouru par un courant.
On note $q(t)$ la charge du condensateur à l'instant t, où $q(t)$ est exprimée en coulombs et t en secondes.
On définit ainsi, sur $[0, +\infty[$, une fonction q deux fois dérivable.

1° *Détermination expérimentale de la fonction* q.
On est amené à écrire $q(t)$ sous la forme $q(t) = A\cos(\omega t + \varphi)$ où A, ω et φ sont des réels tels que : $A > 0$, $\varphi \in [-\pi ; \pi[$.
La courbe ci-dessous, obtenue expérimentalement, représente les variations de la fonction q.

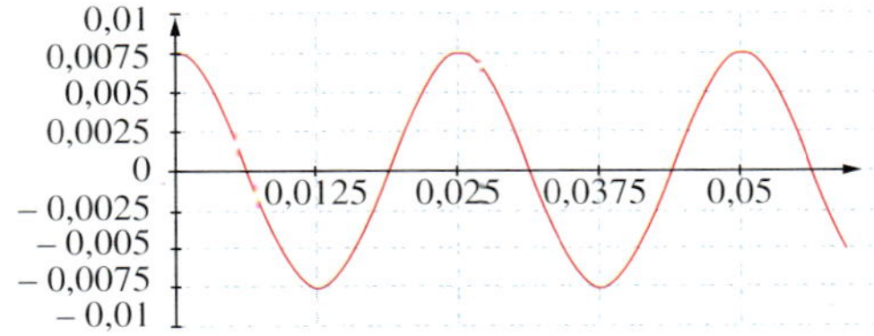

Fig. 11

À l'aide du graphique, déterminer les valeurs obtenues expérimentalement de A, de φ, de la période T de la fonction q, ainsi que de $\omega = \frac{2\pi}{T}$.

2° *Détermination théorique de la fonction* q.
On considère maintenant que $L = 2{,}5 \times 10^{-1}$ H ; $C = 6{,}4 \times 10^{-5}$ F.
À l'instant $t = 0$, la charge du condensateur vaut $7{,}5 \times 10^{-3}$ coulombs et l'intensité du courant est nulle, on a donc :

$$q(0) = 7{,}5 \times 10^{-3} \quad \text{et} \quad q'(0) = 0.$$

a) On admet que la charge variable q du condensateur est solution de l'équation différentielle :

$$q''(t) + \frac{1}{LC}\, q(t) = 0.$$

Déterminer la solution q de cette équation différentielle vérifiant les conditions initiales indiquées ci-dessus.

b) L'énergie E dissipée aux bornes du condensateur est une fonction du temps :

$$E(t) = \frac{1}{2C}\, [q(t)]^2, \text{ où } E(t) \text{ est exprimée en joules.}$$

Calculer la valeur moyenne E_m de cette énergie, en joules, entre les instants $t = 0$ et $t = 0{,}02$.
(On donnera l'approximation décimale de E_m à 10^{-2} près par excès.)

(STI Génie électronique, Génie électrotechnique, Métropole, juin 1996)

• Exemple d'équation avec second membre

55 ▪▪▪ On considère les équations différentielles (E_0) et (E_1), où y est une fonction de la variable réelle t, définie et deux fois dérivable sur $\mathbb{R}$:

$$y'' + 4y = 0 \qquad (E_0),$$
$$y'' + 4y = 3 \cos t \qquad (E_1).$$

1° Quelles sont les fonctions f solutions de (E_0) ?

2° Vérifier que la fonction $t \mapsto \cos t$ est solution de (E_1).

3° f étant une solution de (E_0), vérifier que toute fonction g définie sur $\mathbb{R}$ par $g(t) = f(t) + \cos t$ est solution de (E_1).

4° Parmi les fonctions g définies au 3° déterminer celle qui vérifie de plus : $g\left(\frac{\pi}{2}\right) = 0$ et $g'\left(\frac{\pi}{2}\right) = 1$.

(STI Génie mécanique, A et F, Génie civil, Génie énergétique, Métropole, juin 1996)

RÉPONSES DES TRAVAUX PRATIQUES

T.P. 1 2° *a*) $g(t) = 100 - 80e^{-2 \cdot 10^{-4}t}$;
c) 2 heures 19 minutes 30 secondes.

T.P. 2 2° *a*) $f(t) = 0{,}05 \cos 10t$.

T.P. 3 2° *a*) $f(t) = \cos 500t + \sqrt{3} \sin 500t$;
c) $t_0 = \frac{\pi}{750}$.

CORRIGÉS DES EXERCICES ET PROBLÈMES

1 L'équation différentielle est de la forme $y' = ay$.
Toutes les solutions sont donc définies sur $\mathbb{R}$ par

$$f(x) = ke^{3x},$$

où k est une constante réelle.
$f(0) = 1$ équivaut à $ke^0 = 1$, donc $k = 1$.
f est donc définie sur $\mathbb{R}$ par

$$f(x) = e^{3x}.$$

2 1° L'équation équivaut à $y' = -\frac{1}{2}\, y$.
Toutes les solutions sont donc définies sur $\mathbb{R}$ par $f(x) = ke^{-0{,}5x}$ où k est une constante réelle.
2° $f(\ln 4) = 1$ équivaut à $ke^{-0{,}5 \ln 4} = 1$.

$$ke^{-0{,}5 \times 2 \ln 2} = 1,$$
$$ke^{-\ln 2} = 1, \qquad ke^{\ln \frac{1}{2}} = 1,$$

donc $\frac{1}{2}\, k = 1, \qquad k = 2.$

La solution cherchée est définie sur $\mathbb{R}$ par

$$f(x) = 2e^{-0{,}5x}.$$

3 1° *a*) L'équation (E) s'écrit $y' + \frac{3}{4}\, y = 0$.
(E) est donc de la forme $y' - ay = 0$ avec $a = -\frac{3}{4}$.
Toutes les solutions de (E) sont donc définies sur $\mathbb{R}$ par $f(x) = ke^{ax}$ c'est-à-dire $f(x) = ke^{-\frac{3}{4}x}$ où k est une constante réelle quelconque.

Ce résultat est dans le formulaire.

b) Pour tout x de $\mathbb{R}$, $f'(x) = -\frac{3}{4}\, ke^{-\frac{3}{4}x}$.

$$(e^u)' = u'e^u.$$

$f'(0) = -6$ se traduit par $-\frac{3}{4}\, k = -6$, $k = 8$.
La solution cherchée est donc définie sur $\mathbb{R}$ par

$$f(x) = 8e^{-\frac{3}{4}x}.$$

2° *a*) Pour tout x de I, $g'(x) = -6e^{-\frac{3}{4}x}$.

Pour tout x de I, $e^{-\frac{3}{4}x} > 0$ donc $g'(x) < 0$.

$g(0) = 8$ et $g(4) = 8e^{-3}$ d'où le tableau de variation :

x	0	4
$g'(x)$	$-$	
$g(x)$	8 ↘	$8e^{-3}$

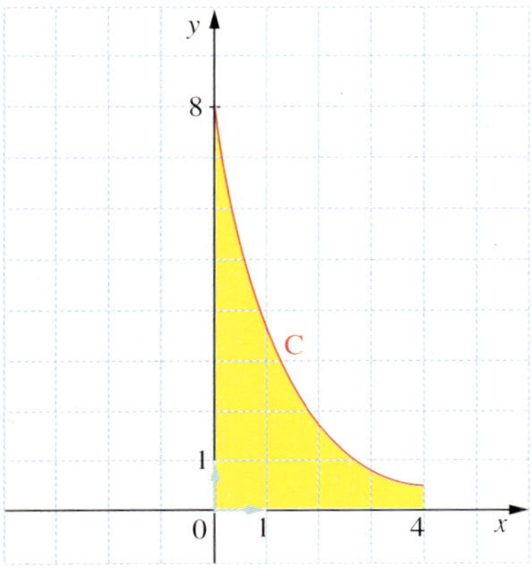

Fig. 12

b) $V = \int_0^4 \pi\left(8e^{-\frac{3}{4}x}\right)^2 \mathrm{d}x$, $\quad V = \int_0^4 64\pi e^{-\frac{3}{2}x} \mathrm{d}x$,

$$V = 64\pi\left[\frac{1}{-\frac{3}{2}} e^{-\frac{3}{2}x}\right]_0^4,$$

$$V = 64\pi\left(-\frac{2}{3}\right)(e^{-6} - 1),$$

$$V = \frac{128\pi}{3}(1 - e^{-6}) \text{ cm}^3.$$

Avec une calculatrice on obtient $V \approx 133{,}709$ cm³.

4 *Partie A*

1° La fonction f définie sur $\mathbb{R}$ par

$$f(x) = (x + a)e^{-x},$$

où a est une constante réelle, a pour dérivée la fonction f' définie sur $\mathbb{R}$ par :

$$f'(x) = 1e^{-x} + (x + a)(-e^{-x}).$$

$(uv)' = u'v + uv'$ et $e^u = u'e^u$.

$$f'(x) = e^{-x} - (x + a)e^{-x}.$$

Donc, pour tout nombre réel x,

$$f'(x) + f(x) = e^{-x} - (x + a)e^{-x} + (x + a)e^{-x},$$
$$f'(x) + f(x) = e^{-x}.$$

f est donc solution de l'équation différentielle (E_1) : $y' + y = e^{-x}$.

2° $f(0) = 1$ si et seulement si $ae^{-0} = 1$, c'est-à-dire $a = 1$.

Partie B

1° Pour tout nombre réel x, $f(x) = (x + 1)e^{-x}$ peut s'écrire :

$$f(x) = \frac{x}{e^x} + \frac{1}{e^x} \quad \text{car} \quad e^{-x} = \frac{1}{e^x}.$$

Or $\lim_{x \to +\infty} e^x = +\infty$ et $\lim_{x \to +\infty} \frac{x}{e^x} = +\infty$.

Voir le formulaire.

Donc, d'après un théorème sur la limite d'un inverse,

$$\lim_{x \to +\infty} \frac{1}{e^x} = 0 \quad \text{et} \quad \lim_{x \to +\infty} \frac{x}{e^x} = 0\,;$$

donc $\lim_{x \to +\infty} f(x) = 0.$

La courbe $\mathscr{C}$ admet l'axe des abscisses pour asymptote.

$$\lim_{x \to -\infty} x + 1 = -\infty \quad \text{et} \quad \lim_{x \to -\infty} e^{-x} = +\infty$$

car $\lim_{x \to -\infty} -x = +\infty$ et $\lim_{X \to +\infty} e^X = +\infty$.

Donc, d'après un théorème sur la limite d'un produit,

$$\lim_{x \to -\infty} f(x) = -\infty.$$

2° Pour tout x de $\mathbb{R}$, $f'(x) = e^{-x} + (x + 1)(-e^{-x})$.

$$f' = -xe^{-x}.$$

$f'(x)$ a le signe de $-x$ car $e^{-x} > 0$ pour tout nombre réel x.

x	$-\infty$	0	$+\infty$
$f'(x)$	$+$	0	$-$
$f(x)$	$-\infty$ ↗	1	↘ 0

3° $f'(1) = -1e^{-1}$, donc $f'(1) = -\frac{1}{e}$.

$f(1) = e^{-1}$, $\quad$ donc $f(1) = \frac{2}{e}$.

Une équation de T est :

$$y = f'(1)(x - 1) + f(1),$$
$$y = -\frac{1}{e}(x - 1) + \frac{2}{e},$$

$y = -\frac{1}{e}x + \frac{3}{e}$ qui peut aussi s'écrire

$$y = -\frac{1}{e}(x - 3).$$

Partie C

1° Par définition de la fonction d, pour tout nombre réel x,

$$d'(x) = f'(x) + \frac{1}{e}, \quad \text{donc} \quad d'(x) = -\, xe^{-x} + \frac{1}{e}.$$

La dérivée de d' est la fonction d'' définie sur $\mathbb{R}$ par :

$$d''(x) = -\, e^{-x} - x(-\, e^{-x}),$$
$$d''(x) = (x-1)e^{-x}.$$

2° $d''(x)$ a le signe de $x - 1$ car $e^{-x} > 0$ pour tout nombre réel x. $x - 1 \geqslant 0$ si et seulement si $x \geqslant 1$.

x	$-\infty$		1		$+\infty$
$d''(x)$		$-$	0	$+$	
$d'(x)$		↘	0	↗	

Les limites de d' en $-\infty$ et en $+\infty$ sont inutiles ici.

3° La fonction d' est strictement décroissante sur $]-\infty, 1]$ et $d'(1) = 0$; donc $d(x) > 0$ pour tout $x < 1$.
De même $d'(x) > 0$ pour tout $x > 1$.

$$d(1) = f(1) + \frac{1}{e}(1-3), \qquad d(1) = \frac{2}{e} - \frac{2}{e}$$

d'après *B* 3°, $\qquad d(1) = 0.$

x	$-\infty$		1		$+\infty$
$d'(x)$		$+$	0	$+$	
$d(x)$		↗	0	↗	

d étant dérivable sur $]-\infty, 1]$ et
d' étant strictement positive sur $]-\infty, 1[$, d est strictement croissante sur $]-\infty, 1]$.
Or $d(1) = 0$. Donc $d(x) < 0$ pour tout $x < 1$.
De même $d(x) > 0$ pour tout $x > 1$.

x	$-\infty$		1		$+\infty$
$d(x)$		$-$	0	$+$	

Soit M et N deux points de même abscisse x, M étant situé sur $\mathscr{C}$ et N sur T.

$y_M - y_N = f(x) = \left[-\frac{1}{e}(x-3)\right]$ car l'équation de T est $y = -\frac{1}{e}(x-3)$.

$$y_M - y_N = f(x) + \left[\frac{1}{e}(x-3)\right],$$

$$y_M - y_N = d(x).$$

T étant la tangente à $\mathscr{C}$ au point d'abscisse 1, on a M = N pour $x = 1$.
Pour tout $x < 1$, $d(x) < 0$, donc $y_M < y_N$: le point M de $\mathscr{C}$ est au-dessous du point N de T.
De même pour tout $x > 1$, M est au-dessus de N.

x	$-\infty$	1	$+\infty$
Position relative de $\mathscr{C}$ et T	M de $\mathscr{C}$ au-dessous de N de T		M de $\mathscr{C}$ au-dessus de N de T

4°

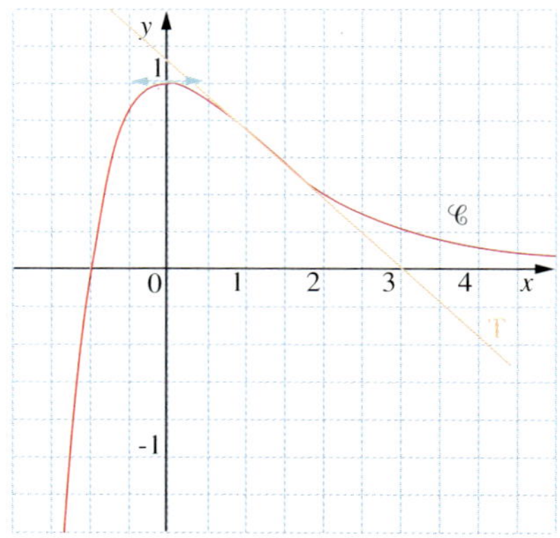

Fig. 13

5 1° L'équation $9y'' + y = 0$ est équivalente à l'équation (E) : $y'' + \frac{1}{9}y = 0$.

L'équation (E) est de la forme $y'' + \omega^2 y = 0$ avec $\omega = \frac{1}{3}$.
Toutes les solutions de (E) sont donc définies sur $\mathbb{R}$ par $f(x) = \mathrm{A}\cos \omega x + \mathrm{B}\sin \omega x$ c'est-à-dire

$$f(x) = \mathrm{A}\cos\frac{1}{3}x + \mathrm{B}\sin\frac{1}{3}x$$

où A et B sont deux constantes réelles quelconques.

2° *a)* • $f(0) = 2$ se traduit par

$$\mathrm{A}\cos 0 + \mathrm{B}\sin 0 = 2.$$

or $\qquad \cos 0 = 1 \quad$ et $\quad \sin 0 = 0$;

d'où $\qquad \mathrm{A} = 2.$

• Pour tout x de $\mathbb{R}$

$$f'(x) = -\frac{1}{3}\mathrm{A}\sin\frac{1}{3}x + \frac{1}{3}\mathrm{B}\cos\frac{1}{3}x.$$

$f'(0) = -\frac{2\sqrt{3}}{3}$ se traduit par

$$-\frac{1}{3}\mathrm{A}\sin 0 + \frac{1}{3}\mathrm{B}\cos 0 = -\frac{2\sqrt{3}}{3},$$

$$\frac{1}{3}\mathrm{B} = -\frac{2\sqrt{3}}{3}, \qquad \mathrm{B} = -2\sqrt{3}.$$

La solution cherchée est définie sur $\mathbb{R}$ par

$$f(x) = 2\cos\frac{1}{3}x - 2\sqrt{3}\sin\frac{1}{3}x.$$

b) Dans le formulaire on lit

$$\cos(a+b) = \cos a\cos b - \sin a\sin b.$$

Donc

$$a\cos\left(\frac{x}{3}+b\right) = a\left(\cos\frac{x}{3}\cos b - \sin\frac{x}{3}\sin b\right)$$

$$a\cos\left(\frac{x}{3}+b\right) = a\cos\frac{x}{3}\cos b - a\sin\frac{x}{3}\sin b$$

Pour tout x de $\mathbb{R}$

$$f(x) = a\cos\left(\frac{x}{3}+b\right)$$

équivaut à

$$2\cos\frac{x}{3} - 2\sqrt{3}\sin\frac{x}{3} = (a\cos b)\cos\frac{x}{3} - (a\sin b)\sin\frac{x}{3}.$$

On cherche a et b tels que

$$a\cos b = 2 \quad \text{et} \quad -a\sin b = -2\sqrt{3},$$

$$a\cos b = 2 \quad \text{et} \quad a\sin b = 2\sqrt{3}.$$

D'où $a^2\cos^2 b = 4$ et $a^2\sin^2 b = 12$,

$$a^2\cos^2 b + a^2\sin^2 b = 16$$

$$a^2(\cos^2 b + \sin^2 b) = 16,$$

$$a^2 = 16.$$

Pour tout a réel $\cos^2 a + \sin^2 a = 1$.

On peut prendre $a = 4$ (ou $a = -4$).

Alors $4\cos b = 2$, $\cos b = \dfrac{1}{2}$,

et $4\sin b = 2\sqrt{3}$, $\sin b = \dfrac{\sqrt{3}}{2}$.

donc $b = \dfrac{\pi}{3}$.

Pour tout nombre réel x, $f(x) = 4\cos\left(\dfrac{x}{3}+\dfrac{\pi}{3}\right)$.

3° La valeur moyenne de f sur $\left[-\dfrac{5\pi}{2}, \dfrac{\pi}{2}\right]$ est

$$V_m = \frac{1}{\frac{\pi}{2}-\left(-\frac{5\pi}{2}\right)}\int_{-\frac{5\pi}{2}}^{\frac{\pi}{2}} f(x)\,dx,$$

$$V_m = \frac{1}{3\pi}\int_{-\frac{5\pi}{2}}^{\frac{\pi}{2}} 4\cos\left(\frac{x}{3}+\frac{\pi}{3}\right)dx,$$

$$V_m = \frac{1}{3\pi}\left[\frac{4}{\frac{1}{3}}\sin\left(\frac{x}{3}+\frac{\pi}{3}\right)\right]_{-\frac{5\pi}{2}}^{\frac{\pi}{2}},$$

Une primitive de $x \mapsto \cos(ax+b)$ est $x \mapsto \dfrac{1}{a}\sin(ax+b)$.

$$V_m = \frac{1}{3\pi}\left[12\sin\left(\frac{x}{3}+\frac{\pi}{3}\right)\right]_{-\frac{5\pi}{2}}^{\frac{\pi}{2}},$$

$$V_m = \frac{4}{\pi}\left[\sin\left(\frac{\pi}{6}+\frac{\pi}{3}\right) - \sin\left(-\frac{5\pi}{6}+\frac{\pi}{3}\right)\right],$$

$$V_m = \frac{4}{\pi}\left[\sin\left(\frac{\pi}{2}\right) - \sin\left(-\frac{\pi}{2}\right)\right],$$

$$V_m = \frac{4}{\pi}(1+1),$$

$$V_m = \frac{8}{\pi}.$$

RÉPONSES DES Q.C.M.

6 1° : C ; 2° : C.

ÉPREUVES DE BACCALAURÉAT

Il s'agit de huit textes pour s'entraîner à l'épreuve de mathématiques des baccalauréats STI et STL.
Un index par thèmes renvoyant **aux travaux pratiques du programme** qui sont le **champ des exercices et problèmes d'examen** permet leur utilisation en cours d'année. Dans la plupart des exercices et problèmes plusieurs thèmes interviennent.

D'autres exercices et problèmes d'examen, de niveau ■■■ figurent en grand nombre dans chaque chapitre. **Pour chaque texte sont indiquées les spécialités concernées.**

Pour certains textes (1, 5, 6, 8) figurent des réponses, après les énoncés. Elles permettent de s'auto-contrôler en révisant.

LISTE DES TRAVAUX PRATIQUES	Numéro de l'épreuve							
ALGÈBRE	**1**	**2**	**3**	**4**	**5**	**6**	**7**	**8**
Résolution des équations du second degré à coefficients réels dans $\mathbb{C}$	×				×	×		×
Exemples d'interprétation géométrique de $z \mapsto e^{i\alpha}$ et $z \mapsto z + z_0$ *						×	×	×
GÉOMÉTRIE								
Exemples d'étude de problèmes portant sur les objets usuels du plan et de l'espace		×			×			
PROBABILITÉS								
Exemples d'emploi de partitions et de représentations pour organiser et dénombrer des données relatives à des situations aléatoires			×	×				
Exemples d'étude de situations de probabilités issues d'expériences aléatoires	×		×	×				
Exemples simples d'étude de situations menant à l'étude d'une variable aléatoire	×		×	×				
ANALYSE								
Programmation des valeurs d'une fonction d'une variable		×	×	×	×	×	×	×
Étude du sens de variation d'une fonction, recherche de son signe, recherche des extremums		×		×	×	×	×	×
Recherche de la limite d'une fonction polynôme ou d'une fonction rationnelle en $+\infty$ ou $-\infty$	×							
Exemples de recherche d'asymptotes ; exemples d'étude du comportement local ou asymptotique d'une fonction	×	×						

* Ne concerne que STI Génie électronique et Génie électrotechique et STL physique.

ANALYSE	1	2	3	4	5	6	7	8
Tracé de la courbe représentative d'une fonction		×			×	×	×	×
Lecture de propriétés d'une fonction à partir de sa représentation graphique	×		×	×	×			
Étude d'équations $f(x) = \lambda$ ou d'inéquations $f(x) \leqslant \lambda$	×	×			×	×	×	×
Exemples d'étude de situations décrites au moyen de fonctions (issues de la géométrie, des sciences physiques...)		×				×	×	
Exemples de recherche de solutions approchées d'une équation numérique		×			×			×
Exemples d'étude de problèmes conduisant à des suites arithmétiques ou géométriques							×	×
Exemples d'étude du comportement asymptotique d'une suite $u_n = f(n)$							×	×
Exemples de calcul d'intégrales à l'aide d'une primitive	×	×	×	×	×	×	×	×
Calcul d'aires planes à l'aide du calcul intégral	×	×	×	×	×	×	×	×
Exemples de calcul de volumes de solides usuels (boules, prismes, cylindres, pyramides, cônes, volumes de révolution, ...)				×				
Exemples d'étude de situations menant au calcul de la valeur moyenne d'une fonction ou de son carré						×	×	
Exemples d'encadrement d'une intégrale au moyen d'un encadrement de la fonction à intégrer						×		
Exemples de calculs de valeurs approchées d'inégrales					×			
Études simples de phénomènes continus satisfaisant à une loi d'évolution et à une condition initiale se ramenant à une équation du type $y' = ay$ ou $y'' + \omega^2 y = 0$		×				×	×	

Épreuve 1
pour STI Génie mécanique B, C, D, E
Génie des matériaux

(durée : 4 heures)

Ce texte convient également pour les autres spécialités de STI, STL physique et STL chimie.

Des réponses figurent après les énoncés

EXERCICE 1 (4 points)

Une boîte contient en vrac 30 vis dont les caractéristiques sont données dans le tableau suivant :

Diamètre en mm	3	4	5	6	8	10
Longueur en mm	40	40	50	40	30	50
Nombre de vis	6	3	5	6	3	7

On prend une vis au hasard. Toutes les vis ont la même probabilité d'être choisies.

A. 1° Quelle est la probabilité d'avoir une vis de diamètre 5 mm ?

2° Quelle est la probabilité d'avoir une vis de diamètre supérieur ou égal à 8 mm ?

3° Quelle est la probabilité d'obtenir une vis de diamètre différent de 3 mm ?

On ne s'intéresse plus, dans les questions suivantes, au diamètre des vis.

B. On appelle X la variable aléatoire qui à chaque vis choisie au hasard associe sa longueur.
Présenter sous forme d'un tableau la loi de probabilité de la variable aléatoire X, c'est-à-dire les différentes valeurs possibles de X et la probabilité d'obtenir chacune d'elles.

C. Calculer l'espérance mathématique de la variable aléatoire X, sa variance et une valeur approchée à 10^{-2} près de l'écart type.

EXERCICE 2 (5 points)

1° Résoudre dans l'ensemble des nombres complexes l'équation :

$$z^2 - 4z + 13 = 0.$$

2° Le plan est rapporté à un repère orthonormal $(\mathrm{O}\,;\vec{i},\vec{j})$ (unité : 1 cm).

a) Placer les points A et A′ d'affixes respectives

$$z_1 = 2 + 3i \quad \text{et} \quad z_2 = 2 - 3i.$$

b) Construire le point C symétrique de A′ par rapport à O et préciser son affixe.

c) Soit B le point d'affixe $z_3 = iz_1 + 3(1 + i)$.
Montrer que B appartient au cercle de diamètre [AC].

PROBLÈME (11 points)

Partie A

Soit f une fonction définie et dérivable sur $]1, +\infty[$. On donne ci-dessous son tableau de variation.

x	1			3		$+\infty$
$f'(x)$	‖		$-$	0	$+$	
$f(x)$	‖	$+\infty$	↘	2,5	↗	$+\infty$

De plus on admet que, pour tout x élément de $]1, +\infty[$, $f(x)$ peut s'écrire sous la forme

$$f(x) = ax + \frac{b}{x - c},$$

où a, b, c sont trois nombres réels (avec a et b non nuls) que l'on se propose de déterminer à partir des indications fournies par le tableau de variation de f.
On appelle $\mathcal{C}$ la représentation graphique de f dans le plan muni d'un repère orthonormal d'unité graphique 2 cm. $\mathcal{C}$ est donnée sur la figure suivante.

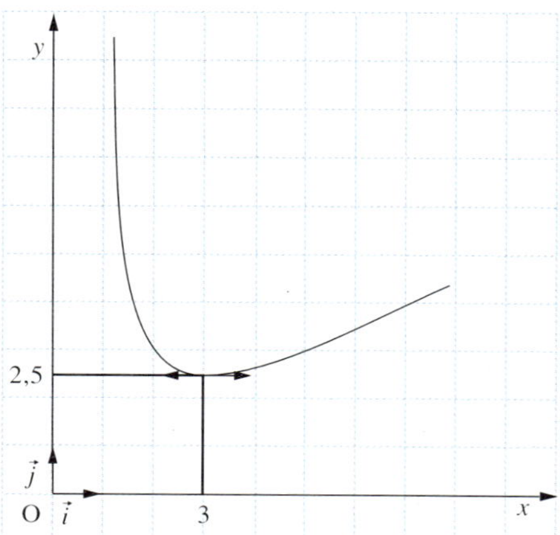

Fig. 1

1° *a*) Utiliser le tableau de variation pour justifier l'existence d'une droite D asymptote à $\mathcal{C}$. Donner une équation de D.

b) En déduire la valeur de c.

Pour les questions suivantes, on prendra $c = 1$. On a donc, pour tout x de $]1, +\infty[$, $f(x) = ax + \dfrac{b}{x-1}$.

2° Le tableau de variation nous fournit les coordonnées d'un point particulier de $\mathcal{C}$.
En déduire une relation entre les nombres réels a et b.

3° Calculer la dérivée f' de la fonction f (on rappelle que a et b sont des constantes).
Utiliser le tableau de variation pour trouver une deuxième relation entre a et b.

4° Déterminer les nombres réels a et b à partir des deux questions précédentes.

Partie B

On admet pour les parties *B* et *C* que la fonction f de la partie *A* est définie, pour tout x de $]1, +\infty[$, $f(x) = \dfrac{x}{2} + \dfrac{2}{x-1}$.

1° Montrer que la droite D′, d'équation $y = \dfrac{x}{2}$, est asymptote à $\mathcal{C}$.

2° Soit f' la dérivée de f. Calculer $f'(x)$ pour tout x de $]1, +\infty[$.

3° Écrire une équation de la droite T_1 tangente à $\mathcal{C}$ au point M d'abscisse 2, et une équation de la droite T_2 tangente à $\mathcal{C}$ au point N d'abscisse 5.

4° Construire les droites D, D′, T_1 et T_2 après avoir reproduit la courbe $\mathcal{C}$.

Déterminer les coordonnées de quelques points de $\mathcal{C}$ avec la calculatrice. Au baccalauréat une figure à compléter, donc à rendre avec la copie, peut être fournie avec le sujet.

5° Résoudre graphiquement dans $]1, +\infty[$ l'inéquation $f(x) \leqslant 3$.

Partie C

1° Calculer les coordonnées du p$\mathcal{C}$oint d'intersection P de T_1 et T_2.

2° Calculer l'aire en cm² du triangle MNP.

3° *a*) Hachurer la partie du plan constituée par les points dont les coordonnées (x, y) vérifient

$$2 \leqslant x \leqslant 5 \quad \text{et} \quad f(x) \leqslant y \leqslant 3.$$

b) Écrire, à l'aide d'une intégrale, l'aire A en cm² de cette partie du plan.

c) Calculer la valeur exacte de A puis sa valeur décimale approchée arrondie à 10^{-2} près.

d) Démontrer que A représente moins des $\dfrac{3}{4}$ de l'aire du triangle MNP.

Épreuve 2
pour STI Génie mécanique B, C, D, E
Génie des matériaux

(durée : 4 heures)

Ce texte convient également pour les autres spécialités de STI, STL physique et STL chimie.

EXERCICE 1 (5 points)

Dans une galerie marchande, un décorateur doit réaliser un logo publicitaire selon le schéma ci-contre.

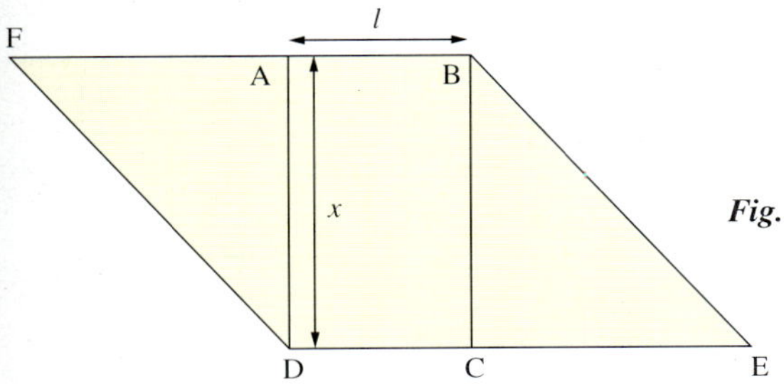

Fig. 2

- ABCD est un rectangle.
- Les triangles DAF et BCE sont isocèles et rectangles respectivement en A et C.
- x et l représentent les mesures en mètres des longueurs respectives AD et AB.

Le décorateur dispose d'une longueur de 16 mètres de profilé d'aluminium pour l'encadrement du quadrilatère BEDF (on négligera les pertes dues aux chutes des coupes). Le but du problème est de déterminer les dimensions x et l pour que l'aire du quadrilatère BEDF soit maximale, sachant que x doit être inférieur ou égal à 3 mètres pour des raisons d'encombrement.

1° *a*) Exprimer le périmètre P, en mètres, du quadrilatère BEDF en fonction de x et l.

b) En déduire la valeur de l, en mètres, en fonction de x, sachant que le décorateur utilise entièrement les 16 mètres de profilé.

2° Exprimer l'aire A, en m^2, du quadrilatère BEDF en fonction de x.

3° Soit f la fonction définie sur $[0, 3]$ par $f(x) = 8x - \sqrt{2}x^2$.
Étudier les variations de f.

4° En déduire pour quelles valeurs de x et de l, exprimées à 10^{-2} près par défaut, l'aire du quadrilatère BEDF est maximale.

EXERCICE 2 (4 points)

Un solide de masse M (en kg) est suspendu à l'extrémité d'un ressort dont l'autre extrémité est fixe. La constante de raideur du ressort vaut K, (en Nm^{-1}).
On admet que l'élongation du ressort est une fonction y du temps t, définie et deux fois dérivable sur $[0, +\infty[$, qui vérifie l'équation différentielle : $y'' + \frac{K}{M}y = 0$,

où y'' est la dérivée seconde de y.
Ainsi, pour $M = 0{,}3$ kg et $K = 30\ \text{Nm}^{-1}$, cette équation différentielle s'écrit : $y'' + 100y = 0$.

1° Résoudre sur $[0, +\infty[$ l'équation différentielle :

$$y'' + 100y = 0$$

où l'inconnue y est une fonction de la variable t.

2° Déterminer la solution particulière f qui vérifie les conditions initiales :

$$f(0) = \frac{5\sqrt{2}}{2} \quad \text{et} \quad f'\left(\frac{\pi}{40}\right) = 0.$$

3° *a*) Vérifier qu'alors $f(t)$ peut s'écrire, pour tout t de $[0, +\infty[$, sous la forme $f(t) = 5\cos\left(10t - \frac{\pi}{4}\right)$.

b) On appelle t_1 et t_2 respectivement le premier instant et le deuxième instant pour lesquels l'élongation est nulle.
Donner les valeurs exactes de t_1 et de t_2.

PROBLÈME (11 points)

Le but du problème est l'étude de la fonction f définie sur $]0, +\infty[$ par :

$$f(x) = 2\frac{\ln x}{x} + x.$$

Le plan est muni d'un repère orthonormal $(O\,; \vec{i}, \vec{j})$ d'unité graphique 2 cm.
On note C la courbe représentative de f dans le plan.

Partie A : Étude d'une fonction auxiliaire
Soit g la fonction définie sur $]0, +\infty[$ par :

$$g(x) = 2 - 2\ln x + x^2.$$

Son tableau de variation est :

x	0		1		$+\infty$
$g'(x)$	‖	$-$	0	$+$	
$g(x)$	‖	$+\infty$ ↘	3	↗ $+\infty$	

En déduire le signe de $g(x)$ lorsque varie dans $]0, +\infty[$.

Partie B : Étude des variations de la fonction f *et tracé de sa courbe représentative*
1° Déterminer les limites de f en 0 en $+\infty$.

2° *a*) Déterminer la fonction dérivée f' de f et démontrer que, pour tout x de $]0, +\infty[$, $f'(x) = \frac{g(x)}{x^2}$. En déduire le signe de $f'(x)$ lorsque x varie dans $]0, +\infty[$.

b) Dresser le tableau de variation de f.

3° *a*) Démontrer que la droite D d'équation $y = x$ est asymptote de la courbe C.

b) Déterminer les coordonnées du point I d'intersection de C et de D et étudier la position de C par rapport à D.

4° Déterminer le coefficient directeur de la tangente T au point d'abscisse 1 de la courbe C.

5° *a*) Compléter, après l'avoir reproduit, le tableau de valeurs suivant dans lequel on fera éventuellement figurer des valeurs décimales approchées arrondies à 10^{-1} près.

x	0,5	1	1,5	2	2,5	3	4
$f(x)$							

b) Construire les droites D, T et la courbe C.

Partie C : Recherche de solution approchée d'une équation
1° Démontrer que l'équation $f(x) = 0$ admet une seule solution, notée α, dans l'intervalle $[0{,}5\,; 1]$.

2° Placer sur la figure le point A d'abscisse α.

3° Déterminer un encadrement d'amplitude 10^{-3} de α.

Partie D : Calcul d'aire

1° Déterminer la fonction dérivée de la fonction h définie sur $]0, +\infty[$ par : $h(x) = (\ln x)^2$.

2° En déduire une primitive de f sur $]0, +\infty[$.

3° *a*) Hachurer sur la figure la partie du plan comprise entre C, l'axe des abscisses et les droites d'équations $x = 1$ et $x = e$.

b) Démontrer que la valeur exacte de l'aire en cm² de la partie du plan hachurée est $A = 2 + 2e^2$.
Donner la valeur décimale approchée de A arrondie à 10^{-2} près.

Épreuve 3
pour STL Chimie de laboratoire

(durée : 3 heures)

Ce texte convient également pour toutes les spécialités de STI et STL physique.

EXERCICE 1 (5 points)

Soit les nombres complexes $z_1 = \sqrt{2}(1-i)$ et $z_2 = -\dfrac{1}{2} + i\dfrac{\sqrt{3}}{2}$ où i désigne le nombre complexe de module 1 et d'argument $\dfrac{\pi}{2}$.

1° Déterminer le module et un argument de z_1 et de z_2.

2° On appelle M_1 et M_2 les images respectives de z_1 et z_2 dans le plan complexe muni d'un repère orthonormal $(O\,;\vec{u}, \vec{v})$ d'unité graphique 2 cm. Dans ce plan, placer avec précision les points M_1 et M_2.

3° Déterminer le module, un argument et la forme trigonométrique du nombre complexe $\dfrac{z_2}{z_1}$.

4° À partir des formes algébriques de z_1 et z_2, déterminer la forme algébrique du nombre complexe $\dfrac{z_2}{z_1}$.

5° En comparant les deux expressions de $\dfrac{z_2}{z_1}$ obtenues au 3° et au 4°, déduire les valeurs exactes de $\cos\left(\dfrac{11\pi}{12}\right)$ et de $\sin\left(\dfrac{11\pi}{12}\right)$.

EXERCICE 2 (4 points)

Un sac contient trois boules numérotées 1, 1, 2 et notées B_1, B'_1 et B_2. Un jeu consiste à réaliser l'expérience suivante :
– on tire une boule, on note son numéro a et on la remet dans le sac,
– on tire une seconde fois une boule et on note son numéro b.
Un résultat est donc un couple (a, b) dont le premier élément est le nombre obtenu au premier tirage et le second élément celui obtenu au second tirage.

1° Écrire l'ensemble des résultats possibles.

2° Tous les résultats sont équiprobables.

On décide que le score d'une expérience est le nombre $2a + b^2$.
On désigne par X la variable aléatoire qui à chaque expérience associe le score.

a) Déterminer l'ensemble des valeurs prises par X.

b) Déterminer, sous forme d'un tableau, la loi de probabilité de la variable aléatoire X.

c) Calculer la probabilité que le score soit supérieur à 4.

d) Calculer à 10^{-1} près l'espérance mathématique E(X) de la variable aléatoire X. Que représente E(X) ?

PROBLÈME (11 points)

L'objet de ce problème est l'étude d'une fonction définie sur $\mathbb{R}$.
On note f cette fonction, f' sa dérivée et C sa courbe représentative.
En annexe 1 se trouve un graphique contenant la courbe C et une droite D passant par les points A(0, 1) et B(1, 3).
L'annexe 2 contient trois tableaux de variation dont un seul est celui de f.
Joindre ces annexes à la copie.
La partie *A* propose une étude à dominante graphique, la partie *B* propose une étude à dominante calculatoire.

Partie A

1° Donner l'équation de la droite D sous la forme $y = ax + b$.

2° Résoudre graphiquement dans l'intervalle $[-2, 3]$, les deux équations : $f'(x) = 0$ et $f(x) = 5$.

3° Parmi les trois tableaux de variations I, II et III donnés ci-après, un seul est le tableau de variation de f.
Indiquer la référence du tableau de variations de f en donnant un argument permettant d'éliminer chacun des deux autres.

Partie B

On admet que $f(x)$ est donnée par :

$$f(x) = (2x+4)e^{-x} + 2x + 1 \text{ pour tout } x \text{ dans } \mathbb{R}.$$

1° On note x_0 la solution de l'équation $f(x) = 0$.

a) Faire apparaître x_0 sur la figure ci-après et en lire une valeur approchée.

b) Recopier et compléter le tableau suivant de valeurs de $f(x)$.
(Utiliser la calculatrice pour donner des valeurs approchées à 10^{-4} près.)

x	– 1,79	– 1,785	– 1,78	– 1,775
$f(x)$				

c) Déterminer une valeur approchée de x_0 à 10^{-3} près ; expliciter la méthode choisie.

2° On admet que, sur $[0, +\infty[$, la courbe C est au-dessus de la droite D.

a) Hachurer la partie du plan constituée par les points dont les coordonnées (x, y) vérifient :

$$0 \leqslant x \leqslant 1 \quad \text{et} \quad 2x + 1 \leqslant y \leqslant f(x).$$

b) Écrire, à l'aide d'une intégrale, que l'on ne cherchera pas à calculer dans cette question, l'aire A de cette partie du plan.

c) On considère la fonction g définie sur $\mathbb{R}$ par :

$$g(x) = (-\ 2x - 6)e^{-x}.$$

Montrer que g est une primitive de la fonction h donnée par :

$$h(x) = (2x + 4)e^{-x}.$$

d) Calculer alors la valeur exacte en unités d'aire de l'aire de la partie du plan précédemment définie.

Annexe 1

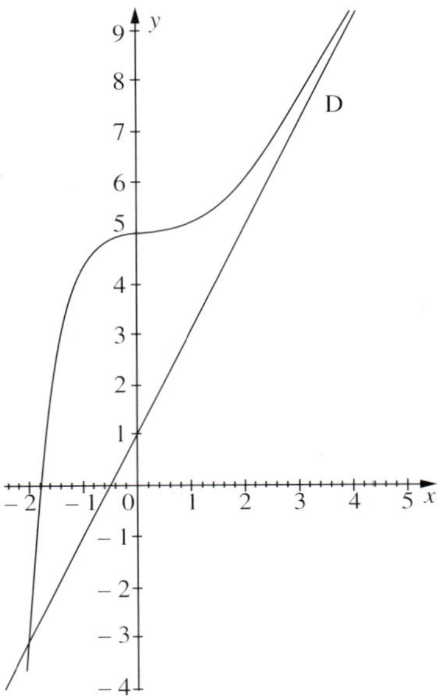

Fig. 3

Annexe 2

Tableau I

x	$-\infty$		0		$+\infty$
$f'(x)$		$-$	0	$+$	
$f(x)$	$+\infty$ ↘		5		↗ $+\infty$

Tableau II

x	$-\infty$		0		$+\infty$
$f'(x)$		$+$	0	$+$	
$f(x)$	$-\infty$ ↗		5		$+\infty$

Tableau III

x	$-\infty$		0		$+\infty$
$f'(x)$		$+$	0	$+$	
$f(x)$	-2 ↗		5		$+\infty$

Épreuve 4

pour STI Génie mécanique A et F,
Génie civil, Génie énergétique

(durée : 4 heures)

Ce texte convient aussi pour les spécialités Génie électronique, Génie électrotechnique et Génie optique. Il est un peu long pour les spécialités Génie mécanique B, C, D, E, Génie des matériaux, STL Chimie.

EXERCICE 1 (4 points)

Une urne contient six boules : une boule rouge notée R, deux boules blanches notées B_1 et B_2, et trois boules noires notées N_1, N_2 N_3.
On tire au hasard et simultanément deux boules de l'urne.
Un tirage est caractérisé par la donnée des deux nombres apparus sur les boules tirées, sans tenir compte de l'ordre dans lequel ils sont lus ; par exemple (R, N_1) et (N_1, R) définissent le même tirage, que l'on note $\{R, N_1\}$.

1° Donner la liste des quinze tirages possibles.

2° On suppose que tous les tirages sont équiprobables.
Le tirage d'une boule rouge fait gagner 3 francs.
Le tirage d'une boule blanche fait gagner 2 francs.
Le tirage d'une boule noire fait perdre 4 francs.
On appelle X la variable aléatoire qui à chaque tirage fait correspondre le gain en francs.
(Une perte est un gain négatif.)

a) Calculer la probabilité de chacun des événements trouvés dans la première question.

b) Calculer le gain associé à chacun des événements.

c) Donner, sous forme de tableau, la loi de probabilité de X.

d) Calculer l'espérance mathématique de X et l'interpréter.

e) Calculer l'écart type de X et en donner une approximation décimale à 0,01 près.

EXERCICE 2 (5 points)

1° L'arc de courbe P représenté à la figure 4, et rapporté au repère orthonormal $(O ; \vec{i}, \vec{j})$, est un arc de parabole qui passe par les points A, B, C, de coordonnées : $A(1, 0)$ $B(2, 1)$ $C(4, 5)$.
Cette parabole est la représentation graphique d'une fonction f définie sur $\mathbb{R}$ par une expression de la forme $f(x) = ax^2 + bx + c$.

a) Résoudre le système suivant dans lequel a, b, c sont trois nombres réels : $\begin{cases} a + b + c = 0 \\ 4a + 2b + c = 1 \\ 16a + 4b + c = 5. \end{cases}$

b) En déduire que les coordonnées x et y d'un point M quelconque de P vérifient la relation $x^2 = 3y + 1$.

2° L'espace est rapporté au repère orthonormal $(O ; \vec{i}, \vec{j}, \vec{k})$. On considère maintenant la surface obtenue par rotation de l'arc P autour de l'axe des ordonnées. On appelle E la partie de l'espace limité par cette surface et les plans d'équations $y = 0$ et $y = 5$ (voir figure 5).
Pour tout nombre réel y tel que $0 \leqslant y \leqslant 5$, le plan perpendiculaire à l'axe des ordonnées et passant par le point H de coordonnées $(0, y, 0)$ coupe E suivant un disque. Déterminer, en fonction de y, l'aire $S(y)$ de ce disque.

3° On considère l'intégrale $\quad J = \int_0^5 \pi(3y+1)\,dy$.

a) Que représente ce nombre J pour E ?

b) Calculer la valeur exacte de J et en donner la valeur arrondie à 10^{-3}.

Fig. 4

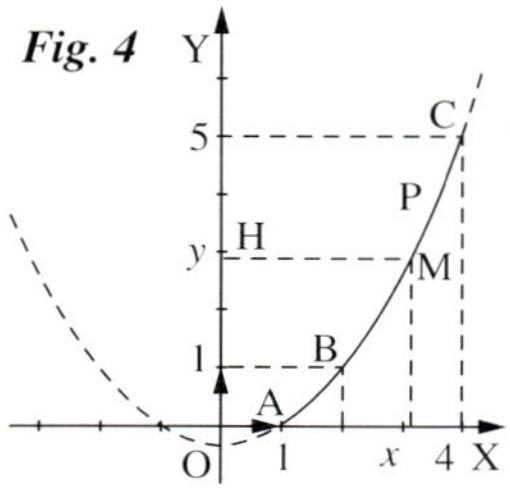

Fig. 5

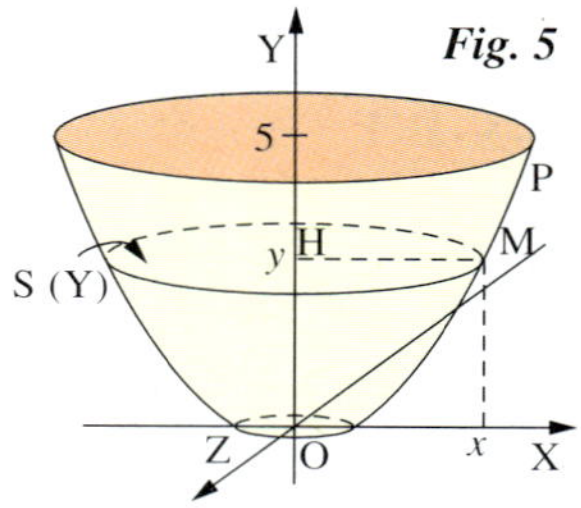

PROBLÈME (11 points)

On considère la fonction f de la variable réelle x définie sur $\mathbb{R}$ par : $f(x) = x(e^x + 1)$.

On appelle C la courbe représentative de f dans le plan muni d'un repère orthogonal $(O\,;\vec{\imath},\vec{\jmath})$ (unités graphiques : 2 cm sur l'axe des abscisses, 1 cm sur l'axe des ordonnées).

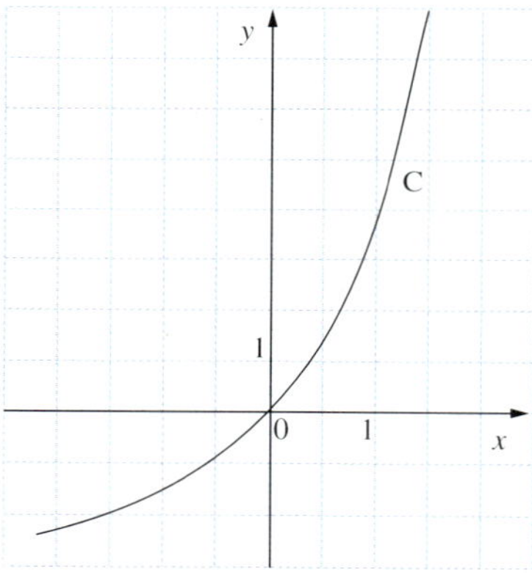

Fig. 6

Partie A : Étude d'une fonction auxiliaire

Soit g la fonction de la variable réelle x définie sur $\mathbb{R}$ par

$$g(x) = (x+1)e^x + 1.$$

1° g' désignant la fonction dérivée de g, montrer que, pour tout x réel, $g'(x) = (x+2)e^x$.

2° Étudier, suivant les valeurs de x, le signe de $g'(x)$.

3° Dresser le tableau de variation de g et y faire apparaître la valeur de $g(-2)$.
(Les limites de g en $-\infty$ et en $+\infty$ ne sont pas demandées.)

4° Déduire de la question précédente que, pour tout x réel, $g(x)$ est strictement positif.

Partie B : Étude des variations de f

1° *a*) Calculer la limite de f en $-\infty$ (on admettra que

$$\left.\lim_{x\to-\infty} x\cdot e^x = 0\right).$$

b) Calculer la limite de f en $+\infty$.

2° *a*) f' désignant la fonction dérivée de f, démontrer que $f'(x) = g(x)$.

b) En utilisant les résultats de la partie *A*, montrer que f est croissante sur $\mathbb{R}$.

c) Dresser le tableau de variation de f.

3° Soit T la tangente à C en son point d'abscisse 0. Donner une équation de la droite T.

4° Construire la droite T après avoir reproduit la courbe C.

Déterminer les coordonnées de quelques points de C avec la calculatrice. Au baccalauréat une figure à compléter, donc à rendre avec la copie, peut être fournie avec le sujet.

Partie C : Calculs d'aire

1° *a*) Hachurer verticalement la partie Δ du plan ensemble des points M de coordonnées (x, y) telles que

$$0 \leqslant x \leqslant 1 \quad \text{et} \quad 0 \leqslant y \leqslant f(x).$$

b) Écrire à l'aide d'une intégrale, que l'on ne cherchera pas à calculer dans cette question, l'aire A en cm² de Δ.

c) h et H sont deux fonctions de la variable réelle x définies sur $\mathbb{R}$ par $h(x) = x\cdot e^x$ et $H(x) = (ax+b)e^x$ où a et b désignent deux nombres réels. Calculer les valeurs de a et b pour que H soit une primitive de h sur $\mathbb{R}$.

d) Déduire du *c*) une primitive de f sur $\mathbb{R}$.

e) Calculer la valeur exacte en cm² de A.

2° En utilisant le résultat de la question précédente, calculer la valeur exacte de l'aire A′, en cm², de la partie du plan Δ′ limitée par la courbe C, la droite T et les droites d'équations respectives $x = 0$ et $x = 1$.

Épreuve 5
pour STI Génie mécanique A et F Génie énergétique

(durée : 4 heures)

Ce texte convient aussi pour les spécialités Génie électronique, Génie électrotechnique et Génie optique. Il est un peu long pour les spécialités Génie mécanique B, C, D, E, Génie des matériaux et STL chimie.

Des réponses figurent après les énoncés

EXERCICE 1 (4 points)

1° Résoudre, dans $\mathbb{C}$, l'équation $z^2 - 16z + 73 = 0$.

2° Soit $P(z)$ le polynôme défini par

$$P(z) = z^3 - 20z^2 + 137z - 292.$$

a) Vérifier que, pour tout z de $\mathbb{C}$,

$$P(z) = (z-4)(z^2 - 16z + 73).$$

b) Résoudre, dans $\mathbb{C}$, l'équation (E) : $P(z) = 0$.

3° Dans un repère orthonormal $(O\,;\vec{u},\vec{v})$, d'unité graphique 1 cm, on désigne par A le point d'affixe la racine réelle de (E) et par B et C les points d'affixe les racines complexes de cette équation.

a) Placer les points A, B et C dans le repère $(O\,;\vec{u},\vec{v})$.

b) Préciser la nature du triangle ABC.

c) Calculer la mesure, arrondie au millième de radian, de l'angle géométrique $\widehat{BAC}$.

EXERCICE 2 (5 points)

La courbe Γ donnée ci-dessous représente dans le plan rapporté à un repère orthonormal $(O\ ;\ \vec{i}, \vec{j})$ (unité graphique : 2 cm) une fonction f définie et dérivable sur l'intervalle $\left[\frac{1}{2}, \frac{7}{2}\right]$.

La fonction dérivée de f est notée f'.

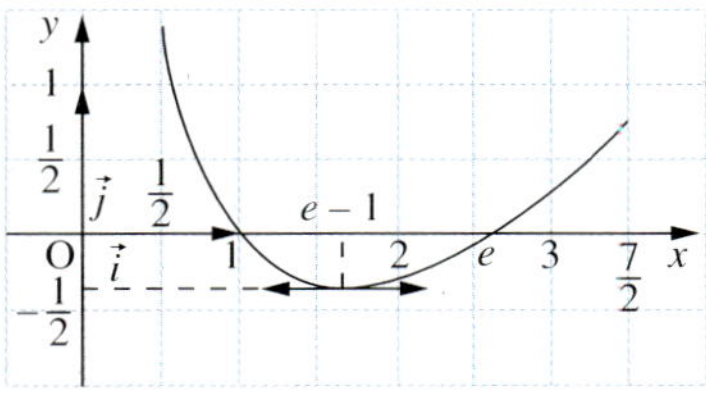

Fig. 7

On traitera les questions suivantes par simple lecture graphique et sans rédiger de justifications.

a) Indiquer une valeur approchée à 0,1 près de $f(e-1)$.

b) Parmi les nombres proposés ci-dessous, indiquer celui qui est le plus proche de $f'(1)$:

$$-4\ ;\quad -\frac{3}{2}\ ;\quad -\frac{1}{4}\ ;\quad 0\ ;\quad \frac{1}{4}\ ;\quad \frac{3}{2}\ ;\quad 4.$$

c) Donner les solutions dans $\left[\frac{1}{2}, \frac{7}{2}\right]$ de chacune des inéquations suivantes : $f(x) \geqslant 0$, $f'(x) \geqslant 0$.

d) Indiquer des valeurs approchées à 0,1 près de solutions dans $\left[\frac{1}{2}, \frac{7}{2}\right]$ de l'équation $f(x) = \frac{1}{2}$.

e) On note $I = \int_3^{\frac{7}{2}} f(x)\,dx$.

Parmi les intervalles proposés ci-dessous, indiquer celui qui contient le nombre I :

$$\left[0, \frac{1}{2}\right[,\quad \left[\frac{1}{2}, 2\right[,\quad [2, 5[,\quad [5, 10[,\quad [10, 100[.$$

PROBLÈME (11 points)

I. *Questions préliminaires*

Soit g la fonction définie sur l'intervalle $]0, +\infty[$ par

$$g(x) = xe^{-x} = \frac{x}{e^x}.$$

1° *a*) Déterminer la limite de la fonction g en $+\infty$.

b) Calculer $g'(x)$ et étudier son signe, pour x appartenant à $]0, +\infty[$.

c) Dresser le tableau de variation de la fonction g.

2° En utilisant 1° *c*), montrer que, pour tout x appartenant à $]0, +\infty[$, $g(x) < 1$.

II. *Étude et représentation graphique d'une fonction*

Soit f la fonction définie sur l'intervalle $]0, +\infty[$ par

$$f(x) = e^{-x} + \ln x.$$

On note C sa courbe représentative dans un repère orthonormal $(O\ ;\ \vec{i}, \vec{j})$ (unité graphique : 4 cm).

1° *a*) Déterminer la limite de la fonction f en 0.
En déduire l'existence d'une asymptote à la courbe C.

b) Déterminer la limite de la fonction f en $+\infty$.

c) Montrer que $f'(x) = \frac{1-g(x)}{x}$.

En utilisant la question I. 2°, montrer que, pour tout x appartenant à $]0, +\infty[$, $f'(x) > 0$.

d) Dresser le tableau de variation de la fonction f.

2° Démontrer que l'équation $f(x) = 0$ admet une solution unique, notée x_0, dans $]0{,}5\ ;\ 0{,}6[$.
Donner un encadrement d'amplitude de 10^{-3} de x_0.

3° Tracer la courbe C dans le repère $(O\ ;\ \vec{i}, \vec{j})$.

III. *Calcul d'aire*

Soit G la fonction définie sur $]0, +\infty[$ par $G(x) = x \ln x - x$.

1° Calculer $G'(x)$. En déduire une primitive de f sur $]0, +\infty[$.

2° Calculer, en cm², l'aire S de la partie du plan comprise, sur le graphique, entre l'axe des abscisses, la courbe C et les droites d'équations respectives $x = 1$ et $x = 2$.
On donnera la valeur exacte de S et sa valeur arrondie à 0,01 cm² près.

On peut raccourcir (un peu...) ce texte pour les spécialités Génie mécanique B, C, D, E et Génie des matériaux en supprimant le III. du problème.

Épreuve 6

pour STI Génie électronique
Génie électrotechnique
STL Physique de laboratoire

(durée : 4 heures)

Le problème peut être traité par les autres spécialités de STI et la spécialité STL Chimie de laboratoire.

Des réponses figurent après les énoncés.

EXERCICE 1 (4 points)

Un condensateur de capacité C est chargé sous une tension initiale de 20 volts. Il se décharge ensuite dans un résistor de résistance R. La tension aux bornes du condensateur est une fonction V (du temps) définie sur $[0, +\infty[$. Cette fonction V est solution sur $[0, +\infty[$, de l'équation différentielle (E) : $V'(t) + \frac{1}{RC}V(t) = 0$.

1° Déterminer toutes les solutions de l'équation différentielle (E).

2° On rappelle que $V(0) = 20$. Déterminer la fonction V.
Dans la suite, $R = 1\,000\ \Omega$ et $C = 10^{-4}$ F.

3° *a*) Montrer que, pour tout t appartenant à $[0, +\infty[$, $V(t) = 20e^{-10t}$.

b) Déterminer les valeurs de t pour lesquelles on a :

$$V(t) \geqslant 0{,}02.$$

4° L'intensité traversant le circuit est une fonction i (du temps) définie sur $[0, +\infty[$ par : $i(t) = CV'(t)$.

a) Déterminer $i(t)$.

b) L'énergie dissipée dans le résistor, entre les instants $t = 0$ et $t = 0{,}69$, (exprimée en joules) est égale à

$W = \int_0^{0,69} R(i(t))^2 \, dt$. Calculer W. En donner l'approximation décimale à 10^{-2} près par excès.

EXERCICE 2 (4 points)

Le plan P est rapporté à un repère orthonormal direct $(O\ ;\ \vec{u}, \vec{v})$.

1° Résoudre dans l'ensemble $\mathbb{C}$ des nombres complexes l'équation $z^2 - 4z + 8 = 0$.
Donner les solutions sous forme algébrique et sous forme trigonométrique. Placer dans le plan P leurs images A et B (A étant l'image de la solution dont la partie imaginaire est négative).
Quelle est la nature du triangle OAB ?

2° On considère l'application T du plan P dans lui-même qui à tout point M d'affixe z, associe le point M′ d'affixe z' tel que : $z' = e^{i\frac{\pi}{3}} z$.

a) Caractériser géométriquement l'application T.

b) Déterminer sous forme trigonométrique puis sous forme algébrique l'affixe du point $A' = T(A)$.

En déduire la valeur exacte de $\cos \frac{\pi}{12}$ et de $\sin \frac{\pi}{12}$.

PROBLÈME (11 points)

On considère la fonction f définie sur $\mathbb{R}$ par $f(x) = (4 - x)e^{x-2}$.
On appelle $\mathscr{C}$ sa courbe représentative dans un repère orthonormal $(O\ ;\ \vec{i}, \vec{j})$ d'unité graphique 1 cm.

I. *Étude de* f

1° Déterminer la limite de f en $+\infty$, puis la limite de f en $-\infty$ (pour cette dernière, on remarquera que, pour tout x de $\mathbb{R}$, $f(x) = e^{-2}(4e^x - xe^x)$).

2° Calculer la dérivée f' de la fonction f et montrer que, pour tout x de $\mathbb{R}$, $f'(x) = (3 - x)e^{x-2}$.

3° Étudier le signe de $f'(x)$ lorsque x varie dans $\mathbb{R}$.

4° Établir le tableau de variation de f.

5° Montrer que la tangente Δ à $\mathscr{C}$ au point A d'abscisse 2 a pour équation $y = x$.

II. *Courbe représentative*

1° Déterminer les coordonnées des points d'intersection de $\mathscr{C}$ avec les axes des coordonnées.

2° Tracer la tangente Δ et la courbe $\mathscr{C}$ après avoir déterminé les coordonnées de quelques points avec une calculatrice.
On remarquera qu'au point A la courbe $\mathscr{C}$ traverse sa tangente Δ.

III. *Calcul d'une intégrale*

On se propose de calculer l'intégrale $J = \int_2^3 f(x)\, dx$.

1° Donner une interprétation géométrique de J.

2° Le but de cette question est de déterminer un encadrement de J.

a) Soit A et B les points situés sur la droite Δ et ayant respectivement pour abscisses 2 et 3.
Soit A′ et B′ les points situés sur l'axe des abscisses et ayant respectivement pour abscisses 2 et 3.
Déterminer la valeur exacte de l'aire du trapèze ABB′A′.

b) Soit C le point situé sur la courbe $\mathscr{C}$ et ayant pour abscisse 3. Déterminer la valeur exacte de l'aire du trapèze ACB′A′.

c) Le segment [AC] est la représentation graphique d'une fonction définie sur l'intervalle [2, 3].
Soit g cette fonction (il n'est pas demandé de la déterminer).
On admet que, pour tout nombre réel x de l'intervalle [2, 3], on a $g(x) \leqslant f(x) \leqslant x$.
Donner une interprétation géométrique de cette double inégalité. En déduire l'encadrement suivant pour J.

$$2{,}35 \leqslant J \leqslant 2{,}50.$$

3° Le but de cette question est de déterminer la valeur exacte de J.

a) Soit F la fonction définie sur $\mathbb{R}$ par

$$F(x) = (ax + b)e^{x-2},$$

où a et b sont deux nombres réels.
Déterminer a et b pour que F soit une primitive de f sur $\mathbb{R}$.

b) En déduire la valeur exacte de J.

c) Vérifier que le résultat obtenu est en accord avec l'encadrement envisagé à la question 2° *c*).

Épreuve 7

ne concerne que
STI Génie électronique
Génie électrotechnique
STL Physique de laboratoire

EXERCICE 1 (5 points)

On considère le plan muni d'un repère orthonormal $(O\ ;\ \vec{u}, \vec{v})$.
On note M_1, M_2 et M_3 les points d'affixes respectives :

$$z_1 = \sqrt{2}e^{-i\frac{\pi}{6}}\ ; \quad z_2 = 1 - i\ ; \quad z_3 = \frac{z_1}{z_2}.$$

1° *a*) Écrire z_1 puis z_3 sous forme algébrique.

b) Déterminer le module et un argument de z_2 puis de z_3.
En déduire la forme exponentielle de z_3.

2° On note A le point d'affixe 1. Représenter les points O, A, M_1, M_2 et M_3 dans le repère $(O\ ;\ \vec{u}, \vec{v})$. Préciser la nature du triangle OAM_2.

3° On considère la rotation R de centre O et d'angle $\frac{\pi}{12}$.

a) Quelle est l'image du point A ?

b) Quelle est l'image du point M_2 ?

c) En déduire la nature du triangle OM_3M_1.

4° On considère la transformation T du plan qui à tout point M d'affixe z associe le point M′ d'affixe z' avec

$$z' = z + 1 - i.$$

a) Déterminer la nature de T.

b) Déterminer l'affixe z_4 du point $M_4 = T(M_2)$.

c) Quelle est la nature du quadrilatère $OM_3M_4M_2$?

EXERCICE 2 (5 points)

Nous admettrons que la charge q d'un condensateur est donnée en fonction du temps t exprimé en secondes $(t \geqslant 0)$ par : $q(t) = 6(1 - e^{-0,2t})$.

1° Démontrer que la fonction q est croissante sur l'intervalle $[0, +\infty[$. (Le condensateur se charge.)

2° *a*) Calculer la limite Q de la fonction q lorsque t tend vers $+\infty$. (Q est la charge maximale du condensateur.)

b) Calculer l'instant t_0 à partir duquel $q(t) \geqslant 5{,}7$ (on arrondira à l'entier immédiatement supérieur).

c) Quel pourcentage de la charge maximale Q la charge $q(t_0)$ représente-t-elle ?

3° Tracer la représentation graphique C de la fonction q dans un plan muni d'un repère orthonormal $(O ; \vec{i}, \vec{j})$, l'unité de longueur est 1 cm.

4° Calculer la valeur moyenne de la fonction q sur l'intervalle $[0, 5]$.

PROBLÈME (10 points)

Partie A : Résolution d'une équation différentielle

1° Donner la solution générale de l'équation différentielle (E) : $2y' + y = 0$ dans laquelle l'inconnue y est une fonction de la variable réelle x définie et dérivable sur $[0, +\infty[$ et y' la dérivée de y.

2° Déterminer la solution particulière de l'équation différentielle (E) dont la dérivée prend la valeur -2 en 0.

Partie B : Étude d'une fonction et de sa représentation graphique

Soit f la fonction définie sur l'intervalle $I = [0, +\infty[$ par $f(x) = 4e^{-\frac{1}{2}x}$.

On désigne par Γ sa courbe représentative dans un plan rapporté au repère orthonormal $(O ; \vec{u}, \vec{v})$.

1° *a*) Déterminer $f(0)$ et la limite de f en $+\infty$.

b) Étudier les variations de f et dresser son tableau de variation.

c) Déterminer une équation de la tangente T à Γ en son point d'abscisse 0.

2° Soit d la fonction définie sur l'intervalle $I = [0, +\infty[$ par $d(x) = f(x) - (-2x + 4)$.

a) Démontrer que pour tout réel x de l'intervalle I : $d'(x) \geqslant 0$.

b) En déduire le signe de $d(x)$ puis la position relative de T et de Γ.

c) Tracer T et Γ. (On prend 2 centimètres pour unité de longueur).

3° Pour tout nombre réel positif α, on désigne par $A(\alpha)$ l'aire en centimètres carrés de l'ensemble des points M du plan dont les coordonnées (x, y) vérifient

$$0 \leqslant x \leqslant \alpha \quad \text{et} \quad 0 \leqslant y \leqslant f(x).$$

Exprimer $A(\alpha)$ en fonction de α et déterminer la limite L de $A(\alpha)$ lorsque α tend vers $+\infty$.

Partie C : Étude d'une suite

Soit (u_n) la suite définie pour tout entier naturel n par

$$u_n = f(n) = 4e^{-\frac{1}{2}n}.$$

1° Démontrer que (u_n) est une suite géométrique dont on donnera le premier terme u_0 et la raison.

2° Soit n un nombre entier naturel. On pose :

$$S_n = 4(u_0 + u_1 + \ldots + u_n)$$

et

$$T_n = 4(u_1 + u_2 + \ldots + u_{n+1}).$$

Exprimer S_n et T_n en fonction de n.

3° *a*) Déterminer les limites respectives S et T de S_n et T_n lorsque n tend vers $+\infty$.

b) Vérifier que $T \leqslant L \leqslant S$ (L a été défini à la question 3° de la partie *B*).

Épreuve 8

pour STL Physique de laboratoire

convient également

pour STI Génie électronique

Génie électrotechnique

Des réponses figurent après les énoncés

EXERCICE 1 (4 points)

En traversant une plaque de verre teinté, un rayon lumineux perd 23 % de son intensité lumineuse.

1° Soit I_0 l'intensité d'un rayon à son entrée dans la plaque de verre et I_1 son intensité à sa sortie.
Exprimer I_1 en fonction de I_0

2° On superpose n plaques de verre identiques ; on note I_n l'intensité du rayon à la sortie de la $n^{\text{ième}}$ plaque.

a) Exprimer I_n en fonction de I_{n-1}.

b) Quelle est la nature de la suite (I_n) ? Préciser le premier terme et la raison ; en déduire l'expression de I_n en fonction de I_0.

c) Préciser, en le justifiant, le sens de variation de la suite (I_n).

3° Quelle est l'intensité initiale I_0 d'un rayon lumineux dont l'intensité après avoir traversé 4 plaques est égale à 15 ?

4° Calculer le nombre minimum de plaques qu'un rayon doit avoir traversé pour que son intensité sortante soit inférieure ou égale au quart de son intensité entrante.

À l'exclusion de la question 2° *c*), cet exercice peut être traité par toutes les spécialités de STI-STL.

EXERCICE 2 (5 points)

1° Résoudre, dans l'ensemble $\mathbb{C}$ des nombres complexes, l'équation : $z^2 - \sqrt{6}z + 2 = 0$. On notera z_0 et z_1 les solutions, z_0 étant la solution dont la partie imaginaire est négative.

2° Dans le plan complexe rapporté à un repère orthonormal $(O ; \vec{u}, \vec{v})$ (unité graphique : 4 cm), placer les points A_0 et A_1 d'affixes respectives z_0 et z_1.

a) Calculer le module et un argument de z_0, de z_1 puis de $\frac{z_1}{z_0}$.

b) En déduire qu'il existe une rotation R de centre O, qui transforme A_0 en A_1.
Préciser l'angle de la rotation R.

c) Par la rotation R, A_1 a pour image A_2 d'affixe z_2, A_2 a pour image A_3 d'affixe z_3 et ainsi de suite...
Construire les points A_2, A_3, A_4, A_5, A_6.
d) Montrer que

$$\overrightarrow{OA_0} + \overrightarrow{OA_1} + \overrightarrow{OA_2} + \overrightarrow{OA_3} + \overrightarrow{OA_4} + \overrightarrow{OA_5} = \vec{0}$$

(on pourra établir que ces vecteurs sont deux à deux opposés).

PROBLÈME (11 points)

On considère la fonction numérique *f* définie sur $[0, +\infty[$ par :

$$f(x) = 2 - \frac{2}{x+1} - \ln(x+1).$$

On désigne par C la représentation graphique de *f* dans le plan rapporté à un repère orthogonal $(O ; \vec{i}, \vec{j})$. (Unités : 2 cm sur l'axe des abscisses, 4 cm sur l'axe des ordonnées.)

I. *Étude de la fonction* f
1° Déterminer la limite de la fonction *f* en $+\infty$.

2° *a*) On note f' la fonction dérivée de *f*. Calculer $f'(x)$ pour tout *x* de $[0, +\infty[$;

b) Étudier le signe de $f'(x)$ sur $[0, +\infty[$;

c) Construire le tableau de variation de la fonction *f*.

3° *a*) Montrer que l'équation $f(x) = 0$ admet deux solutions dont l'une, notée α, est strictement supérieure à 1.

b) Prouver que α appartient à l'intervalle $]3, 4[$.
Donner une valeur approchée de α à 10^{-1} près par excès.

c) Déduire des questions précédentes le signe de $f(x)$ pour $x \geqslant 0$.

4° Construire dans le repère $(O ; \vec{i}, \vec{j})$ la courbe C.

II. *Calcul d'aire*
1° Montrer que la fonction H définie sur $[0, +\infty[$ par $H(x) = (1+x)\ln(1+x) - x$ est une primitive de la fonction *h* définie sur $[0, +\infty[$ par $h(x) = \ln(1+x)$.

2° En déduire une primitive F de *f* sur $[0, +\infty[$.

3° On désigne par $\mathscr{A}$ l'aire en unités d'aire de la partie du plan limitée par C, l'axe des abscisses et les droites d'équation $x = 0$ et $x = \alpha$.

a) Exprimer $\mathscr{A}$ en fonction de α.

b) Montrer que $\mathscr{A}$ peut s'écrire $\dfrac{\alpha(\alpha-3)}{\alpha+1}$ (on rappelle que $f(\alpha) = 0$).

Des réponses d'épreuves de baccalauréat

Épreuve 1

Exercice 1 : A. 1° $\frac{1}{6}$; A. 2° $\frac{1}{3}$; A. 3° $\frac{4}{5}$.
C. $E(X) = 43$; $V(X) = 41$; $\sigma \approx 6{,}40$.

Exercice 2 : 1° $z_1 = 2 + 3i$, $z_2 = 2 - 3i$.

2° On note I le milieu de [AC], z_I l'affixe de I et on démontre que $|z_B - z_I| = \frac{1}{z}|z_C - z_A|$.

Problème A. 1° *b*) $c = 1$; 2° $6a + b = 5$;

3° $f'(x) = a - \dfrac{b}{(x-1)^2}$; 4° $a = \frac{1}{2}$, $b = 2$.

Épreuve 5

Exercice 1 : 1° $z_1 = 8 - 3i$ et $z_2 = 8 + 3i$; 3° *b*) ABC est un triangle isocèle ;
c) $\widehat{BAC} \approx 1{,}287$ radian.

Exercice 2 : a) $f(e-1) \approx -0{,}4$; *b*) $f'(1) \approx -\frac{3}{2}$;

d) 0,75 et 3,3 ; *e*) $\left[0, \frac{1}{2}\right[$.

Problème I. 1° *a*) $\lim\limits_{x \to +\infty} g(x) = 0$; *b*) Pour tout *x* de $]0, +\infty[$, $g'(x) = e^{-x}(1-x)$.

II. 1° *a*) $\lim\limits_{x \to 0} f(x) = -\infty$; *b*) $\lim\limits_{x \to +\infty} f(x) = +\infty$;

2° $0{,}567 < x_0 < 0{,}568$.

III. 1° Pour tout *x* de $]0, +\infty[$,

$$F(x) = -e^{-x} + x\ln x - x ;$$

2° $S = 16\left(2\ln 2 + \frac{1}{e} - \frac{1}{e^2} - 1\right)$ cm². $S \approx 9{,}90$ cm².

Épreuve 6

Exercice 1 : 1° Pour tout *t* de $[0, +\infty[$, $V(t) = ke^{\frac{t}{RC}}$;

2° $V(t) = 20e^{-\frac{t}{RC}}$; 3° *b*) *t* appartient à $\left[0, \frac{3}{10}\ln 10\right]$.

4° *b*) $W = 0{,}02\,(1 - e^{-13{,}8})$.

Exercice 2 : 1° $z_A = 2 - 2i$; $z_B = 2 + 2i$; OAB est rectangle en O.

2° *b*) $\cos\frac{\pi}{12} = \dfrac{1+\sqrt{3}}{2\sqrt{2}}$ et $\sin\frac{\pi}{12} = \dfrac{-1+\sqrt{3}}{2\sqrt{2}}$.

Problème III. 2° *a*) L'aire du trapèze ABB'A' est 2,5 ;

b) L'aire du trapèze ACB'A' est $\frac{2+e}{2}$; 3° *a*) $a = -1$, $b = 5$; *b*) $J = 2e - 3$.

Épreuve 8

Exercice 1 : 2° *a*) $I_n = 0{,}77 I_{n-1}$; *b*) $I_n = I_0(0{,}77)^n$;

c) (I_n) est décroissante. 3° $I_0 = \dfrac{15}{(0{,}77)^4}$.

4° 6.

Exercice 2 : 1° $z_0 = \dfrac{\sqrt{6} - i\sqrt{2}}{2}$ et $z_1 = \dfrac{\sqrt{6} + i\sqrt{2}}{2}$.

2° *a*) $z_0 = \sqrt{2}e^{-i\frac{\pi}{6}}$; $z_1 = \sqrt{2}e^{i\frac{\pi}{6}}$; $\dfrac{z_1}{z_0} = e^{i\frac{\pi}{3}}$.

Problème I. 2° *a*) Pour tout *x* de $[0, +\infty[$

$f'(x) = \dfrac{-x+1}{(x+1)^2}$; 3° *b*) $\alpha = 4$.

II. 2° Pour tout *x* de $[0, +\infty[$,
$F(x) = 3x - (x+3)\ln(x+1)$;
3° *a*) $\mathscr{A} = 3\alpha - (\alpha+3)\ln(\alpha+1)$.

Imprimé en France par CLERC S.A. - 18200 Saint-Amand-Montrond - Avril 1997